科学出版社"十四五"普通高等教育本科规划教材

江苏省高等学校重点教材（编号：2021-2-187）

园艺植物栽培学系列教材

丛书主编　缪旻珉　陈学好

果 树 栽 培 学

主　编　王春雷　薛晓敏

科学出版社

北　京

内 容 简 介

本教材系统介绍了果树栽培领域的基本理论、现代化生产模式和技术及产业发展趋势等内容，对学生掌握果树栽培学知识、指导我国果树产业发展都具有重要意义。教材共计 31 个部分，包括绪论、果树分类、果树生长发育、果园生态与环境调控、果树苗木繁育、建园技术、果园管理、果园机械化、果园的信息化管理，以及苹果、梨、山楂、石榴、枇杷、桃、杏、李、樱桃、枣、杨梅、葡萄、猕猴桃、柿、香蕉、蓝莓、板栗、核桃、银杏、柑橘、草莓、荔枝等果树的栽培技术。本教材系统全面，层次分明，能充分体现果树栽培产业发展的新理论和新技术。

本教材可作为高等农林院校园艺专业及相关植物生产专业的教学用书，也可作为果树生产、科研、管理和技术推广相关工作者的参考用书。

图书在版编目（CIP）数据

果树栽培学 / 王春雷，薛晓敏主编. —北京：科学出版社，2024.3
科学出版社"十四五"普通高等教育本科规划教材　江苏省高等学校重点教材　园艺植物栽培学系列教材
ISBN 978-7-03-078204-5

Ⅰ. ①果… Ⅱ. ①王… ②薛… Ⅲ. ①果树园艺–高等学校–教材 Ⅳ. ①S66

中国国家版本馆 CIP 数据核字（2024）第 057655 号

责任编辑：丛　楠　赵萌萌 / 责任校对：严　娜
责任印制：吴兆东 / 封面设计：图阅社

科学出版社 出版
北京东黄城根北街 16 号
邮政编码：100717
http://www.sciencep.com

北京中石油彩色印刷有限责任公司 印刷
科学出版社发行　各地新华书店经销
*
2024 年 3 月第 一 版　开本：787×1092　1/16
2024 年 11 月第二次印刷　印张：35 1/4
字数：925 000
定价：148.00 元

（如有印装质量问题，我社负责调换）

编写委员会

《果树栽培学》教学课件索取

凡使用本教材作为授课教材的高校主讲教师，可获赠教学课件一份。通过以下两种方式之一获取：

1. 扫描右侧二维码，关注"科学EDU"公众号→教学服务→课件申请，索取教学课件。

2. 填写下方教学课件索取单后扫描或拍照发送至联系人邮箱。

姓名：		职称：		职务：	
电话：			电子邮箱：		
学校：			院系：		
所授课程（一）：				人数：	
课程对象：□研究生 □本科（___年级） □其他_____				授课专业：	
使用教材名称 / 作者 / 出版社：					
所授课程（二）：				人数：	
课程对象：□研究生 □本科（___年级） □其他_____				授课专业：	
使用教材名称 / 作者 / 出版社：					
您对本书的评价及下一版的修改意见：					
推荐国外优秀教材名称/作者/出版社：				院系教学使用证明（公章）：	
您的其他建议和意见：					

联系人：丛楠　　　　咨询电话：010-64034871　　　　回执邮箱：congnan@mail.sciencep.com

前　言

近年来，园艺产业在绿色发展和生态文明建设进程中作用突出，园艺人才需求旺盛。在新的形势和背景下，国家提出加快新农科建设。培养综合素质好、专业水平高的复合型人才已经成为园艺专业教育的首要任务。"果树栽培学"是园艺专业的主干课程之一。近十年来，我国果树产业取得了长足发展，果树栽培面积和产量均已跃居世界第一，人均水果量也位居世界前列。为了适应果树科技和产业发展，以及我国园艺专业教学改革的需求，科学出版社组织成立了《果树栽培学》编委会，并召开了教材编写研讨会，来自扬州大学、西北农林科技大学、海南大学、南京农业大学、沈阳农业大学、西南大学、安徽农业大学、河北农业大学、山西农业大学、北京农学院、淮阴工学院、江西农业大学等 12 所院校，以及山东省果树研究所、中国农业科学院果树研究所、中国农业科学院郑州果树研究所、四川省农业科学院等 4 所科研院所，共计 40 位左右长期从事果树学教学、科研、技术推广的一线骨干参会，对教材编写进行讨论，确定了本教材的基本框架、总体思路及编写大纲。

本教材的编写有如下几个特点：首先，编排更加系统。在章节设置上，总论和各论合并，各论部分既包括落叶果树品种，又包括主要常绿果树品种，打破了南北区域的隔阂，使学生能够全方位了解我国果树的栽培、生产相关情况，扩大学生的知识面，完善学生的知识结构，提高学生竞争力。其次，在形式上更加先进。教材在形式上按新形态教材思路编排，通过二维码，配套线上内容，包括图片、视频等，可读性强。再次，教材编写人员来源更加广泛。本教材编写人员的设置打破了以高校教师为主的常规套路，补充了中国农业科学院和地方农业科学院系统人员参加教材编写工作。第一至八章以高校教师为主，第九至三十章以中国农业科学院和地方农业科学院系统研究人员为主，包括多位国家现代产业体系岗位专家。在保证教材理论性的同时，使相关内容更加贴近果树的生产实际。最后，本教材增加了果树栽培学的新知识。近年来，果园机械化、信息化已经取得了长足发展，在果树栽培的各阶段均有适合的农业机械，果园信息化也已经应用于果树水肥管理和果品销售等环节。而现有教材缺乏相关内容，需要进行补充。此外，人们对生态环境日益重视，果树绿色、可持续化栽培模式已经深入人心，但该栽培理念下的栽培技术与传统栽培技术已有较大区别。本教材也将在相关章节中补充相关内容。

《果树栽培学》共分绪论和 30 章，编写分工如下：绪论由王春雷编写；第一章由周春华编写；第二章由马怀宇编写；第三章由邢利博、张东编写；第四章由生利霞编写；第五章由谢红江、杨文渊编写；第六章由贾兵、衡伟编写；第七章由杨欣编写；第八章由陶书田编写；第九章由赵德英、程存刚编写；第十章由刘晓、王春雷编写；第十一章由王江勇编写；第十二章由尹燕雷编写；第十三章由周春华编写；第十四章由张安宁编写；第十五章由薛晓敏编写；第十六章由王贵平编写；第十七章由朱东姿、刘庆忠编写；第十八章由张琼编写；第十九章由张静编写；第二十章由张宗勤、王西平编写；第二十一章由齐秀娟编写；第二十二章由杨勇编写；第二十三章由李新国编写；第二十四章由刘庆忠、洪坡编写；第二十五章由秦岭编写；第二十六章由张小军、刘群龙编写；第二十七章由王莉编写；第二十八章由曾明编写；第二十九章由王纪忠编写；第三十章由曾教科编写。全书由王春雷、张静统稿。

本教材的出版得到了扬州大学第三批重点教材建设经费及 2019 年出版基金资助。其在编写过程中，也得到了扬州大学教务处和园艺园林学院的大力支持。另外，山东省果树研究所王金政研究员和西南大学周志钦教授为教材编写提供了诸多帮助，在此一并表示衷心的感谢。

在教材编写过程中我们花费了大量的时间和精力，力争做到高起点。但因水平有限，本教材不足之处在所难免，恳请广大读者批评、指正，以便再版时修订。

王春雷

2023 年 11 月

目　　录

绪　论

一、果树栽培学的定义和特点

果树主要指能生产可供人类食用的果实、种子及其衍生物的多年生植物及其砧木。果树栽培学是果树学的一个分支，是一门研究果树栽培理论和栽培技术的综合性学科，属于应用类学科。

果树栽培学理论涵盖果树分类、果树生长发育、环境对果树生长发育的调控等基本理论和基本知识。若想学好并掌握果树栽培学理论，还必须具备化学、植物学、生物化学、分子生物学、气象学、土壤学、植物生理学、遗传学、计算机等学科知识。

果树栽培学技术包括果树苗木繁育、果园营建、果园管理等内容，掌握果树栽培学的基本技术，将果树栽培学理论与果树生产实践相结合，是实现果树生产优质、高效、安全的途径，会促进果园的社会、生态和经济效益最大化。

果树栽培学与其他作物栽培学相比，有相同的地方，更多的是不同之处，主要体现在如下三个方面。

（一）种类多

果树种类繁多，目前全世界的果树资源近 3000 种，其中主栽的大概 300 种。而我国主栽的大概 200 种，其中涵盖了乔木（苹果、梨等）、灌木（蓝莓、石榴等）、藤本（葡萄、猕猴桃等）和草本（草莓、香蕉等）等生物特性各异的树种，它们对立地条件和栽培技术的要求差别很大。

（二）周期长

果树为多年生植物，生长周期长。果树的不同时期对栽培管理有不同要求。在建园时要选择与立地条件相适应的种类、品种，要考虑短期收益和长期收益之间的平衡，还要对近几十年的社会需求做出客观判断。只有这样，才能保证在今后几十年里，果园都能有稳定的收益。

（三）技术性强

每种果树都有自己的年周期和生命周期。在果树栽培中，既要与其他作物一样，考虑果树年周期不同的管理要求，还要考虑生命周期内果树的生长特性；既要考虑果树地上部分和地下部分的生长平衡，又要考虑果树营养生长和生殖生长之间的关系；既要保证树体健康，又要最大限度获取经济效益。因此，果树栽培较其他作物栽培相比，技术性更强，需要专业的技术人员管理果树。

二、果品生产的重要作用

（一）果品生产在乡村振兴方面具有重要作用

实施乡村振兴战略的总目标是农业农村现代化，乡村振兴的总要求是产业兴旺、生态宜居、乡风文明、治理有效、生活富裕。果品生产在乡村振兴中具有重要作用。我国果品生产的发展能够带动加工、储藏、包装、运输、营销相关产业的发展，促进乡村产业特别是非农产业的发展，搞活乡村经济，吸收农村青年劳动力当地就业，阻止农村人口外流。此外，现代果品生产强调可持续发展，强调在尊重自然、顺应自然、保护自然的前提下进行绿色生产，不以牺牲环境和透支资源为代价。

果树多属于多年生乔木，根系发达，有些四季常青，有些花果飘香，是美化乡村、提升农民品位和生活质量、实现乡村宜居的植物。果树只收取果实，一年栽植，长期受益。此外，果树经济效益高，产业链长，带动就业明显，我国早有"一亩园十亩田"的谚语。并且果树对立地条件要求不高，可以种植在山地、丘陵等地区，对提高耕地不足区域的农民收入作用非常明显。

（二）果品生产在保证国家粮食安全中具有重要作用

人多地少是我国的基本国情，保证粮食安全是国家长治久安的立国之本。新中国成立以来，我国粮食产量得到大幅提高，基本解决了我国人民的吃饭问题。但我国耕地面积短缺的问题长期存在，加上灾害时有发生，因此全方位保障我国粮食安全、端牢中国人的饭碗一直是党中央、国务院的工作重点。向山地要粮是保证我国粮食安全的方法之一。我国果树种类众多，其中枣、柿子、板栗等淀粉含量高，可作为木本粮食栽培。且果树一年种植，可多年采收，其适应性强，能在非耕地种植。特别在战争或灾荒年份，可作为粮食的有效补充，种植这些果树具有重要的战略意义。

（三）果品生产在践行"大食物观"方面具有重要作用

"大食物观"与过去的"粮食观"相对，是指人们日常摄入的营养品都是食物。随着我国人民生活水平的提高，人们已经不满足于吃得饱，还要吃得健康和营养。果品营养丰富，富含维生素 C、膳食纤维、矿物元素、多种人体必需氨基酸和有机酸等，是人们生活常备的食品。当然不同果品营养成分有所区别，一般核桃、杏仁等干果含有较高的蛋白质和脂肪；猕猴桃、甜橙等则维生素 C 含量较高；而梨、苹果等则含有较高的膳食纤维。此外，许多果品还具有强身健体的功能，比如梨、枇杷等有清热、化痰的功效；山楂有助于消食健胃。因此，大力开展果品生产，符合现有经济条件下人民对营养和健康食品的需求。

三、我国果树栽培历史

中国果树栽培历史悠久，是果树起源最多的国家之一。在远古时代，野生果实是人类主要的食物来源。在距今 7000 多年的河姆渡原始社会遗址中，就出土了成堆的橡子、酸枣。《庄子·杂篇·盗跖》对古人食用栗、枣、榛等果实有详细记载，"古者禽兽多而人少，于是民皆巢居以避之，昼拾橡栗，暮栖木上，故命之曰'有巢氏之民'"，进一步确认了我国祖先对野生果实的利用。到周朝和春秋战国时期，我国历史文献中开始有大量的关于果树栽培利用的记载，如《诗经·豳风》中有"八月剥枣"的记载，《诗经·魏风》中有"园有桃，其实之殽"，据此推断在 3000 多年前的周朝，我国人民就已经从事果树栽培相关的农业生产活动。成书于战国或两汉之间的《尔雅》，记载了冬桃、无核枣、杏等 30 多种果树及其优良品种。与《尔雅》同时期成书的《夏小正》，是我国现存最早的一部关于传统农事的历书，其中也有"囿有见杏"的记载。东汉大尚书崔寔模仿古时月令所著的农业著作《四民月令》记载了果树栽植时期，其中"正月，自朔暨晦，可移诸树竹漆桐梓松柏杂木，唯有果实者，及望而止"说的是果树应在正月十五前移栽。《周礼》对果树栽培中的灭虫做了相应记载，《氾胜之书》则最早记载了嫁接技术。元朝《农桑衣食撮要》和明朝《农政全书》介绍了果树栽培修剪技术；北魏末年贾思勰所著综合性农学著作《齐民要术》则第一次记载了果树栽培的疏花技术。由此可见，我国果树栽培具有悠久的历史。

近现代，我国果树栽培理论和技术得到了进一步发展。在20世纪20年代，一批留学归国人员在高校设立了本科果树方向，将国外新知识和先进技术介绍到我国以培养人才，同时还着手整理中国的果树种质资源和果树栽培技术与经验，与国内果树专业人才一起推动了果树教学和科研的发展。新中国成立后，果树产业得到了巨大发展。1952年，中国果树栽培面积为68万 hm^2，果树产量为244万t；到1980年，果树面积和果树产量分别增加到178万 hm^2 和679万t。在这一期间，还筛选培育出一大批果树良种，包括苹果160余个、柑橘120余个、梨70余个、桃100余个、葡萄60余个等。改革开放以后，果树产业得到进一步发展，2015年仅水果种植面积已经达到1280万 hm^2，产量达到1.74亿t；果树栽培面积和产量均已跃居世界第一。同期人均水果占有量超过120kg，位居世界前列。

四、我国果树栽培问题和发展趋势

（一）存在的主要问题

1. 土壤基础地力差 优良品质土壤是果树优质丰产的关键。但我国果品生产长期没有重视土壤地力培养，有机肥投入不够，化学肥料使用过多。研究表明，我国多数果园有机质含量在1%左右，而果树生产管理先进国家土壤有机质普遍在5%以上。土壤基础地力差导致果园可持续发展能力低。

2. 机械化程度低 随着我国城市化的进程加快，农村劳动力减少，劳动力成本上升，机械替代人力已经成为发展趋势。但现在果园多数是多年前建园，农艺技术与机械化生产不配套，导致机械化不能大范围推广。

3. 果品供应过剩 我国果品产量和栽培面积均居世界首位，人均果品消费也居世界前列。近年来时常发生果品滞销情况，表现为内销不旺，外销不畅。这主要是我国优质果占比较少，生产成本高，商品化程度不高等造成的。

4. 标准化果品生产园少 果品生产标准化是保证果品质量、降低生产成本的有效手段。目前我国标准化园不多，育苗、田间管理等技术环节标准化程度不高，这主要是生产观念落后、基层农技推广体系不完善、科技成果转化效率低等原因造成的。

（二）未来发展趋势

1. 果品生产的可持续化 随着我国经济的发展及人民生活水平的提高，人民对环境和食品安全越来越重视。果品生产的绿色化、可持续化是大势所趋。要做到果品绿色、可持续生产，就要在果品生产过程中用有机肥替代化肥；减少、限制农药使用，更多采用物理、生物防控技术。

2. 果品生产的良种化 良种是保证果品优质、丰产的基础。通过更新换代，淘汰低效品种和不适应现代化栽培技术的品种，降低果品生产的成本，提高果品质量，满足人们对高品质果品的需求。

3. 果品生产的标准化 果品标准化生产是实现果品优质安全生产的保证，是指导生产、引导消费的重要手段。要做到生产标准化，就需要针对不同果品生产和加工各个环节，研究制定标准化生产和加工方案，规范生产和加工行为，逐步打造标准化生产体系。

4. 果品生产的机械化   随着劳动力成本的上升、果园日渐标准化生产，机械化是果品生产的发展方向。这就要求从建园开始就要考虑机械化作业需求，农艺选择方面考虑与机械化操作相配套，相关机械在设计时也要考虑与农艺相适应。

五、学习果树栽培学的目的与要求

学习果树栽培学的主要目的就是掌握优质、高产、高效的果树生产理论和技术。要达成该目的，首先需要掌握选择栽培果树的生物学和生态学特性及栽培要求；然后了解栽培区域立地和生态条件；最后根据以上两点确定相应的栽培方法，实现优质、高产、高效生产。

要实现优质、高产、高效生产，就要求我们在学习过程中，首先应系统掌握基础理论知识：了解果树生长发育特点、环境对果树生长发育的影响，才能选择合适的农艺技术进行果树生产，才有解决果树栽培中遇到的各种问题的基本能力；其次应该全面提升动手实践能力：果树栽培学属于应用学科，实践是掌握相关知识的必要环节，没有实践能力只能是纸上谈兵；最后还要强调：果树栽培需要高超的农艺技术，更需要不怕吃苦的精神。同学们在从事果树栽培相关工作的过程中，常需要待在田间地头，体力劳动更是家常便饭，只有具有不怕吃苦的精神，才能做好相关工作，取得较好成绩。

第一章　果　树　分　类

果树分类（classification of fruit plant）是根据不同的目的、方法，识别和区分果树种和品种的泛称，基本内容包括分类、命名和鉴定。通过果树分类研究，了解果树种和品种及其亲缘关系，可以为提高现有果品产量、扩大果树栽培区域及合理利用果树资源培育新品种提供理论依据，促进我国果树产业的持续发展。

果树分类的范围既包括栽培果树，也包括野生果树。所以在果树分类中，除以种的分类为基础外，还包括栽培品种和品系。与种不同，品种和品系不是自然形成的，而是经过多年的人工定向选择培育的，它们要求一定的自然条件和农业技术措施。因此，品种也有其一定的适应区域。

植物分类学是果树分类的主要依据，对于野生果树的开发利用和栽培果树的品种改良都有很大帮助。但作为栽培作物，果树除按植物系统进行分类外，还有其他分类方法，也就是园艺学上实用的人为分类。这些分类有时往往不像植物系统分类那样严谨，却各有其栽培方面的应用价值。

第一节　我国果树的主要种类

一、植物学分类法

植物学分类法（botanical taxonomy）是指将果树植物按自然分类系统进行的分类。自然分类系统或称系统发育分类，是从 19 世纪后半期开始的。这种分类方法力求客观地反映出生物界的亲缘关系和演化发展。植物分类学家以物种为研究对象，从众多的植物种中建立起一个梯级结构的分类体系。在各个级别之间有层次关系，如沙梨在植物分类学中的位置为

　界 kingdom　　　　　植物 plant
　　门 phylum　　　　　　被子植物 Angiospermae
　　　纲 class　　　　　　　双子叶植物 Dicotyledoneae
　　　　目 order　　　　　　　蔷薇目 Rosales
　　　　　科 family　　　　　　蔷薇科 Rosaceae
　　　　　　亚科 subfamily　　　苹果亚科 Maloideae
　　　　　　　属 genus　　　　　　　梨属 *Pyrus*
　　　　　　　　种 species　　　　　　沙梨 *pyrifolia*

现代大部分的植物仍然是根据解剖学的性状来分类的，对以前未受重视的非结构性特性，如生理、生化的分类学意义也做了大量的研究。近代电子显微镜技术、细胞学、遗传学、植物化学及分子生物学等都为系统发育分类提供了新的条件。计算机的出现还使数量分类技术得以实现。自然分类系统正在日趋完善中，一些已经充分研究过的系统群的分类已接近真实的系统发育。植物分类学的科、属、种的排列，在果树资源开发利用、砧木和授粉树的选择、病虫害防治及品种改良等方面有很重要的参考价值。

果树种类是根据植物国际命名法则（International Code of Botanical Nomenclature，ICBN）

命名的。为了便于国际交流和统一植物名称，这项法则自 1866 年巴黎国际植物学会议开始，每隔 4～5 年即进行修订和补充，现已逐渐完善，为世界普遍采用。法则的主要原则有以下几点：①一种植物只能有一个合法的拉丁学名；②拉丁学名采用双名制，即一个属名加一个种名，属名在前，种名在后；③属名用名词，首字母大写，种名用形容词，首字母小写；④植物的全部种名应包括种名命名者的姓氏，放在种名之后，首字母大写；⑤若一种植物已有两种或更多的学名时，只有最早的和不违背命名法则的为合法名称。中国果树植物的名称与现代植物分类登记名称相比，大多数相当于植物的属名，有时在属名后加形容词便成为种名，如梨属（*Pyrus*）中的秋子梨、白梨、沙梨、豆梨、杜梨、新疆梨等。

二、我国主要果树种类

我国果树种类众多，包括目前栽培的和野生、半野生的，除果实或种仁鲜食外，还包括加工利用（果脯、果汁、酿造等）及供育种种质和砧木树种，是种质资源的重要财富。由于野生果树的不断发现和统计标准不一，各国学者对果树种类的统计结果很不一致。全世界果树总计有 2792 种，隶属 134 科 659 属，其中较重要的有 300 多种。根据刘孟军（1998）的初步统计，中国共有果树 81 科 223 属 1280 余种。其中尤以蔷薇科、芸香科、葡萄科、鼠李科、无患子科、桑科等种类较多，经济价值也较高。从世界果树看，山毛榉科、核桃科、芭蕉科、棕榈科、凤梨科、桃金娘科、漆树科、山竹子科、番木瓜科都很重要。以属而论，柑橘属、李属、苹果属、梨属、树莓属、葡萄属、山竹子属、猕猴桃属等都是果树种类较多的属。我国果树种类、原产地及其主要分布地区，按照植物分类系统主要介绍如下。

（一）裸子植物果树

1. 银杏科 Ginkgoaceae

银杏（白果）*Ginkgo biloba* L.　　我国原产。江苏、浙江、江西、湖北、湖南、四川、重庆、云南、贵州、广东、广西、山东、河北、山西、辽宁等省（自治区、直辖市）都有分布。以江苏邳州、泰兴，山东郯城，浙江长兴，广西灵川等地栽培最多。种仁可食。

2. 紫杉科 Taxaceae

（1）香榧 *Torreya grandis* Fort.　　我国原产。主产于浙江诸暨。种仁供食用。

（2）篦子榧 *T. fargesii* Franch.　　我国原产。云南、四川、湖北均有分布。种仁可榨油。

3. 松科 Pinaceae

（1）红松（果松、红果松、海松）*Pinus koraiensis* Sieb. et Zucc.　　我国原产。东北各省有分布。种籽粒大味美可食，也可榨油，俗称松子。

（2）华山松 *P. armandii* Franch.　　我国原产。主产于陕西华山一带。湖北、四川、云南有分布。种仁可食。

（3）云南松 *P. yunnanensis* Franch.　　我国原产。云南普遍分布。种仁可食用。

（二）被子植物果树

1.双子叶植物果树

4. 番荔枝科　Annonaceae

（1）番荔枝[佛头果（云南）]*Annona squamosa* L.　　热带美洲原产。我国广东、广西、云南、台湾、福建有栽种。果食用。

（2）牛心番荔枝 *A. reticulata* L.　　热带美洲原产。海南、广东、台湾、云南有少量栽种。果食用。

（3）秘鲁番荔枝 *A. cherimolia* Mill.　　秘鲁高地原产。台湾、广州少量引种。品质极佳。亚热带温暖地区可栽种。

（4）山刺番荔枝 *A. montana* Macfad.　　西印度群岛原产。我国台湾有少量栽种。果可食，品质较差。

（5）刺番荔枝（红毛榴梿、越南番荔枝）*A. muricata* L.　　热带美洲原产。我国广东、台湾、福建有少量栽种。果可鲜食也可作饮料与加工。有圆形和长椭圆形两种。

（6）圆滑番荔枝（牛心果）*A. glabra* L.　　热带美洲原产。我国云南、广西、广东、浙江、台湾有栽种。亚洲热带地区也有栽培。

5. 樟科　Lauraceae

（1）鳄梨（牛油果）*Persea americana* Mill.　　墨西哥与中美洲原产。广东、福建、广西、台湾有栽种。果食用，含脂肪丰富，营养价值极高。

（2）大叶润楠（古山油梨）*P. kusanoi*（Hay.）H. L. Li　　我国原产。台湾野生。

6. 木通科 Lardizabalaceae

（1）三叶木通 *Akebia lobata* Decne.［*A. trifoliata*（Thunb.）Koidz.］　　我国原产。陕西、山东、江苏、浙江、河南、湖北、江西、四川、广东野生。果可食。

（2）木通 *A. quinata* Decne　　我国原产。江苏、浙江、河南、湖北、江西、四川、广东野生。果可食。

（3）牛姆瓜（大花牛姆瓜）*Holboellia grandiflora* Réaub.　　我国原产。四川、湖北有分布。果可食，种仁榨油。

（4）五月瓜藤 *H. fargesii* Reaub　　我国原产。湖北、江西、云南有分布。果可食。

（5）野木瓜（麻藤包）*Stauntonia chinensis* DC.　　原产于海南、福建，有野生存在。在华南、长江流域均有分布。种仁食用。

7. 阳桃科 Averrhoaceae

（1）阳桃（羊桃、五敛子）*Averrhoa carambola* L.　　华南原产。广东、广西、福建、云南、四川、台湾栽培，果食用。酸阳桃也称三敛，为本种的栽培种。

（2）多叶酸阳桃 *A. bilimbi* L.　　马来西亚原产。台湾、广东有栽种。果极酸，加工调味用。

8. 安石榴科（石榴科）Punicaceae

石榴（安石榴）*Punica granatum* L.　　亚洲中部至近东原产。新疆、陕西、河北、河南、山东、湖北、安徽、云南、广东、广西等地均有栽培。果食用和观赏。

9. 山龙眼科 Proteaceae

（1）澳洲坚果（昆士兰栗、光滑澳洲坚果）*Macadamia integrifolia* Maiden et Betche（*M. ternifolia* F. Muell.）　　澳大利亚原产。广东、广西、福建、台湾有栽种。种仁食用。

（2）四叶澳洲坚果（粗壳澳洲坚果）*M. tetraphylla* L. A. S. Johnson　　澳大利亚原产。广东、广西、福建、台湾有栽种。种仁食用。

10. 五桠果科（第伦桃科、锡叶藤科）Dilleniaceae

（1）五桠果（第伦果）*Dillenia indica* L.　　台湾、广东少量栽培。云南野生。果可食。

（2）小花五桠果 *D. pentagyna* Roxb.　　印度、马来西亚原产。我国海南野生。广东、台湾有栽培。果可食。

11. 大风子科（刺篱木科） Flacourtiaceae

（1）锡兰莓（锡兰鹅莓）*Dovyalis hebecarpa*（Gardner.）Warb. 斯里兰卡原产。广州、厦门、台湾有栽种。果鲜食和作饮料用。

（2）刺篱木（刺子）*Flacourtia indica* Merr. 马来西亚与马达加斯加原产。海南与云南野生。果食用。

（3）大刺篱木果 *F. ramontchi* L. Hev. 主要分布于广西、贵州、云南等省（自治区）。果大甘甜，可以生食，供制蜜饯和果酱。

（4）大叶刺篱木（罗庚梅）*F. rukam* Zoll. et Mori. 马来西亚与菲律宾原产。海南、厦门、云南、台湾有栽种或野生。果与叶可食。

（5）罗比梅（无刺篱木、紫梅）*F. inermis* Roxb. 马来西亚原产。台湾有栽培。

（6）罗旦梅（云南无刺篱木）*F. jangomas* Raeusch 马来西亚原产。台湾有栽培。

12. 西番莲科 Passifloraceae

（1）西番莲（时计果、紫色西番莲）*Passiflora edulis* Sims. 巴西原产。广东、福建、云南、广西、台湾有栽种，为本属中栽培最普遍者。果食用和加工。

（2）黄色西番莲 *P. edulis* var. *flavicarpa* Deg. 广东近年引进，台湾有栽种。

（3）大西番莲 *P. quadrangularis* L. 南美洲原产。广东、台湾有栽培。为本属中果形最大者，品质差。

13. 葫芦科 Cucurbitaceae

（1）油渣果（猪油果）*Hodgsonia macrocarpa* Cogn. 我国云南原产。广东、广西、云南有栽种。种仁可食和榨油。

（2）罗汉果 *Thladiantha grosvenorii*（Swing.）C. Feffrey（*Momordica grosvenori* Swing.）我国广西原产。广东、广西有栽种。果食用和药用。

14. 番木瓜科（万寿果科）Caricaceae

（1）番木瓜（木瓜）*Carica papaya* L. 秘鲁原产。广东、广西、福建、台湾、云南、四川、贵州有栽培。鲜果食用和加工。种子含油 25%。

（2）墨西哥异木瓜 *Jacaratia mexicana* A. DC. 墨西哥至中美洲原产。我国海南、广东引进。果可食和糖渍用。

15. 仙人掌科 Cactaceae

仙人掌果 *Opuntia ficus-indica* Mill. 墨西哥原产。世界热带、亚热带地区广泛栽种。广东、云南、四川野生。果可食。

16. 油桃木科 Caryocaraceae

油桃木（圭亚那黄油果）*Caryocar nuciferum* L. 巴西和圭亚那原产。海南、云南、四川有少量栽种。种仁供食用和榨油。

17. 猕猴桃科 Actinidiaceae

（1）中华猕猴桃（猕猴桃、羊桃）*Actinidia chinensis* Planch. 我国原产。陕西、河南、安徽、江苏、浙江、湖北、湖南、江西、福建、广西、广东有分布和栽培。世界上栽培的均属于本种。有 3 个变种，其中之一名为硬毛猕猴桃 *A. chinensis* var. *hispida* C. F. Liang.，过去常作为中华猕猴桃。果食用。

（2）软枣猕猴桃（藤瓜、软枣子）*A. arguta* Miq. 我国原产。黑龙江、吉林、辽宁、河北、河南、陕西、山东、安徽、浙江、江西、云南有分布和野生。果食用。本种有 5 个变种。

（3）硬齿猕猴桃（京梨）*A. callosa* Lindl.　　我国原产。有 7 个变种,以京梨猕猴桃（*A. callosa* var. *henryi* Maxim.）分布最广和最重要。陕西、甘肃、四川、云南、贵州、安徽、浙江、江西、福建、湖北、湖南、广东、广西有分布。果可食。

（4）金花猕猴桃 *A. chrysantha* C. F. Liang　　我国华南原产。广西东北部、广东西北部、湖南南部有分布。

（5）毛花猕猴桃（毛冬瓜）*A. eriantha* Benth.　　我国华南原产。贵州、湖南、浙江、江西、福建、广东、广西有分布。果可食和酿酒。

（6）华南猕猴桃 *A. glaucophylla* F. Chun.　　我国华南原产。湖南、广东、广西、贵州野生。有 3 个变种。

（7）狗枣猕猴桃（东北猕猴桃）*A. kolomikta*（Rupr. & Maxim.）Maxim.　　我国原产。黑龙江、吉林、辽宁、河北、陕西、湖北、四川、云南有分布。果可食。

（8）葛枣猕猴桃（木天蓼）*A. polygama*（Sieb. & Zucc.）Maxim.　　我国原产。吉林、辽宁、山东、甘肃、陕西、河南、湖北、湖南、浙江、四川、云南有分布。果可食,也可药用。

（9）四萼猕猴桃 *A. tetramera* Maxim.　　我国原产。甘肃、陕西、河南、湖北、四川有分布。有 2 个变种。

（10）毛蕊猕猴桃（大羊桃）*A. trichogyna* Franch.　　我国原产。四川、湖北有分布。果可食。

（11）黑蕊猕猴桃 *A. melanandra* Franch.　　我国西北、西南野生。

（12）对萼猕猴桃 *A. valvata* Dunn.　　我国华东、中南野生。

（13）显脉猕猴桃 *A. venosa* Rehd.　　我国西南野生。

（14）阔叶猕猴桃 *A. latifolia* Merr.　　主产于长江以南地区。

18. 桃金娘科 Myrtaceae

（1）水翁（水榕）*Cleistocalyx operculatus*（Roxb.）Merr. et Perry（*Eugenia operculata* Roxb.）我国原产。广东、广西野生。果可食与药用。

（2）红果仔（毕当茄、番樱桃）*Eugenia uniflora* L.　　巴西原产。广东、福建有栽培。果鲜食和加工,也作药用。

（3）水蒲桃（无色番樱桃）*E. aquea* Burm. F.　　马来西亚原产。台湾有栽培。

（4）巴西蒲桃（巴西番樱桃）*E. brasiliensis* Lam.　　巴西原产。台湾有栽培。

（5）番石榴 *Psidium guajava* L.　　热带美洲原产。广东、广西、福建、台湾、云南、江西、四川、贵州有栽培和野生。果鲜食和加工。

（6）中国草莓番石榴 *P. littorale* Raddi　　华南原产。海南有野生分布。

（7）草莓番石榴 *P. cattleianum* Sabine　　巴西原产。广东、广西、福建、台湾有栽种。

（8）菲油果（南美梫）*Feijoa sellowiana* Berg.　　巴西、乌拉圭等地原产。广东、云南有少量栽种。

（9）蒲桃 *Syzygium jambos* Alston（*Eugenia jambos* L.）　　东南亚长期栽种。广东、广西、福建、台湾有栽培。果食用,包括有核种和无核种。

（10）海南蒲桃（乌墨）*S. hainanense* H. T. Chang & R. H. Miao　　我国、印度至澳大利亚原产和分布。广东、广西野生。印度与印度尼西亚已选出优良类型。

（11）莲雾（洋蒲桃）*S. samarangense* Merr. & Perry（*Eugenia javanica* Lam.）　　马来西亚与印度原产。广东、福建、台湾有栽培。果食用。

（12）大果莲雾（马六甲蒲桃）*S. malaccense* Merr. & Perry （*Eugenia malaccense* L.）　马来西亚原产。云南野生。台湾有栽培。

（13）桃金娘（岗稔）*Rhodomyrtus tomentosa*（Ait.）Hassk.　华南原产。斯里兰卡、菲律宾有分布。广东、广西野生。印度与印度尼西亚已选出优良类型。果食用。

19. 玉蕊科 Lecythidaceae

（1）巴西栗（鲍鱼果）*Bertholletia excelsa* H. B. K.　巴西原产。海南有栽培。种仁食用。

（2）大猴胡桃 *Lecythis zabucajo* Aubl.　台湾有少量栽培。

20. 使君子科　Combretaceae

榄仁树（山枇杷、法国枇杷）*Terminalia catappa* L.　安达曼群岛原产。广东有零星栽种。种仁细小，可食和榨油。

21. 山竹子科（藤黄科）Guttiferae

（1）山竹子（凤果、莽吉柿、倒捻子）*Garcinia mangostana* L.　马来西亚原产。台湾、海南有栽种。果实为本属中品质最佳者。

（2）云树（云南山竹子）*G. cowa* Roxb.　我国云南原产。印度、越南野生。果可食，味酸。

（3）多花山竹子（木竹子、山橘子、黄牙果）*G. multiflora* Champ.（*G. hainanensis* Merr.）　我国海南、中南半岛原产。海南、广东、广西、云南、台湾、福建、江西野生。果可食，品质差，略带涩味。种子可榨油。

（4）岭南山竹子（岭南倒捻子）*G. oblongifolia* Champ.　我国华南原产。广东、广西野生。果可食，种仁可榨油。

（5）人面山竹子（人面果、歪歪果）*G. tinctoria*（DC.）W. F. Wight　云南野生。

（6）大叶藤黄（鸡蛋树、香港倒捻子）*G. xanthochymus* Hook. F.　马来西亚原产。台湾引种，广东野生。

（7）马米杏（美洲曼蜜果）*Mammea americana* L.　热带美洲与西印度原产。台湾有栽种。果食用，花制香水。

（8）猪油树（猪油果、牛油树）*Pentadesma butyracea* Sabine.　热带非洲原产。海南有栽种。种仁可食和榨油。

（9）红厚壳（海棠木、琼崖海棠）*Calophyllum inophyllum* L.　海南野生。种仁榨油。成熟果可食但有毒。

22. 椴树科 Tiliaceae

（1）毛叶解宝树（毛果扁担杆）*Grewia eriocarpa* Juss.　海南野生。果可食。

（2）破布叶（布渣叶）*Microcos paniculata* L.　海南野生。果可食。

23. 杜英科 Elaeocarpaceae

（1）锡兰橄榄 *Elaeocarpus serratus* L.　喜马拉雅山东北部原产。台湾、广东、福建有栽种。果可食和加工。

（2）水石榕（海南胆八树）*E. hainanensis* Oliv.　我国广东原产。海南野生。果似橄榄，可食。

（3）披针叶杜英（冬桃）*E. lanceaefolius* Roxb.　我国广东原产。广东、广西、福建野生。果可食，形似橄榄。

（4）文定果 *Muntingia calabura* L.　北美洲原产。台湾、广东有少量栽种。果可食。

24. 锦葵科 Malvaceae

玫瑰茄 *Hibiscus sabdariffa* L. 广东、广西、福建、台湾有栽种。果食用和加工。

25. 梧桐科 Sterculiaceae

（1）苹婆（凤眼果）*Sterculia nobilis* Smith 我国华南原产。广东、广西、福建、台湾有栽种。种仁食用。

（2）假苹婆 *S. lanceolata* Cav. 菲律宾原产。广东、广西、云南有分布。

（3）台湾苹婆（兰屿苹婆、吕宋苹婆）*S. ceramica* R. Brown 菲律宾原产。我国台湾有栽培。种仁食用。

（4）臭味苹婆（掌叶苹婆）*S. foetida* 亚洲、东非及澳大利亚北部热带地区原产。现台湾、广东等地有栽培。花有臭味，种子炒熟后可食。

（5）可可 *Theobroma cacao* L. 热带美洲原产。台湾、海南有栽种。

（6）可乐果 *Cola acuminata* Schott. et Endl. 广东、四川有栽种。种仁作饮料和药用。

26. 木棉科 Bombaceae

（1）猴面包 *Adansonia digitata* L. 热带非洲原产。我国台湾、海南、广东有少量引种。果和种子可食。

（2）榴梿 *Durio zibethinus* Murray 马来群岛原产。也是该地区的重要和著名水果。海南有少量栽培。果和种子均可食。

（3）瓜栗（马拉巴栗）*Pachira macrocarpa* Walp. 墨西哥与中美洲原产。福建、广东、台湾有少量栽种。种仁食用。

27. 金虎尾科 Malpighiaceae

西印度樱桃 *Malpighia glabra* L.（*M. punicifolia* L.） 西印度原产。广东、云南、台湾有栽种。果鲜食或加工。果中维生素 C 含量极高［（1～4）g/100g 果汁］。

28. 大戟科 Euphorbiaceae

（1）油甘子（余甘、滇橄榄）*Emblic officinalis* Gaertn.（*Phyllanthus emblica* L.） 我国华南原产。福建、广东、广西、台湾、四川有栽培和野生。果鲜食和加工。

（2）五月茶（五味子）*Antidesma bunius*（L.）Spreng. 我国华南野生。美国佛罗里达州、印度尼西亚与波多黎各作果树栽种，并选出优良品种。果可食。

（3）木奶果 *Baccaurea sapinda* Muell. 我国华南原产。海南和云南野生。果可食。

29. 醋栗科（茶藨子）Grossulariaceae

（1）欧洲醋栗 *Grossularia reclinatum*（*Ribes grossularia* L.） 欧洲原产。我国东北和新疆各地均有栽培。

（2）长序茶藨子（长序穗醋栗）*Ribes longeracemosum* Ranch. 我国原产。东北、华北、西北有栽培。果鲜食和加工。

（3）东北茶藨子 *R. mandshuricum* Kom. 原产于我国辽宁、吉林、黑龙江等省。朝鲜和西伯利亚也有分布。果可食。

（4）欧洲黑醋栗（黑茶藨子）*R. nigrum* L. 欧亚大陆原产。东北、华北、西北有栽种。果食用。

（5）水蒲桃茶藨 *R. procumbens* Pall. 欧洲原产。东北有少量栽培。

（6）欧洲红穗醋栗（红茶藨子）*R. sativum* L.（*R. rubrum* L.） 欧洲西部原产。东北和新疆有栽培。果食用。

（7）阿尔丹茶藨 *R. dikuscha* Fish.　　野生于黑龙江。抗寒力强。果可食。

（8）乌苏里茶藨子 *R. ussuriense* Jancz.　　野生于小兴安岭一带。果可食。

30. 蔷薇科 Rosaceae

（1）苹果 *Malus pumila* Mill.（*Pyrus malus* L.）　　高加索原产。我国华北、东北和西北等地有栽培。品种很多。本种有三个变种：①道生苹果（Doucin）*M. pumila* var. *praecox* Pall.；②乐园苹果（Paradise）*M. pumila* var. *paradisica* Schneid.；③红肉苹果 *M. pumila* var. *niedzwetzkyana* Dieck.

（2）新疆野生苹果（塞威氏苹果）*M. sieversii* Ldb.　　野生于新疆霍城县。果可食，也可作砧木。

（3）吉尔吉斯苹果 *M. kirghisorum* Al. et An.　　野生于新疆天山北麓的巩留、新源等县。果可食。

（4）沙果（花红）*M. asiatica* Nakai　　我国原产。华北、西北有栽培。果可食。

（5）海棠果 *M. prunifolia*（Willd.）Borkh.　　我国原产。分布于内蒙古、辽宁、河北、河南、山东、山西、陕西、甘肃、新疆等省（自治区）。果可食，也可作砧木。

（6）山定子（山荆子）*M. baccata*（L.）Borkh.（*Pyrus baccata* L.）　　我国原产。东北、华北、西北有分布。作砧木用。

（7）毛山定子（毛山荆子）*M. manshurica*（Maxim.）Komarov（*Pyrus baccata* var. *manshurica* Maxim.）　　我国东北原产。分布于我国东北部、北部、西北部。作砧木用。

（8）三叶海棠 *M. sieboldii*（Reg.）Rehd.　　我国原产。辽宁、山西、陕西、甘肃、浙江有少量栽种。作砧木用。

（9）湖北海棠 *M. hupehensis*（Pamp.）Rehd.（*M. theifera* Rehd.）　　我国原产。华南、华东及华北有分布。作砧木用。

（10）河南海棠 *M. honanensis* Rehd.　　我国原产。河南、山西及陕西有分布。作砧木用。

（11）甘肃海棠（陇东海棠）*M. kansuensis*（Batal.）Schneid.（*Pyrus kansuensis* Batal.）　　我国原产。甘肃、陕西、四川有分布。作砧木用。

（12）西府海棠 *M. micromalus* Mak.　　我国原产。华北、西北有分布。山东栽培最多，果可食，砧木用。

（13）花叶海棠 *M. transitoria*（Batal.）Schneid.（*Pyrus transitoria* Batal.）　　我国原产。内蒙古、甘肃、青海、陕西、四川等地有分布。作砧木用。

（14）变叶海棠 *M. toringoides*（Rehd.）Hughes.　　我国西北、西南原产。育种用。

（15）沧江海棠 *M. ombrophila* Hand.-Mazz.　　我国云南、四川原产和分布。育种用。

（16）锡金海棠 *M. sikkimensis*（Hook. f.）Koehne　　我国云南、西藏原产。不丹、印度北部（包括锡金邦）有分布。作砧木用。

（17）垂丝海棠 *M. halliana* Koehne　　我国原产。江苏、浙江、安徽、陕西、四川、云南有分布。观赏用。

（18）川滇海棠（西蜀海棠）*M. prattii* Schneid.　　我国云南、四川原产和分布。育种用。

（19）滇池海棠 *M. yunnanensis*（Fr.）Schneid.（*Pyrus yunnanensis* Fr.）　　我国云南、四川原产和分布。观赏用。可试作砧木用。

（20）台湾林檎 *M. formosana* Kawak et Koidz.　　我国原产。广东、广西、台湾有分布。果可食和作砧木。

（21）尖嘴林檎 *M. melliana*（Hand-Mazz.）Rehd.　　我国原产。广东、广西、云南、浙江、安徽、江西、湖南等省（自治区）有分布。

（22）海棠花（花海棠）*M. spectabilis*（Ait.）Borkh.　　我国原产。观赏用，也可作砧木。

（23）丽江山定子（丽江山荆子、喜马拉雅山定子）*M. rockii* Rehd.［*M. baccata* var. *himalaica*（Maxim.）Schneid.］　　我国原产。云南西北部、四川东南部有分布。可作砧木用。

（24）秋子梨 *Pyrus ussuriensis* Maxim.　　我国原产。东北、华北、西北等地有分布和栽培。果可食，并作砧木用。

（25）白梨 *P. bretschneideri* Rehd.　　我国原产。黄河流域一带有栽培，以河北、山东、辽宁、山西、甘肃、陕西等省栽培较多。华北主要品种多属本种。

（26）沙梨 *P. pyrifolia*（Burm.）Nakai（*P. serotina* Rehd.）　　华南原产。长江以南、珠江流域一带有栽培。品种极多。

（27）西洋梨 *P. communis* L.　　亚洲西部至欧洲原产。山东、辽宁（旅顺、大连）栽培较多。品种很多。

（28）豆梨 *P. calleryana* Decne.　　我国原产。西北、华北至华南野生。作砧木用。

（29）杜梨 *P. betulaefolia* Bunge.　　我国原产。长江和黄河流域有分布。华北地区较多。主作砧木。

（30）褐梨 *P. phaeocarpa* Rehd.　　我国原产。华北、东北南部、西北等地有分布。果细小，作砧木用。

（31）川梨 *P. pashia* Buch.-Ham.　　我国华南原产。四川、云南、贵州有分布。缅甸、印度、不丹也有分布。作砧木用。有 2 个变种。

（32）滇梨 *P. pseudopashia* Yü　　云南、贵州原产和分布。

（33）麻梨（黄皮梨）*P. serrulata* Rehd.　　我国原产。我国北部、西部和西北部各省（自治区）有分布，广东、广西野生。作砧木用。

（34）新疆梨 *P. sinkiangensis* Yü　　我国原产。分布于新疆、青海、甘肃。为西洋梨与中国梨天然杂交种。品种很多。

（35）木梨 *P. xerophila* Yü　　我国原产。分布于西北各省（自治区）。主要作砧木用。

（36）杏叶梨 *P. armeniacaefolia* Yü　　我国原产。野生于新疆塔城。作砧木用。

（37）桃 *Prunus persica* Stoke.（*Amygdalus persica* L.）　　我国西北原产。全国各地均有栽培。有几个生态型和多数品种。有三个变种。

油桃 *P. persica* var. *nectarina* Maxim.（*Amygdalus persica* var. *nucipersica* L.）

蟠桃 *P. persica* var. *compressa* Bean.（*A. persica* var. *compressa* Bean.）

寿星桃 *P. persica* var. *densa* Mak.（*A. persica* var. *densa* Mak.）

（38）山桃 *P. davidiana*（Carr.）Franch.［*A. davidiana*（Carr.）Yü］　　我国原产。甘肃、陕西、山西、河南、河北、山东、四川等地野生。抗寒力强，作砧木用。种仁榨油食用。

（39）甘肃桃 *P. kansuensis* Rehd.（*A. kansuensis* Skeel.）　　野生于陕西、甘肃。作砧木用。

（40）西藏桃（光核桃）*P. mira* Koehne　　野生于西藏、四川。果食用。

（41）新疆桃 *P. persica* ssp. *ferganensis* Kost. et Riab.　　新疆及甘肃河西地区有分布。

（42）李（中国李）*P. salicina* Lindley.　　我国长江流域原产。分布于全国，浙江为主要产区，品种多。果食用。

（43）杏李（红李）*P. simonii* Carr.　　我国原产。河北有少量栽培。果食用。

（44）美洲李 *P. americana* March.　　美国原产。吉林、黑龙江有少量栽培。

（45）欧洲李（西洋李）*P. domestica* L.　　可能是亚洲西南部原产，也可能是杂交种。我国栽培不多。新疆南部有少量栽培。

（46）郁李 *P. japonica* Thunb.（*Cerasus japonica* Thunb.）　　我国原产。江苏、浙江、福建、山西、山东、河南、辽宁、广东有栽种。果可食，种仁药用，可作矮化砧木。

（47）加拿大李 *P. nigra* Ait.（*P. americana* var. *nigra*）　　加拿大至美国新英格兰地区一带原产。黑龙江、吉林有少量栽培。

（48）乌苏里李 *P. ussuriensis* Kov. et Kost.　　我国东北原产和栽种。最抗寒和优质果的种质。

（49）樱桃李（樱李）*P. cerasifera* Ehrh.　　原产于我国新疆，有很多变种。欧洲和美国有很多品种。

（50）梅 *P. mume* Sieb. & Zucc.（*Armeniaca mume* Sieb. et Carr.）　　我国原产。主要分布于长江以南各省（自治区、直辖市）。品种很多，分白梅类、青梅类和花梅类。有亚热带生态型。

（51）杏 *P. armeniaca* L.（*Armeniaca vulgaris* Lam.）　　我国原产。主要分布于长江以北至黄河流域，有很多品种。新疆栽培较多，伊犁地区有野生杏林。

（52）辽杏（东北杏）*P. mandshurica* Koehne.［*Armeniaca mandshurica*（Maxim.）Skvortz.］我国东北原产和野生。河北、山西偶见。

（53）西伯利亚杏（山杏、蒙古杏）*P. sibirica* L.［*Armeniaca sibirica*（L.）Lam.］　　我国东北原产。主要分布于黑龙江、内蒙古。抗寒力极强。

（54）藏杏 *P. holosericea* Batal.（*Armeniaca holosericea* Kost.）　　我国西藏东南部及四川西部原产。抗旱性强。

（55）扁桃（巴旦杏）*P. dulcis*（Mill.）D. A. Webb.（*P. communis* Arcang.，*Armeniaca communis* L.）　　我国新疆有野生与栽培。地中海地区大量栽种。种仁食用。

（56）四川扁桃 *P. dehiscens* Koehne　　我国西北原产和野生。

（57）矮扁桃 *P. nana*（L.）Stokes（*Amygdalus nana* L.）　　原产于东南亚、西亚和西伯利亚东部。北京引入。育种用。

（58）西康扁桃 *P. tangutica* Batal.（*Amygdalus tangutica* Korsh.）　　四川、青海、甘肃原产和分布。

（59）蒙古扁桃 *P. mongolica* Maxim.［*Amygdalus mongolica*（Maxim.）Yü］　　内蒙古原产。宁夏、甘肃、新疆、四川有分布。种仁食用。

（60）长柄扁桃 *P. pedunculata* Maxim.（*Amygdalus pedunculata* Pall.）　　内蒙古原产。西伯利亚东部有分布。抗寒，育种用。

（61）中国樱桃（樱桃）*P. pseudocerasus* Lindl.［*Cerasus pseudocerasus*（Lindl.）G. Don］我国湖北原产。主要分布于长江流域。华北也有少量栽种。

（62）甜樱桃 *P. avium* L.［*Cerasus avium*（L.）Moench］　　小亚细亚原产。山东、辽宁南部及河北、陕西（西安、宝鸡）等地有栽培。

（63）酸樱桃 *P. cerasus* Ledeb.（*Cerasus vulgaris* Mill.）　　山东、辽宁有少量栽培。

（64）毛樱桃（山豆子）*P. tomentosa* Thunb.（*Cerasus tomentosa*（Thunb.）Wall.）　　我国原产。西南、西北、东北、华北均有分布。果可食并作砧木用。

（65）山樱桃（樱花）*P. serrulata* Lindl.［*Cerasus serrulata*（Lindl.）G. Don.］　　产于我国黑龙江、辽宁、河北、江苏、浙江、安徽、贵州。日本、朝鲜也有分布。有很多变型，是日本樱花的重要亲本。

（66）草原樱花 *P. fruticosa* Pall.［*Cerasus fruticosa*（Pall.）G. Woron.］ 欧洲东部、中部至西伯利亚原产。果食用。

（67）马哈利樱桃（圆叶樱桃）*Prunus mahaleb* L.［*Cerasus mahaleb*（L.）Mill.］ 原产于欧洲及西亚。华北各地有引种栽培。

（68）木瓜 *Chaenomeles sinensis* Koehne 我国原产。山东、陕西、河南、浙江、湖北有栽培，广东也有分布。果实加工或药用，不能生食，但可作观赏用。

（69）贴梗海棠（木桃、贴梗木瓜、皱皮木瓜）*C. lagenaria* Koidz. 我国原产。华北、华中、西南各地及广东、广西有分布。果作蜜饯和观赏用。

（70）野山楂（小叶山楂）*Crataegus cuneata* Sieb. et Zucc. 我国原产。河南、湖北、江苏、浙江、江西、福建、贵州有分布。果小可食，也作砧木。

（71）湖北山楂（猴山楂）*C. hupehensis* Sarg. 我国原产。湖北山地野生。河南、江西、江苏、浙江、四川、陕西有分布。在湖北、浙江有栽培。果可食。

（72）山楂（山里红）*C. pinnatifida* Bge. 我国原产。河北、河南、山东、辽宁、陕西等有野生和栽培。果药食两用。有一变种，即大山楂 *C. pinnatifida* var. *major* N. E. Br.。

（73）红果山楂（辽宁山楂）*C. sanguinea* Pall. 我国原产。辽宁、河南、四川野生。

（74）云南山楂 *C. scabrifolia*（Fr.）Rehd. 我国原产。云南、贵州有野生和栽培。

（75）榅桲 *Cydonia oblonga* Mill. 中亚、伊朗一带原产。古代引入，华北、西北有栽培。主作砧木，可作洋梨矮化砧。果可煮食也可加工和药用。

（76）枇杷（卢橘）*Eriobotrya japonica* Lindl. 我国四川原产。浙江、江苏、福建、湖南、江西、四川、重庆、云南、广东、广西、贵州、新疆有栽培，以江苏、浙江栽培最多。

（77）台湾枇杷（赤叶枇杷）*E. deflexa*（Hemsl.）Nakai 我国华南原产。广东、广西、台湾有野生和栽培。果可食。

（78）山枇杷（香花枇杷）*E. fragrans* Champ. 我国华南原产。广东、广西野生。

（79）栎叶枇杷 *E. prinoides* Rehd. & Wils. 云南、四川原产。

（80）怒江枇杷 *E. salwinensis* Hand.-Mazz. 云南西北部原产。

（81）南亚枇杷（云南枇杷）*E. bengalensis*（Roxb.）Hook. f. 云南南部原产。印度、越南及马来西亚有分布。

（82）腾越枇杷 *E. tengyuehensis* W. W. Smith 云南腾冲原产。缅甸北部有分布。

（83）大花枇杷 *E. cavaleriei*（Levl.）（*E. grandiflora* Rehd.） 四川、重庆、贵州、湖北、湖南、江西、福建、广东、广西有分布。果可食。

（84）窄叶枇杷（狭叶枇杷）*E. henryi* Nakai 云南东南部原产。

（85）小叶枇杷（贵州枇杷）*E. seguinii*（Levl.）Cardotex 贵州西南部、云南东南部原产。

（86）麻栗坡枇杷 *E. malipoensis* Kuan 云南麻栗坡原产。

（87）石楠 *Photinia serrulata* Lindl. 我国原产。可作枇杷砧木。

（88）智利草莓 *Fragaria chiloensis* Duch. 为草莓栽培品种的原种。

（89）大果草莓（凤梨草莓、草莓）*F. grandiflora* Ehrh.（*F. ananassa* Duch.） 栽培品种草莓多以本种为亲本。

（90）麝香草莓 *F. moschata* Duch. 我国原产。河北、陕西、甘肃、湖北、四川、重庆、贵州野生。果可食。

（91）欧洲红树莓（树莓、覆盆子）*Rubus idaeus* L.（*R. strigosus* Michx.）　欧洲原产。我国东北地区栽培较多。新疆有野生和栽培，有多数变种和品种。

（92）美国红树莓 *R. idaeus* var. *strigosus* Michx.　美国原产。美国与加拿大栽培品种多属本种，有很多品种。我国东北地区栽培较多。

（93）黄蘑（小黄泡）*Rubus pectinellus* Maxim.　我国原产。云南中部高原普遍生长，结果多，品质好，可食。

（94）黑树莓 *R. occidentalis* L.　美国原产。东北有栽种，新疆有野生和栽培。果鲜食和加工。

（95）托盘（牛叠肚）*R. crataegifolius* Bunge　黑龙江、吉林有野生。果可食，极抗寒。

（96）茅莓 *R. parvifolius* L.　我国原产。广东至东北与西南，包括四川、江西、云南野生。果食用，根入药。

（97）悬钩子 *R. palmatus* Thunb.　我国原产。浙江、江苏、安徽、广东、广西野生。果可食，也可药用。

（98）川莓 *R. setchuenensis* Bur. et Fr.　我国原产。四川、重庆、云南有分布，果可食。

（99）秀丽莓 *R. amabilis* Focke.　我国原产。湖北、四川、重庆、甘肃、陕西有分布。果大色红，品质好，供食用。

（100）二花莓（粉枝莓、二花悬钩子）*R. biflorus* Buch-Ham.　我国原产。四川、重庆、云南、湖北有分布。果可食。

（101）山抛子（山莓）*R. corchorifolius* L. f.　我国原产。河北、江苏、浙江、福建、广东野生。果可食。

（102）宜昌悬钩子（黄泡子）*R. ichangensis* Hems. et Ktz.　我国原产。四川、重庆、湖北、贵州有分布。果可食。

（103）金樱子（刺梨）*Rosa laevigata* Michx.（*R. sinica* Ait.）　我国原产。长江流域至华南地区野生。

（104）刺梨（缫丝花）*R. roxburghii* Tratt.　我国原产。华南、西南有分布，以贵州的果实品质最佳。果可食，维生素 C 含量高。

31. 豆科　Leguminosae

（1）酸豆（罗望子）*Tamarindus indica* L.　非洲原产。海南、广西、台湾、福建、云南有分布，有甜、酸两个品种。

（2）角豆树（长角豆）*Ceratonia siliqua* L.　地中海原产。广州、福建、台湾有少量栽种。果荚食用，种子作饮料。

（3）喃喃豆 *Cynometra cauliflora* L.　印度与马来西亚原产。海南、厦门有少量栽种。荚果食用。

（4）太平洋栗（太平洋胡桃、塔希提栗子）*Inocarpus edulis* Forst.　马来西亚原产。台湾有栽种。种仁味似栗，供食用。

32. 黄杨科　Buxaceae

油蜡树（霍霍巴）*Simmondsia chinensis*（Link.）Schneider Jojoba.　墨西哥原产。广东、云南引种。种仁榨油。

33. 杨梅科 Myricaceae

（1）杨梅 *Myrica rubra*（Lour.）Sieb. et Zucc.　我国原产。以江苏、浙江、福建、广东栽

培最多，台湾、广西、云南也有。有许多品种，果可食和加工。

（2）细叶杨梅（青杨梅）*M. adenophora* Hance.　　我国原产。海南、广西有分布。果加工用。

（3）矮杨梅（滇杨梅）*M. nana* Cheval.　　我国海南、云南、贵州有野生。果可食，品质差。

34. 榛科 Corylaceae

（1）中国榛（平榛、榛子）*Corylus heterophylla* Fisch.　　我国西南部原产。东北、华北、西北及西南等地有分布。种仁食用，变种有：①川榛 *C. heterophylla* var. *sutchuenensis* Franch.；②滇榛 *C. heterophylla* var. *yunnanensis* Franch.（*C. yunnanensis* Franch.）。

（2）东北榛（毛榛、角榛）*C. mandshurica* Maxim. & Rupr.　　我国原产。分布于黑龙江、吉林、辽宁、河北、山西、山东、陕西、甘肃东部、四川东部和北部。国外朝鲜、俄罗斯远东地区、日本也有分布。

（3）欧洲榛 *C. avellana* L.　　欧洲与高加索原产。山东有少量栽培。有很多变种和品种，坚果可食用。本种是榛属中最重要的种。

（4）华榛（山白果榛）*C. chinensis* Franch.　　我国原产。分布于湖北、四川、重庆及云南。果可食。

（5）刺榛 *Corylus ferox* Wall.　　我国西北、西南原产。陕西、甘肃、云南、四川、重庆有分布。果可食。

35. 山毛榉科 Fagaceae

（1）板栗 *Castanea mollissima* Bl.（*C. bungeana* Bl.）　　我国原产。华北、西北、华中、华南各地有栽培。果食用。

（2）锥栗 *C. henryi* Rehd. et Wils.　　我国原产。浙江、江西、湖北、贵州、广西、广东、福建有分布。果食用。

（3）茅栗 *C. seguinii* Dode.　　我国原产。河南、陕西、浙江、安徽、湖北、四川、重庆、贵州、云南、广东、广西有分布。果可食，也作砧木。

（4）日本栗 *C. crenata* Sieb. et Zucc.　　我国原产。日本有分布。辽宁有栽种。

（5）尖叶栲（赤栲）*Castanopsis cuspidata* Schottky.（*Littocarpus cuspidata* Nakai）　　我国原产。广东、江西、浙江、台湾、云南有分布。果可食。

（6）红锥（栲栗、刺栲）*C. hystrix* A. DC.　　我国原产。广东、广西、湖南、江西、福建、浙江、云南、四川、重庆野生。果可食。

36. 桑科 Moraceae

（1）树菠萝（波罗蜜、木菠萝）*Artocarpus heterophyllus* Lam.（*A. intergrifolius* Auth.）印度原产。广东、广西、福建、海南、台湾、云南有栽种。果和种仁食用。种子为木本粮食。

（2）小树菠萝（小木菠萝、尖密拉）*A. integre*（Thunb.）Merr.　　马来西亚原产。海南、厦门有少量栽种。果和种仁食用，品质极佳。

（3）桂木（红桂木）*A. lingnanensis* Merr.　　我国华南原产。广东、广西、福建有分布。果食用或调味用。

（4）面包树（面包果）*A. altilis* Fosberg（*A. incisa* L. f.）　　马来群岛原产。海南、台湾有少量栽种。有无核种和有核种，果食用。

（5）无花果 *Ficus carica* L.　　土耳其原产。山东、江苏、浙江、广东、福建、新疆有栽培。

（6）果桑 *Morus alba* L.　　我国原产。我国西北及中部以南各省（自治区、直辖市）有栽种，以新疆南部、江苏、浙江最多。果食用。

（7）黑桑（食用桑）*M. nigra* L.　　亚洲中部原产。广东至山东烟台和新疆有栽种。果大，供食用。

（8）鸡桑（小叶桑）*M. australis* Poir.　　我国原产。华北、华南至西南均有。果大可食。

（9）蒙桑 *M. mongolica* Schneid.　　华北至西南各地有分布。果可制酒。

37. 鼠李科 Rhammaceae

（1）北枳椇（拐枣）*Hovenia dulcis* Thunb.　　我国原产。全国各省（自治区、直辖市）均有分布，多野生。果食用和酿酒。

（2）枣 *Zizyphus sativa* Gaertn.（*Z. jujuba* Mill.）　　我国原产。华北、西北、辽宁至华南栽培。品种极多。

（3）滇刺枣 *Z. mauritiana* Lam.　　热带非洲至亚洲原产，印度南部重要果树。云南及华南各省（自治区、直辖市）有分布。果小，可食。

（4）酸枣 *Z. spinosus*（Bge.）Hü　　我国原产。华北至西北野生。果小，味酸可食，作砧木用。

38. 胡颓子科　Elaeagnaceae

（1）胡颓子 *Elaeagnus pungens* Thunb.　　我国原产。除较寒冷地区外，全国各地均有分布。果可食和药用。

（2）秋胡颓子（牛奶子、甜枣）*E. umbellata* Thunb.　　我国原产。西南、华南和西北地区野生。果可食。

（3）沙枣 *E. angustifolia* L.　　我国原产。新疆、甘肃、青海、河南、辽宁、吉林、黑龙江野生。果可食。

（4）角花胡颓子 *E. gonyanthes* Benth.　　我国华南原产。广东、广西有分布。果味酸可食。

（5）木半夏（多花胡颓子）*E. multiflora* Thunb.　　我国原产。山东、江苏、浙江、福建、湖南、四川、重庆有分布。果可食。

（6）密花胡颓子（羊奶果、南胡颓子）*E. conferta* Roxb.　　云南南部和广西南部有分布。越南、马来西亚、印度也有分布。果可食。

（7）海南胡颓子 *E. gaudichaudiana* Schlecht.　　我国海南原产和野生。

（8）菲律宾胡颓子 *E. triflora* Roxburgh（*E. philippenensis* Perk.）　　菲律宾原产。广东引入栽种。果大，丰产。

39. 葡萄科 Vitaceae

（1）美洲葡萄 *Vitis labrusca* L.　　北美原产。华北、西北至华中有栽种，品种多。

（2）欧洲葡萄 *V. vinifera* L.　　地中海沿岸与中亚细亚原产。华北、西北、东北至长江流域有栽种。新疆、河北、山西为主产区，品种多。

（3）山葡萄 *V. amurensis* Rupr.　　我国原产。东北及华北北部有分布。果小，可酿酒和生食。

（4）刺葡萄 *V. davidii*（Rom.）Foex.（*V. thunbergii* Regel.）　　我国原产。湖南、江西、浙江、云南等省有野生和分布。

（5）葛藟葡萄 *V. flexuosa* Thunb.　　我国原产。河南、湖北、浙江、江西、云南、广东等省野生。果小，可生食和酿酒。

（6）毛葡萄 *V. pentagona* Diels. et Gilg.　　我国原产。湖北、安徽、江西、广西、云南等省（自治区）有分布。

（7）皮氏葡萄（复叶葡萄）*V. piasezkii* Maxim.（*Parthenocissus sinensis* Diels & Gilg.）　　我

国原产。陕西、甘肃、河南、湖北、四川、重庆、新疆野生。

（8）蔓薁葡萄 *V. thunbergii* Sieb. et Zucc.　　我国原产。河北、山东、湖北、江苏、江西、湖南、福建、广东、云南有分布。果可食。

40. 芸香科 Rutaceae

（1）枳（枳壳、枸橘）*Poncirus trifoliata*（L.）Raf.　　我国原产。长江流域南北及山东、河南南部地区有栽种。作矮化和抗寒砧木，果药用。

（2）金橘（罗浮金柑、长金柑、金枣）*Fortunella margarita*（Lour.）Swing.　　原产于我国浙江。长江至珠江流域有栽培。果食用。

（3）金弹（金柑）*F. crassifolia* Swing.［*F. margarita*（Lour.）Swing.］　　我国原产。各柑橘产区均有栽种，以浙江栽种较多。品种多，为主要栽培种。

（4）金豆（山橘）*F. hindsii*（Champ.）Swing.　　我国华南原产。在浙江、福建、广东、广西、湖南野生。果小可食，可作矮化砧木。

（5）金柑（圆金柑、山金柑）*F. japonica*（Thunb.）Swing.　　我国华南原产。浙江、安徽、江西、福建、广东、广西、海南、台湾有栽种。

（6）长叶金柑 *F. polyandra*（Ridl.）Tanaka　　我国华南原产。海南野生。果较其他金柑略大，马来西亚有栽种。

（7）月月橘 *F. obovata* Tanaka　　我国华南原产。可能是杂交种。浙江、福建、江苏有栽种。多供盆栽用。

（8）柚（文旦）*Citrus grandis*（L.）Osbeck　　中南半岛及我国华南原产。广东、广西、福建、四川、重庆、云南、贵州、江西、浙江等地有栽培。品种极多（一般长形称为柚，圆形称为文旦）。

（9）绿檬（来檬）*C. aurantifolia*（Christ.）Swing.　　马来西亚西部原产。我国云南、广东、四川、台湾有少量栽种。

（10）柠檬（洋柠檬）*C. limon*（L.）Burm. f.　　广东、广西、四川、重庆、江西、海南、台湾有栽培。地中海沿岸及美国加利福尼亚州广泛栽种。

（11）黎檬（广东柠檬）*C. limonia* Osbeck　　我国华南原产，可能是杂交种。广东新会、潮安与福建诏安有栽培，作加工和药用，也作砧木。有红黎檬和白黎檬。

（12）枸橼（香橼）*C. medica* L.　　我国华南原产。广东、广西、福建、浙江、四川、重庆、云南、江西、湖南、湖北、贵州有栽培。果供加工、药用。可观赏，也作矮化砧。

（13）佛手 *C. medica* var. *sarcodactylis*（Nort.）Swing.　　我国华南原产。以浙江、广东栽培较多。加工、药用和观赏。

（14）四季橘 *C. mitis* Blanco（*C. microcarpa* Bge.）　　亚洲原产，可能是杂交种。广东、广西有栽种。果酸，可加工和作砧木。

（15）葡萄柚 *C. paradisi* Macf.　　西印度原产。我国四川、重庆、浙江、台湾、广东、福建有栽种。品种多。

（16）宽皮橘（柑橘）*C. reticulata* Blanco　　我国华南原产。长江至珠江流域普遍栽种，有很多优良品种。易与其他柑橘属杂交，产生天然杂交种。

（17）温州蜜柑 *C. reticulata* Blanco cv. Unshiu Marc.　　主产于浙江省温州市，又称无核橘，是宽皮柑橘中的一个品种。明代温州瓯柑引入日本，后经改良成为皮薄无核、味甜如蜜的柑橘品种。

（18）甜橙 *C. sinensis*（L.）Osbeck　　我国华南原产。广东、广西、福建、四川、重庆、云南、贵州、湖南、湖北、陕西、江西、浙江、台湾等地有栽培。有几个类型和多数品种。

（19）酸橙 *C. aurantium* L.　　浙江、江西、湖南、湖北、四川、广东、广西有栽种。果酸。作砧木用。有很多变种。

（20）玳玳花 *C. aurantium* L. var. *amara* Engl.（*C. aurantium* cv. Daidai）　　主产于江苏、浙江，以花蕾入药。

（21）酸橘 *C. sunki* Hort. ex Tanaka　　广东、广西、福建、台湾有栽种。作砧木用。

（22）香橙（蟹橙）*C. junos*（Sieb.）Tanaka　　产于长江流域各省（直辖市）。可作砧木。

（23）宜昌橙 *C. ichangensis* Swing.　　湖北及湖南野生。作砧木或果入药。

（24）红河橙 *C. hongheensis* Y. L. D. L.　　云南野生。四川少量分布。

（25）皱皮柠檬（马蜂橙、箭叶橙）*C. hystrix* DC.　　云南野生。广东、四川有栽种。

（26）大翼厚皮橙 *C. macroptera* var. *kerrii* Swing.　　分布于泰国、越南、云南和海南，云南西双版纳景洪县野生。

（27）朱橘（朱砂橘、朱红橘）*C. erythrosa* Hort. et Tanaka　　产于我国东南部。果肉可食。

（28）齿叶黄皮 *Clausena dunniana* H. Lév.　　广东、广西、云南、湖南野生。果细小但可食。

（29）黄皮 *C. lansium*（Lour.）Skeels.　　广东、广西、海南、福建、台湾、云南有栽培。品种众多。

（30）酒饼簕 *Atalantia buxifolia*（Poir.）Oliv.（*Severinia buxifolia* Tenore., *Atalantia hainanensis* Merr. et Chun. et Swing.）　　我国华南原产。广东、海南野生。果小不堪食，可作矮化砧。

（31）海南酒饼簕 *A. hainanensis* Merr. & Chun.　　我国华南原产。海南野生。可作矮化砧。

（32）云南酒饼簕（亨利酒饼簕）*A. racemosa* var. *henryi* Swing.　　我国华南原产，云南野生。

（33）九里香 *Murraya paniculata*（L.）Jack.　　我国华南原产。广东、云南野生。可作矮化砧。

（34）木橘（印度枳）*Aegle marmelos*（L.）Corr.　　印度北部和东南亚原产。云南、四川、重庆、台湾、广东有少量栽种。

（35）象橘（木苹果）*Feronia limonia*（L.）Swing.　　印度原产。云南、台湾有零星栽种。果食用和药用。

（36）白柿（白沙保打、香肉果）*Casimiroa edulis* Lave & Lex.　　墨西哥原产。广东、台湾有少量栽种，果可食。

41. 橄榄科 Burseraceae

（1）橄榄（白榄）*Canarium album* Raeusch.　　我国华南原产。广东、福建、广西、四川、重庆、云南、台湾有栽培。果鲜食或加工。

（2）乌榄（木威子）*C. pimela* Koenig.（*C. nigrum* Engl.）　　我国华南原产。广东、广西、福建、台湾有栽种。果和种仁食用，果肉加工和榨油。

（3）方榄（三角榄）*C. bengalense* Roxb.　　我国云南南部与广西野生。孟加拉国、印度东北部、缅甸、泰国和老挝有分布。果可食，种仁榨油。

（4）爪哇橄榄 *C. commune* L.　　印度尼西亚（马六甲）原产。台湾有少量栽种。种仁食用和榨油。

（5）滇榄 *C. strictum* Roxb.　　我国云南西双版纳原产。印度、缅甸北部有分布。果可食和榨油。

（6）越榄（黄榄果）*C. tonkinense* Engl.　　原产于我国云南。越南有分布。果和种仁食用，果肉加工和榨油。

（7）小叶榄 *C. parvum* Leenh.　　我国云南原产。越南有分布。

（8）毛叶榄 *C. subulatum* Guill.　　我国云南南部原产。越南、柬埔寨、泰国有分布。

42. 楝科 Meliaceae

（1）兰撒 *Lansium domesticum* Corr.　　印度尼西亚（马六甲）原产。广东、海南、台湾有栽种。有如下两个变种。

1）兰撒（杜古）*Lansium domesticum* var. *typical* Backer 种子细小，肉甜品质好。

2）茸毛兰撒 *Lansium domesticum* var. *pubescens* Kds. 枝梢有茸毛，种子大，肉酸。

（2）山陀儿 *Sandoricum indicum* Cav.　　马来西亚和印度尼西亚原产。台湾有栽种。果食用。

43. 无患子科 Sapindaceae

（1）龙眼 *Euphoria longana* Lam. 〔*Nephelium longana*（Lam.）Combes. *Dimocarpus longana* Lour.〕　　我国华南原产。广东、福建、广西、四川、云南、台湾有栽种。有许多品种。

（2）滇龙眼 *Dimocarpus yunnanensis*（W. T. Wang）C. Y. Wu et T. L. Ming　　我国云南原产。我国特有，产于云南金平。

（3）荔枝 *Litchi chinensis* Sonn.（*Nephelium litchi* Cambes.）　　我国华南原产。广东、广西、福建、四川、台湾、云南等广泛栽培。有很多品种。

（4）红毛丹（韶子）*Nephelium lappaceum* L.　　马来群岛原产。台湾、广西、海南有栽培，为东南亚著名水果之一。

（5）海南韶子 *N. topengii*（Merr.）How et Ho　　我国华南原产。海南、广西、云南有野生和栽种。

（6）山荔枝（巴拉仙、葡萄桑）*N. mutabile* Blume Palasan　　马来西亚原产。海南、台湾有少量栽种。

（7）番龙眼 *Pometia pinnata* Forest　　东南亚原产。台湾有少量栽种。果可食，种仁榨油。

（8）文冠果 *Xanthoceras sorbifolia* Bge.　　我国原产。山东、山西、河北、河南、陕西、辽宁、内蒙古、新疆等省（自治区）有分布。种仁可榨油供食用。

44. 漆树科　Anacardiaceae

（1）岭南酸枣 *Allospondias lakonensis*（Pierre）Stapf. 〔*Spondias chinensis*（Merr.）Metc.〕　　我国广东原产。广东、广西、福建野生。果可食，种仁榨油。

（2）腰果（槚如树）*Anacardium occidentale* L.　　南美洲原产。非洲、印度广泛栽培，海南、广东、台湾有栽种。种仁食用和榨油。

（3）芒果 *Mangifera indica* L.　　印度至东南亚原产。广东、广西、福建、云南、台湾、四川有栽培。有几个品系和很多品种。

（4）桃叶芒果（扁桃）*M. persiciformis* C. Y Wu et T. L. Ming　　广西、云南有分布，少量栽培。果可食，可作砧木。

（5）林生芒果 *M. sylvatica* Roxb.　　东南亚各国普遍分布。可作育种材料。

（6）庚大利芒果（枇杷杧）*Bouea macrophylla* Griff.　　马来群岛原产。印度尼西亚、马来西亚、菲律宾有分布。我国台湾有引种和栽种。果食用。

（7）李芒果 *B. microphylla* Engler　　海南、广西野生。

（8）对生叶芒果 *B. oppositifolia* Meissom.　　马来西亚原产。海南野生。

（9）山榄子（豆腐果）*Buchanania latifolia* Roxb.　　亚洲热带地区原产。云南、海南野生。种仁可生食或榨油。

（10）小叶山榄子 *B. microphylla* Engl.（*Spondias elliptica* Rottb.）　　广西、海南野生。

（11）木山榄子 *B. arborescens* Bl.　　我国台湾南部海岸野生。

（12）阿月浑子 *Pistacia vera* L.　　伊朗原产。新疆南部有栽培。

（13）黄连木（楷）*P. chinensis* Bunge　　我国原产。云南、四川、河北、山东、辽宁、广东、广西有分布。可作阿月浑子砧木，种仁可榨油和食用，嫩叶可代茶。

（14）南酸枣（酸枣）*Choerospondias axillaris*（Roxb.）Burtt. et Hill（*Spondias axillaris* Roxb.）　　我国华南原产。广东、广西、福建、四川、云南野生。果可食。

（15）仁面（人面子、银稔）*Dracontomelon duperreanum*（Blanco）Merr. et Rolfe.（*D. sinense* Stopf.）　　我国广东原产。我国广东、广西、云南至菲律宾有分布。广东少量栽培和作庭院绿化用。果加工和药用。

（16）加椰芒（金酸枣）*Spondias cytherea* Sonn.　　南太平洋群岛原产。马来西亚、印度尼西亚、泰国有分布。福建厦门、台湾有少量栽种。果食用。

（17）黄酸枣（黄槟榔青）*S. mombin* L.　　美洲原产。我国台湾有栽培。

（18）红酸枣（槟榔青）*S. pinnata*（L. f）Kurz.　　马来西亚原产。海南有野生和栽培。

45. 核桃科（胡桃科）Juglandaceae

（1）核桃 *Carya cathayensis* Sarg.　　我国原产。浙江、安徽、贵州等省有栽种。果食用。

（2）长山核桃（薄壳山核桃、美国山核桃）*C. illinoensis*（Wangenh）K. Koch.［*C. pecan*（Marsh.）Engler & Graebn.］　　美国原产。浙江、江苏、福建、广东、广西、四川、江西、河北有栽培。果食用，有很多品种。

（3）越南山核桃 *C. tonkinensis* H. Lee　　越南原产。云南有栽培。种仁可榨油。

（4）核桃（胡桃）*Juglans regia* L.　　亚洲西部和我国原产。华北、西南、西北至华南等地都有栽种。有许多品种。

（5）野核桃 *J. cathayensis* Dode　　我国原产。分布于湖北、湖南、江苏、云南、四川、广西等地。果可食，主作砧木用。

（6）麻核桃（华北核桃）*J. hopeiensis* Hu　　河北山区野生。果小。可作砧木用。

（7）核桃楸 *J. mandshurica* Maxim.　　我国原产，分布于东北各地，有一些变种。种仁食用和榨油，可作砧木用。

（8）铁核桃（漾濞核桃）*J. sigillata* Dode　　我国原产。云南、贵州、四川、西藏南部有分布。

（9）台湾野核桃 *J. formosana* Hayata.　　我国台湾原产。福建、浙江、江西、江苏、安徽等省有分布。

46. 山茱萸科 Cornaceae

（1）吴茱萸 *Cornus officinalis* Sieb. et Zucc.　　河南、湖北、浙江有分布。

（2）毛梾 *C. walteri* Wang.　　华北、华东、中南有分布。种仁榨油。

（3）欧洲山茱萸 *C. mas* L.　　欧洲、亚洲和北非原产。在许多地方广泛栽植。

47. 越橘科（杜鹃科）Vacciniaceae

（1）越橘 *Vaccinium vitis-idaea* L.　　我国原产。东北中部野生，果食用、酿酒和制果酱用。

（2）蔓越橘 *V. oxycoccus* L.（*Oxycoccus palustris* Pers.）　亚洲、美国、欧洲有分布。我国北部至东北有栽种，果食用和加工。

（3）乌饭树（苞越橘）*V. bracteatum* Thunb.　我国原产。江苏、浙江、安徽、广西、江西、湖北、湖南、广东、台湾野生。果食用。

（4）笃斯越橘 *V. uliginosum* L.　我国东北长白山野生。果鲜食，作果汁和酿酒。

48. 柿科 Ebenaceae

（1）柿 *Diospyros kaki* L. f.（*D. chinensis* Bl.）　我国原产。除严寒地区外，从辽宁南部、华北、西北、西南到海南均有栽种。有温带和亚热带生态型及很多品种，有4个变种。

（2）君迁子 *D. lotus* L.　我国原产。除严寒地区外，全国各地均有分布。果可食，主要作砧木用。

（3）香柿（毛柿、异色柿）*D. discolor* Willd.［*D. utilis* Hemsl.，*Diospyros philippensis*（Desr.）Guerke］　菲律宾原产。我国广东有栽种。果食用，有香味，也可作柿的砧木。有无核种和有核种。

（4）罗浮柿（山柿）*D. morrisiana* Hance　我国广东原产。广东、福建、浙江、台湾野生。果可制取柿漆。

（5）油柿 *D. oleifera* Cheng（*D. kaki* var. *sylvestris* Makino）　我国原产。我国中部和西南部野生。作砧木用。果可制取柿漆。

49. 人心果科（山榄科、赤铁科）Sapotaceae

（1）人心果 *Manilkara zapota*（Tacq.）Gilly（*Achras zupota* L.）　热带美洲原产。广东、福建、广西、台湾有栽种。果食用。树干分泌乳汁作香口胶原料。

（2）星苹果（金苹果）*Chrysophyllum cainito* L.　西印度和中美原产。广东、台湾、广西、福建有栽种。果食用。

（3）蛋果（蛋黄果）*Pouteria campechiana*（HKB）Baehni（*Lucuma nervosa* A. DC.）　南美洲原产。广东、台湾、广西、福建有栽种。热带美洲广泛栽种。果食用。

（4）神秘果（奇异果）*Synsepalum dulcificum*（Schum）Daniell　非洲原产。云南、广东有少量栽种。

50. 木犀科 Oleaceae

（1）油橄榄（齐墩果）*Olea europaea* L.　地中海地区原产。广东、广西、云南、浙江、江苏、台湾、湖南、陕西等16省（自治区）有栽种。果加工和榨油用。世界重要油料果树之一。

（2）海南齐墩果（海南木犀榄）*O. hainanensis* Li　我国华南原产。海南野生。

51. 夹竹桃科 Apocynaceae

（1）大花假虎刺（加利沙）*Carissa macrocarpa*（Eckl.）DC.［*C. grandiflora*（E. Mey.）DC.］　南非原产。热带、亚热带地区栽种作篱垣用。我国广东、台湾有少量栽种。果实鲜食和加工。

（2）刺黄果（假虎刺）*C. carandas* L.　印度和马来西亚原产。我国广东、贵州、云南、台湾有少量栽种。果食用。

52. 茜草科 Rubiaceae

（1）阿拉伯咖啡（小粒种咖啡）*Coffea arabica* L.　北非原产。我国台湾、广东、云南南部有栽种。

（2）中粒种咖啡 *C. canephora* Pierre（*C. robusta* Lindl.）　中非原产。广东、台湾、四川有栽培。

（3）利比里亚咖啡（大粒种咖啡）*C. liberica* Bull ex Hiern　　西非原产。海南、云南南部有栽培。

（4）细叶咖啡 *C. stenophylla* Don.　　西非原产。海南有栽培。

53. 紫草科 Boraginaceae　　辣根树（辣木）*Moringa oleifera* Lam.　　印度北部原产。我国广东、台湾等地均有栽培，在亚洲、非洲热带也有分布。根有辛辣味，籽可榨油。

54. 茄科 Solanaceae

（1）树番茄 *Cyphomandra betacea*（Cav.）Sendtn.（*C. crassifolia*）　　秘鲁原产。云南、广东、台湾有少量栽种。果生食或煮食。

（2）灯笼果 *Physalis peruviana* L.　　安第斯山区原产。广东、台湾有栽种。果鲜食。

55. 紫葳科 Bignoniaceae

葫芦树 *Crescentia cujete* L.　　热带美洲原产。海南有分布。种仁和果可食。

II.单子叶植物果树

56. 凤梨科 Bromeliaceae

菠萝（凤梨）*Ananas comosus*（L.）Merr.（*A. sativus* Schalt.）　　秘鲁原产。世界热带地区广泛栽种。广东、广西、福建、台湾、云南、四川有栽种。品种多。

57. 芭蕉科 Musaceae

（1）香蕉（中国矮蕉、香牙蕉）*Musa nana* Lour.（*M. carendishii* Lamb.）*Musa* AAA　　我国原产。广东、广西、福建、台湾、云南、四川广泛栽种。有各种类型的香蕉。

（2）甘蕉（芭蕉、大蕉）*M. sapientum* L.（*M. paradisiaca* var. *sapientum* Ktye.）*Musa* ABB　　东南亚原产。广东、广西、台湾、福建、云南、贵州、四川、西藏（南部）有栽培。

（3）煮食蕉 *M. paradisiaca* L.　　广东、福建、台湾有少量栽种。

58. 棕榈科 Palmaceae 或 Palmae

（1）槟榔 *Areca catechu* Willd.　　广东、台湾有分布。种仁药用和嗜好品。

（2）椰子 *Cocos nucifera* L.　　东南亚至西太平洋群岛原产。主要分布于海南、广东、云南、台湾、广西等省（自治区），海南是主要产区。果食用和榨油。

（3）油棕 *Elaeis guineensis* Jacq.　　塞拉利昂至安哥拉原产。海南、广东、云南、广西、福建有栽种，海南是主要产区。果榨油用。

（4）枣椰（海枣、波斯枣、椰枣）*Phoenix dactylifera* L.　　北非可能是原产地。我国台湾、广东、福建、广西、云南等省（自治区）有零星栽植。果供食用。

（5）蛇皮果 *Salacca edulis* Reinw. et Bl.　　马来群岛原产。印度尼西亚主要果树。我国海南、广东（湛江）、台湾有栽种。果食用。

（6）桄榔 *Arenga pinnata*（Wurmb.）Merr.　　我国华南原产。广东、广西、云南、台湾有栽种。干髓部提取桄榔粉，未熟果的果仁可煮食。

（7）糖棕（扇椰子）*Borassus flabellifer* L.　　印度和马来群岛长期栽种。云南（景洪）、台湾有栽种。果可食，可制椰糖。

第二节　果树的实用分类

实用分类法（practical taxonomy）是一种人为分类法，是人们为了自己认识和应用上的方便，主观地仅选择果树形态、习性或用途等某一个或少数几个性状作为分类依据的一种分类方法。实用分类法在应用上比较简单，它不考虑果树的亲缘关系和演化进程。虽然在科研中已被植物分类法所取代，但至今在果树资源的调查和利用上仍使用。果树实用分类，一种是根据生物学特性和栽培技术要求基本相似的原则，对果树进行分类的栽培学分类方法，又称农业生物学分类；另一种是根据果树的生活型与生态习性进行分类的生态适应性分类法。

一、栽培学分类法

果树可以按照叶的生长期分为落叶果树和常绿果树两大类；根据栽培地区的气候条件，可分为温带果树、亚热带果树、热带果树及寒带果树；根据果实的生长特性，可以分为乔木果树、灌木果树、藤本果树和多年生草本果树；根据果实的构造，可以分为仁果类果树、核果类果树、浆果类果树、坚果类果树、聚复果类果树等。

（一）落叶果树

落叶果树（deciduous fruit tree）是叶片在秋冬季全部脱落，翌年春天重新萌芽和抽枝长叶的果树。这类果树具有明显的生长期和休眠期，在我国多分布在北方，可分为以下4种。

1. 仁果类果树　　其果实是由花托和子房膨大形成的假果，果心有多粒种子（仁），食用部分为肉质花托，如苹果、海棠、梨、山楂、榅桲、木瓜等果树。

2. 核果类果树　　其果实是由子房发育形成的真果，外果皮薄，中果皮肉质，是食用部分。内果皮木质化，成为坚硬的果核，如桃、李、杏、梅、樱桃、枣等果树。

3. 坚果类果树　　其果实是由子房发育形成的真果，果实或种子外部有坚硬的外壳，可食部分为种子的子叶或胚乳，如核桃、山核桃、长山核桃、栗、榛、阿月浑子、扁桃、银杏等果树。

4. 浆果类果树　　其果实柔软多汁，并含有多数小型种子。

（1）灌木——树莓、蓝莓、醋栗、穗状醋栗、无花果、石榴等。

（2）乔木——桑树、柿等。

（3）藤本——葡萄、猕猴桃等。

（4）多年生草本——东方草莓。

（二）常绿果树

常绿果树（evergreen fruit tree）是叶片一年四季常绿，春季新叶长出后老叶逐渐脱落的果树。这类果树一年中无明显的休眠期，在我国多栽培于南方，分为以下9种。

1. 柑果类果树　　其果实由子房发育而成，外果皮含有色素和大量油胞，中果皮白色呈海绵层，内果皮形成囊瓣，内含多数柔软多汁的纺锤状小砂囊，是食用部分，如宽皮橘、橙、柚、葡萄柚、柠檬、枸橼、金橘、四季橘、黄皮等果树。

2. 浆果类果树　　其果实多汁液，如阳桃、蒲桃、莲雾、番木瓜、人心果、番石榴、菲油果、枇杷等果树。

3. 荔枝类果树　　其果实外有果壳，食用部分为白色的假种皮，如荔枝、龙眼、红毛丹等果树。

4. 核果类果树　　包括橄榄、油橄榄、芒果、杨梅、鳄梨、枣椰、余甘、岭南酸枣、锡兰橄榄等果树。

5. 坚果类果树   包括腰果、椰子、槟榔、澳洲坚果、巴西坚果、香榧、马拉巴栗、榴梿等果树。

6. 荚果果树   酸豆、角豆树、四棱豆、苹婆等果树。

7. 聚复果类果树   树菠萝、面包果、番荔枝、刺番荔枝等果树。

8. 多年生草本类果树   香蕉、菠萝、草莓等果树。

9. 藤本（蔓生）果树   西番莲、南胡颓子等果树。

二、生态适应性分类法

由于对某一特定的综合环境条件的长期适应，不同果树在形状、大小、分枝等方面都表现了相似的特征。把这些具有相似外貌特征的不同种果树称为一个生活型。根据果树的生活型与生态习性进行的分类称为生态适应性分类。

果树是分布地域最为广泛的植物类群。生态环境和人类利用的历史对果树的分布有着重要的影响，但气候因子在其中起着主导作用。不同种类的果树由于系统发生和人类活动（引种、栽培等）的差异，逐渐形成了对气候、土壤和地形等生态因子的不同适应能力。果树均为多年生植物，通过长期的自然和人工选择过程，对光照、土壤、地形和生物等生态变化的适应性一般较强。而温度和水分是影响大多数果树生态适应性的主要限制因子。果树根据生态适应性可分为寒带果树、温带果树、亚热带果树和热带果树四类。

（一）寒带果树

这类果树耐寒性强，能抗 $-50 \sim -40^{\circ}\text{C}$ 的绝对最低气温，一般在高寒地区栽培，如我国东北、新疆北部山区。代表树种有：山葡萄、山定子、秋子梨、蒙古杏、榛子、醋栗、穗状醋栗、树莓、越橘、笃斯越橘等。

（二）温带果树

这类果树多是落叶果树，休眠期需要一定的低温条件，耐涝性较弱，喜冷凉干燥的气候条件，适宜在温带栽培，如我国长江以北的大部分地区。代表树种有：苹果、梨、桃、葡萄、杏、李、梅、枣、樱桃、沙果、木瓜、山楂、板栗（北方品种群）、核桃、柿等。

（三）亚热带果树

这类果树有些适宜于夏湿区，有些适宜于夏干区，个别树种有广泛的适应性。具有一定的抗寒性，对水分、温度变化的适应能力较强，如在我国华南北部至长江以南的广东、广西北部，福建大部，江西全省，浙江、湖北至西南等地的南部。可分为常绿性亚热带果树和落叶性亚热带果树。

1. 常绿性亚热带果树   这类果树无真正休眠，但是低温和干旱会引起其营养生长停止。代表树种有：柑橘类、枇杷、荔枝、龙眼、杨梅、橄榄、阳桃、油橄榄、苹婆、番石榴、西番莲、黄皮、鳄梨、莲雾等。

2. 落叶性亚热带果树   这类果树有真正休眠，必须通过低温休眠才能正常开花结果。代表树种有：扁桃、柿（华南品种群）、欧洲葡萄、核桃、长山核桃、桃（南方品种群）、无花果、猕猴桃、石榴、枳等。

（四）热带果树

1. 一般热带果树　　这类果树较耐高温高湿，对短期低温也有一定的抗性，喜温暖湿润的气候条件，适宜热带地区栽培，如广东、广西、福建等地南部及台湾等。代表树种有：香蕉、菠萝、树菠萝、芒果、番木瓜、人心果、番荔枝、番石榴、椰子、蒲桃、余甘、枣椰、澳洲坚果等。一般热带果树还能在温暖的南亚热带栽培，而柑橘、荔枝、龙眼、橄榄等亚热带果树也可在热带地区栽培。

2. 纯热带性果树　　这类果树喜高温高湿的气候条件，如我国海南省。代表树种有：榴梿、面包果、腰果、可可、槟榔、山竹、巴西坚果、柠檬等。

第三节　果树品种分类及命名

一、果树品种分类

果树分类中，栽培品种的分类标准也很不一致。品种是人工选择培育的结果，因此，往往强调只要选择1～2个经济性状，就可以作为分类的依据。这种方法虽然比较简单，应用也方便，但缺点是对品种数目较多的果树种类不易划分。很多形态特征各异的品种排列在一起，也看不出彼此间的亲缘关系。栽培果树既然起源于野生植物，品种分类标准应首先放在种的分类基础上。一般采用的方法是将同一种或同一变种起源的品种，不论是一个种的变种还是染色体加倍所形成的多倍体，都列为一个品种系统。例如，中国梨的品种总数在1000个以上，单纯从果实形态或其经济性状来区分比较困难。如果首先根据种的综合特性划分为秋子梨、白梨、沙梨、川梨、西洋梨、新疆梨等系统，就可以大大减小品种分类的难度。自然，对杂种分类也要认真考虑。

品种所属系统划分后，如还有多数的相近品种时，还要进行品种和亚群的划分。每一品种群的特征除包括1～2个经济性状外，最好还要选择若干相关的其他农业生物学特性，才能把品种分类放在相对稳定的基础上而便于应用。

二、果树品种命名

凡在生产上已经起作用的果树品种，多数已有了适当名称。大多根据果实形态、颜色、大小，有时根据成熟期或其他经济性状，有时根据产地、历史或人名命名，方便人们顾名思义。但因中国几千年的小农经济影响，品种分布有很大的区域限制，往往同一名称在不同地区代表着截然不同的品种，命名混乱情况普遍存在。例如，'香水梨'在河北、辽宁属于秋子梨系统中的一个品种，果实小，卵圆形；在山东则指白梨系统中一个果实大而扁球形的品种。同一品种在不同地区有不同的名称，如山西原平'瓶梨'在河北昌黎叫'半斤酥'，在河北抚宁叫'侉梨'，而在山东则叫'兔头梨'。同名异物、同物异名的混乱现象很严重。除应在调查研究的基础上整理公布统一外，今后登记命名果树新品种时应注意避免名称重复。名称力求能体现品种特征，并与品种系统或品种群组相符合。从国外引进的品种，尽量保留原有名称，并给予适当的中文译名。

根据国际栽培植物命名法规，栽培植物命名分为三级，即属名、种名和栽培品种名。属名和种名的制定全部按照一般国家植物命名法则。自1959年1月1日以后在制定品种名称时，可以用现代语命名，不必用拉丁语，但此前已有拉丁名者也不必改变。品种名称放在植物拉丁学名制后可加 cv.符号（栽培品种 cultivar 的缩写）或用单引号表示，首字母用大写。例如，'国光'苹果的品种学名写作 *Malus pumila* cv. Ralls，'巴梨'的品种学名可作 *Pyrus communis* 'Bartlett'等。在国际发表新品种名称时，使用任何国家文字均属有效，不必有拉丁文，但建议应在文末附有英、法、德、俄或西班牙语摘要，以广为流传。

总之，栽培植物品种命名问题，不仅在一个国家内对于农业生产和商品交换是一项相当重要的工作，就是在国际范围内，也早已引起广大科技工作者的注意，必须建立一套系统的、合理的、共同遵守的制度，以便于进行国际交流，促进生产和科学事业的发展。今后我国果树品种命名时，可参考国际栽培植物命名法规的一些原则，以利于国内外交流使用。

第四节 我国果树带的划分

果树与自然环境的关系非常密切。各种果树在长期生长和发展过程中，经过自然淘汰及其对自然环境条件的适应，有了一定的自然分布规律，形成了一定的果树分布地带，简称果树带。

果树带的划分，不仅可以反映果树分布与自然环境条件的关系，而且可以为制定果树发展规划、建立果树生产基地、制定果树增产措施及果树引种和育种提供依据。但是，自然环境条件和果树本身都在不断变化发展，因此果树带的划分，只能说明现有果树种类对当前自然环境条件的适应范围，不能理解为这是不可逾越的固定界限。事实证明，人工改变果树遗传特性——培育新的品种、改进栽培技术，以及充分利用或改造有利的小气候条件，原有果树仍然可以突破其分布区域而得以发展。

参考过去果树带的区划资料和实况及各地的自然环境条件（主要是气温、降雨、海拔、纬度等），经过综合研究，将我国果树目前的分布划分为以下 8 个带。

一、热带常绿果树带

本带位于北纬 24°以南，大体为与北回归线一致的以南地区，即广东的潮安、从化，广西的梧州、百色，云南的开远、临沧、盈江，福建的漳州及台湾台中以南的全部地区。

本带处于我国热量最丰富、降水量最多的湿热地带，年平均气温 19.3～25.5℃（一般在 21℃以上），7 月平均气温 23.8～29.0℃（多数约 28℃），1 月平均气温 11.9～20.8℃，绝对最低气温大多在－1.0℃及以上，年降水量 832～1666mm，无霜期 340～365d（大多终年无霜）。

本带为我国热带、亚热带果树主产区。主要栽培的热带果树有：香蕉、菠萝、椰子、芒果、番木瓜等；主要栽培的亚热带果树有：柑橘、荔枝、龙眼、橄榄、乌榄等。此外，还有树菠萝、棕枣、桃、李、梨、枇杷、黄皮、番石榴、番荔枝、梅、柿、板栗、人心果、腰果、蒲桃、阳桃、杨梅、余甘等。

此带的野生果树资源极其丰富，主要有猕猴桃、锥栗、桃金娘、山楂、野葡萄、牛筋条等。台湾省、海南省、云南的西双版纳等地还有野生的热带果树分布。

主要的名产区及品种有：台湾菠萝，海南椰子，广东增城荔枝、新会甜橙，广西沙田柚，福建龙眼及云南景洪芒果等。

二、亚热带常绿果树带

本带位于热带常绿果树带以北，包括江西全省，福建大部，广东、广西北半部，湖南溆浦以东，浙江宁波、金华以南，以及安徽南缘的屯溪、宿松，湖北南缘的武穴、崇阳地区。

本带处于我国温暖湿润地带。果产区年平均气温 16.2～21.0℃，7 月平均气温 27.7～29.2℃，1 月平均气温 4.0～12.3℃，绝对最低气温大多在−1.1～8.2℃，年降水量 1281～1821mm，无霜期 240～331d。

本带为我国亚热带常绿果树主要产区，种类多、品质好，同时还有大量的落叶果树，仅广东一省经济栽培果树就达 40～50 种之多。主要栽培果树有：柑橘、枇杷、杨梅、黄皮、阳桃等。次要的有：柿（南方品种群）、沙梨、板栗（南方品种群）、桃（华南品种群）、李、梅、枣（南方品种群）、龙眼、荔枝、葡萄、核桃、中国樱桃、石榴、香榧、花红（沙果）、锥栗、无花果、草莓等。

主要野生果树有：湖北海棠、豆梨、毛桃、榛子、锥栗、胡颓子、郁李、山楂、枳、宜昌橙等。

本带的名产区及品种有：浙江黄岩温州蜜柑及本地早橘、江西南丰蜜橘、福建龙眼、福建枇杷等。此外，柑橘类中的枸橼、酸橙、柚、宽皮橘、金柑等及荔枝、橄榄、黄皮、香蕉、阳桃等，都原产于本带及其以南地区。

三、云贵高原常绿落叶果树混交带

本带位于亚热带常绿果树带以西，包括云南大部，贵州全部，四川平武、泸定、西昌以东，湖南黔阳、慈利以西，湖北宜昌、丹江口以西，以及陕西南部的城固，甘肃南端的文县、武都和西藏的察隅等地区。

本带位于北纬 24°～33°，海拔 99.0（湖南慈利）～2109m（云南会泽），地形复杂多变，具有明显的垂直地带性气候特点。果产区年平均气温 11.6～19.6℃（一般多在 15℃以上），7 月平均气温 18.6～28.7℃，1 月平均气温 2.1～12.0℃，绝对最低气温大多在−10.4℃（河南西峡）～0℃（云南镇源），年降水量 467（甘肃武都）～1422mm（湖南慈利），无霜期 202（西藏察隅）～341d（贵州罗甸）。

由于自然地理及生态条件的作用，本带果树种类繁多，常绿、落叶果树常混交分布。各种果树在各地的分布随纬度的南北差异、海拔高低和小区生态环境之间的不同而变化较大，多呈明显的垂直分布。大体在海拔 800m 以下、气温高、无霜期长、降水量较多的地区，有香蕉、芒果、椰子、番木瓜、番荔枝等。海拔 800～1200m 的地区，有柑橘、龙眼、荔枝、枇杷等，也有不少落叶果树的分布。海拔 1300～3000m 的地区，分布各种落叶果树。海拔 3000m 以上的地区则果树较少。

本区的主要果树有：柑橘、梨、苹果、桃、李、核桃、板栗、荔枝、龙眼、石榴等。其次为：香蕉、枇杷、柿、中国樱桃、枣、葡萄、杏、油橄榄、沙果、无花果、海棠果等。

野生果树有：猕猴桃、余甘、湖北海棠、丽江山定子、树莓、草莓、豆梨、山楂、山葡萄、野樱桃、杏、枣、君迁子、毛桃、枳、杨梅、胡颓子、榛子、香榧等。

本带的名产区及品种有：四川米易的热带果树（芒果、香蕉、番木瓜等），重庆江津的锦橙、奉节的脐橙，云南昭通和贵州威宁的苹果、梨，甘肃武都和陕西城固是我国柑橘分布的北限（北纬 33°），西藏察隅野生果树资源极为丰富，有木瓜、桃、葡萄、甜橙、芭蕉、海棠果等，贵州有大量的野生金樱子。

四、温带落叶果树带

本带位于亚热带常绿果树带、云贵高原常绿落叶果树混交带以北，包括江苏、山东全部，安徽、河南的绝大部分，湖北宜昌以东，河北承德、怀来以南，山西武乡以南，辽宁鞍山、北票以南，以及陕西的大荔、商县、佛坪一带，浙江北部等地区。

本带地势多较低平，海拔多不超过 400m，年平均气温 8.0～16.6℃（多在 12℃以上），7 月平均气温 22.3～28.7℃，1 月平均气温 -10.9～4.2℃，绝对最低气温大多在 -29.9（辽宁鞍山）～ -10.1℃（浙江嵊州），年降水量 499～1215mm，东部多西部少，一般多在 800mm 以内，无霜期 157～256d（多在 200d 以上）。

本带落叶果树种类多、数量大，是我国落叶果树，尤其是苹果和梨的最大生产基地。主要果树有：苹果、梨（西洋梨、白梨、沙梨）、桃、柿（北方品种群）、枣（北方品种群）、葡萄、核桃、板栗、杏等。其次有：樱桃（中国樱桃、甜樱桃）、山楂、海棠果、沙果、石榴、李、梅、无花果、草莓、油桃、君迁子、枇杷、银杏、香榧、山核桃、文冠果等。

主要野生果树有：山定子、山桃、酸枣、杜梨、豆梨、木梨、猕猴桃、毛樱桃、麻梨、湖北海棠、河南海棠、三叶海棠、野葡萄、榅桲等。

著名品种及特产区有：辽宁苹果，山东肥城桃、莱阳茌（慈）梨、乐陵无核金丝小枣，河北定州鸭梨，河南灵宝大枣，安徽砀山酥梨，陕西华县大接杏等。本带南缘少数小气候条件较好的地方，如上海崇明、江苏吴江及安徽桐城等地还有柑橘栽培。

五、旱温落叶果树带

本带位于云贵高原常绿落叶果树混交带、温带落叶果树带西北，包括山西北半部，甘肃东南部，陕西西北部，宁夏中卫以南，青海黄河及湟水流域的贵德、民和、循化一带，四川西北的南坪、马尔康、甘孜，西藏东南部河谷地带的拉萨、林芝、昌都、日喀则，新疆的伊犁盆地及塔里木盆地周围的喀什、库尔勒、和田、哈密及甘肃的敦煌。

本带海拔 700～3600m，地势高，为我国果树栽培的高海拔区域。年平均气温 7.1～12.1℃，7 月平均气温 15.0～26.7℃，1 月平均气温 -10.4～3.5℃，绝对最低气温大多在 -28.4（仅新疆的伊宁为 -40.4℃）～ -12.1℃，年降水量 32（新疆和田）～619mm（陕西铜川），年平均相对湿度为 42%（甘肃敦煌）～69%（甘肃天水），无霜期 120～229d。

本带和温带落叶果树带相比，气候较干燥（大约平均降水量为温带落叶果树带的 56%，平均相对湿度低 11%）；平均气温约低 2.2℃，平均无霜期短 18d；海拔较高，日照较充足（平均日照 2600h，最高达 3400h）。

主要栽培果树有：苹果、梨、葡萄、核桃、桃、柿、杏等；其次有：枣、李、扁桃、阿月浑子、槟子、海棠等。

主要野生果树有：榛子、猕猴桃、山樱桃、木梨、山定子、稠李、甘肃山楂、悬钩子等。

本带的川西高地、甘肃天水、陕西凤县及铜川、四川的茂汶和小金、西藏的昌都、山西的太原等地，由于气候干燥温凉，海拔高而日照充足，加上日夜温差较大，是我国苹果生产品质最好的地区，已成为苹果外销商品的生产基地。新疆塔里木盆地周围的干温地带，日照更充足，温差更大，气候更干燥，是我国最大的葡萄生产基地，也是世界著名的葡萄干产区。此带西北缘的伊犁盆地，还有大面积的野生苹果（塞威氏苹果）分布。

六、干寒落叶果树带

本带包括内蒙古全部，宁夏、甘肃、辽宁西北部，新疆北部，河北张家口以北，以及黑龙江、吉林西部，年降水量少于400mm的地区。

果产区年平均气温4.8～8.5℃，7月平均气温17.2～25.7℃，1月平均气温−15.2～−8.6℃，绝对最低气温大多在−32.0～−21.9℃，年降水量116～415mm，平均相对湿度47%～57%，无霜期127～183d。

本带与耐寒落叶果树带的差异，主要是气候较干燥（大约平均降水量少280mm，相对湿度低10%），日照强（日照约多370h），较温暖（大约年平均温度高1.7℃，无霜期多18d）。

本带海拔较高，气候干燥且较为寒冷，适于耐干燥寒冷的落叶果树栽培。主要栽培果树有：中小苹果、苹果（要进行抗旱、抗寒栽培）、葡萄、秋子梨、新疆梨、海棠果等，其次有：李、桃（匍匐栽培）、草莓、树莓等。

野生果树有：杜梨、山梨、沙枣、山桃、花叶海棠、山葡萄、山楂、酸枣等。

七、耐寒落叶果树带

本带位于我国东北角，包括辽宁的辽阳以北，吉林的通辽以东，以及黑龙江的齐齐哈尔以东地区。

本带是我国果树栽培纬度最高、气候最寒冷的地区。果树分布区年平均气温3.2～7.8℃，7月平均气温21.3～24.5℃，1月平均气温−22.7～−12.5℃，绝对最低气温在−40.2～−30.0℃，年降水量406～871mm，无霜期130～153d。

此带气候特点是生长期内的气温及降水量能满足一般落叶果树生长结果的要求，但生长期短，休眠期气温及湿度较低，对果树越冬不利。一般耐寒落叶果树仅可以栽培，但吉林南端的集安、库伦旗等小气候较好的地方，大苹果树仍可生长结果、安全越冬。

主要栽培果树有：中小苹果、海棠果、秋子梨、杏、乌苏里李、加拿大李、中国李、葡萄等。其次有：树莓、草莓、醋栗、穗状醋栗、毛樱桃等。

野生果树有：西伯利亚杏、辽杏、山桃、刺李、山杏、山楂、毛樱桃、山葡萄、越橘、笃斯越橘、榛子、猕猴桃等。本带有大量的山葡萄、猕猴桃等野生资源，是良好的果汁、果酱、果酒加工原料，具有较好的开发利用前景。

八、青藏高原落叶果树带

本带位于我国西部北纬28°～40°，包括西藏拉萨以北，青海绝大部分，甘肃西南角的合作、碌曲，四川北端的阿坝一带，以及新疆最南端地区。

海拔多在3000m以上（西藏4000m以上），年平均气温仅−2.0～3.0℃，绝对最低气温−42.0～−24.0℃，地势高，气温低，降水较少，比较干燥。

本带为青海高原山地，虽海拔3000m左右，温度也较低，但仍有少量李、杏分布。目前，对整体果树情况了解尚少，有待进一步考察。

第二章　果树生长发育

第一节　果树的生命周期和年生长周期

一、果树的生命周期

每种果树都有其生长、结果、衰老、更新和死亡过程，即生命周期。栽培果树的繁殖方式不同，因此具有两种不同的生命周期，即实生树的生命周期和营养繁殖树的生命周期。

（一）实生树的生命周期

实生树个体发育的生命周期包括两个明显不同的发育阶段，即幼年阶段（童期）和成年阶段。当果树从幼年阶段向成年阶段转化时通常需要一个过渡阶段，称为阶段转化（phase change）。在阶段转化过程中，果树实现质的飞跃和转变，形态、生理和生化特征发生明显变化。

果树实生苗的阶段变化是从枝梢顶端分裂旺盛的分生组织细胞内开始，随着枝干向上延伸并逐渐积累阶段发育物质。所以，实生树越是居上部的器官，阶段发育越深，阶段年龄越大。因此，实生树的树干基部永远保持幼年阶段，尤以根颈部位为甚。

从外观上看，实生树树冠上部和下部由于阶段发育年龄不同而存在着质的差别。树冠上部的枝、叶、芽表现为栽培性状，而下部的枝、叶、芽表现为幼年和野生性状。

1. 幼年期　幼年期也称为童期，是指从种子萌发起，经历一定的生长阶段到具有开花潜能的一段时期。这一时期只有营养生长而不开花结果，任何人为的促花措施都无效。但通过人工措施加速这一时期的营养生长可缩短童期。

童期长短是果树的一种遗传属性。为方便起见，在栽培和育种上通常以播种到开花结果所需年份表示童期的长短。不同果树童期长短差异很大，苹果、梨、葡萄一般为 7~8 年，柑橘一般为 6 年以上，桃、枣为 2~3 年。

果树童期的特点是营养生长迅速，树冠和根系离心生长速度快；光合面积逐渐增加，同化物质逐渐增多；树体逐渐具备形成性器官的生理基础和能力，并最终实现开花。从外观上看，处于童期的果树，枝条直立生长，具针刺或针枝，芽体小而尖，叶片小而薄，或有裂刻等。缩短果树童期、促进花芽分化的方法主要有以下几个方面。

1）环境条件。适宜的环境能加速实生树的营养生长，可以有效地缩短实生树的童期。Meilan（1997）提出，低温对缩短童期有明显作用，经过 5~10 周可以诱导休眠的温度（15℃）处理，桃、甜橙、荔枝等可以开花。河北省昌黎果树所提出的一项缩短实生树童期的杂种实生树培育技术，通过控制生长环境条件，在桃、葡萄、板栗实生树上实现播种第二年可以成花，苹果、梨实生树在播种第三年成花。

2）施肥。施肥可促进营养生长，并且可改变 RNA 与 DNA 的比例，活化某些基因。例如，新梢内保持适宜的 Zn 浓度，能降低 RNase 活性，提高 RNA 与 DNA 的比值，有利于促进成花。高锰酸钾、磷酸钾等也可促进早成花。

3）喷施植物生长调节剂。一些研究表明，6-BA（6-苄基腺嘌呤）、CCC（矮壮素）、乙烯利、多效唑等能有效促进苹果、梨、桃、葡萄等果树成花。Zhang 等（2006）的研究结果表明，6-BA和乙烯利共同处理能显著提高'金冠'苹果实生树的成花率。

4）嫁接。将实生苗高接于成龄植株上或矮化砧上，可增加物质积累，促进早开花，连续反复嫁接效果更好。

5）使用维管限制。维管限制如环割、环剥等措施只有当实生树长到一定高度后使用才有效果。苹果、梨的4～5年生杂种实生树采用环剥、拉枝等措施能成花。

2. 成年期　　实生树具备开花潜能后，在适宜的环境条件下可随时开花结果，这个阶段称为成年期。成年期根据结果数量和状况等可分为三个不同阶段，即结果初期、结果盛期和结果后期，这三个时期本质是相同的，但衰老程度逐渐加深。

（1）结果初期　　结果初期指从第一次开始结果到形成一定经济产量的时期。特点是树冠和根系继续快速扩展且仍具有较快的离心生长；花芽开始形成，产量逐年上升，但花芽质量较差，部分花芽发育不完全；果实一般较大，但果皮较厚、果肉较粗、品质较差。此时期应以扩大树冠并防止旺长为主要管理目标。

（2）结果盛期　　结果盛期是指从一定经济产量经过高产、稳产阶段到产量开始下降的时期。其特点是树冠分枝级数增多，树冠体积不再明显增加，年生长量逐渐稳定；树体营养器官和生殖器官的特征趋于稳定，叶、芽和花等表现出该树种或品种的固有特性；结果部位扩大，在主干生理成熟部位容易成花结果；产量逐年增加并达到最高水平；果实大小、形状和风味等品质达到最佳状态。此时期主要以平衡树势、稳定营养生长和生殖生长为管理核心。

（3）结果后期　　结果后期是指从产量开始下降到几乎无经济产量的时期。其特点是营养生长逐渐减弱，新梢生长量明显减少，先端枝条和根系开始回枯，出现向心生长并逐渐加强，最终树体逐渐表现出衰退；产量不稳定，开始出现大小年结果现象，果实逐渐变小。此时期应以延缓树体衰老为管理目标。

果树的成年期长短主要由遗传物质控制，但是环境条件和栽培技术对果树的成年期有重要影响，根据成年期不同时期的特点和目标采取对应的措施，对延长成年期具有重要意义。

3. 衰老期　　衰老期是指从树势明显衰退开始到果树最终死亡之前的时期。其特点是新生枝条大量减少，新生枝条细弱；骨干枝和骨干根从细到粗渐次枯死，有些树种会大量发生根蘖；结果枝或结果母枝生长量渐小、数量越来越少；结果量逐年减少，果变小且质量变差，整体树势下降。一般进行经济生产的此类果园建议砍伐清园，另建新园。但在景区等以观赏为主的场所，可进行大枝回缩、重剪促隐芽（潜伏芽）萌发，酌留、培养新枝；同时对大枝进行防腐处理；加强肥水管理，促其更新。

（二）营养繁殖树的生命周期

营养繁殖树是指通过压条、扦插、嫁接、根插、组培等方法利用营养器官获得的植株。营养繁殖树的生命周期中跳过了种子萌发阶段，只有生长、结实、衰老和死亡几个时期。

由于这些用于繁殖的营养器官个体在母株上已进入成年期，因此从理论上讲由这些营养器官获得的植株也已具备开花结实能力。但是，营养繁殖树在开始的一两年甚至更长的时间内营养生长相当旺盛，不易开花结果，甚至在某些形态特征上与幼年期的实生树相似，如带有针枝或刺。果树的这种"复幼"现象对于"个体"的树冠骨架构建和营养物质贮备至关重要，为进入结果期奠定基础。

和实生树的生命周期相比，营养繁殖树的生命周期实际上只有成年期和衰老期。由于营养繁殖树要经历一个营养生长为主的时期才能进入开花结果期，因此从栽培管理和研究角度看，可以将营养繁殖树的个体发育生命周期划分为幼树期、结果期和衰老期。

1. 幼树期　营养繁殖树无真正的幼年阶段，只有相对的幼树期，即从苗木定植到开花结果的一段时期。其特征是树体生长迅速，树冠骨架逐渐建成；地上部和地下部离心生长旺盛，枝条长势强、直立、节间长、叶片大，叶片光合面积逐渐增大；根系建造迅速，根系吸收面积迅速增大。地上地下迅速建造、促进营养物质积累是实现早果丰产的关键。

幼树期的长短因树种、品种和砧木不同而异，苹果、梨、柑橘一般为3～5年，桃、葡萄为2～3年，枣为1～3年，栗、柿为4～6年，核桃为3～8年。其中，具早熟性芽的（如桃）、腋花芽结果习性的（如苹果、梨）果树，幼树期一般较短。

栽培技术对幼树期长短影响很大。加强肥水管理，促进幼树地上地下迅速建造、旺盛且健壮生长，增加营养物质的积累，是实现早果丰产的关键。在此基础上，人工调节养分分配方向是提早结果的根本。生产中常用的调控措施有大穴定植或深翻扩穴，增施肥水，轻剪缓放多留枝，刻芽、环剥、拉枝和适当使用生长调节剂等皆利于促发枝条、缓和枝条长势。

2. 结果期　根据结果状况，结果期可分为结果初期、结果盛期和结果后期，各个结果时期的生长、结果情况与实生树的类似。与实生树不同的是，由于营养繁殖树生命周期只是一个逐渐衰老的过程，一旦外界条件不适，植株会迅速衰老。因此，稳定产量、维持中庸健壮树势、调节生长与结果的平衡、延长盛果期年限是贯穿始终的任务。

3. 衰老期　营养繁殖树的衰老期特征与实生树类似。对于进入衰老期的果园，一般是砍伐清园，重新建园。

上述果树各个发育阶段虽然在形态上有些区别，但其变化是连续的，从一个时期逐渐过渡到下一个时期，各时期间无明显的界限。各个时期的长短除与树种、品种的遗传特性有关外，主要取决于栽培管理水平。因此，针对各个时期的生长发育特性制定科学、合理的果园管理方案，是实现早果、优质、丰产、稳产，延长果园经济生产年限，提高果园经济效益的根本。

二、果树的年生长周期

（一）果树的年生长周期的概念

果树一年中随外界环境条件的变化而出现一系列生理与形态变化并呈现一定的生长发育规律，果树这种随气候而变化的生命活动过程称为年生长周期（annual growth cycle）。年生长周期中，果树是通过根、茎、叶、花和果实现出这种生长发育规律性的，这种与季节性气候变化相适应的果树器官的动态变化时期称为生物气候学时期（phenological phase），简称物候期（phenophase）。

总体上看，果树的年生长周期可分为生长期和休眠期。落叶果树的这两个时期非常明显。生长期以春季萌芽为起始点，根、茎、叶、花和果随着气候变化分别进行一系列的有规律性的生长发育活动。秋天到来叶片渐趋衰老，随着温度降低叶片脱落，进入冬季低温期开始休眠。热带和亚热带地区的常绿果树没有明显的生长期和休眠期界限，即冬季无明显的落叶现象。常绿果树会因秋冬季的干旱、低温等使营养生长减弱或停止。

　　果树物候期的共同特点如下：①顺序性，在年生长周期中，每一物候期都是在前一物候期顺利通过的基础上才能进行，同时又为下一个物候期的开始奠定基础。②重演性，物候期在一定条件下具有重演性，如人为或灾害造成器官发育终止，或外界条件适于某些器官的多次活动时，一些树种的某些物候期可能在一年中重复发生，出现多次生长，多次开花，多次结果或二次落叶等。③重叠性，表现为同一时间同一树上可同时表现多个物候期。

　　果树物候期是果树与外界环境条件矛盾统一的结果。果树物候期的变化既反映果树在年生长周期中的进程，又体现气候在树体上一年中的变化。开展果树物候期观察，累积历史物候期资料，对于各地果树物候期预报及制定相应的农业措施具有重要意义。

（二）果树的年生长周期

　　乔木落叶果树各器官从春天开始，在生长发育过程中出现的物候期大致顺序如下。

　　叶芽：膨大期、萌芽期、新梢生长期、芽分化期、落叶期。

　　花芽：膨大期、开花期（又可分为初花期、盛花期、落花期）、坐果期、生理落果期、果实生长期（又可分为果实膨大期、果实转色期）、果实成熟期。

　　根系：开始活动期、生长高峰期（多次）、停止活动期。

　　年生长周期中，果树器官的动态变化时期可以是范围较宽的物候期，也可因科研和生产上栽培管理的需要，将一些物候期分为若干范围较窄的小物候期，如开花期又可分为初花期、盛花期和落花期等。相应的发育阶段对应着特定的代谢水平。不同树种的各物候期出现的先后顺序有差异，表现如下。

　　1）根系活动与萌芽先后的顺序：发根比萌芽早的树种有梅（早80～90d）、桃、杏（早60～70d）、苹果、梨（早50～60d）、葡萄、无花果（早20～30d），但柿、栗、柑橘、枇杷的发根和萌芽大体同时进行，或者稍迟于萌芽。

　　2）展叶与开花的顺序：梅、桃、杏等核果类一般是先开花后展叶，而苹果，梨等仁果类则是开花与展叶同时进行，山楂、葡萄先展叶后开花。

　　3）根系与新梢生长的顺序：温州蜜柑上的研究表明，根系生长与新梢生长交替发生，春、夏、秋新梢停长之后都有一次根系生长高峰。苹果根系与新梢的生长高峰也是交替发生。

　　4）花芽分化与新梢生长的顺序：大多数果树的花芽分化均在每次新梢停长之后有一次分化高峰。

　　5）果实发育与新梢生长的关系：新梢生长往往抑制坐果和果实发育，抑制新梢生长往往可提高坐果率，促进果实生长，如葡萄花期摘心。

（三）果树的休眠期

1. 休眠期的概念　　果树的芽或其他器官生长暂时停顿，仅维持微弱的生命活动的时期称为休眠期（dormancy stage）。休眠期是指果树从秋季正常落叶到下一年春季萌芽为止的一段时期。休眠是果树在系统进化过程中形成的对不良环境和季节性气候变化的一种适应。休眠期是对生长期相对而言的一个概念，是生长发育的暂时停顿状态，或表面上的停止状态，树体内部仍在进行着各种生理活动，如呼吸、蒸腾、根的吸收和合成、芽的进一步分化，以及树体内养分的转化等，只是这些活动比生长期要微弱得多。北方落叶果树冬季落叶休眠的实质是芽休眠。芽休眠使果树可以在恶劣的环境下存活下来。根据果树休眠的生理活动特性将休眠分为自然休眠和被迫休眠。

自然休眠（natural dormancy），是指果树进入休眠后即使给予适宜生长的环境条件仍不能萌芽生长，需要经过一定的低温过程解除休眠，才能正常萌芽生长的休眠，落叶果树冬季落叶休眠属于这种休眠。落叶果树只有正常进入自然休眠并顺利通过自然休眠，才能进行以后的生命活动。而且，也只有进行休眠才能保证树体在严寒的冬季生存下去。

被迫休眠（enforced dormancy），是指由于不利的外界环境条件（低温、干旱等）胁迫，果树暂时停止生长的现象，逆境消除即恢复生长。落叶果树的根系休眠属被迫休眠。落叶果树的芽在自然休眠结束后，由于当时温度较低而不能萌发生长，处于被迫休眠状态。一旦环境温度升高，被迫休眠就会解除，芽就会萌发生长。北方果树的设施栽培就是利用这一特性，在果树完成自然休眠后提前升温，实现果品提早上市。此外，被迫休眠与自然休眠在外观形态上难以区分。

2. 休眠期的表现及影响休眠的环境因子

（1）休眠期的表现   果树进入休眠的时间和休眠的深度因树种、品种而异。一般落叶果树的自然休眠期在12月初至翌年1月底。枣、柿、栗和葡萄开始休眠较早，约在9月下旬到10月，桃略迟，其后为梨、醋栗和苹果；柿、栗和葡萄开始落叶后随即转入自然休眠，而梨、桃和醋栗等进入深度自然休眠期较晚。

果树自然休眠期的长短与其在原产地形成的对冬季低温的适应能力有关。因此，原产于温带气候温暖地区的树种的休眠期和原产于温带大陆性气候寒冷地区的树种不同。例如，扁桃自然休眠期短，通常11月中下旬就结束自然休眠；醋栗、杏、桃、柿、栗、西洋梨和沙梨等则较长；核桃、枣和葡萄最长，通常在1月下旬至2月下旬才能结束自然休眠。

休眠期的长短与树龄、树势及组织结构差异有关。幼旺树生命力强，活跃分生组织比例大，进入休眠晚于成龄树，解除休眠也较迟；不同器官休眠状况也不相同，小枝、弱枝比主枝、主干休眠早；根颈部进入休眠最晚，而解除休眠最早，故根颈易遭受早霜和晚霜为害；花芽比叶芽休眠早，萌芽也早，顶花芽比腋花芽萌芽早；枝条不同组织进入休眠的时间也不同，皮层和木质部进入休眠早于形成层，所以初冬如遇严寒，形成层易受冻，但进入休眠后，形成层则比木质部和韧皮部耐寒，故深冬冻害多发生在木质部。

（2）影响休眠的环境因子   在秋冬季节，落叶果树枝条若能及时停止生长和成熟，生理活动逐渐减弱并正常落叶，就能顺利进入并通过自然休眠。因此，凡是影响枝条停止生长及正常落叶的环境因子都会对自然休眠产生影响。

日照长度对果树的休眠有显著的影响，果树叶片感应秋冬的日照缩短才开始一系列的越冬准备。短日照促进芽的形成，抑制伸长生长。但在暗期中若给以低能光（红光）间断照射，则暗期的作用消失，休眠推迟。例如，在路灯附近的许多落叶树种落叶较晚。

气温也会对果树休眠产生显著影响，短日照加低温是落叶果树休眠的主要原因。气温的作用还延续到落叶果树进入自然休眠后，落叶果树需一定限度的低温期才能通过自然休眠，这种一定时间的低温称冷温需求量（chilling requirement），又称需冷量，否则花芽发育不良，翌年发育延迟。一般落叶果树要求低温的限度是，在12月至翌年2月间，月平均气温在$0.6\sim4.4℃$，达到这个条件翌年可正常发芽。但不同树种要求的需冷量不同，一般$0\sim7.2℃$条件下$200\sim1500h$，多数果树可通过休眠。在积累需冷量期间，如果发生间歇的回暖（如高于$16.0℃$的温度），低温效应会被打断或逆转。休眠所需低温量的确定对保护地果树生产有重要意义，甚至有时是决定生产量高低的关键因子（表2-1）。

表 2-1 果树通过休眠所需的低温

树种	需低于 7.2℃ 温度时数/h	树种	需低于 7.2℃ 温度时数/h
苹果	1200～1500, 200～2000	欧洲李	800～1200
核桃	700～1200	日本李	700～1000, 500～1500
梨	1200～1500	杏	700～1000, 250～900
樱桃	600～1500	扁桃	200～500
桃	50～1200, 200～1100	无花果	200

水分和营养状况也会影响果树的休眠。生长季后期若雨水过多或氮肥施入过量、过晚，都会导致枝梢旺长、生长期延长，进而延迟进入休眠期。所以后期应控水、控氮肥。若树体缺乏氮素或因组织缺水发生生理干旱，则会减弱树体的生理活动，果树会提早进入休眠期。

（3）休眠期的生理活动 果树进入休眠期以后，虽然光合作用停止，没有明显的生长迹象，生命活动微弱，但树体内仍在进行着一系列的生理生化活动。

休眠期内，果树体内的营养物质在不断发生转化：淀粉水解转化为可溶性糖；蛋白质转化为氨基酸；细胞内脂肪、单宁类物质增加；细胞液浓度提高，原生质黏性增强。这些生理变化可使果树在休眠期避免因冰冻导致的失水，还可提高抗寒性。

休眠过程中各种内源激素也在发生复杂的变化，各类激素的平衡状态与果树的休眠密切相关。在树体休眠过程中，芽内脱落酸（ABA）含量显著增加，萌芽前开始下降；赤霉素（GA）、生长素——吲哚乙酸（IAA）和细胞分裂素（CTK）含量与 ABA 含量变化相反，在自然休眠解除过程中逐渐增加。落叶果树的休眠和解除休眠不是某一激素单独发生作用，而是各类激素平衡的结果。果树休眠是一个十分复杂的过程，仍有许多问题需要深入研究。

（4）休眠期的调整 果树休眠期开始、结束的早晚，在生产上具有十分重要的意义。很多时候，它直接关系到商业性栽培的成功与否。落叶果树休眠期的调整包括促进休眠、延迟休眠、延长休眠期和打破休眠。

1）促进休眠。对幼年树和生长旺盛树，需促其正常进入休眠。可在生长后期限制灌水、少施氮肥，也可使用生长抑制剂或其他药剂抑制其营养生长，如抑芽丹、多效唑、矮壮素等均可促进休眠。

2）延迟休眠。对花期早、长势弱、中早熟类型的树种和品种，适当延长生长季，不仅可促进树体养分积累、提高树势，还可以延迟翌年萌芽和开花的物候期，避免早春冻害。常用的办法是夏季适当重修剪，后期加强氮肥施用和灌水等。

3）延长休眠期。果树通过自然休眠后，若遇天气回暖即开始萌芽，这时若遇倒春寒或晚霜，将会出现冻花、冻芽现象。对萌芽、开花较早的树种和品种适当延长休眠，可以使花、芽有效地避开早春低温带来的伤害。常用树干涂白、早春灌水等方法延缓树体温度回升、推迟花期。

4）打破休眠。打破休眠的目的是促果树提早萌芽、果实提早成熟，在果树设施栽培上应用较多。打破休眠的常用措施可分为物理措施和化学措施两类。物理措施包括低温、高温和变温处理等。例如，在热带地区，采果后摘除叶片可使温带落叶果树不经过休眠直接萌芽，这在苹果和葡萄上已有成功应用。化学措施就是使用化学药剂打破休眠，常用的化学药剂有氨基氰（NH_2CN）、氰氨化钙（$CaCN_2$）、赤霉素（GA_3）、6-苄基腺嘌呤（6-BA）、噻苯隆（TDZ）、KNO_3、NH_4NO_3 和尿素等。

第二节　果树营养生长

一、根系

（一）根系功能

根系是果树的重要器官，自古就有"根深叶茂，本固枝荣"之说，这显示了根系与枝叶的密切联系。从整体来看，根的功能主要包括以下几个方面。

第一，庞大的根系可起固地作用。它使植株能固定于土壤中，这是一系列生长发育过程顺利进行的前提。

第二，根系是重要的吸收和运输器官。植株所需要的绝大部分水分和矿质营养都是通过根系吸收向上运输的。根系还可吸收部分有机物和二氧化碳等。而且地上地下间物质交换也是通过根系实现的。

第三，根系是重要的贮藏器官。这对落叶果树尤为重要。在休眠期，许多营养物质贮于根中，细根是贮藏碳素的重要场所，贮藏养分对于早春根系的发生起重要作用，是早春地上萌芽开花的根本保障。

第四，根系是重要的合成器官。根系所吸收的许多无机养分需要在根系中被合成为有机物后才上运至地上部。例如，将无机氮转化为氨基酸和蛋白质；糖-糖和糖-淀粉间的相互转化。根系还是激素类物质的重要合成场所，如赤霉素、细胞分裂素，它们是早春启动地上部一系列生理生化过程的重要因子。

第五，根系是重要的分泌器官。分泌（secretion）是指植物耗能地将代谢物主动运输到植物表面的过程。根系分泌物的成分包括了植物体内除水之外几乎所有的成分。分泌作用具有重要的生理学意义，它是保持根际微生态系统活性的重要因子，对于保证土壤养分的生物有效性具重要意义。土壤中养分缺乏往往导致根系分泌增加。根系分泌也是植物化感作用（allelopathy）的重要原因。

第六，根系是土壤水分亏缺的传感器。根系对水分亏缺的敏感性远强于地上部，这使得植物在大量失水前就先行关闭气孔，防止过度蒸腾。

可见，根系在果树植株生长发育过程中起着一种根本性的调控作用。

（二）果树根系的类型与结构

1. 果树根系的类型　　根据果树根系的发生及来源可将根系分为三种类型。

（1）实生根系（seedling root system）　　是从种子的胚根发育而来，如板栗、核桃、柿子等都为实生根系。这类根系的特点是主根发达，分布深而广，生理年龄小，生命力强，寿命长，对根际环境的适应能力较强，但是个体间差异较大（如平邑甜茶等无融合生殖的类型除外）。我国目前应用的苹果、梨和柑橘等果树的实生砧木根系都属于此类型根系。

（2）茎源根系（stem sourced root system）　　是指用压条、扦插和组培等无性繁殖方式获得的植株个体，其根系来源于茎上的不定根，这类根系即为茎源根系。这类根系的特点是主根不明显，但有根干，根系分布较浅，主要是水平分布，生理年龄较大，生活力较弱，对根际环境适应能力较差，寿命较短。其优点是地上部生长量较小，容易早期开花结果。因来源于同一品种或母体，其个体间差异较小，单株间生长比较整齐一致，嫁接的果树整齐度高。葡萄、无花果、石榴等的扦插繁殖，苹果矮化砧压条繁殖，草莓匍匐茎繁殖及各类果树组培苗的根系都属于茎源根系。

（3）根蘖根系（root-suckered root system）　是指果树根上的不定芽萌发后形成根蘖苗，与母株分离后成为独立的个体，根蘖苗根系即为根蘖根系。这类根系的特点是根系往往不完整，分布浅，生活力较弱，其他特点与茎源根系相似。但由于采自不同的植株，因此很难保持单株间生长的一致性。生产中常将此类苗归圃培养一年后再用于生产。山楂、李、枣、海棠、樱桃等就易发生根蘖苗，而且是这类树种的传统繁殖方式。

2. 果树根系的结构　　果树的根系通常由主根（tap root）、侧根（lateral root）和须根（fibrous root）组成（图 2-1）。主根是指由种子的胚根发育而成，垂直向下生长的根。侧根是主根上产生的各级较粗大的分支。主根和侧根构成根系的骨架，称为骨干根，其主要功能是支持、固定、输导和贮藏。在各级骨干根上着生的细小的根称为须根。须根是根系中最活跃的部分，它是根系功能执行的主要部位。

须根上着生许多具初生结构、较大分生区的白色根，称为生长根。这类根生长较快，每天可延伸 1～10mm，根较长且粗壮（为吸收根的 2～3 倍），长势强旺。生长根的生长期较长，可达 3～4 周，冬季可维持白色状态达 11～12 周。生长根的功能是促进根系向新

图 2-1　果树根系
1. 主根；2. 侧根；3. 须根

土层推进，延长和扩大根系分布范围，以及形成侧分根——吸收根，输导水分和营养物质，同时还具有吸收能力，但无菌根。生长根生长一段时间后，颜色由白转黄再变褐，皮层脱落，称为过渡根，内部形成次生结构后成为输导根。之后在木栓化部分发生侧分枝（一些生长势强旺的根在未木栓化阶段也可发生侧分枝）。木栓化后的生长根具次生结构，并随年龄增大而逐年加粗，成为骨干或半骨干根。

须根中最先端的白色幼嫩部分，长度小于 2cm、粗 0.3～1mm，仅具有初生结构，不发生木栓化和次生加粗，寿命短，一般只有 15～25d，更新较快，称为吸收根。这类根的主要功能是从土壤中吸收水分和矿物质，并将其转化为有机物。吸收根具有高度的生理活性，是根系中合成激素的重要部位，与地上部的生长发育和器官分化关系密切。吸收根数量远多于生长根，如苹果吸收根数量可占总根量的 90%以上。一年生苹果树大约有 6 万条吸收根，总长约为 250m，成年树可达数千米。吸收根的多少与果树营养状况的关系极为密切。

根毛为生长根和吸收根表皮细胞的管状突起，由含原生质及细胞核的细胞组成，是果树根系吸收养分、水分的主要部位。根毛的寿命很短，一般在几天至几周内随着吸收根的死亡和生长根的木栓化而死亡。果树根系的吸收区，根毛密度在 300（苹果）～669（穗醋栗）条/mm^2。但也有个别树种，如伏令夏橙，它的根毛能在木栓化后生存几个月甚至几年；一些树种，如长山核桃，则没有根毛。

对 20 种果树的研究表明，生长根自先端开始分为根冠、生长点、伸长区、根毛区、木栓化区、初生皮层脱落区和输导根区。根冠不仅保护生长点（根尖），还能合成 ABA、乙烯等物质。

（三）果树根系的分布

根据果树根系分布的空间方向，可把果树根系分为水平根和垂直根。其中，与地表面近平行生长的根称为水平根（horizontal root），主要吸收浅层土壤的水分和营养，水平根分布范围的大小与树体种性和繁殖方法有关。与地面呈垂直生长的根称为垂直根（vertical root）。垂直根的功能主要是将植株固定于土壤中。实生树的垂直根很深，垂直根越深越能吸收利用深层土壤中的养分和水分，对于提高树体抗逆性有实际意义。一般说来，地下水位越低，土层越厚，土壤上层养分越少，垂直根越深。地下水位过高或下层土中有黏板层、砾石层的会限制垂直根的向下生长。树冠越直立，垂直根分布越深；越张开，垂直根分布越浅。

果树根系的分布受种性、土壤质地、土壤水分和栽培技术等影响，是根系功能的一种反映。例如，疏松的砂壤土中根系分布得深而广。从果树种类看，桃、葡萄、枣和梅树的根系分布较浅，苹果、梨、柿、核桃和荔枝的根系分布较深。根系分布以坚果类垂直根最深，仁果类次之，核果类较浅，而葡萄及小浆果类则是水平根发达，垂直分布很浅。栽培果树根系的垂直分布范围主要在 20～100cm 土层内，分布广度除取决于树种外，还与栽培条件关系极大。例如，核桃、板栗树体高大，根系分布深，其垂直根可达 10m；苹果一般为 2～3m；桃一般为 1m 左右。

幼树根系主要向纵深发展，形成垂直根，尤其是实生树或实生砧的嫁接树。随着树龄增加，根系逐渐向横向发展，形成庞大的水平根，水平根对果树营养具有重大意义。具有生理活性的根主要分布于浅土层中（0～40cm），约有 60%水平方向的根系分布在树冠正投影之内，尤其是粗根。在土层深厚且肥沃的土壤中及经常施肥管理的果园内，水平根的分布范围比较小，且须根较多；干旱瘠薄的土壤，根系水平分布范围广，但须根稀少。

通常情况下，土壤的水、肥、气、热及栽培管理措施的综合作用，使根系的分布具明显的层次性和集中分布的特点。早春表层土壤土温回升快，新根发生较早；而夏季表层土壤温度高、水分不稳定，根的主要生长区和功能区在表土以下环境条件适宜的稳定层，一般在 20～40cm 土层中。这一区域根量集中，占的比例较大，是根系的主要功能区，也是生产中果园土壤管理的主要土层。

果树根系的密度常用单位面积土表面上的根长（LA）（cm/cm^2）和单位体积土壤内根的总长度（LV）（cm/cm^3）来表示。果树的根密度明显低于大田作物，如苹果 LA 为 2～20cm/cm^2，LV 为 0.01～0.20cm/cm^3，梨 LA 为 26～69cm/cm^2，桃 LA 为 17～68cm/cm^2，而禾本科植物 LA 为 100～400cm/cm^2，一般草本植物 LA 为 52～310cm/cm^2。由此可见，果树对土壤养分可利用性依赖更大，更易发生缺素症。

根系密度与水分和矿质养分的吸收量关系密切。当根系密度加大，根系吸水速度超过土壤水分扩散补充速度时，土壤就会发生局部干旱，水进入根的速度降低，矿质养分吸收减少。当植物间发生营养竞争时，对氮素的吸收量取决于双方根的相对数量，磷的吸收则取决于根的长度。由于果树的根密度较低，因此果树可能是通过提高单位长度根的吸收速率来维持正常生长发育。

（四）影响根系生长的因子

1. 树体有机营养　地上部的有机营养供应是根系生长发育和功能执行的物质基础。在土壤条件良好时，果树根群的总量主要取决于地上部下运的有机物质总量。在新梢旺长期，新梢下部叶片制造的光合产物主要运输到根系中。因此，当结果过多、叶片受损时，有机营养向下运输量不足，将会明显抑制根系生长。在这种情况下，仅是加强土壤管理如施肥，并不能在短时期内改善根系的生长状况。

2. 土壤温度　根系生长与土温关系密切，通常在土温达到一定温度时根系才开始生长，随土温升高生长速度逐渐上升，达到最大生长速度后又随土温升高而下降，即根系生长也存在着"三基点温度"（开始生长温度、最适生长温度和生长上限温度）。不同树种、同一树种不同种类的果树根系"三基点温度"不同，一般是北方原产的树种要求较低，南方树种需求较高（表2-2）。大部分落叶果树根系生长的温度为5～35℃，最适温度为15～25℃。早春和晚秋土温过低、夏季表层土温过高都是限制根系生长的因素。根系的"三基点温度"除与遗传因素有关外，果树发育阶段、土壤通气状况和水分条件也影响根系对温度条件的要求。

表 2-2　主要果树根系生长的温度条件

种类或类型	地温/℃			
	开始生长	最适	受伤或死亡	适宜
梨	10.0	25.0	35.0	—
桃	7.2	24.0	35.0	21.0～24.0
无花果	9.0～10.0	21.0	—	—
柑橘	12.0	26.0	37.0	—
柠檬	11.0	28.0	45.0	24.0～31.0
葡萄	2.0	27.0	44.8	14.0～30.0
草莓	2.0	26.0	44.4	14.0～30.0
苹果实生苗	2.0	26.0	43.0	14.0～30.0

3. 土壤湿度　最适于根系生长发育的土壤湿度为田间持水量（field capacity，FC）的60%～80%，接近这个数值的上限时强旺生长根较多，接近下限时弱势生长根较多。土壤水分不足时（土壤水势在−0.7MPa），新根木栓化加快，根系生长率下降，低至−1.5MPa时，根系生长停止，甚至死亡。在干旱条件下，叶片因蒸腾强烈可夺取根中的水分。因此，根在干旱条件下所受的伤害（引起死亡，自疏）远早于地上部叶片出现萎蔫的时间。但轻微土壤干旱/空气干旱则有利于根系发生。轻微干旱时，土壤通气良好，地上部生长受到抑制，光合产物下运增加，促进根系往纵深生长，进而促进了根系对深层土中水、肥的利用。

土壤水分过多，也不利于根系生长发育。水分过多时，土壤通气状况恶化，根系正常的呼吸作用受到抑制，其他生理活动进而也受到抑制。长期积水导致土壤中以还原反应为主，产生H_2S、CH_4等有害物质。

4. 土壤通气性　水气永远是一对矛盾。根系生长发育及一切生理活动的正常进行都需要呼吸作用提供能量，因此，土中O_2含量对根的生长发育至关重要。

一般情况下，土壤O_2含量为2%～3%时苹果根系停止生长，5%时可缓慢生长，只有O_2含量达到10%以上时苹果根系才能正常生长，新根的发生则需要土壤O_2含量高于15%。桃、葡萄和柑橘分别要求12%、14%和9%以上的O_2含量。

土壤O_2含量对根系的影响还必须考虑土壤中CO_2的含量，当土壤中CO_2含量达到5%以上时，根的生长就会受到抑制。

除考虑土壤中O_2含量以外，还应重视土壤孔隙度，它是衡量土壤通透性的重要指标。大部分果树根系要求土壤孔隙度在 10%以上才能旺盛生长，正常生长所需的土壤孔隙度安全值为 10%~12%。

5. 土壤养分 一般情况下，土壤养分不会像水、气、热那样成为限制根系生长的因子，但它可以影响根系密度与分布，根总是倾向于向肥多的地方延伸。在肥沃的土壤和施肥条件下，根系发达、吸收根多、功能强。充足的有机肥利于吸收根的发生；适宜的氮（N）、充足的磷（P）和钾（K）利于根系分枝。研究表明硝态氮（NO_3^-）使苹果根细长，侧根分布广；铵态氮（NH_4^+）则使苹果根短粗且丛生。

一些矿质元素对于新根生长来说是不可缺少的。例如，缺硼（B）时葡萄根尖死亡，充足供硼（B）后可恢复生长。在酸性土壤中，铁（Fe）、锰（Mn）被氧化为二价离子（Fe^{2+}、Mn^{2+}）后易溶于土壤溶液，提高了土壤溶液中的离子浓度。根系易受到重金属胁迫，且在酸性土壤中，腐殖质含量低，也可使可溶性铝（Al）、锰（Mn）等有害金属离子溶液浓度增加，对根系产生毒害作用。

（五）果树根系在生命周期和年周期中的变化

1. 果树根系在生命周期中的变化 果树的根系也有其生命周期特点，同地上部一样，也存在着发生、发展、衰老、更新与死亡的过程。了解不同年龄时期果树根系的特点及其发生、更新习性，对于制订科学合理的土肥水管理措施有重要意义。

定植当年，果树根系首先在剪口及小根上发生新根，部分新根生长势较强旺，尤其 6 月中下旬以后，随地上部新梢生长，会发生生长迅速的强旺生长根，这些根主要表现出补偿生长特性，是苗木起出过程中伤根后的再建造。

个别在定植当年，根颈部位及老的根段上发生强旺的、生长迅速的生长根，尤其根颈部位发生的新根在 2~3 年生时，生长势强旺、生长快、加粗快，是将来大的骨干根的重要来源，尤其是水平根。

5 年生时，发生的强旺根已奠定了骨干根的基础，之后不再发生或很少发生大的骨干根；到树体结果以后，大骨干根数目基本稳定，每年发生的强旺根都集中于原根先端，以水平伸展为主，在结果盛期根系在空间上达到最多。此外，在各级分生根上发生生长势较弱的生长根和吸收根母根、分生大量吸收根，这时根系功能强而稳定，骨干根加粗迅速。例如，苹果骨干根的加粗在进入盛果期之前最明显，此后随树龄增加，骨干根加粗变慢。

果树局部自疏与更新贯穿于整个生命周期。例如，吸收根的死亡与更新在生命周期的初期就已开始，新的吸收根发生以后，经过一周或数周时间即褐变死亡，在其基部老根段上重发新根，这种更新过程的速度和强度受土壤条件影响很大，高温和干旱加速这种更新进程，土壤条件稳定时，更新变缓，地面覆盖可以稳定土壤的水、肥、气、热及化学性质，从而保证吸收根功能的稳定。

从结果后期起，小的骨干根开始死亡，尤其是经过多年生长仍较细且多分枝的骨干根更新更明显，之后是较大骨干根的死亡。随着较大骨干根的死亡，会发生根蘖，根蘖的出现是树势衰弱和衰老的信号，同时地上部会发生徒长枝。根蘖和徒长枝的发生都表现出向基性，它们对于延缓树体衰老有一定的积极作用。例如，将衰老树的根蘖切除，根系会很快丧失生活力；如保留根蘖，可使根系保持一定的生活力。至衰老和死亡期，各级次骨干根均可能发生死亡，地上部相应的大枝出现回枝现象。

在不同生长方向和不同土层中根系的建造过程也不相同。对梨树的观察结果表明，定植后的 2 年中，垂直根发育较快；一般至 4~5 年生大量结果时，垂直根可达最大垂直深度；之后，水平根迅速扩展，直至盛果期，水平根延伸逐渐减慢直至停止；至 40~50 年生，幼树形成的垂直根已死亡，代之以水平根向下发生的垂直根或斜生根向深土层延伸。

2. 果树根系在年周期中的变化　　果树根系没有自然休眠，只要条件适宜根系可全年生长。由于地上部的影响、外界环境条件的变化、树体本身的特点（如树龄、负荷、树种、品种、砧木类型）和栽培措施的差异，根系年周期内的生长表现出周期性变化的特点。有的果树每年可有三次生长高峰（如苹果、梨、桃、柑橘），有的果树有两次生长高峰（如葡萄），有的果树（如柿）则只出现一次生长高峰。

对初果期'金冠'苹果的观察表明，根系在年周期内有三次生长高峰。第一次为春季发根高峰，一般从 3 月上旬开始，至 4 月中旬达到高峰，之后随开花和新梢加速生长，根的生长转入低潮。春季发根高峰与上一年营养积累、秋季根系发育状况和越冬状况密切相关，秋季生长势较强的生长根以白色状态越冬，翌年春 2 月底 3 月初这部分根首先先端延伸生长，构成春季发根的早期高峰，这对于启动地上部萌芽有重要作用。第二次为夏季发根高峰，从新梢将近停长开始，到果实加速生长和花芽分化开始前后，约 6 月底 7 月初出现高峰。这次发根数量多、时间长、生长快，是全年发根最多的时期。此期前期，随地上部新梢旺长开始，即有强旺生长根发生。此期根系生长状况与树势关系密切。第三次为秋季发根高峰，在果实采收之后，9 月上旬到 11 月下旬。由于果实陆续采收，地上部负荷减少，新梢生长已明显减缓，叶片仍有较强的光合能力，此时发生的根多为较弱的生长根和大量的吸收根，对于提高树体贮藏营养有重要意义。秋施基肥的良好作用也正基于此。秋季发生的较强旺的新根保持白色状态越冬后是春季发根的基础。

另外，不同深度土层的根系生长也有交替现象。春季，表层根系开始活动早、生长较快，下层根系活动晚、生长慢；夏季，由于表层土温度高，根系生长缓慢，而下层土温度适宜，根系生长快；到了秋季，又出现上层根系生长快于下层的现象。温度是其主导因子。

综合果树根系的研究结果，果树根系年周期生长特点主要体现在如下几个方面。

1）果树根系在年周期中没有自然休眠现象，只要条件合适，根可以随时由停止生长状态迅速过渡到生长状态。

2）年周期内果树的根系生长动态是内外两类因子共同作用的结果。影响因子包括了果树种类、砧穗组合、当年生长结果状况、树体贮藏的营养等内因，土壤温度、水分、通气和矿质营养等外因，内外因共同作用的结果影响根系生长高峰是否出现、出现的早晚及峰值的高低。

3）年周期内，果树地上与地下生长发育的关系是复杂的。一般来说，发根的高峰多在枝梢缓慢生长、叶片大量形成之后，这是体内营养物质调节与平衡的结果；根系与果实的发育高峰是相反的，所以负荷量明显影响根的生长。但在某些特殊的条件下，地上、地下的生长可能是同步的。例如，盆栽条件下，水分成为主要限制因子时，每次降水或浇大水后，即出现新梢和新根的同时生长。

4）年周期内，关于地上部和根系开始生长的先后顺序各地研究结果不一致。除与树种有关外，主要是不同的果树种类枝芽和根系的生长对温度的要求不一，也是由于不同栽培区域地温和气温变化规律不同。一般原产于温带寒地的落叶果树，如苹果、梨等，它们的根系往往在较低温度下先于地上部开始活动。柑橘根系活动要求的地温较高，在适生区的北缘气温回升快，土温回升相对较慢，多先萌芽后发根，南缘地区则正好相反。

5）不同深度土层中，根系有交替生长的现象，这主要与土壤温度、湿度和通气状况有关。

苹果根系 60%～80%的吸收根集中分布在土壤表层，0～20cm 土层中吸收根的数量远高于 20～40cm 土层，具有明显的表层效应，且这一特性与苹果树年龄、品种和植株类型无关。但在生长季，土壤表层温度、湿度变化幅度很大，常常不利于根系的生长，所以稳定表层土壤环境对保证根系的稳定生长非常重要，其中果园土壤覆盖是一种有效的方法。

6）对多种果树根系的研究表明，根系的总吸收面积变化与年周期生长高峰基本吻合，根系在夜间的生长量与发根量都大于白天。

二、芽

芽是枝、叶、花的原始体，是一种临时性器官，它的主要功能是传递其本身的遗传特性。它与种子有相似的特点，果树的生长、结果、更新及复壮都从芽开始。通过营养繁殖方式，芽可以形成新的植株。

（一）叶芽的形成与分化

从芽原基出现到芽的萌发，短的要几个月，长的近两年，落叶果树叶芽的形成与分化大致分为以下几个阶段。

1. 芽原基出现期　春季果树芽萌发以前，芽内已形成新梢的雏形，称为雏梢，是由芽轴分化而来。随着（母）芽的萌发，在雏梢的叶腋间，由下而上发生新一代芽原基。新梢芽原基内的生长点继续分化，并一直保持半球形状态，如果生长点四周产生突起或生长点变平坦就意味着此芽要转化为花芽。

2. 鳞片分化期　芽原基出现后，生长点即由外向内分化鳞片原基，而后逐渐发育成固有形态的鳞片。据对苹果、梨的观察，雏梢叶腋间发生的芽原基在母芽内就已开始分化鳞片，且随着母芽的萌动，鳞片分化可一直持续到该芽所在节位的叶片停止增大为止。因此，叶片增大期也是腋芽鳞片分化的时间。一般情况下，每种果树芽的鳞片数目是固定的。

3. 雏梢分化期　对仁果类和核果类而言，在芽鳞片分化之后，如果条件合适，芽即可通过质变而转入花芽分化；如果条件不具备，芽即进入叶原基的分化，成为叶芽枝的雏形，即雏梢。多数落叶果树雏梢的分化大致可分为三个阶段。

（1）冬前雏梢分化期　未能通过质变而转为花芽的芽，一般从秋季落叶前后即开始缓慢进行雏梢分化，有的树种这段雏梢将来成为不具腋芽的梢段（如梨），一般短枝的节与叶原体在进入休眠期前完成分化。

（2）冬季休眠期　落叶果树的芽，落叶后即停止雏梢分化，进入冬季休眠。经过一定时长低温的积累后可使芽脱离休眠，进入冬后芽分化。

（3）冬后雏梢分化期　解除休眠后，越冬雏梢继续发育，直至萌发。不同树种和不同芽内叶原基数的增加量各有不同。例如，梨、苹果短枝的叶原基不再增加或只增加 1～2 片，芽内雏梢分化的叶原基越多，未来新梢越长，且质量好。

芽的分化程度与树体营养水平关系密切，树体营养充足时，芽的发育质量高。因此，一切提高树体营养水平的措施均可提高芽的发育质量。

（二）芽的分类

1. 按芽性质和构造分为叶芽和花芽　只含有叶原基，萌发后只长出枝条和叶片的为叶芽（leaf bud），不开花结果。从外部形态看，叶芽芽体瘦小，顶端较尖。花芽含有花原基，为花和结果枝的原始体，萌发后开花坐果。花芽芽体比叶芽肥大饱满，顶端圆润。从解剖结构看，花芽可分为纯花芽和混合花芽，纯花芽只有花原基，萌发后只能开花结果，如桃、杏和李等；混合花芽含有花原基和叶原基，萌发后既能开花结果又能抽生枝条，如苹果、梨、山楂、枣和葡萄等。

2. 按芽着生部位分为顶芽、侧芽和不定芽　顶芽（apical bud，terminal bud）着生于枝条顶端；侧芽（lateral bud）着生于枝条侧端叶腋中，也称腋芽。有些果树新梢有自枯现象，由最先端的腋芽代替顶芽，称为伪顶芽。例如，山楂、核桃、板栗、柿和柑橘等都有伪顶芽现象。像顶芽、侧芽、潜伏芽都是具有确定着生位置的芽，称为定芽。着生位置不确定的芽称为不定芽（adventitious bud），如根上或愈伤组织产生的芽即为不定芽，大的锯口形成层处也会发生不定芽。

3. 按同一节上着生芽的数目可分为单芽和复芽　一个节位着生 1 个芽的称为单芽；一个节位着生 2 个或 2 个以上芽的称为复芽。苹果、梨等果树的芽为单芽，桃、李、杏和樱桃等果树的芽为复芽。

4. 按萌发状态分为冬芽、夏芽和潜伏芽　芽形成后当年不萌发，需越冬后翌年春萌发的称为冬芽；芽形成当年就萌发的称为夏芽，夏芽萌发后多形成副梢，如杏、桃和葡萄。

芽形成后当年萌发或者翌年萌发的芽称为活动芽；有些芽形成后可多年不萌发，处于长期休眠状态，随着枝条年龄的增加逐渐潜伏于树皮皮层内，当受到刺激后才萌发，这类芽称为潜伏芽。生产上常利用潜伏芽发出的徒长枝进行更新复壮，是老树更新的基础，受强烈刺激（如重剪、逆境如冻害、水涝等）或树衰老后生长中心向基部转移后才萌发。不同果树潜伏芽的寿命差别较大，如桃的潜伏芽寿命短（3～5 年）；而有的树种（如柿子）潜伏芽寿命可达几十年；银杏树的寿命长，其潜伏芽的寿命也长，最长可达 5000 年。

（三）芽的特性

1. 芽的异质性　同一枝条上不同部位的芽在发育过程中由于营养状况不同、激素水平不同、所处环境条件不同，造成芽的生长势及其他特性的差异，即为芽的异质性。一个枝条上，由于芽的着生部位和发育程度不同，芽的萌发能力及其发出枝条的强弱，都存在明显的差异。枝条中部、没有秋梢的顶芽，芽质量较好，发出的新梢健壮，生长势强；枝条下部和秋梢的顶芽，由于芽发育时气温不适宜和叶片光合能力差，养分积累不足，芽的质量较差，发出的新梢较细短、生长势较弱。

2. 芽的早熟性和晚熟性　新梢上的芽形成当年就能萌发并可连续分枝，形成 2 次枝、3 次枝，这种特性称为芽的早熟性，如桃、杏、枣和葡萄等。具有早熟性芽的树种、品种，一般分枝多，树冠形成快，生长势易缓和，因而进入结果期早，但寿命短。

还有一些果树的芽形成后在正常情况下当年不萌发，要到翌年春才萌发，这种特性称为芽的晚熟性，如苹果、梨等。具有晚熟性芽的果树结果较晚。

3. 芽的萌芽力和成枝力　枝上的芽抽生枝叶的能力称为萌芽力，以萌发的芽数占总芽数的百分比表示。枝上不同部位萌发的芽抽生枝条的长度不同，萌发后能形成长枝的能力称为成枝力。母枝上长枝多于 3 个的，即为成枝力强；形成 2～3 个长枝的，成枝力中等；只有 1 个长枝的，成枝力弱。

萌芽力和成枝力因树种、品种、树龄和树势各异而不同。例如，葡萄、柑橘、核果类果树萌芽力和成枝力均强；梨的萌芽力强，但多数品种的成枝力弱；'金冠'苹果的萌芽力和成枝力均强，'富士'苹果的萌芽力和成枝力较强，'元帅'系短枝型苹果萌芽力强但成枝力弱；山楂的大部分品种成枝力和萌芽力均很弱。成枝力强的树种，枝条多、树冠成形早（如桃），在修剪上选择的机会多；成枝力、萌芽力弱的树种，容易造成枝条下部光秃、结果部位外移。栽培管理中常采用刻芽、拉枝等措施提高萌芽力、降低成枝力，促进早果丰产。

4. 芽的潜伏力 因果树衰老或强刺激作用下（如回缩、重短截修剪等）潜伏芽发生新梢的能力称芽的潜伏力。这是老树更新复壮的基础。芽潜伏力强的果树，如仁果类树种、板栗、柿、柑橘等，枝条恢复能力强，易进行树冠更新复壮；桃等芽的潜伏力弱的树种，枝条恢复能力弱，不易更新，树冠易光秃衰老。

营养条件也影响芽的潜伏力。同一品种，栽培管理水平高、树体营养条件好的，潜伏芽寿命较长。

三、叶

叶片是植物光合作用的主要器官，植物体内 90%左右的干物质是由叶片合成的。叶片是果树生长发育和产量形成的重要保障。同时，叶片还执行呼吸、蒸腾、吸收等功能。常绿果树的叶片还是重要的营养贮存器官。

（一）叶的形态

每种果树的叶片都有固定的形态和大小，果树叶片的类型主要有三类：①单叶，如核果类、仁果类、枣、柿、枇杷、杨梅、菠萝、香蕉、葡萄等；②复叶，如核桃、荔枝、龙眼、草莓、板栗等；③单身复叶，柑橘类。

一般说来，幼树叶片比较大，老树叶片比较小，一年之中春季和秋季长出的叶片由于营养和光照的影响，叶片的质量不同，以 6～7 月长出的叶片质量最好。

虽然果树叶片性状相对稳定，但栽培管理和环境条件对叶片的发育也有明显影响，尤其是叶片的大小、厚度和营养物质含量，是对栽培管理水平和环境条件的一个综合反映。

（二）叶的生长发育

单叶的发育是自叶原基出现开始，经过叶片、叶柄（或托叶）的分化，叶片展开，到叶片停止增大为止。叶原基的形成过程始于生长点基部突起，营养水平和水分对叶原基形成的数量和质量（即每个叶原基细胞数，将决定叶片大小）起决定作用。

展叶时间的长短，品种间差异较小但节位间差异较大。每片叶的展开过程分为前期和后期，前期叶片生长持续期稳定，一般为 11d；后期生长持续期变化较大，为 7～10d，是不同节位叶片形成期长短的决定期，一般下部叶延续时间短，上部叶片延续时间长。决定叶面积大小的主要是前期生长。秋梢叶展叶比春梢叶迅速，与秋季温度高、光合作用强、叶发育快有关。在梨上的研究表明，中下部叶片展开时间为 20～25d，而上部叶为 9～16d。展叶时间的长短与叶片大小没有必然关系。

叶片生长到一定大小以后，叶面积不再增加，但叶肉细胞还有一个原生质充实、叶绿素增加的过程，表现为由黄变绿，表层角质、蜡质积累，称为"转色期"或"亮叶期"，"亮叶期"后叶片达到最大光合能力。

落叶果树叶片从春天发叶到秋天落叶，经过 5～8 个月的时间，其功能由弱到强，再由强转弱，最后脱落。叶片的衰老和脱落与果树营养的积累密切相关。尤其是多年生果树，贮藏营养占有重要地位，通过延迟叶片衰老、保持较强的光合能力，可增加碳素同化物的生产，从而增加树体的贮藏营养。

秋季叶片正常衰老过程中，叶片中的大部分氮素和部分矿质养分可从叶中回流至树体的贮藏部位（枝条、主干和根系）。贮备的养分到翌年春季再被释放出来用于果树的生长发育。早霜或其他原因引起叶片的非正常衰老、死亡，则会导致叶片中的养分和矿质元素不能正常回流。可见，秋季叶片正常的衰老有利于增加果树的养分积累。

（三）叶幕的形成

叶幕是指叶片在树冠内的集中分布区，树冠叶幕的整体光合效能是果树生产性能的基础。植株年龄不同及整形方式不同，叶幕的形状和体积也不同。落叶果树的叶幕，在年周期中有明显的季节变化。树种、品种、环境条件及栽培技术的不同，叶幕形成的速度也不同。一般情况下，树势强、年龄幼的果树，或以抽生长枝为主的树种、品种，叶幕形成时间较长；而树势弱，树龄大或短枝型品种，叶幕形成时间短。

不同形状的叶幕表现出不同的光合生产效率，根本原因是其对光的截取和利用效率不同。不仅要求叶片在树冠中分布合理，还要求适量的叶片数量。叶面积指数（LAI）是衡量叶面积数量的指标。叶面积指数是指单位面积上全部果树叶面积总和与单位土地面积的比值。单株叶面积与该树冠投影面积的比值，称为投影叶面积指数。指数太高，叶片过多会相互遮阴，功能叶比例下降；指数太低，光能利用率下降。Jackson（1982）认为，透入30%以上入射光的树冠部分，是可以正常进行经济生产的最低限。因此，对多数果树而言叶面积指数为4～5比较合理。在落叶果树栽培过程中，理想的叶面积生长动态应该是生长季前期叶面积增长较快，中期保持合适的叶面积，后期叶面积保持时间要长，防止过早下降。

（四）叶片的生理性早期落叶及防治措施

叶片的早期落叶分为生理性早期落叶和病虫害引起的早期落叶两类。

生理性早期落叶是树体内部生长发育不协调或不适宜的外界环境条件导致的。生理性早期落叶一般有三类：一类是春夏季内膛落叶，主要是春季生长过旺（如重剪），内膛叶光照不良、营养不足所致，郁闭果园易发生；二类是采后落叶，多由结果过多引起，采后库源关系重新建立，导致叶片脱落；三类是旱涝落叶，干旱、水涝均可引起落叶，主要是短枝叶、春梢基部叶，对树体生长发育影响最大，往往导致补偿性再生而影响花芽分化或导致二次开花。

而病虫害引起的早期落叶是由早期落叶病（灰斑病、圆斑病）、叶螨、梨网蝽、金纹细蛾等引起的，可对症下药，及早防治。

生理性早期落叶的发生与树体自身代谢的不协调有关，在防止生理性早期落叶时，就要针对引起各种早期落叶的原因，采取相应的栽培技术措施，协调树体内部代谢。

对于春季内膛早期落叶，应着眼于冬季合理修剪，防止重剪与树体旺长，注意开张枝条角度，缓和树势，改善树冠通风透光，合理负荷，增加树体贮藏营养，从而缓解营养竞争。

采后落叶是在树势较弱、结果量过多的情况下造成的。因此，生产中要合理负荷，增强树势，培养一定数目的长枝，改善根系生长条件。另外，分批采收也可有效缓和因采收造成的衰老，减少甚至防止采后落叶的发生。

早期落叶与激素平衡也有关，利用赤霉素＋尿素喷布苹果叶片能有效地防止叶片衰老。

四、枝

（一）枝的分类

1. 按枝条年龄分类　　枝条按年龄可分为新梢、一年生枝、二年生枝和多年生枝。

新梢：由叶芽萌发抽生的当年生枝，能明显区分节和节间，在秋季落叶前称为新梢。春天叶芽萌发后抽生枝条，到夏季由于综合原因（主要是气温）枝条停止生长，形成的这一段新梢称为"春梢"；秋季生长势比较强旺的枝条顶端生长点又可恢复生长，形成的枝条叫"秋梢"。春秋梢交界处称为"盲节"。有些树种（如桃、杏）新梢叶腋间的芽当年萌发形成的新梢叫"2次枝"或"副梢"，甚至还可形成"3次枝"。

一年生枝：在落叶果树中，当年新梢在秋季落叶后称为一年生枝。

二年生枝：着生一年生枝的枝条称为二年生枝。

多年生枝：枝龄在二年以上的枝条称为多年生枝。

2. 按枝条性质分类　　按枝条性质可分为营养枝和结果枝。

营养枝为只有叶芽、当年抽生新梢、没有花芽的一年生枝。根据生长状况营养枝又可分为发育枝和徒长枝。发育枝为活动芽萌发形成，生长健壮，是构成树冠和发生结果枝的主要枝条；徒长枝为多年生枝基部腋芽或潜伏芽萌发抽生的节间较长、生长直立、营养生长过旺的营养枝。

结果枝为着生花芽并开花结果的枝条。仁果类和核果类果树结果枝类型见表2-3。

表 2-3　仁果类和核果类果树结果枝类型

果树类型	超长果枝	长果枝	中果枝	短果枝	花束状果枝	花簇状果枝
仁果类	>30cm	15～30cm	5～15cm	<5cm	—	—
核果类	>60cm	30～60cm	15～30cm	5～15cm	2～5cm	<2cm

（二）枝条的生长规律

1. 加长生长　　枝条的加长生长一般是通过枝条顶端分生细胞群的细胞分裂和伸长实现的。细胞分裂只发生在顶端，细胞伸长可延续至几个节间。在细胞伸长过程中，同时发生细胞大小和形状的变化，胞壁加厚，并进一步分化出表皮、皮层、初生木质部、初生韧皮部、形成层、髓、中柱鞘等各种组织，生长点的上述活动可以贯穿于枝条生长的整个过程。枝条生长过程不是匀速进行的，由一个叶芽萌发到发展成为一个新梢通常经过以下三个时期。

（1）新梢开始生长期　　从叶芽萌发开始，经过生长点幼叶伸出芽外，节间伸长，到第一幼叶分离。此期叶小而薄，光合作用弱。春季芽萌发后即开始加长生长，开始的早晚取决于早春的温度。温度高，持续时间短；温度低，持续时间长。此期生长主要依赖树体的贮藏营养，上一年树体营养积累状况决定此期的代谢水平。秋施基肥可以促进树体贮藏营养积累，有利于加长生长。

（2）新梢旺盛生长期　　此期茎组织明显延伸，幼叶迅速分离，叶片增多，叶面积增大，光合作用增强。此时新梢生长主要靠当年叶片合成的养分。若坐果过多，会造成养分竞争。新梢旺盛生长期的长短是决定树势的关键，此期延续时间长，易形成长枝，如营养状况不好，此期延续时间短，则易形成短枝。生产上为了控制枝条生长势，促进花芽形成，常在此期进行摘心夏剪。

（3）新梢缓慢生长至停止生长期　　新梢长至一定时期后，由于环境条件（如温度、湿度、日照等）的变化及芽内抑制物质的积累，顶端分生组织内细胞分裂变慢并逐渐停止，细胞增大也逐渐停止。外观表现为生长缓慢，节间变短，顶芽形成，枝条开始木质化并转入成熟阶段。此时以光合产物积累为主。

2. 加粗生长　　枝干的加粗都是形成层细胞分裂、分化、增大的结果。加粗生长比加长生长稍晚，其停止也稍晚。春天，当芽开始萌动时，在接近芽的部位，形成层先开始活动，然后向枝条基部发展。因此，落叶果树形成层的活动稍晚于萌芽，同时离新梢较远的树冠下部的枝条形成层活动也较晚。此期所需的营养物质主要是上一年的树体贮藏营养。

枝条的加粗生长主要在夏秋季，新梢的旺盛生长，使形成层旺盛分裂，枝干加粗明显。保叶不良时，或因夏季积水引起落叶，均导致光合能力下降进而严重影响枝梢加粗。

加粗生长旺盛时期是木栓形成层活动的最旺盛期，生产上常在此期进行环剥、环割等措施促进开花坐果。为了保证成活率，果树的芽接也常在此期进行。

（三）枝条的特性

1. 顶端优势　　顶端优势是指活跃的顶端分生组织、生长点或枝条抑制其下部腋芽或侧枝生长的现象。顶端优势在果树上的表现如下：①枝条上部的芽能萌发抽生强枝，其下的芽生长势依次减弱，枝条基部的芽甚至处于休眠状态。②先端枝条直立生长，使其下部发生的侧枝呈倾斜状，且越往下角度越大。若去除顶端直立枝，则第二枝又直立生长。③顶端优势还表现在果树中心干生长势强于同龄的主枝，树冠上部的枝强于下部的枝。顶端优势越强，枝条生长势越强；顶端优势越差，枝条生长势越弱。在果树修剪上，为了促进花芽形成，常采用去顶芽、拉枝、扭梢、开张枝条角度等手段来解决和削弱顶端优势。

顶端优势是多种激素综合作用的结果。Jankiwiz（1973）认为，居于优势部位的茎尖合成的生长素多，并能向基部运输促进维管束的发育，增强了茎尖对养分和根部运来的激素物质（尤其是CTK）的竞争力。同时，大量生长素下运使生长素含量从顶端向下逐渐升高，因此对腋芽和侧枝产生了抑制作用。

2. 垂直优势　　垂直优势是指因枝条着生位置不同而出现生长势强弱不一的现象，即直立生长的枝条生长势强，枝条较长；水平或下垂的枝条生长势弱，枝条较短；枝条弯曲部位发出枝条生长势强于顶端发出的枝条。

将枝条拉平后，枝条上位置向上的芽所得到的营养和激素类物质多于向下的芽；水平枝条的乙烯含量高，尤其是由直立生长状态拉为水平后，乙烯含量显著增加，赤霉素含量明显减少，且乙烯在枝内的分布呈近顶端处高、基部低，背上高、背下低的特点，从而改变了枝条的生长状态。

3. 树冠层性　　树冠层性是顶端优势和芽的异质性共同作用的结果。中心干上部的芽萌发为强壮的枝条，从顶端开始越向下枝条生长势越弱，基部的芽则多不萌发。年复一年，强旺枝越强，弱枝越弱，使得树冠中的大枝呈层状分布，即树冠表现为层性。层性利于树冠的通风透光。不同树种、品种层性差异较大。顶端优势强、成枝力较弱的树种层性明显，如核桃、苹果、梨等；而顶端优势弱，成枝力强的层性不明显，如桃。

（四）影响枝梢生长的因子

枝梢的生长过程受品种和砧木、有机营养、内源激素、环境条件等多方面因素的综合作用，这些因子有的直接参与枝梢生长，有的则是间接作用。

1. 品种和砧木　不同品种由于基因型的差别，枝梢生长强度有很大差异，乔化型品种生长势强，枝梢生长势强；而矮化型如短枝型、紧凑型等，生长势弱，新梢短而粗，短枝多，如'元帅'系短枝型、'蜜脆'等品种。

砧木对地上部枝梢生长量影响很大，同一品种嫁接在不同砧木上，枝梢生长差异极大。砧木可分为乔化、半矮化、矮化和极矮化等，嫁接在乔化砧上生长势强，半矮化砧上次之，矮化砧上生长势较弱，极矮化砧上生长势最弱。

2. 有机营养　果树体内贮藏营养对枝梢萌发、伸长有显著影响。落叶果树从芽萌发到新梢生长初期，主要依赖树体的贮藏营养。贮藏营养不足时，新梢短小而纤细。当年结果过多或叶片功能不良均引起枝梢生长不良。

3. 内源激素　植物体内的五大类激素都影响枝梢生长。IAA、GA、CTK 多表现为刺激枝条生长，ABA 和乙烯表现为抑制枝条生长。很多因素都会影响枝条内各类激素的水平和比例。例如，①砧木品种不同决定了产生内源激素的水平不一。②枝条的姿势不同会改变激素水平，枝条拉平、弯曲后，乙烯含量提高、CTK 含量降低。③幼叶合成 GA，茎尖合成的 IAA 与幼叶合成的 GA 共同作用的结果是促使新梢节间伸长；而成熟叶合成的 ABA 与 GA 拮抗，保证了枝条的充实和成熟。④营养水平，缺氮使 CTK 合成减少，枝条生长势下降；缺 Zn 显著降低 IAA 含量，新梢节间变短，叶片变小。

植物生长调节剂是人工合成的、与植物激素作用类似的物质，目前广泛用于果树生产中。

目前，植物生长调节剂的应用主要集中在促进或控制枝条生长，如 B9、矮壮素（CCC），通过增加枝条节间内 ABA 水平、降低 GA 含量抑制枝条节间伸长；马来酰肼（MH）对 CTK 有抑制作用，可提早结束新梢生长，促进枝条成熟，使枝条提前休眠。

4. 环境条件　各种环境因子都可以影响新梢生长。生长季中水分的多少往往是影响新梢生长的关键因子，在保证土壤通气的情况下水分供应充足能促进新梢迅速伸长；但水分过多、营养不足时，新梢纤弱，组织不充实；缺水使植物生长受抑。

矿质元素对枝梢生长的影响显著。例如，氮素可显著促进萌芽和枝条伸长；钾过多抑制枝梢生长，促进枝梢成熟，钾过少则新梢纤细。

光照强度对新梢生长影响显著。光过强抑制树冠纵向生长，但促进根系生长；光不足，则枝梢纤弱。

光周期能影响枝梢生长期的长短和伸长量。一般认为，长日照促进枝条生长，并延长生长时间；短日照则降低枝条生长速率和持续时间，促进芽的形成。

温度因可影响树体内的各种生理过程从而影响枝梢生长。在适宜的温度范围内，随温度升高生长量增大；低温下根向上部提供的 CTK 量迅速下降，枝条生长缓慢。

第三节　果树生殖生长

一、花芽分化的含义

由叶芽的生理和组织状态转化为花芽的生理和组织状态，即为花芽分化（flower bud differentiation）。外部或内部条件对花芽分化的诱导过程，称为成花诱导（floral induction），这一过程主要是成花基因的启动。成花基因启动后，继而启动一系列的生理生化反应。在花芽形态分化前，生长点内部由叶芽的生理状态（代谢方式）转向形成花芽的生理状态（代谢方式），因此也称为花芽的生理分化（physiological differentiation）。由叶芽生长点（叶原基）的组织形态转化为花芽生长点（花原基）的组织形态，然后花器官各部分原基陆续分化和形成，称为形态分化（morphological differentiation）。果树的芽内生长点由叶芽向花芽发生质变之前，生长点内生理生化状态极不稳定，代谢方向易于改变，此时期称为花芽分化临界期（critical period flower bud differentiation）。此时期是调控花芽分化的关键时期，如果条件适宜花芽分化，即可向花芽转化，否则为叶芽。一般枝条越短，花芽分化开始得越早。

二、花芽分化的过程

不同种类的果树，花芽分化过程及形态标志各异。以仁果类果树和核果类果树为例介绍花芽分化的过程和形态标志。

（一）仁果类

苹果、梨的花芽为混合花芽，其花芽分化可分为七个时期。

1. 叶芽期　　叶芽期为花芽分化前芽具备的形态。其标志是生长点狭小、圆形、光滑而无突起。在生长点范围内均为体积小、等直径、形状相似和排列整齐的原分生组织细胞，不存在异形的或已分化的细胞。

2. 花芽分化初期（花序分化期）　　花芽分化初期的标志是生长点肥大隆起，呈半球形。在此生长点范围内除原分生组织细胞外还有大而圆、排列疏松的初生髓部细胞出现，为花序原始体。这一形态变化对鉴别花芽分化的起始期十分重要，此期出现之前不久（1～7周）为生理分化期，是控制花芽分化的关键时期，即分化的临界期。

3. 花蕾形成期　　此时期的标志是肥大突起的生长点变得不圆滑，四周出现突起，这类突起的正顶部即为中心蓓蕾原始体，其他则为侧花原始体。

4. 萼片形成期　　此时期的标志是花蕾原始体顶部先变平坦，然后其中心部分相对凹入而四周产生突起，即为萼片原始体。

5. 花瓣形成期　　萼片内侧基部发生突起，即为花瓣原始体。

6. 雄蕊形成期　　花瓣原始体内侧基部发生突起，多排列为上下两层，即为雄蕊原始体。

7. 雌蕊形成期　　在花原始体中心底部发生突起，通常为 5 个，即为雌蕊原始体，中间为柱头原始体，1～2 周后柱头底部产生子房。

（二）核果类

核果类花芽的分化特点有别于仁果类，其花芽为纯花芽，芽内无叶原始体，紧抱生长点的是苞片原始体；桃、杏花芽内仅一个花蕾原始体，樱桃、李则有 2 个以上；花芽分化初期的标志是生长点肥大隆起，略呈半球状，即为蓓蕾原始体；萼片、花瓣、雄蕊的分化标志类似于仁果类；雌蕊分化也是从花原始体中心底部发生，但只有一个隆起，即未来的子房。

综上可见，多数果树花芽形态分化初期的共同特点是生长点肥大隆起、略呈半球状，从而与叶芽（尖狭）区别开，从组织形态上改变了发育方向。

三、花芽分化时期的特点

花芽分化时期因树种、品种、地域不同而各异；不同树势及枝类花芽分化时期也不相同，从而表现出如下特点。

1. 花芽分化具有长期性　　研究表明，大多数果树的花芽分化期并非绝对集中于短时期之内，而是相对集中而又有些分散，是分期分批陆续分化而成的。大多数果树在当年夏季开始花芽分化，到第二年春季完成各种花器官的形态建成，大约需一年时间。

果树花芽分化之所以分期分批陆续完成，是因为果树的结果枝是多种类型，它们的生长发育是分批完成的。树势越旺，枝条生长时间越长，枝条也越长，则花芽分化开始得越迟。有研究表明，如果给予有利的条件，成年苹果树几乎在任何时候都可以进行花芽分化。例如，在热带的爪哇苹果为常绿，4 月采收后一个月进行花芽分化，5 月摘掉新梢叶片促进萌芽，6 月即开花坐果，10 月果实采收，然后再次花芽分化，11 月摘叶促萌芽，12 月开花，至翌年 4 月果实采收，用这种方法每年可在同一株苹果树上获得两次产量。葡萄、枣、某些梨品种（如三季梨、巴梨、早酥梨等）也可一年内多次发枝并多次形成花芽，也就可以一年内多次结果。

2. 花芽分化的相对集中性和相对稳定性　　花芽分化虽然是长期的，但各种果树的花芽分化的开始期和盛期（即相对集中期）却有其相对稳定性。花芽分化一般是在新梢旺盛生长将近结束时开始，分化盛期出现在新梢停止生长后 50d 左右，果实采后还有分化过程，这是因为花芽分化必须在营养积累的基础上方可进行。例如，苹果和梨大都集中在 6～9 月，桃在 7～8 月。花芽分化的相对集中性和相对稳定性与稳定的气候条件和物候期密切相关。

3. 花芽分化具有临界期　　花芽分化的临界期实际就是生理分化期。此时期生长点原生质处于不稳定状态，对内外因素具有高度敏感性，是易于改变代谢方向的时期。因此，也是控制花芽分化的关键时期。苹果的花芽分化临界期在花后 2～6 周，即大部分短枝开始形成顶芽到大部分长梢形成顶芽的一段时期。

4. 不同果树形成一个花芽所需的时间各异　　不同树种、品种花芽形成所需时间不同。苹果从生理分化到雌蕊形成需要 1.5～4 个月，而从形态分化开始到雌蕊形成通常仅需 1 个月左右；枣从生理分化到雌蕊形成需 5～8d。

四、影响花芽分化的内外部条件

（一）内在条件

由简单的叶芽转变为复杂的花芽，是一种由量变到质变的过程，是由营养生长转向生殖生长的过程。根据生物学的一般规律和有关花芽分化的研究成果，这种转变过程需要如下的必备条件，即为花芽分化的物质基础。

1. 结构物质　　建成花芽需要有比建成叶芽更丰富的结构物质，包括光合产物、矿质盐类，以及由以上两类物质转化合成的各种碳水化合物、各种氨基酸和蛋白质等。

2. 能量物质　　花芽建造需要充足的能量和贮藏物质，如糖类和 ATP 等。

3. 调节物质　　参与花芽建造的调节物质主要是内源激素，包括 IAA、GA、CTK、ABA 等，如 CTK 在成花阶段转变和成花诱导中有重要作用；酚类物质、多胺类和水杨酸等也参与调节花芽分化过程。

4. 遗传物质　　成花阶段转变、花芽的诱导和建造等过程都需要 DNA、RNA 等遗传物质的参与，它们是代谢方式和发育方向的决定者，是形态建造的指导物质。随着研究的深入，现已发现许多基因参与花芽分化调控。例如，*LFY* 在花分生组织启动、花器官形成中起关键作用；*SPL* 家族参与成花调控过程；*miR172* 和 *miR156* 在开花阶段转变、花芽诱导、开花启动等过程中都起到重要的调控作用。

（二）外在条件

环境条件可以影响树体内的一系列代谢过程，从而影响花芽分化过程。

1. 光照　　光照从两个方面影响花芽分化。一是光周期，一般仁果类、核果类在长日照下进行花芽分化，而草莓、柑橘则在短日照下进行花芽分化；二是光强和光质，一般果树花芽分化需要较强光照，如苹果在花芽分化期间若遇 10d 以上阴雨，花芽分化率可下降 5.5%～8.1%。强光下，尤其高海拔地区（1000m 以上）短波光和紫外线充足，可抑制生长素合成，诱导乙烯合成，新梢生长受抑，从而促进花芽分化。

2. 温度　　温度从多个方面影响果树的代谢反应，如光合、呼吸、吸收和调节激素含量等。在适宜温度下，花芽分化率高。例如，苹果花芽分化的适温为 20℃（15～28℃），20℃以下分化缓慢。但在较高的温度下，苹果仍可进行较为正常的花芽分化。热带和亚热带果树多是在气温相对较低的时候进行花芽分化。例如，柑橘的花芽分化集中在 9 月至翌年 1 月，龙眼在 1～2 月，荔枝在 10 月至翌年 2 月。另外，草莓的花芽分化也需要较低的温度。

3. 水分　　在花芽分化临界期之前短期适度控制水分（达 60%左右的田间持水量），抑制新梢生长（营养生长），有利于光合产物的积累。IAA、GA 含量下降，ABA 和 CTK 含量相对较多，有利于花芽分化。但过度干旱会因抑制了正常的生理活动而抑制花芽分化；水分过多则会引起细胞液浓度降低，刺激营养生长，抑制花芽分化。

五、不同器官的相互作用与花芽分化

根、茎、叶、花、果和种子等果树各器官的生长发育都与花芽分化有密切关系。

（一）根系生长发育与花芽分化

果树根系吸收水分和矿质元素，为花芽分化提供物质基础，而且根系合成的细胞分裂素（CTK）是花芽分化必不可少的，尤其吸收根合成的玉米素核苷（ZR）对花芽分化，尤其是短枝花芽分化至关重要，吸收根数量与花芽分化呈高度正相关。

根系生长发育的稳定性和固有节律的正常进展，是根系功能稳定的保障，也是花芽分化的保障。根系非正常的死亡更新，如旱、涝引起的死亡和再生，往往引起落叶，刺激地上部的二次营养生长，不利于树体的养分积累，因而也不利于花芽分化。

（二）枝叶生长与花芽分化

良好的枝叶生长可以为植株生长发育提供充足的光合产物，这是树体建造良好、提早开花结果的前提。因此，若想早期丰产必须保证树体早期良好的生长发育。

但过度的营养生长，用于树体建造的营养消耗大，营养水平低，则不利于花芽的形成，如早霜来临前仍在生长的幼树。这也是果树花芽分化是在新梢生长减缓或停止以后开始的主要原因。因为新梢停长前后的代谢方式有一个明显的转折，即由消耗占优势转为累积占优势，此时也是调节花芽分化的关键时期，此时期多个器官的代谢物质都与花芽分化密切相关。例如，茎尖是 IAA 的主要合成部位，高水平的 IAA（游离态）可以刺激生长点继续不断地分化出幼叶，还可维持顶端优势，加强营养物质向新梢顶端的运输；IAA 还促进蛋白质合成，促进节间伸长和输导组织分化，从而使新梢顶端具有比其他器官更强的营养竞争力。幼叶是 GA 的主要合成部位之一，GA 可刺激生长素活化，抑制生长素分解。GA 和 IAA 的共同作用促进新梢节间伸长，GA 还可加速淀粉水解，利于新梢生长。所以除去幼嫩叶而留下成熟叶即可抑制新梢生长，促进养分积累。新梢中下部的成熟叶中则是 IAA 和 GA 含量降低，ABA 和根皮素等抑制物质增多，这些抑制物质促进淀粉合成和积累，有利于新梢充实、根系生长和花芽分化。新梢和老枝的开张角度影响其代谢方向。直立梢端 IAA 含量高，而水平和下垂的枝则低；直立枝乙烯含量低，水平和下垂的枝则高。乙烯抑制 IAA 的产生和转移、削弱顶端优势、降低新梢生长量，从而利于物质积累、根系生长和花芽分化。

（三）开花结果与花芽分化

开花结果会消耗大量的养分，从而影响根系和枝梢生长，影响花芽分化，果树大小年结果现象便是因此而生。而且大量果实的存在，果实中的种子产生大量赤霉素，也影响花芽分化。

六、调控花芽分化的途径

通过改善果树生长发育的环境条件，调节和平衡果树各器官之间的生长发育关系，从而达到调控花芽分化的目的。例如，通过园地选择、砧木选择、整形修剪、疏花疏果、土肥水管理、生长调节剂应用等，可实现果树的正常生长发育和良好的花芽分化。调控果树花芽分化的技术要点和原则（以苹果为例）可从以下两个方面考虑。

（一）充分利用花芽分化长期性的特点

针对不同类型的果树花芽分化各有其集中时期的特点，分别采取措施促进成花。

1. 幼旺树 由于往往表现出过于强旺的营养生长，花芽分化期比成龄树晚 2~3 个月（一般在 7~9 月）。应当注重施 P、K 肥，少施 N 肥，同时控制灌水避免过度旺长，重视应用夏季的刻芽、环剥、拉枝等能缓和生长势的修剪措施，或利用生长抑制剂控制新梢的营养生长，促进枝芽充实和花芽分化。

2. 成年树 生长季前期注重调节花果数量，合理疏花疏果、保花保果；中期花芽分化临界期合理施用氮磷钾复合肥，保证水分供应，为花芽分化打下良好的物质基础；采果前后至落叶前，合理适时追肥，保护叶片、延缓叶片衰老，提高叶片的光合功能，提高后期花芽分化率。

（二）分化临界期是控制花芽分化的关键时期

在花芽分化临界期，良好的水肥供应是保证花芽分化正常进行的根本措施。尤其是处于大年结果年份的成年树，应注重花芽分化临界期施肥（NH_4^+-N 肥、P 肥、K 肥），保证水分供应，及早疏花疏果。

利用植物生长调节剂在临界期控制树体的营养生长，也是调节花芽分化的有效措施。例如，西北农学院（1974）在'元帅'系苹果上的试验结果表明，于花后 3 周喷 B9（比久、丁酰肼），显著抑制了新梢生长，增加了百叶重和新梢淀粉含量，从而使花芽分化早而多。喷布乙烯利（CEPA）也有同样效果。

七、开花与授粉

（一）花器官与开花

1. 花器官 多数果树的花是两性花，即一朵花中同时包含雌蕊和雄蕊，也有雌雄同株异花（如核桃、栗）和雌雄异株（如猕猴桃、银杏、杨梅、阿月浑子等）。还有个别果树（如荔枝、龙眼）以雌雄同株为主，夹杂少量两性花，称为杂性同株现象。

果树的两性花主要由花萼、花瓣、雄蕊和雌蕊构成，但各部分的数量因树种而异。例如，桃、杏、李只有1个心皮，苹果、梨有5个心皮，柑橘的心皮约有10个。

（1）花粉和胚囊的形成　　花粉起源于雄蕊花药内的孢原细胞。造孢细胞经过几次分裂之后形成花粉母细胞，每个花粉母细胞经过两次分裂（一次为减数分裂）形成四分体，由四分体各自发育为花粉粒。花粉形成之后，每个花粉粒的核经一次分裂后形成两个核，一个为营养核（管核），一个为生殖核。营养核较大，内贮大量营养物质（以淀粉和脂肪为主），生殖核较小，此时花粉具两个核，又称为双核花粉。果树的花粉在双核花粉期即从花药中散出。花粉落到柱头上，条件合适就会萌发，内壁从萌发孔伸出，长成花粉管，随后营养核和生殖核进入花粉管，生殖核再行一次有丝分裂，成为两个雄配子。

雌性器官首先在子房胎座上产生小突起，形成珠心，随珠心增大，外部形成两层珠被，顶端形成珠孔，此即为胚珠。同时，珠心内孢原细胞形成胚囊母细胞，再经过减数分裂成为四分体，并由最里面一个细胞发育为单核胚囊（近珠孔3个退化）。此核连续3次分裂，形成八核细胞。八核中，分别从胚囊两极移向中间一个，形成极核（有时两个核可合成一个核）。保留在胚囊近珠孔三个核中，一个成为卵核，后成雌配子，其余两个为助细胞；远离珠孔的三个核为反足细胞。胚囊内8个核全为半数染色体。卵细胞成熟时，柱头就分泌含糖类的黏液，至此一个正常的胚囊发育过程就已完成。该过程一般在开花前2～3d完成，此时即具备受精条件。

（2）花粉和胚囊的败育　　花粉或胚囊在发育过程中出现组织退化、中途停止、萎缩的现象称为花粉或胚囊的败育。花粉在发育过程中不能正常发育，即会形成空瘪的花粉粒，即表明花粉败育。果树中，花粉败育是雄性不育（male sterility）的主要类型。

果树上雄性不育的类型很多，如苹果的'乔纳金''陆奥'等三倍体品种。葡萄中也较多，如美洲葡萄的一些品种为雌能花，雌蕊正常，但花粉无活力或雄蕊发育不全，异花授粉可结果；圆叶葡萄几乎全部品种不能产生正常花粉；欧洲种葡萄也有相当数量品种花粉败育，如'花叶白鸡心'（'白玉'）、'巨峰'等。桃的'五月鲜''六月白''冈山白'等品种也是雄性不育。柿子中的磨盘柿、眉县牛心柿、大红柿也为雄性不育类型。柑橘中的'温州蜜柑''华盛顿脐橙'也是花粉退化，但因其具有单性结实能力，所以能正常结果。花粉败育可以发生在从花粉母细胞减数分裂到四分体以后小孢子发育的各个时期，此时期对环境条件的变化极为敏感。

果树雌性器官发育不全即表现为胚囊败育（embryo abortion），果树中胚囊败育也很常见，一般有雌蕊败育、胚珠败育和胚囊败育三种类型。雌性器官的败育导致雌性不育（female sterility）。多种果树有雌蕊败育现象，尤以杏较为严重，杏的花器退化主要表现为花柱缩短或缺失。桃、李、杏等核果类果树有两个胚珠，但一般只有一粒种仁，很少出现两粒，就是因为其中一个胚珠败育。苹果、梨均有5个心室共10个胚珠，但通常不能全部形成种子，就是因为有的胚珠发生了败育。

（3）花器败育的原因

1）遗传上的原因。一般情况下，二倍体的品种大都可以形成良好的花粉，而多倍体，尤其是奇数多倍体都不能产生大量有生活力的花粉，其主要原因是减数分裂时染色体不能正常配对。例如，三倍体品种（如'乔纳金'）有生活力的花粉数量是二倍体的12%～15%。

多倍体品种的胚囊有相当大的比例不能正常发育，但能正常发育的生活力必强，因此一些三倍体品种尽管胚囊败育率高，但仍能获得高产。

2）营养条件。花粉粒内含有丰富的蛋白质、氨基酸、碳水化合物、激素和一些必需的矿质元素，用以保证花粉在未能从花柱组织内获得营养以前的发芽生长。如果这些营养物质不足，花粉粒就不能充分发育，生活力也低，发芽率下降。衰弱的树或弱枝上的花，花粉少、发芽率也低，就是因为供花粉发育的营养物质不足。试验证明，发芽率高的花粉比发芽率低的花粉含有较多的天冬酰胺、组氨酸和丝氨酸。

胚囊的发育也需要蛋白质合成，贮藏氮素水平对苹果和杏的胚囊发育有重要影响。因而早春用1%尿素打干枝能显著降低山区杏胚囊的败育率。土壤瘠薄、结果过多均会因营养不足导致雌蕊发育不全。

3）环境条件。花芽分化后外界持续低温将会提高雌蕊或花粉的败育率：花期如遇到−4℃以下的低温，可引起苹果花粉或胚囊发育中途死亡；柑橘类果树在15℃以下形成的花粉就会发生败育。相反，有些地区由于冬季低温不足，不能满足落叶果树通过正常休眠的需要，也可导致花器发育不全。例如，杏雌蕊败育率与休眠期温度低于7.2℃的时数呈显著负相关。不适宜的光照、土壤水分、温度（尤其日较差）均可影响花器发育。

2. 开花　　春季花芽的萌动和开放是达到一定所需温度积累的结果。不同树种对外界温度的要求与树种原产地有关。原产地生长季短的树种如杏、山桃对早春增温很敏感，遇到了高温很易萌动开花（因此也易遭晚霜危害）；原产地生长季长的树种则要求温度较高并需较长时间积温才能开花。在生产上常见的花期问题有两个方面，一是早春花期的霜冻危害；二是果树南移，花期延迟，花期长，坐果差，主要是未通过休眠，低温不足所致。开花物候期长度适宜方可保证坐果充分。花期高温，导致开花早、开放整齐、花期也较短，坐果差；花期遇阴雨低温，导致开花延迟、花期长、开放不整齐，坐果也差。

（二）授粉与受精

1. 授粉与受精的含义　　授粉是指花粉由雄蕊的花药传到雌蕊柱头上的过程。精核与卵核的融合称为受精。仁果类和核果类是虫媒花，其花色鲜艳，花粉粒较大、有黏性，外壁有各种形状的突起，易于黏附在昆虫身体、足上，且有蜜腺分泌蜜液吸引昆虫。坚果类为风媒花，这些花粉粒小而轻、外壁光滑，可随风传播，如银杏花粉可随风传播几十千米。坚果类的柱头也很大、平展、具凹洼，或呈毛刷状，便于接受花粉，每个柱头可得到几十万粒花粉。

同一品种内授粉为自花授粉。自花授粉后不仅能结果，还能得到满足生产要求的产量，称为自花结实；与此相反，自花授粉后不能得到满足生产要求产量的称为自花不结实。果树中不少品种类型可以自花结实，如大多数桃、杏的品种，完全花的葡萄品种，部分李和樱桃品种等。但自花结实的品种异花授粉后，产量往往更高、品质更好。因此，建园时配置授粉树是必需的。此外，如果自花结实且产生具生活力的种子，即为自花能孕，若自花结实不能产生有生活力的种子，则为自花不孕，如无核白葡萄自花结实，但无种子。

不同品种间进行授粉为异花授粉。异花授粉后不仅能结果，还能得到满足生产要求产量的称为异花结实。大部分苹果和梨品种，几乎全部的甜樱桃品种，部分李、杏、梅和栗品种都是异花结实。建园时必须配置授粉树。异花授粉中，雌雄配子都具有生活力但授粉后不能结实或结实很少，不能满足生产要求，称为异花不结实。

有效授粉期（effective pollination period）是指胚珠寿命减去花粉管生长所需天数。这里胚珠的寿命是能否成功受精的关键。苹果的有效授粉期为2～10d，猕猴桃的为7～9d。有效授粉期仅是一个参考值，因为花粉萌发和伸长受温度、湿度、贮藏养分、矿质元素和多种生长调节物质的影响。

2. 雌雄异熟和雌雄不等长　　雌雄同株异花和雌雄异株的果树会有雌蕊和雄蕊不同一时期成熟的现象，称为雌雄异熟，如栗、核桃和荔枝等。

有些果树虽雌雄同花，但雌蕊和雄蕊有长度不同的现象，称为雌雄不等长。雌雄不等长常常导致不能良好授粉，如某些李、杏品种。根据雌雄蕊的发育特性可分为4种类型：①雌蕊高于雄蕊；②雌蕊与雄蕊等长；③雌蕊低于雄蕊；④雌蕊退化。第一类和第二类为完全花，第三类和第四类为不完全花。

3. 单性结实　　单性结实是指未经过受精而形成果实的现象。其中，不需任何刺激就可以单性结实的为自发性单性结实，如香蕉、菠萝、无花果、柿、'温州蜜柑''华盛顿脐橙'及一些三倍体苹果和梨的品种；经过花粉或其他刺激方能单性结实的为刺激性单性结实，如某些洋梨子房受冻害或花粉刺激可单性结实。

单性结实的果实多无种子，但无种子的果实却未必是单性结实。例如，无核白葡萄，可以受精，但因内珠被发育不正常，不能形成种子。

4. 无融合生殖　　无融合生殖是指胚囊中的卵细胞不经过减数分裂、不经受精而直接发育成胚，形成种子的现象，如湖北海棠、三叶海棠、芒果和树莓的某些类型。无融合生殖得到的后代在遗传上是稳定的，能最大限度地保留其亲本（母本）的性状，这与无性繁殖系的后代类似，但其生命力强于无性繁殖系的后代。

5. 影响授粉受精的因素

（1）营养状况　　亲本树的营养状态是影响花粉发芽、花粉管生长速度、胚囊寿命及柱头接受花粉时间的重要内因。树体内氮素、碳水化合物、生长素的供应状况都对上述过程有影响。在树体营养状况良好的情况下，花粉管生长快，胚囊寿命长，柱头接受花粉的时期也长，这均有利于延长有效授粉期。硼对花粉萌发和受精有良好作用。花粉含硼不多，而是由柱头和花柱为花粉提供充足的硼，硼可以增加糖的吸收、运输和代谢，增加 O_2 的吸收，有利于花粉管的生长。所以发芽前喷硼砂1%～2%或花期喷硼砂0.1%～0.5%，可增加苹果坐果率。有研究表明，钙有利于花粉管生长，认为钙从柱头到胚珠存在的浓度梯度是花粉管向胚珠定向生长的关键因素。维生素、氨基酸和一些微量元素都具有促进花粉萌发和花粉管伸长的作用。

（2）植物生长调节剂　　在这方面研究较多的是赤霉素对提高坐果率的良好作用。赤霉素可促进单性结实，且由于可加速花粉管生长，使生殖核分裂加速，因此促进了坐果。用15ppm[①]果实膨大剂（主要成分为赤霉素）喷施山楂和枣，坐果率明显提高，在葡萄上也有良好效果。

（3）环境条件　　温度是影响授粉受精的重要因子。温度影响花粉发芽和花粉管生长，不同树种、品种花粉管生长的适宜温度不同。例如，苹果花粉发芽和花粉管生长的适宜温度为10～25℃，'白玫瑰香'葡萄为25～27.5℃，'巨峰'为25～27℃。温度也影响授粉昆虫的活动，一般蜜蜂要在 15℃以上才活动。花期大风（≥17m/s）会导致柱头干燥失活，不利于花粉萌发，大风也不利于昆虫活动。花期阴雨、空气潮湿不利于传粉，花粉很快失活，昆虫也不活动。空气污染会影响花粉萌发和花粉管生长。空气中氟剂量增加，会使甜樱桃花粉管生长速率下降。草莓由开花到结实期间如空气中氟含量达到 5.0～14.0μg/m³ 坐果率明显下降。

（4）胚乳和胚的发育　　除去有单性结实能力的少数品种外，胚乳被吸收期如果条件不适

---

① 1ppm＝1mg/L

宜就会导致胚发育停止，进而引起落果。一般果实的坐果需要有胚和胚乳的正常发育。胚或胚乳停止发育，果实往往发育不全，畸形，易脱落，这是 6 月落果的主要原因。促进坐果的内源激素来源于幼胚及胚乳细胞膜，胚结束生长后由种子继续产生激素。

引起胚不能正常发育的原因也是多方面的。一些多倍体类型，由于其染色体行为不正常，即便受精，合子也未必正常发育。缺乏胚发育所必需的营养物质，如缺乏碳水化合物、氮素、水分等，是胚停止发育引起落果的主要原因。这些营养物质的缺乏也是多方面因素引起的，如树势衰弱、贮藏营养不足、器官间养分竞争、干旱、负载量过大、重剪、氮肥或水分过多引起枝叶旺长等。温度不适宜也会影响胚发育，如苹果胚在 $-1.7℃$ 低温即受伤害；'意大利李'对花后低温极为敏感，花后气温为 $14.0\sim17.3℃$ 时坐果率为 $36\%\sim64\%$，温度降到 $7.7\sim10.7℃$ 时坐果率仅为 $1\%\sim13\%$。另外，光照不足也能引起落花落果。

八、坐果与果实发育

（一）坐果机制

开花前，子房发育很快，到开花时生长极为缓慢甚至停止生长，授粉受精可以使子房重新生长。因为授粉受精可使子房内形成激素。花粉中含有生长素（IAA）、赤霉素（GA）等物质，在花粉未进入花柱前这些物质的含量较低，只有当花粉管在花柱内生长时，其合成激素的酶系统方被激活，激素大量合成。受精后胚和胚乳也开始合成生长素、赤霉素和细胞分裂素等，二者综合作用的结果便是坐果。

影响坐果的激素不止一种，不同树种、品种所需激素种类和浓度不同。外施生长调节剂可以促进坐果，如生产中常用的果实膨大剂，但品种、树势、气候条件不同，生长调节的效果不同。生长素对草莓、黑刺莓和无花果的坐果有效，对桃、李和樱桃等无效；不经过授粉的油橄榄、油梨和芒果用生长素处理可促进坐果，但果实不能继续长大；生长素和赤霉素对枣、无花果、巴梨和苹果等坐果有促进作用；生长素对柑橘坐果无效，但赤霉素对柑橘坐果有效。

（二）提高坐果率的措施

坐果是内外因素综合作用的结果，是一个复杂的过程。因此，提高坐果率的措施也是多方面的。

1. 营养调节　　首先，要加强上一年夏秋的管理，合理负担，保护叶片，及时施肥，提高树体贮藏营养水平，保证花芽健壮饱满。其次，要调节春季的营养分配，均衡树势，避免枝叶旺长，必要时采取控梢措施（如摘心等），疏花、疏果和保花、保果技术措施相结合，花期环剥提高树体局部营养水平。同时注意补施肥水，如萌芽前尿素打干枝，花期前后喷尿素、硼砂等。根据土壤墒情灌水，春旱地区一般开花前灌水可提高坐果，无灌水条件的地区可采取盖地膜或地面覆盖等保墒措施。提高根系活力，保证萌芽开花物候期正常进行。改善光照条件，合理夏剪。

2. 保证授粉受精　　首先，合理配置授粉树；其次，果园放蜂或人工辅助授粉，提高授粉受精质量。另外，可施用植物生长调节剂提高授粉受精质量，如 B9、GA 等。

3. 营造适宜的小气候　　降低晚霜、大风等不良环境的影响。不同区域、不同年份、不同树种及品种主导坐果的因子可能有差别，因此，要有一套针对性强的管理措施，以保证充分坐果。

（三）果实的生长发育

果实的生长发育是指果实细胞分裂、膨大和同化物积累转化，从而使果实不断增大和增重的过程。不同树种的果实均有其一定的生长发育规律，它既受树种本身遗传特性和树体各器官间相互关系的制约，又受环境条件和栽培管理的影响。

果树上可演化为果肉的组织是多种多样的。总的来说，花序的结构部分都有可能发育为果肉，但树种间有差别。在常见的果实中，果肉多数是由子房壁发育而来。所有水果都有一个共同特点，即能积累水分和若干有机化合物，发育为多汁的个体。果肉组织能起到保护种子和影响种子周围环境（气体、水分和化学物质）的作用。但果肉不为胚的生长提供原料，种子则可为胚的生长发育提供养分。

1. 果实体积、重量的增加　　果实重量的增加大体上和体积的增大呈正相关。果实的体积在果实生长的中后期增加迅速，果实重量和果内的干物质重量也相应增加，但其增长高峰迟于体积的增长高峰。

果实体积的增大，取决于细胞数目、细胞体积和细胞间隙的增大，其中以前两个因子为主，苹果的细胞间隙可占体积的 1/5～1/3。间隙大小也决定了果实的品质和用途，如'康枣'细胞间隙大，加工时糖易渗入，因此适合加工蜜枣。细胞数目与细胞分裂时期的长短和分裂速度有关。果实细胞分裂开始于花原始体形成后，到开花时暂停，花后能否继续分裂视果树种类而异。有些类型花后不再分裂，只有细胞增大，如黑醋栗的果实；有的树种要持续分裂至果实成熟，如草莓、油梨；大多数果实介于两者之间，即花前有细胞分裂，开花时终止，经授粉受精后继续分裂。例如，苹果在开花时，单个果实的细胞数为 200 万个，谢花后 15d 内增加至 3400 万个，收获时达 4000 万个，说明花期和果实发育前期改变细胞数量的可能性大于果实发育后期。

花后细胞旺盛分裂时，细胞体积开始增大，在细胞停止分裂后，细胞体积继续增大。细胞长度一般为 150～700μm，有的超过 1mm，而石榴种子周围的果肉细胞可达 2mm 长。细胞体积大小为 106～107μm³，最大可达 108μm³；开花时不超过 104μm³。

2. 肉质果实形态发育　　肉质果实形态发育进程可分为三个阶段。

第一阶段：自受精后到细胞分裂速度急剧下降。此阶段，果实中合成过程占优势，主要为组织建造合成高分子物质，果实中的低分子物质含量极少。有机酸类迅速积累并达到最高浓度，果实中的叶绿素有一定的光合能力。但同化产物不能自给，所需碳水化合物大部分来源于贮藏营养和初生叶供给。

第二阶段：果实生长旺盛期直至呼吸跃变前呼吸速率最低时为止。此时期细胞伸长占优势，细胞内干物质含量增多，有机物质、碳水化合物和有机酸含量稳定增多，但因细胞内水分积累得更快，干物质浓度可能不断下降。碳水化合物主要以淀粉的形式积累，苹果大约在 7 月初开始，到 8 月达最大值，积累量不超过鲜重的 2%～2.5%。果实进入成熟期，淀粉逐渐降解成小分子糖类，至采收时淀粉所剩无几。

第三阶段：生长基本结束。此阶段果实内部将完成一系列的生理转化，如果肉变软、细胞内产生芳香类物质、果皮逐渐着色等。有些果树种类，如苹果、梨、杏，在此阶段果实的呼吸速率迅速提高到高峰，称为呼吸跃变，此类果实为呼吸跃变型果实；有些果树种类则无呼吸跃变，如柠檬、甜橙、樱桃等，呼吸速率反而稍有下降。该过程中水解酶活性提高，导致许多物质含量降低，这一过程多在采收后完成。

3. 果实生长类型　　从开花坐果到果实成熟，不同果树的果实生长期长短各异。短的如草莓为 3 周，长的如'伏令夏橙'为 50～60 周，香榧可达 74 周。果实体积的增长幅度在树种间差异也较大，如油梨可增加 30 万倍，葡萄增加 4000 倍。把果实体积、果实直径和鲜重增长量做成曲线，即为果实生长曲线，一般可分为单"S"形和双"S"形。

单"S"形果实只在果实发育中期出现一个快速生长期，发育初期和后期生长较慢。双"S"形果实在果实发育期间出现两个快速生长期，在两个快速生长期之间为一个慢速生长期。在双"S"形果实的第一个快速生长期（第Ⅰ期），胚乳、胚和子房的各个部分都迅速增大；第Ⅱ期子房壁生长量很少，内果皮木质化，此时又称为硬核期，这时果实体积变化较小，是决定果实成熟期早晚的主要时期；第Ⅲ期为果实迅速膨大期，主要是干物质积累、水分增加，果实逐渐成为可食状态。曲线的形状与果实的形态构造没有关系（表 2-4）。

表 2-4   不同果树种类果实的生长类型

生长类型	种类
单"S"形	梨、苹果、草莓、甜橙、枇杷、荔枝、龙眼、菠萝、香蕉、油梨、棕枣、扁桃、栗、核桃、榛
双"S"形	穗醋栗、树莓、越橘、桃、李、杏、樱桃、葡萄、山楂、枣、无花果、柿、阿月浑子、油橄榄

4. 果实纵横径的变化   果实细胞的分生组织和根、茎不同，它没有形成层，属于先端分生组织。所以，最初细胞分裂时，表现为果实的纵轴伸长速度快，果实的纵径/横径（L/D）比大。随着细胞增大，横径生长速度超过纵径。一般在开花后纵径较大的果实（同品种比），说明细胞分裂旺盛，具有形成大果的潜力。以此可作为早期预测果实大小的指标，供人工疏果时参考。

果实的纵径与横径的比值，即纵径/横径（L/D），称为果形指数，这是衡量某些果实品质的标准之一。例如，'新红星'果形指数 1.1 为标准果，最大可达 1.27。影响果形指数的因素较多：①品种，同一树种不同品种的果形指数不同。②砧木，一般情况下生长势强的，果形指数大。但其作用是在气候条件有利的基础上发挥的，即气候条件有利于果形指数增大时，砧木的作用才表现出来。③营养条件，果实横径的生长受当年营养竞争（新梢生长、果量大等）影响较大，而纵径生长在很大程度上由贮藏养分水平决定。一些观察结果表明，苹果树负载量大时，果形指数变小；苹果中心花结的果果形指数大于边花的；徒长枝上的桃，果形偏长；柿子的叶/果大时，果形较扁。④气温，同一品种，高温地区或高温年份果形指数偏小，如在温暖地区生长的'元帅'苹果果形较圆，而冷凉地区或年份，果形长（果形指数偏大）且萼端发育良好，五棱明显。⑤植物生长调节剂，对果形指数有显著影响。上一年秋季应用乙烯利、B9，或当年春天应用 B9 均可使苹果果形指数变小；花期 GA_{4+7} 与 6-苄基腺嘌呤（6-BA）合用，可使'元帅'系苹果果形指数增大且五棱突起；无核白葡萄用 GA 处理后，果粒大而长，用生长素处理则果粒为卵形或圆形。

5. 激素与果实生长   果实的生长发育受多种内源激素的调节。根据对种子生长素含量和无花果、葡萄、苹果、草莓、桃、樱桃果实生长周期的关系研究，证明激素含量水平只与胚乳的发育一致，而与整个果实的发育周期并不完全一致。同样，种子中 GA 含量水平变化也不完全和果实的总体发育一致。例如，葡萄种子赤霉素含量水平只与果实生长的第Ⅰ期相一致，而与第Ⅲ期无关。杏、苹果中也有类似现象。

研究还表明，在苹果、梨、榅桲、桃、李和柿幼果中都有细胞分裂素，与细胞分裂有关；在柑橘、草莓、梨、苹果、油橄榄、酸樱桃和葡萄等果实中有脱落酸；至于乙烯，从幼果至成熟始终存在，它的作用不只是促进果实成熟，与果实生长也有关。因此，果实发育的不同阶段，由某种或几种激素的相互作用控制着果实的生长发育。

外用植物生长调节剂可以起到类似激素的作用。生长素类、赤霉素（GA）、6-苄基腺嘌呤（6-BA）和玉米素（zeatin）单独使用不能刺激猕猴桃果实生长；生长素类＋GA、GA＋BA 也无效，但生长素类（2,4-D）或生长素＋GA＋6-BA 则可促使果实生长，尤其当处理的果实含有200 粒以上种子时，增大效果更明显。虽然不同树种果实的不同发育阶段含有的激素种类不同，但各类激素的功能却是相似的，乙烯和脱落酸促进衰老，生长素、赤霉素和细胞分裂素防止衰老。例如，喷施赤霉素能延迟柑橘衰老。

激素调节果实生长的机制归纳如下。

1）促进维管束的分化。尤其是对果梗维管束有显著影响。木本植物的木质部（葡萄果梗粗、脆，气孔突起）和真心皮部的分化与生长素和赤霉素的作用有关。

2）调控细胞分裂。细胞分裂素和生长素共同调节细胞分裂。应用细胞分裂素和生长素可使苹果、梨、草莓、柑橘和香蕉果肉组织离体生长若干年。

几种激素混用时，GA 对果肉（猕猴桃）细胞分裂有利，如 GA_{4+7}＋细胞分裂素，可促进苹果纵径生长，GA＋IAA＋CTK 可使猕猴桃幼果增大。

3）促进细胞增大。生长素可使细胞壁延伸，增加果胶物质的合成。乙烯对细胞最后的形状有影响。

4）增强代谢，增强调运养分的能力。果实生长发育所需基本营养物质的运输，以及果实与枝叶、果实之间营养竞争，与果实的代谢强度、调运营养的能力有关。激素水平可影响这一过程，不同激素调运营养物质的能力不同，其中 IAA 的能力最强。激素也利于果实吸收水分和保持水分。

5）调控细胞成熟。细胞成熟的标志是细胞中叶绿素消失，细胞膜的渗漏和大分子化合物的水解。激素可影响这些过程，因而可促进或延迟细胞衰老。

（四）果实色泽发育

果实着色是指果实表皮颜色的发育。果实成熟过程中，叶绿素降解的同时类胡萝卜素和花色素苷在合成。不同种类品种都有其典型色泽，这是由遗传决定的。果实色泽包括果面的底色和表色。不论生食或加工，色泽是品质分级标准之一。色素如胡萝卜素、花青素等还具有很高的营养保健价值，果实着色好，果品营养价值也高。

1. 色素种类　决定果实色泽发育的色素主要有叶绿素、胡萝卜素、花青素、黄酮素等。根据溶解性，果实色素可分为水溶性色素（花青素）和脂溶性色素（叶绿素、类胡萝卜素）。

（1）叶绿素　叶绿素的形成要有光和必需的矿质元素，并受某些激素的影响。一些果实果皮或果实的某些部分保持绿色是果实鲜度的标志，失去绿色或变黄则意味着成熟、衰老，如苹果、洋梨、香蕉的底色为绿色，柑橘果蒂部为绿色等。生长素可使柑橘果蒂保持绿色；赤霉素、细胞分裂素可使柑橘果皮保持绿色，延迟着色甚至回绿。乙烯与赤霉素拮抗，故它可促使果实褪绿着色；脱落酸与赤霉素拮抗。有时保持绿色是贮藏加工的要求。

（2）类胡萝卜素　类胡萝卜素是脂溶性色素，表现的颜色从橙黄至红色，存在于质体中，常与叶绿素并存，但非绿色部分也有，它包括胡萝卜素、叶黄素和番茄红素等。柑橘类果实含α-胡萝卜素、β-胡萝卜素、γ-胡萝卜素、玉米黄质和隐黄素，杏含有 β-胡萝卜素、γ-胡萝卜素和番茄红素，柿（红色的）含番茄红素。黄肉桃、杏、柿由黄到红色的变化，与番茄红素比例有关，比例高果面颜色偏红。

（3）花青素　花青素为水溶性色素，它使果实表现出红、蓝、紫等色，主要存在于细胞液和细胞质中。细胞液偏酸性时呈红色，中性时为淡紫色，偏碱性时为蓝色。

2. 影响果实色泽发育的因素 影响果实色泽发育的因素，除遗传因子外，主要还有以下几方面。

（1）可溶性碳水化合物积累 花青素的形成需有糖的积累，如'康可'葡萄在果实内可溶性糖不达到8%不着色，'玫瑰露'葡萄可溶性糖不达到17.5%，着色不良。苹果的红色发育是在磷酸戊糖途径呼吸旺盛时才能形成，而磷酸戊糖途径呼吸活跃须有充足糖的积累，糖积累少，红色素发育不好。在一定范围内，叶片对果实不过度遮阴的情况下，叶面积越大，上色越好。相反，如果果树营养生长过旺、枝叶停长晚，即使叶果比大，但因碳水化合物在枝叶生长上消耗得过多，果实着色也不好。

（2）光 光与碳水化合物的合成有关，也可直接刺激诱导花青素的合成。果树种类、品种不同，果实着色对光的依赖性不同。例如，苹果的一些浓红型芽变（'新红星''红皇后'等），散射光下着色也好。葡萄有在直射光下着色好的品种，叫直光着色品种，如'玫瑰香'；也有在散射光下即可着色的品种，叫散光着色品种，如'白玫瑰香''康可''玫瑰露''康拜尔''乍娜'。

光质对着色影响很大。紫外光（波长0.1~400nm）促进着色，但紫外光可被尘埃、小水滴吸收，故海拔高、云雾少的地区果实着色好；在雨后，空气中尘埃少，着色快。

也有一些果实着色不需要光照，如草莓。一些甜樱桃在黑暗中也能着色，但黄、橙色甜樱桃品种着色需要光照，'雷尼尔'等黄色品种光照良好时可呈红色。

（3）矿质营养 氮素多不利于果实红色素的合成。主要是因为氮素与可利用的糖合成有机氮，减少了碳水化合物的积累，甚至使果实细胞的原生质增多而液泡变小，糖含量下降；氮素多了促进果皮叶绿素形成，叶绿素降解延迟；此外，氮素促进枝叶旺长，叶幕遮阴。但在树体衰弱时，施氮肥提高了树体机能（如光合），所以促进着色。

钾肥可促进着色。但在果树不缺钾时施钾肥会影响氮素的吸收，进而影响果实着色。另外，缺铁失绿果树也会表现出果实着色不良。

（4）水分 一般干燥地区果实着色好。过度干旱的果园灌水后果实着色鲜艳，主要是适宜的水分条件利于光合作用。因此，不影响树体生长的情况下，适度控制灌水利于果实着色。

（5）温度 夜温对苹果着色影响较大。夜温高，呼吸消耗糖分多；夜温低，利于糖分积累。有研究表明，'元帅'系苹果成熟期日平均气温为20℃，夜温15℃以下，昼夜温差达10℃以上时，果实含糖量高，着色好。

高温抑制类胡萝卜素的形成。番茄红素形成的最适温度为19~24℃，30℃以上时不易形成。

（6）植物生长调节剂 萘乙酸（NAA）可促果实成熟，因而间接促进果实着色。乙烯利释放出的乙烯可直接促进葡萄着色。应用植物生长调节剂处理只是在外观上促进了果实着色，使果实外观品质提高，但未从根本上提高果实品质。

（五）果肉质地

不同树种的果实果肉质地各异，浆果和柑果果肉柔软多汁，苹果、梨、桃等有一定硬度，且硬度与品质关系极大。

1. 决定果实硬度的内因 决定果实硬度的内因是：①细胞间的结合力；②细胞构成物质的机械强度；③细胞的膨压。果实细胞间的结合力受果胶影响，随着果实的成熟，可溶性果胶增多，原果胶减少，果肉变软；有的果实只是原果胶减少，使原果胶/总果胶之比下降，果实细胞间结合力下降，果肉变软。细胞壁的构成物质中纤维素的含量与果实硬度关系密切。在苹果中，采收时果肉硬的品种的纤维素含量明显高于果肉软的品种。细胞壁中也含有果胶，主要为原果胶，它有保护纤维素的作用，使纤维素黏合。细胞壁中的木质素和其他多糖类物质也与细胞的机械强度有关。同一品种，大果比小果硬度低，因大果组织疏松，细胞间隙大。

2. 影响果实硬度的外因　　环境、矿质元素、水分等都能在一定程度上影响果实硬度。采前一个半月内光照良好，果实内碳水化合物积累多，果肉硬度高。叶片含氮量常与果肉硬度呈负相关，即含氮量高，果肉硬度低；果实中钾多，也降低果肉硬度；磷和钙有利于提高果实硬度。果实水分多，果个大，果肉细胞体积大，果肉硬度低。干旱年份，旱地果园的果实硬度比灌溉果园的果实大。采收时及采后果实所在环境温度也影响果肉硬度。研究表明，21℃时果肉变软速度比 10℃时快 2 倍。所以采收时温度过高，采后不能及时入冷库（48h 内入冷库），是果实变软、不耐贮的重要原因。如果能使果实延迟成熟，较冷凉时采收，则可延缓果实变软，提高耐贮性。

植物生长调节剂也可影响果肉硬度。利用 NAA 防止采前落果，会使'元帅'系苹果的果肉硬度下降；乙烯利可促进果实成熟，故明显降低果实硬度；核果类果树上应用 B9 促进乙烯合成，具催熟作用，故降低果肉硬度，使果肉较早变软。

（六）果实的风味

果实的风味是多种物质综合影响的结果，包括糖酸含量和糖酸比、维生素、香气等。每种果实都具有其独特的风味，而且这种风味只有在果实成熟时才能充分表现出来。

1. 果实的糖酸含量和糖酸比　　果实中所含的糖主要有葡萄糖、果糖和蔗糖。果糖最甜，蔗糖次之，葡萄糖甜味最差，但风味最好。成熟的甜樱桃、酸樱桃主要含葡萄糖、果糖；苹果、梨、枇杷、柿含有三种糖，但葡萄糖和果糖含量明显高于蔗糖；桃、杏、部分李品种、柑橘蔗糖含量占优势；葡萄则以葡萄糖为主，其次为果糖，不含或很少含有蔗糖。

苹果和梨等呼吸跃变型果实，一般幼果中无淀粉或很少，至果实生长中期淀粉含量上升，随果实逐渐成熟淀粉水解为可溶性糖。

果实表皮及其以下几层细胞含有叶绿素，可以合成淀粉。例如，苹果、桃、杏、樱桃淀粉的积累是从果皮下开始向果心进行，果实近成熟时，淀粉水解由内部向外逐渐消失。

果实中的可溶性有机酸主要是二羧酸和三羧酸。仁果类和核果类果实含苹果酸较多；柑橘类和菠萝含柠檬酸多；葡萄含酒石酸多；柿子几乎不含酸。每种果实不只含一种酸，而是几种酸混合的结果。

苹果含酸量一般为 0.2%～0.6%，杏为 0.8%～2.0%，黑醋栗为 4.0%，柠檬为 7.0%。果实生长初期含酸量很少，从细胞分裂期开始逐渐增加，成熟时酸含量又下降。

果实成熟过程中酸含量下降、糖含量增加的原因主要是：①由于酸作为呼吸底物被氧化分解，糖由叶向果实内转运、积累；②因果实细胞不断膨大，水分增加，对有机酸产生了稀释效应；③成熟时酸含量下降，还因为有的游离酸变成了盐类，如葡萄中钾与酒石酸形成酒石酸钾盐，果实的甜味相对增加，这也是钾可以增加葡萄甜味的一个原因。

2. 维生素　　鲜果富含多种维生素，尤其是维生素 C 在营养上的作用极为重要。以含叶绿素的幼果维生素 C 含量高；随着果实的生长，维生素 C 的绝对量增加，但单位鲜重的含量下降；果皮部比果心部含量高；受光良好的果实和同一果实受光良好的部位维生素 C 含量较高。

类胡萝卜素含量高的果实（如柑橘、桃、枇杷、柿、杏）维生素 A 含量也高。光也影响类胡萝卜素的合成，受光良好的果实维生素 A 含量多。因此，树冠通风透光好，利于果实维生素含量的提高。

3. 香气　　果实的香气主要由醇类、酯类、醛类、酮类、醚类和萜烯类等挥发性化合物发出，其构成因子很复杂，在果实中含量极少。不同成分的最低可感量相差很大，如乙醇为 100μg/kg，乙酸乙酯为 5μg/kg，乙基-甲基丁酯仅为 0.0001μg/kg。所以，香气的成分不同，香气的表现力差异很大。而且，同一种成分，浓度不同表现的香味也不同。果实的香气是多种挥发性物质综合后的结果。根据人们对香气的感官效果，果实的香气可分为酯香型、果香型、清香型、醇香型等。目前已鉴定出的香气物质有 1000 多种，其中苹果约有 300 种，柑橘约有 120 种，猕猴桃约有 100 种，桃约有 100 种。

第四节　果树生殖发育的相关性

一、根系和地上部分的关系

果树大多采用嫁接繁殖，根系（砧木）和地上部（接穗）都有自身遗传性决定的生长发育规律，同时又受对方的功能制约。根系的生长发育需要地上部合成的有机营养、激素（如生长素、赤霉素）等，地上部的生长发育同样也需要根系吸收的水分和无机营养、合成的氨基酸和激素（如细胞分裂素、脱落酸）。所以，嫁接果树的生长发育是砧木和接穗相互作用后的结果。

砧木对接穗的影响主要有以下几个方面：①寿命、树高和生长势；②树形和分枝角度；③生长过程（发芽、开花、落叶和休眠）；④果实成熟期和果实品质（外观品质和内在品质）；⑤环境适应性和抗病虫能力。接穗对砧木的影响包括：①根系的生长势和分枝角度；②根系分布的深度和广度；③环境适应性和抗病虫能力。

果树根系和地上部各器官的关系是相互依存、相互制约的。一方的生长发育是以另一方为前提或互为生长发育的基础，二者之间保持着动态平衡。根系和地上部的生长高峰交互出现；损伤根系会抑制地上部的生长，根系损伤后的再建造过程中会使地上部有机物质向下运输的比例增加，从而对地上部生长产生抑制作用。因此，根据需要对根系和地上部进行干预（如修剪、断根、疏果、施肥等），有利于稳定产量、提高质量，实现可持续生产。

二、营养生长与生殖发育的关系

果树的根、茎、叶为营养器官，主要功能是吸收、合成和运输；花、果实和种子为生殖器官，主要功能是繁衍后代。营养生长与生殖发育是不可分割的一对矛盾，并贯穿于果树的一生。营养生长是生殖发育的基础，生殖器官的数量和强度又反过来影响营养生长。营养生长和生殖发育的相互依赖、竞争和抑制主要体现在营养物质的分配上。生物首先要保证种群的延续，所以生殖器官是影响营养物质分配最显著的器官。Lenz（1974）研究表明，树体负载量的增加，对枝和叶的干物质积累有显著影响。枝叶生长、花芽分化和果实生长三者之间关系密切，果树的花芽分化多发生在新梢缓慢生长期或停止生长以后，生长季前期枝条的健壮生长和叶片功能的良好建造，为生长季中后期果实的生长和花芽分化提供了物质基础；但枝叶生长过旺会过度消耗营养物质、减少营养积累，反而不利于果实生长和花芽分化。生殖器官间也存在竞争，开花或结果过多常引起严重的落花落果，进而降低产量。福伊希特（1957）提出，仁果类果树的果实生长与花芽分化重叠时间较长，果实发育对花芽分化影响较大，因此易出现大小年结果现象；核果类果树的果实生长与花芽分化重叠时间较短，对花芽分化影响较小，因此不易出现大小年结果现象。

果树器官的生长发育、果树年周期和生命周期的正常进行，都是在一定的生态环境下进行的，要确保果树优质丰产，需做到"适地适栽"，除了认真抓好常规技术管理，适宜的生态环境条件至关重要。因此，分析果树生长发育与气象因子之间的关系，可以为果树栽培管理提供参考依据，以规避灾害性天气对果树的影响。

果树的生态环境是指其生存空间一切因素的总和，包括气候条件、土壤条件、地势条件、生物因子（含人为因素）。

第一节 气候条件

一、温度

（一）温度与果树分布

温度（temperature）是果树生存的重要因子之一，决定着果树的自然分布，制约着果树生育的速度。果树体内的一切生理生化变化，都必须在一定的温度条件下进行。果树由于长期生活在温度的某种周期性变化之中，形成了对周期性温度变化的适应性。如果某个果树可以在某一地区生长和延续，那么其生活史必然能适应该地区气候条件的周期性进程，各种果树在其长期演化的过程中，形成了各自的遗传、生理代谢类型和对温度的适应范围，因而形成了以温度为主导因子的果树自然分布地带。

需温较低的果树：年平均温度 7～13℃，如苹果、梨、杏、李、草莓、樱桃、猕猴桃等。

需温中等的果树：年平均温度 13～18℃，如桃、沙梨、葡萄、枣、柿、板栗、石榴、梅、无花果、枇杷、柑橘等。

需温较高的果树：年平均温度 18℃以上，如杨梅、荔枝、龙眼、香蕉、菠萝、椰子等。

果树的地理分布受温度条件限制，其中起主要作用的是年平均温度、生长期积温、冬季最低温和果树需冷量。

1. 年平均温度（average annual temperature） 不同果树都有各自适栽的年平均温度范围，这与其生态类型和品种特性有关。各国推荐的果树适栽的年平均温度可能有差异。在日本农林水产省（1986）提出的适栽年平均温度中指明，苹果为 6～14℃，葡萄 7℃以上，梨 7℃以上，柑橘 15℃以上等，这可能与各国气候特点和主栽品种适应性有关。

2. 生长期积温（accumulated temperature） 果树在一定温度条件下开始生长发育，要完成一个生命周期的生长发育过程需要一定的积温。根据生物学意义不同，积温的计算方法可分为活动积温和有效积温两种，以应用前者较为普遍。但实际上，有效积温比活动积温较为稳定，更能确切地反映落叶果树对热量的要求。

活动积温是果树生长期或某个发育期活动温度之和。用下式表示：

$$A=\sum_{i=1}^{n}t_i\,(t_i>B)$$

式中，A 为活动积温；B 为生物学零度；$t_i>B$ 为高于 B 的日平均温度，即活动温度；$\sum_{i=1}^{n}$ 为生长期（或某发育期）始日至终日之和。

在综合外界条件下，能使果树萌芽的日平均温度称为生物学零度，即生物学有效温度的起点。不同果树的生物学零度是不同的，落叶果树为 6～10℃，常绿果树为 10～15℃。在一年中能保证果树生物学有效温度的持续时期为生长期（或生长季），生长期中生物学有效温度的累积值为生物学有效积温，简称有效积温或积温，用下式表示：

$$K=（X-X_0）Y$$

式中，K 为有效积温；X 为生长期（或某一生育期）的平均温度；X_0 为生物学零度；Y 为生长期（或某生育期）的初日到终日所经历的天数。生物学零度和有效积温可为引种、区划和花期预报提供依据。

上两式表明，果树在一定温度下开始生长发育，为完成全生长期或某一生育期的生长发育过程，要求一定的积温。如果生长期内温度低，则生长期延长；如温度高则生长期缩短。

如以伏令夏橙果汁的固酸比达到市场成熟度要求的 9∶1 为标准，则栽培在热带的哥伦比亚帕尔米拉地区的伏令夏橙从开花到成熟只需要 6 个半月；而栽培在亚热带的加利福尼亚州圣保拉地区的则需要 13 个月。在某些地区，由于长期的有效积温不足，果实不能正常成熟，即使年平均温度适宜，冬季能安全越冬，该地区也失去该种果树的栽培价值。

各种果树在生长期内，从萌芽到开花，或从开花到果实成熟，都要求一定的积温。不同树种、品种积温需求不同，同一品种在不同条件下积温需求也有所变化，甚至同一品种、不同部位的积温需求也不同。韩世玉等（2003）报道，在不同的温度条件下，不同的品种及插条的不同部位，其穗芽发育积温是不同的，总的表现趋势是：发育积温随试验温度的升高而增加，上部穗芽发育积温＜中部穗芽发育积温＜下部穗芽发育积温，发育时间与积温表现的特点是一致的。

3. 冬季最低温（winter minimum temperature） 果树多年在露地越冬。一种果树能否抵抗某地区冬季最低温度的寒冷或冻害，是决定该果树能否在该地区生存或进行商品栽培的重要条件。因此，冬季的绝对低温是决定某种果树分布北限的重要条件。冬季低温是关系果树存亡的重要因素，与果树的自然分布关系密切。我国果树分布以长江流域作为南北分界线，长江以北为落叶果树，以南为常绿果树。一般情况下，南果北移不能适应低温，影响生长，重则死亡；北果南移往往出现徒长、花而不实的现象。不同树种和品种具有不同的抗寒力。

4. 果树需冷量 落叶果树打破自然休眠（内休眠）所需的有效低温时数称为果树的需冷量，又叫需寒量、低温需求量或需寒积温。不同需冷量的度量一直备受关注，目前还没有适合各个树种、品种的统一有效的估算方法。常用的方法有冷温小时数（chilling hours，CH 或 h），指经历 7.2℃以下低温的小时数。在 20 世纪 30～50 年代，一般以 7.2℃作为计算果树需冷量的标准，现仍为不少学者所采用。

当果树达到解除自然休眠所需的有效低温时数时，才能解除自然休眠，获得理想的营养生长和最佳的果实承载能力。当前，诸多学者通过不同模型预测了木本果树的需冷量。

（二）温度对果树生长结果的影响

1. 果树的三基点温度　　果树维持生命与生长发育皆要求一定的温度范围，不同温度的生物学效应有所不同，有其最低点（minimum temperature）、最适点（optimum temperature）与最高点（maximum temperature），即称为三基点温度。最适点下果树表现为生长发育正常，生长速率最快，效率最高。最低点与最高点常成为生命活动与生长发育终止时的下限与上限温度。在此温度范围内表现为生长、发育出现异常，受到抑制或完全停止。果树的三基点温度因树种、品种、器官、发育时期、生理过程及其他环境因子的变化而不同。

各种果树在生长期中对温度热量要求不同，这与果树的原产地温度条件有关。各种果树在生长期内，从萌芽开花到果实成熟都要求一定的积温；同一树种不同品种对热量要求不同。一般一年中营养生长时期开始早的品种，对夏季的热量要求较低，反之则高。在计算有效积温时，将高于生物学零度的温度都作为生物学有效积温计算，忽视了过高温度的负效应。显然，这种计算方法需要改进。

高温和低温对果树生长发育有重要影响，过低或过高的温度对果树是不利的，甚至是有害的，各种果树的高温和低温是相对的，热带和亚热带果树普遍耐高温，而温带和寒带果园普遍耐低温。例如，热带果树香蕉在 $1\sim2$℃ 时，叶片就会被冻至枯萎，霜冻整株就会枯死；而寒带果树秋子梨在 $-40\sim-30$℃ 低温下仍可以安全越冬。

适宜的环境温度是果树正常生长发育的必要条件，但近年来随着全球气候变暖，夏季极端高温天气频繁出现，持续时间较长，对果树的生长和危害严重。高温可破坏果树光合作用和呼吸作用的平衡，加速蒸腾失水。夏季高温还可导致果实日灼，秋冬季高温，导致落叶果树不能及时进入休眠或按时结束休眠。此外，落叶果树生长季温度升高到 $30\sim35$℃ 时，生理过程受到抑制；升高到 $50\sim55$℃ 时，蛋白质凝固，使果树受到严重伤害。常绿果树较耐高温，但高达 50℃ 时，也会引起严重伤害。

我国北方地区，常遭遇高温灾害的果树主要有苹果、梨等。研究发现，北方多种果树适宜的生长温度上限也是 35℃，当日最高气温超过 35℃ 时，会发生日灼灾害，造成果实品质下降。另有部分果树在开花期遇到异常高温天气，会造成落花落果，如苹果、枸杞开花期适宜温度上限为 25℃，当日最高气温达到 30℃ 时可能造成严重落花。

王景红等（2012）基于陕西果区日最高气温单要素，将处于果实膨大期（$6\sim7$ 月）的陕西富士系苹果高温热害，按照日最高气温（T_g），$35℃\leqslant T_\mathrm{g}<38℃$、$38℃\leqslant T_\mathrm{g}<40℃$、$40℃\leqslant T_\mathrm{g}$，划分为轻度、中度、重度高温热害。

另外，刘璐等（2017）在针对陕西关中地区'海沃德'猕猴桃开展气候品质评价时，基于日最高气温和高温持续时间，将海沃德猕猴桃高温日灼灾害，按照 $35℃\leqslant T_\mathrm{g}<38℃$（$3\sim4$d）、$35℃\leqslant T_\mathrm{g}<38℃$（$5\sim8$d）、$35℃\leqslant T_\mathrm{g}<38℃$（9d 及以上）或 $T_\mathrm{g}\geqslant38℃$（2d 及以上），划分为轻度、中度、重度灾害。

低温使果树生理机能受到破坏，造成叶落枝枯乃至全株死亡。冻害为受 0℃ 以下低温侵袭，植物组织发生冰冻所造成的伤害。表 3-1 为几种常见果树在生长期果树器官受低温冻害的临界温度。

王景红等多年来一直对黄土高原地区苹果春季晚霜冻害指标进行研究，于 2017 年形成了主栽品种富士系的早中熟和晚熟苹果品种花期冻害等级指标的行业标准——《富士系苹果花期冻害等级》（QX/T 392—2017）。富士系苹果花期冻害等级分为轻度、中度和重度三级。其中，不同等级花期冻害的表现症状、受冻率及灾损率见表 3-2。

表 3-1　几种常见果树在生长期果树器官受低温冻害的临界温度

树种	花蕾现色/℃	开放花朵/℃	幼果/℃
葡萄	−1.0～−0.6	−0.5～0.6	−0.5～1.0
核桃	−1.0	−1.1	−1.0
杏	−4.0～−1.1	−0.6～2.0	−0.5～0
李	−4.0～−1.1	−0.6～2.0	−1.0～−0.6
桃	−4.0～−1.7	−2.5～−1.1	−1.1～−1.0
樱桃	−5.5～−1.7	−2.8～−1.1	−2.8～−1.1
扁桃	−5.0～−2.2	−4.0～−1.1	−1.0～−0.5
梨	−4.0～−2.2	−2.0～−1.7	−1.7～−1.0
苹果	−4.0～−2.8	−2.0～−1.7	−1.5～−1.1

表 3-2　富士系苹果不同等级花期冻害的表现症状、受冻率及灾损率

冻害等级	不同等级花期冻害的表现症状	受冻率	灾损率
轻度	花瓣呈黄褐色，内圈雄蕊花药、所有花丝、子房均完好	<30%	<10%
中度	雌蕊轻微受冻发黄，雄蕊花药呈黄褐色，花丝发红且变形，子房局部发黑	30%～80%	10%～30%
重度	雌蕊严重受冻，柱头全黑，花丝全黑、变形；雄蕊花粉头内部变黑，花丝变黑；子房内部全部变黑	>80%	>30%

2. 温度对果树生长的影响　温度对果树的生长有明显的影响。不同果树生物学零度不同，一般落叶果树为 6～10℃，常绿果树为 10～15℃。不同果树生长季要求的积温也不同，柑橘需要 2500℃以上，葡萄需要 3000℃以上。积温是影响果树各个生长发育期的重要因素，如果生长期内温度低，积温不足，则生长期延长；如果温度高，则生长期缩短。积温在其他综合因子影响下，变动范围可达 300～400℃。

温带落叶果树积累一定量的有效积温以完成自然休眠是进行下一个生长发育循环所必经的阶段。有效低温不足，植株无法完成自然休眠全过程，引起正常生长发育障碍，即使后期条件适宜，也不能适期萌发，常出现萌发不齐、花器官畸形甚至严重败育等现象。

在美国佛罗里达州奥兰多地区的亚热带条件下，伏令夏橙主干横切面生长量在月平均温度 26.7～28.1℃的最热月 6～9 月为 10.6～14.5cm²，而在月平均温度 16.2～19.3℃的最冷月 12 月至翌年 3 月仅为 0～1cm²。因此果树在适宜的温度下，才能健康地生长、开花、结果。低于或高于适合生长的温度，对果树生长都会造成影响，过高或过低的温度都可使果树生长缓慢、生成病害，甚至休眠。热带果树香蕉对温度要求较高，冬季温度降至 20℃时生长缓慢，10℃的低温就停止生长，4～5℃叶片就会冻伤褪绿，1～2℃叶片就会被冻至枯萎，霜冻整株就会枯死。

3. 温度对开花坐果的影响　在温带和亚热带地区，果树春季萌芽和开花期的早晚，主要与早春气温的高低有关。落叶果树通过自然休眠后，遇到适宜的温度就能萌芽开花。温度越高，萌芽开花越早，花期越短。花期气温越低，花粉管的生长越慢，不利于受精。

开花期间的温度与花粉萌发、花粉管伸长、受精及坐果状况有密切关系。随着全球气候变化程度的加剧，苹果花期常常遇到降温等不利条件，容易造成授粉受精效果不良等，严重制约了苹果的生产。授粉效果的好坏除受花粉活力、柱头可授性等自身因素影响外，还受到环境温湿度的影响，其中温度是影响花粉萌发和花粉管生长的重要因子之一。

欧世金等（2010）研究发现，开花期日均温 20～26℃有利于龙眼的开花、授粉、花粉发芽和受精。由于广西龙眼的开花期多在 3 月中下旬至 5 月上旬，这一阶段的前期较易受低温的影响，后期则往往变为高温胁迫。据图 3-1 方程式计算，当开花前 1～10d 日均温在 21.99～26.82℃，开花前 1～30d 在 21.5～26.5℃时，花前 1～10d 日均温由低升至 24.3℃、花前 1～30d 日均温升至 24.1℃时，雌花开放数由少至最多，高于此温度时，随温度升高雌花开放数逐渐减少。据图 3-2 方程式计算，当开花当天日均低温在 15.60～26.00℃，开花后 1～15d 日均高温在 30.13～33.40℃时，开花当天日均低温由低升至 20.2℃、花后 1～15d 日均高温由低升至 30.7℃时，雌花坐果率由少至最多，超过此温度值，随温度升高雌花坐果率逐渐降低。

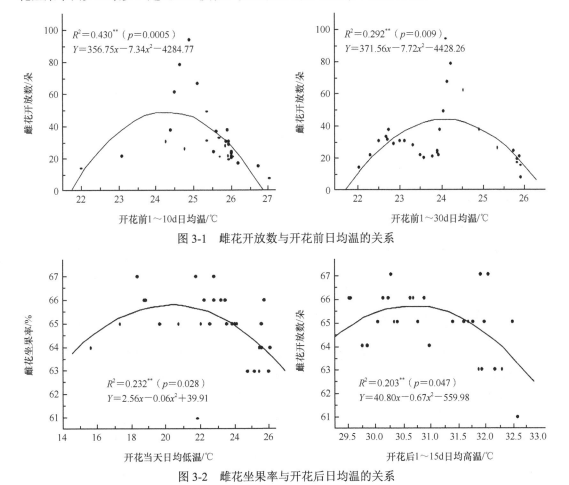

图 3-1 雌花开放数与开花前日均温的关系

图 3-2 雌花坐果率与开花后日均温的关系

4. 温度对果树物候期的影响 全球气候变化对温带果树的物候期影响显著。物候期的改变将对果实的形成过程和最终产量有直接影响。在果树顺利通过自然休眠后，芽萌动和开花的加速被认为是温度升高的标志。在长时间的果树物候监测过程中，就开花时间而言，温带地区普遍出现花期提前的现象。一方面，冬季气温升高，会促使苹果开花期提前，使苹果的开花期在一定程度上避免遭受冻害；另一方面，温暖的春季会推动提前开花，导致有些果树品种初花期和终花期之间的时间缩短，花蕾严重脱落和双果数增加，产量显著下降。

5. 温度对果实品质的影响　　温度对果实品质有多方面的影响，可以影响到果实发育的最终大小、果皮色泽的形成、果实的硬度、货架寿命及果实的风味等。一般温度较高，果实含糖量高，成熟较早，但色泽稍差，含酸量低；温度低则含糖量少，含酸量高，色泽艳丽，成熟期推迟。

温度是影响果实花青苷代谢的最重要的环境因子之一，人们普遍认为低温有利于诱导果实花青苷的积累，而高温导致花青苷降解，温差大有利于果实花青苷的积累。温度对荔枝花色素苷稳定性影响显著，低温条件下荔枝果皮颜色不发生明显变化；但常温条件下荔枝果皮颜色由红色逐渐变为橙黄色；高温条件下荔枝果皮颜色 2h 内即变为褐色，说明花色素苷迅速降解。与葡萄着色的研究所得结果相似，即在较低的温度下果实能积累较多的花青苷，在高温条件下，花青苷合成速率减慢的同时，花青苷降解的速率却增加，导致花青苷的积累量明显降低。

另外，采收时和采收后的温度对苹果果实硬度有很大影响。果肉变软的速度在 21℃时比 10℃快两倍，10℃又比 4.0℃快两倍。采果时气温高，采收后又不能及时放入冷库贮藏，是当前我国元帅系苹果果肉变软较快、货架寿命短的重要原因。

温度对果实的成分与风味有明显影响。冬季温度过低，易造成夏橙大量落果，且糖积累少而酸味重，冬季温暖则果实肥大充分，果肉柔软，风味优良。在明确贵州柑橘主要产区的气候因子及主栽柑橘的果实品质基础上，发现年均温在 16～20℃、≥10℃年积温在 4500～6000℃、最冷月均温在 5.0～10℃的条件下，椪柑、纽荷尔脐橙的品质随气温升高，可食率、固形物、含糖量、糖酸比、固酸比均上升；其中，年均温和最冷月均温影响较大，含糖量、糖酸比、固酸比呈极显著或显著正相关。

（三）温度对果树生理代谢的影响

温度影响叶片的光合速率、光合产物的运输与分配，同时也影响果树对矿质营养的吸收与代谢，矿质元素总量在 15.0～25℃范围内随温度的提高而增加。此外温度还影响果树的蒸腾作用、呼吸作用等生理过程。

1. 温度影响果树的光合作用　　植物光合作用与环境温度的关系表现在两个方面：一方面植物光合作用要求一定的温度范围；另一方面植物光合机构对环境温度有一定的适应能力。温度是影响果树光合作用的主要环境因子之一，同一种果树的光合作用最适温度具有明显的季节性变化，如柑橘和龙眼的光合作用最适温度和最适温度下的光饱和、光合速率均有明显的季节变化。

过低与过高的温度均限制常绿果树的光合作用。低温降低了果树叶片的气孔导度、净光合速率、光合表观量子效率，这主要是由于光合机构受到了低温伤害。同时，光合作用是植物对高温最为敏感的生理反应之一，在高温诱导的其他伤害症状出现之前，光合作用已经受到高温的抑制。在自然条件下，植物遭受高温胁迫时往往伴随着强光，对作物光合机构产生多方面的影响。高温干旱条件能够导致库尔勒香梨净光合速率在 14 时出现"午休"现象。

另外，除温度对果树光合作用的影响外，果树本身的光合作用能力也存在差异，如柑橘类的光合作用能力较其他水果低，通常只有 7～12μmol/（m²·s），其他水果植物如苹果树为 10～35μmol/（m²·s），西洋梨为 10～23μmol/（m²·s），草莓为 16～20μmol/（m²·s）（张上隆，2006）。甜橙和柠檬在光合作用最适条件下每平方分米叶面积 CO_2 的同化量为 10～12mg/h，仅及苹果的 1/3～1/2，说明柑橘的低光合效能特性决定了光合作用对其产量和质量起着决定性的作用。

2. 温度影响果树矿质营养的吸收及代谢　　温度可以通过影响植物对养分的吸收、分配、转移等特性直接影响植物养分浓度，也可通过影响其他环境因子来间接影响植物的养分浓度。吸收养分对土壤温度有一定的要求，吸收养分较适宜的土壤温度范围为 0～30℃，在此温度范围内，根系吸收养分的速度随温度的升高而增加。

不同的气温处理可导致矿质营养吸收的差异，20℃处理的叶片内氮和磷含量最高（分别为干重的 4.12%与 0.276%），钙与钾的含量随温度升高而增加。矿质元素的总量在 15～25℃范围内随温度升高而增加，30℃时略有减少。在平均温度为 2.5℃的最冷季节沙培 10d 的伏令夏橙实生苗，对 N 的吸收、还原及蛋白质的合成量仅为夏季的 10%，而运输到叶片中的量还不到夏季的 0.1%。温度过高（超过 40℃），不仅会使果树根系老化，引起体内酶活性降低，而且也会降低根系吸收养分的能力；温度过低，不仅使根系吸水能力显著下降，阻碍树体的正常生长发育，还会降低根系吸收养分的活性。一般而言，温度影响磷、钾的吸收作用明显大于氮。

3. 温度影响果树的蒸腾作用、呼吸作用等生理过程　　郭延平等对温州蜜柑的研究证明了低温胁迫能导致二磷酸核酮糖羧化酶（Rubisco）活性下降，表明低温胁迫降低了饱和 CO_2 条件下叶片二磷酸核酮糖（RuBP）的再生速率。众多试验研究证明，高温胁迫使果树光合速率降低、蒸腾速率降低、气孔阻力增加。在正常情况下细胞内活性氧的产生与清除处于一种动态平衡，不会使植物受到伤害，但在高温胁迫条件下，活性氧积累会导致植物代谢失活、细胞死亡、光合作用速率下降、同化物形成减少，甚至造成植物品质下降和产量降低等严重后果。

李青华等（2019）以黄土丘陵沟壑区的典型代表——米脂为研究区，选取苹果林地生态系统为研究对象，揭示苹果林地的蒸腾蒸发耗散规律及其影响机制，分析了各气象因子与蒸腾速率的关系，发现不同天气条件下，晴天状况下树干蒸腾量明显大于阴天，影响苹果林地蒸腾速率的主要气象因子为太阳辐射和空气温度。

张江辉等（2020）通过果园微气候因子改善葡萄净光合速率与蒸腾速率研究，发现蒸腾速率与空气温度都呈单峰型关系，葡萄坐果期适宜的温度阈值为 36.19～37.46℃；果实膨大期适宜的温度阈值为 35.81～39.34℃；果实成熟期适宜的温度阈值为 37.52～37.58℃（图 3-3）。

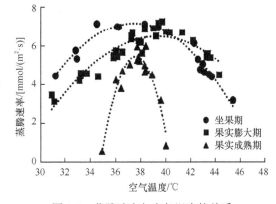

图 3-3　蒸腾速率与空气温度的关系

（四）温度与果树生态区划

果树的生态区划也称果树自然区划，是果树区划的基础工作，它是根据果树的生态需要，评价不同地区对果树的生态适应程度而做出的区划。制定果树区划不仅可为果树远景规划提供科学依据，且便于根据不同地区的生态条件，指导果树生产，为因地制宜、合理利用果树和自然资源、发挥地区优势创造条件。因此果树区划的方法不尽相同。温度作为主导的气候条件，是果树生态区划的主要标准。某些发达国家在果树产业中广泛推行的设施栽培制度，也是根据果树生长结果的需要，通过改变以温度为主导因素的生态条件，创造人工生态环境，进行促成栽培，以达到提早成熟、破季销售、优质丰产高效的目的。苹果适宜气象主要的　7

种指标中，有 6 项与温度有关，主要包括：年平均气温、1 月中旬平均气温、年极端最低气温、夏季 6~8 月平均气温、35℃气温日天数和夏季平均气温（表 3-3）。近年来，国家苹果产业技术体系制定了苹果矮化密植栽培砧穗组合区划，在指导我国苹果产业可持续健康发展中将产生重要影响。

表 3-3　中国主要苹果产区适宜气象指标比较

区名称	年平均气温/℃	年降水量/mm	1 月中旬平均气温/℃	年极端最低气温/℃	夏季 6~8 月平均气温/℃	>35℃气温日天数	夏季平均气温/℃	符合最适指标项数
最适宜区	8~12	560~750	>−14	>−23	19~23	<6	15~18	7
陕西渭北黄土高原区	8~12	490~660	−8~−1	−26~−16	19~23	<6	15~18	7
近海亚区	9~12	580~840	−20~−2	−24~−13	22~24	0~3	19~21	6
内陆亚区	12~13	580~740	−15~−3	−27~−18	25~26	10~18	20~21	4
西南高原区	11~15	750~1100	0~7	−13~−5	19~21	0	15~17	6
北部寒冷区	4~7	410~650	<−15	−40~−30	21~24	0~2	16~18	4
黄河故道区	24~25	640~940	−2~2	−23~−15	26~27	10~25	21~23	3

二、光照

光照（light）是果树的生存因素之一，是果树光合作用的能量来源，也是决定果树的生长和器官形成、分化的重要因子，并且影响蒸腾、呼吸和新梢、叶片的生长方向和生长强度。

（一）果园的光照状况

太阳光是太阳辐射以电磁波形式投射到地面上的辐射线。太阳辐射（solar radiation）经过大气的吸收、反射和散射作用，平均只有 47%到达地面。果园中作用于果树的光源有两种形式：直接辐射占 24%；来自云层的散射辐射（即云光）占 17%，来自天空的散射辐射（即天光）占 6%。直射光是指太阳辐射以平行光的光束直接投射到地面的太阳辐射，而散射光是指经过大气与微粒散射作用而达到地面的太阳辐射。直射光的强度比散射光的强度高，散射光只有直射光的 1/4~1/3。此外，果园所接受的光随纬度、海拔高度、季及云量等因素的变化而不同。通常散射光随纬度的增高，对果树的作用变大，它们呈正相关关系；直射光随海拔高度的增加而增强，垂直距离每升高 100m，光的强度平均增加 4.5%，紫外线（<380nm 的光谱段）强度增加 3%~4%。紫外线能抑制枝梢生长，促进花青苷的生成，所以山地果树表现矮化和花色艳丽即与此有关。太阳辐射光谱中存在具有生理活性的波段，称为光合有效辐射（photosynthetically active radiation），大致与可见光的波段相对应。其中以 600~700nm 的橙、红光具有最大的生理活性，其次为蓝光，吸收绿光最少。一般认为，200~400nm 对树体有损伤作用，400~750nm 主要是促进和调节作用，750nm 以上到微波主要是热效应，能使土壤和空气增热，升高树体温度。光质在苹果果实品质的形成过程中不仅为光合作用、有机物合成和生长发育提供能量来源，同时也作为一种环境信号来调控果实品质形成。例如，红光有利于糖类的形成，紫外光促进苹果果皮的红色发育，远红光/红光（FR/R）的高低影响果皮色素的合成和表达等。

果园受光的类型可分为 4 种：上光、前光、下光和后光。上光和前光是指太阳照射到树冠上方和侧方的直射光和散射光，是果树正常生长发育的主要光源；下光和后光是指照射到土壤、路面、水面或者周围其他物体所反射出的散射光。果树对下光和后光的利用不如上光和前光，但可促进树冠下部的生长和增强果实品质，因此在建园和采取管理措施时不能忽视其对提高产量、增进品质的作用。

太阳辐射强度与光照度是两个不同的概念。农业气象中将单位面积上的辐射能通量（单位是 W/m^2）称为辐射能通量密度，又称为辐射强度。辐射能通量中对人眼产生光量感受的能量，称为光通量，单位面积内的光通量称为光照度（light intensity）。光照度的单位为勒克斯（lx）。

太阳辐射中约有一半是光能。树冠内太阳辐射量的空间分布，因树冠的结构而有变化。总的趋势是树冠外围的光照较强，越往树冠内部光强越弱，其衰减的程度因许多条件变化而有差异。

不同果树种类，需光程度不同，对于不同果树要判断其需光的程度，可根据测定其光补偿点和饱和点高低来进行，光补偿点与饱和点高的果树较为喜光。反之，一般在较低光照下能达到最大光合作用，而且光补偿点也低，是耐阴树种。常见果树的需光度如表 3-4 所示。

表 3-4 常见果树的需光度

	落叶果树	常绿果树
最喜光	桃、扁桃、杏、枣、阿月浑子	椰子、香蕉
较喜光	苹果、梨、沙果（花红）、李樱桃、葡萄、柿、板栗	荔枝、龙眼
耐阴	核桃、山楂、猕猴桃	杨梅、柑橘、枇杷

果树的受光量取决于光的辐射强度，树冠形状、大小、结构，叶幕状况，叶面积指数，叶片的向光性。其中光的辐射强度因纬度、海拔、季节而不同；叶面积指数大的受光量大，所以提倡密植，但要有一定的限度，叶片不要相互重叠。2～3 片叶重叠，下部光强仅为 0.1%～1%。叶片较直立的树种比叶片倾斜角较大的受光量大。

以苹果树为例，其树冠顶部的受光量为 93%，由树冠外围往内的 1m 范围内为 70%，2m 的范围内为 42%，3m 的范围内为 25%，4m 的范围内仅 21%，树冠中心可少到 5%～6%。叶幕厚度超过 3～4m 时，树冠平均受光量仅为 25%～27%。小冠密植树受光量多，光能利用率高，树冠平均受光量在 40% 以上，树冠内部只有 8% 得不到足够的光量。果树的同化量与光量直接相关，受光量如降低到 30% 时，果树同化产物会减少 40%，光量降低到 18% 时，同化量减少 77%。一定范围内，叶面积系数（指数）与果树的同化量呈正相关。

不同果园栽培模式影响果树光截获，矮化密植果园，因树冠小，光照状况显著优于乔化密植果园。高登涛等（2012）研究两类矮砧密植苹果园光照情况后得出：细长纺锤形果园和改良纺锤形果园冠层光截获率分别为 58% 和 73%。对密度 3m×4m 改形后依然郁闭的果园，阮班录等（2011）认为应该通过实行间伐，改善果园内树冠光照条件，最终提高果实品质和产量，这种方法解决了乔化苹果园存在的较为严重的光照问题，适合在渭北各乔砧苹果果园推广使用。

树形结构对果园光照状况具有重要影响，合理的树形是优质丰产的前提和保障。杨伟伟和陈锡龙等（2012，2013，2016）利用了虚拟 3D 模拟可视图像（图 3-4），对苹果树形结构及其光截获的能力进行了系统研究，发现光截获效率 STAR 值与 RLD 及 LAI 所构建的回归方程显著或极显著，STAR 值可作为判断光截获有效叶面积大小、冠层潜在相对光照强度及冠层叶面积指数的综合参数值。

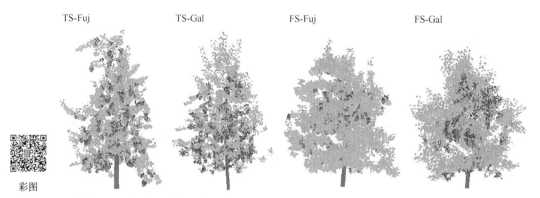

TS-Fuj　　　　　TS-Gal　　　　　FS-Fuj　　　　　FS-Gal

彩图

图 3-4　不同苹果树冠层的虚拟 3D 模拟可视图像及冠层内各枝类的空间分布

不同叶片不同模块颜色代表不同枝叶种类。绿色叶：营养枝；蓝色叶：果台副梢枝条；红色叶：果台叶；红色圆球：苹果果实。

图像为 Vege STAR 4.0 显示的水平视图；TS. 矮化砧木；FS. 乔化砧木；Fuj. 富士品种；Gal. 嘎啦品种

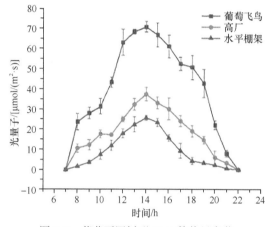

图 3-5　葡萄不同树形 PAR 数值日变化

张洁等（2021）等通过不同树形冠层结构的数字模拟化，比较了葡萄飞鸟、高厂和水平棚架三种树形的光截获量，发现葡萄飞鸟树形的 PAR 数值最高，为 70.66μmol/（m²·s），水平棚架树形的 PAR 数值最小，为 24μmol/（m²·s），说明葡萄飞鸟树形结构具有较好的光能利用效率（图 3-5）。

（二）光照对果树生长结果的影响

1. 光照对果树生长和形态结构的影响
树冠内的光照分布状况与树冠的形状、枝叶数量、枝叶密度和不同枝类的空间分布有密切关系，并直接影响花芽的形成、开花、结果、果实发育及果实品质。光照强时易形成短枝密集和树姿开张的树冠，表现为顶芽枝向上生长较弱，侧芽生长分枝较强。喜光树种在光照不足时易徒长，表现为加长生长明显，节间变长，枝的干物重却降低。同一树种在强光下发育成的阳生叶与在弱光下发育成的阴生叶相比，在形态结构与生理功能方面有明显的差异。不同光照强度对果树生长和形态结构的影响见表 3-5。

表 3-5　不同光照强度对果树生长和形态结构的影响

果树形态结构	光照不足	光照充足
树姿	树冠直立、紧密、无层次	树冠开张、稀疏、主次分明
树高	较高、向上生长	较低、向四周伸长
冠幅	较窄	较宽
主枝	秃裸部分较多	秃裸部分较少
短枝	易衰老、枯死	衰老枯死枝较少
叶片	小、色淡、薄	大而厚、色浓绿
新梢	较细、易老化、节间长	较粗壮、节间较短
果实	较小、着色差	较大、色泽好
产量	较低	较高

2. 光照对果树光合作用的影响　　光照是光合作用的能源，对光合作用有很大影响。许多学者测定果树光合强度与光照度的相关性曲线，一致发现存在光补偿点（light compensation point）与光饱和点（light saturation point）。而且果树的光合补偿点和光合饱和点因树种、品种、叶片的生理特点及综合生态环境而变化。例如，桃、柿、板栗和无花果光补偿点较高，可达 1000～3000lx，葡萄为 300～3000lx，苹果为 1200lx，草莓较低为 700lx。一般随着光照强度的增加，果树光合作用的强度也增加。一旦光强到达果树的光饱和点时，即使光强继续增加，果树的光合作用强度也不再增加。落叶果树中光饱和点较高的是桃、柿、板栗和无花果，光饱和点达 40 000lx 左右，草莓为 25 000～44 000lx，葡萄为 10 000～30 000lx，苹果为 8600～52 000lx。品种间也有差别，如苹果'中祝'为 52 000lx、'红星'为 35 000lx 和'金冠'为 30 000lx。如果树冠内光强不足，形成的叶片光合作用的细胞器发育较差，组织分化不完善，单位面积的气孔数、叶片厚度、栅栏组织厚度均会下降，且栅栏细胞排列紊乱，所以光合强度很低。即使以后光强增加，光合能力也不能提高。

马慧丽等（2014）研究不同光照条件下'寒富'苹果叶片的结构特征，发现光照条件没有改变'寒富'苹果叶片栅栏组织的层数。同种栽培方式下，叶片厚度、栅栏组织和海绵组织的厚度随着光照强度的下降而下降，其中，盆栽遮阴处理较全光照处理叶片厚度降低 27.1%，栅栏组织厚度降低 34.5%；大田条件下遮阴处理较全光照处理叶片厚度降低 18.3%，栅栏组织厚度降低 25.0%，差异均达显著水平，说明光照条件对苹果叶片的厚度尤其是对栅栏组织的厚度影响较大。同种光照环境下，不同栽培方式对'寒富'苹果叶片也有影响，全光照环境下盆栽'寒富'苹果叶片，栅栏组织和海绵组织的厚度与大田差异显著，尤其叶片厚度差异显著；遮阴条件下，盆栽与大田植株叶片各项指标差异均不显著。两种光照条件下，盆栽和大田'寒富'苹果叶片的栅栏组织/海绵组织差异不显著。由此可见，光照强度对'寒富'苹果叶片的形态和结构有较大影响，如表 3-6 所示。

表 3-6　不同光照条件下'寒富'苹果叶片建造完成后解剖结构的差异

材料	栅栏组织厚度/μm	栅栏组织层数	海绵组织厚度/μm	栅/海	叶片厚度/μm
大田全光照	104.3±2.3b	3	100.5±4.2b	1.04±0.1a	229.5±4.7b
大田遮阴	78.0±3.9c	3	78.5±4.1c	1.00±0.2a	187.5±6.3c
盆栽全光照	110.0±3.7a	3	109.0±4.8a	1.01±0.2a	251.0±4.4a
盆栽遮阴	72.0±2.6d	3	76.8±3.3c	0.94±0.2a	183.0±3.2c

注：同列不同小写字母表示差异显著（$P<0.05$）

3. 光照对果树成花与果实的影响　　由于光照与光合作用密切相关，一切和果树光合产物有关的生长发育过程，都可能受光照强弱的制约。光照不足的情况下，同化养分积累少，花芽分化数量少，花器官发育不良，花质低，授粉受精不良，坐果率低，落果多。开花后一个月光照不良，抑制果实生长，并促进落果，其产量低。

光合作用不但能形成碳水化合物，且可直接刺激诱导花青素的形成，提高果实品质。例如，桃树对光照强度变化反应敏感。贾云云等（2020）研究发现，桃树形、树冠不同部位的受光量不同，会影响树体光合产物的合成与转运，从而对桃果实内在品质产生显著影响。Y 字形与开心形果实品质好于主干形，开心形与 Y 字形的果实内在品质差异不明显（牛茹萱等，2019；肖龙等，2012）。遮阴可以使桃果实可溶性固形物、可溶性糖、维生素 C 含量明显减少，可滴定酸和可溶性淀粉含量增加。

不同光质对果实品质也有影响。陈丽等（2020）以越橘品种'双丰'为试材，通过对植株覆盖白、紫、蓝、黄和红色塑料薄膜，研究了全光照下覆盖不同颜色薄膜对越橘光合能力及果实品质的影响。结果发现，全光照下覆盖紫膜和蓝膜，可促进花色苷的积累，覆盖红膜则不利于花色苷的合成（表 3-7）。

表 3-7　全光照下覆盖不同颜色薄膜对越橘果实品质的影响

覆盖不同颜色薄膜	可溶性糖含量/%	可滴定酸含量/%	糖酸比	可溶性蛋白质含量/（mg/g）	花色苷含量/（mg/g）
白膜	11.02±2.29b	0.54±0.13bc	20.71	0.51±0.05b	0.69±0.08b
紫膜	12.41±1.50a	0.78±0.08a	15.84	0.46±0.04b	0.92±0.06a
蓝膜	12.36±0.74a	0.49±0.04c	25.19	0.63±0.02a	0.86±0.04a
黄膜	11.12±0.13b	0.49±0.10c	23.27	0.28±0.01c	0.64±0.13bc
红膜	12.43±0.45a	0.58±0.08abc	21.60	0.47±0.05b	0.56±0.06c

注：不同小写字母代表差异显著（$P<0.05$）

三、水分

水是植物生存的重要因子，是组成植物体的重要成分，是光合作用的原料，是植物体内各种物质进行运输的载体。植物体内的生理活动，都是在水的参与下才能正常进行。果树枝叶和根部水分含量约占 50%。水含量的多少与其生命活动的强弱常有平行的关系，在一定的范围内，组织的代谢强度与其含水量呈正相关。因此，果园的水分管理是实现优质高产的重要保证。

（一）果树的需水量

果树的需水量（water requirement）是指生产单位干物质所消耗水分的量，即果树在生长期或某一物候期所蒸腾消耗的水分总量与同一时间生产的干物质总量的比值。果树在系统发育中形成了对水分不同要求的各种生态类型，因而它们能够在以后的栽培生产中，表现出适应一定的降雨条件并要求不同的供水量。果树的需水量在生长发育过程中也是不同的。通常落叶果树在春季萌芽前，树体需要一定的水分才能发芽，如果冬季干旱则需要在春初补足水分。在此期间如果水分不足，常会延迟萌芽期或萌芽不整齐，影响新梢的生长。新梢生长期温度急剧上升，树叶生长迅速旺盛，需水量最多，对缺水反应最敏感，因此，称此期为需水临界期。如果此期供水不足，则削弱生长，甚至过早停止生长。春梢过短、秋梢过长是前期缺水、后期水多所造成的，这种枝条往往生长不充实，越冬性差。花芽分化期需水量相对较少，如果水分过多则分化减少。落叶果树花芽分化期为北方正要进入雨季时，如果雨季推迟，则可促使花芽提早分化。

我国黄土高原是我国苹果的重要优质产区之一。王宪志等（2021）以长武地区为例，采用 WinEPIC 模型模拟 1980～2018 年黄土高原旱作苹果园地深剖面土壤水分变化，发现土壤含水量逐年显著下降，黄土高原地区苹果园连年逐渐消耗土壤水分，造成土壤逐渐发生干层化现象，对果树生长结果造成不利影响；苹果在整个生长周期内，供水量是对果园产量影响最大的因素，而深层土壤有效水含量则成为制约果树生长中后期产量提高的最主要因素。

果树的需水量在不同生育期显著不同，其生长发育过程对土壤的含水量造成显著影响。例如，贾如浩等（2019）研究发现，间作油菜和果树覆膜组合措施对黄土高原旱作苹果园低耗水生育期土壤水分具有显著影响。在果树萌芽期，苹果树覆膜＋行间种植 50%宽度油菜（PR$_1$）和苹果树覆膜＋行间种植 100%宽度油菜（PR$_2$），0～200cm 土层深度平均土壤含水量分别较对照（苹果树不覆膜＋行间清耕）提高了 7.9%、6.9%，在果树开花期分别较对照提高了 3.5%、6.9%（图 3-6）。

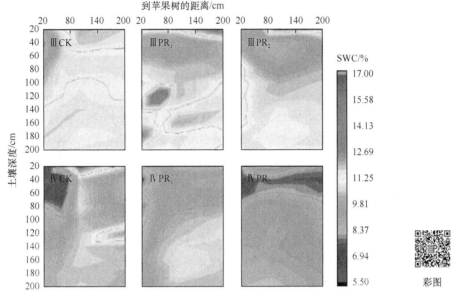

图 3-6 苹果树萌芽期、开花期到苹果树不同距离处及不同土层深度含水量的变化

SWC. 土壤含水量；Ⅲ. 萌芽期；Ⅳ. 开花期

（二）水分胁迫

从广义上说水分胁迫包括了水分过多（水涝）和水分亏缺，但从狭义上讲指的就是干旱胁迫，也即干旱、缺水所引起的对植物正常生理功能的干扰。

不同的果树需水量不同，且表现出对干旱的多种适应方式。主要表现在两个方面：一种是本身需水量少，具有旱生形态性状，如叶片小、全缘、角质层厚、气孔少而下陷，并有较高的渗透势，如石榴、扁桃、无花果等；另一种是具有强大的根系，能吸收较多的水分供给地上部，如葡萄、杏、荔枝、龙眼等。果树按抗旱力可分为三类：①抗旱力强，桃、扁桃、杏、石榴、枣、无花果、核桃；②抗旱力中等，苹果、梨、柿、樱桃、李、梅、柑橘；③抗旱力弱，香蕉、枇杷、杨梅。

果树能适应土壤水分过多的能力称为抗涝性。各种植物的抗涝性不同，对水涝的反应也不同。耐涝果树：葡萄、枣、柿、龙眼、荔枝、椰子、香蕉等；耐涝中等果树：柑橘、李、梅、苹果、枳等。不耐涝的果树：桃、无花果、凤梨等。

果树的需水量不同，且水分胁迫对果树的影响非常广泛。果树的形态结构、生理生化过程（渗透调节、光合呼吸代谢、蒸腾作用、氮代谢、气孔反应、活性氧代谢、核酸代谢及内源激素等）都受水分胁迫的影响，通过对这些生理生化过程的影响，从而影响果树的生长发育。因为在年周期内不同的物候期，果树对水分的需要是不同的。水分胁迫下，叶片是果树外部形态中反应最敏感的器官。

杨伟伟等（2016）基于变阶马尔可夫模型对苹果枝梢类型转变进行分析，发现水分胁迫显著降低了枝梢顶芽转变为长、中枝的概率，却增加了转变为花芽、短枝及亡芽的概率，水分胁迫下较高的花芽比例减轻了树体的大小年现象，中度水分胁迫通过降低营养生长，加速个体发育，有利于成花诱导。高冠龙等（2018）研究发现，光合作用对水分十分敏感，水分亏缺会导致光合作用降低，影响有机物合成，进而影响产量；水分胁迫对光合作用的影响主要有气孔限制和非气孔限制。其中，气孔限制表现为干旱降低植物叶片气孔导度，限制了光合作用的原料供给。

（三）空气湿度

空气湿度对果树的影响是多方面的。相对湿度降低，果树蒸腾强度增强，影响果树体内的水分平衡，从而影响多个生理活动。不同的树种和品种对空气湿度的要求和反应不同：扁桃、苹果、欧洲葡萄适应较低空气湿度，而猕猴桃、杨梅、香蕉、枇杷、柑橘适应较高的空气湿度。

郭秀明和周国民（2016）利用无线传感器网络（WSN）对北京市丰台区一个普通苹果园进行了实地试验，采用温湿度仪测量了大量点的温湿度，研究果园空气温湿度的空间分布特征。结果表明，对于单个冠层，空气温湿度在每个平面具有相同的走势；果园边缘的果树冠层空气温湿度的极差大于果园中心位置的果树，相差约 3 倍；果树间隙的空气温湿度极差和果园中心处的冠层极差相近。基于此，提出了一种"先平面后整体，外密里疏"的苹果园中空气温湿度传感器的部署方法，用于研究果园空气温湿度分布特征，所以果园的生态环境，特别是空气湿度对于果树的生长发育有显著的影响。果树抽条发生与早春空气湿度关系密切，以苹果为例，抽条主要发生在气温回升、干燥多风、地温尚低的 2 月中下旬至 3 月中下旬，此间气温回升，打破果树的自然休眠状态，树液开始流动，空气湿度又很低，便使地上部分蒸腾速率增高，但根系分布层的土壤仍处在冻结状态或地温过低，根系不能或很少吸收水分来补偿树体上部蒸腾的损失，当苹果枝条失水达一定程度（枝条含水量降低到 34%～40%）时，就造成了树体水分失调，导致果树的生理性干旱抽条。

王艳芳等（2010）指出，高湿情况下，叶内外水汽压差小，能缓解高温对光合的不良影响，而低空气湿度不利于植株的光合作用，植株不能有效地利用光能。过强的蒸腾作用易引起果树叶片凋萎，柱头干燥，抑制花粉发芽，影响受精，加重幼果脱落。张小红（2002）对猕猴桃试管苗移栽条件进行了研究，指出 7～8 月由于气温高，低湿度下苗易萎蔫，湿度高苗易腐烂，移栽成活率最低。美国华盛顿州的斯波坎（Spokane）地区是新红星苹果的著名产地，其年平均相对湿度为 57%，果实发育成熟期（6～9 月）的月平均相对湿度为 32%～42%，加上温度、光照适宜，所产苹果果皮光亮，全面浓红，外观内质，均堪称佳果。我国的优质苹果产地如四川的小金、甘肃的天水，年平均相对湿度分别为 56% 和 63%，都是以年平均相对湿度低于 70% 为其特点。在相对湿度大于 80% 的地区，丰产性虽好，但果实着色差，果面多锈斑，影响果实品质，且早期落叶严重，削弱树势，最终导致减产。

同时，果园内的空气湿度受土壤湿度、果树大小、树种蒸腾能力和天气类型等因素的影响。例如，雨季果园内南坡的湿度比北坡大，旱季北坡的湿度高于南坡。耐阴的树种可以相对密植，相互遮阴，提高果园相对湿度，促进果树生长发育；喜阳的树种种植时要稀疏一些，树冠内要及时修剪，以保证树冠内膛的通风透光，降低空气湿度。树体遮蔽程度重，果园内的相对湿度差别就比较大；树体遮蔽程度轻，果园内的相对湿度差别较小。果园覆草可以提高土壤湿度 5% 左右，特别是在旱季果园内覆草，非常有利于果树的生长。

第二节　土 壤 条 件

　　土壤是由矿物质（mineral matter）、有机质（organic matter）、土壤水分（溶液）（soil moisture, soil solution）、空气（air）和生物（organism）等组成的能够生长植物的陆地疏松表层，具有生命力、生产力和环境净化力，是一个动态生态系统。其本质特征是土壤肥力（soil fertility）可为果树等植物提供机械支撑、水分、养分和空气等生长发育条件，是果树栽培的基础。土层厚度（soil thickness）、土壤质地（soil texture）和结构（soil structure）、土壤理化性质（soil physical and chemical property）等土壤条件（soil condition）对果树各器官的生长发育都有重要影响。

一、土层厚度

　　土壤是果树生长的必要条件和根本保证，它不仅为树体提供营养、水分，同时也是根系的安身之所。多年生木本果树多为深根性植物，土层厚度直接影响其根系垂直分布的深度，从而影响其吸收养分与水分的有效容积与吸收量。一方面，土层较深有利于养分和水分的吸收，树体健壮，利于抵抗逆境胁迫与优质生产；另一方面，土层较浅可以控制土壤肥水供应，限制垂直根生长，促进水平根延伸，有利于果树矮化和提早结果，便于调控果实品质等。

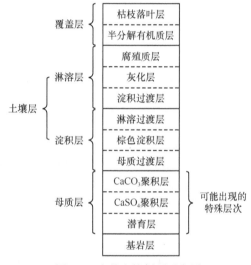

图 3-7　自然土壤剖面示意图

　　伴随着土壤的演变过程，会形成多样化的土壤类别，通常分为自然土壤和农业土壤。自然条件下，未经人类开垦、耕作的土壤称为自然土壤。自然土壤从地表向下一般分为 5 层，即覆盖层（overburden）、淋溶层（eluvial horizon）、淀积层（illuvium）、母质层（parent material）、基岩层（bedrock）（图 3-7）。深根性的多年生果树，其大多数根系通常都分布在淋溶层和淀积层内，但土壤母质疏松、基岩层半风化有裂缝时，果树根系可深入至土壤母质层甚至基岩层裂缝中生长。

　　经过人类开垦、耕作以后，原有性质发生了变化的土壤称为农业土壤。旱地农业土壤从地表向下一般分为 4 层，即表土层（epipedon，surface soil layer）、犁底层（ploughpan layer）、心土层（subsoil layer）和底土层（substratum layer）。果园土壤即为旱地农业土壤，其表土层由于接近地表，干湿交替频繁，温度变化大，属于根系生态不稳定层，加上耕作的影响，果树根系易受损伤，不能充分利用这一土层土壤的良好条件。因此，栽培上仿照自然群落，采用覆盖、生草、免耕等土壤管理制度，为表土层根系的生长创造较好的土壤环境。犁底层土壤紧实，水肥透性差，严重妨碍果树根系的伸展，在建园时需破除；同时，通过深翻熟化、土壤改良等措施，增加有机质含量，提高微生物活性，以改善心土层的根际环境，为果树根系的垂直生长创造条件。对土壤贫瘠的果园，进行起垄栽培，增加了土层厚度，使根系的微环境水、热稳定，为根系生长发育创造了良好的环境，促发较多的吸收根，能吸收更多的养分和水分，从而有利于树体生长发育和花芽分化，提高坐果率。

二、土壤质地和结构

土壤是由大小不同的各种土粒（soil grain）组成的，包括石块（stone）、石砾（gravel）、砂粒（sand）、黏粒（clay）和粉粒（silt）。土壤中土粒愈细，其 Al_2O_3、Fe_2O_3 及 Ca、Mg、K、P 等养分元素含量愈高。土壤中各粒级土粒含量比例的组合称为土壤质地。土壤质地问题备受关注，因为它和土壤肥力、果树生长的关系最为密切。土壤质地类型决定着土壤透气、透水、保水、保肥、供肥、保温、导温和耕性等。不同质地的土壤具有不同的肥力特点，对果树生长发育有不同的影响。

1）砂质土（sandy soil）。泛指与沙土性状相近的一类土壤，主要分布于广大的北方地区，如新疆、青海、甘肃、宁夏、内蒙古、北京、天津、河北等省（直辖市、自治区）的山前平原及各地沿江、沿河或沿海地带。土壤中砂粒多（砂粒含量常超过 80%），黏粒少，保蓄性能差，通透性能好；养分含量低，施肥见效快；温度变幅大，表现为昼夜温差大；宜耕期长，耕后疏松不结块，利于种子扎根及苗木根系生长，常作为苗圃地进行扦插育苗和实生苗的培育。砂质土栽培果树，根系分布广而深，植株生长快而高大，易于早期丰产优质。梨、柑橘、龙眼、桃、山楂、杏、李、枣等果树适应于砂质土栽培。针对砂质土土壤的缺点，要注意防旱、防冻、防土壤过热，基肥与追肥并重，强化水肥管理，少量多次；可采取营造防风固沙林、客土压沙、生草、覆盖、深翻压绿肥等措施加以改良。

2）黏质土（clay）。土壤中砂粒含量少，黏粒和粉粒较多。主要分布于我国地势相对较低的冲积平原、山间盆地、湖洼地区。其特性与砂质土相反，通透性差，保蓄性强，土体内水流不畅，湿时泥泞，干时板结；养分含量高，肥效时间长，细土粒含有较多的矿质营养元素，但由于水多气少，矿质养分转化慢，有机质分解也慢；温度变幅小较稳定，早春土温不易升高，俗称冷性土。黏质土栽培果树，果树根系伸展受阻，影响果树的生长发育，也导致地上部生长发育不良，表现为树体弱小、发芽迟、果形小、产量低；过于黏重，通气条件恶化，根系呼吸功能停止，使果树处于饥饿状态，甚至导致全株死亡。针对黏质土的缺点，应注意采取深耕、增施有机肥、掺砂土等措施加以改良。土层较厚的黏质土比较适宜于栽培板栗、柿子、酸樱桃、李、柑橘等果树，而不适于桃、扁桃、杏等果树的栽培。

3）壤质土（loamy soil）。壤质土土壤广泛分布于黄土高原和华北平原、松辽平原、长江中下游、珠江三角洲等冲积平原上。壤质土是介于砂土和黏土之间的一种土壤质地类型，兼有砂质土和黏质土的优点。在壤质土范围内，因所含砂黏比例不同，其性状有较大差异，砂粒含量高则性质接近砂质土，黏粒含量高则性质接近黏质土。砂黏适中，则通气透水性好，土温稳定，养分丰富，有机质分解速度适当。砂黏适中的壤质土既有较好的保水保肥能力，供水供肥能力也强，且耕性表现良好。一般质地疏松的砂壤土或壤质土适种范围较广，果树根系活跃，生长快，地上部发育快，是果树生产较为理想的质地类型，适宜栽培多种果树，如苹果、香蕉、荔枝、核桃、樱桃等。目前，我国黄土高原苹果产区产量占全国的 1/2 以上，但该区有机质含量偏低，平均含量仅为 1% 左右（张东等，2016）。

4）砾质土（gravelly soil）。在山地林区比较常见，与砂质土特点相似，含石砾较多，土层较薄，保水保肥能力较低。一般情况下，石砾含量超过土壤总体积的 20% 时，就会使土壤温度剧烈变化，持水能力降低，产生诸多不良影响。因此，应根据砾质程度不同进行性质分析和处理。例如，少砾石土，不影响对土壤的管理，果树可以正常生长，但对机具虽有一定磨损；中砾石土，应将土壤中粗石块除去；多砾石土，需要进行调剂和改良。随着省力化果园机械如挖苗机、旋耕机和根系修剪等的大量应用，苗圃管理和果园建园时砾石土的处理显得更加重要；闻名于世的新疆吐鲁番葡萄沟的优质葡萄就是在砾质土上栽培成功的。

由于土壤母质、地理、气候或人为耕作管理等原因，同一土壤上下层之间，其质地粗细及厚度有较大的差异，有通体均一型（通体黏、通体壤、通体沙）、上轻下重型（沙盖黏）、上重下轻型（黏盖沙）、中间夹层型（黏夹沙）等（图3-8）。有研究表明，土壤剖面（soil profile）中的黏土夹层厚度超过2cm时就会减缓水分的运行，而超过10cm就能阻止来自地下水的毛管水上升运行。因此，土壤质地层次排列方式和层次厚度对土壤水分运动和肥力发挥有重要的影响。优质果园土层上部为轻质壤（砂粒含量较高），下部为中壤（砂粒和黏粒含量大致相同）或

重壤（黏粒含量较高）。这种土壤既有利于种子出苗，又利于苗期根系下扎吸水吸肥，对土壤水、肥、气、热状况具有较强的调节能力。果园土层下如存在坚硬的黏土层、砂砾层等，根系向下生长会受阻，果树根系分布则较浅。砂砾层会使肥水淋失，黏土层易造成积水，使果树生长变弱，导致生长与结果不良。在这类土壤上建园，通常要通过爆破或深耕使适宜根系活动的土层加厚到80~100cm。

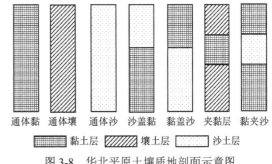

图3-8 华北平原土壤质地剖面示意图

土壤结构是指多个土壤颗粒相互团聚在一起排列的状况，如团粒、柱状、片状、核状等，其中团粒结构是农业土壤中优良的土壤结构，适合于果树生长与结果。团粒结构主要通过有机质特别是腐殖质胶结而成，有机质养分丰富，土壤孔隙较大，毛管与非毛管孔隙比例适当，能协调土壤中水分、空气的矛盾，协调保肥和供肥性能，易于耕作，且有利于果树根系伸展，可维持水、肥、气、热等土壤肥力诸因素的综合平衡及其与果树生长发育节奏的协调配合。因此，加强土壤管理，促进团粒结构的形成，可为果树生产创造优质丰产的土壤条件。

三、土壤理化性质

（一）土壤温度

土壤温度（soil temperature）与矿质营养的溶解、流动与转化，有机质的分解，土壤微生物（soil microbe）的活动等密切相关，直接影响果树根系的生长、吸收及运输能力，进而影响果树的生长发育。果树根系的生长、水分和矿质营养的吸收都与土壤温度密切相关。

土壤温度主要受太阳辐射能影响，部分程度上也被地热所影响。随着季节的变化和一天中的日出日落，土壤表层的温度会有相应的起伏。全天日出前土温最低，日出后土温逐渐升高，至14时左右达到最高峰，以后逐渐下降（图3-9）。全年土壤最低温出现在1~2月，最高温出现在7~8月（图3-10）。随着土层深度的增加，土温的日变化、年变化趋势趋于稳定，最高、最低温出现的时间也逐渐推迟（图3-9、图3-10）。由于不同层次土壤在温度、水分等因素上存在差异，因此同一时期处于不同深度土层中的根系活动状况不同，有交替生长现象。北方果树处于冻土层附近的根系，因土壤温度极低而限制了水分的移动与吸收，导致根细胞中原生质黏度增大，代谢强度小，迫使根系无法生长。因此，春季栽植果树，需要选择合适的时机和合理的栽植深度，确保土壤温度适宜，以便保证定植后根系的正常活动，提高成活率，如我国甘肃、陕北、新疆和宁夏的部分产区，因栽植时间偏早或栽植过深，土壤温度很

低，根系无法正常活动，但气温高，蒸发量大，树苗在蒸腾作用中失去水分而得不到有效的补充，造成苗木本身水分代谢失调，引起生理性干旱死亡。盛夏土温在浅层土壤中也较高，一方面加速了养分在树体各部分（包括根系）的消耗速度；另一方面浅土层高温也加大了根细胞水分的流失，增加其细胞液黏度，影响其代谢机能，加快了衰老进程。在炎热的高温季节，浅土层温度均大大高于最适温度，特别是幼树和山地及沙地果园中的土壤，由于叶片形成的阴影无法覆盖地表面积，土壤受光照后增温速度快，导致根毛干枯，影响浅层根系的各种生理及吸收功能，影响果树生长。

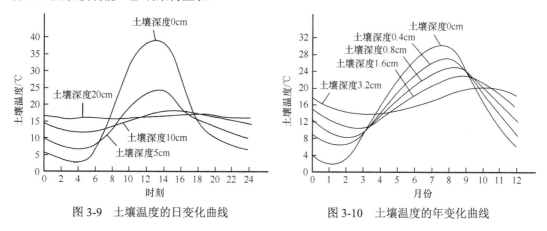

图 3-9　土壤温度的日变化曲线　　　　图 3-10　土壤温度的年变化曲线

土壤温度受太阳辐射能及土层深度的制约，也与纬度、海拔高度、坡向、土壤质地及土壤含水量等有关。通过灌溉、排水，以及采用不同的土壤管理等措施可对土壤温度进行调节，为果树根系活动创造良好的温度环境。在高温季节要进行树盘覆盖，保水降温，热带地区可适当密植，增加果园覆盖度。

土壤温度对果树根系发育具有重要影响，不同果树对土壤温度的要求存在显著差异，一般认为，适合果树根系生长和养分吸收的土壤温度分别为 15~25℃和 0~30℃。研究表明，在适宜的温度范围内，土壤温度越高，根系养分吸收的速度越快，而且温度对 P、K 元素的吸收比 N 元素影响较大。土壤氮随土壤温度的增加而减少，根区温度可能影响微生物的活动，能促进有机物质的分解及葡萄对土壤中氮的吸收。土壤温度越高，土壤中速效钾含量越低，可能是根系通过同化作用吸收 K$^+$，以增加生理代谢（尹翠，2016）。

不同果树根系开始生长要求的温度有明显差异。果树根系生长的最适温度也因树种而异，如苹果 20℃、桃 22℃、梨 21.7~23.6℃、柑橘 20~25℃。甜橙、酸橙、葡萄柚、柠檬等果树的根系在土壤温度为 12℃左右时开始生长，23~31℃时生长、吸收最好，当土壤温度降到 19℃以下时生长衰弱，在 9~10℃时仍能吸收氮素和养分。但当土壤温度降至 7.2℃时则失去吸收能力；土壤温度达 37℃以上时，生长极微弱甚至停止，若土壤温度长时间在 40℃以上时，则根群死亡。苹果根系一般在 0.5~1.3℃时开始活动，生长适温为 7~21℃，14~21℃时生长最旺；0~7℃和 21~30℃时根的生长减弱，土壤温度低于 0℃或高于 30℃时，根不能生长。夏季高温对苹果砧木压条圃生产砧木质量造成不利影响，在陕西千阳、扶风和杨凌等地调查发现，当温度高于 25℃时，苹果矮化砧木 M9-T337 压条圃砧木根系生长不良，当高于 30℃时，根系生长受到显著抑制。

（二）土壤水分

土壤水分是土壤肥力诸因素中最重要的因素，是果树生长发育所需水分的主要来源。根据水分子受力情况的不同，土壤水分可划分为吸湿水（hygroscopic water）、膜状水（film water）、毛管水（capillary water）和重力水（gravitational water）等类型（图3-11）。

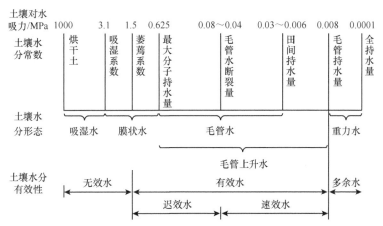

图 3-11　土壤水分形态与土壤水分常数、能量和有效性划分

1）吸湿水又称束缚水，是土粒表面靠分子引力从空气中吸附的并保持在土粒表面的水分，具有固态水的性质，无溶解养分的能力。吸湿水受到土粒的吸附力远大于植物根系的吸水力，是植物不能吸收利用的无效水。

2）膜状水，是被土粒吸附在其吸湿水层表面形成水膜的水分。因膜状水存在于吸湿水层外，所受吸附力比吸湿水层小得多，且具有液态水的性质、一定程度的移动性和溶解养分的能力。膜状水外层所受吸力小于根的吸水力，对植物是有效的。当土壤水分含量降低到以吸湿水类型存在时，植物可能发生凋萎现象。

3）毛管水，是被保持在土壤毛细管孔隙中的水分。毛管水在土壤中移动性强，能溶解并携带养分运输到植物根际，是最有效的水分。在地下水位较浅的土壤中，地下水可借助毛管力升至上层土壤中，甚至可到达土壤表面，这种毛管水称为毛管上升水或毛管支持水（capillary supporting water）；在地下水位比较深的土壤中，毛管水与地下水不相连接，降水或灌溉水等地面水进入土壤，借助于毛管力保持在土壤上层毛管空隙的水分，称为毛管悬着水（capillary suspending water）。毛管悬着水达到最大数量时的含水量称为田间持水量（field capacity）。

4）重力水，是土壤含水量达到田间持水量后，在重力作用下沿非毛管孔隙向下运动的多余水分。重力水虽然能被植物吸收，但在一般土壤中会很快渗漏到根层以下，不能持续为植物所利用，过多的重力水不仅造成浪费，还会造成养分流失或形成内涝，所以生产中应尽量避免大水漫灌。

果树根系大多适宜田间持水量为 60%～80% 的土壤水分环境。当土壤含水量低到高于萎蔫系数 2.2% 时，根系停止吸收，光合作用受到抑制。土壤有效水含量降低时，首先是根细胞伸长减弱，短期内根毛密度加大；如进一步缺水，根停止生长，新根木栓化，根毛死亡。此后，由于水分在植物体内的重新分配，根生长点死亡。田间条件下，由于不同层次土壤墒情不同，因此当土壤深层有水时，仍可使浅层缺水土层内的根系存活，这一方面是由于处于土壤深层的根系提供了水分；另一方面也是深墒对底墒和表墒的补充作用所致。土壤中的水分与氧气是相对矛盾，它们都存在于土壤的孔隙中，当水分多时氧气就少，水分少时氧气才多。土壤的水分管理就是要协调两者的关系，同时满足果树生长对水分和氧气的要求。土壤水分超过田间持水量时，会导致土壤缺氧，产生硫化氢等有毒气体，抑制果树根的呼吸，抑制根系对离子的吸收，也会妨碍根部细胞分裂素（CTK）和赤霉素（GA）的合成，从而影响果树地上部激素的平衡和生长发育。

土壤地下水位的高低是限制果树根系分布深度、影响果树生长结果的重要因素。若地下水矿化度较高，盐分随水上升至根层或地表，极易引起土壤盐渍化，从而影响果树生长。浙江农业大学（1980）调查发现，栽培在海涂地9年生的温州蜜柑，地下水位深达100cm以上的与46cm的相比，前者须根量比后者多264%，前者根系深度达58.5cm，后者根系深仅为26cm，地上部生长也明显不及前者。

我国地域辽阔，气候多样，不同地区土壤水分状况差异很大。以北方地区为例，冬季至早春（11月中旬至翌年3月）为土壤湿度相对稳定期，这期间气温低，土壤表层冻结，而下层土壤中的水汽向上扩散并冷凝，出现冻后聚墒现象，表土以下的含水量不断增加。4～6月（春夏之间）为强烈蒸发干旱期（即春旱跑墒期），这期间降水少，蒸发大，土壤水分迅速损失，土壤含水量降低到全年最低水平，很多地区出现春旱威胁，影响果树的萌芽、开花与生长。此时加强保墒、及时灌水显得尤其重要。7～9月（夏秋之间）为土壤水分收集期（即雨季收墒期），此期正值夏秋多雨季节，土壤含水量达到全年最大值，土壤底墒和深墒得到恢复，这个时期应在注意蓄水保墒的同时，适当控制土壤水分，防止新梢徒长，以提高树体越冬贮藏营养水平。同时，果园控水对促进花芽分化、提高秋熟果实质量都有重要作用。部分地区在降水量集中的时期会出现短期的内涝，应注意排水。10～11月（晚秋至冬初）为土壤失水期，此期降水量少，但土壤水分蒸发仍较快，土壤含水量降低，有时形成秋后旱，需补充水分；土壤结冻前灌水，可以增加土壤含水量，促进冻后聚墒，防止果树抽条及冻害的发生。

土壤水分的调节可通过改良土壤、覆盖和增厚土层、根据果树对水分的动态需求和土壤水分实际状况及时排灌等措施进行。土壤水分管理不当会导致果树抽条，如我国黄土高原苹果产区，秋季雨量大，管理后期没及时控水，灌水频繁或降水量大、排水不及时，造成树体贪青徒长，枝梢停长晚，养分积累少，枝条发育不充实，从而降低了树体抗寒能力。另外，早春灌水早且次数多，降低了地温，影响了根系对水分的吸收，造成枝条失水过多，加重抽条的发生。

（三）土壤通气性

土壤的通气性（soil aeration）是指土壤空气与近地面大气之间及土体内部的气体交换的性能。通过土壤空气与大气交换，使土壤空气得到更新；土体内部的气体交换可使土体内部各部分的气体组成趋向均一，从而为土壤微生物的活动、有机质的分解、养分和水分的吸收等创造条件。研究表明，土壤空气含量影响土壤养分状况、种子萌发、根系生长和呼吸、植物同化及植株的抗病性，是土壤肥力的要素之一。土壤通气不良，土壤空气中的含氧量由于根系和土壤微生物的呼吸消耗、有机肥料的分解消耗而下降，CO_2含量增高，会直接影响根的正常生长和生理代谢，进而影响果树的生长结果。据测定，在温度为20～30℃、土壤不通气的条件下，土壤中的氧将在12～40h被耗尽。当土壤通气严重受阻或渍水的情况下，土壤空气中常会出现一些土壤微生物嫌气分解有机质的产物，如H_2S、CH_4、H_2、PH_3、CS_2等还原性气体，若积累到一定程度会对果树产生毒害作用，严重时造成根系伤害，直到死亡。

果树根系若要正常发生和生长，土壤空气中的氧气含量要维持在10%～15%及以上；当土壤空气中氧气含量低于 5% 时，根系不发生，同时生长受阻；当氧气含量低于 3% 时，根系生长停止，并且开始死亡（肖元松，2015）。研究发现，土壤透气性对新根的发生及根类组成具有一定影响，栽植于透气性较好的蛭石中的苹果幼树，其全年发根总量、吸收根总量、细根重量均远远高于栽植于透气性较差的黏土中的苹果幼树（杨洪强和束怀瑞，2007）。土壤紧实度影响土壤透气性，植物根系生长受到土壤紧实度的制约（侯晓丽，2006）。土壤紧实度增加可导致通气性变差，土壤氧气含量少，渗透性能减弱等，影响到根系的生长。

不同果树对土壤空气的适应也存在差异。桃对低氧最敏感，缺氧时易枯死；苹果、梨居中；温州蜜柑和枳的实生苗则极耐缺氧。土壤中 CO_2 的含量随土层深度的增加而增加，而 O_2 的含量随土层深度的减少而减少。果树根系入土深，对深层土壤空气有更高要求，各项有利于改善土壤深层通气性的措施，如果园深翻熟化、中耕除草、黏土掺沙、增施有机肥、坡地改梯田、开排水沟降低地下水位等，都对果树生长结果有良好作用。

（四）土壤酸碱度

土壤酸碱度（soil pH, soil acidity and alkalinity）影响土壤中各种矿质营养成分的有效性，进而影响树体的吸收和利用。土壤中的氮素绝大部分以有机态存在，参与有机质分解的微生物大多数在接近中性的环境中生长发育，因而在 pH 6～8 的范围内有效性最高。在酸性环境中时，由于可溶性铁、铝增加，有效磷易被固定；当 pH 为 7.5～8.5 时，磷酸根又易被钙离子所固定；pH 8.5 以上时磷素虽成为溶解性磷酸钠，但碱性过强不利于植物生长，故磷素在 pH 6.5～7.5 时的有效性最高。在酸性土壤中，钾、钙、镁盐可以溶解，也易被 H^+ 从土壤胶体表面交换出来，因而容易随淋溶而流失，所以在酸性土中较缺乏；在 pH 8.5 以上时，土壤中的钠离子含量大，能把钙、镁离子交换出来生成钙、镁的碳酸盐而沉淀。所以钙、镁的有效性以 pH 6～8 时最好。铁、锰、铜、锌等微量元素在酸性土壤中因可溶而有效性提高，而在石灰性土壤中微量元素容易产生沉淀而降低其有效性。硼在强酸性时易流失，在石灰性土壤中生成硼酸钙而降低有效性，在盐碱土中生成硼酸钠而溶解度提高。钼在酸性时，因土壤活性铁、铝较多而生成不溶性的钼酸铁、钼酸铝，进而降低有效性（图 3-12）。

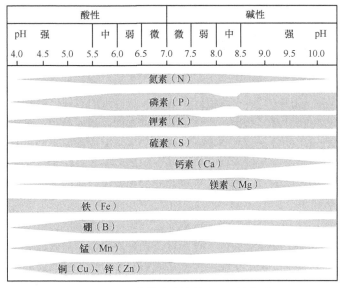

图 3-12　植物养分有效性与 pH 的关系

微生物在有机质转化中，尤其是在 N、P、S 及其他灰分元素的分解与转化中起着重要作用。土壤酸碱反应影响土壤微生物的区系和分布。不同的微生物，适宜活动的 pH 范围不同。土壤细菌和放线菌均适于中性和微碱性环境，氨化作用适宜的 pH 为 6.5～7.5，硝化作用为 pH 6.5～8.0，固氮作用为 pH 6.5～7.8。真菌最适宜在酸性条件下活动。土壤 pH 不同，微生物的数量、种类有差异，进而影响到土壤养分（soil nutrient）的转化和土壤肥力水平。

绝大多数果树适宜栽植在中性或微酸性的土壤环境中，土壤高 pH 和低 pH 均不利于根系的生长发育。不同果树适应和最适的土壤 pH 范围不同，因而对土壤酸碱性有不同的要求（表 3-8）。多数果树要求中性土壤，如苹果、梨、桃、柑橘、杨梅等喜中性或微酸性土壤；葡萄、枣树等耐碱性较强；热带亚热带常绿果树大多喜酸。生长在酸化土壤中的 2 年生富士苹果，其根系生物量和根冠比均受到明显的抑制作用（葛顺峰等，2013）。值得指出的是，在生产实践中不同的砧木对土壤 pH 有特异的敏感性。四川甜橙产区，以枳作砧木的甜橙树，在 pH 7.5 的土壤中即表现缺铁黄化，而红橘砧则能正常生长，当 pH 为 7.5～8.0 时，红橘砧也表现缺铁黄化，而用香橙砧或枸头橙砧，则生长结果正常。因此选择适宜的砧木，可扩大土壤酸碱度的适应范围。

表 3-8　几种主要果树对土壤酸碱度（pH）的适应范围

果树种类	适应范围	最适范围	果树种类	适应范围	最适范围
苹果	5.3～8.2	5.4～6.8	荔枝	5.0～6.0	5.0～5.5
梨	5.4～8.5	5.6～7.2	龙眼	5.0～6.7	5.5～6.5
桃	5.0～8.2	5.2～6.8	芒果	5.5～7.5	5.5～7.0
葡萄	5.0～8.3	5.8～7.5	香蕉	5.0～6.7	6.0～6.5
板栗	4.6～7.5	5.5～6.8	菠萝	4.5～6.0	4.5～5.5
枣	5.0～8.5	5.2～8.0	番石榴	4.5～8.2	5.5～6.5
柑橘	4.8～7.5	6.0～6.5	番木瓜	6.0～6.5	6.0～6.5

果树对土壤酸碱性的适应范围较广，但有些植物只在一定的酸碱范围内生长，这些植物能对土壤酸碱性起指示作用，称为土壤酸碱性的指示植物。例如，石松、茶树、杜鹃花、柑橘等只能在酸性土壤中生长，称为酸性土指示植物；盐蒿、灰菜、碱蓬蒿等是盐碱土指示植物。另外还有钙质土指示植物，如甘草、蒺藜等。这些植物对于野外鉴别土壤酸碱性很有帮助。

（五）土壤含盐量

土壤含盐量（soil salinity）决定着根区土壤溶液渗透压的高低，直接影响根系对水分的吸收，进而影响果树的生长发育。盐害是土壤中存在过量的可溶性盐类，可对果树造成危害，致使细胞液反渗透，造成质壁分离。盐类不同对作物产生毒害的程度不同，几种常见的可溶性盐类危害程度由大到小的顺序是：碳酸钠＞氯化镁＞碳酸氢钠＞氯化钠＞氯化钙＞硫酸镁＞硫酸钠。若以硫酸钠的危害程度为 1，则危害程度的比例大致为：碳酸钠：碳酸氢钠：氯化钠：硫酸钠＝10：3：3：1。

当可溶性盐类增加时，土壤溶液渗透压也随之升高，根系吸水困难，造成生理干旱，影响生长与结果。土壤溶液中某种离子的浓度过高时，就会妨碍根系对其他离子的正常摄取，引起植株营养紊乱。例如，过量的钠离子能阻碍根系对钙、镁、钾的吸收；高浓度的钾离子会妨碍根系对铁和镁的摄取，结果导致叶片出现缺铁和缺镁的失绿症。土壤盐分过多，还会抑制土壤微生物的活动，影响土壤养分的有效转化。例如，当土壤中氯化钠或硫酸钠含量达到 0.2% 时，氨化作用大为降低；达到 1.0% 时，氨化作用几乎完全被抑制。硝化细菌比氨化细菌对盐类的危害更敏感。

土壤中的碱性盐水解时，土壤呈强碱性反应，磷酸盐及铁、锌、锰等营养元素易形成溶解性很低的化合物，这些养分的有效性被降低，因而树体营养失调。土壤中的钠盐对胶体具有强大的分散能力，可破坏土壤结构，使土粒高度分散，导致土壤湿时泥泞，干时坚硬，通透性差，耕性不良，严重妨碍根系生长，也不利于微生物的活动。碳酸钠等强碱性物质还会破坏根部的各种酶类，并且对幼嫩根有很强的腐蚀作用，可直接产生危害。

果树树种不同，耐盐力不同（表 3-9），柑橘不同砧木耐盐性存在差异，印度酸橘、蓝柠檬的耐盐性最强，酸橙、柚居中，枳及某些枳橙耐盐性弱。即使是同一树种、品种，也能通过改变砧穗组合在一定程度上提高植株的耐盐能力。

表 3-9　几种主要果树的耐盐力

果树种类	土壤中的总盐量/%		果树种类	土壤中的总盐量/%	
	正常生长	受害极限		正常生长	受害极限
苹果	0.12～0.16	0.28 以上	葡萄	0.14～0.29	0.32～0.40
梨	0.14～0.20	0.30	枣	0.14～0.23	0.35 以上
桃	0.08～0.10	0.40	栗	0.12～0.14	0.30
杏	0.10～0.20	0.24			

我国气候多样，各地降水及蒸发量不同，所以土壤中盐分的淋洗和累积量及变化过程也不同。由于降水和蒸发的季节性，雨量年际分配的不均匀性，土壤中的水盐呈季节性和多年的动态性变化。因此，在园址选择及随后的果园土、肥、水管理中应予以足够重视。

盐渍土（saline soil）的形成是自然因素和人为活动综合作用的结果。盐渍土的改良措施可以概括为 4 个方面：水利措施，包括排水、灌溉洗盐、引洪灌淤；农业技术措施，包括种稻、平整土地、耕作、客土、施肥等；生物措施，包括植树种草、发展绿肥等；化学改良措施，包括施用石膏及其他化学改良物质。

盐渍土是我国分布面积很广的土壤，多分布在平原地区，具备不少发展果树生产的有利条件，如土层深厚、地形平坦、地下水资源丰富，同时还有许多荒地可以开发。如能采取有效措施消除土壤中过多的盐碱，改良盐渍土，就可充分发挥盐渍土的潜在肥力，增加果树面积与产量。所以，盐渍土的改良利用对保证果树生产的可持续发展、改善生态环境具有重要意义。

第三节　地 势 条 件

地形地貌主要指海拔高度、地形、坡向和坡度等，对果树的生长发育具有重要影响。其对果树的影响是通过海拔高度、坡度、坡向等影响光、温、水、热在地面上的分配，进而影响果树的生长发育，其中以海拔高度对果树的影响最为明显。

一、海拔高度

海拔高度是影响果树布局及其生长发育的重要生态因素，太阳辐射量、有效积温、昼夜温差、空气湿度及土壤类型、养分有效性等常随海拔高度的变化而发生显著变化。随着海拔高度增大，日平均气温下降，积温有效性增强，降水量增大，相对湿度增大，日照率上升。在同一纬度地区，海拔高度每升高100m，则平均气温下降0.5～1.0℃，平均光强增加4%～5%，平均紫外线增加3%～4%。在山的向风坡，降水量随海拔的升高而升高，至一定高度达最大值后，又随海拔升高而降低。最大降水量的分布海拔随季节和地区而异。

海拔高度对温度有较大影响，空气由高向低处移动往往给下坡或谷地造成霜冻危害。气温递减的速率因气候条件和季节而异，在气候干燥的山地变化更有规律。在潮湿的四川山地，1月平均气温和最低气温在1200m以下，由于云量的影响而变化不大，其递减率为每100m递减0～0.2℃，1200m以上递减率分别增加为0.56～0.67℃。7月的递减率一般为每100m递减0.40～0.50℃。

江珊等（2020）以子洲县为例，调查山地果园花期冻害发生的程度及特点，发现子洲县冻害发生时间为4月19～24日，其中最为严重的是4月23～24日。冻害发生期间，位于山顶的果园（平均海拔1070m左右），最低温度在所调查的山体位置中最高，平均为−3℃，花序受冻率平均为18.82%，属于轻度花期冻害。位于半山腰阳坡的果园（平均海拔1010m左右），冻害期间最低温度为−5～−4℃，花序受冻率平均为30.15%；而位于半山腰阴坡的果园（平均海拔1010m左右），其冻害期间最低温度为−6～−5℃，花序受冻率平均为43.80%；位于山脚平原地的果园（平均海拔950m左右），冻害期间最低温度平均为−7℃，花序受冻率平均为66.50%；位于山脚低洼地的果园（平均海拔950m左右），冻害期间最低温度平均为−10℃，花序受冻率平均为70.60%。可见在山地果园中，不同山体位置的苹果花期冻害程度有很大差异。其中，山顶果园（地势最高）受冻最轻，其次为半山腰，最严重的为山脚处（地势最低）。在相似海拔高度的山体，阳坡的冻害程度要比阴坡的轻；地势高且位于山坡阳面的果园受冻较轻，而地势低且位于山坡阴面等地形的果园，如洼地、盆地等，冷空气易在此沉积，冻害程度最严重（图3-13）。

| 山顶果园的苹果花序 | 半山腰果园的苹果花序 | 山脚果园的苹果花序 |

图3-13　果园苹果花序受冻害情况

彩图　果树的物候期随海拔的升高而推迟，生长结束时期随海拔升高而提前。随果园海拔升高，气温下降，物候期延迟，芦柑的春芽萌发、开花、生理落果、采收等物候期海拔每上升100m延迟3.4～4d。受温度变化的影响，无霜期随海拔升高而缩短。海拔高的果园，光照条件好，遇"倒春寒"时，只有轻微的平流霜，受害轻，坡脚和山腰海拔相对低，地势低洼，冷空气聚积，严重影响果树的开花坐果。

不同海拔高度光照有明显差异。海拔高度的变化，影响光质分布的变化。总辐射、长波紫外线和可见光随着海拔高度的升高而极显著增加，中波紫外线随着海拔的升高也升高，而红外线随着海拔的升高而降低。随海拔的增高直射光多于漫射光。在秦岭太白山随海拔升高，太阳直射辐射和总辐射都增大，散射辐射则减少。日照时数受海拔和降雨等多因素的影响而实际变化较为复杂。对中国西南地区的气象站日照时数变化的研究发现（杨小梅，2012），海拔较高的地区如西藏高原、横断山区和云南高原等，其日照时数较大；而在低海拔区如贵州高原和四川盆地，日照时数相对较少。

海拔高度的变化影响降水量与相对湿度的变化。就降水量而论，如山东泰安在海拔 160.5m 时年降水量为 859.1mm，而升高到 1541m 时，则为 1040.7mm，降水量随海拔高度升高而增多。而在暖温带条件下，海拔降低降水量反而增多，当经过山脉的气团非常潮湿而又不稳定时，最大降水量常在山麓。另外，根据浙江省丽水市降水的时空分布表明（吴昊旻，2018），随着海拔的升高，降水量总体呈现出非线性上升的趋势，由最低值 2.60mm（出现在 200m 海拔）增加到 3.40mm（1300m 海拔），但经历了多个拐点。在 600～800m 海拔高度上，随着高度的增加，降水反而减少（由 3.06mm 减少到 2.88mm）。周秋雪等（2019）利用四川盆地 1666 个站点 2011～2015 年 4～10 月的逐小时降水资料及高精度格点海拔高度资料，对降水特征与海拔高度的变化关系进行详细分析，研究发现：汛期总降水量、总雨日、小雨日、中雨日随海拔高度升高而增加，但降水量与雨日随海拔的增长方式并不相同，降水量显著增长区主要集中在 200～1200m，当海拔超过 1200m 时降水量迅速减少；大雨日及暴雨日在海拔超过 1200m 后也迅速减少。

与海拔高度引起的气候因素垂直变化相适应，山地的果树也呈垂直分布。总的趋势是低海拔处生长需热量较高的果树，随海拔的逐渐升高，生长果树逐渐被需热量较低的果树所代替。呈现出与纬度地带性由低纬度到高纬度的变化相对应，果树种类由热带果树、亚热带果树温带果树、寒温带果树逐渐演替。

海拔高度对果树的生长发育也产生很大的影响，近年来，我国苹果产业"西进北扩"趋势明显，黄土高原逐步成为我国苹果最重要的产区。同时，黄土高原区苹果有从 800～1200m 海拔向 1300～1500m 更高海拔发展的态势。随海拔升高，苹果树体矮化，侧枝增多，结构紧凑。随着海拔升高，温暖指数降低、水热综合因子增大、光合有效辐射增强、寒冷指数升高、紫外线增强、年降水量增加，富士苹果叶片结构和果实品质特征参数发生了不同程度的变化，具体表现为：叶片厚度、角质层厚度、栅/海、主脉最大导管直径和单位面积叶片 N 含量逐渐增大，叶片长宽比、比叶面积、气孔长宽比和上下表皮占叶片厚度的比例逐渐减小。果形指数、果实硬度、糖酸比逐渐增大，果实可滴定酸含量逐渐减小。随海拔升高，叶片光合速率增强，水分利用率增加，果实糖酸比呈上升趋势，高海拔比低海拔有相对较好的果实风味和外观着色。

海拔高度还对果实品质产生显著影响。何涛等（2021）利用高效液相色谱法（HPLC）测定香格里拉不同海拔高度'赤霞珠'果实中各发育阶段主要花色苷的成分变化。发现香格里拉地区'赤霞珠'葡萄花色苷含量在转色初期随海拔升高而增加，因为高海拔地区有着较强的光照和辐射，温度较低，有利于花色苷合成。

二、地形

地形（坡形）是指斜坡顺切面的形态，具有直坡、凹坡、凸坡及阶形坡等不同类型（图 3-14）。直坡的坡面流速最大，凸坡其次，凹坡坡面流速最小；在同坡形条件下，坡面流速随雨强、坡度的增加而增加。大量研究表明，坡地土壤养分以坡顶和坡底部较高，坡面较低。

不同坡形的坡面由于耕作和水力搬运的结果，土壤的厚度和肥力不同，出现了不同的地形肥性。阶形坡的平坦或缓斜部分，其地形肥性较高，直坡的下部 1/2、凹坡偏下的 2/3 部分、宽

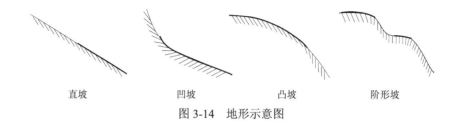

直坡 　　　　　凹坡 　　　　　凸坡 　　　　　阶形坡

图 3-14　地形示意图

顶凸坡偏上 2/3 部分的地形肥性也较高，窄顶凸坡则相反。因为下坡表土为原生土壤，为上坡表土经水力搬运堆积而成，有的地方堆积物形成坡积裙或冲积扇，有的则形成冲积堆，使下坡坡度相应变缓，使直坡变成凹坡。凹坡坡面上土壤冲刷程度逐渐减轻，肥性较直坡为高。宽幅的凸坡偏上 2/3 地带，虽然坡度较直坡和凹坡为缓，土壤冲刷过程较轻，但土层较薄，肥性不如直坡和凹坡偏下的 1/2～2/3 强。

　　在长坡中间或中腰部如出现凹地或槽谷，则在冬春夜间由于冷空气下沉，往往易形成冷气潮和霜眼，种植在这些地方的果树，冬季严寒期及春、秋霜期均易遭受冻害，并且又易积水，故不宜选作果园。但在长坡中部以上稍高坡地上，由于山麓地带热空气上升，在坡上形成逆温层，因此在这样的坡地上反而少见霜冻为害。在华东及华中地区，冬季有－20℃以下的极端最低温度，对柑橘是一大威胁，但历史低温出现之年，山下平坦地区柑橘冻死，而山上柑橘安全无恙，说明逆温层对喜暖树种有明显的保护作用。重庆北碚，香蕉植于丘陵各地的低洼处，冬春常遭霜冻为害，植于斜坡之上者反而安全无损，这也是逆温层的作用。

　　我国果树产业发展遵循"上山下滩，不与粮棉争地"的方针，山地果园比例较大，近年来，为顺利转型成现代果园，开展了"梯改坡"的工作。现代果园的重要特征是大范围机械化，而传统果园的梯田不利于机械操作，因此将其改造为坡度较小的坡地，这就是"梯改坡"。梯田改为坡地后，不但有利于机械化运作，还解决了光照和旱涝不均等问题，减轻了冬季冻害，增加了种植面积，土地利用率也显著提高。

三、坡向

　　山地的坡向、坡形的气候土壤环境的变化直接影响果树的生长发育。不同的坡向一年四季中所受的日照时数及热量不同，致使不同坡向空气和土壤温湿度及降水等也各不相同。

　　由于坡向不同，土壤接收的太阳辐射量不同，光、热、水条件有明显的差异。除平地外，在北半球总的趋势是南向坡接收的太阳辐射最大，北向坡接收的太阳辐射最小，东坡与西坡介于两者之间（南坡＞西坡＞东坡＞北坡）。

　　在同样的地理条件下，南坡日照充足，气温较高，土壤增温也快；而北坡则相反。南坡近地面 20cm 处的气温，平均值高于北坡 0.4℃，80cm 深度的土温可比北坡高 4～5℃，近地面气温的变化相差可达 2.5℃左右。南坡蒸发量大，在雨量相同的情况下，土壤湿度常比北坡小。东西坡相比，一般东坡的日照较弱，是由于上午太阳照到东坡时，大量的辐射热主要消耗于蒸发，或因云雾较多，太阳辐射被吸收或散射损失较多；当下午太阳照到西坡时，太阳辐射用于蒸发的大大减少，或因云雾较少，地面得到的直接辐射较多，因而西坡的日照较强，温度较高，果树遭受日灼也较其他坡向严重。

　　不同坡向的土壤水分含量存在很大差异。一般情况，北坡（西坡）较南坡（东坡）的土壤具有更好的结构、通透性和持水性能，其余坡向土壤处于二者间。

研究证明，迎风坡的土壤 pH 一般低于背风坡；山地迎风坡的雨水条件和植被条件优于背风坡；山地迎风坡土壤有机质和氮素积累强于背风坡，相应土壤的保肥能力和速效钾含量、全磷含量及碱解氮含量一般也高于背风坡。

由于不同坡向生态条件的差异，果树的生长结果或灾害表现也有明显差异。南坡生长的果树物候期早，生长期长，进入休眠期较晚，开始结果较早，而且果树树势健壮，产量较高，果实含糖量高，着色好，品质好，耐贮藏。但由于温度变化较大，蒸发量也大，因此易受霜冻、日灼和干旱的危害。生长在北坡的果树，由于温度低、日照少，往往影响果树枝条成熟，不能及时木质化，降低了越冬性而易受冻害或早春抽条。如果低山绕坡，坡度较小，则北坡蒸发少，温差小，土质较肥，土层较厚，反而有利果树的生长和结果。谷爱仙（1995）研究证明，在陕北丘陵区，不同坡向对酥梨品质有很大影响。种植在南坡的酥梨可溶性固形物最高，但果实含水量最低，南坡光照充足，温度高，昼夜温差大，有利于干物质的同化和积累，果实可溶性固形物含量也就高，但同时由于光照强烈，土壤蒸发量大，易干旱缺水，果实得不到充足的水分。北坡光照差，温度低，昼夜温差小，积累养分不如南坡优越，而土壤水分较充足。何婷婷等（2010）研究表明，不同坡向枣林枣树叶面积指数（LAI）两两之间也有显著差异（$P<0.05$），其中阴坡与阳坡差异达到极显著水平（$P<0.001$），阳坡枣树生长前期（开花期前）LAI 较小，但是在整个生育期生长迅速，生长后期 LAI 明显大于其他坡向；LAI 与林隙分数、冠层透光率、冠层下方总光合光量子通量密度均有很好的相关关系，相关系数均超过 0.80。

四、坡度

坡度影响太阳辐射的接收量、水分的再分配及土壤的水热状况，因而对果树的生长结果有明显的影响，其影响的大小又与坡度的大小相关。实际上斜坡的坡度变化很大，学者对斜坡的划分繁简不一。德拉加夫采夫（1958）从果树用地实际出发，将斜坡地简分为 4 级：<5°为缓坡，5°～20°为斜坡，20°～45°为陡坡，>45°为峻坡。坡度 5°～20°的斜坡是山地最具代表性的坡度，也是发展果树的良好地段。

同一坡向的地面，因为坡度的变化而影响太阳辐射强度。一般 15°的南坡得到的太阳辐射强度比平地（坡度为 0°）要高，而在 15°的北坡则较低。

坡度影响土层的厚度。通常表土层厚度与坡度呈负相关。坡度愈大，土层愈薄，含石量愈多，水土和养分流失量愈大。但坡度过大，土层很薄，养分很少，反而流失量不大。

坡度影响土壤的水分渗透、排放、地表径流的形成及地表径流速度，一般与土壤含水量呈负相关，即坡度越大，土壤含水量越低。随着土壤坡度的增加，降雨就地入渗率减少，径流量增加，在相同的蒸发蒸腾潜力下，土壤中的含水量也就相应减少，土壤水分补给入渗深度变浅。在连续晴天时，坡度为 3°，表土含水量为 75.22%；坡度为 5°，表土含水量为 52.38%；坡度为 20°，表土含水量为 34.78%。同一面坡上，坡的上段比下段的土壤含水量低。坡度不同，土壤冻结的深度有差异。坡度为 5°时，冻结深度在 20cm 以上；15°时则为 5cm。

第四节　生物因子

果园虽是人为营造以果树经营为主体的农业经济园体，但同时也是囊括了各种动物、植物及微生物等生物因子（biological factor）在内的小型生态园。这些生物因子在果园内组成不同的生态位，独立或相互协同地以多种作用方式来影响主栽果树的生长发育过程。了解果园内部存在的多种生物因子及其影响果树生长发育的生态作用，有选择性地对其加以合理、及时且有效的管控和防治，直接关系到果园每年所产生的经济效益情况。

一、动物对果树生长发育的影响

果园中影响果树树体正常生长的动物主要由一些节肢动物及小型脊锥动物组成，根据它们的作用类型可分为有益动物和有害动物两类。

益于果树生长的一种代表性动物如蚯蚓，它是土壤生态系统中非常重要的生态群类，可以通过加速土壤结构的形成、有机物质的分解转化，促进土肥相融，改善土壤通透性，提高土壤蓄水、保肥能力，从而提高果树营养，促进果树发育（崔芳，2008）；另一种代表性动物如传粉昆虫，包括蝴蝶、蜜蜂等，作为果树授粉的重要媒介，在果园中占用独特的生态地位。除此之外还包括一些专门以其他有害昆虫或动物为食的有益昆虫，如捕食性瓢虫、食蚜蝇、捕食螨及寄蝇等，通过捕食或寄生于昆虫体内的方式杀死天敌，减少果园内蚜虫、粉虱、叶螨、蓟马及鳞翅目小幼虫等的生物量（魏永平，2010）。

对果树生长发育有害的动物包括啮齿类动物如野兔、仓鼠等，以及有害节肢动物如红蜘蛛、蚜虫类、叶螨类昆虫、卷叶虫类昆虫、潜叶害虫、桃小食心虫、金龟子及果蝇等，它们对果树的为害方式多种多样。例如，果园中存在的啮齿动物，主要取食果树果实、嫩茎、树根和树皮等，可使果树损伤、减产甚至死亡；桃小食心虫以蛀果为害，轻者使果实畸形，重者果肉被蛀食，带以虫粪，失去商品价值；叶螨类昆虫刺吸叶片、嫩梢和果实的汁液，且以叶片被害最为严重，能引起大量落叶；卷叶虫类昆虫为害果树的芽、叶、花和果实，削弱树势；潜叶害虫潜入叶内，在叶片表皮下取食，严重时可导致落叶；蚜虫类虫群集中于叶背面和新梢嫩芽上刺吸汁液，使叶片背面横卷，新梢生长受抑制，导致早期落叶和树势衰弱（邹彬和吕晓滨，2014）。

因此，建园时要为有益动物提供良好的生活空间，更要及时把握果园内的虫害、鼠害情况，积极结合生产措施防治、物理机械防治及化学防治等方法对其进行干预、消除，以保证果园内果树的优质高产。

二、植物对果树生长发育的影响

果园中的植物有许多种，大概可分为 4 类，即果园杂草、果园行间生草和种草、果园趋避植物、果园栅栏植物。果园杂草种类繁多，主要包括葎草、藜、苋、紫花地丁、田旋花、旋复花、蒲公英、马唐、狗尾草等；果园行间生草和种草包括黑麦草、紫花苜蓿、白车轴草和柠檬罗勒等。此外，在一些有机果园和生态果园里，常还种植了一些可以散发出特殊气味，能够驱虫、避鸟、抵制病菌等的植物，即果园趋避植物，主要包括紫苏、薄荷、薰衣草、除虫菊等。同时，为了保护果园，一些果园还会在四周栽植一些带针刺的果园栅栏植物，比如沙棘和枸橘等。

果园生草栽培是在果树行间或全园种植多年生草本植物作为覆盖物的一种果园管理方法。这项技术于 19 世纪末在美国首先出现，到了 20 世纪 40 年代随着割草机的问世和灌溉系统的发展才得以大力推广。目前，欧美和日本的果园，土壤耕作管理主要以生草为主，实施生草的果园面积占果园总面积的 57% 以上，有的国家甚至达到 95% 左右，而我国的果园土壤耕作管理措施当前仍然以清耕法为主，对果园生草栽培的研究和应用起步较晚，20 世纪 80 年代才开始借鉴国外经验，结合我国国情开展研究（寇建村等，2010）。为了提高果业生产的经济效益，1998年，农业部（现农业农村部）中国绿色食品发展中心将果园生草作为绿色果品生产技术体系在全国推广。

果树对养分的吸收利用不仅受栽培条件和管理措施的影响，而且与果树生长时期周围植物的生长状况关系密切。农林复合系统中果树对养分的吸收状况由物种间促进作用和竞争作用共同决定。因此，果园会采取生草的方法，促进果树健康生长。果园生草不仅能够减少土壤表面蒸发，调节土壤温度，改善土壤理化性状，减少连年清耕带来的土壤结构的破坏，更重要的是连年间作的植物残体腐烂于土壤，提高了果园土壤的有机质含量，铁、钙、锌、硼、磷等难吸收的元素有效性提高，改善了土壤微生物和营养状况，进而提高了果树的生产效率，同时有利于形成果园小气候，促进了果树的生长发育、果实着色，改善了果实的品质和产量，招引有益昆虫和鸟类，利于果园病虫害的综合防治，提高土壤微生物数量，免除耕作，节约劳动力。李尚玮等（2016）研究表明：在 $0 \sim 20cm$ 土壤中，生草和"清耕"的土壤全氮、全磷、硝态氮、铵态氮含量均随土层加深呈下降的趋势，相比于对照，白三叶能显著（$P < 0.05$）提高土壤全氮、速效氮、硝态氮、铵态氮和有机质的含量，而高羊茅对全磷、全钾和速效钾的含量有显著提高（$P < 0.05$），自然生草对提高速效磷含量的效果最好。说明生草可以提高果园土壤肥力，但不同草种对土壤氮、磷、钾的影响不一，应该合理配置草种，保证氮、磷、钾的均衡供应。

另外，栽种有防护性植物的果园不仅使得防风和通风方面更科学，同时适合的栅栏植物还可以吸引来更多的蜜蜂，有利于果树的传粉和结果。

三、微生物对果树生长发育的影响

果园根际环境对果树的生长发育具有重要影响，除土壤的物理、化学性状外，土壤微生物的作用是不可忽视的。现代果园中产量变化及栽培技术措施改变，影响了土壤微生物类群，进而影响到土壤生态健康，因此，园艺工作者需以改善土壤微生物生态状况为核心，以构建果园土壤微生物的良好微生物生态及技术体系为目的，来维持良好的果树栽培环境和果园土壤生态稳态，这也是现代果园果树生产及产业持续发展的重要一环。根际细菌、真菌、氨化细菌和硝化细菌数量与生长根和吸收根生物量之间呈显著正相关，固氮菌则仅与吸收根生物量呈显著负相关。细菌和纤维素分解菌数量与根系呼吸呈显著正相关（陈伟，2007）。

一些真菌可以与果树形成共生体联合体，进而对果树生长发育产生有益影响，如丛枝菌根真菌是广泛分布于土壤中的球囊霉属真菌，能与80%以上陆生植物根系形成共生体联合体——菌根（mycorrhiza）。研究表明，接种丛枝菌根真菌，积一级侧根根毛密度显著增加，苹果等果树中也有类似的报道（曹秀，2014）。菌根由于其特殊功效，作为"生物肥料"已受到人们日益广泛的重视，菌根肥的使用将对解决干旱缺水、土壤贫瘠等问题发挥作用。

近20年来，化肥使用量的增加和化肥对环境污染的加重，造成了果园土壤生产能力的下降，使得人们对农业可持续发展的认识日益深入，微生物肥料的应用越来越受到人们的重视。微生物肥料靠有益菌的繁衍来活化土壤，供给作物所需要的各种营养，具有培肥地力、改良土壤、抗旱、促早熟的功效，还能解决土壤农药残留问题，在作物增产和品质改善方面有积极的作用（杨泽元和吕德国，2014）。我国微生物肥料的研究、生产和应用从 20 世纪 50 年代即已开始。随着科学研究的深入，微生物肥料的作用和在我国农业可持续发展中的地位显著上升。

果树生命历程中难以避免地会遭遇诸如真菌、细菌、病毒等多种病原微生物（pathogenic

microorganism）的侵染危害，轻者导致树体生长发育受阻，严重的将直接导致果树死亡。果树的病原物主要有真菌、细菌、病毒、线虫，此外还有少数放线菌、类菌原体、类病毒、立克次氏体等。它们一般通过茎、叶、根系及果实等侵染树体，但具体传播方式又有所不同。病毒一般通过机械擦伤、昆虫介导进入细胞，经胞间连丝转入周围细胞，快速增殖后再通过维管束运往果树全身。细菌主要为杆状菌，一般通过伤口、气孔、皮孔等进入果树细胞间隙和导管。真菌可通过菌丝生长直接插入果树表皮细胞，或通过伤口、气孔等进入果树细胞间隙和导管，并可进一步侵入周围细胞。

病原物的致病方式主要包括：产生破坏果树细胞组织的酶类，如角质酶、纤维素酶等使果树组织软腐；产生破坏果树组织细胞膜和正常代谢的毒素，使得果树细胞死亡；产生阻塞果树导管的物质，阻断果树的水分运输，引起果树缺水枯萎；产生植物激素，破坏果树激素平衡，造成其生长异常；产生破坏果树抗菌物质（如植保素等）的酶，使它们失活；利用果树核酸和蛋白质合成系统，把自身一段 DNA 插入果树基因组，迫使果树产生供其自身生长的营养物质。同时，果树在感病后会引起一系列的生理变化（潘瑞炽，2012），具体表现为：树体水分代谢失调，植株出现萎蔫、猝倒等症状；果树感病早期，树体呼吸作用明显增强，光合作用降低；正常氮代谢被破坏及果树体内正常激素平衡被打破。

第五节　绿色果品生产对环境的要求

绿色食品是指产自优良生态环境、按照绿色食品标准生产、实行全程质量控制并获得绿色食品标志使用权的安全、优质食用农产品及相关产品。绿色果品是遵循可持续发展原则，按照特定生产方式生产，经专门机构认证（如中国绿色食品发展中心）、许可使用绿色食品标志的无污染的安全、优质、营养果品。无污染是指在绿色果品生产、贮运过程中，通过严密监测、控制，防止农药残留、放射性物质、重金属、有害细菌等对果品生产及运销各个环节的污染。从广义上讲，绿色果品应是优质、洁净，而有毒有害物质在安全标准之下的果品，它具有品质、营养价值和卫生安全指标的严格规定（冯志宏和闫和健，2002）。

世界各国及有关国际组织对绿色果品标准要求不尽相同，如美国、日本、欧盟有各自的标准，西方发达国家统称绿色果品为有机果品或无公害果品。为了保证绿色食品的产品质量，选择绿色食品生产所需要的环境条件尤为重要。绿色果品应具备下列条件：果品产地必须符合绿色食品生态环境质量标准；果树种植必须符合绿色食品生产操作规程；产品必须符合绿色食品质量和卫生标准；产品的包装、贮运必须符合绿色食品包装贮运标准。

一、造成果品被污染的主要因子

1. 大气污染　大气污染主要来自工业废气的排放，如总悬浮微粒、二氧化硫、氮氧化物、氟化物、一氧化碳、光化学氧化剂等。当果树叶片或其他组织细胞受到污染后，果树的生理功能和生长发育受到伤害，致使果品产量下降、质量变差，外观质量变劣，营养价值降低。

2. 土壤污染　土壤中的污染物主要有重金属、农药、有机废弃物、放射性污染物、寄生虫、病原及病毒、矿渣和粉煤灰等。如果园土壤受到以上污染，果树生长会受到不同程度的抑制，使产量和质量降低。有资料表明，土壤被汞污染，苹果明显减产，而且果实中汞含量迅速增加。

3. 水污染　　城市、工矿区的排水及不合理的施肥、喷药等都会造成水污染，水污染后对果树的直接影响是使果品减产、品质降低，并间接污染土壤，影响果树生长。主要表现是叶片和果实及生长发育受阻；果品中有毒物质积累，不能食用。

生产中不正确地使用化学肥料，如肥料的种类、施用的时间和施肥方式不当，就不可避免地对土壤、空气和水质造成污染。大量使用硝态氮肥可以使土壤中的硝酸盐含量上升，导致果品中的硝酸盐含量增加，对果品质量产生不良影响。有研究表明，地下水中硝酸盐含量上升的最主要的原因是氮素肥料的大量施用；滥用化学农药及其他化学制品，包括杀虫剂、杀菌剂、除草剂、化学整枝剂、植物生产调节剂等也会对土壤及果品造成污染，使有害的物质在土壤和果品中残留、积累，降低果品质量。

二、绿色果品对环境的要求标准和评价

绿色果品是按照绿色食品标准生产的果品，它要求大气质量必须符合国家大气环境质量标准中所列的一级标准，农田灌溉水符合国家农用灌溉水质标准，土壤标准符合该类土壤类型背景值的算术平均值加 2 倍标准差。

对环境因子的评价是根据农业农村部绿色食品标准对环境质量的要求，选择毒性大、作物易积累的物质来确定的：大气中的总悬浮微粒、二氧化硫、氮氧化物和氟化物；水体中的常规化学性质，如 pH、溶解氧、重金属及贵重金属、有机污染物（如有机氯等）、细菌学指标（如大肠杆菌、细菌）；土壤肥力及土壤污染，后者主要是重金属剧毒元素和有机污染物（如六六六、DDT）。

三、绿色果品生产与控制污染的主要措施

1. 选择良好的生态环境建园　　绿色果品的生产基地应具有良好的生态环境，因此在果园的选择上，应选在空气清新、水质纯净、土壤未受污染的环境中，尽量避免在工业区和交通要道建园。要在城市、工业区、交通要道的上风口选择果园园址，要求地表水及地下水水质无污染；土壤元素位于背景值的正常区域，周围没有金属，非金属矿山，没有重金属农药残留的污染；同时土壤结构好，应有较高的肥力。

2. 合理施肥　　绿色果品生产的主要肥源是有机肥，它不仅营养全面，肥效持久，而且能改善土壤结构，增加土壤中有机质含量。在施用农家有机肥时必须经高温沤制，达到无害化卫生标准，在目前的果业生产技术条件下，为弥补土壤肥力的不足，在绿色果品生产中允许使用化学肥料，但在肥料的种类和用量上要适当加以控制并采用合理的方法进行施用，不能因不合理地施用化学肥料而降低果品的质量。使用无机肥时要考虑土壤中氮、磷、钾的含量，合理使用，决不可过量施用氮肥。在生产中禁止使用硝态氮肥或含有硝酸根离子的其他肥料。在化学肥料的用量上也有严格规定，如每亩①果园允许使用 20kg 尿素，并按有机氮与无机氮 1∶1 的比例增施有机肥。磷、钾肥的使用可依实际情况而定。应适当使用微生物肥料和其他无机矿质肥料、微肥等。新型肥料必须经国家有关部门登记认证后方可使用。

3. 果树病虫害的综合防治及安全性　　果树生产过程中病虫害的发生是不可避免的，为了既不对环境和果品造成污染，又保持农业生态系统的平衡和生物的多样化，要尽量减少化学农

---

① 1 亩≈666.7m²

药的使用，采用综合防治的办法保证果品的安全性。

4. 农业措施　　深翻晒土，清洁果园，及时处理病株、病叶、病果，合理间作，减少病源，增施有机肥，培育壮苗，提高果树抗病虫害的能力。

5. 生物防治　　包括使用植物源、动物源、微生物源农药及放养天敌等，如使用除虫菊素、大蒜素、春雷霉素、苏云金杆菌等。

6. 物理及人工防治　　利用光、温、气、机械和人工等措施防治病虫害，如灯光诱杀、人工捕捉、采摘卵块、机械除草、人工除草等。

7. 有限度地合理使用化学农药　　当其他方法不足以控制病、虫、草害的发生，或有突发性危害时，必须按照生产绿色食品对农药使用的要求，选用高效、低毒、低残留、对天敌杀伤小的化学农药。禁止使用的部分化学农药有磷高毒农药，如对硫磷、氧化乐果、灭多威等；高残留、高生物富集性农药，这类农药有些虽然毒性不高，但残留期较长，在生物体内容易富集，如六六六、DDT等；三致农药，即致畸、致癌、致突变农药，如三氯丙烷、三溴乙烷；各种慢性毒性的农药与含有特殊杂质的农药。允许使用的农药在使用方法上要采用最低有效浓度，不能盲目增加药量和防治次数，必须合理轮换用药。而且严格控制使用浓度和安全间隔期，如乐果、杀螟松、辛硫磷、氯氰菊酯、尼索朗、百菌清、甲托等，要低于正常使用的浓度或在正常使用浓度的下限，安全间隔期应长于正常的安全间隔期。矿物源农药中的硫制剂、铜制剂在生产中均可使用，如石硫合剂、波尔多液等，但要注意用药的安全间隔期。

8. 有效地灌溉　　为了有效利用水源，必须完善果园排灌渠系，平整土地，采用先进的灌水技术。还应当注意对水源及其环境的保护，避免在生产过程中因使用化肥和化学农药对水源造成污染，保证灌溉的安全有效。

9. 果实套袋　　苹果、梨等水果在果实坐果后，实施果实套袋技术，要尽可能地选用双层果袋，避免化学农药与果面直接接触，保证果品的安全。近年来，随着劳动力成本的逐年攀升，无袋栽培技术成为新趋势。

第四章　果树苗木繁育

果树苗木是果树生产的物质基础。果树是多年生植物，苗木质量好坏、品种优劣，直接影响栽植的成活率、植株生长发育、结果期早晚、果实产量和品质及抗逆性等方面，进而影响短期和长期的经济效益。因此，培育品种纯正、砧木适宜、无检疫性病虫害的优质苗木是实现果树早果、丰产、优质、高效的先决条件。

果树育苗是与其他农作物不同的一项特殊的繁殖技术，其繁殖材料多样，繁殖技术复杂。依据繁殖材料可以分为有性繁殖和无性繁殖，无性繁殖又分为嫁接、扦插、压条等。无性繁殖果树没有童期阶段，有利于早产、丰产和提高果实产量与品质，在生产上应用较为普遍。

果树幼年期长，往往没有经济产出，并需要对其进行树形培养等操作，需要专门的土地进行育苗。苗圃是培育和生产优质果树苗木的基地。随着我国果树栽培逐渐走向规模化及对果树苗木需求的不断增加，人们对苗木质量也提出了更高的要求。因此必须规范育苗技术，发展专业化苗圃，实现产业化育苗，提升苗木质量，并促进果树产业健康发展。

第一节　苗圃地的选择与区划

一、苗圃地的选择

根据果树育苗的要求，选择适宜的苗圃地可以为果树幼苗的生长提供良好的环境，加速苗木繁殖，提高苗木质量。苗圃地选择和规划不当，出苗率和苗木质量会大大降低，使经营者受到巨大损失。苗圃地的选择应注意以下几点。

1. 选址　苗圃地应设在需要苗木地区的中心，交通方便，以减少苗木运输费用和在运输途中的损失。苗木要能适应当地的生长环境条件，栽植成活率高，生长良好。圃地应靠近水源，周围环境不受污染（煤烟、毒气、废水等）。冰雹严重发生、易遭人畜践踏、易受水淹及大风口、低洼地段不适宜作苗圃用地。

为保证苗木健康生长，选址时还应注意周围病虫害情况，应选在病虫害较少地区进行育苗。

2. 地形地势　应选择平坦、开阔、向阳背风、排水方便、地下水位低的平地或缓坡地带。一般2°～5°的缓坡地较好，如坡度较大，易引起水土流失，不利于耕作和灌溉，应先修筑梯田再作苗圃。如以平地作苗圃，需开深沟，以便排水和降低地下水。地下水位应在地面1.5m以下，并且全年水位变化不大。地下水位过高，圃地易渍水，甚至造成烂根死苗。地下水位过低，土壤容易干旱，为保证苗木正常生长须增加灌溉次数和浇水量，从而增加育苗成本。不宜选地势低洼的土地，过于潮湿的地段培养出的苗，枝条发育不充实，抗寒和抗旱力较弱，冬季冷空气聚集易受寒害。

3. 土壤　以土层深厚（1m以上）、疏松肥沃、酸碱度适宜、排水良好、有机质丰富的砂质壤土和轻黏壤土为佳。砂质壤土和轻黏壤土理化性质好，有利于土壤微生物的活动，对种子发芽、幼苗生长都有利，而且便于农事作业，起苗省工、伤根少。黏重土壤排水和通气不良，易板结，春季土壤温度上升较慢，常造成出苗率低、幼苗生长不良，甚至死亡的情况。而沙土地易受风沙及干旱影响。新开垦的土壤理化性质不良，微生物活动微弱，苗木生长差。因此，都不宜作为苗圃用地，应先改良再应用。

土壤酸碱度对苗木生长有较大影响，不同植物对酸碱度适应性不同。例如，板栗、沙梨、柑橘和枇杷喜微酸性土壤；葡萄、枣、扁桃、无花果等较耐盐碱。苹果在盐碱度过高的土壤中常生长不良或发生死亡现象。通常土壤的酸碱度以中性、微酸性或微碱性为好。盐碱地必须经过土壤改良后才能用作苗圃。

4. 灌溉条件 果树育苗期间需水量很大，灌溉设施是苗圃地建设的必要条件。种子萌发、插条生根、苗木生长都需要充足的水分供应。幼苗生长期间根量少，根系浅，耐旱力弱，对水分的要求尤为突出。如果不能充足、及时地供应水分，就会造成种子不能萌发，插条不能生长发芽，幼苗停止生长，甚至枯死。因此，苗圃地应选在水源充足、水质良好的天然水源附近，或者地下水丰富的地方。忌用危害苗木生长的污水灌溉。

二、苗圃地的区划

苗圃地选定后，应根据不同区域需要苗木的主要种类、数量等设立各种类型的专业性苗圃。大型专业苗圃应根据苗圃的性质和任务，结合当地的气象、地形、土壤等资料进行全面规划。应充分利用土地，便于机械化和管理。大型苗圃一般包括资源区、苗木繁殖区和辅助区。

（一）资源区

资源区也叫母本园，主要任务是提供繁殖材料。包括砧木母本园和良种母本园，砧木母本园提供砧木种子和无性砧木繁殖材料；良种母本园提供自根苗繁殖材料和嫁接苗的接穗。当前我国设有母本园的苗圃不多，一般均从品种园采集接穗和插条，砧木种子则采自野生植株。为保证种苗的纯度和长势，防止检疫性病虫害传播，各级专业苗圃均应建立母本园。

（二）苗木繁殖区

苗木繁殖区是直接繁殖生产用苗的区域。根据所培育的苗木种类分为实生苗培育区、自根苗培育区和嫁接苗培育区。为方便经营耕作，苗圃地要根据大小及地形情况进行分区，一般采用长方形分区，长度不短于100m，宽度可为长度的1/3～1/2。

为了减少病虫害，恢复土壤肥力，育苗地应注意轮作。同一地段、同一类果树轮作年限一般为2～5年及以上，不同种类果树间轮作的间隔年限可短一些。

（三）辅助区

非生产用地一般占苗圃总面积的15%～20%。

1. 道路 结合苗圃区划进行设置。干路为苗圃与外部联系的主要通道，大型苗圃干路宽约6m。支路可结合大区划进行设置，一般路宽3m。大区内可根据需要划分成若干小区，小区间可设小路。

2. 排灌系统 可结合地形及道路统一规划设置，以节约用地。苗圃的排灌水系统应形成网络，做到旱能灌、涝能排。目前，常用的灌溉方法有地面灌溉（包括漫灌、畦灌、沟灌）、喷灌、滴灌等。常见排水方法有明沟排水、暗沟排水等。沟渠比降不宜过大，以减少冲刷，通常不超过0.1%。

3. 防护林 参照果园防护林设置部分。

4. 房舍建筑　　包括办公室、宿舍、食堂、农具房、种子贮藏室、化肥农药室、包装工棚、苗木贮藏窖、车库等。应根据具体情况进行设置，以节约土地、管理方便、不影响苗木生长为原则。

对于面积较小的非专业性苗圃，可以不分区，以畦为基础，培育不同的树种与品种。

三、苗圃档案制度

为了统筹生产，总结并改进育苗经验技术，制定苗木质量标准，探索苗圃经营管理方法，提高苗圃管理水平，必须建立档案制度，档案内容包括以下几方面。

1. 苗圃基本情况档案　　记录苗圃原来的地貌特点、土壤类型、肥力水平，改造建成后的苗圃平面图、高程图和附属设施图，土壤改良和各区土壤肥水变化档案，常规气象观测资料和灾害性天气及其危害情况等。

2. 苗圃各区的树种、品种和母本园品种引种档案　　每次育苗都要画出栽植图，按树种、品种标明面积、数量、嫁接或扦插的品种区、行号或株号，以利于出苗时查对。母本园栽植图要复制数份。

3. 苗圃土地利用档案　　记录土地利用和耕作情况。包括每年各种作业面积、作业方式、整地方法、施肥和灌水情况及育苗种类、数量、产量、质量情况，还要绘制苗圃逐年土地利用图，计算各类用地比率，为合理轮作和科学经营提供依据。

4. 育苗技术及苗木生长调查档案　　记录每年各种苗木的培育过程和苗木生长过程，包括繁殖方法、时期、成活率、主要管理措施和苗木生长节律等内容。为分析总结育苗技术和经验、不断改进和提高育苗技术水平提供依据。同时记录主要病虫害及防治方法，以利于制度周年管理。

5. 苗木销售档案　　将每次销售苗木种类、数量、去向记入档案，以了解各种苗木销售的市场要求及果树树种、品种的流向分布，便于指导生产。

6. 苗圃工作日志　　记录苗圃日常工作情况，人员、用工及物料投入等，为成本核算、定额管理、如何提高劳动生产率等提供依据。

第二节　实生苗的培育

一、实生苗的特点及利用

用种子播种培育的苗木称为实生苗，利用种子繁殖苗木的方法叫实生繁殖。因为种子体积小，重量轻，采收、运输及长期贮藏方便，来源广，播种简便，便于大量繁殖等优点，至今仍是果树主要的繁殖方法。实生苗主要有以下特点：①实生苗根系发达，主根强大，生长旺盛，适应能力强，寿命较长。②实生苗的阶段发育是从种胚开始的，具有明显的童期和童性，进入结果期较迟，有较强的变异性和适应能力。③因大多数果树为异花授粉植物，故其后代有明显的分离现象，不易保持母树的优良性状和个体间的相对一致性。但少数果树种类具有无融合生殖特性（无配子生殖），如苹果属中的湖北海棠、锡金海棠、变叶海棠、三叶海棠等，可产生无配子生殖体，其后代生长性状整齐一致。柑橘和芒果的同一粒种子内有多胚现象，除一个有性胚外，其余均为无性胚（珠心胚）。播种后珠心胚生长势强，常超过有性胚发育成植株，表现为生长势强，能较稳定地遗传母本特性。这种植株实际上是一种营养系植株，甜橙、红橘可以利用珠心胚苗作为生产苗，而柚等的种子是单胚（有性胚），实生苗变异大，不宜进行实生栽培。④在隔离的条件下，育成的实生苗是不带病毒的。利用实生苗繁殖脱毒苗或用无配子生殖体的营养胚繁殖苗木，是防止感染病毒病的途径之一。

许多果树属于异花授粉植物，在系统发育过程中形成了亲缘关系比较复杂的群体，后代杂合性很强，遗传变异较大，采用种子繁殖很难保持母本树固有的优良特性。因此，实生苗直接作为果苗在生产上的应用越来越少，实生繁殖应用最广泛的是利用近缘野生种或半栽培种作为嫁接果树的砧木，用以增强嫁接苗的抗逆性和适应性。此外，果树杂交育种工作，需要从杂交后代实生苗中进行选择、鉴定。但实生繁殖不能用于自花不孕植物及无籽植物的繁殖，如无核葡萄、无核柑橘、香蕉等。

二、种子调制与处理

（一）种子采集

种子是培育壮苗的基础，种子的质量关系到实生苗的长势和合格率。为获得高质量的种子，种子采集必须做到以下几点。

1. 选择优良母本树　选择品种、类型纯正，适应当地条件，生长健壮，性状优良，无病虫害，种子饱满的成年母本树进行采种。

2. 适时采收　绝大多数树种必须在种子充分成熟时采收。过早采收，种子未成熟，种胚发育不全，贮藏养分不足，生活力弱，发芽率低。

种子的成熟即受精卵发育成具有胚根、胚芽、胚轴和子叶的种胚并不断积累各种营养物质的过程。果树种子成熟过程分为生理成熟和形态成熟两个时期。生理成熟是指种胚已经发育成熟并具备发芽能力，种子内部营养物质呈易溶解状态，含水量高，这类种子采后播种即可发芽，而且出苗整齐。但因其种皮容易失水和渗透出内部有机物而遭受微生物侵染，从而导致霉烂，不宜长期贮存。形态成熟是指种胚已完成生长发育阶段，内部营养物质大多转化为不溶解的淀粉、脂肪、蛋白质状态，生理活动明显减弱或进入休眠状态，种胚老化致密，不易霉烂，适于较长期贮藏。生产苗木所用的种子多采用形态成熟种子。

果实肥大、果形端正，具有树种、品种固有特征，种子充实、饱满，并具固有的色泽，才能保证种子的质量。多数果树的种子是在生理成熟之后进入形态成熟，但也有少数树种如银杏等，虽在形态上已表现出成熟的特征，但种胚还未发育完全，需经过一段较长时间生长才能达到应有的大小。

3. 正确取种　肉质果实如杜梨、山荆子、山桃、君迁子等采收后，果肉无利用价值的果实常用堆沤的方法使果肉变软腐烂后将其揉碎，用清水淘洗干净，取种子。应注意堆放过程中要防止温度过高（堆温不能超过 30℃）损伤种胚，应及时翻动降温。果肉可以利用的果实，可结合加工过程取种，但必须防止加工过程种子混杂或 45℃ 以上温度处理、化学处理和机械处理。板栗种子怕冻、怕热、怕干燥，在堆放过程中要根据堆内的温度、湿度，适当洒水，待刺苞开裂，即可脱粒，脱粒后窖藏或埋于湿沙中。枣、酸枣可用水浸泡膨胀后，搓去果肉，取出种子，洗净晾干。而葡萄、猕猴桃可搓碎后，用水漂去果肉、果皮，洗净晾干。

（二）种子干燥和分级

大多数果树的种子取出后，需要适当干燥才能贮藏。通常将种子薄摊置于阴凉通风处晾干，不宜暴晒。限于场所或阴天时，也可人工干燥。

种子阴干后要进行精选分级，剔除混杂物、畸形粒、病虫粒、破粒和烂粒，使纯度达到95%以上。然后按种子的大小、饱满程度或重量进行分级。

（三）种子贮藏

经过精选分级的种子，如不立即播种，需妥善贮藏。在贮藏过程中影响种子生理活动的主要因素是种子的含水量，贮藏环境中的温度、湿度和通气状况。贮藏环境空气湿度大，常使已干燥的种子含水量升高，酶活性增强，呼吸旺盛，消耗物质增多并释放出大量热能和二氧化碳，进而引起霉烂。温度高可使种子呼吸加强，消耗大量贮藏物质而降低生活力。实践证明，贮藏时，多数果树种子的安全含水量和它充分风干时的含水量大致相等。大量贮藏种子时，应注意种子堆内的通气情况，如通气不良则加剧种子的无氧呼吸，积累大量二氧化碳，使种子中毒。尤其在温度、湿度较高的条件下更要注意通气和防止虫、鼠害。因此，种子贮藏条件要求相对湿度保持在50%~80%为宜，温度为0~8℃，通风良好。

种子贮藏方法因树种不同而异，有干藏和湿藏（沙藏）两种。大多数落叶果树的种子在充分阴干后贮藏，如苹果、梨、桃、山楂、杏、李、葡萄、猕猴桃等的种子及其砧木种子，用麻袋、布袋或筐、箱等装好存放在通风、干燥、阴冷的室内、库内、囤内等。板栗、银杏和绝大多数常绿果树的种子，如龙眼、荔枝、枇杷、黄皮、树菠萝、芒果、油梨等在采种后必须立即播种或湿藏，才能保持种子的生活力，干燥以后即丧失生活力或发芽力低。但是，如果能创造低温、低湿、氧气稀少的环境条件，也可使不适于干藏的种子延长其生活力。湿藏时，将种子与含水量为50%的洁净河沙混合后，堆放室内或装入箱、罐内。贮藏期间要经常检查温度、湿度和通气状况。

（四）种子休眠与层积

1. 种子休眠　种子休眠指有生命力的种子，即使满足适宜的外部条件也不能萌发的现象。种子成熟后，其内部存在妨碍发芽的因素时即处于休眠状态，称为自然休眠。果树种子休眠期间，经过外部条件的作用，使种子内部发生一系列生理、生化变化，而使种子能够发芽的过程称为种子的后熟，种子后熟阶段需要综合条件和一定的时间。通过后熟过程的种子吸水后，如果处在不良的环境条件则又进入休眠状态，称为二次休眠或被迫休眠。

北方落叶果树的种子大都有自然休眠的特性，而南方常绿果树的种子多数无休眠期或休眠期很短，采后稍晾干，立即播种即可发芽，少数有休眠期。造成种子休眠的主要原因有以下几点。

1）种胚尚未发育完全。有些果树种子从外观看似已成熟，但种胚还处于幼小阶段，还需要继续生长发育，才能正常发芽，如银杏、桃、杏早熟品种和油棕等。

2）种皮或果皮的结构障碍。有些果树如山楂、桃、橄榄、葡萄等的种子成熟后，种（果）皮坚硬、致密、蜡质或革质，不易透水、透气，妨碍种子吸水膨胀和气体交换，对种胚萌发机械阻力较大，造成发芽困难而处于休眠状态。需要用物理、化学方法，或沙藏处理，才能使其种壳或种皮软化，促进萌发。

3）种胚生理休眠或尚未通过后熟过程。大多数温带落叶果树种子成熟以后处于休眠状态，需要在低温、通气、湿润条件下，经过一段时间才能使胚内部发生一系列生理生化变化，使种子的吸水能力加强，提高原生质的渗透性及酶的活性，使复杂的有机物水解为简单的物质，种胚才能通过后熟过程开始萌动。

2. 种子层积 种子的层积处理是指落叶果树种子采收后处于休眠状态，将其放在适宜的外界条件下，完成种胚的后熟过程和解除休眠、促进萌发的一项措施。因处理时常用湿润的河沙为基质与种子分层放置，又称沙藏处理。层积处理需要在低温、基质湿润和氧气充足的条件下处理一定的时间。秋播的种子在田间自然条件下可通过后熟过程，春播的种子必须在播种前进行沙藏处理，以保证种子通过后熟过程。层积处理温度以2～7℃为宜，处理需要的时间长短主要是由不同树种的遗传特性所决定的（表4-1），也与层积前贮藏条件有关。应根据春播日期和种子完成后熟的时间来确定层积日期，以使层积处理结束时间与播种期衔接起来。层积期间高温、氧气浓度低会减弱低温处理的效果，层积有效温度在−5～17℃。基质湿度对层积效果有重要作用，通常沙的湿度以手握成团但不滴水、放开时能慢慢散开（约为最大持水量的50%）为宜。湿沙与种子的比例根据种粒大小而定，小粒种子一般湿沙与种子体积比值为3～5，大粒种子为5～10。

表4-1　主要果树砧木种子在2～7℃下的层积天数

砧木种类	层积天数/d	砧木种类	层积天数/d	砧木种类	层积天数/d
湖北海棠	30～35	山楂	90～100	山葡萄	90～120
平邑甜茶	40～50	中国李	80～120	核桃	60～80
山荆子	25～90	毛桃、山桃	80～100	板栗	100～150
秋子梨	40～60	杏	90～100	猕猴桃	70～80
杜梨	60～80	中国樱桃	90～150	君迁子	30
豆梨	10～30	欧洲酸樱桃	150～180	杨梅	150～180

具体操作：将种子洗净并充分浸泡，与洁净湿沙按体积比例混合均匀，分层置于木箱中或堆积于地窖中，或在露地选择阴凉背风、排水良好的地方开沟沙藏。也可以在底层铺5～10cm的湿河沙，然后铺一层种子，再铺一层湿沙，依次进行，顶部铺10～20cm湿沙，用薄膜或草帘覆盖。可在种子堆中间插秸秆束，以便于通气。层积期间，每隔8～10d需检查种子含水量。层积后期，需要注意经常检查，每周翻动1次，以防霉烂变质。

（五）种子生活力鉴定

鉴定种子生活力对了解果树种子质量和确定播种量必不可少。种子生活力包括两方面意义，即种子的发芽能力和幼苗的生长势。种子的生活力受采种母株营养状况、采收时期、贮藏条件和贮藏年限等因素影响。鉴定种子生活力常用的方法有目测法、染色法及发芽试验。

1. 目测法 通过直接观察种子外部形态，凡大小均匀、籽粒饱满、种皮有光泽、粒重、胚及子叶乳白而有弹性，即是有活力种子。籽粒瘪小，种皮发白、暗、无光泽，胚及子叶变黄或污白，无弹力或弹力小，则是生活力减退或失去生活力的种子。目测后，计算正常种子与劣质种子的百分比，判断种子生活力情况。

2. 染色法 是利用细胞膜的选择性吸收或活体细胞的氧化还原反应，根据胚及子叶染色的情况来判断种子生活力强弱的一种方法。将供检种子浸泡10～24h，使其充分吸水、种皮软化，剥去种皮（有坚硬外壳的种子，只需轻轻砸碎外壳，无须用水浸泡），于20～30℃下，放入染色剂中浸泡，之后将种子取出，用清水漂洗干净，观察染色情况。

常用染色剂有靛蓝胭脂红、曙红和氯化三苯四氮唑（TTC）等，根据染色剂不同，分为有活力种子胚与子叶着色和不着色两种类型。其中使用靛蓝胭脂红或曙红时，又称物理染色法，原理是溶液能透过死细胞组织，而不能透过活细胞组织，胚及子叶完全不染色或稍有浅斑的为有生活力的种子。使用 TTC 时，又称化学染色法，原理是无色的 TTC 溶液渗入胚、子叶的活细胞内，可作为氢受体被脱氢辅酶上的氢还原生成红色的三苯基甲臜（TTF），而无生活力的种子没有此反应（表 4-2）。

表 4-2　染色法判断种子生活力

类型	染色剂	浓度/%	浸种时间/h	生活力鉴定标准
活力种子不着色	靛蓝胭脂红	0.1～0.2	2～4	1）胚及子叶染色深为无生活力种子
	曙红	0.1～0.2	1	2）胚及子叶不染色或稍有浅斑为有生活力种子
				3）部分染色为生活力低的种子
活力种子着色	氯化三苯四氮唑	0.5～1	3（黑暗条件）	1）胚及子叶不着色为无生活力种子
				2）染色较浅为有生活力种子
				3）胚和子叶全面均匀染色为生活力强的种子

3. 发芽试验　将无休眠或已经通过后熟过程的种子，置于适宜条件下使其发芽，来直接测定种子的发芽能力。可将一定数量的种子（小粒种子 100 粒，大粒种子 50 粒）放在垫有吸水纸的器皿内，放入 20～25℃恒温箱促使其发芽，培养期间注意保持器皿湿度。也可以将种子播种在装有育苗基质的穴盘中，置于 20～25℃的条件下，促使其发芽。能长出正常幼根和幼芽的种子为正常种子；不发芽或萌发但幼根、幼芽畸形、残缺、根尖发褐停止生长的，为不发芽种子；由此计算发芽率。

$$种子发芽率（\%）＝发芽种子数/被检验种子总数 \qquad (4.1)$$

三、播种及管理

（一）播种时期

播种时期的确定应根据当地气候和土壤条件及不同树种的种子特性决定。一般分为春播、秋播和采后立即播种。热带、亚热带地区全年都可播种。一般冬季较短而又不太严寒，土质较好，温度适宜的地区，以秋播为好。秋季播种种子可在田间自然条件下通过后熟过程，翌春出苗较早，生长期较长，苗木生长较健壮，此外还可省去沙藏处理工序，而且播种时间比较长，便于工作安排。秋播地区在土壤结冻前都可播种，早播效果较好。但应注意冬春期较长和土壤容易干旱的地区，应适当增加播种深度或进行畦面覆盖保墒。在冬季干旱、严寒、风沙大、土壤黏重及鸟类、鼠类为害种子严重的地区，适宜春播。春播种子必须经过层积或其他处理，使其通过后熟解除休眠。许多常绿果树容易在采种后种子萌发力丧失，应随采随播，如福建、广东一带多于 6～9 月播种荔枝、龙眼和芒果；在 4～6 月播种枇杷。

（二）播种地准备

应选壤土或砂壤土作为播种地。为防治病害（烂芽、立枯病、猝倒病、根腐等病害）及地下害虫，应在整地时对土壤进行消毒处理，撒施农药或毒土，并根据土壤情况施入足量的腐熟有机肥料，同时可以加入过磷酸钙或果树专用肥等，深翻（深度 25～30cm）、整地去除杂物，作畦或作垄。垄作适于大规模育苗，有利于机械化管理，播种后苗木不经移植，就地培养成苗直接出圃。畦床播种又有平畦、高畦、低畦之分。多雨地区或地下水位较高地区，宜用高畦，以利排水。少雨干旱地区宜作平畦或低畦，以利灌溉保墒。畦的宽度应以有利苗圃作业为准，长度可根据地形和需要而定。一般平畦宽 1m、长 10m 左右，畦埂高 30cm。

（三）播种方法

播种方法主要取决于种子大小，常用撒播、点播和条播三种方法。撒播就是将种子均匀地撒在苗床上，如海棠、山荆子、杜梨等仁果类果树的小粒种子。用撒播方法省工，而且单位面积上出苗量多，但是出苗稀密不均，苗子生长细弱，田间管理不便，目前生产上已较少应用。核桃、板栗、桃、杏、龙眼、荔枝等大粒种子，多用点播方法播种。点播是按株行距开沟或挖穴将种子播于育苗地，该方法用种量少，苗木分布均匀，营养面积大，生长快，成苗质量好，管理方便，起苗出圃容易，但产苗量少。大粒种子播种时要注意种子方向，要有利于种胚萌发出土和幼苗的健壮生长，如核桃种子要平放（种子中轴与地平面平行，缝线与地面垂直），板栗种子要立放。条播是目前广泛应用的播种方法，大粒、小粒种子都可应用，可按行距在地面或畦床内开沟播种，沟底宜平，沟内播种，覆土填平。条播可以克服撒播和点播的缺点，出苗后密度适当，生长比较整齐，容易进行施肥、中耕、除草、起苗、出圃等操作，应用较广。

（四）播种深度

播种深度与出苗率、出苗整齐度密切相关。播种过浅，种子得不到足够和稳定的水分，易受旱害，或出苗后易倒伏。播种过深土温较低，氧气不足，种子发芽较慢，出土过程要消耗过多的养分，造成幼苗纤弱甚至不能出土。适宜的播种深度必须根据种子大小、气候条件和土壤性质综合考虑，一般以种子最大直径的 1～5 倍为宜。在干燥地区比湿润地区播种要深些。秋冬播比春夏播要深些。砂土、砂壤土播种比黏土要深些。像草莓、猕猴桃、无花果等的种子极小，生产上播种后不覆土，稍加镇压或筛以微薄细土，不见种子即可。

（五）播种量

播种量是指单位面积内计划生产一定数量的高质量苗木所需要的种子的数量。播种量不仅影响到产苗的数量和质量，也关系到苗木成本的高低。为了有计划地采集和购买种子，降低成本，应正确计算播种量。理论播种量可按下式进行计算：

$$单位面积理论播种量（kg）=\frac{单位面积计划育苗株数}{每千克种子粒数×种子纯净度×种子的发芽率}$$

在生产实际中的播种量应视土壤质地、气候冷暖、病虫草害、雨量多少、种子大小、播种方式（直播或育苗）、播种方法等情况适当增加。主要果树和砧木每千克种子粒数及播种量见表 4-3。

（六）播后管理

出苗期要求水分充足，温度高，可于播种后立即覆盖农用塑料薄膜，以增温保湿，有时还需适当遮阴，当大部分幼芽出土后应及时划膜或揭膜放苗。出苗前若土壤干旱，应适时喷水或渗灌，切勿大水漫灌，以防表土板结闷苗。出苗至第一真叶露心前，需控温控湿，以防苗木徒长。第一真叶露心至二三片真叶展开，边促边控，保证适宜的温度、湿度和充足的光照。

表 4-3　主要果树和砧木每千克种子粒数及播种量

树种	每千克种子粒数	每667m² 播种量/kg	树种	每千克种子粒数	每667m² 播种量/kg
山荆子	150 000～220 000	1.0～1.5	核桃	70～100	100～150
海棠	40 000～60 000	1.0～1.5	板栗	120～300	125～150
豆梨	80 000～90 000	1.5～2.0	君迁子	3 400～8 000	5～10
杜梨	28 000～70 000	1.0～2.5	枳	4 400～6 400	20～60
山桃	260～600	20～50	枇杷	500～540	40～100
山杏	800～1 400	15～30	杨梅	1 000～2 000	40～50

出苗后，如果出苗量大，应于幼苗长到2～4片真叶时，间苗、分苗或直接移入大田。移栽太晚缓苗期长，太早则成活力低。移植前3～4d要采取通风降温和减少土壤湿度等措施炼苗，移植前一两天浇透水以利起苗带土，同时喷一次防病农药。移苗后应对苗木保温保湿，促进缓苗。缓苗后至定植前要保证秧苗稳健生长，防寒，防徒长（控温不控水，防弱光），不干不浇，结合浇水补肥或根外追肥。幼苗生长期，应经常中耕除草，保持土壤疏松。

第三节　营养苗的繁育

凡是用果树营养器官的一部分所进行的繁殖，统称无性繁殖，又称营养繁殖。其特点是：可保持母株的优良性状，可及早进入结果期。生产上所用果苗大多采用无性繁殖。有些果树，如脐橙、香蕉、温州蜜柑、无核葡萄等为单性结实，不能产生种子，所以只能用无性繁殖。果树营养繁殖的方式有嫁接、扦插、压条和分株等。

一、嫁接苗的繁殖

人们有目的地将一株植物上的枝条或芽接到另一株植物的枝、干或根上，使其愈合生长在一起，形成一个新的植株的繁殖方法，称为嫁接繁殖。用嫁接繁殖法培育的苗木称为嫁接苗。

（一）嫁接苗的特点与利用

嫁接苗由砧木和接穗两部分组成。用作嫁接繁殖的枝段和芽称为接穗或接芽，承受接穗的部分称为砧木。生产中常利用砧木的乔化、矮化特性，调节树体生长势，使树冠矮化、紧凑，便于树冠管理和适应不同的栽培模式；也可以利用砧木抗旱、抗寒、耐涝、耐盐碱和抗病虫等特性，以增强树体的适应性和抗逆性，并有利于扩大栽培范围；利用接穗品种稳定的优良性状，可以保持其固有的生物学特性和果实经济性状。此外，接穗的母树，已经经过了生长发育阶段，所以嫁接苗进入结果期早，无童期。对于不易生根的树种、品种和一些无核、少核品种或树种，可以通过嫁接繁殖大量苗木。因此，嫁接繁殖是果树苗木生产最主要的繁殖方法，生产上的主要树种几乎都使用嫁接苗进行果实生产。

果树育种中利用嫁接方法，可以保存和繁殖芽变或枝变等无性变异，促进杂交幼苗提早结果，可对育种材料进行早期鉴定，加速育种进程，还可以促进野生资源的开发利用。生产中可以利用大树高接换优对劣质品种进行改造，对病、损树通过桥接、靠接救治，空膛树利用嫁接填补空间，品种单一的果园嫁接授粉品种等应用也相当广泛。此外，在脱毒苗检测、研究植物组织极性等方面也都采用嫁接技术。

（二）嫁接愈合成活过程

砧木、接穗双方能否愈合成活，主要取决于砧木和接穗形成层能否密接、能否产生愈伤组织并愈合成为一体，能否产生新的输导组织。

嫁接愈合过程可分为5个阶段：①砧木和接穗经过切削的削面细胞受损伤变褐死亡，这些死细胞的内容物和细胞壁的残余形成褐色隔膜（隔离层），可以封闭和保护伤口。②双方形成层开始分裂，隔膜以内的细胞受创伤激素的影响，使伤口周围细胞恢复生长和分裂能力，形成愈伤组织。③愈伤组织将隔离膜包被，形成愈合形成层。④砧木和接穗的形成层连接，形成形成层环。⑤输导组织形成和连通。

愈伤组织主要由形成层细胞形成，也可由已经失去细胞分裂作用的薄壁细胞重新恢复分裂能力形成（受伤细胞内可产生创伤激素，刺激周围未受伤永久组织细胞进行分裂）。此外，木射线、未成熟的木质部、韧皮部、韧皮射线等也能产生愈伤组织。砧木和接穗削面的愈伤组织几乎同时产生，但二者增长速度不同，一般砧木形成和产生愈伤组织快而多，接穗则较慢较少。不同果树种类和品种形成愈伤组织的能力和数量有明显的差异。

（三）影响嫁接成活的因素

1. 砧木和接穗的亲和力　　砧木和接穗的亲和力是指砧木和接穗经过嫁接愈合成活和正常生长结果的能力，是嫁接成活的关键因子和基本条件。砧木和接穗嫁接后在双方的亲缘关系、内部组织结构、生理和遗传特性方面差异越小，亲和力越强，嫁接成活的可能性越大，砧木和接穗的亲和力强弱表现是复杂而多样的。

亲和力强的表现：砧、穗生长均匀一致，接合部愈合良好，嫁接苗多年生长发育正常。亲和力差的表现：嫁接后植株生长发育不正常，砧木粗于或细于接穗，接合部膨大或呈瘤状，植株矮小，产生生理病害。不亲和的表现：嫁接后砧木与接穗接口完全不愈合或结合不牢固，输导组织不能连通。短期亲和（后期不亲和）的表现：接口愈合良好，生长正常，嫁接成活，但生长几年以后死掉，或表现出严重不亲和的症状。晚期不亲和对果树生产和经济效益将造成严重影响，因此砧木田间试验最少5～10年才能确定。

嫁接亲和力是由植物在系统发育过程中所形成的遗传、解剖、生理生化及生理机能的协调程度等方面的差异决定的，同时也受病毒等的影响。

（1）**亲缘关系与亲和力**　　嫁接亲和力主要取决于砧木和接穗的亲缘关系，通常亲和力与亲缘关系呈正相关。一般同种、同品种间的亲和力最强，嫁接成活率高，如梨接梨，核桃接核桃等。同属异种间的嫁接亲和力则因果树种类而异，多数果树亲和力都很好（如苹果接在海棠或山荆子砧木上，白梨接在杜梨砧木上，甜橙接在酸橘上，柿接在君迁子上等）；同科异属间的亲和力则比较弱，属间嫁接亲和良好并用于生产的如榅桲砧嫁接西洋梨，枳砧接柑橘，石楠砧和榅桲砧嫁接枇杷等。但将西洋梨砧接榅桲，欧洲李接在中国李砧上，则表现亲和力低。但也存在特殊情况，如同属于湖北海棠的平邑甜茶和泰安海棠，分别作苹果砧木时前者与苹果亲和力很强，后者亲和力较弱。同样用泰安海棠作砧木，嫁接'金冠'苹果成活率很高，而嫁接'青香蕉''伏花皮'则成活率很低。同样两种果树，如把作接穗的改作砧木，亲和力也会发生变化，这表明亲和力是一个较为复杂的问题。

（2）**砧、穗组织结构与亲和力**　　砧木和接穗双方的形成层、输导组织及薄壁细胞的组织结构相似程度越大，相互适应能力越强，越能促进双方组织联结，亲和力越强；反之，亲和力低，表现嫁接成活率低或接后生长不良。

（3）砧、穗生理机能和生化反应与亲和力　嫁接亲和性与砧、穗双方的生理机能和生化反应方面的相似程度有关，主要表现在水分、矿质元素、营养物质的制造、新陈代谢及酶活性方面的相似性。例如，砧木和接穗任何一方不能产生对方生活所需的生理生化物质，甚至产生抑制或毒害对方的某些物质，从而阻止或中断生理活动正常进行，则嫁接亲和力差。小林章（1950）等用硝酸钾溶液原生质分离法测定细胞渗透压，当砧木的渗透压高于接穗时不会引起生理反常现象；反之，则可引起生理障碍。此外，当砧木吸收无机盐数量超过接穗所能忍耐的程度时，也会导致接穗死亡。例如，中国板栗接在日本栗上，由于后者吸收无机盐较多而产生不亲和，而中国板栗嫁接在共砧上则亲和力良好。

（4）亲和力与砧、穗携带病毒的关系　病毒、病毒复合物或类菌质体可通过嫁接传播，砧木和接穗任何一方带有病毒、病毒复合物、类菌质体，都可使对方受害，甚至死亡。例如，苹果高接带有病毒的接穗2～3年后，植株长势变弱，树皮龟裂，木质部异常或表现叶片褪绿、花叶等，明显影响树体的生长发育。

田间试验判断亲和力时间过长，有些组合不亲和的现象要15～20年以后才表现出来，因此通过一些可靠的方法预测嫁接组合是否亲和具有重要的生产实践意义，如通过解剖测量砧木和接穗的最小细胞的相似度、用显微镜检查接合处的组织结构是否正常来推测亲和力。石雪晖等（2001）通过嫁接植株间的渗透压、组织干物重、细胞液泡浓度、矿质元素和可溶性糖含量的相似度来预测葡萄砧、穗品种是否亲和。孙华丽通过比较不同亲和性的鸭梨/豆梨、OHF51/豆梨中酶活性差异，发现在亲和性较好的鸭梨/豆梨中多酚氧化酶（PPO）和苯丙氨酸解氨酶（PAL）活性保持较高水平。但在植物解剖结构、分子生物学和生理生化鉴定方面的研究试验结论并不统一，难以形成有效的生产指导。利用微嫁接技术对不同砧、穗组合亲和性判定具有操作方便、周期短、占用空间少、见效快、结果可靠等优点，在嫁接亲和性的鉴定中有不可替代的优势。但微嫁接需要在组织培养的条件下进行，而果树的组织培养大多数还处于起步阶段。因此，急需建立系统的嫁接亲和性鉴定方法。

2. 砧木、接穗的质量和嫁接技术　砧、穗的愈合过程需要充足的营养物质，砧木和接穗生长健壮，发育充实，粗度适宜，含有的营养物质多，嫁接易成活。其中接穗的质量（营养物质和水分含量）有更重要的作用，接穗应选用生长良好、营养充足、木质化程度高、芽体饱满、保持新鲜的枝条。在同一枝条上，应利用中间充实部位的芽或枝段进行嫁接，质量较差的梢部芽和枝条基部的瘪芽不宜使用。在砧木和接穗相互结合成为整体的过程中，砧木为接穗提供生长发育必要的水分和矿质元素，而接穗为砧木根系的生长提供光合产物。衰老的砧木对接穗的水分和养分供给能力减弱，从而影响砧、穗间的愈合。因此，应选用处于青壮年阶段的砧木。

正确和熟练的嫁接技术是嫁接成活的重要条件，包括掌握不同树种最适宜的嫁接时期和嫁接方法的选择、操作水平等。芽接最适宜的嫁接时期为6～10月，枝接最适宜的嫁接时期为春、秋两季。正确的嫁接技术要求砧木和接穗削面平滑，形成层对齐密接，操作快速准确，接口包扎严密，即"平、齐、快、严"。正确和熟练的嫁接技术可提高嫁接的成活率。

3. 温度、水分和接口保湿度　嫁接成活与温度、湿度、光照、空气等环境条件有关。一般气温在20～25℃有利于砧木、接穗的分生组织活动。早春温度较低，形成层刚刚开始活动，愈合缓慢。但嫁接过晚，气温升高较快，接穗芽易萌发，不利于嫁接愈合和成活。各种果树愈伤组织形成的适宜温度不同。葡萄形成愈伤组织的最适温度为24～27℃，超过29℃愈伤组织柔嫩易损，低于21℃愈伤组织形成缓慢。因此，根据不同果树愈伤组织形成对温度的要求，选择适宜的嫁接时期，是嫁接成功的另一重要条件。

土壤水分、接口湿度与砧木生长势和形成层分生细胞活跃状态有关，当砧木容易离皮和接穗水分含量充足时，双方形成层分生能力都较强，愈伤组织形成和接合较快，砧、穗输导组织容易连通。当土壤干旱缺水，砧木形成层活动滞缓，必然影响嫁接成活率；但若土壤水分过多，将导致根系缺氧而降低组织的愈伤形成能力，也不易嫁接成活。一般接穗含水量在50%左右，嫁接口相对湿度在95%～100%，土壤湿度相当于田间最大持水量的60%～80%，嫁接成活率较高。为保证嫁接口湿度，嫁接伤口采用塑料薄膜包扎，嫁接后套塑料袋，在夏秋季嫁接时遮阴降温都可以提高嫁接成活率。

一些果树（如葡萄、杨梅、枇杷等）春季有伤流现象，此时嫁接会因伤流而影响或抑制接合部削面细胞的呼吸作用，妨碍愈伤组织生成和增殖，导致成活率降低，应尽量避开伤流期嫁接或采取减少接口伤流的措施。

4. 嫁接的极性　任何砧木和接穗都有形态学的顶端和基端，愈伤组织最初发生在基端部分，这种特性称为垂直极性。嫁接时，接穗的形态学基端应插入砧木的形态学顶端（异极嫁接），顺序不能颠倒，这样有利于接口愈合、嫁接成活和接穗的正常生长。

（四）砧木的选择和类型

1. 砧木的选择　砧木对接穗会产生深远影响，砧木选择恰当是培育优质果苗的基础。选择果树砧木时应考虑以下因素：与接穗品种亲和力好；对当地气候、土壤适应性强（实生苗），如具有抗寒、抗旱、抗涝、耐盐碱等特性；对接穗品种生长、结果有良好影响，如生长健壮、早果、丰产、寿命长等；对病虫害抵抗力强；来源丰富，繁殖容易；具有某些特殊要求的性状，如矮化等。我国主要果树常用砧木见表4-4。

表4-4　我国主要果树常用砧木种类及主要特性

树种	砧木名称		主要特性
苹果	山荆子（*Malus baccata* Brokh.）		抗寒性强，根系发达，耐瘠薄，不耐盐碱，抗旱力较海棠果差
	海棠果（*M. prunifolia* Borkh.）		抗旱、抗涝、抗寒、耐盐碱，其中崂山奈子有矮化效果
	西府海棠（*M. micromalus* Mak.）		较抗旱、耐涝、耐寒、抗盐碱，其中八棱海棠适于华北地区
	湖北海棠（*M. hupehensis* Rehd.）		适应性强，抗病性强，有一定耐涝和耐盐碱能力
	新疆野苹果（*M. sieversii* Roem.）		较抗寒、抗旱、耐盐碱
	SH40（国光×河南海棠）		半矮化砧，抗寒、抗抽条，须根少、结果早，适宜作中间砧
	SH28（国光×河南海棠）		半乔化砧，抗寒、抗抽条，结果早
	GM256（红海棠×M_9）		半矮化砧，抗寒性强
	国外引进矮化砧木	M_7	半矮化砧，抗寒、较抗旱、抗涝，根系深，结果较早
		M_9	矮化砧，抗寒、抗涝，抗旱性稍差，根系浅，固地性差，结果早
		M_{26}	矮化砧，抗寒、抗涝，抗旱性稍差，在华北地区易抽条，结果早
		M_{27}	极矮化砧
梨	杜梨（*Pyrus betulifolia* Bge.）		根系发达，耐旱、耐涝、抗盐碱，与中国梨和西洋梨亲和力强，结果早，寿命长
	秋子梨（*P. ussuriensis* Maxim.）		乔化砧，抗寒、抗腐烂病，丰产，寿命长

续表

树种	砧木名称	主要特性
梨	沙梨（*P. pyrifolia* Nakai.）	南方梨主要砧木，根系发达，抗涝、耐热，抗腐烂病中等，嫁接巴梨、冬香梨易患铁头病
	榲桲（*Cydonia oblonga* Mill.）	西洋梨矮化砧，有 A、B、C 三个类型，A 型亲和力强，扦插易发根，抗寒力较差，不耐盐碱；C 型矮化效果显著
桃	山桃（*Amygdalus davidiana* Yu）	抗寒、抗旱、耐盐碱、耐瘠薄，嫁接亲和力良好
	毛桃（*A. persica* L.）	耐盐碱、耐瘠薄、较抗涝，嫁接亲和力良好
	杏（*Armeniaca vulgaris* Lam.）	嫁接成活力较低，进入结果期较迟，结果良好
李	中国李（*Prunus salicina* Lindl.）	耐湿、抗寒，亲和力好
	山桃、毛桃	耐盐碱、耐瘠薄、抗寒、抗旱，嫁接亲和力强
	杏	与中国李和欧洲李嫁接易成活，结果早，抗涝性差
杏	山杏（*Armeniaca sibirica* Lam.）	抗寒、抗旱、耐瘠薄
	杏	较抗旱，耐寒
樱桃	马哈利樱桃（*Cerasus mahaleb* Mill.）	抗寒、耐旱、不耐涝
	考特（*C. avium×C. pseudocerasus*）	杂交种，半矮化砧，分蘖和生根能力很强，容易扦插和组织培养繁殖，耐湿、不耐旱，嫁接亲和力良好
葡萄	贝达（*Vitis riparia×V. labrusca*）	抗寒，结果早，扦插易发根，嫁接易成活
	山葡萄（*V. amurensis* Rupr.）	极抗寒，扦插难发根，嫁接亲和力良好
	河岸葡萄（*V. riparia* Michx.）	抗根瘤蚜，抗寒，扦插易发根
核桃	核桃（*Juglans regia* L.）	嫁接亲和力良好，不耐盐碱、不耐涝，喜钙质深厚土壤
	核桃楸（*J. mandshurica* Maxim.）	抗寒、抗旱，嫁接亲和力良好
	铁核桃（*J. sigillata* Dode）	耐湿热、不抗寒，嫁接亲和力良好
板栗	板栗（*Castanea mollissima* Bl.）	耐瘠薄，适应性强，嫁接亲和力强
柿	君迁子（*Diospyros lotus* L.）	适应性强，较抗寒，嫁接亲和力强
	普通柿（*D. kaki* L.）	南方柿、甜柿主要砧木，嫁接亲和力良好
	油柿（*D. oleifera* Cheng）	有矮化作用，结果早，喜温暖
枣	枣（*Ziziphus jujube* Mill.）	抗寒、抗旱、耐盐碱和瘠薄，嫁接亲和力强
	酸枣（*Z. spinosa* Hu.）	抗寒、抗旱、耐盐碱和瘠薄，嫁接亲和力强
柑橘	枳（*Poncirus trifoliata* L.）	半矮化，耐寒、耐湿、不耐盐碱，适宜微酸性的壤土或黏壤土
	枸头橙（*Citrus aurantium* L.）	抗旱、耐涝、耐盐碱，主要用于海涂、盐碱地和与枳嫁接不亲和品种
	红橘（*C. reticulata* Blanco）	抗旱、耐寒、稍耐盐碱，适宜山地栽培
	枳橙（*Poncirus trifoliata×Citrus sinensis*）	稍矮化，因杂交亲本的不同有很多品种类型，耐寒、抗旱、耐瘠薄
枇杷	枇杷（*Eriobotrya japonica* Lindl.）	根系分布浅，不抗旱、较耐湿，嫁接亲和力强
	榲桲（*Cydonia oblonga* Mill.）	根体系分布较浅，耐湿，生长结果良好

2. 砧木类型　　果树砧木依繁殖方法可分为实生砧木和无性系砧木（自根砧木）。实生砧

木是利用种子繁殖的苗木作砧木；无性系砧木是利用植株某一营养器官培育的砧木。依砧木对树体生长的影响分为乔化砧木和矮化砧木。乔化砧木是指可使树体生长高大的砧木，如海棠果、某些类型的山荆子是苹果的乔化砧木，山桃和山杏是桃的乔化砧木，青肤樱、野生甜樱桃是甜樱桃的乔化砧木。矮化砧木是指可使树体生长矮小的砧木，有利于早结果。枳能使柑橘矮化，石楠是枇杷的矮化砧，河南海棠是'金冠''国光'苹果的矮化砧。依砧木的利用方式分为共砧、自根砧和中间砧。共砧又称本砧，是指砧、穗同种或同品种。为了提高繁殖系数与嫁接亲和力，果树可进行二次或多次嫁接，称为二重或多重嫁接。其中位于基部的砧木称为基砧；位于接穗和基砧之间的砧木称中间砧。

（五）接穗的选择与贮藏

1. 接穗的选择　应选择适宜当地生态条件，市场前景好的良种。采穗母树应结果三年以上，品种纯正、丰产、稳产、优质、性状稳定，无检疫性病虫害。选取当年生或一年生的位于树冠外围中上部、生长充实且芽体饱满的营养枝。

2. 接穗的贮藏　春季嫁接多用一年生的枝条，最好结合冬季修剪进行，最迟在萌芽前1～2周采集。采集后每100根捆成一捆，标明品种，用沙藏法埋于湿沙中贮存。生长季嫁接可用贮藏的一年生枝条，也可用当年生新梢。用新梢作接穗一般随采随接，接穗采下后应立即剪去叶片（留叶柄）和生长不充实的梢端，以减少水分蒸发。每50～100根捆成一捆，注明品种和采集日期。如不能及时嫁接，应用湿布、苔藓或湿润的吸水纸包裹置阴凉处保湿，并注意喷水。少量接穗可置于冰箱贮存，在干旱风大的地区，枝接的接穗在嫁接前可速蘸石蜡液，能大大提高嫁接成活率，并延长接穗保存期。

接穗需要长途运输时，最好用竹筐、有孔的木箱或麻袋包装，用薄膜或透气性好的保湿材料包裹，运输过程中要保持低温、保湿、透气，还应进行检疫，防止检疫性病虫害传播。

（六）砧木与接穗间的相互关系

1. 砧木对接穗的影响

（1）影响生长发育　第一，影响树冠大小。乔化砧木能促使树体生长高大，矮化砧木能使树体生长矮小。例如，苹果品种嫁接到M系极矮化砧木上，树体大小只有嫁接在实生砧木上的25%。第二，影响嫁接树的长势、枝形及树形。嫁接在矮化砧木上，树体长势缓慢，枝条粗短，长枝少，短枝增加，树冠开张，干性削弱，而嫁接在乔化砧木上则相反。第三，砧木还影响树体寿命，嫁接在矮化砧木上会缩短果树的寿命。如用共砧嫁接的枇杷寿命不过40～50年，而用石楠作砧木，80年生还能盛产果实。

（2）影响结果习性和果实品质　同一品种嫁接到不同的砧木上，嫁接树进入结果期的早晚，果实的成熟期、色泽、品质、产量和贮藏性等都有差异，通常嫁接在矮化砧和半矮化砧上开始结果早。不同种类的乔化砧木对同一品种接穗的结果期晚也有影响。曲泽洲等（1974）对苹果进行砧木试验表明，金冠苹果嫁接在莱芜难咽（属西府海棠）、茶果（属海棠果）、河南海棠、山荆子砧木上结果较早，而嫁接在三叶海棠（*Malus sieboldii*）砧木上则结果期较晚。桃接在毛樱桃砧木上比在其他砧木（毛桃、李、杏）开始结果早，成熟期早10～15d。矮化砧有使果实早着色、色泽好、提早成熟的作用。研究表明，砧木通过影响接穗品种激素的含量、矿质营养的吸收转运、光合能力而影响其果实品质。

（3）影响嫁接树的抗逆性　　如山荆子作砧木可以增强苹果的抗寒性，而海棠和西府海棠作砧木可以增强苹果的耐盐碱能力。

2. 接穗对砧木的影响　　嫁接果树的根系生长靠接穗的光合作用提供有机营养，接穗影响砧木根系分布的深度、根系的生长高峰及根系的抗逆性，还影响根系中营养物质（淀粉、糖类、总氮、蛋白氮等）含量及酶的活性，如杜梨嫁接上鸭梨后，其根系分布浅，且易发生根蘖。以短枝型苹果为接穗比以普通型为接穗的 MM106 砧木的根系分布稀疏。

3. 中间砧对基砧和接穗的影响　　中间砧如果是矮化砧，称为矮化中间砧，如以山荆子为基砧、M 矮化砧为中间砧，其上再接红星苹果接穗，这种苹果苗栽植后树冠较矮小，进入结果期早，根系生长受抑制。说明中间砧对接穗和基砧都产生影响，矮化中间砧的矮化效果和中间砧的长度呈正相关，一般使用长度为 20~25cm。

4. 砧、穗间相互作用的机理　　砧木和接穗之间的相互关系是很复杂的。从已有的材料看，砧木对接穗影响的研究较多，主要有如下 3 个方面。

（1）营养和运输方面　　嫁接苗砧木根系代替了接穗的根系，它对接穗的水分和矿质营养吸收、运转会产生很大影响。如将'红冠''红玉'苹果嫁接在乔化砧木上，其 N、Mg 含量高于接在矮化砧上；而 P、Ca 含量呈相反的趋势。矮化砧果树通常比乔化砧果树含有更多的有机和无机营养，贮藏水平较高。嫁接在矮化砧上的苹果幼树结果较早，与其新梢内较早积累淀粉有关，因而有利于花原始体的分化。嫁接在乔化砧上，因其强旺的根系吸收较多水分和养分，刺激新梢的生长，缺少早期淀粉积累，进入结果期较晚。嫁接使原来接穗不存在的物质也可由砧木运至接穗中，反过来接穗也能改变砧木的组分，从而影响双方形态和生理的性状，如矮化砧可以使接穗矮化。苹果品种'G935'砧木根系可以更加有效地排除细胞中的 Na^+，阻止其向地上部分运输，降低离子毒性，从而提高接穗的耐盐性。

（2）内源激素方面　　嫁接会影响植株内激素物质的合成，进而影响嫁接亲和性、接穗的生长势和树形等。研究发现，生长素（IAA）、细胞分裂素（CTK）、乙烯（ETH）、茉莉酸（JA）和赤霉素（GA）等激素在嫁接愈合过程中会积极参与愈伤组织的形成。IAA 与 GA 和 CTK 具有协同作用，能刺激细胞分化，促进维管束形成及木质部与韧皮部的重新连接，从而恢复生长素的对称性。而 GA 与 IAA 互作，会通过细胞分化刺激愈伤组织的出现。ETH 及 JA 很可能在接穗和砧木之间的细胞间通信过程中相互协同，在细胞间通信网络的重建过程中发挥功能。激素对植物生长的影响不是单一的，（CTK+IAA+GA）/ABA 值越低，树体矮化性越明显，反之则越乔化。矮化砧之所以能使树体矮化，是其本身产生的促进生长的内源激素数量少，或者不能传递和利用接穗所产生的促进生长的内源激素所致。不同的矮化和乔化砧木类型含有不同数量的促进生长和抑制生长的内源激素，并且一年中其含量也有变化。此外，激素可能影响嫁接组合对环境胁迫的抵抗力。

（3）解剖结构和代谢方面　　根韧皮部和木质部之间的比率称为根皮率，一般韧皮部所占比例较大即根皮率较高的砧木，其矮化效果比较明显，砧木地上部生长势与其皮层和木质部的比值成反比，如苹果矮化砧 M_9 的皮层与木质部的直径比是 1.82，而半矮化 M_7 只有 0.91。同时，生长势较弱的矮化砧，其根系木质部的射线细胞较生长势强的砧木多，如具有贮藏营养物质功能的细胞 M_9 占 81%，M_7 为 50%，可据此判断砧木的生长势和矮化效果。嫁接砧木对接穗矮化作用越明显，叶片栅栏组织越厚，进而影响光合作用。

（4）分子机制　　基因表达和蛋白质功能是生理变化、表型变化的基础。近年来，有关砧木接穗相互作用的分子机制研究逐渐增多，准确认识基因和蛋白质对于生理变化的影响，将有助于理解砧、穗间相互作用的机理。砧、穗互作的分子机制包括基因表达变化、蛋白质活性变化及 RNA 分子长距离运输等（Buhtz et al.，2008）。砧木和接穗间的激素及信号转导、蛋白质活性变化、RNA 等物质跨越嫁接结合长距离运输都会影响基因表达，进而影响植物的表型；小RNA 的遗传信息传输与 DNA 甲基化相关，且 DNA 甲基化的变化与基因表达相关，同样影响植物的表型。

砧木接穗的相互作用对植物生长发育、开花坐果、产量和果实品质的影响非常复杂，涉及的机理广泛。水分、营养、植物激素等生理机制较为明确（郭华军，2020），但这些调控因子的相互影响增加了砧、穗互作的复杂性，尤其是植物激素，其种类复杂多样且具有相关性，在砧、穗互作的机制及与基因关联性方面有待深入研究。另外，植物嫁接是否会引起可遗传的表观遗传变化，也是未来的研究热点（张捷等，2022）。

（七）主要嫁接方法

嫁接按接穗材料的不同可分为芽接、枝接、根接和芽苗接等。

1. 芽接　　芽接是以芽片为接穗的嫁接方法。其优点是利用的接穗最经济，愈合容易，接合牢固，成活率高；操作简便易掌握，工作效率高；可嫁接的时期长，未成活的便于补接，便于大量繁殖苗木。因此是果树繁殖中应用最广的嫁接方法。

芽接根据芽片是否带木质部分为带木质部的芽接和不带木质部的芽接两种。皮层与木质部容易分离时可用不带木质部的芽接，而皮层不易剥离时可采用带木质部的芽接。在春、夏、秋3 季，只要接芽发育充实，砧木干基部达到嫁接粗度（0.6cm 以上），砧、穗双方形成层细胞分裂旺盛，均可进行嫁接。形成层细胞分裂旺盛时，接芽容易愈合。但春季嫁接不能过早，秋季嫁接不能过晚，夏季温度过高（30℃）时也不适宜嫁接。东北、西北、华北地区多在 7 月上旬到 9 月上旬进行，华东、华中地区通常在 7 月中旬到 9 月中旬进行，华南和西南地区落叶果树在 8～9 月进行，常绿果树于 6～10 月进行，但具体时间还应根据不同树种和当地的气候条件而定。生产上常用的芽接方法有 T 形芽接、嵌芽接、方形贴皮芽接等。

（1）T 形芽接　　该方法适合于各种木本果树，通常采用一二年生的小砧木（或一二年生枝），在皮层容易剥离的时候进行，通常不带木质部。

图 4-1　T 形芽接

取一接穗在接芽下方距芽 0.8cm 处向斜上方削进木质部，直到芽体上端，再在距芽尖约 0.5cm 处横切一刀，与上一切口接合。左手拿住枝条，右手捏住叶柄基部与芽片，向枝条一侧用力推，将芽片取下，取芽片时注意防止撕去内侧的维管束。芽片长 1.5～2.5cm、宽0.6cm 左右，上宽下窄（图 4-1）。

砧木在离地面 5～8cm 处，选光滑无分枝处用芽接刀先横切一刀，宽 1cm 左右，再在横切口中央向下竖切一刀，长度 1.5cm 左右，长宽比接芽稍大一些，深度以切断砧皮但不伤木质部为宜。

用嫁接刀刀柄剥开砧木切口的皮层，捏住削好的芽片插入砧木切口，紧贴木质部向下推，直至芽片上端与砧木横切口对齐，稍露白。用塑料条从下向上压茬绑缚，注意露出叶柄（当年萌发），也可以把芽片连芽全部包起来（当年不萌发），伤口应包扎严密捆绑牢固。

（2）嵌芽接　　嵌芽接是一种重要的带木质部的芽接方法，其砧木切口和接穗芽片的大小相等，嫁接时将接穗嵌入砧木中。对于枝梢具有棱角或沟纹的树种，或皮层难于剥离的砧木，或砧木较细小时可采用嵌芽接。对于大砧木，可接在当年生枝或一年生枝上。这种芽接方法的芽片与砧木的接触面大，容易成活。

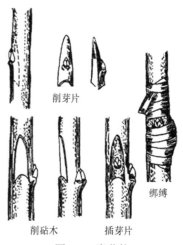

图4-2　嵌芽接

如图4-2所示，在选好的接芽上方0.5～0.8cm处向下斜削一刀，削面长1.5～2.0cm，稍带木质部，再在芽下0.8～1.0cm处以45°角向下斜切一刀，取下带木质部的芽片。在砧木的选定部位由上向下斜削一刀，深达木质部，再在切口上2cm处，由上而下斜切一刀，切下一块砧木，使伤口稍长于芽片。将芽片嵌入砧木切口中，最好使上下切口的形成层都对齐。之后，用塑料条绑缚。

2. 枝接　　枝接是将带有一个或几个芽体的枝段嫁接在砧木上的嫁接方法。枝接分硬枝嫁接、嫩枝嫁接及具有伤流习性树种的枝接。与芽接相比，枝接操作技术不如芽接简单易于掌握，但在秋季芽接未成活的砧木进行春季补接时多采用枝接法，尤其砧木粗大，砧、穗均不易离皮或需要进行根接和冬季室内嫁接、大树高接换头时，采用枝接更为有利，同时硬枝嫁接可在休眠期进行。

硬枝嫁接是用处于休眠期完全木质化的发育枝作接穗，于砧木树液流动至旺盛生长期前进行的嫁接，通常在春秋两季进行。早春树液开始流动，芽尚未萌发即可嫁接，只要接穗保存在冷凉处不发芽，一直可接到砧木已展叶为止。通常北方落叶树种在3月下旬至5月上旬进行，南方落叶树在2～4月进行。广东等地的落叶果树在冬季落叶到春季发芽前枝接。北方寒冷地区，秋季一般不进行枝接，而在落叶后将砧木与接穗贮于窖内，冬季进行室内嫁接，春季栽于苗圃。常绿树在早春发芽前及每次枝梢老熟后均可进行。嫩枝嫁接也叫绿枝嫁接，是利用当年生尚未木质化或半木质化的新梢作接穗，在生长季（一般在5月下旬至6月）进行的枝接。葡萄、猕猴桃等伤流严重的树种，应推迟到伤流期结束时进行。常见的枝接方法有劈接、切接、腹接、舌接、插皮接等。

（1）劈接　　是最古老、应用最广泛的枝接方法，特别适用于树木高接，小树主干或大树侧枝嫁接都可采用。适用于砧木较粗或与接穗粗度相等时。

如图4-3所示，嫁接时将接穗枝条去掉上端和下端芽体不饱满的部分，剪成5～7cm枝段作为接穗，每个接穗上带1～3个饱满芽。于接穗顶端第一芽上方0.5cm处平剪，并在接穗下端芽下两侧削成一个偏楔形，外宽内窄，削面应光滑、平整，长约3cm。

砧木嫁接部位剪平或锯断砧木，修平伤口。然后在砧木断面的中心，纵劈一刀，切口长3cm。当砧木较粗时，劈口可在断面1/3处。用刀撬开砧木切口，将接穗插入，使两者形成层对齐。砧木较粗时可一边插一根接穗。插好后立即用塑料薄膜包扎严密，较粗的砧木应用薄膜覆盖伤口，或用塑料袋套上罩起来。

（2）切接　　砧木在离地10～20cm选平滑处剪断，在斜面下方稍带木质部笔直纵切一刀，长1.5～2cm。在接穗下端芽下0.5cm处削一长削面，以不带或稍带木质部为好，削面长1.5～2cm，然后在长削面的背面削45°斜短削面。在接穗上端第1芽上方0.5cm处剪断取下接穗。将接穗长削面的形成层对齐砧木切口的形成层，用塑料薄膜绑缚（图4-4）。

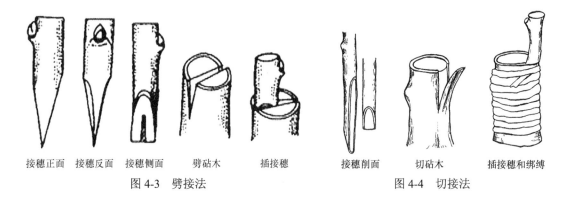

接穗正面　接穗反面　接穗侧面　劈砧木　插接穗　　　接穗削面　切砧木　插接穗和绑缚

图 4-3　劈接法　　　　　　　　　　　图 4-4　切接法

（3）腹接　　此法砧木切削与嵌芽接相似，在砧木离地约 10cm 处选平滑处稍带木质部从上至下纵切一刀，切伤面与接穗芽体长度相等或稍长，并切断切开皮层的 1/2。接穗削取与砧木相似，但切伤面贯穿整个芽体。在接穗所选的芽眼下方约 1cm 处向前削成 45°角的斜面，接着在芽眼的上方背面约 1cm 处带少量的白色木质部向前平削成一个长度约 2.5cm 的切面，然后剪断成一个长度约 2.5cm 的接穗。将接穗插入到砧木的切口，形成层对齐，用塑料条绑缚。要求接穗应笔直，否则切伤口难削直平，不利愈合（图 4-5）。

（4）舌接　　常用于葡萄休眠期嫁接和成活较难的树种，这种方法形成层接触面大，并接合牢固，但切削技术要求严格。砧木和接穗粗度要大致相同，在离地面约 20cm 高度剪断砧木，在砧木剪口处斜削成长度约 2cm 的伤面，在斜伤面从上往下的 1/3 处切一刀，长 1.5～2cm。在接穗所选用芽体叶柄下向前削长度约 2cm 的斜伤面，然后在削面尖端 1/3 处切入与削面接近平行一刀（忌垂直切入），之后将接穗与砧木插合并对准，再用塑料薄膜带绑紧密封包扎（图 4-6）。

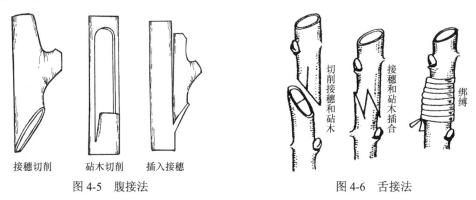

接穗切削　　砧木切削　　插入接穗　　　切削接穗和砧木　　接穗和砧木插合　　绑缚

图 4-5　腹接法　　　　　　　　　　　图 4-6　舌接法

此外，生产上常用桥接法对树干损伤的树木进行修护，通常用一个或数个接穗的一端插入砧木下部，另一端插入砧木上部，特别用于跨过伤口（如虫咬坏的）以加强薄弱的或有缺陷的接合处。

3. 根接　　根接法是用根段作砧木的嫁接方法，可用劈接或腹接法，在休眠期进行。

4. 芽苗接　　又叫子苗嫁接，适用于核桃、油茶、板栗、文冠果等大粒种子，分为以芽苗作砧木和芽苗作接穗两种。

芽苗嫁接具有成苗快、质量好、成活率高、操作容易、省工等优点。用于核桃嫁接更有其独特之处。芽苗嫁接既可在室内分期分批进行，也可在大田直接进行，省去了 1～2 年培育砧木苗的时间。因此，芽苗嫁接对加快无性系种子园的建立，推动良种繁育工作的进展均具有重要的意义。

1）芽苗作砧木嫁接：接穗取自优树的一年生枝条（也可用休眠枝），苗砧采用当年播种的尚未展叶的胚苗。嫁接方法以劈接为宜。

2）芽苗作接穗的嫁接：通常取已发培根但胚芽未长出的发芽种子作接穗苗，按劈接或腹接削取芽苗接穗，然后与砧木（已木质化）相接。

据试验，芽苗接在室内进行效果较好；若大田直接嫁接，除苗床要保持湿润外，嫁接苗应加塑料罩保湿，并要注意抹芽。室内嫁接待接穗开始萌动前，即可移植苗圃。移栽后的头 1～2 个月要注意喷水及适当遮阴。

（八）嫁接后苗木的管理

1. 芽接苗

（1）检查成活、解除绑缚物和补接　　大多数果树芽接后 15d 左右即可检查成活情况。一般可从接穗（芽）和叶柄状态来判断，如果接穗颜色不变，芽体新鲜，叶柄一触即落，表明嫁接成活。同时检查绑缚物，如绑缚物过紧应及时松绑或解除。解缚过晚会抑制新梢加粗生长或绑缚物陷入皮层，使芽片受损伤；过早，接芽尚未完全愈合，在高温干旱或遇到春寒的情况下，接芽易受伤。加粗生长慢的树种，嫁接 3 周后也应去除绑缚物。如接芽未成活，应立即安排补接。秋季芽接苗剪砧时如发现漏接苗木，暂不剪砧，在萌芽期采用带木质部芽接或枝接补接。

（2）剪砧　　剪砧是在确定接芽成活后，将接芽以上的砧木部分剪除。秋季芽接苗在越冬后，已成活的半成苗在萌芽前将接芽以上 0.2～0.3cm 处砧木部分减去（不宜过早），剪砧时刀刃迎向接芽一面，剪口向接芽背面稍倾斜（图 4-7）。但在风大的地方，为保证成活，可分 2 次进行。第一次在接口以上 10cm 处剪砧，利用活桩扶缚苗生长，防止风折，待新梢生长充实后，紧靠接芽上方再一次剪除。春、夏嫁接苗，可在接后折砧，15～20d 后确认接芽成活再剪砧；如需要接芽及时萌

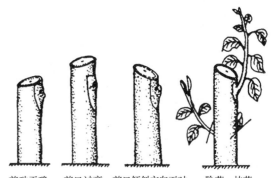

剪砧正确　剪口过高　剪口倾斜方向不对　除萌、抹芽

图 4-7　剪砧和除萌、抹芽

发也可在接后 3d 剪砧，但接芽下要保持 10 个左右的叶片。

（3）除萌摘心　　剪砧后应及时抹除砧木萌芽，以免与接芽争夺水分、养分，削弱接芽的生长，并且要多次进行。当枝梢生长到 30～40cm 时可摘心打顶，促进分枝，加速苗木提早形成。

（4）土肥水及病虫害管理　　嫁接苗前期应加强肥水管理，肥水应勤施薄施，同时应中耕除草，使土壤疏松透气，促进苗木生长。后期为使苗木生长充实，应控制肥水供应，防止旺长降低抗寒性。应注意对病虫害的防治，以保证苗木正常生长。

（5）圃内整形　　可结合嫁接苗的发枝情况进行树形培养，参照整形修剪部分。

2. 枝接苗　　枝接一般需 1 个月左右才能判断是否成活，如果接穗新鲜，伤口愈合良好，芽已萌动，表明已成活。枝接苗在接穗发枝新梢长至 20～30cm、接合部位已生长牢固时，去除绑缚物，或先松绑再解绑。应适时剪砧，及时去除砧木上的萌蘖。接穗萌动后若同时萌发出几

个嫩梢，选留其中方向位置较好、生长健壮的一个枝条继续生长，其余全部摘除。风大和易折枝的地方，应注意嫁接方法和设立支柱保护。其他管理方法同芽接苗。

二、自根苗的繁殖

（一）自根苗的特点和利用

自根苗是用优良母株的枝、根、芽等营养器官生根繁殖而来的苗木。采用扦插、压条、分株等无性繁殖方法获得的苗木统称自根苗。自根苗的遗传变异小，能保持母株优良性状，苗木生长一致，育苗周期短，进入结果期较早，繁殖方法简单。但自根苗无主根，根系分布浅，其适应性和抗逆性比实生苗和实生砧嫁接苗要差。

自根繁殖可大量繁殖优良品种苗木和脱毒苗（组织培养），自根苗可以作果苗用于果园生产，如葡萄、无花果、石榴、柠檬等果树主要用扦插法繁殖；荔枝、龙眼、柚、杨梅、葡萄等可用压条繁殖；枣、石榴、草莓、香蕉、菠萝等主要用分株繁殖。也可作嫁接用的砧木，称为自根砧。我国果农长期以来有采用根蘖苗作苹果、梨、李、山楂等果树砧木的经验。苹果、梨和大樱桃的营养系矮化砧木多采用压条、扦插或组织培养法繁殖。

（二）自根繁殖的生根原理

自根繁殖主要是利用植物器官的再生能力发根或长出芽进而长成一个独立的植株。自根苗能否成活的关键是茎上能否发生不定根或根上能否发出不定芽，再生不定根和不定芽的能力与树种在系统发育过程中所形成的遗传特性有关。

1. 不定根的形成　　不定根是由植物的其他器官（如茎、叶等）发出，因其着生位置不定，故称为不定根。不定根主要是由不定根原基的分生组织分化而来，通常在枝条的次生木质部产生，有的是从形成层与髓射线交界处发生，而葡萄主要由中柱鞘与髓射线交界处的细胞分裂产生。插条形成愈伤组织与不定根不存在直接关系，但愈伤组织可以保护伤口、避免养分和水分流失，为发根创造良好条件。

2. 不定芽的形成　　不定芽的发生没有一定的位置，在根、茎、叶上都可能分化发生，但大多数是在根上发生。许多植物的根可以发生不定芽，特别是根受伤而未脱离母株时，容易形成不定芽。年幼的根在中柱鞘靠近维管形成层的地方产生，老根从木栓形成层或射线增生的类似愈伤组织中发生，受伤的根主要在伤口或切断根的伤口处愈伤组织中形成。

3. 极性　　植物器官的生长发育均有一定的极性现象。即一根枝条总是在其形态顶端抽生新梢，在其形态下端发生新根。而根段扦插时，在根段的形态顶端（远离根颈部位）形成根，而在其形态基端（靠近根颈部位）发出新梢。因此扦插时要特别注意不要倒插（图4-8）。

果树栽培上能够用根插成活的树种有中华猕猴桃、面包果、无花果、苹果属的某些种（如森林苹果、山荆子、海棠果等）及梨、李、枣、柿和树莓等。

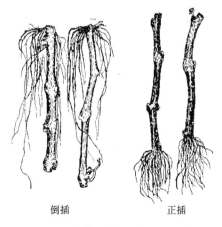

倒插　　　　　正插

图4-8　葡萄插条扦插的极性现象

（三）影响扦插与压条成活的因素

1. 内部因素

（1）树种和品种　　不同树种或同一树种的不同品种，枝条上发不定根或根上发不定芽的难易程度不同。山荆子、秋子梨、枣、李、山楂、核桃等果树枝条再生不定根的能力弱，而根系再生不定芽的能力强，因此枝插不易成活，而根插易成活。葡萄、穗状醋栗则枝插易成活，根插难成活。葡萄属中的欧洲种和美洲种葡萄比山葡萄、圆叶葡萄发根容易。美洲种葡萄中的'杰西卡'和'爱地朗'发根比较难。

（2）树龄、枝龄、枝条的部位　　幼龄树和壮年树比老龄树容易发根（萌芽）。即使难发根的树种如果是从实生幼树上剪取的枝条扦插也较易发根。一般枝龄越小，其皮层的幼嫩分生组织的生活力越强，扦插越容易成活。大多数果树一年生枝再生能力强，二年生枝次之。但有的树种，如醋栗大多数的种，用二年生枝扦插易发根。主要原因是，醋栗的一年生枝过于纤细，营养物质贮藏较少。通常，枝条中部扦插成活率高，基部次之，梢部不易成活。但西洋樱桃在采用喷雾嫩枝插时，新梢梢尖部分比基部成活率高。

（3）营养物质　　插条发育充实，含有较高的碳水化合物和适量的氮素营养时，有利于扦插、压条的发根。枝条的节、芽、分枝处养分较多，在节下或分枝处剪截扦插较易生根。生产上通过对植株施用适量氮肥和使植株生长于充足的阳光下而获得良好的营养状况。也可在剪取插条之前几周，对果树枝条进行环剥或环缢以使枝条积累较多的营养物质和生长素。

（4）植物激素　　不同类型的植物生长调节剂对不定根分化有不同的影响。生长素对植物茎的生长、根的形成和形成层细胞的分裂都有促进作用，吲哚乙酸、吲哚丁酸、萘乙酸能促进不定根形成。细胞分裂素在无菌培养基上对根皆有促进形成不定芽的作用。脱落酸能促进矮化砧 M_{26} 扦插生根。通常含激素类物质较多的树种，扦插都较易生根，所以生产上常在扦插前对插条用一些生长调节剂处理促进生根。

（5）维生素　　维生素是植物营养物质之一，植物在叶中产生并输导至根部参与整个植株的生长过程。维生素 B_1、维生素 B_2、维生素 B_6、维生素 C 和烟碱在生根中是必需的。维生素和生长素混合用，对促进发根有良好的效果。

无论硬枝扦插或绿枝扦插，凡是插条带芽或叶片的，其扦插生根成活率都比不带芽或叶片的插条生根成活率高。主要是因为叶片和芽在其生长过程中，制造生长素和维生素，并输送至插条下部，从而促进根的分化。

2. 外部因素

（1）温度　　硬枝扦插或压条时，大多数树种生根最适宜的土温为 15～25℃，或略高于平均气温 3～5℃。但有些树种插条生根对温度要求不同，如葡萄在 20～25℃ 的土温条件下发根最好，中国樱桃 15℃ 最适宜。

（2）湿度　　插条扦插后，芽的萌发往往比根的形成早得多，而细胞的分裂、分化和根原体的生成，都需要一定的水分供应，所以扦插或压条后，土壤含水量最好稳定在田间最大持水量的 50%～60%。空气湿度大能减少插条水分蒸发，有利于成活，故空气湿度越大越好。

（3）土壤质地　　土壤通气条件对发根很重要。如葡萄扦插时，土中氧浓度≥15%时发根最好，≤2%时则几乎看不到发根。扦插选用砂壤土为宜。空中压条时，虽然枝条未脱离母体，水分仍可从母株得到不断的补充，但同样要求土壤或包扎物必须保持充足的水分及通气才能发根。

（4）光照　　扦插发根前及发根初期，强烈的光照加剧了土壤及插条的水分消耗，易使插条干枯，因此应避免阳光强烈照射。对带叶嫩枝插，适当的光照有利于嫩枝继续进行光合作用，制造养分，促进生根，但仍需避免强光直射。为避免强光直射，可搭棚遮阴。

（四）促进生根的方法

1. 机械处理

（1）剥皮　　对枝条木栓组织比较发达的果树，如葡萄中难发根的种和品种，扦插前先将表皮木栓层剥去，这样可以加强插条吸水能力，幼根也容易长出。

（2）纵刻伤　　在插条基部 1～2 节的节间刻划 3～4 道纵向伤口，刻伤深达韧皮部（以见到绿色皮为度）。如葡萄枝条纵刻伤后扦插，不仅在节部和茎部断口周围发根，在纵刻伤的沟中也会发出成排而整齐的不定根。

（3）环状剥皮　　在枝条的某一部位剥去一圈皮层，宽 3～5mm。可在压条繁殖时进行，也可在采插条前 15～20d 对欲作插条的枝梢环剥，待环剥伤口长出愈合组织而未完全愈合时，剪下扦插。

机械处理后，由于处理后生长素和碳水化合物积累在伤口区或环剥口上方，并且加强了呼吸作用，提高了过氧化氢酶的活性，从而促进细胞分裂和根原体的形成，有利于促发不定根。

2. 黄化处理　　即对枝条进行黑暗处理。在新梢生长期用黑布条或黑纸等包裹基部，使叶绿素消失，组织黄化，皮层增厚，薄壁细胞增多，生长素有所积聚，有利于根原体的分化和生根。处理时间必须在扦插前 3 周进行。

3. 加温处理　　早春扦插常因土温不够而造成生根困难，加温处理是早春扦插所采用的一项催根处理。可以用火炕、阳畦、塑料薄膜或电热等热源增温，促进发根。在热源上铺湿沙或锯末 3～5cm 厚，将插条基部用生根药剂处理后，下端弄整齐，捆成小捆，直立埋入基质中，捆间用湿沙或锯末填充，顶芽外露。插条基部温度保持 20～25℃以促进生根，气温控制在 8～10℃以抑制芽的萌发。其间经常喷水，保持适宜的湿度。3～4 周后，在萌芽前定植于苗圃。

内蒙古自治区四子王旗农业技术站对葡萄插条采用冰底冷床法催根，效果良好。先将葡萄插条倒置于冰底冷床内，埋于木屑中，使其生物学顶端处于 5℃以下；插条的生物学下端向上，在木屑上面再铺一层马粪。通过马粪发酵给插条的生物学下端加温，用喷水调节温度，保持在 20～28℃，经过 20 多天即可发根。

4. 药剂处理　　对不易发根的树种、品种，可以采用某些药剂处理，促进发根。药剂处理的主要作用是加强插条的呼吸作用，提高酶的活性，从而促进分生细胞的分裂。常用于促进插条生根方面的药剂为植物生长调节剂，其中吲哚丁酸（IBA）、吲哚乙酸（IAA）和萘乙酸（NAA）效果良好，尤以 IBA 效果最好。处理方法有液剂浸渍和粉剂蘸黏。

也可使用 0.1%～0.5%的高锰酸钾、硼酸等溶液浸渍插条基部数小时至一昼夜，或用蔗糖、维生素 B_{12} 浸泡插条基部，对促进生根有明显的效果。但蔗糖、维生素一般是与植物生长调节剂配合使用效果才好，通常先用生长素处理，再用蔗糖或维生素处理。

（五）主要繁殖方法

1. 扦插　　是将果树营养器官的一部分插入基质中，使其生根、萌芽、抽枝，长成新植株的繁殖方法。根据所用果树器官的不同分为枝插、根插、茎插和带芽叶插，其中枝插在果树上应用最广。

（1）枝插　　根据枝条的木质化程度分为硬枝扦插和绿枝扦插。

葡萄、油橄榄、无花果等果树，采用充分成熟的一年生枝条进行扦插，称为硬枝扦插。一般结合果树冬季修剪采集插条，采穗后不能立即扦插的需在阴凉地以湿沙贮藏（1～5℃）。扦插时将插条剪成带2～4个芽的插条，长10～25cm（珍贵品种可一芽一条）。大多数品种应剪取枝条中下部分作为插穗，剪截时插条下端紧靠芽下剪成马蹄形斜面（45°），插条上端距芽1cm左右平剪，剪切时注意保护芽。剪好的插条按直径分级，50～100根捆成一捆，以利于后续催根。为防止插穗失水，应在背阴处或室内剪截插穗。

扦插在春、秋两季均可进行，北方多在土壤解冻后叶芽萌动前进行，常绿果树在生长季进行。扦插前插穗应在水中浸泡使其充分吸水。扦插角度有直插、斜插两种，一般容易生根、插穗较短的，土壤疏松、保水性差的，采用直插；而生根难、插穗较长、土壤黏重、透气性不良的，采用斜插，扦插角度为45°～60°。扦插深度应依据树种和环境条件而定，干旱、风大、寒冷地区插穗全部插入土中，上端与地面持平，再培2cm细土，覆盖顶芽，待芽萌发时再扒开土层；气候温和湿润地区，插穗上端可露出1～2个芽。

扦插后淋透水，注意遮阴和喷水保湿，保持基质湿度在80%左右。对过早萌发的叶片要及时摘除，并剪除多余的萌蘖，以减少插穗体内水分和养分的消耗。

用生长季内生长健壮尚未木质化或半木质化的新梢进行扦插，称为绿枝扦插。柑橘、油橄榄、葡萄、猕猴桃、山楂、枣等都可以采用绿枝扦插。绿枝薄壁细胞组织多，含水量大，可溶性糖和氨基酸含量多，酶活性高，故再生能力强，较易生根。但绿枝扦插对空气和土壤湿度的要求非常严格，因此多用室内喷雾（迷雾）扦插繁殖。

绿枝扦插在生长季（夏秋）进行，最好在清晨枝条含水量高、天气凉爽、湿度大时选健壮的半木质化枝条采集。剪截时上端剪口离芽体2～3cm，下剪口在叶或叶芽下剪成平面或斜面。插条上端留1～2片绿叶，下端叶片去掉，以减少蒸腾，对叶片较大的树种，可将保留的叶片剪去一半，插条长度10～15cm（2～4节）。剪好的插穗立即用保湿材料覆盖保湿。

（2）根插　　在枝插不易成活或生根缓慢、管理费工的树种中，如柿、核桃（长山核桃、山核桃）树苗等，采用根插较易成活。李、山楂、樱桃、醋栗等用根插也较枝插成活率高。有些砧木树种，如杜梨、秋子梨、楸子、山荆子、海棠果、苹果营养系矮化砧等，也可利用苗木出圃时剪留下的根段或留在地下的残根进行根插繁殖。

根插时根段以粗0.3～1.5cm为好，长度剪成10cm左右，上口平剪，下口斜剪。寒冷地方根段可沙藏，待翌年春季扦插。暖和地方可以随挖随插，但福建、江西、湖南以北则以土壤解冻后春插为好。

根段可采用直插或平插，但以直插更容易发芽，根插时应注意根的形态上端与下端。

（3）茎插　　主要用于香蕉和菠萝，可在短期内培育大量芽苗。香蕉地下茎切块扦插，于11月至翌年1月进行，菠萝可用纵切的老茎扦插。

（4）带芽叶插　　我国广东用菠萝的冠芽、吸芽、裔芽或蘖芽带叶扦插。剪去叶尖，削去茎部老叶，用刀连同带芽的叶片和部分茎一起切下，经晾晒后，将带芽叶片以45°斜插于苗床。每个冠芽可取40～60个带芽叶片，比直接用芽插繁殖系数高10～15倍。

2. 压条苗的繁育　　压条是在枝条不与母体分离的状态下压入土中，促使压入部位发根，然后再剪离母体成独立新植株的繁殖方法，可用于扦插不易生根的树种，但压条繁殖的繁殖系数较低。有地面压条和高空压条两种。

（1）地面压条　　是将枝条直接压入土壤的压条方法，又分为直立压条、水平压条、先端压条和曲枝压条。

直立压条又叫垂直压条、培土压条。苹果、梨的矮化砧、樱桃、李、石榴、无花果等果树，发枝力强、枝条硬度较大，可采用直立压条进行繁殖。冬季或早春萌芽前将母株枝条距地面15cm左右（2次枝留基部2cm）剪断，促使基部发生萌蘖，待新梢（萌蘖）长到15~20cm时，将基部环剥或刻伤，并进行第一次培土，高度为10cm、宽25cm。当新梢长至40cm左右时，进行第二次培土，培土高约20cm、宽40cm。注意保持土堆湿润，一般培土20d左右开始生根，入冬前或第二年春天扒开土堆，将新生植株在基部留2cm剪下，成为压条苗。起苗后对母株培土，第二年春继续进行繁殖。锯末是培土压条最佳的培覆材料，其操作简单、保湿透气性好、易于生根，起苗时伤根少，也利于机械起苗。

水平压条用于枝条柔软、扦插难生根的树种，如苹果、梨、葡萄、醋栗、海棠、樱桃等均可采用。早春萌芽前，选择母株上离地面较近的枝条，剪去梢部不充实部分。将枝条水平压入5~10cm的浅沟内，用枝杈固定。待枝上芽萌发，新梢长至15~20cm基部半木质化时，在节上刻伤后培土（或锯末），之后随新梢增高分次培土。秋季落叶后挖出，分节剪断移栽。未压入土内的芽处于顶端优势地位，应及时抹去强旺蘖枝。

有些果树如黑莓、黑树莓、紫树莓等，其枝条顶芽既能长出新梢，又能在新梢基部生根，可采用先端压条繁殖。通常在夏季新梢尖端已不延长、叶片小而卷曲如鼠尾状时即可将其压入土中，生根后剪离母体成一个独立植株。注意压条时间，压入太早，新梢不能形成顶芽而继续生长，压入太晚，则根系生长不旺。

曲枝压条可在春季萌芽前和生长季新梢半木质化时进行。在母株上选择靠近地面的一二年生枝条，在其附近挖深、宽各15~20cm的沟，将枝条弯曲向下，靠近沟底，用枝杈固定，并在弯曲处环剥，压土填平，枝条顶部露出沟外。露出地面的枝条继续生长，落叶后剪离母株，成为一个独立的新植株。

（2）高空压条　又称高压法，适用于木质较硬而不宜弯曲、部位较高而不宜埋土的枝条，以及扦插生根较难的珍贵树种的繁殖。常用在荔枝、龙眼、番石榴、木菠萝等果树的育苗。在整个生长季都可进行，但以春季4~5月为宜。压条时选取1~3年生健壮枝，在压条的基部光滑处环剥或纵刻伤，剥口宽度2~5cm，连带形成层将皮层除净，在伤口处涂抹生长素或生根粉，用事前配好的营养土、苔藓等保湿生根材料，紧贴剥口制成直径10cm、长度15cm左右的泥团，外用塑料布或其他防水材料紧扎密封保湿。一般2~3个月即可生根，发根后剪离母株成为一个新植株。

3. 分株苗的繁育　分株繁殖是将果树的根蘖、匍匐茎或芽体等营养器官切离母体，培育成完整苗木的方法。常用的分株繁殖方法有根蘖分株法，吸芽分株法，匍匐茎分株法和新茎、根状茎分株法。

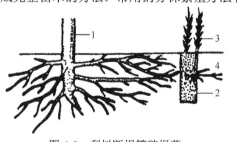

图4-9　梨树断根繁殖根蘖

1. 母株；2. 开沟断根后填入肥土；

3. 断口发生根蘖；4. 根蘖发根情况

（1）根蘖分株法　　常用于根部容易发生不定芽的树种，如番石榴、银杏、中国李、枣、山楂、樱桃、石榴等。生产上多利用自然根蘖进行分株繁殖，为促使多发根蘖，可进行人工处理。一般在休眠期或发芽前将母株树冠外围部分骨干根切断或创伤，施入肥料填土平沟。生长期加强肥水管理，促使根蘖苗旺盛生长发根，培养到秋季或翌年春季挖出分离栽植。图4-9为梨树断根繁殖根蘖。

（2）**吸芽分株法** 香蕉、菠萝等常用此法繁殖。吸芽是植物地下茎节上或地下茎叶腋间发生的一种芽状体。吸芽下部可自然生根，与母体分离可培养成新植株。香蕉生长期地下茎能抽生吸芽，发根长到一定高度后于母株分离出新植株。菠萝的地上茎叶腋间能抽生吸芽（图4-10），选其健壮、有一定大小的吸芽切离定植。

果树分株繁殖法还有葡匐茎分株法和新茎、根状茎分株法，主要用于草莓繁殖。草莓地下茎的腋芽，有的在生长当年萌发成一种细长、葡匐于地面的茎，称为葡匐茎。葡匐茎的偶数节上发生叶簇和芽，下部生根扎入土中，长成一个幼苗。夏末秋初将幼苗与母株切断挖出，即可栽植（图4-11）。草莓果实采收后，当地上部有新叶抽出、地下部有新根生长时，整株挖出。将1～2年生的根状茎、新茎、新茎分枝逐个分离称为单株定植（图4-12）。

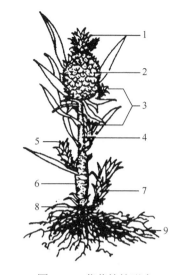

图4-10 菠萝植株形态

1. 冠芽；2. 果实；3. 裔芽；4 果柄；5. 吸芽；
6. 地上茎；7. 蘗芽；8. 地下茎；9. 根

图4-11 草莓葡匐茎分株

新茎子苗 母株

图4-12 草莓新茎分株

第四节 植物细胞工程繁殖技术

植物细胞工程是指应用植物细胞生物学和分子生物学的原理和方法，通过细胞水平或细胞器水平上的操作，按照人们的意愿来改变细胞内的遗传物质或获得细胞产品的一门综合科学技术。植物细胞工程从技术上讲是一种从单细胞到植株的无性繁殖技术，植物细胞工程技术的发展为植物繁殖提供了新途径。

一、植物组织培养技术

组织培养又称为离体培养或试管培养，是指在无菌条件下将植物离体的细胞、组织或器官接种到一定培养基上，使其在适宜条件下长成植株的繁殖方法。其所用的繁殖材料称外植体，按其培养材料不同，可分为茎尖培养、茎段培养、叶片培养和胚培养等。

组织培养繁殖法所用繁殖材料少，增殖系数高，增殖周期短，可反复继代实现周年生产，且获得的苗子遗传性状一致，故称为"快繁"。此外，采用脱毒技术结合茎尖生长点等组织和器官进行组织培养，可以获得脱毒苗。

果树组织培养主要包括培养基的制备、起始培养（初代培养）、继代培养、生根培养及组培苗的驯化和移栽。

二、苗木脱毒技术

（一）果树病毒病的危害

果树病毒是指能够侵染果树，导致果树生长、结果不良的病毒和类菌原体。病毒对果树进行系统侵染，一旦感染，会使整体带有病毒。并且树体一旦感染病毒即终生带毒，持久受害。果树病毒病对果树生产危害严重，它可以直接影响果树的生长结果特性，导致年生长量减少，嫁接不亲和，产量、品质下降，树势衰退，甚至死树等，如苹果锈果病、柑橘黄龙病、枣疯病（类菌原体）、草莓花叶病、核果类坏死斑病、李缩果病等都是果树生产上常见的病毒病。果树多年生，长期以营养繁殖或嫁接繁殖为主，这导致病毒侵染逐年积累增多。嫁接是果树病毒传播的主要途径，随接穗、砧木和苗木远距离扩散，会加快病毒的传播速率，扩大危害范围。目前尚无化学药剂或生物制品能对病毒病害进行有效防治，主要可通过预防手段加以控制。对于非潜隐性病毒病的预防，一是发现病株立即拔除；二是繁殖时，不使用带毒接穗。对于潜隐性病毒病，只能用培育的无病毒苗，以实现无病毒栽培。

无病毒果苗是指经过脱毒处理和病毒检测，证明已不带指定病毒的苗木。无病毒苗木比感病毒苗木生长健壮、总生长量大、寿命长、产量高、需肥少、果树品质好、贮藏期长、经济效益好。

（二）苗木脱毒技术

1. 茎尖培养脱毒　病毒在植物体内的分布并不均匀，茎尖生长点组织大多不带病毒或病毒浓度很低。无病毒部分一般是茎尖的 0.1～0.2mm，取这一部分茎尖进行培养可以获得无病毒苗。所取外植体的大小和脱毒效果呈负相关，茎尖材料过大脱毒效果差，但材料过小又很难培养成活。

2. 热处理脱毒　利用病毒和植物细胞对高温的忍耐性不同，选择适当高于正常的温度处理染病植株，使植株体内的病毒部分或全部失活，植物生长速度超过病毒扩散速度。正在生长的果树组织不含病毒，将不含病毒组织取下，培养成无病毒个体。一般热处理温度为（37±1）℃，处理时间 2～4 周，可脱去多种潜隐性病毒。热处理时间越长，脱毒效果越好，但脱毒材料受热死亡也越多。不同果树脱毒所需时间存在差异，如柑橘裂皮病处理时间需 33 周以上；葡萄卷叶病需 8 周。

3. 热处理与茎尖培养相结合脱毒　当单独使用茎尖培养或热处理脱毒无效时，两者可以结合使用。热处理可以在茎尖离体前的母株上进行，也可以在茎尖培养期间进行。一般前一种处理效果更好。

4. 茎尖嫁接脱毒　茎尖嫁接脱毒是茎尖培养与嫁接相结合的方法，将 0.1～0.2mm 的微小茎尖嫁接于组培无菌苗幼嫩砧木，或试管中的无菌实生砧木上，继续培养愈合成完整植株。

通过以上方法获得的苗木还需经病毒检测，确定不带有潜隐性病毒后，可作为无病毒原种材料进行保存。无病毒原种材料可以通过建立田间原种圃保存，也可以通过组织培养方法继续保存。

第五节　果树苗木出圃

一、出圃前的准备

果树种苗的生长发育达到标准规格后，即可移栽至果园进行田间生长。苗木出圃也称起苗，是育苗工作的最后一个环节。出圃工作准备是否充足、出圃技术的好坏直接影响苗木质量。出圃前应对苗木种类、品种及合格苗木的数量进行核对；并根据调查结果及订购苗木情况，制定出圃计划及苗木出圃操作规程；然后联系用苗或售苗单位，保证种苗出圃后及时装运、销售和定植。

二、苗木的挖掘、修剪

常绿果树的苗木和容器培育的苗木只要大小规格符合且末梢充分老熟，周年均可起苗出圃；落叶果树苗木多在秋季落叶后到春季萌芽前出圃。

起苗分带土和不带土两种方式，常绿果树最好根部带土团起苗，有利于定植成活。落叶果树露地育苗，休眠期裸根起苗，生长季出苗最好带土球，如果是落叶前起苗，应将叶片摘除再起苗。裸根起苗的苗木要用泥浆蘸根系护根。

起苗时应避免在大风、干燥、霜冻和雨天进行，苗木应标明树种、品种、砧木、来源、树龄及苗木数量。土壤干旱的苗圃地，起苗前2～3d最好先灌水，以免起苗时伤根。挖掘时尽量少伤根，使根系完整。挖出后就地用土埋住根系，进行临时假植，或集中放置在阴凉处，用浸水的麻袋或草帘等覆盖。

三、苗木分级、检疫和消毒

1. 分级、修苗　起苗后应根据苗木规格进行分级，对不合格苗木应在圃内继续培养，被病虫为害和机械损伤等无继续培养价值的苗木要剔除。出圃的苗木要剪除枯枝、病虫枝、砧木上的萌蘖；裸根苗剪去过长或受伤的根系。

2. 苗木检疫和消毒　为防止病虫害的传播与扩散，苗木调运时必须到植物检疫部门进行苗木检疫。获得由检疫部门出具的检疫合格证书的苗木才能在地区间调运。国内检疫的果实病虫害主要有葡萄根瘤蚜、柑橘大实蝇、苹果蠹蛾、柑橘黄龙病、枣疯病等。进口果苗检疫对象有苹果蝇、梨圆介壳虫、葡萄根瘤蚜、葡萄藤猝倒病菌、柑橘斑点病菌等。

为防止病虫害传播，苗木启运前可应用杀菌剂和杀虫剂进行消毒。

四、苗木的假植、包装、运输

起苗后的苗木，不能及时定植或销售的要在遮阳避风地假植。运输过程中，尤其是运输距离较远的，需进行妥善包装。包装材料有草帘、蒲包、草袋等，裸根苗根部可用湿润的稻草、木屑或苔藓等填充，必要时还可在根部包裹塑料膜保湿。一般50～100株苗打一个包装，包装外应挂牌，注明树种、品种、砧木名称和苗木等级。

运输途中最好用苫布将苗木盖严，长途运输应经常检查，如苗木过干，可向苗木喷水以保持适宜湿度。应尽量缩短运输时间，并注意防止苗木日晒、风吹、受冻。

第五章　建园技术

科学建园是获得优质果品的前提条件，是果树栽培并实现优质高产的基础。建园前要认真选择好果树栽培地，进行园地规划，选择合适的模式，采取恰当的方法定植并加强定植后的管理，做好了这些工作，就为将来的优质丰产创造了条件。

一、园地选择

（一）平地

平地指地势较为平坦，或有轻微倾斜或高差不大的波状起伏地带。同一平地上土壤和气候条件基本一致，平地土层较深厚，水源充足，水土流失少，有机质含量较高，在平地上建园，果树生长快且健壮，易实现早结、丰产，同时省时省工，有利于机械化操作。但平地容易积水，应选择土层深厚、地下水位低、透气性好、排水良好的地区建园，同时做好挖深排水沟、高厢垄作栽培以避害。

（二）山地

山地具有通风透光、温差较大、日照充足等气候特点，果实色泽好、糖分含量高、风味好、耐贮藏，同时病虫害较轻，树体健壮、寿命长。由于起伏变化，海拔高度的差异，山地往往表现出较为复杂的垂直气候特点。山地建园时，应充分掌握山地气候垂直分布带与小气候的变化特点，特别是海拔高度、坡度、坡向及坡形等地势条件对光、温、水、气的影响，选适宜小气候带、非冷空气沉积区域、土层深厚、肥沃、有水源的地方建园。

（三）丘陵地

通常将顶部与麓部相对高差小于 200m 以下的地形划为丘陵地，相对高差小于 100m 的丘陵称为浅丘，相对高差为 100～200m 的称为深丘。浅丘的特点近于平原，顶部与麓部土壤和气候条件差异不大，土层较为深厚，而深丘具有某些山地的特点，如坡地较大，顶部与麓部土壤厚度差异较为明显，海拔和坡向对小气候条件的影响较大等。无论是浅丘还是深丘，建园时应搞好水土保持工程、灌溉设施与交通便道，因地制宜地实施农业技术。

二、果园规划

进行科学的果园设计与栽植，是果业生产现代化、商品化和集约化的首要任务和重要工作。果树是多年生植物，一经栽植，就要长时间占用土地资源，因此，果园规划应顾及长远。建园前应摸清园地基本情况，做出的规划应符合实际。规划的要素应按地形地貌进行小区划分，如道路系统的布局和安排、排灌系统、防护林系统和果园建筑物的设置等。

（一）小区划分

正确地划分小区，是指分区面积的大小、形状和方位等都要与当地的地形、土壤、气候特点及现代化生产的要求相适应，并能与果园道路系统、水土保持及排灌系统的规划很好地结合，因地制宜地划分作业区。

1. 平地建园　　平地建园一般选择长方形小区，行向选择南北向，每个小区可考虑为30～45亩，以5个小区为一个小果园，以10个小果园为一个大果园。原则上要求同一区内的气候、土壤、品种等基本保持一致，集中连片，以便于进行有针对性的栽培管理。

2. 山地、丘陵地建园　　山地、丘陵地建园时等高线并非直线，常随弯就势，小区的形状可呈带状长方形，小区的边长与等高线走向一致。山地果园地形复杂，土壤、坡度、光照等差异较大。每个小区面积以10～15亩为宜，以山头或坡向划分小区，小区间以道路、防护林、汇水线或分水岭为界。一般应改建成梯地，设行沿等高线，行长随地形、道路、排水沟或防风林带距离而定。是梯地，小区宽度则为梯地的宽度；是缓坡地，小区宽度则沿坡向根据防风林的有效防风距离而定。总之，在山地建园，小区划分的原则是因地制宜，随地形、地势而划分。

（二）道路系统

果园的道路系统，是果园中不可缺少的重要设施。道路规划设计合理与否，直接影响果园的运输和作业效率。因此，在建园时必须予以足够的重视。在规划各级道路时，应注意与作业区、防护林、排管系统、输电路线及机械管理等相互结合。果园的道路系统，在中型和大型果园中，由主路（干路）、支路和小路三级组成。主路一般布置在种植大区之间，修筑于主、副林带一侧，贯穿全园。路面宽度以能并排同行两辆卡车为限，一般宽度为6～8m，以便运输产品和肥料等。支路一般布置在大区之内、小区之间，路面宽度以能并排通过两台动力机械为限。一般宽度4m左右，并与主路垂直相接。小区中间和环园路，可根据需要设计小路，路面宽度1～2m，以行人为主，应与支路垂直相接。小型果园，为减少非生产占地，可不设主路和小路，只设支路即可。

山地、丘陵地果园的道路应根据地形布置。顺坡道路应选坡度较缓处，根据地形特点，迂回盘绕修建。横向道路应沿等高线，按3%～5%的比降，路面内斜2～3°修建，并于路面内侧修筑排水沟。支路应尽量等高通过果树行间，并选在小区边缘和山坡两侧沟旁，以与防护林结合为宜。修筑梯田的果园，可以利用梯田的边埂设为人行小路。

（三）排灌系统

1. 排水系统

（1）山地、丘陵地果园　　山地或丘陵地的果园排水系统，主要包括梯田内侧的背沟、栽植小区之间的排水沟及拦截山洪的环山沟等。环山沟是修筑在梯田上方，沿等高线开挖的环山截流沟，环山沟上应设溢洪口，以保证环山沟的安全，其截面尺寸应根据截面径流量的大小而定，一般环山沟为深1m，宽1m。背沟位于台面内侧，一般为宽50cm、深80cm左右；纵向排水沟一般为宽50～60cm，深80cm左右，也可利用山沟改造而成（图5-1）。

（2）平地果园　　平地果园的排水沟主要由主排水沟和畦沟组成，主排水沟一般宽1m、深80cm左右，畦沟一般宽60cm、深50cm左右（图5-1）。

2. 灌溉系统

（1）蓄水池　　蓄水池的数量和容积依果园面积大小而定，大致可按每株每次50kg需水量的标准计算蓄水池的容积。

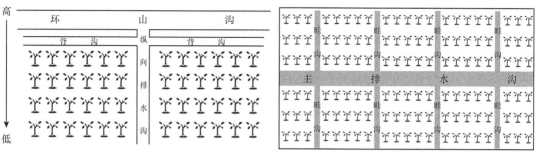

山地、丘陵地果园排水系统　　　　　　　　平地果园排水系统

图 5-1　果园排水系统

根据地形可在制高点设一个或几个蓄水池，把附近水源引进或抽进蓄水池。利用落差，把池内水引入园内各个水肥池，供施肥、灌溉、喷药等用水需要。水源较困难的果园应在各小区易蓄积雨水的地方建水肥池，利用雨天蓄水，解决果园用水。

（2）灌溉系统　　只要经济条件允许，最好投资建设肥水一体化系统，可大大节省灌溉和施肥的人工投入，一举解决灌溉和施肥问题，还可减轻病虫害和冻害的发生。山地果园可利用落差，在地面铺设（地下埋设）水管，每隔 20m 左右安装 1 个露出地面的水龙头，连接塑料软管进行浇灌。条件好的果园可以利用落差安装固定式自动喷灌或滴灌设备。

（四）防护林

1. 防护林的作用　　营造果园防护林是发展果树生产的重要技术措施，果园防护林的作用表现为以下几个方面：①调节果园小气候，夏季可以降低气温，冬季可以减轻冻害的发生，提高坐果率；②降低风速，减少风害，减轻机械损伤，防治落花落果；③保持水土，防止冲刷，减轻果园地表径流，减少果园水分蒸发，增加湿度。

2. 防护林营造的方法　　果园防护林分为主林带和副林带。主林带设置方向与主要有害风向垂直，主林带宽幅一般为 8～12m，由 5～8 行组成，副林带与主林带垂直，宽幅 4～8m，由 2～4 行组成。防护林应在果树定植前 2～3 年开始营造，最晚与果树同期建造，其株行距依据树种和立地条件而定。一般乔木树种株行距为（1～1.5）m×（2～2.5）m，也可以密植，2～3 年后间伐。灌木一般为 1m×1m。林带与果树间应挖深沟，以减少防护林根系对果树的影响。

3. 防护林树种的选择　　防护林应选择适合当地的立地条件、速生快长、与所栽植果树没有共同病虫害、防风效果好的树种，乔木和灌木相结合。常见的防护林树种有：①针叶树，马尾松、黑松、柏树、杉树等；②落叶阔叶树，喜树、悬铃木、梧桐、乌桕、合欢、锥栗、板栗、枫香、白杨等；③常绿阔叶树，杨梅、樟树、台湾相思等；④小乔木或灌木，女贞、油茶、茶、桑、胡颓子、木植、法国冬青、夹竹桃、紫穗槐等。

（五）果园建筑物

果园的附属建筑包括办公室、财会室、工具室、肥料农药库、配药池、果品储藏库、职工宿舍、积肥场、生活用房、分级包装房、小型冷库、农机库房等。分级包装场、配药池和农机库房应设在园内位置适中、交通方便的地方。大型果园的办公机构应设在果园中部交通方便的地方。总的来说，其建筑规模可根据果园大小而定，建筑物位置视地形地貌而布局，以便于全园管理和操作。

三、土壤改良

我国幅员辽阔，土壤类型多样，不论是在平地还是山地新建果园，根据土壤的肥力分布特点，都存在着表土肥沃、心土贫瘠、土壤黏重、酸碱度失调等问题，这对果树根系的生长是不利的，要使果树根深叶茂，就必须打破这种营养格局，改良土壤肥力的结构，所以，建园前期土壤改良是必须的，土壤改良是成功建园的基础和保障。

（一）土壤类型及特点

1. 黏土　黏土质地黏重，耕性差，土粒之间缺少大孔隙，因而通气透水性差，既不耐旱，也不耐涝，但其保水保肥力强，耐肥，养分不易淋失，养分含量较沙土丰富，有机质分解慢，腐殖质易积累。这种土水多气少，土温变化小，土性偏冷，好气性分解不旺盛，养分分解转化慢，施肥后见效迟。土壤改良时多采用黏土掺沙以改良土壤结构，再通过秸秆还田，增施有机肥，达到提高土壤肥力、改善土壤理化性质的目的。

2. 壤土　壤土的性质则介于沙土与黏土之间，其耕性和肥力较好。这种质地的土壤，水与气之间的矛盾不那么强烈，通气透水，供肥保肥能力适中，耐旱耐涝，抗逆性强，适种性广，适耕期长，易培育成高产稳产土壤。

3. 沙土　沙土土壤颗粒间孔隙大，小孔隙少，毛细管作用弱，保水性差。但沙土通透性良好，不耐旱，土壤微生物以好气性的占优势。由于其质地疏松，故耕作方便。沙土的有机质分解快、积累少、养分易淋失，致使各种养分都较贫乏。沙土中施肥见效快，但无后劲，若生产中肥水不足往往造成缺肥早衰、坐果率低、果实个头小等现象。这类土壤既不保肥，也不耐肥，施肥上要掌握少量多次的原则。土壤改良时多采用掺壤土、塘泥、增施有机肥及秸秆还田等措施来改良土壤结构，改善土壤理化性质及提高土壤肥力。

4. 盐碱土　此类土壤含盐量及 pH 较高，易板结，导致土壤养分有效性下降，引发果树生理性病害。通常采用以下办法进行改良：①增施有机肥和酸性肥料，如过磷酸钙、硫酸钾等对碱性进行调节；②建立排灌系统，定期引淡水灌溉，进行淡水洗盐，以防止盐碱上升；③种植绿肥，调节土壤微环境，防止返碱。

（二）改土的方式

1. 全园深翻改土　栽培前将整个地块深翻一次，主要针对土壤黏重、板结的果园。深翻前每 667 m^2 填入拌有腐熟禽畜粪、饼肥、土杂肥 3000～4000kg 和过磷酸钙 150～250kg，然后全园深翻 0.5m 以上，翻后把土打细、耙平。根据栽植模式确定行、株距后，用石灰在挖窝栽苗处打点。如果在丘陵和山地建园时，应先沿等高线修筑成带状梯地后，再将带状梯地深翻，这样可避免土壤流失。将深翻后的带状梯地打细，耙平并打点。带状梯地内侧应挖排水沟，以防土壤积水，外侧用底土或石料筑成梯壁，以防土壤流失。

2. 定植带改土　根据栽植模式确定株、行距后，用石灰勾出定植带，将定植带挖成宽 1m、深 50cm 左右的壕沟，挖沟时表土和底土分开放，在沟内填入腐熟有机肥、秸秆、杂草及绿肥 2000～3000kg/亩及过磷酸钙 100kg/亩，将表层土壤回填起垄，垄宽 1m，高 20～30cm。

3. 定植穴改土　根据栽植模式确定行、株距后，并用石灰在挖窝栽苗处打点。缓坡和其他条件允许的山地果园可进行坡改梯，修成反倾斜式梯地，梯地上定植带的土壤改良方法与平地相同。难以改成梯地的山地果园可直接挖定植穴（鱼鳞坑），并对其进行土壤改良，定植穴大小为长、宽、高均为 80cm 左右，每个定植穴内施入有机肥 30～40kg，复合肥 1.5～2.0kg。表土和底土分开放，原心土与粗大有机物和行间表土混合后回填于 50～80cm 的下层；行间穴外表土与有机肥混合后回填于 20～50cm 的中层（根系主要活动层，要求均匀）；原表土与精细有机肥混合后回填在苗木根系周围，不要将肥料深施或在整个栽植穴内混匀，重点要保证苗木根际周围的土壤环境。此外，回填沉实最好在栽植前 1 个月完成。

四、品种选择及授粉树配置

（一）品种（品系）选择

优良品种是生产优质果品的基础，建园时选择适宜的品种是实现果园目的的一项重要决策。选择品种应注意以下几个条件。

一是根据当地自然环境条件、土壤条件选择适宜的树种和品种（品系），优良品种具有一定的适应范围，超出这个范围，就可能不再表现出优良性状，因此，应当选择适宜当地气候条件和土壤条件，同时又表现出优质、丰产的品种。

二是根据生产者的管理水平及果树生产发展的趋势，如当前劳动力成本越来越高，省力化栽培是未来果树生产发展的趋势，在保证产量和品质的前提下，选择免袋栽培品种可以节省劳动力，节约生产成本。

三是根据消费市场、运输条件及品种储藏性选择相应品种（品系），如靠近城市、具有采摘和观光优越条件的果园应选用品质特优、珍稀的品种（品系）以满足不同的个性化需求；交通不便的山区应选择生产性为主的耐储运树种和品种；生产加工原料的果园，则应该选择适宜加工的优良品种。

（二）授粉树的选择与配置

合理配置授粉树是实现优质、稳产、高产的关键措施。很多果树具有自交不亲和或雌雄异株等现象，两个或两个以上品种混栽可获得更高更稳定的坐果率和产量。因此，生产上宜配置 10%～20% 的其他品种作授粉树，配合花期放蜂，对于果树的优质丰产尤其必要。

1. 授粉树选择　　授粉树选择应依据以下几点：一是与主栽品种花期相同或相近；二是花粉量大、发芽率高，与主栽品种授粉亲和力强，花粉直感效应明显；三是与主栽品种授粉后结实率高，能产生经济价值较高的果实。

2. 授粉树配置　　一般授粉树按照 10%～20% 的比例配置，主栽品种与授粉品种之间的距离应在 20m 以内。授粉树配置方式有中心式、行列式或等高式（图 5-2）。切忌集中栽植，如在小型果园中，果树作正方形栽植时，授粉树常用中心式栽植，即一株授粉品种周围栽 8 株主栽品种。在大型果园中配置授粉树时，应当沿着小区的长边方向，按行列式作整行栽植，通常 3～4 行主栽品种配置 1 行授粉品种。在高山区，常发生大风及花期低温等情况，授粉树用等高栽植，授粉树和授粉品种间隔的行数最好少些，而在该果树的生态最适带，特别是栽植能自花结实的品种间隔的行数可以多些。

五、苗木选择

苗木质量是提高成活率、高效建园的保障。建园时应选用品种纯正、根系发达、无检疫性病害的健壮苗木。为了提高定植成活率，为快速生长和早结丰产打下基础，建议选择大苗建

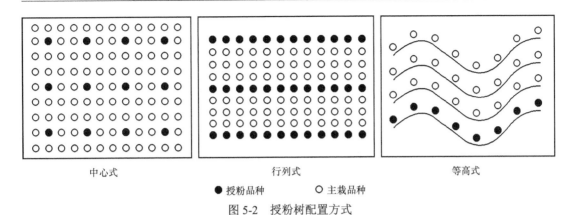

中心式　　　　　　　　行列式　　　　　　　　等高式

● 授粉品种　　　○ 主栽品种

图 5-2　授粉树配置方式

园，苗木粗度 1.0～1.5cm 及以上，整形带内芽体充实饱满，带少量分枝的壮苗作定植苗。砧木应根据建园地立地条件、气候、水源及与嫁接品种的亲和性等多种因素综合考虑来进行选择。如苹果砧木选择，重茬果园则以选择抗重茬砧木 G935 为好。山地果园以选用抗旱、适应性强的山定子、陇东海棠砧木为好；冬天气候寒冷的地方则选择抗寒性较好的俄罗斯砧木为好，肥水条件好的平地则以选择 SH 系、M 系、Y 系、青砧等矮化砧木为好。实生苗不能作为砧木使用，其抗逆性极差，虽然前期生长较好，但结果后树体极易衰弱，很容易受到病菌的侵染，造成毁园。

六、果树栽植

（一）栽植时间

果树栽植时期应视当地的气候条件与树种而异，大多数果树可分为冬、春两季定植。冬植在落叶后到土壤封冻前进行，一般在 11 月下旬至 1 月中旬，此时地温较高，空气较湿润，栽后易发新根，缓苗期短，成活率高，来年立春后能迅速生长，霜冻到来之时应停止冬植。春植在土壤解冻后至发芽前进行，一般在春季 2 月下旬至 3 月上旬，高海拔区域或土壤解冻迟的地区栽植时期相应延后，在冬季较冷、秋冬干旱又无灌溉条件、春季有较好雨水保障的果园则以春季栽植更好。容器苗及带土移植的苗木，根系受伤轻，只要避开恶劣天气和嫩梢盛发期，不论何时都可栽植。

（二）行向

平地果园可考虑行向问题，一般采用南北向，这样能使树体受光更均匀。在生产实践中，行向应以园内主干道相垂直为好，以便于田间操作。

（三）栽植密度

合理的密度能充分利用土地资源和光能，对果树稳产、丰产、优质有重要作用。栽植密度应以砧木和品种组合、园区地形地势、土壤肥力、栽培技术、整形方式及机械化程度等因素综合作用形成的树体大小为依据，栽植密度（株行距）应适当大于最终的树体大小，使成龄果园既保证树冠通风透光、减少病虫害发生、提高果实品质，又便于果园管理作业。使用机械作业的果园，则应考虑果园机械对密度的要求。常见果树栽植密度见表 5-1。

表 5-1　常见果树栽植密度参考表

果树种类	株距×行距/m	栽植密度/（株/亩）	备注
苹果	（4～6）×（4～6）	1742	乔砧、疏散分层形
	（1.2～1.5）×（3.5～4）	111～159	矮化密植、纺锤形
桃	1.5×4	111	主干形
	（2～2.5）×（4～4.5）	59～83	开心形
枇杷	（3～4）×4	42～56	/
柑橘	3×（4～5）	44～56	/
李	2.5×4	67	/
杏	2.5×4	67	/
樱桃	（3～4）×（4～5）	44～56	/
草莓	（0.2～0.25）×0.25	8 000～10 000	/
梨	（1～1.5）×（3～4）	111～222	主干形
	（3～3.5）×（4～5）	38～56	开心形
葡萄	（1.5～2）×（2.5～3.5）	95～178	篱架整形
	（1.5～2）×（4～6）	83～148	棚架整形
猕猴桃	2.5×（4～5）	53～67	/

（四）栽植技术

1. 苗木处理　苗木栽植前先要对苗木进行处理：一是对苗木进行分级，把大苗、壮苗集中栽于一片；小苗、弱苗栽于另一片，以利后期管理统一，园容园貌整齐度高；二是适当修剪，适当回缩腐烂、受伤和过长的根系，剪除嫁接口的干桩及苗干整形带以下的分枝；三是浸根消毒处理，苗木分品种放在浸泡坑内 70%的甲基托布津 800 倍液＋IBA 30～50mg/L，或 50%的多菌灵 800 倍液＋IBA 30～50mg/L 浸泡 30min，若苗木远距离运输可适当延长，以吸饱水分，苗木处理在遮阴下操作。

2. 栽植方式

（1）长方形栽植　长方形栽植行距大于株距，行距与株距的比例，依树冠的大小和整形方式而异，是当前生产中应用最多的栽植方式，其优点是通风透光好，单位面积产量高，利于早期丰产，耕作管理方便，适于密植。

（2）正方形栽植　正方形栽植行株距相等，各株相连成正方形。其优点是通风透光良好，能充分利用光能，纵横耕作管理方便；缺点是成形期迟，进入丰产期晚，土地利用不经济。正方形栽植密度低，果园覆盖率低，影响单位面积产量，若用于密植，进入结果期后树冠易于郁闭，通风透光条件较差，产量和品质反而下降，且不利于管理。正方形栽植是传统的大冠稀植果园中应用最多的栽植方式之一，随着现代果树向矮化密植、轻简省力化方向发展，这种栽植方式在生产中的应用越来越少。

（3）等高栽植　等高栽植适用于山地、丘陵地果园。这种方式，常以等高线为基础，行距不等，而株距一致，行向沿坡等高，便于修筑水平梯田或撩壕，可以较好地保持水土，如遇陡坡，两行太近时，可以从中抽去一行，然后按预定株距栽植。

3. 栽植方法 山地、丘陵地建园一般采用等高栽植，栽时应掌握"大弯就势，小弯取直"的方法调整等高线，并对过宽、过窄处适当增减植树行线，在行线上按株距挖定植穴。平地建园根据土壤类型进行全园深翻或定植带深翻；深翻后，及时耙糖，使园面平整或起垄，然后根据株行距挖定植穴。栽植时，将苗木放入定植穴，舒展根系，扶正苗干，边埋土，边提苗，并用脚踏实，使根系与土壤密切接触。栽植后乔砧苗木嫁接口应高于原地面 3～5cm，矮砧苗木嫁接口应高于原地面 5～8cm，常绿果树栽植后还应减去部分枝叶，以提高栽植成活率。

（五）果树栽植后的管理

1. 地膜覆盖 定植后应及时浇足定根水，每株灌水 40～50kg，然后及时平整树盘，并覆盖地膜，地膜要求将四周压严压实，以保温、保湿，提高成活率。

2. 定干整形 苗木栽植后，根据树种品种整形干高要求进行定干，定干时剪口应距剪留第一芽 1cm 左右。

3. 肥水管理 新植苗对水肥要求较高，栽植后须及时灌水，以保证苗木成活，生长期灌水应结合苗木生长情况、季节、土壤水肥状况、自然降水量灵活进行；灌水时应注意避免大水漫灌导致的土壤板结，影响苗木根系和新梢的生长。同时根据不同树种的需肥特性进行施肥管理，以达到加速生长，早期丰产的目的。

4. 越冬管理

（1）涂干 能安全越冬且生长充实健壮的苗木，用涂白剂对其主干及其主枝基部进行涂白，可防病、防冻、防日灼。

（2）埋土 不能安全越冬或生长不充实的苗木，应整株埋土，防止冻害。埋土前先将枝梢适当捆绑，在嫁接口背面干基顺苗木压倒方向做一土枕，然后将苗木弯靠在土枕上覆土埋实，埋土厚度 5～10cm。翌年春分前后分次刨开土堆，缓慢将苗放出。埋土防寒应注意整株全部埋严，绝不能只在基部埋一土堆，大部分枝梢裸露在外，这样裸露部分在第二年会全部干枯死亡。

（3）灌水 有条件的果园在土壤封冻前进行全园灌水，提高土壤含水量，防止苗木失水和冻害。灌封冻水时土壤不能封冻，气温不能太低，否则会在园地表面产生冰盖，造成根系缺氧。

（4）检查成活及补栽 春季发芽时，检查成活情况，发现不成活植株，应及时补栽。

（5）其他管理 风大的地区，应设立柱或支架扶苗。灌水后出现苗木歪斜现象，应及时扶直并填土补平栽植坑。此外，还应及时进行施肥、整形修剪、病虫害防治和中耕除草等工作。

第六章 果园管理

第一节 土壤管理

土壤是果树生长的基础，是矿质营养和水分供应的主要源泉。土壤条件对果树生长发育、开花结果有长远的影响，根系生长发育状况、吸收矿质营养、合成激素和各类营养物质的能力与土壤密切相关。同时，土壤疏松透气，微生物活跃，有机质含量高，则根系生长良好。因此，加强土壤管理，改善根系生长环境，是实现果树优质栽培的基础。

土壤管理是根据土壤类型与结构、地形、地势和栽种果树生长习性，采取科学合理的管理方法，达到增加耕作层厚度、提高土壤肥力、改善土壤结构和理化性状，以实现树壮、果优、安全、高效的栽培目的。

一、土壤改良

多数果树生长发育良好，首先要求土壤有良好的通气性，也就是土壤结构要好，质地疏松，土壤田间持水量为 60%～80%；其次，土壤温度特别是表土层温度变化幅度不宜过大，土壤养分包括有机质和矿质元素含量，要达到栽种果树的基本要求；最后土壤酸碱度和含盐量要适宜，土壤 pH 过大或过小都会影响果树的生长发育，特别是土壤中盐分含量不能过高，通常超过 0.2% 会抑制多数果树发新根，超过 0.3% 会使根系受到毒害。因此，建园时，酸性较大的园地或盐碱地均需进行土壤改良，以为果树优质丰产打下基础。

（一）酸性土壤改良

土壤酸性较大的果园可通过增施有机肥、钙镁磷肥、钾硅肥和生石灰等碱性土壤调理剂来进行土壤改良，以提高土壤 pH。增施有机肥是最有效的土壤改良措施，通过配施钙镁磷肥、钾硅肥、硅钙肥等土壤调理剂，能显著提高土壤有机质含量和通透性，改善土壤团粒结构。通常有机肥亩施量为 3000～5000kg，土壤调理剂 50～80kg。

（二）盐碱地土壤改良

盐碱地可通过客土改良、增施有机肥、灌水洗盐、生草覆盖、施用专用土壤调理剂等措施来减少土壤盐碱量，使其含盐量≤0.1%。秋季可重施有机肥、配施土壤调理剂来增加有机质含量和土壤肥力，促进团粒结构形成，改善土壤理化性状，也可通过果园生草、地面覆盖、设置防护林，来减少地面蒸发，防止土壤盐分上升。同时，追肥宜合理使用酸性肥料。

二、土壤深翻与中耕

土壤耕翻有利于改善黏性土壤结构和理化性状，对果树根系和地上部分生长、提高产量和品质有明显的促进作用。

（一）土壤深翻

1. 深翻作用　深翻能增加活土层厚度，改善土壤结构和理化性状，加速土壤熟化，增加土壤孔隙度和保水能力，促进土壤微生物的活动和矿质元素的释放，更重要的是增加了深层土壤中果树吸收根数量和微生物数量，提高了根系吸收养分和水分的能力。

2. 深翻时期　定植前要进行全园深翻，这是高标准建园的基础，定植前没有深翻的，应在定植后第2年进行。成年果园根系已分布很广，无论何时深翻，都容易伤及根系，影响根系对养分和水分的吸收，通常不进行全园深翻。因此，成年园可结合秋施基肥，进行局部深翻。一般在果实采收后进行，此时养分开始回流根系，正值根系第2次生长高峰期，断根愈合快，能及时促发部分新根，有利于翌年生长。冬季深翻，根系伤口愈合慢，当年很难长出新根，有时还会导致根系受冻。春季不能进行深翻，否则会截断部分根系，影响养分和水分的吸收，开花坐果及新梢生长不良，严重时，树势衰弱。

3. 深翻方法　挖定植沟的果园，定植第2年，结合秋施基肥，顺沟外沿挖条状沟，深60～80cm，注意隔年树行左右交替进行深翻，同时，逐年向已深翻条状沟外围逐步扩展；挖定植穴的果园，采用扩穴法，每年在穴四周挖沟深翻60～80cm，直至株间行间接通为止。沟底部除了腐熟的有机肥，也可填入秸秆、杂草、树枝等，并拌入少量氮肥，以增强土壤微生物活力，提高土壤肥力，改善土壤保水性和透气性。

深翻应随时填土，表土放下层，底土放上层。填土后及时灌水，使根系与土壤充分接触，防止根系悬空，无法吸收水分和养分。沙土地如下层无黏土或砾石层，一般不深翻，以免水土流失。

（二）果园中耕

1. 中耕作用　中耕是对果园土壤的浅翻，主要是松散表层土壤，通常结合除草、追肥和灌溉进行，起到消灭恶性杂草、改善土壤透气性，从而提高地温和蓄水保墒，促进果树根系生长的作用。

2. 中耕时期　春季3月底4月初，杂草萌生，土壤水分不足，地温低，中耕对促进开花结果、新梢生长有利。夏季阴雨连绵，杂草生长茂盛，中耕对减少土壤水分、抑制杂草生长和节约养分有利。中耕时间及次数根据土壤湿度、温度、杂草生长情况而定，通常1年1～2次。

3. 中耕方法　果园田间杂草多、土壤黏重，可增加中耕次数，以保持表土疏松、无杂草为度。中耕不宜过深，以免伤根，影响果树根系生长。宜采用小型的旋耕机械进行浅翻，深度10～20cm（图6-1）。

彩图

三、果园覆盖

果园覆盖是重要的土壤管理措施，可防止土壤水分蒸发，抑制杂草，保湿防旱，有利于果树根系生长，并有减少果园裂果和落果的作用。在果树树盘上或整个果树行内覆盖一定厚度的秸秆、干草、堆肥、厩肥、锯末、地膜等，起到贮水保墒、调节土壤温度、节省劳力和肥料费用、防止杂草滋生的效果。现在提倡用无纺布黑色地膜覆盖果树行间，其优点是除草效果好、透气性好、有保温的作用，可使果园地温提高2～3℃，增强果树根系活力。

猕猴桃园中耕除草　　　　　　　梨园树盘覆盖作物秸秆　　　　　　樱桃园稻草覆盖

蓝莓树覆盖园艺地布　　　冠下铺反光膜、行间生草栽培模式　　猕猴桃树盘覆盖粉碎秸秆

图 6-1　果园中耕和覆盖土壤管理模式

（一）有机物覆盖

果园可覆盖 10~15cm 厚度的作物秸秆、修剪纸条和杂草等。覆盖物腐烂或翻入土壤后，增加了土壤有机质含量，促进团粒结构形成，增强土壤保水性和通气性，促进微生物生长和活动，有利于有机养分的分解和利用，还可抑制杂草，防止水土流失，减少土壤水分蒸发。有机物覆盖的缺点是易引起果树根系上浮，有机覆盖物容易着火，因此，在覆盖物上宜撒一层薄土（图 6-1）。

（二）薄膜和园艺地布覆盖

幼树定植用薄膜覆盖定植穴，一是可保持根际周围水分，减少蒸发；二是可提高地温，促使新根萌发；三是可提高定植成活率，覆膜可使成活率提高 15%~20%。

成年树可树盘覆盖园艺地布，结合水肥一体化，起到防治杂草、保水保肥和省工的作用（图 6-1）。

（三）反光膜覆盖

在结果大树树冠下铺设反光膜，可改善树体内膛，特别是树冠下部的光照条件，提高果实含糖量和外观品质，缩小树冠内外、上下果实的品质差异，还能抑制杂草滋生和盐分上升（图 6-1）。

（四）其他覆盖物

沙性土地覆盖黏土可防止风沙侵蚀、水土流失，也可缩小地温变幅，改善土壤理化特性。黏土地覆盖沙粒、碳渣，有利于增加土壤昼夜温差，提高果实含糖量，还能改善黏重土壤的通透性，有利于果树根系生长。

四、果园生草

生草能增加土壤的团粒结构，提高土壤有机质含量。青草收割后可直接覆盖树盘；也可先用收割的青草养畜禽，畜禽粪便经过堆沤处理后还园，以达到改良土壤、循环利用的目的。生草包括自然生草和人工生草，自然生草方法简单易行，一般果园都会自然长出许多杂草，任其生长，定期刈割；人工生草是人为选择适合当地气候和土壤条件的草种，合适的管理，定期刈割。果园生草是现代果园土壤管理的重要制度之一。

（一）果园生草的作用

1. 改良土壤　　生草提高了土壤有机质含量，减少了肥料的投入，改善了土壤结构，尤其对质地黏重的土壤改良效果更为明显。

2. 调节土壤温度　　生草的果园，土壤团粒结构增加，土壤疏松。同时大量绿叶能够减缓土壤表层温度的季节性变化与昼夜温差变化，不仅有利于根系的生长和吸收，还能明显降低夏季果园温度，减少蒸腾，提高蓄水保墒能力，减轻日灼伤害。夏季中午，沙地清耕果园裸露地表的温度可达 65～70℃，而生草果园仅为 25～40℃。北方寒冷的冬季，清耕果园冻土层可厚达 25～40cm，而生草果园冻土层厚仅为 15～30cm。

3. 有利于果园的生态平衡　　改善了果园生态条件。据统计，人工种植苕子的梨园，春季每平方米草地上肉眼可见的昆虫可达 200 头以上，其中，有近 50% 为害虫天敌。

4. 保肥保水　　山坡地果园生草可起到保水、保土和保肥的作用，可减少地表径流对山地和坡地土壤的侵蚀。同时，生草可将无机肥转变为有机肥，并固定在土壤中，增加了土壤的蓄水能力，减少肥、水的流失。

彩图

（二）生草技术

1. 条件要求　　果园生草可采用全园生草和行间生草等模式（图6-2），具体模式应根据果园立地条件、种植管理水平等因素而定。土层深厚、肥沃，根系分布深，株行距较大，光照条件好的果园，可全园生草；反之，土层浅而瘠薄、光照条件较差的果园，可采用行间生草方式。

梨园全园生草

猕猴桃全园生草

苹果园行间生草

果园行间种植早熟禾

果园行间种植鼠茅草

果园行间种植三叶草

图 6-2　果园生草模式和生草种类

2. 生草种类　草种选择的标准是株形矮小或匍匐生，适应性强，耐阴，耐践踏，需水量较少，与果树无共同的病虫害，能引诱天敌。目前果园使用的草种主要有三叶草、紫花苜蓿和苕子等（图6-2）。

3. 种草时间　自春季至秋季均可播种，一般春季3～4月（地温15℃以上）和秋季9月最为适宜。3～4月播种，草坪可在6～7月果园草荒发生前形成；9月播种，可避开果园草荒的影响，减少防除杂草用工。

4. 种植方法　可直播和移栽，一般以划沟条播为主。为减少杂草的干扰，若有条件，最好在播种前半个月对果园灌水1次，诱使杂草种子萌发出土，人工清除杂草后播种草籽。白三叶、紫花苜蓿等草种的播种量为15～22.5kg/hm²。

为控制草的长势，一般在草高30～40cm时，进行刈割。割草可用割草机，也可人工刈割。一般一年刈割2～4次，灌溉条件好的可多割1次。刈割要掌握留茬高度，一般豆科草要留1～2个分枝（15cm以上，无分枝的除外），禾本科草要留有心叶（10cm左右），割下的草可覆盖于树盘。

生草果园应适量增施氮肥，早春施肥应比清耕园增施50%的氮肥。生草4～5年后，草逐渐老化，应及时翻压，休闲1～2年后，重新播种。

（三）果园生草的弊端

果园生草减少了土壤中硝态氮对果树的供应，需施足量的氮肥；土壤水分减少，应增加灌水；同时也为有些病虫害提供了越冬场所。另外，全园生草影响了树冠下部的光照条件，严重的还会影响果实的外观品质，可采用冠下铺反光膜、行间生草的模式（图6-2）。

五、绿肥种植与果园间作

（一）种植绿肥的优点

1. 改良土壤　果园种植绿肥，可增加土壤有机质含量，促进土壤团粒结构的形成，降低土壤容重，增强土壤通气性能，使水、肥、气、热更加协调。同时，种植绿肥还可促进土壤微生物的活动，有利于有机质的分解和无机养分的释放，可显著提高土壤有效养分含量。

2. 改善生态环境　绿肥刈割后覆盖地面，可调节地表温度，有利于根系的生长发育。果园种植绿肥可增加土壤腐殖质含量，并提高土壤肥力，增加果树坐果率。另外，有些绿肥作物可增加果树害虫天敌种类和数量，如苜蓿会大量增加草蛉、瓢虫、食蚜螨等天敌数量，为安全、有效防治虫害提供了自然生态条件。

3. 节约施肥成本　利用果园内外空闲地种植绿肥，只需投入少量无机肥和绿肥植物种子，便可获得大量有机肥，节约了施肥成本。

4. 提高品质　种植绿肥增加了果园土壤有机质，明显提高了果实含糖量和维生素含量，改善了果实风味和外观品质。

（二）绿肥植物品种选择

根据果园土壤类型、气候条件、树龄大小及栽培密度，选用适宜的绿肥植物种类。秋、冬季种植的主要有苕子、油菜、蚕豆等；春季种植的有乌豇豆、绿豆、黑豆等。

（三）绿肥种植技术

1. 播种　以条播为主，便于刈割、翻压，与树干保持一定距离，防止与果树争肥争水，影响树体中下部通风、透光条件。

2. 适量施肥　播种时施 750kg/hm² 过磷酸钙，可起到以磷促氮作用。固氮作物苗期固氮根瘤未形成时，追施少量氮肥助苗生长，增加鲜草量。每次刈割后，少量追施肥水，可使绿肥生长茂盛。

3. 适时刈割　当绿肥长到一定高度，影响果园通风透光时要及时刈割，割下的鲜草覆盖于树盘或行间，也可开沟埋压。豆科绿肥花荚期养分含量最高，应在此期进行刈割。多年生绿肥连续生长 3~4 年后，翻耕 1 次，间隔 1 年后再种。

（四）果园间作

果园间作是在果树行间种豆类、蔬菜、中药材等作物。适宜的间作可充分利用土地，提高效益。间种植株要矮小、生长期要短、收获次数要少。幼龄果园行间空地较大，为有效利用土地和光能，增加前期收益，果园可间作一些粮食和经济作物，间作物收获后，秸秆等再回归果园作肥料。成年果园一般不能间种禾本科的麦类、玉米、高粱、谷子等，以避免与果树争肥、争水、争光。同时，间作物不能与果树有共同病虫害，也不能是果树病虫害的中间寄主。

1. 间作物种类　间作物可分为以下几类（图 6-3）。

桃园间作油菜　　　　　　　苹果园套种青菜　　　　　　　桑椹园套种山芋

图 6-3　果园不同间套种模式

（1）豆科作物　豆科作物有固氮能力，可提高土壤肥力，是果园理想的间种作物，如花生、大豆、蚕豆、绿豆等。

（2）蔬菜　经济价值高，植株矮小，对果树生长影响不大。可供选择的有蒜苗、洋葱、胡萝卜、甘蓝、花菜和山芋等。

彩图

（3）瓜类　秧蔓匍匐于地，对土壤起到覆盖作用，可调节土壤水分和温度，也是果农常选择的间种作物，如甜瓜和西瓜等。

（4）中药材　投入少、收益高，如沙参、党参和板蓝根等。

（5）蜜源植物　油菜与李、杏等果树花期一致，可招引昆虫和蜜蜂，有利于虫媒传粉。同时，油菜成熟收割早，不与其争水争肥。

2. 间作原则

（1）给果树生长留足空间　幼树园中间作物离树干 1.0~1.5m，成龄园在树体垂直投影以外种植。不可种植高秆作物如高粱、玉米、棉花等。

（2）避免病虫共生   棉花易滋生红蜘蛛、棉铃虫；白菜易生大绿浮尘子；玉米易招致桃蛀螟，这些作物均不宜在果园间作。

第二节   施   肥

一、需肥特点及施肥原则

（一）需肥特点

1. 需要的营养元素   果树在其生命活动周期中，需要吸收多种营养元素才能正常地生长发育、开花结果。必需营养元素有碳、氢、氧、氮、磷、钾、钙、镁、硫、铁、硼、锰、铜、锌等，其中，碳、氢、氧可从水和光合作用产生的碳水化合物中获得，一般无须补充，其他营养元素则全部来自土壤或依靠人为补充。

2. 不同树龄期果树的需肥特点   幼龄期树以长树为主，需要大量氮肥和适量磷、钾肥，以迅速增加枝叶量，形成牢固骨架，为结果打好基础。初果期树担负长树和结果双重任务，与幼龄期树相比，须适当减少氮肥比例，增施磷、钾肥，以缓和树势，促进花芽形成。盛果期树以结果为主，此期树体结构、产量基本稳定，应保证相对稳定的氮、磷、钾三要素供给量。对进入衰老期的果树，应适当增施氮肥，促进隐芽萌发、枝条营养生长和根系更新。同时，各个时期均要重视中微量元素的协同供给。

3. 不同物候期的需肥特点   果树在年生长周期中，不同时期需肥种类和数量各不相同。落花后坐果期因枝叶迅速生长，幼果膨大，对氮肥的需求最大，其次是钾肥，为全年第 1 个需肥高峰期。枝叶停止生长后需肥平稳且相对较少，但花芽开始分化，对磷肥的需求量增加。果实迅速膨期，每日单果增重明显，是决定产量和品质的关键时期，也是果树 1 年中第 2 个需肥高峰期，为提高品质，应适当增施钾肥。

（二）施肥原则

以有机肥为主、化肥为辅，实行测土平衡施肥，重视中微量元素的施用，保持并逐渐提高土壤肥力。多施有机肥，可显著改善土壤的物理性质，不仅使果园的农事操作较为省力，而且可大幅度降低根系的生长阻力，有助于根系的延伸及对养分的吸收利用。氮肥要适量，氮肥的使用对果树的产量有很大影响，应根据不同树龄、不同生育期合理施用。补充磷钾肥，施用磷钾肥不仅能提高果树产量，还能促进根系的生长发育，增加叶片中的光合产物向茎、根、果等部位协同运输。平衡施肥，具体需肥量应根据果树目标产量、需肥量、土壤供肥量、肥料利用率和肥料有效养分含量等参数确定。合理施用微肥，如施用硼肥能显著提高果树的坐果率和产量，对防治果实缩果病等生理性病害也有一定效果。

1. 以有机肥为主   土壤有机质含量是土壤肥力的重要指标之一。施用经无公害处理的有机肥是优化土壤结构、培肥地力的物质基础，其主要优点如下。

（1）肥力平稳   有机质施入土壤后，在微生物作用下逐步分解，平稳供果树生长。

（2）肥效全面   有机肥不仅能供应氮、磷、钾等大量元素，还能供给很多微量元素，能满足果树生命活动对养分的综合需求。

（3）活化土壤养分   有机质在分解过程中可产生大量有机酸，活化土壤中的微量元素如铁、锌、硼、锰等，使其成为果树根系可吸收的养分。

（4）增加微生物数量　　有机肥是土壤微生物获得能量和养分的主要物质，不仅能增加微生物的数量，还能促进其活动，有利于土壤养分的分解和释放。同时，微生物还可分泌一些生物活性物质，促进根系生长发育。

（5）改善土壤理化性状　　有机质可促进土壤团粒结构形成，从而增加土壤的通气、保水、蓄水性能。有机质在分解过程中产生的有机酸还可降低土壤 pH，改良碱性土壤。

（6）提高果实品质　　适当增施有机肥，可明显提高果实可溶性固形物含量，使果实表面光洁、果锈减少、果点变小，口感变好。

2. 安全原则　　果园施肥应根据不同土壤类型、肥力状况和不同果树需肥特点，适时、适量、适法施入安全、无公害的肥料，要以有机肥为主，氮磷钾为主，注重中微量元素的平衡，才能达到培肥地力，壮实树体，提高产量和果品品质的目的。如果肥料种类选择或施肥方法不当，不仅达不到上述目的，还会给果树生长带来负面影响，引起生理性障碍，严重时，甚至出现根腐、死树现象。例如，偏施氮、磷、钾，长期施用单一肥料，施用未经腐熟、无公害处理的农家肥、动物粪肥和生活垃圾等均会影响果树正常生长。

二、果园常用肥料种类

（一）常用的肥料

1. 有机肥　　果园常用的有机肥有经腐熟无公害处理的堆沤肥，鸡粪、牛粪、猪粪、羊粪等畜禽粪便、人粪尿和商品有机肥等。其中，羊粪是天然绿色的肥料，含有机质高，氮、磷、钾营养丰富。

2. 化肥　　主要是氮、磷、钾三要素肥料，钙、镁及微量元素肥料，复合肥及稀土肥料等。

3. 生物菌肥　　包括根瘤菌、磷细菌、钾细菌肥料等。

4. 其他肥料　　经过处理的各种动植物加工的下脚料，如皮渣、骨粉、鱼渣、糖渣等；腐殖酸类肥料及其他经农业部门登记、允许使用的肥料。

（二）禁止施用的肥料

禁止施用的肥料包括未经无害化处理的城市垃圾；含有重金属、橡胶和有害物质的垃圾；未经腐熟的粪肥；未获准有关部门登记的肥料等。

三、施肥量的确定

影响果树施肥量的因素很多，如园区土壤类型、肥力状况、理化性质、树种、品种、树龄、树势、产量等。因此，生产上通常是根据平衡施肥的原理进行理论推算，在此基础上，再根据各果园的实际情况合理调整施肥量。

（一）施肥量的确定方法

$$果树施肥量 = \frac{养分吸收量 - 土壤自然供给量}{肥料利用率}$$

为确定较为合理的施肥量，在施肥前必须了解目标产量、养分吸收量、土壤自然供给量、植株生长量、肥料利用率和肥料有效养分含量等参数。

1. 养分吸收量　　指果树在年生长周期中，各器官所吸收消耗的各种营养成分的总和，如每亩产量为 3000kg 的砀山酥梨园，吸收氮、磷、钾三要素肥料的量约为氮 12.1kg、磷 1.22kg、钾 7.27kg。

2. 土壤自然供给量　　各类土壤都含有一定数量的潜在养分，经微生物分解和自然风化而释放，被果树根系吸收。在不施肥的情况下，土壤供给的氮、磷、钾及其他营养元素的量即土壤的自然供给量。中国农业科学院土壤肥料研究所研究的结果表明，在一般情况下，土壤三要素肥料的自然供给量占果树吸收量的比例约为氮 1/3，磷、钾各 1/2。

3. 肥料利用率　　任何肥料施入土壤后，都不可能全部被果树吸收利用，吸收部分占施入部分的百分比即为肥料的利用率。已有的研究表明，氮肥实际利用率为 35%～40%，磷肥约为 30%，钾肥为 40%。肥料的利用率受气候、土壤条件、施肥时期、施肥方法、肥料形态等多种因素影响。部分肥料在一般情况下的当年利用率见表 6-1。

表 6-1　果园常用有机肥、无机肥当年利用率

肥料名称	当年利用率/%	肥料名称	当年利用率/%	肥料名称	当年利用率/%
土杂肥	15	花生饼	25	硫酸钾	40～50
猪粪	30	大豆饼	25	氯化钾	40～50
草木灰	40	尿素	35～40	复合肥	40
菜籽饼	25	硝酸铵	35～40	钙镁磷肥	35～40
棉籽饼	25	过磷酸钙	20～25		

（二）施肥实例

计算每公顷年产 45t 果实的果园氮肥施用量。

1. 养分吸收量　　假设某个果树树种或品种每产出 100kg 果实需氮 X kg，则每公顷果树需吸收氮素为 $45000 \times X/100 = 450X$ kg。

2. 土壤自然供给量　　氮的自然供给量为果树吸收量的 1/3，土壤自然供氮量为 $450X \times 1/3 = 150X$ kg。

3. 每公顷理论施肥量　　氮素肥料当年利用率按 40% 计算，施氮素量为 $(450X - 150X)/40\% = 750X$ kg。以上求得的是纯氮量，而不是商品肥料数量，要求得某种肥料的用量，还应将此数值除以某肥料的氮素含量。假设施尿素（含氮 46%），则实际用尿素量为 $750X/46\% = 1630.43X$ kg。磷、钾等肥料用量均可按上述方法求得。

理论施肥量只是根据相应参数，从理论上推算得出的，应用时应根据当地的实际情况和历史经验，对理论施肥量加以适当调整，以获得最佳施肥量。

四、营养诊断

果树营养诊断主要是通过对叶、土壤分析，或通过观察树势、叶色、生长点、新梢和果实发育情况及其发生症状部位等，来判断某种矿质元素的亏缺和过剩，为指导果园施肥提供依据。

（一）叶分析

果树叶片对营养元素盈亏的反应最敏感，某一元素的缺乏或过剩，都会首先从叶片上表现出来，因此叶分析对评价树体营养最具代表性。

1. 诊断指标 进行叶分析，需要一个判断某种营养元素是否盈亏的标准值。标准值可通过肥料试验获得，在其他营养元素不变的情况下，将要测定的营养元素分为若干不同量处理，找出树体生长健壮、果实品质好、产量适中而稳定的几个处理，对这些处理的树体叶进行分析，找出某营养元素的标准值范围（表6-2）。

表6-2 柑橘叶内营养元素参考标准值

元素	干重含量	元素	干重含量	元素	干重含量
N/%	2.40~2.60	Mg/%	0.26~0.60	Mn/（mg/kg）	25~100
P/%	0.12~0.16	S/%	0.21~0.40	Cu/（mg/kg）	5~10
K/%	0.70~1.20	Fe/（mg/kg）	60~120	Zn/（mg/kg）	25~100
Ca/%	3.00~6.00	B/（mg/kg）	30~100	Mo/（mg/kg）	0.10~0.30

2. 分析方法 首先采集叶片，时间以叶内营养元素稳定期为宜，不同果树最适宜的采样时期有所区别。通常每3~4hm²为1个采样单位，沿对角线选20~25棵树，每棵树在东西南北4个方向，取当年新梢中部4~8个叶片，要求叶片完好无损，无病虫害，每个取样点的混合叶片总数≥100片。叶片采集后带回实验室，将洗净的叶片放入105~110℃的烘箱中杀青20min，取出叶片，在70~80℃烘箱里烘干。然后将叶片放入研钵中研细，测定各种矿质元素含量。将测定结果与标准值比较，判定某种营养元素的适量、不足或盈余。

（二）土壤分析

土壤分析是测定某一时期土壤中易被吸收的可给态养分的含量，并以此为基础，根据临界指标提出土壤中养分含量的丰缺状况。

1. 诊断指标 通过测定土壤中有机质和各种营养元素的含量，并将其与参考标准值进行比较，以此作为科学施肥的依据（表6-3）。

表6-3 砀山县梨园土壤营养元素参考标准值

元素	含量	元素	含量	元素	含量
全氮/（g/kg）	0.60~0.75	有效铁/（mg/kg）	4.50~10.00	有效锌/（mg/kg）	1.00~2.00
有效磷/（mg/kg）	15.00~25.00	有效锰/（mg/kg）	10.00~20.00	有效硼/（mg/kg）	0.50~1.00
速效钾/（mg/kg）	100~150	有效铜/（mg/kg）	0.20~1.00		

2. 分析方法

（1）土样采集 对于果树土壤，常把多个采样点的土壤混合，采集土样可用对角线法或棋盘式采集法，每个土壤样品应由15~20个采集点的土样组成。如面积较大，每3~4hm²取一个土壤样品。土壤样品的采集一般利用非系统采样法，常按照"X""W""S""N"形布置采集点，采集地点在树冠外围垂直投影处，从0~50cm土层中由上而下均匀刮取一层土壤，重1~2kg，混合均匀后取其1/4作为一个采集点土样。将15~20个点的土样集中起来，用四分法反复混合和取样，直至每个土壤样品剩下500g为宜。

（2）土样分析 将所获土样在室内晾干，去除树根和其他杂质，用硬木棒碾碎，过1mm尼龙网筛。根据测定所需，将过筛后的土样分成若干份，放到研钵中研磨，使其全部通过0.25mm

筛孔。研好的土样分别装入干净的广口瓶中，用于养分分析。

（三）外观诊断

外形诊断是根据果树植株不同组织上出现症状的先后顺序，以及其在外部形态上出现的症状，如叶片大小和形状、叶片颜色、茎和果实的生长发育状况等形态方面来判断植物营养丰缺的方法（图6-4）。

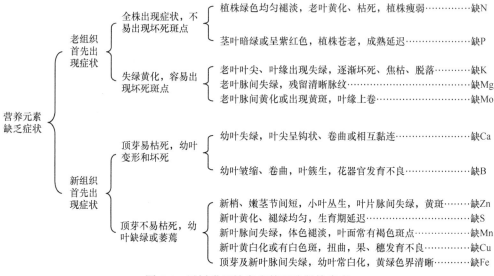

图6-4　果树常见缺素症外观诊断检索表

（四）缺素症诊断与矫治

果树所需的必需矿质元素，对其生命活动起着不可替代的作用。当某种元素缺乏时，便会引起植株生理机能的紊乱，影响正常发育。目前果园中常见的有缺铁引起的黄化病、缺锌引起的小叶病、缺硼引起的缩果病等。这些生理病害不仅影响到树体生长，还直接影响到果实品质，甚至使果实完全失去商品价值，从而造成经济损失。

1. 缺氮

（1）症状　　氮是果树体内蛋白质的主要组成部分，也是叶绿素、酶、核酸、辅酶、维生素等的主要组成元素。果树缺氮时叶片变小、呈黄绿色，褪色时先从老叶开始，出现橙红色或紫色，易早落。花芽及果实都小，果实发黄、停止膨大早。

（2）矫治方法　　可土壤施肥，结合根外追肥进行矫治，按每年50～60g纯氮，或按每生产100kg果补充0.7～1.0kg纯氮的指标，于早春至花芽分化前，将尿素或碳铵等氮肥开沟施入地下，也可在果树生长季结合喷药，根外追施3～5次0.2%～0.3%的尿素溶液。

2. 缺磷

（1）症状　　磷是果树体磷脂、核苷酸、核酸和一些辅酶等的主要组成元素。在能量转换、光合作用及营养物质运输中起着关键作用。果树缺磷时，幼叶呈暗绿色，成熟叶为青铜色，茎和叶柄带紫色，在夏季相对低温天气时表现更明显，严重时新梢细短、叶片小。

（2）矫治方法　　可土壤施肥，结合根外追肥进行矫治，土施磷肥一般与基肥同时进行，以提高磷的利用率。在中性和碱性土壤中施用，常选用水溶性成分高的磷肥；在酸性土壤中适用的磷肥类型较广泛；厩肥中含有肥效持久的有效磷，可在各种季节施用。叶面喷施在展叶后进行，一般进行 2～3 次，每次间隔 10d 左右。叶面喷施常用的磷肥有 0.1%～0.3%的磷酸二氢钾或过磷酸钙浸出液。

3. 缺钾

（1）症状　钾在光合作用中占重要地位，为多种酶的活化剂，参与碳水化合物的合成、运输和转化，特别是对淀粉的形成来说是必要条件。钾还能提高枝干和果皮的纤维含量，促进枝条加粗生长、组织成熟，提高果实品质和耐贮性。果树缺钾时，老叶中的钾转移到新叶被重复利用，使新梢的老叶首先呈深棕色或黑色，后逐渐焦枯；枝条通常变细而对其长度影响较少。叶片中含钾量低于 0.7%，即可能表现缺钾症状。

（2）矫治方法　通常可采用土壤施用钾肥的方法，氯化钾、硫酸钾是最为普遍应用的钾肥，有机厩肥也是钾素很好的来源。在黏重的土壤中钾易被固定，在沙质土壤中易被淋失，因此，土壤施用钾肥时，应尽可能使肥料靠近植株根系，以利其吸收利用。在果实膨大及花芽分化期,沟施硫酸钾、草木灰等钾肥;生长期结合喷药叶面喷布 0.2%～0.3%的磷酸二氢钾或 0.3%～0.5%的硫酸钾溶液，一般 3～5 次即可。

4. 缺钙

（1）症状　钙是细胞壁和胞间层的组成成分，在衰老组织中含量较多，它不易转移，难以被再次利用。树体缺钙时，首先是枝条顶端嫩叶的叶尖、叶缘和中央主脉失绿，进而枯死，而且叶子不缺钙时，果实仍可能缺钙。幼根在地上部表现症状之前即开始停长并逐渐死亡。叶片中含钙量低于 0.8%时，即可表现缺钙症状。

（2）矫治方法　矫治酸性土壤缺钙，通常可施用石灰（氢氧化钙）。施用石灰不仅能矫治酸性土壤缺钙，而且可增加磷、钼的有效性，提高硝化作用效率，改良土壤结构。若仅为了补钙，则施用石膏、硝酸钙、氯化钙等，均可获得良好的效果。落花后 4～6 周至采果前 3 周，于树冠喷布 0.3%～0.5%的硝酸钙溶液，15d 左右 1 次，连喷 3～4 次；果实采收后用 2%～4%的硝酸钙浸果，可预防贮藏期果肉变褐等生理性病害，增强耐贮性。

5. 缺镁

（1）症状　镁是叶绿素的重要组成部分，故易引起叶片失绿症。镁还是多种酶的活化剂，对呼吸作用和糖的转化都有一定影响。缺镁时首先是新梢基部叶片上出现黄褐色斑点，叶中间区域发生坏死，叶缘仍保持绿色，受害症状逐渐向新梢顶部叶片蔓延，最后出现暗绿色叶片在新梢顶端丛生现象。叶片中含镁量低于 0.13%时，即可能表现缺镁症状。

（2）矫治方法　缺镁现象的矫治，通常采用土壤施用或叶面喷施氯化镁、硫酸镁、硝酸镁的方法。每株土施 0.5～1.0kg；叶面喷布 0.3%的氯化镁、硫酸镁或硝酸镁，每年 3～5 次。

6. 缺硼

（1）症状　在果园中一般是零星发生。果树缺硼，最先受害的是生长点，果实近成熟期缺硼，果实小、畸形，有裂果现象。轻者果心维管束变褐，木栓化；重者果肉变褐，呈海绵状。秋季未经霜冻，新梢末端叶片即呈红色。叶片中含硼量低于 10mg/kg 时，即可能表现缺硼症状。

（2）矫治方法　适量增施有机肥，干旱年份注意灌水，雨水过多注意排涝，维持适量的土壤水分，以利于果树对硼的吸收。对缺硼单株或园区，采用土施硼砂、叶面喷硼酸的方法进行矫治。可结合春季施肥，每株成年果树施 100～150g 硼砂，或从幼果期开始，每隔 7～10d 喷施 0.1%～0.5%硼酸溶液，一般连喷 2～3 次，即可收到良好的效果。

7. 缺铁

（1）症状　多从新梢顶部嫩叶开始发病，初期先是叶肉失绿变黄，叶脉两侧仍保持绿色，叶片呈绿网状，较正常叶片小。随着病情加重，叶片黄化程度加深，叶片呈黄白色，边缘开始产生褐色焦枯斑，严重时叶焦枯脱落，顶芽枯死。缺铁病从幼苗到成龄果树均可发生。叶片中含铁量低于 30mg/kg 时，即可能表现缺铁症状。

（2）矫治方法　休眠期树干注射是防治缺铁症的有效方法。先用电钻在果树主干上钻 1～3 个小孔，用强力树干注射器按发病程度注入 0.05%～0.10%硫酸亚铁溶液（pH 5.0～6.0）。注射完后把树干表面的残液擦拭干净，再用塑料条包裹住钻孔。一般 6～7 年生树每株注入 0.1%硫酸亚铁溶液 0.5～1.0kg，树龄 30 年以上的大树注入 2～3kg。由于果树只能利用 Fe^{2+}，而 Fe^{2+}极易被氧化成 Fe^{3+}，因此，在树干注射技术问世之前，矫治果树缺铁症曾是生产上一个难以解决的问题。应用树干注射技术，矫治有效率达 100%，可以实现一年复绿，二年恢复产量的目标。为避免药害，矫治前最好做剂量试验。

8. 缺锌

（1）症状　果树缺锌可导致小叶病，表现为春季发芽晚，叶片狭小，呈淡绿色；病枝节间短，其上着生许多细小簇生叶片。由于病枝生长停滞，其下部往往又长出新枝，但仍表现节间短，叶片淡绿、细小症状；病树花芽减少、花小、坐果率低、果实畸形、产量低、果实品质变差。叶片中含锌量低于 10mg/kg 时，即可能表现缺锌症状。

（2）矫治方法　根外喷布硫酸锌，是矫治果树缺锌最常用且行之有效的方法。生长季节叶面喷布 0.5%的硫酸锌；休眠季节，土壤施用锌螯合物。

五、施肥时期与方法

（一）基肥

基肥以有机肥为主，对果树的生长发育、产量和果实品质起重要作用。对于保肥保水能力较好的土壤，基肥施用量应占全年需肥量的 70%以上；保肥保水能力较差的土壤，施用量应占全年需肥量的 60%以上。

1. 施肥时期　一般早熟品种在果实采收后，中晚熟品种在果实成熟前后施入，通常早施比晚施好。对于早熟品种果实采收后能及时补充养分，利于增强叶片的光合能力，延缓叶片衰老，增加光合产物，提高花芽质量和枝条充实度，增强树体抗寒能力。对于中晚熟品种，秋施充分腐熟、经无公害处理的基肥能增强休眠前根系的吸收能力，且正值根系第 2 次生长高峰，施肥断根后，伤根易愈合，能发出吸收根，翌年春季根系活动早，对果树生长有明显的促进作用。

2. 施肥方法　基肥施用方法有环状沟施肥法、条状沟施肥法、放射沟施肥法、全园撒施等，具体采用何种施肥方法，应根据根系分布范围、土壤性质、果园机械配备等合理选择。

（1）环状沟施肥法　幼树根系分布范围小而浅，常采用这种方法。在根系外沿开挖宽 30～40cm、深 30～50cm 的环状施肥沟，将肥料和土壤混匀施入。

（2）条状沟施肥法　成年树常采用这种方法，在果树行间、树冠外沿开挖宽 30～40cm、深度 30～50cm 的条状施肥沟。将肥料和土壤混匀施入，此方法便于机械操作（图 6-5）。

（3）放射沟施肥法　成年树常采用这种方法，在距树干 1.0～1.5m 处，以树干为中心向四周辐射状开沟 4～6 条至树冠外沿，放射沟里浅外深，里窄外宽，沟宽 20～40cm、深度 30～

50cm，然后将肥土施入放射沟内，每年轮换挖沟位置。

樱桃园条状沟施肥法　　　　　生长季节桃树追施化肥＋有机肥　　　彩图

图 6-5　果园施肥时期与方法

（4）全园撒施　　盛果期或密植园常采用这种方法，为提高肥料利用率可进行全园撒施，然后浅耕。为防止根系上行，应间隔 2～4 年实行 1 次。

（二）土壤追肥

追肥是基肥的补充，追肥的时期、数量和次数，应根据树体生长状况、土壤质地和肥力而定。追肥应以速效无机肥为主。

1. 花前追肥　　由于早春土温低，根系吸收能力差，而果树萌芽、开花、坐果需消耗大量营养，因此，需要及时追肥，通常在花前 10～15d，追施氮肥或高氮低磷低钾的三元复合肥，施入量约占全年追肥量的 30%。

2. 花芽分化追肥　　5 月下旬至 6 月下旬，新梢生长逐渐减缓并停长，花芽开始生理分化。追肥能促进养分积累，有利于果实生长和花芽形成，为当年及翌年生长结果打下基础，此期应追施低氮中磷低钾的三元复合肥，施入量约占全年追肥量的 20%。

3. 果实膨大期追肥　　果实膨大期是决定全年产量和果实品质的关键时期，此期追肥以钾肥为主，适当配施氮、磷肥，通常应追施低氮中磷高钾的三元复合肥，施入量约占全年追肥量的 30%。

4. 采后追肥　　采后及时追肥，对增强果树叶片光合作用、恢复树势、促进根系生长有重要作用，尤以晚熟品种后期追肥更为重要。此期追肥以氮肥为主，配施中微量元素，施入量约占全年追肥量的 20%。采后追肥可与基肥一并施入（图 6-5）。

（三）根外追肥

根外追肥又称叶面喷肥，生产上，为了省工，一般结合病虫害药剂防治一并喷施，其用量小、发挥作用快，能及时补充果树生长所需的各种矿质元素，是土壤施肥的补充。

1. 优点

（1）肥效快　　叶面肥直接喷到树体各器官上，主要被叶片直接吸收利用，省去了土壤施肥中根系吸收、运输、转化和分配的过程，通常喷施后 2h 即可被叶片吸收。

（2）肥料利用率高　　叶面喷施的液体肥，叶片吸收效率高，能有效防止土壤追肥造成肥料的固定和流失，提高了肥料的利用率。

（3）吸收均匀　　叶面喷肥可使中短枝、中下部叶片得到均衡的养分，有利于花芽的形成，特别是对移动性差的元素的补充特别有效，如 Ca、B 和 Fe 等。

2. 肥料种类 常用的肥料种类有大量元素、微量元素、多元复合肥和稀土微肥等。

（1）大量元素和微量元素 根外追肥常用肥料种类和浓度如表 6-4 所示。

表 6-4 根外追肥常用肥料种类和浓度

肥料种类	浓度/%	喷药时间
尿素	0.2～0.3	萌芽、开花、展叶
硫酸铵	0.3～0.5	萌芽、开花、展叶
磷酸二铵	0.2～0.4	花后至采收前
过磷酸钙浸出液	1.0～2.0	花后至采收前
氯化钾、硫酸钾	0.3～0.5	生理落果至采收前
磷酸二氢钾	0.3～0.5	花后至采收前
草木灰浸出液	10～15	生理落果至采收前
硫酸亚铁	0.2～0.3	生长季防治黄叶病
硫酸锌	0.2～0.4	生长季防治小叶病
硼酸、硼砂	0.2～0.3	花前花后
硫酸锰	0.2～0.4	花后至采收前
氯化钙、硝酸钙	0.3～0.5	花后至果实膨大期
硫酸镁、硝酸镁	0.3～0.5	花后至果实膨大期

（2）稀土微肥 主要有硝酸稀土和氯化稀土两大类，成分以硒、钪、钇、镧、铈、镨、钕等 17 种元素为主。稀土微肥能调节树体细胞膜透性，延缓细胞衰老；提高叶片质量，增强光合作用。喷施浓度一般为 300～500mg/kg。

3. 注意事项

（1）按需选择肥料 为增强叶片光合作用，可喷施氮，配合少量磷、钾肥或多元素复合肥；生长季节喷施黄腐酸盐、氨基酸微肥等，可使叶片肥厚、颜色深绿；花期喷硼，可提高坐果率；喷施钾、稀土微肥可增加果实含糖量；喷铁、锌微肥可防治果树黄化病、小叶病；喷施钙、硼肥可防治果树水心病、缩果病。

（2）防止肥害 生长季节喷施中性肥料，浓度一般为 0.2%～0.5%；强酸强碱性肥料浓度应适当降低；果实采收后可提高肥料喷施浓度，如喷施尿素浓度可提高到 0.5%～1.0%。对没有施用过的叶面肥，应先试验后再应用于生产。为预防肥害，叶面喷肥应在晴天无风的早晚喷施，避免中午高温时喷肥，通常在晴天上午 10 时前和下午 4 时后。

（3）提高肥效 叶背面气孔多，表皮下有较疏松的海绵组织，细胞间隙大，有利于肥料的渗透和吸收。喷肥时应均匀喷布，重点喷布叶背面。

第三节 水 分 管 理

水分管理是果树丰产优质的基本保证。在北方干旱地区，果树产量直接取决于水分供应状况；在南方，季节性的降雨及不合理的用水也常常造成涝害。在环渤海湾地区及西北干旱区，不合理的大水漫灌常造成土壤返碱，导致土壤 pH 上升等不利影响。因此，理解果树的需水特性，掌握最佳的灌溉时期和灌溉方法及实现水肥一体化是现代果园管理的基础。

一、水分调节的重要性

（一）对果树生命活动的影响

1. 器官的形态建成　　水是果树的重要组成部分，果树的叶、枝、根部含水量约为50%，而鲜果含水则高达80%～90%及以上。果树在年生长发育中如缺水，则影响新梢的生长，影响果实的增大和产量的提高，甚至出现裂果、落果现象。水还是果树生命活动的重要原料，有调节树体体温的作用，是调节果树生育环境的重要因素。

果树水分供应不足，气孔关闭，蒸腾作用减弱，叶片失水而凋落，花芽形成减少，降低产量和品质，缩短结果年限。但果园积水或土壤的含水量大，果树根系呼吸困难，影响其对养分、水分的吸收，植株生长发育受阻，开花结果少、果实品质差。

2. 营养吸收利用与转运　　无机养分只有溶于水，才能被根系吸收运输到各个器官；叶片的光合作用及树体内的同化作用，只有在水的参与下才能进行；树体制造的有机养分，也只有以水溶态才能输送到树体各个部位。没有水，果树体内一切代谢过程和生命活动都受阻。

3. 呼吸与蒸腾作用　　果树在缺水的情况下，气孔关闭，呼吸受阻，CO_2不能进入，光合作用不能正常进行。同时，植株依靠水的蒸腾作用来维持树体温度，如苹果、梨等果树在生长季每平方米叶面积每小时蒸发40g水，缺水时，叶片萎蔫，树体温度升高，常造成焦叶、枯梢，严重时植株死亡。

（二）对产量和品质的影响

花期灌水可预防花期冻害，延长花期，提高坐果率。水分供应正常，能减少生理落果，促进果实细胞分裂和细胞膨大，增加产量。果实近成熟期适度控水，有利于果实品质和贮藏性的提高。水分严重不足，会引起果实糠化。干旱情况下供水过急常造成裂果。因此，合理的水分管理是实现果树优质高效栽培的关键。

（三）改善果园环境条件

干旱时灌水能调节土壤温度、湿度，促进微生物活动，加快有机质分解，提高土壤肥力。冬季灌水能提高果园温度和湿度，防止根系、树体受冻。高温季节喷水能降低果园温度，减少蒸腾，防止日灼等灾害发生。

二、灌水时期与方法

（一）灌水时期

1. 不同物候期对水分的要求

（1）萌芽、开花期　　此期果树地下部根系开始生长，地上部开花、展叶、抽枝，对水分需求量较大。适时适量灌水对新根生长、开花和授粉受精、叶片生长都有促进作用。

（2）新梢旺长期　　此期也称为需水临界期。果树新梢迅速生长，叶面积不断扩大，充足的水分供应，能增强光合作用，树体生长从利用贮藏养分状态向利用当年制造养分状态转换。水分不足不但引起生理落果，还影响幼果、枝叶的生长，直接营养到当年产量和品质。

（3）花芽分化期　　此时枝叶基本停止生长，只有果实缓慢生长和花芽分化，需水不多，应适当控水。树体含水量适当减少，细胞液浓度大，有利于花芽形成。

（4）果实膨大期　　果肉细胞膨大、花芽形态分化都需要一定量的水分。此期水分供应要平缓，过多果实品质下降，过少果实水分回流叶片和枝条。如遇干旱，应缓慢供水，防止裂果。果实成熟前，为提高果实含糖量，增进品质，一般要适度控水。

（5）采后和土壤封冻前　　采后结合施基肥要灌水，以利于有机质分解，促进根系生长，恢复树势。封冻前灌水可提高树体抗冻性。

2. 土壤含水量　　果园土壤水分是否适宜，可根据田间持水量来确定。通常情况下，土壤含水量达到田间持水量的 60%～80% 时，其水分和通气状况最适宜果树根系的生长。当土壤含水量降到持水量的 60% 以下时，应根据果树各生育期和植株生长情况适时、适量灌水。

3. 树相　　缺水会影响树相，特别是果树叶片和新梢生长点，其生长情况是水分是否适宜的指示器。缺水时会出现叶片不同程度的萎蔫、新梢生长点生长缓慢或停止生长等症状。

（二）灌溉方法

灌溉方法有很多，果园应根据地形、地貌、经济条件，选择方便实用、轻简化的灌溉方法。

1. 沟灌　　在树冠四周或顺行间开浅沟，使水顺沟流淌，向四周浸润，灌后封土保墒。沟灌土温降幅小，不破坏土壤结构，水分蒸发量少，适宜在灌溉条件差的果园中应用。

2. 穴灌　　在树冠投影的外缘挖穴，将水灌入穴中。穴的数量根据树冠大小而定，一般 4～8 个，直径 30～40cm，灌后将土还原。穴灌用水经济，浸润根系范围的土壤较宽且均匀，不会引起土壤板结，适于水源缺乏的地区。

彩图

3. 喷灌　　利用喷雾机械将水喷射到空气形成细小雾状，进行灌溉。喷灌较地面灌水具有省工、省水、保肥、放热、防止土壤盐渍化、改善小气候的特点，可比沟灌节约约 60% 用水。地形复杂的山区、丘陵地等缺水果园适宜喷灌（图 6-6）。

肥水一体化装置　　　　　　　梨园喷灌　　　　　　　　草莓膜下滴灌

图 6-6　果园水分管理

4. 渗灌　　由首部、干管、支管、毛管组成。毛管壁每隔 10～15cm 四周均匀分布直径为 2mm 的小孔，将毛管顺行埋入根系集中分布区，深度约为 20cm，灌溉水经过滤，在压力下缓慢渗入土壤。渗灌比喷灌节水 50%，供水平稳，不破坏土壤结构，可防止土壤水、气、热状况剧烈变化，在水源缺乏的高标准果园尤为适用。

5. 滴灌　　设备组成与渗灌相似，只是毛管壁上不设渗水孔，而是接上露于地表的滴头，灌溉水以水滴形式滴入根系分布区。采用滴灌的果园，根系分支多，须根长，吸收根发达，地上部生长良好，果实品质好，可结合施肥实现水肥一体化（图 6-6）。

三、水源种类与灌水量

（一）水源

果园灌溉用水有江河湖水、地表水和地下水。江河湖水、地表水含有一定的矿质养分，其特点是水温与地温基本相近，只要无污染，均适合于灌溉。地下水也含有一定矿质元素，但在生长季节，由于水温低，灌溉时，土温变化较大，对果树生长有一定的影响，在有其他适宜水源时，要少用。

（二）灌水量

1. 浸湿深度　安徽省北部地区，梨树和桃树根系主要分布在 60cm 深以上的土层中，因此，灌溉水需浸湿到地下 60cm 左右。对于绝大多数果树，灌溉时，土壤浸湿深度应达到该树种根系的主要分布层，通常在 40~60cm 为宜，过浅容易造成根系上浮。

2. 树龄　一般情况下，幼树根系分布范围小，枝叶量小，在同等气候条件下，生长发育的需水量比成龄树要少。

3. 物候期　生长前期需水量大，土壤含水量应达到田间持水量的 80%左右；果实成熟期，土壤含水量应达到田间持水量的 60%左右。

4. 灌水量推算　灌水量可以根据以下公式进行理论推算：

灌水量＝灌水面积×土壤浸湿深度×土壤容重×（灌溉后土壤含水量－灌溉前土壤含水量）

不同土壤类型，其容重和土壤含水量不同（表 6-5）。

表 6-5　不同土壤的容重和土壤含水量

土壤类型	容重/（g/cm³）	土壤含水量/%
黏土	1.20	30~35
黏壤土	1.30	23~30
壤土	1.40	18~23
砂壤土	1.45	14~18
壤砂土	1.50	8~14
砂土	1.55	5~8

例如 $1hm^2$ 砂壤土果园，灌溉前土壤含水量为 10%，土壤浸湿深度为 60cm，要求灌溉后土壤含水量为 20%，那么每公顷灌水量应为 $10000m^2×0.6m×1.4t/m^3×（0.20-0.10）＝840t$。

四、果园排水

果园排水是解决土壤中水气矛盾、防涝保树的主要措施。土壤水分过多，氧气不足，抑制根系呼吸，降低吸收机能，会导致春季生理落果；夏季枝梢徒长，影响花芽分化；秋季产生裂果、采前落果、果实含糖量降低、叶片发黄早落。严重缺氧时根系腐烂死亡，好气性微生物活动受到影响，养分吸收和转运不能正常进行，树体地上部表现叶片萎蔫、枯焦脱落，甚至整株死亡。

建园时应充分考虑排水系统的建设，园区通常要在树行间设排水沟，南方果园提倡采用宽沟窄垄的栽植方式，以利于排水。

（1）明沟排水　　在建园时就设计、开挖排水沟，以降低果园地下水位和利于排水，排水设施主要有排水沟、干沟和支沟，为了便于机械操作，作业道路下面可埋设排水涵管。多数果园采用明沟排水。

（2）暗沟排水　　果园地下安装排水管道设施，有排水管、干管和支管，不占地、便于机械操作，排水效果好。由于暗沟排水设施投资较大，且管道容易被泥沙堵塞，目前，果园实际应用较少。

总之，果园土肥水管理是果树生产中一项综合性的技术体系，土壤管理、施肥、灌溉排水要密切配合，缺一不可。

第四节　整形修剪

一、整形修剪的目的与作用

依据果树的生物学特性，结合果园自然条件和管理特点，通过塑造树体的特定形状，并综合运用各种修剪方法，可以满足果树生长需求，使树体形成最合理的结构和外观。整形工作指最大程度地利用空间和光热资源，为果树生长提供前提和基础，而修剪则是其延续和保障。整形修剪的关键在于加强土、肥、水综合管理，注重病虫害综合防治，且需要与其他栽培管理措施相协调，以最大限度地发挥果树增产的作用。

（一）整形修剪的目的

果树整形修剪的主要目的是根据果树生长结果习性，构建使果树早果、丰产、稳产、优质、长效的树体结构，提高果园经济效益。

（二）整形修剪的作用

1. 调节果树同环境间的关系　　通过正确的整形修剪，可以调节果树个体与群体的结构，使其更有效地利用空间、改善光照条件，以提高光能利用率，从而协调果树与环境之间的关系。遵循合理整形的原则，提高有效叶面积指数和改善光照条件是关键。在提高有效叶面积指数方面，重要的措施包括多留枝、增加分枝、适度提升中短枝的比例。在改善光照条件方面，通过调节叶幕，使树冠和层次适中，叶幕不过密、过厚，可以有效地优化光照条件。

2. 调节树体的营养分配　　整形修剪对果树的营养吸收、积累、运转、消耗、分配以及各类营养之间的相互关系均产生重要的影响。修剪的作用在于调整树体的叶面积，从而对光合产量产生影响，进而改变树体的营养制造状况和营养水平。此外，通过修剪可以调节地上、地下的平衡，影响根系发育，进而影响无机营养的吸收和有机营养的分配。调整营养、生殖器官的数量和比例，以及调节器官的类型，也会影响果树的营养积累和代谢。整形修剪通过调控无效枝叶和调整花果的数量，减少营养成分的无效消耗；还可以调节角度、器官数量、输导通路、生长中心等因素，有助于定向地运转和分配营养物质，使其更精准地满足果树各个部位的需求。

3. 调节树体不同部位、各器官间的关系　　为确保果树的正常生长发育，必须调节树体不同部位、器官之间的相对平衡。在调节营养生长与生殖生长的平衡方面，应追求相对均衡，为高产、稳产、优质创造条件。首先应该确保有足够数量的优质营养器官。其次，要保证营养器官的数量与花果的产量相适应。当花芽过多时，必须进行疏剪花芽、疏花疏果的操作，以促进根、叶等其他器官的生长。再者需要关注各器官各部分的相对独立性，使一部分枝梢专注于生长，另一部分枝梢致力于结果，实现每年的交替生长，相互转化，以达到相对均衡。在果树上，同类器官之间，如枝条、花、果实之间存在矛盾时，需要依据不同器官的数量、质量和类型进行修剪调节，以促进生长和结果。对于一些较弱的器官，则要进行选择性修剪，集中营养供应，提高器官的质量。

二、整形修剪原则

（一）因枝修剪，塑造树体形态

依据每棵树的独特生长情况，通过修剪将果树调整成近似标准树形的树体结构。对于无法达到预定形状的果树，应根据其生长状况进行修剪，使其形成适宜的树形，确保枝条排列有序，达到"有形不死，无形不乱"的整形效果。

（二）统筹整形和结果，兼顾轻重修剪

在修剪时，除了主干枝外，还需保留一定数量的辅助枝，用于结果枝或作为预备枝。因此，对于幼树而言，主要以轻度修剪为主，保留更多的枝叶，以扩大营养面积，增加营养积累。同时，对主干枝应适度进行重剪，以促进生长势；对辅助枝则宜适度轻剪，缓解生长势，促使其更容易开花结果。而对于盛果期的果树，则应适度进行重剪，减少果实负载量，有助于树体的更新复壮，有利于延长结果年限。

（三）平衡果树生长势，确保主从分明

在进行修剪时，应注重抑制生长较强的部分，扶持生长较弱的部分，适度疏枝和截短，以保持果园内不同单株之间的群体生长趋势接近一致。同时，需要确保单株各主枝之间及上下层骨干枝之间保持平衡生长势和明确的主次关系，使整个果园的果树在上、下、内、外等方向均能够保持平衡，实现长期的优质、稳定增产。

三、整形修剪主要依据

（一）树种、品种的生物学特性

果树的生物学特性因树种、品种而异，即便是相同树种的不同品种，它们的萌芽时间、成枝量、分枝角度、枝条的软硬程度、枝类的构成和比例、中干的强弱、形成花芽的难易程度及对修剪反应的敏感程度等方面均存在显著的差异。例如，梨树的顶端优势相对于苹果树更为突出，幼龄期的枝条直立性较强，盛果期后的骨干枝角度更为开张。梨树的萌芽力较高，成花相对容易，但成枝力却较弱，容易出现大小年结果现象。梨树的隐芽寿命也相对较长。因此，在整形修剪时，对于幼龄梨树的主枝，剪截程度相对较轻，强调轻剪多留；主枝顶端的高度要与中心相近，以避免出现上强下弱的现象。为了防止梨树在盛果期后主枝弯曲下垂，第一层主枝的开张角度一般保持在约40°，不必像苹果树那样一开始就要整成约80°的基角。梨树的萌芽力高、成花容易，进入结果期后需要注意控花。由于梨树的隐芽寿命较长，可以充分利用其基部多年生隐芽，更新骨干枝和树冠。相比之下，对苹果树4年生以上的枝段进行缩剪时，较难收到更新复壮的理想效果，有时甚至可能导致缩剪枝的加速衰老或干枯死亡。在葡萄的整形修剪中，不同品种之间也存在差异，果枝分生节位高的品种适合采用棚架整形和长梢修剪；而长势

较弱的品种，如果枝分生节位较低，则应采用篱架整形和短梢修剪。

（二）树龄和树势

在幼龄至初果期，苹果和梨树通常呈现较旺盛的生长势，枝叶量相对较少，长枝较为丰富，中、短枝相对较少，枝条呈直立状态，角度不容易开张，花果的数量也相对较少。进入盛果期，树体的生长势逐渐趋于稳定，由旺盛生长逐渐过渡为中庸或偏弱，枝、叶量显著增加，长枝数量减少，中、短枝的比例增加，角度逐渐开张，同时花、果的数量也明显增多。因此，对于幼龄至初果期的果树，可采取适当轻剪的方法，以增加总枝条量和枝条级次，扩大树冠，促进提早结果和早期丰产。对于已进入盛果期的大树，则需要适度加重修剪，调节花果的数量，进行更新复壮，以防止树体过早衰老。对于生长势过旺的树，不论其年龄阶段如何，修剪量都应适度轻剪，以促进花果的形成和结果；而对于生长势较弱的树，则需要加强土壤、肥料和水的综合管理，增强树势后再采取相应的修剪措施。

（三）栽植密度和栽植方式

在栽植密度较大的果园，果树的树冠较小，骨架较小，枝条级次较低。在进行修剪时，应特别注意控制枝条的开张角度，调控营养生长，抑制树冠过于庞大，促进花芽的形成。而在栽植密度较小的果园，则需要适当增加枝条的级次和总数量，以便快速扩大树冠，促进花果的形成。对于永久性植株，采取常规修剪措施时，既要关注树形的结构、层次，也要注重果树早期结果。对于临时性植株，在修剪时应尽量压缩树冠、控制营养生长，以促进早结果和多结果。当临时性植株影响永久性植株的树冠扩展时，及时对其进行回缩修剪、移栽、间伐或砍伐。

（四）果树的修剪反应

果树的修剪反应首先体现在局部，即在剪口或锯口下观察枝条的生长势、成花和结果情况；其次，在全树的整体长势上也能得到体现。一般而言，对于生长势旺盛的果树，其修剪反应较为敏感，而对于生长势较弱的果树则不太敏感；同时，具有较强萌芽力和成枝力的树种，如桃树、苹果中'红富士'对修剪反应较为敏感，重度修剪后可能导致枝条旺长，成花困难。

（五）果园的立地条件和管理水平

在土层薄、土质差、干旱的山地丘陵果园中，果树的树势普遍较弱，树体相对较矮小，但成花速度快、结果早。在这样的果园中，定干要矮，冠形控制要小，骨干枝要短，多短截，少疏枝，以维持树体的健壮生长，保持较多的结果部位。相反，在土层深厚、土质肥沃、肥水充足、管理水平较高的果园中，果树的树势普遍较旺盛，枝叶量大，成花相对较难，结果较晚。除了在建园时需增大株行距外，整形修剪时应注意选择大、中冠树形，轻度修剪树干，留多枝条，以缓和生长势头，减缓结果过程。主枝的数量宜较少，层间距应适当增大；加强夏季修剪，以缓解树体生长势，增加枝条级次，促进成花结果。在冬季气温较低的葡萄园，因需要将葡萄下架并埋土越冬，整形修剪时主干宜保持较低，芽眼的留量要适当增加。而在冬季不需要下架越冬的园区，修剪量可以相对较重，芽眼的留量也可适度减少。肥水管理水平也明显影响果树的生长发育，在整形修剪时应根据树势的强弱及对修剪反应的敏感程度采取相应的管理措施。同时，还需要考虑树形、花芽数量和病虫害情况等因素，以制定综合而有效的整形修剪方案。

四、基本修剪方法及其应用

（一）短截

其剪法是剪去一年生枝条的一部分。短截具有局部刺激作用，可促进剪口下侧芽的萌发，促进分枝。短截分为轻截、中截、重截、极重截4种。夏季修剪采用的摘心和剪梢实质上是对新梢进行短截：摘心是摘除新梢顶端的幼嫩部分，剪梢是剪去新梢前端的一部分。二者均能增加分枝，促进成花，控制生长。

（二）疏剪

又叫疏枝，是将枝条从基部剪除。疏剪对树体的影响与被疏去枝的大小、性质、生长势强弱及数量有关。抹芽和疏梢也属于疏剪。苹果萌芽后，抹除嫩芽称为抹芽或除萌。新梢生长期将新梢从基部去掉称为疏梢。它们在生产上常用于苹果定干后抹除方向不适当或部位不适当的萌芽，夏季疏去过密梢、病虫梢、背上直立徒长梢、大剪锯口下萌蘖及其他无用梢。

（三）回缩

也叫缩剪，即剪去多年生枝的一部分。回缩的作用是局部刺激和枝条变向。一方面回缩与短截相似，能使剪留部分复壮和更新；另一方面回缩时选留不同的剪口枝，可改变原来多年生枝的延伸方向。回缩作用的性质和大小因修剪对象、剪去枝的大小和性质、剪口枝的强弱和角度而有明显的差异。回缩主要用于：①平衡长势，复壮更新；②转换主头，改变骨干枝、延长枝的角度和生长势力；③培养枝组。

（四）缓放

又叫长放，甩放。对一年生枝不剪，叫缓放。缓放能缓和枝条长势，有利于养分积累，形成中短枝和花芽。应用缓放要做到"三看"：一看树势，要求被缓树营养生长良好，树势较强或中庸偏旺；二看品种，萌芽成枝力强或中等的品种，如'红星'系、'红富士'系缓放效果明显；三看枝条，一般平生、斜向生长的中庸枝和下垂枝可适度放宽修剪，而对于直立枝、强旺枝、徒长枝、呈锥形的枝条以及衰弱的枝条则不宜缓放。

（五）弯枝

也叫曲枝。弯枝可在全年进行，但一般以夏秋季采用效果较好。常用的弯枝方法有拉枝、别枝、撑枝、坠枝等。使用弯枝技术应注意三点：一要选准着力点，即拉、别、撑、坠的支撑点，使枝条开角后仍趋于直线，避免成为弓形枝；二要保护枝条，防止劈裂，实施弯枝时，应在枝条的着力点上垫衬柔软物品，以避免损伤树皮；三要在弯枝后及时抹芽，防止背上抽生直立旺枝。

（六）伤枝

凡是对枝条造成伤害，以达到一定修剪目的的方法都可以称为伤枝。伤枝技术多在夏剪时采用，具体方法有刻伤和环割、环剥、扭梢、拿枝等。

1）刻伤和环割。刻伤也叫目伤，是在春季萌芽前采取的一种操作。在枝或芽的上（或下）约0.5cm处，利用刀（或锯）对皮层进行横割，深达木质部且形成月牙形切口。芽上刻伤能促进该芽萌发，旺盛生长；芽下刻伤则抑制其生长。环割是在枝干上用刀剪或锯环切1圈，深达木质部。苹果修剪时，常在需要生枝的部位（如主枝两侧或中干等）刻伤或环割，使其发枝。

2）环剥。在果树生长期内将枝干的韧皮部剥去一圈，叫环剥。环剥能使剥口以上部分积累有机营养，有利于花芽分化和坐果，同时促进剥口下部发枝。

3）扭梢。在新梢生长旺盛的时期进行。当新梢长到约 30cm 且基部开始半木质化时，将直立生长、与竞争梢在基部约 5cm 处扭转 90°～180°，使其受伤后平伸或下垂于母枝旁。

4）拿枝。也叫捋枝，在 7～8 月新梢木质化时，从基部到顶部逐步使新梢弯曲成水平或下垂状态，伤及木质部且响而不折。

五、常见树形

根据树体形状及树体结构，果树的树形可分为有中心干的树形、无中心干的树形、扁形、平面形和无主干的树形。有中心干的树形有：疏散分层形、纺锤形和圆柱形等；无中心干的树形有自然圆头形、自然开心形、多主枝自然形；扁形有篱架形；平面形有棚架形；无主干的树形有丛状形。各地应根据当地自然条件、果树种类和品种总结各类高产、稳产、优质树形的经验，结合栽培技术灵活掌握（图 6-7）。

彩图

樱桃多主枝自然形	李树自然开心形	梨树疏散分层形
苹果圆柱形	柚子自然圆头形	苹果改良纺锤形
蓝莓丛状形	猕猴桃棚架形	葡萄篱架形

图 6-7 常见果树树形

（一）多主枝自然形

多主枝自然形顺其自然生长，不分层，多主枝，根据树冠大小培养若干侧枝。该树形构成容易，树冠形成快，早期产量高。该树形常用于杏、李和樱桃等核果类果树。

（二）自然开心形

自然开心形没有中心干，在主干上错落着生，直线延伸，主枝直线延长；主枝上着生侧枝，结果枝组和结果枝分布在主侧枝上。这种树形生长健壮，结构牢固，通风透光良好，结果面积大，适于喜光的核果类果树，梨和苹果也有应用。

（三）疏散分层形

干高 40~60cm，主枝一般 5~7 个，主枝与中心干夹角 50°~70°；每一主枝上侧枝数目是 2~4 个，第 1 层主枝较大，侧枝数目可多些，上层主枝较小，侧枝数目少些。第 1 侧枝与中心干保持 60cm 左右，第 2 侧枝与第 1 侧枝保持 40cm 左右，第 3 侧枝与第 2 侧枝保持 60cm 左右。该树形常用于苹果、梨、枇杷、芒果等果树。

（四）圆柱形

树高控制在 2.5~3m，冠径 1.2~1.5m。主要在中心干上直接着生结果枝组，上下冠径差别不大，适用于高度密植栽培。该树形较适用于苹果、梨、柑橘等果树，广泛用于矮化密植园。

（五）自然圆头形

在主干长到一定高度时进行剪截，并疏除多余的主枝，保留 3~4 个均匀排列的主枝。每个主枝上再保留 2~3 个侧枝，形成树体的整体骨架，自然形成圆头状。这种树形通常适用于柑橘、枇杷、荔枝、龙眼等常绿果树，以及梨、栗等其他果树。

（六）纺锤形

树体基部配备 3 个主枝，基角约 70°。在中心干上层不配备主枝，每隔约 30cm 配备长轴形结果枝组，确保枝组的基角保持在 80°~90°。该树形常用于梨、李、矮化或半矮化砧苹果树等。

（七）丛状形

丛状形适用于灌木果树，无主干，由地表分枝成丛状，整形简单，成形快，结果早。中国樱桃、石榴和蓝莓等果树常用这种树形。

（八）棚架形

采用棚架栽培时，果树的主枝固定在水平棚架上，这样能够获得更大的受光面积，有利于提高果实的品质。苹果、梨、桃、葡萄、猕猴桃等果树均可采用棚架种植模式。在不同地区，根据果树栽培方式可选择适宜的水平棚架或倾斜棚架整枝。例如，在寒冷地区栽培苹果、桃等果树时，冬季需土埋越冬，其树冠多按照扇形、果盘形等匍匐形的整枝。

（九）篱架形

架面与地面垂直，外观像篱笆故称篱架。依据不同物种、品种生长特性，可采用单篱架、双篱架和"Y"字形。主枝缚在篱架上，篱架高 1.2~2.5m，结果早，品质好，便于管理。主要应用于苹果、梨和桃等果树上。

六、果树整形修剪的时期及方法

在过去较长一段时期内，果树整形修剪通常只在冬季进行，因此也被称为冬季修剪。随着科技的进步和修剪技术的发展，如今大多数果树都可根据生产中实际需求在一年中的不同时期进行修剪。依据不同时期，果树的修剪主要分为休眠期修剪和生长期修剪两种。

（一）休眠期修剪

冬季修剪即休眠期修剪，是指从冬季果树完全落叶到第二年春季发芽前进行的修剪。在秋冬季果树正常落叶前，树体的养分逐渐由叶片转移到枝条，由一年生枝条转向多年生枝条，同时由地上转运到地下贮藏在根系中。因此，果树冬季修剪的最适宜时间是在果树完全进入正常休眠时。修剪时间过早或过晚都可能导致较多的营养损失，特别是对于弱树更应注意选定适当的修剪时间。此外，一些树种如猕猴桃、葡萄，若春季修剪时间过晚，易引起伤流而损失部分营养，虽不至于导致树体死亡，但会削弱树势。核桃树在休眠期修剪时容易发生大量伤流，削弱树势，因此，核桃树更适宜在春季和秋季进行修剪。果树冬季修剪的方法主要包括疏枝、回缩、刻伤和拉枝。疏除病虫枝、过密枝、并生枝、交叉枝、徒长枝以及过多过弱的花枝，适当缩短骨干枝、辅养枝和结果枝组的延长枝，可以更新结果枝；回缩过大、过长的辅养枝、结果枝组或树势衰弱的主枝头；刻伤特定部位，促进枝和芽转化为强枝、壮芽；拉枝调整骨干枝、辅养枝和结果枝组的角度和延伸方向。

（二）生长期修剪

花前复剪通常在萌芽期能够清晰看到花芽时进行，旨在调整叶芽和花芽的比例，以克服"大小年"现象。对于大年的树，如果花芽数过多，可以适度疏除一部分花芽；而对于小年的树，常因冬季修剪留下的枝条过多，复剪时可以将过密而无花芽的枝条疏去或回缩。

除了葡萄外，许多果树都可以在春季进行修剪。春季修剪主要采用疏枝、刻伤、环剥等方法，以调节树势，提高芽的萌发力，并促使中、短枝的生长。这些方法适用于枝量较少、生长势头旺盛、结果较晚的树种或品种。通过疏剪花芽，调节花、叶芽比例，有助于丰产和稳产；适当疏除或回缩过大的辅养枝或枝组，有助于改善通风、透光条件，提高优质果品的产量。春季修剪时，要注意修剪量不宜过大。由于春季萌芽后，树体贮备的营养已经被萌动的枝、芽所消耗，如果将这些枝、芽剪去，下部的芽将重新萌发，会消耗更多的营养并推迟生长。因此，春季修剪主要适用于幼树和旺树，不宜连年过度使用。如果有的果树花芽在冬季修剪期间不容易识别，萌芽后再进行修剪；对于容易发生冻害的树种，也可以留待萌芽后再进行修剪。

夏季修剪对树体的营养生长有较大的抑制作用，因此修剪量也不宜过重。夏季修剪能够及时调节营养生长和果实发育之间的平衡，促进花芽分化和果实的发育；同时，可以充分利用一些果树二次生长的特征，调整或控制树冠，有利于培养结果枝组。夏季修剪主要包括剪梢、拧枝、扭梢、环利、环刻等方法，可依据果树具体情况灵活运用。夏季修剪在幼树和生长势头旺盛的树上效果较为显著。

视频：夏季修剪

秋季修剪是在新梢停止生长后、进入相对休眠期之前进行。在此期间，树体开始贮存营养物质，适度的修剪使得树体紧凑，改善通风、透光条件，可以充实枝、芽，复壮内膛枝条。秋季修剪疏除大枝后所留下的伤口，其反应比冬季修剪时较为温和，有助于抑制徒长。秋季修剪也类似夏季修剪，在幼树和生长势过于旺盛的树上应用较多，对于控制密植园树冠交接有明显效果，其抑制旺长的作用相对夏季修剪较弱，但比冬季修剪效果强。

第五节 花果管理

一、花果数量调节

（一）保花保果

在开花、坐果时期实施保花、保果措施是提高坐果率，保证果树获得丰产、稳产的重要环节，特别是对初果期的幼树和自然坐果率偏低的树种、品种尤为重要。

1. 创造良好的授粉条件　　对异花授粉品种应合理配置授粉树，并辅以相应措施，以加强授粉效果。缺乏授粉品种或花期天气不良时，应该进行人工授粉。人工辅助授粉可使坐果率提高 70%～80%。尤其是开花期遇到连日阴雨和花朵遭受冻害时，可实行人工点花授粉。

2. 花期放蜂授粉　　对于虫媒花果树如苹果、梨、桃等，在果园内放养蜜蜂是我国常用的辅助授粉方法。蜂种选用耐低温、抗逆性强的中华蜜蜂。密植园每行或隔几行放置。蜂箱在开花前 3～5d 搬到果园中，以保证蜜蜂顺利适应新环境，在盛花期到来时能够正常进行出箱活动。当花期遇阴雨、大风或温度低于 15℃ 的低温天气时，应配合人工辅助授粉。

3. 花期喷水　　果树开花时，如气温高，空气干燥时，可在果树盛花期喷水，增加空气相对湿度，有利于花粉萌发。

4. 化学控制技术　　花期可喷施 5000～6000 倍植物生长调节剂、200mg/L 赤霉素＋0.2% 硼砂＋2% 蔗糖，以提高果树坐果率。

5. 高接授粉花枝　　当授粉品种缺乏或不足时，可在树冠内高接带有花芽的授粉品种枝条。对高接的授粉花枝于落花后做疏果工作。

6. 其他措施　　通过环剥、摘心和疏花等措施调节树体内的营养分配转向开花坐果，使有限养分优先输送到子房或幼果中以促进坐果。例如，花期主干环剥提高坐果率，效果显著；苹果中 '美夏' '倭锦' '元帅' 系及 '乔纳金' 品种，在盛花期和落花后环剥也可以起到促进坐果的作用。葡萄花前主、副梢摘心，生长过旺的苹果、梨，于花期对外围新梢和果台副梢摘心，均有提高坐果率的效果。生产上多种果树的疏花，核桃去雄，葡萄去副穗、掐穗尖等均可提高坐果率。此外，果实套袋、树冠上用塑料薄膜覆盖可及时防治病虫害，预防花期霜冻和花后冷害，避免旱、涝等。

（二）疏花疏果

1. 意义及作用　　疏花疏果具有提高坐果率、克服大小年、提高品质、保持树体健壮等作用。其主要作用是保花保果，提高坐果率。通过疏除花芽，调节分化期树体内赤霉素的含量水平，从而保证每年都形成足够量的花芽，克服大小年，保证树体稳产丰产。疏除过多的果实，使留下的果实能实现正常的生长发育，提高果实品质。疏除过多的花果，有利于枝叶及根系的生长发育，使树体贮藏营养水平得到提高，进而保证树体的健壮生长。

2. 合理负载量的确定　　确定合理的果实负载量是正确应用疏果技术的前提。不同的树种、品种，其结果能力有很大的差别。即使相同的品种，处在不同的土壤肥力及气候条件下，其树势及结果能力也不相同。生产上确定果树负载量主要依据以下几项原则：第一，保证良好的果品质量；第二，保证当年能形成足够的花芽量，生产中不出现大小年；第三，保证果树具有正常的生长势，树体不衰弱。

目前，确定适宜留果量的方法主要有经验法、干周和干截面积、叶果比和枝果比、距离法等。这些参考指标在实际应用中需结合当地果树生长实际情况作适当调整，使负载量更加符合树体实际。

（1）距离法　即按照一定的距离留果。有经验的果农多用此法，且较易掌握。其要求是，果与果之间应根据不同品种果的大小来确定。一般'嘎拉''元帅'系短枝型品种，每15～20cm留1个果，即果间距为15～20cm；'乔纳金''秦冠'等品种每20cm留1个果；'红富士'等品种每20～25cm留1个果。

（2）经验法　这是目前大多数果园所采用的方法。通常根据树势强弱和树冠大小，结合常年的生产实践经验来确定果实保留数量。树势强和树冠大的多留果，反之少留果。在苹果园中，可根据新梢的生长势特别是果台副梢的生长势来确定留果量。经验法简便易行，但操作中没有固定的标准，灵活性强，如判断失误，易造成不良后果。

（3）枝果比　枝梢数与果实数的比值，是用来确定留果量的一项参数，是苹果、梨等果树确定留果量普遍参考的指标之一。枝果比通常有两种表示方法，一种是修剪后留枝量与留果量的比值，即通常所说的枝果比；另一种表示方法是年新梢量与留果量的比值，又叫梢果比。梢果比一般比枝果比大 1/4～1/3，应注意区分二者，以确定合理的留果量。适宜的枝果比，有助于花芽形成，增进果实品质，稳定树势，克服大小年。枝果比与叶果比在一定范围内是基本对应的，因此应用枝果比确定留果量时可参考叶果比指标。据调查，树势稳定的盛果期苹果树，当梢果比为3时，叶果比为39～45；梢果比为5时，叶果比为65～75。在当前的生产条件下，小型苹果品种梢果比为3～4，大果型品种梢果比为5～6；梢果比比枝果比大1/4～1/3。小型梨品种枝果比为3左右；大型梨品种枝果比为4～5。枝果比因树种、品种、砧木、树势及立地条件和管理水平的不同而异，因此，在确定留果量时应综合考虑。

（4）叶果比　指总叶片数与总果数之比，是确定留果量的主要指标之一。每个果实都以其邻近叶片供应营养为主，所以每个果必须要有一定数量的叶片生产出光合产物来保证其正常的生长发育。对同一种果树、同一品种，在良好管理的条件下，叶果比是相对稳定的。例如，苹果的叶果比如下：乔砧树、大型果品种为40～60；矮砧树、中小型果品种为20～40。鸭梨叶果比为30～40。西洋梨为40～50。柑橘中温州蜜柑为20～30。甜橙45～55。桃30～40。根据叶果比来确定负载量是相对准确的方法，但在生产实践中，由于疏果时叶幕尚未完全形成，叶果比的应用有一定困难，可参考枝果比、果间距及经验指标，灵活运用。

3. 疏花原则　果树疏花原则是"看树定产""按枝定量"。"看树定产"就是看树龄、树势、品种特性及当年花果量，确定单株适当的负载量。"按枝定量"就是根据枝条生长情况、着生部位和方向、枝组大小、副梢发生的强弱等来确定留果量。一般经验是强树、强枝多留，弱树、弱枝少留；树冠中下部多留；上部及外围枝少留。

4. 疏花　对花序较多的果枝可隔1个去1个，或隔几个去1个，疏去花序上退开的花，留下优质早开的花。疏果先疏去弱枝上的果、病虫果、畸形果，然后按负载量疏去过密过多的果。对于核果类果树一般花序都留单果，去小留大、去坏留好，先上后下、由里及外，防止损伤果枝。

5. 疏果　适宜的留果量，应根据树龄、树势、品种特性及栽培管理水平等情况综合考虑，生产上可采用叶果比法、枝果比法、干截面积法和果实间距法等方法进行。

（1）按枝配果，分工协作　　按枝配果是将全树应负载留果数，合理分配到大枝上。分配依据是每个枝的大小、花量、性质、位置等，如辅养枝、强枝和大主枝可适当多留。多人共同疏除一株树时，应分配好每人疏除的范围和留果量，并指定一人负责检查，防止漏疏。

（2）科学安排，循序渐进　　疏花疏果顺序是先上部后下部，先内膛后外围。为防止漏疏，可按枝条自然分布顺序由上而下，每枝从里到外进行；同一个果园应根据品种开花早晚、坐果率高低，先疏开花早、坐果率低的品种，再疏开花晚、坐果率高品种；同一品种内，先疏大树、弱树和花果量多的树。

（3）按距留果，注意位置　　果实间距决定留果数量，而果实着生果枝的年龄、部位、方向和果实着生位置及状况则影响果实质量。具体操作时，要同时兼顾上述因素。同时要选留 3～4 年生基枝上着生中、长果枝和有一定枝轴长度、结果易下垂的短果枝，最好是母枝两侧着生的果枝。但不同年龄果枝的结果能力因品种而异，可通过调查确定。果实应选下垂状态果和侧生果枝弯曲下垂果。最好是果形端正、高桩、无病虫害、果肩平整。要疏除直接从骨干枝长出的果枝和大枝背朝上的果枝上的幼果。

（4）及时复查，补充疏除　　全树疏除工作结束后，应绕树一周仔细检查核对全树留果总量，漏疏部分及时进行补疏。

二、果实管理

果实管理主要是为提高果实品质而采取的技术措施。果实品质包括外观品质和内在品质。外观品质包括果实大小、形状、色泽、整齐度、洁净度、有无机械损伤及病虫害等方面；内在品质包括果实风味、肉质粗细、香气、果汁含量、糖酸含量及其比例和营养成分等方面。对有些树种、品种还应考虑其耐贮性和贮藏特点。

1. 果形调控　　果实形状和大小是重要的外观品质，直接影响果实的商品价值。不同品种有其特殊的形状，如鸭梨在果梗处有"鸭头状突起"；'元帅'系苹果要求高桩、五棱突出等。有些果树如葡萄、枇杷等，其果穗大小、形状、果粒大小、整齐度等也各不相同，消费者不但要求果实风味好，而且要求果实具有良好的外观。努力提高果实外观品质，是适应目前竞争日益激烈的市场、提高果树生产效益的重要措施之一。果形除取决于品种自身的遗传性外，还受砧木、气候、果实着生位置和树体营养状况等因素的影响，进而产生较大的变化

（1）树种、品种　　果实原形状首先受其遗传特性的影响。不同品种，其果形相对稳定。

（2）砧木　　相同的品种，嫁接在生长势强的砧木上比嫁接在生长势弱的砧木上所结果实果形指数大。果形指数是果实的纵径与横径之比。对有些果树如苹果，果形指数是反映其品质好坏的重要指标，果形指数大的果实商品性较好。

（3）气候　　对许多果树的研究表明，春末夏初的冷凉气候条件有利于果形指数的增加，如在我国西北地区'红星'苹果果形指数较大。

（4）着果位置　　花序基部序位的果实，具有典型鸭梨果形的果实比例较高，随着序位的增加，其比例降低。'富士'苹果中，着生在中长果枝上的下垂果，果形指数较大，果实端正。反之，着生在靠近大枝上的侧生果果形指数较小，易发生偏果。因此，在疏花疏果时，鸭梨应尽量保留下垂果。

（5）树体营养状况　　大部分果树在花期前后要进行果实细胞分裂，此时，果树的营养状况对果实大小和形状有很大影响。苹果在大年时果个小、果形扁。大量的研究结果证明，凡是

能够增加树体营养的措施，特别是能增加贮藏养分水平的措施，都有利于果实果形指数的提高。

（6）生长调节剂　　果实发育受多种内源激素的调节。应用生长调节剂可以在很大程度上改变某些果树果实的果形。'元帅'系苹果在盛花期喷施 500~800 倍的普洛马林，可明显提高果形指数且五棱突出，显著改善外观品质。

2. 促进果实着色技术　　果实着色程度是其外观品质的又一重要指标，它关系到果实的商品价值。果实着色状况受多种因素的影响，如品种、光照、温度、施肥状况和树体营养状况等。在生产实际中，要根据具体情况，对果实色素发育加以调控。

（1）改善树体光照条件　　光是影响果实红色发育的重要因素。要改善果实的着色状况，首先要有一个合理的树体结构，保证树冠内部的充足直射光照。我国在苹果上传统的树形主要是疏散分层形。该树形树冠过大，留枝量过多，会造成树冠郁蔽，冠内光照不良。目前，大量应用纺锤形或细长纺锤形树形，改善了冠内的光照，叶果比适宜，有利于果实中糖分积累，从而增加果实着色，提高了优质果的比例。

（2）科学施肥，适时控水　　增加果树有机肥施入，提高土壤有机质含量，均有利于果实着色。矿质元素含量与果实色泽有密切关系，果实发育后期不宜施以氮肥为主的肥料。在施肥技术上，利用叶片营养诊断指导果树配方施肥。果实发育后期即采收前 10~20d 控制灌水，保持土壤适度干燥。

（3）果实套袋　　果实套袋最初是为防止果实病害而采取的一项管理技术措施。在应用中发现，套袋除可防止果实病害外，在成熟前摘袋，还可促进果实的着色。果实套袋在苹果、梨上应用最为广泛，一半以上的苹果园、梨园采用果实套袋，其次是桃园。近年来，随着人们生活水平的提高，葡萄、杏、李、猕猴桃、草莓等树种果实套袋技术也在管理水平较高的果园广为采用。果实套袋对提高果实外观品质效果显著，除可促进果实着色，减轻果实病虫害外，还具有提高果面光洁度、减轻果实中农药残留等作用。在雹灾频繁发生的地区，还具有避免或减轻雹害的效果。

（4）套袋时间　　套袋时间一般应掌握在可套范围内越早越好。不同树种、不同品种，在套袋时间上有早有晚。不宜产生水锈的白梨、秋子梨系统品种（如'鸭梨''砀山酥梨'和'京白梨'等）和砂梨系列的褐色品种，一般在生理落果后进行。黄金梨等一些黄色砂梨品种一般应用 2 次套袋方法：套小袋应在生理落果前完成，大袋可推迟到果实膨大期之前。对于易产生果锈的梨品种，如'雪花梨''新世纪'套袋时间可适当向后推迟。苹果套袋时间一般在 6 月生理落果后进行，但像'翠冠'易产生果锈的品种套袋时间应提前，应该像'黄金梨'一样进行 2 次套袋。桃、杏、李生理落果严重，套袋时间在生理落果后进行；葡萄套袋时间在落花后应及早进行。

（5）套袋果实后期管理　　对于不需要果实着色树种、品种，果实袋在果实采收时连同果实一块采下，然后去掉果实袋即可。需要果实着色树种、品种，在果实采收前 15~20d 先解除果实袋，然后再进行摘叶、转果、铺反光膜及叶面喷微肥等。

3. 提高果面洁净度　　在生产上能够提高果实洁净度的措施主要有：①果实套袋。②合理使用农药，农药使用的时期及浓度不当，会造成果锈加重。苹果的某些品种如'金冠'，在幼果期喷施波尔多液，可在一定程度上减轻果锈的发生。③加强植物保护，防止果面病虫害。④喷施果面保护剂，如苹果喷施 500~800 倍高脂膜或 200 倍石蜡乳剂等，均可减少果面锈斑或果皮微裂，对提高果实外观品质明显有利。⑤洗果。果实采收后，分级包装前进行洗果，可洗去果面附着的水锈、药斑及其他污染物，保持果面洁净光亮。

4. 防治采前落果

（1）防治由于品种造成的采前落果　　采前落果是指在果实成熟前不久，品种特性使枝条与果柄间或果柄与果实间形成离层，果实非正常脱落的现象。采前落果对产量和经济效益都有影响，严重时，可造成经济收益的大幅度降低。例如，苹果品种'红津轻'是品质优良的中、早熟品种，但由于采前落果严重，其在我国的推广受到严重阻碍。采前落果主要是由品种特性造成的。目前，对采前落果唯一有效的防治方法是施用植物生长调节剂。我国在生产上广泛应用 NAA 防止苹果采前落果，适宜浓度为 30～50mg/L。适用时期为采前 30d 及采前 15d 各喷施 1 次。NAA 除对苹果有效外，对防止梨的采前落果也有较好效果，其施用时期与苹果相同，但施用浓度低于苹果，为 20～30mg/L。

（2）防治由于灾害造成的采前落果　　灾害性落果主要是指在果实成熟前大风、干旱、病虫等灾害造成的果实脱落。对灾害性落果的预防，应针对具体情况，采取相应措施。具体从 3 个方面着手：一是防风，大风是造成灾害性落果的最主要原因，生产上应加强防风，特别是在采收前经常发生大风的地区要加强风灾的预防；二是合理灌溉，其目的是减轻干旱造成的落果；三是加强后期植物保护工作。

三、果实采收与采后处理

1. 采收前准备

（1）产量估算　　在采收前需对果园的产量进行估测。之后根据估产的结果，合理安排劳力，准备采收前用具和包装材料等。估产一般在全年进行 2 次：6 月落果后和采前 1 个月，后一次尤为重要。估产的方法是根据果园的大小，按对角线方式随机抽取一定数量的果树，调查其产量情况，再换算成全园的产量。抽样时应注意：所调查的树应具有代表性，要避开边行和病虫害严重危害的树。调查时一般抽样为 10 株/hm²。

（2）采收工具准备　　产量估算后应根据劳力状况合理安排采收进程，并准备采收用具。我国采收多用果筐，筐内垫衬柔软材料，以防止果实碰伤。

2. 采收期确定　　采收的早晚对果实产量、品质及耐贮性都有很大影响。采收过早，果个小，着色差，可溶性固形物含量低，贮藏过程中易发生皱皮萎缩；采收过晚，果实硬度下降，贮藏性能降低，树体养分损失大。适期采收果实产量高，品质及耐贮性好。

（1）果实成熟度　　果实成熟度分为可采成熟度、食用成熟度和生理成熟度：①可采成熟度。果实已达到应有大小与重量，但香气、风味、色泽尚未充分表现品种特点。果肉硬度大，肉质还不够松脆，不适宜立即鲜食。用于贮藏、加工、蜜饯或市场急需，或需长途运输，可于此时采收。②食用成熟度。果肉已充分成熟，果实风味品质都已表现出品种应有的特点，在营养价值上也达到最高点，是食用的最好时期。适于供应当地销售，不适于长途运输和长期贮藏。作果酒、果酱、果汁加工用也可在此期采收。③生理成熟度。果实在生理上已达到充分成熟，果肉松软，种子充分成熟。水解作用加强，品质变差，风味转淡，营养价值下降，已失去鲜食价值，一般供采种用或食用种子的，应在此时采收。

（2）判断果实成熟度方法　　①根据果实生长日数。在同一环境条件下，各品种从盛花到果实成熟，各有一定的生长日数范围可作为确定采收期的参考，但还要根据各地年气候变化、肥水管理及树势旺衰等条件决定，如柿约为 160d；桃早熟品种约为 60d，晚熟品种约为 200d。②果皮色泽。果实成熟过程中，果皮色泽有明显的变化。判断果实成熟度色泽指标，是以果面底色和彩色变化为依据。绿色品种主要表现为底色由深绿变浅绿再变为黄色，即达成熟。但不同种类、品种间有较大差异。红色果实则以果面红色的着色状况作为果实成熟度重要的指标之一。③果肉硬度。果实在成熟过程中，原来不溶解的原果胶变成可溶性果胶，其硬度则由大变小，据此可作为采收的参考。但不同年份，同一成熟度果肉硬度有一定变化，可用果实硬度计连年测定果肉硬度，积累经验加以判定。④含糖量。随着果实成熟度增加，果实内可溶性固形物含量逐渐增加，含酸量相对减少，糖酸比值增大，如葡萄采收时期，常根据果中可溶性固形物含量的高低及果粒着色程度来确定。⑤种子色泽。种子成熟时的色泽是判断果实成熟度的一个标志，大多数果树可依此作为判断成熟度的方法之一。⑥果实脱落的难易程度。核果类和仁果类果实成熟时，果柄和果枝间形成离层，稍加触动，即可脱落，故可以此判断成熟度。但有些果实，萼片与果实之间离层形成比成熟期迟，则不宜作为判断成熟度指标。⑦碘-淀粉反应。一些树种的果实如苹果在成熟前含有较多淀粉，成熟后果实中的淀粉被分解为糖。利用碘化钾与果实中的淀粉反应产生紫色的程度，可判断果实的成熟度。

采收期的确定除要考虑果实的成熟度外，更重要的是要依据果实的具体用途和市场情况，如不耐贮运的鲜食果应适当早采，在当地销售的果实要等到接近食用成熟度时再采收。如果市场价格高、经济效益好，应及时采收应市。相反，以食用种子为主的干果及酿造用果，应适当晚采。有些果树种的果实需经过后熟才可食用，如西洋梨、涩柿、香蕉等。这些果实在确定采收期时，主要根据果实发育期、果实大小等指标而定。

3. 果实采收　采收果实方法根据是否使用机械，可分为人工采收和机械采收两类。一般鲜食果品多数都采用人工采收，加工果多采用机械采收。

（1）采收时间　采收时间宜在晴天或阴天进行，雨天、雨后有雾和露水未干不宜采收。

（2）采果要求　采收时必须谨慎从事，轻拿轻放，保护果实本身的保护组织，如茸毛、蜡粉等不可擦去，应尽量避免损伤果实，如压伤、指甲伤、碰伤、擦伤等，特别是机械损伤。为减轻果实受到伤害，采收时最好戴手套。一株树采收时应按"先下后上、先外后内、由近及远"的顺序进行。对果实柔软的切勿摇动果枝。采果时还要防止折断果枝，碰掉花芽和叶芽。注意尽量避免碰伤枝芽。对成熟度不一致的树种或品种应分期采摘，以提高果实品质和产量。

（3）采收方法　采收方法如下所述：①人工采收。对果柄与果枝易分离树种，如核果类和仁果类果树可用手直接采摘，对葡萄等果柄不易脱离的果实，应用剪刀剪取果实或果穗。仁果类采收时用手轻握果实，食指压住果柄基部，向上侧翻果实，使果柄从基部脱离。采收果实时应注意要保留果柄。核果类中的桃、杏等果实果柄短，采收时不留果柄。采收时应用手轻握果实，并均匀用力转动果实，使果实脱落。樱桃采收时应保留果柄。部分蟠桃及中华寿桃果柄很短、梗洼较深，在采收时近果柄处极易损伤，最好用剪刀带结果枝剪取果实。②机械采收（图6-8）。机械采收是将来果树生产发展的方向。但现在采收机械还不完善，完全的机械采收还主要用于加工果实。机械采收在国内应用较少，在国外机械采收主要有机械振动和机械辅助采收两种方法。

4. 采后处理

（1）果实清洗与消毒　果实清洗主要是除去果面上的尘土、残留的农药和病虫污垢等（图6-8）。常用的清洗剂主要有稀盐酸（HCl）、高锰酸钾（K_2MnO_4）、氯化钠（NaCl）、硼酸（H_3BO_3）等的水溶液。果实清洗剂种类很多，应根据果实种类和主要清洗物进行筛选。但无论何种清洗剂，必须可溶于水，具有广谱性，对果实无药害且不影响果实风味，对人体无害并在果实中无残留，对环境无污染。

彩图

机械辅助采收

果实清洗

果实分级

图 6-8 果实机械采收及采后处理

（2）果实涂蜡　在果面涂上一薄层蜡可增加果实光泽，减少在贮运过程中果实水分的损失，防止病害侵入。果实涂蜡成分主要是天然或合成的树脂类物质，并在其中加入一些杀菌剂和植物生长调节剂。涂蜡时要求蜡层薄厚均匀，不宜过厚。

（3）分级　果实在包装前要根据国家规定的销售分级标准或市场要求进行挑选分级（图6-8）。果实分级后，同一包装中果实应大小整齐、质量一致。同时，在分级过程中应剔除病虫果和机械伤果。果实分级以果实品质和大小两项内容为主要依据。通常在品质分级基础上，再按果实大小进行分级。品质分级主要以果实的外观色泽、果面洁净度、果实形状、有无病虫危害及损伤、果实中可溶性固形物含量、果实成熟度等为依据。果实大小分级取决于树种、品种，果形较大的分为 4～5 级，如苹果、梨、桃等；果形较小的，如草莓、樱桃等一般只分 2～3 级。此外，果实分级有时还取决于果实的用途，如酿酒用葡萄主要依据可溶性固形物的含量和酸含量分级，而鲜食葡萄主要根据果穗大小和果粒大小、果实颜色分级。

（4）包装　包装就是将采收的果实包装在一定的容器中。其可减少果实在运输、贮藏、销售中由于摩擦、挤压、碰撞等造成的伤害，使果实易搬运、码放。作为包装的容器应具备一定的强度，保护果实不受伤害；材质轻便，便于搬运；容器形状应便于码放，适应现代运输方式且价格便宜。我国目前的包装材料主要为纸箱、木箱等。包装的大小应根据果实种类、运输距离、销售方式而定。易破损果实的包装要小，如草莓、葡萄等；苹果、梨等可适当大些，为搬运方便，一般以单箱果品毛重 10～15kg 为宜。进行包装和装卸时，应轻拿轻放，避免机械损伤。在包装外面注明产品商标、品名、等级、规格、重量、粒数、产地、特定标志、包装日期等内容。

5. 果实预冷与贮藏　果实采后及时预冷可以显著降低果实的呼吸强度，减少水分的蒸发和贮藏、运输过程中病害的发生，有效地延长果实的贮藏保鲜期。最原始的预冷方法，是采后将梨果在背阴的地方放置一段时间进行自然降温，但这种预冷方式降温速度很慢。进行大量人工或机械预冷的主要方法有低温预冷、冰水预冷和真空快速预冷等。①低温预冷，将经过商品化处理的果实，放在 0℃左右的环境条件下进行预冷，使温度逐渐降至 1～2℃为止。②冰水预冷，将果实直接浸入 0～1℃的冰水内经 10～15min，就可把果温将至 1～2℃。要求水温不能上升到 2℃以上。③真空快速预冷，将果实放在真空快速预冷机内，经 20～30min，就可将果温降至所需要的预冷温度。真空预冷机，只要把压力降到 4.5mm 水银柱内，水温即可达到 0℃。一次预冷果量可达到 0.3～1.5t。此外，梨园自备的小型冷库可以在冷凉的早晨采收及时入库和傍晚采收平摊果实晾一夜，第二天气温回升以前入库，可以有效地减少田间热，同时可以节省大量的能源。

6. 贮藏方式 窖藏：在北方果树产地多用窖藏。将适时采收的梨分等分级，当果温和窖温都接近0℃时可入窖。入窖时将不同等级的梨分别堆放，一般不再进行挑选。果实入窖贮藏时，要一层层地摆好。摆果高度50～60cm，每平方米可贮藏200kg以上。摆果时，窖内要留有一定的通道，以便于管理。为充分利用窖内空间，扩大贮果量，果实也可箱装或筐装，在窖内码垛贮藏。

冷藏：部分果实可直接入0℃冷库预冷。贮藏条件为果实温度0～5℃，相对湿度85%～90%。入库后果箱要按品种、等级堆垛，并保持垛形整齐。垛与垛之间要留有0.5m的空间，箱或筐之间要留有1～2cm的空隙，不要紧贴。堆垛要离墙面20cm，低于库内喷风管0.5m，垛底要垫15cm高的木料，还要留有1.2m宽的通道。正常贮存时，库内温度变化不应超过1℃，可设置温度监控器探头，每库分6个点排布监测点。发现温度死角要及时调整喷风嘴的风量，或增设小型风扇进行局部强制通风降温。靠近冷风机处要用帆布或草帘覆盖，防止果实发生冷害、冻害。要尽量减少库门的开关次数，防止门旁的果垛温度波动过频，但当库内发现异味如梨的香气时，要及时在夜间进行通风。为节省冷库能源，深秋、初冬或初春季节可用抽风机抽取自然冷源降温。

气调贮藏：砀山酥梨最佳贮藏温度为0～1℃，相对湿度为90%～95%，$CO_2 \leqslant 2\%$，O_2浓度为3%～5%。一般用不透气的聚乙烯膜材料制成气压袋，袋子的容积为库容的2%～3%，设在库外，用管子与库内相通。当气压发生变化时，袋子膨胀或收缩，使库内外气压保持平衡。气调库必须有很好的气密性，同时又能使库内气体循环流通，以便及时去除库内贮藏果实产生的挥发性的有害气体。气调库贮果期间，工作人员进库时必须戴有氧气面罩，氧气罐及面罩要严格检查，不得漏气。为防止意外事故发生，库内外要设有报警装置。库内有人员工作时，要在门旁留人监视，以确保安全。

果园机械化是果树栽培与生产管理向现代化发展的重要支撑技术。果园生产管理包括果树苗木繁育、栽植建园，果园的耕作、土壤管理、施肥、灌溉，果树的修剪整枝、花果管理、病虫害防治，果园自然灾害的监测、预报和预防，果实的采收、运输、分选、储藏等环节。本章将分别介绍果园机械化与信息化关键技术装备的工作原理、结构组成及其应用情况。

第一节　果园机械化技术概述

果园机械是指在果树栽培和生产管理过程中所使用的机具和装备，使用果园机械能抢季节、保农时、增强果树抗御自然灾害的能力，促进果园高产稳产，同时可提高劳动生产率，减轻劳动强度，减少劳动用工量，降低果品生产成本。随着果树矮密集约栽培技术和现代规模化新型果园的发展，果园机械化与信息化将有更广阔的发展潜力。

一、果园机械的种类

根据机械的功能可以将果园机械大体分为动力机械和作业机械两大类，其中动力机械是给作业机械提供动力的机械，二者组合为机组共同完成果园生产管理作业。按主要作业环节可将果园机械划分为如图 7-1 所示的基本类型，主要包括动力机械、苗圃机械、建园机械、管理机械、采后机械等。

动力机械主要有内燃机与电动机、果园拖拉机。其中，拖拉机主要包括轮式、履带式、手扶式拖拉机等。国外有果园专用拖拉机，其特点是重心低，转弯半径小，适合在果园里穿行作业。我国目前果园中使用的拖拉机多为大田用拖拉机，也有少数专门针对果园应用的果园拖拉机得到研发应用。

苗圃机械有砧木播种机、断根施肥机、苗木移栽机、苗圃植保机械、苗木起苗机和苗木捆扎机等。其中，砧木播种机与大田用的犁、耙、旋耕机、播种机等机构原理相近，附加一些特殊装置。苗木起苗机、断根施肥机和苗木移栽机是果树苗圃普遍需求的专用机具。苗圃植保机械则多为三轮或四轮自走式高地隙喷杆或吊杆喷雾机，也有的使用遥控无人机进行苗圃喷药。

建园机械分为建园整地机械、果树栽植机械和起垄培土机械三大类。建园整地机械主要包括推土机、平地机、掘壕机等，有的选用小型工程机械代替。果树栽植机械包括挖穴机、开沟植树机及拔根机、除灌机、油锯等。现代果园若采用起垄栽培或铺设地布，还需要使用起垄培土机械、铺膜机械等。

管理机械主要辅助完成果树生产管理过程中的农事作业环节，因作业环节不同，机械与装备种类较多。主要包括土壤管理机械（包括果园割草机和果园施肥机）、病虫害防治机械、灌溉设施装备、疏花疏果机、果园作业平台、枝条粉碎机等。

采后机械是针对果品采收后进行进一步处理的各种机械、设施或装备，主要包括分选分级设备、果品储藏设施、果品加工机械等。

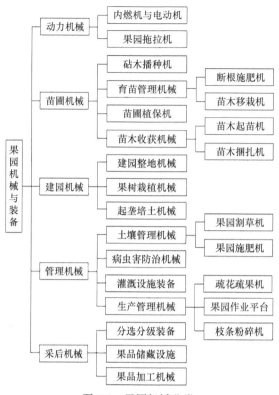

图 7-1　果园机械分类

近些年，国内外相关科研机构依循园艺生产的实际要求，开发研制出了一系列适应现代果园种植模式的新型果园机械装备，并逐步将其应用到果园生产实践中，取得了良好的效果。本章中将专门选取果园中特有的机械和装备进行介绍，而对大田通用的拖拉机、耕整地机械等不做介绍。

二、国外果园机械发展概况

美国、日本和欧洲一些国家是果树生产管理先进的国家，果园从耕作、育苗、栽植、灌溉、施肥、喷药、花果管理、果实采收等工序都实现了机械化，并在一些领域已进入自动化和智能化阶段。这些国家较早就注意将农艺和农机相结合的工作，规范果树栽培模式，不仅能提高光能利用和便于机械化操作，而且可以采用跨行机械，在篱壁树行上运行，实现一机多用，机械化作业效率高。

国外的果树苗圃规模一般较大，从苗圃整地、作床、播种、中耕、施肥、修整到苗木挖掘出圃，全部实行机械化作业。机具结构尺寸大、功率高，如意大利 Oliver Agro 公司的悬挂式夹持输送联合起苗机、美国 John Deere 公司的三轮高地隙苗圃打药机等。美国 Agtron 公司等生产的苗圃施肥机，其接口可以适应液肥、粒肥等多种作业机械的控制，多能高效。

国外最早生产开沟机的国家是美国和苏联，目前生产厂商多在美国，如美国 Gase 公司生产的 60 系列开沟机有 7 个机型，功率为 9.7～57.4kW，此外还有美国的 Hurricane Ditcher 公司、Vermeer 公司，意大利 Tesmec 公司等。国外机械更趋向于专机专用，价格昂贵。

国外的割草机有多种机型，多用自走式割草机和割灌机。美国 Toro 公司、John Deere 公司，日本 Honda 公司、Zenoah 公司，德国 Stihl 公司、Solo 公司，澳洲 Rover 公司等国外大公司由于起步较早，在割草机的设计方面走在世界的前沿，如 CRAFTSMAN 品牌的三款型号割草机，都使用了二合一刀片，割幅能达到 40～50in[①]，采用无级变速动力传输，能实现原地转弯，适合在多障碍物和紧凑型空间工作。

国外果园植保机械基本都是风送式喷雾机，如图 7-2 所示。机具动力在 33～48kW，药箱容积多为 600～1600L，喷距达 5m，喷雾机转弯半径小，可近于原地转弯。许多现代施药技术在西方国家已经开始使用：超低容量（ULV）和低量喷雾技术、静电喷雾技术（EST）、可控雾滴喷雾技术（CDST）、生物最佳粒径（BODS）、对靶喷雾技术、电子显示和自动控制系统等，如俄罗斯研制的具有间歇喷雾装置的果园风送喷雾机、美国 Patchen Electric And Industrial Supply 公司研制的 WeedSeeker 喷雾系统等。SLIMLINE 公司的 250 系列涡轮迷雾鼓风喷雾机，采用后置泵，与同等动力参数的喷雾机相比，喷雾面积大，原地转弯能力好，并且在工作中能节约 25%～40%的燃料。隧道式循环喷雾机（recycling tunnel sprayer）的研制开始于 20 世纪 70 年代，如图 7-3 所示的喷雾机能从篱式矮化果树的两侧和顶部喷药，由拖拉机的动力输出轴提供动力。

图 7-2　果园风送式喷雾机

图 7-3　篱式矮化果树的隧道式循环喷雾机

澳大利亚、美国和日本在多功能作业平台技术方面发展较早，自走式遥控高空作业平台的结构、生产工艺较简单，大量经过改进的作业平台渐渐被业界认识并广泛使用。对于篱式种植的果酒苹果可以采用振摇、接收、传送一体的采收机进行收获，如图 7-4 所示。日本、美国、法国、荷兰、英国、西班牙等国相继试验成功了多种采摘机器人，用来采摘苹果、柑橘、番茄、西瓜和葡萄等。比利时 Johan Baeten 等研制的苹果采摘机器人结构尺寸较大，机械手较重，只适于植株较矮小的苹果树。日本 Naoshi Kondo 等研制的苹果采摘机器人结构小巧，由机械手、执行器、视觉传感器和移动机构等组成，如图 7-5 所示。

有些国家计算机智能化温室综合环境控制系统已经普及，能准确采集设施果园内的环境温度、湿度、土壤含水量、溶液浓度、二氧化碳浓度、风向、风速及作物生长状况等参数，将室内温、光、水、肥、气等诸多因素综合，直接将其协调到最佳状态，达到节水、节肥、节药的效果。设施果园可以采用果园监测和报警系统的无线传感器网络，测量果园环境的温度、湿度和光照强度，并通过无线电频率发送到基站，数据库服务器自动收集统计数据。

三、国内果园机械发展概况

我国果树生产主要是以农户果园为主，由于分散栽培、分户管理，苗木繁育，果树栽植、

---

① 1in＝2.54cm

图 7-4　果酒苹果采收机

图 7-5　苹果采摘机器人

施肥、灌溉、修剪及病虫害防治等作业环节的机械化程度普遍偏低。果品采收基本上依靠人力，不仅劳动强度大，而且效率低。

在国家苹果产业技术体系工作实施之前，很少有专门用于果树的苗圃机械，市场上仅有的一些苗圃机械主要是针对林业苗圃。现在我国林业苗圃机械有了一定的研究，如国家林业和草原局哈尔滨林业机械研究所研制的 2MCX-1100 型精细筑床机、2ZYZ-20 型苗木移植机等。2008年，河北农业大学研发了专门用于苹果苗木的起苗机、断根施肥机等，在全国多个苹果苗圃基地得到应用，该型产品在其他苗木起收中也得到应用。

1975～1982 年，黑龙江八一农垦大学等十多家单位参考 FLAT 挖沟机，分别研制了几种类型的挖沟机，由于拖拉机配套技术有缺陷，多数未能成功推广。20 世纪 80 年代中期，国家引进了少量挖沟机，主要用于农业暗管排水工程。1995 年以来，我国开发了 1KS-30 型单悬臂式开沟机、GC65G 型链式开沟机等机型，多用于水利管沟和电缆铺设工程及种植山药等农作物。近年来，在河南商丘、山东龙口、江西南昌、河北无极、浙江金华等地均有厂家研制果园用施肥开沟机。

国内生产的割草机主要有：新疆农业科学院农业机械化研究所研制的 9GZX-24 型六圆盘全齿式旋转割草机，镇江市农业机械技术站研制的 9GS-0.6 型割草机，上海世达尔现代农机有限公司生产的 MDM1300 型圆盘割草机，上海向明公司自行研制的 9GX（Y）-1.6 型圆盘割草机，甘肃酒泉生产的 9GZX-2.5 型圆盘旋转牧草收割机，华盛中天公司生产的 XSS46、XSS46E 型草坪机等。

我国 70% 左右的植保机械处于发达国家 20 世纪 80～90 年代水平。常用机具有压缩式喷雾器、背负式喷雾机、喷杆喷雾机等。果园植保年喷药 7～10 次，多者达 15 次。多数喷雾机存在滴、漏现象，药液的有效利用率不足 50%。传统的车载喷雾机，喷枪是"淋洗式"的喷雾作业方式，淋漏的农药伤害操作者，污染土地和地下水源。20 世纪 70 年代后期，相继试制了手持式静电喷雾器、高射程静电喷雾车和风动转笼式静电喷雾机，并在多种目标物上进行了喷雾性能和病虫害防治效果的测定。

国内新型果园喷雾机主要有：中国农业大学研制的基于红外传感器的果园自动对靶喷雾机，南京农业大学进行了果园喷雾机圆环双流风道风机试验，研制了 3WZ-700 型自走式果园风送定向喷雾机，新疆农垦科学院和中国农业大学联合进行了果园风送式静电喷雾机的开发，新疆农业大学研制了 3WF-8 型风送式果园喷雾机，江苏海安黄海药械有限公司研发生产了 3WG-600 型车载式高效喷雾机，山东临沂三禾永佳动力有限公司开发了 3WZ-500L 风送式果园打药机，河北农业大学研制了自走式 3GWZ-500 型果园风送喷雾机、3WF 系列悬挂式、牵引式风送（静电）喷雾机等。

20 世纪 90 年代中期以来，我国不少院校、研究所在进行采摘机器人和智能农业机械相关的研究。西北农林科技大学对苹果采摘机器人手臂控制进行了研究，东北林业大学研制了林木球果采摘机器人，浙江大学对番茄收获机械手进行了运动学分析等，且多数处于研究阶段。河北农业大学则针对矮砧密植苹果园研制了更为实用的轮式和履带式多功能果园辅助作业平台，于 2014 年量产，并在苹果产业体系试验站应用。目前，国内有多家农机制造企业生产不同类型的果园作业平台，并在很多果园得到应用。

我国果园环境参数控制系统的研究与采用，更多的是参照设施农业的环境测控技术。山东农业大学与山东省园艺机械与装备重点实验室研究基于物联网的果园环境信息监测系统，能够实现对果园信息的采集与监测，杭州托普仪器有限公司生产土壤水分检测系统，应用于温室、绿化、园林、果园等，无线数据通信技术和数据传输交叉传感节点网络集群实现远程实时监测和采集土壤及大气数据。从国外引进及我国自行开发的控制仪器，主要应用于资金充足、技术实力雄厚的科研院所或农业高新示范园。自 2007 年以来，国家苹果产业技术体系研发了果园环境和土壤水分（水肥一体化）监控系统、孢子花粉捕捉器等果园精准管理与信息化装备，已广泛应用到陕西、山东、河北等苹果试验站。

从国内外的经验看，现代果树生产必须使机械和园艺相结合、相适应。改造果树栽培和管理模式使其适应机械化作业的要求，同时改造或研制新型果园机械以适应果树栽培和生产管理的需求，二者相互协调、彼此适应、有机融合，才能有利于实现果园机械化和省力化，促进现代果业产业快速持续发展。

第二节 果树苗圃机械

果树苗圃与林业苗圃相近但不同，因而果树苗圃机械与林业苗圃机械也不同。果树苗圃机械要根据果树优质苗木培育的技术需求，结合苗圃园艺生产管理技术专门研发。果树苗圃耕整地、播种、植保等机械与大田所用的犁、耙、旋耕机、播种机、喷雾机等结构原理基本相同或相近，有的附加一些特殊功能装置。而筑床机、断根机、起苗机、捆扎机等是果树苗圃特有的机械。

一、筑床机

筑床机是用来修筑苗圃苗床，使其形成预定规格床面和步道的土壤处理机械。根据与拖拉机的配套方式可分为悬挂式、牵引式等类型，二者作业原理基本相同，只是与拖拉机的挂接方式不同。

悬挂式筑床机主要由悬挂架、步道犁、旋耕器、成形器、划印器、传动系统（变速箱、传动箱）等结构组成，如图 7-6 所示。筑床机的三点悬挂在拖拉机的悬挂机构上，可一次性完成起步道沟道、旋耕碎土、苗床整形三道工序。步道犁有左右两个，是筑床机的主要工作部分，用于挖出苗床中间的步道，并将土壤翻到床面上。旋耕器将苗床土壤进行旋耕碎土，以便于成形器对松软土壤归拢整理。成形器用于平整苗床面，由左右两组侧板、平床板组成，左右侧板和平床板与前进方向均成一定角度，以便于土壤流动和压实。

牵引式筑床机主要由机架、步道犁、平床板、升降轮盘、平床板调节手杆、划印器、支持轮、牵引板等组成。其中主要工作部件是步道犁和床面整形器，两侧的平床板用于平整苗床，由钢板和两个支柱组成（图7-7）。

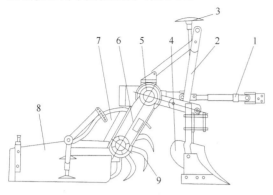

图 7-6　悬挂式筑床机

1. 万向轴；2. 悬挂架；3. 划印器；4. 步道犁；5. 变速箱；
6. 侧边传动箱；7. 机罩；8. 成形器；9. 旋耕器

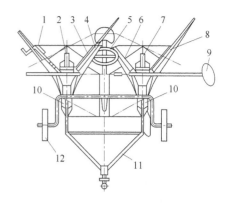

图 7-7　牵引式筑床机

1、3、6、8. 平床板；2、7. 支持轮；4. 平床板调节手杆；5. 升
降轮盘；9. 划印器；10. 步道犁；11. 牵引板；12. 行走轮

　　牵引式筑床机的平床板与前进方向成一定夹角，以便于土壤流动。平床板用螺栓固定在两个支柱上，支柱固定在机架的夹套中，支柱在夹套中的上下位置可以调节。中间右侧平床板上装有转动翼板，将堆积的土壤放成小土堆。作业前先调节支持轮与平床板下边缘间的相对位置，使平床板下边在支持轮支持面上方25cm处。支持轮走在步道犁开出的步道中工作，支持轮进入步道后，装有平床板的后机架下降。操作人员利用手杆将左侧划印器与输运位置放在工作位置。步道犁的犁铧将土壤切下，并用犁壁将其翻向两侧，形成倾角为53°的苗床边坡。两个步道犁和四个平床板过去后便开出两个步道，中间形成一个完整的苗床，两侧形成两个半苗床。

二、断根机

　　良种壮苗是果树早产、丰产、优质的前提。苗木质量的好坏、品种的优劣，不仅直接影响栽植后的成活、生长发育、产量和品质，也将影响果园的经济效益。苗木断根机用于切断苗木主根，促发侧根发育，使苗木根系更加发达，培育强壮苗木。断根机根据机具作业行数可分为单行、多行等机型。

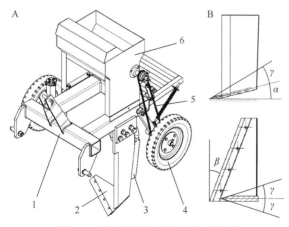

图 7-8　单行断根机结构组成示意图

A. 单行断根机结构图；B. 断根铲的工作角度。

1. 机架；2. 断根铲；3. 输给管；4. 限深轮；5. 链条；6. 肥箱

　　单行断根机结构如图7-8A所示，主要由机架、断根铲、限深轮、链条、施肥系统（输给管和肥箱）等组成。其中断根铲是断根机的核心工作部件，对苗木主根起切断作用。断根铲有U形、L形、双翼形三种类型，其中双翼形断根铲用于双行或四行断根机上。果树基砧苗断根深度一般为20～25cm，切断苗木主根时要求铲刃锋利，一般开刃角度γ为45°～60°，利用刃口滑切方式避免拖带苗木，刃口滑切角度β一般大于20°，工作隙角α保持在3°～5°，铲柄钢板前部切土部位开刃口角度为 γ，以减小断根作业阻力，断根铲的工作角度如图 7-8B 所示。

四行断根机结构如图 7-9 所示，主要由机架、上下悬挂、断根铲、限深轮等组成。其中断根铲采用双翼形结构，铲柄前部切土部位开刃口，通过 U 形螺栓连接在机架后梁上。断根铲的横向位置可调节，以适应不同苗木种植行距，断根深度在 20～30cm 可调，其刃口参数与单行断根机的铲体结构参数相同，作业阻力小，断根效率高。

采用断根机作业相当于苗木原地移栽，机组作业过后的田间仅留下断根铲壁切滑过的痕迹，苗带土壤没有位移，但苗木主根已经按要求切断。图 7-10 所示是断根机作业后田间地表情况和断根后苗木根系情况。

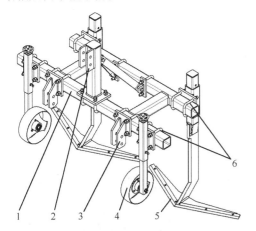

图 7-9　四行断根机结构组成示意图

1. 机架；2. 上悬挂；3. 下悬挂；4. 限深轮；5. 断根铲；
6. U 形螺栓

断根后田间地表　　　　　　断根后苗木根系

图 7-10　苹果实生苗断根机作业效果

三、起苗机

起苗是苗木栽培管理的重要环节之一，起苗质量直接关系到苗木栽植的成活率。采用机械起苗不但能有效保证起苗的质量、统一标准，确保苗木根系发达无损伤，提高栽植成活率，而且可以大大提高起苗效率，减轻劳动强度，节省劳动力和用工成本。

机械起苗的工作原理是拖拉机牵引起苗机前进，起苗铲切入苗床（苗垄），在切开土垡的同时切断苗根和松碎土垡，而后由人工或机械从松土中捡出苗木，目前国内所用的起苗机绝大多数是悬挂式。一些起苗机上装有抖动松土装置，用以增加苗木根系与土壤的分离程度，便于苗木捡拾。随着规模化、标准化优质大苗培育技术的发展，集挖苗、捡苗、分级、包装等多工序于一体的联合作业机也得到了研究应用。

根据果树苗木质量分级标准，起苗机应满足下述各项技术要求：①起苗铲切入苗床深度达到 25～40cm，宽度以苗行为中线达 50cm 左右；②起苗铲在切开土垡时切口整齐，同时松碎土壤，不能撕断根系，不能损伤苗木皮层和主茎，以提高移栽的成活率和发育生长能力；③被挖掘的带苗土垡不能产生翻转，以免埋苗和伤苗，起苗后的苗木应仍然立于松土中，便于捡拾。根据起苗机挖掘苗木对象的不同，起苗机可分为实生苗起苗机、成品苗起苗机等机型。

实生苗（砧木苗）起苗机是苗木培育过程中实生苗倒栽时应用的起苗机，主要由悬挂架、主机架、起苗铲、限深轮等组成，如图7-11所示。主机架是连接各部件的骨架，整机采用拖拉机三点悬挂作业，悬挂点销孔位置可调，起苗铲通过连接板和螺栓联结于主机架上，随同主机架一起运动，通过拖拉机升降机构和限深轮的调节，保持规定的起苗深度，起苗铲工作隙角和尾板使带苗土垡略有抬起并松动行间土壤，挖掘后的苗木直立在松动的土壤中，方便捡拾。

起苗铲是实生苗起苗机的核心工作部件，主体呈"U"形，由一个水平刃和两侧垂直刃组成，用于切开土垡、切断根系和松碎土壤。由于三刃对称，挖苗作业时受力较平衡，工作较平稳，不易产生撕断根系现象。尾板在起苗铲的后部，其作用是铲面延伸并进一步松碎土垡，所以又称延长板或碎土板。当切开的土垡经过尾板时，土垡被再次挤压、松碎，以促进根、土分离，捡苗时就可以省力。尾板与水平面之间的夹角可以调节，用以调节碎土能力。图7-12所示是实生苗起苗机作业后挖掘出的实生苗，苗木根系完整，保留了倒栽所需的侧根和须根，保证了苗木倒栽的成活率。

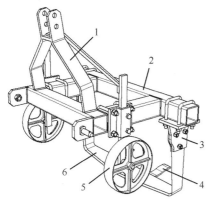

图 7-11　实生苗（砧木苗）起苗机结构示意图

1. 悬挂架；2. 主机架；3. 连接板；4. 尾板；
5. 限深轮；6. 起苗铲

图 7-12　实生苗起苗机起收的实生苗根系情况

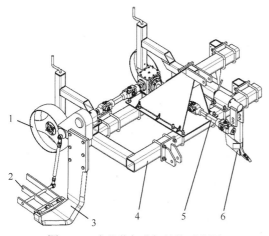

图 7-13　成品苗起苗机结构示意图

1. 限深轮；2. 松土杆；3. 起苗铲；4. 主机架；5. 传动轴；
6. 平衡铲

成品苗起苗机所起苗木较高，为保证苗木不受损伤和机组顺利通过，起苗铲采用侧置方式，整机结构主要由主机架、限深轮、起苗铲、松土杆、平衡铲等组成，如图7-13所示。主机架是联结各部件的骨架，由方钢管焊接而成。悬挂架、左下悬挂、右下悬挂通过"U"形螺栓刚性连接于机架上，左右可调，用来与拖拉机悬挂装置相连，左下悬挂点采用耕宽调节器可以改善机组偏牵引。主机架上装起苗铲、平衡铲和限深轮等，起苗铲通过螺栓刚性连接于安装板上。平衡铲通过U形螺栓刚性连接于主机架上，左右可调。起苗深度靠拖拉机液压缸的限位阀来调节，同时配合调节尾部支架上的限深轮高度，以保持规定的起苗深度。起苗铲是核心工作部件，铲体采用 L 形曲面组合，由铲立壁、底铲、铲外壁、振动松土装置等组成。其中振动松土装置由拖拉机后输出轴提供动力，经过万向传动轴和曲柄连杆机构，实现振动松土。振动松土装置的向后延伸杆可设计为不同长度，其振幅和频率根据不同土壤（黏重土、砂壤土等）性质可定制调节，以满足不同的起苗需求。

起苗铲由铲立壁、底铲、矮窄边翼三面成"L"形。底铲前边弧线上开刃，铲立壁和矮窄边翼前边曲线两面开刃，矮窄边翼刃口自下而上后倾。为了保证刀刃锋利和耐磨，刃口部分由锰钢热处理制成。底铲后边呈凹形并焊接延长松土杆，其曲线外形造成土壤波浪式起伏，适用于土质柔软土壤的碎土。设置有振动松土装置的机具，工作时动力由拖拉机的动力输出轴经万向节传给减速器，带动偏心机构转动，最后通过连杆带动抖动栅上下振动，促进苗木根系周围的土壤破碎，以减轻拔苗的劳动强度，减少拔苗对根系的损伤，提高苗木的移栽成活率。

由于成品苗起苗机的起苗铲在主机架的一侧，起苗作业机组所受扭转力矩较大，为保证成品苗起苗机正常作业，避免起苗铲"跑偏"出垄、漏起、伤苗等，提高作业稳定性，在安装起苗铲的对侧配置一组（1个或2个）平衡铲，用以抵消部分侧偏扭矩，增加稳定性。根据不同的起苗阻力，调节平衡铲入土深度和在主梁上的左右位置，可以改变平衡作用的大小。成品苗起苗机适用于苹果、梨、桃、樱桃、核桃等果树成品苗起苗作业。图7-14所示是成品苗起苗机在苹果苗圃基地进行起苗作业的情况。

图 7-14 成品苗起苗机作业现场

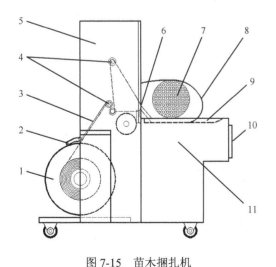

图 7-15 苗木捆扎机

1. 带盘；2. 刹车装置；3. 导带杆；4. 导带轮；5. 机架；6. 切接带机构；7. 苗木束；8. 打捆带；9. 导向槽；10. 控制面板；11. 操作台面

四、捆扎机

捆扎机是用于成品苗木打捆包装的专用装备，主要由机架、送带系统、切接带机构、刹车装置、控制面板、操作台面等组成，如图7-15所示。送带系统由导带轮、导带杆和导向槽等机构，与刹车装置配合完成自动送带功能。切接带机构由左、中、右三把刀具切断打捆带，高温热刀通过热熔焊接带子接头。

将苗木束（10～20 棵）放在捆扎机的操作台面上，机器自动供带，操作者将打捆带绕过苗木束，将带头沿着导向槽插入直至触动微动开关，右刀便立即上升，将带头顶住，随之带子被收紧后，另一端也被上升的左刀顶住，中刀立即上升，将带子切断，与此同时，表面温度约180℃的热刀伸入上下层带子的中间，使聚丙烯包装带表面热熔，随后热刀迅速退出，中刀继续上升，将热熔处的打包带压紧，使接头焊接牢固。最后，中刀、右刀、左刀下降将带子释放，前后经过约 1.5s，完成一次捆扎过程。

第三节　果园生草和土壤管理机械

果园生草覆盖和施用有机肥替代化肥是目前正在推广的、先进的果园土壤管理技术。果园生草间作绿肥，是丰富果园肥料、改善果园土壤和调节果园生态的好方法，有利于果树生长和结果等。在各种绿肥营养物质含量最多时将其割下，直接压在树下土壤中或另选地挖坑压制成肥料。有机肥可作为基肥、追肥施用，有机肥替代化肥可有效改善果园的土壤板结情况，提高果实品质。因此，果园生草管理、有机肥施用等需要专用的割草机和施肥开沟机等机具，以满足现代果园土壤管理的农艺技术要求。

现代果园采用全园种草或果树行间带状种草，所种的草有多年生优良牧草，也可以是除去杂草的自然生草。草的刈割管理不仅可以控制草的高度，还可促进草的分蘖和分枝，增加年内草的产量。用割下的碎草覆盖树盘，可提高土壤中有机质的含量，减少水土流失，改善土壤结构。生草长起来覆盖地面后，根据生长情况及时刈割，控制草的长势，以缓和春夏季草与果树争夺肥水的矛盾。人工种草最初几个月一般不割，当草根扎深、营养体显著增加后，才开始刈割。一般 1 年刈割 2～4 次，雨季刈割频次适当增多。

果园割草机和普通草坪割草机不同，果园地形条件复杂，不同草的物理机械性质多样，割茬高度经常根据季节条件改变，因此果园割草机有些特殊结构。果园割草机从动力匹配上可划分为随行自走式和悬挂式两类。从切割器上划分主要有往复式、回转式和甩刀式三种。目前使用最多的是回转式，它具有结构简单、故障少、不易堵塞、效率高等优点。

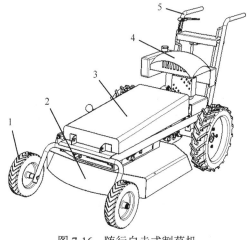

图 7-16　随行自走式割草机
1. 行走轮；2. 刀盘；3. 罩盖；4. 发动机；5. 扶手

一、随行自走式割草机

随行自走式割草机是一种适用于中小果园或丘陵山地果园使用的小型割草机，其结构组成如图 7-16 所示，主要包括机架、扶手、发动机、刀盘、行走轮等。该机专为果园割草设计，搭载动力 5.1kW 的汽油机，采用回转式甩刀作为割草部件，割幅宽度为 600mm，割茬高度在 50～150mm 的三档可调，作业速度为 1.3m/s。作业时单人操作，机动灵活，随行自走，遇障即停，适用于现代矮化密植果园和间伐提干改造的老果园使用，特别是在山地丘陵坡地果园更为适用。

二、悬挂式割草机

悬挂式割草机是指与拖拉机配套的果园割草机，拖拉机通过动力输出轴提供给割草刀切割动力，构成移动作业机组进行果园割草作业。根据悬挂方式可分为前悬挂、侧悬挂和后悬挂三种，其中拖拉机后悬挂的机型应用最为广泛。

悬挂式割草机的切割器常见的有往复式和回转式两种，其中往复式切割器类似于谷物收割的切割装置，多用于生长密度大、含水量高的牧草收获。果园割草不同于牧草收获，一般采用速度较快的回转式切割器，刀片有固定式或甩刀式，以使割下的草体细碎还田或覆盖树盘。根据割幅宽度不同，割草机的切割器可以采用单刀盘、双刀盘或多刀盘。根据悬挂位置的不同，还可分为正置式、偏置式、调幅式、壁障式等机型。

图 7-17 所示是一种拖拉机后悬挂式双回转刀盘果园割草机，主要由机架、变速箱、刀盘、地轮、罩壳、排草口组成。拖拉机动力通过万向传动轴输入变速箱，经过两侧输出轴传递到刀轴带动刀盘转动，双刀盘配置使整机结构紧凑，机身前后距离较短，整机较小，作业幅宽形成 1.6m、1.8m、2.1m 系列机型。该系列机型可与 40～80 马力[①]拖拉机配套使用，回转式刀盘通过地轮安装高度可调节割茬高度，根据需求控制割茬高度为 50～150mm，目前该类机型多用于规模化矮密栽培的现代化果园，作业效率为每天可割草 80～120 亩。

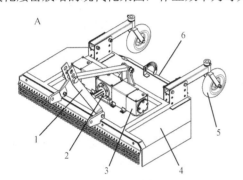

图 7-17　拖拉机后悬挂式双回转刀盘果园割草机的主要结构组成（A）及果园作业现场（B）
1. 机架；2. 变速箱；3. 主刀盘；4. 罩壳；5. 地轮；6. 排草口

三、调幅式割草机

调幅式割草机是拖拉机悬挂式割草机的一种机型，专门为没有铺设地布的矮密栽培果园而设计。该机型结构如图 7-18 所示，主要由机架、变速箱、主刀盘、地轮（前后）、侧刀盘、罩壳及其调节机构等组成。拖拉机动力通过万向传动轴输入变速箱，经过两侧输出轴传递到刀轴带动两个主刀盘转动，同时通过皮带传动至侧刀盘，通过液压缸调整侧刀盘摆动，作业幅宽调节范围为 1.6～2.1m 无极调整。该机型可与 60～100 马力拖拉机配套使用，主刀盘和侧刀盘割茬高度可通过前后地轮安装高度预先调节，范围为 50～150mm。基于这种调幅式割草机，可改型设计为避障割草机，即侧刀盘设置有障碍物传感器（碰撞推杆），遇到树木等障碍物后自动摆动避让，实现果树株间割草。

[①] 1 马力＝745.7W

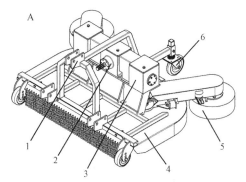

图 7-18　调幅式割草机主要结构组成（A）和果园作业现场（B）

1. 机架；2. 变速箱；3. 主刀盘；4. 罩壳；5. 侧刀盘；6. 地轮

四、果园施肥开沟机

我国果树主产区土壤肥力普遍不高，特别是西北黄土高原、渤海湾地区果园土壤瘠薄，大部分果园有机质含量不足 1%，需加施有机肥补充土壤有机质。开沟机一般与拖拉机配套使用，按不同农业技术要求由切土部件逐层连续切削土壤，并将土壤均匀地抛掷到沟的一侧或两侧形成稳定的沟形，增加附属装置可清土清淤、辅助施肥、回填土壤等，主要用于田间挖沟、修筑条田、果园施肥、葡萄埋藤、铺设管线等机械化作业。果园施肥开沟机是专门用于果园施用有机肥的开沟机械，能连续作业，施工效率高，地表破坏少，沟槽形状规则。

果园施肥开沟机按工作部件可分为链刀式、圆盘式、螺旋式等；按驱动方式又分为机械驱动式和液压驱动式等；按行机组配套分为悬挂式、牵引式、自走式（轮式和履带式）。果园施肥开沟机不同于一般铺设电缆和水利管道的开沟机，果园开沟一般要求深度 30~40cm，开沟宽度 25~35cm，有的果园则要求浅施有机肥，地表撒肥后采用旋耕机旋耕混合即可。

图 7-19 所示是一种链刀式果园施肥开沟机的主要结构，由连接架、减速器、链刀、主机架、液压缸、分土铰龙、保护板等结构组成。该机的作业深度根据施肥需求由液压缸可控调，最深可达 60cm，保水、保肥、根深，从而保障水果品质的改善和产量的提高。该机的链刀专门为果园开沟而创新设计，根据刀宽不同分为宽刀、中刀和窄刀间隔布置，分土铰龙将链刀挖掘的土壤及时抛分到沟槽两侧，使开沟作业阻力小，效率高，挖沟清土一次完成，沟形整齐。

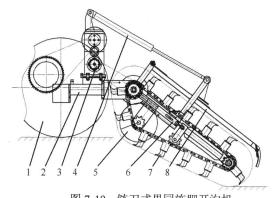

图 7-19　链刀式果园施肥开沟机

1. 拖拉机驱动轮；2. 连接架；3. 减速器；4. 液压缸；5. 分土铰龙；6. 主机架；7. 链刀；8. 保护板

圆盘式开沟机是用高速旋转的铣抛盘铣削和抛掷土壤以开挖沟形，一般与具有超低速挡或装有附加变速箱的拖拉机配套作业，一次或多次成沟。根据农业技术要求分为单盘和双盘两类，开沟时可将土壤抛掷到一侧或两侧的地面上，也可将土壤成条地堆置在沟沿上形成土埂，沟形断面整齐。

单盘开沟机如图 7-20 所示，只有一个铣抛盘铣切沟的一侧，另一侧设置切土犁刀，用以切出沟壁，将土壤翻到铣抛盘上，以便抛出沟外，适用于要求向一侧抛土的开沟作业，结构比较简单，但牵引阻力较大。

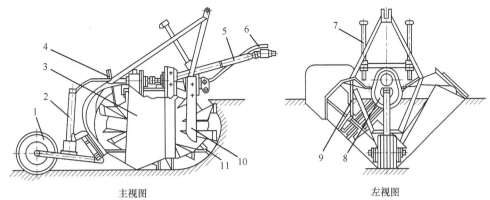

主视图 左视图

图 7-20 单盘开沟机结构示意图

1. 尾轮；2. 油缸；3. 挡土板；5. 外犁刀；6. 动力传动轴；7. 油管；8. 支撑架；9. 减速箱；10. 支撑板；11. 内犁刀；
12. 铣抛盘

双盘开沟机如图 7-21 所示，整机有两个尺寸相同的铣抛盘，左右对称安装，同时铣切和抛掷沟渠两侧的土壤，适用于要求向两侧抛土的开沟作业。有些机型两个铣抛盘大小不一。

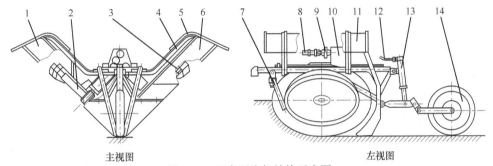

主视图 左视图

图 7-21 双盘开沟机结构示意图

1. 左右挡板；2. 左刀盘；3. 右刀盘；4. 挡土板支架；5. 挡土板；6. 右后挡板；7. 破土刀；8. 传动轴；9. 安全离合器；
10. 分动减速箱；11. 机架；12. 高压油管；13. 油缸；14. 尾轮

螺旋式开沟机的开沟部件是螺旋挖掘器，根据螺旋布置方式分为立式螺旋和卧式螺旋两类。立式螺旋开沟机由悬挂机架、传动轴、立式螺旋、齿轮箱、地轮等组成，如图 7-22 所示。由拖拉机动力输出轴传递动力驱动其运转工作，最终实现开沟、分土等工作。开沟部件为安装在竖直轴管上的两组螺旋叶片，其完成铣削土壤、轴向提升、螺旋叶片惯性抛土等作业过程，可用于深根作物如山药、药材等的挖掘收获中。

根据不同土质所需要的沟壁斜度，螺旋部件可设计为立式圆柱螺旋及不同锥度的圆锥螺旋，如图 7-23 所示，以满足挖掘易塌方土质的大斜度沟形。卧式螺旋开沟机的开沟

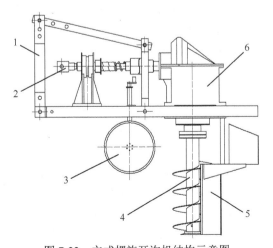

图 7-22 立式螺旋开沟机结构示意图

1. 悬挂机架；2. 传动轴；3. 地轮；4. 立式螺旋；
5. 挡土板；6. 齿轮箱

部件沿着开沟方向横卧布置，如图7-24所示，一般采用带有锥度的螺旋叶片，用于挖掘排水沟，也可以用于开挖施肥沟。

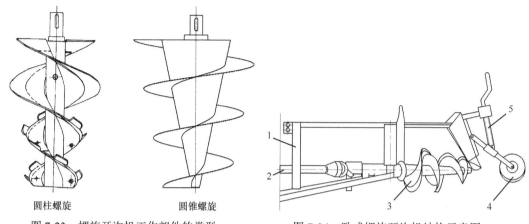

图7-23　螺旋开沟机工作部件的类型　　　　图7-24　卧式螺旋开沟机结构示意图

圆柱螺旋　　　　　　　圆锥螺旋

1. 悬挂机架；2. 传动轴；3. 卧式螺旋；4. 地轮；5. 地轮调节机构

第四节　果园病虫害防治机械

果园植保是果树生产管理的重要组成部分，是确保果树丰产丰收的重要措施之一。植物保护的方法很多，按其作用原理和应用技术可分为农业技术防治法、生物防治法、物理防治法、化学防治法等。果园喷雾机械装备是化学农药的机械及配套设施，传统的喷雾机械装备按动力机行走方式分为背负式（手动、电动、汽油机）、担架式（电动机、汽油机）、手推式、车载式和自走式等。药液雾化基本原理有液力雾化、气力雾化和离心雾化三种基本类型。液力雾化是将药液加压通过喷孔喷出与空气撞击而雾化。气力雾化又称风送喷雾，是利用高速气流冲击液滴并吹散使其雾化。离心雾化是通过高速转盘的离心力将药液雾化。果园喷雾机械装备的发展经历了由人力手动喷雾器，到与小型动力配套的机动喷雾机、与拖拉机配套的牵引式或悬挂式喷雾机械，以及与新建果园种植方式相配套的自走式风送喷雾机和静电喷雾系统，有的果园发展了固定管网式喷药设施。

一、果园风送喷雾机

风送喷雾是目前世界上流行的先进喷药技术，主要是利用压力先将药液雾化，然后靠风机产生的气流使雾滴进一步雾化并强制喷入果树冠层中，携带细小雾滴的气流驱动叶片翻动，使叶片正、反两面都能附着药液，可大幅度提高药液的利用率和药效。

果园风送喷雾机有悬挂式、牵引式和自走式等基本类型。悬挂式是利用三点悬挂装置与拖拉机挂接，通过拖拉机的动力输出轴驱动喷雾机工作。牵引式又包括动力输出轴驱动和自带发动机两种类型。自走式是喷雾机与动力底盘一体式设计，整机机动性好、爬坡能力强。我国的主要机型为中小型牵引式动力输出轴驱动型，今后将发展悬挂式或自走式机型，适用于密植或坡地果园。

图7-25所示是基于果园动力底盘的自走式3GWZ-500型风送喷雾机，由底盘、药箱、连接架、药液回收槽、喷头、支架和风机等装置组成。风送喷雾机的喷头布置在环状支架上，并用固

定板安装于风机的导流壳体上。松开固定板螺栓，环状支架可以沿壳体的外弧面转动，调整喷头高低位置。当支架位置固定时，喷头可绕安装座旋转，以改变喷射角度。喷头的高低和喷射角度均可调，喷头喷量可实现 A、B 双侧调节，能够满足不同高度的果树打药要求，如图 7-25 所示。为了保证相邻喷头有 1/4～1/3 的合理重叠量，喷头间距对应的圆心角为 20～35°。

　　风机系统是喷雾机的关键部分，由连接架、导流壳体、风扇叶片、导流板和防护网等结构组成。风机系统的作用是产生高速气流作为载体输送雾滴，协助喷头药液进一步雾化，增加雾滴速度，吹动植物叶片以加强药雾滴在植株中的穿透性和黏附性。

　　风送喷雾机工作时，拖拉机动力输出轴经变速器和传动轴将动力传至后方的压力泵和风机使其工作，压力泵将药箱内的药液通过吸液管吸入泵腔加压后，经排液管压向设置于风机出风口处的环状分配器，由环形布置的喷头雾化成 150～300μm 的粗雾滴，然后由风机出风口排出的高速气流进一步雾化成 100μm 以下的细小雾滴呈扇形风送至机组两侧目标，从而达到弥雾喷雾效果。一个行程可完成两行果树内侧的喷药作业。液压泵为隔膜泵，压力高，流量稳定，采用风机吹雾，雾滴被强大的气流吹至树冠中，枝叶被气流翻动，极大地提高了雾滴的附着率。喷头采用铜质可调双孔径喷头（图 7-25），可通过翻转喷头调整喷雾量，图 7-26 所示是风送喷雾机不同喷量果园作业效果。

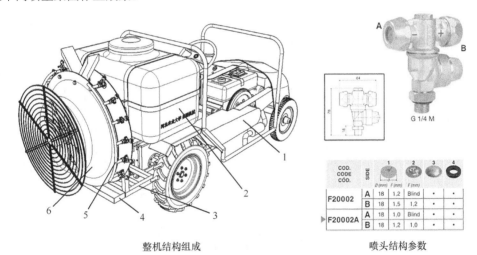

整机结构组成　　　　　　　　　　　　　　　　喷头结构参数

图 7-25　自走式 3GWZ-500 型风送喷雾机

1. 底盘；2. 药箱；3. 连接架；4. 药液回收槽；5. 喷头及支架；6. 风机

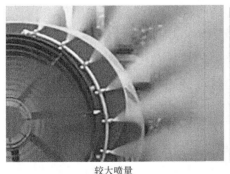

较大喷量　　　　　　　　　　　　　　　　　较小喷量

图 7-26　风送喷雾机不同喷量果园作业效果

二、静电喷雾系统

为了提高药液沉附在农作物表面上的比率，近年来国内外对静电喷雾技术进行了广泛的研究。静电喷雾能有效地改善雾滴在作物表面的沉积和分布，显著提高作物背面和隐蔽部位药液的沉积量，减少细小雾滴的飘移和地面的无效沉积，对节省药液，提高防治效果，减少环境污染，具有显著优势。

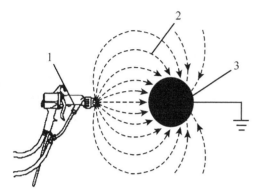

图 7-27 静电喷雾技术原理
1. 喷头；2. 电力线；3. 目标物

静电喷雾技术原理如图 7-27 所示，即应用高压静电在喷头与喷雾目标间建立静电场，而农药液体流经喷头雾化后，通过不同的充电方法被充上电荷，形成群体荷电雾滴，然后在静电场力和其他外力的联合作用下，雾滴作定向运动而吸附在植物枝叶的各个部位，不仅叶片正面，而且能吸附到它的反面，从而达到沉积效率高、雾滴漂移散失少、改善生态环境等的效果。

静电喷雾的技术要点首先需要使雾滴带电，同时与目标（农作物）之间产生静电场。静电喷雾装置使雾滴带电的方式主要有三种：电晕充电、接触充电和感应充电，如图 7-28 所示。

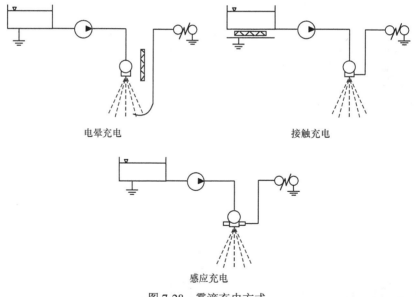

电晕充电   接触充电

感应充电

图 7-28 雾滴充电方式

1）电晕充电是在喷头出口雾化区备有一个或数个电极尖端，在它们附近产生一个高强度电场，利用针状电极电晕放电所形成的离子轰击雾滴，使通过该电场区的雾滴带电。特点是结构简单，先雾化后充电。

2）接触充电是将雾化元件作为电极，高压电直接连接在即将雾化的药液上。因此，对雾化中的液体直接进行充电，当药液雾化后便带有电荷。特点是充电效率高，结构比较复杂，必须保持设备有良好的绝缘。

3）感应充电是在喷头雾化区设置环状电极，形成感应电场，经喷口雾化的雾滴通过高强度电场时而充电。特点是充电效率不高，充电电压较低，适合于小型手持式喷雾机或背负式机动喷雾机上。

静电喷头结构如图 7-29 所示。喷头座的中央为药液管，周围有倾斜的气管。喷头是由导电的金属材料制成，它是接地的或和大地电位接通，从而使液流保持或接近于大地电位。在雾滴形成区所形成的雾流，其雾滴因静电感应而带电，并被气流带动吹出喷头。喷头壳体是由绝缘材料制成的。高压静电发生器的作用是将低压输入变为高压输出，电压可在几千伏到几十千伏的范围内调节。高压静电发生器是一个微型电子电路，其中的振荡器可使低压直流电源变换为低压交流输出；变压器将振荡器的低压交流变换为高压交流输出；调节器用来调节高压交流输出电压；整流器将变压器的高压交流输出变换为直流电，高压静电发生器通过高压引线接到电极上。

风送喷雾机的喷头布置在环状支架上，其静电发生器通过高压电圈形成感应电场使雾滴带有电荷，图 7-30 所示是静电风送喷雾机喷头的布置形式。试验结果显示，静电风送喷雾与非静电风送喷雾（即普通风送式喷雾机）相比，雾滴沉积量提高了 23.7%，雾滴飘失率降低了 32.3%，比传统的喷枪打药节省药液 50% 以上，达到合理节省药液和高效施药的目的。

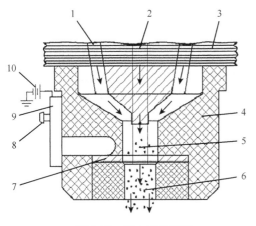

图 7-29　静电喷头结构

1. 高压空气入口；2. 高压液体入口；3. 喷头座；4. 喷头壳体；5. 雾滴形成区；6. 雾流；7. 环状电极；8. 调节器；9. 高压静电发生器；10. 低电压直流电源

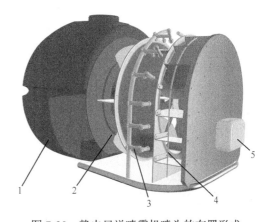

图 7-30　静电风送喷雾机喷头的布置形式

1. 药箱；2. 风扇；3. 喷头；4. 高压静电环；5. 静电发生器

三、恒压管道喷雾设备

果园管道喷雾技术是通过在地下埋设喷药管道，将药液输送到田间果园，用药泵加压带动多个喷枪同时喷药，是控制病虫害发生和蔓延的一种快速喷药新技术。果园管道喷雾系统主要由管道喷雾首部设施和田间地下管道两部分组成。管道喷雾首部设施包括蓄水池、电源、电动机、恒压控制系统、药液泵、药池、搅拌装置等。田间地下管道由主管道、支管道、竖管、防护栏、阀门和转接件组成。主管道、支管道和竖管一般选用耐高压（2.5MPa 以上）的 PVC 或 PE 管，所有管道均暗埋在果园地表以下 0.3～0.5m 的位置，支管道与喷雾胶管的连接口由竖管和开关引至地表，方便作业时连接。在果园管道喷雾系统中，恒压控制系统采用闭环控制，可以实现管道喷雾系统中药液压力实时检测与控制。图 7-31 所示是恒压喷雾系统组成原理图。

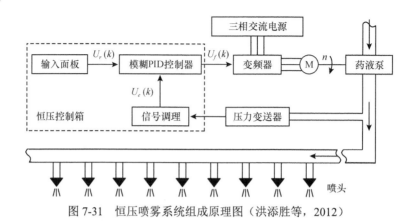

图 7-31　恒压喷雾系统组成原理图（洪添胜等，2012）

　　管道喷雾系统进行喷雾工作时，压力变送器实时采集出管道中的药液压力，把压力信号变换成电信号，经恒压控制箱内的信号调理电路转换成控制信号，通过单片机程序，根据控制决策计算出控制量，将控制量输入变频器的模拟控制端子，控制变频器输出的频率。当检测到管道中实际压力大于设定压力时，变频器输出的频率降低，电动机的转速下降，药液泵出口的流量减少，管道中的压力下降，经过一定时间的调节，直到检测到管道中药液的实际压力小于设定值时，变频器输出的频率提高，电动机的转速上升，药液泵出口流量增加，管道中的压力上升，经过一定时间的调节，直到检测到管道中药液的压力与设定的压力间的误差在允许范围内。这样，通过实时监测管道药液压力，并将药液压力变化的信息反馈到控制装置，形成一种闭环反馈控制，达到调节变频电动机和药液泵的转速，改变药液泵出口药液的流量，实现管道中压力恒定的目的。

四、其他果树喷雾技术

（一）对靶喷雾

　　若果树与果树之间存在一定的间距，在喷雾机一直工作的情况下，会浪费药液并造成环境污染。对靶喷雾技术是根据探测到的果树及其生长情况，由对应的喷头完成定向喷雾的新型施药技术。喷雾机上安装有果树靶标识别系统和精准喷雾控制系统，当喷雾机的靶标识别传感器探测到有果树存在时，喷雾机自动开始进行喷雾；相反，当传感器探测不到果树时，则立刻停止喷雾。如图 7-32 所示为果树对靶喷雾作业示意图。

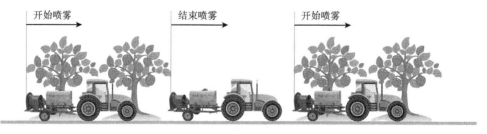

图 7-32　果树对靶喷雾作业示意图

靶标识别技术是对靶喷雾的关键，可分为图像识别技术和回波识别技术两类。图像识别又包括激光三维成像和普通二维成像技术；前者成像质量高，但价格昂贵；后者采用普通摄像头成像后，用计算机对图像进行分析判别，控制喷雾系统工作。回波识别技术是应用超声波（或其他波源）在靶标上的反射回波来识别靶标位置。更精确的对靶喷雾是通过识别果树的形状和果枝位置，并根据其形状和位置实现精准对靶喷雾。

（二）遥控电动喷雾

在一些小型果园或设施果园内，可采用遥控喷雾技术。作业人员可以通过遥控器，远距离控制电动喷雾机的启动与停止，降低劳动强度，提高工作效率。遥控电动喷雾机由遥控器、控制箱、单相电动机和药泵组成，如图7-33所示。

图7-33 遥控电动喷雾机（洪添胜等，2012）

遥控电动喷雾机与普通电动喷雾机不同，电动机不是直接接于220V的电源上，而是经过控制箱与电源相连。电动机的启动和停止可以由遥控器远程操作，遥控器电源为直流9V，使用安全方便。目前，这种遥控电动喷雾机已经在我国南方山区柑橘果园中应用。

（三）烟雾机喷雾

烟雾机是利用冷凝或分散的方法把药剂变成空中飘浮的烟雾。烟雾机按形成烟雾的方式分为热烟雾机和常温烟雾机。

热烟雾机是利用燃烧产生的高温气体使油溶剂受热，迅速热裂挥发成烟雾状，随同燃烧后的废气喷出，遇到空气冷凝成细小雾滴，然后被自然风力或烟雾机产生的气流向目标物输送。热烟雾机按其工作原理分为脉冲式、废气预热式和增压燃烧式。热烟雾机要求使用油剂药液，它们都由热能发生器、药液雾化装置、燃料和药液的控制系统等部分组成。雾粒子的直径一般为5～20μm，在果树、林业和蔬菜病虫害防治方面有所应用。由于雾滴小，受风和地面上升气流影响较大，故多用于设施园艺作物上。

常温烟雾机是指在常温下利用压缩空气使药液雾化为5～10μm雾滴的设备。由于在常温下雾化，农药的有效成分不会被分解，且水剂、乳剂、油剂和可湿性粉剂等均可使用。主要用于防治温室内作物的病虫害。常温烟雾机一般使用气液喷头，由喷头体和喷头帽组成，压缩空气先进入喷头体的共鸣腔，产生超声波，形成涡流，使压缩空气以接近超声波的速度喷出。由于排液孔前端的负压，药液被吸入喷头体中。共鸣腔产生超声波的原理主要靠选择适当的共鸣腔和喷头帽之间的距离来实现。

由于烟雾机使用的是油溶剂，又形成细小的雾滴，与空气混合后很容易点燃发生火灾，因此在设施内使用烟雾机时必须熄灭所有明火和切断电源。所有通气口密闭，且保持一段时间，否则影响效果。在室外果园喷施烟雾时，应在早晚没有上升气流时使用，以保证雾滴沉降在果树枝叶上。喷施时，使烟雾尽可能靠近果树，分散在冠层枝叶中，自然风速不应超过 1.6m/s，以减少雾滴飘失。

（四）无人机喷雾

无人机喷雾用于农业在日本、美国等发达国家中得到了快速发展。1990 年，日本山叶公司率先推出世界上第一架无人机，主要用于喷洒农药。我国南方将农药喷洒首先应用于水稻种植区。2016 年，农业植保无人机逐渐成为行业新宠，各地陆续出现使用无人机用于植保的案例，遥控无人机喷药用于果树也得到了示范。

无人机体型娇小而功能强大，一般可负载 8～10kg 农药，在低空喷洒农药，每分钟可完成一亩地的作业。其喷洒效率是传统人工的 30 倍。无人机采用智能操控，操作手通过地面遥控器及 GPS 定位对其实施控制，其旋翼产生的向下气流有助于增加雾流对果树冠层的穿透性，对苗木培育和幼龄果园防治效果较好，同时远距离操控施药大大提高了农药喷洒的安全性。但针对盛果期果园，因果树冠层枝叶茂密，雾滴穿透性欠佳。

无人机还能通过搭载视频器件，对果园病虫害等进行实时监控。无人机在果园喷雾的试验数据表明，无人机喷雾至少可以节约 50%的农药使用量，节约 90%的用水量，这将很大程度地降低资源成本。

第五节　果园作业平台及采运机械

果树修剪、疏花疏果、套袋、采收等登高作业环节，多采用登高工具设备，如梯子、凳子等。传统乔砧大树还不少需要爬树，作业人员劳动强度大，果园登高作业很不安全。水果采摘作业比较复杂，季节性强，劳动量大，需要大量人工。果园机械研究人员经过努力，开发出了不同种类的果园作业平台，使用果园作业平台或辅助设备可提高登高作业效率，节省劳力，降低成本，提高果农经济效益。

一、轮式果园作业平台

早期的轮式果园作业平台针对家庭果园研制，基于偏置座椅式果园通用动力底盘搭载开发升降平台，采用液压系统实现平台升降，两侧踏台手动伸缩操作，十分轻便。基于平台可匹配修剪、疏花疏果、水果采收等功能装置或作业工具。近年来，重点研究多功能作业平台的液压伺服驱动桥、电液式操控系统、机电液操控系统的布局、自动控制系统、升降架的刚度与稳定性、升降作业稳定性和可靠性等关键技术。

采用人机工程学研究评价果园作业平台"人-机-果树环境"之间的关联关系。通过仿真模拟分析作业平台上坡、下坡、倾斜作业等工况条件下，机器整机重心位置和人机安全限值，设置平台倾角安全预警系统，开发平台调平技术和防倾翻技术。图 7-34 所示是轮式果园作业平台人机工程设计模型，通过该模型可以获得平台的最大举升高度和最大伸展宽度等结构参数，图中轮式果园作业平台人机工程学参数定义见表 7-1。

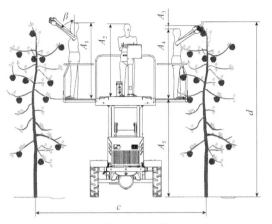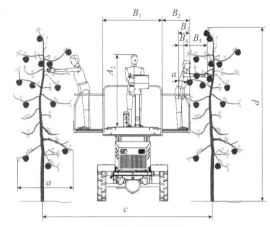

平台最大举升高度设计　　　　平台最大伸展宽度设计

图 7-34　轮式果园作业平台人机工程设计模型

a. 果树冠层宽度；*c*. 果树栽植行距；*d*. 果树生长高度；*α*. 人体前倾角度；*β*. 上肢与竖直方向夹角

表 7-1　轮式果园作业平台人机工程学参数定义

参数	人机工程学项目	数值/m	参数	人机工程学项目	数值/m
A_1	第 90 百分位人体身高	1.754	B_1	平台中间宽度	1.6
A_2	第 50 百分位人体身高	1.678	B_2	平台最大伸展宽度	0.619～0.71
A_3	手伸高度	0.08	B_3	人体保持平衡所需宽度	0.5±0.05
A_4	第 10 百分位人体身高	1.604	B_4	弯腰可达横向距离	0.8±0.1
A_5	平台最大举升高度	2.055～2.205	B_5	上臂和手伸开最大距离	0.514

　　采用液压控制器实现机器进退、操向、平台升降、侧台伸展、运行、停顿等，设置有全液压驱动系统、十字叉轴托架式坡地作业踏台调平系统、踏台倾角检测报警系统及自由垂杆安全保护装置，坡地调平果园作业平台横向 8°、纵向 10°可调，系统的响应时间为 2.5s。近年来，我国在对作业平台整机的人机安全性、轮廓通过性、平台自动调平、工业设计造型等进行了系统研究和技术开发，形成了成套果园作业平台人机工程设计理论，确定了轮式果园作业平台液压驱动系统最佳配置参数，在果园作业平台人机工程学评价、全液压驱动系统、电控系统、跟踪模糊 PID 控制器设计、自动调平系统等方面取得了重大突破，制定了自走式果园作业平台企业产品技术标准。图 7-35 所示是轮式果园作业平台在果园中的应用情况。

轮式平台　　　　　　　　修剪整枝　　　　　　　　果实采收

图 7-35　轮式果园作业平台在果园中的应用情况

二、履带式果园作业平台

根据丘陵山地的立地条件和果园特点，可采用履带式果园作业平台。例如，新疆机械研究院研制开发的 LG-1 型多功能果园作业平台，如图 7-36 所示，其整机体形小，重心低，能够原地 360° 转向，在果树行间通过性好，可以实现果园物资机械化运输，同时为农业生产，果园机构工作等提供电、气动力，操作平台作业的人员可在地面跟随行走，操作平台升降等作业，平台上可搭载作业人员和工具等。

为了便于作业人员操作平台行走和升降，河北农业大学针对丘陵浅山区域研制的自走式履带果园作业平台如图 7-37 所示。该平台以履带式底盘和机械平台为载体，通过液压控制器控制机器和平台的前后、上下、左右全方位移位，实现果树高低各部位的采摘、花果管理、修剪管理等作业。

履带式果园作业平台的主要功能一般包括 4 个方面。一是多功能果园作业机带有的空压机给升降作业台架和气动剪枝工具提供气动力，作业台架具有果园物资运输和升降的功能，给果枝修剪、果品采摘等登高作业提供了平台和动力。二是多功能果园作业机的发电机具备小型移动电站功能，可给农业生产、电动果园机械提供电力，还可家庭照明。三是多功能果园作业机可配备动力喷雾器和药液箱，以实现林（田）间自行植保作业。四是多功能果园作业机具有自卸功能，并配有大运输箱，可完成果园、农田及公路果品和物资运输作业。

图 7-36　LG-1 型多功能果园作业平台　　　　图 7-37　自走式履带果园作业平台

三、果园作业平台关键技术

果园作业平台以轮式或履带式底盘和升降平台为载体，主要由操控系统、刹车系统、载人平台、升降系统和行走系统等结构组成。为了增加作业范围，优化现有的固定平台结构，采用全液压驱动系统，设计为两侧伸缩式平台形式，伸出和收回靠双作用液压油缸完成，通过线控操作盒可根据需求自由方便地控制平台的升降和伸缩。

载人平台可整体升降，主要分为三部分，分别为左右和中间平台，左右平台可向两侧伸展，主要由伸展液压油缸、支撑矩管、支撑板组成，中间平台主要由支撑矩管、支撑板组成，平台上加装护栏。升降系统主要由一级剪叉结构、升降油缸和泵站组成。行走系统主要由前桥、后桥、无级变速器和液压系统组成。其中，通过建立转向梯形结构的数学模型，利用 MATLAB 计算分析，对转向梯形进行结构优化，采用加权法进行优化计算后，得到转向梯形摇臂长，横拉杆长，以及转向齿条安装轴线到转向梯形底边的距离等关键尺寸。

选用齿轮齿条式转向器和转向梯形式转向传递机构。平台左转弯时，左侧车轮为内轮，右侧车轮为外轮，转向齿条向右移动距离 S，通过右边的横拉杆使右转向摇臂产生一个大小为 α 的转角。通过几何关系可以计算出转向齿条的移动距离 S 与转向摇臂转过的角度 α 的关系。在转向齿条向右移动了距离 S 后，左转向摇臂也转过了一个角度 β，根据内转向轮的杆系运动，可确定 β 与转向齿条移动距离 S 的关系，如图 7-38 所示。

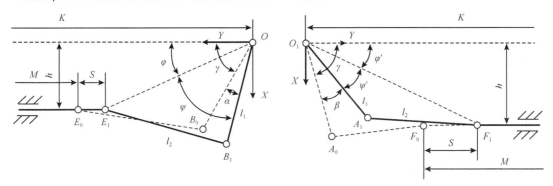

图 7-38　平台转向轮杆系运动简图

在平台转向的过程中，实际的内轮转角或外轮转角与理想的内外轮转角存在一定的差异，优化设计转向梯形机构的目的就是要使这个差异最小化。在不同的转角范围内这一差异也是不同的，果园作业平台在实际操作过程中很少会出现急剧转弯的现象，因此为了评价理论与实际内外转角的差异大小，并在中小转角时使其更为接近，将外轮转角 α 进行离散化处理。取离散步长为 1°，用绝对误差法进行分析，将绝对误差的大小作为评价指标，即为目标函数，利用 MATLAB 软件进行计算分析，得到如下的优化结果：$l_1=112.0$mm，$h=85.5$mm，$l_2=285.5$mm。通过液压控制器实现机器进退、转向操作、平台升降、侧台伸展，运行、停顿自如，台面升降高度范围为 0.6～2.0m，两边侧台可单侧伸缩 0.7m，研制选配果园作业平台搭载电动剪等功能装置。

刹车系统主要由刹车油壶、刹车脚踩板及相关联的液压系统组成。液压系统的每个回路与液压源进行组合。为了使结构简单，在组合的过程中除去多余的元件，减小能量损失，提高工作效率。果园作业平台液压系统原理图如图 7-39 所示，该系统可控制作业平台低速行驶、高速行驶、平台升降、平台左右伸缩和刹车。

四、山地果园运输系统及装备

目前我国很多果树种植在丘陵山地，山地果园生产存在一系列的问题需要解决。其中山地果品采运和物资运输缺少专用的运输系统和装备。近几年来，华南农业大学等从 2007 年开始把山地果园运送装备作为主攻的研究方向，在双轨运输系统、单轨运输系统、索道运输系统等方面取得了众多成果，研发出了丘陵山地果园专用运输系统及装备。

牵引式双轨运输系统主要由驱动装置、控制系统、轨道单元、载物滑车、钢丝绳、钢丝绳约束装置等组成。驱动装置由电动机、电磁制动阀、减速箱和卷筒等组成。载物滑车由车架、行走轮、防翻轮、钢丝绳导向杆和断绳制动装置等组成。轨道单元由两根外径为 48mm 的钢管和若干横梁、支撑柱焊接而成，钢丝绳导向杆和断绳制动装置安装在载物滑车的底部。运输系

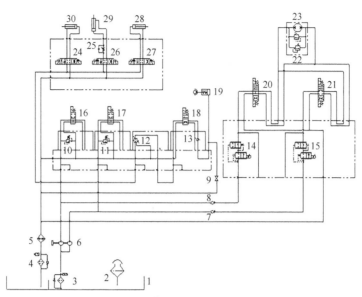

图 7-39　果园作业平台液压系统原理图

1. 液压油箱；2. 空气滤清器；3. 汽油过滤器；4. 回油过滤器；5. 冷却器；6. 双联齿轮泵；7、8. 单向阀；9. 应急刹车解锁阀；10. 低速调压阀；11. 高速调压阀；12. 减压阀；13. 液控单向阀；14. 低速调速比例阀；15. 高速调速比例阀；16. 低速工作压力阀；17. 高速工作压力阀；18. 刹车阀；19. 刹车油缸；20. 低速换向阀；21. 高速换向阀；22. 溢流阀；23. 双作用变量液压马达；24、26、27. 换向电磁阀；25. 单向节流阀；28. 平台右伸缩油缸；29. 平台升降油缸；30. 平台左伸缩油缸

统按牵引方式可分为单向牵引式和双向牵引式。该类运输系统可通过手动控制或遥控装置控制载物滑车的运行与停止，达到货物定点装卸的目的。使用方便，可利用两端的行程开关或自动感知方法实现两端点自动停车。载物滑车除可以搭载物品外，还可搭载挖穴机、喷雾机、修剪机和粉碎机等果园作业工具，以实现运输系统的综合利用。

　　山地果园电动单轨遥控货运系统结构如图 7-40 所示，该系统主要由单轨道、电驱动牵引车（简称"牵引车"）和货运拖车三大部分组成。轨道通过轨道支撑架沿果园山坡铺设，在轨道下方具有啮合齿节；牵引车和货运拖车均骑跨在轨道上方。货运拖车与牵引车通过连接机构连接，由牵引车拖动或推动行走。牵引车包括：主机架、电动机、电池箱、传动装置、导向夹紧轮、制动器和控制装置等。货运拖车主要由车架、防侧倒装置和位于拖车底部的 4 个滚轮组成，防侧倒装置和滚轮通过螺栓与拖车连接在一起。

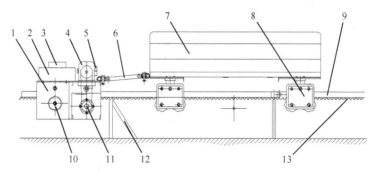

图 7-40　山地果园电动单轨遥控货运系统结构

1. 牵引车；2. 电池箱；3. 控制装置；4. 蜗轮蜗杆减速器；5. 制动器；6. 连接机构；7. 货运拖车；8. 防侧倒装置；9. 单轨道；10. 导向夹紧轮；11. 传动装置；12. 轨道支撑架；13. 轨道齿条

牵引车以蓄电池为动力，控制装置控制直流电动机旋转，电动机上的链轮通过主动链条将动力传递给蜗轮蜗杆减速器主链轮，减速器的副链轮通过从动链条将动力传递给驱动链轮；驱动链轮通过驱动轮轴与主驱动轮相接，主驱动轮采用圆周分布的圆柱滚子与轨道齿条相啮合，随驱动链轮一起转动，带动牵引车行走。

牵引车主机架前后两端安装有行程开关，轨道两端安装了辅助停车挡板，当即将行走至轨道两端时，安装在车体上的行程开关触碰挡板，行程开关的通断向牵引车控制系统发出制动信号，控制电动机断电和电磁式失电制动器实现制动。控制系统可接收来自牵引车上的按键或遥控器的控制信号，根据该信号控制直流电动机的启停、正/反转及电磁式失电制动器的制动和解除等工作。

图7-41所示是由华南农业大学研制的第三代山地果园遥控电动单轨运输系统在山地的应用情况。该系统以蓄电池为动力，电池容量为38Ah，电压48V，每台运输机配套智能充电器。在30°坡度的条件下，除自重外，运输机的上坡装载质量≥200kg。可通过遥控和手动两种方式控制运输机工作，且遥控距离≥250m；运输机行驶速度为0.5～0.6m/s。

图7-41　第三代山地果园遥控电动单轨运输系统在山地的应用情况

第六节　果园灌溉系统设施与装备

果园灌溉系统设施与装备是指对果园实施灌溉的各级渠道和管道，以及相应配套的建筑物和设施装备。果园灌溉系统可分为果园渠道灌溉系统和果园管道灌溉系统。果园渠道灌溉系统由灌溉渠首工程、输水配水工程和果园管道灌溉工程组成。果园管道灌溉系统主要由首部取水加压设施、输水管网和灌溉出水装置三部分组成。常见的果园管道灌溉系统有喷灌系统设施与装备、滴灌系统设施与装备和果园灌溉施肥装置。其中，果园喷灌系统设施与装备和滴灌系统设施与装备因其具有节省水量、渠道占地少、灌溉效率高等优点，逐渐成为果园灌溉工程技术改造的方向。随着果园水肥一体化技术的推广应用，果园灌溉施肥装置在果园喷灌系统和滴灌系统中的应用越来越广泛。

一、喷灌系统设施与装备

喷灌是利用机械设备将有压水喷射到空中形成水滴洒落从而进行灌溉的一种方法。喷灌的优点是节省用水，用水量为地面灌溉的20%左右，少占耕地，能够冲洗果树叶片，消尘除害，调节果园温湿度，改善果园小气候。相关研究表明，在夏季喷灌能降低果园空气温度2～9.5℃，降低地表温度2～19℃，提高果园空气湿度15%。其不足之处是受气流影响显著，设备投资大。喷灌也适用于地形复杂的山坡地，但山地果园喷灌系统的设计应综合考虑地形、土壤、气象、水文和果树配置条件等因素。微型喷灌是目前灌溉技术中较先进的方法。干旱时每天喷水多次，可使土壤水分保持比较合适的湿度。微型喷灌能有效地减轻冻害，因而用微喷防冻有明显的效果，一般能提高气温 0.5～1.5℃。果园喷灌系统设备组成如图 7-42 所示，主要有喷灌水源、水泵、控制柜、过滤器、压力表、闸阀、喷头和各种输水管道等部分。

喷灌水源主要有河流、湖泊、水库、池塘、井泉等，但必须修建水源工程，如泵站及附属设施、水量调蓄池和沉淀池等。

水泵和动力机械的作用是将灌溉水从水源点吸提后，经增压再输送到输水管道系统。常用的水泵有离心泵、长轴井用泵、深井潜水泵、水轮泵等。在有电力供应的地方，常用电动机作为水泵的动力机；在无电力供应的地方，可用柴油机、手扶拖拉机等作为动力机。

输水管道的作用是将压力水输送并分配到果园中。管道系统通常分为干管和支管两级，在支管上装有竖管，竖管上安装喷头。在管道系统上装有各种连接和控制的附属部件，如弯头、三通、接头、各类闸阀等。喷头是喷灌系统的专用部件，安装在竖管上，有的直接安装在支管上。其作用是将压力水粉碎成水滴，洒落在田间土壤表面。

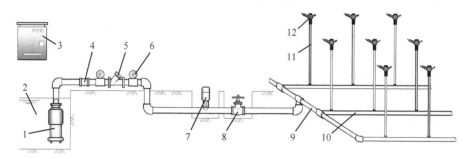

图 7-42　果园喷灌系统设备组成示意图

1. 水泵；2. 喷灌水源；3. 控制柜；4. 止回阀；5. 过滤器；6. 压力表；7. 排气阀；8. 闸阀；9. 干管；10. 支管；

11. 竖管；12. 喷头

果园喷灌系统按组成部分的移动特性分为固定式、半固定式和移动式三种类型；按获得压力方式分为机压灌溉系统和自压灌溉系统；按系统构成特点分为管道式和机组式。以上方式均可实现供水时间、供水量的自动控制。

果园管道喷灌系统按管道固定方式的不同有固定管道式、半固定管道式和移动管道式三类。固定管道常年埋在地面土层以下，喷头也是安装在固定支管的竖管上。半固定式管道的动力、水泵和干管部分也是固定的，而支管、竖管和喷头均可拆卸移动。移动式管道的水泵、动力机、管道和喷头都是能够拆装的，一般在水源附近的适当位置安装水泵和动力机，将干管和支管用快速接头连接伸入果园地块。

二、滴灌系统设施与装备

滴灌是将具有一定压力的水过滤后，通过一系列管道和特制的灌水器（滴头、滴灌带等），将水一滴一滴地渗入果树根际的土壤中，使土壤保持最适于植株生长的湿润状态，又能维持土壤的良好通气状态。应用滴灌比喷灌更能节水 36%～50%，不会产生地面水层和地面径流，不破坏土壤结构，也不至于过干或过湿。灌水器流量 2～12L/h，每棵树若布置多个灌水器，可连续数小时滴水，可小水勤灌。滴灌水可渗透土壤达 40～50cm 深、200cm 左右宽，土壤含水量可达田间持水量的 70%～80%。滴灌对调节果园小气候的作用不如喷灌。

果园滴灌系统设备除灌水器与喷头有较大区别外，其余部分与喷灌系统组成相似。滴灌系统首部的动力参数和管道压力参数均比喷灌系统低，但滴灌需要管材多，灌水器出口孔径小，管道容易堵塞，对水质要求较高，故要求有良好的过滤装置。

滴灌系统的过滤装置是滴灌系统正常运行、延长灌水器使用寿命和保障灌溉质量的关键。过滤装置分为 4 种：①旋流离心过滤器。根据重力和离心力的工作原理，清除密度比水大的固体颗粒，需定时清砂。②砂石过滤器。利用砂石作为过滤介质的过滤设备，清除水中的藻类等悬浮物，需要定期更换砂石。③筛网式过滤器。过滤介质是尼龙筛网或不锈钢筛网，杂质在经过过滤器时，会被筛网拦截在网壁外部，一般需要每次灌溉后清理筛网，以保证过滤器有效。④叠片（或筛网）式过滤器。采用带沟槽的塑料圆片作为过滤介质，杂质在经过过滤器时，会被塑料圆片拦截在圆片外部，需要定期清洗过滤器。图 7-43 所示是果园滴灌系统过滤装置匹配图。

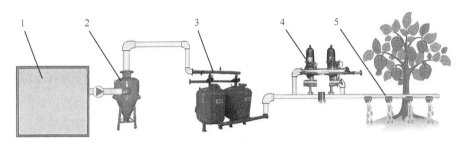

图 7-43　果园滴灌系统过滤装置匹配图

1. 水源；2. 旋流离心过滤器；3. 砂石过滤器；4. 叠片（或筛网）式过滤器；5.滴头

滴头是滴管系统的关键部分，其作用是使毛管中的压力水流进细小的流道或孔眼，造成能量损失，减小压力，变成水滴或微细流而均匀地分配给果树根系区土壤。一个滴灌系统的好坏，最终取决于灌水器施水性能的优劣。

三、果园灌溉施肥装置

果园灌溉施肥就是通过灌溉系统为果树提供营养物质的过程，也有"加肥灌溉""水肥耦合""水肥一体化""肥灌"等多种叫法。灌溉施肥作为一种先进的肥水管理技术，可根据果树生长各个阶段对养分的需要和气候条件等准确地将肥料补加或均匀地施在根系附近，降低了肥料与土壤的接触面积，减少了土壤对肥料养分的固定和大水漫灌，以及过量施肥而引起的深层渗漏浪费和环境污染，有利于根系吸收养分，给根系生长维持一个相对稳定的适宜水分和养分浓度。水肥同时供应，可发挥二者的协同作用，可提高肥料的利用效率，缩短追肥时间，增加水果产量，提高果实品质。在农业先进国家如以色列 75%～80%的灌溉地采用灌溉施肥方式。

向管道注入肥料的方法有两大类：压差法和压入法。压差法施肥与微灌设备配套，将肥料箱安装在微灌系统管道上，在两连接管之间装一闸阀，将闸阀关闭一定程度，则在两连接口外形成一定的压差，在这个压差作用下，箱内肥液流动，不断进入滴灌系统中实现施肥。常用的压差法施肥装置有文丘里施肥器、压差式施肥罐等。压入法施肥是靠人力或机械泵将肥料注入滴灌系统，水力驱动泵（又称比例注肥器）较通用，直接安装在供水管上，在水力的驱动下，直接从容器中吸出所需要剂量的肥料溶液，并在泵体内与水混合稀释后，被水压向出口。有些地区针对果树植株高大，限制了机械追肥作业，相继研制出了一批手动追肥机具。图 7-44 所示是常用的果园滴灌系统施肥装置。

压差式施肥罐　　　　　　　　　文丘里施肥器　　　　　　　比例注肥器

图 7-44　果园滴灌系统施肥装置

四、果园灌溉新技术

随着电子技术、计算机技术、信息技术和传感技术等高新技术的迅速发展，为了节约水资源和减少果树灌溉的人力资源，自动灌溉系统得到了不断发展。自动灌溉系统的优点是：提高水资源利用；根据果树所需水量供水，提高果树产量和果实品质；减少人力和减轻劳动强度。

果园自动灌溉系统有全自动和半自动两种类型。全自动灌溉系统主要由传感器（如土壤含水量传感器、果树生长状态传感器和气象传感器等）、计算机控制器、电动水泵和电磁阀等组成。计算机控制器根据果树的需水量、土壤的含水量及天气情况自动控制水泵和电磁阀进行灌溉。

半自动灌溉系统没有装备传感器，所以不是按照果树当前需水的实际情况进行灌溉，而是根据果树的一般需水规律，由计算机控制器对果树进行灌溉。

果园智能灌溉系统是指不需要人的控制，系统能自动感应到果园什么时候需要灌溉，灌溉多长时间。系统可以自动启动灌溉，也可以自动关闭灌溉。可以实现土壤太干时增大灌水量，太湿时减少灌水量。智能灌溉系统涉及传感器技术、自动控制技术、计算机技术、无线通信技术等多种高新技术。智能灌溉系统可以根据果树和土壤种类、光照数量来优化用水量，还可以在雨后监控土壤的湿度。研究表明，与传统灌溉系统相比，智能灌溉系统的成本差不多，却可节水 16%～30%。智能灌溉系统的研发将成为精细果园水肥管理研究的重要内容。

为了最大限度地节约灌溉用水和实现智能控制，灌溉系统必须具备以下功能。

（1）**数据采集功能**　　可接收基于土壤、树干、枝叶等反映果树需水状态的传感器采集的模拟信号，并将模拟信号通过 A/D 转换成数字信号。

（2）**控制功能**　　具有自动控制、定时控制、循环控制功能，用户可根据需要灵活选用控制方式。①自动控制功能是利用可编程控制器将传感器检测的需水信号与预先设定的标准值相比较，根据设定值与测量值间的偏差情况，自动调节电动机转速，进行灌溉操作。②定时控制功能是指系统对电磁阀设定开、关时间，当灌溉的湿度值达到设定值时，电机自动停止灌溉。③循环控制功能指用户在可编程控制器内预先编好控制程序，分别设定起始时间、结束时间、灌溉时间、停止时间，系统按照设定好的时间自动循环灌溉。

（3）**变速功能**　　当前所测的果树需水状态值与设定的最适宜果树生长的状态值比较，分为高度、重度、低度 3 种状态。控制系统根据果树的水分状态自动启动灌溉，控制电动机以需要的转速转动。

（4）故障自动诊断功能　　当灌溉系统出现故障，如水管破裂（水压急剧下降接近零）、传感器故障、电动机故障、电磁阀故障等，水泵立即停止运行，关闭电测阀，故障报警灯闪烁并伴有警笛声响起。

除此之外，智能灌溉系统还应具备过载保护功能、阴雨天自动停止功能、省电动能、急停功能等。

第七节　果园精准管理与防灾装备

一、精准管理与信息化技术

果园精准管理与信息化技术是精准农业（precision agriculture）技术思想在果园生产管理中的应用。精准农业技术思想的核心是在获取小区作物产量和影响作物生长的环境因素实际存在的空间和时间差异性信息的基础上，分析影响小区产量的原因，采取技术可行、经济有效的调控措施，实施按需定位控制。精准农业技术体系包括信息获取与数据采集、数据分析与可视化表达、作业决策分析与制定和田间精准作业的控制实施等主要组成部分。

果树因不同大小、不同树龄和不同土壤特性，其生长所需的水、肥和营养也不相同。现代果园采用变量投入技术与装备，根据不同果树不同生育期的土壤肥力和墒情，结合果树生长模型和气象等环境条件，实施精准变量施肥、精准灌溉、精准喷药等变量作业控制技术（variable rate treatment，VRT），便于果园生产和管理的数值化、智能化，是实现优质、高产、低耗和环保的果品生产的有效途径。

变量投入技术与装备是基于地理信息系统（GIS）的作业处方图和持续工作的传感器的应用，是以处方图和传感器相结合为基础的。根据果树产量、土壤参数等时空变异信息，结合各种传感器测量每棵果树的高度或树冠体积，量化每棵树对水、肥和营养的需求，基于GIS产生处方图指导生产资料的准确投入量，降低生产成本，提高水果生产效率。

要实现果园生产精准管理的前提是环境信息的自动获取和处理，底层可采用无线传感器网络完成对果园光、温、水、肥、气等五大环境因子的实时监测；高层可以应用专家系统实现对苹果的精准管理。图7-45所示是苹果精准管理专家系统功能模块。

苹果精准管理专家系统可实现苹果园的24h全天候环境监测，同时方便异地专家对果园远程监控，自动生成生产和管理建议，以短信形式发送给果农，进行精准管理。苹果试验站实际应用表明，该系统改变了以往只能凭借经验管理果园的局限性，便于专家对果农进行生产指导，有助于提高苹果的生产效率和经济效益。

图7-45　苹果精准管理专家系统功能模块

二、环境和土壤水分监控系统

果园环境和土壤水分监控系统如图7-46所示，主要由主控制处理器，土壤湿度、环境温度、光照等因子传感器，水流量传感器，电磁阀等组成。其中土壤湿度传感器用来测量果园中多位点的土壤湿度；环境温度传感器可用来监视果园中土壤和大气的温度；光照传感器用来监测果园中的光照强度，由获取的监测数据和人机指令，通过电磁阀自动调节灌水设施的灌水量和灌水时间。可以将系统与计算机连接，通过计算机获取实时监控数据，进而实时查看数据，存储记载历史数据，生成曲线图像，打印报表及因子变化曲线。

三、孢子花粉捕捉器

孢子花粉捕捉器是采集果园环境中气传动态孢子或花期花粉的仪器，能够为果园病害预测和预防提供可靠数据，其结构如图 7-47 所示。主要由捕捉盘和吸风器组成，两者共同固定于捕捉仓内，可以避免受到气候的影响，卡带紧密咬合捕捉盘每 7d 转动 1 圈，实现全天候的工作。

 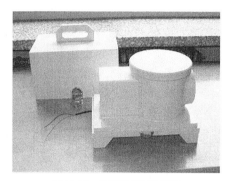

图 7-46　果园环境和土壤水分监控系统　　　图 7-47　孢子花粉捕捉器

孢子花粉捕捉器有机械式、电子式两种类型，机械式由机械钟表驱动，电子式由步进电机驱动。步进电机的电源可配蓄电池，也可配备太阳能电站系统，节能环保，更适于果园野外监测。

四、果园防灾设施与装备

霜冻、寒潮、冰雹、暴雪、大风、雨涝、干旱等自然灾害每年都给果树产业带来损失，损失包括减产、减收、树体损伤甚至死亡。果园防灾除适当喷施营养液、防冻药品、果树生长调节剂，提高坐果率等园艺技术措施外，防灾设施与装备的应用将起到重要作用。研究制定自然灾害的预警、防范机制和抗灾减灾、安全生产的综合技术措施，对于保障和提高果树产业可持续发展，促进果业增效和果农增收均具有重要意义。

果园防灾设备主要包括果园气候环境监测预报系统、果园防霜装备、果园防雹设施等。果树主产区若秋季多干旱，持续的高温干旱容易导致树体缺水现象普遍发生，尤其平地果园和幼龄果园，抗旱能力弱，清晨时树体呈萎蔫状态，表现出明显的缺水症状，甚至出现裂果和落果，新植苗和幼龄树发生死株现象。对已配置滴灌等设施、水源较多的果园，要定时启动灌溉设施。对水源条件差的果园，要充分利用地面杂草、秸秆、稻草、垃圾等覆盖物，全面进行园地铺草覆盖，减少果园地下水分的蒸发，增加土壤含蓄的水分，满足果实膨大对水分的需求。

果园防霜风机由电动机或柴油发动机作为动力源，经齿轮箱、传动轴带动叶片转动产生风能，利用"逆温现象"，对果园上方空气进行物理扰动，混合小环境内上下层空气，促进冷暖空气对流，提升果园树蓬面温度，能够起到良好的防霜防冻效果。图 7-48 所示是甘肃省天水市麦积区南山苹果园内安装的果园环境监测系统和防霜风机。

果园防雹主要采用防雹网设施，结构形式主要有平面式、单面坡式和双面坡式。其中，平面式结构适宜面积较大、地势平坦的果园；单面坡式结构适宜面积较小、山区果园；双面坡式结构适宜地势平坦、管理水平较高的果园。防雹网比传统的高炮、火箭弹防雹效果更加明显，更有针对性，既不影响果树的采光，又可缓冲冰雹由高空落下时的冲量，可有效解决冰雹多发地区的防雹问题。

对防雹网的要求是重量轻，易架设，一般 $667m^2$ 的防雹网在 30kg 左右，遮光率小于 10%，不影响果树采光需求，使用年限在 5 年以上。防雹网的网孔以菱形为主，也可选择长方形或

图 7-48　果园环境监测系统和防霜风机

正方形。菱形网孔尺寸以 11mm×11mm 为最佳，网幅宽度为 6m、8m、12m 不等。防雹网的有效总面积应大于果园面积，一般果园面积在 $0.67hm^2$（10 亩）以下的，网的面积应为果园面积的 120%；果园面积为 $0.67\sim3.33hm^2$（10～50 亩）的，网的面积应为果园面积的 115%；果园面积在 $3.33hm^2$（50 亩）以上的，网的面积应为果园面积的 105%。防雹网的颜色以白色为主，海拔在 1000m 以上的地区可以选择黑色或其他颜色。图 7-49 所示是河北省保定市顺平县架设的有防雹网设施的樱桃园。

图 7-49　有防雹网设施的樱桃园

第八章　果园的信息化管理

目前，全球都将推进智慧农业作为实现创新发展的重要部分。欧美等国家纷纷提出"大数据研究和发展计划""农业技术战略"的观点，将信息化技术与农业生产活动相结合，建立一个覆盖全面的智慧农业体系，极大地提高了国家农业的国际竞争力。在技术研究方面，欧美、日本等国家纷纷借助遥感网、物联网、互联网等进行数据采集和数据分析。热成像、叶绿素荧光和高光谱传感器等新兴技术被应用于病虫害的识别。日本50%以上的农户使用物联网技术，大大提高了农业生产效率。

自2012年起，"智慧农业"这个想法开始在中国普及，并在政府的大力支持下得以迅速发展。智慧农业在技术研发中包括物理传感器、算法模型、线通信传输、云计算、智能机械、果树生产栽培信息化和智慧化管理技术等方面。物理传感器被应用于感知生长环境、土壤理化、水环境等方面；算法模型被应用于产量预测、生长过程和环境优化控制等；云计算能够整合数据资源；智能机械如智能农业车辆、智能施肥机、精密播种机、智能采摘机、农业机器人等取得很大的进展。另外，果树生产栽培信息化和智慧化管理技术也得到了快速发展，部分技术已经应用于树体整形修剪、花果管理、土肥水管理、病虫害预测预报、采后品质维持、产品采后溯源等方面。

第一节　果树整形修剪的信息化管理

随着科技和经济的发展，越来越多的信息化技术在果树的整形修剪中得到了应用，如全球导航卫星系统技术、机器学习技术、三维扫描技术、计算机视觉技术等，这些技术主要体现在果树修剪机器人和虚拟修剪的应用上。广泛应用这些技术，可以减少果园种植的人工成本，提升修剪效率，保证果园的种植效果，并在一定程度上提高果树成熟果实的品质。

一、全球导航卫星系统技术在果树整形修剪中的应用

全球导航卫星系统，泛指所有的卫星导航系统，包括中国的北斗卫星导航系统、美国的GPS系统、俄罗斯的GLONASS系统及欧洲的伽利略卫星导航系统。该技术在果树整形修剪中主要应用于果树修剪机器人的运动系统上，果树修剪机器人根据全球导航卫星系统的坐标位置，到达指定的待修剪树木处进行修剪。例如，贾挺猛（2012）设计的葡萄树冬剪机器人、黄彪（2016）设计的枇杷修剪机器人等均在机器人的自动导航上应用了该技术。因此，该技术对提高果树修剪机器人修剪路线的精准性有着重要的作用。

二、计算机视觉技术在果树整形修剪中的应用

计算机视觉技术在果树整形修剪中的应用主要体现在果树修剪机器人和虚拟修剪两方面。在果树修剪机器人中，机器人的视觉系统采用计算机视觉技术，主要包括图像采集、图像预处理、

图像分割、图像描述和分类决策 5 个方面。图像采集主要依赖于单目相机系统、双目相机系统及激光雷达技术进行采集；图像预处理的方法主要有中值滤波处理、数学形态学图像处理及图像直方图均衡化等；图像分割应用了计算机学习上的一些方法，主要有阈值分割法、模糊分割法、神经网络分割法及遗传算法分割法，此外还有自适应法、随机森林法、支持向量机法及决策树法等，这些方法在果树识别及枝条定位中均有应用；图像描述和分类决策的方法主要有支持向量机、神经网络（BP）、卷积神经网络（CNN）及循环神经网络（RNN）等（图 8-1，图 8-2）。

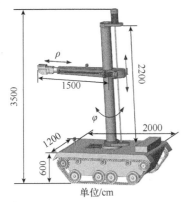

图 8-1　枇杷剪枝机器人（黄彪，2016）

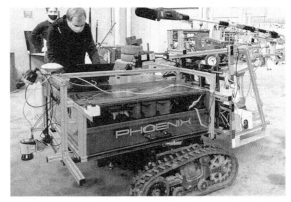

图 8-2　PHOENIX 果树修剪机器人（德国霍恩海姆大学）

　　计算机视觉技术还应用在果树的虚拟修剪上。首先，在虚拟修剪图像的三维重建上有着较大的应用，图像采集技术可以更好地反映果树的实际情况，实现对果树的拟真处理及对果树树体整个生长周期的了解；其次，在虚拟修剪的交互上有着一定的应用，王丹等（2016）提出基于 Kinect 的虚拟果树交互式修剪技术，Kinect 通过红外发射器、红外摄像头获取人体的深度图像，从而判断人的虚拟修剪动作。

三、机器学习技术在果树整形修剪中的应用

　　机器学习技术在果树整形修剪中有着广泛的应用，除了上文中提到的在修剪机器人中计算机视觉上的应用，在果树的虚拟修剪上也有着广泛的应用。早在 20 世纪 90 年代，研究人员就能通过计算机模型中的一些参数模拟出果树的生长状态。到了 21 世纪初，我国科学家夏宁（2004）利用 4 个状态的隐马尔可夫模型模拟桃树修剪中枝条的 4 个过程，定量分析了桃树的生长特性及修剪对桃树生长的影响；田世平（2006）利用 FLASH MX 和数据库技术设计制作出模拟果树修剪系统；熊瑛（2009）同样利用马尔可夫模型和隐式马尔可夫模型对苹果树的形态结构进行了模拟；杨伟伟（2016）利用变阶马尔可夫模型对不同栽培方式下苹果枝梢的发育进行模拟。

　　经过计算机学习技术的不断发展，果树虚拟修剪中的可视化模拟方法主要有：L 系统、AMAP 模型和 Green Lab 模型。L 系统是由美国生物学家 Lindenmayer（1968）提出的，它是一种形式化语言方法，通过对植物生长过程的经验式概况，掌握植物各器官、组织的生长规则，然后根据这些规则，生成字符发展序列，并通过植物与分形发生器程序模块对产生的字符串进行几何解释，生成具有三维效果的植物形态（吕萌萌等，2015）。刘阁（2009）利用 L 系统构建了苹果树枝干模型和虚拟苹果树平台，为剪枝教学和培训提供了新的方法；胡秀珍等（2011）利用 L 系统对梨树常见的三种树形进行重构，为开发梨树整形修剪计算机仿真系统奠定了基础。AMAP 模型最早是由法国农业国际合作研究发展中心（CIRAD）的植物建模机构开发的植物生长模拟方法，它是

基于"参考轴技术"的模型（Blaise，2003），夏宁（2004）同时也利用该模型对桃树的树形进行了重建。Green Lab 模型是基于源-库关系的植物结构功能模型，起初多应用于农作物中，在果树中的应用比较少，国红等（2009）首次将该模型应用到虚拟树木的生长研究中。

此外，随着机器学习的不断发展，长短期记忆模型（LSTM）、多元线性回归模型（MLR）、随机森林模型（RF）在虚拟修剪中及树形的重构上也有着一定的应用。

四、三维扫描技术在果树整形修剪中的应用

三维扫描技术主要包括三维数字仪和三维激光扫描仪，其中激光雷达技术在果园修剪机器人的视觉系统中有着一定的应用，如蒋焕煜等（2019）基于激光雷达技术研制出的矮化密植枣树修剪机器人。但三维扫描技术主要还是应用在虚拟修剪果树的三维重建上，研究人员可以通过该技术获取果树的空间信息，如章兰芬（2012）利用三维数字仪对苹果树的树体结构进行三维重建；杨丽丽等（2017）利用三维激光扫描仪对冬季落叶后的苹果树点云数据进行采集，建立了苹果树修剪仿真软件；师翊（2020）利用 Kinect 三维激光扫描仪对苹果树生长过程的点云数据进行采集后，进行苹果树的三维重构。

综上所述，越来越多的信息化技术应用在果树整形修剪的研究中。但是目前生产中依然较多依赖人工修剪，不过相信在不久的未来，越来越多的智能化整形修剪技术将在实际生产中被广泛应用。

第二节　果树花果的信息化管理

花果管理是果树生产过程中一个重要的技术环节。花果管理的好坏能够直接影响果实的品质及商品价值，高品质的果实能拥有更大的市场竞争力，获得更好的商业价值。相比传统的地面观测与人工操作，利用遥感、模型模拟等方法进行果树花果管理能够实现由点及面的空间转换，是花果管理过程研究的一个新领域。规范花果管理，结合信息化农业技术手段，构建一系列果园花果管理的技术体系，为实现果园高质、高量生产提供一定的帮助。

一、果树花果管理的信息化

果树的花序和花芽是果树结果的基础，果树的花果管理包括疏花、保花、病虫害防控、授粉等。因此，做好花期管理，能够使果树合理结果，稳产丰产。

对果树开花期的监测有利于为制定果树田间作业计划提供依据。柴秀娟等（2020）在视觉识别技术领域发明了一种果树花期监测方法、装置、计算机设备及存储介质，能够获取果树的全局图像，并将其输入到检测模型中得到所述全局图像中所有类型果树花的位置坐标，根据所有果树花子图对应的果树花状态确定所述目标果树的花期状态（图8-3）。Darbyshire 等（2017）利用全球 14 个地点的数据对同一苹果品种开花物候模型进行了评估，发现 4 个冷重叠模型模拟效果整体优于 4 个顺序模型，较为复杂的深度休眠模型（或冷重叠模型）在机理上考虑得更为全面，模拟精度应该更高。Chen 等（2019）基于多光谱遥感数据开发了一个增强开花指数（EBI），以量化加利福尼亚州中央山谷杏果园的开花状态，发现无人机（UAV）、Planet Scope、Sentinel-2、CERES 等均可较好地监测杏树开花动态，从而提高花卉和授粉对天气的反应及最终产量的理解和预测能力（图8-4）。

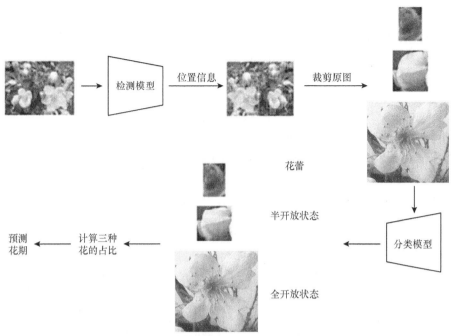

图 8-3　果树花期监测方法的示意图（柴秀娟等，2020）

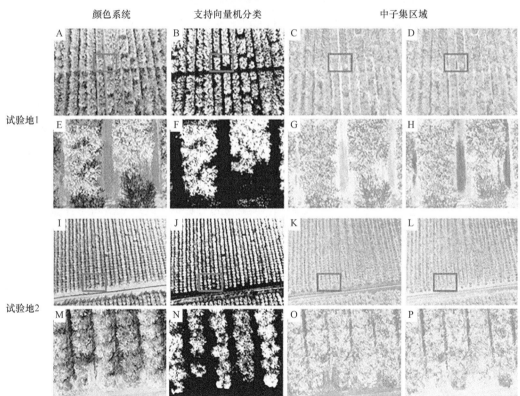

图 8-4　无人机（分辨率为 2.6cm/5.2cm）拍摄的 1 号杏园和 2 号杏园样本图（Chen et al.，2019）

A、I. RGB 合成；B、J. 由 SVM 监督分类得出的开花和非开花二元地图；C、K. 简单亮度指数；D、L. EBI；
E~F、M~P. 中子集区域（方框）放大图；G、H. C、D 的放大图

彩图

授粉是植物结成果实必经的过程。传统上依靠蜜蜂授粉、人力涂抹授粉，不仅耗时耗力，而且不确定因素影响较多；而将农业信息化和智慧农业应用于授粉过程，不仅可以节省人力物力，而且能提高作业效率。Ejieji 和 Akinsunmade（2020）提出一种改进的花授粉算法（PIA），使用迭代方案覆盖花授粉算法中的开关参数，并用于求解所设计的模型，实现了最优利润和分配。Krishnasamy 等（2019）研究发现，利用遥感技术可以很轻易地评估人为因素造成的土地利用变化，有助于扩大蜜蜂的栖息地，研究蜜蜂的觅食模式和运动模式，进而保护、利用蜜蜂传粉。新疆库尔勒利用植保无人机为梨花雾化立体授粉，不仅节约了成本，而且提高了坐果率，有效地减少了病虫害的传播途径，弥补了人工和喷雾器授粉方式的不足（图 8-5）（倪菁菁等，2020）。应用无人机授粉技术，可以将富士苹果的坐果率提高到 70% 以上，单果质量显著增加，果实品质明显提高（于保宏，2018）。

图 8-5　库尔勒市采用无人机为梨花授粉（倪菁菁等，2020）

二、信息化技术在果树果期跟踪中的应用

果期是指植物结果的时期，分幼果期、疏果期、成长期、成熟期和采摘期。Peirs 等（2001）发现利用可见光/近红外光谱可以测量果园内单个品种收获时的苹果成熟度，同时也可以预测果实的最佳采摘日期（相关性在 0.90～0.93）；Saevels 等（2003）应用电子鼻（E-nose）预测了苹果的最佳采收期，并且利用两年的数据构建了准确而稳健的 PLS 模型（图 8-6）。Lleó 等（2011）应用人工视觉技术对红皮软肉桃的成熟度进行评估，发现 Ind2 光学指数所测定的果实内的变异性较低，成熟期之间的区分较好，且无凸性效应，且其允许果实内成熟区域的分化，并显示了这些区域在成熟过程中的演变。

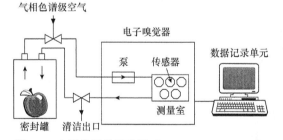

图 8-6　电子鼻测量示意图（Saevels et al.，2003）

三、信息化技术在果树花果管理中的应用

花果管理对能否产出优质果起着重要作用。Beek 等（2015）使用遥感技术监测并测量了果园生长阶段的果实产量，发现遥感测量结果与水果质量和产量显著相关，能够让工作人员在果树生长阶段更好地改进水果质量和预估产量，并安排整个生产进程。Li 等（2021）设计了基于物联网系统的草莓节水管理知识库，包括草莓品种选择、种苗、疏花疏果、环境控制、病虫害防治、肥料管理、节水灌溉 7 个部分，通过人机交互平台，种植者可以接收决策选项、种植管理评估、查询信息检索和定期更新相关种植信息，可以提高水分利用率，降低化肥及

农药使用量，从而降低成本。Bai 等（2020）通过引入树龄作为关键参数，并通过 WOFOST 模型预测枣产量，发现枣树萌芽、开花和成熟期的模拟物候发育阶段分别比观测值提前 2d、3d、3d。伍恒等（2019）利用高光谱技术建立模型，发现所建模型均能很好地识别哈密瓜果实的物候期。2019 年 3 月，山西省荆庄村开展了无人机桃树疏花定果喷洒作业，临汾、运城、晋城等多地农机推广部门探索农用无人机果园授粉、壮叶肥播撒等新功能，拓展农用无人机的应用范围和领域。未来几年山西省还将继续加大新型植保无人机的示范和推广力度，推动该技术向智能化方向发展（贾杰等，2019）。李亮等（2014）通过无人机在果园区域内外均匀释放超声波，从而达到驱鸟效果，还可以通过听觉与触碰警示驱使鸟类离开，防止鸟类对果树的侵害（图 8-7）。

图 8-7　无人机驱赶枇杷园的鸟类

第三节　果树土肥水的信息化管理

土肥水管理是果树栽培的一个重要环节，涉及土地的规划、土壤的整治、水分肥料的施用等。目前，地理信息系统、全球定位系统、遥感系统被普遍用于土地的规划管理。此外，土壤、树体等生理生态传感器的应用，使土肥水管理更加精准、科学。

一、土地规划的信息化管理

（一）地理信息系统

地理信息系统（GIS）是由加拿大测量学家 R. F. Tomlinson 提出并建立的，称加拿大地理信息系统（CGIS）。它主要用于自然资源的管理和规划，对于其确切定义至今在国际上也没有统一标准。GIS 诞生于 20 世纪 60 年代，90 年代随着计算机软硬件技术的飞速发展，GIS 技术不断完善，产业逐渐成熟，数字信息产品在世界范围内流行开来，GIS 逐渐渗透到各行各业，并成为人们生产生活中不可或缺的工具，在 3S 体系中扮演着"大管家"的角色。这一时期，GIS 与遥感技术、GPS、网络通信、人工智能等先进技术进一步融合，使其在空间信息管理和处理中更加有效地发挥作用，开辟了 GIS 的应用新领域。中国地理信息系统协会（CAGIS）于 1994 年正式成立。地理信息系统（GIS）是一种处理空间信息的软件系统，可对同一空间中的各类空间数据进行组织、分析和制图。每种类型的信息都可以形成一个 GIS 图层，不同图层的信息也可以进行分析和组合，形成一个新的图层。GIS 系统的应用可以将土地边界、土壤类型、地形地貌、排灌系统、历年测土结果、化肥农药使用情况、历年产量结果做成各自的 GIS 图层并进行管理，且可对土壤的组成、有机质含量、腐殖质含量、酸碱状态等进行精准分析。

（二）全球定位系统

全球定位系统（GPS）是由美国开发的新一代卫星导航定位系统，它由地球上空的 24 颗通信卫星和地面上的接收系统构成。无论何时、何地，使用 GPS 接收器可以接收到 24 颗卫星中的 4~12 个卫星信号，向用户提供精确的三维位置、三维速度和时间信息。GPS 使得采样点的定位更加精确和方便，极大地促进了精准农业技术的广泛应用。GPS 测量除受遮蔽物的限制外，几乎不受其他因素的影响，因此使用 GPS 绘测地形图，为农业作业提供了良好的基础。对果园进行开沟作业时，借助 GPS 设定好的行距、间距作业，精度相当高。在联合收割机、土壤取样车等设备上安装一定精度的 GPS 接收机，进行田间管理操作的同时还可以获得实时的位置信息，使作物生长数据、产量及土壤信息具有地理属性，以便进行 GIS 管理。

（三）遥感系统

遥感（RS）系统是一种用于探测的技术。在探测过程中，探测器不接触探测目标，就可以远距离记录监测目标的电磁波特性，并通过对数据的分析和处理，揭示对象的特征特性，可用于土地分类、估计作物产量变异等。遥感系统在土地利用状况、土壤类型和水资源的调查和评估中起着重要作用。遥感系统还可以用于监测作物生长、土壤侵蚀、荒漠化、盐碱化和土壤污染。传统的监测主要采用人工测量和室内化学分析的方法，监测时不仅费时、费力，而且对样本具有破坏性。相比之下，遥感系统的宏观、动态、无损的实时监测优势在农业资源监测中显得尤为重要。

二、施肥信息化管理

测土配方施肥是协调好作物产量、果实品质、土壤肥力和田间环境之间相互关系的一项科学施肥技术，核心是调节和解决作物需肥与土壤供肥之间的矛盾。它是以土壤测试和肥料田间试验为基础，根据作物需肥规律、土壤供肥性能和肥料效应，在合理施用有机肥料的基础上，得出氮、磷、钾及中、微量元素等肥料的施用数量、施肥时期和施用方法。自 2005 年起，中国的测土配方施肥工作得到空前重视，并开始在全国范围内推广。

信息技术在测土配方施肥中的应用主要是指应用计算机和信息科学相关技术，对测土配方施肥相关信息进行采集、存储、传输、处理、分析和利用，并建立土壤养分施肥信息和配方施肥等数据库和决策应用系统。信息技术将在综合合理利用测土配方施肥分析获得的土壤、作物、肥料等数据，并做出高效农田养分管理和施肥决策方面发挥重要作用。

浙江省金华市兰溪市充分利用互联网平台，开发"兰溪测土配方施肥"APP，应用和推广测土配方施肥信息化技术，建立了兰溪市测土配方施肥数据库。

三、灌溉信息化管理

自动灌溉技术是指节水、减排和智能控制在农田灌溉中的应用。它以计算机控制技术和传感器技术为基础，与传统农业技术相结合，通过自动化的设备把果树对土壤的湿度和气候方面的要求搭建成一个数据库，在果树生长的不同时期灌溉不同的水量。自动灌溉技术主要包括云计算中心、传感器、电动阀、数据采集系统和软件系统（图 8-8）。工作的主要流程是对果树实际生长情况进行分析后，得出科学、规范的灌溉数据，并将分析后的数据通过传感器传输到中央处理系统，借助计算机技术分析水分含量，进而确定是否需要灌溉的操作。采用自动灌溉技术，可有效保证果树不会因缺水而生长不良，也不会因耗水过多而死亡。灌溉水的利用率大幅度提高，有利于果树产量和品质的改良，并且对提高用水效率具有重要意义。在自动灌溉技术的应用中，可以设置报警线、最低水位线和最高水位线。当田间土壤水分低于最低水位时，必须加水或者必须停水。当土壤含水量低于报警线时，要观察果树是否因缺水而生长不良。与人工灌溉技术相比，自动灌溉技术可以最大限度地减少水资源的浪费，还可以有效减少人力投入，对现代农业的快速发展具有促进作用。

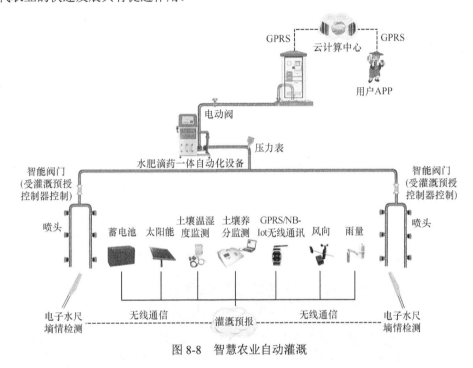

图 8-8　智慧农业自动灌溉

第四节　果树病虫害预测预报与防控的信息化管理

一、设置智能虫情报警灯

智能虫情报警灯是利用昆虫趋光性的生物学特性设计和开发的，通过光诱导成虫，并将其捕获、自动标本、云平台传输图片管理，从而实现自动化的数据采集和分析病害及虫害的自动化采集。每台设备设置区域测报站，每个测报站设置 2 个基层系统测报点，每个点配备一名基本预报员和一盏智能虫情报警灯，基本按重点产区覆盖区域，预测数据具有广泛的代表性。智能虫情报警灯可实现对于病虫害的发生，足不出户帮助植保人员分析病虫害问题，减少化学农药的使用，达到有效的病虫害防治。

二、采用害虫性诱自动监测系统对重点病虫害进行监测

害虫性诱自动监测系统集诱捕、数据统计和数据传输于一体，可实现重点害虫的定向诱捕和监测、自动计数、真实传输的自动化和智能化、远程监测和害虫预警，从而确保害虫计数的准确性。将信息技术与害虫监测技术相结合，利用信息诱捕技术和计算机视觉技术完成采样和图像传输过程，实现对特定害虫的针对性自动监测。

三、病虫害远程实时监测系统

依托现代智能农业基础设施建设，选取具有代表性的生产基地作为监测点，配备远程实时监测系统，完成虫情信息、病原孢子、农林气象信息的图像和数据采集，并通过图像信息库和技术分析功能，分析田间害虫数量的变化，从而预测害虫发生的时间和趋势。调查者可以通过云平台或移动 APP 实时查看数据，以增强对相关病虫害的监测和控制能力。

三角形诱蚊笼是一种应用广泛的害虫监测设备，具有高效、专一的特点，被广泛应用于鳞翅目害虫的动态监测。诱捕器由一个带有三角形横向开口的塑料板包围，粘虫板放置在底部，在其上放置性诱核心。捕虫笼由于受天气影响小，操作方便，因此被广泛用于监测害虫。然而，在实际调查过程中，当捕获的昆虫数量较大时，由于缺乏标记很容易重复或遗漏，造成数据错误，从而影响预测的准确性。因此，需要借助一种实用的方法来计数粘虫板捕获的蠕虫数量，该方法收集图像并将数据带回房间，再使用软件在个人计算机上处理数据。

在梨园设置黏虫诱捕室，对诱捕室的粘虫板进行编号并带回房间，再用相机对粘虫板表面进行拍照，并采集图像（图 8-9）。在电脑中输入照片，用 Adobe Photoshop CS4 打开它，将画布放大到合适的大小→创建一个图层→用"铅笔"工具编辑图像。每统计一条食心虫，使用"铅笔"工具将其划掉并标记图像。依次数虫子，直到完成整幅画。关闭程序，系统询问是否保存，选择取消键，避免对图片的修改，以方便以后访问。当画面中有其他昆虫或物体难以分辨时，可以放大画布来辨别。

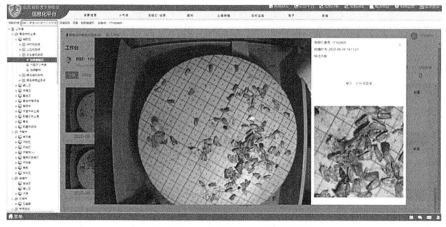

图 8-9　智能虫情报警灯监测预警平台

第五节　采后品质维持的信息化管理

一、信息化管理的重要性

果实采后处理是果蔬产业的重要环节，也是将果实转变成商品的重要组成部分。果实采后品质优劣直接影响其在市场的社会和经济效益，同时也与生产者创收、食品安全及果蔬产业息息相关。随着国民对果品需求从"吃得到"向"吃得好"转变，果品的"好吃、安全"已然成为产业发展的核心。果实采摘后因其旺盛的呼吸、微生物的活动及水分的蒸发作用，很容易出现变质和腐烂等现象。诱发果实采后品质劣变的因素除自身衰老和病害腐烂外，采后贮、运、销的环境条件也非常重要。果实采后品质维持的调控技术主要涉及保鲜和防病两个方面。国内外已经对蔬菜的物理、化学和生物保鲜技术做了大量的研究，它们的共同点都是通过减缓蔬菜的呼吸作用，抑制微生物的生长来达到贮藏保鲜的目的，但是物理、化学保鲜方法分别存在设备昂贵和有毒副残留等缺陷。除采用物理、化学、生物保鲜技术外，信息化管理也逐渐应用到果蔬采后保鲜和贮藏当中。"信息化"是指由现代通信与信息技术、计算机网络技术、行业技术、智能控制技术汇集而成的针对某一个方面的应用。信息智能化管理在保证果实食用安全性的同时又能维持果实品质，对解放劳动力、减少资源消耗及推动产业发展方面具有重要意义。随着信息工业化时代的到来，信息化管理技术在果蔬保鲜领域影响深远。

二、信息化管理技术在采后品质维持的应用

（一）HACCP体系在脐橙采后免发汗式商品化处理及贮藏保鲜中的应用

HACCP即危害分析与关键控制点，是一种保证食品免受生物性、化学性和物理性危害的预防体系。李建强等将HACCP管理体系应用到脐橙采后免发汗式商品化处理及贮藏保鲜生产中。根据HACCP的7个步骤（包括采前管理、采收、中温预处理、中温恒温浸泡保鲜液、加温喷蜡、信息化多因素分选、贮藏），对脐橙采前管控、采后商品化连续处理与贮藏保鲜工艺流程中的各个工序进行危害分析，应用危害分析表确定每个关键控制点的关键限值，建立关键控制点的监管体系，确立纠偏措施并建立有效的档案体系和验证体系，消除可能影响脐橙入贮果品的质量和耐贮性的潜在危害因素，提高脐橙好果率及确保产品的质量安全。

贮藏是脐橙商品化贮藏保鲜加工的第7个关键控制点。脐橙商品化贮藏保鲜加工在使用通风库时可以使用经熏蒸后的杂木箱装果，采用"井"字形码垛，高度不超过10m，库房根据温湿度监控仪和CO_2监控仪来控制下进风上排风系统，同时安装微喷水雾系统，这样的设计既可以充分利用库房空间，又可以自动形成烟囱效果。贮藏条件库内温度控制在11~18℃，CO_2≤0.12%，相对湿度80%~85%，每个库可贮藏325万kg脐橙。

（二）微型冷库系统优化在葡萄保鲜中的应用

天津科技大学为解决我国葡萄产业化栽培集中上市卖果难、农村保鲜产业化难、以往城乡居民冬季吃鲜葡萄难和农民依靠保鲜致富难等难题，依托微型冷库系统，通过明确葡萄主栽品种预冷、贮藏、运输、货架保鲜的最佳温度，创建体型系数、经济保温、最佳流、结霜方程优化模型；开发出第2代均温式库体、第2代分体式制冷设备和第2代低温数字型、第3代远程诊断网管型控温仪，并进行产业化集成；使容积60~200m³、贮量10~50t、库温−5~15℃内任意调节，全自动控温，温差＜0.5℃，总投资3万~4万元/座，一般使用2~3年即可收回投资；同时根据葡萄气调保鲜（MAP）保鲜最佳阈值和衰老生理及采后优势致病菌、病理和生物有效性研究出葡萄系列专用保鲜纸、无公害系列保鲜剂新配方、新产品，解决了葡萄无公害分类气调保鲜科技难题。

天津科技大学创建的葡萄保鲜"微型冷库＋MAP＋无公害保鲜剂"新技术模式和"农户＋微型冷库＋专业合作组织"产业化模式，保鲜产业化量为110万t/年，居世界第三位，占全国新增量80%以上。

（三）干雾湿度控制系统在果蔬保鲜中的应用

为了实现果蔬贮藏所需环境恒定高湿度的精准自动控制，孟祥春等以净化水和压缩空气为

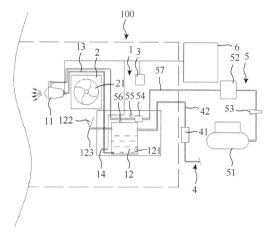

图 8-10　干雾湿度控制系统的结构组成及安装示意图

100. 贮藏库；1. 雾化系统；11. 雾化器；12. 净化水贮藏箱；121. 液位控制浮球；122. 消毒保鲜剂注入口；123. 注入管；13. 第一水管；14. 第一水管电阀；2. 冷风机；21. 冷风出口；3. 湿度传感器；4. 水净化系统；包括：41. 水净化器；42. 第二水管；5. 空气压缩净化系统；包括：51. 空气压缩机；52. 干燥机；53. 空气过滤器；54. 增压装置；55. 压力表；56. 第二电阀；57. 气管；6. 微电脑控制终端

原料，采用特殊的雾化器、湿度传感器及微电脑控制终端等组件，设计组建了干雾湿度控制系统（图 8-10）。干雾湿度控制系统装置主要由微电脑控制终端、雾化系统、湿度传感器、水净化系统、冷风机、空气压缩净化系统 6 部分构成。微电脑控制终端用于湿度设定输入、喷雾模式选择、喷雾时长与间隔等参数的设定。该系统装置采用空压机将空气增压至 5～8MPa，压缩后的空气经干燥过滤后通过耐高压管被输送到雾化器，在压缩空气作用下，雾化器将经另一管道输送过来的净化水从喷嘴中旋转喷出，形成 2～10μm 的水雾离子，水雾离子快速分散融入环境空气中实现热湿交换，从而提供 90%～98% 的精确高湿度。安装于库内的湿度传感器利用光纤技术不断地感应库中的相对湿度值，并将信号传至微电脑控制终端，后者根据感应湿度值及输入设定湿度值自动调节雾化器的打开或关闭，以使环境湿度始终维持在设定值范围，从而实现贮藏环境相对湿度的自动控制。一个微电脑控制终端配备 3～5 路控制输出，可满足小中型果蔬贮藏库的需求，大型贮藏库可采用配套升级的电脑湿度控制装备及系统。

该系统通过对广东菜心、奶白菜、番木瓜和番石榴进行贮藏保鲜性能测试表明，干雾湿度控制系统装置结合果蔬的低温贮藏，可显著降低果蔬的失水率，从而保证果实的新鲜外观和内在品质营养，保湿保鲜效果同使用塑料保鲜袋相当，可替代采用聚乙烯薄膜或聚乙烯塑料袋的保湿保鲜方法；同时能够避免低温下水雾凝结积水导致的果蔬叶片易枯黄和腐烂及果蔬病原菌易滋生传染的现象，并可延长果蔬的贮藏保鲜期 1 倍以上。

果实品质是影响市场销售的重要指标，果品采后品质劣变会对其产业造成巨大的经济损失。因此，研究果品保鲜技术既能满足食用安全性又能保证果品品质，信息化管理技术应用于果品贮藏保鲜在工业信息化时代显得尤为重要。本节主要阐述了果品采后品质维持的重要性，以及围绕脐橙、葡萄等果蔬介绍了信息化管理技术在保鲜贮藏应用中的设计原理和技术流程，以期能够为果实采后品质的维持提供借鉴，并能提高水果产业的经济效益和社会效益，推动果品贮藏保鲜产业健康发展。

第六节　产品采后溯源的信息化管理

一、背景

果品从果园到消费者手中，中间会经过很多环节，其中均存在很多安全隐患，果品腐烂、园地土壤重金属污染和农药残留、果品打蜡等质量安全问题不可忽视。社会发展和进步也对果品的种植、生产、采后、物流销售等诸多环节提出了更高的要求。

二、采后溯源的目的

为了加强国内果品质量安全的监管，当果品质量有问题时，可经过溯源信息分析处理找到原因，并采取果品召回或撤销上市等措施，依靠现代化数据库技术及信息网络技术，建立果品生产过程中的溯源系统。

三、定义

（一）溯源

美国食品药品监督管理局给出的定义为通过纸或电子方式记录产品和生产者何时从何处来，以及何时将产品运往何地。

（二）溯源系统

跟踪农产品（包括食品、饲料等）进入市场各个阶段（从生产到流通的全过程）的系统，有助于质量控制和在必要时召回产品。

（三）果品采后溯源

果品采后溯源是以溯源系统为平台，通过使用各种工具记录保存生产各环节中的信息，用于提供果品在生产过程和流动供应链的跟踪机制。

四、采后溯源的意义

采后溯源系统以信息技术为基础构建果品的质量安全体系，详细地记录了果品的产地、生产环节和营养作用等信息，利于生产优质安全的果品，促进果品安全流通，并有利于建立更全面的果品生产管理系统和安全溯源系统。对维护和稳定水果市场，提高果品质量安全有着重要意义。

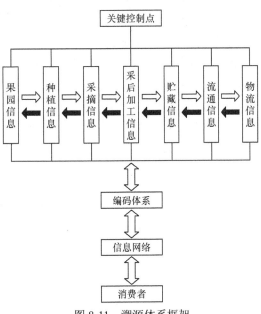

图 8-11 溯源体系框架

五、溯源系统

一个完整的溯源体系框架如图 8-11 所示，首先是收集、获取各环节的溯源信息，建立数据库保存信息；其次通过传递系统网络、操作平台系统等信息技术，最终可供监管者、企业、消费者查询。

六、溯源信息的确定

需要尽可能齐全地收集果实所有种植、采摘、采后加工、贮藏、流通、物流等过程信息，以便发现问题并可追溯到具体环节。

七、各环节具体溯源信息

（一）种植信息

将果园基本情况信息录入种植管理子系统里面,便于监管果园的种植和农事活动的规范性。

1. 溯源基本信息　　溯源基本信息包括企业的责任人、责任人的通信地址、法人代表、所属合作社、技术人员、品种名称、品种来源、种植面积、水体情况和周边环境。

2. 影响质量安全的信息　　种植区域土壤类型、土壤重金属含量、肥料、叶面肥使用情况、农药使用情况、全年农药施用次数、生长调节剂使用情况和除草剂使用情况。

（二）采摘管理信息

1. 溯源基本信息（与种植阶段基本一致）　　企业的责任人（与种植阶段一致）、责任人的通信地址、法人代表、所属合作社、品种名称和采摘用工。

2. 影响质量安全的信息　　采摘的时间、采摘的天气和装果工具（竹筐、塑筐、布袋）。

（三）采后加工管理信息

1. 溯源基本信息　　收购企业名称、收购企业责任人、食品生产许可证、企业合作代码、收购原料果量、原料价格、收购时间、入库信息、果品分级（ABC 级重量标准）、包装方法、销售量、入库贮藏量。

2. 影响质量安全的信息　　种植及采摘期间的安全信息汇总、洗果时间、洗果方法、防腐剂处理信息、保鲜剂使用信息、打蜡剂使用信息、包装材料、装箱是否 QS 认证、入库时间和贮藏方式（库房、地窖、冷库等）。

（四）流通管理信息

在这个阶段,采后加工企业将承担从电子标签进入到数据库的主要任务。

1. 溯源基本信息　　转出企业名称（法定代表人、注册单位全称等）、企业地址（企业所在地通信地址）、其他许可证（包括工商执照、卫生许可证等）、证件名称及编号、质量认证信息（包括企业已取得的质量认证资格名称,包含无公害产品认证、绿色食品认证等）、果品转出目的地（企业名称）、转出运输车辆信息（车辆类型及车牌号）、贮藏方式、贮藏量、贮藏用工、果品转入日期、转入果品果园名称（果品来源地）、转入果品运输车辆信息（车辆类型及车牌号）、果品注册商标（在工商部门注册的商标名称）、果品质量等级信息、果品批次编号和生产日期等（批次编号、生产日期、出厂日期）、同批次果品规模（编为一批次的果品的数量）、同包装给予统一编号。

2. 影响质量安全的信息　　果品出厂检查（包括货源、承运人、供货商等信息）、果品入库后的时间及贮藏条件、防腐剂是否超标、保鲜剂是否超标、打蜡剂是否超标、包装材料。

（五）销售管理信息

对于果品批发、零售环节确定溯源的基本信息如下:运输企业名称、运输时间、运输车辆类型及车牌号、到达目的地时间、来源地企业名称、销售目的地名称、保鲜方式、物流信息（参考快递信息）等,以上列举的溯源信息仅为参考,实际可根据需要增加其他信息的记录。

八、溯源信息编码的类别

（一）条形码

条形码可以标出物品的生产商、制造商、果品名称、生产日期等许多信息。条形码技术优点：输入速度快、可靠性高、采集信息量大、灵活实用。

（二）二维码

可将消费者关心的果品信息录入到二维码中，打印带有二维码的标签，粘贴在包装箱上，消费者可扫描二维码查询果品信息。

果品溯源系统二维码的防伪是果品溯源上一个必不可缺的部分。当二维码被二次扫描时，则会出现报警信号，可避免仿造、滥用绿色食品标志及原产地生产标志等违法行为。

采后溯源系统可通过收集信息、保存信息、传递获取信息一整套流程实现。激励供应链各环节主体重视果品质量安全水平的提高，降低了经营商和消费者的风险。遇到果品质量问题，通过溯源可以从销售环节向种植环节追溯，查找出现问题的关键点，再由关键点问责，从而有力地切断问题根源并可召回问题水果，减少损失。

第九章 苹 果

一、概述

（一）苹果概况

苹果是世界温带地区栽培面积最大的果树之一，栽培苹果是苹果属植物中栽培种的统称，在分类学上属于蔷薇科（Rosaceae）苹果亚科（Maloideae）苹果组（Section Malus）苹果系（Series Malus）。苹果原产于欧洲、中亚和我国新疆地区。我国是世界苹果主产国，根据联合国粮食及农业组织（FAO）数据统计，2019年我国苹果的栽培面积和产量分别为204.1万 hm^2 和4242.5万 t，占世界苹果栽培面积和产量的43.3%和48.6%。苹果作为我国第二大水果，2020年产量占我国水果总产量的15.36%。

（二）历史与现状

全世界共有96个国家和地区生产苹果，主要集中在亚洲、欧洲和美洲，这三个主产区占世界苹果栽培总面积的95.84%、总产量的95.23%。欧洲2010年栽培面积为95.939万 hm^2，占世界栽培总面积的19.45%，产量为1424.84万 t，占世界总产量的17.14%；亚洲2017年栽培面积为344.009万 hm^2，占世界栽培总面积的69.72%，产量为5434.35万 t，占世界总产量的65.36%；美洲2017年栽培面积为32.909万 hm^2，占世界栽培总面积的6.67%，产量为1058.58万 t，占世界总产量的12.73%。

苹果在中国的栽培历史已有两千多年，中国古代的林檎、柰、花红等水果被认为是中国土生苹果品种或与苹果相似的水果。柰是原产于中国最古老的栽培树种之一，俗称绵苹果，最早的栽培记录可以追溯至西汉时期，绵苹果可能在汉代前后已从新疆一带传入陕西，再传入西北、华北各地。真正意义上的苹果是元朝时期从中亚地区传入中国的，当时只有宫廷才可享用。1870年，美国人在山东烟台等地引进西洋品种苹果，迄今已有一百多年的历史。

中国是世界第一大苹果生产国，栽培面积和产量均居世界首位。改革开放以来，我国苹果生产大致经历了4个发展阶段：稳定发展期、快速发展期、迅速下降期和缓慢增长期。1978～1984年为我国苹果生产的稳定发展时期，苹果生产发展缓慢，栽培面积和产量分别从1978年的67.89万 hm^2 和227.52万 t增长到1984年的75.69万 hm^2 和294.12万 t，年均增长量仅为1.3万 hm^2；1985～1996年是我国苹果生产的快速发展时期，苹果栽培面积和产量迅速增加，年均增长量分别达18.25万 hm^2 和75.15万 t，1996年全国栽培面积达历史新高；1997年开始，我国苹果栽培面积迅速减少，但产量却持续增加，到2003年我国苹果面积仅剩余190.04万 hm^2，然而产量却高达2110.18万 t，此阶段为我国苹果栽培面积发展的迅速下降期；2003年以后，苹果产业结构调整优化，我国苹果生产进入缓慢增长期，这一时期苹果栽培面积增长缓慢，总产量却快速增长。

二、优良品种

全世界目前保存的品种有 7000 多个，生产栽培品种 1000 多个，广泛栽培的品种有 100 多个。'富士'系、'元帅'系、'金冠'系、'嘎啦'系、'澳洲青苹'、'乔纳金'、'粉红女士'、'布瑞本'等是世界主要栽培品种，其产量约占世界苹果总产量的 1/2 及以上。

（一）栽培品种

1. '富士'系

（1）'长富 2 号'　　果实圆形，端正，果形指数为 0.82～0.88，平均单果重 220g。果面被有鲜红条纹，色泽艳丽。果面平滑有光泽，蜡质多，果粉少，无锈。果梗长，果皮中厚，果心大；果肉黄白色，细脆，汁多，酸甜适口；可溶性固形物含量 15%以上，可滴定酸含量 0.35%。

（2）'2001 富士'　　果实圆形或近圆形，果形高桩，果形指数 0.88～0.90，平均单果重 300～350g。易着色，底色黄绿，着密集鲜红色条纹。果面光滑，蜡质多。果梗细长，果皮较薄；果肉黄白色，肉质较脆，汁液多；可溶性固形物含量 14%～17%。

（3）'福岛短枝'　　果实圆形，果形指数 0.85，平均单果重 230g。果梗粗壮，果皮薄，光滑，蜡质和果粉较多。果点中大，稀而明显，果面片红；肉质脆，致密多汁，酸甜适口，稍有芳香；可溶性固形物含量为 15.6%，可滴定酸含量为 0.40%。

（4）'弘前富士'　　果实近圆形，果形指数 0.88，单果重 220～520g，最大 750g。果面底色黄白，条状浓红，着色鲜艳；果肉黄白色，汁液多，酸甜适口；可溶性固形物大于 15%，可滴定酸含量 0.36%，果实硬度 13.7kg/cm^2。

（5）'红将军'　　果实近圆形，果个大，平均单果重 254g，最大单果重 416g。果形端正，果形指数 0.86，果面光洁，色泽艳丽。果肉黄白色，肉质细，松爽可口，汁多，酸甜适口；可溶性固形物含量为 13.5%。

'宫藤富士''烟富 3 号''烟富 6 号''烟富 8 号''烟富 10'也是常见'富士'系品种。

2. '元帅'系

（1）'新红星'　　果实圆锥形，端正而高桩，果形指数 0.9～1.0，果顶五棱突起明显；平均单果重 200g 左右。果面全部鲜红或浓红，有光泽，艳丽美观；果肉黄白，肉质细而致密多汁，味香甜；可溶性固形物含量为 11.9%～13.0%，可滴定酸含量 0.20%～0.25%，品质上等。

（2）'康拜尔首红'　　果实圆锥形，端正而高桩，果形指数 0.91～0.97，果顶五棱突起明显；平均单果重 230g 左右；果面全部鲜红或浓红，色相条红，多断续宽条纹，果面光洁艳丽；可溶性固形物含量为 11.9%～12.2%，可滴定酸含量 0.36%，品质上等。果实发育期 143～150d，比'新红星'早 7d 左右。果实耐贮性好于'元帅'系其他品种。

（3）'超红'　　果实圆锥形，单果约重 180g，果顶五棱突出；底色黄绿，全面浓红、色相片红。果面蜡质多，果点小，果皮较厚韧；果肉绿白色，贮后转为乳白色，肉质脆，汁多，风味酸甜；有香气，含可溶性固形物 12%左右。

（4）'瓦里短枝'　　果实圆锥形，端正高桩，果顶五棱突起明显；平均单果重 230g 左右。果面浓红或紫红，色泽艳丽，肉质细脆，味甜多汁，芳香馥郁；可溶性固形物含量为 15.8%～17.0%。

（5）'俄矮 2 号'　　果实圆锥形，果形指数 0.91～0.95，平均单果重 200g。果面全面鲜红或浓红色，色相条红，光滑，富有光泽，鲜艳美观；可溶性固形物含量为 12%～14%。

3.'金冠'系

（1）'金冠'　　　果实圆锥形，平均单果重 200g。果面少光泽，稍粗糙，全面绿黄色，充分成熟后金黄色；阳面有红晕。果点中等大小，果梗细长，果皮薄韧；果肉淡黄色，汁液多；酸甜适度，芳香浓郁。

（2）'金矮生'　　　单果重 200g 以上。果实均匀，果锈少，美观，果肉黄白色，肉质松脆，果面光滑，果点小而稀，品质上等，贮藏性优于'金冠'。

4.'嘎啦'系

（1）'嘎啦'　　　单果重 150g，近圆形或圆锥形，较整齐一致；底色黄，可全面着红色，具较深条纹。果肉乳黄色，肉质松脆，汁中多，酸甜味浓，品质上等。

（2）'皇家嘎啦'　　　果实卵圆形或短圆锥形，单果重 150g。果面着鲜红霞，果肉淡黄色；可溶性固形物含量为 13%左右，较耐贮藏。

（3）'丽嘎啦'　　　果实长圆锥形，平均单果重 258.2g，果实底色绿黄色，全面着鲜红色，色相为片红。果皮光滑，果粉多，有光泽，有棱角，无果绣。果点多，中等大小，有蜡质。果肉淡黄色，肉质硬脆，粗糙，汁液中多，风味酸甜，有芳香味，品质上等；可溶性固形物含量为 12.2%，可滴定酸 0.35%，果实硬度 9.02kg/cm^2。

（4）'金世纪'　　　平均单果重 210g，果形指数 0.90，片红，近圆形，肉质细脆，甜酸适口，风味浓郁，着色早，成熟期比'皇家嘎啦'早 7～10d。

5.'乔纳金'系

（1）'乔纳金'　　　中晚熟三倍体品种，果实圆锥形或近圆形，平均单果重 250g，底色绿黄或淡黄，果面有 1/3～1/2 着色，有鲜红晕。果面光滑有光泽，蜡质多。梗洼深，中广，萼洼深，中广。果皮薄韧，果肉乳黄或淡黄色；肉质中粗松脆；汁液多；风味酸甜适度，品质上等；可溶性固形物含量为 13.0%。

（2）'红乔纳金'　　　果实大，单果重 200g，短圆锥形，果形指数 0.83。果皮较厚韧，底色黄色，鲜红色霞，有条纹，无锈，蜡质多，果点小而圆，稀。果肉黄白色，肉质松脆，汁多，甜酸适口，有芳香；可溶性固形物含量为 13.3%。

此外，'粉红女士''蜜脆''爵士''凯蜜欧''王林'（'Orin'）、'国光''太平洋玫瑰''维纳斯黄金''澳洲青苹''华红''鲁丽''瑞阳''瑞雪''秦脆''寒富'等也是常见的优良栽培品种。

（二）加工品种

1.'瑞林'　　　平均单果重 80～120g，果面绿色带条红，8 月下旬可采收，耐储运。出汁率 70%～75%。果汁含糖量 102～134g/L，含酸量 5～7g/L，制汁优良，也可鲜食。

2.'瑞丹'　　　平均单果重 100～120g，果面黄绿色带条红，8 月下旬～9 月上旬成熟，耐储运。出汁率高达 70%～75%。果汁含糖量 102～134g/L，制汁品质极佳。

3.'上林'　　　平均单果重 120～150g，果面黄色，9 月上中旬开始成熟。出汁率 70%～75%。果汁含糖量 112～145g/L，含酸量 6～8g/L，适于制汁和做成果泥。

4.'瑞连娜'　　　平均单果重 70～100g，果实底色淡黄，果面稍带红晕。出汁率 65%～70%。果汁含糖量高，可达 155g/L，苹果酸含量 8～10g/L，该品种高糖高酸，是优良的制汁品种。

5.'瑞拉'　　　平均单果重 70～120g，果实成熟后黄色。出汁率 60%～70%。果汁含糖量 102～145g/L，苹果酸含量 9～11g/L，是优良的制汁品种。

（三）砧木品种

1. M 系和 MM 系

（1）'M9' 英国东茂林试验站育成的砧木。原 M9 无性系带有病毒，树体较无毒 M9 小。M9 开始结果很早，高产；在苗圃地压条繁殖相对困难，根蘖较少；可抗苹果疫病，但易感火疫病和苹果绵蚜；抗寒力较弱。

（2）'M26' 英国东茂林试验站育成，亲本为 M9 和 M16。M26 嫁接树开始结果早但稍晚于 M9，在某些地方可不用立柱栽培。无根蘖，根系较脆。M26 易于压条繁殖，但较易感苹果疫病、火疫病、苹果绵蚜和颈腐病。

（3）'MM106' 半矮化砧。根系发达，易生根，树势健壮。可抗苹果绵蚜与病毒病，但易感白粉病。MM106 抗寒能力强，嫁接亲和力较好，但矮化效果较差，适宜嫁接短枝型品种。

（4）'M9'-'T337' 是荷兰木本植物苗圃检测服务中心从 M9 选出来的脱毒矮化砧木优系。T337 矮化砧木的枝条生长势比 M9 强，具有易成花、早果、丰产、果个均匀等特点。

2. G 系和 CG 系

（1）'G11' 半矮化砧木。小灌木，树高约 2.5m，冠幅约 2.0m，无明显主干，萌蘖少；抗火疫病，耐重茬，中感颈腐病和苹果绵蚜，早实性同 M9，丰产性同 M26。

（2）'G202' 半矮化砧木，矮化程度相当于 35%～40%自根树。小灌木，5 年生树高约 2.0m，冠幅约 2.0m，无明显主干，萌蘖少；抗火疫病和苹果绵蚜，耐颈腐病和重茬；早实性同 M9，丰产性同 M9、M26 和 M7。

（3）'G41' 矮化砧木。小灌木，6 年生树高 2.0m，冠幅 2.0m，无明显主干，萌蘖少；抗火疫病和苹果绵蚜，耐颈腐病和重茬，抗寒；早实性同 M9，丰产性同 M9、M26 和 M7。

（4）'G935' 半矮化砧木，矮化程度相当于 45%～55%自根树。小灌木，7 年生树高 1.5～2.0m，冠幅约 2.0m，无明显主干，萌蘖少；抗火疫病，耐颈腐病和重茬，感苹果绵蚜；早实性同 M9，丰产性强于 M9、M26 和 M7。

（5）'CG' 系 是美国纽约州康奈尔大学（C）与杰尼瓦（G）农业试验站合作从 M8 自然实生苗中选出的系列砧木，有很强的抗火疫病能力，共有 150 多个单系。矮化性能从极矮化到半矮化及乔化都有。矮化性能相当于 M9 的主要有 CG10、CG26、CG47 和 CG80；相当于 M26 的主要有 CG23、CG24 和 CG57；相当于 MM106 的有 CG18 等。综合性状表现比较好的有 CG10、CG23、CG24 和 CG80。CG 系列的矮化砧木根系发达，固地性好，容易生根，亲和能力强，压条繁殖容易，抗寒性较强。

3. P 系

（1）'P1' 半矮化砧木，树体大小介于 M9 和 M26；丰产性比 M9 低，与 M26 相近。该砧木易于繁殖，有少量根蘖，枝刺较多。P1 砧木的抗性与 M9 大体一致：可抗苹果疫病，但易感火疫病和苹果绵蚜，抗寒力较弱。

（2）'P2' 半矮化砧木，P2 砧木的树体大小与无毒 M9 一致，但在苗圃地压条繁殖比 M9 困难。该砧木比 M9 抗寒，抗苹果疫病，但易感火疫病和苹果绵蚜。

（3）'P16' 半矮化砧木，P16 砧木的树体较无毒 M9 小，具早果性和丰产性。抗苹果疫病，但易感火疫病和苹果绵蚜。与 M9 一样，P16 压条繁殖难度较大，其抗寒性、抗病性也均与 M9 相同。

（4）'P22' 半矮化砧木，P22 砧木的树体大小介于 M27 和无毒 M9。该品种除抗寒性非常强外，其余抗性均与 M9 类似，压条繁殖也相当困难。

4. B 系　　由苏联米丘林大学选出，亲本为 M8 和'红色标准'，该系均是抗寒的矮化砧木，有 B9、B54-118、B54-146、B57-490、B57-491 等，其中 B9 表现最好。B9 矮化性近似 M26，嫁接品种后丰产性状近似于 M9，但果个较大，可抗茎腐病。

5.'MAC'系　　美国密执安州立大学从 M9 的自然杂交实生苗中选出，主要有 MAC1、MAC9、MAC10、MAC16、MAC24 和 MAC25 等。目前应用较多的是 MAC9（又名马克），是 MAC 系列苹果耐寒矮砧中最好的一个，其矮化程度介于 M9 与 M26。MAC9 根系发达，固地性好，压条繁殖容易，嫁接亲和力较强，但抗旱能力较差。

渥太华（Ottawa）系列、JM 系、SH 系、'GM256'、'辽砧 2 号'、CX 系、'青砧 1 号'、'中砧 1 号'等也是优良的矮化砧木。

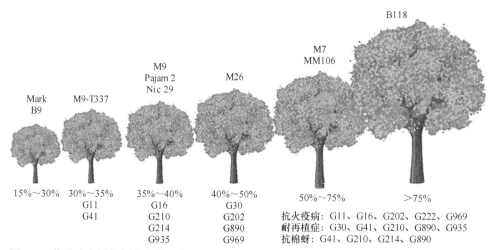

图 9-1　苹果砧木树体矮化程度示意图（引自 https://www.goodfruit.com/rootstocks-under-trial/）

三、苹果的生长结果习性

（一）不同年龄阶段的发育特点

苹果树的一生要经历生长、结果、衰老、更新和死亡，整个过程称为年龄时期。实生繁殖的果树年龄时期分为幼年阶段（童期）、成年阶段和衰老期；无性繁殖的果树年龄时期分为营养生长期、结果期和衰老期。不同树龄阶段具有不同的生长发育特点，嫁接苹果树一般定植后 2～3 年开始结果，寿命可达 30～40 年。苹果不同年龄阶段的特点因品种、砧木类型、环境条件及栽培管理水平的不同而异，具体内容可参见本书第二章。

（二）生长特性

1. 树体生长　　苹果是落叶乔木果树，通过根系生长和枝条发育，树冠扩展迅速。在自然条件下，树高可达 8～14m；在栽培条件下，通过人为控制，高度达 3～4m，树冠横径 2.5～4m。树冠发育受砧木和品种双重因素制约，树体大小一般表现为乔化砧＞短枝形＞矮化中间砧＞矮化砧＞自根砧。

2. 根系生长　　苹果根系在土壤中分 2～3 层，呈倒圆锥形。一般水平分布范围为树冠直径的 1.5～3 倍，但主要吸收根分布在树冠的 2/3 以外，是肥水的主要吸收部位，垂直分布深度小于树高。乔化砧苹果根系主要集中在 20～60cm 的土层，矮化砧苹果根系多分布在 15～40cm 土层中。苹果根系生长一般比地上生长早，停止晚，无自然休眠期，在温度适宜时可全年生长。春季苹果根系活动早于地上部分，当土温为 3～4℃时产生新根，7℃以上时生长加快，15～25℃ 时生长最适，超过 30℃时根系停止生长；冬季地温下降到 0℃时，根系被迫休眠。根系生长与周围环境密切相关，要求最适宜的湿度为田间持水量的 60%～80%，土壤空气中的氧气达到 10%～15%时较好，而降到 3%以下时，根系生长就会停止。土壤肥力、酸碱度及树体营养等因素均会影响根的正常生长。根系一年有 3 次生长高峰，并与地上部生长高峰交替出现，具体时间在萌芽前、新梢停长后及果实采收后。其中以春梢停长后发根量最大，持续时间最长。

3. 新梢生长 苹果叶芽在日均温 10℃时萌动，表明新梢开始生长。新梢生长一般可分为开始生长期（叶簇期）、旺盛生长期、缓慢及停止生长期和秋梢形成期 4 个阶段。不同阶段停长的新梢将在落叶后分别形成短枝、中枝和长枝。在叶簇期就形成顶芽的新梢为短枝，其长度小于 5cm，有 3～6 片叶，全年光合日数可达 150～180d，是成花的基本枝类，具有 4 片以上大叶的短枝极易成花；树冠中维持 40%左右、具有 3～4 片大叶的短枝，是保持连续稳定结果的基础。中枝只有春梢而无秋梢，且有饱满的顶芽和发育良好的侧芽，长度为 5～30cm，全年光合日数为 140～170d，特点是只有 1 次生长、功能较强，有的可当年形成花芽而转化为果枝。在秋梢形成期停长的新梢发育成长枝，通常分春梢和秋梢两部分，在春梢和秋梢交界处有一段盲节；长枝生长期长，前期消耗营养多，过多时往往会影响幼果发育，导致落花落果，并影响花芽分化；长枝停长后，其光合产物除满足自身需要外还可外运到树体其他部分，因此具有整体性的调控作用。

（三）结果特性

1. 结果年龄 苹果栽植后一般 3～6 年开始结果，结果早晚与品种、砧木、管理措施和立地条件有关。矮化砧木和易成花品种，栽后 3 年挂果；短枝型品种栽后 4 年挂果；乔化品种栽后 4～6 年挂果。管理良好、水肥方便的果园，结果较早，反之较迟。

2. 结果枝类型 苹果树结果枝按其长度分为短果枝（长度 5cm 以下）、中果枝（长度 5～15cm）、长果枝（长度 15cm 以上）3 种类型，除少数品种外，一般以中短结果枝结果为主，尤其以 5cm 左右结果枝结果品质较好。幼旺树中长结果枝较多，果实偏小；进入盛果期后中短结果枝结果较多，果实较大，商品率较高。

3. 花芽分化 苹果花芽分化分为生理分化、形态分化、性细胞形成 3 个阶段。生理分化多在 5 月中下旬到 6 月上中旬，所有促花技术措施都在此时进行；形态分化主要集中在 6～9 月，此时期完成花芽分化任务的 70%；9 月下旬～11 月中旬进入花芽缓慢分化期，12 月至翌年 2 月，苹果由于低温被迫进入休眠期，翌年春季萌芽后至开花前，完成性细胞的分化过程，自此整个花芽分化过程完成。苹果花芽分化取决于自身营养的积累水平，短果枝停长最早，营养积累快，花芽分化早，花芽质量高；中果枝次之；长枝停长晚，花芽分化难，花芽质量差。因此，具备一定的营养水平是促进成花的关键因素。

4. 开花结果习性 苹果花芽为混合花芽，包括顶花芽和腋花芽，以顶花芽结果为主。花芽在春季绽放后，先在顶端抽生一段较短的新梢（长 2～3cm），花序着生在结果枝顶端和侧面，一般选顶花芽抽生的花序结果，疏除腋花序所结的果，每个花序开 5～8 朵花，中心花先开，结果最好。苹果单花开放至谢落有 4～5d，一个花序从开至落需 5～8d，一株树花期需 12～15d，开花后 1～2d 内，柱头分泌黏液，是人工授粉的最佳时期。苹果属典型的异花授粉果树，多数品种自花结实率较低。因此，建园时一定要合理配置授粉树，以占全园总量的 20%～30%为宜。

5. 果实发育　　苹果果实发育主要包括 3 个阶段，即细胞分裂期、细胞体积膨大期和果实成熟期。其中，细胞分裂期又称幼果膨大期，受精后花托和子房同时加速细胞分裂，经 3～4 周或 5～6 周结束细胞分裂，这一阶段果实加长生长快于加粗生长；然后转向细胞体积膨大期，这一阶段果实以加粗生长为主，果实由长形逐渐变为圆、椭圆或扁圆形，直至成熟期停止发育。一般早熟品种果实发育需 70～110d，中熟品种 120～150d，晚熟品种 160～180d，同一品种成熟期在不同地区随物候期的不同而不同。

四、苹果区域分布特征

（一）对环境的要求

1. 温度　　苹果属温带主要落叶树种之一，喜冷凉且干燥的气候，适宜在年平均温度为 7～14℃的地区栽培。6～8 月平均气温为 15～22℃时生长良好，26℃以上生长较差；12～2 月（翌年）平均气温为－10～10℃时，完成自然休眠，且需≤7.2℃积温 1400h。根系适宜生长的温度是 20～24℃，当土壤 1℃时越冬的新根可继续生长，3～4℃时可发新根；当气温高于 30℃或低于 0℃时根系停止生长。苹果在深冬季节抗寒性强，但在－30℃以下时会发生冻害，－35℃时会冻死，低于－17℃时根系会冻死；春季花蕾可耐－7℃低温，花期－3℃雄蕊受冻，－1℃雌蕊受冻，幼果－1℃时会有冻害发生。

2. 光照　　苹果属喜光树种之一，一般要求年日照在 1500h 以上，光照充足有利于植株生长和花芽分化。目前，国内外著名苹果产区年日照均在 2000～2500h，如日本长野为 2056.3h、意大利都灵为 1998h、法国里昂为 2018h、中国烟台为 2559.2h、中国洛川为 2520.8h，完全可以满足苹果的生长需求。苹果光饱和点是 18 000～40 000lx，在树冠内透光率＜30%时，若要使开花率达到 50%以上，必须使透光率达到 50%以上。花后 7 周内的光照对苹果花芽分化十分重要，如果缺光，花芽分化不良，后期难以补充；在果实成熟期，树冠内光照＞70%时，苹果着色良好，而光照＜40%时基本不着色。

3. 水分　　苹果属耐旱树种之一，4～10 月要求降水总量达 300～600mm，月平均降水量达到 50～150mm，就能基本满足苹果的生长需求。我国苹果优生区年降水量多数在 500～800mm，生育期降水在 50～150mm，完全能够满足苹果正常生长需求。但我国全年降水量分布不均，主要表现为冬春干旱和夏秋多雨。因此，要求果园要有排灌设施，做到旱能灌，涝能排。

4. 土壤　　苹果喜欢在土层深厚、土质疏松的中性至微酸性壤土或砂壤土中生长。良好的土壤环境可以充分满足苹果树对水、肥、气、热和生物五大因素的需求，以促进新根生长和发育，一般要求土壤中的有机质含量在 1.0%以上较好。苹果适宜的土壤酸碱度 pH 为 5.3～6.8，当 pH＜4 时，生长不良。苹果对土壤的适应性主要取决于砧木，如山定子在 pH＞7.8 时，容易出现黄叶病；而黄海棠在 pH＞8.5 时，才出现黄叶病。因此，因地制宜地选择砧木，对苹果优质丰产至关重要。土壤含氧量＞10%时最适宜苹果根系生长，＜2%根系停止生长；土壤田间持水量占最大持水量的 60%～80%时为宜，而土壤持水量＜7.2%时，根系停止生长，地下水位以 1m 以下为宜。

（二）生产分布与栽培区划分

我国苹果生产主要集中在渤海湾（包括鲁、冀、辽、京、津）、黄土高原（包括陕、甘、晋、宁、青）、黄河故道（包括豫、苏、皖）和西南冷凉高地等四大产区。渤海湾和黄土高原是我国苹果的两大优势区域。渤海湾产区是苹果的老产区，果品总产量全国最大；西北黄土高原产区已经成为全国栽培规模最大且有较大发展潜力和产业竞争力的苹果优势产区（表9-1）。

表9-1 苹果生态适宜指标

产区名称	主要指标				辅助指标			符合指标项数
	年均温 /℃	年降雨量 /mm	1月中旬均温/℃	年极端最低温/℃	夏季均温（6～8月）/℃	>35℃天数	夏季平均最低气温/℃	
最适宜区	8～12	560～750	>－14	>－27	19～23	<6	15～18	7
黄土高原区	8～12	490～660	－8～－1	－26～－16	19～23	<6	15～18	7
渤海湾区 近海亚区	9～12	580～840	－10～－2	－24～－13	22～24	0～3	19～21	6
内陆亚区	12～13	580～740	－15～－3	－27～－18	25～26	10～18	20～21	4
黄河故道区	14～15	640～940	－2～2	－23～－15	26～27	10～25	21～23	3
西南高原区	11～15	750～1100	0～7	－13～－5	19～21	0	15～17	6
北部寒冷区	4～7	410～650	<－15	－40～－30	21～24	0～2	16～18	4
美国华盛顿产区	15.6	470	8	－8	22.6	0	15	5

1. 渤海湾优势区 该区域包括胶东半岛、泰沂山区、辽南及辽西部分地区、燕山和太行山浅山丘陵区，是我国苹果栽培历史最早、产业化水平较高的产区。该区域地理位置优越，品种资源丰富；加工企业规模大、数量多，市场营销和合作组织比较发达，产业化优势明显；科研、推广技术力量雄厚，果农技术水平较高。沿海地区夏季冷凉、秋季长，光照充足，是我国晚熟品种的最大商品生产区。

2. 黄土高原优势区 黄土高原优势区包括陕西渭北和陕北南部地区、山西晋南和晋中、河南三门峡地区和甘肃的陇东及陇南地区。该区域生态条件优越，海拔高，光照充足，昼夜温差大，土层深厚；生产规模大，集中连片，发展潜力大。由于该区域跨度大，因此生产条件和产业化水平差别明显。以陕西渭北为中心的西北黄土高原地区是我国最重要的优质晚熟品种生产基地和绿色、有机苹果生产基地；陇东、陇南及晋中等地区湿度适宜，是我国重要的优质'元帅'系品种集中产区；核心区周边及低海拔地区是加工苹果的良好生产基地。

3. 黄河故道产区 黄河故道地区降雨集中，这与果树的需求不协调。8月、9月和年总降水量适宜'富士''乔纳金'苹果的优质生产；而4月降水不足和6月、7月降水过多可造成果树生长旺，花芽形成难；9月最低气温高、≥10℃积温多、霜冻迟等利于晚熟苹果品种晚期采收。但是，8月、9月和年平均温度高，7月、8月最高气温高等不利因素限制'元帅'系苹果糖的积累，果实着色差，果面粗糙。因此，该地区应以早熟和晚熟苹果为主。

4. 西南冷凉高地产区 西南高原地区是低纬度、高海拔、地形复杂多变区，5月、7月、9月相对湿度适宜，8～10月和年平均温度适中，5月、6月、8月、9月气温日较差大，7月、10月最高气温适中，≥10℃积温高，利于早、中熟苹果优质生产。其不利条件是4月、8月、9月和年总降水量多，9月相对湿度大，日照时数少等，因此为'元帅'系和'乔纳金'苹果的优质生产基地。

从优势区域变化来看，苹果生产重心西移北扩，渤海湾优势区面积和产量下降，而黄土高原优势区面积和产量持续快速增长，其中陕西和甘肃增长最快，且优势区从低海拔向较高海拔转移，黄土高原优势栽培区域从海拔 800～1200m 上升到 1300～1500m。

五、栽培技术

（一）苗木繁育

苹果苗木繁育主要通过嫁接完成，即先实生繁殖砧木，再嫁接适当栽培品种。苗木繁育相关要求，参加本书第四章内容。

（二）规划建设

园址选定以后，要根据果园的功能对整个果园进行规划和设计。首先要对果园进行详细勘查，包括地形、地貌、面积、水源等情况，按比例尺 1∶1000 或 1∶2000 绘出地形图和平面图；其次按照果园面积和规模详细规划作业区、道路、防护林、排灌系统及附属建筑等，一般作业区占 90%，防护林占 5%，道路占 3%，排灌系统占 1%，附属建筑及其他占 1%。苹果园的规划设计，主要包括道路系统、排灌系统、小区的划分、防护林规划与设计、建筑物的规划与设计5 个方面。如果是观光园或采摘园还要掺入园林景观设计的理念和技巧，注重可观赏性和实用性，具体要求参加本书第五章。

（三）整形修剪技术

1. 基本修剪方法及其应用　　基本修剪方法包括短截、疏剪、回缩、缓放、弯枝、伤枝等，具体内容参见本书第六章。

2. 几种常见树形的培养技巧

（1）高纺锤形

1）树体结构。主干高 80～90cm，树高 3.5～4m，主枝与中心干粗细比例为 1∶（5～7），中心干上留 30～50 个小主枝，主枝水平长度为 0.8～1.2m，主枝与中心干夹角为 90°～120°；成龄后的树体冠幅小而细长，呈纺锤状，枝量充足，无永久性大主枝，结果能力强。

2）培养技巧。第 1 年。栽植后根据苗木质量决定是否需要定干，若栽植的苗木质量较差，栽后在距地表 70～100cm 饱满芽处定干；苗木质量好的栽植当年不需要定干。萌芽后抹除距地面 50cm 以下的全部萌芽。当新梢长至 10～15cm 时进行摘心，同时可用牙签等对枝条进行开角，使其基角为 80°～90°，且摘心可多次重复进行。8 月上旬至 9 月中旬，选择分布均匀、间距 20cm 左右的新梢作骨干枝，并将其拉至 100°～120°。冬剪时将其他枝条全部疏除，凡是粗度大于中心干着生处粗度 1/3 的分枝都要予以疏除，5～20cm 长度的细弱分枝予以保留，疏枝时注意剪口平斜，以促发剪口下轮痕芽来年发枝。

第 2 年。春季萌芽前，在中心干分枝不足处进行刻芽或抹发枝素促发新枝。当新梢长至 10～15cm 时继续进行摘心，并可多次重复进行，继续第一年的方法选留主枝并拉至 120°。冬剪时中心干延长头长放不剪，粗度大于中心干着生处粗度 1/3 的分枝同样要予以疏除，20cm 长度左右、开张角度适宜的弱枝予以保留。疏枝时注意剪口平斜，以促进剪口下轮的痕芽来年发枝。对于中心干优势不强的树，可采用饱满芽处短截的方法处理中心干的延长头，促发强旺新梢，代替原来的延长头。

第 3 年。对于中心干上缺枝的部位，可在萌芽前进行刻芽处理或者涂抹发枝素，以促进定位发枝。同侧主枝保持 10～15cm 的间距，抹除夹角内萌芽，将去年休眠期修剪留下的弱枝拉至 120°；当年萌发的枝条，长度超过 50cm 的枝条，在春梢停长后也要及时拉枝。冬剪时，疏除强旺的主枝。

第 4 年及以后。树形基本成形，果树进入初果期，修剪方法主要是疏除和长放，中心干上的小型结果枝组一般每 3～4 年需轮换一次，每年可更新 1～2 个主枝。冬季修剪时，中心干延长头缓放，不进行短截，疏除中心干上着生的竞争枝、过密枝和基角没有打开的强旺枝，疏除时同样采用斜剪口。其余枝条缓放不剪，并拉大角度。夏季修剪时，结合拉枝、摘心和疏枝等手段平衡主枝的生长势，调整树体结构，促进花芽分化。盛果期果树，树体冠幅小而细长，中心干具有绝对的生长优势，主枝细长而长势中庸，单轴延伸，枝量充足，结果能力强。修剪时注意及时疏除中心干上过粗过长的大枝，直径 3cm 以上的枝不予保留，对开张角度过小的主枝要及时开角或疏除。主枝上的下垂结果枝组要适时回缩，以更新复壮。中心干延长头要用弱枝带头，同时保证树冠顶部保留一定量的直立旺枝，以维持树体健壮树势。

（2）细长纺锤形

1）树体结构。主干高 70～80cm，树高 3～3.5m，主枝与中心干粗细比例为 1∶（3～5），中心干上留 15～20 个小主枝，主枝水平长度 1.0～1.5m，主枝夹角 90°左右。成龄后的树体冠幅呈细长纺锤形，中心干上呈螺旋状分布着 15～20 个主枝，整形技术简单，易管理。

2）培养技巧。第 1 年。栽植后根据苗木质量决定是否需要定干，若栽植的苗木质量较差，栽后在距地表 70～100cm 饱满芽处定干；苗木质量好的栽植当年不需要定干。萌芽后抹除距地面 50cm 以下的全部萌芽。当新梢长至 10～15cm 时进行开角，使其夹角为 80°～90°。8 月上旬至 9 月中旬，选择分布均匀、间距 20cm 左右的新梢作骨干枝，并将其拉至 100°～110°，并在冬剪时将其他枝条全部疏除。

第 2 年。春季萌芽前，在中心干分枝不足处进行刻芽促发新枝，萌芽后，中心干延长头保留顶芽，抹除顶芽下 20cm 内全部芽体，抹除侧生枝上背上直立枝，抹除夹角内萌芽，继续第一年的方法选留主枝并拉至 110°；冬剪时疏除中心干上强旺的 1 年生新梢，中心干延长头长放。

第 3 年。对已拉平的枝条及中心干延长枝进行刻芽，并拉平中心干上发出的新梢，继续第 2 年的方法选留、疏除枝条。

第 4 年及以后。中心干延长头不短截，进行缓放，中心干延长头附近的竞争枝和中心干上着生的过密枝通过斜剪口进行疏除，其他的主枝缓放不剪，并开张角度。保持主枝单轴延伸，主枝上萌发的把门枝、直立枝要从基部予以疏除。夏季修剪结合拉枝、摘心、疏剪等手段进行树体结构的调整，保持树势平衡，促进花芽分化，以保证树体稳定结果。盛果期树注意保持细长纺锤形树冠轮廓，中心干延长头继续长放不截，大量结果后可压成弯头，稳定结果后落头到弱枝处，侧生分枝保持在 15 个左右，疏除过强过长枝条。

（3）小冠疏层形

1）树体结构。主干高 50～70cm，树高 2.5～3.0m，全树共 5～6 个主枝，分 2～3 层排列，第 1 层 3 个，第 2 层 1～2 个，第 3 层 1 个（或无）。1～2 层间距 70～80cm，2～3 层间距 50～60cm，其上直接着生中小枝组。

2）培养技巧。第 1 年。春季萌芽前定干，干高 70～80cm，剪口下留 20～30cm 整形带，整形带内全部刻芽，整形带下的芽全部抹除。8 月上旬至 9 月中旬，在整形带内选出 3 个主枝并将其拉至 60°左右，同时调整主枝的方向，使其均匀分布在中心干上。冬季修剪时，主枝剪留 60～80cm，中心干延长头剪留 80～90cm。

第 2 年。春季萌芽前将主枝上的饱满芽全部刻芽，促发短枝。8 月上旬至 9 月中旬，将选留的第 1 层的 3 个主枝开角至 70°左右。冬季修剪时，在中心干上萌发的枝条中选方向适宜的 2 个枝条作第 2 层主枝，并疏除第 1 层主枝延长枝的竞争枝，其他枝长放不剪。

第 3～4 年。重点培养第 2、3 层主枝，培养方法同第 1 层主枝。

第 5 年。树形基本形成，果树进入初果期，修剪方法主要是疏除和长放。在保证树体健壮生长的同时，层性和主从关系要明显，避免上强下弱、下强上弱现象，并注意调节营养生长与生殖生长的平衡。进入盛果期以后，修剪上主要是维持树势和结构，调节花芽、叶芽和各类枝条的比例，着重培养单轴延伸、下垂式珠帘结果枝组；及时更新复壮，同时应控制树冠留枝量，防止郁闭。

（4）V 字形　　V 字形树形适用于矮砧宽行高密植果园。顺行向立两个支架（钢管或木杆），立柱长度 3～5m，上部向行间倾斜，立柱每两根组成一对，夹角为 60°左右。果树每 2 株为一组成单行以 60°夹角交叉栽于"V"架中心线上，组内株距 10cm，组间株距 0.7～1.5m，行距 3.2～6m。组内 2 株树培养中心干分别向东西方向生长，引缚架上。由中心干分生的小侧枝也绑在铁丝上，中心干上直接着生中小型枝组。夏剪时，背上直立枝需全部疏除，同时为了保证树形结构及枝量合理，应适当调整树体两侧及背后枝的方向和长势，充分利用空间结果。

（5）主干形　　干高 60cm，树高 2.5～3m，冠幅 1～1.5m，有一个强健的中心干，其上直接着生 30～60 个侧生分枝，分枝水平长度 5～60cm，主枝夹角为 90°～120°。人工整枝成形，基本不用剪刀修剪，采取涂抹发枝素、刻芽、摘心去叶、拿枝软化、枝条强弱交接处环割、抑顶促花和促发牵制枝等技术处理枝条，修剪量小，没有永久性分枝，可随时更新。主干形树体花芽质量较高，果实围绕中干结果，受光均匀，果个大。

（四）土肥水管理技术

1. 土壤管理　　我国苹果园土壤管理模式包括深翻改土、果园覆盖、果园间作、果园生草等。特点和要求参照本书第六章相关内容。

2. 施肥技术

（1）苹果树需肥规律　　苹果树的营养状况在年周期内不尽相同，表现为：春季养分从多到少，夏季处于低养分时期，秋季养分开始积累，到冬季养分又处于相对较高时期。掌握营养物质的合成运转和分配规律，有利于克服果园管理中的片面性，从而达到高产、优质、稳产、高效的目的。

1）利用贮藏营养的器官建造期。这一时期包括萌芽、展叶、开花至新梢迅速生长期，即从萌芽到春梢封顶期。在此期间苹果树一切生命活动的能源和新生器官的建造，主要依靠前一年的贮藏养分。贮藏养分的多少，不但关系到早春萌芽、展叶、开花、授粉坐果和新梢生长，而且影响后期果树生长发育和同化产物的合成积累。

2）利用当年同化营养期。这一时期指 6 月落果期至果实成熟采收前。此期叶片已经形成，部分中短树枝封顶，进入花芽分化，果实也开始迅速膨大；营养器官同化功能最强，光合产物上下输导，合成和贮藏同时发生，树体以消耗当年有机营养为主。因此，此期管理水平直接影响当年成花数量、果质优劣和产量高低。

3）有机营养贮藏期。这一时期大体从果实采收至落叶。此时果树已完成周期生长，所有器官体积不再增大，只有根系还有一次生长高峰，但贮藏的养分大于消耗的营养。叶片中的同化产物除少部分供应果实外，绝大部分从落叶前 1～1.5 个月开始陆续向枝干的韧皮部、髓部和根部回流贮藏，直到落叶后结束。此期贮藏营养对果树越冬及翌年春季的萌芽、开花、展叶、抽梢和坐果等过程的顺利完成有显著的影响。

4）有机营养相对沉溃期。这一时期约从落叶后到次年萌芽前。果树落叶后少量营养物质仍按小枝→大枝→主干→根系这个方向回流，并在根系中累积贮存。翌春发芽前养分随树液开始从地下部向地上部流动，其顺序与回流正好相反。与生长期相比，休眠期树体活动比较微弱，地上部枝干贮藏营养相对较少，适于冬剪。

（2）施肥方法

1）沟施。依树冠大小、施肥数量、肥料种类确定所挖沟的形状、深浅、长短和数量。施肥沟的形状有半环状、环状、条状、放射状等。

2）穴施。在树盘内距树干一定距离挖穴，进行施肥。穴大小、数量由树及施肥数量确定。

3）全园撒施。当果园根系布满全园时，在距树干 0.5m 以外，向地面均匀撒施肥料，之后浅耕耙平。

4）肥水一体化。随灌溉水流将易溶于水的肥料溶于水中，或通过喷、滴、渗灌系统，将肥液喷滴到树上、地面或地下根层内。

5）喷布法。苹果树需要的中、微量元素常用此法。使用时注意喷施浓度，防止灼伤叶片。

6）注射法。将苹果树所需的肥料用强力树干注射机直接注入树干内，并靠机具的持续压力输送到树体各部，用输液法进行树干输液，并采用施肥枪向根际周围土壤施肥。

7）枝干涂抹。将肥料配制成一定浓度的膏状物，涂抹于果树枝干上面。

（3）施肥种类

1）有机肥的施用。

a. 有机肥类型。有机肥包括豆粕、豆饼类，生物有机肥类，羊粪、牛粪、猪粪类，商品有机肥类，沼液、沼渣类，秸秆类等。

b. 施肥时期。秋季施肥最适宜的时间是 9 月中旬到 10 月中旬，即中熟品种采收后。对于晚熟品种如‘红富士’，建议采收后马上施肥、越快越好。

c. 施肥量。农家肥（羊粪、牛粪等）2000kg（约 6 方）/亩，或优质生物肥 500kg/亩，或饼肥 200kg/亩，或腐殖酸 200kg/亩。

d. 施肥方法。施肥方法采取沟施或穴施，沟施时沟宽 30cm 左右、长度 50～100cm、深 40cm 左右，分为环状沟、放射状沟及株（行）间条沟。穴施时根据树冠大小，每株树 4～6 个穴，穴的直径和深度为 30～40cm。每年在交换位置挖穴，穴的有效期为 3 年。施用时要将有机肥等与土充分混匀。

e. 注意事项。有机肥要提前进行腐熟，避免直接施用鲜物。

2）基肥化肥的施用。

a. 化肥类型和用量。采用单质化肥的类型和用量：在土壤有机质含量 10g/kg、碱解氮 80mg/kg、速效磷 60mg/kg 和速效钾 150mg/kg 左右的情况下，每生产 1000kg 苹果需要施氮肥（折纯 N）3.2（2.4～4.0）kg[换算成尿素为 7.0（5.2～8.7）kg]，施磷肥（折纯 P_2O_5）2.4（1.8～3.0）kg[换算成 18% 的过磷酸钙为 13.3（10.0～16.7）kg]，施钾肥（折纯 K_2O）2.6（2.1～3.3）kg[换算成硫酸钾为 4.9（3.9～6.1）kg]。在土壤碱解氮小于 55mg/kg、速效磷小于 30mg/kg 和速效钾小于 50mg/kg 的情况下取高值；而在土壤碱解氮大于 100mg/kg、速效磷大于 90mg/kg 和速效钾大于 200mg/kg 或采用控释肥、水肥一体化技术等情况下取低值。

采用复合肥的配方和用量：建议配方为 18∶13∶14（或相近高氮磷配方），每 1000kg 产量用 18kg 左右。

采用中微量元素的类型和用量：根据外观症状每亩施用硫酸锌 1～2kg、硼砂 0.5～1.5kg。土壤 pH 在 5.0 以下的果园，每亩施用石灰 150～200kg 或硅钙镁肥 50～100kg 等。

b. 施肥时期和方法。与有机肥同时混匀施用。

3）第一次膨果肥的施用。

a. 化肥类型和用量。采用单质化肥的类型和用量：在土壤有机质含量 10g/kg、碱解氮 80mg/kg、速效磷 60mg/kg 和速效钾 150mg/kg 左右的情况下，每生产 1000kg 苹果需要施氮肥（折纯 N）3.2（2.4～4.0）kg［换算成尿素为 7.0（5.2～8.7）kg］，施磷肥（折纯 P_2O_5）0.8（0.6～1.0）kg［换算成 18% 的过磷酸钙为 4.4（3.3～5.6）kg］，施钾肥（折纯 K_2O）2.6（2.1～3.3）kg［换算成硫酸钾为 4.9（3.9～6.1）kg］。

采用复合肥的配方和用量：建议配方为 22∶5∶18（或相近高氮中高钾配方），每 1000kg 产量用 14.5kg 左右。

b. 施肥时期和方法。在果实套袋前后即 6 月初进行。采用放射状沟法或穴施。

4）第二次膨果肥的施用。

a. 化肥类型和用量。采用单质化肥的类型和用量：在土壤有机质含量为 10g/kg、碱解氮 80mg/kg、速效磷 60mg/kg 和速效钾 150mg/kg 左右的情况下，每生产 1000kg 苹果需要施氮肥（折纯 N）1.6（2.4～4.0）kg［换算成尿素为 3.5（2.6～4.4）kg］，施磷肥（折纯 P_2O_5）0.8（0.6～1.0）kg［换算成 18% 的过磷酸钙为 4.4（3.3～5.6）kg］，施钾肥（折纯 K_2O）3.5（2.8～4.4）kg［换算成硫酸钾为 6.5（5.2～8.2）kg］。

采用复合肥的配方和用量：建议配方为 12∶6∶27（或相近中氮高钾配方），每 1000kg 产量用 14kg 左右。

b. 施肥时期和方法。在果实第二次膨大期即 7～8 月进行。采用放射沟法或穴施，最适合采用少量多次法，水肥一体化技术最佳。

叶面喷肥是将肥料配成一定浓度的溶液喷布在树冠上。其特点是省肥、省工、速效，且不受土壤条件的限制，可避免肥料在根系施肥中的流失、淋失和固定，还可与农药混合施用。生产中常用于补充土壤追肥、矫治苹果缺素症，可在干旱缺水地区及苹果根系受损情况下追肥。叶面喷肥必须严格掌握肥液浓度，最好先做试验再大面积喷施。喷布时间选择无雨的阴天或晴天 10 时以前或 16 时以后。喷布部位以叶背为好。生产上全年可喷 3 次，一般生长前期以氮为主，后期以磷钾为主，还可用于补施果树生长发育所需的微量元素，生产上提倡喷施多元微肥。苹果树常用叶面喷肥的种类与使用浓度见表 9-2。

表 9-2　苹果树常用叶面喷肥的种类与使用浓度

喷布时期	种类与浓度	作用
萌芽前	2%～3%尿素	增加萌芽与坐果
	3%～4%硫酸锌	防治小叶病
萌芽后	0.3%～0.5%尿素	增加萌芽与坐果
	0.3%～0.5%硫酸锌	防治小叶病
花期	0.1%～0.3%硼砂	增加坐果、防止缺硼
	美果露 800 倍液	增加坐果
落花后至果实套袋前	0.2%氨基酸复合肥	增加坐果、提高品质
	0.1%～0.3%硼砂	增加坐果、防止缺硼

续表

喷布时期	种类与浓度	作用
果实套袋后	0.4%氨基酸钙	防治果实缺钙
	0.3%～0.5%硫酸亚铁	防治缺铁失绿
采前约一个月	0.2%～0.3%磷酸二氢钾	促进着色
	0.4%氨基酸钙	防治缺钙
采后到落叶前	0.3%～0.5%尿素	增加贮藏养分
	0.3%～0.5%硫酸锌	防治小叶病
	0.1%～0.3%硼砂	防缩果病

3. 水分管理

（1）**灌水时期** 水分管理应依据苹果年周期内的需水规律、当地自然降水的特点，并结合果园灌溉与立地条件制定全年技术路线和管理方案。一般应抓好如下4个时期的灌水。

1）花前水，又称催芽水。在苹果树发芽前后到开花前期，若土壤中有充足的水分，可促进新梢的生长，增大叶片面积，为丰产打下基础。

2）花后水，又称催梢水。苹果树新梢的生长和幼果膨大期是苹果树的需水临界期，此时苹果树的生理机能最旺盛。这一时期若遇久旱无雨天气，应及时灌溉，一般可在落花后15d左右至生理落果前灌水。

3）花芽分化水，又称成花保果水。此时正值果实迅速膨大及花芽大量分化时期，及时灌水不但可以提高当年果品产量，而且还能增加苹果树越冬前的养分积累，为翌年丰产打下基础。

4）封冻水。冬季土壤冻结前，必须灌1次透水，以保证植株安全越冬，并可以防止早春干旱，对下年生长结果有重要作用。

（2）**灌水量** 苹果树的灌水量依品种和砧木特性、树龄大小、土质、气候条件而有所不同。幼树少灌，结果树多灌，沙地果园宜小水勤灌。一般成龄苹果树最适宜的灌水量以水分完全湿润苹果树根系范围内的土层为宜。在采用节水灌溉方法的条件下，灌溉深度为0.4～0.5m，水源充足、旱情严重时可达0.8～1m。

（3）**灌水方法**

1）沟灌。首先要在行间开挖灌水沟，沟深20～25cm，并与配水渠道相垂直。灌溉水经沟底和沟壁渗入土中，对全园土壤浸湿较均匀，水分蒸发量与流失量均较小，而且可防止土壤结构的破坏，减少果园中平整土地的工作量，便于机械化耕作，是一种较为合理的灌水方式。

2）穴灌。是在树冠投影的外缘挖穴，用移动运水工具将水灌入穴中，以灌满为度。穴的数量每树一般为8～12个，穴直径30cm，穴深40cm，灌后将土还原。

3）渗灌。借助于地下的管道系统使灌溉水在土壤毛细管的作用下，自下而上湿润作物根区的灌溉方法。

4）微喷。利用塑料管道输水，通过微喷头喷洒进行局部灌溉。它比一般喷灌更省水，可增产30%以上，能改善田间小气候，还可结合施用化肥，提高肥效。

5）喷灌。喷灌是利用管道将水送到灌溉地段，并通过喷头分散成细小水滴，均匀地喷洒到田间，对作物进行灌溉。

6）滴灌。滴灌是机械化与自动化的先进灌溉技术，是利用塑料管道将水通过直径约10mm

毛管上的孔口或滴头送到苹果树根部进行局部灌溉。它是目前干旱缺水地区最有效的一种节水灌溉方式，其水的利用率可达95%。滴灌较喷灌具有更高的节水增产效果，同时可以结合施肥，提高肥效一倍以上。

（4）排水　　生长季节果园长时间积水，苹果根系的呼吸受到抑制，容易积累各种有害盐类，引起根中毒死亡，严重影响根系和地上部分的生长发育。成龄果园在雨季来临前必须在果园内外挖好各级排水沟，并保持畅通，做好果园的排水工作。雨季要保持园内不见"明水"，受涝果园，要及时排出积水，并通过晾晒树根、中耕松土等方式尽快降低果园湿度，恢复树势。

1）及早疏通沟渠，挖好田间排水沟，相对抬高树盘，下大雨时随降随排，雨停水净，最大限度地减少田间积水。

2）夏秋季节降雨频繁，土壤板结严重、透气性差，根系生长发育受阻。降雨后，应及时划锄松土、晾墒，以改良土壤结构，增强根系的吸收能力，从而提高苹果品质。

（五）花果管理技术

花果管理技术包括保花保果技术、疏花疏果技术、果实套袋、增色措施、果实采收等技术措施。

1. 保花保果技术　　保花保果的目的是提高坐果率，而坐果率是产量构成的重要因素，尤其是在花量较少的年份，提高坐果率对保证果树丰产稳产具有重要意义。保花保果可参照本书第六章相关内容。

2. 疏花疏果技术　　优质果品要求果实形正、个大、整齐度高、果面光洁色艳，果肉质脆、汁液多、味甜、耐贮藏且安全洁净。为此在良好的土肥水管理基础上，首先要作好疏花疏果、限产增优工作。相关要求参见本书第六章相关内容。

3. 果实套袋　　果实套袋是目前生产无公害果品的有效方法之一。套袋可极大提高果实的着色度，使果面光洁，外观品质得到改善，商品率明显提高，并能降低农药的残留量。优质苹果生产实行全套袋栽培管理。果实套袋成功的关键在于选良种、选好园、选好树、选优果、选好袋，因此需按正确方法操作，以取得最好的效果。

（1）果袋选择　　生产高质量的优质苹果要选择好的果袋，首先要看是否有商标和质量合格证，其次要看纸质是否好、工艺是否精致，最后要看价位。一般要求是经过理化处理而成的透光、透气性能好，且能防病虫、防果锈、防尘、防污染的果袋，并要耐拉、耐雨淋，蜡纸层涂蜡均匀而又薄，具抗老化、不掉色的特点，且黏合要牢固。膜袋应具有通气、抗老化的特性。对一些红色品种，多选用外层表面为灰色或浅褐色，里表为黑色，内层为蜡质红色的双层三色袋为好。目前提倡在郁闭的果园和树冠内膛及下部用膜袋。一般多用三色双层袋、木质纸浆单层袋，并开始试用膜袋、纸袋＋膜袋及液剂果袋。

（2）套袋时期　　套袋最佳时期为6月中旬，最迟不超过6月底。早熟品种和不易发生果锈的红色品种，为了提高果实的含糖量，均适于晚套袋；而易发生果锈的黄色品种，为提高果实的外观品质及套袋效果，应相对早套袋。生产上多在花后 40～50d，避开高温、下雨天及有露水时套袋。

（3）选树选果　　套袋前先要定好果，实行全套袋栽培，按合理的负载量留足果量，将朝天果、梢果、小果、畸形果、病虫果一概疏除。弱树、弱枝、病树病枝上的果不能套袋。

（4）套袋前的准备

1）浇水。有浇灌条件的应在套袋前浇一次水。

2）喷药。套袋前要喷一次杀虫杀菌药，灭虫、保叶、防病。套袋量大的果园可分次喷药，套完再喷，喷一次药后需 3d 内套完，若套不完或遇雨需重喷一次。杀虫药主要针对蚜虫，可选用吡虫啉。杀菌药要选择保护剂加治疗剂，如噁唑菌酮·代森锰锌或代森锰锌加甲托或多抗霉素等；也可直接喷氟硅唑，并加钙肥。

（5）套袋方法　　套袋前先将纸袋用 0.2%多菌灵液浸袋口 1min，然后袋口朝下，在潮湿地方放置半天即可使用。套袋时间应掌握在每天上午 9 时至下午 4 时，早晚和阴天及有露水的情况下不宜套袋。套袋时用手先将袋子撑开，使其膨圆，右手持袋，左手食指和中指夹住果柄，双手拇指伸入袋里，推果入袋；然后全拢袋口，两手折叠袋口 2～3 折，再把袋口金属丝折叠成"√"形夹住袋口即可。

（6）幼果期管理　　要做好病虫害防治工作，特别是早期落叶病和叶螨的预防。高温季节要经常检查果实生长情况，出现问题及时补救。加强综合管理，做好保墒防旱和营养补充。

（7）适时摘袋　　9 月底至 10 月初除袋比较理想。从除外袋到果实采摘两周时间即可，除袋分两次完成。先利用晴好天气除去外袋，间隔 3～5 个晴好天气再除去内袋。在短暂的阴雨天气（2～3d）进行一次性除袋日灼风险较大，因此不可采取。摘袋时间以每天上午 10 时至下午 3 时为宜，早晚不可摘袋，以防止日灼。摘袋完成后要喷一次杀菌药，预防果实病害。

4. 增色措施　　除袋后沿树冠投影下带状覆压反光膜，促进果实全面着色，尤其可使冠下、内膛果实充分着色。红色品种于成熟前 20～30d（套袋果结合除袋）分两次摘除贴果叶和遮果叶，并转动果实方向，将阴面转向阳面，确保全面、均匀着色。

（1）摘叶　　为了促进果实着色及防止果面着色不均而形成花斑状，除袋以后需及时摘除紧贴果面的叶片，并将果实周围 5～15cm 内的遮光叶片除去。一般分 2～3 次进行，摘叶量应控制在果周围总叶量的 30%以下，确保果面 60%以上能得到直射光照。

1）摘叶时期。'红乔纳金'及'元帅'等易着色的中晚熟品种，多在采前 18～25d 摘叶，即可完全消除果面上的绿、黄斑。'富士'等着色相对缓慢的晚熟品种，一般要在采前 25～30d 摘叶。内膛果着色缓慢，应提前 3～5d 进行。对同一植株，先摘内膛和树冠下部的遮光老化叶，后摘树冠外围和上部的挡光叶，进行分期摘除。

2）摘叶的方法。剪除半叶：将果面只有部分遮光的功能叶，剪去其 1/2，此法在短枝型品种中应用较多。全叶摘除：将遮挡果面的叶片及果实附近的黄叶、小叶、病叶等功能低的叶片从叶柄中间摘除，只留部分叶柄。

总之，在园地肥力较低、留果较多的情况下，宜少摘叶。例如，'红星'摘叶量为 10%～11%，则效果较好；而园地肥力较高留果又少的'富士'，树冠上部的摘叶量为 20%以内，树冠下部的摘叶量为 30%以内为宜。

（2）转果　　若果实的阳面已着色，就得进行转果。把靠枝条的果面转 180°，使其阴面向光，然后贴靠在枝上。对悬垂的果，将果转 180°后利用透明胶带固定在枝上。若遇双果时各转 180°再相互靠在一起即可。

转果一般在除袋后 5～10d 进行，多选阴天或傍晚，也要避开在高温、强光下转果。在果实着色期，每 10d 左右喷一次 0.2%～0.3%的磷酸二氢钾或 0.3%～0.4%的硫酸钾，可促进着色。若遇干旱天气，于傍晚或清晨喷清水增湿、降温，有利于果实着色。

（3）铺反光膜　　除袋以后，沿树行两侧从树冠垂直投影外缘向内或在树盘铺银灰色反光膜，并将膜的内外缘用土压紧，注意保持膜面干净，使树冠下部的果实和果萼洼及其周围均能着色。采前 1～2d 揭去膜，清洗干净，晾干保存以备来年再用。

5. 果实采收 采收是苹果生产最后的重要环节，对果实的产量、品质、贮藏性、商品价值影响很大，果实成熟并着色良好即可采收。相关内容参照本书第六章。

（六）病虫害防控技术

1. 苹果园病虫害综合防控技术

（1）物理防治 是通过创造不利于病虫害发生但却有利于或无碍于作物生长的生态条件的防治方法。苹果生产中常用的害虫物理防治技术主要有诱虫带、杀虫灯、粘虫板、果实套袋等。

1）诱虫带。在害虫潜伏越冬前的8～10月，将诱虫带对接后用胶布绑扎固定在果树第一分枝下5～10cm处，或各主枝基部5～10cm处，诱获沿树干下爬寻找越冬场所的害虫。一般待害虫完全潜伏休眠后到出蛰前（12月至翌年2月底期间），再集中解下诱虫带烧毁或深埋。

防治对象：叶螨类、康氏粉蚧、卷叶蛾、毒蛾等。

2）杀虫灯。在果园内可按棋盘和闭环状设置安装点，灯间距一般在100～120m，距地高度一般在1～1.5m，安装时需将灯挂牢固定。使用时间依据各地日落情况，一般在傍晚开灯，凌晨左右关灯。

防治对象：金纹细蛾、苹小卷叶蛾、桃小食心虫、梨小食心虫、天牛、金龟子等。

3）粘虫板。一般在果园害虫发生初期使用，使用时垂直悬挂在树冠中层外缘的南面。可以先悬挂3～5片监测虫口密度，当诱虫板诱到的虫量增加时，每亩果园悬挂规格为15cm×20cm的黄色粘虫板25～30片。当害虫粘满诱虫板时，用竹片或其他硬物及时将死虫刮掉，然后重涂一次机油，继续使用。使用过程中要严格掌握摘取时间，天敌种群高峰期应及时摘除，否则将会诱杀到天敌昆虫。

防治对象：蚜虫、粉虱、斑潜蝇、蓟马等。

4）果实套袋。从落花后一周开始，先喷一次内吸性杀菌剂，间隔10d左右再喷1次杀菌剂，然后开始套袋，在套袋期间若出现降雨，则未套袋的部分果树需重新补喷杀菌剂。摘袋时期根据各地具体的气候条件确定，双层袋要先摘外袋，隔3～5d再去内袋，并配合摘叶转果以加速着色。

（2）农业防治 是防治病、虫、草害所采取的农业技术综合措施。调整和改善果树的生长环境，增强树体对病、虫、草害的抵抗力，创造不利于病原物、害虫和杂草生长发育或传播的条件，以控制、避免或减轻病、虫、草的危害。苹果生产中采用的农业防治措施包括：加强土肥水管理、改善果园光照、改变病虫害生境等。

1）加强土肥水管理。及时深翻土壤不仅可以增强土壤的通透性，还可以使在土壤中生存和越冬的病虫害暴露，起到一定的防治作用。多施用有机肥，少施含氮量高的化学肥料可以降低叶螨对叶片的危害等。

2）改善果园光照。一般情况下，通风透光差、相对郁闭的果园病虫害发生的概率和程度普遍偏高，因此改善果园光照可以创造不利于病虫害发生的条件，从而在一定程度上降低病虫的危害。

3）改变病虫害生境。通过人为改变生境中的土壤、水分、光照、空气等因素，可有效控制害虫的危害。在苹果生产中的应用主要包括：清洁果园，将虫果、落叶、带卵枝条等进行集中烧毁或深埋，以降低翌年害虫基数，如金纹细蛾、卷叶虫、桃小食心虫、叶螨等；减少间作，以减少二斑叶螨、鳞翅目食叶害虫等杂食性害虫在果园的发生等。

4）刮治树皮。对枝干病害，在果树休眠期和春季树体萌动后及时刮去枝干上的病斑并烧毁，以降低初始菌源量，并及时涂药，结合冬剪剪除病枝、枯枝，并将剪下的枝条清除出果园深埋或烧毁。

（3）生物防治 利用生物种间和种内的捕食、寄生等关系，用一种生物防治另外一种生物，或利用环境友好的生物制剂等杀灭病虫，以达到防治病虫的目的。苹果生产上经常采用的生物防治措施主要包括：引进释放天敌、性诱剂、喷洒生物农药、果园生草等。

1）引进释放天敌。目前世界范围内昆虫和螨类天敌主要有寄生蜂、捕食螨、小花蝽、草蛉和瓢虫等，此外还有少量的昆虫病原线虫和昆虫病原微生物（表9-3）。

表9-3 果园主要天敌种类

种类	天敌	防治对象
捕食螨	胡瓜钝绥螨、智利小植绥螨、西方盲走螨等	蓟马、害螨、粉虱等
瓢虫	七星瓢虫、深点食螨瓢虫、光缘瓢虫等	蚜虫、害螨、粉虱、介壳虫等
草蛉	普通草蛉、叶通草蛉、红通草蛉等	蚜虫、粉虱、鳞翅目幼虫卵等
寄生蜂	棉蚜蚜小蜂、赤眼蜂、丽蚜小蜂等	棉蚜、鳞翅目幼虫、粉虱等
捕食蝽	小花蝽、欧原花蝽、大眼长蝽等	蓟马、蚜虫、粉虱、叶螨等
双翅目	食蚜瘿蚊、食蚜蝇等	蚜虫、叶螨等
螳螂	中华大刀螳、薄翅螳螂等	多种害虫

2）性诱剂。目前性诱剂产品多做成诱芯，且使用也十分简便，操作时依据说明书合理设置密度，对害虫具有较好的防治效果。苹果生产上常用的性诱剂包括：桃小食心虫性诱剂、梨小食心虫性诱剂、金纹细蛾性诱剂、苹小卷叶蛾性诱剂等。其作用体现在虫情测报、延迟交配和迷向等方面。

3）喷洒生物农药。生物农药是利用生物活体（真菌、细菌、昆虫病毒、转基因生物、天敌等）或其代谢产物（信息素、生长素等）针对农业有害生物进行杀灭或抑制的制剂。其与常规农药的区别在于其独特的作用方式、低使用剂量和靶标种类的专一性，从而有利于环境和食品安全（表9-4）。

表9-4 苹果园常用生物农药及防治对象

生物农药	防治对象
BT制剂	桃小食心虫、金纹细蛾、尺蠖、舞毒蛾、刺蛾等多种鳞翅目幼虫
阿维菌素	二斑叶螨、山楂叶螨、苹果全爪螨、绣线菊蚜、金纹细蛾等
灭幼脲	金纹细蛾等鳞翅目害虫
杀铃脲	桃小食心虫、金纹细蛾等
杀虫双	山楂叶螨、苹果全爪螨、卷叶蛾、梨星毛虫等
绿僵菌、白僵菌	桃小食心虫等果园鳞翅目害虫
农抗120	苹果白粉病、炭疽病、腐烂病等
多抗霉素	苹果斑点落叶病、苹果霉心病、苹果黑点病
井冈霉素	苹果轮纹病、褐腐病等
哈茨木霉	果树白绢病
腐必清	苹果树腐烂病

4）果园生草。能有效改善果园的生态环境，增加瓢虫、草蛉、捕食螨等天敌的数量，另外也可使一些害虫由危害树体转为危害草，从而减少果园害虫的发生和化学农药的使用。

（4）化学防治　　化学防治又叫农药防治，是利用化学药剂的毒性来防治病虫害。化学防治是目前苹果生产中病虫害防治的主要措施，也是综合防治中的一项重要措施。

1）预测预报。系统准确监测病虫害发生动态，对其未来发生危害趋势做出预测，是进行化学防治和其他防治的基础，是苹果园主要害虫的虫情测报方法。

2）药剂防治关键时期。病虫分为初发、盛发、末发 3 个时期。虫害和叶部多次侵染病害应在发生最小、尚未开始大量爆发之前防治，将其控制在初发阶段；而对于具有潜伏侵染的枝干病害，既要在快速扩展前期进行及时刮治，还要注重其孢子释放高峰和侵染高峰期的及时喷药防治，抓住关键时期用药，这样不仅可以减少用药量，还可以起到较好的防治效果。

3）按经济阈值打药。在生产防治过程中，应本着"预防为主，综合防治"的原则，在条件允许的情况下优先采用非农药防治措施，而农药防治则需根据虫情测报情况，抓住防治关键时期，充分提高防治效果，降低生产成本，保证果品产量。

4）挑治。选择有病虫危害的植株进行喷洒药液防治，是减少生产成本、提高经济效益的有效措施，也相对有益于生态平衡。在果园内发生量小、传播速度慢的害虫可采用"挑治"的方法，如尺蠖、金龟甲、蚜虫、天牛等。苹果腐烂病等枝干病害，一旦发生应立即刮除病斑并及时涂药。针对个别发病较重的果树应补充营养，提高树势，增强抗病能力。果树根腐病等根部病害一旦发生，应及时用高浓度杀菌剂进行灌根治疗，或拔除病树，防止病菌传播。

5）药剂选择。防治果园病虫尽可能选择专性杀虫杀菌剂，少使用广谱性农药。同时要考虑病虫的种类和危害方式等，如防治咀嚼式口器害虫，选择胃毒作用的杀虫剂；刺吸式害虫，选择内吸性强的杀虫剂。另外，应根据果品生产要求选择用药，无公害、绿色和有机食品生产标准中对农药的使用有明确规定。

6）合理施药。果园病虫的防治要做到合理施药，应把握如下原则：根据树体大小合理选择施药器械；选择病虫杀灭率高对天敌又相对安全的农药种类；把握病虫防治的关键时期；树体全面施药，重点部位要适当细喷；注意避免药害，选择果树安全阶段用药；病虫的防治不一定要赶尽杀绝，尽量避免随意提高用药浓度和频繁施药，以降低病虫抗药性产生的速度。混用农药时不应让其有效成分发生化学变化；使用高射程喷头喷药时，尽量成雾状，叶面附药均匀，保证叶片和果实的最大持药量，减少药液损失。

2. 苹果园主要病虫害的防治

（1）桃小食心虫

1）农业防治。冬季翻耕可将越冬幼虫深埋土中，将其消灭；地面盖膜可阻挡越冬幼虫出土和羽化的成虫飞出为害；摘除或拣拾虫果可有效降低园内虫口基数；果实套袋可高效控制食心虫为害。

2）生物防治。可喷施阿维菌素、BT 制剂、绿僵菌、白僵菌等生物农药防治；还可人工释放赤眼蜂等天敌；同时注意保护甲腹茧蜂、中国齿腿姬蜂等自然天敌。

3）药剂防治。树下地面防治：根据幼虫出土的监测，当幼虫出土量突然增加时，即幼虫出土达到始盛期时，应开始第一次地面施药，可用 40%毒死蜱微乳剂 300 倍液，均匀喷洒在树盘内。树上药剂防治：依据田间系统调查，当卵果率达 1%～1.5%时，应立即喷药，可选择药剂有 2.5%高效氯氟氰菊酯水乳剂 3000～4000 倍液、20%甲氰菊酯微乳剂 3000 倍液。

（2）苹小卷叶蛾

1）农业防治。早春刮除树干和剪锯口处的翘皮，消灭越冬的幼虫。在果树生长期，用手捏死卷叶中的幼虫，减轻其危害。

2）生物防治。在越冬代成虫产卵盛期，释放松毛虫赤眼蜂进行防治。方法是：根据苹小卷叶蛾性外激素诱捕器诱蛾，在成虫出现高峰后第三天开始放蜂，以后每隔 5d 放蜂 1 次，共放蜂 4 次。每次每树放蜂量分别为：第一次 500 头，第二次 1000 头，第三、四次 500 头。另外也可喷施苏云金杆菌、杀螟杆菌、白僵菌等微生物农药防治幼虫。其他天敌昆虫包括：拟澳洲赤眼蜂、卷叶蛾苹腹茧蜂、卷蛾绒茧蜂、多种捕食性蜘蛛等。

3）药剂防治。越冬幼虫出蛰期和各代幼虫孵化期为树上喷药适期。在结果树上，越冬幼虫出蛰期的防治指标是每百叶丛有虫 2～2.5 头时开始喷药。常用药剂有 35%氯虫苯甲酰胺水分散粒剂 15 000 倍液、20%虫酰肼悬浮剂 1000 倍液、24%甲氧虫酰肼悬浮剂 5000 倍液等。

（3）山楂叶螨

1）农业防治。成虫越冬前树干束草把诱杀越冬雌成螨。萌芽前刮除翘皮、粗皮，并集中烧毁，以消灭大量越冬虫源。

2）生物防治。抑制叶螨的天敌主要有：深点食螨瓢虫、束管食螨瓢虫、陕西食螨瓢虫、小黑花蝽、塔六点蓟马、中华草蛉、晋草蛉、东方钝绥螨、普通盲走螨、拟长毛钝绥螨、丽草蛉、西北盲走螨等；此外，还有小黑瓢虫、深点颏瓢虫、食卵萤螨、异色瓢虫和植缨螨等。由于不常喷药的果园天敌数量多，常可将叶螨控制在危害的水平以下，因此果园内应通过减少喷药次数来保护自然天敌。有条件时，可以释放人工饲养的捕食螨。

3）药剂防治。依据田间调查，在出蛰期每芽平均有越冬雌成螨 2 头时，喷施 2%硫悬浮剂 300 倍液、99%喷淋油乳剂 200 倍液；生长期 6 月以前平均每叶活动态螨数达 3～5 头、6 月以后平均每叶活动态螨数达 7～8 头时，喷施 24%螺螨酯悬浮剂 4000 倍液、15%哒螨灵乳油 2500 倍液、20%三唑锡悬浮剂 2000 倍液、1.8%阿维菌素乳油 4000 倍液等。

（4）二斑叶螨

1）农业防治。果树落叶后，结合秋施基肥，清扫枯枝落叶，深埋，以消灭落叶中越冬蛹。

2）生物防治。金纹细蛾的寄生蜂较多，有 30 余种，其中以金纹细蛾跳小蜂、金纹细蛾姬小蜂、金纹细蛾绒茧蜂、羽角姬小蜂最多。上述前三种寄生蜂数量较大，各代总寄生率为 20%～50%，其中以跳小蜂寄生率最高；越冬代约 25%，在多年不喷药的果园，其寄生率可达 90%以上。

3）药剂防治。依据成虫田间发生量的测报结果，在成虫连续 3 日曲线呈直线上升状态时，预示即将到达成虫发生高峰期，同时结合田间危害状态调查，适时开展药剂防治。可选用药剂有：35%氯虫苯甲酰胺水分散粒剂 20 000 倍、1.8%阿维菌素乳油 3000 倍液、25%灭幼脲悬浮剂 2000 倍液等。

（5）苹果绵蚜

1）加强检疫。对从国外进境的苗木、接穗和果实应按《中华人民共和国进出境动植物检疫法》相关原则进行处理。

2）农业防治。冬季修剪，彻底刮除老树皮，修剪虫害枝条、树干，破坏和消灭苹果绵蚜栖居、繁衍的场所；涂布白涂剂；施足基肥，合理搭配氮、磷、钾比例；适时追肥，冬季及时灌水；苹果园里避免混栽山楂、海棠等果树，并铲除山荆子及其他灌木和杂草，保持果园清洁卫生。

3）生物防治。苹果绵蚜的主要天敌有：日光蜂、七星瓢虫、异色瓢虫和草蛉等。7~8月日光蜂的寄生率达70%~80%，对苹果绵蚜有很强的抑制作用。因此，有条件的果园可以人工繁殖释放或引放天敌。

4）药剂防治。用40%毒死蜱水乳剂1500倍液或48%毒死蜱乳油2500倍液进行防治。

（6）苹果蠹蛾

1）加强检疫。对从国外进境的苗木、接穗和果实应按《中华人民共和国进出境动植物检疫法》相关原则进行处理。

2）农业防治。在果树结果期间，及时拣拾落果，并摘除树上虫害果，集中深埋，以消灭其中尚未脱果的幼虫。在果树休眠期或早春发芽前，刮除树干的粗皮、翘皮，集中烧毁，以消灭其中的越冬幼虫。根据老熟幼虫潜伏化蛹的习性，在主干或粗分枝上束缚宽约15cm的麻袋片、柴草等，诱集越冬幼虫；11月至翌年2月底之前，结合刮树皮，将草环取下集中烧毁，以消灭越冬幼虫。

3）生物防治。一般在越冬虫茧羽化前即开始悬挂性干扰剂，悬挂密度为每亩60个左右，其有效期可以达半年，采用该法能十分有效地控制蠹蛾的危害。保护和促进果园中苹果蠹蛾的天敌种群数量，如人工释放赤眼蜂以控制其危害。

4）药剂防治。在苹果蠹蛾幼虫期，用50%杀螟松1000~1500倍液、2.5%溴氰菊酯1000倍液喷雾或48%毒死蜱乳油1000倍液喷雾。

（7）绣线菊蚜

1）农业防治。冬季结合刮老树皮，进行人工刮卵，消灭越冬卵。

2）生物防治。该虫天敌种类丰富、数量较多，包括：瓢虫、草蛉、食蚜蝇、蚜茧蜂、花蝽等。防治时尽量选用专性杀蚜剂型，少使用广谱性农药。

3）药剂防治。果树休眠期防治幼虫、红蜘蛛等害虫，喷洒99%的机油乳剂，杀越冬卵有较好效果。果树生长期喷布3%啶虫脒乳油1500倍液、50%抗蚜威可湿性粉剂800~1000倍液、10%吡虫啉可湿粉剂5000倍液等。

（8）苹果树腐烂病

1）农业防治。要加强栽培管理，施足有机肥，增施磷、钾肥，避免偏施氮肥；控制负载量；合理修剪，保护伤口；克服大小年；清除病源；实行病疤桥接。病疤治疗是目前防治此病的有效方法，可在晚秋和早春刮治病疤呈梭形，立茬后多次涂药防治。

2）药剂防治。发芽前喷3~5波美度石硫合剂或430g/L戊唑醇3000倍液。刮治病疤后选用3%甲基硫菌灵糊剂、843康复剂等。

（9）苹果轮纹病

1）农业防治。加强栽培管理，改良土壤，提高土壤保水保肥能力；旱涝时及时灌排，增强树势，提高树体的抗病能力。保护树体、做好防冻工作是防治干腐病的关键措施。发芽前进行树干保护，轻刮树皮对病斑进行刮除，是一项重要的防病措施。

2）物理防治。果实轮纹病，可采用套袋对果实进行保护。

3）药剂防治。早春对果树喷一次3~5波美度石硫合剂保护树体。对于不套袋的果实，花后2周至8月上旬，每隔15~20d喷1次药，连续喷3~5次，主要药剂有：70%甲基硫菌灵可湿性粉剂800倍、430g/L戊唑醇悬浮剂4000倍液、50%多菌灵可湿性粉剂600倍液、80%代森锰锌可湿性粉剂800倍液。

（10）苹果斑点落叶病

1）农业防治。加强栽培管理，做好清园工作。秋、冬季彻底清扫果园内的落叶，结合修剪清除树上病枝、病叶，集中烧毁或深埋，并于果树发芽前喷布 3～5 波美度石硫合剂，以减少初侵染源。夏季剪除徒长枝，减少后期侵染源，改善果园通透性，低洼地、水位高的果园要注意排水，降低果园湿度。合理施肥，增强树势，增强树体的抗病能力。

2）药剂防治。掌握初次用药时期是防治此病的关键。初次用药时期以病叶率 10% 左右时为宜，一般间隔 10～20d 喷药一次，共喷 3～4 次。可选用下列药剂进行防治：10% 多抗霉素可湿性粉剂 1000 倍液、500g/L 异菌脲悬浮剂 1500 倍液、430g/L 戊唑醇悬浮剂 3000 倍液。

（11）苹果褐斑病

1）农业防治。加强栽培管理，多施有机肥，增施磷、钾肥，避免偏施氮肥；合理疏果，避免过度环剥，增加树势，增强树体的抗病能力；合理修剪，改善通风、透光条件；合理灌溉，及时排除树底积水，降低果园湿度等，这些措施均有助于减轻病害的发生。秋末冬初彻底清扫落叶，剪除病梢，集中烧毁或深埋。在果树发芽前结合腐烂病、轮纹病、斑点落叶病的防治。

2）药剂防治。萌芽前全园喷布 3～5 波美度石硫合剂，以铲除树体和地面上的菌源。一般年份，山东省胶东地区首次用药时间在 6 月上旬，山东西南地区是 5 月下旬，而辽宁省是 6 月中旬。如果春雨早、雨量较多，首次喷药时间应相应提前；如果春雨晚而少，则可适当推迟。全年喷药次数应根据雨季长短和发病情况而定，一般来说第 1 次喷药后，每隔 15d 左右再喷药 1 次，共喷 3～4 次。常用药剂有 1：2：（200～240）的波尔多液、430g/L 戊唑醇悬浮剂 3000 倍液、80% 代森锰锌可湿性粉剂 800 倍液、70% 甲基硫菌灵可湿性粉剂 800 倍液等。

（12）苹果炭疽病

1）农业防治。加强栽培管理，合理密植和整枝修剪，及时中耕锄草，改善果园通风透光条件，降低果园湿度。合理施用氮、磷、钾肥，增施有机肥，增强树势。合理灌溉，注意排水，避免雨季积水。清除侵染来源，以中心病株为重点，冬季结合修剪清除僵果、病果和病果台，剪除干枯枝和病虫枝，集中深埋或烧毁。

2）药剂防治。苹果发芽前喷一次石硫合剂。生长季节发现病果及时摘除并深埋。由于苹果炭疽病的发生规律基本上与果实轮纹病一致，且对两种病害有效的药剂种类也基本相同，因此炭疽病的防治可参见果实轮纹病。除在苹果轮纹病防治中提到的药剂外，咪鲜胺类杀菌剂对炭疽病也有特效。

（13）苹果锈病

1）农业防治。苹果锈病病菌由于缺少夏孢子而不能发生再侵染，因此每年仅有初侵染。初侵染源来自桧柏枝叶上越冬的冬孢子角，所以在有条件的地区清除转主寄主、切断病害的侵染循环，是防治锈病的根本措施。新建果园时，要远离（至少 5km）种植有桧柏等转主寄主的地方，同时结合规划建立保护林带进行隔离以防止冬孢子的传播。

2）药剂防治。作为初侵染源的冬孢子角的萌发和冬孢子、锈孢子的侵染都需要降雨在 15mm，且持续 2d 及较大的相对湿度（大于 90%）条件下。因此，病害发生的早晚和数量，主要取决于早春雨水的早晚与多少。对于不能清除桧柏的果园，在准确天气预测的基础上，可在果树发芽前向桧柏上喷 25% 三唑酮可湿性粉剂 1500 倍液。对苹果树的保护可在苹果的展叶期至幼果期（北方在 4 月下旬～5 月下旬）进行，每隔 10d 一次，连续喷 2～3 次，主要药剂有：25% 三唑酮可湿性粉剂 1500 倍液、5% 己唑醇悬浮剂 1000 倍液等。

（14）苹果白粉病

1）农业防治。要重视冬季和早春连续、彻底剪除病芽、病梢，以减少越冬病源。

2）药剂防治。在萌芽期、花前和花后喷药。药剂中硫制剂对此病有较好的防治效果，花后可连喷 2 次下列药剂：50%硫悬浮剂 150 倍液、25%三唑酮 1500 倍、6%乐必耕 1000 倍液。

（15）苹果黑星病

1）农业防治。摘除病叶、病果，清扫落叶，减少再侵染源；加强地面和根外施肥，提高抗病性。

2）药剂防治。在花序分离期和花后 7～10d 喷有效药剂进行防治，特别是雨后一定要及时施药，有效药剂有：400g/L 氟硅唑乳油 6000 倍、40%腈菌唑可湿性粉剂 6000 倍、10%苯醚甲环唑水分散粒剂 3000 倍、430g/L 戊唑醇悬浮剂 3000 倍液、80%代森锰锌可湿性粉剂 500 倍液。

（16）苹果霉心病

1）农业防治。加强栽培管理，随时摘除病果，搜集落果，秋季翻耕土壤，冬季剪去树上各种僵果、枯枝等，均有利于减少菌源。

2）药剂防治。发芽前喷施 5 波美度石硫合剂。初花期和盛花期喷药 1～2 次，有效药剂有：10%多抗霉素可湿性粉剂 1000 倍液、80%退菌特可湿性粉剂 600 倍液、50%异菌脲悬浮剂 1500 倍液、430g/L 戊唑醇悬浮剂 3000 倍液。

（17）苹果病毒病　　苹果病毒分为非潜隐性病毒（non-latent virus）和潜隐性病毒（latent virus）两大类。我国主要苹果病毒有 7 种，分别为：苹果锈果类病毒（apple scar skin viroid，ASSVd）、苹果凹果类病毒（apple dimple fruit viroid，ADFVd）、苹果花叶病毒（apple mosaic virus，ApMV）、苹果坏死花叶病毒（apple necrotic mosaic virus，ApNMV）、苹果茎痘病毒（apple stem pitting virus，ASPV）、苹果茎沟病毒（apple stem grooving virus，ASGV）和苹果褪绿叶斑病毒（apple chlorotic leaf spot virus，ACLSV），其中后三种为潜隐性病毒，在常规品种上不表现明显症状；前四种为非潜隐性病毒，常规品种上一般有明显症状，但在一定环境条件下会出现隐症现象。

苹果病毒病目前尚无有效防治药剂，国际上普遍采用的措施是培育、推广无毒苗木和实行无毒化栽培管理。美国、加拿大、英国、瑞士、日本、澳大利亚等国家，经过对果树病毒病进行长期系统的研究，建立了完善的病毒病研究和防控体系。他们利用无毒苗木和无毒化栽培管理的防控措施，确保苹果高产和优质，从而获得了巨大的经济和社会效益。栽培管理过程中要选择无病毒的苗；杀死危害果树的昆虫，消灭传毒昆虫；果园里使用过的工具要进行消毒；苗圃或幼园发现病株要及时拔除；加强肥水管理，增强树势，提高抗病性。

第十章 梨

一、概述

（一）梨概况

梨属蔷薇科（Rosaceae）苹果亚科（Maloideae）梨属（*Pyrus*）植物，为乔木落叶果树。梨的栽培品种主要分属于西洋梨（*P. communis*）、秋子梨（*P. ussuriensis*）、白梨（*P. bretschneideri*）、沙梨（*P. pyrifolia*）和新疆梨（*P. sinkiangensis*）5 个大种内。我国是梨属植物的原产地之一，资源非常丰富，全国各地均有梨树的分布和栽培。梨树适应性强，在我国南、北均有合适的栽培梨品种，其中一些晚熟品种极耐贮运，翌年 5～6 月仍可以吃到鲜果，这对于调节市场、保证水果周年供应有重要意义。梨树对土壤的要求不高，不论山地、丘陵、沙荒地、盐碱地还是红壤都能生长结果，只要加强管理，便可获得高产。因此，对于发展农村经济、充分利用土地资源、增加农民收入、提高人们生活水平具有重大意义。梨果生产除满足国内市场以外，每年有较多的鲜果和加工品出口，这对于增加外汇收入，加强经济建设具有重要作用。

（二）历史与现状

1. 栽培历史　　欧洲、亚洲是世界梨栽培历史最长的地区，也是世界梨的重要产地。欧洲梨栽培大概始于 3000 年前。我国梨栽培也大概始于 3000 年前，主要根据《诗经》中"山有苞棣，隰有树檖"的记载推测。"檖"在《尔雅》中解释为："檖罗，今杨檖也，实似梨而小，酢可食。"此外，现在普遍栽培的白梨、沙梨、秋子梨都原产于我国。《魏书》记载："真定御梨，大如拳，甘如蜜，脆如菱"，这说明在 2000 年前，我国不仅有了大量栽培，而且有了好品种。到了 6 世纪北魏时期，贾思勰在《齐民要术》中总结了自秦汉以来已经掌握的嫁接技术，即用梨与"棠"或"杜"嫁接。世界上应用于生产实践的梨主栽品种有 200 个左右，而我国就有 100 多个，故我国又被喻为"梨果之乡"。

2. 世界梨栽培现状　　梨是全球重要的落叶水果，约在 85 个国家和地区广泛种植，深受世界范围内消费者的喜爱。联合国粮食及农业组织（FAO）2011～2021 年的统计数据表明，2015 年世界梨栽培面积达到最高，但随后呈下降趋势，近些年来略有上升，2021 年栽培面积在 139 万 hm² 左右（图 10-1）。世界梨产量受国内梨产量的影响呈现波动趋势，2021 年世界梨产量和国内梨产量分别为 2565 万/t 和 1897 万/t 左右（图 10-1）。梨栽培品种主要分为东方梨（亚洲梨）和西洋梨两大类，其中东方梨主产于中国、日本和韩国等亚洲国家和地区；而西洋梨主产于欧洲、美洲、非洲和大洋洲，主产国有美国、意大利、西班牙和德国等。世界梨主产于亚洲，梨产量占全球梨产量的 80% 左右；其次是欧洲和美洲，梨产量分别占全球梨产量的 10% 左右和 8% 左右；非洲和大洋洲的梨产量约占全球梨产量的 2%。亚洲的梨生产主要集中于东部地区，产量占亚洲梨产量的 90% 以上，占全球梨产量的 70% 以上；欧洲的梨生产主要集中在南部和西部地区，其中南部地区产量约占欧洲梨产量的 1/2，西部地区产量约占欧洲梨产量的 1/3；美洲的梨生产主要集中在南部地区和北部地区，其中南部地区的产量占美洲梨产量的 1/2 以上，北部地区产量占美洲梨产量的 1/3 以上。

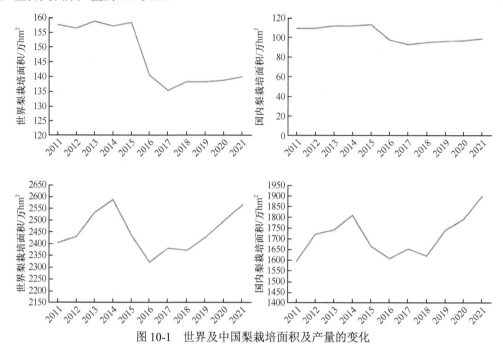

图 10-1　世界及中国梨栽培面积及产量的变化

3. 中国梨栽培现状　　我国梨种植范围较广，栽培面积位居前三的是河北省、辽宁省及四川省。由于国内梨种植面积广阔，因此我国梨产业具有品种和区域特色，且有相应的生产优势区域，主要包括：①华北白梨区。该区域主要包括冀中平原、黄河故道及鲁西北平原，属温带季风气候，介于南方温湿气候和北方干冷气候之间，光照条件好，热量充足，降水适度，昼夜温差较大，是晚熟梨的优势产区。该区是我国梨传统主产区，栽培技术和管理水平整体较高，区域内科研、推广力量雄厚，有较多出口和加工企业，产业发展基础较好。②西北白梨区。该区主要包括山西晋东南地区、陕西黄土高原、甘肃陇东和甘肃中部。该区域海拔较高，光热资源丰富，气候干燥，昼夜温差大，病虫害少，土壤深厚、疏松，易出产优质果品。该区梨面积和产量分别占全国的 15% 和 9%，是我国最具有发展潜力的白梨生产区。③长江中下游沙梨区。该区域主要包括长江中下游及其支流的四川盆地、湖北汉江流域、江西北部、浙江中北部等地区。气候温暖湿润、有效积温高、雨水充沛、土层深厚肥沃，是我国南方沙梨的集中产区。该区同一品种的成熟期较北方产区提前 20~40d，季节差价优势明显，具有较好的市场需求和发展潜力。目前，其面积和产量均占全国的 20% 左右。④特色梨区。该区包括江宁南部鞍山和辽阳的'南果梨'重点区域、新疆库尔勒和阿克苏的香梨重点区域、云南泸西和安宁的红梨重点区域及胶东半岛西洋梨重点区域。辽宁的'南果梨'为秋子梨系统的著名品种，以其风味独特、品质优良、适宜加工，在国际上享有较高的声誉；新疆香梨为我国独特的优质梨品种，栽培历史悠久，国内外知名度较高，为我国主要出口产品；云南红梨颜色鲜艳，成熟期较早，风味独特，货架期长，出口潜力大；山东西洋梨肉质细腻、柔软、多汁、香甜可口，有较强的市场竞争优势。

出口额方面，近些年，中国鲜梨出口额整体呈上升趋势，虽然 2018 年和 2019 年中国梨的出口略有下降，但 2020 年和 2021 年有所回升（图 10-2）。据 FAO 统计，2021 年中国梨出口量为 51.62 万 t，与 2020 年相比下降 5.3%，金额为 6.14 亿美元，与 2020 年相比下降 9%。

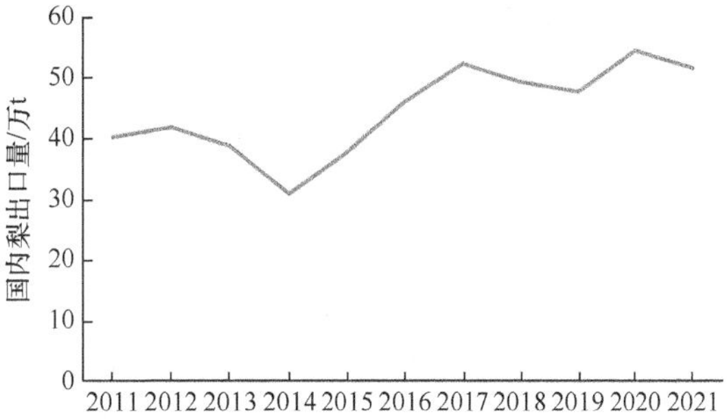

图 10-2 中国梨出口量变化

二、优良品种

（一）栽培品种

1. 国内主要栽培品种

（1）'八月酥' 中国农业科学院郑州果树研究所培育品种，亲本为'栖霞大香水'ד郑州鹅梨'。果大，平均单果重 262g。近圆形，整齐，果皮黄绿色，果面光滑洁净，蜡质较多，果点小，无果锈。果肉白色，肉质细、脆，石细胞中多，汁液中多，味酸甜，可溶性固形物含量为 11.8%，品质中。树势强，树姿开张。早果，成苗定植第二年即可开花结果。以短果枝结果为主，果台抽生能力和连续结果能力很强。花序坐果率极高，丰产、稳产，无大小年现象。耐涝、抗风、抗盐，不耐寒。较抗黑星病、褐腐病、腐烂病及梨蚜、红蜘蛛、梨木虱，不抗锈病。

（2）'苏翠 1 号' 江苏省农业科学院选育品种，亲本为'华酥'ד翠冠'。平均单果重 260g，果实倒卵圆形，果皮黄绿色，果锈极少或无，果点小疏。果肉白色，果心小，肉质细、脆，石细胞极少或无，汁液多，味甜，可溶性固形物含量为 12.5%～13%。南京地区 7 月上旬成熟。树势强健，树姿较开张。成枝力中。较易成花。较抗黑斑病、锈病。在江苏省栽培面积较广。

（3）'翠冠' 浙江省农业科学院园艺研究所选育品种，亲本为'幸水'×（'杭青'ד新世纪'）。平均单果重 230g，最大果重 500g。长圆形，黄绿色，果锈多，果点明显，不套袋外观较差。果肉白色，肉质细腻、酥松，石细胞少，汁液极多，风味甜，可溶性固形物含量为 11.5%。微香，果心小，品质上。树势强，树姿半开张。早果，成苗定植后第二年结果。浙江地区 7 月下旬成熟。丰产、稳产。抗黑斑病。抗逆性强，适应范围较广，长江以南各省（自治区、直辖市）均可引种试栽，在江浙地区已大面积推广，但果皮易滋生果锈，应加强果实套袋工作，套袋可使果面光滑，外观美。

（4）'黄冠' 河北省农林科学院石家庄果树研究所选育品种，亲本为'雪花梨'ד新世纪'。果大，平均单果重 235g，最大果重 360g。圆形，果皮黄绿色，果面光洁，外观酷似'金冠'苹果，很美。果肉洁白，果心小，肉质细嫩、酥脆，石细胞少，味酸甜适度，具浓郁香味，可溶性固形物含量为 11.4%，品质上。8 月中旬成熟，果实较耐贮藏。生长势强，树姿较直立。萌芽率高，成枝力中等。以短果枝结果为主，连续结果能力强。早果，成苗定植第 2～3 年结果。高抗黑星病。抗逆性强，适应范围广，适宜黄、淮、海大部分地区和长江流域及南方各省（自治区、直辖市）栽培。

（5）'鄂梨一号' 湖北省农业科学院果树茶叶研究所选育品种，亲本为'伏梨'ד金水酥'。平均单果重 220g，最大果重 400g。近圆形，果皮绿色，果面光滑，较整齐。果肉白色，果心小，肉质细、松脆，石细胞少，汁液多，风味甜，可溶性固形物含量为 10.5%，品质中上。武汉地区 7 月上中旬成熟，果实较耐贮运。树势中庸，树姿开张。早果，成苗定植后第三年结果。较抗黑星病，抗梨茎蜂、梨瘿蚊。适应性强，湖北、湖南、广西等省（自治区、直辖市）均可栽培。

此外，'翠玉''鄂梨二号''华酥''黄花''七月酥''西子绿''早美酥''早生新水'等也是国内主要栽培品种。

2. 地方品种

（1）'苍溪梨'　　别名'施加梨''苍溪雪梨'，四川地方品种。果特大，平均单果重321g，最大单果重1850g。倒卵形，果皮深褐色，果点大而多，果面较平滑。果肉绿白色，果心小，肉质细嫩、酥脆，石细胞少，汁液多，味甜，可溶性固形物含量为11.4%，品质中上。9月上中旬成熟，较耐贮运。幼年树生长旺盛，随着树龄增长，树势渐趋缓和，生长势中庸，树姿开张。萌芽率中等，成枝力中等。始果性中等，成苗定植第四年结果。以短果枝结果为主，连续结果能力弱。丰产性较差。较耐高温、干旱。抗风力弱，有采前落果现象。抗病虫性较弱，不抗黑星病、食心虫、象鼻虫。适应性较强，河滩沙地、黏重黄壤土均可栽培，在沙性强的土壤上栽培，果实易出现木栓斑点病。

（2）'赤花梨'　　台湾品种。果大，平均单果重202g，最大果重260g，整齐。近圆形，果皮浅褐色，果面平滑，果点中大，多。果肉乳白色，果心小，肉质细，石细胞少，汁液多，酸甜适度，微香，可溶性固形物含量12.6%，品质上。树势强健，树姿较开张。早果，成苗定植第三年结果，第四年投产。以短果枝结果为主，连续结果能力较强。坐果率高，丰产、稳产。抗逆性强，耐高温、高湿。较抗黑斑病、轮纹病。适应范围广，适宜在长江流域及以南地区栽培。

（3）'崇化大梨'　　四川地方品种，系金川雪梨自然实生。果特大，平均单果重351g。纺锤形，果皮绿黄色，果面粗糙，果点中大，凸起。果肉绿白色，肉质中粗、松脆，石细胞少，汁液多，味酸甜，可溶性固形物含量10.8%，品质中上，果实较耐贮藏。树势强，树姿开张。萌芽率较高，成枝力较强。早果，成苗定植第三年结果。以短果枝和短果枝群结果为主。丰产、稳产。抗病性弱，不抗虫。适应范围较广，适宜在长江以南地区栽培。

（4）'砀山酥梨'　　以果大核小、黄亮型美、皮薄多汁、酥脆甘甜而驰名中外。砀山酥梨属白梨品系，是白梨和沙梨的天然杂交品种，9月上中旬成熟。果实近圆柱形，顶部平截稍宽，平均单果重250g，大者可达1000g以上。果肉洁白如玉，酥脆爽口，皮薄多汁。砀山酥梨果皮为绿黄色，贮后为黄色。果点小而密，果心小，果肉白色，中粗，酥脆，汁多，味浓甜，有石细胞，可溶性固形物11%～14%。树势强，萌芽率为82%，一般剪口下多抽生2个长枝。定植后3～4年开始结果，以短果枝结果为主，腋花芽结果能力强，短果枝占65%，腋花芽20%，中果枝7%，长果枝8%。丰产、稳产。适应性极广，对土壤气候条件要求不严，耐瘠薄，抗寒力及抗病力中等。

（5）'德胜香'　　四川地方品种。果大，平均单果重324g，最大果重400g。扁圆形或圆形，果皮绿色，果面光滑，外观特美。果肉白色，肉质细、脆、稍紧密，石细胞少，汁液多，味淡甜，可溶性固形物含量10.0%，品质中上。树势特强，树姿直立。萌芽率较高，成枝力较强。始果期中等，成苗定植第四年开始结果，以短果枝结果为主，也有一定数量的中长果枝。丰产、稳产。抗病虫能力强，高抗黑斑病。抗逆性强，适应范围广，长江以南地区均可栽培。

（6）'苹果梨'　　福建晋江地方品种。果中大，平均单果重131g。倒卵形，果皮黄绿色，果面平滑。果肉淡黄色，肉质细嫩，石细胞中多，汁液中多，味酸甜，可溶性固形物含量10.5%，品质中。树势中庸，树姿半开张。萌芽率高，成枝力中。早果，成苗定植第三年开始结果。花芽易形成，以短果枝结果为主。较抗病虫。抗逆性强，适应范围广，宜在长江流域及以南地区栽培。授粉品种为'早三花'，配置比3：1。

（7）'青花梨'　台湾品种。果大，平均单果重214g，最大果重250g，整齐。长圆形，果皮黄绿色，果面平滑，果点中大，多。果肉雪白，果心小，肉质细腻、脆，石细胞少，汁液多，酸甜适度，微香，可溶性固形物含量11.8%，品质上。树势强健，树姿较开张。早果，成苗定植第三年结果，第四年投产。以短果枝结果为主，连续结果能力较强。坐果率较高，丰产、稳产。抗逆性强，耐高温、高湿。较抗黑斑病、轮纹病。适应范围广，适宜在长江流域及以南地区栽培。

3. 日韩梨品种

（1）'爱宕'　日本品种，亲本为'二十世纪'×'今村秋'。果特大，平均单果重550g，最大果重2500g。近扁圆形，大果不端正，果皮黄褐色，较薄，果面较光滑，果点较小。果肉白色，肉质松脆，石细胞少，汁液多，味甜，成熟后有'二十世纪'的梨香味，可溶性固形物含量13.0%，品质上，果实耐贮藏。树势强，树姿直立。萌芽力高，成枝力中等。早果性好，成苗定植当年可结果，以短果枝和腋花芽结果为主，易形成花芽，丰产。较抗病虫。抗风力较差，遇大风采前落果严重。

（2）'丰水'　日本农林省园艺试验场育成。果中大，平均单果重171g，最大果重230g。圆形，果皮黄褐色，果面较平滑，有棱沟，果点大、多。果肉黄白色，果心中大，肉质细嫩、酥脆，石细胞极少，汁液特多，可溶性固形物含量13.6%，味酸甜适度，品质上。武汉地区8月中旬成熟，果实较耐贮藏。树势中庸，树姿半开张。萌芽力强，成枝力弱。早果，成苗定植第三年结果，以短果枝结果为主。幼年树中、长果枝及腋花芽较多，花芽容易形成，果台副梢抽生能力强，连续结果能力较强，每果台1～2果。较丰产。抗病性较弱。易返青、返花。适宜在土壤肥沃、管理水平较高的地方栽培。

（3）'华山'　韩国园艺研究所培育品种。果大，平均单果重550～600g。圆形或扁圆形，果皮淡黄褐色，皮薄。果肉白色，肉质细腻、化渣，石细胞极少，味甜爽口，可溶性固形物含量13.0%～14.0%，品质上。韩国9月底10月初成熟。树势强，树姿开张。早果，成苗定植第三年结果。丰产。抗黑星病、黑斑病。抗逆性强，适应范围广，我国南北梨区均可引种试种。

（4）'黄金'　韩国品种。果大，平均单果重350g，最大单果重800g。近圆形，果形端正，果皮黄绿色，套袋后呈金黄色，果面光滑洁净，呈透明状，外观非常美。果肉乳白色，果核小，肉质细嫩、脆，石细胞少，汁液多，味纯甜，具微香，可溶性固形物含量15.8%，品质上。武汉地区8月上中旬成熟，较耐贮运。树势中庸，树姿半开张。萌芽率中，成枝力弱。早果，成苗定植第二年开始结果。以短果枝结果为主，花芽易形成。坐果率高，丰产、稳产。抗黑星病、黑斑病。抗逆性较强，适应范围广，北方梨区栽培表现好，有较大栽培面积，南方梨区可引种试栽。

此外，日本梨品种'新高''新世纪''新水''幸水'及韩国梨品种'圆黄'在我国也有较广栽培。

（二）加工品种

1. '矮香梨'　由中国农业科学院果树研究所选育而成。果实较小，平均重70g，近圆形，黄绿色。阳面有暗红晕，果面光滑。果梗短粗，萼片宿存。采收时果肉稍粗，松脆，经7d左右后熟。肉变软，汁增多，香甜味浓，含可溶性固形物12%～15%，品质上等。极适宜于制汁。

树冠开张，耐旱，耐瘠，抗寒，但不抗轮纹病，适宜在东北、西北冷冻干爽地区密植栽培。

2. '巴梨'　　英国品种，1871年自美国引入山东烟台。果实较大，壮树负荷适量时，单果重250g，果实为粗颈葫芦形；树势衰弱或留果过多时，单果重在200g以下，果梗一端变尖。壮树结果少时，果大，果面深绿色，凹凸不平。采收时果皮黄绿色，贮后黄色，阳面有红晕。弱树红晕明显，果面也较光滑。果肉乳白色，采后经一周左右后熟最宜食用。果肉肉质柔软，易溶于口，石细胞极少，多汁，味浓香甜，含可溶性固形物12.6%～15.8%，品质极上。山东省中西部采收期为8月中旬，半岛地区为8月下旬。果实不耐贮藏，最适宜制作罐头，是鲜食、制罐的优良品种。

3. '金香水'　　由黑龙江省农业科学院牡丹江农业科学研究所育成。果实扁圆形，平均单果重100g，最大果重125g。果皮中厚底黄色，阳面有红晕，果面光滑。果肉乳白，先脆后软，质细味浓，果心小，汁液极多酸甜适口，无石细胞，常温下可贮藏20d，软化后有香气，可溶性固形物可达16.5%。加工出汁率高达80%～85%，原汁透明，浅褐色，酸甜适口，具有秋子梨的清香，是鲜食加工梨汁的优良品种。'金香水'在牡丹江四月末萌动，五月中旬盛花，九月中下旬果实成熟，十月上中旬落叶，营养生长天数为149d。该品种抗寒力较强，对黑星病和褐斑病有很强的抗病能力。能栽植秋子梨的地区均可栽植。

4. '锦香梨'　　中国农业科学院果树研究所育成。除生食外，特宜加工罐头，其制罐品不亚于巴梨，但果实比巴梨小。树势中庸，成枝力强，以中、短果枝结果为主，丰产，9月中下旬成熟。果实中大，平均单果重140g，果形不整齐，果皮黄绿色，阳面有红晕，贮后逐渐变绿黄色。果肉淡黄白色，经后熟肉质细软多汁，酸甜，味浓，可溶性固形物可达15%，品质上等。果实可贮存7～10d。

三、生长结果特性

（一）不同年龄阶段发育特点

（1）**幼树期**　　梨幼树期是指从梨苗木定植到开花结果这段时期。此时期的主要特征是：树体迅速扩大，开始形成骨架。枝条生长势强并呈直立状态，因而树冠多呈圆锥形或塔形。新梢生长量大，节间较长，叶片较大，一年中具有二次或多次生长，组织不够充实可影响其越冬能力。在此期间，无论是地上或是地下部的离心生长均旺盛，且根系生长快于地上部。一般先形成垂直根和水平骨干根，继而发生侧根、支根，到定植3～5年才大量发生须根。随着根系和树冠的迅速扩大，吸收面积和叶片光合面积逐渐增大，矿质营养和同化物质累积逐渐增多，为进入开花结果阶段奠定基础。

梨幼树期的长短因品种和砧木不同而异，一般为3～4年。其中，具腋花芽结果习性的一般较早结果。树姿开张、萌芽力强的品种也常表现早果性。使用矮化砧或做曲枝、环剥处理，也可提早结果。梨幼树期的长短还与栽培技术有密切的关系，尽快扩大营养面积、增加营养物质的积累，是提早结果、缩短梨幼树期的中心措施。常用的调控措施有：深翻扩穴、增施肥水、培养大根系、轻修剪多留枝、使早期形成预定树形、适当使用生长抑制剂等。

（2）**结果初期**　　指从开始结果到大量结果前的时期。树体生长旺盛，分枝大量增加并继续形成骨架，根系继续扩展，须根大量发生，结果部位以枝梢、中果枝为主。这时期所结果实单果大、水分含量高、皮较厚、肉较粗、味偏苦。随着树龄的增大，骨干枝的生长减缓，中、短果枝逐渐增多，产量不断提高。这个时期梨树体结构已经建成，营养生长从占绝对优势向生殖生长平衡过渡。此期仍以培养骨架、壮大根系为主，通过轻剪、重肥、深翻改土等栽培管理措施着重培养结果枝组，防止树冠旺长。在保证树体健壮生长的基础上，迅速提高产量，尽早进入盛果期。

（3）结果盛期　　指梨树进入大量结果的时期。此时期将经历这样一个过程：大量结果—高产稳产—出现大小年—产量开始下降。在这个时期，树冠和根系均已扩大到最大限度，骨干枝离心生长逐渐减缓，枝叶生长量逐渐减小。发育枝减少，结果枝大量增加。由长、中果枝结果为主逐渐转到以短果枝结果为主，大量形成花芽，产量达到高峰且果实的大小、形状、品质完全显示出该品种特性。同时，树冠外围上层郁闭，骨干枝下部光照不良的部位开始出现枯枝现象，导致结果部位逐渐外移，树冠内部空虚部位发生少量生长旺盛的徒长更新枝条，向心生长开始。根系中的须根部分死亡，发生明显的局部交替现象。梨树盛果期持续时间的长短不仅因品种和砧木不同有很大的差异，而且自然条件对栽培技术也会产生重要的影响。在盛果期，应调节好营养生长和生殖生长之间的关系，保持新梢生长、根系生长结果和花芽分化之间的平衡。主要的调控措施有：加强肥水供应；实行细致的更新修剪；均衡配备营养枝、结果枝和结果预备枝（育花枝）；尽量保持较大的叶面积，控制适宜的结果量，防止大小年结果现象过早出现。

（4）结果后期　　这个时期从高产、稳产到开始出现大小年，直至产量明显下降。其特点是：新梢生长量小，出现中间枝或大量短果枝群。主枝先端开始衰枯，骨干根生长逐步衰弱并相继死亡，根系分布范围逐渐缩小。结果枝逐渐减少，果实逐渐变小，含水量少而含糖较多。虽然萌发徒长枝，但很少形成更新枝。

（5）衰老期　　为梨树体生命活动进一步衰退的时期。从产量明显降低到几乎无经济收益，甚至部分植株不能结果以致死亡。其特点是：部分骨干枝、骨干根衰亡。结果枝越来越少，结果少而品质差。由于骨干枝，特别是主干过于衰老，因此更新复壮的可能性很小。生产上常用如下措施以延缓衰老期的到来：大年要注意疏花疏果，配合深翻改土、增施肥水、更新根系，适当重剪回缩和利用更新枝条；小年促进新梢增长和控制花芽形成量，以平衡树势。

（二）生长特性

1. 根的生长与分布　　梨树根的生长与土壤温度关系密切。一般萌芽前土表温度达到 0.4～0.5℃时，根系便开始活动；当土壤温度达到 4～5℃时，根系即开始生长；15～25℃生长加快，以 20～21℃根系生长速度最快；土壤温度超过 30℃或低于 0℃，根系就停止生长。梨树根系生长一般比地上部的枝条生长早 1 个月左右，且与枝条生长呈相互消长关系。

长江流域及以南地区，幼龄梨树根系的周年生长活动一般有三次生长高峰。第一次生长高峰出现在 3 月下旬到 4 月中下旬。这时的根系生长依靠贮藏营养，一般生长量最大。第二次根系生长高峰出现在 5 月上中旬到 7 月上旬。该期随着新梢生长和叶面积的基本形成，地上部同化养分供应日渐充足，加上土温适宜，因此根的生长量也较大。以后随着气温升高，根系生长逐渐受到抑制。到 10 月上中旬后，随着地温下降，梨树根系生长又逐渐加快，并出现第三次生长高峰，直到 11 月上旬，随着落叶的开始而停止生长。由于该期根系生长时间短，因此根系生长量较小，不及上两次。

投产梨树受开花结果的影响，根系生长一般只有两次生长高峰。第一次出现在 5 月上中旬到 6 月下旬。此期同化养分供应日渐充足，土温又在 20℃左右，最适宜梨树根系快速、旺盛生长，是投产梨树根系生长最重要的时期。以后，随着气温和土壤温度的不断升高，梨树根系生长逐渐变慢。果实采收后，特别是 9 月上中旬起，随着同化养分的迅速积累，土温又逐渐回落到 20℃左右，这时根系出现第二次生长高峰，且一般维持到 10 月中旬左右，但生长量不及第一次。以后，随着气温的急剧下降，根系生长又渐趋缓慢，至地上部出现落叶后，梨树根系也随之进入相对休眠阶段。

梨树根系生长与栽培管理关系密切。若结果过多，则导致树势衰弱；粗放管理，出现病虫严重为害，或受旱、涝等，根系生长就会受到严重影响，不仅生长量大大减少，而且在年生长周期中，往往无明显的生长高峰。因此，在抓梨园日常田间管理时，要始终做好梨园的疏果管理、病虫管理、土壤管理和肥培管理等工作，为丰产、优质奠定基础。

梨树根系分布与品种、砧木、树龄、土壤、地下水位及栽培管理关系十分密切。一般土层深厚，疏松肥沃，垂直分布能达到树高的一半，水平分布则能超过树冠的 2 倍。但梨树根系绝大部分集中分布在离地表 30~50cm，而且愈近主干，根系分布愈密，入土愈浅；反之，入土深，分布稀。

2. 枝梢生长　　梨属萌芽率高、成枝力低的树种。除枝条基部几节为盲节外，芽一般均能萌发，但常常只有生长枝顶端 1~4 节芽能抽发成长枝，其下部芽依品种、种类不同，只抽中、短枝，甚至叶丛枝。梨树枝梢抽生长短与其生长时间关系密切，一般叶丛枝经 7~10d 生长即形成顶芽，中、短枝生长多在 20~30d，长枝停长一般需 40d 以上。梨树枝梢顶端优势强，一般树冠顶部、外围，易抽长枝、旺枝、直立枝，使树体上强下弱、外强内弱，导致梨树层性明显。

梨芽属晚熟性芽。在正常情况下，一般一年只有越冬芽抽生一次新梢。但个别树势强旺者或幼年树，当年形成的芽，当年也能萌发抽枝。梨树枝梢上的芽均为单芽，一般外形瘦小者是叶芽，萌发后抽生新梢；外形肥胖的是混合芽（俗称花芽），萌发后既抽生结果新梢，又在该梢上端着生一伞房花序，开花结果。梨树混合芽绝大部分着生在中、短枝的顶部。但长枝中上部腋芽，在营养充足、树势较好的情况下，也能分化形成混合芽，从植物形态学分析，该腋花芽就是无叶二次梢的顶芽。所以说，梨树花芽多顶生，叶芽多腋生，而少数顶生叶芽则是受顶端优势或叶片簇生等因素影响所致。

梨树叶丛枝没有明显的腋芽，只有"隐芽"，到次年该芽一般不萌发而隐居着，只有树体遇大刺激，如重剪后，隐芽才萌发抽枝。梨树隐芽寿命一般很长，生产上常利用隐芽的这一特性，进行树、枝的更新或复壮。

梨树新梢自萌芽起即开始生长，展叶分离后，生长渐快。在浙江，一般 3 月下旬开始萌芽，3 月底或 4 月初展叶，4 月中旬短枝停梢，6 月中旬左右长梢生长也基本停止。就全树而言，4 月中下旬到 5 月上旬是梨树新梢生长的鼎盛时期，以后新梢生长渐缓，直到顶芽形成。梨树新梢生长，前期主要依靠树体的贮藏养分，后期则依靠树体当年的同化养分。由于新梢停长较早，且一年只抽生一次新梢，故与幼果争夺养分的矛盾较小。因此，只要授粉受精良好，梨树坐果率普遍较高。

根据梨树枝梢的生长发育特点，生产上常依其生长长度，把生长枝分成短枝（5cm 以下）、中枝（5~30cm）和长枝（30cm 以上）三种类型。一般短枝、中枝易形成花芽，故成年梨树结果母枝多以中、短枝为主。但稳产、丰产的成年梨树，上述三类型枝梢应保持一定的比例，一般要求短枝占 85%左右，中枝占 10%左右，长枝占 5%左右为好，且不同品种有所差异。

3. 叶片生长　　梨树叶片随新梢的生长而生长。一般基部第一片叶最小，自下而上逐渐增大。在有芽外分化的长梢上，一般自基部第一片叶开始，自下而上逐渐增大，当出现最大一片叶后，会接着出现以下 1~3 片叶明显变小，以后又渐次增大，后又渐次变小的现象。对第一次自基部由小到大的叶片，属芽内分化叶，称第一轮叶，在此以上叶即第二轮叶，属芽外分化。据研究，第一轮叶在 11 片以上，且最大叶片出现在第 9 片以上，是梨树丰产稳产的形态指标。梨树叶片数量和叶面积与果实生长发育关系密切，如沙梨系统品种，一般每生产 1 个果实需要 25～35 张叶片，否则当年的优质丰产就没有保证。梨树作为坐果率高的树种，生产上应按照不同品种的结果习性，积极抓好疏花疏果工作，以确保优质、高效。

（三）结果习性

1. 花芽分化 梨树的花芽分化一般分两个阶段，即生理分化阶段和形态分化阶段。生理分化一般在芽鳞形成的一个月时间内基本完成，以后即进入形态分化阶段，到 10 月份，形态分化已完成，出现花器的各原始体。此后，由于气温降低，树体开始正常落叶进入休眠状态，花芽分化暂停进行。次年开春后，随着气温回升，依靠树体上年的贮藏营养，花芽分化继续进行，直到开花前，进一步分化完成，包括胚珠、花粉粒等各花器官的分化、增大和形成。

梨树花芽分化不仅时间较长，而且隔年分化。显然梨树花芽分化质量与果实采收后的管理关系密切。所以说，梨树果实采后管理是一年管理工作的开始，也是夺取下一年稳产、丰产的保证。

2. 开花 经过冬季休眠后，花芽内花器各器官的分化发育随气温回升开始加快，表现为花芽体积不断增大，直至花芽萌动开绽。在正常气候条件下，长江流域梨产区的花芽开绽期多在 3 月中下旬。梨花芽开绽后，随之就进入现蕾、花蕾分离、花瓣伸展和开花等各个阶段。一般始花在 3 月底至 4 月初，花期 10～15d。梨树开花早迟和花期长短，因气候、品种不同而有所差异。若花期前后气温高、雨水少，则开花早、花期短。一般初花期 2d 左右，盛花期 5～8d，终花期 3～5d。

在正常情况下，梨树一年只开花一次，但也有秋季 9～10 月发生二次开花的现象，其主要原因是栽培管理不善或遇不可抗拒的外力影响，如病虫为害、严重干旱、遭强台风侵袭，导致提早落叶，刺激树体被迫休眠，后又遇适宜气候，使花芽随即开放，从而出现一年开花两次的现象。梨树秋季开花，不仅大大减少了来年的花量，而且还消耗了大量的树体营养，故对次年梨树产量影响极大。

梨绝大多数品种是先开花后展叶。由混合芽萌发的伞房花序，一般由 5～8 朵花组成。花序着生在由混合芽内雏梢发育而成的结果枝上端。就一个花序而言，一般基部花先开，中心花后开，呈向心开放顺序。一般初花期花授粉受精质量高，坐果可靠，由基部花发育而成的果实较大。

由雏梢发育而成的结果枝叶腋内，常能抽发 1～2 个果台副梢，其部分顶芽也能在芽内分化发育成顶花芽，且能随着结果枝上顶花芽的开放而开放，只是时间上迟 10～20d，生产上称该花为梨树的晚帮花。由于该花发育时间短，分化也不完全，故不能正常结实膨大，生产上宜尽早疏去。

果台副梢一般以每果台抽 2 个居多。只要树体营养好，一般果台副梢当年就能发育形成良好的结果母枝。梨树修剪时也常利用果台副梢作结果枝组的更新和结果母枝的培养，一般疏一留一，或截一留一。果台副梢的多寡与强弱，与品种的特性和树体营养状况等有关，这也是鉴定生产梨园管理好坏的重要形态指标之一。

3. 授粉受精 梨属异花授粉果树，自花结实率很低，甚至不能结果，所以在生产上必须配置授粉树。梨树授粉树的选择和配置，必须遵循以下几条原则：①花期相遇或基本相遇；

②花粉亲和性好，花粉量大，且发芽率高；③授粉品种果实品质好，也可以是主栽品种互为授粉品种；④授粉树配置比例，一般应达到主栽品种的 25%～30%。目前，在早熟优质梨发展过程中，生产上常用'翠冠''清香'或'黄香''黄花'互作授粉树，效果很好。沿海地区由于常受台风侵袭，故在早熟梨栽培中，应选择 8 月 10 日前成熟的品种作授粉树。

梨花具授粉受精能力的时间一般仅 5d 左右，故老梨园或授粉树配制比例不足的生产园进行人工辅助授粉时，应重点选择花序基部刚开的 1～3 朵花进行授粉，以期事半功倍。

4. 坐果与落果　梨属坐果率高的果树种类。在正常管理的情况下，只要授粉受精良好，一般均能达到丰产的目的。梨树正常的生理落果，其实是梨在系统发育过程中所形成的一种自疏现象，并不会构成生产威胁。只有因不良气候或管理失误而引起的严重落果，才会对当年的产量造成影响。梨树正常的生理落果一般有三次高峰。第一次一般出现在 4 月上旬末，大多认为是由授粉受精不良所引起；第二次出现在 4 月下旬末；第三次一般从 5 月上中旬开始。后两次主要是树体营养不良或营养供求失衡造成。南方地区，此期若雨水偏多，甚至阴雨绵绵，则容易导致根系生长、吸收受阻，光合能力下降，新梢呈徒长性生长，可能发生落果加重现象。

5. 果实发育　梨果实的可食部分由花托发育而成，子房发育成果心，胚珠发育成种子。早熟品种的果实发育期一般在 4 个月左右。根据果实的生长发育规律和特点，一般分三个时期：①果实快速增大期，从子房受精后开始膨大起到幼嫩种子开始出现胚为止。该期主要是花托和幼果的细胞迅速分裂，由于细胞数目的不断增加和堆积，果实体积快速增大，表现为果实纵径比横径增加更明显。因此，幼果在该期呈椭圆形。②果实缓慢增大期，自胚出现到胚发育基本充实为止。该期主要是胚迅速发育增大，并吸收胚乳逐渐占据种皮内全部胚乳的空间，而果肉和果心部分体积增大缓慢，变化不大。因此，此期果实外观变化不明显，属缓慢增大期。③果实迅速膨大期，此期从胚占据种皮内全部空间到果实发育成熟为止。该期主要是果肉细胞体积和细胞间隙容积的迅速膨大，使果实体积、重量随之迅速增加，特别是果实横径的显著变化，使果实形状发生根本性改变，最终形成品种的固有果形。此期，种子体积增大很少或不再增大，而种皮却逐渐由白色变为褐色，进入种子成熟期。

梨果实的发育、膨大与气候条件关系密切。晴天，一般以晚上膨大为主；阴天，膨大速度就不及晴天；雨天，空气湿度大，叶片蒸腾拉力小，使树体吸肥吸水能力减弱，膨大少甚至不膨大，或异常膨大造成裂果，尤其是后膨大期，若高温干旱后骤降暴雨，往往会引起未套袋果实的大量裂果，造成严重损失。梨果实膨大速度，尤以雨后初晴第一天最快，常呈直线膨大，第二天起，膨大速度就明显下降。

四、对生态条件的适应性

（一）对环境的要求

环境条件对梨树的生长、结果及产量、品质等有着重要影响。因此，充分了解梨对环境条件的要求，做到有的放矢、适地适栽是优质高效生产不可或缺的保障。

1. 温度　由于种类、品种和原产地的不同，梨树对温度的要求差异很大。我国长江以南的沙梨系统品种，一般要求年平均温度在 15℃以上，4～10 月的生长期均温为 15.8～26.3℃，11 月到翌年 3 月休眠期均温 5～17℃。本系统梨品种一般能耐−23℃以下的低温，无霜期要求在 250d 左右。梨不同器官耐寒性有差异，一般花器、幼果最不耐寒。在长江流域，常遇早春气温回升后又骤降温天气，故也有冻花芽现象发生，因此生产上要引起重视。

温度也影响梨树的授粉受精。沙梨系统品种，一般花粉发芽温度要求在 10℃以上，尤以 18～25℃为好。据报道，在 16℃条件下，日本梨从授粉到受精约需 44h；若温度升高，受精时间就缩短，反之则延长。因此，开花期若天气晴好、气温较高，一般授粉受精就好，当年丰产就有基础；反之，则落花落果加重，影响产量。

温度还影响梨果实的品质。在果实膨大期若气温偏高，雨水少，则果实往往偏小，石细胞增多，导致口味变差，商品性降低。

2. 光照 梨树对光照的需求较高。梨树属喜光树种，光照不良可造成新梢徒长且表现冗细而直立，进而影响花芽形成及果实品质；另外，光照不良可造成地上部同化物减少，进而对根系的生长及吸收功能产生负面影响，导致叶片黄化、枝梢生长不良及严重落果等，同时还会大幅降低树体的抗寒和耐旱能力。但是，光照过强除可削弱顶端优势、抑制新梢生长、影响树冠形成外，还可对叶片、新梢、幼果等器官造成日灼。通常年日照量在 1600～1700h 即可满足梨树正常生长结果的需求。目前，我国梨产区一般年份均可达到此标准。

梨树的种（品种）间光饱和点与光补偿点存在一定差异。'鸭梨''茌梨''明月'的光饱和点为 40klx；'雪花梨''砀山酥梨''丰水''巴梨'等品种的光饱和点在 50～55klx；苹果梨相对较高，约为 80klx；梨大部分品种的光补偿点一般在 1～3klx。实际生产中树体结构、枝量大小对光照的影响较大。岳玉苓（2008）研究发现黄金梨棚架树形树冠不同层次相对光照强度从上到下逐渐降低，树冠上部的相对光照强度大于树冠下部，且相对光照强度＜30%的区域主要分布在树冠下部；枝（梢）垂直方向上分布主要在树冠的 1.0～2.0m 冠层内，水平方向上分布从树冠内膛到外围差异较小；产量主要分布在光照条件较好的 1.0～2.0m 冠层内。刘曼曼（2014）研究发现库尔勒香梨冠层内的光照分布与果实的产量、品质密切相关，光照强度较高的树冠中上层和外围果实产量较高、品质较好。该试验表明，树冠内光照均匀分布，有利于提高果实的商品率。

3. 水分 是梨树生长发育不可或缺的因子。树体内营养物质的运输、合成及转化等一系列生理代谢活动都离不开水分，在炎热的夏季树体需靠蒸腾向外散发水分以保证正常的"体温"，并以此维持其生理代谢活动。而且，水还是梨树各器官的主要组成部分，枝、叶、根的含水量达 50%，果实中的水分含量高达 85%，并与树体的光合作用等密切相关。据胡春霞研究，水分胁迫条件下'南果梨'叶片相对叶绿素含量呈下降趋势，且随胁迫程度的加重而显著降低，胁迫 25d 后复水叶绿素含量急剧下降，并由此证实水分胁迫下叶绿体受到损伤，光合作用受到抑制，而且重度胁迫很难得到恢复。长年周期当中，冬季由于叶片脱落，树体进入休眠，代谢活动低，需水减少。进入生长期后需水量明显增加，且不同发育阶段的需水量也不尽相同。根据已有的研究结果及生产实践经验，秋子梨耐旱能力最强，白梨和西洋梨次之，而沙梨对水分的需求较高。但即使是秋子梨，长期干旱也会造成部分根系枯死、叶片萎蔫，甚至造成早期落叶而影响当年的经济收益。

从全国梨产区的降水条件分析，即使在干旱冷凉的北方梨区，大部分地区均可满足梨树对年降水量 600mm 左右的要求。但北方梨区的降水多集中于 7～8 月，而冬春和早夏降水极少，因此建园时必须考虑灌溉条件，在春季、早夏时对树体进行必要的水分补给。另外，梨树虽为耐涝树种，但长时间浸水也会出现新梢停长、叶片枯萎及落果等涝害症状。生产实践表明，以杜梨为砧木的盛果期鸭梨可忍耐 7～14d 的浸水，而在涝水情况下 7～10d 即会出现不同程度的涝害；沙梨在含氧量低的水中 9d 叶片即开始凋萎，而在流动的水中 20d 也不会出现叶片凋萎现象。因此，不宜选择低洼、易积水地带建园，并应配备雨季排水设施。尤其是北方梨区降水集中的 7~8 月，恰逢夏季高温，如梨园积水则会造成更大的损失乃至影响来年产量，故更应做好雨季排涝工作。

4. 土壤 梨树适应性较强，对土壤的要求不严。沙土、壤土、黏土均可正常生长结果，平原、丘陵、山地及滩涂地皆可栽培。就我国的主要土壤类型而言，北方的森林土、冲积土、黑钙土、灰化土、黄土，南方的红壤土、黄壤土及紫色土都能栽培。为达到安全、优质、高效的目的，选择最为适宜的土壤建园是确保果品质量、扩大出口份额、促进我国梨产业健康持续发展的先决条件。而且，土壤质地、土层厚度、有机质含量及土壤酸碱度（pH）等土壤诸要素对树体生长发育也有着十分重要的影响。

（1）土壤质地 梨树在沙土、壤土、黏土都可栽培。虽然梨树对土质的要求不严格，但生产实践表明，在重黏地新梢生长量小、树体发育缓慢，且产量较低、品质较差；而砂壤土肥力较高、通透性较好并有一定的肥水保持能力，因此是优质、高效栽培的首选土壤。研究表明，鸭梨在砂壤土生长，果面光洁、皮薄肉细、果心小、松脆可口、食用品质上等，可溶性固形物含量可达 12% 以上；在偏黏的土壤栽培，综合品质有所下降，可溶性固形物含量为 11.4%；在黏质土壤栽培则表现为色泽发绿、果皮变厚、果心变大、可溶性固形物含量降低，综合品质大幅下降。因此，优质的土壤应以土粒含量占 40%~55%、水分含量占 20%~40%、空气含量占 15%~37% 为宜。

（2）土层厚度 梨是深根性树种。在疏松的土质中，梨树垂直根深可达数米乃至数十米，但集中分布区域一般在 150cm 以内。张瑞芳等对黄河故道地区梨树的根系分布特征进行了研究，结果表明，根系垂直分布集中在 50~100cm 土层，水平方向在 100~150cm 土层，其中吸收根根量垂直分布集中在 50~100cm，水平方向在 150~200cm 土层内，其数量随土层深度呈递增趋势。因此，根系分布的深度直接影响树体的生长结果能力。已有研究结果及生产实践表明，适宜梨树生长的土层厚度以不小于 120cm 为宜，山区、丘陵地最低不宜小于 80cm。而且土层厚度与地下水位高低及土层内有无板结层或岩盘有关，如地下水位高，则可供根系生存、活动的土层则相对变小，吸收矿质营养的能力也随之降低。同时由于下层根处于缺氧状态，吸收能力下降，严重时可造成死亡，进而影响地上部的生长与结果。为此，宜选择地下水位相对较低的区域建园，一般要求夏季地下水位不高于 100cm。土层中板结的硬土层或岩盘阻碍根系向下生长，同时不利土壤多余水分的下渗，如遇大雨即会造成根系土层的积水而影响根系正常的代谢活动，因此需做好土壤改良工作。

（3）有机质含量 土壤有机质是指以腐殖酸为主要形式存在于土壤中的有机物，是梨树生长、果实发育所需营养物质的源泉，可供给树体生长所必需的 N、P、K、Ca、Mg、Zn、Cu、Mn、B 等元素的土壤微生物能源，同时可促使土壤形成团粒结构，提高土壤保肥持水能力。生产中一般将土壤有机质含量作为梨园土壤肥力的衡量标准，有机质含量高则土壤通透性良好，既有较高的肥力又有良好的肥水保持能力，对促进植株生长、提高果实品质具有十分积极的意义。生产调研发现，优质梨园的土壤有机质含量宜在 1% 以上。日本等国优质丰产梨园的土壤有机质含量常达 2%~3%，乃至更高；而我国绝大多数梨园的土壤有机质含量不足 1%，有的甚至在 0.5% 以下。因此，增施有机肥对于提高梨果品质尤为重要。为此，在新建梨园及现有梨园实施增施有机肥、生草栽培及作物秸秆覆盖等系列措施，对提高土壤有机质含量及果实的提质增效是十分必要的。

（4）土壤酸碱度（pH） 梨树对土壤 pH 的适应范围较为广泛，一般 pH 5.5~8.5 的土壤均可生长结果。但多年的生产实践表明，优质高产的梨园 pH 应以 6.0~7.5 为宜，在此范围内土壤根际微生物活动旺盛，根系的生长和吸收能力加强，进而有利于地上部的生长与结果。土壤酸碱度对树体生长发育和果实品质的影响主要是通过影响根系对 N、P、K、Fe、Mn、B、Zn、Cu 等土壤营养元素的吸收来实现的。一方面，土壤酸碱度改变盐类的溶解度。当土壤溶液碱性增高时，Fe、Ca、Mg、Cu、Zn 的溶解度降低，导致吸收减少；当土壤溶液酸性高时，K、Ca、Mg 等离子的溶解度增大，有利于根系吸收，但易被雨水淋失，所以酸性土壤中往往缺乏钾、钙、镁、磷等元素。另一方面，土壤酸碱度能影响细胞膜的电荷性质，改变质膜对矿质元素的通透性。赵静等（2009）研究发现土壤 pH 与有效钾、有效铜、交换性钙呈极显著正相关，与有效铁呈极显著负相关，而与有机质、碱解氮、有效磷、有效锌、有效锰、交换性镁的相关性不显著。梨园叶片中 Cu、Zn、Fe、Mn 的平均含量均高于适宜值，钙在适宜值范围内，而镁低于适宜值范围。因此，施用石灰及碱性肥料是提高土壤 pH、不断培肥土壤和改善梨果实营养的有效措施。

（二）生产分布与栽培区划分

1. 按照前述的原则、依据与要求，进行梨生态区划的具体方法

（1）确定生态适宜度　　按照区划的种类、品种的生态适宜度，一般将梨生态区划分为 4 级：生态最适宜区、生态适宜区、生态次适宜区和生态可适或不适区。

（2）确定空间范围　　按照区划的空间范围，一般划分为 4 级：国家级、省（自治区、直辖市）级、县级、生产单位级。

（3）确定指标体系　　在分区、分级划分时，常采用以下 5 种具体方法和指标体系。

1）单因子法。根据主导生态因子的相似性进行划分。

2）主、辅因子结合法。根据影响梨的产量和品质的主导生态因子与辅助生态因子相结合的方法制定出区划的生态指标体系。

3）多因子综合评分法。将影响梨品质产量的主要生态因子分别进行评分，确定其适宜程度，再确定每个因子的权重，最后根据所得总分的多少进行划分。

4）多因子叠置法。先将影响该种类、品种生育和产量品质形成的主要生态因子绘制成空间分布图，再将每张图叠置在一起，分析其相对一致的程度。

5）模糊分析法。应用模糊数学方法，对区划区域的各生态因子进行聚类分析，再根据分离程度进行划分。

以上方法各有优点，可根据分区、分带的区域大小和研究深入程度加以选用。目前各地以主、辅因子结合的划分应用较多。

2. 根据梨树分布地区的自然条件和生产特点大致可分为八个区

（1）东北产区　　主要包括黑龙江、吉林和辽宁。本区除黑龙江省北端大兴安岭北段属寒温带外，其余地区属中温带，年平均气温多在 10℃以下，冬季严寒，1 月气温−22.7～−12.5℃，绝对最低气温在−40.2～−30℃；而夏季较温暖，日照较长，7 月平均气温 22～24℃，无霜期100～150d，年降水量 400～800mm，土壤多为黑钙土和生草灰壤，这种水、热、土条件基本可满足梨树生长发育的需要。特别是辽南地区，气候较暖，无霜期较长，水热条件较好，有利于梨树的生长，是东北区梨树的集中产区。

本区梨树生产历史较短，梨园面积约占全国总面积的 19.2%，产量约占全国总产量的 8%，品种约 200 个，多属秋子梨系统。另外，还有西洋梨系统品种，它们都具有耐寒、抗病、长寿、丰产等特点。梨树产区主要有：①鞍山梨区。目前，栽培最广泛的是'南果梨'，它抗寒力强，年年丰产；果实脆甜多汁，味道特别浓，为东北最优品种。②北镇梨区，以秋子梨居多，其次是鸭梨和秋白梨，以鸭梨最有名，畅销国外。③绥中梨区，以栽培秋白梨最普遍，适应能力强，产量高，品质佳。④开原梨区，栽培最多的为'尖把''花盖''安梨'等品种，特别是'尖把'梨，果实细软，味酸甜，兼有香气，是做冻梨的优良品种。⑤旅大梨区，是西洋梨的集中产区，品种多达 20 个以上。

（2）华北产区　　主要分布在黄淮海平原、华北山地和黄土高原及山东半岛，行政上包括河北、山东、山西三省和北京、天津二市，河南、安徽、江苏三省的北部。本区气候暖和，年平均气温 11～14℃，1 月平均气温在 0～10℃，7 月平均气温大部地区在 25～28℃，无霜期 175～220d。冬季虽较寒冷、干燥，但梨树无须防护即可安全越冬。年降水量适中，多为 600～700mm，能满足梨树生长需求。本区梨树栽培有两千年的历史，栽种普遍，规模较大，是我国最大的梨果生产基地。栽种的品种多属白梨系统，也有秋子梨系统和少数沙梨、西洋梨系统，产区遍及各省（自治区、直辖市）。河北省梨区可分为平原和山地两大梨区：平原梨区集中于京广铁路以东和京津铁路以南，拥有冀中和冀南梨区，产量约占全省总产量的 75%，且拥有许多著名品种，如定县的'鸭梨'、赵县的'雪花梨'、安次的'鸭广梨'等，其中，鸭梨栽培最普遍；山地梨区主要分布在燕山山地和太行山区，主要品种有'蜜梨''秋白梨''红梨''麻梨'等，属于秋子梨和白梨的混合类型，名产有'秋白梨'和'波梨'。山东全省梨的分布可分为鲁中南、胶东和鲁西三大区，其中历史最长、面积最大、品种最多者首推鲁中南区，产量约占全省总产量的 42%；主要优良品种有莱阳'茌梨''青皮搓''雪花梨''大白梨''小白梨''子母梨'等，其中以莱阳梨最著名。山西省梨的主要产区有原平、榆次、高平等地，主要品种有'夏梨''黄梨''油梨'等。河南的主要产区为孟津、郑州、宁陵等地区。著名的品种有孟津的'酥梨'、郑州的'白梨'、宁陵的'酥梨'等。

（3）江淮产区　　主要分布在汉江的上、中游和长江的中、下游地区。梨园面积约占全国总面积的 7.3%，产量占全国总产量的 5.23%。本区热量资源丰富，年平均气温 15～18℃，1 月最低气温 2～4℃，7 月平均气温 28℃，绝对最低温−13.8～−6℃，无霜期 210～250d，年降水量在 1000mm 以上，土壤多为冲积土、黄泥土等，水热土结合较好，是我国落叶果树与常绿果树的过渡地带。本区梨树栽培品种大多属沙梨系统，也有白梨及秋子梨系统品种，但数量较少，栽培历史悠久，分布颇广。主要梨产区有浙江的桐庐、建德，江西的婺源、上饶，湖北的枣阳、荆门、崇阳及陕西的镇巴、宁强及河南南部的泌阳等。其中，产量较多、规模较大的有：①荆门梨区，约有 1600 年的栽培历史，品种约 50 个，尤以丰产香甜著名；②湖北枣阳梨区，品种有'水梨''芝麻酥''楚北香''马蹄黄'等 50 余种；③崇阳梨区，以'小麻点''鸭蛋梨''黄皮梨'为多。

（4）江南产区　　主要包括四川、湖南、江西、福建四省的大部及浙江、广东、广西的北部地区，梨园面积占全国总面积的 9.6%，产量占全国总产量的 8.3%。本区地处亚热带气候区内，水热充沛，年平均气温 17～22℃，1 月平均气温≥4℃，7 月平均气温为 28℃，无霜期 220～230d，年降水量一般在 1200mm 以上。山地土壤为红黄壤，平原为水稻土或紫色土，适于梨树生长，以沙梨系统品种为主，大多栽种于红壤丘陵坡地上，面积零星，分布甚广，各省、自治区都有栽植，尤以四川、湖南为主。四川的梨树，集中于四川盆地，主要产区有简阳、苍溪，最有名的品种是'苍溪梨'。在湖南，梨树遍布各地，重点产区分布于湘西的保靖、邵阳和湘南的宜章等。

（5）华南产区　　主要包括台湾、广东、广西大部，福建东南部等。本区地处热带、亚热带，气候炎热，热量充足，年平均气温在 20℃以上。1 月平均气温为 12℃以上，7 月平均气温 28℃，绝对最低气温不低于 0℃，无霜期长达 300～350d，土壤为水稻土和红壤。本区梨树栽培 面积不大，产量不多。梨园占全国梨园总面积的 3.25%，产量占全国总产量的 1.04%，分布零 星。广东梨树多分布于粤东潮汕一带，产区主要有潮汕、惠阳。在广西重点梨产区有：桂东南 的岭溪梨区，桂西南的龙津、靖西梨区，桂东北灌阳梨区和桂北柳城梨区。

（6）云贵高原梨产区　　主要包括贵州、云南及四川西部，梨园面积占全国总面积的 3.94%，产量约占全国总产量的 4.44%。本区境内高山、深谷、河川纵横交错，山峦起伏，崇山峻岭，地形十分复杂，海拔高度多在 1500～2000m。随着海拔高度的升高，水、热、土等自然条件发生垂直变化，造成在同一地区随海拔高度的不同而出现温带、亚热带和热带的气候带，从而影响梨树品种的复杂多样。梨树主要分布在海拔 1300～1600m，栽培的品种多属沙梨系统，也有白梨和秋子梨系统。主要产区有云南的昭通、呈贡、丽江，贵州的威宁、遵义和兴义及四川的会理等。

（7）西北干旱梨产区　　主要包括甘肃、青海、新疆及陕西大部内蒙古西部，本区位于欧亚大陆的中心，远离海洋，因此受海洋影响极其微弱，年降水量除陕西和甘南在 400mm 外，其余大部分地区均在 200～300mm 或 50mm 以下，且气候十分干燥，梨树多行灌溉栽培。本区气候的另一特点是晴天多、辐射强、日照长、昼夜温差大，有利于梨树光合作用和糖分积累。另外，本区冬夏气温变化剧烈，7 月平均气温为 18～28℃，1 月平均气温为 −10～−5℃，无霜期 125～175d。本区各省、自治区都有梨树栽植，历史悠久，品种达 100 多种。其中以甘肃产量最多，分布也较为集中，其次是新疆、陕西。

（8）青藏高原　　主要包括西藏和青海南部。平均海拔高度为 4000～5000m，地势很高，气候奇寒。但是，在雅鲁藏布江等河谷，气候温和多雨，有少量梨树分布。

五、栽培技术

（一）苗木繁育

1. 梨育苗常用砧木

（1）乔化砧　　目前，我国梨树生产所用的砧木，仍主要为原生于我国的梨属野生种。

1）杜梨是我国北方应用最广泛的梨树砧木。杜梨砧与多数梨品种的亲和力均好，生长旺，结果早，而且丰产、寿命长。杜梨根系发达，须根多，入土深，适应性强，抗旱、耐涝、耐盐碱。

2）山梨为野生秋子梨，是我国华北、东北、河北东北部梨区广泛应用的砧木，特别耐寒、耐旱，但不耐盐碱，其主根发达，须根少，果实负载量多时树体易死亡，不适宜在河北省中南部地区作梨树砧木。

3）豆梨是我国长江流域及其以南地区广泛应用的梨树砧木。根系强大，耐热、耐涝、抗旱，较耐盐碱，抗寒性较差，适于温暖、湿润气候，抗腐烂病能力较强，是沙梨系统品种的优良砧木，与西洋梨品种的嫁接亲和力较强。

4）沙梨，在长江以南用其作砧木。沙梨实生苗根系发达，苗干发育好，耐湿热，抗寒性差。对腐烂病抗性较强，适于偏酸性土壤。主要用作沙梨系统品种的砧木。

此外，麻梨为西北地区应用最多的耐寒、耐旱的梨树砧木；木梨也是西北地区梨的良好砧木；褐梨野生于华北各省（直辖市），冀东用其作砧木，适应性强，树势旺，结果稍迟；川梨在云南等省被用作梨的砧木。

（2）矮化砧

1）'中矮1号'是中国农业科学院果树研究所从锦香梨的实生后代中选育出。'中矮1号'作中间砧能使栽培品种树体矮化、早结果、早丰产，矮砧本身具有抗枝干腐烂病、轮纹病、抗寒等特性，与栽培品种嫁接亲和性良好。

2）'中矮2号'是中国农业科学院果树研究所从'香水梨'×'巴梨'杂交后代选育而成的梨矮化砧木。'中矮2号'抗寒性较强，较抗枝干腐烂病、枝干轮纹病，嫁接树矮化程度高、早结果性强、早期丰产，与基砧及接穗品种亲和性良好，嫁接品种果实大小、肉质、硬度、可溶性固形物含量及品质等方面与对照乔砧没有明显差异，适于在辽宁地区作中间砧，华北、西北、西南、南方梨区可引种种植。

3）K系矮化砧木是山西省农业科学研究院园艺所从'身不知''朝鲜洋梨''二十世纪''菊水'等多种矮化砧木的杂交后代中选育。目前有12、19、21、28、30和31等优系，具有砧穗亲和性强、易繁殖、适应性强及抗逆性强等优点。K系砧木压条繁殖容易，可用作自根砧或者中间砧，嫁接白梨系统栽培品种最优，抗干燥、抗寒冷，在土壤贫瘠、石灰性土壤条件下均可正常生长，适用于西北及华北大部分地区。

欧美各国梨树矮化密植栽培，多半都是采用榅桲作为矮砧的，如法国90%的梨树采用榅桲矮化砧、美国采用榅桲EMA类型和普鲁文斯榅桲矮化砧栽培面积较大。但榅桲与中国梨品种的亲和力不强，因此一般采用西洋梨作为中间砧木，上部嫁接中国梨品种达到矮化栽培的目的。

2. 砧木苗的繁育　　主要包括采种、层积处理、种子生活力和发芽率的测定、整地和播种、苗期管理等内容。具体可参照本书第四章。

3. 嫁接方法及接后管理　　生产上，梨树嫁接方法主要有芽接法和枝接法。一年中春、夏、秋三季都可以接，比较适宜的时期是春季和秋季。春季可以采取带木质芽接、枝接和根接，秋季枝条离皮时可以进行"T"字形芽接。嫁接方法和要求可以参照本书第六章。

（二）规划建设

园区规划建设包括园地的初步勘测、品种选择与配置、果园作业区的划分、道路及排灌系统的规划等。具体内容参照本书第五章。

（三）土肥水管理

1. 土壤管理　　土壤管理包括土壤深翻熟化、土壤改良、覆盖和间作等内容。具体参照本书第六章相关内容。

2. 科学施肥　　梨园施肥主要有以下原则：增施有机肥料，实施梨园生草、覆草，培肥土壤；土壤酸化严重的果园使用石灰和有机肥进行改良；依据梨园土壤肥力条件和梨树生长状况，适当减少氮、磷肥用量，增加钾肥施用，并通过叶面喷肥补充钙、镁、锌、硼等微量元素；结合高产优质栽培技术、产量水平和土壤肥力条件，确定肥料施用时间、用量和微量元素配比；优化施肥方式，改撒施为条施或穴施，结合灌溉施肥，以水调肥。

在施肥量方面。$667m^2$产1t以下的果园：氮肥$10\sim12kg/667m^2$，磷肥$6\sim8kg/667m^2$，钾肥$10\sim12kg/667m^2$；$667m^2$产2~4t果园：氮肥$12\sim20kg/667m^2$，磷肥$6\sim12kg/667m^2$，钾肥$12\sim20kg/667m^2$。化肥分3~5次施用，第1次在5月中旬，氮、磷、钾配合施用；6月中旬以后建议追肥2~4次，前期以氮、钾肥为主，并增加钾肥用量；后期以钾肥为主，并配合少量氮肥。

此外，根外追肥时，硼、锌、铁等缺乏的梨园可用 0.2%硼砂溶液、0.2%硫酸锌＋0.3%尿素混合液，或 0.3%硫酸亚铁＋0.3%尿素溶液于发芽前至盛大花期多次喷施，隔周一次。

3. 水分管理

（1）合理灌水　　梨树具有较强的抗旱能力，又是需水量较大的树种。研究表明，梨树的需水量是苹果树的 3～5 倍。因此，如欲实现丰产、优质必须满足梨树对水分的要求。当土壤的含水量达到持水量的 60%～80%时，为梨树最适土壤含量水；当土壤含水量低于最大持水量的 60%时，则应进行灌溉。灌水分为花前水、花后水、果实膨大水、采后补水及越冬防冻水。

（2）及时排水　　梨树虽较耐涝，但长期淹水会造成土壤缺氧并产生有害物质，容易发生烂根、早落叶，严重时枝条枯死。因此，梨园应设置完善的排水系统。

（四）整形修剪技术

1. 整形修剪的基本标准　　主要包括调节生长和结果、调整树冠内各类枝的密度、构成良好骨架等。具体内容参照本书第五章。

2. 主要树形及其特点

（1）疏散分层形　　疏散分层形又叫主干分层形，利用梨树枝条生长及分枝的特点经人工改造而成。其树冠中央有中心干，称中心领导干，干上着生 8～10 个主枝，分层排列，一般最下层（第一层）为 3～4 个主枝，第二层为 2～3 个主枝，第三层为 2～4 个主枝。也可根据树冠大小和中心领导干长度再分第四层、第五层。这种树形的优点是成形快、树冠高大、可充分利用空间骨架牢固树形、结果年限比较长；缺点是易形成上强下弱、外强内弱、内膛郁闭光秃、结果部位外移。

（2）小冠疏层形　　小冠疏层形又称简化疏散分层形，树形类似于疏散分层形，中心领导干较矮，主干高 50cm，树高 2.5m 左右。全树共有主枝 5～6 个，第一层主枝 3～4 个，第二层主枝 2～3 个（或叫大枝组），两层间距为 100cm 左右。每层主枝均匀分布在中心干上，互不重叠，主枝基角 50°～60°，腰角 60°～70°。该树形的优点是通风透光、丰产、稳产，也可用于计划密植的临时株的树形。

（3）Y 形　　Y 形又称倒人字形，是一种设施栽培常用树形，通过人工整形把梨树整形成 Y 形。其树冠有一个主干，干高 40cm。主干上着生伸向行间的两大主枝，每一个主枝培养 4 个副主枝，根据栽培的密度，每个副主枝再培养 3～5 个大枝组，如果栽植密度大，可以使副主枝继续向前延伸，枝组也相应地向前培养，直至占领网面。优点是树冠通风透光、骨架牢固、树体衰老较慢、结果年限较长，有利于管理和提高果品质量。该种树形在韩国应用较多。

（4）开心形　　与 Y 形相似，但多一个主枝，也类似于没有中心干，只有第一层主枝的小冠疏层形。没有中心干，主干高 60cm，主枝与主干夹角为 45°。三大主枝成 120°方位角，保持15～20cm 的间距。各主枝配置 2～3 个侧枝，主枝和侧枝上均匀配置枝组。该树形树势均衡、通风良好。但要防止主枝角度过大，并控制基部徒长枝。

（5）圆柱形　　树高控制在 2.5～3m，冠径 1.2～1.5m。主要在中心干上直接着生结果枝组，上下冠径差别不大，适用于高度密植栽培和机械化栽培。

3. 冬季修剪　　修剪方案的主要内容包括修剪量和单株花芽数量的控制、骨干枝的培养和疏除标准、结果枝组的培养和更新方法及不同类型辅养枝的处理技术。

1）树种、品种的生长、结果习性不同品种，芽的萌芽力和成枝力、生长势、枝条开张角度、果枝类型等与整形修剪都有密切关系。萌芽力和成枝力强，生长易旺易密。成花结果较难的梨修剪应多疏、少截,层间距略大,更新复壮应慢,保持中庸偏弱树势。萌芽力强,成枝力弱或中等,特别是短枝型品种,早期封顶枝增加快,生长势易于缓和,各类枝均易成花。着果力高的树种、品种,结果早,丰产快,易早衰,后期成枝少,这类品种大年应细致疏缩花芽,骨干枝可略多,层间距略小,新梢中截应适当增多,保持中庸偏强树势。萌芽成枝力低的品种在结果前基本不疏枝,并配合萌后截、环割等促萌增枝,这是早期丰产的关键。

2)自然条件和栽培管理水平不同时,土、肥、水条件好,株行距大的果园一般树冠大,因此层间距应大一些;相反,树冠小,层间距可略小。对于山区雨多,平地果园湿度大,则主干略高,枝略稀,使其通风透光;对于干旱、光照好的山地果园则主干略矮,层间小,枝条略密。肥、水充足留果量可略多。易受冻害的地区和树种,冬剪应略晚。

3)不同年龄时期、树体状况修剪时,首先要根据果树的年龄时期、树势强弱和树体的情况,观察、调查各类枝的生长结果表现、大小年和修剪反应及修剪的目的要求并区别对待。例如,又旺又密树(枝)应以疏、缓为主,又弱又密应以缩、截为主;大年树要多疏缩花芽,少疏缩叶芽,小年树则反之;主枝开张角度采取里芽外蹬方法时,一般剪口下成枝需在 3 个以上才可以,否则剪口下只发 2 个长枝,蹬后只留下单头,枝头易衰弱;修剪后还要细心观察修剪反应是否达到预想,并作为下次再剪的主要依据。总之,果树修剪必须贯彻因树修剪、随枝作形、因地制宜的原则。

4)梨树枝条萌芽率高,成枝力弱,易形成大量中短果枝,故小型结果枝组培养快、更新快,但梨树小型结果枝组一般寿命较短,结果不稳定,随着树龄的增加,这类小型枝组极易失去生长结果能力。梨树大型结果枝组具有寿命长、产量稳定、不易衰老、本身调节能力强的特点,根据对进入盛果期后的梨树树冠结构与单株产代的调查发现,单株产量越高,对大中型结果枝组的依存度越大。但由于梨树枝条的顶端优势强,多单轴延伸,因此难以培养成分枝多而开张的大中型枝组。因此,梨树大型结果枝组的培养应及早进行,能培养的尽可能培养。一般情况下,梨树总是小枝组多,因而不必担心大枝组过多,即使将来大枝组过多时也容易通过疏枝和回缩改成中、小型枝组。而且,这种以大改小的枝组也具有寿命长、易更新、结果可靠的特点。枝组在主枝上的配备应掌握“多而不挤、疏密适度、上下左右、枝枝见光”的原则。主枝前部以配置中小型枝组为主,密度要小;主枝中后部以大中型枝组为主,密度可适当增大;主枝背上以中小型枝组为主,主枝背下及两侧以大中型枝组为主。

4. 夏季修剪　梨树在生长季节的修剪称为夏季修剪,生产上梨树夏季修剪通常在 4 个时期进行:萌芽期至开花期(3 月中旬至 4 月中旬)一般进行抹芽和疏蕾,即去除伤口附近的多余不定芽、枝条背上芽及过多的花蕾;新梢生长期(5 月上旬至 6 月上旬)主要去除由隐芽或潜伏芽抽生的过密新梢及将来有可能形成徒长枝的新梢;新梢生长末期(6 月下旬至 7 月下旬)主要进行拉枝作业,通过调整枝条开张角度,达到改善光照、促进果实生长和花芽分化及培养骨干枝的目的;树体养分贮藏期(9 月中旬至 10 月中旬)主要疏除部分骨干枝背上较多的徒长枝条和多年生辅养枝,改善树冠结构和内膛光照,抑制第二年伤口处徒长枝的重新发生。

(五)花果管理技术

花果管理中疏花、授粉、疏果等内容,可参照本书第六章。

梨果实套袋要求如下:根据市场对果实颜色的要求,选择不同类型且具有防治病害及入袋害虫作用的梨果专用袋。‘新世纪’‘大果水晶’等要套内黄外白的双层大袋,‘黄冠’‘黄金梨'套双层黄袋或选用白蜡纸小袋和双层大袋进行二次套袋，'新兴''丰水'等褐皮梨套普通双层纸袋。套袋时期一般于落花15~45d内进行，定果后越早越好。对于'丰水'等褐皮梨品种可于6月上旬对梨果全部套袋；黄皮梨品种，如'黄金''黄冠''大果水晶'等要套两次袋，第1次在落花后10~25d套白色蜡纸小袋，套小袋后30~50d内，在小袋上套上相应品种的大袋，小袋无须拆下。套袋前，喷1次防治病虫的药剂，套袋时，撑开袋体，使袋口尽量靠上，果实在袋内悬空，扎紧袋口。根据品种特性、用途、运输条件等确定适宜采收期，严禁早采。采果时备好采果用具，轻摘、轻放，保证果实完整，无损伤。套袋梨果采收时，连同果实袋一并摘下，装箱时再去袋分级。为提高梨果品质和贮运性，采收前1个月内要控制灌水，并根据果实大小进行分期采收，先采收大果，小果适当晚采可增大果个、改善品质。

（六）病虫害防治技术

1. 梨黑星病 梨黑星病可以为害梨树的所有绿色组织，包括叶片、叶柄、果实、果柄、新梢和花果台等。受害处先生出黄色斑，逐渐扩大后在叶背面生出黑色霉层，从正面看仍为黄色，且不长黑霉。果实受害处先出现黄色圆斑并稍下陷，后期长出黑色霉层。枝条受害生成黑色病斑，形状不一，湿度大时也生出黑霉。梨黑星病是一种流行性病害，发生多少和气象条件关系很大，尤其和降雨及大气湿度有密切的关系，多雨年份或多雨地区发病严重。梨黑星病的发生与湿度的关系密切，空气湿度很大有利于梨黑星病的发生。梨黑星病的发生与品种关系很大，'鸭梨'等品种易感病。

防治措施：①我国南部雨季早，降雨早，发病早，开花前后应开展防治，在适宜流行的地区或年份自落花后每10~15d喷过量式波尔多液240倍一次；②在中度流行的地区或年份，应在雨季到来前喷一次，雨季喷药2~3次；③轻度流行的年份或地区雨季喷药1~2次即可。硫酸铜配成的波尔多液及硫酸铜的各种演变剂型效果最好。

2. 梨轮纹病 梨轮纹病在我国北方梨产区普遍发生，是梨树的主要病害之一，严重地区病果可高达70%~80%。梨轮纹病是一种真菌性病害，枝干上发病多以皮孔为中心，产生褐色病斑，略突起，逐渐扩大为暗褐色、圆形病斑，直径5~15mm；后期病斑周缘下陷和健皮分裂开，第二年病斑上产生黑色小突起，为分生孢子器。果实发病以皮孔为中心，初期发生水浸状褐色圆斑，逐渐扩大并有同心轮纹，病果很易腐烂直达果心。叶片受害产生不规则的褐色病斑，后期变灰白色。蜜梨黑痘也为轮纹病菌侵染所致，但不显轮纹。干旱年份发病较少，温暖多雨年份发病严重。氮肥过多，尤其喷施尿素轮纹病发病则多。在梨的品种中日本梨比中国梨易发病。在中国梨品种中以鸭梨、雪花梨、蜜梨、砀山梨等均易发病。

防治措施：①刮病皮消灭菌源，轮纹病果实上发病的初侵染源主要来自枝干上的病疤。在冬春季节芽萌发前刮除病皮，而后喷福美砷、多菌灵100倍液或5波美度石硫合剂。②合理施肥，增施磷钾肥，平衡施肥，增强树体抗病力。③喷药防治，在雨水多的年份或地区，5~7月间分生孢子大量传播和侵染，应抓紧于5月中旬、6月中旬、7月上旬、7月下旬、8月中旬、8月下旬，喷5~6次多菌灵或托布津、克菌丹700~800倍液，也可喷过量式波尔多液200~240倍液等。

3. 梨褐斑病 此病主要危害叶片，发病初期叶面产生圆形或椭圆形小点，边缘清晰，扩展很快，一片叶上有小块乃至小十块病斑，病斑中部产生黑色小粒状突起，造成大量落叶。病菌在落叶上过冬，春天产生囊孢子，成熟后借风雨传播到梨叶上侵染危害。在病叶上产生分生孢子器再侵染蔓延危害。在雨水多的年份发病较重，肥力不足、阴湿的地块发病也较重。

防治措施：①秋季清除病叶，集中烧毁，以减少菌源。②增施有机肥和磷、钾肥，增强树势，以提高抗病力；合理整枝，使树冠通风透光，可减少发病。③雨季到采前喷托布津或多菌灵 700～800 倍液，或波尔多液 200 倍液，也可喷克菌丹 500 倍液。

4. 梨灰斑病 梨灰斑病发生比较多，严重地块叶发病可高达 100%，每叶病斑可多达几十块。此病在河北昌黎及石家庄地区多有发生，在鸭梨、雪花梨、蜜梨及胎黄等树种上均曾发生。主要为害叶片，叶受侵染后，出现褐色小点，逐渐扩大成近圆形病斑，病部变灰白色透过叶背，病斑直径一般在 2～5mm，比褐斑病病斑小而规则。后期病部正面生出黑色小突起，为该病的分生孢子器，病斑表层易剥落。灰斑病是一种真菌性病害，以分生孢子借风雨传播侵染，每年 6 月即见发病，7～8 月为发病盛期，条件适宜发病很快，多雨年份发病重，多雨季节发病快。

防治措施：①清除落叶，集中烧毁以减少病源。②发病前或雨季到来前喷药预防，可喷多量式波尔多液 200～240 倍液。一般年份喷药 2～3 次，多雨年份喷药 3～4 次。

5. 梨大斑病 河北中南部梨区常发生一种大斑病，发病初期为褐色小圆点，逐渐扩大为褐色大斑，有的还有同心轮纹，此病在鸭梨、蜜梨上发生较多，后期病斑直径可达 1～2cm。病斑中心部产生黑色小突起。此病病斑多为零星大斑，一片叶上发生 1～2 块，而褐斑可发生很多块。雨水多的年份发病较重，可造成落叶。7～8 月发病，后期严重。

防治措施：①清扫落叶以减少菌源。②发病前喷多量式波尔多液 200～240 倍液，或托布津 700 倍液。

6. 梨缩果病 梨缩果病是缺乏营养元素引起的。发病初期果肉出现水浸状病斑，渐变褐色，果肉呈海绵状木栓化，味淡，微苦，果面青色凹陷，豆粒大病斑，后期变褐，干枯硬化。果树缺硼是其发病的主要原因，一般在土壤瘠薄的山坡地、砂质土、干旱年份易发生。

防治措施：①增施有机肥改良土壤；②落花后喷硼砂 300 倍液 2～3 次；③树下施硼砂每株 150～200g；④旱季灌水，涝季排水；⑤开花前后大量施肥浇水。

7. 梨顶腐病 梨顶腐病主要危害梨果实，发病初期果实萼洼处出现淡褐色浸润状小点，逐渐扩大，颜色加深，最后扩及果顶下部，病部变褐稍下陷，肉质坚硬，中央灰褐色，后期常染杂菌，生出黑色霉层或红色霉层，病果脱落，此病是生理病害。西洋梨发病较多，一般在 6～7 月发病多，病斑扩展快，近成熟期发病减少。用杜梨嫁接洋梨发病较多，用鹿梨嫁接洋梨发病则少。弱树发病多，壮树发病少。中国梨很少发病。

防治措施：喷施 4000 倍阿米西达或 80%多菌灵，并选用亲和力好的砧木。

8. 梨锈病 梨锈病又叫梨赤星病，危害叶片、幼果和新梢，分布在各梨产区，是梨树的重要病害。发病初期病斑为黄色、橙黄色小圆点，一片叶可多达几十个。病斑逐渐扩大为直径 4～10mm 以上的大斑，略呈圆形。病斑周缘红色，中心黄色，叶正面病斑稍凹陷，病部增厚，背面稍鼓起，后期病斑正面密生黄色小颗粒状小点。此病春季多雨、温暖易大流行，春季干旱则发病轻。

防治措施：①彻底刨除中间寄主桧柏，梨产区的城市绿化最好不用桧柏。②不能刨除桧柏时应剪除桧柏上的病瘿，早春喷 2～3 波美度石硫合剂或波尔多液 160 倍液，也可喷五氯酚钠 350 倍液。③在连年发病严重的地区，梨开花前和开花后各喷一次药以预防保护，可喷波尔多液 200～240 倍液或粉锈宁 1000～2000 倍液。

9. 梨小食心虫 梨小食心虫，又名梨小，对梨树的危害严重，可造成采收前大量落果，可危害梨、苹果、桃、杏等，在各果产区只要有梨、苹果、桃等果树就会有梨小食心虫发生。

梨小幼虫蛀入果实心室内危害，蛀入孔为很小的小黑点，比果点还小。幼虫在果肉蛀食多有虫粪排出果外，幼虫老熟后由果肉脱出留一大圆孔。梨小食心虫以老熟幼虫在树皮缝内和其他隐蔽场所作茧过冬。

防治措施：①刮皮消灭越冬幼虫；②前期剪掉梨小危害的梢；③成虫发生期用梨小性诱剂诱杀成虫，每 50 株树挂一诱集罐；④在成虫发生盛期和蛀果期喷药防治，可喷灭扫利、来福灵或敌杀死等 2000 倍液，也可喷马拉硫磷或杀螟硫磷 2000 倍液。

10. 梨大食心虫　梨大食心虫又名梨大，为害梨的果实和花芽，秋季幼虫蛀芽为害，多为害花芽，从芽基部蛀入为害芽的心髓部分，在蛀入处用碎屑和虫粪在蛀入孔处堆积成半圆形小丘，用丝缠绕将孔口封死，虫芽干瘦不能萌发。春季花芽膨大期转芽为害，仍从芽基部蛀入，用碎屑封住蛀入孔，此期碎屑松散，易发现被蛀芽不萌发，或萌发花丛但多歪长，鳞片不落。幼果期蛀果为害，蛀入孔较大，孔外排有虫粪，被害果果柄基部常用丝缠绕在枝条上。果柄和枝条脱离，但果实不落，干后变黑，俗称"吊死鬼"。

防治措施：①芽萌动期掰虫芽杀死幼虫；②芽膨大露白期转芽初期喷药防治，可喷敌杀死、氯氰菊酯或功夫菊酯等 1000 倍液，也可喷 1605 的 1000 倍液；③幼虫转芽期可喷杀虫脒 500 倍液，或灭扫利 1000 倍液；④成虫发生期喷灭扫利 2000 倍液、杀虫脒 500 倍液等；⑤转果期及第一代幼虫害果期采摘虫果，老熟幼虫化蛹期摘虫果集中烧掉或深埋；⑥保护利用天敌，将虫果集中到养虫的纱笼内，待寄生蜂、寄生蝇等天敌出现后，将它们放回梨园。

11. 梨木虱　梨木虱种类很多，但分布广的为中国梨木虱。梨木虱常造成叶片干枯和脱落，梨木虱成虫、若虫均可为害，以若虫为害为主。梨木虱以成虫在树皮缝内过冬，早春树体萌动时的 2～3 月即出蛰为害，出蛰后先集中到新梢上取食，补充营养，排泄白色蜡质物，而后交尾并产卵。若虫多群集为害，有分泌黏液的习性，若虫居黏液内为害，黏液还可借风力吹动将相邻叶片黏合在一块，若虫居内取食。成虫能飞、会跳，多在隐蔽处栖息为害。干旱年份发生严重，为害期以 6～8 月最重，因各代重叠交错，全年均可为害。

防治措施：①刮树皮消灭越冬成虫；②在越冬成虫出蛰盛期至产卵前喷功夫菊酯、氯氰菊酯或溴氰菊酯等 2000 倍液，出蛰末期再喷一次，如大面积彻底防治可以控制全年为害；③抓落花后第一代幼虫集中期喷氯氰菊酯 2000 倍液（包括兴棉宝、赛波凯、安绿宝），百磷 3 号、水胺硫磷 1500 倍液，在第一代成虫羽化盛期喷赛波凯、水胺硫磷等 2000 倍液。

12. 梨星毛虫　梨星毛虫又叫梨狗子、饺子虫等，为害梨、苹果、山楂等多种果树。越冬幼虫蛀食花芽、花蕾，刚开绽的花芽被蛀食，芽肉花蕾、芽基组织被蛀空，花不能开放，部分被蛀花虽能张开，但歪扭不正，并有褐色伤口或孔洞及褐色幼虫。花吐蕾后幼虫蛀食花蕾，留下褐色孔洞。展叶期幼虫吐丝将叶片纵卷成饺子状，幼虫居内为害，啃食叶肉，留下表皮和叶脉呈网状。

防治措施：①刮树皮消灭越冬幼虫，刮根茎处的粗皮；②摘虫叶杀死幼虫；③花芽开绽吐蕾期喷药防治，以杀死越冬幼虫，可喷灭扫利、功夫菊酯、速灭杀丁、溴氰菊酯的 2000 倍液和敌敌畏、敌百虫、辛硫磷等的 1000 倍液，开花前连喷四次，一般可控制为害；④成虫盛发期和第一代幼虫在叶片上为害期各喷一次灭扫利、速灭杀丁、功夫菊酯或溴氰菊酯 2000 倍液。

13. 梨瘿华蛾　梨瘿华蛾又叫梨瘤蛾，是梨树大害虫之一。在连年梨树病虫大面积综合治理中，大部集中梨产区均已被控制或被基本消灭，但仍有部分梨区有发生危害。梨瘿华蛾以幼虫蛀新梢为害，常有一片干枯叶子，蛀入处因幼虫危害刺激，增生膨胀形成略呈球形的虫瘿，虫口密度大时，新梢虫瘿可有 5～6 个连接成串，群众称为糖葫芦。管理粗放的梨园虫害严重。

防治措施：①剪除虫瘿。成虫羽化期早，剪虫瘤必须在成虫羽化前，应在冬季进行，剪下虫枝集中烧毁。一般剪枝时间多在芽膨大前，此时成虫大多羽化飞走，剪虫枝的防治措施应在大范围内进行才有效，如连续 2～3 年彻底进行剪除虫枝，可以实现区域性消灭。②成虫发生期即花芽萌动期喷药防治，以杀死成虫和卵，可喷灭扫利、速灭杀丁、敌杀死等 2000 倍液。

14. 梨圆蚧　此虫在北方各梨区均有发生，为害梨、苹果、枣、核果类等多种果树。果实受害处呈黄色圆斑，剥开蚧壳虫体为黄色或橙黄色。枝条上一旦发生，则是一大片蚧壳相连，使枝条表皮由光亮的红褐色变成灰色，有很多小突起，很易识别。在枝条上则多在雌虫蚧壳附近固定为害，所以当发现有虫枝条，则虫口密集成片。越冬前仔虫转到叶和果实上的个体，大多不能延续后代而随叶的干枯和果实的消耗而消亡，只有在枝条上过冬的个体才能继续繁殖为害。此虫可随接穗和苗木做远距离传播。

防治措施：①梨花芽萌动期喷 5 波美度石硫合剂、机械油乳剂或 1605 的 1000 倍液等杀死过冬若虫，效果很好；②检查接穗和苗木，发现有虫的接穗和苗木选出，防止传播；③成虫产仔期喷药防治，可喷速灭杀丁、功夫菊酯、天王星、杀灭菊酯、溴氰菊酯等 2000 倍液，以杀死仔虫和产仔期间的雌虫。

15. 梨叶肿瘿螨　梨叶肿瘿螨曾叫梨叶疹病、叶肿病和潜叶壁虱等，为害叶片、叶柄和果柄等，不造成死枝、死树或严重减产。主要为害嫩叶，受害叶片在叶背出现淡绿色疱疹，逐渐扩大成扁圆形膨起的虫瘿。一般叶片不变形，叶面不凹陷。梨叶肿瘿螨一年繁殖多代，以成螨在花芽或大叶芽鳞片下过冬，在很少喷药和管理粗放的梨园发生较多。

防治措施：①芽膨大期喷 3～5 波美度石硫合剂，防治效果很好；②展叶期喷 0.2～0.3 波美度石硫合剂、三氯杀螨醇 700 倍液或灭扫利、功夫菊酯、天王星等 2000 倍液。

第十一章　山　楂

一、概述

（一）山楂概况

山楂（*Crataegus pinnatifida* Bunge），又名山里果、山里红，蔷薇科山楂属，落叶乔木，高可达 6m。在黑龙江、吉林、辽宁、内蒙古、河北、河南、山东、山西、陕西、江苏等地均有分布，多野生于海拔 100～1500m 的山坡林边或灌木丛中。

我国是山楂树的原产地之一，在我国有悠久的栽培历史。山楂生产从先人采集野生果实食用和药用，到逐渐进行人工栽培、形成规范化生产，进而发展成为今天农村和农民致富的现代化产业，经过了漫长的历史时期。公元前 2 世纪我国的古籍《尔雅》中就记载了山楂，至明朝万历年间，李时珍撰写的《本草纲目》正式将其列入果类，进行人工栽培大约是在 700 年前，而山楂产业化则是在新中国成立之后。目前，山楂在我国山东、陕西、山西、河南、江苏、浙江、辽宁、吉林、黑龙江、内蒙古、河北等地均有分布。其中，河南是我国山楂的原产地之一，特别是在太行山区分布有大量的原生山楂类型。而我国特别是以采果为目的的山楂栽培，其栽培面积和产量占全国总栽植面积和产量的 95% 以上。

（二）历史与现状

山楂原产我国，栽培历史悠久。我国的古典文献很早就有关于山楂的记述，最早记载出自春秋战国末年的《山海经》（公元前 500～前 400 年），当时被记载成"柤"；在古书《庄子》《韩非子》《管子》《尔雅》及《礼记》中均有山楂的记载，但当时把山楂属植物和梨属植物混在一起。因山楂属之果酸，有似梅实之味，故《西京杂记》中（公元 300～400 年）把梨和山楂分开，但每种楂字前均加形容词，如蛮楂、羌楂、猴楂。西汉年间（公元前 206～公元 23 年），山楂开始作为果树栽培，并在栽培管理技术、分类及其果实的加工利用方面，积累了一定的经验。我国著名的古农、古医药文献中均有山楂的记载，如《齐民要术》（公元 405～566 年）、明朝李时珍的《本草纲目》（公元 1578 年）、元朝的《农桑辑要》（公元 1273 年）等。

目前，我国山楂栽培的范围较广，北起辽宁、吉林，南到云南、广东均有栽培，并有很多种类。其中山东的益都、泰安、莱芜，河北的兴隆、遵化、隆化、抚宁，河南的林县、辉县，山西的晋城，辽宁的开原、辽阳、鞍山，吉林的集安、梨树、磐石等县（市）是我国山楂的主要产区。目前，我国山楂栽培面积已达 20 多万 hm²，产量每年可达 1.5 亿 kg。吉林省自 20 世纪 80 年代以来，相继建立了磐石、集安、梨树、柳河、双阳等山楂生产基地，高潮期栽培面积超过 1 万 hm²；近年因人工能力所限，山楂生产处于低潮，但仍有近 6000hm² 的栽培面积。从山楂栽培的意义出发，特别是作为特色果品开发，山楂栽培应当进行客观科学的分析评价与定位。过热发展势必降低经济效益，放弃就更无效益可言。山楂生产、加工、销售是整个生产过程的重要环节，不应受到农村产业结构的制约，而是要使其协调、可持续发展，进而共同致富。

山楂作为一种特殊的食品、营养品和药用果品，具有很大的开发潜力。基于前几年的快速发展，近期应重点抓整顿和新产品开发。当前我国山楂生产还具有相当大的潜力，因此应重点进行良品种推广，提高山楂质量；抓早期丰产和经济效益；加快中低产园开发和荒芜园的更新改造；重视新产品开发；促进产品增值，用消费和市场激活山楂产业的持续发展；创新管理体制，由粗放型管理向集约型管理转变，同时也要加大科技投入，在政府的正确引导和扶持下，保证山楂种植业健康持续发展，最终实现农民增产增收。

二、优良品种

（一）栽培品种

关于山楂栽培品种的分类，《中国果树志·山楂卷》根据俞德浚的《中国果树分类学》对于栽培果树品种系统和品种群的分类意见，将栽培的大果山楂和云南山楂分为大果山楂系统品种群和云南山楂系统品种群。而湖北山楂和伏山楂因栽培量不大，品种资源少，而不再进行分类。下列为主要品种的简介。

1. 大果山楂系统

（1）'集安紫肉'　　该品种是吉林农业大学从栽培山楂中选出的农家品种，1980 年经吉林省农作物品种审定委员会认定为优良品种。果实近圆形，平均单果重 8.1g；果皮鲜紫红色，有光泽；果肉浅紫红，甜酸适口，肉质致密，可食率 82.4%；贮藏期 180d。100g 鲜果可食部分含可溶性糖较低，为 7.4g；可滴定酸较高，为 2.85g；维生素 C 较高，为 118mg。在吉林集安地区 10 月上中旬果实成熟。该品种较耐寒，中熟，品质上，适于鲜食和加工，可在冀、京、辽栽培区发展。

（2）'叶赫山楂'　　该品种是吉林梨树县叶赫满族镇栽培的地方品种，1987 年经吉林省农作物品种审定委员会审定命名为'叶赫山楂'。果实近圆形，平均单果重 6.3g。果皮深红色，果点小，果面较粗糙、无光泽。果肉粉白或粉红色，味酸、稍甜，肉细致密，较耐贮藏。果实含可溶性糖 7.68%、可滴定酸 1.88%，维生素 C 72.90mg/100g。幼树一般 3～4 年开始结果，10 年左右进入盛果期。原产地 4 月中、下旬萌芽，6 月上旬开花，10 月上旬果实成熟。该品种较抗寒，丰产性中等，果实品质中上，适于鲜食和加工利用。

（3）'大旺'　　该品种是中国农业科学院特产研究所等单位从吉林省栽培的山楂中选出的农家品种。1980 年通过吉林省农作物品种审定委员会审定，将它命名为'大旺'。主产于吉林地区，分布于黑龙江省中南部、内蒙古通辽市、辽宁北部及河北省长城以外地区。果实呈卵圆形，果肩为收缩状，平均单果重 6.3g；果皮深红色、光滑，果点中大，较稀，黄白色，果肉粉白至粉红，肉质细嫩，松软可口，甜酸适口，可食率 80.1%。百克鲜果可食部分含可溶性糖 9.4g，氨基酸 11.25mg，矿质元素 90.61mg，维生素 C 66.69mg。该品种为三倍体品种（$2n=3x=51$），抗寒能力强，由黑龙江省中南部地区引入栽培并成为主栽品种。

（4）'双红'　　吉林省长春市双阳区地方优良品种。树形圆头形，树姿较大旺开张，树势中等，前芽力强，成枝力中，树体较矮小。一年生枝灰绿色，二三年生枝糠褐色，桂成熟时红蜡线不明显。皮孔灰白色，椭圆且小。叶片以中脉为中线抱合成平行状，叶面平，叶较小，长 9cm，宽 3.5cm。叶多被二中裂为 5 裂状，受风吹易扭曲。托叶小，不平展，叶尖渐尖，叶缘尖锐稀疏复锯齿，叶脉黄绿色，个别褐色。芽离生，鸭嘴形，芽较大，芽尖明显离枝指向，顶芽圆柱形、渐尖。果穗上举，坐果 8 个左右，多达 14 个，果实扁圈形，平均果重 5g，果色红，鲜艳，肉质致密，果肉厚，种子小。该品种抗寒，中熟，易早期丰产，是'大旺'的理想授粉品种。

（5）'辽红' 辽红是辽宁省农业科学院果树研究所等单位 1987 年从辽阳市灯塔市柳河乡栽培的山楂中选出的地方品种，1982 年 7 月经辽宁省农作物品种审定委员会审定通过并命名为'辽红'。果实长圆形，五棱突出，平均横径 2.5cm，纵径 2.42cm，平均单果重 7.9g，每斤63 个左右。果实梗洼狭、较浅，果梗中粗；果面深红，果点黄白色、明显，萼片宿存或残存，反卷。果肉红或紫红，中厚，可食率 84.4%，肉质细密，风味浓郁，味酸稍甜，不涩。果实含有各种营养成分，适于加工和鲜食。加工制罐色泽鲜艳，汤汁较清晰，商品性能优于'粉里''白里'等肉质绵软的品种。大果山楂系统品种还有'西丰红''大金星'等。

2. 云南山楂系统

（1）'鸡油云楂' '鸡油云楂'是云南省的农家品种。果实扁圆形，果肩部呈半球形，平均单果重 10.1g；果皮黄色；果肉浅黄，似鸡油；味甜微酸，有清香；肉质松软；可食率 87.2%。100g 鲜果可食部分含可溶性糖 6.41g，可滴定酸 1.67g，维生素 C 57.53mg。云南中部 8 月下旬果成熟。该品种丰产，果实品质上等，加工的果汁为杏黄色，是理想的加工优良品种。

（2）'大帽云楂' 该品种是云南海通、玉溪、蒙自等地栽培的地方品种。果实极大，圆形，果肩部是半球形，平均单果重 15.4g；果皮浅黄绿色，稍有红晕；果肉黄白，味甜微酸，肉质松软，可食率 80.7%。100g 鲜果可食部分含可溶性糖 5.51g，维生素 C 35.11mg。在云南中部 9 月上中旬果实成熟。该品种果极大，品质上乘，适于鲜食与加工。

（3）'大红云楂' 该品种为云南呈贡、晋宁、蒙自、弥渡等地栽培的地方品种。扁圆形，平均单果重 8.9g，果皮底色浅黄，胭脂红色红晕均匀浓重；果肉黄白，近皮处浅红；可食率 84.4%；贮藏期 120d 左右。100g 鲜果可食部分可溶性糖 9.0g，维生素 C 极高，为 97.56mg。甜酸适口，肉细，致密，具有一定的食用价值。该品种维生素 C 的含量高，适于入药、鲜食和加工利用。

3. 伏山楂系统

（1）'伏里红' 该品种为辽宁省农业科学院园艺研究所 1960 年从辽宁开原等地栽培的伏山楂中选出的地方品种。1982 年经辽宁省农作物品种审定委员会审定通过并命名为'伏里红'。果实近圆形，平均单果重 2.8g，最大果重 4.0g。果皮为鲜红色，果点小，果面光洁。果肉为粉白色，微酸稍甜，肉细松软，不耐贮藏。果实含可溶性糖 9.04%、可滴定酸 2.70%，维生素 C 含量为 74.30mg/100g。自交亲和力极低，为 2.4%，花序坐果数为 10 个。果枝连续结果能力较强。定植树 3 年开始结果。原产地 4 月中旬萌芽，5 月下旬始花，8 月中旬果实成熟。该品种为三倍体品种（$2n=3x=51$），抗寒，早熟，品质中上，适于鲜食。

（2）'左伏 1 号' '左伏 1 号'是中国农业科学院特产研究所从当地山楂中选出的优良株系。果实棱状扁圆形，果肩部呈棱角状，平均单果重 3.8g；果皮鲜红色；果肉粉红或鲜红，酸甜适口，肉细较致密；可食率 77.3%；贮藏期 20～30d。100g 鲜果可食部分含可溶性糖 7.53g，可滴定酸 1.51g，维生素 C 23mg。在吉林市地区 9 月上旬果实成熟。该品种抗旱，极抗寒，果实较早熟，品质上乘。适于早期上市、鲜食和加工。

4. 湖北山楂系统

（1）'鄂红' 该品种为陕西省黄龙县砖庙梁乡栽培的地方品种，当地称为'大红山楂'。果实近圆形，果肩部呈半球形，平均单果重 3.8g。果皮褐红色；果肉橙黄，甜酸有清香；肉质细，致密；可食率 79.3%；贮藏期 20d 左右。100g 鲜果可食部分含可溶性糖 3.56g，可滴定酸 1.98g，维生素 C 24.17mg。在陕西黄龙县 9 月上中旬果实成熟。该品种适于鲜食和加工利用。

（2）'佳甜' '佳甜'是北京市农林科学院林业果树研究所从湖北山楂实生苗中选

出的优良株系。果实扁圆形，果肩部棱角较明显，平均单果重 4.6g。果皮鲜红色；果肉橙黄，酸甜适口；肉质细，较松软。可食率 80.8%；贮藏期 80d 左右。100g 鲜果可食部分含可溶性糖 9.54g，可滴定酸 1.43g，维生素 C 40.74mg。北京地区 9 月下旬果实成熟。该品种为四倍体品种（$2n=4x=68$）。适应性强，树体成形快，丰产稳产，果实较早熟，品质上等，是鲜食佳品，也是良好的绿化树种。

（二）特色山楂品种

1. 鲜食型及兼用型 由于山楂果实味道略带酸涩，且果实较小，因此主要以加工型为主。在中药中，山楂具有消食健胃、行气散瘀的功效，常用于高脂血症、肉食积滞、心腹刺痛、胃脘胀满、泻痢腹痛、产后瘀阻等症状的治疗，因此山楂作为水果鲜食对于身体健康更有益。

（1）'甜红子'山楂 产于山东省平邑县，树冠呈自然开心形，4 月中旬萌芽，5 月上旬始花，9 月下旬果实成熟。定植树 4 年开始结果，果枝连续结果能力强。10 年生以上成年树株产果实 50kg 以上，最高株产 272kg。果实中大，近圆形，平均单果重 10.2g；果皮橙红色，果面平滑光洁美观；果肉橙黄色，质细致密，甜酸适口，有清香；可食率达 91.2%，可溶性固形物含量 12.7%，总酸含量 1.53%；耐贮藏，常温下可贮藏 90d；果肉红色，做加工品不需添加人工色素，适合串糖葫芦，是黄肉类山楂中甜、硬、香兼备且适宜生食和加工的品种。该品种成熟期偏早，在国庆节和中秋节前成熟，比大山楂早 20d，因此可提前上市，售价一般为大山楂的 2~3 倍。在山东费县朱田镇唐家庄村连续 5 年产地批发价为 8~12 元/kg。

（2）'面红子'山楂 产于山东省平邑县，树势中强，萌芽率和成枝力中等，每个花序可坐果 7 个，果实 10 月上旬成熟，较耐贮藏。果实近圆形，果柄直，基部有瘤；果皮鲜红色，果面部有少量果粉，果点中大较多，黄褐色；果肉橙黄色，甜酸适中，肉质细，稍软绵；可溶性固形物含量为 10.97%，可滴定酸含量为 2.1%，品质上等，为优良鲜食和加工兼用品种。

（3）'毛红子'山楂 产于山东省平邑县，树体矮小，具有明显的短枝矮化性状。成年母树高 2.2~3.1m，每个花序坐果最高可达 23 个，早期丰产性强，一般栽后第三年即开始结果，第四年株产可达 10kg 以上，一般 8 月中旬果实开始着色，9 月下旬果实成熟。果实扁圆形，平均百果重 710~780g；果皮鲜红色，有光泽；果点黄白色，密布果面；果肉黄红色，肉质细密，可溶性固形物含量 11.69%，可滴定酸含量为 1.89%，维生素 C 含量 129.43mg/100g；果实味甜微酸，香味浓郁，口感颇佳。

（4）'中田'大山楂 产于广西桂林，植株长势较旺，结果早，一般定植第二年开始挂果，根据对 667m² 果园进行调查，第三年株产 150~250kg。果实长椭圆形，果大，平均单果重 100g，最大果重 225g；果皮青黄色，光滑；果肉白色，石细胞少，肉质细嫩，脆口，甜酸适度，可溶性固形物含量为 14%~16%，维生素 C 含量 20.9mg/100g，适宜鲜食与加工。

2. 抗寒品种 我国山楂的栽培范围较广，从北到南都有栽培，这说明山楂有很强的适应性，特别是对温度。山楂的抗寒性主要集中于野生种中，除'大旺'之外，还有一些抗寒性很强的品种。

（1）'寒丰'山楂 产于辽宁本溪，树势强旺，抗寒性极强，栽后第三年见果，第四年株产可达 2.5kg，第五年可达 7.5kg。它可在无霜期 115d、年平均温度 5℃条件下正常开花结果，10 月上旬果实成熟。果实近圆形，色泽鲜红艳丽，平均单果重 8.41g；果肉粉红，质地细腻，酸甜适口，适于鲜食，加工品色泽鲜艳，优于其他品种。

（2）'阿荣旗'山楂 产于内蒙古呼伦贝尔阿荣旗，树势强，树形半张开，树冠半圆形，

9 月上旬果实成熟。果实扁圆形，有五棱；果重 5g 左右，果皮深红色；果点小，黄白色；果肉红色，质地松软，风味甜酸适口，品质较佳。

3. 早熟品种 避免山楂集中上市、市场供大于求的方法是错开山楂供应期，种植早熟或者晚熟品种，如早熟品种'伏早红'比一般的栽培品种早熟一个月。

'伏早红'山楂 产于山东省平邑县，中等偏强，树姿半开张。每个花序平均坐果 5.2 个，最多 17 个，早期丰产性强，一般栽培后第三年即可得果，第四年株产可达 12kg 以上。果实中大，近圆形，平均百果重 1183g，最大果重 22.6g；果皮樱桃红色，果点小而密，黄褐色，均匀分布于果面；果肉粉红色，质地细密，甜酸适口，富有香气；果实营养丰富，可溶性固形物含量为 8.49%，可滴定酸含量 2.05%，维生素 C 含量 63.65mg/100g。品质优良，甜酸清香可口，适于鲜食和加工。

4. 高含量特色型品种 山楂的果实、叶片可用在食品、医药、卫生、环保、染色等行业。一些高含量型特色品种被选育，如高维生素山楂、无籽山楂和高药用山楂等。高含量型特色品种可以在减少加工过程中维生素的流失、增加药效、提高果实利用率等方面起到积极作用，同时也能提高山楂的经济价值。

（1）'辐毛红'山楂 高维生素山楂品种，产于山东省平邑县，树姿张开，树体矮小，具有明显的短枝矮化性状，早期丰产性强，一般栽后第三年即可结果，第四年株产可达 10kg 以上。果实扁圆形，果顶萼筒部和果梗凹陷处密生白色茸毛，平均百果重 1027g；果皮鲜红艳丽具光泽，果点黄褐色；果实甜酸适口，并具浓郁香味，果实含可溶性固形物 13.48%，维生素 C 含量高达 137.6mg/100g，显著高于一般品种。

（2）'辐早甜'山楂 高糖低酸山楂品种，产于山东省青州，树体强壮，树姿开张，8 月中旬果实开始着色，至 9 月上旬满红，后渐成醒目鲜红色。果实正扁圆形，果顶五棱明显，两突间微凹陷，形成浅纵沟；果面鲜红，醒目，果点较稀而小，多集中于顶部，不带锈斑；果肉嫩黄，质细而松软。平均可溶性固形物 22.47%；总糖含量 13.9%～14.2%，比一般山楂品种高 65.48%～69.48%；总酸含量 2.46%，比一般品种低 5.39%；维生素 C 含量为 14.83mg/100g；平均单果重 12g。味道鲜美，适宜鲜食。

三、生长结果特性

（一）不同年龄阶段发育特点

一般根据山楂树生命周期的生长发育变化将其分为 3 个不同的阶段，即幼树期、结果期和衰老期，相关内容参见本书第二章。

（二）生长特性

1. 根系浅，发根难，根蘖苗多 山楂为浅根性树种，主根不发达，但生长能力强，因此在瘠薄山地也能生长。侧根的分布层较浅，多分布在地表下 30～60cm 土层内，根系的水平分布范围为树冠的 2～3 倍。

山楂苗定植后，当年发根较晚，因此定植当年地上部生长较弱。第 2 年缓苗后，长势转旺，以后便一年比一年旺。修剪时不能因长势旺而大甩大放，这样会影响树体结构和骨架牢固，并影响枝组的合理分布，虽然可能提早结果，但结果面积小，产量低。

2. 山楂的顶端优势强于苹果树、梨树 由于山楂顶端优势强，因此树冠内部的中、短枝和小枝组的寿命相对较短，结果后很易衰亡。顶端优势越强的树，内膛光秃的现象越严重，所以修剪时应注意抑制顶端优势，以维持树冠内膛枝组的健壮生长。抑制顶端优势的常用方法是加大骨干枝的开张角度。顶端优势减弱以后，内膛的中、短枝转化力增强，副芽和隐芽也可能萌发新枝，再利用这些枝条培养结果枝组，可使内膛充实、丰满，从而扩大结果面积，提高果实产量。

3. 山楂的顶芽肥大、饱满，延伸能力强　　山楂的顶芽萌发后，往往独枝延伸生长，而且生长势很强，生长量很大，这对下部侧芽的萌发和生长，有明显的抑制作用。山楂除顶芽肥大外，下部的2～3个侧芽也比较肥大；其萌发力也很强，长势也较旺，但下部侧芽的萌发力则很弱，所以枝条的下部和内膛比较容易光秃。由于山楂发育枝前端的几个芽萌发力较强，因此树冠外围的枝条往往多而密集，导致内膛光照恶化，小枝稀少，结果面积缩小，结果部位外移，从而影响产量。

4. 山楂树适应性强　　即使在山岭薄地，山楂的生长发育也比其他果树好。肥水条件较好的山楂园，容易连年丰产，也不易出现大小年结果现象。

5. 山楂萌芽力中等，成枝力强　　强旺的发育枝短截后，能抽生3～5个长枝，长枝以下还可能抽生几个中、短枝，再往下的侧芽便成为隐芽，这些隐芽不易萌发，所以下部常易光秃。树龄越大，隐芽萌发越困难，因此山楂老树较难更新。但在主枝基部的隐芽，有时可萌发徒长枝，代替下层枝进行更新。

6. 幼树生长旺，发枝上强下弱，基部常不萌发，所以层性明显　　山楂幼树发育枝的年生长量可达2.0m以上，且有二次生长现象，停止生长的时间也比较晚。

山楂幼树营养生长占优势，地下部根系的生长也很快，地上部树冠扩展快，纵向生长大于横向生长。发育枝在年周期中可长达40多节，枝条粗壮，但短枝很少，所以幼树的整形修剪应在不影响骨架的前提下尽量多留小枝和辅养枝，缓放临时性长枝，以期缓和树势，增加中、短枝数量，在扩大树冠的同时，及早成花结果。

7. 山楂树结果早，寿命长　　嫁接的山楂苗定植后，一般2～4年即可开花结果，以后便随着树龄的增长，产量逐年增加，到10年生前后，便进入盛果期，60～70年仍不衰老，可继续结果。单株或单行栽植的山楂树，结果年限更长，有的可达150年以上。

8. 山楂树成花容易，结果早　　山楂幼苗定植后，5年便可丰产，像苹果树那样适龄不结果的现象是比较少见的。由于山楂树成花容易、结果早，因此在幼树期间如结果过多则易出现大小年结果现象；而成龄大树，因为树体贮备营养较多，所以只要结果不是过多，一般不出现大小年结果现象。

山楂的结果枝共有6种类型：长果枝、中果枝、短果枝、长梢腋花芽果枝、中梢腋花芽果枝和花序结果枝。

（三）结果特性

1. 结果部位在树冠内分布的规律

（1）向光结果　　山楂本身对光照的要求比较高，就树冠的水平方向而言，在自然状态下果实集中在树冠外围1m左右，此范围内果实的着生密度和每序坐果数量最多，向里则逐渐减少。

（2）枝顶结果　　山楂进入结果期后，凡发育中庸健壮的长、中、短枝的顶芽及长、中枝的先端1～4个侧芽均有可能形成花芽，第二年成为结果母枝。

山楂的花芽为混合芽。春季花芽萌发后先抽生一段新梢（称为结果新梢），顶端着生花序，果实采收后顶端便留下一段干枯的果台。

（3）壮枝饱芽结果　　健壮的枝条形成花芽多而饱满。枝条的长度、粗度对第二年发出结果枝数和结果的多少均有明显的影响。

（4）连续结果　　山楂树的结果枝具有很高的连续结果能力，特别是中、长结果枝连年结果能力较强。结果枝粗壮的可以连续结果 2～5 年，长的可达 9 年以上，一般以连续结果 3 年的结果枝坐果能力最强。

2. 山楂授粉受精过程和单性结实　　山楂果实是由子房下位花形成的假果，一般由 1～5 个心皮构成，可食部分是其花托的皮层。山楂具有较高的自花结实能力，主要原因之一是它具有单性结实的现象，故大部分种子内缺乏种仁。调查表明，山楂也存在一定程度的自花授粉不亲和性，但低于苹果和梨。山楂自花授粉结实率低的原因，可能与其花粉萌发率较低有关。它是配子体型不亲和特性的异花授粉作物，授粉亲和程度取决于花粉管进入柱头以后的一系列过程。另据研究，栽培山楂与野生山楂花粉的生活力无显著差异，但栽培山楂花粉萌发率较低，花粉管生长速度较慢，且栽培山楂花柱提取液对栽培山楂与野生山楂花粉萌发都有抑制作用。受精时，花粉管不是直接进入花柱到达子房，而是在柱头表面盘旋后进入花柱。

山楂具有单性结实的特性，而且必须在花粉的刺激下才能实现，即单性结实属花粉诱导单性结实。但也有人认为山楂不经花粉诱导仍有自动单性结实的能力，因此即使在自然授粉条件下，也不能排除自动单性结实的可能。

山楂具有形成无种仁果的特性。在一些品种中，无种仁果占产量的 50% 以上，有的品种几乎全是无种仁果。无核果（包括无种仁果）不一定都是单性结实而来，因为还包括受精后胚中途败育，也就是由伪单性结实而成。自然授粉条件下，无种仁果的形成途径有两条：一是单性结实，平均占无种仁率果的 92.88%；二是伪单性结实，平均占无种仁率果的 7.21%。

3. 果实发育　　山楂从盛花期到果实完全成熟共需 120～150d，果实纵横径和单果重的增长呈双"S"形，可明显地分为三个时期。

（1）幼果迅速生长期　　在受精后 15～20d 的时间，即从受精到 6 月 10～15 日就可完成第一个生长阶段，北部地区可延续到 6 月 20 日。此期果肉细胞急剧分裂，幼果生长很快，是纵横径生长最快的时期，且纵径生长大于横径。这个时期以长果心为主，果肉厚度平均每 10d 增长 1.6mm，果心直径平均每 10d 增长 4.2mm。

（2）缓慢生长期　　这一时期共约 60d。果实的体积和重量增长缓慢，由于核层骨质化厚壁组织的逐渐形成，核层开始硬化，但果实纵径的增长速度仍然比横径快。此期是果肉和果心生长最慢的时期，果肉厚度平均每 10d 增长 0.6mm，果心直径平均每 10d 增长 0.1mm。

（3）熟前增长期　　即硬核期之后开始到果实成熟期，果实出现第二次生长高峰，此期横径的增长速度比纵径快。主要以长果肉为主，果肉厚度平均每 10d 增长 1.3mm，果心直径平均每 10d 只增长 0.3mm。

四、对生态条件的适应性

（一）对环境的要求

山楂树各个器官的生长发育和生命周期的正常进行，都是在一定的生态环境下进行的。在山楂的栽培管理过程中，要通过人为因素，达到山楂生长发育所要求的环境条件，如气候条件、土壤条件、地势条件等。因此，认识了解山楂对环境条件的要求，可使栽培技术的实施更加科学可靠。

1. 光照　　光是果树生命活动中最重要的生存因子，光照时间的长短、光的强弱等都直接决定着山楂树的产量高低和质量好坏。山楂属于比较耐阴的果树，同时也是喜光的树种，山楂的喜光特性与山楂的枝条生长特性有密切关系。山楂分枝力强，成年树树冠表面枝条密集，使冠内光照恶化，枝叶、花果都集中到树冠的表面上，有效结果层的厚度有时只有 50～60cm。

（1）光照时间　　一棵山楂树每天利用光能达到 7h 以上的结果最多；5～7h 的结果良好；3～5h 的基本不能坐果；每天直射光小于 3h 的则不能坐果或坐果极少。

（2）光照强度　　通过对山楂幼树密植园观察，当地面光照强度低于全日照的 10% 时，表明山楂园的枝叶密度已达到高限，应通过疏枝、间伐来改善果园光照条件。因此，山楂枝叶分布层的光照强度不应低于全日照的 20%。除用光照强度作为检测指标外，枝条粗度、叶片厚度、色泽和坐果数也可作为山楂园枝叶密度光照强度的监测指标。枝条粗度一般应在 0.3～0.4cm 或以上；每个花序坐果数应在 4～5 个或以上；果枝纤细、直径在 0.3cm 以下、每个花序坐 1～2 个果或不坐果，即表示山楂枝叶过密，光照不足，应注意改善光照。

在山楂生产中，若栽植密度不够，则光能利用不充分，影响山楂单位面积产量提高，大树枝干密集、光照不良、产量低、品质差的问题同时存在。前者可通过密植得到较好的解决，而对于后者则需认真改进整形、修剪技术，调整适宜的枝叶密度。

2. 温度　　温度的高低和积温量的多少，对山楂的生长发育有直接影响。

（1）山楂的分布与温度的关系　　从我国山楂各主产区的气象状况可以看出，山楂要求年平均温度为 4.7～15.6℃，尤以 12～14℃ 的温度为好。栽培类型山楂可忍耐−36℃ 的低温，而在绝对高温 40℃ 的情况下仍可以安全过夏。野生类型山楂对温度的适应范围还可更大些。

（2）山楂在年生长周期中对温度的要求　　在年生长周期中，萌芽抽枝的月平均温度为 13℃；果实发育的月平均温度为 20～28℃，最适温度为 25～27℃。

3. 水分　　山楂较耐旱且适应性强。有些干旱地区，苹果、梨不能栽种，而山楂则生长良好，比桃还要耐旱。但是，干旱却会严重影响果实的生长发育，使果个变小，落果严重，产量降低。山楂生长期如遇到干旱，则会大批落花落果，特别干旱时甚至会引起树体死亡。土壤含水量在 9.34% 时，为山楂的安全含水量；含水量在 7.9% 时，树体发生萎蔫；致死含水量为 5.8%。一般认为，适宜山楂生长结实的土壤相对含水量为 60%～80%。山东省果树研究所研究发现，河滩沙地园掌握适期浇水的土壤含水量为 9%。在山东省、河北省年降水量 600～800mm 的情况下，土层深厚，若在采取覆盖、勤锄等保墒措施情况下只靠"雨水养"，也可基本满足中等产量的山楂树生长结果的需要，一般在年降水量 500～700mm 的地区生长良好。但要建立高产园，则必须进行灌溉，尤其要注意春季、夏初新梢生长和开花坐果期的水分供应。

4. 土壤与地势　　生长发育良好的山楂以土层深厚、排水良好的中性或微酸性砂壤土为最适宜。黏壤土，通气状况不良时，根系分布较浅，树势发育不良；在山岭薄地，山楂树根系不发达，树体矮小，枝条纤细，结果少；涝洼地易积水，山楂树易发生涝害、病害，根系也浅；山楂树在盐碱地则易发生黄叶病等缺素症。刘恩广在调查辽宁省朝阳地区时发现，土壤 pH 为 8.03～8.13 时，山里红种苗出土不久就黄化了，长到 15cm 高时开始逐渐死亡，而存活下来的几年内也不能达到芽接粗度。

（二）生产分布区与主要栽培区划分

1. 生产分布区　　山楂属于温带落叶果树，广泛分布于北半球的欧、美及亚洲的大部分地区。但国外并没有把山楂当作果树栽培，山楂处于野生状态，也有一部分用作绿篱等观赏树种应用。

我国山楂属植物分布极其广泛，北起黑龙江，南至广东、广西，东南沿海及新疆、青海等省（自治区、直辖市）均有山楂的分布。在我国作为果树栽培的山楂多分布于北纬 33°～44°的地区。生产性栽培集中分布在辽宁、山东、河南、河北、山西、吉林、北京、天津等省（自治区、直辖市）。其中山东的潍坊、泰安、烟台等地区，河南的新乡、安阳等地区，河北的承德、唐山等地区，辽宁的辽阳、铁岭、丹东等城市，山西的晋东南地区是山楂的主要产地。全国发展面积较大、产量较集中的有山东的益都，河北的兴隆，河南的辉县、林县，山西的晋城，辽宁的开原等县。

2. 主要栽培区　　我国地域辽阔，山楂种植面积很大。以地理位置、气候特点、地势地形和栽培利用等为依据，将山楂分为 5 个栽培区。

（1）冀北、京津栽培区　　包括河北石家庄以北，天津、北京等地区，河北省的兴隆、卢龙、遵化、隆化等县。这一栽培区年平均气温 5.7～12.4℃，最低气温为−29.9℃，高温可达 38℃，年降水量为 499～1024.1mm，年平均日照时数为 2400h。山楂产量占全国的 1/4～1/3，全国已知的红肉系优种多数产自本区，主栽品种有'燕瓢红''辽红''西丰红''集安紫肉''面楂''大金星''小金星''秋金星''磨盘''京金星''葫芦红''白瓢'等。

（2）中原栽培区　　本区包括河北省中南部和河南、山西全省，主要产地包括河南、山西相邻的太行山南段，如河南的辉县、林县、伏牛山、大别山、桐柏山区和山西的晋城、绛县。这一栽培区年平均气温为 9.5～14℃，最低气温为−24.5℃，最高可达到 39℃，年降水量为473.7～849.6mm，年平均日照时数为 2350h，是我国山楂的重要产区，该区果实有黄色和红色两种。主栽品种有'敞口''绵球''铁球''豫北红''晋城大红果''绛县红果'等。其特点是果实大，品质上、中等，产量高，适宜加工，但耐贮性较差，病虫害严重。

（3）山东、苏北栽培区　　本区包括山东全省和江苏宿迁以北地区，主要产地包括山东省的平邑、费县、临沂、蒙阴、沂水、沂源、临朐、青州、泰安、莱西、栖霞和福山，江苏省的铜山、宿迁等县。本区气候温暖、雨量充足、冬无严寒。这一栽培区年平均气温为 10.5～14.6℃，最低气温为−20.2℃，高温可达到 39℃，年降水量为 478.5～927.2mm，年平均日照时数为 2300h，山楂产量约占全国的 1/2。该区果实有黄色、橙红色和红色。主栽品种有'红瓢绵''白瓢绵''敞口''大金星''大货'等，其特点是现有品种果实缺少红色素，耐贮性差。

（4）吉、辽、黑栽培区　　本栽培区主要包括辽宁以北、吉林省和黑龙江等地。这一栽培区年平均气温为 3.6～7℃，最低气温为−38.1℃，极端最低气温为−42℃，高温可达到 38℃，年降水量为 553.5～598.3mm，年平均日照时数为 2953h。该区果实以红色为主，具有抗寒和生长发育期短的特点。主栽为'左伏 1''左伏 2''左伏 3'等果实生产期短的品种，'大旺''秋金星'等抗寒品种；'太平''叶赫''紫玉''燕瓢红''大旺''秋金星'等加工品种。

（5）云贵高原栽培区　　本区包括云南、贵州两省的高海拔山区和广西百色地区的山区。主要产地为云南东部的玉溪、曲靖两地区，红河、西双版纳、文山三个自治州，昆明市及贵州的兴义地区和广西的百色地区等。本区气候温暖湿润、雨量充沛、无霜期长，土壤微酸性、较肥沃，主栽品种有起源于云南山楂的'大湾''鸡油''大白果''雄关'等。其特点是该区栽培的品种类型多，树体高大，寿命长，果大色黄，但质地较松。

五、栽培技术

（一）苗木繁育

山楂树一般采用根蘖繁殖、根段繁殖和种子繁殖。采用常规方法繁殖的山楂须嫁接后才能应用于生产。

1. 根蘖繁殖 野生山楂萌发根蘖的能力很强，地下根蘖苗很多，因此可以就地取材，培育为嫁接做准备的根蘖苗；栽培中的山楂大树也可以通过人为断掉水平根促发根蘖苗，每株大树可成 20～30 株根蘖苗。无论是野生山楂或是栽培中山楂大树上萌发的根蘖苗都要经过筛选、整理和归圃培育。于春季或秋季，剔除根龄大、无须根的"疙瘩苗"，选择一二年生根上的根蘖苗移入苗圃。归圃根蘖菌株行距一般 20cm×50cm，亩栽 6000 余株，以便于苗木管理。

2. 根段繁殖 山楂根系易长不定芽，因此可以利用这个特性培育山楂苗木。春季选直径为 0.5～1.0cm 的山楂根，截成 15～20cm 的根段，再捆绑成小捆，用 ABT 生根粉 100mg/kg 浸泡后，湿沙培放 6～7d，扦插于苗圃，插后灌水使根段和土壤密接，15d 左右可萌芽。新芽多丛状萌生，应每株选留一芽，其余抹掉。

3. 种子繁殖 山楂种子含仁率低，一般在 30%～50%。而且，山楂种子种壳厚而坚硬，胶质多，且发芽困难，用一般层积处理方法，须经过两个冬季才能发芽。播种育苗，采种时间应适当提前。提早采可以提高种子发芽率，采种时间以 8 月 25 日前后为宜。一般播种前，需对种子进行特殊处理。处理方法有机械损伤种壳、化学试剂腐蚀种壳或变温沙藏处理种子。

4. 嫁接 用根蘖繁殖、根段繁殖或种子繁殖的苗木还需要经过嫁接，才能成为生产中的品种山楂树。适宜华北地区嫁接的品种有'大棉球''小糖球''大金星''敞口''白瓢绵''红瓢绵''大货''歪把红''滦红'等。它们易成花，抗性强，栽培效益高。

嫁接时期分春季嫁接和秋季嫁接。春季嫁接一般是枝接，多在 3 月中旬前后，视山楂在当地的萌芽早晚而定（萌芽前接完）；选具有 2～3 芽的 1～2 年生枝条作接穗；嫁接方法采用劈接、插皮接或腹接均可。秋季芽接的适宜时期为 8 月中旬至 9 月下旬；嫁接方法为丁字形芽接，选地径平均达到 1.3cm 的苗木嫁接，成活后注意适时抹芽与剪砧，抹掉砧木芽，剪去接穗或接芽以上的砧木。加强水肥管理，培养嫁接芽或接穗，使其顺利长成成品苗。

（二）规划建设

1. 园地选择 山楂生长对环境要求不严，且抗寒、抗风能力强，因此各地均可栽培。要达到早果、丰产、优质、高效、无公害的目的，就应选择地势平坦、土层厚度为 40cm 以上、土壤 pH 6.5～7.5、有机质含量高、背风向阳、交通便利、远离污染源的地方建园。

2. 园地规划 主要有园区划分，道路、沟渠、防护林带的配置，水土保持工程和建筑物的安排。

3. 品种选择 适合冀北地区长期栽培的主栽品种有'燕瓢红''雾灵红''大金星''辽红''西丰红''秋金星''瑞丰''双红''歪把红'等。目前主栽的大山楂品种自花结实率低、果实品质差，但异花授粉坐果率高、品质好。授粉树选用野生和实生小山楂，主栽品种与授粉品种的配置比例为（7～8）：1。

4. 规范化栽植

（1）**栽植时期** 栽植时期分春栽和秋栽。春栽在土壤解冻后至苗木萌芽前进行，秋栽在苗木落叶后至土壤封冻前进行。北方冬季气温低、冻土层较深、早春多风，为防止抽条和冻害，以春栽为宜，且宜早不宜迟。其他地区以秋栽为宜，并注意幼树防寒。

（2）栽植方法　　生产上多采用嫁接苗栽植。平原及土层较厚的山地株行距为（3～4）m×（5～6）m，瘠薄山地株行距可为3m×4m。标记好定植点，以定植点为中心挖1m×1m×1m的定植穴，表土和心土分开堆放。每个定植穴内施入充分腐熟的有机肥10～15kg，将表土和底肥混合均匀回填至距地面20cm，再回填表土，灌水沉实后栽植。栽前修剪苗木根系，蘸生根粉水溶液后，将苗木放于定植穴中心，边填土边提苗边踩实。栽植深度，以浇水踏实后苗木根颈部与地面平齐为宜。栽后灌水，以苗木为中心覆盖1.0～1.5m的地膜封穴，地膜周围用土压实，防止大风刮起。10d后复灌1次透水，可提高成活率。

（3）定植后当年的管理　　在苗高70～80cm处定干，在苗干上套50cm×5cm的塑料袋，防止害虫啃食芽，萌芽展叶后去袋。萌芽后将距地面50cm以下的萌蘖全部抹去，夏季修剪注意疏枝和开张枝条角度，8月中旬对新梢多次摘心。肥水管理采用"前促后控"，7月前以氮肥为主，以后以磷肥为主，并适当控水。9月上中旬喷2次0.5%磷酸二氢钾，控制枝条旺长，11月上旬灌水，可减少抽条。

（三）土肥水管理

1. 土壤的管理　　优质丰产的山楂果园对土壤的3个基本要求是：土层深厚、土质疏松、土质肥沃，符合这3个基本条件就为果园的优质高产提供了有效的基础保障。自种植后的第2年开始，果实采收后至落叶前树盘深翻，深度至30～45cm，结合秋天施基肥并清理果园杂物。当年或者隔年采摘山楂前后，需要沿着山楂树根须周围，也就是树冠轮廓垂直往下的地方，沿着边缘内外开沟，把土壤深翻1遍。将地面土壤与绿色农肥和秸秆混合以后填入深翻底部，用新土进行掩盖，随后在掩盖区域用大水浇灌。每年山楂树生长季节需要对其周围杂草进行3～5次的清除，耕耘深度为10～15cm。

2. 水肥管理　　山楂树的施肥主要以有机肥为主，化肥作为辅助肥料使用。尤其在果实收获前20d时间里应禁止对山楂施叶面肥。基肥在每年果实收获完的9～11月施入最好，主要使用农家绿色肥料、磷肥与适量的氮肥，可以采用穴施、环状沟施和条状沟施的方法，666m^2需要施入腐熟农家肥2900～4000kg，加施尿素20kg，过磷酸钙50kg。每年需要追肥3次，在果树萌芽期以施氮肥为主，施肥量占全年的50%，每株果树追施尿素0.5～1kg，主要为了促进萌芽和开花；当果树谢花后以速效氮肥为主，配合磷肥、钾肥，追肥量占全年的30%，每株果树施尿素0.5kg和过磷酸钙0.5kg，主要为了防止落花落果；花芽分化和果实变大期，这时候以施磷、钾为主，并配合少量的氮肥，每株施尿素0.2kg、过磷酸钾1.5kg、草木灰5kg，为了促进果实生长，提高果实品质。山楂树叶面喷肥在开花前后15～20d进行，适合作喷肥的肥料有尿素、过磷酸钙、磷酸二氢钾及属于微量元素的硼砂和硫酸锌等。对于在叶面喷肥，使用肥料的浓度调配比是：尿素0.3%～0.5%，过磷酸钙0.5%～1.2%，磷酸二氢钾0.2%～0.4%，三元复合肥0.4%～0.5%。若使用农药市场上购买的液体肥料，则按照具体说明书上的内容进行调配就可以了。

3. 灌水技术　　灌水也是山楂管理的重要措施。早春干旱或持续干旱时，会造成山楂严重落花落果，采前落果严重，产量降低，叶片卷合萎蔫，提早变黄脱落，直至影响次年产量。因此，有条件的地方应建立灌溉设施。山楂的灌水时间一般应掌握在每次施肥以后，如催芽水、花前水、花后水和保果水等。灌水量要根据降雨量和土壤含水量来决定，春旱时多灌水，雨季不灌水，秋旱时要灌水，秋施基肥后灌大水，封冻前灌封冻水，以保持土壤含水量为田间最大持水量的60%～80%为最好。

（四）整形修剪技术

常见的树形有纺锤形、自然开心形和疏散分层形。山楂成花容易，结果早，一般情况下 2 年就会开花，5 年就可以丰收了。树苗的骨干延长枝一般以轻剪为主，可以促进发枝，去弱留强。中心枝干短截，注意调整剪口枝芽的方向，这是为了防止偏冠；对于生长旺盛的主枝应加大开张角度；生长弱势的主枝应该抬高角度，留枝要保持树冠平衡。刚结果时一般以 5cm 以上的结果母枝为主，且要缓放。对于有生长空间的短截骨干延长枝，要回缩培养大型结果枝组；对不缺枝的地方要用缓放、环剥、拉枝等方法促进成花；剪除过密枝、交叉枝、病虫枝，以保持果树的平衡。在盛果期一般以 5cm 以上的结果母枝为主，由于它们的连续结果能力太差，因此应该及时地回缩；对树冠外围的新枝应该剪短，选择性留下侧向或者斜上分枝带头回缩；剪除过度茂密枝、重叠枝、交叉枝、病虫枝，粗度 0.3cm 以下的结果新枝及早剪除，选择留下粗壮的结果枝；合理利用徒长枝，可以通过截短和夏季摘心，将徒长枝培养成结果枝组。对于衰老的果树，收获后枝头下垂，树姿舒张，大多呈现自然半圆头或者圆头形状树冠。对果树的修剪原则是改善树整体的通风和透光条件，重新回缩，剪除衰老枝、枯枝、病虫枝及过度茂密的枝芽，坚持留强去弱，保持树冠的均匀，枝条疏密程度适中，能够保证光线透入照射，注意留长枝的利用，这可以通过夏季摘心的方式培养新的能结果的粗壮枝条。

（五）花果管理技术

山楂的花果管理技术是指直接用于山楂花和果的各项技术措施，目的是调节树体的负载量、提高坐果率和改善果实的品质，以获得具有良好商品性能的果实。

1. 确定树体适合的负载量　　一般来说，10 年生以上进入盛果期的山楂树，在生长发育正常的情况下，产量应控制在 30.0～37.5t/hm^2，最多不超过 45.0t/hm^2。

山楂的果枝率在 40%～50% 时其产量是比较稳定的，当果枝率大于 50% 时就会导致大小年现象的产生。所以对果枝率超过 50% 的树要通过修剪将果枝率控制在 40%～50%，使树体合理负载、集中养分，以提高坐果率。具体方法有两种：①花前复剪。剪除部分花枝，留壮枝结果。营养枝与结果枝的比例，强树为 1:1，中庸树为（1.5～2）:1，弱树为（2～3）:1。②疏花疏果。盛果期山楂树各级延长枝一般为结果母枝，顶芽与下端 2～3 个芽一般为花芽，修剪过程中应该轻短截，将花芽疏去，使剪口处叶芽长出营养枝。衰弱结果枝要及时进行疏除和回缩，将部分花芽去除，而各级延长枝在萌芽后与开花前，如果顶部着生花序则需要及时摘除，使枝条生长更加旺盛。进入幼果期以后，要将小果、畸形果与病虫果疏除，保证其他果实正常发育。

2. 提高坐果率　　山楂具有异花、自交和单性结实能力。自花结实率一般都很低，仅有 5%～15%。自然异花授粉的花朵坐果率可达到 30%～45%，最高达 60%～70%。山楂的异花授粉对授粉品种有选择性，对不合适的授粉品种常有不亲和现象，因此要配置适宜的授粉品种。花期喷 0.3% 的硼砂溶液也能提高坐果率。有放蜂条件的山楂园，还可利用蜜蜂授粉，一般每公顷养 3 群蜂可使山楂产量提高 10% 以上。

3. 果实套袋　　果实套袋是提高果实品质的主要技术措施之一，在苹果等果树栽培中应用较多，在山楂生产中近年才开始应用。潘宝晖报道，山东费县 2008 年开始推广山楂果实套袋及配套技术，并连续应用 4 年，取得了较好的效果。套袋山楂无农药残留，果点小，无果锈，果面光洁，颜色鲜艳，果个均匀，果商品率达到 97%。套袋品种以'大金星'为主，套袋时间在 6 月上旬果实生理落果后，于 9 月中、下旬先除外袋，3～5d 后再除内袋。除袋后摘去遮拦果面的叶片。果树行间铺设乳白色、银白色反光膜，以促进果实全面着色。齐秀娟曾于 2005 年报道，山楂套袋也有副作用，会使果实的平均单果重下降，因此这个问题需要在今后的推广中研究解决。

4. 适时采收 山楂果实从落花到成熟，采收期一般为 120～150d，早熟品种为 90d 左右。通常当山楂果面有光泽、颜色鲜艳、果点明显、果肉颜色基本达到其固有色泽，且果实手感有弹性时进行采收。采收过早，果实尚未充分成熟，不仅影响产量，而且不耐贮藏，商品价值也会降低；采收过晚，容易落果。由于山楂果实较小，采收费工，因此很多地方采用击落和摇落的方法采收。这样采收的果实不仅不耐贮藏，而且加工制成罐头后果肉颜色会变暗、变硬，影响商品性。因此，山楂的采收还是提倡人工手采，以避免碰伤。

（六）病虫害防治技术

近年来，我国山楂生产发展很快，但病虫害也相当严重。很多果农种植了山楂，但因防治不当导致病虫害严重，致使产量不高、质次价低、效益不好，有的果农忍痛毁掉了山楂树，造成了很大的经济损失。因此，病虫害防治，应采用植物检疫、农业防治、物理防治、生物防治及化学药剂防治等综合措施，以达到高产、稳产、优质、无公害的目的。

1. 植物检疫 植物检疫是贯彻"预防为主，综合防治"的重要举措之一，从外地引进或调出山楂苗木，接穗时必须严格遵守检疫检验制度，防止危险病虫害（丛枝病、白纹羽病、白绢病、根朽病、立枯病、美国白蛾等）的传播扩散及带病苗木或接穗进入无病区，一经发现应立即销毁。若因引种需要必须从疫区调运苗木或接穗，除严格检疫外，在萌芽前要喷洒 3～5 波美度石硫合剂，待杀灭病虫害后再栽植。

2. 农业防治 首先要选育和利用抗病虫品种，培育无病虫苗木；其次进行科学修剪，合理负载，改善耕作制度与加强肥水管理。冬季将老翘皮刮掉烧毁，用石硫合剂、石灰等进行树干涂白，消灭潜伏在老翘皮中的食心虫、卷叶虫、星毛虫、红蜘蛛等害虫。

3. 物理防治

（1）人工捕杀 根据许多害虫有群集和假死的习性，可采用人工捕杀，如金龟子有受惊假死性，因此可白天震动枝干使成虫受惊落地再进行捕杀。对一些虫体较大且易于辨认的害虫（如天牛），可进行人工捕捉。经常检查树体，发现枝干上有隆起鼓疤时，用利刀挖除受害组织，杀死幼虫。

（2）诱杀 诱杀法不仅具有良好的杀虫效果，而且省药、省力、省时，可以大大减少农药的施用量和农药对环境的污染。主要有灯光诱杀、黄板诱杀、糖醋液诱杀、性诱剂诱杀、虫带诱杀、草把诱杀和作物诱杀等方法。

4. 生物防治 生物防治减少了农药的使用次数和农药污染，对无公害果品的生产具有十分重要的意义。

（1）利用天敌 利用自然界捕食性或寄生性天敌，对害虫进行捕杀。

（2）保护和招引天敌 保护果园中原有的天敌免受不良因素的影响，使它们保持一定的数量，可有效地抑制害虫的发生。捕食性生物包括草蛉、步行虫、食虫瓢虫、食蚜蝇类、食虫蝽象、螳螂、姬蝥螨、钝绥螨等捕食螨、蜘蛛、青蛙、蟾蜍（癞蛤蟆）及许多食虫益鸟（啄木鸟）等，寄生性生物包括寄生蜂、寄生蝇等，病原微生物包括苏云金杆菌、白僵菌、核多角体病毒等。可引进金小蜂、七星瓢虫、中华长尾小蜂和澳洲瓢虫等天敌昆虫散放到果园中消灭害虫。因此，只要合理地加以保护，依靠天敌的作用，完全可以控制害虫危害。

（3）应用生物源农药　　如防治桃蛀螟，可喷洒苏云金杆菌制剂 75～150 倍稀释液或青虫菌制剂 100～200 倍稀释液；防治山楂叶螨，可用保幼激素类、杀螨抗生素等。

5. 化学药剂防治　　农药的使用必须严格执行《农药安全使用标准》（GB 4285—89）。可于早春萌芽前喷一次 3～5 波美度石硫合剂，能防治多种病虫害；防治山楂白粉病可于谢花后喷 25%（质量分数，后同）粉锈宁或 50%甲基托布津 600～700 倍液；防治食心虫类于 5 月下旬至 6 月下旬和 7 月中旬至 8 月下旬成虫羽化期喷施 2.5%溴氰菊酯 3000 倍液或灭幼脲 3 号；防治山楂红蜘蛛于麦收前后喷施 20%螨死净或 15%扫螨净 2000 倍液、2.5%功夫乳油 3000 倍液；防治山楂粉蝶可在花序开绽时喷施 50%敌敌畏 1000 倍液。

第十二章 石 榴

一、概述

（一）石榴概况

石榴（*Punica granatum* L.）属千屈菜科（Lythraceae）石榴属（*Punica* L.）落叶果树，栽培历史悠久。石榴外形独特、色彩绚丽、百籽同房、籽粒晶莹、营养价值高，其皮、根、叶内富含类黄酮、酚酸、鞣花单宁等生物活性物质，保健功能强。初春新叶红嫩，入夏繁花似锦，仲秋硕果高挂，深冬铁干虬枝，是园林观赏的优良树种。石榴花火红热烈，果实甘甜可口，被人们喻为繁荣昌盛、吉庆团圆的佳兆，并形成了许多与石榴有关的乡风民俗和独具特色的民间石榴文化。石榴鲜食果品和加工系列产品越来越受到消费者的青睐，发展前景广阔。

目前，石榴在世界范围分布较广，热带和亚热带地区均能栽植。地中海国家如以色列、意大利、葡萄牙、西班牙和土耳其等都是重要的石榴种植中心。阿富汗、孟加拉国、中国、印度、伊朗、伊拉克、缅甸、泰国、越南和亚美尼亚、格鲁吉亚、哈萨克斯坦、吉尔吉斯斯坦、塔吉克斯坦、土库曼斯坦等国家均有石榴栽培。阿根廷、澳大利亚、巴西、智利、南非和美国加利福尼亚州等地区也有石榴栽植。

（二）历史与现状

1. 石榴栽培历史　　石榴是一种古老的果树，同其他果树一样是由野生石榴经过人工选择和引种驯化，进而演变成的栽培种。瓦维洛夫（1926）和茹可夫斯基（1975）将世界果树分为12个起源中心，石榴属于前亚细亚起源中心，在古波斯到印度西北部的喜马拉雅山一带。其中心为波斯及其附近地带，即现在的伊朗、阿富汗等中亚地区，向东传播到印度和中国，向西传播到地中海周边的国家及世界其他适生地。

早先，石榴由叙利亚传入埃及，由于地中海气候适于石榴生长发育，因此其在这一带得到了发展，并逐渐扩大到南欧一带，进而传到欧洲中部。1492年，哥伦布发现新大陆后，把石榴带到美国，并主要分布在东南部各州，以后经墨西哥又传入南美洲各地。亚历山大远征时把石榴带到印度，并借助佛教僧侣活动，将其传到东南亚柬埔寨和缅甸等国。公元7世纪唐玄奘在《大唐西域记》中记载了印度很多地方种植石榴，有的一年4次开花，两次结果，还有无核石榴是专门给皇帝进贡用的。一般认为，石榴是在汉武帝时期沿着丝绸之路传入我国的。先传入新疆，再由新疆传入陕西，并逐渐传播至全国各适宜栽培区。

2. 石榴栽培现状　　据最新数据统计，世界上石榴种植总面积超过60余万 hm^2，总产量超过600余万 t。印度、伊朗、中国、土耳其和美国是主要的石榴生产国，这些国家的石榴总产量占世界石榴总产量的75%。其中，印度石榴种植面积大约有15万 hm^2，总产量110万 t。随着国际和国内市场需求的增大，我国石榴生产得到重视和发展，面积和产量迅速扩大，质量和品质逐步提高，市场前景广阔。经过长期的自然演化和人工筛选，在全国形成了以新疆叶城、陕西临潼、河南郑州、河北石家庄、安徽怀远、山东枣庄、云南蒙自和四川会理为中心的几大栽培群体。据不完全统计，中国石榴栽培总面积超过 18.67 万 hm^2，年产量约 260 万 t。另外，中国石榴种质资源丰富，约有 432 份以上。

二、优良品种

石榴种质资源丰富，选育综合性状优良的品种对促进其产业发展具有重要意义。我国各石榴主产区利用杂交育种、芽变选种、实生选种、诱变育种等传统与现代分子育种相结合的方法，以选育优质高产、软籽、抗裂果、抗寒性强（北方地区）、适于加工的系列品种为目标，进行种质资源创新与选育工作，且已选育出适宜本地区的主栽品种和新优品种，并在石榴果品市场中占较大份额。根据用途不同，主要分为鲜食品种和观赏品种。

（一）鲜食品种

1.'大青皮甜' 山东省枣庄峄城主栽品种。树体较大，树姿半开张；萌芽力中等，成枝力较强；叶长卵圆形，叶尖钝尖，叶色浓绿；花红色、单瓣；大型果，果实扁圆球形，果皮黄绿色，向阳面着红晕；一般单果重 500g，百粒重 32~34g，籽粒鲜红或粉红色，可溶性固形物含量为 14%~16%，汁多，甜味浓。9 月下旬至 10 月初成熟。耐干旱，耐瘠薄，丰产，果实抗病害能力较强。

2.'玉石籽' 安徽省怀远县主栽品种。树势中庸，干皮深褐色，枝条生长较旺；叶对生，长椭圆形，嫩叶淡红色；花红色，腰鼓形；果实近圆球形，皮薄，有明显的五棱；果皮黄白色，向阳面着红晕，常有少量斑点。平均单果重 236g，可溶性固形物含量 16.5%。籽粒特大，百粒重 59.3g，玉白色有放射状红丝，种籽软，品质上等。果实 9 月上旬成熟。

3.'突尼斯软籽' 河南省从突尼斯引进，郑州及荥阳一带栽培较多，并在云南、四川等省市大面积引种和栽培。树形紧凑，枝条柔软；幼枝青绿色，老枝浅褐色；幼叶浅绿，叶片较宽，枝刺少；花瓣红色，花量大；果实近圆形，平均果重 350g；果皮薄、黄绿色，光滑洁亮；籽粒玛瑙色，百粒重 49.5g，出汁率 89.0%，可溶性固形物 15.1%，籽粒软，味甜，品质极优。9 月底到 10 月初充分成熟。

4.'冬艳' 河南农业大学选育，2011 年通过河南省林木品种审定委员会审定。树姿半开张，自然树形为圆头形；萌发率和成枝率均中等；小枝灰绿色，多年生枝灰褐色，刺少；叶片倒卵圆形或长披针形，浓绿；花瓣为红色；果实近圆形，平均单果重 360g；果皮底色黄白，成熟时果面着鲜红至玫瑰红色晕；萼筒较短；果皮较厚；籽粒鲜红色，百粒重 52.4g，风味酸甜，核半软可食，品质极上；可溶性固形物 16%。10 月下旬成熟。

5.'甜绿籽' 云南省蒙自市优良品种。树姿半开张，萌芽力强，成枝力较强；叶片小、深绿色、狭椭圆形；枝干黑灰色，有茎刺；花红色，单瓣，萼筒短，萼片直立至开张；果实近圆球形，平均单果重 320g，籽粒大，百粒重 57~60g，核软；果肉粉红色或红色，品质上等，可溶性固形物 15.1%。8 月上旬成熟。

其他常见栽培品种还有'泰山红''大马牙甜''大红袍''岗榴''绿宝石''红宝石''水晶甜''秋艳''青丽''泰山三白甜''泰山金红''蓝宝石''白玉石籽''红玉石籽''大笨子''软籽 1 号''软籽 2 号''青皮软籽''大绿籽''绿丰''甜光颜''厚皮甜砂籽''红玛瑙''红珍珠''净皮甜''临选 1 号''陕西大籽''皮亚曼 1 号''皮亚曼 2 号''千籽红''赛柠檬''满天红''太行红'。

（二）观赏品种

1. '榴花红' 山东省果树研究所从美国引进选育，2009 年通过山东省林木品种审定委员会审定。树体中等，树姿开张；骨干枝扭曲；萌芽力中等，成枝力较强，自然状态下多呈圆头形；长卵圆形，叶尖钝尖，叶色浓绿；花重瓣，红色。5 月上旬始花，9 月下旬谢花，花期长达 4 个多月，不坐果，10 月下旬落叶。花朵较大，观赏价值较高，抗病虫能力强，适合多种立地条件栽培，用于绿化观赏。

2. '榴花粉' 山东省果树研究所从美国引进选育，2009 年通过山东省林木品种审定委员会审定。树体较小，树体中等，树姿紧凑，生长势较强，枝条直立；多年生枝干灰白色，一年生枝条青绿色，枝条细、硬；叶片长披针形，浅绿色，叶缘有波浪，纵卷；花瓣粉红色，雄蕊瓣化，花大、量多。5 月上旬始花，9 月上旬谢花，花期长达 4 个月，不坐果，10 月下旬落叶。观赏价值较高，抗病虫能力强，适合多种立地条件栽培，适宜作园林观赏树种。

3. '榴花姣' 山东省果树研究所从美国引进选育，2009 年通过山东省林木品种审定委员会审定。树体中等，树姿开张，长势旺盛，枝条直立，成枝力强；多年生枝干灰白色，一年生枝条浅灰色；叶片长椭圆形，叶尖钝尖，叶色浓绿；花重瓣，红色，色泽鲜艳。5 月上旬始花，10 月上旬谢花。观赏价值较高，抗病虫能力强，适合多种立地条件栽培。

4. '榴花雪' 山东省果树研究所从美国引进选育，2009 年通过山东省林木品种审定委员会审定。小乔木，树姿半开张，长势旺盛，树势强健，成枝力强；多年生枝干灰白色，一年生枝条青灰色，枝条较细，枝刺稀疏；叶片绿色，向正面纵卷，边缘波浪形；花重瓣，白色。5 月上旬始花，10 月上旬谢花。属优良观花品种，观赏价值较高，抗病虫能力强，适合多种立地条件栽培。

5. '榴缘白' 山东省果树研究所从美国引进选育，2009 年通过山东省林木品种审定委员会审定。树体较小，树势强健，树姿开张，成枝力强，自然状态下多呈圆头形；长卵圆形，叶尖钝尖，叶色浓绿，边缘波浪形，叶面蜡质较厚；花重瓣，花瓣白边红底。5 月上旬始花，10 月上旬谢花，花期长达 5 个多月，不坐果，10 月下旬落叶。观赏价值较高，抗病虫能力强，适合多种立地条件栽培。

6. '牡丹' 山东泰安、枣庄、德州等主栽园林绿化树种。小乔木或灌木，树姿开张，成枝力强，小枝四棱形；叶片长倒卵圆形或披针形，成龄叶深绿色；花深红色，最大花冠直径可达 13cm；成花容易，生长期内可多次连续开花；花期长，一般可从 5 月持续到 10 月；单株开花达百朵，甚至上千朵，极具观赏价值；果实近圆形，果皮鲜红色，平均单果重 355g，光洁鲜艳，籽粒深红色，可溶性固形物含量为 13.5%，味酸，适宜加工。耐干旱瘠薄，耐盐碱，抗寒性强。

三、生长结果特性

（一）不同年龄阶段发育特点

一般栽后第一年至第二年为幼树期，以营养生长为主。第三年或第四年开花结果，进入初果期，此时树体养分趋于缓和，生殖生长逐渐增强，产量逐年上升。7～8 年生的石榴树，亩产可达 2t 以上，高时可达 3t 以上，进入盛果期。经过 20～30 年大量结果，石榴树逐渐步入老年，进入衰老期。

（二）生长特性

1. 根系生长规律　　石榴全年根系生长大致有三个高峰期：第一次生长高峰在 5 月中旬；6 月下旬，石榴根系生长进入第二次高峰期，且此高峰较上一高峰弱；8 月中下旬后，果实生长基本停止或减弱，根系生长进入第三个高峰期，但其生长量小于第二个高峰期。

2. 芽、枝的生长特性

（1）芽　　石榴芽的颜色依季节而变化，有紫、绿、橙三色。按芽的着生位置不同，可分为腋芽和顶芽。按石榴芽的功用不同，可分为叶芽和混合芽。叶芽只抽生发育枝和中短枝；混合芽则可以抽生带叶片的结果枝，因芽内既有花蕾原始体，又有枝和叶的原始体，所以叫混合芽。

（2）枝　　石榴枝条依据其年龄不同，可分为一年生枝、二年生枝和三年生枝。根据枝条功能的不同，又可分为结果枝、结果母枝、营养枝、针枝和徒长枝。依据枝条长度的不同，又可分为叶丛枝、短枝、中枝和长枝。

3. 叶　　叶片作为光合作用器官，是石榴树营养供应的主要部位。石榴叶片，一般为长椭圆形、披针形或侧卵形；叶柄短，叶全缘，叶脉多红色，叶片光滑，叶的正反面均无茸毛；叶片正面蜡质层较厚、反光、抗水分蒸发。

（三）结果特性

1. 花芽分化　　石榴的花芽分化，始于 6 月中旬，并一直延续到 9 月中旬。这一时期正是石榴的叶丛枝、短枝和中长枝陆续停止加长生长、积累营养于芽内并促进分化的时期。分化早的花芽（多数为叶丛枝和短枝）先开花，故有头茬花与二茬花之分，三茬花则在开花当年分化。石榴花芽分化正值开花坐果与果实生长期，因此花果生长与新梢生长之间的营养竞争非常激烈。

2. 开花与坐果　　石榴是自花授粉植物，但同花授粉不能坐果。套袋实验表明，石榴正常花自花结实率很低，仅为 7.0%～8.9%；而异花结实率较高，达 70.0%～75.6%。

石榴成熟时期依地区和品种差异而不同。早熟品种果实生长期为 110d 左右，晚熟品种则为 120d 左右。四川会理、云南蒙自等地，7 月中下旬石榴果实成熟；而陕西临潼、安徽怀远、山东枣庄和河南商丘等地，9 月上旬至 10 月上旬果实方能成熟。

四、对生态条件的适应性

（一）对环境的要求

1. 土壤　　石榴对土壤的要求不严格，各种土壤中一般均可生长，但以砂壤土或壤土为宜，而过于黏重的土壤则影响其生长发育和果实品质。石榴根系生长与土壤温度有关，温度过高或过低都会对石榴根系造成伤害，因此适宜温度为 13～26℃。石榴根系适宜的土壤持水量为 60%～70%。土壤地下水位高低决定石榴垂直根系的生长深度，因此应设法保持地下水位线在土层 0.8m 以下。石榴根系正常生长的土壤氧气含量一般不低于 15%。一般认为石榴在 pH 4.5～8.5 时都能生长，但以 pH 6.5～7.5 最适宜。

2. 温度　　石榴性喜温暖，适宜的年平均气温为 15～16℃。冬季休眠期能忍受一定的低温，但当温度达到 −15℃时树体则会发生冻害。根据陕西临潼和安徽怀远等地的调查报告，气温在 −20℃时大部分枝被冻死，且在 −17℃时已出现冻害。石榴在生长期内的有效积温需要 3000℃以上。

3. 水分　　石榴较耐干旱，但在生长季节则需要有充足的水分，因此，要根据土壤墒情和树体生长发育期，合理灌溉。石榴整个发育期主要有 4 次灌水：萌芽水、花前水、果实膨大水、封冻水。同时，雨季要及时排水，果实发育后期控水减轻裂果。

4. 光照 石榴园中作用于树体的光有直射光和漫射光两种。在不同光照条件下，石榴的生长和结果也有差异。石榴能很好地吸收和利用直射光，但直射光并非越强越好，过强会造成土壤和大气干燥，尤其在缺少灌水时，石榴植株易形成矮小株丛。以漫射光为主的地区（或季节）光线较弱，而弱光有利于枝条间节伸长，且营养生长旺盛；因此，春雨绵绵和夏季湿热的地区，对石榴开花坐果不利，易造成植株徒长。

石榴栽培以年日照时数多为好。生长季节晴朗日多，日照百分率就高，则有利于光合产物的积累，果实着色艳丽，品质优良。因此，充足的日照是石榴经济栽培区形成的必要因素之一。

（二）生产分布与栽培区划分

石榴在我国分布范围较广。在气候方面，横跨了热带、亚热带、温带 3 个气候带。年平均气温 10.2～18.6℃，≥10℃年积温为 4133～6532℃；年日照时数为 1770～2665h；年降水量为 55～1600mm；无霜期为 151～365d。在土壤方面，适应了热带、亚热带、温带的 20 余个土种，pH 为 4.0～8.5。石榴为人工分布的果树，其分布最低海拔为 50m（安徽怀远），最高海拔为 1800m（四川会理）。石榴在我国的分布，北界为河北省的迁安、顺平、元氏和山西省的临汾、临猗，其北界极端最低气温为－18.0℃；南界为海南省最南端的乐东、三亚；西界为甘肃省临洮、积石山保安族东乡族撒拉族自治县到西藏自治区贡觉、芒康一线；东界至黄海和南海。石榴水平分布的地理坐标为东经 98°～122°、北纬 19°50′～37°40′。根据石榴产区地理、气候及生态条件的不同，可将我国划分为 8 个栽培区。

1. 山东栽培区 山东省石榴主要分布在枣庄市的峄城、薛城和山亭等地，是我国古老的石榴主产区之一。另外，泰安、济宁、临沂、烟台等地区也有零星分布。目前栽培面积达 1 万 hm^2，年产量约 14 万 t。

2. 河南栽培区 河南省是我国石榴栽培最早的地区之一，主要产区分布于郑州市荥阳市、巩义市，洛阳市易阳县，开封市开封县，新乡市封丘县，商丘市虞城县，信阳市平桥区等地。石榴栽培总面积 1.2 万 hm^2，年产量 7 万 t 左右。

3. 安徽栽培区 安徽省是我国石榴最大的产区之一。现有石榴栽培面积 0.67 万 hm^2 以上，主要分布在怀远、淮北、濉溪、萧县、巢湖等地。其中以怀远、淮北两地出产的石榴最为有名，现为安徽石榴的两大主产区，占全省石榴栽培面积的 90% 以上。

4. 陕西栽培区 陕西产区以临潼为主，还有乾县、礼泉县、富平县等地。面积和产量最大者是临潼产区，总规模达到 0.8 万 hm^2，年产量近 10 万 t。

5. 四川栽培区 四川产区是我国石榴生产规模最大的产地之一，主要分布于凉山自治州的会理、西昌、德昌、会东等县和攀枝花市的仁和区。其中栽培规模较大且已形成产业的涉及 40 余个乡镇，目前栽培面积达 2 万 hm^2 以上，年产量 20 余万 t。

6. 新疆栽培区 新疆石榴栽培历史悠久，是我国最古老的产区之一。主要集中在南疆喀什地区的喀什市、叶城县、策勒县、疏附县，和田地区的和田县、皮山县，阿克苏地区的库车县和克孜勒苏柯尔克孜自治州等地区，北疆只占很少一部分。该地区冬季寒冷（区内极端最低温度－24.1～－22.7℃），需要埋土越冬。

7. 云南栽培区 云南石榴产区主要分布在红河州的蒙自市建水县、滇北的昭通市巧家县、曲靖市会泽县、楚雄州元谋县等地，全区现有石榴栽培面积 1.4 万 hm^2，年产量 22 万 t。

8. 河北栽培区　　河北石榴产区主要在石家庄市元氏县，近年来在太行山区的井陉县、赞皇县、顺平县、平山县、磁县等地也有少量栽培。该区栽培总面积约 0.58 万 hm²，年产量达 2.2 万 t。

除上述 8 个主产区外，其他主要栽培地区还有甘肃的徽县、临洮，湖北的黄石、荆门，湖南的湘潭，山西的临猗，江苏的如皋、南京、徐州，浙江的义乌、萧山、富阳，广东的南澳，广西的梧州及宝岛台湾等地。

五、栽培技术

（一）苗木繁殖

优质苗木的繁殖和生产对促进石榴产业可持续发展具有至关重要的作用。石榴苗木的繁殖方法分为有性繁殖（实生）和无性繁殖。无性繁殖又分为扦插繁殖、嫁接繁殖、分株繁殖和压条繁殖。其中，扦插繁殖是目前生产中最主要的繁殖方法，现分别介绍如下。

1. 有性繁殖（实生）　　石榴种子繁殖变异大、童期长、结果迟，主要用于杂交育种。

2. 无性繁殖

（1）扦插繁殖　　使石榴的枝条，在一定条件下生成新根和新芽，并最终形成一个独立植株的繁殖方法称为扦插繁殖。在主产地，扦插繁殖为石榴主要的繁殖方法。

（2）嫁接繁殖　　石榴嫁接繁殖可使劣质品种改接成结果多、品质优、抗逆性强的优良品种，从而提高观赏价值和经济效益。石榴嫁接用得最多的是皮下接、切接、劈接等枝接法。枝接法一般在萌芽初期即 3 月下旬至 4 月中旬进行。

（3）分株繁殖　　石榴分株繁殖可选良种根部发生的健壮根蘖苗，挖起栽植，一般于春季分株并立即定植为宜。可在早春芽刚萌动时进行，将根际健壮的萌蘖苗带根掘出，另行栽植。

（4）压条繁殖　　石榴可以利用根际所生根蘖，于春季压于土中，至秋季即可生根成苗。

3. 苗木出圃

（1）出圃时间　　秋季落叶后至土壤冻结前或翌年春季土壤解冻后至萌芽前，为石榴苗的出圃时间。

（2）起苗方法　　起苗应在暖和的天气条件下进行，要按品种起苗。起苗时，要尽量多带根系，不伤大根。起苗后应用湿土掩埋保护根系。

（3）苗木分级　　苗木出圃后，按照苗木质量分级标准进行分级（表 12-1）。

表 12-1　石榴苗木质量分级标准

苗龄	等级	高度/cm	地径粗度/cm	侧根数/个	根系
	一	≥80	≥1	≥6	完好无伤根
1 年生	二	60～80	0.7～1	4～6	无大伤根
	三	40～60	0.5～0.7	2～4	少数伤根
	一	≥120	≥2	≥10	完好无伤根
2 年生	二	100～120	1.5～2	6～10	无大伤根
	三	80～100	1～1.5	4～6	少数伤根

注：①本标准以单干苗为对象制定，多干苗高度、地径粗度可相应类比降低，侧根数不变。②侧根数以侧根粗度≥5m 为标准计算。③所有苗木须经检疫合格

（4）苗木假植 苗木大量假植时，应选择避风、平坦处，东西向挖宽 10～15m、深 30～40cm 的假植沟，长度根据苗木数量和地形而定。

（5）苗木检疫 苗木落叶后出圃前应进行产地检疫。

（二）规划建设

石榴树栽植前，对建园地点的选择、规划及对土地的加工改造和改良很重要，要做到合理规划、科学建园。适宜栽树建园地点的选择，尤其要考虑石榴树种的生态适应性和气候、土壤、地势、植被等自然条件及无公害生产环境的条件要求。相关内容参照本书第五章。

（三）土肥水管理

1. 土壤管理 各地土壤状况存在较大差异，应根据果园土壤具体情况采取相应的管理措施。石榴园土壤管理主要包括水土保持、土壤耕翻熟化、中耕除草、间作和地面覆盖等。相关内容参照本书第六章。

2. 肥料管理 合理施用肥料是优质高档石榴园管理的重要措施之一。目前很多石榴园施肥量不足或盲目施肥，导致肥力不足及肥料的浪费和污染。基肥是一年中较长时期供应树体养分的基本肥料，其最适宜的施用时期是秋季果实采收后至落叶前。石榴树的追肥一般在生长季节进行，根据植株生长状况决定追肥次数，并分期适量施入，一般园地 1 年追肥 2～4 次。施肥方法主要包括环状沟、条状沟、放射沟、穴状和全园施肥。

3. 水分管理 虽然石榴树较耐旱，但是为了保证植株健壮和果实正常生长发育，达到丰产优质的目的，则必须满足其水分的需求。在一些需水高峰期，需根据土壤条件和品种特性的不同，进行适时适量的灌水。一年中一般灌水 4 次，时期为萌芽前、开花前、幼果期及果实膨大期、封冻前。确定灌水技术和方法要本着节约用水、提高效率、减少土壤流失的原则，主要分为沟灌、盘灌、穴灌、喷灌、滴灌、浸灌。

水分适时适量供应是保证石榴树生长健壮和高产优质的重要措施之一。如果水分偏多，则导致树体生长过旺，秋梢生长停止晚，发育不充分，抗寒性差，冬季易受冻害。因此，石榴园要因地制宜地安排好排涝和防洪，尽量减少雨涝和积水造成的损失。

（四）整形修剪技术

石榴整形修剪针对石榴树的生长结果习性进行。根据生长势强弱及品种的特性，通过整形、修枝，促进石榴营养生长和生殖生长的平衡，创造高产优质的树形结构，以获得理想经济价值。

1. 整形修剪时期和方法

（1）修剪时期 石榴树的整形修剪时期分为冬季休眠期修剪和生长季修剪。

（2）修剪方法 石榴树冬季休眠期修剪和生长季修剪，其修剪方法有所不同。

冬季休眠期修剪以培养、调整树体结构，选配各级骨干枝，调整安排各类结果母枝为主要目的，一般采用疏枝、短截、长放、回缩等方法；生长季修剪能改善树冠通风透光的状况，调节营养物质的运输和分配，缓和幼树生长势并提早进入结果期，对防治病虫害和提高果实品质等具有重要作用。生长季修剪主要措施包括：抹芽、摘心、扭枝、疏枝、拿枝等。具体内容参见本书第六章。

2. 石榴常用树形 石榴为强喜光树种，生产上多采用单干式小冠疏散分层形、单干三主枝自然开心形、三主枝自然开心形和扇形等树形。

（1）单干式小冠疏散分层形　　此树形具有骨架牢固紧凑、立体结果好、管理方便、结果早、利于优质丰产等优点。该树形主干高 40～50cm，中心干三层留 6 个主枝。第一层三主枝基本方位接近 120°，主枝与主干的夹角为 50°～55°；第二层主枝留 2 个，距第一层主枝 60～70cm，与主干夹角为 45°～50°；第三层主枝留 1～2 个，距第一层主枝 60～70cm，与主干夹角为 40°～45°。每个主枝上配 2～3 个侧枝，并按层次轮状分布。

（2）单干三主枝自然开心形　　此树形具有树冠矮小、通风透光、成形快且骨架牢固、结果早、品质优、易整形修剪、方便管理等优点，是一种丰产树形。该树形主干高 50cm，一层三主枝基本方位近 120°，间距 20cm，在每个主枝两侧 50cm 左右交错配置 2～3 个侧枝，侧枝上再配置大、中、小型结果枝组。主枝与主干的分枝角控制在 45°～50°，以保证树冠开张。

（3）三主枝自然开心形　　此树形具有通风透光、成形快、结果早、品质优、易于整形修剪、方便管理等优点，是石榴丰产树形之一。从基部选留 3 个健壮的枝条，通过拉、撑、吊等方法将其方位角调为 120°，水平夹角为 40°～50°。每个主枝上分别配 3～4 个大型侧枝，第一侧枝的方向应与主枝相同，且距地面 60～70cm，其他相邻侧枝间距 50～60cm。每个主枝上分别配 15～20 个大、中型结果枝组，树高控制在 2.5m 左右。

（4）扇形　　新疆为我国重要的石榴产区之一，为了保证石榴安全越冬，新疆一般采用匍匐栽培。入冬前将树体收拢并埋土，在翌年春季出土。无主干，全树留 4～5 个主枝，每个主枝培养 2～3 个侧枝，侧枝在主枝两侧交错着生，间距 30cm 左右。主枝下部 40cm 内的分枝和根蘖全部剪除。各主枝与地面以 60°夹角向正南、东南、西南方向斜伸，呈扇面分布，且互不交叉重叠。该树形适于密植，株行距（2～3）m×4m，栽苗 56～83 株/667m²。

（五）花果管理技术

花果管理是现代化石榴园栽培中的重要措施，采用适合的花果管理技术，是石榴树连年丰产、稳产和优质的保证。生产中花果量的调整主要靠两种途径来完成：一是保花保果，二是疏花疏果。相关内容参照本书第六章。

（六）病虫害防治技术

1. 主要病害

（1）干腐病　　为果实生长期和贮藏期的主要病害，也可侵染花器、果台和新梢。5 月上旬开始侵染花蕾，以后蔓延至花冠和果实，直至一年生新梢。幼果发病首先在萼筒或表面产生豆粒状大小、不规则、浅褐色病斑，并逐渐扩大为中间深褐、边缘浅褐的凹陷病斑，再深入果内，直至整个果实变褐腐烂。干腐病的感染发病与品种有关，青皮类为高抗品种，红皮类次之，白皮类最不抗病。7～8 月是北方地区高温、高湿的雨季，是该病的高发期。

防治方法：及时清除病果、病残枝，减少菌源。坐果后及时套袋，切断侵染途径。休眠期喷洒 5 波美度石硫合剂或 30%绿得保悬浮剂 400 倍液。从萌芽至采收前 15d，喷洒 40%多菌灵胶悬剂 500 倍液，共喷药 4～5 次。

（2）褐斑病　　主要危害石榴叶片和果实，在我国石榴栽植地区均有发生，危害程度因地区、栽培管理水平及气候条件而异。叶片受侵染后，初为黑褐色小斑点，扩展后呈近圆形，靠中脉及侧脉处呈方形或多角形，直径 1～2mm，相邻病斑融合后呈不规则形。病斑边缘黑色至黑褐色，微凸，中间灰黑色。果实上的病斑近圆形或不规则形，黑色、微凹，有灰黑色绒状小粒点。果实着色后，病斑外缘呈淡黄白色。7～8 月为发病高峰。

防治方法：冬季清园时，清除病叶、枯枝，集中烧毁，以减少越冬菌源。加强肥水管理，及时修剪保证通风透光，雨季及时排水，保持强壮的树势，增强抗病力。发病前及初期喷波尔多液重量比 1∶1∶160 或 80%多菌灵可湿性粉剂 600～800 倍液，连续喷药 2～3 次，防治效果较好。

（3）疮痂病　该病原菌主要侵染枝干和果实，尤其在 2 年生石榴枝干上比较多见。在枝干上，病斑主要出现在自然孔口处，初为圆形或椭圆形隆起，而后病斑逐渐扩大，呈圆形、椭圆形或不规则形，大小不一，严重时多个病斑连在一起，并使表皮发生龟裂，粗糙坚硬，甚至露出韧皮部或木质部，致使树势衰弱。病原菌侵染果实，主要使果皮表面粗糙，严重时造成果皮龟裂，大大降低了果实的品质和观赏价值。

防治方法：发现病果及时摘除，减少初侵染源。石榴树发芽前全树喷布 5 波美度石硫合剂，树干要重点喷。春季轻刮枝干部的病斑，然后用 35%百菌敌 5 倍液涂刷。发病前及发病初期，用 50%多菌灵可湿性粉剂 500 倍液。

（4）枯萎病　该病主要侵染老树龄石榴树。发病初期，在树干基部呈细微纵向开裂，剥开皮部可见木质部变色，其横截面可见放射状暗红色、紫褐色至深褐色或黑色病斑。发病中期，在树干不同的高度部位可见梭形病斑开裂，呈逆时针螺旋式向上蔓延，叶片开始变黄和萎蔫，树梢部位开始落叶。发病后期，受害植株叶片全部凋落，枝条枯萎或整树枯死。根部受害症状表现为主根或侧根表面产生黑褐色梭状病斑，其上产生黑褐色霉层，肉眼可见黑色毛状物。

防治方法：建立新园或者扦插苗繁殖时应选择未发生过石榴枯萎病的田块，必要时可对土壤先进行消毒或熏蒸处理，采用"根腐消"（枯草芽孢杆菌）进行土壤处理，同时使用针对地下害虫的杀虫剂，可起到一定的预防作用。

2. 主要虫害

（1）桃蛀螟　桃蛀螟属鳞翅目、螟蛾科，主要以幼虫蛀食果实危害，果实危害率一般为 40%～50%，严重者可达 90%以上，甚至造成绝产。幼虫通常从萼筒、果与果、果与叶、果与枝的接触处钻入果实，果实受害后，蛀孔处常有黑褐色颗粒状粪便堆积或悬挂，果实内充满虫屎，易引起裂果和霉烂，无法食用。

防治方法：清除越冬寄主中的越冬幼虫及蛹。果实套袋，在坐果后及时喷药套袋。萼筒塞药棉或抹药泥，用废旧棉花蘸 90%的敌百虫晶体 1000 倍液制成药棉，或用药液加黏土制成药泥，塞入（抹入）萼筒，要把整个萼筒塞严实。诱杀成虫，利用黑光灯或糖醋液诱杀成虫。

（2）桃小食心虫　鳞翅目，果蛀蛾科。成虫主要在石榴果面上产卵，一般每个果上只产 1 粒卵。幼虫孵化后很快蛀入果内，蛀入孔微小，不易被发现。4～5d 后，被蛀果实沿蛀入孔出现直径约 3cm、近圆形的浅红色晕，后加深至桃红色，在背阴果面上此红晕尤为明显。幼虫蛀入石榴后从果心或在果皮下取食籽粒，虫粪留在果内直到幼虫老熟，在脱果三四天前才从脱果孔向外排粪便，粪便黏附在孔口周围，此时虫果最易被发现。

防治方法：在越冬幼虫出土前，用宽幅地膜覆盖在树盘地面上，防止越冬代成虫飞出产卵。在幼虫出土和脱果前，清除树盘内的杂草及其他覆盖物，整平地面，堆放石块诱集幼虫，然后随时捕捉。桃小甲腹茧蜂产卵在桃小卵内，以幼虫寄生在桃小幼虫体内，当桃小越冬幼虫出土作茧后被食尽。

（3）石榴茎窗蛾　属鳞翅目，网蛾科（窗蛾科），别名花窗蛾、钻心虫。该虫主要蛀食石榴枝梢，使其枯死，严重破坏树形结构；甚至蛀入主干，降低结果率，严重时整树死亡。初孵幼虫 3～4d 后便自腋芽处蛀入新梢，受害梢枯萎死亡，极易发现。幼虫沿隧道向下蛀食，排粪孔的直径随幼虫增大而增大，受害枝条上最少有 2 个排粪孔，枝条易折断。

防治方法：春季石榴发芽后，发现未发芽的枯枝应彻底剪除，以消灭其中的越冬幼虫。7月初开始要经常检查枝条，发现枯萎的新梢应及时剪除，剪掉的虫枝及时烧掉，以消灭蛀入新梢的幼虫。趁着冬季修剪剪除虫蛀枝梢，消灭越冬幼虫。成虫产卵盛期树上喷药消灭成虫、卵及初孵幼虫，每隔 7d 左右喷 1 次，连续 3～4 次，药剂可用 20%速灭杀丁 2000～3000 倍液或 2.5%敌杀死 3000 倍液。

（4）蚜虫　　危害石榴的蚜虫有棉蚜和桃蚜，以棉蚜为主。俗称腻虫，属同翅目，蚜科，为世界性大害虫。蚜虫危害当年生枝顶端嫩梢、幼叶及花蕾，成虫、若虫群集，均以口针刺吸汁液，大多栖息在嫩梢、幼叶及花蕾上，并排出大量黏液，易引起煤污病。嫩叶及生长点受害，造成叶片卷曲，花蕾受害后萎缩，影响生长和坐果。

防治方法：在秋末冬初刮除翘裂树皮，清除园内枯枝落叶及杂草，消灭越冬场所。瓢虫等天敌对蚜虫有一定的抑制作用，要注意保护天敌。有效药剂有 70%吡虫啉 WP 3000 倍液、5%啶虫脒 EC 2000 倍液。

（5）石榴绒蚧　　属同翅目，绒蚧科。石榴绒蚧以成虫、若虫刺吸石榴树嫩梢、枝、叶、花（蕾）、幼果、果实的汁液，致使嫩梢、枝、叶养分供给不足，叶黄枝萎，树势衰弱，枝条枯死，致使花（蕾）、幼果、果实表皮出现斑点，影响外观。在前期干旱时该虫潜入果实萼筒花丝内或果与果、果与叶片相接处栖息、取食危害，致果皮伤口，是煤污病滋生和干腐病发生的传播媒介。

防治方法：利用天敌。红点唇瓢虫和寄生小蜂是介壳虫的天敌，捕食量大，所以凡有瓢虫和寄生蜂的地区应注意加以保护。冬季用 5 波美度石硫合剂进行防治。

第十三章　枇　杷

一、概述

（一）枇杷概况

枇杷（*Eriobotrya japonica* Lindl.），别名卢橘，蔷薇科枇杷属植物，为亚热带水果。多数产区在 4～6 月采收，此时正值水果淡季。台湾、福建产区成熟较早，在 3～4 月，并有少量在春节上市。

枇杷果实色泽美观，果肉柔软多汁，营养丰富。每 100g 果肉含蛋白质 0.4g、脂肪 0.1g、碳水化合物 7g、粗纤维 0.8g、灰分 0.5g、钙 22mg、磷 32mg、铁 0.3mg、维生素 C 3mg、类胡萝卜素 1.33mg，并含有人体所必需的 8 种氨基酸。果实除鲜食外，还可加工制成糖水罐头、果脯、果酱、果酒、饮料等。

枇杷全身都是宝。枇杷果实具有润喉、止咳、健胃、清热等功效，被誉为保健水果。枇杷叶片、花、树皮、根等均含有大量的熊果酸、齐墩果酸等三萜类化合物、酚类化合物及苦杏仁苷等生物活性成分，是预防癌症的良药。枇杷种子可作为生产工业淀粉或乙醇的原料。枇杷花有香味，大多在秋、冬季开放，是难得的优良蜜源，也可加工成枇杷花茶。枇杷树是很好的园林绿化和庭院美化树种，树冠整齐，四季常青，果实鲜艳，耸金叠翠，古人称赞它"树繁碧玉叶，柯迭黄金丸"。

（二）历史与现状

我国是枇杷的原产地，野生枇杷在我国四川（大渡河中下游）、湖北、云南、贵州等省分布广泛。我国枇杷生产的最大省份随生产成本、土地资源等因素而变化，从 20 世纪 80 年代的浙江，到 20 世纪 90 年代的福建，再到 21 世纪的四川。目前来看，主要产区分布在福建（莆田、云霄）、浙江（余杭、台州路桥）、江苏（苏州吴中、扬中）、四川、重庆、上海、云南、安徽、台湾等省（自治区、直辖市），其次为湖南、湖北、江西（成都龙泉、仁寿）、广东、广西等省（自治区、直辖市），贵州、河南、陕西、甘肃甚至西藏的局部地区也有少量面积的栽培。

枇杷在我国栽培至少有 2000 年的历史，且在 1000 多年前已有成片种植，新中国成立以前产量只有 2.5 万 t。改革开放以来，枇杷发展迅速，不仅老产区扩大，而且还出现很多新产区。例如，四川仁寿县的文宫镇从零开始，10 年内成片发展了 1000 多公顷，被国家命名为"中国枇杷之乡"。我国是世界上最大的枇杷主产国，估计年产量在 20 万 t（其中台湾近 1 万 t），约占全球年产总量的 2/3；其次是日本，年产量 1 万余吨。

我国枇杷在 1000 多年前就传到日本，称为唐枇杷，目前栽培的原始种则是 18 世纪以后传去的。除日本外，印度、美国、法国、以色列、意大利、西班牙、格鲁吉亚、阿尔及利亚、埃及、巴西、墨西哥、智利及澳大利亚等国家也有少量栽培，其原始种都是从我国或日本辗转传过去的。

二、主要种类与品种

（一）主要种类

枇杷属于蔷薇科（Rosaceae）苹果亚科（Maloideae）枇杷属（*Eriobotrya* Lindl.），与欧楂属（*Mespilus*）、石楠属（*Photinia*）和山楂属（*Crataegus*）亲缘关系较近。枇杷属名 *Eriobotrya*，希腊文的原意为多茸毛的圆锥花序（*erio* 为茸毛、*botrya* 为花序），该属共有 30 余个种类（包括种、变种和变型），其中约有 20 个种或变种原产于我国，其中多数原产于长江中下游及西南山地，一个种原产于台湾，目前这些种绝大多数已迁地，保存在华南农业大学园艺学院野生枇杷种质资源圃内。最常利用的有 5 个种和 1 个变种，但作为人工栽培的仅 1 个种。

1. 普通枇杷（*Eriobotrya japonica* Lindl.）　　常绿小乔木，高可达 6～10m。树皮灰褐色，粗糙。新梢密被锈色茸毛。叶片近无柄，革质，披针形、倒卵形或长椭圆形，叶缘有锯齿状缺刻，叶背密被锈色茸毛。花序为圆锥状、复总状，具芳香，长 10～16cm，花径 1～2cm。果球形或倒卵形，果皮橙红色或淡黄色，横径 2～5cm，一般含 2～6 颗暗褐色种子，长 1～1.5cm。在我国枇杷主产区 10～12 月开花，翌年 4～6 月成熟。本种为枇杷属中唯一的栽培种。

2. 栎叶枇杷（*E. prinoides* Rehd. & Wils.）　　分布于云南蒙自及四川西部，生长于海拔 800～1700m 处的河旁或湿润密林中。常绿小乔木，高 4～10m。小枝灰褐色，叶革质，长圆形或椭圆形，叶背密生倒伏状灰色毛茸。圆锥花序顶生，长 6～10cm，花白色，子房半上位。果小，卵形，横径 6～7mm，果味苦涩，肉薄可食，每果种子 1～2 粒。与栽培枇杷亲缘关系较近，杂交和嫁接亲和性均好，可作枇杷杂交亲本和砧木利用。

3. 大渡河枇杷（*E. prinoides* Rehd. & Wils. var. *daduheensis*）　　分布于四川石棉、汉源等地，生长于海拔 800～1200m 处的河旁或湿润密林中。常绿小乔木，高 10m。是栎叶枇杷的一个变种，与栽培枇杷亲缘关系较近，杂交和嫁接亲和力均好。

4. 台湾枇杷〔*E. deflexa*（Hemsl.）Nakai〕　　原产于台湾恒春，分布于广东、台湾和海南等地，生长于海拔 1000～1800m 处的山坡、河边杂木林中。常绿乔木，高 5～12m，叶片集生小枝顶端，较薄，叶背密被锈色茸毛，故又称"赤叶枇杷"。果小，圆形，10 月成熟，味甜可食，可治热病。耐寒力弱，在我国南方高温多雨栽培区可用作普通枇杷的砧木。

5. 大花枇杷〔*E. cavaleriei*（Levl.）Rehd.〕　　四川西部有原生种，分布于长江以南诸省，生长于山坡、河边杂木林中，是我国分布最广的枇杷种类。常绿乔木，高 4～10m，叶片反卷，初具茸毛，继变光滑，叶柄长 2.5～4cm。花大，直径达 1.5～2.5cm，白色，雌蕊 2～3 枚。果较大，近圆形，橙红色，光滑，核 1～2 粒，果味酸甜，可鲜食和酿酒。也可作为普通枇杷的砧木。

6. 南亚枇杷〔*E. bengalensis*（Roxb.）Hook. f.〕　　又称光叶枇杷、云南枇杷，原产于印度、缅甸、泰国、柬埔寨、老挝、越南、印度尼西亚及我国云南，生长于海拔 1000～1900m 处的亚热带常绿阔叶林中。常绿大乔木，高超过 10m，叶两面平滑无毛，表面有光泽，叶柄长 2～3cm。5 月开花，花有山楂的香味。果 7～8 月成熟，椭圆形，横径 1.2～1.5cm，含糖 10%左右，核 1～2 粒，可生食或酿酒。

（二）优良品种及其特性

我国枇杷种质资源丰富，现有栽培品种 300 多个，其中白肉品种约 100 个，其余为红肉品种。其中规模栽培品种有近 100 个，但当家品种不超过 30 个。

枇杷品种分类方法很多，可以依据果肉色泽、果形、成熟期、用途、生态型等进行分类。根据果肉的色泽可分为红肉品种群（红沙）和白肉品种群（白沙）；根据果形可分为长圆形品种群、圆形品种群和扁圆形品种群；根据成熟期可分为早熟品种群、中熟品种群和晚熟品种群；根据用途可分为鲜食品种群和加工品种群；根据生态型可分为北亚热带品种群和南亚热带品种群。

枇杷栽培品种的来源与其他果树一样，过去主要是从长期生产实践中产生的天然变异（芽变）或天然杂交的实生后代中选出来的，而现在则由科技工作者与果农协作开展选种、人工杂交育种或采用人工诱变育种来培育新品种。

1. 白肉品种群 该品种群最突出的特征是果肉呈白色至淡黄色，所含色素以玉米黄质、叶黄素和堇菜黄质为主。果实较小，皮薄肉细，味甜爽口，品质优，适于鲜食，不耐贮运。代表品种有如下几种。

（1）‘白玉’ 20世纪初由苏州市吴中区东山镇白沙村农民汤永顺从实生早黄白沙中选出。花期为10月底至翌年1月上旬，5月底至6月初成熟。果实大，椭圆形或高扁圆形，单果重33g，大者可达36g。果面淡橙黄色，果肉洁白，肉质细腻易溶，果皮薄韧易剥离，汁多，可溶性固形物（TSS）12%～14.6%，风味极佳。每个果实含种子2～3粒。

（2）‘照种白沙’ 180多年前由苏州市吴中区东山镇农民贺照山在实生白沙枇杷中发现。10月底至翌年1月中旬开花，6月上旬成熟。果实呈圆球形或椭圆形，单果重30g。充分成熟时果面淡橙黄色，果皮薄，易剥离，果肉白色，汁多，质地细腻，TSS 13.0%～13.6%，品质极佳。经过长期营养繁殖，已出现一些变异，有长柄照种、短柄照种及鹰爪照种等。

（3）‘青种’ 苏州吴中区金庭镇（洞庭西山）著名品种。5月底至6月初成熟，圆球形，单果重33g，果柄短粗。果面淡橙黄色，斑点集中在向阳面。果实成熟时蒂部青绿色。果皮薄，易剥离，果肉淡橙黄色，肉质细，易溶，汁多，酸甜可口，TSS 11.6%，可食率66.1%～72.9%。本品种丰产质优，缺点是叶片易感病，因此成熟时若遇大雨易裂果，则要求管理及肥水条件要好。

（4）‘软条白沙’ 该品种产于浙江余杭塘栖，为当地品质最优良的古老品种。树势中庸，树形开张，枝细长，较软，斜生，有时先端弯曲。叶片中等大，常带倒垂性。果梗细长而软。果实中等大，为倒卵圆、扁圆或圆形，单果重约25g。果面淡黄色，果皮极薄，易剥。果肉黄白色或乳白色，肉质较细且柔软，汁多味甜美，TSS 13%～18%。果实有核2～5粒，可食率为68.4%左右。在浙江余杭于6月上旬成熟。该品种果实品质极佳，但不耐贮运。成熟前若遇多雨天气，则易裂果。该品种抗性差，管理不善，易引起大小年现象。

（5）‘珠珞白砂’ 又名珠珞白花或白花枇杷，江西安义县新民乡珠珞山区主栽品种。树势中庸，分枝较密，老枝淡黄色，枝长而细软。叶斜生，披针形，叶质坚硬，肉厚。花穗支轴多下垂。果实扁圆形，果顶平广，基部钝圆，平均单果重27.6g，果面淡黄色，皮厚、强韧、易剥，果肉乳黄白色，质软，汁多，清甜，种子平均3.5粒，可食率76.1%，TSS 15.8%，最高达19.8%。5月下旬成熟。该品种丰产，品质较佳，抗寒力强，但病虫害抗力差，易隔年结果。

2. 黄肉中果型品种群 该品种群多属北亚热带品种。枝条硬韧直立，树冠扩展较慢，叶小，果小至中等，风味较浓，抗寒性多较强，开花期和果实成熟期不一致。代表品种有以下几种。

（1）‘洛阳青’ 黄岩栽培的优良制罐品种，栽培面积占80%以上。树势强健，树形开张，无中心干，树冠呈圆头形。10月中旬至翌年1月中旬开花，5月中下旬成熟。果实圆形或椭圆形，单果重 33g，最大果重 65g，果形整齐。果实成熟时萼基仍为青绿色。完熟时果皮果肉均为橙红色，果面锈斑少，果实外形色泽均好。果皮厚而韧，易剥离，味稍淡，TSS 9.81%，宜加工制罐，鲜食略差，可食率约 65%。

（2）'浙江大红袍'　　浙江余杭塘栖著名主栽品种，树势及分枝力中等，树形开张，基本上没有中心主干，树冠呈圆头形。6 月初成熟。果皮果肉橙红色，皮厚易剥离。肉质致密，较粗，TSS 12.0%～13.0%，风味浓，品质佳，可食率 65%～72.9%。该品种有尖头、平头和大叶三个品系。果实抗日烧病，耐贮运，适于鲜食和加工。肥水不足时易早衰减产。

（3）'夹脚'　　浙江余杭塘栖主栽品种之一。树势强健，树形紧凑，较直立，分枝角度仅40°左右。10 月中至翌年 2 月中开花，果实 6 月上成熟。果实椭圆至卵圆形，多歪斜，单果重33g，最大果重 50g。果面麦秆黄色，果肉橙黄色，质地疏松，汁液较多，TSS 10.0%～12.0%，甜酸适度，可食率 68%。丰产稳产，抗病性及抗冻力较强，为鲜食及加工兼用品种。缺点是耐运性及品质不如'大红袍'。

（4）'光荣'　　安徽歙县绵潭村张光荣用种子播种选育而成，为当地主栽品种。5 月下旬至 6 月上旬成熟。果实长圆形，单果重 45g，最大 60g。果面及果肉均为橙红色，果皮上密布黄白色斑点，果粉多。皮中等厚，较韧，易剥离，较耐贮运。肉质柔软，汁多，TSS 10%，略有香气，品质较好，可食率 71%，可鲜食和加工。

（5）'安徽大红袍'　　安徽歙县"三潭"枇杷地区主栽品种之一。树势较强，树姿半开张，枝条较软。叶片较厚，质硬，叶缘向内旋转。果实圆球形，萼孔开张，呈五星状，故又名"五星枇杷"。单果重 39.5g。果皮橙红色，厚而易剥离。果肉厚 0.98cm，可食率 70.2%，TSS 9.2%，含酸量 0.24%，汁多，味淡甜。种子 3～5 个。本品种抗寒，丰产。果实 5 月下旬成熟，耐贮运，鲜食、加工均宜。

3. 黄肉大果型品种群　　该品种群多为南亚热带品种。生长量大，树冠扩展快，树形较开张，木质疏松，叶片较大。开花期和果实成熟期较一致。果形大，味较淡，抗寒性较差。代表性品种有以下几种。

（1）'解放钟'　　在福建莆田从'大钟'枇杷的实生苗中选出，果特大，在当地 5 月上中旬成熟，为晚熟品种。果（长）倒卵形，单果重 70～80g，最大果达 172g。果面及果肉淡橙红色，果肉厚，果皮中等厚，易剥离，TSS 11.1%～12.0%，可食率 71.5%，耐贮藏运输，宜鲜食和鲜果外销。缺点是进入结果期较晚，可发生裂果及日烧病。

（2）'早钟 6 号'　　福建省农业科学院果树研究所用'森尾早生'与'解放钟'杂交育成，为当前推广的早熟大果型品种。果实倒卵形或纺锤形，平均果重 40～50g，最大果重 70.5g。果皮及果肉橙红色，肉质细嫩，酸甜适口，TSS 12%，果实可食率 69%。成熟期在福州为 4 月上旬，在成都龙泉驿区为 4 月下旬。早熟、优质、大果、早结、丰产性好。不足之处是果脐周围绿色和成熟前遇多雨，外观欠佳。

（3）'大五星'（'龙泉 14 号'）　　由四川成都龙泉驿区，于 1980 年从普通枇杷的实生变异种中选育而成。树势中庸，树姿开张，层性明显。10 月上旬至翌年 1 月开花，果实 5 月中下旬成熟。果实圆形或卵圆形，单果重 62g，最大果重 100g。果皮橙红色，较厚，易剥离。果肉橙红色，肉质细嫩。TSS 11.5%，可食率为 73%，每果平均含 1～3 颗种子。缺点是果实耐贮性较差。

（4）'龙泉 1 号'　　果形大，果面橙色，果肉厚，橙红色，易剥皮。甜酸适度，质地细嫩，TSS 11.9%，可食率 70.85%，品质中等。平均单果重 58.31g，最大果重 68.7g，长卵圆形，果面橙红色,果皮被浅色茸毛,易剥皮,果肉橙红色,果肉厚 0.98cm,平均种子数 4 粒,可食率 70.85%,可溶性固形物 11.4%。5 月上、中旬成熟。

（5）'长红 3 号'　'长红 3 号'属于中熟偏早的品种,一般在 4 月中旬或者下旬成熟。果实为长卵形或者洋梨形,单果重 45g 左右,最大可达 70g 以上。果面洁净,橙黄色,锈斑少,果皮容易剥离;果肉厚,为淡橙红色,味道清甜可口。本品种抗逆性强,丰产、稳产。果实较大,且大小均匀,果肉厚而核少,是优良的制罐和鲜食品种。主要缺点是果肉风味偏淡。

三、枇杷的生长发育

（一）生物学特性

1. 形态解剖学特征　枇杷为常绿小乔木,自然树冠呈圆头形,枝条较稀疏,幼年至盛果期前层性明显。顶芽大而裸露,密被锈黄色茸毛。腋芽小而扁平,紧贴叶腋。有些腋芽极小或未明显发育,故一些叶腋或叶柄痕上见不到芽体。紧靠顶芽下方的一两个腋芽极易同时萌动,易被误认为有 2～3 个顶芽。叶多为倒卵形至长椭圆形,少数为倒披针形。叶面革质,叶背有锈色茸毛,叶缘有锯齿状缺刻,3/8 叶序,互生,叶大而厚,长 10～15cm,宽 3～10cm,因品种而异。顶生复总状花序,长 10～20cm。花序主轴上有 5～10 个侧轴,有的侧轴还有三级小分轴。通常每穗有几十至成百朵小花,最多可达 200 朵。花萼、花瓣、花柱、心室均为 5 出数。花萼绿色,5 浅裂,萼管短,密被茸毛。花瓣 5,黄白色,倒卵形,内面近基部有毛。雄蕊 20 枚,排成 2 轮,花柱离生基部联合。子房下位,5 个心室中各有 2 个胚珠。

枇杷果实为假果,系由花托、子房壁和花萼共同发育而成。花托形成果肉,花萼形成萼筒,子房壁形成包在种子外面的内膜。外果皮较薄。成熟时果皮淡黄色至橙红色,果肉乳白色至黄色。果圆球形、倒卵形或扁圆形。果内 10 个胚珠部分败育,通常仅 1～5 个发育为成熟的种子。

2. 生长发育特性　枇杷为我国亚热带常绿阔叶果树,生长旺盛迅速。

嫁接苗定植后第 2～3 年开始结果,第 3～5 年为结果初期,第 6～30 年为盛果期,每 $667m^2$ 产 500～1000kg,单株产量可高达 200kg 以上,经济寿命 40 年左右,实生树寿命超 100 年。

在温度适宜的情况下,根、枝、叶周年进行生理活动,无明显休眠期。

（1）根系　枇杷的根系由主根、侧根和须根组成。枇杷本砧根系通常较浅。4～5 年生幼树,主根生长占最主要地位,可深达 1～1.5m。随树龄增加,主根生长转弱而侧根生长发达,并向周围扩展,但鲜少超出树冠范围,多数吸收根分布在 10～50cm 的土层中,很少深达 1m 以下。

枇杷根系活动较柑橘早,土温 5～6℃时开始生长,9～14℃时生长最旺,18～22℃时逐渐缓慢,30℃以上基本停止。枇杷根系一年中有 3～4 次生长高峰,一般与地上部分生长有交替现象,一般根系比枝梢早 2 周。1 月底至 2 月初是根系生长的第一次高峰,比春梢早半个月左右,是全年生长最多的一次;5 月中旬至 6 月上旬、8 月中旬至 9 月中旬分别在夏梢和秋梢前各有一次小高峰;10 月至 11 月底是根系的第 4 次生长高峰,这次的生长量仅次于第一次。与很多果树不同的是,枇杷的根系即使在冬季也并未完全停止活动。

枇杷细根多,粗根少,需氧量大,再生力弱,不耐湿,因此栽培中应注意尽量少伤根,浇水不可过多。

（2）枝条　枇杷幼树主干具有顶端优势,层性明显,干性强,有抽轮生枝的特性。顶芽和邻近的几个侧芽能萌发新梢,多的有 5～6 枝,易形成卡脖现象,在整形修剪时要予以调整。

与一般果树正好相反，枇杷顶芽枝短壮，侧芽枝细长，容易衰弱，需要回缩更新。

枇杷枝梢按抽枝季节分为春梢、夏梢、秋梢、冬梢。在南亚热带和中亚热带一年能抽 4 次梢，特别是旺盛的幼树易抽发冬梢。北亚热带一般只有 3 次梢，没有冬梢。由于季节、温度、雨量、营养吸收的不同，各次梢的形态和特性各异。无论是哪一季抽发的枝梢，凡是顶芽是叶芽的，均称为营养枝或生长枝；顶芽是混合芽，能抽生结果枝的称为结果母枝，着生结果母枝的枝条称为结果基枝。

1）春梢。1 月下旬至 4 月抽生的枝梢称为春梢（广东一般在 1 月即开始萌发春梢）。春梢一般从上年的营养枝、疏穗、疏花、疏果后的断口或落花落果枝抽生。幼树及开花结果少的树春梢发生早，多而整齐，长 5～15cm，充实强壮，叶片大，枝粗短，节间较密，叶色浓绿。开花结果多的树春梢抽生较少、较迟。

枇杷树春梢的数量和质量对枇杷的生长结果特别重要。幼树要利用春梢扩大树冠，结果树要保证 20%以上的枝梢上无花穗而抽生春梢，以保证充足的营养生长，确保丰产，克服大小年现象。

2）夏梢。5 月至 7 月抽生的枝梢称为夏梢（广东一般在 4 月就有夏梢）。夏梢为一年中抽梢最整齐、数量最多的一次。夏梢一般从春梢营养枝、采果前后的结果枝近顶部及头年的果穗基部抽发，枝条长 10～30cm，有早、晚夏之分。

夏梢的顶芽在生长发育中多分化为带有花芽的混合芽，秋季抽发结果枝，这种夏梢是结果母枝，但其粗度必须达到 0.6cm 以上。夏梢生长期中雨水多、温度高，生长迅速，较细，叶片较狭小。枇杷夏梢是主要的结果母枝，每年应该重施采果肥、采果后及时修剪，促使头年果穗基部或当年采果痕处抽发果穗梢或果痕枝。每个基枝保留 1～2 个夏梢，促使夏梢生长发育充实，形成优质花芽，确保枇杷连年丰产。

3）秋梢。8 月中旬至 10 月抽生的枝梢叫秋梢。秋梢一般直接从夏梢或从春梢上抽生。幼树和结果少的树上抽生的营养枝较多，是幼树扩大树冠的主要枝梢之一。与夏梢相似，叶片较小。结果树的秋梢多由混合芽抽生，有的带有几个叶片，称为有叶结果枝；有的不带叶片，称为无叶结果枝。秋雨多的地方，花量少而树势较旺者要控制营养性秋梢的大量抽发，以防引起严重落花、落果。

4）冬梢。11 月至 12 月抽生的枝梢称为冬梢。在冬季温暖的地区，幼旺树在 11 月后会抽发冬梢。而在江、浙、沪、皖冬季气温不高的地区，则不易抽生。冬暖地区生长健壮的幼树上抽生的充实冬梢可以用来迅速扩大幼树树冠，为提早开花结果奠定基础。细弱、不充实的冬梢，无利用价值，一般要及时予以抹除或在修剪时剪除，以减少营养消耗，刺激抽生强壮春梢。

（3）叶　　枇杷的叶片由叶身、叶柄和托叶构成。叶身革质披针形、倒披针形或倒卵形、椭圆形、长圆形，先端渐尖或急尖，基部楔形或渐狭成叶柄，上部及中部边缘有锯齿，基部全缘。表面光滑、多皱，背面有锈色茸毛。托叶钻形，叶柄短或无，托叶和叶柄均有茸毛。叶片大小、形状随品种、枝梢抽生时间及栽培条件而变化，通常以春梢上的叶作为品种的代表。叶是枇杷进行光合作用制造有机养分的主要器官，为树体各部分提供有机营养。因此，叶片数量及生理活性效能，是枇杷产量和质量的保证。

叶片寿命一般为 13 个月，但因各种原因差异很大。老叶是逐渐脱落的，多在新叶同化机能旺盛时脱落，出现新老叶交替的现象。新叶的光合作用效能随叶龄增加而提高，成熟后光合效能达到高峰。由于枇杷叶大，互相遮阴，果实发育期不是叶面积高峰期，而其他果树叶面积高峰期正是果实发育期。因此，栽培上要重视保叶，在修剪时既要防止枝梢交叉重叠，又要争取多发春梢，增大叶面积。如发现提早落叶，应从营养、水涝、干旱、病虫等方面分析原因，对症下药，使其正常生长。

（4）花　　枇杷的花芽分化从开始到开花是连续进行的，不像其他的果树那样有相对休眠期。大多数产区的花芽生理分化期从5月开始，6～8月进入形态分化期。树体内的营养状况是直接影响花芽分化的重要因素。枇杷的花芽分化并不都在芽内进行，花序总轴及支轴在芽内分化，支轴的延伸及小花的分化都在花穗伸出芽外一边生长，一边分化。花芽由新梢顶芽分化形成，春梢顶芽枝、春梢侧芽枝、夏梢顶芽枝和夏梢侧芽枝都可形成花芽。

枇杷的花序为顶生圆锥花序，由一个总轴和5～11个支轴构成，有的支轴上还有小支轴。花穗的大小差异大，大的有花250～300朵，小的只有30朵，甚至更少，一般有花70～100朵。枇杷的单花为完全花，萼片和花瓣各5枚，雄蕊两轮各20枚，雌蕊柱头先端5裂，子房5室，每室内有胚珠2个。

枇杷秋冬开花，花量大。冬季气温的高低影响花期的长短，11～14℃时开花最多；20℃或更高温的条件下，未及花朵开放，花蕾即有可能枯萎脱落而不易形成早果。根据开花的迟早分为头花、二花和三花。江浙地区10～11月开头花，果实大，品质好，但受冻害可能性较大，因此冬季无冻害地区应多留头花；11～12月开二花，果实在大小、品质上均不如头花，但受冻害概率较头花少；1～2月开三花，受冻害的概率最小，但果实小，品质差。

（5）果实　　枇杷幼果由花托、子房和花萼三部分构成。成熟果花托发育膨大为果肉，是食用部分。果实子房内有5个心室，每个果实含种子1～4粒，多的有5～8粒，也有无核的果实。

果实的生长发育期约为4个月，可以分为4个时期：幼果滞长期（1月初至2月底）、细胞迅速分裂期（3月初至4月初）、幼果迅速增长期（4月初至5月上旬）和成熟期（充分成熟前10～15d）。在果实成熟期，皮色由黄绿转为橙黄或乳白，乙烯含量和呼吸先后出现高峰，果实重量不再增加，山梨醇迅速转化为蔗糖、果糖和葡萄糖，果实甜味增加，综合品质达到最佳。

（二）生态特性

枇杷经济栽培时，应选择生态最适宜的地区，个别在次适宜区栽培的必须选择适宜的小气候，以做到优质、高产、高效、可持续发展地生产枇杷。

1. 对环境的要求

（1）气温　　枇杷是较典型的亚热带果树，栽培产区要满足"三五"指标：即年平均气温15℃以上，1月平均温度5℃以上，极端最低气温不低于−5℃。枇杷最适宜年平均气温为15℃左右。当气温上升到30℃以上时，枇杷枝叶生长迟缓，根系停止生长。34℃以上枝叶生长受阻。分化期温度过高，花芽发育不良。果实转色及成熟期如遇高温、干旱，易患日灼病等。

温度过低，枇杷易受冻害，尤其是生殖器官受冻害直接影响当年产量。大多数产区以枇杷的花和幼果越冬，花蕾最耐寒，可耐−8℃低温；幼果对低温敏感，在−3℃时受冻；开放种的花次之。延长低温持续时间及急剧变温会加大冻害的程度。

（2）水分　　年降水量在1000～2000mm，雨水分布均匀的地区，枇杷生长发育良好。土壤水分不足，会导致落叶，影响果实膨大，肉质不良。花芽分化期喜欢干燥一些，因此花期阴雨会降低枇杷花粉的发芽率。果实迅速膨大期雨水过多易发生裂果，延迟成熟，着色不良，风味变淡，尤以皮薄、糖分高的品种更甚。此外，雨水过多时，会导致抽梢与开花结果相矛盾。病虫害较重，排水较差的果园积水，可造成早期落叶和烂根，削弱树势，甚至使树死亡。

（3）光照　　枇杷在幼苗期要求散射光，特别是刚出土的小苗最忌直射光，因此必须要有一定程度的遮阴才对生长有利。成年期要求阳光充足，有利于花芽分化和果实发育，增加糖含量，着色良好，提高果实品质。但过于强烈的阳光不能直接照射树干、果实，以免灼伤。

（4）风　枇杷树冠茂密，地上部远较地下部重（根冠比为 3.64：1），再加上根系浅、粗根少、土壤固定性差，因此容易被风吹倒。冬季低温时，风越大越容易受冻，因此栽植时应避开风口或设置防风林。沿海地区应注意台风危害。

2. 地势、地形和坡向及土壤条件

（1）地势、地形和坡向　枇杷根系对氧气要求较多，怕积水，因此在平地上种植要开沟，以排水好的缓坡或梯地为宜。坡地要求在 25°以下。一般种在阳坡的枇杷生长健壮，果实着色好，成熟比较早，品质较好。地势低洼、冷气容易沉积的地方或山谷封口易受冻害，均不宜种植。

（2）土壤条件　枇杷对土壤要求不严格，但以土层较深、土质疏松、透气性良好的沙质或砾质壤土，有机质＞3%，有一定保水、保肥又不积水的土壤为好。理想的土壤三相占比为：固相 40%～54%，液相 20%～34%，气相 15%～29%。土壤 pH 5.5～8.0 均可生长结果，以 pH 6 最好。枇杷忌连作，因此需轮作一二年生作物。

四、栽培技术

（一）苗木繁育

枇杷种苗可以采用实生、压条、嫁接三种方法进行繁殖。

实生繁殖的枇杷树，一般 5 年以上才开始结果。实生繁殖种苗由于有性繁殖而产生广泛的变异，导致枇杷长势和果实品质不一致。因此，对已经种植的实生枇杷应及时嫁接，改换成良种。压条繁殖数量少，对母树损伤大，目前枇杷苗木繁育以嫁接繁殖最为常用。相关技术参见本书第四章。

（二）建园

枇杷园建园包括园地选择、园地规划、定植等内容，具体可参见本书第五章。

（三）土肥水管理

1. 土壤管理　枇杷园的土壤管理，是枇杷栽培管理的基本内容。果农所总结的"三分栽，七分管"，很通俗地说明了加强管理的重要性。土壤管理包括扩穴改土、间作套种、树盘覆盖等内容。具体可参见本书第六章。

2. 肥料管理　枇杷所需氮、磷（P_2O_5）、钾（K_2O）的比例，幼树为 1：0.58：0.63，结果树为 1：0.75：0.80。生命周期中均以氮肥需要量大。为使枇杷生长发育良好，并获得连年丰产，氮肥要充足，但同时要配合磷、钾肥，才能使果大味浓，增强抗性。

（1）施肥方法

1）土壤施肥。

a. 环状沟施：在树冠滴水线外缘挖宽 60cm、深 30～40cm 的环状沟，施肥后覆土。挖沟位置应随着树冠的扩大逐年扩展。此方法具有简单、经济用肥等优点，但易切断水平根，且施肥范围较小，一般多用于幼树。

b. 放射状沟施：在距树干 1m 以外处，顺着根系的生长方向，向放射状挖 5～8 条、宽为 30～50cm 的沟，将肥施入。这种方法较环状沟施伤根少，但挖沟时也要少伤大根，可以隔次更换放射沟位置，扩大施肥面，促进根系吸收。但施肥的部位也存在一定的局限性。

c. 条状沟施：在行、株间或隔行开沟施肥，沟深 30～50cm、沟宽 20～40cm、沟长小于树冠直径大小，也可结合土壤深翻进行。

2）叶面喷肥。利用植物地上部分的叶面和嫩枝吸收各种养分，也称根外追肥。此法简单易行，用量少，见效快，可及时满足树体的营养需要，同时又可避免磷、钾等矿质元素被土壤固定或被微生物分解。叶面喷施可结合喷药进行，以节省劳动力。常用于叶面喷施的肥料种类有大量元素氮、磷、钾、钙和微量元素、稀土元素、植物生长调节剂、药肥类。

根外追肥的方法：将肥料配制成稀溶液，一般浓度为 0.1%～0.5%。在无大风的晴天，用喷雾器将肥料喷布在叶面、枝梢、幼果上，1～3h 内肥液就被吸收进入树体，经 3～4d 见效。

（2）施肥技术

1）幼树阶段。幼树施肥的主要目的是促进营养生长，迅速增加枝叶量、壮大根系。春、夏、秋、冬 4 季每次抽梢前施好促梢肥，半个月后抽出的新梢展叶时再施一次壮梢肥。肥料以氮肥为主，配合少量的磷肥和钾肥。定植成活恢复生长只需要施用清淡的猪粪水。采用环状沟施，将肥料倒入沟内，渗入土壤后覆盖。

2）结果初期阶段。管理良好的果园在定植后的 3～5 年为结果初期。此期施肥的主要目的是促进开花结果，同时迅速扩大树冠。需要增加施肥量并调整氮磷钾的比例，增加磷钾肥的施用以供开花结果。施肥次数可减少到一年 3～4 次。在春、夏、秋梢抽发前各施一次，着重采果结束前几天及秋季开花初期施用。

3）结果盛期阶段。本阶段树冠扩大速度逐渐放慢，树形已形成。施肥的目的是保持高产稳产，减少大小年幅度。施肥时期与方法基本与上一阶段相同，所不同的是要根据生长结果情况调整施肥量及施肥种类。

4）衰老阶段。一般在 30～40 年后树势减弱逐渐衰老，若管理不善，还会提前。配合更新修剪促进树势恢复，施肥多用以氮肥为主的速效肥。施肥方法可用环状沟施、条状沟施、放射状沟施等，可以单独采用，也可轮流采用。

3. 水分管理 枇杷根系的须根少，又是好气性果树，既不耐旱，也不耐涝，喜温暖、湿润的气候，因此需要一定的雨水和湿润的空气才有利于枇杷生长发育和开花结果，从而提高产量和品质。如果雨水过于集中或过少，洪涝或旱灾，都会给枇杷带来重大影响。因此，枇杷园要做好排灌系统，做到雨季排得快，旱季能灌溉。水源不足的要设置滴水灌溉，以节约用水。因缺水常受干旱威胁的地方，同时要做好地面覆盖。相关内容参见本书第六章。

（四）整形修剪技术

1. 树形 枇杷的树形以自然开心形最好。为方便管理和生产操作，树冠高度宜控制在 2.5m 左右，主干高 30～40cm，主枝一般为 3 个，通过幼树拉枝使主枝与水平约呈 30°，每个主枝再留 2～3 个副主枝，一般水平夹角为 40°～50°，再依次留取 2～3 个分枝，形成分布合理的自然开心形树冠。成年树的冠幅控制在 4.0～4.5m，树冠间距保持 25cm 以上，计划密植果园即将封行时应对临时加密树逐年缩伐和间伐。

2. 修剪方法 修剪可控制树高，便于疏花、疏果、采收等管理工作。此外，合理修剪可以抗御灾害，如合理修剪的树冠积雪量少，则大枝劈裂折断也少；而不修剪的植株则受害严重。整形修剪可以调节生长与结果的关系，使树冠骨架牢固，主从分明，枝条均匀，树冠内外均匀结果，减少大小年结果现象，延长结果年限。

（1）幼树修剪　　新建园的枇杷结合采后修剪，重点以整形为主，应改变过去的自然生长形，逐步分年整形为二至四层结构形。第一层离地高度 50～60cm，以上每层间隔 80～100cm；每层留 3 个枝条以 120°均匀排列，上下层间枝条应错开不能重叠，以保证每层间能通透；增加结果层，培养优质丰产树形。

（2）结果幼树修剪　　结果幼树枇杷冠尚有扩展空间，可不行回缩修剪。重点是促发夏梢和培养强壮结果母枝，疏除交叉枝、密生枝和重叠枝，剪除枯枝、衰弱枝、病虫枝和直立枝，回缩下垂枝。枇杷树结果后，有时采收前就在果痕处抽生夏梢，往往同时萌发向四周伸展生长势均衡的夏梢，也往往成为生长较弱的夏梢，采果后修剪也会萌发多个枝条。因此，对这些枝条最好去弱留强，留 1～2 个生长强壮的枝条，将其他除萌，且除萌越早越好。同一平面内的枝梢应间隔 20～30cm，以利于枝梢生长和开花结果。

（3）成年树修剪　　目前，我国绝大部分枇杷产区未注意整形修剪，且种植较密，导致产量低和品质差，花及幼果易受冻害。近几年来枇杷价格逐年提高，特别是优质果售价更高，果农这才逐步开始对枇杷进行整形修剪。但是，许多果农只是轻微修剪内膛，形成树冠内空外密的树形，树冠枝条上多下少，外多内少，层间距小，骨干枝和主枝多，致使光照不足。对于这种树形，可剪除过密主枝，疏除部分骨干枝，疏散间隔小于 40cm 的层次，使每层间距保持 70cm 左右，每层主枝保持 3～4 个。由于枇杷枝梢伤口愈合能力较差，往往要枯死一段，因此对直径 3cm 以上大枝进行修剪时应留桩 5～10cm，伤口用利器削平，以利于伤口愈合。修剪定形时间因树势而定，树势生长旺盛的可 1～2 年完成；树势衰弱的则应先复壮树势，复壮后的修剪可 3～4 年完成。另外，园内行间应保留间距 80～100cm，以保证园内通透和足够的光照。

（4）弱树和衰老树的更新复壮修剪　　弱树和衰老树都应以回缩更新修剪为主，前提是必须先恢复树势，加强肥水管理，增强树体抵抗力。树势恢复后对骨干枝回缩修剪，大枝重剪，并辅以短截或疏除枝组与枝梢；内膛枝和其他小枝不必过分修剪，待其重新抽发强壮新枝后再行整形修剪。修剪结束后及时施肥，以腐熟有机肥或农家肥为主，施肥量为全年用量的 60%～70%，使其尽快恢复树势，增强抵抗力，为来年丰产做准备。

（五）花果管理技术

枇杷花量大，春梢有 70%～80% 能成为结果基枝（母枝），有时 90% 都是花枝，营养枝很少。花朵全部开放，会消耗大量养分，削弱树势，果实小，品质差，影响果实商品价值，形成大小年。因此，进行疏穗、疏蕾和疏果，可以节省养分，提高果实的质量，使枇杷树持续增产。

1. 疏穗　　疏穗是将整个花穗从基部剪除，留下结果枝上的叶片。气候较好、无冻害的地区，宜在能看清全树的花穗后，且花穗的支轴还没有分离前尽早疏穗；有冻害的地区，疏穗工作可适当延后。过多、过弱花穗或高温期形成的花穗质量差，是疏穗的对象。

2. 疏蕾　　疏蕾一般在支轴刚分离时进行。无冻害地区，疏蕾时宜选留早开的花；有冻害的地区则相反。疏蕾可分为重疏、中疏和轻疏。重疏是将花穗绝大多数支轴剪去，只留下部一个比较健壮的支轴，适于冻害基本没有或极轻的地区；中疏是剪去花穗大多数支轴，留下部 2～4 个健壮的支轴，或留中部支轴，适合冻害较轻的地区；轻疏是剪去花穗上部及主轴上部的 1/2，或再将支轴先端截短，适合可能有冻害的地区。

3. 疏果　　无冻害地区宜早，在能分辨出果实发育好坏时即可进行；有冻害地区应在发生冻害时期之后约 1 周进行。先疏去畸形果、病虫果、伤果及受冻果，然后分 2～3 批疏去较小的和多余的果实。一个果穗上留果多少可根据结果母枝上叶片的多少及长势强弱来确定。一般大果品种留 1～2 个，中果品种留 3～4 个，小果品种留 5～7 个。早熟品种生长期短，留果量要相应少一些。

4. 套袋　枇杷果实套袋可防止农药污染，使果实美观、毛茸完整、色泽鲜艳、营养丰富、品质优良、容易剥皮、躲避鸟害、预防病虫、减少生理损伤及机械损伤。套袋时期一般在最后一次疏果后，或边疏边套。

套袋用的纸对果实的色泽、品质、营养成分等均有影响，宜选用遮光及透气性能较好的纸。新闻纸、牛皮纸及涂油单层道林纸等，颜色有白、黄、橙。袋子的尺寸依果实大小而定，大果品种以单果套袋，纸袋的规格为 10cm×14cm，中果以整穗套袋，规格为 17cm×20cm。成熟期不同的果实，要在袋上作标志，以便分批采收。套袋次序宜从树顶开始，自上而下，自内而外。

（六）病虫害防治技术

1. 病害

（1）生理性病害　由于枇杷果皮较薄，果肉柔嫩多汁，因此在果实膨大期和成熟期容易导致裂果、萎蔫、日灼等生理性病害，部分果园受害果率达 50% 左右，严重影响了枇杷的食用价值和商品价值。

1）影响裂果、萎蔫、日灼的因素。

a. 品种：皮薄的品种容易裂果、萎蔫，长形果比圆形果易裂，白肉种比红肉种易裂。

b. 园地：土质黏重、排水不良、地势低洼的枇杷园容易产生裂果；土层浅而瘠薄，漏水、漏肥的沙土枇杷园容易干旱，如果灌溉条件差，则容易发生萎蔫与日灼；地势良好、土层深厚、有机质丰富、保水保肥的砂壤土，排灌方便的园地，裂果、萎蔫和日灼均发生较轻。

c. 气候：5 月前后果实膨大期的淡黄果遇骤雨或前期干旱后期大量灌水都易造成大量裂果，而雨水正常年份或及时进行均衡灌溉的枇杷园，则裂果发生较少。果实成熟后期遇高温、干旱、强日照，使果面温度升高，水分供应不足，则容易造成萎蔫和日灼，基本上是 2～3d 高温晴天后即大量发生，而且发生后即使灌水遮阴也不能逆转。高温日照越强，萎蔫和日灼发生越严重。

d. 树势：幼树、结果初期树或偏施氮肥的果园，树势和新梢生长旺盛，结果少，枝条直立生长的，容易裂果；而树势较弱，枝细叶少，挂果量多，叶果比小，则容易造成萎蔫与日灼。树势中庸，管理条件好，进行疏花、疏果和适宜的肥水管理，绿叶层厚，挂果适量，营养平衡，叶果比适中的，病果发生较轻。

e. 着果部位：裂果主要发生在树冠上部和外围，直立枝比下垂枝或水平枝容易发生裂果，萎蔫、日灼果也主要发生在被阳光直射的外围枝上，内膛较少，副梢比中心枝容易发生。裂果主要发生在果实膨大期，萎蔫、日灼果主要发生在果实成熟期，过熟果实容易萎蔫，转色较迟、成熟度较低的部分果实也易萎蔫，小果比大果容易萎蔫。

f. 田间管理：病虫害严重，肥水管理较差的果园，病果发生率较高；肥水管理较好，病虫防治彻底，且进行土壤覆盖的果园，则病果发生率较低。

2）防治方法。果实生理性病害一旦发生，即使灌水、遮阴也很难逆转。因此，应坚持"预防为主"的原则，通过综合技术措施，将裂果、萎蔫、日灼控制在最低限度。

a. 品种选择：白肉枇杷一般生长较弱，果皮薄，肉质细，品质好，但栽培较难，产量低，易发生大小年结果，易裂果。红肉枇杷一般长势较强健，栽培容易，产量高，果肉厚，肉质较粗，耐贮运。

b. 园地选择：选择土层深厚，排灌方便的砂壤土。例如，在土层浅的石骨子土或沙土建园，要放炮震松底层，挖大穴，施入有机肥，并掺入河泥；土壤黏重的园地则适当掺入河沙，以改良土壤结构。

c. 肥水管理：均衡的水分管理是预防裂果与萎蔫日灼的关键。在加强肥水管理的同时，可在 4 月幼果迅速膨大期追施一次肥，以速效肥为好，也可进行根外追肥 1～2 次，用 0.3%尿素＋1%～2%过磷酸钙浸出液或 0.3%尿素＋0.1%磷酸二氢钾喷雾。高温干旱时，可进行树冠喷水，保护果实。土壤施肥时应注意控制氮肥，增施磷钾肥和有机肥。

d. 土壤管理和病虫害防治：枇杷根系较其他果树弱，吸收能力受限，容易造成水分和养分的不均衡；清耕果园易加重果实生理性病害的发生。因此，应进行土壤覆盖，可在树盘用秸秆覆盖或在行间间作绿肥。肥料深施，搞好中耕，保持土壤疏松，注意病虫害防治，培养强大的根系和健壮树势。

e. 疏花、疏果：枇杷的萎蔫主要发生在大量结果的树体上。疏花、疏果可以有效调节树体挂果量，保持营养枝与结果枝的合理比例，平衡树势，形成立体结果，保持较厚的绿叶层，防止果实暴露在阳光直射的树冠外围，并使果实成熟整齐，提高品质。疏花、疏果包括疏花穗、疏花蕾和疏果，结果枝与营养枝的比例保持在 2：3 或 1：1。疏果时应选留中部膨大、浓绿、稍圆的果实，这样的果实种子多，将来发育形成的大果不易萎蔫。

f. 果实套袋：果实套袋可有效防止枇杷萎蔫、日灼和裂果。果袋可用报纸制作，牛皮纸或硫酸纸效果更好。没有套袋的果实在成熟时如遇高温和强日照，可临时用一张菜叶盖在果穗上面，遮挡阳光，也可减少日灼和萎蔫。

g. 及时采收：同一品种、同一株树或同一果穗的枇杷，成熟期都不同，过熟的枇杷极易萎蔫，且成熟时每天都有大量萎蔫果产生。因此，对已成熟的果实，要分期分批及时采收，既可防止采收的果实萎蔫，也可减轻树体负担，减少留树果的萎蔫与日灼。对树体上已经裂果或萎蔫、日灼的果实，应及时剪除，以减轻树体负担。

（2）病理性病害　枇杷病理性病害主要有灰斑病、污叶病及根颈腐烂病等。

1）危害。

a. 灰斑病：主要为害叶片，也为害果实。叶片染病初成淡褐色圆形病斑，后渐变为灰白色，表面干枯，常与下部组织分离，多个小病斑常愈合形成不规则大斑。病斑具明显边缘，呈黑褐色细环带，中央散生黑色小点，即病原菌分生孢子盘，发生严重时叶片早期脱落。果实染病，产生紫褐色圆形病斑，病斑凹陷，上面也散生黑色小点，造成果实腐烂。

b. 污叶病：主要为害叶背，初在叶背产生稍暗色的圆形或不整形病斑，后呈煤烟色粉状绒层，严重时病斑可相互融合，波及全叶，致叶片严重污染。

c. 根颈腐烂病：又叫烂脚病，主要发生在根颈部，其病斑不规则，发病严重时根颈周围均有病斑，韧皮部变褐，导致整株树死亡。对病害的防治应以农业防治为主，药剂防治为辅。

2）防治措施。合理修剪，改善树冠通风透光条件，降低树冠内湿度。地下水位高的果园，应深沟高畦种植，雨季注意排水。及时清园，清除病叶、病果，以减少病原菌。采用药剂防治，主要抓新梢抽生初期，每隔 7～10d 喷一次杀菌剂，一般可用 70%甲基托布津可湿性粉剂或 50%多菌灵可湿性粉剂 800～1000 倍液。在果园一旦发现根颈腐烂病树，在及时刮净病树根颈部病斑后，涂 70%甲基托布津 50 倍液杀菌，再涂水柏油保护。

2. 虫害　枇杷主要害虫有黄毛虫、舟形毛虫、黄毒蛾、蓑蛾类、刺蛾类等。

（1）危害

1）黄毛虫：枇杷最主要的害虫。以幼虫为害嫩叶、嫩芽，发生多时也能为害老叶、嫩茎、表皮及花果。叶片受害后成缺刻，严重时整株叶片被食光，仅留叶脉。

2）舟形毛虫：是常见的枇杷食叶害虫，杂食性很强。幼虫暴食叶片，受害叶片往往仅剩下主脉和叶柄。因为幼虫有群集习性，所以枝条受害后的最初表现为先端有一张叶片的叶肉和上表皮被吃光，仅剩呈笋底状的表皮，而大幼虫会将其下部的叶片全部吃光，仅剩叶柄。

3）黄毒蛾：是一种专门为害枇杷叶片的害虫。在我国枇杷产区发生较普遍，主要是幼虫咬食叶片、幼芽或幼果为害。

4）蓑蛾类：大蓑蛾又叫大袋蛾、大避债蛾，小蓑蛾又叫小袋蛾、小避债蛾。蓑蛾食性很杂，可为害多种果树。主要啃食叶片，严重时全树叶片被食用殆尽。

5）刺蛾类：俗称火辣子、八角丁，种类多，危害枇杷的有扁刺蛾、黄刺蛾等。幼龄幼虫啃食叶片下表皮和叶肉，形成黄色半透明枯黄斑；老熟幼虫啃食叶片，严重影响树势。

（2）防治措施　黄毛虫可采用人工捕杀成虫；舟形毛虫和刺蛾的防治是在冬季挖除树干周围土中及枝干上的蛹、茧，以减少其越冬基数；黄毒蛾的防治主要在 5 月上旬，采取人工灭蛹予以消灭；蓑蛾的防治可采取人工摘囊消灭。

药剂防治主要为害虫幼虫期的防治。在幼虫 1～2 龄期，及时用 20%杀灭菊酯 4000 倍液喷杀。

第十四章　桃

一、概述

（一）桃栽培简史

桃原产于中国。早期《诗经》中就已经有关于桃树花繁叶茂、果实硕大的记载："桃之夭夭，灼灼其华。桃之夭夭，有蕡其实。桃之夭夭，其叶蓁蓁。"《诗经》成书距今已有2500多年，这说明我们的祖先进行桃人工栽培已经有3000多年的历史。公元3世纪《广志》中则有"桃有冬桃、夏白桃、秋白桃、襄桃……秋赤桃"的描述，说明当时已有优良的栽培品种。公元6世纪贾思勰著《齐民要术》，记载的内容多是当时山东农民的种植技术，"桃性早实，三岁便结子……七八年便老，老则子细，十年而死"，指出了桃早果性强、寿命短的特点。"李树桃树，并欲锄去草，秽而不用耕垦。耕则肥而无实，树下犁拔亦死"，记载了桃园管理的特点，并已认识到桃树的浅根性，以及忌伤根和适当控制旺长以利结实的道理。"桃熟时，于墙南阳中之暖处，深宽为坑。选取好桃数十枚，擘取核，即内牛粪中，头向，取好烂粪和土厚覆之，令厚尺余。至春，桃始动时，徐徐拨去粪土，皆应生芽，合取核种之，万不一失"，详述了实生繁殖中选种、层种、催芽和播种的方法。"候其子细，便附土斫去，枿上生者，便为少桃，如此，亦无穷也"，意思是待桃树衰老，结实少而小时，全树一次更新，恢复树势。可见，早在1400年前桃树栽培已积累了相当丰富的经验，各地都出现了地方名优特桃。

我国作为桃的原产地有着悠久的栽培历史和广泛的地域分布。在原来桃的生产管理有粗放、零散、自发和小农式的特点，新中国成立以后，桃的生产得到了迅速的恢复和发展。1949年后桃的生产大致分为两个阶段：第一阶段是从1949～1978年，我国实行的是计划经济模式。桃同其他果树一样被看作是经济作物，由于片面强调"以粮为纲"，果树不能与粮棉争地，而被迫"上山下滩"，且种植果树要征收"农林特产税"，这在一定程度上限制了桃产业的发展。第二阶段是1978年以后，我国实行了改革开放政策和社会主义市场经济制度，农业生产从"决不放松粮食生产，积极发展多种经营"，到取消"农林特产税"，再到面向国内外市场进行大规模种植业结构调整。这一阶段，农民作为生产主体，面向市场自由决定栽植品种和生产规模，果树产业得到空前发展。我国桃产业规模从1978年的12.6万hm²、年总产量46.7万t，到2008年的69.6万hm²、年总产量953.4万t，面积增加了4.5倍，年总产量增长了19.4倍。其间，从1993年开始，中国桃的总面积和年总产量完全超过意大利和美国，成为世界第一产桃大国。从2001年开始，农业部把桃作为大宗水果，并每年向国内外发布产量、面积等产业统计数据。2008年农业部、财政部正式启动50个现代农业产业技术体系，其中国家现代桃产业技术体系正式批准成立并运行，为桃产业的健康稳定发展提供了保障。近年来，中国桃产业正进入稳定面积、调整结构、提高质量、增强经济效益和产业竞争力的全新发展阶段。

（二）桃产业发展概况

中国是世界上的产桃大国，在我国落叶果树中，桃仅次于苹果、梨，居第三位。我国产桃大部分为国内销售，少量出口。在桃总产量不断创新高的同时，出口量也迅速增长，但出口量占总产量比例不大（2017年桃出口量占总产量的0.67%），出口量由2008年的2.62万t，增长至2017年的9.6万t，增长266.41%，年平均增长率29.6%。中国的鲜食桃主要出口至亚洲其他国家和地区，按出口量，排名前五位的国家和地区是哈萨克斯坦、俄罗斯、越南、中国香港、吉尔吉斯斯坦，出口占比分别为38%、29%、23%、3%、3%。此外，蒙古国、泰国、新加坡、朝鲜、马来西亚、中国澳门等国家和地区也有少量出口。由于我国自身的桃子产量较高，因此一般不需要进口鲜桃，且受进口政策影响，2008～2015年几乎无进口。根据与西班牙签署的贸易协定，2016年开始进口西班牙鲜桃，当年进口量为0.0035万t，2017年进口0.09万t左右。

根据2018年各产区数据统计，全国桃栽培面积排在前十位的省份分别是山东省、河北省、安徽省、河南省、湖北省、四川省、贵州省、山西省、江苏省、云南省，占全国主产区总面积的77.81%。年产量排在前十位的省份分别是山东省、河北省、安徽省、山西省、河南省、四川省、云南省、湖北省、江苏省、辽宁省，占全国主产区总产量的83.03%。

二、优良品种

（一）主要栽培品种

1. 普通毛桃

（1）'春雪'（Spring Snow）　桃为美国加利福尼亚州Zaiger Genetics机构育成的品种，亲本为'Zaiger47EB280'בZaiger1G131'。山东省果树研究所于1998年自美国加利福尼亚州引进，2007年通过国家林业和草原局林木品种审定委员会审定。果实大型，平均单果重150g，最大单果重235g，大小均匀，果实圆形，果顶平，尖圆，缝合线浅，两半部不对称。果皮中厚，不易剥离，果面茸毛短，果皮底色白色，果面浓红色，全红，色彩鲜艳。果肉白色，不溶质，肉质硬脆，纤维少，汁液多，红色素少。近核处着色，去皮硬度12kg/cm^2。风味甜，爽口，香气浓郁。黏核，核小，扁平，棕色，核纹浅。可溶性固形物13.6%，总糖8.65%，可滴定酸0.33%。品质上等，耐贮运，货架期长。

（2）'仓方早生'　日本品种，仓方英藏于1945年用（'塔斯康'ב白桃'）与实生种（不溶质的早熟品种）杂交选育而成。1968年引入我国。果实近圆形，果顶平或微凹，梗洼深而广，缝合线浅不明显，两侧对称。果实大型，平均单果重220g，大果重550g。果实底色黄白色，易着色，果面全红或带玫瑰色条纹，果皮较厚，完熟后易剥离。果肉乳白色，近皮处红色，硬溶质，肉质细密，果汁中多，风味甜，含可溶性固形物12%，黏核。山东中部地区7月中旬成熟，生育期90d左右。耐贮运。

（3）'早凤王'　北京市大兴区大辛庄于1987年从固安县实验林场'早凤'桃芽变选育而成，1995年通过北京市科学技术委员会鉴定并命名。果实近圆形、稍扁，平均单果重约250g，最大果重约420g。果顶平、微凹，缝合线浅。果皮底色白色，果面披粉红色条状红晕。果肉粉红色，近核处白色，不溶质，风味甜而硬脆，汁液中多，可溶性固形物11.2%。半离核，耐贮运，品质上等，可鲜食兼加工。在北京地区6月底至7月初果实成熟，果实发育期约75d。

（4）'新川中岛'　山东省果树研究所引进的日本桃品种，为实生苗选育。果实大型，单果重260～350g，最大果重约460g。果实圆形至椭圆形，果顶平，缝合线不明显，果实全面鲜红色，色彩艳丽，果面光洁，茸毛少而短。果肉黄白色，核附近淡红色。半黏核，核小而裂核少。肉质硬脆，果汁多。极耐贮运，室温条件下可贮藏 10～15d。可溶性固形物含量约 13.5%，酸甜适口，香气浓，品质上乘。在山东泰安地区露地栽植，7 月底果实成熟，发育期 100～110d。

（5）'早红桃'　　是山东省果树研究所从引进美国的"White Lady"桃的自然杂交实生种中选出。2009 年通过山东省农作物品种审定委员会审定。果实近圆形，果型中大，平均单果重 138.2g，最大 277.3g；果形端正，缝合线明显，两半部对称果尖微凸，在设施栽培条件下果尖突出明显；果柄短、中粗，梗洼中广、较深；果面全红，树冠内膛与外围果实全红；果皮茸毛短，果面光滑、有光泽；果肉早期白色，近核处浅绿色，完全成熟后红色，汁液浓红色；肉质细脆，不溶质、硬度大，采收时平均硬度 10.55kg/cm^2；果核小，黏核；果汁中多，可溶性固形物含量平均 12.1%，最高 13.2%；总糖 10.84%，风味甘甜爽口，鲜食品质极佳。在日光温室条件下栽培生产，早红桃果实发育期延长，单果重显著增加，果实品质提高，平均单果重 153.46g，最大达 288.3g；可溶性固形物平均 12.3%，最高 13.6%；脆甜爽口，品质佳。

　　'春丽桃''岱妃桃''霞脆桃''霞晖 6 号''玉妃桃''秋彤桃''华玉桃''齐鲁巨红''锦香黄桃''锦园黄桃''锦绣黄桃''金黄桃''黄金脆黄桃'等也是常见的毛桃栽培品种。

2. 油桃

（1）'中油 4 号'　　中国农业科学院郑州果树研究所育成，2003 年通过河南省林木良种审定委员会审定。果实短椭圆形。平均单果重 148g，最大单果重 206g。果顶圆，微凹，缝合线中浅。果皮底色黄，全面着鲜红色，艳丽美观，难剥。果肉橘黄色，硬溶质，肉质较细。风味浓甜，香气浓郁，可溶性固形物含量 14.0%～16.0%，品质优。黏核。

（2）'中油 5 号'　　中国农业科学院郑州果树研究所育成，2003 年通过河南省林木良种审定委员会审定。果实短椭圆或近圆形。果实大，平均单果重 166g，大果可达 220g 以上。果顶圆，偶有突尖。缝合线浅，两半部稍不对称。果皮底色绿白，大部分果面或全部着玫瑰红色，十分美观。果肉白色，硬溶质，果肉致密，耐贮运。风味甜，香气中等，可溶性固形物 11.0%～14.0%，品质优，黏核。

（3）'中农金辉'　　中国农业科学院郑州果树研究所育成，2008 年通过河南省林木良种审定委员会审定。果实椭圆形，果形正。单果重 173g，最大单果重 252g。果皮底色黄色，80% 果面着鲜红色晕，十分美观。两半部对称，果顶圆凸，果皮无毛，梗洼浅。缝合线明显、浅，成熟状态一致。果皮不能剥离，黏核。果肉橙黄色，肉质硬溶质，纤维中等，汁液多。有香味，风味甜，可溶性固形物含量 12.0%～14.0%。耐运输。

（4）'中农金硕'　　中国农业科学院郑州果树研究所育成，2010 年通过河南省林木良种审定委员会审定。果实近圆形，果形正。两半部对称，果顶圆平，梗洼浅，缝合线明显、浅，成熟状态一致。果实大，单果重 206g，最大果重 400g。果皮无茸毛，底色黄，果面 80% 以上着明亮鲜红色，十分美观，皮不能剥离。果肉橙黄色，肉质为硬溶质，耐运输。汁液多，纤维中等。果实风味甜，可溶性固形物含量 12%，有香味。黏核。

（5）'鲁星 1 号'　　　'鲁星 1 号'由美国加利福尼亚州 Zaiger Genetics 机构育成。原名为'Arctic Star'，亲本不详。山东省果树研究所于 2000 年初自美国引进苗木和接穗。平均单果重 261g，最大单果重 312g。果型端正美观，果面全红，完全成熟时，果面为鲜艳的红色。果肉白色，肉质硬脆，半离核，芳香味浓，果皮光滑无毛。可溶性固形物 12.4%，总糖 9.96%，可滴定酸 0.43%。品质上等，硬度大，耐贮运，可采期长。从着色可食到生理成熟可延续至 30d 左右。

'中油 8 号''瑞光 39 号''中油 20 号'等也是常见的油桃栽培品种。

3. 蟠桃

（1）'金霞油蟠' 江苏省农业科学院园艺研究所育成，2008 年 7 月通过江苏省农林厅组织的成果鉴定。果实扁平形，平均单果重 121g，大果重达 197g。果顶凹入，果心小或无果心，基本不裂。缝合线浅，梗洼中广，果肉厚，两半部较对称。果面 60% 以上着红色，有的年份几乎全红。果肉黄色，肉质硬脆爽口，完熟后柔软多汁，纤维中等，风味甜，品质佳，可溶性固形物含量14.5%。黏核。

（2）'中油蟠 9 号' 由中国农业科学院郑州果树研究所选育而成的黄肉油蟠桃品种。果形扁平，平均单果重 200g，大果重 350g。果肉黄色，硬溶质，肉质致密，汁液中等，风味浓甜，纤维中等，可溶性固形物含量 15%，品质上等。黏核。丰产。

（3）'中蟠 11 号' 中国农业科学院郑州果树研究所杂交选育而成，2014 年通过河南省林木品种审定委员会审定。果实扁平，两半部对称，果面 60% 以上着鲜红色。果肉橙黄色，硬溶质，纤维中等，汁液中等，黏核。风味浓甜，可溶性固形物含量可达 14%。耐贮运。

（4）'瑞蟠 4 号' 北京市农林科学院林业果树研究所育成，1999 年通过北京市农作物品种审定委员会审定。果实扁平，圆整，果顶凹入，缝合线中深。平均单果重 221g，最大果重350g。果皮底色淡绿，晚熟时黄白色，可剥离。果面茸毛较多，1/2 以上果面着暗红色。果肉淡绿至黄白色，硬溶质，果汁多，风味甜。可溶性固形物含量 13.5%。黏核。

（二）地方特产桃品种

1. 肥城桃 肥城市地方品种，是一个复合群体，属北方桃品种群，代表品种有'白里肥桃''红里肥桃'。果实近圆形，大型，单果重 324～391g，最大果重约 593g，果顶尖，梗洼深广，缝合线明显。果皮黄绿色，完熟后浅黄色。果肉乳黄色，汁液中多，肉韧而细嫩，纤维少，黏核，白里或红里。味香甜浓郁，可溶性固形物含量 13.8%～14.6%，品质上等。成熟期在8 月末至 9 月初，较耐贮运。恒温条件下可贮存 30～50d，且基本保持原有风味。

2. 深州蜜桃 深州蜜桃是深州市地方品种，分为红蜜、白蜜两种。红蜜个头较大，丰产性好，着色鲜艳，是深州蜜桃代表品种。白蜜品种成熟期较红蜜晚 10d，不易着色，产量较低，不耐长途运输。果实长圆形，果顶突尖，缝合线明显。果实大，平均单果重 300g，最大果重达700g。果实底色黄白，阳面鲜红色，向阳处果实着色面积 90%。果肉乳白色，充分成熟时略带黄色，近核处有紫红色放射状条纹。黏核。肉质细腻，溶质，汁极多，蜜香味浓郁，味道甘甜，含糖量 15%～18%，品质极上。在当地露地栽植，3 月下旬花芽萌动，4 月中旬开花，8 月底成熟，果实生育期为 125～130d。

3. 无锡水蜜桃 无锡水蜜桃是一个地方品种群，以果形大、色泽美、肉质细、皮易剥、汁多、味浓香溢而闻名，成熟期 5～9 月。代表品种主要有以下几种。

'白凤'，果实中等大，圆形，略扁，腹部稍凸，两半不对称，果顶圆。平均果重 150g，最大果重 250g。果皮乳白，稍带黄绿，有红晕，色泽艳，美观。果肉质细，汁液多，味甜，香气浓。无锡地区 7 月上、中旬成熟。黏核，品质优良。

'湖景蜜露'，7 月中、下旬果实成熟。果实圆球形，平均果重 150g，有的横径大于纵径。果顶略凹陷，两半部匀称。果皮乳黄，近缝合线处有淡红霞，皮易剥离。果肉与近核处皆白色，肉质细密，柔软易溶，纤维少，甜浓无酸，可溶性固形物 12%～14%，品质上等。

'白花'，果个大，长圆形，果顶尖平，平均果重 150g，最大果重 350g。果皮乳白，稍带红晕或条纹。果肉乳白色，腹部及近核处有红色，果肉硬。汁液多，致密，果味香甜。黏核。耐贮运，品质优良。8月上旬成熟。

4. 奉化水蜜桃　　浙江省宁波市奉化区特产，是我国四大传统名优桃之一，距今已有2000多年的栽培历史。传统的奉化水蜜桃于每年7月下旬至8月上旬成熟，果皮淡黄绿色，阳面有红晕，皮薄而韧，易剥，果肉黄白色，近核处紫红色，肉质细而柔软，汁液多，味甜而芳香。奉化水蜜桃以'玉露'桃为主。在丰富了品种资源后，形成了'早露露''雪雨露''沙子早生''湖景蜜露''塔桥''玉露''迎庆'等25个早、中、晚熟水蜜桃品种的配套体系，水蜜桃供应期长达120多天。

5. 青州蜜桃　　山东省青州市地方品种，是一个极晚熟品种群，以极晚熟蜜桃中的红皮类型为代表。果实较小，平均单果重约55g，果实圆球形或扁圆球形，果顶平圆，顶尖微突偏向一方，略凹于顶部，缝合线明显，梗洼深广。果皮底色淡绿色，有大小不均匀的白绿色斑点，阳面由极稀小的淡紫红色斑点构成红晕。果肉绿白色或乳白色，近核处有极少淡紫红色放射状短线，完熟后汁液多，味甜，风味稍淡，食时有纤维感。可溶性固形物含量13%～15%，品质中上等。离核，核小，种仁饱满，发芽出苗率高，为优良砧木资源。果实产地10月下旬至11月上旬成熟，耐贮运。

6. 炎陵黄桃　　炎陵黄桃，又称高山黄桃，以香、脆、甜而闻名于世，生长于湖南省炎陵县平均海拔400～1400m的深山之中，是上海市农业科学院培育的晚熟黄肉桃品种。果实近圆形，果实大型，皮黄，单果重180～235g，最大果重超500g。果顶圆平，缝合线浅，果皮金黄色，着玫瑰红晕，茸毛短密，皮可剥离。果肉金黄色，肉质细密硬脆，不溶质，汁液多，味甜微酸，香气浓。可溶性固形物含量14%～17%，较耐贮藏，常温状态下可贮放10d左右。在当地露地栽培，3月上中旬初花，7月下旬～8月上旬成熟。

（三）主要加工桃品种

1. '金童9号'　　由美国新泽西州培育。果实圆形，果顶平圆，平均单果重160g，大果重210g。缝合线中深，明显，两半部对称。果实橙黄色，阳面有暗红晕，茸毛多，皮厚，不易剥离。果肉橙黄色，肉质细韧，不溶质，果汁少，风味甜酸，有香气，可溶性固形物含量12%。黏核。在鲁中山区9月初成熟，生育期136～140d。加工性能优良，为一晚熟黄肉加工品种。

2. '黄金桃'　　国外品种，来源不详。果实近圆形，果顶圆，尖微凹。平均单果重150g，大果重200g。缝合线宽、浅，梗洼中深。果实金黄色，阳面着玫瑰红晕，皮较薄，可以剥离，茸毛较多，细短。果肉黄色，质细，柔软多汁，纤维较少，味甜，有香气，含可溶性固形物12.4%，总糖8.6%，总酸0.30%，品质上等。黏核，核长呈纺锤形。在鲁中山区果实8月中下旬成熟，为品质优良的中晚熟黄肉鲜食、加工兼用品种。

'金童6号''金童7号''金皇后''罐桃5号'也是常见加工桃品种。

三、生长结果特性

（一）不同生长阶段发育特点

在桃树一生的生长发育时期（简称生育期），因品种不同，其形态特征和生理特性也有很大差异。不同品种桃树在各生育期，对环境条件有不同的要求和适应能力。因此，在桃树的引种、品种区域化和日常的管理上，要根据各品种及各生育期的特性和要求，采取相应的技术管理措施，以保证桃树的正常生长。桃树生育期包括生命周期和年生长周期两部分。相关内容可参见本书第二章。

（二）桃树生长器官

1. 根系　根系是生长在地下的营养器官，它的生长变化虽然不像地上部器官那样容易被观察，但是地上部的生长结果一刻也离不开它。因此，认识根系的生长发育规律，对丰产优质栽培有着重要的意义。

（1）根系的种类及生理功能　桃树多数是实生根系，由骨干根和须根组成。主根上发生的侧根多且发达，进入盛果期以后主根已很不明显，侧根则成为根系的主要骨干根，且主要向水平方向发展。桃为浅根性树种，水平根主要集中分布在树冠以内。垂直分布受土壤条件影响大，如果是排水良好的砂壤土，根系主要分布在 20～50cm 的土层中。在苏南土壤黏重、排水不良、地下水位高的桃园，根系则主要集中在 5～15cm 的浅层土壤。而在西北黄土高原，栽于粉砂壤土上的桃树根系可超过 1m。根系分布与桃树砧木种类也有关系，如毛桃砧的根系发育好，分布深广；山桃砧须根少，分布较深；寿星桃砧和李砧，细根多，直根短，分布浅。

骨干根：桃树根系中粗大的根为骨干根。其主根不明显，侧根发达。主要功能是将植株固定在土壤中，吸收、输导水分和养分，是贮藏养料的重要器官。骨干根由主根、侧根构成。

须根：须根是根系中最活跃的部位，它具有上述根系的所有功能。须根分为生长根、输导根和吸收根三类：①生长根在根的先端，为白色幼嫩部分，其生长速度快，正是由于生长根的生长才使根系不断延伸；其主要功能部位在根尖，根尖由末端（远离根颈端）向茎端（近根颈端）依次排列着根冠、分生区（生长锥）、伸长区和根毛区，其中主要是分生区和根毛区；分生区主要进行细胞分裂，使根尖细胞数目增加，伸长区细胞不再伸长，其表皮细胞分为根毛，从而扩大根的吸收面积；根毛是根系吸收水分和养分最主要的部位。②输导根是生长根进一步分化后形成的，主要功能是输导水分和养分，输导根可发展为骨干根。③吸收根是在生长根生长过程中发生的白色细根，其长度仅几毫米，粗不足 1mm，寿命短，从发生起短则几天，长则 1～2 个月便枯死，吸收根数量大，是根系重要的吸收部分，也是有机物合成的场所。

根系是吸收水分和矿质营养并合成激素和有机物的重要器官。主动吸收是根系对水分和矿质元素的主要吸收方式，表现为对营养元素的选择性吸收。根系可将所吸收的矿质营养合成、转化为有机物，如根系吸收的铵态氮可与地上部运入根系的碳水化合物结合形成氨基酸；将吸收的磷转化为核蛋白；将二氧化碳与糖结合，形成有机酸；还可合成某些特殊物质，如细胞分裂素、生长素等。根是主要合成器官，并能向顶端输导，用于地上部器官的分化。主动吸收与根系的代谢和呼吸作用密切相关，因此为根系创造好的生长环境，使根系保持旺盛的生长状态，对于植物的生长具有重要意义。

（2）根系的年生长动态　根系在年生长周期中没有自然休眠，只要温度适宜就可生长。华北地区桃树根系生长有两次高峰，第一次约在 5 月下旬至 7 月上旬，第二次在 9 月下旬。据报道，春季土温 0℃以上根系就能顺利地吸收并同化氮素，5℃新根开始生长。夏季 7 月中、下旬至 8 月上旬以后，土温升至 26～30℃时，根系停止生长。秋季土温稳定在 19℃时，出现第二次生长高峰，这次生长速度和生长量虽然远远不如前一次，但对树体积累、贮藏营养和增强越冬能力有着重要意义。初冬土温继续下降至 11℃以下，根系又一次停止生长，而被迫进入冬季休眠。在根系生长的同时，根系中已木质化的成熟部分也进行加粗生长，秋季主要是骨干根的再一次迅速加粗生长，同茎一样，也可形成年轮。

2. 茎　　枝干是树体地上部分的营养器官。它构成树冠，是叶、花、果与根的连接部分。具有支持、输导和贮藏功能，是树体重要的组成部分。

（1）枝干的种类　　桃树枝干分为骨干枝（多年生枝）、一年生枝和新梢三种类型。

1）骨干枝（多年生枝），构成树体骨架，所以又称树体的"骨头"，起支撑树体、输导、贮藏水分和养分的作用。它包括各级主、侧枝。

2）一年生枝，按其生长状态和主要功能可分为生长枝和结果枝：①生长枝以营养生长为主，包括发育枝、徒长枝和叶丛枝。发育枝生长旺盛，枝芽充实，粗 1.5～2.5cm，有多层副梢，其主要功能是构成树冠的骨架，用作骨干枝或培养大型枝组，但也有花芽，可开花结果。徒长枝常发生于剪锯口附近，生长过旺，枝芽不充实，缺枝时可利用。叶丛枝是生长量最小的枝，仅1cm 左右，只有 1 个顶生叶芽，因而也叫单芽枝，其生长势弱，寿命短，但在营养、光照条件好转时，特别是在短截、回缩等重修剪时，能诱发壮枝，可用作枝组更新。②结果枝主要包括徒长枝、长果枝、中果枝、短果枝、花束状果枝（表 14-1）。

表 14-1　桃结果枝的特点

序号	类型	长度	花芽	特点
1	徒长枝	长 60～80cm，粗 1.1～1.5cm	有少量副梢，花芽质量较差	主要用于培养大、中型结果枝组，利用其结果
2	长果枝	长 30～59cm，粗 0.5～1.0cm	无副梢，花芽多，花芽充实，多复花芽	多数品种的主要结果枝，结果的同时，还能发出长势中庸的新梢，形成新的长果枝，保持连续结果的能力
3	中果枝	长 15～29cm，粗 0.3～0.5cm	单、复花芽混生	多数品种的主要结果枝，结果的同时，也能发出长势中庸的结果枝
4	短果枝	长 5～14cm，粗 0.3～0.5cm	单花芽多，复花芽少	一些品种的主要结果枝
5	花束状果枝	长小于 5cm	多单芽，只有顶芽为叶芽，其余为花芽	老弱树多以该种枝结果，结果后发枝力差，易枯死

3）新梢，经过冬季休眠的芽，于春季萌芽长出的当年生带叶枝称为新梢。新梢上可以萌发多级次副梢。桃树的这种多级次的分枝能力，是其早成形、早丰产的生物学基础。新梢皮层内含有叶绿素，可进行光合作用。茎尖也是合成生长素、赤霉素的主要部位。

（2）枝条的生长

1）伸长生长，桃叶芽萌芽展叶后，经过约 1 周的缓慢生长（叶簇期），随气温的上升进入迅速生长期，至秋季气温下降、日照缩短，新梢停止生长，之后落叶休眠。桃枝条的生长动态因枝条种类不同而异，一般生长中等或弱的有 1～2 个生长高峰，生长旺盛的可有 2～3 个生长高峰。

2）加粗生长，桃树枝条的加粗生长与伸长生长同时发生。在伸长生长后期，加粗生长速度较快。枝条生长适宜的温度是 18～23℃。据研究，昼温 25℃、夜温 20℃左右，对枝条内养分和水分的吸收、运输和贮藏营养有利，因此伸长生长与加粗生长的生长量都较大。

3. 芽

（1）芽的种类

1）花芽，外有鳞片，芽体饱满，着生于叶下。一般为每芽 1 朵花。花芽的质量主要受树体上年和当年贮藏营养的影响，花芽直径越大，茸毛越多，花芽的质量就越好。花芽的质量关系到翌年的坐果率及果实大小。

2）叶芽，外有鳞片，呈三角形，着生于枝条顶端或叶腋处，萌芽后抽生枝叶。

3）潜伏芽，潜伏在枝条内部，枝条外观肉眼见不到的芽称为潜伏芽（也叫隐芽）。潜伏芽在枝条重剪更新复壮时可以萌发。一般潜伏芽的寿命与品种有关，'传十郎'的潜伏芽寿命比'晚黄金'长。另外，壮枝潜伏芽的寿命比弱枝长。

4）盲节，桃树有的叶腋没有芽原基，有节无芽，俗称盲节。盲节处不发枝，修剪时应注意。

（2）花芽分化　桃花芽分化属夏秋分化型，可分为以下4个阶段。

1）生理分化期，此时期树体内营养、核酸、激素和酶系统发生了变化，为花芽分化奠定了基础，也是芽的生长锥由营养性转向生殖性的关键时期。此时桃新梢生长缓慢。

2）形态分化期，分化顺序依次为分化始期、花萼分化期、花瓣分化期、雄蕊分化期及雌蕊分化期。不同品种所需时间不同，大致自6月下旬至9月中、下旬，约需80d。短果枝、花束状果枝分化早；长果枝和副梢分化晚，但进程较快。

3）休眠期，休眠期芽内物质的转化及代谢活动仍继续进行，但花芽必须经过此低温时期，在生理上发生一系列的变化，才能继续分化发育，越冬后才能正常开花。

4）性细胞形成期，花芽解除休眠，雄蕊分化形成花粉（即精子），雌蕊分化形成胚珠、胚囊和雌配子（即卵细胞），此为性细胞形成期。至此，花芽已完成分化，条件具备时可以开花。在花粉形成过程中，有的品种中途停止发育，不能形成有生活力的花粉（即花粉败育或雄性败育），而只能形成具雌性功能的雌能花。形成雌能花的品种有'仓方早生''深州蜜桃''砂子早生''丰白'等。

（3）影响花芽分化的环境条件

1）光照，桃树喜光，对日照长短比较敏感。短日照或遮光可导致光照强度减弱，延迟花芽分化和花芽发育。试验证明，在花芽分化前1个月，只有每日平均日照7h，才能进行花芽分化。所以，一般不见光的内膛枝花芽分化少且质量差，而树冠外围花芽质量好。

2）温度，在土壤水分满足需要的前提下，温度是制约成花的重要因素。上述物质的积累，反映在气象因子上要求有一定量的有效积温。例如，'大久保'在发芽后有大于或等于10℃的积温900℃即可开始花芽分化。

3）肥水，适当干旱可抑制营养生长，有助于物质积累，诱导脱落酸水平提高，从而有利于花芽分化。花芽分化需要充足的营养积累，因此分化前增施氮、磷肥料，并进行夏季修剪，对花芽分化有利。

4. 叶片　桃树叶片是由托叶、叶柄和叶片三部分组成的完全叶，着生在叶芽抽生的枝上，形状为披针形。叶片颜色多数为绿色，有的表现为深绿，有的为浅绿，有些早熟品种在生长后期变为红色或紫红色。黄肉品种常为黄绿色。

（1）叶片年生长周期的特性　根据叶片年生长周期内形态、色泽的变化大致分为以下4个时期：第一期为4月下旬至5月下旬，叶片迅速增大，颜色由黄绿转为绿色；第二期为5月下旬至7月下旬，叶片大小已形成，叶片的功能达到了高峰；第三期为7月下旬至9月上旬，叶片呈深绿色，最终转为绿黄色，质地变脆；第四期为9月上旬至10月下旬，枝条下部叶片渐次向上产生离层，10月底至11月初开始落叶。

（2）叶幕　叶幕是指树冠内叶片的集中分布区。叶幕的厚薄是衡量叶面积多少的一种方法，常用叶面积指数来表示。叶面积指数是指单位土地面积与其总叶面积或单株的营养面积与其总叶面积的比值。适宜的叶面积指数是丰产的基础，桃叶面积指数通常为4～6。叶幕的形成随新梢生长而变化。中短枝停止生长早，它们的叶片组成前期叶幕，后期这些叶片老化，随后长枝和发育枝的叶片比例增加，其叶龄也较年轻，成为后期叶幕中的有效叶面积。生产实践中，之所以要求各类枝要有一定比例，就是为了使整个生长期有光合效能较高的叶幕。

四、对生态条件的适应性

（一）桃树对环境条件的要求

1. 温度　　桃树为喜温树种。适栽地区年平均气温为12～15℃、生长期平均气温为19～22℃就可正常生长发育。桃树属耐寒果树，一般品种在−25～−22℃可能发生冻害。例如，在辽宁及河北省北部地区，桃的寿命一般较短，有的在盛果后不久即死亡，这常与冻害有关。桃各器官中以花芽耐寒力最弱，如北京地区冬季低温达−22℃时，不少品种花芽和幼树发生冻害。有些花芽耐寒力弱的品种如'五月鲜''深州蜜桃'等在−18～−15℃时芽即发生冻害，温度是这些品种产量不稳的原因之一。桃花芽在萌动后的花蕾变色期受冻温度为−6.6～−1.7℃，开花期和幼果期的受冻温度为−2～−1℃。

果实成熟期间昼夜温差大，干物质积累多，风味品质好。6～8月夏季高温、多雨，尤其夜温高，是影响桃果实品质的重要因子之一。我国广东、福建也能栽培桃，但高温多雨，枝条徒长严重，树体养分积累少，表现为产量低、果实品质差。

桃树在冬季需要一定的低温来完成休眠过程，需要一定的"需冷量"。一般栽培品种的"需冷量"为400～1200h，有些品种如'大久保'在四川因需冷量不足而表现为延迟落叶、翌年发芽迟、开花不整齐、产量下降。

2. 光照　　桃原产海拔高、日照长的地区，形成了喜光的特性，对光照不足极为敏感。一般日照时数在1500～1800h即可满足其生长发育需要。日照越长，越有利于果实糖分积累和品质提高。桃树光合作用最旺盛的时间是5、6两个月份，桃树与其他果树不同的是：桃树叶片中的栅栏组织和海绵组织分化快，光合强度增大的时间早，并随着叶片的增加而增大，到盛夏时由于气温过高而略有减少，到9月桃叶的光合作用又增强。就一个果园和一个单株的桃树来说，树体生长过旺，枝叶繁茂重叠，叶片的受光量减少，不利于光合作用进行，这样就造成枝条枯死，严重时叶片脱落，根系生长停止。

光照不足，枝条容易徒长，树体内碳水化合物与氮素比例降低，花芽分化不良。光照不足，影响果实的生长。例如，日本1975年用'砂子早生'桃做试验，在硬核期对一些枝条作遮光处理，其结果是：遮光枝条果实的落果率为100%，对照不遮光的落果率只有36.0%。在果实生长期（6～7月）对果实进行遮光与不遮光的试验表明，不遮光的果实纵径和横径分别比遮光的大15.5%和12.7%。光照不足，不仅对果实生长有影响，也影响果实可溶性固形物和干物质的含量。树冠郁闭光照不好，果实着色不良，果实颜色不美观，严重影响其商品品质，且可溶性固形物降低1%～2%。一般要求树冠内膛与下部相对光照在40%～50%及以上，可以确保叶片正常地进行光合作用。桃叶片的光合作用比较强，每平方米叶面积净同化量为4.8g，光强以10 000lx最好。在一定限度内，光照减少到全光照的60%时，对同化量影响不大，但降到30%时同化量即为60%，18%时同化量仅为27%。一般南方品种群耐阴性高于北方品种群。

光在某种程度上能抑制病菌活动，如在日照好的山地，病害明显轻。光照过强会引起日烧。一般在日照率高达65%～80%时，如枝干全部裸露或向阳面受日照光直射，可引起日烧，影响树势。桃树对光照敏感，在树体管理上应充分考虑喜光的特点，树形宜采用开心形。在树冠外围，光照充足，花芽多而饱满，果实品质好；反之，在内膛荫蔽处的结果枝，其花芽少而瘦瘪，果实品质差，枝叶易枯死，结果部位外移，产量下降。同时，种植密度不能太大，避免造成遮阴。

3. 水分 桃树根系浅，根系主要分布于20～50cm。根系抗旱性强，土壤中含水量达20%～40%时，根系生长很好。桃对水分反应较敏感，尤其对水分多反应更为敏感。桃树根系呼吸旺盛，耐水性弱，最怕水淹，连续积水2昼夜就会造成落叶和死树。在排水不良和地下水位高的桃园，会引起根系早衰、叶薄、色淡，进而落叶落果、流胶以至植株死亡。如果缺水，根系生长缓慢或停长，如有1/4以上的根系处于干旱土壤中，地上部就会出现萎蔫现象。

我国北方桃产区降水量为300～800mm，如不进行灌溉，即使雨量少，由于光照时间长，同样果实大，糖度高，着色好。春季雨水不足，萌芽慢，开花迟，在西北干旱地区易发生抽条现象。在生长期降水量达500mm以上，枝叶旺长，对花芽形成不利，在北方则表现为枝条成熟不完全，冬季易受冻害。

桃果实含水量达85%～90%，枝条为50%，供水不足，会严重影响果实发育和枝条生长，但在果实生长和成熟期间，雨量过大，易使果实着色不良，品质下降，裂果加重，炭疽病、褐腐病、疮痂病等病害发生严重。

4. 土壤 桃树虽可在砂土、砂壤土、黏壤土上生长，但最适土壤为排水良好、土层深厚的砂壤土。在pH 5.5～8.0的土壤条件下，桃树均可以生长，最适pH为5.5～6.5的微酸性土壤。

在沙地上，根系易患根结线虫害和根癌病，且肥水流失严重，易使树体营养不良，果实早熟而小，产量低，盛果期短。在黏重土壤上，易患流胶病。在肥沃土壤上营养生长旺盛，易发生多次生长，并引起流胶，进入结果期晚。土壤pH过高或过低都易产生缺素症。当土壤中石灰含量较高，pH在8以上时，由于缺铁而发生黄叶病，在排水不良的土壤上更严重。根系对土壤中的氧气敏感，土壤含氧量10%～15%时，地上部分生长正常；低于10%时生长较差；5%～7%时根系生长不良，新梢生长受抑制。桃根系在土壤含盐量0.08%～0.1%时，生长正常；达到0.2%时，表现出盐害症状，如叶片黄化、枯枝、落叶和死树等。

5. 其他环境因素

（1）地势 桃树在山地生态最适区往往表现寿命长、衰老慢，如生长在四川西部海拔2000m山地上的桃树，有的可活100年以上。由于昼夜温差大，光照充足，温度小，果实含糖量和维生素C含量增加，同时增加耐贮性和硬度，果面光洁色艳，香味浓。但海拔过高，品质反而下降。

（2）风 微风可以促进空气交换，增强蒸腾作用。微风可以改善光照条件和光合作用，消除辐射霜冻，降低地面高温，免受伤害，减少病害，利于授粉结实。但大风对果树不利，影响光合作用，蒸腾作用加强，发生旱灾。花期大风，影响昆虫活动及传粉，柱头变干快。果实成熟期间的大风，吹落或擦伤果实，对产量威胁很大。大风引起土壤干旱，影响根系生长，可将沙土地的营养表土吹走。

（二）生产分布与栽培区划分

桃栽培区划分是桃科研和生产的一个重要组成部分，它能客观反映桃的品种、类群与生态环境的关系，明确其最适栽培区、次适栽培区和不宜栽培区，以便制定今后的发展规划，建立商品桃生产基地，以及为引种、育种工作提供科学依据。

一般而言，冬季绝对最低气温不低于－25℃，且休眠期日平均气温小于或等于 7.2℃的日数在 1 个月以上的地区，均为桃的适宜栽培区。根据各地的生态条件、桃分布现状及其栽培特点，将我国桃的栽培区域划分为 5 个生态区，即华北平原生态产区、长江流域生态产区、西北干旱生态产区、云贵高原生态产区和华南亚热带产区。

1. 华北平原生态产区 本区处于淮河、秦岭以北，地域辽阔，包括北京、天津、河北、辽宁南部、山东、山西、河南、江苏和安徽北部。年平均气温为 10～15℃，无霜期 200d 左右，降水量 700～900mm。根据气候条件的差异，本区又可分为大陆性桃亚区（北京、河北石家庄、山东泰安等地）和暖温带桃亚区（山东菏泽、临沂，河南郑州、开封、周口，河北秦皇岛，山东烟台、青岛等地）。

蜜桃及北方硬肉桃主要分布于本区，著名品种有'肥城桃''深州蜜桃''青州蜜桃'等。这些品种适应性较差，分布范围较窄，因此只在当地部分地区有栽培。因轻工原料需要，自 20 世纪 70 年代初开始，罐藏黄桃的种植面积不断扩大；80～90 年代，面积有所减少；21 世纪后因加工业兴起，栽培面积又开始增加。

本区是我国北方桃树的主要经济栽培区，也是我国桃的最适栽培区域。该区重视栽培技术，管理精细；土层深厚，排水良好，树冠高大，产量较高；病虫害较少；采用嫁接繁育苗木；产量高，品质好。各种类型桃（普通桃、油桃、蟠桃等）在该区都可正常生长，成熟期从最早到最晚的品种都有，陆地栽培鲜果供应期可长达 6 个多月。该区中南部地区以早、中熟品种为主，晚熟品种为辅；北部地区以中、晚熟品种为主，早熟品种为辅，且北部是我国桃、油桃保护地栽培的最适区域。

2. 长江流域生态产区 本区位于长江两岸，包括江苏、安徽南部、浙江、上海、江西、湖南北部、湖北大部、成都平原和汉中盆地。该区正处于温暖带与亚热带的过渡地带，雨量充沛，降水量在 1000mm 以上。土壤地下水位高，年平均气温为 14～15℃，生长期长，无霜期在 250～300d。本区桃树栽培面积大，是我国南方桃树的主要生产基地。该区实行集约栽培，种植较密，管理精细。江浙一带为提高桃果实品质和预防病虫，普遍采取套袋措施，并用毛桃砧木嫁接繁殖苗木。

本区夏季温热，适合南方品种群生长，尤以水蜜桃久负盛名，如'奉化玉露''白花水蜜''上海水蜜''白凤'等。江浙一带的蟠桃更是桃中珍品，其素以柔软多汁、口味芳香著称。南方硬肉桃栽培渐少，零星分布在偏远地区，如'陆林''吊枝白''大红袍''青毛子白花桃'等。城市近郊多向早熟品种发展，同时罐藏黄桃已大面积成片种植，并成为食品工业原料的生产基地。该区也是我国最大的经济栽培区域之一，以发展优质水蜜桃、蟠桃为主，并适当发展早熟油桃，限制发展中、晚熟品种。

3. 西北干旱生态产区 本区位于我国西北部，包括新疆、陕西、甘肃、宁夏等省（自治区、直辖市），是桃的原产地。该区海拔较高，属大陆性气候的高原地带。季节分明，光照充足，气候变化剧烈。降水量稀少（250mm 左右），空气干燥。夏季高温，冬季寒冷，绝对最低气温常在－20℃以下。生长季节短，无霜期 150d 以上。晚霜在 4 月中旬至 5 月中旬，有时正逢花期，易造成霜害。

桃在本区适应性强，分布甚广，尤以陕西、甘肃最为普遍，各县均有栽培。由于管理粗放，产量偏低，曾采用种子实生繁殖，经过不断筛选，形成了丰富多彩的种质资源。我国著名的黄桃多集中于此，如'武功黄肉桃''酒泉黄甘桃''富平黄肉桃''下庙黄黏核''灵武黄甘桃'等。普通桃著名者有'渭南甜桃''庄里白沙桃''临泽紫桃''张掖白桃''兰州迟水桃'等。本区黄肉桃的特点为汁少味甘，肉质致密，耐贮运。黏核、肉质细韧无红晕者，多适于加工制罐。陕西眉县、商州区、扶风县等地产冬桃，12月成熟，极耐贮运。新疆北部气候严寒，桃树需采用匍匐栽培。南疆桃栽培较多，盛产'李光桃''甜仁桃'等。本区武功地区引入南方水蜜桃栽培较早，后其他各地也相继引种栽培。而野生甘肃桃、新疆桃和山桃则分布普遍。新培育的水蜜桃品种在该区的栽培面积逐渐增加，现早、中、晚桃均有栽培，且果实品质好。西北高旱桃区日照长，温差大，空气干燥，加工桃品质优良，因此适宜加工黄桃生产。一些晚熟桃品种，如'秦王桃'在陕西眉县的栽培面积较大，品质也较好。

4. 云贵高原生态产区　本区包括云南、贵州和四川的西南部。纬度低，海拔高，形成立体垂直气候。夏季冷凉多雨，7月平均温度在25℃以下，冬季温暖干旱（在1℃以上），年降水量约1000mm。桃树在本区多栽培于海拔1500m左右的山坡上，以云南分布较广，其中呈贡、晋宁、宜良、宣威、蒙自为集中产区，但多为粮、桃间作，且以粮为主。该区桃树管理极为粗放，任其生长，长期采用种子实生繁殖，产量不高。本区还是我国西南黄桃的主要分布区，著名品种有'呈贡黄离核''大金旦''黄心桃''黄绵胡''泸香桃'等。该区以发展优质水蜜桃、蟠桃、早熟油桃和加工黄桃为主，并限制发展中、晚熟品种。

5. 华南亚热带产区　本区位于北纬23°以北、长江流域以南，包括福建、江西、湖南南部、广东北部、广西北部和台湾。夏季温热，冬季温暖，属亚热带气候，年平均气温为17~22℃，1月平均温度在4℃以上，降水量1500~2000mm，无霜期长达300d以上。本区桃树栽培较少，一些需冷量低的品种可以生长。生产上以硬肉桃居多，如'砖冰桃''鹰嘴桃''南山甜桃'等。该区宜发展短低温桃、油桃品种。

五、现代桃园省力化栽培管理技术

（一）苗木繁育

桃苗木繁育包括苗圃地的选择、苗木的嫁接与管理、苗木出圃等。可参见本书第四章相关内容。

（二）规划建设

桃园规划建设主要包括园地规划、品种选择等，具体参见本书第五章。

（三）土肥水管理

1. 桃园土壤培肥管理　土壤培肥是指通过增施有机物料、生草等措施提高土壤肥力，提高桃园的丰产优质与可持续生产能力。我国多数桃园分布在山地、丘陵地和沙滩地上，土壤存在土层薄、有机质含量低、养分不均衡、透气性差和保水保肥能力低等不利因素，且生产中有重视化肥施用、轻视土壤管理的倾向，从而导致桃园土壤肥力下降，因此桃园土壤管理亟待加强。

第一，桃园行间自然生草或人工种草。春季选留附地菜、益母草等，夏季可选留牛筋草、虎尾草等。人工种草可选用毛叶苕子、苜蓿、鼠尾草、黑麦等，每年夏季割草2~3次，并覆盖到树盘下。第二，行间或树盘用有机物料覆盖。收集稻壳、秸秆、锯末、树皮、菇渣等有机废弃物，采用微生物菌种腐解处理15~20d，于夏季或秋季覆盖到树盘下，覆盖厚度6cm以上。第三，施用微生物发酵有机肥。收集禽畜粪便与秸秆，按7∶3的比例（干重）混匀，接种复合微生物发酵菌种至完全腐熟，用秋季条沟法施用每亩 3m³ 左右。经济条件较好的果园也可直接施用商品生物有机肥。

2. 桃园养分管理　桃树正常生长结果需要氮、磷、钾、钙、镁、硫、铁、锰、硼、锌、铜、钼、氯、镍 14 种必需矿质元素与硅等有益元素，树龄不同，则桃树的需肥特性不同。幼年和初果期树，易出现因氮素过多而徒长和延迟结果的现象，因此要注意适当控制氮素，增加磷肥，以促进根系发育，氮、磷（P_2O_5）、钾（K_2O）可以按 1∶1∶1 的比例供应。盛果期桃需钾量显著增加，每生产桃果 100kg 约需吸收 0.46kg 氮、0.29kg 磷（P_2O_5）和 0.74kg 钾（K_2O），施肥时可以参考上述数据，并根据土壤分析、植株诊断与肥料的利用率确定施肥的数量与比例。

（1）科学确定桃园施肥量　目标产量、土壤、品种、树龄、树势等方面的差异使桃园的化肥用量不同。确定桃树施肥量的方法有很多，幼龄桃园可以根据树龄确定施肥量，定植后 1～3 年氮、磷、钾肥施用量分别为每 666.7m² 8kg、12kg、15kg，其中磷、钾用量可以与氮肥相同。进入盛果期后，在施足有机肥的基础上，每生产 100kg 桃，需要补充化肥折合纯氮（N）0.6～0.8kg、磷（P_2O_5）0.3～0.4kg、钾（K_2O）0.7～0.9kg。例如，产量为 3000kg 的果园需补充尿素 40～53kg、过磷酸钙 75～100kg 和硫酸钾 35～45kg。在对某果园确定具体施肥量时，还要根据土壤中养分含量状况、植株养分诊断结果及施肥方法进行调整。

桃产量高，每年果实带走大量的养分，因此果农在施肥时比较重视氮、磷、钾的补充供应。而桃正常生长结果需要 14 种矿质元素与硅等有益元素，中微量元素（钙、镁、铁、硼、锌和钼等）虽然带走的量较少，但如果忽视补充，往往也会引起缺乏。加上我国多数桃园土壤有机质含量低，部分果园 pH 偏高或偏低，从而影响养分的有效性，因此许多桃园表现出中微量元素缺乏的症状。补充钙、镁可选用钙镁磷肥、硝酸铵钙、硫酸镁等肥料，每 666.7m² 桃园施用量一般为钙（CaO）12kg，镁（MgO）3.5kg；补充硼、铁、锌等微量元素可以选用硼砂、硫酸亚铁（黄腐酸铁更好）、硫酸锌等，上述肥料一般每 666.7m² 各施用 2～3kg，中微量元素肥料可以结合有机肥在秋季施用，每 2～3 年施用一次。缺乏严重的果园可以每年施用，并适当增加用量。

中微量元素缺乏的果园也可以采用叶面喷施的方法来补充。缺钙，可于桃树生长初期叶面喷洒商品螯合钙溶液，连喷 2 次，在盛花后 3～5 周、采前 8～10 周喷 0.3%～0.5%氨基酸钙可防止果实缺钙。缺镁，一般在 6～7 月喷 0.2%～0.3%的硫酸镁。缺铁，可于 5～6 月叶面喷洒黄腐酸二胺铁 200 倍液或 0.2%～0.3%硫酸亚铁溶液，每隔 10～15d 喷 1 次，连喷 2 次。缺锰，可于 5～6 月叶面喷洒 0.2%～0.3%硫酸锰溶液，每隔 2 周喷 1 次，连喷 2 次。缺锌，在发芽前喷 0.3%～0.5%硫酸锌溶液、发芽后喷 0.1%硫酸锌溶液或花后 3 周喷 0.2%硫酸锌＋0.3%尿素，可明显减轻缺锌症状。缺硼，落叶前 20d 左右喷 3 次 0.5%的硼砂＋0.5%的尿素或开花前喷 2～3 次浓度为 0.3%～0.5%的硼砂。缺乏严重时应与土壤施用相结合，并注意改良土壤。

（2）桃园施肥时期与方法

1）秋施基肥。桃树秋施基肥相比春施基肥有很多优点。秋施基肥后，因当时土温仍较高，肥料分解快，加上秋季正是桃树根系进入第三次生长高峰时期，吸收根数量多，且伤根容易愈合，因此肥料施下后，很快就被根系吸收利用，从而提高秋季叶片的光合效能，制造出大量的有机物贮藏于树体内，对来年桃树生长及开花结果十分有利。

秋施基肥的时间以 9 月下旬至 10 月中旬为宜，肥料的种类以有机肥为主，包括农家肥、生物有机肥、豆饼、鱼腥肥等，并配合一次性施入全年化肥，一般农家肥的施肥量最好每 666.7m² 用 3000kg 以上。施用方法一般为条沟法，在行间或株间开沟，沟的深度与宽度一般为 40～50cm，长度根据肥料数量确定。需要注意的是，有机肥一定要腐熟好，并且在施用时和表土混匀后再回填。

2）袋控缓释肥省力化施肥。根据果树个体较大的特点，改变一般控释肥颗粒包膜的设计思路，利用微孔控释袋包装，从而达到控制肥料释放的目的。

秋季结合基肥在春季桃萌芽前后进行，一年只需要施用一次。采用放射沟法施用，即距树干 30cm 向外挖宽 20~30cm、深 20~30cm、长 100~150cm 的放射沟，10 年生以下树挖 3~4条，10 年生以上树挖 5~6条，放射沟的位置每年交替进行。年产量 1500kg 以下，每 $667m^2$（1亩）施 450 包（每包 95g，20% 的含氮量，$N：P_2O_5：K_2O＝2：1：2$，下同）；1500~2500kg，每 $667m^2$ 施 500~700 包；2500~4500kg，每 $667m^2$ 施 700~1200 包；4500kg 以上的，每 $667m^2$施 1000~1500 包。沙滩地果园适当多施 20% 左右，土壤肥沃的果园适当减少 20% 施肥量。提倡在放射沟内同时施用有机肥，包括优质农家肥，生物有机肥（每亩 300kg 左右）。施肥时首先在沟底撒入部分有机肥，然后放入袋控缓释肥，上面再撒上一层有机肥，最后覆土。

3. 桃园水分管理

（1）根据需水规律科学灌溉　　桃树在以下几个生育期对水分供应比较敏感，若墒情不够，则应及时灌溉。①萌芽至花前。此时缺水易引起花芽分化不正常，开花不整齐，坐果率降低，直接影响当年产量。在此期可灌一次足水，水量以能渗透地面深度 80cm 左右为宜，尤其是北方，由于经常出现春旱天气，因此必须灌足水，以促进萌芽开花及提高坐果率。②硬核期。此时是新梢快速生长期及果实的第一次迅速生长期，需水量多且对缺水极为敏感，因此必须保证水供给，灌水量以湿润土层 50cm 为宜；南方地区正值雨季，可根据实际情况确定供水量。③果实膨大期。此时正值果实生长的第二次高峰，果实体积的 2/3 是在此期生长的，如果此时不能满足桃树对水分的需求，则会严重影响果实的生长，导致果个变小，品质下降；若水分供应充足，则有利于果实的生长，既增大果个又提高品质。因此，果实发育中后期应注意均匀灌水，特别是油桃园，应保持土壤良好，有稳定的墒情，若在久旱后突灌大水则易引起裂果现象。④果实采收后。此期应根据土壤墒情适当灌一次水，可延缓叶片脱落，有利于花芽分化和树势恢复。⑤秋灌。此期应结合晚秋施基肥后灌一次水，以促进根系生长。⑥冬灌。北方地区一般在封冻前灌一次封冻水，以确保严冬蓄积充足水分；若冬季（封冻前）雨雪多时可以不冬灌。

灌溉的方法有沟灌、树盘浇水、喷灌、滴灌等，具体可根据当地的经济条件、水源情况、水利设施条件及地形等综合考虑。总的要求是节约用水，并保证水分能及时渗透到根系集中分布的土层，使土壤保持一定的含水量。如果条件许可，尽量使用滴灌或涌泉灌等管道灌溉法，因为这种方法不仅节约用水、对地形地貌要求不高、特别适合山区丘陵果园，而且可以很方便地控制灌溉区域，减少行间杂草滋生，降低局部空气湿度，减轻病虫害发生。

（2）桃园抗旱栽培措施　　桃园土壤适宜的相对含水量一般为 60%~80%，如果桃园土壤相对含水量低于适宜值的低限，则应采取相应的抗旱措施。旱象缓解后，及时采用根外追肥的办法，每隔 7~10d，喷施 0.25%~0.4% 磷酸二氢钾一次或 1.8% 阿维菌素 2000~3000 倍液等农药防治虫害。

1）果园覆盖，树盘覆盖可以有效减少土壤水分的蒸发损耗。在树冠内离树干 10cm 处覆盖玉米、麦草、杂草（10~20cm 厚）、地膜、园艺地布等，以减少水分蒸发，同时避免杂草与果树争夺水分，从而增强桃树的抗旱能力。

2）应用抗蒸剂，桃树吸收的大部分水分用于蒸腾，而用于树体生理代谢的只占极少部分。因此在不影响树体生理活动的前提下，适当减少水分蒸腾，可达到经济用水、提高树体水分利用率的目的。近年来发现黄腐酸不但能促进根系发育，而且能在一定程度上关闭气孔，从而降低蒸腾。黄腐酸应用在果树上，有效期限达 18d 及以上，可明显降低蒸腾（可达 59%）和提高水势（0.2～0.4MPa），而叶温却未受明显影响。早期喷布，可明显改善果树体内水分状况。

3）穴灌技术，表层土灌溉一般只能下渗 3～5cm，且水源渗透不到根系活动层，不仅难以达到灌溉效果，而且表面蒸发消耗大。因此，灌溉效果差，特别是无灌溉条件的桃园推广穴灌技术很必要。在桃树树冠 1/3 处，开挖 30cm×30cm×30cm 的相对称的孔穴两个，依次灌满约 30L 的水，随即盖草覆盖以减少蒸发损耗，利用根系的趋水性和强大的吸水性功能，可以保证果树 10d 以上的需水要求。如果能够结合抗旱剂的使用，则效果更佳。

4）施用吸湿剂，吸湿剂是一种聚丙烯类，吸水保水性极强。其吸水性能超过自重的 1000 倍，并具备优异的保水性能。在干燥环境下其表面形成阻力膜，可阻止膜内水分外溢和蒸发。如果在 1m² 的范围内撒下 100g，便可使土壤水分增加 800 倍，水分蒸发减少 75%，并可以从大气中吸水。在一次浇水或雨后便可把水分长期保留下来，以供果树长年吸收。吸湿剂遇水膨胀与失水干缩的循环特点，还可以增加土壤孔隙度，防止土壤板结，从而有利于根系呼吸和生长发育。

（3）桃园涝害防控措施　　由于桃树耐涝性差，因此在雨季若不及时采取排水防涝措施，必将影响桃树的生长发育、产量和品质，严重的甚至造成死树。桃防涝栽培措施有以下几点。

1）挖沟排涝，在果树行间，根据地形隔行或多行开挖排水沟，一般沟宽 30～40cm，深 80～100cm，只要开挖及时，便能迅速排除园内积水。

2）抬高树盘，结合开挖排水沟，抬高树盘，使树盘内高外低，略呈弧形，如有积水便能顺利流入沟内排出。

3）覆盖地膜或反光膜，结合起垄，于果实成熟前 15d 左右，在行内覆盖地膜或反光膜，以减轻降雨对土壤湿度的影响；同时反光膜还能显著改善桃园光照状况，从而显著提高果实品质。

4）防治病虫，久雨后果园要喷一遍杀虫杀菌农药，以防治病虫危害。可选择百菌清 800 倍或多菌灵 600 倍或甲基托布津 100 倍＋杀灭菊酯 4000 倍。

5）增肥壮树，前期因施肥不足，水淹后易引起树势衰弱。可采用 0.4%尿素＋0.5%磷酸二氢钾进行根外喷肥，隔 10d 喷 1 次，连喷 2～3 次，秋施基肥时对弱树应增施优质圈肥或其他优质有机肥，以便能及早恢复和增强树势。

（四）现代桃园整形修剪技术

1. Y 字形整形修剪技术　　适于露地密植和保护地栽培，容易培养，早期丰产性强，光照条件较好。树高 2.5m，干高 40～60cm。全树只有两个主枝，向行间伸展，并配置在相反的位置上。在距地面 1m 处培养第一侧枝，第二侧枝在距第一侧枝 40～60cm 处培养，方向与第一侧枝相反。两主枝的角度是 45°，侧枝的开张角度为 50°，侧枝与主枝的夹角保持约 60°。在主枝和侧枝上配置结果枝组和结果枝。

芽苗定植后，在新梢长达 35～40cm 时进行摘心，促发副梢，然后再选留 2 个长势健壮、着生匀称、延伸方向适宜的副梢作为预备主枝，任其自由生长。通过拉枝等措施，使主枝的角度保持 40°～50°，而对其余副梢，则通过扭梢等措施进行控制，以保持主枝的生长优势。冬季修剪时，2 个主枝留 60cm 短截，而将其余大枝疏除。如果定植成苗，定干高度为 40～50cm。新梢长达 30～40cm 时，选 2 个生长健壮、延伸方向适宜的新梢作为主枝，疏去竞争枝，留 2～3 个辅养枝，控制生长，以辅助主枝的生长优势。主枝背上的直立或斜上生长的副梢一般不保留，其他新梢的长势，也应控制，不能超过主枝。冬季修剪时，2 个主枝延长头留 60cm 短截，其余枝条取强留弱，取直留斜，并尽量保留小枝，保持主枝角度和生长优势。

第 2 年春季萌芽后，及时抹去主枝背上的双生枝和过密枝，保留剪口下第 1 芽作主枝延长枝，当延长枝长达 40～50cm 时进行摘心，促发副梢。副梢萌发后，直立的及时疏除，斜生的留 20～30cm 扭梢，剪口下第 2、3 芽所萌发的新梢，作为培养大、中型枝组用；直立和密集副梢，应及时疏除，其他副梢在长达 25～30cm 时摘心。除剪口下第 1、2、3 三个芽所萌发的新梢外，其余新梢直立的疏除，侧生的摘心，促其形成花芽。冬季修剪时，主枝延长枝留 50～60cm 短截，第 1 芽留外芽，也可留侧芽，第 2、3 芽留侧芽，以备培养大、中型结果枝组，其余枝条尽可能缓放，疏除多余的发育枝。大、中型结果枝组的延长枝，留 30～40cm 短截，疏去直立枝，缓放侧生、斜生新梢，疏去密生枝及双生枝。

桃树定植后 3 年，树体骨架基本形成。修剪时仍应注意冬、夏修剪结合，以促进早期丰产。春季发芽后，新梢长达 5～6cm 时，及时抹去双芽枝和密生枝。5～6 月，疏除过多新梢，使同侧新梢基部，保持 20cm 左右的间距。树冠上部的主枝和大、中型枝组的延长枝及侧生枝，应及时摘心。斜生枝、侧生枝，应控制旺长，培养枝组。对树冠中、下部的新梢，在长达 30～40cm 时摘心，促其成花。直立徒长枝应及时疏除，其余新梢缓放生长。冬季修剪时，树冠上部的主枝延长头，留 50～60cm 短截，大、中型枝组，用徒长性结果枝或长果枝作延长枝头。

2. 主干形整形修剪技术　适于保护地栽培和露地高密栽培。光照好，树形的维持和控制难度较大，需及时调整上部大型结果枝组与下部结果枝组的生长势，切忌上强下弱。无花粉、产量低的品种不适合培养纺锤形。树高 2.5～3.0m，干高 50cm。有中心干，其上均匀排列着生 8～10 个大型结果枝组，间距为 30cm，主枝角度在 70°～80°。大型结果枝组上直接着生小枝组和结果枝。

第 1 年整形修剪。缓苗后不定干，充分利用桃幼树生长旺盛容易发生二次梢的特性，选留主枝或临时结果枝。当中心干延长梢长到 50cm 时，为了使中干生长顺直健壮，每株树支一竹竿，将中干及延长枝绑缚其上，让其顺直生长。距地面 30cm 以下萌蘖要及时疏除。5 月下旬，多数二次梢已长至 30～40cm，此时摘心 1 次，培养主枝或枝组。7 月以前可摘心 2 次，以后不摘心，配合拉枝、拿枝、扭枝等，调整枝角和方位，并使结果枝分布均匀。8 月下旬至 9 月下旬，根据树冠枝叶稠密状况进行秋剪，疏细弱枝、密生枝，缩疏直立强旺枝、徒长枝，保证留下的新梢通风透光。为了控制旺长和促进成花，结合防治病虫害，于 5 月下旬、7 月上旬各喷 1 遍 150～200 倍多效唑＋0.4%磷酸二氢钾。主干形桃树冬季实行长枝修剪，疏除病虫枝、竞争枝和背上旺枝，对中央领导干不短截，夏剪时已选留的主枝，如果生长势适宜，缓放不动；疏除或重截（留基部 2 芽）无花枝，对于果枝一律甩放不剪，留其结果。

第 2 年整形修剪。3 月中下旬，即桃树萌芽前后，对中心领导枝中上部需发枝处进行刻芽，促发分枝。注意选留方位适宜的新梢培养主枝，用撑、拉的办法调整主枝角度为 80°左右。6 月中下旬，即麦收后，对新梢少摘心、轻摘心，用扭梢、揉枝法控制新梢生长势。8～9 月疏除竞争枝、徒长枝、背上旺枝和过密枝条。冬季以疏为主，采用长枝修剪。主枝上不留侧枝和大型枝组，让其单轴延伸，结果枝及结果枝组直接着生在主枝上，枝组间距 15～20cm，两侧多，背后少，背上小，互不干扰。结果枝不超过 50cm 时，一般长放不截，果实多结在果枝的中下部。结果后枝条下垂，背上冒出壮枝，冬剪时回缩更新。

第 3、4 年修剪。从第 3 年起，主干形桃树开始进入盛果期，修剪还是以疏枝为主，疏除竞争枝、强旺枝、过密枝，令主枝、中心干单轴延伸，控制上强，保持上稀下密，主枝与主干、枝组与主枝的粗度比分别控制在 1：（3～4）和 1：（4～5）。主枝、枝组过粗时，疏去其上部分枝梢或加大枝角，削弱其长势。中长果枝甩放结果后，利用基部抽生的新中长果枝结果。

（五）花果管理技术

桃花果管理主要包括人工辅助授粉、疏花疏果和果实套袋等。具体参见本书第六章。

（六）病虫害防治技术

1. 桃树病害

（1）桃树流胶病　　桃树流胶病，病原菌葡萄座腔菌（*Botryosphaeria berengeriana* de Not.）属子囊菌亚门。枝干、枝条和果实都可受害。通常造成树体衰弱，甚至死亡。南方产区较北方地区受害重。

彩图

1）症状特征。枝干受侵染后，皮层呈疣状隆起，或环绕皮孔出现 1～2cm 的凹陷病斑，并从皮孔中渗出胶液（图 14-1）。病斑扩展，侵染点增多到绕枝干一周后，病斑上部枝干枯死。枯死的枝干上可见许多小黑粒点状物，是病菌的子囊果和分生孢子器。果实受侵染后，多在近成熟期发病，果实变褐腐烂，称桃果腐病。

2）发病规律。病菌以菌丝体、子座和分生孢子器在枝干病部越冬，并可存活多年。天气潮湿时从分生孢子器溢出块状的分生孢子角，里面含有大量的分生孢子。分生孢子的生成量，新病枝较老病枝多。分生孢子靠雨水分散、传播到健康部位，萌发后从皮孔或伤口侵入。

降水量多的区域，地势低洼，土壤黏重，雨季排水差，重茬再植的桃园发病较重。

3）防治技术。

a. 农业防治。选择地势高、透水性好的沙质壤土地建园。

图 14-1　桃树流胶病

不在刨除老桃树的地块继续栽植桃树，土壤瘠薄砂石多的桃园要逐年扩坑改土。根据树势确定产量，加强管理，适时施肥浇水，使桃树生长健壮，提高抗病能力。

b. 人工防治。冬季修剪时将严重病枯枝剪除，减少流胶病菌的侵染来源。

c. 药剂防治。芽萌动前全树均匀喷布 3～5 波美度石硫合剂，或 72%福美锌可湿性粉剂 100～150 倍液，铲除树皮浅层的流胶病菌。生长期间，用 70%甲基硫菌灵可湿性粉剂 700 倍液，或 50%多菌灵可湿性粉剂 600 倍液，或 43%戊唑醇悬浮剂 3000 倍液等。在防治果实和叶片病害的同时喷布枝干，可兼治桃树流胶病。也可用上述药剂 5 倍于田间喷雾浓度，涂刷流胶部位，能起到较好的治疗效果。

（2）桃细菌性穿孔病　　桃细菌性穿孔病，病原菌黄单胞杆菌属甘蓝黑腐黄单胞菌桃穿孔致病型［*Xanthomonas pruni*（Smith）dowson］为黄单胞杆菌属的一种细菌。主要危害叶片，也危害果实和枝梢；除危害桃外，还侵害李、杏、樱桃等多种核果类果树。全国各桃产区都有发生。

1）症状特征。叶片受害（图 14-2），病斑多为不规则形，紫褐色，直径 2mm 左右，周围似水渍状，并带有黄绿色晕环。空气湿润时，病斑背面有黄色菌脓。最后病斑干枯脱落形成穿孔。果实发病（图 14-2），病斑暗紫色，圆形，中央稍陷，边缘水渍状。空气潮湿时病斑上出现黄色黏质物，此为菌脓。受害果常伴有流胶现象。嫩枝受害（图14-2），病斑初期常以皮孔为中心，呈水渍状的小斑点，以后形成褐色至紫褐色，稍凹陷，边缘水浸状圆形或椭圆形斑块。夏季病斑不易扩展，并且会很快干瘪。在下年春季发芽展叶时，溃疡斑开始纵向伸长，可达 1～10cm，但宽度多不超过枝条的一半。

彩图

图 14-2　桃叶（左）、果（中）和枝（右）细菌性穿孔病症状

2）发病规律。病菌在枝条的病斑组织内越冬，春季潜伏在病组织内的细菌开始活动。桃树开花前后，病斑表皮破裂，病菌溢出。菌体通过风、雨或昆虫传播，由叶片的气孔、枝条或果实的皮孔侵入内部组织。

病菌的潜育期长短与气温高低和树势强弱有关。温度在 25～26℃时，潜育期 4～5d；温度在 20℃时，潜育期为 16d。若树势强时，潜育期可长达 40d。温暖、降雨频繁或多雾的天气易造成病害的流行。树势衰弱，通风透光不良的桃园发病较重。

3）防治技术

a. 农业防治。多施有机肥，使果树枝条生长健壮，增强抗病力。合理修剪，使果园通风透光良好，以降低果园湿度。避免桃、李、杏等果树混栽一起，病菌互相传染。

b. 人工防治。桃果套袋可减少病害发生。结合冬季修剪，剪除树上的病枯枝。

c. 药剂防治。桃树芽萌动期，全树均匀喷布 4～5 波美度石硫合剂，或 72%福美锌可湿性粉剂 100～150 倍液，铲除在枝条溃疡部越冬的菌原。生长季节，从小桃脱萼开始，每隔 10d 喷药 1 次。对套袋果，在套袋前喷三遍药非常重要。药剂可选用：1000 万单位农用硫酸链霉素原粉 3000～5000 倍液，或 20%叶枯唑可湿性粉剂 800 倍液，或 72%福美锌可湿性粉剂 800 倍液，或 72%福美双可湿性粉剂 800 倍液，或硫酸锌·石灰液（硫酸锌 1 份、石灰 4 份、水 240 份），或 70%代森锰锌可湿性粉剂 700 倍液，或 65%代森锌可湿性粉剂 500 倍液。

（3）桃疮痂病　　桃疮痂病又名桃黑星病，病原菌（*Cladosporium carpophilum* Thum.）属子囊菌亚门黑星菌属的一种真菌。主要危害果实，其次危害新梢和叶片，全国各地普遍发生。除危害桃外，还危害扁桃、杏、李、梅等多种核果果树。

彩图

1）症状特征。果实感病部位多在肩部（图14-3）。病斑初期为暗褐色圆形小点，后期变为黑色痣状，直径为 2～3mm，常聚合成片。病菌扩展仅限于表皮浅层组织。果梗受害，果实常早期脱落。

新梢受害后（图14-3），病斑为长圆形，浅褐色，大小为 3mm×6mm。继后病斑变为暗褐色，并进一步扩大隆起。病健组织界

图 14-3　桃疮痂病

线明显，病菌也只在表皮层危害，并不深入内部。第二年春，病斑上可产生暗色小绒点状的分生孢子丛。

2）发病规律。病菌以菌丝体在枝梢的病部越冬，第二年4～5月产生新的分生孢子。分生孢子随风雨传播，侵染桃果。病菌在桃果上潜育期较长，为40～70d，在新梢及叶片上为25～45d。北方桃区果实发病一般从6月开始，7～8月最重。果实上当年所产生的分生孢子，虽可进行再侵染，但因病菌潜育期较长，早熟品种还未显现症状就被采收，所以早熟品种发病较轻，晚熟品种发病较重。当年生的枝条被侵染后，夏末才显现症状，常是第二年春季初次侵染的主要来源。

多雨或潮湿的环境条件有利于病菌的传播和侵入，因此春季和初夏降雨多的年份，或地势低洼、枝条郁闭的果园发病都较重。

3）防治技术。

a. 农业防治。适时修剪疏枝，使果园通风透光良好，以降低果园湿度，减少病害的发生。

b. 人工防治。对中晚熟品种，在疏定果完成后，实施套袋。

c. 药剂防治。桃树芽萌动期，全树均匀喷布4～5波美度石硫合剂，或72%福美锌可湿性粉剂100～150倍液，铲除在枝条溃疡部越冬的菌原。谢花后从小桃脱萼开始，每隔10～14d喷1次杀菌剂，直到采收。对套袋果，套袋前三遍药非常重要。对于早熟品种，果实采收后仍需要继续喷药，以保护叶片和枝梢，减少来年的越冬菌原，但喷药间隔期可适当拉长。喷施的药剂为：60%吡唑醚菌酯·代森联水分散性粒剂1000倍液，或25%戊唑醇微乳剂2500倍液，或12.5%烯唑醇可湿性粉剂1500倍液，或40%氟硅唑微乳剂5000倍液，或12.5%腈菌唑乳油2000～3000倍液，或45%咪鲜胺微乳剂1500倍液，或80%代森锰锌可湿性粉剂800倍液，或50%多菌灵·福美双可湿性粉剂600倍液。

（4）桃果褐腐病　　桃褐腐病又名桃菌核病，病原菌[*Monilinia fructicola*（Wint.）Rehm.]属子囊菌亚门，链核盘菌属的一种真菌。主要危害桃果，也能危害花、叶、枝梢。华东、华中桃产区发生严重。此外，还危害李、杏、樱桃等。

1）症状特征。花部受害，常自雄蕊及花瓣尖端开始，先发生褐色水浸状斑点，后逐渐蔓延至全花，随即变褐枯萎。天气潮湿时，病花迅速腐烂，表面丛生灰霉。若天气干燥时病花则萎垂干枯，残留于枝上，长久不能脱落。嫩叶受害，自叶缘开始变褐，病叶萎垂，如同霜害残留在枝上。

彩图

果实受害（图14-4），先是在果面上产生褐色圆形病斑，数日内可扩及全果，果肉也随之变褐软腐。继后病斑表面生出灰褐色绒状霉丛，即病菌的分生孢子层。分生孢子层常成同心轮纹状排列。病果腐烂后易脱落，但不少因水分蒸发较快干缩成僵果。僵果悬挂树上到第二年也不脱落，是病菌越冬的重要场所。

2）发病规律。病菌主要以菌丝体在僵果或枝梢的溃疡部越冬。悬挂在树上或落在地面的僵果，在第二年春季都能产生大量的分生孢子。分生孢子借风、雨、昆虫传播，引起初侵染。经虫伤、机械伤口、皮孔侵入果实，也可直接从柱头、蜜腺侵入花器造成花腐，再蔓延到新梢。在适宜的环境条件下，病果表面长出大量的分生孢子引起再侵染。花和叶片受害在大田条件下并不严重，但在保护地栽培下

图14-4　桃褐腐病病果

为重要病害。

桃树开花期间低温多雨容易引起花腐，果实自幼果至成熟期都可受害，但以果实越接近成熟期受害越严重。在贮运过程中若病果与健果接触，也可传染至健果。树势衰弱，地势低洼，通风透光较差，潮湿的果园环境发病较重。果实近成熟期遇温暖多雨常暴发成灾。

3）防治技术。

a. 农业防治。合理修剪，适时夏剪，改善园内通风透光条件；雨季及时排除园内积水，以降低桃园湿度。

b. 人工防治。桃果套袋可减少病害发生。结合冬剪清除树上僵果；春季清扫干净地面落叶、落果，集中烧毁；生长季节随时清理树上、树下的僵果，以消灭菌源。

c. 药剂防治。桃树芽萌动期，全树均匀喷布 4～5 波美度的石硫合剂，或 72%福美锌可湿性粉剂 100～150 倍液，铲除越冬菌原。果实开始膨大近成熟期，或在桃果解袋后，是药剂防治的重点时期。喷施药剂为：25%吡唑醚菌酯乳油 1500 倍液，或 25%戊唑醇微乳剂 2500 倍液，或 12.5%烯唑醇可湿性粉剂 1500 倍液，或 40%氟硅唑微乳剂 5000 倍液，5%己唑醇微乳剂 1000 倍液，或 30%氟菌唑可湿性粉剂 2000 倍液，或 10%苯醚甲环唑微乳剂倍液 2000 倍液，或 12.5%腈菌唑乳油 2000～3000 倍液，或 45%咪鲜胺微乳剂 1500 倍液，或 50%异菌脲可湿性粉剂 1500 倍液。

（5）桃炭疽病　桃炭疽病是重要的果实病害，病原菌（*Gloeosporium laeticolor* Berk.）属半知菌亚门的桃炭疽病盘长孢菌。主要危害桃果，也能危害桃树的花、叶、枝梢。另外，还危害李、杏、樱桃等。

1）症状特征。幼果染病，果面呈暗褐色，萎缩硬化，多成僵果，挂在树枝上。果实膨大期染病，病斑初期淡褐色、水浸状，随着果实膨大而扩大；病斑后期呈红褐色、圆形或椭圆形，并显著凹陷；天气潮湿时病斑上长出橘红色小粒点，为病菌的分生孢子盘及分生孢子；受害果除少数干缩残留于枝梢外，绝大多数都在 5 月间

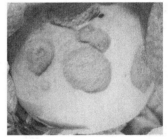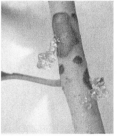

图 14-5　桃炭疽病病果和病枝

脱落。果实近成熟期发病（图 14-5），果面病状除与前述相同外，最大特点是果面病斑显著凹陷，具明显的同心环状皱缩，最后果实软腐，多数脱落。

彩图

叶片受害后为灰白色圆形病斑；新梢受害后（图 14-5），出现暗褐色、略凹陷、长椭圆形病斑；气候潮湿时，病斑表面也可长出橘红色小粒点。

2）发病规律。病菌主要以菌丝体在病梢组织内越冬，也可在树上僵果中越冬。第二年早春产生分生孢子。分生孢子随风、雨、昆虫传播，侵害新梢和幼果，引起初侵染。此后新生病斑上产生分生孢子，引起再侵染。炭疽病危害时间较长，在整个生长期间都可侵染危害。

高湿是病害发生的主要条件。发病重的果园多处于江、湖、河的水网地带。果实发病首先在果实迅速生长期，其次为采收前的膨大期。桃树开花及幼果期低温多雨有利于发病，果实成熟期则以温暖多雨的高湿环境发病严重。另外，在管理粗放，留枝过密，土壤黏重、地势低洼、排水不良、树势衰弱的果园发病也相当严重。

3）防治技术。

a. 农业防治。加强果园管理，增施磷、钾肥料，增强桃的抗病力。

b. 人工防治。桃果套袋可减少病害发生。结合冬季修剪清除树上的枯枝、僵果和地面落果，以消灭越冬病菌，减少初侵染来源。在桃芽萌动至开花前后要反复地剪除陆续出现的病枯枝及病果，防止病部产生孢子，进行再次侵染。

c. 药剂防治。桃树芽萌动期，全树均匀喷布 4～5 波美度石硫合剂，或 72%福美锌可湿性粉剂 100～150 倍液，铲除越冬菌原。谢花后从小桃脱萼开始，每隔 10～14d 喷 1 次杀菌剂。药剂可选用：50%咪鲜胺乳油 2000 倍液，或 25%吡唑醚菌酯乳油 1500 倍液，或 25%戊唑醇微乳剂 2500 倍液，或 70%丙森锌可湿性粉剂 700 倍液，或 72%福美锌可湿性粉剂 700 倍液，或 50%多菌灵可湿性粉剂 600 倍液，或 70%甲基托布津可湿性粉剂 700 倍液。

彩图

（6）桃煤污病　　桃煤污病分布广泛，是常见的表面滋生性病害，由多种真菌引起。主要有多主枝孢（*Cladosporium herbarum*）、大孢枝孢（*Cladosporium macrocarpum*）、链格孢（*Alternaria alternate*），均属半知菌亚门真菌。

图 14-6　桃煤污病病果

1）症状特征。果实受害（图 14-6），表面布满黑色煤烟状物，严重降低果品价值。枝干受害，初现污褐色圆形或不规则形霉点，后形成煤烟状黑色霉层，布满枝条。叶片受害正面产生灰褐色污斑，后逐渐转为黑色霉层或黑色煤粉层。

2）发病规律。病原以菌丝体或分生孢子在病叶上、土壤内及植物残体上越过休眠期。春天产生分生孢子，借风雨传播蔓延。湿度大、通风透光差及蚜虫等刺吸式口器昆虫多的桃园往往发病重。主要是蚜虫、蚧壳虫、叶蝉、粉虱类的昆虫产生的排泄物多，造成病菌滋生。

3）防治技术。

a. 农业防治。改善桃园小气候。合理修剪，果园通风透光良好；雨后及时排水，防止湿气滞留。

b. 人工防治。套袋可减少桃果病害发生，但应注意纸袋选用不透水的为佳，否则达不到理想效果。

c. 药剂防治。桃树芽萌动期，全树均匀喷布 4～5 波美度石硫合剂，或 72%福美锌可湿性粉剂 100～150 倍液，铲除越冬菌原。及时防治蚜虫、粉虱及蚧壳虫等，尤其套袋前和从果实膨大期开始，加强药剂防治更为重要。药剂可选用：25%吡唑醚菌酯乳油 1500 倍液，或 25%戊唑醇微乳剂 2500 倍液，或 40%氟硅唑微乳剂 5000 倍液，5%己唑醇微乳剂 1000 倍液，或 30%氟菌唑可湿性粉剂 2000 倍液，或 10%苯醚甲环唑微乳剂 2000 倍液，或 12.5%烯唑醇可湿性粉剂 1500 倍液，或 12.5%腈菌唑乳油 1500 倍液，或 50%异菌脲可湿性粉剂 1500 倍液，或 70%代森锰锌可湿性粉剂 700 倍液，或 70%丙森锌可湿性粉剂 700 倍液。

（7）桃树根癌病　　桃树根癌病，病原菌[*Agrobacterium tumefaciens*（Smith et Towns）]属野杆菌属的一种细菌，是桃树根部常见的病害，各地均有发生。病菌除危害桃外，还能危害苹果、梨、葡萄、李、杏、樱桃、花红等多种果树。

1）症状特征。根癌主要发生在根颈部（图 14-7），也发生于侧根和支根。癌瘤形状、大小、质地因寄生部位不同而异。小的如豆粒，大的如核桃和拳头，或更大。初生时乳白色或略带红色、光滑、柔软。以后逐渐变褐色至深褐色，木质化而坚硬，表面粗糙或凹凸不平。

　　苗木或幼树受害后，发育受阻，生长缓慢，植株矮小，严重时叶片黄化。成年树受害，果实变小，寿命缩短。

　　2）发病规律。病菌在癌瘤组织的皮层内越冬，或在癌瘤破裂时进入土壤越冬。病菌在土壤中能存活1年以上。雨水和灌溉水是该病的主要媒介。地下害虫，如蛴螬、蝼蛄、线虫等在病虫害传播上也起一定作用。带菌苗木可远距离传播。

　　病菌通过伤口侵入，从侵入到显现病瘤所需的时间，一般由几周到1年以上。温度、湿度是病菌进行侵染的重要条件，适宜的温度为22℃左右。碱性土壤利于发病。黏重、排水不良的土壤发病重，而疏松、排水良好的沙质壤土发病轻，嫁接口部位低、接口大、愈合慢、发病重。此外，耕作不慎或地下害虫危害，使根部受伤，也有利于病菌侵入，增加发病机会。

图14-7　桃根癌病

彩图

　　3）防治技术。

　　a. 农业防治。苗木一旦感染，将终生带病。老果园不能作为育苗基地。苗木最好采用芽接法，使接口上提。防好地下害虫，减少染病机会。碱性土壤应适当施用酸性肥料，或增施有机肥料，以提高土壤的酸度值，使其不利于病菌滋生。

　　b. 人工防治。苗木出圃时要认真检查，发现病苗应予淘汰。病株拔除后应及时将病残体彻底清理出园。

　　c. 药剂防治。苗木定植前，对接口以下部位，用1000万单位的链霉素1000倍液浸5min，或用1%硫酸铜液浸5min后，再放入2%石灰水中浸1min，然后定植。用生物制剂根癌灵K84土壤杆菌（*Agrobacterium* sp.）的发酵产物预防根癌病具有较好效果。K84是一种根际共生的弱寄生细菌，通过拌种、蘸根、涂抹等施药方法，抢先占领根癌病菌的侵入部位，达到免疫的效果。因此，K84是一种生物保护剂，只可用作拌种，或在苗木、大树移栽前蘸根，对已感病的苗木和患病树无效。

2. 桃树虫害

　　（1）桃树蚜虫　　桃树蚜虫主要有三种，均为同翅目，蚜科，南北桃产区均有发生。桃蚜（*Myzus persicae* Sulzer）寄主有蔷薇科、十字花科、茄科、锦葵科、旋花科、葫芦科、藜科等数百种植物。桃瘤蚜[*Tuberocephalus momonis*（Matsumura）]，寄主有桃、樱桃、梅、李和艾蒿等菊科植物。桃粉蚜（*Hyalopterus arundimis* Fabricius）寄主有桃、李、杏、樱桃、梅和禾本科杂草（夏秋）等植物。

　　1）危害症状。蚜虫主要以成、若蚜密集在叶、梢部位吸食汁液危害，造成叶片卷缩，枝梢生长缓慢，排泄物诱发煤污病等。对三种蚜虫可从虫体和危害症状上加以区别。桃蚜黄绿色，危害叶片横向卷缩（图14-8）；桃粉蚜虫体有蜡粉；桃瘤蚜体色黑色，瓜子形，受害叶片（图14-8）的边缘向背后纵向卷曲，卷曲处组织肥厚，似虫瘿，凸凹不平，初呈淡绿色，后变红色，严重时大部分叶片卷成细绳状。

　　2）发生规律。三种蚜虫在北方主要以受精卵在桃树枝条的芽叶腋处越冬，也可在保护地条件下随寄主植物以成虫或若虫越冬。越冬卵在春季桃树芽萌动时孵化为干母，然后以孤雌胎生形式扩大繁殖群体，是早期危害蚜虫的主要来源。此后随群体增大，不断产生有翅雌蚜扩散蔓

图 14-8   桃蚜（左）、桃瘤蚜（右）危害症状

延，至麦收前后逐步迁出桃园，转移至夏寄主越夏，但桃瘤蚜可在桃园终年危害。秋末蚜虫产生有翅性蚜，迁回桃园交配产卵越冬。

自然天敌主要有龟纹瓢虫、七星瓢虫、大草蛉、小花蝽、食蚜蝇、蚜茧蜂、蚜小蜂等。

3）防治技术。

a. 农业防治。蚜虫对银灰色有负趋性，对黄色有正趋性。可用银灰色塑料薄膜驱避，用黄板诱杀有翅蚜。果园生草，可为自然天敌提供良好的越冬、栖息场所。

b. 人工防治。及时剪除受害枝梢，是防治桃瘤蚜的有效方法之一。

c. 药剂防治。芽萌动期是防治蚜虫的关键时期，可用 5%的高效氯氰菊酯乳油 1000 倍液，或 20%速灭杀丁乳油 1000 倍液，或 5%来福灵乳油 1000 倍液，或 90%万灵粉剂 1500 倍。在桃树生长季节防治蚜虫，可用 50%吡蚜酮可湿性粉剂 5000 倍液，或 10%吡虫啉可湿粉剂 1000 倍液，或 3%啶虫脒乳油 800 倍液。

（2）梨小食心虫   梨小食心虫（*Grapholita molesta* Busck）又称桃折梢虫，属鳞翅目小卷叶蛾科，寄主有桃、苹果、梨、杏、李、樱桃、山楂等，是一种重要的果实害虫，在我国各地均有发生。

1）危害症状。梨小食心虫（图 14-9）危害果实，蛀孔早期为一流胶点，以后出现虫粪并腐烂；新梢受害，幼虫在髓部取食，造成萎蔫下折，伴有流胶。苹果、梨果被害，幼虫多从萼洼或果柄洼处蛀入，直达果心取食果肉；早期被害果，蛀孔附近有虫粪排出，晚期被害多无虫粪，在高湿情况下，蛀孔周围常变黑腐烂，扩大成黑斑。

图 14-9   梨小食心虫危害果（左）、桃梢状（右）

2）发生规律。梨小食心虫，以老熟幼虫在果树枝干缝隙、根茎裂缝和土壤缝隙中结灰白色小薄茧越冬，翌年春季 3 月下旬至 4 月上中旬开始化蛹，桃树谢花为成虫羽化高峰期。在山东西部地区一年发生 5 代，各代成虫羽化高峰日期大致为：越冬代 4 月 20 日，第一代 6 月 1 日，第二代 7 月 3 日，第三代 7 月 31 日，第四代 8 月 28 日。

第一代卵主要产在桃树嫩梢 3～7 片叶的叶片背面，初孵幼虫从嫩梢端部 2～3 片叶子的基部蛀入嫩梢中。第二代卵大部分还是产在桃树上，少数产在梨或苹果树上，幼虫继续危害新梢，并开始危害桃果和早熟品种的梨、苹果。第三代以后转向危害桃、梨、苹果的果实，也危害桃树嫩梢。成虫白天多静伏在叶、枝和杂草丛中，黄昏后开始活动，对糖醋液和果汁及黑光灯有较强的趋性。成虫羽化后 1～3d 开始产卵，单粒散产，夜间进行。每雌虫可产卵 50～100 粒。

3）防治技术。

a. 农业防治。建园时尽量避免苹果、梨、桃、樱桃等多树种、多品种混栽或近距离栽植，防止寄主间相互转移。

b. 人工防治。剪除、摘除受害的嫩梢和虫果。疏定果后，立即对幼果实行套袋。用黑光灯和糖醋液（红糖∶醋∶白酒∶水＝1∶4∶1∶16）诱杀成虫，能有效压低成虫数量，减轻化防压力，提高防治效果。

c. 生物防治。成虫发生的高峰期，可人工释放赤眼蜂，每公顷释放 150 万头，每次 30 万头/hm²，分 4～5 次放完，可减轻危害。梨小雌成虫是通过释放信息素才被雄虫找到的，田间持续释放高浓度迷向剂（8～10g/年·亩）的人工合成信息素，可干扰雄虫无法找到雌虫交配，达到雌虫产不出有效卵的目的，是当前最有效的综合防治措施之一。

d. 药剂防治。在梨小雌成虫每代高峰期，喷施一遍杀虫剂，间隔 10d 再喷一次。推荐药剂：35%氯虫苯甲酰胺水分散性粒剂 8000 倍液，或 10%啶虫脒微乳剂 3000 倍液，或 1%甲维盐水剂 1500 倍液，或 80%灭多威可溶性粉剂 1500 倍液，或 48%毒死蜱乳油 1500 倍液。

（3）桃蛀螟　桃蛀螟（*Dichocrocis punctiferalis* Guenee）属鳞翅目螟蛾科。食性杂，寄主广，除危害桃、梨、苹果、李、山楂、石榴外，也可危害玉米、圆葱、向日葵等农作物。我国南、北桃产区均有发生。

1）危害症状。桃蛀螟幼虫（图 14-10）孵化后多从果蒂部，或果与叶及果与果相接处蛀入，蛀入后直达果心。受害果内和果外都有大批虫粪和黄褐色胶液。幼虫老熟后多在果柄处或两果相接处化蛹。

彩图

图 14-10　桃蛀螟成虫和幼虫

2）发生规律。山东鲁西地区桃园每年有 3 个成虫高峰期。老熟幼虫于粗皮缝中、树洞、玉秆、向日葵花盘内越冬。越冬幼虫一般在翌年 4 月开始化蛹，5 月中下旬开始羽化成虫。成虫昼伏夜出，有趋光性，对糖醋液也有趋性。越冬代成虫羽化后，在枝叶茂密的桃果上或果与果相连处产卵（散产）。8 月上中旬，9 月上中旬是桃园成虫高峰期。

3）防治技术。

a. 农业防治。成虫趋向日葵产卵，可于园内田间诱其产卵，再单独喷药消灭。

b. 人工防治。越冬幼虫化蛹前，清除园内玉米、向日葵等寄主植物的残体，捡拾落果和摘除虫果，并刮除果树翘皮，清除虫源。用黑光灯或糖醋液诱杀成虫。另外，产卵前对果实套袋，是最有效的保护措施。

c. 药剂防治。在成虫每代高峰期，喷施一遍杀虫剂，间隔 10d 再喷一次。推荐药剂：35%氯虫苯甲酰胺水分散性粒剂 8000 倍液，或 48%毒死蜱乳油 1500 倍液，或 1%甲维盐水剂 1500 倍液，或 10%啶虫脒微乳剂 3000 倍液，或 80%灭多威可溶性粉剂 1500 倍液。

第十五章　杏

一、概述

（一）杏概况

杏资源丰富，以成熟早、色泽鲜艳、果肉多汁、风味甜美、酸甜适口为特色，在春夏之交的果品市场上占有重要地位，深受人们的喜爱。据分析，每 100g 果肉（鲜果）含糖 1.0～10g、蛋白质 0.9～1.2g、钙 26mg、磷 24mg、胡萝卜素 1.79mg、维生素 B_1 0.02mg、维生素 B_2 0.03mg、烟酸 0.6mg、维生素 C 7.0mg，是营养价值较高的一种水果。

杏药用价值高。中医认为杏性甘酸、微温，能润肺定喘、生津止渴、祛痰和清热解毒。未熟果实中含类黄酮较多，可预防心脏病和减少心肌梗死。因此，常食杏脯、杏干，对心脏病患者有一定好处。杏是 B 族维生素含量最丰富的果品，而 B 族维生素是极有效的抗癌物质，且只对癌细胞有杀灭作用，对健康的细胞则无任何危害。多食杏果，还能降低血液黏稠度，对脑血管疾病患者大有益处。杏仁含有丰富的维生素 C 和多酚类成分，可降低人体内胆固醇含量及心脏病、很多慢性病的发生率。杏仁还富含维生素 E，有美容功效，能促进皮肤微循环，使皮肤红润光泽。

（二）历史与现状

杏原产于中国，具有 3500 多年的栽培历史，是我国北方的主要栽培果树之一。最初驯化栽培的杏是以食用果肉为目的的肉用杏，仁用杏的杏仁入药则创始于东汉南北朝时期。杏仁除入药外，也可作为食品。大约从元代开始，个别地区已培育出仁用杏，但栽培并不普遍。杏分布地区广泛，品种繁多。杏的分布范围大体以秦岭和淮河为界，此线以南杏的栽培较少。但是，从古籍的记载中来看，并没这样明显的界限。近年来的研究认为，杏主要产于中国中原一带，除福建等部分省区杏树比较少见外，全国大部分地区都有杏树分布，而新疆维吾尔自治区可称得上是中国杏的主要集中产区之一。

据联合国粮食及农业组织报道，2017 年我国杏的生产面积为 2.4 万 hm^2，产量为 8.3 万 t；而世界杏的生产面积为 53.6 万 hm^2，产量为 425.7 万 t。因此，我国杏的单位面积产量仅占世界单位面积产量的 44%，世界排名第 54 位。2007～2017 年，我国杏的单产从 3857.3kg/hm^2 降到 3458.3kg/hm^2，而世界杏从 6481.9kg/hm^2 升到 7942.16kg/hm^2。

二、主要种类和品种

（一）主要种类

杏属蔷薇科（Rosaceae）李亚科（Prunoideae）杏属（*Armeniaca* Mill.）植物。我国杏属共有 10 个种：普通杏（*A. vulgaris* Lam.）、西伯利亚杏 [*A. sibirica*（L.）Lam.]、辽杏 [*A. mandshurica*（Maxim）Skv.]、藏杏 [*A. holosericea*（Betal.）Kost.]、紫杏 [*A. dasycarpa*（Ehrh.）Borkh.]、志

丹杏（*A. zhidanensis* C.Z.Qiao）、梅（*A. mume* Sieb）、政和杏（*A. zhengheensis* Zhang J.Y. et Lu M. N）、李梅杏（*A. Limeisis* Zhang J. Y. et Wang Z. M）和仙居杏（*A. xianjuxing* Zhang J. Y. et. Wu X. Z.）。其中，普通杏是世界上栽培最广泛的一个种。

（二）主要品种

我国普通杏有 7 个变种，2000 余个品种或类型，按用途介绍如下。

1. 鲜食及加工品种花　全国各地栽植的优良鲜食及加工老品种有：'骆驼黄''红玉杏''红荷包''泰安水杏''巴旦水杏''邹平水杏''串枝红杏''兰州大接杏''天鹅蛋杏'等。近几年新培育的品种如下。

（1）'魁金杏'　系山东省果树研究所以'二花槽'为母本、'红荷包'为父本进行杂交，经胚培养培育成的早熟杏新品种，2009 年通过山东省农作物品种审定委员会审定。果实大，近圆形，平均单果重 89.1g，最大果重 142.8g。果形端正，果顶渐凸，梗洼浅，中广，缝合线浅，两侧对称，果皮橙黄色，果面光洁、美观。果肉黄色，汁液中多，肉质细，纤维很少，不溶质。果实硬度 4.28kg/cm^2，可溶性固形物含量 13.2%，总糖含量 10.9%，可滴定酸含量 0.93%。有香气，风味酸甜可口，品质上等。果核小，离核，苦仁。果皮厚、韧，耐贮运，常温条件下可存放 10～15d。5 月底果实成熟，果实生育期 56d 左右，属极早熟杏品种。

（2）'金凯特杏'　系山东省果树研究所通过实生选种途径选育出的早熟杏新品种，2010 年通过山东省农作物品种审定委员会审定。果实特大，卵圆形，平均单果重 119.0g，最大果重 158.0g。果顶微凹，梗洼中深，缝合线明显，两半部不对称。果面金黄色，光洁美观，完全成熟时阳面有红霞。果肉橘黄色，汁液多，肉质细嫩、脆，可溶性固形物含量 14.0%，香气浓郁，风味酸甜可口，品质极佳。果核中大，离核，可食率 96.2%。果皮厚、韧。果实耐贮运，常温条件下可存放 10d。6 月初果实成熟，果实生育期 70d 左右，属早熟杏品种。果实丰产性强，抗花期霜冻。

（3）'黄金蜜'　系山东省果树研究所从偶然杂交实生种中选出的极晚熟新品种，2015 年通过山东省农作物品种审定委员会审定。果实长圆形，果顶尖，缝合线明显，两半部对称，平均单果重 69.6g；果面底色绿，成熟时金黄色，向阳面有红色晕点，果面光滑，茸毛短。果肉橙黄色，肉质细腻，纤维明显，汁液丰富，酸甜，味浓，有香气，可溶性固形物含量 14.4%，硬度 5.8kg/cm^2，维生素 C 含量 24mg/100g 鲜果肉，可滴定酸 0.95%。离核，甜仁。果实生育期 80d 左右，在潍坊地区 6 月下旬成熟。

（4）'红丰杏'　系山东农业大学以'二花槽'为母本、'红荷包'为父本杂交育成的新品种。果实近圆形，稍扁，果顶平，平均单果重 56g，最大果重 70g，纵径 4.2～4.8cm，横径 4.4～5.0cm。缝合线较明显，两侧对称，梗洼圆形，中深。果面光洁，底色为黄色，2/3 果面着鲜红色。肉质细，纤维少，汁液中多，具香味，味甜微酸，风味浓，可溶性固形物含量 14.98%，品质上等，半离核，仁苦。在泰安 5 月 26 日成熟，果实生育期 57d。

（5）'国强'　系辽宁省果树科学研究所以'串枝红'和'金太阳'杂交选育出的杏新品种，2008 年获得国家林业局植物新品种保护权。果实卵圆形，平均单果重 46.3g，大果重 76.8g。完熟时果皮橙色，有红晕。果肉橙色，肉质硬脆，硬度 5.3kg/cm^2，可溶性固形物含量 14.8%，可溶性糖 10.9%，可滴定酸 1.7%，维生素 C 含量 5.7mg/100g。果汁中多，风味酸甜，离核，仁苦。树体紧凑，树势中庸，在国家李杏资源圃内自然坐果率为 21.4%，且抗寒、抗旱、抗病能力较强。果实发育期 80d，熊岳地区 7 月 10 日前后成熟，属优质、中熟杏新品种。'丰园红''明星杏’‘濮杏 1 号’也是常见栽培品种。

2. 仁及干兼用品种　　全国各地栽植优良的仁及干兼用的老品种有：‘超仁’‘丰仁’‘国仁’和‘油仁’。现在新培育的品种有如下几种。

（1）‘围选 1 号’　　系河北围场县林业局从仁用杏生产园中选出，果形与‘龙王帽’相似，平均单果重 43.6g，果实橙黄色，果肉不宜鲜食。离核，核阔卵圆形，平均单核重 2.6g。杏仁饱满呈心形，单仁重 0.93g，出仁率 35.7%，为仁用杏中仁粒较大的品种，仁皮棕黄色，仁肉乳白色，味香甜而脆，略有苦味。

（2）‘中仁一号’　　系中国林业科学研究院经济林研究所选育，2008 年通过河南省林木品种审定委员会审定。果实呈卵圆形，纵径 2.8～3.5cm，横径 2.3～3.0cm。成熟果实果皮黄红色，果顶尖，缝合线较浅。外果皮顺缝合线自然开裂。果实两半部对称，梗洼浅，果柄短。离核，单仁重 0.67～0.72g，出仁率 38.50%～41.30%，种仁含油率 56.70%。果实成熟期为 6 月 25～30 日，发育期 95d 左右，是早熟品种。

（3）‘薄壳一号’　　为‘优一’的实生变异品种，2007 年通过国家林业局林木品种审定委员会审定。果实黄色，阳面有红晕，平均单果重 4.7g，单核质量 1.49g，核壳厚 0.90～1.12mm，核仁饱满，出仁率 45%。杏仁品质优良，出仁率高，果壳薄，丰产性强，结果量越大，核壳越薄。

三、生物学特性

（一）生长结果习性

1. 根系　　一年中根系的生长活动要早于地上部分，而停止生长则晚于地上部分。据调查，3 月中下旬，当土壤温度在 5℃左右时，细根即开始活动，但生长较慢，生长量较小。6 月下旬至 7 月中旬，土壤温度高于 20℃时，生长加快，生长量大，形成一个生长高峰。7 月中旬以后，土壤温度高于 25℃时，生长变慢，生长量逐渐减小。9 月，土壤温度稳定在 18～20℃时，又开始第二次生长，但没有第一次生长量大。11 月后，地温下降，低于 10℃时，根的生长减弱，并几乎停止。

2. 枝条的生长发育　　杏树枝条的加长生长通常是通过顶芽的延伸，也可从短截枝上的叶芽抽生。早春天气转暖后，叶芽开始萌发，黄绿色幼叶伸出。经过 1 周左右的缓慢生长，随着气温的升高，日均温在 10℃以上时，枝条即进入旺盛生长期，幼叶迅速分离，叶片增多，叶面积增大。枝条旺盛生长期的长短，与土壤营养、水分及树体营养、树龄等都密切相关，一般短枝无旺盛生长期。枝梢长到一定长度后，由于外界环境如温度、湿度及光周期等的变化，芽内部的抑制物质积累，顶端分生组织内细胞分裂变慢或停止，枝条由旺盛生长逐渐过渡到缓慢生长，并进一步形成新的顶芽。由于品种、树体状况、枝条长势等的不同，每年可抽梢 1～3 次，形成春梢、夏梢和秋梢。

3. 花和果实的生长发育

（1）花芽分化　　杏树的花芽分化属于当年花芽分化、翌年开花结果的类型，通常将杏的花芽分化分为生理分化期和形态分化期。

（2）开花　　花芽经过冬季休眠期以后，早春气温达到 3℃左右时，花芽内各器官即开始缓慢生长，并随着气温的升高，生长和发育速度逐渐加快，花芽内花器官体积和芽鳞相应的增大，从外观上可以看出，芽的体积也逐渐增大，此时称为花芽萌动期。通常把萼片抱合向上生长（露红）作为萌动的标志。花芽萌动以后，经过花蕾膨大期（顶端露出白色花瓣，萼片开始分离）和大蕾期（花瓣继续膨大，抱合成铃铛状，有的品种柱头伸出，开始授粉），最后花瓣伸展并开花。

（3）授粉、受精　　中国杏的大多数品种自花不实或结实率很低，主要原因是花粉不亲和。自交不亲和有两种：配子体自交不亲和与孢子体自交不亲和，而杏属于配子体自交不亲和。杏自交不亲和是由具有核糖核酸活性的 S-基因产物 S-RNase 决定的，当 S-RNase 达到一定量时即对自体花粉管产生抑制作用，使自体花粉管不能正常生长到达子房，因而无法完成受精、结实过程。

（4）果实的生长发育　　经过授粉、受精后，子房膨大发育成果实，开始坐果。杏果实的生长发育曲线属双 S 形，可分为 3 个时期：①果实迅速生长期，果实的重量和体积迅速增加，果核也迅速生长到相应的大小，这一时期幼果的大小占采收时果实大小的 30%～60%。果肉细胞分裂主要集中在这一时期，而果肉细胞数量的多少，决定着成熟时果实的大小。②缓慢生长期，也叫硬核期。这一时期果实增长变得缓慢或不明显，果核逐渐木质化，胚乳逐渐消失，胚迅速发展。硬核期的长短，品种间差异不大，一般早、中熟品种持续 10d 左右，晚熟品种持续 15d 左右。③果实第二次迅速生长期。果肉厚度迅速增加，果面逐渐变得丰满，果面底色明显发生变化，并最终显示出各品种所固有的彩色。此期果实增重占总重的 40%～70%。这一时期持续的长短，品种间差异较大，早熟品种 18d 左右，中熟品种 28d 左右，晚熟品种 40d 左右。

（5）落花与落果　　有些杏树存在着"满树花，半树果"或"只见花，不见果"的现象，落花、落果较为严重。未经授粉受精或授粉受精不良的花，在开花后 10d 左右即凋谢，叫落花，这次所落的多数是花器发育不全的花。不完全花的比例与品种、树体营养状况及花芽发育时的环境因素有关。已授粉受精而正常生长的幼果，由于营养不足或其他原因，如胚在发育中途受伤而发育受阻，果实则形成离层并脱落，这就是生产上遇到的"生理落果"。果实采收前，由于营养不足或其他原因也能引起落果，叫采前落果，采前落果常与品种特性有关。

（二）对环境条件的要求

杏树对环境条件要求不严格，且适应性很强，因此适宜栽培的范围很广，在我国从北纬 23°～53°都有分布。其主要产区的年平均气温为 6～12℃，≥10℃以上的年积温在 1000～6500℃，年日照时数为 1800～3400h，无霜期 100～350d，降水量 50～1600mm。因此，杏树既能在较高纬度、气候寒冷、干旱的地区开花结果，也能在纬度较低、气候温暖、湿润多雨的地区生长结实。

1. 对温度的要求　　杏树抗寒且耐高温，休眠季节能忍受－30℃以下的低温。例如，在陕西榆林，低温达－32.7℃时，杏树仍能安全越冬；但解除休眠后，抵御低温的能力即大大降低。在花蕾期气温低于－3.9℃、开花期温度低于－2.2℃、开花后的幼果期温度低于－0.6℃且持续时间超过半小时，就会有冻害发生。杏树的耐高温能力较强，生长季节温度达 30～35℃，绝对最高温度 43.9℃时仍能正常生长。

温度的季节性变化直接影响着杏树的物候期变化。在土壤温度达 4～5℃时，新根开始生长。盛花期的平均气温为 7.5～13℃，杏果开始生长的温度为 11℃，花芽分化的适宜温度为 20℃，落叶期的温度为 1.9～3.2℃。

温度的变化对果实的成熟期、色泽、品质等均有影响。温度较高时，果实成熟早，且成熟度较一致；反之，气温较低会推迟成熟期。成熟时气温高、昼夜温差大，则果实着色好、含糖量高、风味浓；反之，则果实酸味浓、糖度低、风味和品质略差。

2. 对水分的要求　　杏树根系深广，可吸取土壤深层的水分。杏树具有旱生化的叶片结构、小而密的气孔、小且排列紧密的叶肉细胞、较高的栅栏组织与海绵组织，因此杏树对干旱少雨的气候有很强的适应能力，是干旱、半干旱地区的重要果树树种。

杏树耐旱，但在年周期中也有几个需水临界期。若开花期缺水，会缩短花期，降低花粉生活力，使授粉受精不良，造成大量落花落果；若新梢生长期缺水，容易造成杏树过早停止生长，影响树冠扩大，从而减少营养物质的积累和转化；若果实发育期缺水，则果实个小，成熟提前，甚至引发落果。

杏树不耐涝，土壤水分过多或空气湿度过大，均会造成一系列的不良影响。花期阴雨，不利于授粉受精，并可减少坐果；果实发育后期雨水过多，容易造成新梢旺长，果实着色不良，风味淡，个别品种易裂果；土壤积水，则会引起早期落叶、烂根，甚至死树。

3. 对光照的要求　　杏是喜光性的树种。据调查，树冠顶部和外围的枝叶受光充分，延长枝和侧枝生长旺盛，叶大而浓绿，枝条充实。而内膛由于光照不足，枝条生长细弱，很少发生 2 次枝，短果枝及短果枝组寿命短；内膛光照严重不足时，细弱枝条甚至干枯死亡。光照与果实品质也密切相关，通风透光好的部位果实着色好，糖分、维生素等的含量也高，品质好，反之则差。

4. 对土壤的要求　　杏树对土壤类型的要求不严格，除通气性差的黏重土壤外，在黏壤土、壤土、砂壤土和砂砾土中均可生长。

杏树抗盐力中等，可在较轻的盐碱地上生长，当有害盐类总量在 0.1%～0.2%时能正常发育，但总盐量超过 0.24%时便会发生伤害。品种间也存在差异，'串枝红''友谊杏梅''熊岳'大扁杏抗盐性较强。

杏树对土层厚度及土壤肥力要求不严格，在瘠薄的丘陵薄地也能正常生长，但在深厚、肥沃的土壤上生长更好，树势强健，产量高，品质好，连续结果能力强。

四、栽培管理技术

（一）建园

杏树适应性较强，对园地要求不甚严格，山地、平原、河滩都可栽植，但要保证杏树丰产、优质，并获得较高的经济效益，则要做好园地选择，以土层较厚、排水良好的疏松砂壤土或肥沃壤土为宜，pH 6.5～8.0 的中性或微碱性较好。除注意土壤条件外，还应考虑地形、小气候和交通等条件。杏树开花早，花期易受早春低温危害，因此在山地建园时，应选择阳坡、背风的地方，以避免冷风侵袭；在平原地建园，应选地势高燥的地方，不宜选地下水位高、易积水的洼地。另外，在坡度较大的山区，如果搞好水土保持，也可以发展杏树。杏果实成熟期短又不耐运输，因此大面积加工用杏园必须建立在距离加工基地近的地方，鲜食用杏园必须建在交通方便的地方。此外，还应避免重茬，最好不要在栽过桃、杏、李的地块建园。如无法避免重茬时，应在栽前深翻底土，增施有机肥，避开原来的老树穴。相关内容参见本书第五章。

（二）土肥水管理技术

杏树生长强健，能耐瘠薄、干旱的土壤条件，但要达到丰产、稳产、优质的目的，则要有良好的土肥水条件。

1. 土壤管理　　我国杏树多栽培在山坡、梯田或河滩坡地，一般土质瘠薄、结构不良、有机质含量低，因此建园后要加强土壤的改良与培肥工作。

（1）深翻熟化　　幼树期，常通过扩穴来进行土壤深翻。即以定植穴为中心，结合秋施基肥，每年或隔年向外深翻，直到株间的土壤全部翻完为止。深翻一般在土壤封冻前或早春进行，以秋季进行为好，深度以 60～90cm 为宜。深翻过程中要尽量少伤根，特别是骨干根。覆土时砸碎土块，并把表土与有机肥掺和后填入底层或根系附近，心土铺撒在上部。深翻后要及时灌水，以灌透深翻的土层为宜。

（2）压土　　压土同样可起到加厚土层、改良土壤结构和增强保肥蓄水能力的作用，沙滩地果园压土，还能起到防风固沙作用。压土的种类和数量因土壤性质而异。黏土压沙，一般每公顷每次 30～37.5t；山岭薄地压酥石，数量可略增；沙土地压黏土，每公顷每次不宜超过 10t；山地压酥石时，最好先刨后压，这样酥石和原土层易融合，上下无间隔。压土最好在冬季，经过一个冬季的风化后，翌年春季再进行深刨或耕翻，使其混合。

（3）起垄　　在易积水或有盐碱的果园，要进行起垄栽培。起垄在秋后进行，可把夏天树盘覆盖的烂草一并埋入垄下，也可先在树盘中撒施部分复合肥及有机肥。起垄时，一次埋土不宜过深，最后垄高不宜超过 25cm。随着起垄，在垄外沿两侧形成一深 15cm 左右、宽 25cm 左右的浅沟，有利于灌水及排水。

（4）树盘覆草　　覆草多在麦收后进行，具有降低土温、抑制杂草生长、防止返碱、减轻盐害等作用。草腐烂后可增加有机质，改良土壤团粒结构，增强保水和保肥能力。

2. 合理施肥

（1）杏树对主要营养元素的吸收　　一年中，杏树对主要营养元素的吸收数量因树龄和树冠大小、产量高低、品种、土壤气候条件的不同而有很大差异。通过对树体各部分年生长量的测量及其养分含量的分析，大致可得出杏树在 1 年中对主要营养元素的吸收数量。

年周期内各物候期杏对各种营养元素的吸收是不均衡的，下面以结果树为例进行讲述。

1）萌芽开花期。据测定，在开放的花朵、新梢和幼叶内，氮、磷、钾的含量都较高，尤其是氮含量最高。这说明萌芽开花期对养分的需要量较大，但此时主要是利用树体内的贮藏营养，而从土壤中吸收的数量很少。

2）新梢旺长期。此时为果实发育前期，树体生长量大，是三要素吸收最多的时期，其中以氮的吸收量最多，其次为钾，而磷最少。

3）花芽分化和果实迅速膨大期。此期因花芽分化和果实膨大，需要主要营养元素的数量也较多，且此期钾和磷的需求量明显高于其他时期。

4）果实采收期及采收后。果实采收后，由于营养亏空和新梢的又一次旺长，需要氮和钾的数量较大。

（2）施肥的种类、时期、数量及方法　　根据施肥的性能和时期，施肥可分为基肥和追肥。

1）基肥。是一年的主要肥料，以有机质丰富的厩肥、堆肥和人粪尿等迟效性肥料为主，也可混施部分速效氮素化肥，以加强肥效。还可将过磷酸钙和骨粉等与圈肥和人粪尿等有机肥堆积腐熟，然后作基肥使用。

2）追肥。又叫补肥，追肥的次数和时期与果园管理水平、土壤状况及树体生长状况有关。生产上一般根据杏的生长发育规律和物候期，在需肥关键时期进行。

萌芽前：此时追肥有利于花器官的分化完善和枝叶生长，一般在 3 月下旬至 4 月上旬进行，追肥种类为多元复合肥或氮、磷、钾复合肥。

开花期：此时正值果实细胞分裂，需大量的氮、磷、钾，可于花前 2 周和花后 2 周各喷 1 次 0.3%尿素、1%过磷酸钙澄清液、0.3%硫酸钾混合液或 0.3%尿素、0.3%磷酸二氢钾混合液。

盛花期：喷 0.2%左右的硼酸或 0.3%左右的硼砂，有利于坐果且可防止缺硼。

花芽分化期：正值新梢旺长和果实硬核，是杏树的需肥临界期（5 月中下旬至 6 月下旬）。此期追肥以多元复合肥或氮、磷、钾复合肥为好，每株结果树追肥 100～250g，环状、放射沟状或条沟状撒施均可。

果实采收后：多数杏品种在 6 月采收，此时花芽分化尚未结束，但第一次新梢生长已停止。为补充大量结果所消耗的氮，宜追施以速效氮肥为主的复合肥，同时补充磷、钾肥，以利于花芽分化。追肥量以结果大树每株氮、磷、钾三元复合肥 0.5kg 左右或追施腐熟的饼肥 2kg 左右为宜。

3）叶面施肥。叶面施肥可直接被杏树吸收利用，省肥、省水且见效快。也可与防治病虫害喷药结合起来喷施。

3. 水分管理

（1）灌水

1）发芽前。土壤解冻后，随着地温的升高，根系开始活动。根系生长不仅要求一定的土温，还需要一定的水分。一般土壤田间持水量在 60%～80%时根生长最活跃，田间持水量小于 40%时新根很少发生。

2）盛花期。有利于增加空气相对湿度，延长花期。同时可减缓气温的升降幅度，对防止花期霜冻有一定作用。但这次灌水量要小，且以喷灌或滴灌为宜。

3）果实迅速膨大期。果实硬核期过后，大量营养物质流向果实，使果实迅速增大。此期充足的水分供应，有利于细胞液维持一定浓度，使细胞处于均匀增大状态，且有利于增大果个，同时可减少或防止裂果。

4）采果后。果实采收后，杏树自身库源的平衡关系突遭破坏，光合产物易形成短期内积累，对叶功能具有损伤作用，此时灌水有利于刺激营养生长，减轻叶片损伤。同时，此期灌水可加速根系生长，加大矿质营养吸收量，提高贮藏营养水平。但此期灌水量要小，且依据不旱不灌的原则。

5）秋后。9 月中下旬，结合秋施基肥灌 1 次透水，有利于施肥后土壤沉实和养分的释放与吸收，可维持和提高叶功能，增加树体营养贮藏。

6）封冻前。封冻前灌一次大水，对冬、春干旱地区的防寒、防旱有积极作用，尤其对幼龄杏园防止冬春季抽条至关重要。

（2）排水　　杏树根系的呼吸量较大，进入雨季后，如果降水量大，土壤孔隙被积水占有，土壤含氧量大幅度降低，可引起根系的无氧呼吸，从而产生大量有害物质而影响根系的吸收和疏导功能，最终影响杏树的正常生理活动。轻度水涝时，易引起果实生理性失水而皱缩或脱落；严重水涝则能引起树体死亡。一般杏树积水 1d 即会严重损害树体功能，甚至死枝、死树。因此，雨季必须及时排水。

（三）整形修剪技术

整形修剪是根据杏树的生长结果习性、生长发育规律、立地条件和栽培管理特点把树整成一定的形状，使树冠保持利于结果的形态、牢固的骨架和合理的结构。修剪是在整形的基础上，继续培养和维持丰产树形，调节生长和结果的矛盾，从而达到丰产、稳产并延长经济寿命的目的。

1. 主要丰产树形及其特点　生产中常用的树形有自然圆头形、疏散分层形和自然开心形。

（1）自然圆头形　干高60cm左右，5～8个主枝，错开排列，主枝上每隔30～50cm留1侧枝，侧枝上配备枝组，也可用大型枝组代替侧枝。这种树形修剪量小，成形快，结果早，丰产，适于密植和旱地栽培。但后期树冠易郁闭，内膛光照不良，结果部位外移，导致产量低，果实品质下降。

（2）疏散分层形　有明显的中央领导干，全树6～8个主枝分层排在中央领导干上。第一层3个主枝，层内距30cm左右，第二层2个主枝，第三层1～2个主枝。第一层与第二层的层间距在80～100cm。各主枝上着生侧枝，在侧枝上生长结果枝和结果枝组。该树形经济寿命长，但成形较慢。

（3）自然开心形　适用于干性不强的品种。此树形无中心干，主枝开张角度50°～60°；主干上着生3～4个均匀错开的主枝，每主枝上配备2～3个侧枝，开张角度60°～80°，侧枝上着生短果枝和结果枝组。开心形树体较小，主枝开张，通风透光条件好，结果面积大，结果枝组牢固，果实品质好。由于主枝少，早期产量低。

2. 整形与修剪技术

（1）整形方法

1）定干。苗木定植后随即定干，定干高度要根据立地条件、品种特性等灵活掌握。一般冠形大、主枝角度开张的品种及土壤肥沃的，定干稍高些，反之则宜矮。现代化密植栽培，定干一般在35～60cm，定干时剪口下留3～6个饱满芽，剪口面有30°左右的倾斜角，一般剪口下第一芽着生的一面略高，其背面略低。剪截定干后，为防止水分蒸发，可在剪口上涂油脂或羊毛脂。

2）主、侧枝的选留和培养，以疏散分层形为例。定植当年，定干后选择剪口下直立生长的枝条培养中央领导干，另选择3～4个方向和角度适合的枝条培养主枝，其余枝条可留作临时辅养枝，营养树体。定干后，新梢长到50cm左右时，对选定培养主枝的新梢留约35cm摘心以促进分枝，等到冬季修剪时，即可选出侧枝。辅养枝可于新梢长至50cm左右时拉平，以缓势成花。冬剪时，对选定的各主枝延长头进行中短截，以继续扩冠。对于侧枝可截缓结合，以占满空间为准。为防止偏冠，幼树期即要平衡各主枝间的长势。对长势强旺的主枝，冬剪时可利用弱枝当头，并注意适当疏枝，减少分枝，或通过修剪，降低主枝头的高度，使顶端优势转移，从而达到各主枝均衡发展。对角度偏小的主枝应尽早拉枝开角至60°～75°。

定植后第二年，树体生长量大，中干上会产生许多分枝，可从中选2～3个角度及着生方位适宜的作为二层主枝，其余枝有空间则拉平作为临时辅养枝。对一层各大主枝要加强夏季修剪，通过摘心、拉枝等培养枝组。通过疏枝、抹芽等，主枝头保持旺盛的生长优势。对第一年冬剪时留下的辅养枝，要注意疏除其上的中、长分枝，使其单轴延伸。对各主、侧枝的延长枝，要根据空间大小，继续短截，也可缓放。对中干上及各骨干枝上的过密枝要进行疏除。对夏季摘心等促发的分枝，可根据空间大小，将其培养成大、中、小型枝组。

定植后第三年，多数已开始结果，栽培较密的已开始交头，树体雏形基本形成。对一些影响整形或影响主枝生长的辅养枝可及时回缩，培养成中型或大型枝组，或及时疏除。以整形为重点开始转向以稳定树势和增加产量为主，以便提高果品质量和增加产量。

（2）主要修剪方法　包括缓放、短截、缩剪、疏枝、除萌和抹梢、摘心和剪梢、拿枝和拉枝。具体内容参见本书第六章。

（3）枝组的培养和管理

1）枝组的分类。根据枝组分枝的多少，可分为大枝组、中枝组和小枝组。具有 2～5 个分枝的为小枝组，具有 6～15 个分枝的为中枝组，具有 15 个分枝以上的为大枝组。小枝组结果较早，但寿命较短；大枝组结果较晚，但寿命较长；中枝组居中。根据枝组在主、侧枝上的着生位置又可分为背上枝组、两侧枝组和背后枝组。枝组大小依树体空间大小确定，且应该大、中、小结合。

枝组的大小不是固定不变的。小枝组随着分枝的逐年增多，可发展成中枝组或大枝组；中枝组或大枝组经过缩剪，分枝减少，也可成为小枝组。

2）枝组的培养方法。①生长季多次摘心，早春抹芽，去掉背上过多的嫩梢，按 20～30cm 保留一健壮嫩梢。当新梢长到 25cm 左右时及时摘心，以促发分枝。如果分枝生长仍旺，可 2 次或 3 次摘心，以促发 3 次或 4 次枝。这样，当年即可培养成中、小枝组。②夏季对新梢于 6 月中旬留 25cm 左右进行短截，可促进腋芽萌发。冬剪时去强留弱，翌年即可形成中型枝组。③先截后放再回缩。选生长中庸的 1 年生侧生枝，留 20cm 左右短截，促使靠近骨干枝分枝，第二年一部分枝缓放，一部分短截，再结合夏季修剪，可以培养成大型枝组。④随树冠扩大，对辅养枝进行缩剪，改造成大型枝组。

3）枝组的维持、发展和更新。所谓枝组的维持，是通过修剪来维持枝组的结果能力和结构。经过初步培养的枝组，随着枝组的逐年发展，要注意它的结果能力和结构。要求枝组生长中庸健壮，花芽充实，结果能力强；要求分枝紧凑，基部不光秃，彼此不干扰；对中、大型枝组要求组内分枝能够分年交替结果。

4）处理好枝组结果和结构的关系，要达到结果和结构两个方面的平衡。结果方面要求枝组结果早，花芽充实，生长中庸、健壮，不过旺或过弱，结果年限长。结构方面要求分枝紧凑，不远离骨干枝结果，在骨干枝上向一定方向生长。但在枝组培养和维持时，经常出现结构和结果、生长和结果的矛盾，因此生产上要分清缓急，调节生长和结果的关系，使结构和结果统一。

（4）不同时期的整形修剪　杏树的修剪包括休眠期修剪（冬剪）和生长季修剪（夏剪）。

1）休眠期修剪，是指在落叶后至翌年春萌芽前进行的冬季修剪，常用的方法有短截、回缩、疏枝和缓放。这些方法应根据枝条生长情况和栽培者的需要灵活运用。例如，对影响光照、生长密集的枝要从基部疏除；要扩大树冠，对骨干枝的延长枝要剪在饱满芽上；对后部光秃、前部变弱的枝，可缩到壮枝壮芽处进行更新。冬剪能有效地调整枝量，使营养物质集中供应，以满足保留部分的需求。

2）生长季修剪，是指在萌芽后到落叶前的修剪（主要是夏季修剪）。这一时期的修剪减少了枝叶量，对树势具有削弱和稳定作用。主要用抹芽、扭梢、摘心和拉枝等方法调节生长与结果的关系，达到节约养分的目的，促发 2 次、3 次枝，并及早形成结果枝。

春季当树体萌芽后，受剪口刺激，会萌发一些嫩芽，而有些无用的芽，因消耗养分，则应及早抹除。对一些直立枝条，可用扭梢的办法来削弱生长势，以促进花芽形成。对直立生长过旺的枝条，可以拉枝，缓和长势，促使形成大量短枝。为控制新梢生长，促发分枝，可以摘心。

（5）不同年龄时期树的修剪

1）幼树期修剪，这一时期的特点是生长旺盛，枝条空间分布不合理。因此，此期的主要任务是以整形为主，兼顾结果，促控结合，建成合理的树体骨架，选留和培养好主侧枝，尽量多留辅养枝，以培养成各类型的结果枝组。为迅速扩大树冠和增加枝叶量，应综合应用冬剪和夏剪技术，多留枝，以积累养分，提早结果。

冬剪时，对主侧枝延长枝及中央领导干进行短截。剪至饱满芽处，剪留长度一般为50cm左右。在幼树多留枝的原则下，除影响骨干枝生长的枝需极早疏除外，其余位置合适的枝条，均应缓放或短截，以促其萌发中短枝。对内膛的徒长枝、背上强旺枝、密生枝、交叉重叠枝应及时疏除，以免影响光照和扰乱树形。

夏季对新梢摘心，刺激萌发2次枝，增加枝量，使树冠早成形。还可对新梢采用扭梢、拉枝的方式，促进幼树成花。

2）初果期树修剪。此期仍保持着较强的生长势，枝条生长量较大，树体的营养生长仍大于生殖生长。此时树形已基本形成，修剪任务一是保持好树形；二是不断扩大树冠；三是培养尽可能多的结果枝组。修剪上仍以冬剪和夏剪相结合：冬剪时对各级主侧枝的延长枝留饱满芽短截，继续向外延伸，扩大树冠；疏除骨干枝上的竞争枝、密生枝和交叉枝，对非骨干枝和徒长枝进行短截，促其分枝，培养为结果枝组。夏剪以疏枝为主，疏除背上枝、过密枝和部分徒长枝。

3）盛果期树修剪。此时枝条生长量明显减小，形成的果枝越来越多，枝多叶多，树冠趋向郁闭，枝势日趋衰弱，尤其是树冠内部和下部更为明显。此期要在加强土肥水管理的基础上，通过合理的修剪来维持树势，调整结果与生长的关系。冬剪时对各级骨干枝的延长枝要适度短截。对已趋于衰弱的枝头，回缩到强枝处或用背上强枝当头，以维持树势。疏除树冠中下部衰弱的短果枝和枯死枝，及时回缩开张角度过大或者下垂的大枝，疏除树冠中、上部的过密枝、交叉枝和重叠枝，重剪内膛枝。对背上枝及徒长枝根据其生长势采取重短截、中短截或缓放的方法。对结果枝组的修剪要注意维持和更新结果枝组，对每个骨干枝上的枝组要进行规划，做到大、中、小型枝组适当配合，及时回缩更新衰弱枝组，适当短截内膛强壮枝条。对生长势强、生长量大的新梢及徒长枝在夏季进行短截、摘心，促使萌发2次枝，并促使其转化为结果枝。

4）衰老期树的修剪。此期的明显特征是树冠外围枝条生长量很小，枝条细弱，花芽瘦小，骨干枝中下部光秃，内部枯死枝增多，结果部位几乎全部外移，产量及品质明显下降。此期修剪的主要任务是更新复壮骨干枝及各类结果枝组。选择生长健旺斜生枝代替主、侧枝的延长枝，适当短截内膛的徒长枝，重回缩各类结果枝组，培养新的结果枝组。

杏树潜伏芽数量多，寿命长，所以在骨干枝中后部光秃部位进行重回缩时，可迫使潜伏芽萌发，对衰老树的更新复壮很有好处。

经过冬季重短截或者回缩的大枝，翌年可萌发出数量多且长势强的新梢。在夏季对其进行短截，可诱发2次枝，增加枝芽量。

（四）花果管理技术

1. 保花保果，提高坐果率

（1）霜冻的发生及预防　杏树花期较早，有的年份因寒潮入侵而急剧降温，使花芽、花蕾、花器或幼果受冻成灾。为了有效地防止霜冻，栽培时要选开花晚、耐低温和抗冻的品种。此外，选择背风向阳和地势较高处建园，也有利于防止霜冻。

营造防风林带，创造良好的小气候。但缓坡地下部的林带宜稀不宜密，不透风的林带之间容易聚积冷空气而形成霜穴，使霜害加重。延迟开花也可减轻霜冻程度。如通过夏季修剪等措施，促进形成大量的副梢并持续生长，花芽分化晚，使其晚休眠，从而延迟开花时间，避免花期霜冻。

花芽膨大期喷0.05%～0.2%马来酰肼，可推迟开花期4～6d，并使20%以上的花芽免受霜冻而获得良好的收成。10月中旬前后喷布0.005%赤霉素，可延迟开花3～4d。

早春灌溉可延迟开花期1周左右。霜前灌水，增加湿度可减小变温幅度，减轻霜冻危害。

改善园地霜冻时的小气候以减轻霜冻危害的方法有：熏烟防霜害、喷灌和加强综合管理，这样可以增强树势，提高抗霜能力。

（2）人工辅助授粉，提高坐果率　　杏树的自然传粉媒介主要是昆虫，但如遇花期阴冷、大风等不良天气，昆虫活动少，人工授粉就非常必要。可采用人工点授，效果好但效率较低；也可应用小型手持授粉器械授粉，将花粉与淀粉按1：10比例混匀，装在授粉器顶端的授粉罐内，并捏动授粉器底部的气囊，可将花粉均匀撒至柱头上，完成授粉受精过程。

（3）果园放蜂　　为了提高坐果率，可进行果园放蜂，分蜜蜂授粉和壁蜂授粉。蜜蜂授粉是在花前2～3d将蜂箱搬放于园中，每0.33～0.66hm²放一箱。壁蜂授粉是在开花前将蜂茧放在蜂巢内，每公顷需3000头左右。

（4）疏花枝和喷布生长调节剂　　在花蕾露红期，适当疏除多年生枝上的花束状果枝，能够明显降低雌蕊败育花的比例。盛花后4周喷布0.3%硼砂和0.3%尿素，对提高花序坐果率有一定的作用。另外，盛花期喷布5.0×10^{-5}的赤霉素，对提高坐果也有良好的效果。

2. 人工疏花疏果，合理负载　　花果是果树各器官中竞争养分能力最强的器官，花（果）过多，可使果个小，品质下降，树势衰弱，大小年结果。疏花（果）可有效地节约养分，特别是贮藏养分，提高坐果率，增加产量，改善品质，防止大小年结果，维持健壮树势，优质丰产。具体内容参见本书第六章。

第十六章 李

一、概述

（一）李概况

李原产于我国长江流域，世界上李属植物的主要栽培种都原产于我国，特别是中国李和欧洲李，这两大李的栽培种都是沿"丝绸之路"从我国传播到世界各地的。

李在我国的分布极广，除青藏高原等高海拔地区外，南至台湾，北到黑龙江，从东南沿海至西部的新疆，均有栽培、半栽培或野生的李资源。我国李的主要产区是南方的广东、广西、福建、江西和湖南五省（自治区）及东北的辽宁、黑龙江和吉林三省，而华北、西北和中原地区相对较少。

李的特点是早熟、上市早，因此能够调节水果市场供应。许多李品种酸甜可口，色泽鲜艳，芳香独特，具有解渴、振奋精神的功效。李中含有多种营养成分，有养颜美容、润滑肌肤的作用；李中抗氧化物含量高得惊人，堪称是抗衰老、防疾病的"超级水果"。

李既是鲜食果品，又是加工的优良品种。加工品有罐头、果脯、果干、果酒、果酱、蜜饯、果汁、话李等，是深受国内外消费者喜爱的高级营养食品，在国际市场上具有很强的竞争力。

（二）历史与现状

李在我国的栽培历史悠久，有文献记载的李栽培历史已有 3000 多年。殷墟出土的 3000 年前的甲骨文中已有"李"字。《诗经》记载："华如桃李""丘中有李，彼留之子""投我以桃，报之以李"。李时珍《本草纲目》中载有"则麦李御李四月熟，迟则晚李冬李十月十一月熟"。古籍中的不少李的品种名至今仍在沿用，如'青李''櫬李''蜜李''三华李'等。关于李的生物学特性、繁殖及栽培技术方面，在《农桑辑要》《齐民要术》中都有详细论述。

据中国农业科学院兴城果树研究所的张静茹报道，2011 年中国李的栽培面积为 108.5 万 hm^2，占世界李总面积的 50% 以上；中国李总产量为 365.7 万 t，占世界李总产量的 42.72%。

尽管我国李的栽培历史悠久、资源丰富，但现代意义上的科学研究、栽培管理和产业发展均起步较晚，在新品种开发、单位面积产量及产业化生产和市场化经营等方面与李生产先进国家相比还有很大的差距。据联合国粮食及农业组织的资料，2010~2011 年，中国李的收获面积和总产量均居世界第一位，但单产只有 3306kg/hm^2，世界排名第 67 位。据世界贸易组织统计，2009 年中国进口李鲜果 21 699t，进口金额为 2753.7 万美元，出口李鲜果为 15 865t，出口金额为 644.0 万美元，而李鲜果出口最多的国家（智利）出口量为 95 057t，出口金额为 10 723.4 万美元，是中国出口金额的 16.7 倍。我国李的生产与贸易，都与世界先进国家有较大的差距。虽然我国现在是李生产大国，但还不是产业强国。因此，应该学习先进国家的经验和技术，充分发掘增产潜力，提高生产效率，达到世界先进水平。

二、优良品种

我国李属植物种质资源和栽培品种非常丰富，现在生产上的栽培品种虽然比较落后，但是我们已经培育、引进和推广了一批优良品种，且跨省（自治区、直辖市）品种的更新正在形成新的生产能力。

（一）栽培品种

1. 主要种类 李为蔷薇科（Rosaceae）李亚科（Prunoideae）李属（*Prunus*）植物，广泛分布于亚洲、欧洲和北美洲等地，全世界共有 30 余种，其中在我国栽培的有以下 8 种。

（1）中国李（*Prunus salicina* Lindl.） 原产于我国长江流域，是我国栽培李的主要种。小乔木，树冠开心形或半圆形，树姿较开张。老皮灰褐色，块状或条纹裂。多年生枝灰褐色或紫红色，无毛。新梢初为黄绿色或淡红色，后转为黄褐色或红褐色。叶片长圆倒卵形、长椭圆形、稀长圆卵形，边缘有圆钝重锯齿。叶面深绿色，有光泽。花通常 2～3 朵并生，花冠直径 1.5～2.2cm，花瓣白色，主要以花束状果枝结果为主，结果早，产量高。果实球形、椭圆形或心脏形，果皮多为黄色、火红色，有时为绿色、紫色或黑色、果肉黄色或紫红色，卵圆形或长圆形、稀圆球形，黏核或离核。

（2）乌苏里李（*Prunus ussuriensis* Kov. et Kost） 别名'东北李'（《中国植物志》第 38 卷），原产于东北各省，为一栽培种。小乔木，树冠紧凑矮小，有时呈灌木状。老枝灰黑色、粗壮，树皮起伏不平，小枝稠密，节间短。叶片长圆形、倒卵圆形，稀椭圆形，花 2～3 朵簇生，有时单花。花冠直径 1～1.2cm，花瓣白色。果实扁圆形、近圆形或长圆形，果实较小，果肉黄色，味甜，多汁，具浓香。果皮苦涩，黏核，核扁圆或长圆形。此种抗寒力最强，可耐−55.6℃低温，'窑门李'为此种代表品种，实生苗是李的优良砧木。

（3）杏李（*Prunus simonii* Carr.） 别名'红李'（《河北习见树木图说》）、'球根力'（河北昌黎），原产于我国华北和西北东部，为一栽培种。小乔木，树形直立，老枝紫红色，树皮起伏不平，常有裂痕。小枝浅红色，粗壮，直立，节间短，无毛。叶片狭长，长倒卵形或长披针形，稀长椭圆形，花 2～3 朵簇生，花瓣白色，果实扁圆形或圆形，果皮红色或黄色，黏核，核小，扁圆形，果肉淡黄或橘黄色，质地紧密。易与中国李杂交，并且可以获得品质优良的后代。自花结实率高，但丰产性差。

（4）欧洲李（*Prunus domestica* L.） 别名'西洋李''洋李''脯李'（美国）、'酸梅'（中国新疆）。原产于中国新疆伊犁、西亚和欧洲。栽培品种有 2000 多个。乔木，树冠圆锥形，树干深灰褐色，开裂。叶片椭圆形或倒卵形，叶片粗糙。花 2 朵，簇生于短枝顶端。果实卵圆形或长圆形，稀近圆形，果皮有红色、绿色、黄色、紫色、蓝色等，果肉黄色，离核或黏核，核椭圆形，扁，有尖或有颈，侧棱圆钝，表面粗糙或平滑。欧洲李的果实除供鲜食外，一直作蜜饯、果酱、果酒、李脯、李干等。欧洲李的花期明显晚于中国李，因此可避开晚霜和春寒的危害。

（5）樱桃李（*Prunus cerasifera* Ehrhart） 俗称'野酸梅'，原产于我国新疆、中亚、天山至亚德里亚海岸、小亚细亚和中亚细亚、巴尔干半岛、高加索、外高加索、北高加索、塔吉克斯坦山区、阿塞拜疆的南部山区、格鲁吉亚西部等广大地区，伊朗也有分布。在我国仅分布于新疆伊犁地区霍城县境内婆罗克努山的大西沟和小西沟及四川北部山区。为野生或半栽培状态，以加工或作砧木利用为主。樱桃李与李的亲和力强，抗寒（可抗−35℃的低温），耐涝，其根系适应的土壤 pH 范围广，还对控制树势有一定的作用，可用作矮化李的密植栽培。由于长期栽培，品种变形颇多，有垂枝、花叶、紫叶、狭叶、黑叶等栽培变形。灌木或乔木，多分枝，枝条细长，有针刺。叶片椭圆形、卵形或倒卵形、花白色，单生，少数为 2 朵，着生在短缩枝或小枝上。过小，近球形或椭圆形，黄色、红色或紫红色，多汁，黏核。

（6）美洲李（*Prunus americana* Marsh） 原产于北美洲，为北美所产李属植物中栽培利用最多者。小乔木，树冠呈极开张的披散形或伞形，无中心干，枝条多水平或下垂，枝多有刺。叶片大，倒卵形或长圆倒卵形，边缘有尖锐重锯齿。每个花芽有 2～5 朵花，簇生。果实圆锥形或椭圆形。果皮多为红色、橙黄色或红黄色，纯黄色较少，果肉黄色，黏核或离核。本种花期比中国李晚，但比欧洲李早，坐果率低。果实可鲜食也可加工，耐贮运。对土壤适应性强，抗旱和抗寒力均强，植株和花芽能耐−40℃低温，可在我国最北部地区栽培。

（7）加拿大李（*Prunus nigra* Ait.） 原产于加拿大和美国。小乔木，树冠卵圆形，紧凑，枝条多直立，有较粗壮针刺。叶片椭圆形或倒卵形，叶缘具粗缘锯齿或重缘锯齿。花 3～4 朵，簇生。果实小，椭圆形。果皮红色、黄红色或黄色，果肉黄色，黏核。抗寒性仅次于乌苏里李，能长期忍耐−40～−45℃低温，可在我国东北地区生长，是抗寒育种的良好材料。

（8）黑刺李（*Prunus spinosa* L.） 原产于欧洲、西亚或北非等地。灌木，枝条稠密，树姿开张，枝条上生有大量针刺，叶片长圆倒卵圆形或椭圆状卵形，稀长圆形。花多单生，且先于叶开放。果实圆球形，广椭圆形或圆锥形，先端急尖，紫黑色，果肉蓝色，酸甜，极涩，无香味，黏核，核小。黑刺李的果实刚采收时不能食用，经冷冻以后，果肉的单宁和含酸量均降低，味变甜，可食用。黑刺李适应性和根蘖分生能力强，多用作李和桃的矮化砧木或用作盆栽砧木，还可利用其多刺与根蘖多的特点，作为绿篱栽植。

2. 主要品种

（1）早熟品种

1）'大石早生'。原产于日本。树势强，果实生育期 65～70d。果实卵圆形，平均单果重 49.5g，最大 106g。果皮底色黄绿，着鲜红色，果肉黄绿色，肉质细，松软，果多汁，纤维细、多，味酸甜，微香。果实常温下可贮藏 7d 左右。黏核，核较小，可食率 98%以上。是优良的鲜食品种。

2）'长李 15 号'。吉林省长春市农业科学院园艺研究所用'绥棱红李'与美国李杂交选育出的抗寒优良品种。树势强，果实发育期 80d 左右。果实扁圆形，平均单果重 40g、最大 75g。果皮较厚，浅红色，果肉黄色细密，汁多味香，近似香蕉李，核较小，离核，果质较硬，较耐贮运，可食率 97%以上。是北方高寒地区最早熟李品种，也是目前北方地区很有推广价值的李品种。

3）'绥棱红'。也叫'北方一号'，是由黑龙江绥棱浆果研究所于 1960 年用'小黄李'与'福摩萨'（'台湾李'）杂交选育出的优良品种。树势强，果实发育期 75d 左右。果实圆形，平均单果重 48.6g，最大 76.5g。果皮底色黄绿，着鲜红色或紫红色。皮灰白色。果肉黄色，质细致密，纤维多而细，汁多，味甜酸，浓香，黏核，核较小，可食率 97.5%。在常温下果实可贮放 5d 左右。该品种抗寒和抗旱能力强，在冬季−35.6℃低温下可安全越冬，是优良的鲜食品种。

4）'美丽李'。又名'盖县大李'，是中国李的古老优良品种，树势强壮，树姿半开张，果实发育期 85d 左右。果实近圆形或心脏形，平均单果重 87.5g，最大单果重 156g。果皮底色黄绿，着鲜红或紫红色，果肉黄色，质硬脆，充分成熟时变软，纤维细而多，汁极多，味酸甜，具浓香。黏核或半离核，核小，可食率98.7%。鲜食品质上等，在常温下果实可贮放5d左右。

5）'早生月光'。原产于日本。树势中庸，果实发育期为85d左右。果实卵圆形，平均单果重69.3g，最大单果重95.9g。果皮底色绿黄，着粉红色，果肉黄色，质硬脆，纤维细而少，汁极多，味甜，香味浓。黏核，核小，可食率为98.4%。鲜食品质上等。在常温下果实可存放7d以上。

（2）中熟品种

1）'贵阳李'。原产于日本青森县，2000年11月引入。树势强，果实发育期100d。果实圆形，平均单果重89.3g，最大单果重113.6g，果皮底色绿，着紫红色，果肉淡黄色，肉质硬脆，纤维少，果汁多，味酸甜，无涩味。离核，品质上等。最突出的特点是果实较大，品质好，耐贮运。

2）'黑琥珀'（black amber）。原产于美国，系'黑宝石李'与'玫瑰皇后李'杂交育成。树势强健，枝条直立。果实发育期110d。果实扁圆形，平均单果重101.6g，最大158g。果皮紫黑色，皮易剥离。果肉绿黄色，肉质韧硬，完全成熟时沙软，风味酸甜多汁，品质中上等。常温下果实可存放20d左右。黏核或离核，可食率98%～99%。该品种果个大，色泽美，丰产，是很有发展前途的品种之一。

3）'香蕉李'。原产于辽宁复县（现为瓦房店市）。树势强，果实发育期105d。果圆形，平均单果重41.8g，最大54.1g。果皮底色黄，着紫红色，果肉黄色，不溶质，果肉脆而多汁，甜酸适口，香味浓。核小，离核，可食率95.9%，不耐贮运。常温下可贮放3～10d。鲜食品质上，也可加工制罐和制酱。

4）'檇李'。也叫'名醉李'，是中国李的著名品种。原产于浙江省桐乡、嘉兴等地。树势中庸，树姿较开张，果实发育期110d。果实扁圆形，平均单果重48g，最大95g。果皮底色黄绿，皮色殷红，果皮有一条指甲刻状裂痕，果肉淡橙色，肉质致密，鲜甜清香，熟后化浆，浆液盈溢，蜜甜酒香，风味独特，黏核，可食率97.2%。常温下可存放1周左右，不耐贮运。鲜食品质极上，也可加工糖水罐头。

5）'芙蓉李'。又名中国李，是福建特产。果实扁圆形，平均单果重约83.3g，最大果重约175g，完熟期果皮紫红色，果肉深红色，肉质致密，甜酸适口，具水香味。核小，果实可食率为98.2%。'芙蓉李'甜酸适口，品质上乘，可鲜食，较耐贮运，是生食和加工兼用品种，也可加工成李脯、李干、李片、李饼等，为外贸出口商品。'芙蓉李'是一种既宜鲜食又可加工的优良品种。

国内'红心李''绥李3号'也是常见的中熟品种。

（3）晚熟品种

1）'秋李'。是辽宁葫芦岛市连山区的主栽品种，栽培历史悠久。树势中庸，果实发育期120d左右。果实卵圆形，平均单果重25.8g，最大果重39.0g。果皮底色黄绿，着紫红色，果肉黄色，肉质韧，果汁多，纤维多、细，味甜酸，稍涩，有清香。黏核，可食率97.5%，鲜食品质中上，也可加工制罐。常温下果实可贮放5～10d。

2）'三华李'。原产于广东省翁源县，主要分布在广东、广西、云南等地。树势强，果实发育期120d。果实圆形，平均单果重37.3g，最大49.0g。果皮底色黄绿，着少量红色，果肉紫红色，肉质致密硬脆，果汁中多，味酸甜，具微香。黏核或半离核。常温下果实可贮放7d左右。既是鲜食的上好果品，又是加工果脯的上好原料。

3）'龙园秋李'。是黑龙江省农业科学院园艺分院用'小黄李'为母本、'北京大紫李'

为父本杂交选育出的新品系。树势强健，果实发育期 120d。果实扁圆形，平均单果重 76.2g，最大单果重 110.0g；果皮底色黄绿，着鲜红至紫红色，果肉黄色，肉质致密，纤维少，果汁中多，味酸甜，微香，黏核，可食率 95% 以上。耐贮运，在常温下可贮放 20d 左右。目前在吉林、黑龙江、辽宁、内蒙古、河北、新疆、北京等地大面积种植。

4）'青椽'。原产于福建。树势中庸，果实发育期 125d。果实心脏形，平均单果重 79.5g，最大 98.0g。果皮底色浅绿黄色，偶有红色彩斑，果肉淡黄至黄色，肉质脆，汁多纤维少，味甜爽口，风味佳。半离核，可食率 97.3%，在常温下可贮放 8~10d。是优良的鲜食品种，也适宜加工，但大小年结果明显。

5）'恐龙蛋'。是美国水果杏李，为加利福尼亚州顶级蜜李的一种，这种水果的英文名叫作"pluot"，是李（plum）和杏（apricot）杂交而成的水果。生长势旺，果实发育期 135d 左右。果实近圆形，平均单果重 126.0g，最大 199.0g。果皮淡红至暗红色，果肉粉红色，肉质脆，粗纤维少，汁也多，风味甜，香气浓，黏核。较耐贮运，常温下果实可贮放 14~20d，并可低温贮藏 3~6 个月。

常见晚熟品种还有'幸运李'、'理查德早生'（richard early）、'大玫瑰'（great rosa）、'黑宝石'（friar）、'秋姬'、'秋香李'、'安哥诺'（angeleno）、'澳大利亚 14 号'。

（二）加工品种

用于制汁、制干、制酱，制脯、制酒和制罐头等加工专用或与鲜食兼用的品种，分别对其可溶性固形物含量、果汁、酸度、果胶、果肉硬度、肉质、去皮去核难易、耐贮运性等有不同的要求，但不太注重果实的大小和外观色泽。在美国广泛栽培的州立品种有一个品种群叫脯李（prune），其中的'斯坦拉哥''甘李''理查德早生''法兰西'等品种十分引人注目。我国新疆南部主栽品种有'理查德早生''法国西梅''女神''早生月光''大玫瑰'等，这类品种自花授粉，坐果率高，花期抗低温、晚霜及沙尘危害能力强，因此可采用单一品种建园，并采取多品种配置方式，异花授粉可提高产量。

三、生长结果特性

李为小乔木、多年生落叶果树，树皮灰褐色，起伏不平，树冠高度一般 3~5m，树姿直立或开张，树的形态因品种、树形及环境条件的不同而异。2~3 年开始结果，5~8 年进入盛果期。一般寿命为 15~30 年，甚至更长。

（一）不同年龄阶段发育特点

1. 根　李树为浅根系果树，吸收根主要分布在深 20~40cm 深的土层中。根系的水平长比树冠直径大 1~2 倍，垂直根的分布因立地条件和砧木不同，在土层较厚、肥力较好的土壤中，垂直根的分布可达 4~6m，但大量垂直根则分布于 20~80cm 的土层内；在土壤肥力差、土层很薄的山地或丘陵，垂直根主要分布在 15~30cm 的土层内。

李树根系一般没有自然休眠期，只在土温过低的情况下被迫休眠。如土壤温度、湿度适宜，则全年都能生长。当土壤温度在 5~7℃ 时即可发生新根，15~22℃ 为根活动的最适温度，超过 26℃ 则根生长缓慢，超过 35℃ 时根系停止生长。土壤含水量达到土壤田间持水量的 60%~80% 时，最适合根的生长。

幼树的根系一年内出现三次生长高峰。春季随着土壤温度上升，根系利用树体内的贮藏营养开始生长，一般在 4 月下旬至 5 月上旬出现第一次生长高峰。随着地上不抽枝开花，新梢开始迅速生长，养分集中供应地上部，则根系生长转入低潮。当新梢生长缓慢，果实又进入迅速膨大期时，根系利用当年叶片制造的营养及根系吸收的水分和各种矿质元素开始第二次旺盛生长，此期一般在 6 月底至 7 月上中旬。随后果实迅速膨大、花芽分化和新梢生长三者处于养分竞争时期，再加上土壤温度过高，根系活动再次转入低潮。8 月下旬以后，随着土壤温度的降低、降雨的增多和土壤湿度的增大，根系又出现第三次生长高峰，并一直延续到土壤温度下降时，才被迫休眠。

成年李树一年只有两次发根高峰。春季根系活动后，生长缓慢，直到新梢停止生长时出现第一次发根高峰，这是全年的发根季节；到了秋季，出现第二次发根高峰，但这次高峰不明显，持续的时间也不长。

2. 芽　李树的芽有花芽和叶芽两种。多数品种在当年生枝条下部形成单叶芽，在中部形成复芽，在上部接近顶端又形成单叶芽，且各种枝条的顶端均为叶芽。

李树的花芽为纯花芽，每个花芽包含 1～4 朵花。叶芽萌发后抽生发育枝。根据芽在枝节上的着生情况，可分为单芽和复芽。单芽多为叶芽。两个芽并生的多为 1 个叶芽和 1 个花芽，也有 2 个芽都是花芽的。3 个芽并生的，多数中间是叶芽，两侧是花芽，也有 2 个叶芽与 1 个花芽并列或 3 个花芽并列的。个别情况下叶芽内有 4 个芽。

单花芽和复花芽的数量及其在枝条上的分布，与品种热性、枝条类型及枝条的营养和光照状况有关。同一品种内复花芽比单花芽结的果大，含糖量高。复花芽多，花芽着生节位低，花芽充实。排列紧凑是丰产性状之一。

李树新梢上的芽当年可以萌发，并连续形成二次梢或三次梢，这种具有早熟性芽的树种树体枝量大，进入结果期早。李树的萌芽力强，一般条件下所有的芽基本上都能萌发。成枝力中等，一般延长枝先端发出 2～3 个发育枝，以后则为短果枝和花束状果枝，层次明显。李的潜伏芽寿命较长，极易萌发，衰老时更为明显。

3. 枝　李树根据枝条的性质可分为营养枝和结果枝两类。

营养枝一般只当年生新梢，生长较壮，组织比较充实，营养枝上着生叶芽，叶芽抽生新梢，扩大树冠和形成新的枝组，其中处于各级主、侧枝先端的为各级延长枝。幼树的发育枝经过选择、修剪，可培养成各级骨干枝，是构成良好树冠的基础。李树小枝、平滑无毛、灰绿色、有光泽、枝条长。

结果枝有长、中、短果枝和花束状果枝 4 种，中果枝较少，结实力低，因此主要以短果枝及花束状短果枝结果，但幼树以长果枝结果为主。在营养状况较好的情况下花束状短果枝可连续结果 10～15 年，但生长量较小，仅有 2cm 左右。中国李主要以短果枝和花束状果枝结果，欧洲李和美洲李则以中、短果枝结果为主。

4. 花　李子的花通常 3 朵并生，直径 1.5～2cm，花柄长 1～1.5cm；萼筒钟状，无毛，萼片长圆、卵圆形，少有锯齿；花瓣白色，宽倒卵形，雄蕊约 25 枚，略短于花瓣。

5. 果实　果实为核果，形状有球形、卵球形、心脏形或近圆锥形，直径 2～3.5cm，栽培品种可达 7cm；黄色或红色，有时为绿色或紫色；梗洼陷入，先端微尖，缝合线明显。李子的核卵形，具皱纹，黏核，少数离核。果实外部常有"白霜"，又叫果霜，主要由果蜡和果酶等成分组成，起到保护水果的作用。因为它能增加水果的保鲜时间，所以一般不到吃的时候不要将它洗掉。

（二）生长特性

幼龄时期植株生长快，1 年内新梢可有 2~3 次生长，同时还有副梢发生，所以树冠形成快，结果早。盛果期单株产量可达 20~30kg，最高产量达 70~90kg，因树种和品种的不同而有差异。李的寿命比较长，一般为 30~40 年。萌动期在每年的三月中下旬左右，开花期在每年的 4 月中旬左右，果熟期在每年的 7~9 月，落叶期在每年的 11 月中旬。

（三）结果特性

李树苗木定植后 2 年开始结果，3~4 年后进入盛果期，经济结果年龄达 40 年以上。李树的结果特性与桃、梅等果树相似，枝梢顶芽均为叶芽，侧生。在较粗的枝条上每一花芽内形成的花数为 1~4 朵，但以 1~2 朵花者为多。据观察，李树的正常花粉率较高，但品种间存在不同的花粉败育，花粉发芽率低，因此多数品种需配置授粉树。李树花芽形成容易，但大小年结果现象不明显。花芽多与叶芽并生为复芽，在弱枝上花芽则单生于叶芽间。

李树结果枝可分为长果枝（20cm 以上）、中果枝（10~20cm）、短果枝（5~10cm）和花束状果枝（5cm 以下）4 种，其中以花束状果枝最多。除个别品种外，花束状果枝均占 60% 以上。

李树各种结果枝的结实能力与大多数南方桃品种相反，除幼年结果树有较多的长、中果枝结果外，一般长果枝坐果率低，而花束状果枝和短果枝的坐果率很高，一个果枝可坐果 4~5 个。在结果的同时，顶芽仍可再生短枝而继续结果。花束状果枝可连续结果 4~5 年，但以 2~3 年生枝结果最好。

李树的长梢若当年冬季不短截，则次年萌发的新梢多形成叶丛状短枝；若适度短截，则次年剪口芽抽生长枝，下部抽生短枝，形成花芽后成为短果枝或花束状果枝。

生长旺盛的李树幼年结果枝，当年新梢上还能生长副梢，其中发生较早且充实者也可以变成结果枝。

四、对生态条件的适应性

（一）对环境的要求

1. 温度　李树对温度的要求因品种不同而异。中国李、欧洲李喜温暖湿润，而美洲李比较耐寒。

同是中国李，生长在我国北部寒冷地区的'绥棱红''绥李 3 号'等品种，可耐 −42~−35℃ 的低温；而生长在南方的'檇李''芙蓉李'等则对低温的适应性较差，冬季低于 20℃ 就不能正常结果。李树花期最适宜的温度为 12~16℃。不同发育阶段对低温的抵抗力不同。如花蕾期 1.1~5.5℃ 就会受害，花期和幼果期则为 −0.52~2.2℃。李树各器官中花芽的耐寒力最弱，'糖李''红心李'等花芽和新梢易发生冻害，因此北方李树要注意花期防冻。若李子苗花期遇到极端低温天气，则受冻程度会更重。

2. 水分　李子苗的根系分布较浅，对土壤缺水或水分过多时反应较敏感。李子苗属于抗旱性和耐涝性中等的果树，因种类、砧木不同对水分要求有所不同。中国李则适应性较强，在干旱和潮湿地区均能生长。欧洲李和美洲李对空气湿度要求较高，喜欢湿润的环境，因此，李子苗宜于山陵地栽培，而平原地栽李子苗要注意排水防涝。阴雨季节和多雨地区，不仅易造成徒长，也会引起采前落果和裂果，因此要特别注意防涝栽培。暖湿地区起垄栽培，既可抗旱，又能防涝，因此应积极推广应用。不同品种类型对水分条件的要求也不同，如北方李较耐干旱，则适于较干旱条件栽培；南方李比较耐阴湿，则适于温暖湿润条件栽培。因此，选择品种时要根据当地条件做到适地适栽。

3. 光照 李对光照无特殊要求，但果实要求良好的光照条件，以改善着色和品质。因此，花期天气晴朗，有利于授粉和坐果。

若李子苗通风透光良好，则果实着色好，糖分高，枝条粗壮，花芽饱满。李树一般在水分条件好、土层比较深厚、光照不太强烈的地方，也能生长良好。阴坡和树膛内光照差的地方果实成熟晚，品质差，枝条细弱，叶片薄。因此栽植李树应在光照较好的地方并修整成合理的树形，这样对李树的高产、优质十分有利。

4. 土壤 李树对土壤条件的要求不太严格，在各种类型土壤上都能正常生长发育。土壤酸碱度以 pH 6.2~7.4 为宜。

对土壤的适应性以中国李最强，几乎在各种土壤中李子苗均有较强的适应能力；欧洲李、美洲李的适应性不如中国李。但所有李均以土层深厚的沙壤、中壤土栽培较好；而黏性土壤和沙性过强的土壤应加以改良。

5. 肥 施农家肥为主，并配合一些化学肥。

尤其是国外布朗李，如'黑宝石'品种，更应重视施基肥和疏松土壤，使土壤有机质含量不断提高，要不然园子管理就困难，难以收获优质的李果。施肥，生产上每年秋冬季亩施土杂肥（或圈肥，厩肥）的量千万不要少于每亩 3000kg，甚至更多。基肥中但凡混有饼肥或羊粪肥等牲畜类肥料，施用量可适当环比减少一些，但所混牲畜粪必须要先充分腐熟，施用时要与土杂肥充分拌匀，切不可用饼肥或鸡粪肥等全部覆盖土杂肥。李子树正常的土肥水管理可参照桃树实施，这对黑宝石李品种相当重要。

6. 风 李树抗风能力弱。轻度的风能帮助李树授粉，并能改善空气温度和湿度，补充树叶周围的二氧化碳，使光合作用加强，对树体生长有利。但风速大于 10m/s 时，常使树体发生偏冠，主枝弯曲，枝断果落，叶片破损。冬季干燥的西北风，常使树体发生冻害。因此，在风害较为严重的地区，应在果园周围建造防风林带，可有效减少风害的发生。

7. 环境污染 随着工业的高速发展，空气、水源、土壤的污染问题日趋严重，对李树生产造成了不利影响。工业排出的废气，增加了空气中二氧化硫、一氧化碳、氟化氢、氯气等有毒气体的含量。据试验，浓度为 $3mL/m^3$ 的二氧化硫，只要经过 10min 就能使李树受害，而氟化氢则更毒。因此，在一些工业发达的城市，栽植李树常常会造成减产甚至绝收、死树。水和土壤的污染主要源于工厂废水和农药，农药进入李树后，转移到种子与果实中，最后损害人体健康。

（二）生产分布与栽培区划分

我国李产业的发展格局，已自然形成一南一北两大产区，以南方产区为主。南方产区是我国李生产与加工的古老产区，北方产区是我国鲜食李的新兴产区。中原地区和西北地区目前李的栽培量和产量甚微，而西北地区则应该是我国未来的待开发区。

1. 南方产区 长江以南各省份都属于本区，主要有广东、福建、广西、江西、浙江、湖南、云南、贵州、四川、重庆、台湾等。本区是亚热带至热带湿润季风气候区域。

本区李属种质资源主要是我国李及其变种'椭李'，近年也引入一些欧洲李和杏李的栽培品种，园林绿化多用樱桃李的'红叶李'变种。优良的农家（地方）李品种有'青椭''油椭''花椭''檇李''芙蓉李''三华李''红心李''前坪里''潘园李''青脆李'等南方品种。引进的有'黑宝石''大石早生''大玫瑰''安哥诺'等优良品种。

根据中国园艺学会李杏分会 2005 年的不完全统计，本区（未包括江西、安徽和云南 3 省）李的生产面积为 19.2 万 hm^2，产量为 105.7 万 t，分别占同年全国李生产面积和产量的 48.9%和 54.0%，是全国李的最大产区。主要集中在广东、广西、福建、四川、贵州和江西，其中广东省当年的生产面积最大为 6.0 万 hm^2，福建省当年的产量最高为 38.0 万 t。另外，我国李的加工和出口企业也都集中在本区。

2. 北方产区（东北与华北产区）　本区包括东北 3 省和河北、山东、山西、北京、天津、河南中北部及内蒙古自治区的东部地区，是我国冷凉带至温带落叶果树的适宜栽培区。

本区李属种质资源最多，有中国李、杏李、欧洲李、樱桃李、乌苏里李、美洲李、黑刺李和加拿大李 8 个种，其中后 3 种为引进资源。国家李果树种质保存圃就建在本区的辽宁省熊岳镇，其内保存着 500 余个李的品种和类型。生产上目前应用较多的优良品种有'香蕉李''玉皇李''秋李''香扁李''晚红李''帅李''紫李''西瓜李'等地方老品种，新品种有'龙园秋李''秋甜李''秋香李''绥陵红''绥李 3 号''跃进里''长李 15 号''美丽李''黑宝石''理查德早生''大石早生''女神''安哥诺'等。

根据中国园艺学会李杏分会 2005 年的不完全统计（未包括天津市），本区李的栽培面积为 105 558hm^2，产量为 42.5 万 t，分别占同年全国的 26.9%和 21.7%，是我国李的第二大产区。2005 年产量居前四的省份依次是黑龙江 16 万 t、辽宁 13.4 万 t、河北 5.5 万 t、山东 4.0 万 t；栽培面积依次是河北 47 290hm^2、辽宁 33 113hm^2、吉林 5916hm^2、山西 5340hm^2、山东 5133hm^2、北京 4266hm^2、内蒙古 3400hm^2 和河北 1100hm^2。

3. 西部待开发区　本区包括新疆、甘肃、宁夏、山西、青海的东南部和内蒙古西部地区。本区属于大陆性干旱性气候，冬季寒冷时间较长，但气温不过低，夏季平均气温也不过高，降水量少。

本区李属种质资源有 6 个植物种。新疆的主栽种是欧洲李，其次是樱桃李，其他 5 省、自治区主栽的均为中国李，杏李和美洲李也有少量栽培。

根据中国园艺学会李杏分会 2005 年的不完全统计，2005 年新疆、甘肃、宁夏和山西 4 省区李的栽培面积为 11 750hm^2，占全国李栽培面积的 3%。其中，新疆李的栽培面积为 10 200hm^2，占本区的 87.1%。在南疆，民间有加工李干的传统习俗，在北疆有现代化的野生樱桃李饮料加工企业。新疆是世界欧洲李的原产地，在伊犁河谷地区现在还有大片的野生欧洲李群落。新疆的生态环境适宜发展欧洲李，当地群众喜种的大酸梅、小酸梅及贝干等就是欧洲李的本地品种。在这里，欧洲李的发展潜力巨大。

五、栽培技术

（一）苗木繁育

目前生产上主要用嫁接法繁育李树苗木，在南方多雨地区也有用扦插法的。李的砧木在北方选用山杏和山桃，南方用毛桃，东北地区又以中国李和毛樱桃作砧木。在这些地区还有用榆叶梅、欧李、樱桃李、蒙古扁桃和欧洲李作砧木。参见本书第四章内容。

（二）规划建园

现代李树生产以实行集约化栽培、科学化管理、规模化经营为主要内容。发展李树，必须根据当地的自然条件、地理位置和市场的需要选择最优的品种，并在此基础上制定统一规划，形成一定的规模，以便于建立生产、销售、加工一条龙的商品生产服务体系及市场体系，有利于产品的基数强度，起步要高，只有这样才能取得早果、丰产和高效益。具体参见本书第五章。

（三）土肥水管理

1. 施肥　　幼树（密植园 1～2 年）以促进生长、提早结果、多次施肥、薄施勤施为原则，从发芽后至 7 月每月施肥一次，以速效氮肥为主，并结合有机肥和磷肥施用。9～10 月施基肥一次，基肥以有机肥为主，并配施磷肥。

成年树（密植园 3 年以后）施肥必须氮、磷、钾配合施用，氮、磷、钾施用比例为 10：8：10。丰产园（亩产 4000kg 以上）每亩应施入纯氮 30kg、五氧化二磷 20kg、纯钾 30kg。生产上，成年果园比较简易的施肥方法是每年施肥 3 次，即一次基肥、两次追肥。基肥在 9～10 月落叶前施用为宜，占全年的 60%，以有机肥为主，亩施人畜粪水（粪：水＝1：4）3000～5000kg、过磷酸钙 60kg。追肥分两次施，第一次在发芽前（2 月底）施用，占全年的 15% 左右，亩施人畜粪水 1500kg、尿素 20kg、硫酸钾 10kg；第二次追肥在幼果膨大期施用（中晚熟品种约在 5 月中下旬），占全年的 25%，亩施猪鸡粪水 2000kg、尿素 30kg、过磷酸钙 20kg、硫酸钾 20kg。

2. 土壤管理　　李根系分布浅，对土壤养分要求高，因此未改土的果园定植后必须逐年扩穴深翻压绿，以加深根系分布，同时合理灌水、覆盖、中耕，以保证根系生长。3～9 月用作物秸秆覆盖树盘，可防止土壤干燥。秋季扩穴压绿。冬季修剪后全园中耕一次。

3. 水分管理　　李园在干旱时要注意抗旱，特别是中晚熟品种的李园。尤其在果实膨大期，缺水对产量和树势影响极大。在山坡地建园可利用地势建一水塘，拦蓄雨水。正常的土肥水管理可参照桃树进行。但李子树，尤其是国外布朗李，如'黑宝石'品种，更应重视施基肥和疏松土壤，使土壤有机质含量不断提高，否则园子管理就困难，就难以收到优质的李果。

4. 整形修剪技术

（1）主要树形

1）开心形。开心形是李子常用树形之一，适合于直立性强的李树品种。一般是 3～5 个主枝在主干上错落着生，层内距 10～15cm，按 35°～45°开张，每个主枝上留 2～3 个侧枝，在主枝两侧向外侧斜方向发展，然后在主侧枝上配备结果枝组。无中心干，干高 30～50cm，树高 2.5～3m。

2）小冠疏层形。适用于干性强、树势强健、树冠较大的品种，比如'金沙李'或'奈李'。一般干高 40～60cm，有中心主干，主枝 5～6 个，第一层 3 个，层内距 15～20cm；第二层 2～3 个，每个主枝配置 1～2 个侧枝，两层间距 60～80cm，而且第二层与第一层主枝插空选留。这种树形可解决树内光照，同时也限制树高。

3）纺锤形。又名自由纺锤形，适合于发枝多、树冠开张、生长不旺的李树品种。纺锤形无明显的主、侧枝之分，各类大小枝组直接着生于中心干上。树高 2～3m，冠径 3m 左右。在中心干四周培养多数短于 1.5m 的水平主枝，主枝不分层，上短下长。高密度下，采用细长纺锤形树形，中心干上分生的侧枝生长势相近、上下伸展幅度相差不大，分枝角度呈水平状，树形瘦长。

4）圆头形。又叫自然半圆形，多用于山区管理粗放的果树的改造树形，而平地丰产果园较少采用。主干在一定高度剪截后，任其自然分枝，疏除过多的主枝，留 3～4 个均匀排列的主枝，每主枝上再留 2~3 个侧枝构成树体骨架,自然形成圆头。

5)"V"字形。此为李新树形,也称二主枝开心形,20 世纪 70 年代起源于澳大利亚。适合按 3m×1m 和 2m×1m 的株行距种植的李树。

(2)修剪技术 李树修剪要根据树龄、树势和品种习性分类进行。一般幼树宜轻剪长放,除几个主枝延长头和侧枝延长头必须短截(留外向芽)之外,其余枝条一般长放不剪,以促其形成花芽。其中对成枝力强(发枝多)的品种,如'安哥诺'等,应多疏枝,即在第一年冬季整形时留足 4~5 主枝外,中心干上的多余枝条要去掉(疏除),以防止幼树主枝过多,扰乱树形,影响挂果。对成枝力弱(发枝少)的品种,如'黑宝石''美国晚熟大李''美丽李'等,在幼树整形时,第一年冬季可能会出现主枝数量少的问题,可适当对其进行短截,促发新梢后作主枝培养。经 2~3 年,树冠和主枝数量均培养到位后,可作长放处理,以促进枝条尽快转化成花、挂果。幼树整形和修剪过程中还应多采取绳拉、砖坠的办法,以开张主枝角度,尤其是'黑宝石''美丽李'等成枝力不强,且枝条易抱合生长的品种,开张角度、缓和枝势、促进成花,对提高早期产量十分有效。进入盛果期的李树,要注重调节营养生长与生殖生长之间的关系,防止树体过早老化。要控制产量,适当重短截,以增加新梢生长量。保持树体活力,确保丰产稳产。

(四)花果管理技术

1. 正确配栽授粉树 中国李的绝大多数栽培品种自花不结实或自花结实率低,单独栽培不能满足生产需要,因此生产中必须配植授粉品种。授粉树搭配参见本书第五章。

2. 花期喷硼和放蜂 生产上通常在李树花前 1 周和盛花期,喷布 1 次 0.2%~0.3%的硼砂,每 666.7m^2 的喷布量为 200L,比自然结果可增产 8%~9%。

花期放蜂可代替人工授粉,省工、省时、成本低。北方李园主要以角额壁蜂和凹唇壁蜂为主,其授粉能力是蜜蜂的 80 倍,与自然授粉相比可提高坐果率 0.5~2 倍。壁蜂在开花前 5~10d 释放,将蜂茧放在李园提前准备好的蜂巢(箱)里,每 666.7m^2 李园放蜂 80~100 头,放蜂箱 15~20 个,蜂箱离地面 45cm 左右,箱口朝南(或东南),箱前 50cm 隐蔽处挖一小沟或坑,备少量水,供壁蜂采土筑巢用。一般在放蜂后 5d 左右为出蜂高峰,此时正值李始花期,壁蜂出巢访花,也正是李授粉的最佳时期。

3. 花前灌溉 花前灌水有利于李树开花、新梢生长和坐果。此期灌水又称解冻水或萌动水,时间在 2~3 月。如春季干旱,应在开花前 2 周将李园浇水一次,使花开得齐、开得壮。

4. 花期避雨避寒 花期如遇阴雨,有条件者可在树冠上面搭一框架,外盖薄膜,避免雨水冲刷花粉。雨停后如少有蜜蜂(或壁蜂)活动,可进行人工辅助授粉。可用鸡毛掸子从授粉品种树的花朵上掸一掸,粘些花粉,再将已粘上花粉的鸡毛掸子在被授粉品种掸一掸、扫一扫,使花能传播到被授粉品种花内的柱头上。人工辅助授粉一天可进行一次,每天最好在上午 9 时至下午 5 时进行,而且一定要在露水或雨水干后进行。

5. 疏花疏果 李的多数品种坐果率高,因此必须进行疏花、疏果。具体内容参见本书第六章。

6. 果实采收 李果采收期的确定应根据品种和用途的不同而定。可根据果实生育期和果实色泽确定采收期,提倡分期采收,采收后分级包装,以便于运输、销售。具体内容参见本书第六章。

（五）病虫害防治技术

李树的病虫害主要有蚜虫、桃蛀螟、桑白蚧、红蜘蛛、桃小食心虫及红菌性穿孔病（枝干严重流胶）、红点病。

具体防治措施为：冬季彻底清园，集中烧毁或深埋，减少越冬病源、虫源；发芽前喷 3～5 波美度石硫合剂；初花期喷 50%的甲胺磷 1000 倍液；谢花后喷 80%代森锰锌可湿性粉剂 300～500 倍液或 50%多菌灵 500 倍液；幼果期喷杀虫剂敌杀死 3000～5000 倍液及 10%百菌清乳剂，此后视虫情喷杀虫剂；果实膨大期喷杀虫剂和广谱性杀菌剂；从 6 月上旬开始到采收交替喷 500 倍多菌灵和代森锰锌等杀菌剂 2～3 次。

第十七章 樱 桃

一、概述

（一）樱桃概况

樱桃是落叶果树中最早成熟的水果，外观美丽、果肉多汁、风味浓郁、营养丰富，被誉为"果中珍品"。樱桃，蔷薇科（Rosaceae）李属（Prunus）樱亚属（Subgen Cerasus）植物。樱亚属有 150 余种，分布广泛，源于我国并详细记载的有 48 个种 10 个变种。其中，生产上栽培的主要有中国樱桃（P. pseudocerasus）、欧洲甜樱桃（P. avium）、欧洲酸樱桃（P. vulgaris）、山樱桃（P. serrulata）和毛樱桃（P. tomentosa）等。其中，中国樱桃、山樱桃和毛樱桃因果个小，常称"小樱桃"。欧洲甜樱桃和欧洲酸樱桃，果个大，肉质丰满，通常称"大樱桃"。

目前世界上有 70 多个国家栽培樱桃。栽培面积从 1985 年的 50.23 万 hm² 发展到 2017 年的 67.37 万 hm²，产量从 247.04 万 t 发展到 410.45 万 t。其中，欧洲、亚洲、北美洲和南美洲地区为世界樱桃栽培的四大主产区。截至 2017 年，我国栽培面积达 26.66 万 hm²，产量 170 万 t 左右，是世界樱桃第一生产国。中国、土耳其、美国、伊朗、乌兹别克斯坦、智利、意大利、西班牙、希腊、乌克兰为前 10 位樱桃生产国。

（二）历史与现状

中国樱桃，起源于长江中下游地区，栽培历史已有 3000 年之久，古书《尔雅》《礼记》中均有记载，至今在全国各地分布甚广。中国樱桃果实甜酸适度，风味浓郁，可溶性固形物含量高，果实小，但不耐储运。除供生食外，宜用于加工制作果酱、果酒、蜜饯等。但因果实小、皮薄肉软、储运性差，因此大规模栽培少。樱桃在长期的驯化和人工选择过程中积累了许多的遗传变异，并以地方种质资源的形式广泛分布于我国各地。截至 2017 年，中国樱桃栽培面积有 3.33 万 hm²，主要分布在浙江、山东、河南、陕西、四川、河北等地的丘陵地、山坡地，其中山东、河南和安徽等地的樱桃划分为华北类群，四川、云南、贵州和重庆的樱桃划分到西南类群。这些地方的种质资源相比于野生资源具有更多可以直接利用的优异基因，而相比于栽培品种而言，则具有更多的遗传多样性和育种潜力的优异基因。然而中国樱桃一直没有经过现代育种技术的改良，目前多是种子种植，且发展缓慢。不过近年来，在长江中下游地区以中国樱桃为主栽品种的生态采摘观光园迅速发展，并深受当地居民喜爱，以中国樱桃为媒介的乡村旅游使得中国樱桃产业得到了空前的发展。

欧洲甜樱桃和酸樱桃起源于亚洲西部和欧洲东南部，公元前 1 世纪开始栽培驯化，至公元 2 世纪逐渐传到欧洲各地。经济化栽培开始于 16 世纪，18 世纪初引入美国，19 世纪 70 年代引入日本。我国自 1871 年通过传教士引欧洲甜樱桃于山东烟台栽培，到 2017 年全国甜樱桃栽培面积已达 26.66 万 hm²，年产量超 170 万 t。欧洲甜樱桃果实大，耐储运，在生产上很受欢迎。

樱桃管理用工少，生产成本低，但经济价值较高，对增加农民收入有积极作用。另外，樱桃在调节鲜果淡季、均衡水果周年供应和满足人民日益增长的生活需求方面有着重要的作用。我国樱桃育种工作起步晚，目前栽培的品种、砧木大多数都是从国外引进生物品种，因而表现出不同程度的"水土不服"现象。另外，我国樱桃生产主要以农户为单位、分散经营的小规模果园为主，果园管理水平参差不齐、平均亩产偏低、品质上参差不齐、缺乏品牌意识等情况也极大地制约了我国樱桃产业的发展。

二、优良品种

目前生产中栽培的樱桃品种有 100 多个，其中多是欧洲甜樱桃，而中国樱桃和酸樱桃占比较少。

（一）中国樱桃

1.'大鹰嘴' 产于安徽太和。树姿直立，树势强健；叶片大，果实较大，卵圆形，果顶尖，似鹰嘴，果柄细长，果皮较厚，易与果肉剥离；成熟果实呈紫红色，鲜艳亮丽，果肉黄白色，汁多味甜，离核，品质优。

2.'垂丝樱桃' 原产于南京，为优良地方品种之一。树形健壮，果实大，平均单果重 2.2g，汁多味甜，肉质细腻；果色艳丽，早熟，丰产。本品种因果柄细长下垂而得名。品质极佳，但花期早，易受冻害。

3.'金红樱桃' 产于安徽太和，果实球形或者心脏形，果顶平；果实金红色，肉厚致密，味甜，最适宜制作蜜饯，成品色泽鲜艳透明，为优良的加工用品种。

4.'东塘樱桃' 产于南京，树姿直立，叶片深绿色、厚。果实圆形，色泽鲜艳，品质略逊于垂丝樱桃，丰产但不抗寒，5 月上旬成熟，为南京近郊栽培最普遍的品种之一。

5.'银珠樱桃' 产于南京，树冠小，枝条细长，叶片小，果实淡红色，故称"银珠"，果实圆锥形，个小，品质一般，当地 5 月上旬成熟，但花期晚，因此能够避开早春霜冻，同时植株矮小，便于管理。

常见的中国樱桃品种还有'诸暨短柄樱桃''泰山樱桃''短把樱桃''大窝蒌叶樱桃''莱阳矮樱桃''诸城黄樱桃'。

（二）甜樱桃

1.'美早' 原名 Tieton，美国华盛顿州立大学普罗斯灌溉农业研究中心杂交育成，亲本为'斯太拉'和'早布莱特'。树势强健，萌芽力、成枝力强。果实圆至短心脏形，顶端稍平，脐点大；果柄短粗；果大，平均单果重 11～12g；果皮紫红色，有光泽；果肉硬脆；果核圆形。果实发育期 50d 左右。异花授粉，授粉品种有'萨米脱''先锋''拉宾斯'等。

2.'萨米脱' 原名 Summit，加拿大不列颠哥伦比亚省萨默兰太平洋农业食品研究中心培育，亲本为'先锋'和'萨姆'。树势中庸，早果丰产性好。果实长心脏形，果顶尖；果个大，平均单果重 11～12g；果皮红色至深红色，有光泽；果肉粉红色，中硬；果核椭圆形，离核；果实发育期 53d 左右。异花授粉，授粉品种有'先锋''拉宾斯''黑珍珠'等。

3.'拉宾斯' 原名 Lapins，加拿大不列颠哥伦比亚省萨默兰太平洋农业食品研究中心培育，亲本为'先锋'和'斯太拉'。树势强健，树姿半开张。自花结实、晚熟的优良品种。果实卵圆形。果皮厚，紫红色，有光泽；果柄中长；果肉脆硬，风味好；果实发育期 60d 左右，无裂果。早果性、丰产性均佳。自花授粉，并可为同花期其他樱桃品种授粉，是万能授粉树。

4.'先锋' 原名 Van，加拿大不列颠哥伦比亚省萨默兰太平洋农业食品研究中心培育。树势健壮，新梢粗壮直立。早果性、丰产性较好。平均单果重 9g；果实圆球形；果顶平，缝合线明显；果柄短粗；果皮厚，红色至紫红色。果肉脆硬、多汁，甜酸可口，耐贮运；果核小，圆形；果实发育期 56d 左右，异花授粉，授粉品种有'雷尼''宾库'等。

5.'艳阳' 原名 Sunburst，加拿大不列颠哥伦比亚省萨默兰太平洋农业食品研究中心培育，亲本为'先锋'和'斯太拉'。树势中庸，树冠开张。早果性、丰产性均佳。平均单果重 12g；果实近圆形，缝合线明显；果柄粗；果皮深红色，有光泽；果肉偏软；果实发育期 55d 左右。自花授粉，并可为同花期其他樱桃品种授粉。

甜樱桃品种还有'布鲁克斯''桑提娜''哥伦比亚''红南阳''波尔娜''佐滕锦''红灯''福晨''彩霞''齐早''鲁樱1号''鲁樱2号''鲁樱3号''鲁樱4号'。

（三）酸樱桃

欧洲酸樱桃，在世界樱桃产业中占有很大的比例，但我国只在新疆有少量栽培。

1.'玫丽' 乔木，树势中庸，树皮暗褐色，是甜樱桃和草原樱桃的自然杂交种，自花结实。果实扁球形，平均单果重 5g；表皮紫红色，有光泽，果实酸甜，果汁多，颜色鲜红；果实出汁率 86.9%。适宜机械采收，是优良的加工品种。

2.'奥德' 自然杂交种，乔木，树势强，树冠高达 3m，树皮暗褐色，自花结实。果实扁球形，单果重 5.5g；果实紫红色，有光泽，甜酸，味浓，果汁多，果肉色红；果实出汁率 85.2%。适宜机械采收。

3.'艾尔蒂' 是酸樱桃与甜樱桃的杂交品种，生食、加工兼用品种，树势中庸，树姿开张。在匈牙利有近百年的栽培历史。果实近圆形，果皮紫红色，果肉多汁，平均单果重 7.3g，果实出汁率 76.7%。烟台地区成熟期在 6 月中旬。抗逆性强，自花结实，丰产、稳产。

4.'秀玉' 树体健壮，树姿开张。匈牙利主栽酸樱桃品种。果实宽心脏形，平均单果重 5.5g，果实整齐度高；成熟时果皮浓红色，果肉黄色。果实发育期 57d，果实出汁率为 86.09%，贮藏稳定性良好。

5.'岱玉' 匈牙利酸樱桃品种，树势中庸，树姿开张。果实宽心脏形，果柄长 3.8cm，平均单果重 7.2g，果实整齐度高；成熟时果皮紫红色，果肉红色，离核；可溶性固形物含量为 19.2%；果实发育期 63d，果实出汁率为 81.9%，贮藏稳定性良好。

三、生长结果特性

甜樱桃树体高大，生长旺盛，干性强。乔化砧木嫁接的樱桃一般 5～6 年结果，7～8 年丰产，盛果期可达 20 年。矮化砧木嫁接的樱桃一般 3 年结果，4～5 年丰产。甜樱桃树的生长势、产量及果实品质与管理措施密切相关，因此果农需全面了解和掌握甜樱桃的生长发育特性，掌握其栽培管理技术，才能达到丰产、优质。

（一）生长特性

1. 根 樱桃树的根系，根据地下砧木的来源或类型，分为两大类。由种子萌发产生的胚根发育而成的主根及由主根上发生的侧根组成的根系称为"实生根系"；通过扦插繁殖或分株繁殖的砧木，其根系是由插条基部或母株的不定根形成的，这类根系叫"茎源根系"。"实生根系"的主根发达，但中国樱桃种子苗无明显的主根，整个根系分布较浅。"茎源根系"的主根不明显，但其常常具有两层根系，反而比中国樱桃的实生根系深。但不论是哪种根系，多数樱桃的根系在土壤里的分布都较浅，在40~50cm，但侧根和须根较多。

樱桃根系呼吸强度大、耐水性弱，对土壤积水非常敏感。在雨季如果发生积水，可导致根系缺氧而停止生长，甚至死亡。因此，选择樱桃品种前，一定要全面考察，了解各种砧木的生长特点，并要弄清建园地的自然环境，多方权衡利弊。

樱桃树的根系在年生长周期中，没有休眠，因此只要温度适宜即可生长。当20cm深的土壤温度达到5~7℃时，须根即可长出白色的吸收根；土壤温度达7℃以上时即可向地上输送营养物质，根系生长最适宜的温度是15~20℃；土壤温度达30℃以上时或低于5℃以下时，根系被迫进入休眠。所以在设施栽培中，土壤温度不低于5℃可保持根的功能，积累营养物质，促进树体生长。

2. 枝　　樱桃的枝条可分为营养枝（发育枝）和结果枝两类，因其具有侧芽结果的习性，所以很难严格区分这两类枝。营养枝在幼树和生长旺盛的树上表现明显，这类枝条具有大量的叶片，萌芽以后抽枝展叶，营养树体，扩大树冠，形成新的结果枝。待树体进入盛果期，树势变弱，生长量减少，各级枝条的延长枝上会同时具有花芽和叶芽。樱桃的结果枝可分为混合枝、长果枝、中果枝、短果枝和花束状果枝五类。

混合枝：由营养枝转化而来，仅仅枝条基部的数个是花芽，其余都是叶芽，具有结果和扩大树冠的双重功能。

长果枝：枝条长度15~20cm，除顶芽和前端数芽为叶芽外，其余都是花芽。结果后枝条中下部光秃，先端的叶芽抽枝发育成不同的果枝。

中果枝：枝条长度5~15cm，除顶芽，都是花芽。

短果枝：枝条长度在5cm左右，除顶芽，都是花芽。

花束状果枝：枝条长度在2cm左右，顶端有叶芽，叶芽是簇生花芽，开花时犹如花束。这种枝条是樱桃进入盛果期的主要结果枝，坐果率高，寿命长。

樱桃的发枝力和品种密切相关，酸樱桃发枝力最强，中国樱桃次之，甜樱桃最弱。樱桃叶芽的单生性和随年龄增长叶芽比例的减少，导致发枝力随树龄增加而减弱。如甜樱桃幼树发枝力强，而进入盛果期后发枝能力减弱。另外，营养条件的减少和顶芽的存在也能影响发枝的数目。因此通过加强营养和适当修剪，可以改变其发枝情况。

3. 芽　　樱桃的芽分为纯花芽和叶芽两类，但酸樱桃的幼树有极少量的混合芽。樱桃的顶芽都是叶芽，侧芽是花芽或者叶芽。芽的种类因树龄或枝条的生长势而不同。幼树或旺枝上多是叶芽，盛果期树或老弱树枝上的多是花芽。叶芽是形成新梢、扩大树冠和增加结果部位的基础；花芽只能开花结果，是产量的基础，一旦开花结果，枝条上就空秃。

樱桃与其他核果类果树的芽不同，樱桃的侧芽都是单芽（个别野生资源除外），每一个叶内只形成一个叶芽或花芽，而桃、杏、李的是并生复芽。樱桃这种侧芽单生的现象，决定了其在枝条管理上的特殊性，稍有不慎就造成空秃。

（二）结果特性

1. 花芽分化　　樱桃花芽具有分化时间早、分化时期集中、分化速度快的特点。从青果期开始，落花后25d左右至果实成熟期基本决定了花芽分化的数量，采收后45d基本完成。但雌蕊、雄蕊的发育一直持续到第二年，第二年春天花芽萌动后雄蕊中小孢子母细胞短期内发育成花粉，雌蕊中大孢子母细胞发育成胚囊。花芽分化时期的早晚与营养状态、树龄、品种等有关，成年树比生长幼树早，早熟品种比晚熟品种早，花束状结果枝和短果枝比长果枝和混合枝早。因此，采收后的肥水管理对新梢生长和花芽分化起着重要的作用。花芽分化还受到外界环境如温度、光照等的影响，如欧洲甜樱桃花芽分化期遇高温，容易产生双生果甚至三生果等畸形果。

2. 开花坐果　　当日平均气温达到 10℃时，花芽开始萌动；日平均气温达到 15℃时，开始开花。花期一般 7～14d，中国樱桃比甜樱桃早 25～30d。樱桃花期处于早春，容易遭受霜冻的危害。因此生产上要注意天气变化，并及时防范。

不同樱桃品种之间自花结实能力差距很大，中国樱桃多为自花结实；欧洲甜樱桃和酸樱桃都是自交不亲和的，而只有亲和品种的花粉才能成功受精，少有自花授粉的品种。因此，在建立樱桃园时要特别注意搭配有亲和力的授粉品种，并进行花期放蜂或人工授粉。

3. 果实发育　　樱桃的果实由外果皮、中果皮、内果皮（核）、种皮和胚组成，其中供人类食用的部分是中果皮。樱桃果实生长发育期短，中国樱桃果实的发育期为 40d 左右；欧洲甜樱桃早熟品种为 35d 左右，中熟品种为 50d 左右，晚熟品种为 60d 左右。

樱桃果实从生长速度上可人为分为 3 个时期：①第一次速长期，花后 1～2 周至硬核前，除种子外，子房的各部分都迅速生长，果实增重快。②硬核期，胚开始发育，核壳逐渐硬化，果实进入生长缓慢期，一般为 10～20d，此期长短与果实成熟期早晚一致。③第二次速长期（果实膨大期），自硬核后至果实成熟，一般为 20d 左右。此期果实生长量大于第一次速长期，这段时间果实内可溶性固形物含量增加，果实开始着色，并表现出各自品种的特色。

四、对生态条件的适应性

（一）对环境的要求

1. 温度　　樱桃喜温不耐寒，适宜栽培在年均气温 10～12℃，且年日均温高于 10℃的时数在 150～200d 及以上的地区，又因樱桃营养生长期短，果实成熟期早，故我国大部分地区都能满足樱桃生长的需求。但冬季低温是限制樱桃向高寒地区发展的主要因素，临界温度为−20℃。冬季低温达−15℃的地区，应对 1 年生苗木进行越冬保护。

樱桃不同器官和组织的冻害临界温度有明显不同，甜樱桃的花蕾期能耐−5℃，花期和幼果能耐−2.8℃。影响产量最严重的是早春霜冻，如果花期气温降低到−5℃，则花瓣、花萼、花梗均受冻害而变褐色。受冻害程度还与温度降低的速率有关，温度骤降，花芽受冻害可达 96%；温度缓降，花芽受冻害仅为 5%。

温度过高对甜樱桃的生长发育也能造成伤害，甜樱桃花期高温，会减弱柱头活性，影响受精，降低坐果率；花芽分化期高温，可抑制花芽分化，导致第二年出现畸形果；果实发育期遇高温，会提前着色成熟，果实味淡，品质差。

樱桃需要经过一定的低温阶段才能正常生长发育，不同品种需冷量不同，甜樱桃需冷量高，一般在 550～1300h。

2. 水分　　樱桃对水分的需求，总体上和苹果、桃相似，但相对更适宜在年降水量 600～700mm 的地区生长。樱桃和桃、杏、李一样，根系对氧气的需求高。如果土壤中水分过高，就会造成土壤氧气不足，影响根系的正常呼吸，从而产生涝害，重则根系腐烂，树体死亡。如果土壤水分不足，则影响树体的正常生长发育，导致早衰。在樱桃果实发育期，水分也起着重要作用，干旱会影响果实发育，甚至严重落果，但采收后要适当控水。

3. 土壤　　樱桃根系在土壤中分布浅，呼吸旺盛，因此要求土壤深厚、土质疏松、透气性好，以保水保肥性强的壤土、砂壤土、石砾壤土或轻黏壤土为好。但由于樱桃种类繁多，因此对气候和土壤的要求也不同。如中国樱桃原产于长江流域，适应温和而湿润的气候，但在适度的黏土中也能正常生长。樱桃对重茬敏感，因此樱桃园间伐后要改植 2～3 年其他作物，才能再种植樱桃。樱桃对土壤的盐渍化反应较敏感，在盐碱地上栽培樱桃不易成活，因此适宜 pH 5.6～7.0，含盐量不超过 0.1%。

4. 光照　　樱桃是比较喜光的树种，全年日照时间在 2600～2800h。光照条件好，生长健壮，花芽发育充实，果实成熟早，着色好，含糖量高，品质好。光照条件差，外围新梢徒长，冠内枝条衰弱，结果枝寿命短，花芽发育不良，结果部位外移，结果少，果实成熟晚，品质差。

（二）生产分布与栽培区划分

中国樱桃栽培历史已近 3000 年，起源于长江中下游地区。分布于中国黑龙江、吉林、辽宁、河北、陕西、甘肃、山东、河南、江苏、浙江、江西、四川等地。生于海拔 300～600m 的山坡阳处或沟边，常少量栽培，且没有区域性。

甜樱桃栽培区域根据地理位置及成熟期划分为环渤海湾地区、陇海铁路沿线地区、云贵川高海拔地区和分散栽培区。

环渤海湾地区，包括山东、大连、河北、北京和天津，是我国甜樱桃商业栽培起步最早的地区。该区地理位置优越，人口密集，经济发达，热量充足，光照好，降水适量。该区甜樱桃栽培历史早，集约化生产规模大，组织化程度高，产业化优势明显，科研、推广技术力量雄厚，果农技术水平高。

陇海铁路沿线地区，包括陕西、甘肃、山西、河南、江苏及安徽等地，为甜樱桃新兴产区，栽培面积迅速扩大。该区光照充足、昼夜温差大，但春天容易受晚霜危害。该区比环渤海湾地区早 10～15d。

云贵川高海拔地区，主要包括云南、贵州、四川、重庆和青海等地。该区海拔较高，每年的日照时数保证在 2000h 以上，春季不会发生严重冻害，冬季又能满足甜樱桃的需冷量。该区昼夜温差大，光照充足，非常利于糖分的积累，该区生产的甜樱桃品质极佳。虽然该区现有栽培面积比较小，但发展趋势好，栽培早熟、极早熟、短低温的品种，是此地区甜樱桃生产的优势。

分散栽培区，主要包括上海、浙江等高温栽培区和吉林、黑龙江、宁夏等寒冷地的保护地栽培区及新疆栽培区。上海、浙江等高温栽培区，栽培面积极少，尚属引种试栽阶段，主要栽培抗裂果、短低温的品种。黑龙江、吉林、辽宁中北部、内蒙古及新疆北部寒冷地区，主要采取设施栽培。新疆是我国优质水果产区，南疆比较适合甜樱桃的露地栽培。

我国甜樱桃适宜种植的区域广阔，西南高海拔地区甜樱桃可 4 月中旬采收；辽宁晚熟品种可 7 月上旬采收；北方设施樱桃可 2 月下旬采收，供应期长达 6 个月。

五、栽培技术

（一）苗木繁育

中国樱桃一般是种子苗，少有嫁接苗，而欧洲甜樱桃、欧洲酸樱桃都是嫁接苗。砧木分为乔化砧木和矮化砧木，前者包括‘中国樱桃’‘考特’‘马哈利’等，后者一般是吉塞拉系列。砧木的繁殖方法有无性繁殖（组织培养、扦插、压条、分株等）和有性繁殖（种子播种）两种。

'中国樱桃'、吉塞拉系列砧木、'考特''草原樱桃'等常进行无性繁殖；'山樱桃''马哈利'等常进行有性繁殖。相关内容参见本书第四章。

（二）规划建设

樱桃园选择背风向阳、排水方便、生态条件良好、土层深厚、透气性好、有机质含量高、保水保肥的砂壤土或者壤土，不选河床、坝地、谷底等容易受霜冻的地形，也不选风大的山脊。如果之前种植过核果类果树，则需要改良土壤后再移植苗木。具体要求参见本书第五章。

（三）土肥水管理

1. 土壤　　樱桃根系浅、呼吸强，大部分根系分布在土壤的表层，具有不耐旱、不耐涝、不耐瘠薄、不耐盐碱的特点，因此适于在土层深厚、通气性好、养分丰富、pH 5.6～7.0 的土壤中生长。樱桃土壤管理的主要任务是为樱桃的根系创造一个良好的土壤环境，扩大根系的集中分布层，增加根系数量，提高根系的活力，为地上部分的生长结果提供足够的养分和水分。

2. 施肥　　樱桃的生长发育具有迅速、集中的特点，枝叶生长和开花结实都集中在生长季的前半期。樱桃果实发育期短，只有 30～50d，其结果树一般每年只有春梢一次生长，春梢与果实发育处在同一时期，花芽分化也在果实采收后较短时间内完成，因此，樱桃对养分的需求也主要集中于生长季的前半期。提高越冬期间的树体贮藏营养水平，并在生长季及时补充养分，对樱桃开花结实和花芽分化具有重要作用。根据这些特点，樱桃施肥的关键时期主要有三个：①秋施基肥。一般在 9～11 月新梢停长之后进行，以早施为好，利于树体贮藏营养的积累。②花前追肥。樱桃开花坐果期间对营养条件要求较高。萌芽、开花主要消耗贮藏营养，而坐果则主要靠当年的营养，因此初花期追肥对提高坐果率、促进枝叶生长有重要作用。③采果后补肥。樱桃采果后 10d 左右，即开始大量分化花芽。但此时果实发育和新梢生长已消耗大量养分，容易出现树体养分亏缺。此时追肥非常关键，对增加营养积累，促进花芽分化，维持树势健壮具有重要作用。

3. 灌水与排水　　根据樱桃的需水规律，一般每年分 5 个时期进行灌溉，分别为萌芽前、果实硬核期、果实膨大期、果实采收后和封冻前，灌水量根据当地气候条件及土壤水分状况确定。萌芽前灌水，要注意在土壤解冻后进行，保证水分能渗透到地表 40cm 以下；果实硬核期灌水，保证 10～30cm 的土层持水量高于 60%，防止幼果早衰脱落；果实膨大期灌水一般在采收前 10～15d 进行，为避免裂果，此时灌水应遵循少量多次原则；果实采收后灌水，应结合追肥进行灌溉，满足树体树势恢复和花芽分化的需求；在落叶后至封冻前浇灌封冻水，可保证樱桃安全越冬。此外，樱桃不抗涝，对淹水反应敏感，因此雨季需注意排水。果实发育后期接近成熟和采收时，还应做好避雨措施，防止遇雨引起裂果。

（四）整形修剪技术

1. 整形修剪的依据　　对樱桃进行整形修剪的根本目的是增加产量和保证质量，从而提高经济效益。整形修剪应以品种特性、树龄和树势、修剪反应、栽植方式、立体条件及管理水平等因素为依据，进行有针对性的整形修剪。

樱桃所处的年龄不同，生长和结果的状况也不一样，因而整形和修剪所要达到的目的也不同，进而采取的修剪方法也会不同。从幼树期至结果初期，修剪需要适当轻剪，以增加枝条总量和枝的级次，尽快扩大树冠，从而达到提早结果和早期丰产的目的；进入盛果期以后，整形修剪过程中，在保持原有树形的基础上，要适当加大修剪程度，注意控制树体负载量，对枝组、果枝要及时更新复壮，防止树体衰老，延长盛果期年限；樱桃进入衰老期后，修剪的主要任务则是更新复壮、恢复树势和延长树体的结果年限。

2. 适用的树形及整形方法

（1）小冠疏层形及整形方法　　刘庆忠等借鉴苹果整形修剪技术，结合甜樱桃生长结果习性，研制了一种有中心干的矮化树形，称为小冠疏层形。该树形由苹果小冠疏层形改造移植过来，在肥城市安驾庄镇前寨子村定形并标准化，在山东省多处应用效果良好。

该树形目标是培养固地性能高的树体，结果枝组中以短果枝和中长果枝的叶花芽结果为主，而不是像纺锤形树形那样以花束状果枝为主。

甜樱桃小冠疏层形的基本构架是主干高 30～60cm，树高 3.0～3.5m，冠径 3.0～3.5m。中干可直可弯曲，主枝有 6 个且分三层，第一层 3 个主枝，第二层 2 个，第三层 1 个。三层以上开心，以改善内膛光照状况。层间距较小，第 1～2 层间距 60cm 左右。第一层主枝大，着生的结果枝组多，根据空间的大小可配置 1～2 个侧枝。第二层以上的主枝不留侧枝，直接着生结果枝组。各主枝角度开张，基角以 60°～70°为宜，腰角梢角逐渐减小。下层主枝角度大于上层，层间及其他大空档可适当留有辅养枝。因该树形具有中央领导干，因此树体大小完全依赖于砧木控制和手工致矮技术（摘心和环剥）。采用矮化砧木‘吉塞拉 5 号’作砧木，矮化程度适宜，早实性强，不影响果实大小，定植后第二年便有一定的产量。

（2）改良纺锤形及整形方法　　刘庆忠等用‘吉塞拉 5 号’矮化砧木嫁接的‘萨米特’‘早大果’‘红灯’‘布莱特’‘拉宾斯’‘甜心’等品种进行改良纺锤树形试验。2000 年春定植接芽苗，在常规管理条件下，2003 年各品种（‘红灯’除外）平均株产 8.5kg，2004 年 15kg，2005 年 20kg，初步实现了早果、丰产。

图 17-1　甜樱桃的改良纺锤形

甜樱桃改良纺锤树形的基本构架是树高 3.0～3.5m，冠径 3～4m，主干高度 30～50cm。中干上着生 7～10 个单轴延伸的主枝，有的主枝上着生 2～4 个单轴分枝。株间可交接形成树篱，但行间距较大。采用该树形进行密植栽培，如修剪得当，管理良好，栽后第 3 年即可基本成形，并大量结果（图 17-1）。

芽苗定植后，新梢长至 70cm 高时摘心促发分枝。生长季增施肥水，可促进树体快速生长。第 2 年春发芽前，有分枝的树，将分枝全部拉平，不短截，单轴延伸。主枝先端 30cm 以下的侧芽全部刻伤。中心干留 80cm 短截，并用钢锯条刻中下部的芽，促其萌发分枝。主枝除延长头外，所有背上芽和背后芽发出的新梢长至 30cm 左右时，均留 20cm 摘心，以促使其基部当年形成花芽。第 3 年开始结果，在这一阶段要求基本完成整形任务。春季继续拉枝。中心干延长头留 60cm 短截，注意疏除中干上的竞争枝。冬剪时中心干留 60～80cm 短截，用拉枝法开张主枝角度，使基角接近 90°。此时树高 3～3.5m，最多 10 个主枝，主枝间距控制在 20cm 以内。侧枝或结果枝不短截，以缓和树势。

（3）丛枝树形及整形方法　　又称"西班牙丛枝形"。采用该树形实行高密度栽培，甜樱桃结果早，产量高，质量好，2/3 的果实可不必登梯采收。

西班牙丛枝形树高 2.5～3.0m，冠径 3～4m，主干高度 30cm。主干上着生 4～5 个大的主枝，每个主枝上着生 4～5 个单轴延伸的分枝。株间可以连接形成树篱形，但行间树冠不能交接，以免相互遮阴（图 17-2）。采用该种树形实行高密度栽培，在修剪得当、土壤管理良好的条件下，第三年就可大量结果。

选用健壮苗木定植。为增大分枝角度，一般在芽萌动时定干，定干高度 35~45cm。为开张主枝的基角，当新梢长到 10cm 时，用牙签或大头针支撑开角，或在秋后或第二年春季萌芽后拉枝，使分枝与主干延伸线之间的夹角达 60°以上。特别是'拉宾斯'等直立性品种，拉枝和开张角度更重要。采用该种树形的幼树，第 1 年只进行夏剪。在土壤肥沃及管理水平高的条件下，当年生枝可长达 2m，需在新梢长到 50cm 铅笔一样粗时重摘心（摘去 20cm）。第 2 年开始

图 17-2　甜樱桃的西班牙丛枝树形

即应缓和长势，减少施肥量，以保证第 4 年有相当的产量。经过两年多次摘心，分枝增多，营养分散，长势缓和，有利于早期丰产。当枝梢多、树冠内膛光照不良时，需在 8 月中下旬进行疏枝或拉枝。第 3 年整形修剪的目标是控制树势平衡。春季萌芽后在有发展空间的位置继续拉枝。采收后，根据树体长势确定修剪程度，强壮、直立的大枝有选择地回缩至一半或仅留短桩。

结果枝组的年龄不超过 4 年，实现结果枝组的轮替更新，使结果的优势部位保持在 2~3 年生枝段上。

（五）花果管理技术

樱桃花果管理主要是保花保果、疏花疏果及促进果实着色，提升果实品质。保花技术主要是防晚霜，前面已经详细介绍，此处不再赘述。

1. 保花保果　除了中国樱桃能自花结实，欧洲甜樱桃、欧洲酸樱桃是自花不结实的。因此，为了提高结实率，除建园时配置授粉树之外，花期还需进行人工授粉和昆虫辅助授粉。

2. 疏花疏果　疏花，在开花前，将弱枝、过密枝、畸形花、较小的晚开花疏除，每花束状果枝上保留 4~5 个饱满花蕾，短果枝留 8~10 个花蕾。疏花可以节约养分，保证后续樱桃果实大小。

疏果，通常在生理落果后，根据品种特性、树势强弱、坐果多少，按壮树强枝多留、弱树弱枝少留的原则，一般每个花束状果枝留 3~4 个果，最多 5 个，叶片不足 5 片的弱花束状果枝不宜留果。将小果、畸形果和过密的果实摘除。通过疏果可以进一步调整树体的负载量，促进果实增大，提高果实含糖量。

3. 促进果实着色，提升果实品质　在着色期摘除遮挡果实的叶片，但不能摘叶过重。也可在树底铺设 1~2 条反光膜，促进果实上色。果实发育到硬核期后每天晚上，通过喷井水来降低果园温度，增加光合产物积累，提高果实可溶性固形物含量，增加口感度。

（六）病虫害防治技术

1. 樱桃常见病害

（1）流胶病　主要危害樱桃主干和主枝，初期枝干的枝杈处或伤口肿胀，流出黄白色半透明的黏质物，皮层及木质部变褐腐朽，导致树势衰弱，严重时枝干枯死。

防治方法：樱桃树不耐涝，起垄栽培，防止地涝伤根；保持土壤透气良好，增施土杂肥和钙、硼，增强树势，提高抗病力。另外，对流胶处涂刷高浓度杀菌剂有治疗作用，如戊唑醇、多菌灵、石硫合剂等。

（2）腐烂病　　主要危害主干和枝干，造成树皮腐烂，致使枝枯树死。自早春至晚秋都可发生，其中4~6月发病最盛。病斑多发生在近地面的主干上，初期病部皮层稍肿起，略带紫红色并出现流胶，最后皮层变褐色枯死，有酒糟味，表面产生黑色突起小粒点。病原菌在树干病组织中越冬，翌年3~4月产生分生孢子，借风雨和昆虫传播，自伤口及皮孔侵入。

防治方法：发芽前刮去翘起的树皮及坏死组织。生长期发现病斑，可刮去病部，涂抹福美胂、多菌灵等，间隔7~10d再涂1次。

（3）褐斑病　　主要危害叶片和新梢。叶上病斑圆形或近圆形，略带轮纹，中央灰褐色，边缘紫褐色，病部生灰褐色小霉点，后期散生的病斑多穿孔、脱落，造成大量落叶。病菌以菌丝体在病叶、病枝梢组织内越冬，翌春气温回升，降雨后产生分生孢子，借风雨传播。6月下旬或7月初始见发生，7月下旬进入发病高峰。因此，初次防治关键期为6月中旬。

防治方法：树体发芽前，喷石硫合剂。谢花后10d进行防治，可选择代森锰锌、咪鲜胺、氟硅唑等药剂。

（4）细菌性穿孔病　　主要危害叶片。叶片受害，开始时产生半透明油浸状小斑点，后逐渐扩大，呈圆形或不整圆形，紫褐色或褐色，周围有淡黄色晕环。病健交界处形成裂纹，最后病斑干枯脱落形成穿孔。有时数个病斑相连形成一大斑，焦枯脱落后形成一大的穿孔，孔边缘不整齐。病菌在落叶或枝梢上越冬，翌春开花前后，病菌从坏死的组织溢出，借风雨或昆虫传播，经气孔侵入。空气相对湿度在70%~90%时利于发病，因此7~8月发病严重。多雨、多雾、通风透光差、排水不良、树势弱、偏施氮肥等大樱桃园发病较重。

防治方法：加强果园管理，增强树势，增施有机肥，合理修剪，改风光通透条件，及时排水。冬季除落叶，剪除病梢集中烧毁。发芽前施3~5波美度石硫合剂。发芽后喷农用链霉素、喹啉铜、代森锰锌等。

（5）褐腐病　　主要危害果实，引起果腐。花后10d幼果开始发病，幼果染病，表面初现褐色病斑，后扩及全果，致果实收缩，成为畸形果。病部表面产生灰白色粉状物，即病菌分生孢子。病果多悬挂在树梢上，成为僵果。

防治方法：及时收集病叶和病果，集中烧毁或深埋，以减少菌源；合理修剪，使树冠具有良好的通风透光条件；发芽前喷石硫合剂；从花脱萼期开始，每隔7~10d喷布一次腐霉利、戊唑醇等。

（6）灰霉病　　可危害樱桃的叶、花、果。花瓣受害时，会使即将脱落的花瓣褐变枯萎，严重时部分枝条枯死；叶片受害时，先表现为褐色油浸状斑点，后扩大呈不规则大斑，逐渐着生灰色毛绒霉状物；果实受害会变为褐色，病部表面密生大量灰色霉层，最后病果干缩脱落，并在表面形成黑色小菌核。

防治方法：结合冬季修剪清除病残体，彻底清园并集中烧毁；生长季节摘除病果、病叶；严格控制浇水，尤其在花期和果期应控制用水量和次数；不偏施氮肥，增施磷、钾肥，培育壮苗，以提高植株自身的抗病力；注意农事操作卫生，预防冻害；加强通风排湿工作，使空气的相对湿度不超过65%，可有效防止和减轻灰霉病。从花序分离期开始，每隔7~10d喷布一次戊唑醇、吡唑醚菌酯等。

（7）根癌病　　大樱桃根癌病是一种细菌性病害，主要侵染植株的根部、根颈部甚至根颈的上部，在受害部位会形成大小不一的肿块。发病初期，病部多形成灰色球状物，表面粗糙，内部组织柔软；后期病部木质化，质地变硬，并逐渐龟裂。染病的苗木，早期地上部症状不明显，随着病情扩展，根系发育受阻，细根少，树势衰弱，病株矮小，叶色黄化，提早落叶，严重时造成全株干枯死亡。

防治方法：育苗时用 K84（根癌灵）拌种，苗木定植前用 K84 蘸根是最有效的方法，加强肥水管理。耕作和施肥时，应注意不要伤根，并及时防治地下害虫和咀嚼式口器昆虫及线虫，施用腐熟的有机肥。发病后要彻底挖除病株，并集中处理。挖除病株后的土壤用农用链霉素或波尔多液进行土壤消毒。

（8）病毒病　　我国鉴定明确能侵染樱桃的病毒有 20 余种，可引起叶片黄化、皱缩、褪绿、花瓣变绿、果实变小等。主要有樱桃病毒 A、李属坏死环斑病毒、李矮缩病毒、李树皮坏死茎纹孔伴随病毒、樱桃小果病毒 1、樱桃小果病毒 2、樱桃锉叶病毒、樱桃绿环斑驳病毒等。

防治方法：栽植无病毒苗木是最有效的防控措施。一旦发现有病毒病症状的树，立即刨除。繁育苗木的时候不从有病毒病表现的树上取接穗。

2. 樱桃常见虫害

（1）桑白蚧　　雌成虫和若虫聚集在主干和侧枝上，以针状口器刺吸汁液危害。2～3 年生主干和侧枝危害较重，严重时整个枝干被白色介壳或白色絮状蛹壳包被，呈灰白色。受害枝条皮层干缩松动，枝条发育不良，造成整枝枯死，树势衰弱。

防治方法：果树休眠期用硬毛刷刷掉枝条上的越冬雌虫，剪除受害严重的枝条并烧毁。药萌芽前和卵孵化期是关键防治时期，萌芽前用石硫合剂喷枝，卵孵化期用氟啶虫酰胺喷施。

（2）红蜘蛛　　可危害叶片，吸食汁液，使受害部位水分缺失，在叶背近叶柄处的主脉两侧出现黄白色或灰白色失绿小斑点，其上易结丝网。发病严重时，叶片出现大面积枯斑，全叶灰褐色，枯萎脱落。

防治方法：发芽前刮除枝干老翘皮，集中烧毁，以消灭越冬螨源。出蛰前在树干基部培土拍实，防止越冬雌螨出土上树。噻螨酮、哒螨灵、阿维菌素、三唑锡、螺螨酯、联苯肼酯等是有效药剂。

（3）金龟子　　主要以成虫在花期啃食大樱桃树的嫩枝、芽、幼叶、花蕾和花。成虫害期 1 周左右，其中花蕾至盛花期受害最重。严重时，影响树体正常生长和开花结果。铜绿金龟子在 7～8 月危害叶片。

防治方法：清除田间杂草，深翻园土，增加翻耕土地次数，捡拾蛴螬（金龟子幼虫）集中销毁；增施磷、钾及微肥，勿施未腐熟的有机肥；追肥时利用碳铵作底肥，对蛴螬有一定腐蚀和熏杀作用；释放昆虫病原线虫、BPS 线虫、小杆线虫和弧丽钩土蜂防治蛴螬或用毒死蜱、辛硫磷灌根；成虫期喷施高效氯氰菊酯乳油等。

（4）梨小食心虫　　幼虫从新梢顶端 2～3 片嫩叶的叶柄基部蛀入危害，并往下蛀食，新梢逐渐萎蔫，蛀孔外有虫粪排出，并常流胶，随后新梢干枯下垂。

防治方法：建园时，尽可能避免桃、梨、苹果、樱桃混栽或近距离栽培。结合修剪，注意剪除受害桃梢。可在末代幼虫越冬前在主干绑草把，诱集越冬幼虫，来年春集中处理。4 月上旬，在果园内悬挂性信息素诱杀害虫，降低种群数量。当性诱捕器上出现雄成虫高峰后，可进行化学防治。一般每代应施药 2 次，间隔 10d。目前效果较好的药剂有氯虫苯甲酰胺、溴氰虫酰胺、甲维盐等。

（5）果蝇　　以蛹和成虫在 20cm 土下越冬，危害成熟的果实，在果实近成熟期开始将卵产于果皮下。受害果实逐渐软化、变褐、腐烂。幼虫发育老熟后咬破果皮脱果，脱果孔约 1mm 大小。中晚熟品种较早熟品种更易受害。

防治方法：清除植物残体及枯叶、灌木、杂草等。及时清理生理落果和成熟采收期间的烂果，减少幼虫藏匿场所。果实膨大期开始喷施甲维盐、阿维菌素等，并间隔 5～7d 再喷一次。也可用糖醋液诱杀（红糖∶醋∶白酒∶水＝1∶2∶2∶4）。果实采收后，用阿维菌素或氯吡硫磷喷雾，可减少第 2 年园内果蝇的发生及危害。

（6）红颈天牛　　危害大樱桃枝干害虫，以幼虫蛀食树干。前期在皮层下纵横串食，后蛀入木质部，深达树干中心，虫道呈不规则形，在蛀孔外堆积有木屑状虫粪，易引起流胶，导致受害树树体衰弱，严重时可造成大枝甚至整株死亡。

防治方法：成虫发生前在枝干上涂抹白涂剂，用于防治成虫产卵。同时在成虫发生期内，中午人工捕捉红颈天牛成虫。利用桑天牛成虫不易飞动的特性，特别在雨后，振动枝干，即可惊落地面，极易捕杀。7～8 月及时检查枝干，如发现有产卵槽，可用小刀从中间刺入，杀死卵和初孵化的幼虫，或用 20%氰戊菊酯 200 倍液注入虫道。

第十八章　枣

一、概述

（一）枣概况

枣属鼠李科（Rhamnaceae）枣属（*Ziziphus jujuba* Mill.）植物，原产于我国，是目前枣属中栽培规模最大，经济和生态价值最高的种。

枣营养丰富，是上等的滋补佳品。鲜枣含可溶性固形物 19%～44%，干枣含可溶性糖 50%～87%；每 100g 鲜枣中含维生素 C 200～800mg，每 100g 干枣中含蛋白质 2.9～6.3g、脂肪 0.3～2.3g、钙 20.0～63.0mg、铁 1.6～3.1mg、磷 55.0～75.0mg；枣果中还含有丰富的氨基酸，其中有 8 种人体的必需氨基酸和 2 种幼儿不能合成的氨基酸。

枣药用价值极高。环核苷酸是枣果中最具特色的活性物质，在动植物中含量最高，可高达 10～300nmol/g，对冠心病、心肌梗死等疾病有显著疗效。枣中含总黄酮 0.6～102.7mg/g、三萜皂苷 3.0～25.7mg/g、总皂苷 1.9～4.4mg/g，有抗菌、抗病毒、抗癌、镇静、安神等功效，是传统中药和保健佳品。另外，枣根和树皮中富含生物碱，枣叶中富含黄酮，枣仁中富含皂苷，均可入药，具补中益气、养血安神、消炎解毒的功效。

枣经济用途广泛。除鲜食、制干、加工外，枣木质坚硬，纹理美观，可用于雕刻艺术品、制作家具；枣花期长、花量大、花蜜多且为上等；枣核可用于加工活性炭和糠醛。

枣生态和经济效益兼顾。枣树抗旱、耐涝、耐盐碱、耐瘠薄、抗寒、抗风沙能力强，且生长快、结果早、栽培管理容易，是山、沙、碱、旱地区开发改造的先锋树种。枣树根系密度较低、树冠透光性较好、发芽晚、落叶早、生长期短，可与粮、棉、油、菜间作，是农林复合经营的优选树种。

（二）历史与现状

1. 栽培历史　枣起源于酸枣，是我国古人自野生酸枣中择优选种演化而来的栽培种。枣的栽培历史悠久，文字记载已有 3000 余年，《诗经》是最早记载枣树栽培的史书。枣的栽培中心最早在晋陕黄河峡谷地区，战国时期扩大到冀、鲁、豫等黄河下游一带，汉朝规模进一步扩大，遍及黄河中下游和辽东，并扩大到长江流域，与桃、李、杏、栗并称为"五果"。至 20 世纪初，我国枣生产规模仅次于苹果、柿和桃，居果树栽培树种第四位。抗日战争时期，枣生产受到严重破坏，产量下降了 60% 左右。新中国成立后，枣树生产迅速恢复，至 20 世纪 70 年代，栽培面积稳定在 24 万 hm²，产量 35 万 t 左右。1978 年改革开放后，枣树生产进入发展期，沿黄两岸山西、陕西、河南、山东、河北许多地区将枣作为脱贫致富的支柱产业，栽培面积逐渐扩大，产量上升至 45 万 t 左右。20 世纪 90 年代是枣树生产的高速发展期，栽培面积和产量飞速上升，至 2000 年，我国枣树栽培面积达到 187hm²，产量达 130 万 t；同时，鲜枣栽培开始兴起，由原来庭院栽培逐步发展成规模集约化栽培，由自栽自食变为商品化生产。

枣在国外的栽培始于汉朝，约从公元前 2 世纪开始，沿丝绸之路传至亚欧多国，19 世纪传入澳洲和美国。目前枣的栽培遍及全球温带和亚热带地区，但形成规模化商品栽培的仅中国、韩国和伊朗。

2. 栽培现状　　枣树分布范围很广，在冬季绝对低温高于−30℃、花期日均温高于 24℃、年日均温高于 15℃的天数大于 130d、pH 5.5～8.5 的砂壤土至黏壤土的地区均可栽培，若花期日均温在 21～24℃，只可栽培广温型品种。在我国，除黑龙江、吉林、青海、西藏外，北纬 19°～43°、东经 76°～124°的地区均有枣树分布。其垂直分布范围也很广，甚至可在海拔 2000m 的地区生长。枣的栽培区域受气候、土壤、品种特性及栽培管理的影响，以北纬 34°、秦岭、淮河中国地理分区界线划分为南北两大枣栽培区。北方栽培区日照充足、枣果成熟期昼夜温差大，果实含糖量较高，品质优良，主要生产鲜食品种、制干品种和蜜枣品种；南方栽培区年平均气温高，年温差和日温差小，降水量大，果实含糖量较低，主要生产蜜枣和鲜食枣。

枣的栽培主要在中国，其栽培面积和产量占世界 98%以上。20 多年来，我国枣产业发展迅速，栽培面积和产量大幅提高（图 18-1）。据国家统计局统计，2022 年我国枣产量 760 万 t。新疆制干枣产区和南方鲜食枣产区逐渐兴起，产区格局发生重大变化，传统主产区（河北、山东、山西、陕西、河南）面积微量下滑，五大枣产区变为新疆、河北、山西、陕西和山东，面积占比 80%以上，产量占比 90%以上。品种结构也发生变化，过去生产以制干品种和干鲜兼用品种为主，占全国总产量的 90%以上；现在制干、鲜食、干鲜兼用、蜜枣品种产量比例约为 12：3：4：1，制干品种一统天下的格局被打破，鲜食品种发展迅速。

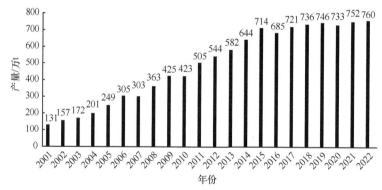

图 18-1　2000～2022 年我国红枣产量（数据来源：国家统计局）

目前，枣及枣的加工品主要以内销为主，年出口量 1 万～2 万 t，不足产量的 1%。主要出口马来西亚、日本、加拿大等华人聚集区，近几年也出口至南非、智利、美国等国家。

二、品种分类和优良品种

（一）品种分类

我国枣品种资源丰富，据《中国枣种质资源》（2009）记载，目前已发现和报道的枣品种（优系）有 944 个。其中，以河北、山东、山西、陕西、河南五省原产品种最多，占全国枣品种总数的 70%以上。目前枣品种分类方法尚不统一。

1. 按枣花坐果适应温度区分

（1）广温型品种　　花朵坐果期能适应的最低日均温为 21℃。

（2）普通型品种　　花朵坐果期能适应的最低日均温为 23℃，枣大多数品种属于该类型。

（3）高温型品种　　花朵坐果期能适应的最低日均温为 24～25℃。

2. 按果实发育期区分

（1）早熟品种　　果实发育期 70～90d。

（2）中熟品种　　果实发育期 90～110d。

（3）晚熟品种　　果实发育期 110～130d。

3. 按果实大小区分

（1）小果型品种　　平均单果重小于 7g。

（2）中果型品种　　平均单果重 7～15g。

（3）大果型品种　　平均单果重 15～22g。

（4）特大果型品种　　平均单果重大于 22g。

4. 按果实性状区分

（1）圆果型品种　　果实圆形或近圆形。

（2）扁圆果型品种　　果实纵径明显小于横径，呈扁圆形。

（3）长果型品种　　果实纵径明显大于横径，包括椭圆形、卵圆形、倒卵圆形、圆柱形等，品种数量较多。

（4）缢痕型品种　　果实腰部或近顶部有缢痕。

（5）宿萼型品种　　花萼宿存不落。

5. 按用途区分

（1）制干品种　　汁液少、含糖量高、制干率高等。

（2）鲜食品种　　果皮薄、肉质细脆、汁多味甜。

（3）干鲜兼用品种　　果实肉质较细、含糖量较高、含水量中等，既可鲜食又能制干，有些品种还可以加工蜜枣。

（4）蜜枣品种　　果个较大且整齐、质地较松、汁液较少、皮薄、含糖量较低。

（5）观赏品种　　果实或枝条的形状或颜色特殊，具有观赏价值。

（二）优良品种

1. 制干品种

（1）‘圆铃枣’　　地方品种。果实近圆形或平顶锥形，平均果重 12.0g，最大果重 30.0g；果皮紫红色，较厚；果肉绿白色，肉厚紧密、较粗，汁少，味甜，可溶性固形物含量 33.0%～35.0%，可食率 97.0%，制干率 60.0%～65.0%，宜干制红枣或加工乌枣。果实发育期 95d 左右，在山东聊城 9 月中下旬成熟。

（2）‘圆铃 1 号’　　选育品种。果实平顶锥形或短柱形，平均果重 16.0g；果皮紫褐色，中厚；果肉硬、致密，汁少，甜味浓，可溶性固形物含量 33.0%，可食率 97.2%，制干率 60.0% 左右。果实发育期 100～105d，在山东泰安 9 月中下旬成熟。抗裂。

（3）‘圆铃 2 号’　　选育品种。果实短筒形，平均果重 14.0g，较整齐；果皮紫褐色，中厚；果肉细硬、致密，汁少，可溶性固形物含量 34.0% 左右，可食率 96.6%，制干率 60.0% 以上。果实发育期 110d 左右，在山东泰安 9 月下旬成熟。早实丰产，抗裂。

（4）‘鲁枣 12 号’　　选育品种。果实倒卵圆形，平均果重 17.4g；果皮紫红色；果肉绿白色，肉质细、硬、致密，汁液中多，味甜，可溶性固形物含量 36.5%，可食率 96.7%，制干率

62.8%。果实发育期 95～100d，在山东泰安 9 月上中旬成熟。

（5）'长红枣'　　地方品种。果实中等大，长柱形，平均果重大马牙 11.0g，小马牙 7.0g 左右，整齐度高；果皮赭红色，中厚；果肉略脆、较松，汁液较少，可溶性固形物含量 32.0%～34.0%，可食率 95.0% 左右，制干率 45.0% 左右。果实生育期 100d 左右，在山东中南部 9 月中旬成熟。高温型品种，抗旱，耐瘠薄。

常见制干品种还有'灰枣''相枣''官滩枣''婆枣''阜帅''中阳木枣''赞皇大枣''无核小枣''灵宝大枣'。

2. 鲜食品种

（1）'冬枣'　　地方品种。果实近圆形，平均果重 14.0g；果皮薄，呈赭红色；果肉细脆，呈绿白色，汁液多，味甜，可溶性固形物含量脆熟期 34.0%～38.0%，完熟期可达 40.0%～42.0%，可食率 96.9%，品质极优。果实发育期 120d 左右，在山东北部果实 10 月上旬采收。

（2）'沾冬 2 号'　　选育品种。果实扁圆形，平均果重 21.9g；果皮赭红色；果肉绿白色，细嫩，多汁，酸甜，可溶性固形物含量 32.0%～38.0%，可食率 97.9%，鲜食品质上等。果实发育期 110d 左右，在山东沾化 10 月上中旬成熟。肥水需求量高。

（3）'六月鲜'　　选育品种。果实长椭圆形或长倒卵形，平均果重 13.6g；果皮紫红色，中厚；果肉质细、松脆，汁液较多，甜味浓，完熟果可溶性固形物含量可高达 34.5%，可食率 97.2%。果实发育期 90d 左右，在山东泰安 9 月上中旬成熟。

（4）'鲁枣 2 号'　　选育品种。果实长倒卵形或长椭圆形，平均果重 15.5g；果皮紫红色；果肉白色，质细、疏松，汁液中多，味甜，完熟果可溶性固形物含量可高达 35.7%，可食率 96.2%。果实发育期 80～85d，在山东泰安 8 月中下旬成熟。

（5）'早秋红'　　选育品种。果实梨形或倒卵形，平均果重 18.5g；果皮赭红色，较薄；果肉白色，肉质细脆，汁液较多，味甜，略具酸味，可溶性固形物含量 30.0%～32.0%，可食率 95.8%。果实发育期 95d，在山东泰安 9 月上旬成熟。

常见栽培品种还有'孔府酥脆枣''月光''雨娇''蜂蜜罐''七月鲜''伏脆蜜''冷白玉''马牙枣''辰光'。

3. 干鲜兼用品种

（1）'金丝小枣'　　地方品种。果实圆形、长椭圆形，柱形、倒卵形等，单果重 4.0～6.0g；果皮鲜红色；果肉乳白色，致密、细脆，汁液中多，味甘甜，可溶性固形物含量 34.0%～36.0%，可食率 95.0%～97.0%，制干率 54.0%～56.0%。果实发育期 100～105d，在山东泰安 9 月下旬成熟。

（2）'金丝 1 号'　　选育品种。果实倒卵形，平均果重 6.4g；果皮浅红褐色；果肉乳白色，致密、脆硬，汁液中多，味甜，可溶性固形物含量 36.6%，可食率 95.4%，制干率 53.1%。果实发育期 100d 左右，在山东泰安 9 月上中旬成熟。

（3）'金丝 2 号'　　选育品种。果实长椭圆形，平均果重 6.7g；果皮浅红褐色，致密、脆硬，汁液中多，味甜，可溶性固形物含量 37.1%，可食率 95.0%，制干率 54.6%。果实发育期 105d 左右，在山东泰安 9 月下旬成熟。

（4）'金丝 3 号'　　选育品种。果实椭圆形，平均果重 8.8g；果皮浅棕红色，中厚；果肉乳白色，致密、脆硬，汁液中多，味甘甜，可溶性固形物含量 39.2%，可食率 96.6%，制干率 55.5%。果实发育期 105d 左右，在山东泰安 9 月下旬成熟。广温型品种，适于花期温热或凉爽的平原、低山丘陵栽培，也适于夏季凉爽的沿海地区作鲜食枣栽培。

（5）'金丝 4 号'　　选育品种。果实长筒形，平均果重 12.0g；果皮浅棕红色，皮薄；果肉白色，细脆、致密，汁液多，味极甜微酸，可溶性固形物含量高达 40.0%～45.0%，可食率 97.3%，制干率 55.0%左右，采收期长达 20d 左右。果实发育期 105～110d，在山东泰安 9 月下旬 10 月上旬成熟。早实丰产性极强，抗裂。广温型品种，适于我国南北枣区栽种。

常见干鲜兼用品种还有'鲁枣 5 号''板枣''骏枣''星光''壶瓶枣''金昌 1 号'。

4. 蜜枣品种

（1）'白蒲枣'　地方品种。果实椭圆形或略呈倒卵形，平均果重 12.0g；果皮薄，白熟期呈白绿色；果肉近白色，质地较细，汁液中多，可食率 96.6%。果实生育期 90d 左右，在浙江嵊州 8 月下旬进入白熟期采收加工。

（2）'灌阳长枣'　地方品种。果实长圆柱形，平均果重 14.3g；果皮薄，白熟期浅黄绿色；果肉乳黄色，质细，稍松脆，汁少，味甜，白熟果可溶性固形物含量 18.0%，全红果总糖含量 27.9%，可食率 96.9%，制干率 35.0%～40.0%。果实发育期 110～120d，在广西灌阳 8 月中旬果实开始着色，9 月上旬完熟。

（3）'连县木枣'　地方品种。果实长圆形，平均果重 13.3g；果皮中厚，白熟期浅绿黄色；果肉浅黄绿色，质细，略软，汁中多，味甜略酸，可溶性固形物白熟期含量 25.0%，全红期 36.2%～37.1%。果实发育期 110d 左右，在广东连州 7 月底进入白熟期。

（4）'南京枣'　地方品种。果实圆柱形，平均果重 12.0g；果皮白熟期乳白色，着色后深赭红色；果肉白色，质地致密，汁液中多，白熟期可溶性固形物含量 14.8%，可食率 96.6%。果实发育期 90d 左右，在浙江兰溪果实 8 月中旬进入白熟期，开始采收加工。

（5）'义乌大枣'　地方品种。果实圆柱形或长圆形，平均果重 15.4g；果皮较薄，白熟期浅黄色，着色后赭红色；果肉厚，乳白色，质地稍松，汁液少，白熟期可溶性固形物含量 13.1%，可食率 96.1%。果实发育期 90d 左右，在浙江义乌果实 8 月中下旬进入白熟期采收加工。

5. 观赏品种

（1）'磨盘枣'　地方品种。果实石磨状，果重 7.0～10.0g；果皮紫红色，较厚；果肉白绿色，粗硬，汁液少，甜味较淡，略具酸味，可溶性固形物含量 33.0%～38.5%，可食率 93.5%，制干率 50.5%。果实生育期 100d 左右，在山东泰安 9 月中下旬成熟。

（2）'鲁枣 7 号'　选育品种。果实磨盘形，平均果重 8.6g；果皮紫红色；果肉绿白色，肉质细，疏松，汁中多，味酸甜，含可溶性固形物 37.5%，可食率 94.0%，观赏、鲜食均为上乘。果实发育期 95～105d，在山东泰安，果实 9 月中下旬成熟。

（3）'龙枣'　地方品种。果实扁柱形，平均果重 3.1g；果皮红褐色，较厚；果肉绿白色，肉质粗硬，汁液少。树姿开张，发育枝紫红到紫褐色，枝条左右前后扭曲生长或盘结生长，二次枝发育较差，枝形扭曲生长，但不盘结成圈，结果枝，也左右弯曲生长。落叶后，枝系盘曲，观赏价值也高。果实生育期 100～110d，在山东泰安 9 月下旬成熟。

（4）'茶壶枣'　地方品种。果实茶壶形，果重 4.5～8.1g；果皮深红色，皮薄；果肉绿白色，粗松略绵，汁液中多，味甜略酸，可溶性固形物含量 24.0%～25.5%。果实发育期 100d 左右，在山东泰安 9 月中旬成熟。抗裂、抗病，适宜布置庭院和盆栽观果。

三、生长发育规律

（一）生命周期

枣树由定植到衰亡，共经历幼年期、结果期和衰老期。具体参见本书第二章。

（二）年生长发育周期

枣树年生长发育周期一般分为萌芽期、展叶期、开花坐果期、果实膨大期、着色成熟期和落叶休眠期6个时期。枣树一般在春季气温达到13～14℃时开始萌芽。在北方地区，一般4月中下旬萌芽，5月下旬至6月上旬开花坐果，10月下旬至11月上旬落叶。果实着色成熟品种间差异较大，一般早熟品种8月成熟，中熟品种9月成熟，晚熟品种10月成熟。

枣树年生长发育周期具有两个特点：①枣树生长发育需要较高的温度，因此枣树萌芽比一般果树晚，且落叶早，整个年生长周期短；②枣树萌芽、枝叶生长、花芽分化、开花坐果和幼果发育等发生重叠，营养竞争激烈，需加强管理，提高树体营养水平。

（三）生长结果特性

1. 根的特性

（1）根的种类　　从发生学角度，枣树的根分为定根和不定根两种。

定根由种子胚根生长而成，不定根由无性繁殖中茎段、枝段等的柱鞘组织分化而成。当两种根生长长度达到10cm左右时，先端开始分支，并逐渐形成枣树根系。

根据生物学特性，枣树的根分为水平根、垂直根、侧根和须根。

水平根：枣树根系的骨架。水平根很发达，可沿水平方向四处扩延，生长能力强，作用是扩大树体吸收土壤营养的面积，分化根蘖，繁衍种群。其分布范围可达树冠的3～6倍，但一般多集中于近树干的1～3m处，且分枝很少。其深度与品种、土质有关，易发生根蘖品种和土质偏黏之地分布较浅，根蘖少品种和偏沙性土质分布较深，一般在10～50cm，以15～30cm土层中为多。

垂直根：由胚根或水平根向下的分枝形成，作用是固着树体、吸收土壤深层的水分和营养。垂直根向下延伸能力强，其分布深度与品种、土壤类型、管理水平有关，一般为1～4m。但其加粗生长缓慢，粗度明显小于水平根，分枝力也弱，少量分枝呈二叉向下生长，通常很少分生细根。通常情况下，水平根和垂直根不相互转化。

侧根：由水平根分枝形成，作用是分生须根吸收水分和养分，也能发生萌蘖繁殖新株。其分枝力很强，延伸能力较弱，长度很少超过2m，加粗生长较慢，直径0.3～1.0cm。其寿命较短，有新老更替现象。侧根不断加粗生长后，还存在转化为水平根、垂直根的现象。

须根：枣树的主要吸收根，着生在水平根及侧根上，垂直根也着生少量须根。须根直径1mm左右，长30cm左右，从形成到死亡无加粗生长现象，全根从基部到先端，粗度一致。其寿命很短，一般仅活一个生长季，落叶后大量死亡。

（2）根的分布　　枣树根系分布的特点是伸展广远，密度较小。成龄树根系水平根最长可伸展至距树干15～18m以外，垂直根可深达4m，但大部分集中在树冠下较小的范围。在一般枣园中，枣根垂直分布主要集中在0～60cm的土层，并以15～50cm最多，占全树总根数70%～75%。

（3）根的生长规律　　土壤温、湿度是枣树根系生长发育的重要启动信号，枣树根系生长需要较高的温度。春季地温回升至8～9℃时根系开始萌动，比地上部芽萌动期早3周左右，此时因温度低，长速很慢；芽萌动期，地温平均达到15℃时新根大量生长；展叶期，地温达到21℃时根系的各组成部分开始旺盛生长；地温保持在25～29℃时，根系生长速度最快，5d单根生长量可达3～6cm；地温下降时，根系生长速度也随之减缓；当地温降至11℃时，根系停止生长，逐渐转入休眠。

2. 芽、枝的特性

（1）**芽的特性**　枣树的芽为复芽，由一个主芽和一个副芽组成。

主芽为鳞芽，有芽的形态，外面包有鳞片，位于枣头顶端、枣股顶端、二次枝侧生叶。主芽为晚熟性芽，当年多不萌发，萌发可形成枣头或枣股。枣的主芽可潜伏多年不萌发，寿命很长，在外界刺激后萌发可形成健壮的枣头，有利于枣树的更新复壮。

副芽为裸芽，没有芽的形态，位于主芽的侧上方，随形成随萌发，为早熟性芽，萌发后形成二次枝、枣吊和花序。

（2）**枝的特性**　枣的枝条分为枣头、二次枝、枣股和枣吊。

枣头：又称发育枝，是形成树体骨架和结果枝组的主要枝条。由主芽萌发而成，生长旺盛，一般1年萌发1次。枣树每年依靠枣头延长生长，扩大树冠，更新衰老枝条，维持树势。

二次枝：又称结果基枝，是形成枣股的基础，是由枣头中、上部副芽长成的永久性枝条，呈"之"字形，一般4～12节，长度不超过30～40cm，加粗生长微弱，10多年生枝的枝径不超过1cm。

枣股：又称结果母枝，是由结果基枝（二次枝）和枣头一次枝上的主芽萌发形成的短缩枝。每年的生长量很小，仅为1～2mm，但寿命很长，一般可达20～30年。1～3年生枣股为幼龄枣股，一般抽生1～3个枣吊；4～7年生为壮龄枣股，一般抽生3～5枣吊，结果能力最强；8年生以上为老龄枣股，抽吊能力和结果能力均开始下降。

枣吊：是一种脱落性结果枝，生长在枣股上，由枣股上的副芽萌发而成，寿命仅一个生长季。枣吊的长度和节数因品种、树势、栽培条件的不同而异，一般10～18节，长10～34cm，有些品种能长达60cm以上，如'金丝4号'等。在同一枣吊上以3～8节叶面积最大，4～7节坐果较多。枣吊有脱落性枣吊和木质化枣吊两种，木质化枣吊一般从枣头基部抽生，在枣头重摘心时木质化，该枣吊结果多而稳定，在肥水条件好的矮化密植园主要以木质化枣吊坐果为主，可占总产量的70%以上。

（3）**枝芽的生长规律**　芽的萌发受气温、地域、树龄、品种等多方面影响。日均温达到13～14℃时，芽体开始膨大萌动；日均温达到18～19℃时，枣头和枣吊开始旺盛生长。枣树发芽由南至北、由东至西逐渐推迟，南北相差5～7d，东西相差14～20d。同一树上，枣股顶芽萌动最早，其次是枣头顶芽，最后为枣头侧芽。成龄树芽萌动较幼树早。不同品种芽萌动早晚不同，芽萌动与花朵坐果期对低限温度的适应能力有一定的相关性，萌动早的品种，花朵坐果期能适应较低的温度。

枣股上顶芽萌发形成枣吊，生长期较短，历时35～45d，枣吊的旺盛生长期在萌芽后的第3～5周，时间为15～20d。

枣头萌发生长的前2周，粗度增长较快，长度增长缓慢，萌发后的2周至开花前逐渐进入旺盛生长期，生长最快，盛花期过后生长渐趋缓慢，7月下旬生长基本停止，生长期为50～90d。旺盛生长期的长短，因树龄、树势和肥水条件的不同而有很大差异。

3. 叶的特性　枣叶是完全叶，由一个叶片、一个叶柄和一对托叶构成。叶柄短小，浅绿色。叶片薄、绿色，叶面无毛，叶缘锯齿较小，叶背绿色较浅、无毛，叶脉为基出三生脉，叶形有椭圆形、卵圆形、卵状披针形等。托叶很小，着生于叶柄基部的两侧，呈黄绿色。

叶片随发育枝和结果枝的生长不断形成。叶片的增长在发芽后2周开始，历时约2个月，高峰期在发芽后的第四至第五周，花期前形成的叶面积占全年总量的80%左右。进入花期以后，

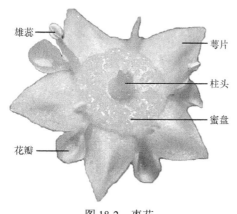

图 18-2　枣花

（图左侧标注：雄蕊、花瓣；图右侧标注：萼片、柱头、蜜盘）

随着结果枝生长减缓，叶片生长也减缓。随着气温降低，叶片开始衰老，当日均温下降至 15℃时，叶片很快由绿变黄而脱落。落叶先后与树体营养状况有关，贫瘠地、砂地、管理水平低、肥水不足的枣园先落叶，老树、弱树先落叶，生长季遇干旱、缺肥、药害等逆境叶易变黄脱落。

4. 花的特性

（1）花和花序　　枣花为两性完全花，分三层（图 18-2）。外层为绿色或黄绿色的卵状三角形萼片；中间层为 5 个对生近匙形的花瓣；内层为 5 个雄蕊，与萼片交错排列。蜜盘圆形或五棱形，较肥大；雌蕊由心皮合成，子房周位，深陷于蜜盘中，单花盛开时蜜汁丰盛，分泌期 1~2d。枣花粉很小，浅黄色。枣花朵小，花径仅为 4.0~8.0mm，为典型的虫媒花。

枣的花序为二歧聚伞花序和不完全二歧聚伞花序，每花序一般具花 3~10 朵，多则达 20 朵以上。

（2）花芽分化　　枣树花芽分化和其他落叶果树不同，有当年分化、多次分化、单花分化快分化期短、全树持续分化期长的特点。

花芽分化是在芽体外伴随结果枝生长进行的，从发芽后 3~4 周开始，可以一直延续到新枝终止生长前。当枣吊生长 2~3mm 时，其基部幼叶的叶腋间开始出现苞片突起，标志着花原始体即将出现；当枣吊近 1cm 时，先分化的花芽长成花蕾，完成形态分化。

（3）开花过程　　单花开放的过程共包括 7 个时期。

1）蕾裂期是花蕾顶部的放射状沟纹开始产生裂缝，各个相互联结的萼片分离的时期。花药和柱头未充分发育，花丝未伸长。花昼开型品种多在 10~14 时发生，花夜开型品种多在 20~24 时发生。

2）初开期是萼片由一个向上张开到全部略微张开的时期。花丝伸长，花药开裂，但花瓣抱合，蜜盘开始呈现品种固有的色泽，柱头无花粉附着，此期仅历时 0.5~1.2h。

3）半开期是全部萼片向上张开的时期。雄蕊仍被花瓣抱合，柱头分开，成倒八字形，蜜盘开始分泌蜜汁。此期历时 0.5~6h，是授粉的最佳时期。昼开型品种较短，夜间型品种较长。

4）瓣立期是全部萼片向后平展的时期，花瓣紧抱直立的花丝，呈佛焰包状。蜜盘大量分泌蜜汁。此期历时 0.5~2h。

5）瓣倒期是花瓣和雄蕊分离的时期。花丝仍直立，花药开裂，大量散出花粉，蜜盘开始褪色。此期历时 2~8h。

6）花丝外展期是花丝向后反展，与花瓣再次重合的时期。花药干缩，蜜盘褪色。此期历时 2~6h。

7）柱萎期是柱头萎缩变为淡褐色，失去接受花粉能力的时期。花瓣和雄蕊向后反曲到萼片下部，逐渐脱落。蜜盘变为绿白色或白色，蜜汁消失。此期历时 1~2d。

正常天气下，从蕾裂期到花丝外展期的 6 个时期大多在 1d 中完成，从蕾裂期到柱萎期经历 2~3d，柱头接受花粉的时间长 30~36h。柱萎期以前，柱头都有接受花粉的能力。

（4）开花坐果的特点　　枣花开放，以幼树最早，衰老树最晚，二者相差达 8~10d。同一株树上，树冠外围开放最早，渐及树冠内部。多年生枣股抽生的结果枝上的花最早开放，当年抽生的发育枝上的花最迟开放。枣吊开花顺序从近基部逐节向上开放。同一花序中则中心花（1级花）先开，依次开放 2 级花、3 级花至多级花。枣的花序最多 6 级，但 6 级花大多质量差，因发育不良而脱落。

枣花开放对温度有较高要求，日均温达 18～20℃时开始开花，达到 20℃以上进入盛花期，连日高温会加快开放进程，缩短花期。枣花粉发芽要求高温高湿，所需的温度为 21～35℃，温度在 25～28℃发芽率最高，最适宜的空气湿度为 70%～100%。另外，花期坐果对土壤水分和光照也有较高要求，花期喷水、喷硼、灌水保墒可提高坐果率。

枣树花量很大，但落花落果现象十分严重，自然坐果率仅为开花总数的 1% 左右。

5. 果的特性

（1）果实的构造　　枣果是由子房、花柱基部分生组织和蜜盘分生组织共同发育形成的果实，与子房单独发育形成的核果不同，且枣的花托也参与果实发育，一般核果其花托与果柄一起木质化，不参与果实发育。因此枣果可称为拟核果。枣果主要由以下 4 部分构成。

1）果皮：由蜡质层、角质层细胞和 4～6 层表皮细胞构成（图 18-3）。枣果皮薄，有韧性，质地坚硬，含有大量的非水溶性膳食纤维、单宁、多酚类物质，不易被吸收消化。枣果皮随着果实发育成熟，由绿色变为白色，逐渐呈现红色、紫红色等，'三变色''胎里红'等品种除外。

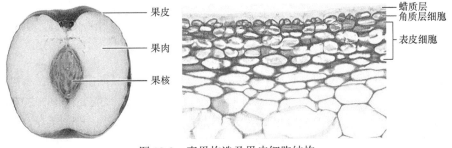

图 18-3　枣果构造及果皮细胞结构

2）果肉：由形状不整的多边形薄壁细胞、空胞和纤细的维管束组成。薄壁细胞的大小在品种间差异不大，与果实大小、肉质无关，但细胞数量与果实大小相关，细胞越多，果个越大。空胞大小与肉质有关，空胞大的品种，肉质疏松；空胞小的品种，肉质致密。维管束组织与果实品质有关，维管束粗且发达的品种，果肉粗糙品质差。果肉颜色随果实成熟，由浅绿色逐渐变为绿白色、白色或乳白色，干枣果肉呈现红褐色。

3）果核：由核喙、核体和核尖三部分组成，质地坚硬，形状有纺锤形、圆形、倒卵圆形等。果核内含 0～3 粒种子。

4）种子：由种皮、胚乳和胚三部分构成。枣的种皮较薄，呈红褐色，表面有蜡质，平滑有光泽，不亲水，质地较硬略脆，表面有一端附有种脐。胚乳白色，较柔软。胚位于种子的中层，乳白或浅黄色，由子叶、胚芽、胚根、胚轴组成。枣的种子常呈扁卵圆形或扁椭圆形，饱满度品种间差异很大，导致出苗率不同。

（2）果实的发育　　枣花授粉受精后果实开始生长发育，共分为 4 个时期。

1）花后缓慢增长期：是形成锥形幼果到幼果上端开始平展生长的时期。果实细胞分裂旺盛，细胞数量不断增加。此期历时 2 周左右。

2）幼果迅速增长期：是果实由锥形果演变为品种特有果形的时期，是果实生长发育最活跃的时期，果实体积、重量、含水量快速增长。此期历时 3～4 周。

3）硬核缓慢生长期：是内果皮逐渐硬化成核，核内种子发育饱满或退化消失的时期。果实外形变化较小，果实体积、重量仍在增加。此期历时 3～8 周。

4）熟前增长期：是果实营养物质积累和转换的时期。果实体积、重量增长逐渐减慢，最终停止，进入成熟期。果实褪绿变白着色至全红，含糖量不断增加，风味变佳。此期历时 3～6 周。

（3）果实的成熟　　果实的成熟过程可分为 3 个时期。

1）白熟期：是果皮褪绿变成绿白色、白色或乳白色的时期。此期果实肉质松软，汁液少，含糖量低，维生素 C 丰富，为采收加工蜜枣的最佳时期。

2）脆熟期：是果实变红、质地变脆、汁液增多、含糖量剧增的时期，是鲜食枣和加工乌枣、南枣、醉枣等原料枣的最佳采收时期。

3）完熟期：是果实充分成熟、糖分充分转化的时期。此期果皮红色变深，微皱，果肉近核处呈黄褐色，质地变软，为制干品种采收的最佳时期。

（4）果实生长发育的特点　　枣果整个生长期要求较高的温度，特别是花后缓慢增长期。日均温低于 21～25℃，导致生长发育减缓，甚至停顿，会发生大量落果。前期花结的果实整个生长季均在适宜温度下，果实发育充分，个大质优；后期花结的果实温度不足，生长期短，果实小品质低下，因此生产中应重视前期花的坐果。

在果实发育过程中存在锥形果期落果、硬核前落果和采前落果三个落果时期。生产中应注重加强肥水管理，保持良好的树体营养水平，并采取适当防落措施，使落果控制在适度范围内。

（四）影响枣树生长结果的因素

1. 温度　　枣树喜温，是落叶果树中发芽最晚、落叶早、年生长期短的树种。枣树生长对温度要求较高，萌芽需日均温达到 13～14℃，展叶抽梢、花芽分化需日均温达到 18～20℃，花粉发芽需日均温达到 21～35℃，秋季日均温低于 15℃时开始落叶，初霜后叶片很快落尽，进入冬季休眠期。花期至果实硬核期前的气温是确定枣树栽种区域和品种发展区域的一个重要界定因素。

枣树在冬季休眠期中有很强的抗寒能力，一般品种地上部都能抵御短时 −30℃ 左右的严寒。

2. 光照　　枣喜光，光照强度和时数可影响其生长结果，光补偿点在 3000lx 左右。光照强度和光照时间的长短在一定范围内与生长呈正相关，且随着透光率的增加，各项生长指标都呈增长的趋势。因此，栽种枣树应选光照充足、地形开阔的土地，山区以阳坡为佳，株行距离必须适宜，并采用透光强的树形。

3. 水分　　枣树抗旱、耐涝，从年降水量不足 50mm 的甘肃、新疆等干旱地区到年降水量 1400～1600mm 的广东、广西、云南等湿润地区均有枣树的分布。枣树年生长周期中的最低需水量为 400～500mm。地面积水 1～2 个月枣树仍能存活，甚至还有产量。枣树的永久萎蔫系数在 3% 以下。

空气湿度对树体生长影响不大，但影响开花坐果。空气湿度低于 50% 时，会抑制多数品种的花粉发芽，影响坐果。

4. 风　　枣树休眠期抗风能力很强，能抗 10 级左右的大风，但生长期较差，花期忌 4～5 级以上大风；坐果到采收前，忌 7～8 级以上大风。

5. 土壤　　枣树耐盐碱，在 pH 5.5～8.5 的土壤中可生长发育。

枣树耐瘠薄，在山地、丘陵、平原、滩地等不同地形中均可栽植，也适应不同类型的土质，以在黏壤土和壤土栽植最好，砂壤土次之，沙质土相对较差。

四、栽培技术

（一）苗木繁育

枣树繁育苗木的方法有分株育苗和嫁接育苗。分株育苗是利用枣根易形成不定芽萌发形成根蘖苗的特性，进行苗木发育的方法，常采用开沟育苗和归圃育苗；嫁接育苗是在砧木上嫁接品种繁育苗木的方法，是枣树育苗中比较先进的方法。具体内容可参见本书第四章。

（二）标准化建园

选择适宜枣树生长发育的园地是获得高收益的基本保障。建园前，首先要对园地进行实地考察，并综合论证。可根据表18-1进行园地考察。其他内容参见本书第五章。

表18-1　园地考察表

项目名称	栽培要求	有关栽培建议
周边环境	空气、水质、土壤质量达标，不含有毒物质，附近无污染源	
冬季绝对低温	≥-15℃	
花期日均温	≥21℃	≥21℃栽广温型品种，≥23℃栽广温型和普通型品种，≥24~25℃栽高温型、广温型、普通型品种
果实生长期日均温	≥22℃	
成熟期日均温	≥18℃	≤15℃果实不能成熟，不建议栽培枣树
果实生长期积温	≥1800℃	≥1800℃栽早熟品种，≥2300℃栽早熟和中熟品种，≥2700℃栽早熟、中熟和晚熟品种
年降水量及灌溉条件	≥400mm	降水量不足400mm，通过浇灌能达到枣树生长需求的，也可进行栽培
枣树生长期累计日照时数	制干品种要求≥1600h	
风力	花期≤5级，生长期≤7级	
地形	平原、丘陵、山地、河滩等均可	海拔高度：华北、东北地区不宜超过600~800m，西北高原≤1000m，西南地区≤1200m
土质	壤土、黏壤土、砂壤土、沙土等均可	鲜食品种宜选砂壤土，制干品种宜选壤土或黏壤土
土壤pH	pH 5.5~8.5	
土壤盐分含量	$NaCl$≤0.12%，$NaHCO_3$≤0.3%，Na_2SO_4≤0.5%	特指土面下2~40cm的土壤
地下水位	常年≤1m，雨季≤0.6m	
交通和社会经济情况		经济和交通发达地区可栽培鲜食枣，较差地区以制干、干鲜兼用或蜜枣品种为主

（三）土肥水管理

1. 土壤管理

（1）园地翻耕　一般在果实采收后结合秋施基肥进行，土层厚的枣园翻耕深度为20~25cm，土层薄的枣园翻耕深度为15~20cm。注意尽量不要伤根，尤其是直径0.5cm以上的水平根和单位根。遇到大根加强保护，随翻随埋，防止根系抽干。

（2）中耕除草　　一般在灌水后和雨后进行，其作用是除草、松土、保墒。全年中耕3～5次，中耕深度5～10cm。

（3）除根蘖　　一般从枣树发芽到7、8月的萌蘖期，结合中耕锄草进行，下铲应深入土面10～15cm，不留残茎。

（4）间种绿肥　　适于普通枣园和枣粮间作园，不适于密植枣园。间种绿肥既可为枣树生长提供肥料，又能覆盖地面，起到防止水土流失、防风固沙、稳定土温、减少中耕除草等作用。适宜枣园间种的绿肥有豆科、鼠茅草、毛叶苕子等。

（5）冠下覆盖　　目前常用的覆盖方法有园艺地布覆盖和有机物覆盖。园艺地布透气、透水性好，保水、防草效果明显。冠下覆盖秸秆、稻草、树皮等有机物，既能防草保墒，又能增强土壤肥力，覆盖厚度一般为20cm。

（6）土壤改良　　沙土地应掺混黏土，并大量施用有机肥或穴贮肥水，结合覆草或覆膜，提高土壤的保水、保肥能力及肥水供应的稳定性。黏土地应掺沙深翻，增强土壤透气性。盐碱地应挖沟埋草，增施有机肥，覆膜覆草，淡水洗盐。

2. 施肥

（1）施肥关键时期

秋施基肥：在9～10月施入有机肥，以利于有机营养的积累，为来年枣树的萌芽、花芽分化和开花结果贮藏营养。

催芽肥：北方枣区一般多在4月上旬进行，特别是秋季未施基肥的枣园，此次追肥尤为重要，不但可以促进萌芽，而且对花芽分化、开花坐果都非常有利。

花期追肥：多采用叶面喷施尿素的方法。及时补充树体营养，以提高坐果率，且有助于果实的生长发育。

助果肥：以7月中旬为宜，追施氮肥，配合磷、钾肥，以满足枣果发育对磷、钾元素的需求，提高果实品质。

后期追肥：在8～9月追肥对促进果实成熟前的增长、增加果重及树体营养的累积尤为重要，特别对于结果多的植株更不容忽视。后期追肥可喷施氮肥并配合一定数量的磷、钾肥。

（2）施肥方法　　不同施肥方法的示意图见图18-4。

全园施肥：在耕地时，将肥料撒在地表，随着翻地将肥料由土壤表层翻入土中。

环状沟施肥：又名轮状沟施肥。在树冠外围投影处挖一环状沟，沟宽30～50cm，深20～60cm，把肥料施入沟中，与土壤混合后覆盖。此法适用于幼树。

放射状沟施肥：又称辐射沟施肥。在距主干30cm左右顺水平根方向挖4～8条辐射状沟，沟长至树冠外围，沟宽20～40cm、深20～60cm。此法适用于成龄大树。

条状沟施肥：在树冠垂直投影内外，挖宽20～30cm、深40cm的条状沟，每年更换位置，可机械化操作。适用于宽行密植的枣园。

穴状施肥：在树冠垂直投影内外，均匀挖穴，要求肥料不要接触枣树的根，与根系有一定距离（1m左右），待枣树生长到一定程度后才能吸收利用。

穴贮肥水：在树冠垂直投影处里侧，间隔0.5m左右挖圆形穴3～6个，直径25cm左右，深35cm左右，穴内垂直放入经10%的尿素液或鲜尿充分浸泡的草把（长30cm左右，直径20cm左右），将肥料与土壤混合均匀后填到草把周围，踏实，浇水覆膜。

叶面施肥：又称根外施肥。叶面施肥具有养分吸收快、对土壤条件依赖性小、施肥方便等优点，但其吸收量有限，只能解决某些急需元素，因此不能代替一般性施肥。叶面施肥最适温度为 18～25℃，一般在 9 时之前与 16 时之后进行。

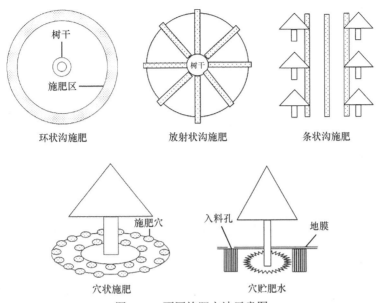

图 18-4　不同施肥方法示意图

（3）施肥量　　施肥量因目标产量、土壤、品种、树龄、树势等差异有所不同。枣园基本施肥量：1～3 年生幼树，每年每株施有机肥 10kg 左右、氮磷钾复合肥 0.05kg、尿素 0.05kg；4～5 年生初结果树，每年每株施有机肥 20kg 左右，过磷酸钙 1kg 左右，尿素 0.2kg 左右；6 年生以后盛果期的树，每年每株施有机肥 50kg 左右、氮磷钾复合肥和尿素各 0.25kg 左右。一般每生产 100kg 鲜枣，全年施纯氮 1.5kg，五氧化二磷 1kg，氧化钾 1.3kg，其中有机肥应占 1/4 左右，以维持和提高土壤有机质及微量元素的含量。

3. 灌水

（1）灌水关键时期

发芽期浇水：又称催芽水。一般在 4 月上中旬发芽前后进行，可促进根系生长及其对营养的吸收转运，以利于萌芽、枣头、枣吊等的生长及花芽分化。

花期浇水：又称助花水。花期对土壤水分比较敏感，缺水花易枯萎，影响坐果。一般在 5 月下旬至 6 月上旬浇透水，保持空气湿润，提高保花保果率。

幼果速长期浇水：又称保果水。此期缺水，枝叶和幼果争夺水分，易造成幼果萎蔫，影响枣果质量和产量。一般在 7 月上旬结合追肥进行。

果实膨大期浇水：又称促果水。此期需水量最大，浇透水对于提高产量和质量很关键。一般在 7 月下旬至 8 月上旬结合追肥进行。

休眠期浇水：又称封冻水。一般在土壤冻结前进行，既能防旱御寒，又可促进肥料分解，利于翌年树体和花芽的发育。

（2）灌水方法

地面漫灌：通过引水渠将灌溉水引入树行、树盘进行灌溉，灌畦、灌沟的长度不宜超过 12m。

小沟快流灌溉：在树两侧距树干约 60cm 处沿树行方向挖灌水沟，灌水沟采用倒梯形断面结构，上口宽 20～30cm，底宽 15～20cm，沟深 15～20cm。

　　喷灌：适用于地形复杂、地面不太平整、土壤沙性偏重、灌水容易下渗的枣园，灌溉均匀，不会形成径流冲刷土壤。北方枣区花期采用喷灌还能提高空气相对湿度，有利于开花和坐果。

　　微灌：目前最节水的灌溉方式，包括滴灌、渗灌等，比地面灌溉节水70%左右。土壤不板结，温湿度稳定，可结合水溶肥，实现水肥一体化。

（四）整形修剪

1. 现代高光效树形　　枣树高光效树形见图18-5。

　　（1）主干形　　树高2.5m左右，干高0.4～0.5m，主枝8～10个，均匀排列在中心干上，不分层，不重叠，主枝长1.0m左右，冠径2.0m左右。树冠下部培养大型枝组，上部培养中小型枝组，全树呈下大上小之态。

　　（2）"Y"形　　树体无中心干，主枝2个，呈"Y"形对称分布，开张角60°左右，结果枝组均匀分布在主侧枝的周围，树冠光照充足，2～3年成形，适用于密植栽培。

　　（3）丛状形　　主枝一层，3～4个，开张角30°～45°，树冠中心不留主干，结果枝组均匀地分布在主侧枝的周围，形成中心较空的扁圆形树冠，树冠中心没有因光照不足出现不结果的空膛，树冠投影面积产量水平较高。

　　（4）小冠疏层形　　有明显的中心干，干高50.0cm左右，全树留主枝8～10个，分三层着生在中心干上。第一层主枝3～4个，基角70°左右，层内间距0.2～0.3m；第二层主枝2～3个，基角60°左右，层内间距0.2～0.3m，距第一层主枝0.6～0.8m；第三层主枝为1～2个，基角开张50°～60°。主枝上不培养侧枝，直接着生结果枝组。树高控制在2.5m左右，冠幅在2.5m左右。

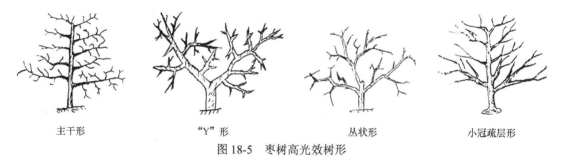

主干形　　　　　　"Y"形　　　　　　丛状形　　　　　小冠疏层形

图18-5　枣树高光效树形

2. 不同年龄时期树的整形修剪

　　（1）幼树的整形修剪　　枣树幼树修剪应以整形为主，轻简化，提高发枝力，加大生长量，培养主侧枝，迅速形成树冠。栽植后要早定干，促使早发枝。夏季采用撑、拉、别等方法，调整自然萌生发育枝的延伸方向和开张角度，以培养理想的主侧枝。对于骨干枝上萌发的1～2年生发育枝，据空间大小对其短截，并培养成中小结果枝组。对于生长较旺的枝梢，根据空间大小，对新梢及时摘心，抑制生长，促使形成健壮枝。尽量少疏枝，要多留枝，以促使树冠的形成。对于多余无用芽在萌芽后应及时抹除。

　　（2）盛果期树的整形修剪　　盛果期枣树的修剪以保持良好树体结构为主，使树体枝叶密度适中，通风透光，并通过对结果枝的更新以维持较长的结果年限和较强的结果能力。以疏枝为主、疏截结合、去密留稀、去弱留强为修剪原则，按照原来枝系分布的状况，将过密枝、交叉枝、纤弱枝、病残枝、无用的徒长枝等均自基部疏除，使留下的大枝形成层次、方位、伸展角度合理的骨干枝系，改善各部位的通风透光状况，逐年培养健壮的枝组丰满树体，提高产量。

（3）老龄树的整形修剪　　老龄树的修剪以更新复壮为主。衰老程度轻的植株，对衰老的结果枝组进行回缩疏截，枝形残缺枝组从基部重截，保留 2～3 个休眠芽，较完整的枝组缩剪 1/3～1/2。衰老程度重的植株，应疏除衰老残缺的结果枝组，对骨干枝也按主侧的层次，予以不同程度的回缩。同时要停枷养树，加重施肥，刺激骨干枝中下部的休眠芽萌发粗壮的发育枝，形成新的枝系，在 2～3 年内，能恢复中等上下的生产能力。

（五）花果管理

1. 提高坐果率的技术

（1）花期放蜂　　枣花是典型的虫媒花，蜜蜂为最好的传粉媒介，花期放蜂可使枣树坐果率提高 1 倍以上。花期将蜂箱均匀地摆放在枣园中，蜂箱间距不超过 300m。

（2）花期开甲　　开甲能调节营养物质的运输与分配，使光合产物集中作用于开花和坐果，提高坐果率，一般在盛花期进行。首次开甲应在主干距地面 15～20cm 处进行，甲口宽度 3～7mm，以后每年上移 5.0cm，开甲后绑缚塑料进行甲口保护。还可以采用环割、砑树和装促果器等方式促进坐果。

（3）枣头摘心　　枣头生长到一定节数后，留 2～6 个二次枝进行摘心。摘心强度因品种和树势而异，木质化枣吊结果能力强的品种和树势强的品种可重摘心；二次枝随生长随摘心，枣头中下部二次枝可留 6～9 节，中上部二次枝可留 3～5 节。

（4）花期喷水和生长调节剂　　花期遇高温干旱，可在枣树盛花期 8～10 时或 16～18 时对枣树喷水 2～3 次；严重干旱年份可喷 3～5 次，每次间隔 1～3d。同时在盛花期喷 15.0mg/kg 赤霉素，以减少落花落果，提高坐果率，一般喷施 1 次，如若坐果不好，再补喷 1 次。于采果前 30～40d 喷 1～2 次 15.0mg/kg 的萘乙酸，防止采前落果。

2. 防止采前落果的技术措施

（1）选用抗落果品种　　枣采前落果因品种而异，建议栽培时选用抗性强的品种。如制干品种'圆铃枣'，采前落果严重，可用采前落果轻的新品种'圆铃 2 号'或'鲁枣 12 号'代替。

（2）喷布激素　　于采果前 30～40d 喷 1～2 次 15mg/kg 的萘乙酸，防止采前落果。

（3）药剂防治　　一些病害如缩果病、炭疽病、枣锈病等也能引起采前落果，因此必须有效防治病虫害，防止因其引起的采前落果。在 7 月上旬喷布 1 次波尔多液，也可与代森锰锌或甲基托布津等交替使用，以防治枣锈病和炭疽病。在 7 月底 8 月初喷洒农用链霉素或卡那霉素等防治缩果病。同时加入联苯菊酯或高效氯氰菊酯防治虫害。

3. 防止裂果的技术

（1）选择优良抗裂品种　　根据当地土壤、气候条件等，选择适宜的抗裂品种。目前较抗裂的品种有'鲁枣 5 号''金丝 4 号''圆铃 2 号''雨娇''早秋红'等。

（2）避雨栽培　　通过搭建防雨棚，进行避雨栽培。其关键是把握好覆膜时间：一是花期若遇干旱，在上午 10 时前或下午 5 时后，覆盖薄膜，并给枣园浇一次水（或喷水），增加枣园湿度，提高坐果率；二是在枣果脆熟期，若遇到阴雨天气，需加盖塑料膜，防止裂果；其他时期不覆膜。

（3）果实白熟期前覆盖　　果实白熟期前对枣园进行灌溉，之后树下覆盖地膜、草或秸秆等，使土壤含水量不低于 14%，可降低裂果率。

（4）提前采收　　有些易裂品种可选择在白熟期采收，用于加工。

（5）喷施药剂　　从 7 月下旬开始，每隔 15d 喷 1 次 3.0g/kg 氯化钙水溶液，直到采收，或 8 月中、下旬于果面喷 50～100 倍的石灰水，可降低裂果率。

第十九章 杨 梅

一、概述

（一）杨梅概况

杨梅是我国特产常绿果树，又名圣僧梅、树梅、朱红等。目前称谓的"杨梅"源自李时珍《本草纲目》记载"其形如水杨子，味似梅，故名"。

我国杨梅栽培主要分布在长江流域以南、海南岛以北地区，即北纬 20°～31°，主要产区为浙江、福建、广东、贵州、云南、江苏、江西、广西、安徽、四川、海南等省（自治区、直辖市），栽培面积和产量占世界杨梅的 90% 以上。日本、韩国和泰国也有少量栽培。越南、印度、菲律宾等国家虽有分布，但其果小味酸，仅作果酱或药用；欧美多引种作庭院观赏。

杨梅经济价值好，产量高，一般亩产 500～1000kg；如果栽培管理条件好，亩产可超过 1500kg。杨梅早春开花，果实初夏成熟，适逢鲜果供应淡季，因此对果品的周年供应具有重要意义。作为我国特产水果，杨梅果实色泽艳丽、酸甜适中、风味浓郁。优质杨梅的果肉组织含糖量在 12%～15%，含酸 0.5%～1.3%，富含维生素 C，还含有一定量的蛋白质、脂肪、多种氨基酸、矿质元素、功能性组分花色苷、酚酸和黄酮醇等，营养价值高。除鲜食外，杨梅果实还可加工成糖水罐头、果汁、果酒及蜜饯等食品，极大地增加了产品的附加价值。杨梅果实及树体各部位具有多种药用价值，包括消食、消暑、除湿、利尿、止泻、治疗糖尿病和高血压等。杨梅核仁含丰富的抗癌物质苦杏仁苷，粗蛋白和粗脂肪分别高达 32% 和 21%，可炒食或榨油用。杨梅根、叶和枝干表皮富含单宁（含量高达 10%～19%），可提炼黄酮类和香精油物质，做赤褐色染料及医疗上的收敛剂。

（二）历史与现状

杨梅原产于我国南部，自古野生或作林木栽植。在浙江余姚境内的河姆渡遗址考古中发现杨梅花粉，证明在 7000 多年前的新石器时代浙江已有野生杨梅存在。目前认为，杨梅起源于云贵高原地区，那里自然保留我国所有的 6 个种杨梅和 10 多万 hm^2 的野生杨梅林。据汉朝陆贾《南越纪行》、东方朔《林邑记》和司马相如《上林赋》等古籍记载，我国杨梅栽培已有 2000 年以上的历史。其中，以采果为目的而进行人工栽培的首推浙江沿海一带。浙江最先开始进行杨梅品种的选育，并进行育苗、嫁接和人工栽培。至今，浙江已成为全国杨梅优良品种、面积和产量最多的省份，全国诸多省份均从浙江引进优良品种栽培。

近年来，我国杨梅生产发展速度快，栽培面积和产量不断上升。据统计，我国杨梅种植面积已达 23.7 万 hm^2，产量达到 83 万 t。其中，浙江省杨梅栽种面积占我国杨梅栽种总面积的 60%以上。在杨梅消费结构上以鲜食为主，2016 年，我国杨梅鲜果消费 66 万 t 左右，约占总产量的80%，杨梅加工占比约 15%，出口比例不到 5%。

二、主要种类和品种

（一）种类

杨梅为杨梅科（Myricaceae）杨梅属（*Myrica* L.）植物。本属植物在我国有 6 个种，包括杨梅（*Myrica rubra*）、毛杨梅（*Myrica esculenta*）、青杨梅（*Myrica adenophora*）、云南杨梅（*Myrica nana*）、大树杨梅（*Myrica arborescens*）、全缘叶杨梅（*Myrica integrifolia*）。

目前我国栽培杨梅均属于杨梅种。根据栽培性状可以将栽培杨梅分为以下 4 个品种群。

1. '野杨梅'花鹿 别名野乌，多数自然实生，也有嫁接繁殖。树冠高大，干粗，生长旺盛。叶大，先端常具锯齿。果小，色红，肉柱细，顶端多尖头，酸味强，较早熟，成熟果实容易脱落。在浙江地区 6 月初采收。常作砧木用。

2. '红杨梅' 各地普遍栽培，品种较多，果实较大，品质良好。成熟时果实呈红色、水红色、深红色等。依栽培条件，肉柱钝或尖。代表品种有浙江的'东魁''中叶青''大叶青''早色''迟色'，福建的'二色杨梅'，江苏的'大叶细蒂'等。

3. '乌杨梅' 叶色较浓。果实未成熟前呈红色，成熟时变为乌紫色或紫黑色。肉质粗大，先端多圆钝，甜味浓，品质好。果肉与果核易分离，栽培管理要求较高。代表品种有浙江的'荸荠种''晚稻杨梅''丁岙梅'和'大炭梅'，江苏的'乌梅'，广东的'山乌'和'乌核酥'，湖南的'光叶梅'等。

4. '白杨梅' 又称水晶梅，果实成熟时为纯白色、乳白色、黄白色或白色中略带绿晕斑，但均不转红色。味清甜，品质较好，但产量较低，各地仅少量栽培。代表品种有浙江的'水晶杨梅''二都白梅''西山杨梅'，福建的'纯白蜜''水白种'，广东的'白梅种''白蜡种'，贵州的'白梅种'等。

（二）栽培品种

目前杨梅的栽培品种众多。依果实色泽可分为着色种（包括紫色、深红色和粉红色）和白色种两大类，其中属于优良品种的多为深红色和紫色品种。按成熟期可分为早熟、中熟和晚熟三大类。早熟品种采收期一般为 5 月中旬至 6 月中旬，中熟品种采收期一般为 6 月中下旬，晚熟品种采收期一般为 6 月底至 7 月上中旬。现列主要栽培品种如下。

1. '荸荠种' 为我国当前分布最广、种植面积最大的品种，也是当前国内最佳的鲜食兼加工的优良品种。主产地浙江慈溪和余姚等县市。树势较弱，树冠半圆形，开张，枝条稀疏，较细长。果底有明显浅洼，果梗短；肉柱钝圆，色紫红或紫黑，肉质细软，可食率 95%，含可溶性固形物 12%，味甜汁多，具香气；离核，核小，卵形，密被细软茸毛，品质上等。产地 6 月中下旬成熟，着果牢固，采前落果现象少。该品种丰产、稳产，定植后 3～5 年开始结果，10 年后进入盛期，盛果期可维持 30 年左右，经济结果寿命 50 余年。盛果期株产 50kg 以上，最高可达 450kg，品质优，耐贮运，加工性能好，适于鲜食与榨汁、罐藏加工。成熟时抗风能力强，果实不易脱落，抗癌肿病与褐斑病，适应范围广。

2. '东魁杨梅' 又名东岙大杨梅、巨梅，是国内外杨梅果形最大的品种。主产于浙江黄岩，目前已引至浙江各杨梅产区和福建、江西等地。树冠高大，生长势强，圆头形。枝粗节密，叶大密生，叶缘波状皱缩似齿，或全缘。果实特大，为不正圆球形，平均单果重 24.7g，最大果重 51.2g；果色紫红，肉柱较粗大，先端钝尖；味浓，酸甜适中，品质上等，含可溶性固形物 13.4%；核不大，可食率达 92.8%，是优良的晚熟品种。产地 7 月上旬陆续采收。该品种产量高，种植 5～6 年后开始结果，15 年后进入盛果期，盛果期可维持 50～60 年，大树一般株产 100～150kg，株产最高达 500kg。生长旺盛，大小年结果现象不明显，成熟时不易落果，抗风性强，抗杨梅斑点病、灰斑病、癌肿病等。

3.'丁岙杨梅'　　主产于温州茶山，乐清和永嘉县南部也有栽培。树势强健，圆头形或半圆形。叶大，浓绿色，长倒卵形和尖长椭圆形。果形大且圆，单果重 15～18g，果柄长，果顶有环形沟纹，成熟后呈紫红色或紫黑色，果蒂有绿色瘤状凸起；肉柱先端钝圆，富光泽，肉质柔软多汁，含可溶性固形物 11.1%，味甜；核小，卵形，果仁饱满，果肉厚，可食率 96.4%。6 月中旬成熟，品质上等。果实固着能力强，带柄采摘，较耐运输。该品种种植后 4～5 年开始结果，15 年左右进入盛果期，株产 75kg 左右，盛果期可维持 40～50 年。采前落果少，抗风性强，适应性广。

4.'晚稻杨梅'　　主产于浙江定海。树势强旺，分枝力强，常 2～3 主干，树冠大，圆形至半圆形；以春梢中果枝结果为主；叶广披针形或尖长椭圆形。果实圆球形，中大，单果重约 12g，色紫黑有光泽；果柄短，蒂台小，色深红；肉柱多槌形，顶端钝圆，质致密，酸甜适中，含可溶性固形物 12.5%，可食率 96%；核椭圆形，种仁饱满，乳白色。鲜食加工皆可。果实 7 月上旬成熟，是优良的晚熟品种。根系发达，吸收能力强，耐瘠薄，丰产性好。但对杨梅癌肿病抗性较弱，因此引种时苗木应严格检疫。

5.'早荠蜜梅'　　从荠荠种杨梅中选出的实生早熟变种。主产于浙江慈溪。树势中庸，树冠圆头形。叶片较小，两侧略向上。果实扁圆形，大小均匀，单果重 11g；肉柱顶端圆形，深紫红色，光亮，可食率 93.1%；可溶性固形物含量 12.8%，含酸量 1.3%，酸甜适中，品质优良。比荠荠种提早 15d 开花，提早 10d（即 6 月上、中旬）成熟，是中早熟杨梅优良品种之一。抗逆性强，可避免风沙危害，结实率高，产量稳定。

常见栽培品种还有'早大梅''安海硬丝''乌核酥''光叶杨梅''晚荠蜜梅''乌梅''大叶细蒂''深红种''水晶种'。

三、生长结果特性

（一）生长特性

杨梅雌雄异株。雄株生长势强，树冠高大，枝叶茂盛；雌株由于结果，营养消耗多，植株较小，枝叶稀疏。杨梅枝条顶端优势较明显，除顶芽及其附近几个腋芽抽梢外，枝条下部多为隐芽，不萌发。抽生的新梢呈螺旋状排列，层性现象较明显。新梢发生后不久，30%～40%的顶芽枝，因竞争作用导致养分不足而逐渐枯萎。通常嫁接苗种植后 4 年开始结果，7～8 年即可达盛果初期，产量以 20～40 年树龄为最高，60～70 年后逐渐减少，杨梅寿命可达百年以上。压条繁殖的结果期依苗的大小有迟早，实生树一般需经 10～15 年才开始结果，寿命比嫁接树长，生长也旺。

1. 根　　杨梅的根系适应性强，根系较浅，主根不明显，侧根和须根发达，形成浅根。根系分布范围依品种、环境、繁殖方法和栽培条件而异，一般 70%～90%的根系分布在 0～60cm 的土层内，在 10～40cm 的浅土层内最集中，少数深达 1m 以上。根系的水平分布范围为冠径的 2～3 倍。杨梅根系与土壤中的放线菌共生形成根瘤，杨梅向菌体输送碳水化合物，并从菌体中获得维持生长的有机氮化物。菌根呈瘤状突起，粉白色，无规律性分布。杨梅根系一年中有三个生长高峰期：5 月中下旬、7 月中旬和 10 月上旬。

2. 枝条　杨梅枝条互生，节间短，雌株比雄株更短。分枝成伞状，木质脆，易断裂。一年抽梢 2～3 次，春梢一般发生在上年的春梢或夏梢上；夏梢多发自当年的春梢和采果后的果枝上，少数抽生在上一年生枝上；秋梢大部分抽生自当年的春梢与夏梢上。生长充实的春梢和夏梢的叶芽，在发育良好的当年可分化为花芽而成为结果枝。有些生长势头强的树，秋梢也能分化花芽，成为结果枝。

杨梅的枝条，有徒长枝、发育枝、结果枝（雌花枝）和雄花枝之分。直立生长，长度 30cm 以上，芽不饱满的枝条称为徒长枝；长度 30cm 以下，节间中等长，芽发育充实饱满。有能力抽出结果枝的称为普通生长枝（发育枝）；着生雄花的枝条称为雄花枝；着生雌花的枝条称结果枝。

3. 芽　杨梅的芽分为叶芽和花芽，杨梅成熟枝条上部多为叶芽，凡着生花芽的节无叶芽。花芽圆形，较肥大，而叶芽比较瘦小。花芽形成后两者易识别。叶芽比花芽的萌动期迟 20d 左右，叶芽萌动后约 15d 展叶，同一植株萌芽展叶比较整齐。枝条上处于休眠状态的芽，称为隐芽。隐芽寿命长，遇到修剪、枝条断裂或病虫害等刺激能随时萌发成新梢。

4. 叶　杨梅叶芽萌发后约半个月开始展叶生长。叶片大小依枝条抽生时期而不同。一般春梢和夏梢的叶片生长较迅速，秋梢生长较慢。叶片以春叶为最大，夏次之，秋叶最小。徒长枝上的叶较大，纤弱枝上的叶则短小而较宽，中等长的普通生长枝叶形变化小。杨梅叶片大小也与品种和龄期有关。叶片的寿命一般为 12～14 个月。正常情况下，春梢萌发后老叶集中脱落。叶片脱落后，在叶柄着生处常有明显突起。

杨梅叶互生，多簇生在枝梢顶端。雄树叶形小，叶的最宽部在先端，叶脉角度成锐角，叶序为 3/8 式；雌树叶较大，叶脉角度也较大，叶序为 2/5 式。在同一树上，不同时间形成的叶片绿色深浅不一，春叶色深绿，秋叶色浅绿或淡黄，夏叶介于两者之间。杨梅叶片大小和色泽能反映树体营养状况，可作为施肥的依据。

（二）开花结果特性

1. 花　杨梅花小，单性，无花被，为风媒花。雄花为复柔荑花序，着生于叶，着生节无叶芽。开花较早，自花序上部渐次向下开放。每条雄花枝着生花序数量最少的仅 2 个，多者可达 60 余个，多数为 10～20 个。雄花序呈圆柱形或长圆锥形，初期暗红色，后转为黄红色、鲜红色或紫红色。每个雄花序由 15～36 个小花序组成。每个小花序有 4～6 朵花，每朵花有雄蕊 2 枚；花药肾形，鲜红色，基部联合，侧向纵裂后，产生黄色花粉，每一药囊花粉数量在 7000 粒以上。

雌花为柔荑花序。小枝基部每叶发生 1 个花序，但个别可有 2 个甚至更多花序。每一结果枝一般有 2～25 个雌花序，多数 6～9 个，多的可达 60 个以上。露蕊时花序长 0.4～1.2cm，一般 1cm 左右，圆柱形。每一雌花序中有花 10～30 朵，平均 14 朵。柱头 2 裂，长 0.3～0.5cm，鲜红或紫红色，羽字张开。雌花在同一花序中自上而下逐次开放。每个花序一般结果 1 个。

2. 坐果　杨梅结果枝上的花序，以先端第 1～5 节的着果率最高，特别是第 1 节的占绝对优势，占总果数的 20%～45%。杨梅花多，一株普通的壮年树的花达 20 余万朵，但其坐果率仅为 2%～4%，落花落果严重。开花后两周（约 4 月上旬）为第一次落花落果期，其中总花数的 60%～70% 凋萎脱落；5 月上旬为第二次落果期，落果数为总花数的 20%～35%。第二次生理落果后，'荸荠种'等优良品种，直到成熟，基本上不再出现生理落果。成熟期若遇上连续阴雨（梅雨）或大风，均会造成落果。

杨梅幼果在谢花后即开始膨大，初期果径生长较缓慢，第二次生理落果后（5 月中旬），果实生长迅速即进入第一次生长高峰，然后转入硬核期，硬核期后（6月上旬）果径又迅速增大，进入着色期，为第二次生长高峰，果重明显增加，直至6月中旬至7月上旬果实成熟采收。

3. 果实 杨梅果实为核果，锥状汁囊集结于果核外，放射状排列成球形。每一雌花穗结1～2果，以顶端1果最可靠，花序轴即为顶端1～2果的果梗。食用部分是外果皮外层细胞的囊状突起，称肉柱。肉柱有长短、粗细、尖钝、软硬之分，与品种特性有关，但也受树龄、结果量、土壤肥力、雨水、果实成熟度及着果部位等的影响。一般肉柱圆钝的汁多柔软，味美可口；肉柱尖头的汁少味差，但组织紧密，耐贮性强，不易腐烂。

杨梅内果皮为坚硬的核，核内明显可见的只有两片肥厚、松软、蜡质状的大子叶，贮藏着种子发芽所需的养分，无胚乳。

四、对生态条件的适应性

（一）对环境的要求

1. 气温 杨梅原产于我国亚热带常绿阔叶林和针叶林中，主要分布在长江流域及其以南地区，是较耐寒的常绿果树。适宜的年平均气温为15～21℃，绝对最低温度不低于−9℃。当日最高气温≤0℃并连续3d以上时，杨梅因受冻害而导致减产。杨梅开花期较迟，此时杨梅主要产区气温相对较高，故气温对开花授粉的影响不大，但低温会推迟杨梅开花的进程。高温也不利于杨梅生长，特别是烈日照射，易引起枝干焦灼枯死。刚定植的幼苗，高温会导致栽植成活率低下。在5～6月杨梅果实迅速生长和果实肥大成熟期，温度过高会导致果实的含酸量增加，固酸比降低。

2. 水分 杨梅喜湿耐阴。当园地水分充足、气候湿润时，树体生长健壮，树龄长，始果期早，丰产，果大，汁多味甜。目前我国杨梅园多位于缺乏人工灌溉条件的丘陵坡地，因此，年降水量和降水的季节分配是杨梅栽培成败的重要因素。一般年降水量在1300～1700mm较适宜杨梅的生长和结果。就杨梅生长发育各时期而言，花期要求天气晴朗，空气湿度小，以利于传粉，但忌过于干燥，以免影响受精结果；初夏果实迅速膨大，转色期土壤水分充足，且雨晴相间，能促进果实迅速肥大；果实成熟期要求晴朗，以利于转色和增加糖分；采收期多雨，则落果严重，烂果多，味淡，果实不耐贮运。长时间的秋雨不利于花芽分化，故夏末秋初要求多晴天，以利于进行光合作用，为花芽分化积累养分。若7～9月出现伏秋旱，对花芽分化也极为不利，会降低翌年产量。河流湖泊环绕之地或山峦深谷地区，空气湿度大，均盛产杨梅。它们借助海洋、大水体、山体，调节温度和湿度，对杨梅的生长和果实发育极其有利。

3. 光照 杨梅虽较喜湿耐阴，但也需要有足够的光照条件。浙江省杨梅主要产区的年日照时数一般在2000h。不同的光照条件，也影响杨梅的生长和结果。种植在太阳散射光较大的阴山或北坡的杨梅，树势旺盛，果大且品质好；而阳光充足的阳山或南坡，由于阳光直射，光照强度大，往往树势中庸，果实肉柱尖硬，汁少，品质略差。当杨梅与林木混栽时，光照不足，光合速率明显降低，同时导致枝条变长，节间也变长，单叶面积和鲜叶重减少。光照不足，不仅产量低，而且成熟期推迟，果实着色不均，光泽差，果汁少而酸。

4. 土壤 杨梅适宜栽培在酸性或偏酸性的红壤或黄壤中，以土质疏松、排水良好、富含石砾、pH 4.5～6.5的砂质壤土为好。凡芒萁、杜鹃、松、杉、毛竹、枪木、青冈栎、麻栎、苦槠等酸性指示植物繁茂的山地，均适宜杨梅栽培。杨梅能在多石砾、土壤贫瘠的坡地上生长，初期生长缓慢，而后期根系深入土壤后，则生长良好。杨梅在比较贫瘠、排水良好的山地比平坦肥沃地结果好，因为土壤肥沃易引起树体生长过旺，从而导致落花落果。

土壤质地可影响杨梅产量。单产以砂黏土为最高，黏土最低。在果实的品质和风味方面，砂土和砂黏土优于黏土和黏砂土，果形以砂黏土和砂土的较大，黏土和黏砂土的较小。对于土壤黏重的杨梅园地，应掺砂砾土或增施有机肥料进行土壤改良。杨梅与乔灌木、毛竹等树种混生时，土壤中充斥着其他树种根系，会使杨梅的须根减少，同时死根增加。因此，以产果为目的栽培杨梅时，不宜与毛竹混生，与高大乔灌木混生时也应保持一定的距离。

5. 地势　土地坡度大小与杨梅生长结果关系不大，但为了管理方便，减少工本，防止水土流失，杨梅造林地坡度以30°以下为宜，目前各产区在5°～25°栽培最多。山坡方向与杨梅的品质关系密切，阳光照射较少的阴山，树体生长良好，且杨梅果实柔软多汁，风味优良；向阳地杨梅肉柱头尖而质硬，汁液也少。西坡由于夏、秋西晒，树干易受日灼伤，栽种杨梅不太适宜。在深山谷底，由于有高山和茂林隐蔽，阳光不强，土壤含水量多，各个坡向均可种植，所以选择年均气温15℃左右的北坡地栽植最佳，因为北坡保持水分较多，可以减轻干旱危害。

杨梅一般都种在丘陵山地，主要包括以下三种地形：①山麓坡地，这是杨梅栽培最多的地带。这类地带一般土层深厚，为含有石砾的红壤或黄壤。②山间谷地，位于高山的低场地带。常有谷风，气候变化较大。③陡峭山坡，因受雨水淋洗作用，一般土层较薄，含有较多石块或粗石砾，通透性好，但肥力差，且管理不便，故此地带杨梅最宜作为经济型生态林。

（二）生产分布与栽培区划分

目前，我国主要杨梅品种资源的分布可划分成5个亚区。

1. 江苏太湖沿岸和杭州湾南岸地区　主要分布在江苏的吴中、常熟、溧阳；浙江的长兴、余杭、萧山、上虞、余姚、慈溪、舟山、宁海等县市。该分布区是我国著名优良品种的集中产地，优良品种数量多，产量高。优良品种有'早荠蜜梅''早色''荸荠种''迟色''细蒂''晚荠蜜梅''晚稻杨梅'等。

2. 浙闽沿海区　主要分布在浙江的临海、黄岩、瓯海、瑞安、兰溪、遂昌；福建的龙海、晋江、仙游、莆田、长乐、连江、福安、福鼎、建阳、建瓯等县市。该分布区品种数量多，栽培面积大。优良品种有'丁岙梅''东魁''临海早大梅'等。

3. 华南滨海区　主要分布在广东省的饶平、潮阳、澄海、普宁、从化和丰顺等县市，在乐昌、韶关、连州、连山、和平、连平、始兴县也有分布。优良品种有'乌核酥'和'甜酥'等。

4. 滇黔高原区　主要分布在云南西部的大理、腾冲一带；贵州省的贵阳、遵义、湄潭、凯里、独山、榕江、丹寨、罗甸等县市。优良品种有'大炭梅'。部分县市大量引进了浙江'荸荠种''东魁'。

5. 湘西黔东区　主要分布在湖南西部雪峰山以西的怀化、靖县、会同、芷江及贵州东部的榕江、黎平、从江等地。优良品种有'小冲大颗''光叶杨梅'等。

五、栽培技术

（一）苗木繁育

杨梅苗木的繁殖方法有实生、嫁接、压条、扦插4种。目前各地主要采用以"实生育苗（或选挖野生苗）-嫁接"为技术模式的嫁接繁殖；压条和扦插繁殖因其繁育系数低，根系欠发达，苗木的全面性状远不及嫁接育苗，因此在生产上尚未广泛应用。杨梅苗圃地应选择背风向阳，地势比较平坦，坡度在 5°以下的通气良好、排水容易的地段。相关内容参见本书第四章。

（二）规划建设

杨梅是多年生经济树种，一经定植，多年收益，且商品性强，但须在适宜的环境条件下精心管理，方能达到高产、稳产和优质的目的。因此，果园的规划建设是杨梅生产中一项重要的基本建设。杨梅园地的选择，应综合考虑当地的自然条件和经济地理条件。选择海拔<800m、坡度<45°，腐殖质层厚的黄壤及红黄壤，便于集约经营、交通运输方便的山地和丘陵地等建园。气候条件为亚热带湿润性季风气候。在光辐射较大、热量充分、冬春季积温较高、4～6 月降水分布较多、夏秋降水分布适度偏少的小气候条件下，其优质、丰产性更显著。相关内容可参见本书第五章。

（三）土肥水管理

1. 土壤管理　　目前杨梅均采用天然生草栽培，不耕锄，只在采前刈草一次，并将刈草铺在树冠下，以便采果和果实脱落时减少损伤和滚失。杨梅幼树生长量少，易被山间杂草、杂树掩盖，导致生长缓慢，甚至死亡，因此需在幼树树盘 1m 左右的范围内，连续中耕除草，并进行地面覆草，以确保幼树生长健壮。我国杨梅种植大部分为山地红黄壤，土壤瘠薄，有机质含量低，有些土壤 pH 过低，酸性偏强，不利于杨梅的生长发育，因此要使杨梅优质丰产，需进行土壤改良，确保生长结果正常。改良的主要方法包括：①培土，宜在秋冬或春季进行，以减少表土冲刷，保护根系，培土厚度 6～10cm，一般就地取土，包括山土、草皮泥等；②增施有机肥，增加土壤有机质含量，同时可改善土壤理化性质，促进土壤中的微生物活动；③对 pH 过低的土壤应适量增施石灰，既能调节土壤酸碱度，又为树体补充钙素，促进根系生长，提高菌根的同氮活性。

2. 施肥　　杨梅的施肥应考虑土壤和树体养分水平及杨梅的需肥特性。每吨杨梅果实含氮 1.3～1.4kg、五氧化二磷 0.05kg、氧化钾 1.4～1.5kg、氧化钙 0.05～0.06kg、氧化镁 0.16～0.17kg，其氮、磷、钾含量比为 20：1：26；叶的氮、磷、钾含量比为 17：1：12。因此，杨梅的需肥特点为：①果实所需的无机营养成分普遍较低，磷和钙的含量特别低；②未结果幼树的根、枝、叶中无机成分含量，均以氮最高，其次是钾、钙、镁及磷，叶的含氮量高于枝和根部。因此，杨梅施肥应注意氮、钾肥的使用，成年树对钾肥要求较高。

根据杨梅树的需肥规律，施肥应以有机肥为主，无机肥为辅，看树施肥，多施钾肥，适施氮肥，少施磷肥。立足于用地与养地相结合，保持和提高土壤肥力，以有机肥为基础，适量配以化学肥料。充分考虑品种特性、树龄、生长势及土壤供肥性之间的相互关系，采取科学的配方施肥。

杨梅幼年树施肥，以促进新梢生长、尽快扩大树冠为主要目的。除种植前施足基肥外，待春梢抽发老熟后以薄肥多次追肥，并以速效性氮肥为主，如尿素，或配有适量的氮磷钾的复合肥。于春、夏、秋梢抽生前半个月施入，一般株施尿素 0.1kg，施肥时要求土壤含水量充足，可在降雨前后施入或兑水施入，注意施肥时切勿离根系太近。3 年生后，每株增加肥料用量，配合适量磷钾肥，如全年株施尿素 0.3～0.5kg 加草木灰 2～3kg，加焦泥灰 5～10kg 或加硫酸钾 0.1～0.2kg。始果后施肥时要注意少氮增钾，以控制生长，促进结果。施肥方法多采取环状或盘状施肥，促进根系向外延伸，扩大树冠。

　　结果树以高产、稳产、优质、高效为目标。施肥原则为增钾、少氮、控磷。一般全年施肥2～4次。全年施4次肥的，第1次为萌芽前的2～3月，以钾肥为主，配施氮肥，满足杨梅春梢生长、开花与果实生长发育的养分需求，一般每株施硫酸钾1kg加尿素0.2kg，或尿素0.25kg加焦泥灰15～20kg，对小年树或基肥施足的树，此次追肥可以不施；第2次壮果肥于5月中旬施，以速效性钾肥为主，补充果实生长发育的养分需求，提高果实品质，一般每株施硫酸钾1kg；第3次为采果后的6～7月，以有机肥为主，辅以速效氮肥，及时补充树体养分，促进花芽分化，增加花量。每株施肥量按10年生树冠直径3m左右的树体衡量为腐熟烂肥10～15kg(或饼肥3～5kg)，加硫酸钾1～1.5kg。但对小年树来说，由于结果数量少，负担轻，树势生长旺盛，这次追肥可不施；第4次施肥为基肥，宜于秋季9～11月施入，以有机肥为主，使树体健壮越冬，促进花芽发育。株施肥量一般为腐熟烂肥15～25kg，加硫酸钾0.5～2kg。成年树施肥多采用放射状沟施和穴状施肥。

　　成年树可根据不同生长期对各种元素的需求进行树冠叶面施肥。如开花前喷0.3%硫酸锌溶液，花期喷0.2%硼砂溶液，可提高花粉活力，并起到补硼的作用；幼果期喷施2～3次(间隔期5～7d)0.2%磷酸二氢钾溶液或1%过磷酸钙溶液提高单果重；采果后结合病虫害防治，多次喷0.2%磷酸二氢钾溶液加0.2%尿素溶液。

　　3. 水分管理　　杨梅喜湿耐阴，生产中仅依靠自然降水维持水分供给，将影响果实品质和产量的提高。因此，做好水分管理，适时适量浇水，及时防涝排水，是杨梅优质、高产、稳产的关键。

　　在杨梅种植过程中，对水分的需求主要在2～5月的萌芽、开花和果实膨大期。此时若久旱无雨，应及时浇水，保证杨梅正常的开花结果和生长发育。注意在现蕾期不要浇水。根据水源和蓄水池情况选择浇灌、喷灌和滴灌等不同灌溉方式。如发生洪涝灾害，应及时排水，防止根系受淹。

（四）整形修剪技术

　　杨梅树势强旺。一般枝梢顶芽和下部叶芽萌发抽生枝条，其下部的芽处于隐芽状态。若任杨梅自然生长，则在树冠顶部及外部抽生枝叶，且枝叶拥挤无序，树冠内膛光照少且大部分骨干枝光秃，造成表面结果，产量低，树体衰老快且操作管理极不方便。

　　通过整形可促进幼树多发枝梢，提早结果，改善树冠生产条件，增加光照和空气流通，减少病虫害发生，达到树冠上下内外立体结果、提高产量、延长结果年限的目的。同时通过修剪，调节生长和结果的矛盾，减小大小年结果幅度，改善果实品质，控制树冠高度，方便栽培管理。

　　1. 整形　　目前，杨梅生产中常用的树形有自然开心形和自然圆头形两种。

　　（1）自然开心形　　第1年在苗高90cm处定干，并将其以上部分剪去，从距地面30～40cm处，选留第1主枝，在其上面再以25～30cm的间距，选留2个方向不同、位置错开的强壮新梢作为第2主枝和第3主枝。主枝开张角度为50°左右；主枝抽发夏梢时，每个主枝可保留2～3个位置错开、方向不同的夏梢，作为副主枝，对其适当摘心，以促使充实和老熟。第2年对主枝延长头适当短截，并将主枝上所有侧枝短截，萌芽抽枝后，在主枝侧面距主干60cm左右处留适合的强壮枝为第1副主枝；3个主枝的第1副主枝应在各主枝的同一侧选留。第3年在各主枝的另一端，距第1副主枝基部60cm左右处，选留第2副主枝；第2副主枝的侧枝，留30cm左右，短截。第4年在距离第2副主枝40～50cm处，再选留培养第3副主枝，一般要求主枝和副主枝位置错开，方向不同，副主枝与主枝间的夹角为60°～70°。对副主枝，每年进行适度的短截，促使不断抽出新梢，以充分利用空间，增加结果树冠体积。要求侧枝群在主枝上下、左右错开，从内到外，分别按副主枝和侧枝顺序分布。自然开心形的大主枝为 3 个，向四周开张斜生，树枝开张，阳光通透，树冠不高，管理方便，树冠上侧枝较多，能充分利用空间使杨梅提早结果。

（2）自然圆头形　　杨梅种植后任其自然生长，在第 1～2 年的主干分生主枝，各主枝向四周及顶上自由生长，最后也形成半圆头形或圆头形树冠。但树体的生长总量不大，全树共 4～5 个主枝，树冠明显矮化，因此需进行人为整形。一般在苗木定植后，在离地 30～40cm 处进行短截，保留从主干上分生的 4～5 个强壮枝条，其余枝条及早去除；主枝在中心干上下各保持 10～15cm 的间距，并向不同方向发展，开张角为 40°～50°；再在离主干 70～80cm 部位的主枝侧面略向下的地方留副主枝，避免向上大枝太多。在大枝间都保留 80～90cm 的间隔，促进分生辅养枝，增加结果部位。控制除主枝、副主枝以外生长过强的枝，通过缓和其长势促进结果。如此经 7～8 年，即可形成自然圆头形的树形。

2. 修剪

（1）生长期修剪　　一般在 4 月中旬至 9 月中旬进行。主要内容包括：①疏枝或短截朝内或直立的徒长、密生枝，结果枝与营养枝按照 5∶5 或 4∶6 保留，短截全树 1/5 结果枝，避免大小年结果。②除萌、摘心，抹除在树体无用部位抽出的枝条，摘除顶部嫩梢，促进枝条充实并形成结果枝。③拉开或撑大枝条角度，使已有花芽枝条提高结果率，使不能形成花芽的枝条积累同化养料，形成花芽。④环割或倒贴皮，在花期环割能提高幼树的结果率。6 月环割促进花芽形成，为次年结果做准备。倒贴皮是针对过旺的中心领导干和长势过旺且覆盖在骨干枝的大辅养枝，通过倒贴皮可明显降低这类枝条的长势，使其演变成结果枝。

（2）休眠期修剪　　是指在秋梢生长完全停止至春梢萌动之前进行的修剪，在不受冻害影响的地区大约在 10 月至翌年 2 月进行。休眠期修剪的主要工作是疏枝、短截修剪和扩大枝条角度等，修剪量较大。休眠期修剪不包含环割、倒贴皮、摘心、除萌等操作。

（3）衰老树修剪　　在杨梅树势衰老，产量明显下降时，利用隐芽进行更新复壮。更新时间在停梢后的 8 月为宜。此时萌发的新梢，可安全越冬。按照树枝衰退程度更新。

1）局部更新。树冠上部分侧枝或主枝枯萎，可将衰弱或枯死的主枝重截，对留下的各枝条分 2～3 年更新，每年仍保持一定的结果量，树势恢复快。

2）主枝更新。树冠上部空虚，分枝少且纤弱，中下部有多量萌蘖枝，应将新枝上部的衰退骨干枝全部截去，并疏除部分新枝，更新后 2～3 年树冠恢复。

3）主干更新。整个树冠衰败，但主干仍健康，可在主干基部截去，促使隐芽萌发新枝，经 3～4 年可恢复树冠。

在更新修剪的同时，应配合土、肥、水管理，深翻熟化树盘土壤，施入腐熟的饼肥、堆肥、厩肥、草木灰等并掺入适量的过磷酸钙和速效氮，同时进行抹芽、疏枝和病虫害防治。

（五）花果管理技术

适宜的花果调控措施，是避免杨梅大小年结果，实现连年丰产、稳产的重要保证。主要包括促花、保果和疏花、疏果技术。

1. 促花、保果技术　　当幼年杨梅树达到可投产树冠（冠径 2m 以上，树高 5m 以上）或大年结果后，7 月用 15% 多效唑 300 倍液喷施树冠，使夏梢停止生长进入花芽分化；个别植株树势过强，在大量秋梢抽发时，再喷施一次 15% 多效唑 300 倍液，控梢促花，使次年开花结果数量增加。

杨梅一般在 3 月中旬至 4 月上旬开花,杨梅授粉受精和营养分配的矛盾是影响坐果的主要因素。因此,杨梅的保果措施主要有:①花期喷 0.2%~0.3%硼砂液,以增强花粉活力和防治枯梢病。②杨梅部分结果枝在开花结果后能抽生春梢,并消耗大量营养引起严重落果,可通过抹芽摘心,控制杨梅春梢生长,提高杨梅的坐果率;也可在春梢抽发初期(开花末期或谢花后)用 6000 倍"果大多"液喷树冠,间隔 15d 左右再喷一次 3000 倍"果大多",达到控梢保果的目的。

2. 疏花、疏果技术　　"三疏一减"技术是'荸荠种''丁岙杨梅''东魁杨梅'等品种优质高产的关键技术。"三疏一减"是指疏花芽、疏花、疏果和减花剂。具体内容参见本书第六章。

(六)病虫害防治技术

杨梅病虫害防治应坚持"预防为主、综合防治"的方针。加强病虫害预测预报,选育适应性和抗逆性较好的杨梅品种,增强杨梅树体对有害生物的抵御能力。以农业防治为基础,优先采用物理防治、生物防治方法,必要时采用化学防治方法,将防治病虫害的农药残留控制在标准范围,以减少环境污染,促进产业可持续发展。

1. 农业防治

1)选育对当地主要病虫害抗性较好的优良品种。

2)加强检疫,避免用带病苗木造林。

3)清理林地,每年采果前清除园内杂草、小灌木,降低园内郁闭度,改善通风透光条件,创造不利于病虫发生的环境。

4)果实转色后进行设施避雨栽培,降低湿度,减轻病害发生。

5)加强培育管理,增强和提高树体抗性。

2. 物理防治

1)利用杀虫灯、黄黏板或性诱剂诱集器等诱杀蛾类、白蚁类和金龟子类等成虫。

2)人工捕杀尺蠖、袋蛾类、天牛类、金龟子类、蚱蝉等幼虫、卵块、成虫或虫茧。

3. 生物防治

1)保护和利用瓢虫类、寄生蜂类、寄蝇类、草蛉类、螳螂、蜻蜓和鸟类等天敌,以维持自然界的生态平衡,生产无污染果品。

2)应用生物类农药,如苏云金杆菌(BT)、白僵菌等,防治病虫害。

4. 化学防治

1)改进喷药技术,提倡低容量喷雾。

2)严格执行化学农药种类使用规定。

第二十章 葡萄

一、概况

（一）葡萄简介

葡萄是世界第二大水果，在五大洲均有栽培，其中欧洲、亚洲和美洲是葡萄和葡萄酒的主要产地。葡萄果实除酿酒、鲜食外，也可用于制干、制汁及制罐头等。世界上约70%的葡萄用于加工，30%用于鲜食。其中，我国鲜食葡萄占80%、酿酒葡萄占15%、制干葡萄占5%。

葡萄浆果多汁、美味，具有较高的营养价值。葡萄浆果含有15%～25%的葡萄糖、果糖及少量的蔗糖，0.5%～1.5%的苹果酸、酒石酸及少量柠檬酸、琥珀酸、没食子酸、草酸、水杨酸等有机酸，0.15%～0.90%的蛋白质，0.3%～1.0%的果胶，0.3%～0.5%的钾、钙、钠、磷、锰等无机盐类，还含有维生素A、维生素B_1、维生素B_2、维生素B_6、维生素B_{12}、维生素C、维生素P、维生素PP（烟酸）、肌醇和人体必需的精氨酸、色氨酸等10余种氨基酸。葡萄还富含白藜芦醇，这种物质具有重要的抗氧化和保健功能。

葡萄为多年生落叶藤本果树，易栽培，具有适应性强、结果早、产量高等特点。因此，栽培葡萄可获得较好的经济效益、社会效益和生态效益。

（二）历史与现状

1. 栽培历史　　葡萄原产于欧洲、亚洲和美洲，目前用于生产栽培中的主要有欧洲葡萄（*Vitis vinifera* L.）、美洲葡萄（*V. labrusca* L.）、山葡萄（*V. amurensis* Rupr.）、刺葡萄（*V. davidii* Foex.）、毛葡萄、圆叶葡萄（*V. rotundifolia* Michiaux.）及一些种间杂交类型。中国原产葡萄属植物中，至少三个种有食用价值。许多古书中都有食用野生种葡萄的记载，如《诗经》中"南有樛木，葛藟累之""绵绵葛藟，在河之浒""六月食郁及薁，七月亨葵及菽"等，这里的葛藟就是一个中国野生葡萄种，薁就是现在的蘡薁葡萄，可以看出殷商时代人们就已经知道采集并食用各种野生葡萄。曹植的《种葛篇》中"种葛南山下，葛藟自成阴"，说明魏晋南北朝时期也有种植野葡萄的记载。

欧洲葡萄最早的发源地为里海、黑海和地中海沿岸地区，早在5000～7000年前，南高加索及中亚细亚、叙利亚、伊拉克等地已有栽培。据文献记载，公元前139～115年，西汉张骞出使西域将葡萄带回我国，至今已有2000多年的历史。新中国成立后，葡萄开始迅速发展，20世纪50年代出现了第一次种植高潮。1952年，全国栽培面积仅为5300hm^2，产量为2.4万t，到1978年已增加到3万hm^2，产量17.5万t。改革开放以来我国葡萄生产发展迅速，至1994年底，我国葡萄栽培面积已达15万hm^2，产量152.2万t。20世纪80年代兴起的"巨峰热"带动了第一个葡萄发展高峰，此时南北方均开始大规模种植巨峰系葡萄，这奠定了我国栽培欧美杂交种鲜食葡萄的基础。90年代中期开始的"干红热"，极大地推动了酿酒葡萄的发展，同时'红地球''秋黑''瑞比尔'等品种的大量引进，也引起了欧亚种鲜食葡萄在中国北方的种植热潮。

近年来，'夏黑' '克瑞森' '阳光玫瑰'等新品种的引进，新模式、新技术、新设施的不断完善，使葡萄的种植效益逐年提高。云南、广西、贵州等南方产区掀起了葡萄发展的新浪潮，并已成为我国鲜食葡萄生产的重要力量。

2. 栽培现状　　目前世界葡萄种植面积为 740 万 hm²，产量 7780 万 t。其中，欧洲葡萄种植面积占世界总面积的 46%，其次是亚洲占 28%，美洲占 15%。欧洲以生产酿酒葡萄为主，亚洲生产以鲜食和制干葡萄为主，美洲酿酒、鲜食和制干葡萄均有种植。葡萄种植面积前 10 位的国家分别是西班牙、中国、法国、意大利、土耳其、美国、阿根廷、智利、葡萄牙和罗马尼亚；产量前 10 位的国家为中国、意大利、西班牙、美国、法国、土耳其、印度、阿根廷、智利和伊朗。西班牙葡萄种植面积居世界第一，约 96.9 万 hm²；中国葡萄种植面积 87.5 万 hm²，位居世界第二位，而产量为 1170 万 t，居世界第一位。

中国葡萄产业经过 40 年的快速发展，目前所有省（自治区、直辖市）均有葡萄种植，主产区有新疆、河北、陕西、云南和山东等。鲜食葡萄栽培面积较大的主要有新疆、陕西、辽宁、江苏、广西、云南和山东；酿酒葡萄栽培面积较大的主要有河北、甘肃、宁夏、山东和新疆；制干葡萄主要集中在新疆。葡萄栽培模式已从传统的露地栽培发展到设施栽培、避雨栽培、休闲观光、一年两熟、根域限制等多种栽培模式。

我国葡萄品种结构逐步改善，鲜食品种中'巨峰' '红地球' '玫瑰香' '阳光玫瑰'等栽培面积占葡萄栽培总面积的 70% 以上；'巨玫瑰' '早黑宝' '醉金香'等品种及刺葡萄优良单系发展较快；'夏黑' '火焰无核' '克瑞森'等无核品种因口感好、品质优，所占比例进一步增加。酿酒葡萄生产中，以'赤霞珠' '蛇龙珠' '梅鹿辄' '霞多丽' '西拉'等为主，栽培面积约占全国酿酒葡萄的 80%，中国原产特色的山葡萄及山欧杂种、毛葡萄、刺葡萄约占 20%。葡萄栽培管理技术标准化水平明显提高。葡萄产业发展存在的主要问题有：主栽品种结构单一，优质良种苗木繁育体系建设滞后，栽培技术标准化程度低、成本高，化肥农药施用不合理，品牌意识薄弱等。因此，我们要转变观念，以节本、优质、高效和绿色为发展目标，实现葡萄栽培管理标准化、机械化、智能化，进而提高我国葡萄产业的现代化生产技术水平。

二、优良品种

葡萄属于葡萄科葡萄属（*Vitis*）。葡萄属分为真葡萄亚属和圆叶葡萄亚属。圆叶葡萄亚属有圆叶葡萄（*V. rotundifolia* Michix）和孟松葡萄（*V. munsoniana* Simpson）两个种。葡萄属有 70 余种，按照地理分布和生态特点划分为三大种群，即北美种群、东亚种群和欧亚种群。北美种群约有 28 个种，大多分布在北美洲的东部，有育种栽培利用价值的主要为美洲葡萄（*V. labrusca* L.）、河岸葡萄（*V. riparia* Michx）和丛生葡萄（*V. rupestris* Scheele）等；东亚种群，主要分布在中国、日本、韩国等地，共有 40 余种，其中起源于我国的野生葡萄多达 35 种，重要的有山葡萄（*V. amurensis* Rupr）、毛葡萄（*V. quinquangularis* Rehder）、蘡薁（*V. adstricta* Hance）、刺葡萄（*V. davidii* Foex）、华东葡萄（*V. pseudoreticulata* W.T.Wang）和秋葡萄（*V. romanetii* Roman）等；欧亚种群仅存 1 个种，即欧洲种或欧亚种，该种栽培价值最高，世界著名的鲜食、加工及制干品种多属于本种。葡萄按用途可以分为鲜食品种、酿酒品种、制干品种、制汁品种和砧木品种等。

（一）鲜食品种

1. '巨峰'（'Kyoho'）　　欧美杂种。原产于日本，'石原早生'与'森田尼'杂交育成，为四倍体品种，1959 年引入我国，在我国各地均有栽培，是我国主栽品种。果穗大，平均穗重365g，最大穗重 730g。果粒大，近圆形，平均粒重 9g，最大粒重 13.5g。果皮厚，紫黑色，果粉多。肉质软，有肉囊，果汁多，味酸甜，有较明显的草莓香味。种子与果肉易分离，每颗果实含种子 1～2 粒。果粒品质中上，抗病性较强。花芽容易形成，丰产性较好。

2. '红地球'（'Red Globe'） 欧亚种。原产于美国，亲本为 'C12-80' × 'S45-48'。1986 年引入我国，目前全国各地均有栽培，是我国的晚熟主栽品种。果穗长圆锥形，平均单穗重 800g。果粒圆形或卵圆形，果粒着生松散适度，单粒重 12～14g。果皮中等厚，鲜红色或暗紫红色，果粉明显。树势较强，幼树易形成花芽，结果枝率 70%左右，每果枝平均着生果穗 1.3个，果实易着色，极耐贮运。抗寒抗病力差，易感染霜霉病、黑痘病、白腐病等，容易发生日灼病。适宜小棚架或"Y"形架栽培。因新梢贪长，中后期应适时摘心，控制氮肥，增施磷、钾肥。

3. '夏黑' 别名黑夏。夏黑无核，三倍体品种。原产于日本，亲本为'巨峰'和'无核白'，为重要的早熟品种。果穗圆锥形，有双歧肩。经植物生长调节剂处理后单穗重 500g左右，果粒着生紧密。耐贮性较差，贮运过程易落粒。果粒近圆形，经植物生长调节剂处理后单粒重达 7g 左右。着色好，果皮紫黑色或蓝黑色，果皮较厚，果粉厚。果肉较脆，味浓甜，口感佳。生长势强，花芽分化良好，结果过多会导致成熟期推迟，因此栽培中应严格控制产量。

4. '户太八号' 欧美杂种。西安市葡萄研究所育成，从巨峰系品种中选出。为我国选育中熟品种，也是陕西的主要栽培品种。果穗圆锥形，果粒着生较紧密。果粒大，近圆形，紫黑色或紫红色，酸甜可口，香味浓，果粉厚，果皮中厚，果皮与果肉易分离，果肉细脆，每果1～2 粒种子。果粒重 9.5～10.8g，可溶性固形物 16.5%～18.6%，总糖含量 18%左右，总酸含量0.25%～0.45%，每 100g 果含维生素 C 20.0～26.54mg。嫩梢绿色，梢尖半开张，微带紫红色，茸毛中等密。该品种树体生长势强，结实力强。陕西关中 8 月中旬成熟，抗霜霉病、黑痘病、白腐病等。

5. '阳光玫瑰'（'Shine Muscat'） 欧美杂交种。二倍体，原产于日本。亲本为'安芸津 21 号' × '白南'。2009 年引入我国，为优质中熟品种。果穗圆锥形，平均穗重 600～800g，最大穗重 1500g。果粒椭圆形，松散适度，粒重 6～8g，果粒大小均匀一致。果皮绿黄色。肉质脆甜爽口，有玫瑰香味，皮薄可食用，无涩味。可溶性固形物 18%～22%，最高可达 27%。生长势中庸偏旺，花芽分化好，结果枝率较高，一般每结果枝带花序 1 个。不裂果，不脱粒。鲜食品质极优，耐贮运。抗病性较强，适合我国南北栽培。生产上常用赤霉酸和氯吡脲对其进行无核和膨大处理。

常见的栽培优良品种还有'巨玫瑰'、'玫瑰香'（'Muscat Hamburg'）、'克瑞森无核'、'美人指'、'牛奶'、'森田尼无核'、'火焰无核'（'Flame Seedless'）、'藤稔'（'Fujiminori'）、'京亚'、'龙眼'、'醉金香'。

（二）酿酒品种

1. '赤霞珠'（'Cabernet Sauvignon'） 欧亚种。原产于法国，又名解百纳，是我国主要的酿酒品种，宁夏、甘肃、河北、山东、山西、四川、天津、新疆等地都有栽培，为中晚熟品种。果穗圆锥形，重 150～170g。中紧或较松，穗梗长。果粒中等大，重 1.4～2.1g；圆形，紫黑色，果粉厚；果皮中厚；肉软汁多，出汁率 73%～80%，含糖量 16%～20%，含酸量 0.6%～0.8%。每果粒有种子 1～2 粒。每果枝平均 1.5～1.9 穗。树势中庸。对霜霉病、白粉病和炭疽病抗性较强。酿制的葡萄酒呈红宝石色，具独特风味，清香幽郁，为世界著名红葡萄酒品种。

2.'蛇龙珠' 欧亚种。原产地和品种来源不详。在我国各地都有栽培，为晚熟品种。果穗圆柱形或圆锥形，穗重 193.0g。果粒圆形，紫黑色，平均粒重 1.8g。果皮厚。果肉多汁，具浓郁青草香味，含糖量约为 18.3%，含酸量约为 0.5%，出汁率约 75.0%，酒质优良。每果粒含种子 2～3 粒。生长势极强。结实力较低。宜选择砂壤土。适合棚架或高宽垂架式，宜中、长梢混合修剪。抗病性较强。

3.'梅鹿辄' 欧亚种。原产于法国波尔多，原名 Merlot，别名美乐、梅尔诺。在河北、山东、新疆和西北各省（自治区）普遍栽培。为晚熟品种。果穗圆锥形，带副穗，穗重 189.8g。果粒着生中等紧密或疏松。果粒短卵圆形或近圆形，紫黑色，粒重 1.8g。果皮较厚，色素丰富。果肉多汁，具柔和的青草香味。含糖量约为 20.8%，含酸量约为 0.71%，出汁率约为 74.0%。每果粒含种子 2～3 粒。生长势强。早果性好，丰产。抗病性较强。单品种酒果香明显，酒体丰满、强劲，是著名的酿酒葡萄品种，也是酿酒葡萄育种的优良亲本材料。喜肥沃土壤，适合篱架栽培，宜中、短梢修剪。

4.'北醇' 欧山杂种。中国科学院植物研究所北京植物园用'玫瑰香'和'山葡萄'杂交育成。北京、河北、吉林、山东等地都有栽培。为中晚熟品种。果穗中等大，重 200～300g，圆锥形，有时带副穗，中紧或松散。果粒中等大，重 2.4～2.7g，近圆形，紫黑色；果皮中等厚，肉软，出汁率约为 77%，汁浅红色，含可溶性固形物 15.2%～24.6%，含酸量 1.2%～1.7%，酸味甜，每果枝平均 2.2 穗。果实于 8 月上旬至 9 月中旬成熟。树势强。抗寒、抗病能力强，适应性强，产量高，易栽培。酿造的葡萄酒宝石红色，澄清，回味良好。

5.'北冰红' 山欧杂种。中国农业科学院特产研究所用'左优红'×'84-26-53'（山-欧 F_2 代葡萄品系）。在我国东北地区大面积栽培。为中熟品种。果穗圆锥形，穗重 159.5g。果粒圆形，蓝黑色，果粒 1.30g。果皮较厚，韧性强。果肉绿色，无肉囊，可溶性固形物含量为 18.9%～25.8%，总酸 1.32%～1.48%，出汁率 67.1%。每果粒含种子 2～4 粒。抗寒性强，抗霜霉病。适宜在年无霜期 125d 以上、≥10℃活动积温 2800℃以上、最低气温不低于－37℃的山区或半山区栽培。短梢修剪，主蔓龙干形整枝。可用于酿造冰红葡萄酒，酒质好，深红宝石色。

常见优良酿酒品种还有'凌丰'、'品丽珠'、'霞多丽'（'Chardonnay'）、'黑比诺'（'Pinot Noir'）、'白诗南'（'Chenin Blanc'）、'雷司令'（'Riesling'）、'贵人香'、'法国蓝'（'French Blue'）、'佳利酿'（'Carignane'）、'白羽'。

（三）制干品种

1.'无核白'（'Thompson Seedless'） 欧亚种。原产于中亚和近东一带，为古老葡萄品种，又名阿克基什米什、苏尔丹娜、苏尔丹尼娜等，是世界著名的制干品种。主要在吐哈盆地和南疆的和田地区种植，总面积达到 54 万亩。为中熟品种。果穗长圆形或具歧肩圆锥形，重 210～360g。果粒中等大，重 1.4～1.8g，椭圆形，黄绿色，果皮薄。肉脆，汁少，含可溶性固形物 21%～24%。含酸量 0.4%～0.8%，味酸甜，制干率 23%～25%，无种子。结果枝率 36%～47%，每结果枝平均 1.2 穗。树势强。皮薄，肉脆，无籽，含糖量高。制干后，果粒色泽仍碧绿鲜艳，果肉柔软，食之酸甜可口，色味俱佳。且鲜食品质极佳，也适宜于制罐。抗病、抗寒性较差。

2.'无核紫'（'Black Monukka'） 欧亚种。又名无核黑、无核红、红无籽露。原产于伊朗及苏联中亚地区。为早熟品种。果穗大，重 400～470g，圆锥形，中等紧密。果粒中等大，重 2.5～2.8g，椭圆形，紫黑色，皮薄，肉脆，汁中等偏多，含可溶性固形物 20%～22%，含酸量约 0.5%，味酸甜，无种子。出干率 28.1%，可直接在阳光下晒干，是晒制有色葡萄干的优良品种。树势强。该品种丰产，适应性强。

3. '京早晶' 欧亚种。中国科学院植物研究所北京植物园于 1960 年用葡萄园 '皇后' 与 '无核白' 杂交育成。为早熟品种。果穗大，重 245～330g，圆锥形，少数有副穗，中等紧密。果粒中等大，重 2.1～2.6g，卵圆形，黄绿色，充分成熟时琥珀色，略带红晕；果皮薄。肉脆，无种子，汁少。果实于 8 月下旬至 9 月上旬成熟，树势强。为优良的鲜食、制干、制罐兼用品种。

（四）制汁品种

1. '康可'（'Concord'） 美洲种。1849 年由美洲葡萄实生苗中选出。果穗歧肩圆锥形，中紧或紧密，中等大，重 200～220g。果粒中等大，重 3g 左右，近圆形，紫红色；果皮厚，肉软，多汁，有肉囊，果汁红色，味酸，具浓郁的美洲种香味。每果实有种子 2 粒，不易与果肉分离。为中熟品种。抗寒、抗湿、抗病，适应性强，为世界著名的制汁品种。

2. '康早'（'Campbell Early'） 美洲种。又名康拜尔早生，原产于美国。为中熟品种。果穗中等大，平均重 154g，圆锥形，带副穗，紧密。果实大，平均重 4.2g，近圆形，紫黑色。果皮厚，肉软，多汁，有肉囊，出汁率 80%，味酸甜，具浓郁的美洲种味，结果枝率 90.5%，每结果枝平均 1.7 穗。树势中庸。抗寒、抗病、抗湿力强，产量高而稳定。葡萄原汁紫红色，味酸甜，新鲜适口，回味深长，品质较佳，稳定性良好，为制汁优良品种。

（五）砧木品种

世界上常用的砧木品种主要来源于 '河岸葡萄'（*V. riparia*）、'沙地葡萄'（*V. rupestris*）、'冬葡萄'（*V. berlandieri*）、'美洲葡萄'（*V. labrusca*）、'华东葡萄'（*V. pseudoreticulata*）、'欧洲葡萄'（*V. vinifera*）等野生种及其之间的杂交后代。其中以 '河岸葡萄' × '沙地葡萄' '冬葡萄' × '河岸葡萄' '冬葡萄' × '沙地葡萄' 应用最为广泛。

1. 'SO4' 原产于德国，以 '冬葡萄' 为母本，'河岸葡萄' 为父本杂交选育。以 Selection Oppenheim NO.4 的首写字母命名。该品种树势强旺，树冠扩展迅速。新梢及幼叶浅红色，无茸毛，成叶中大，近圆形，较薄，浅 3 裂。1 年生枝条呈浅褐色，较细，节间长。果实着色好，品质优良。枝条扦插易生根，根系发育好。对土壤适应范围广，抗逆性强。耐旱、耐湿性强，抗寒性强，耐石灰质土壤，抗碱力强，抗病性强，并抗根癌病、根瘤蚜、根结线虫。与欧美杂种、欧洲种嫁接亲和性好，但稍有小脚现象。

2. '贝达'（'Beta'） 美洲种。原产于美国，系 '美洲葡萄' 与 '河岸葡萄' 杂交的后代。在我国东北、西北和华北地区栽培，主要用于抗寒砧木。果穗圆锥形或带副穗，果粒着生紧密，中等大，平均穗重 147g，穗长 11.37cm、宽 9.72cm，平均粒重 1.95g，纵径 1.48cm、横径 1.36cm，近圆形，蓝黑色，味酸甜，稍有狐臭味，含糖量约 16%，含酸量约 1.6%。结实力强，结果枝占芽眼总数的 83.9%，结果系数 1.67。树势强，耐寒、耐旱、耐涝、耐瘠薄，不易感染病害。两性花。生长快，成熟枝条褐色，易成熟。

3. '5BB' 原产于奥地利，'冬葡萄' 实生。浆果小，圆形，黑色。雌能花，花序小。生长势旺盛，产条量大，生根良好，利于繁殖。适潮湿、黏性土壤，不适极端干旱条件，抗石灰性土壤，抗线虫。

4.'华佳 8 号' 华欧杂种。原产于中国，由上海市农业科学院园艺研究所育成，亲本为'华东葡萄'（*V. pseudoreticulata*）×'佳利酿'（Carignane）。目前在上海、江苏、浙江有一定面积的栽培，且在赣、桂、云等省份已有引种。果穗歧肩圆锥形，中等偏小。果粒近圆形，蓝黑色，有果点，小均粒重 1.5～2g。每果粒含种子 3～4 粒。植株生长势强。枝条生长量大，副梢萌发率强。成熟枝条扦插成活率较高，一般在 50%～75%。根系发达，一级根长而粗壮，2m 的根占总根数的 53.2%。较抗黑痘病，对土壤的适应性强，抗湿，耐涝。雌能花。该品种能明显增强嫁接品种的生长势，并可促进早期结实，丰产，稳产。可增大果粒，促进着色，利于浆果品质的提高。

5.'抗砧 3 号' 中国农业科学院郑州果树研究所用'河岸 580'为母本，'SO4'为父本，杂交培育而成。该品种植株生长势旺盛。雄花，条产量高。耐盐碱，高抗葡萄根瘤蚜和葡萄根结线虫，土壤适应性广。与'贝达'和'SO4'相比，对'巨峰''红地球''香悦''夏黑'等接穗品种的穗重、粒重、可溶性固形物和果实风味等无明显影响。生根容易、根系发达、耐盐碱、高抗葡萄根瘤蚜和根结线虫。抗寒性强于'巨峰'和'SO4'。适应河南省各类气候和土壤类型，在不同产区均表现出良好的适应性。

6.'抗砧 5 号' 中国农业科学院郑州果树研究所以'贝达'为母本，'420A'为父本杂交选育。该品种植株生长势强。两性花。每果枝着生花序 1～2 个。果穗圆锥形，无副穗，平均穗重 231g。果粒着生紧密，圆形，蓝黑色，粒重 2.5g。果粉厚，果皮厚。果肉较软，汁液中等偏少。每果粒含种子 2～3 粒，可溶性固形物 16.0%。与'贝达'相比，对'巨玫瑰''夏黑''红地球'等接穗品种的主要果实经济性状无明显影响。'抗砧 5 号'生根容易，根系发达，耐盐碱，高抗葡萄根瘤，高抗根结线虫，适应性广。

三、生长结果特性

（一）不同年龄阶段植株的发育特点

1. 葡萄生命周期 葡萄的自然寿命很长，在老葡萄产区，可见到百年以上树龄的植株仍枝繁叶茂，果实累累。其生命周期一般可分为 4 个时期：①幼树期。即葡萄 1 年生扦插苗、嫁接苗或实生苗栽植后至开花结果阶段，为 1～2 年。主要是加强土、肥、水的管理，促进幼树根系生长，促使地上部枝条生长粗壮、充实，为培养健壮主蔓打好基础。另外，要注意摘心，以促使枝条充实。②结果初期。葡萄结果早，栽后 2～3 年开始结果。此期是整形的关键时期，在树形迅速扩大的同时，要注意培养好结果枝组。③盛果期。在正常管理条件下，葡萄盛果期可维持 20～30 年以上。此期要注意结果枝组的更新，保持年年有健壮的结果母枝。④衰老更新期。植株上部的结果枝蔓，经反复更新，基部老蔓变粗、新梢变衰，植株进入衰老期。此期可利用根蘖培养新植株，也可将枝蔓压入土壤中生根形成新植株，而当树体难以更新复壮维持正常生产时，则应砍伐刨除，重建新园。

2. 葡萄的年生长周期 可分为生长期和休眠期。

（1）生长期 葡萄从春季树液开始流动至秋季落叶为生长期。生长期可分为以下 7 个时期：①树液流动期。春天当葡萄根系分布土层的地温达 7～10℃时，葡萄根系开始活动，从土壤中吸收水分与无机盐类物质，由根系和老蔓向上输导，由于枝蔓上的导管粗大，根压又大，树液上升速度很快，此时尚未萌芽展叶。②萌芽期，从萌芽至开始展叶。在日平均温度 10℃以上时，葡萄芽眼开始膨大和生长。在冬季埋土防寒地区，一般解除覆盖物后 7～10d 芽便开始萌动。当芽萌发、新梢长出 3～5cm、能识别花序时抹芽，以保证主芽正常生长。③新梢生长期，从萌芽展叶至新梢停止生长。萌芽初期生长缓慢，日均温度升至 20℃时，新梢生长迅速，每昼夜生长量可达 10～20cm，即出现第一次生长高峰。以后到开花为止，新梢生长趋缓。这个时期所需的营养物质，主要由茎部和根部贮藏的养分供给。此时在抹芽的基础上进行定枝，将多余的新梢和副梢剪掉，并及时绑缚新梢。④开花期，从始花期至终花期。一般品种花期为 7～10d。为了提高坐果率，在花期前 2～3d 对结果枝摘心，控制营养生长，改善光照条件，同时对花穗进行整形，可明显地提高坐果率。⑤浆果生长期，从子房开始膨大到浆果着色前。一般可延续60～100d，包括浆果生长、种子形成、新梢加粗、花芽分化、副梢生长等。浆果生长的同时，新梢加粗生长，节间芽眼进行花芽分化。当浆果长到接近品种固有的大小时，趋于缓慢生长，新梢进入第二次生长高峰。⑥浆果成熟期。此期为从果实变软开始至果实完全成熟。浆果成熟期光照充足，高温干燥，昼夜温差大，有利于浆果着色，含糖量高。在这阶段要注意疏掉影响光照的枝叶，促进果实迅速着色成熟和枝条充实。⑦枝蔓成熟和落叶期，果实采收后至叶片黄化脱落时。葡萄采收后，叶片的光合作用仍在加速进行，将制造的营养物质由消耗转为积累，运往枝蔓和根部贮藏。枝蔓开始变色成熟，这时花芽分化也在进行。此时要注意控制副梢生长，保证光合作用的正常进行，促进枝蔓充分成熟和花芽分化，可以提高越冬抗寒能力和翌年的产量。

（2）休眠期　葡萄从秋季或初冬落叶后至翌年树液开始流动为止为休眠期。

（二）生长特性

1. 根系　根系的组成和功能。葡萄根系由骨干根和幼根组成。葡萄的根富于肉质，其根系非常发达，有固定葡萄位置、支持地上部分、从土壤中吸收水分和将养分输送到地上各部位的作用，并有转化合成有机物质、积累营养物质等功能。种子播种后由胚根发育形成的根系称为实生根，包括主根、侧根、二级侧根、三级侧根及幼根，根和茎的交界处称根颈。扦插、压条、嫁接后从土中茎蔓生出的根为不定根，包括根干和分枝的细根。

根部最前端的根尖为根冠，对根的生长点起保护作用。根冠后面是细胞分裂区，即生长点，可分生出大量细胞；再后面是生长区，粗且色白，细胞增大；生长区后为吸收区，细胞分化出输导组织，表皮生出很多根毛，可吸收土壤中的水分和养分；吸收区后是输导区，可输送吸收的水分和养分。从根发育的先后看，开始形成的生长根生长快，可向深层土壤分生新根，并转化成吸收根。吸收根又称营养根，数量多，生长旺季或追肥后发根率高，可吸收土中的养分，并转化为有机物质。输导根浅褐色，变粗后形成骨干根，固定于土中，支撑地上部分，并可贮藏营养物质。

根系的分布。一株正常生长的葡萄可有大小几千条根，主要分布在 20～60cm 土层中，离主干 1m 左右。葡萄是深根性果树，旱地葡萄根系深达 3～5m，离主干 2～3m，耐旱性强。

根系的生长特性。葡萄根系开始活动和生长温度随种类而异。欧亚种根系在 6～6.5℃、美洲葡萄在 5～5.5℃、山葡萄在 4.5～5.2℃时开始活动，并吸收水分和养分；在 12℃时开始生长及发生新根，在 20～25℃时根系生长最旺盛。北方葡萄一年中根系有两次生长高峰：第一次从5 月下旬开始，6 月下旬至 7 月间达到生长高峰，这是一年中生长最旺盛、新根发生最多的时候；9 月中下旬（果实采收后）出现第二次弱的生长高峰。

当春天日均空气温度上升到 10℃时，根系开始活动，接着地上部芽萌动，此时植株的主要特征是伤口开始分泌伤流液，表明根系已经开始活动，并吸收土壤水分。如果此时形成伤口，易造成"伤流"，所以此时期又称伤流期。伤流一般从春天树液开始流动到芽萌动为止。

2. 芽 葡萄的芽是混合芽，有夏芽、冬芽和隐芽之分。葡萄混合芽在春季萌发，从萌芽到开始展叶的时期称为萌芽期。春季当气温上升至10℃左右时，葡萄芽即开始萌发。首先是芽体膨大，随之鳞片裂开，接着是芽体开绽、露出绿色，芽内的花序原基继续分化，形成各级分枝和花蕾，新梢的叶腋陆续形成腋芽。芽的萌发主要取决于气温条件，且与品种、树势、土壤有关。

冬芽。冬芽是在副梢基部叶腋中形成的，当年不萌发。冬芽外包被有两片鳞片，鳞片上密生茸毛保护，可适应冬季寒冷。冬芽是几个芽的复合体，其内位于中央且又最大的一个芽称主芽，在其周围有2~8个大小不等的副芽。一般仅主芽萌发，若主芽受到伤害、冻害、虫害时副芽也可萌发。栽培上一般只保留1个发育最好的萌芽，其余的抹除。

夏芽。夏芽在新梢叶腋中形成，为无鳞片的裸芽。葡萄的主梢延伸生长的同时，叶腋中分化冬芽，在冬芽的旁边也分化夏芽。夏芽当年分化和萌发，抽生形成的枝为夏芽副梢。在新梢顶芽摘除后，夏芽可形成花芽，抽生出带花序的副梢，形成当年二次果。

隐芽。隐芽是在多年生枝蔓上发育的芽，为未萌发的冬芽或冬芽中的副芽潜伏下来形成的。一般不萌发，而重修剪可刺激其萌发。栽培管理中可利用隐芽更新枝蔓，复壮树势。

花芽。葡萄的花芽属于混合花芽。花芽分化通常是从上一年开花前后开始的，到第二年春天完成花序分化为止。新梢基部的冬芽，在春季主梢开花时开始分化，先长出花序原基（突状体），然后分化成各级穗轴原基、花蕾原基、第一花序原基、第二花序原基，直到花后2个月左右完成第二花序原基后，其分化速度变缓，直至秋冬休眠，次年春天花芽继续分化，直至形成完整花序。花芽分化状况与环境条件密切相关。增加肥水、适时摘心，可使葡萄植株积累较多的营养物质；当温度适宜、光照充足时，花芽分化就好，花序大，为结果丰产打下基础。

3. 叶 葡萄的叶为单叶互生、掌状。叶片的形状可为肾形、心脏形、近圆形。叶片大小、形状、颜色、裂刻深浅、锯齿形状是否尖锐等，是鉴定葡萄品种的重要依据。叶能进行光合作用、制造有机营养物质，并具有呼吸、蒸腾作用。叶片的多少与产果量和果实品质有密切关系。葡萄生产上要求枝条和叶片在架面上分布要合理，如果枝叶过密，则会影响叶片光合作用。

葡萄叶片从展叶到长到固定大小一般需1个月左右。当叶片长到最大时，光合作用最强，制造的营养最多。幼叶长到正常叶大小的1/3前，叶片光合作用制造的碳水化合物尚不能满足自身生长的消耗，只有长到正常叶片大小的1/3以上时才能自给自足，并能把多余的光合产物输送出去，供其他器官和组织利用。果实采收后，果树体内的营养转至枝蔓和根部贮藏。枝蔓自下而上逐渐成熟，直到早霜冻来临，叶片脱落。

4. 花序、果穗和卷须 花序。葡萄的花序为圆锥花序，由花穗梗、花穗轴、花梗及花朵组成，通常称花穗。葡萄的花由花梗、花托、花萼、花冠、雄蕊、雌蕊组成。葡萄的花序一般分布在果枝的3~8节上，欧亚种品种每个果枝上有花序1~2个；美洲种每个果枝上往往有3~4个或更多花序，但较小；欧美杂种一般每个果枝上有2~3个花序。一个花序的花蕾数有200~1500个。在一个花序上，一般花序中部的花蕾发育好、成熟早，基部花蕾次之，而尖端的花蕾发育差、成熟最晚。

葡萄的花分为两性花、雌能花和雄能花。两性花又称完全花，具有发育完全的雄蕊和雌蕊，雄蕊直立，有可育花粉，能自花授粉结果，山葡萄等野生种为雌雄异株。雌能花的雌蕊正常，但雄蕊向下弯曲，花粉不育，对这类品种必须配以授粉品种，进行异花授粉才能获得产量。雄能花的雌蕊退化，没有花柱和柱头，但雄蕊正常，有花粉。生产上种植的绝大多数是两性花品种，开花期昆虫能起到传播授粉的作用。虽然风对葡萄传粉作用不大，但是合理通风有利于花帽脱落、团块状花粉的散开和授粉、受精。

果穗。由穗轴、穗梗和果粒组成。葡萄花序开花、授粉、受精、结成果粒之后，长成果穗。花序梗变为果穗梗，花序轴变为穗轴。果穗因各分枝发育程度的差异而形状不同，果穗的形状包括圆锥形、圆柱形、分枝形，具体形态多种多样。

卷须。卷须与花序是同源器官。在新梢上往往可以看到从典型卷须到典型花序的各种中间类型。卷须的作用是缠绕他物、攀缘延伸、支撑茎蔓生长。成年葡萄植株新梢一般在第3～6节处开始长出卷须，副梢一般在第2～3节处长出卷须。葡萄的卷须一般有2～3个分叉，开始比较嫩，当缠到其他物体后就会迅速生长，变成木质化。欧亚种卷须为间歇式着生，即每着生两节卷须后空一节；美洲种卷须为连续式着生，每节叶的对面都有卷须或花序。当花芽分化时，如果营养充足，卷须原基可逐步分化成花序；营养不足时，花序原基可变成卷须，生产上常见到卷须状花序。卷须的互相缠绕会给枝蔓管理、果实采收等作业带来不便，而且又消耗营养，因此要及时除掉。

5. 果实和种子 果实。葡萄开花、授粉、受精后，雌蕊的子房发育成果实，整个花序形成果穗。果实由果梗（果柄）、果蒂（果梗与果粒相连处的膨大部分）、果刷、外果皮、果肉（中果皮）及种子等组成。果粒形状有近圆形、扁圆形、椭圆形、卵形、倒卵形等；果皮颜色因品种不同而异，其着色也随果实的成熟度而变化；果肉中含有大量水分，故称浆果。评价葡萄品种的优劣，主要看果形大小、果皮厚薄、是否易与果肉分离、果肉质地、可溶性固形物含量、糖酸比、色素及芳香物质等，果粒紧密度也是一项评价指标。一般鲜食葡萄以穗大、粒大、果粒不过密、适口性好为佳。

种子。子房胚珠内的卵细胞受精后发育成种子。葡萄的有核品种中，通常一个果粒会有1～4粒种子，多数有2～3粒，偶有少量无核果粒发生；无核品种因单性结实的作用或因果实发育过程中胚败育而产生无核果实。葡萄种子一般为梨形。通过选种无核品种、用赤霉素处理等方法，可获得无核葡萄。生产中为使无核葡萄果粒膨大，常采取一些措施以促进种子发育，延缓种胚败育；有核葡萄则通过技术处理使其无核化，提高商品性。

6. 枝蔓与休眠 葡萄枝蔓由主干、主蔓、一年生结果枝、当年生新枝和副梢组成。树干为主干（老蔓），虽不再伸长生长，但可不断加粗。主干的分枝称主蔓，其生长与结实力密切相关，主蔓越粗壮，结实力越强。

带叶片的当年生枝称新梢，生长期内新梢一直保持绿色，但在果实成熟前10d左右逐渐变为红褐色，并成熟为一年生枝。次年一年生枝变成两年生枝，此后成为多年生枝。带有花序的新梢称结果枝，不带花序的新梢称发育枝（营养枝）。由结果枝和生长枝组成的一组枝条称为结果枝组。当年萌发的枝条称副梢。新梢和副梢在冬季落叶至春季萌芽前统称为一年生枝或当年生枝。一年生枝修剪留作次年结果，称结果母枝。

葡萄的茎细而长，髓部大，组织较疏松。新梢上着生叶片的部位为节，节部稍膨大，节上着生芽和叶片，节内有横隔膜。两个节之间为节间，节上叶片对面着生卷须或花序。叶腋内着生芽眼。葡萄的新梢不形成顶芽，其生长要消耗大量养分，因此栽培中控制新梢生长，并将养分集中于生殖生长是十分必要的。对新梢反复摘心，使80%以上的新梢达到径粗0.7～1cm及以上，可显著促进新梢成熟、花芽分化，提高抗寒能力。新梢成熟的标志是枝梢木质化，皮色由绿色转变为黄色。枝梢成熟情况与抗寒能力及翌年产量有密切关系。枝梢越成熟，其抗寒能力越强。

葡萄休眠是指从秋季落叶到第二年春树液开始流动时为止，可分为自然休眠和被迫休眠。一般认为落叶是自然休眠开始的标志。自然休眠是由植株内部生理障碍引起的休眠，所以即使有适宜生长的温、湿度条件，芽眼也不会萌发。完成自然休眠要求一定的低温（0～7.2℃）和低温持续时间，也称"需冷量"。需冷时间的长短因品种而异，欧亚种群品种一般在 7.2℃ 以下，经历 2～3 个月即可度过自然休眠。自然休眠之后，植株即进入被迫休眠期。这一时期尽管植株已度过自然休眠期，但外界温度依然不能满足它开始生长的需要，使植株仍处在休眠状态。但一旦条件适合，随时可以萌芽生长。早熟品种需要时间相对较少，晚熟品种需要时间较长。休眠结束后，在适宜的温、湿度与营养条件下植株才可萌芽生长。当自然休眠完成后，如果外界温度不能满足它开始生长的需要，则植株仍处于休眠状态，此时为被迫休眠。葡萄的促成与抑制栽培，均需要控制葡萄的休眠，通过打破休眠以促成栽培，通过维持休眠以延后栽培。

（三）结果特性

1. 开花与坐果 葡萄萌芽以后，经过 20～60d，日平均温度达到 20℃ 时，即可进入开花期。如气温低于 15℃ 或连续阴雨天，则开花期延迟。每天上午 8～10 时，天气晴好，20～25℃ 条件下开花最多。葡萄的开花期持续 5～14d，依品种、植株长势、天气状况等而有变化。在同一个结果枝上，基部的花序先开放，并依次向上开。在同一花序上，中部花先开放，先端及基部的花后开放。

葡萄花授粉受精后，子房膨大并发育成幼果，称坐果。葡萄大多数品种的花具有发育正常的雄蕊和雌蕊，自花授粉多可以结果，且能满足生产上的坐果要求。葡萄的自花授粉坐果率因品种不同而有较大差异。

一般始花 2～3d 后进入盛花期，盛花后 2～3d 开始进入生理落果期。生理落果的轻重取决于品种的特性、花期天气条件及栽培技术状况。为提高坐果率，应在花前、花后适时施肥浇水，对结果枝及时摘心，人工辅助授粉，喷布 1 次硼酸或硼砂溶液。

引起落花落果的原因较多：①与品种有关，'巨峰''户太 8 号'等四倍体品种胚珠发育不完全，可影响受精坐果；②生长期树体生长不良，营养积累不足，往往引起胚珠发育不良，不完全花增多，花粉发芽率低；③花期营养生长与生殖生长不平衡，树势过旺，营养生长争夺养分，加剧落花落果；④花期出现低温或阴雨天气，花粉不能够正常散粉；⑤与栽培管理有关，花期氮素过高可促使营养生长过旺，缺硼使花粉管延伸不良影响受精，而花前摘心有利于保花保果。

2. 浆果发育与成熟 葡萄坐果后，浆果迅速膨大，其生长发育一般需要经过三个时期：①浆果快速生长期，持续 5～7 周。此期是果实重量和体积增长最快的时期，浆果绿色，果肉硬，含酸量达最高峰，而含糖量处最低值。②浆果生长缓慢期（硬核期），持续 2～4 周。此期浆果的生长速度明显减缓，种皮开始迅速硬化。胚的发育很快，在这一时期达到体积最大。酸度下降，开始了糖分的积累，浆果开始失绿变软。③浆果最后膨大期，持续 5～8 周。此期为浆果生长发育的第二个高峰期，但生长速度次于第一期。这期间浆果慢慢变软，酸度减少，糖度迅速增加，逐渐表现出品种固有的色泽与香味。

四、对生态条件的适应性

（一）对环境的要求

葡萄的生态学特性是葡萄长期适应栽培地环境的结果。气候因素决定葡萄能否在一个地区正常生长与结果，并决定葡萄浆果的产量和品质风味。外界环境条件包括气候气象因子（温度、光照、水分）和土壤。

1. 温度　　葡萄属喜温性果树，温度影响葡萄生长发育的全过程，并直接决定产量和品质。葡萄在不同生长时期对温度的要求不同。根系开始活动的温度为 6～10℃，一般早春 10℃ 以上时葡萄开始萌芽，秋季日平均温度降到 8℃ 以下时，叶片逐渐黄萎脱落，植株进入休眠期。葡萄新梢生长和花芽分化、生产结果最适宜的温度是 25～30℃，低于 15℃ 时影响葡萄的开花坐果；浆果成熟适宜温度为 28～32℃，低于 14℃ 对果实成熟不利，超过 35℃ 生长就会受到抑制，38℃ 以上时浆果发育滞缓，品质变劣，叶、果出现日灼病。在高温和强光下，叶绿素被破坏，叶片变黄，甚至坏死，浆果变成棕红色并皱缩干枯。

一般认为，冬季−17℃ 的绝对最低温线、海拔高度 700m 是我国葡萄冬季埋土防寒与不埋土防寒的分界线。葡萄对低温的反应因种类和品种而异。在冬季休眠期间，欧亚种群品种芽眼可忍受短时间−20～−18℃ 的低温，1 年生枝可忍受短时间−22℃ 的低温，多年生蔓在−20℃ 左右即受冻害。葡萄的根系不耐低温，欧亚种群品种的根系在−4℃ 时即受冻害，在−6℃ 时经两天左右即可冻死；欧美杂交种品种的根系在−7～−6℃ 时受冻害，在−10～−9℃ 时可冻死。因此，在北方栽培葡萄时，要特别注意对枝蔓和根系的越冬保护。山葡萄和美洲葡萄的某些品种耐寒力较强。山葡萄枝蔓可忍受−50～−40℃ 的低温，根系可忍受−16℃ 以下的低温，其临界温度为−19～−18℃；贝达葡萄的根系可忍受−11℃ 的低温，其临界致死温度为−14℃。‘北醇’‘北红’是‘玫瑰香’与‘山葡萄’杂交育成的，在北京地区不埋土即可安全越冬。

春天，当地温上升到 7℃ 以上时，大多数欧亚种群的葡萄品种树液开始流动，并进入“伤流”期。当日均温度达到 10℃ 及以上时，欧亚种群的品种开始萌芽。因此，把平均 10℃ 称为葡萄的生物学有效温度起点，把一个地区一年内≥10℃ 的温度总和称为该地区的年有效低温。葡萄的芽眼一旦萌动，耐寒力即急剧下降，刚萌动的芽可忍受−4～−3℃ 的低温，嫩梢和幼叶在−1℃ 时即受冻害，而花序在 0～3℃ 即受冻害。

2. 光照　　葡萄是喜光树种，对光照非常敏感。光照充足时，植株健壮充实，叶色浓绿而有光泽，光合作用强，花芽分化充分，浆果着色好，产量高，品质佳；如光照不足，则新梢纤细，成熟度差，花芽分化不好，落花落果严重，浆果发育不良，品质低劣，不仅当年产量低，还会严重影响第二年的产量。不同品种对光照的反应略有差异，美洲种、欧美杂交种比欧洲种对光的要求略低一些。葡萄上层叶片接受光线的能力明显优于下层叶片。光照问题在设施栽培中尤显突出，日光温室或塑料大棚必要时需要补充光照。光的不同成分对葡萄的结果与品质有不同影响，蓝紫光特别是紫外线能促进花芽分化、果实着色和提高浆果品质。

3. 水分　　降水量对葡萄的生长影响很大。在我国大体分三种情况：年降水量 300m 左右的地区属葡萄旱地栽培，如山西榆次、陕西米脂；年降水量 600～800m 地区适于葡萄生长，如山东半岛、渤海湾、黄河故道等地；年降水量 1000m 左右的地区，雨水过多，葡萄枝蔓徒长，结实不良，易发生病虫害，宜采用高棚架，并注意改善架面光照及通风条件。近年来采用避雨栽培设施与技术大面积栽培葡萄，并获得了成功。

葡萄是耐旱植物，但水对葡萄的生长发育必不可少，要形成营养器官就需要大量水分。葡萄在萌芽期、新梢生长期、幼果膨大期需要充足的水分，一般 7～10d 应酌情浇水一次或蓄水保墒，春旱时节尤其要注意补水。开花期适当减少水分，以促进坐果。果实膨大期浇水会增加产量，但大棚葡萄必须控制湿度，避免病害发生。浆果成熟期要求水分减少，但这一时期往往多雨，土壤过湿甚至积水，导致产量、品质降低和病害蔓延，因此应注意及时控制湿度。土壤或空气中的水分不足或过多，对葡萄的生长发育都是不利的。高水位地区栽培葡萄，必须设法降低地下水位，改善排水条件。

4. 土壤 葡萄对土壤的适应范围较广，一般的土质类型均能栽培，但以较肥沃的砂壤土最适宜，在这种疏松、通透性好、保水力强的土壤里，葡萄生长良好。黏质土壤通透性差、地温上升慢、肥效来得迟，葡萄表现较差。盐碱地及低洼、地下水位高的地块不宜栽种葡萄。栽植园以土层深厚（80cm 以上）、pH 6.5～7.5 为宜。温室或大棚栽培，对土壤要求更高，土质更应肥沃、富含有机质、通风透气。

近年来，采用垄作栽培、坑穴栽培及筐箱栽培等限根栽培技术，在恶劣土壤（如戈壁、沙漠、盐碱等）地区栽培葡萄并获得了成功。在我国人均耕地有限、建设开发用地挤占农田的现状下，为扩大葡萄的种植提供了可能。

（二）生产分布与栽培区划分

我国地域辽阔，地形复杂，从北到南横跨寒温带、温带、亚热带、热带几个气候带。地形的复杂性伴随着气候的多样性，为葡萄产业的发展提供了天然的、类型丰富的栽培区，同时也使品种区域化和品种选择工作显得更为重要。按照各地生态条件的不同，可将我国葡萄划分为5个栽培区。

1. 东北、西北冷凉气候葡萄栽培区 主要包括沈阳以北、内蒙古、新疆北部山区。该区冬季气候严寒，尤其是吉林、黑龙江一带，绝对最低温常在−40～−30℃，≥10℃年活动积温为2000～2500℃。积温不足是该区发展葡萄生产的主要障碍。这一地区葡萄露地栽培以抗寒性强的早中熟品种为主，同时，苗木应采用抗寒砧木山葡萄或'贝达'。在城市和工矿区附近可发展以欧亚早熟品种为主的设施栽培。

2. 华北及环渤海湾葡萄栽培区 主要包括京、津地区和河北中北部、辽东半岛及山东北部环渤海湾地区。该区葡萄栽培历史悠久，是当前我国葡萄和葡萄酒生产的中心区，鲜食葡萄、酿酒葡萄及葡萄酒产量均在全国占有重要的地位。该区气温适中，≥10℃年活动积温为3500～4500℃，无霜期180d 以上，年降水量500～800m，夏季气温不高，有利于葡萄色素和芳香物质的生成，加上该地区交通发达、科技基础雄厚、市场流通优势明显，今后仍将是我国优质葡萄和葡萄酒发展的重点地区。在葡萄品种选择上要重点发展欧亚种优良品种，重视葡萄和葡萄酒品质，以生产早中熟品种、发展设施与观光农业、丰富市场就近供应为主。

3. 西北及黄土高原葡萄栽培区 西北及西北东部、华北西部黄土高原地区是我国葡萄栽培历史最为悠久的地区和传统优质葡萄生产区，同时也是目前全国葡萄栽培面积最大的地区。该区日照充足，气候温和，年活动积温量高，日温差大，降水量少，适宜发展优质葡萄生产，也是我国今后优质葡萄和葡萄酒重点发展地区。

该区根据气候条件不同可划分为新疆、甘肃西部制干、鲜食葡萄发展区和西北东部、华北西部黄土高原鲜食、酿造葡萄发展区两大部分。新疆（吐鲁番、鄯善地区）和甘肃（敦煌地区）是我国主要的葡萄干生产基地，除继续大力发展原有制干品种'无核白'外，应积极发展新的优质制干种和高档欧亚种鲜食葡萄品种如'红地球''木纳格''红意大利'等。

华北西部和西北东部的山西、陕西、宁夏、甘肃黄土高原地区，不仅日照充足，降水量少，而且土层深厚，特别适于发展优质葡萄生产，是推广发展绿色食品、有机食品葡萄的适宜区域。在品种选择上要以欧亚种优良品种为主，同时要积极规划发展葡萄酒生产，使该区尽快成为我国颇具规模的优质葡萄、葡萄酒生产基地。

西北地区东南部和华北地区南部（包括部分黄河故道地区）气温较高，且7～9月雨量较多，对葡萄生产和品质的提高有一定影响，因此在品种选择上要注意选用抗病性强、成熟期能避开阴雨的欧亚种品种，同时还可因地制宜地发展部分抗病、耐湿、品质优良的欧美杂交种、鲜食和制汁品种。

4. 秦岭、淮河以南亚热带葡萄栽培区 秦岭淮河以南地区气温较高，年降水量大（800～1500m），且多集中在7～9月，自然条件对葡萄的生长和品质提高都有一定的不利影响，在以往被认为是不适宜葡萄发展的地区。近年来，随着新品种选育和引种工作的加强、农业科技的创新与推广，较耐湿热的巨峰系品种在南方得到了长足的发展。上海市、浙江金华市、海盐县、广西、福建福州、湖南衡阳和怀化、四川成都和广元等地发展巨峰系品种都取得了良好的效果，并已形成一个新的巨峰系品种生产区。今后该区葡萄鲜食品种仍应以优良的抗湿、抗病的巨峰系品种为主，如'京亚''京优''藤稔''夕阳红'等。

近年来，上海、江苏、浙江、福建、安徽、湖北、广东、广西等省（自治区、直辖市）进行的避雨栽培实践表明，在人工设施避雨条件下，一些欧亚品种也能正常结果，这为我国高温多雨的南方地区发展优质欧亚种葡萄栽培探索出了一条可行之路。

5. 云贵高原及川西部分高海拔葡萄栽培区 云贵高原及川西高海拔区、金沙江沿岸河谷地区地形复杂，小气候多样，其中一些地方日照充足（年日照在2000h以上），热量充沛，日温差大，降水量较小且多为阵雨，是今后需要鼓励与支持发展葡萄生产的地区。近年来，云南、四川、重庆、贵州等省（直辖市）的葡萄产业发展迅速，尤其是云南省的规模化栽培。

五、栽培技术

（一）苗木繁育

葡萄苗木常采用扦插、嫁接和压条等方法繁殖。扦插育苗是目前葡萄苗木繁殖中应用最广而又最简便易行的方法，因此栽培上以扦插繁殖为主。苗木繁育的相关内容可参照本书第四章。

（二）园区规划建设

发展葡萄生产，要充分重视品种区域化，选择最适宜当地栽培的葡萄品种，并针对当地消费特点及市场情况，合理搭配适宜的早、中、晚熟品种，以期获得最佳效益。我国的"三北"地区、西南高海拔地区及长江以北大部分地区，是葡萄生产的适宜区，基本上可发展各类葡萄，特别适宜欧亚种；江南及沿海暖湿地区作为葡萄生产的次适宜区，一般适宜发展抗病力强的欧美杂种。近年来，南方地区大力推广设施栽培，使欧亚种在南方的生产栽培成为可能，在一定程度上弥补了自然条件带来的不足。园区规划相关内容参照本书第五章。

（三）葡萄的栽植

1. 定植前的准备 做好土壤准备。实行冬春成苗定植的葡萄园，定植沟在初冬季节前要挖好，并灌水使土壤下沉、土肥交融。对定植沟的表土部分，反复多次中耕，使畦面达到平、松、细的要求。

定植前要做好苗木的检查整理。不同级别的苗木要分开，分别集中定植，以方便管理。结合苗木整理，修剪根系和苗干。侧根剪留长10～15cm，根茎以上的枝芽（嫁接苗在嫁接口以上）保留3～4个。可先将苗茎剪留2～3个饱满芽，对底层的侧根进行适当修剪，对上层侧根进行短截，剪出新鲜茬口。再将苗木根系浸水 2～4h，使其充分吸足水，以提高成活率。

2. 栽植时期　　秋季落叶后到第二年春季萌芽前栽植均可。北方地区一般春季栽植；南方分冬季栽植与春季栽植。冬季栽植时间一般在 11 月底到 12 月中，这个时期的地温高于气温，对苗木根系的伤口愈合有利，此时定植的苗木翌春发芽早，成活率高。春季栽植，南方早于北方，一般在 3 月上旬前定植。

3. 栽植方式　　挖栽植沟或穴，沟（穴）宽 0.6～1.0m，深 0.6～1.0m。表土与底土分放，回填时先将表土和足量腐熟有机肥、适量过磷酸钙肥混匀填入，底土撒开或作埂风化。沟植法，排水畅，土壤空气足，葡萄生长发育快，但费工多；穴植法，省工，但在南方地区雨水多的情况下，穴内易积水，致使葡萄生长不良，甚至死亡。

4. 栽植密度　　根据气候特点、架式、品种的生长特性、土壤肥沃程度、肥水条件而定。多雨地区、土壤肥沃地区、肥水条件优越地区，品种生长势旺盛者，应适度稀植。在埋土防寒地区，适当加大行距，缩小株距。篱架栽培的株行距为（1.0～2.0）m×（2.0～3.5）m，小棚架的株行距为（1.5～2.5）m×（4.0～6.0）m，大棚架的株行距为（1.5～2.5）m×（6.0～15）m。

5. 栽植　　苗木先在清水中浸泡 3～5h 或过夜，以补充树体水分。选择晴好天气，先按原设计定点放线，再沿定植沟的中心线挖穴放苗，每穴一株。种植时把苗扶直，使根茎比地表略高，根系舒展于穴内，再填满土，踏实使根系与土壤充分接触。栽后及时浇水，水要浇透。为提高苗木成活率，种植后最好覆盖黑色地膜。

（四）葡萄栽培架式

葡萄属于藤本攀缘植物，枝条生长迅速，需要采用一定的架式来维持良好的树形，使枝叶能够根据空间合理分布，保障通风和光照条件良好，保证果实的产量及品质。葡萄架式分为篱架、棚架和柱式架三类。葡萄架式走向可因地制宜，篱架要南北走向，棚架要东西走向，一定要便于人工操作。

1. 篱架　　又称立架，因架面与地面垂直而得名，是最常用的传统架式，它又分为单篱架、双篱架和宽顶篱架（"T"字形架和"Y"形架）。

（1）单篱架　　又称单臂篱架，每行设 1 个架面，沿葡萄行的走向，在行内每隔 5～8m 立一根支柱，每行葡萄立一排支柱，其上拉 3～4 道同向的铁丝，最下面的铁丝距地面 60～80cm，架高 1.8～2.0m。行距可以保持 2.0～2.5m，寒冷地区，为了方便冬前埋土，可以加大行距到 3m。温室栽培，为了提高棚室利用率，可以采用小行距的设计。单臂篱架也有采取同一高度拉 2 道铁丝的，2 道铁丝之间保持 30cm 左右，在每根立柱的地方有垂直篱架走向的横木棍固定，目的是让篱架固定向上走势，减少人工绑缚葡萄藤。这种方式，适合于结果部位低的葡萄品种。

优点：通风透光好、方便田间管理，可密植实现早期丰产，便于机械化栽培，适用于干旱地区及生长势较弱的品种。

缺点：长势过旺，枝叶密闭，结果部位上移；果穗距地面较近，管理不便，易污染和生病，不适合高档果生产。

（2）双篱架　　又称双臂篱架，有两个架面，是在葡萄树的两侧，各建一行对称的两排单篱架立柱，相距 70～80cm，上拉 1～4 道铅丝，架高约 1.8m。将植株的枝蔓平分为两部分，枝蔓分别绑缚在两边架面上，类似"V"字形。该架形土地利用率高，能够充分利用光能，单位面积的产量较高，但农事操作不方便，葡萄蔓的绑缚也不美观。

优点：增大了架面面积，利于早期丰产。

缺点：成本高、管理不方便、费工、通风透光条件不如单篱架，易感染病虫害。单立柱双臂篱架目前在葡萄设施栽培中被广泛采用，整枝方式为水平整枝，主蔓每年回缩更新，并及时进行架面管理，保证良好的通风透光条件。

（3）"T"字形架　又称宽顶篱架，行距 2.5～3.0m，架高 2.0m 左右，是在单篱架的基础上，顶端加设一道横梁，宽约 1m，在横梁两端各拉 2 道架丝。篱架面上共拉 2～3 道架丝，葡萄树单主蔓或双主蔓水平整枝，绑缚在篱架面最上 1 道架丝上，结果枝分别绑缚在横梁两端的架丝上，新梢自然下垂结果。这种架式通风透光好，产量高，病虫害较轻，果实品质好，树势缓和，稳产性能好，还可以避免果实发生日灼。适合生长势较强或中庸的品种，如'红地球''美人指''克瑞森'等。

（4）"Y"形架　架面呈"Y"形，是单干双臂篱架的改良架式，架高 1.8～2.0m，全架分 3 段 5 道架丝，第 1 道架丝在篱架面上，距地面 80～120cm，从立柱第 1 道架丝到架顶均匀架设 2～5 道长度为 60～140cm 的横梁，横梁两端拉架丝，将葡萄树的 1 条或 2 条主蔓水平绑缚在篱架第 1 道架丝上，双龙干整枝，结果枝新梢分别倾斜绑缚在两边架丝上。这种架式通风透光更好，提高了结果部位，减轻了果实病害和污染，适合密植，易获得丰产稳产，管理也方便。

2. 棚架　在立柱上设横梁或拉铅丝，架面与地面倾斜或平行，形似荫棚，故称为棚架。棚架葡萄树势中庸，生长和结果平衡，丰产稳产，商品果高；架面高，植株下部通风透光好，病害发生较轻；根部占地面积很小，施肥、浇水简单省工。这种架式在南方葡萄产区应用较多，其整枝方式为各种龙干形整枝。不足之处是架面大，枝蔓管理和上下架不太方便。棚架又可分为大棚架、小棚架、篱棚架和屋脊式棚架。

（1）大棚架　在我国葡萄老产区和庭院葡萄栽培中应用较多，架长一般 7m 以上。水平大棚架高 1.8～2.0m，每隔 4～5m 设一支柱，顶部每隔 50cm 左右纵横拉铁丝成网格状。倾斜大棚架靠近植株的架根高 1.5～1.8m，远端的架梢高 2.0～2.5m，葡萄倾斜爬在架面上。这种架式适合'龙眼''红地球'等生长势强的品种。由于枝蔓上下架不方便，因此不太适合北方冬季需埋土防寒的地区。

（2）小棚架　分为倾斜小棚架和水平小棚架，架长一般为 3～5m，倾斜小棚架架根高 1.2～1.5m，架梢高 2.0～2.2m，每隔 3～4m 设 1 根架杆，其上每隔 45～50cm 横拉一道铁线。生长势强的品种，棚面的倾斜度可小一些；生长势较弱的品种，棚面倾斜度可适当大一些。倾斜小棚架配合鸭脖式独龙干树形，为埋土防寒区最常见的类型。

优点：这种架式适合多数品种，成形早、产量高、更新容易，枝蔓上下架方便，在我国南北方葡萄生产中应用较多，也是采摘观光园的理想架式，树形主要配合 H 形整形、一字整形。

缺点：行距较大，整形时间较长，进入盛果期较晚，结果部位容易前移，透光性较差，影响果实外观品质。

（3）篱棚架　棚架和篱架的结合体，相当于在单篱架外附加一小棚架。

优点：比棚架提高了架根处的架面高度，篱架面和棚架面都能结果，更加充分利用了空间，由于架面的升高，在架面下的操作管理也比较容易，相比倾斜式小棚架节省了架材的总投入。

缺点：篱架面的通风透光性下降，下部枝叶荫蔽，易出现上强下弱的现象，下部果实品质稍差。这种架式用于保护地葡萄栽培，可最大限度利用温室空间与光照。

（4）屋脊式棚架　两行葡萄枝蔓顺着倾斜棚面对爬，架根高 1.5～1.8m，架梢高 2.5～3.0m，由两个倾斜式小棚架或大棚架相对头组成，形成屋脊式棚面，架面下通风透光差，管理不方便，现在生产上一般不用。也可以把跨度和高度都适当增大或把架面做成拱形在道路、走廊上方，现在的旅游观光葡萄长廊多采用此架式。

3. 柱式架 采用木棍或单柱给葡萄枝蔓以支持，使其能在离地面一定高度的空间内生长，不用铅丝，没有固定的架面。修剪形式为使葡萄的干高保留 1.0～1.5m，主干上保留 4～5 个结果母枝，新梢不加引缚，任其自然向四周下垂生长。当主干粗大到足以支撑其本身全部重量时（6～10 年），可去掉支柱，成为无架栽培。该种架势适合于景观游览区，也可改造成盆栽果树，用于家庭绿化。

（五）设施栽培

设施栽培即通过对设施内光照和温度的调控，改变其生态环境，人为促进葡萄提早成熟或延迟成熟，可以调节葡萄成熟期采收，保证了葡萄的终年供应。目前设施栽培在我国分为避雨栽培、促早栽培及延迟栽培 3 种类型。截至 2016 年底，我国设施葡萄种植面积约 345 万亩，其中避雨栽培 310 万亩、促早栽培 30 万亩、延迟栽培 5 万亩。

1. 避雨栽培 避雨栽培用塑料薄膜挡住葡萄植株，棚膜阻止雨水与葡萄植株的直接接触，可有效减轻甚至避免一些主要病害的发生。避雨栽培已成为生长季雨水大、病害多的葡萄产地最主要的栽培措施。该模式主要集中在浙江、湖南、江苏、广西、福建、上海、湖北等多雨地区，近年来，在华北、华中甚至全国范围内均有大面积推广。

（1）避雨棚的搭建 避雨棚的搭建可以分为大棚结构、连栋避雨结构和简易避雨棚结构等三种。从结构效果上看，大棚结构的效果最好，但生产成本比较高，一般情况下，一个大棚内种植两行葡萄植株；大面积的葡萄种植区，相对适合连栋避雨结构，但这种避雨棚要求较高的搭建技术，投资高，需要满足一定的覆盖面积，棚地基混凝土浇筑；简易避雨棚有木制棚架结构和钢制棚架结构，成本最低。

（2）棚膜的选择 棚膜的种类有很多种，避雨栽培的棚膜选用聚乙烯流滴耐老化棚膜（PE）及三层复合高透光长寿无滴增温膜（EVA）较好。普通的聚乙烯有滴膜不耐用，在使用过程中常出现烂膜需中途更换的现象。单葡萄行一个棚的，选用耐用薄膜 3 丝厚的即可，为节省成本，厚度一般不超过 6 丝。

（3）棚膜覆盖时间 从葡萄开花前覆膜至葡萄采收完揭膜，全年覆盖 3～5 个月。中晚熟品种，果穗套袋后以晴天和多云天气为主时可临时揭膜，使蔓、叶在全光照下生长，有利于营养积累和花芽分化，并能减轻高温影响。也可全年不撤膜，几年后若棚膜老化，可更换新膜。

（4）棚膜覆盖方法 篱形架简易覆盖可采用在架上升高 50～70cm 简易覆盖架法。薄膜边缘要固定在棚架上。薄膜扎好后，弓间用压膜绳固定，防大风损坏。在有些地方为节省成本采用竹竿或竹片压膜。

（5）栽培管理 萌芽后至开花前为露地栽培期，适当的雨水淋洗，有利于防止长期覆盖所致的土壤盐渍化，此时栽培管理与露地栽培相似，应注意黑痘病对幼嫩组织的危害。覆膜后，白粉病危害加重，虫害也加重。白粉病防治主要抓好合理留梢和及时喷药两个环节。

2. 促早栽培 促早栽培指利用塑料薄膜等透明覆盖材料的增温、保温功效，辅以温湿度控制，以创造葡萄生长发育的适宜条件，使其比露地提早萌芽、开花，提早浆果成熟，从而实现淡季供应，提高葡萄栽培效益的一种栽培方式。该模式主要分布在山东、辽宁、河北、北京、宁夏和内蒙古等地。

（1）设施的类型和结构

1）日光温室。是我国北方最常用的设施类型。一般北面和东西两面设保温墙，根据保温需要，墙体采取不同程度的保温措施。温室骨架可采用竹木结构、钢材结构，跨度一般为6~8m，温室内高度2.7m，长度60~80m，走向一般为东西走向。温室间距一般为温室高度的2倍。这种温室可就地取材，成本低、效果好，目前生产上绝大多数采用这种温室。

2）塑料大棚。塑料大棚分为半拱圆形大棚、屋脊型大棚、单体大棚和连栋式大棚，单体塑料大棚一般跨度为8~12m，高度2.8~4.0m，长度一般为80~100m，南北走向。

3）加温玻璃温室。生产上应用较少。

日光温室保温性能好于塑料大棚，促成时间早于塑料大棚，效益也好于塑料大棚。但塑料大棚填补了温室与露地栽培的空缺，而且投资少。无论哪种类型，应具备一定的抗风、抗雪压能力，良好的透光性和升、降温性能，同时造价要低，架设容易，田间管理方便。

（2）葡萄品种　　适宜促早栽培的品种有'春光''京亚''夏黑''黑色甜菜''矢富罗莎''京秀''凤凰51''金星无核''无核白鸡心''里查马特''乍娜''维多利亚''新郁''户太8号''森田尼无核''巨峰''京优''金手指''巨玫瑰''火焰无核''醉金香'和'藤稔'等。

（3）架式与株行距　　设施葡萄主要采用篱架和棚架两种整形方式。辽宁、山东、河南等地多采用篱架整形，行距2~2.5m，株距0.5~1.0m，南北走向立架，水平单臂或少主蔓扇形；北京、天津、河北多采取一棚一篱式整形，即靠近温室前排用棚架龙干整形，靠近温室后墙一排采用篱架少主蔓扇形整形，前后行距4~5.5m，株距0.5~0.75m，这种整形方式，光照条件好，而且后排篱架能充分利用温室后排空间。

（4）环境调控与管理

1）温度调控。①休眠解除期，葡萄从解除休眠到萌芽需≥10℃有效积温450~500℃。因此，从1月中下旬开始揭帘升温，温度控制在0~9℃。从扣棚降温开始到休眠解除所需日期因品种差异很大，一般为25~60d。②催芽期，应缓慢升温，使气温和地温协调一致。第一周白天15~20℃，夜间5~10℃；第二周白天15~20℃，夜间7~10℃；第三周至萌芽白天20~25℃，夜间10~15℃。③新梢生长期及开花期，这一时期葡萄新梢生长迅速，同时花芽继续分化，日均温度与葡萄开花坐果等密切相关。因此，此期要实行控温管理，防止温度过高。白天保持在20~25℃，夜间10~15℃。开花时白天提高到28℃，夜间保持在15~20℃。花期一般维持7~15d。④果实发育及成熟期，果实发育速率与积温关系密切，热量累积缓慢易造成浆果糖分累积及成熟过程变慢，致果实采收延迟。果粒增大期白天25~28℃，夜间20~22℃，不宜低于20℃；着色期白天28~32℃，夜间14~16℃，昼夜温差10℃以上。在不影响温度的前提下，草帘要早揭晚盖，延长光照时间，阴天的中午也需揭帘见光。

2）湿度调控。催芽期为使葡萄萌芽整齐一致，要求空气相对湿度为90%以上，土壤相对湿度70%~80%；新梢生长期土壤水分和空气湿度不足，影响葡萄新梢的正常生长和花序发育，而充足的土壤水分和过高的空气湿度，易造成葡萄新梢徒长并诱发多种病害。因此，应控制灌水，要求空气相对湿度为60%左右，土壤相对湿度70%~80%；花期至果实膨大期应保持干燥，在晴天上午进行灌水，要求空气湿度控制在50%~60%，土壤湿度控制在70%~80%；着色成熟期适当控水，可促进浆果成熟和品质提高，要求空气相对湿度50%~60%，土壤相对湿度控制在55%~65%。

湿度调控方法有通风换气、全园覆盖地膜、膜下滴/微灌或膜下灌溉，控制浇水次数和灌水量。

3）气体调控。温室内，随着白天葡萄叶片光合作用的进行，CO_2不足是一个突出的问题。

通过多施有机肥、追施各种 CO_2 气体肥料以补充 CO_2。此外，也要重视一氧化碳、氯气、二氧化氮等各种有毒气体的累积，以免对葡萄植株造成伤害。防治措施是合理选用适当的棚膜和肥料，并注意适时通风换气。

4）光照调控。葡萄为喜光植物，由于受墙体及塑料薄膜的遮光性和透光性的影响，设施内光照强度弱、光照时数短、光照分布不均匀、光质差、紫外线含量低等问题严重影响葡萄的营养与生殖生长，降低了葡萄的产量与品质。为增加棚室内的光照，应采用无滴棚膜，并及时擦去膜上灰尘，以保持棚膜透光量；正确揭盖草苫和保温被等保温覆盖材料，使用卷帘机等机械设备尽量延长光照时间；通过墙体涂白，地面铺设反光膜，增加温室内光照强度；有条件的地方，在温室内加设生物钠灯等设备，以便在阴雨天补充光照。

（3）延迟栽培　　延迟栽培指延后葡萄果实成熟期并延迟采收，以实现葡萄产品的淡季供应，提高葡萄经济效益的一种栽培形式。适宜延迟栽培的品种有'红地球''阳光玫瑰''牛奶''玫瑰香''克瑞森无核''秋黑''圣诞玫瑰''魏可''美人指''红宝石无核''意大利'等。

甘肃农业大学在张掖积温不足的区域，建立日光温室。早期通过覆盖草帘、保温被等措施以延迟发芽，发芽后撤除塑料膜，转化为露地栽培，以延缓生长速度，到晚霜来临前，覆盖塑料膜，白天升温晚上保温，将'红地球'等品种延迟到12月至1月上市，售价大幅提高。目前该栽培模式已在甘肃、河北、青海、内蒙古和辽宁等地示范推广。

（六）根域限制栽培

根域限制栽培，也称限根栽培，是利用物理或生态的方法将果树的根域范围控制在一定的容积内，通过控制根系的生长来调节地上部营养生长和生殖生长过程的一种新型的栽培技术。适合在有淡水灌溉的恶劣土壤（沙漠、戈壁、盐碱地）和在一定容积的箱筐或盆桶高水位、庭院地区栽培。可分为沟槽式（坑式）栽培、垄式栽培和箱筐式栽培。

（1）沟槽式（坑式）栽培　　即在地面以下挖出一定容积的坑，在坑的四壁及底部铺垫微孔无纺布等可以透水，但根系不能穿透的隔膜材料，内填营养土后植树于其中。这是目前应用较广的方法，在我国南北方地区都可以应用。与垄式栽培和箱筐式栽培相比，沟槽式（坑式）栽培根域水分、温度变幅小，果实品质进一步改善，可节约灌溉用水，并可在冬季寒冷的北方地域应用。

（2）垄式栽培　　在地面上铺垫微孔无纺布或微微隆起（防止积水）的塑料膜后，再在其上堆积富含有机质的营养土称土垄栽植果树。北方干旱、半干旱区，地下水位低，葡萄栽植行距 3~3.5m，垄高 0.3~0.5m；地下水位高的地区及南方地区，葡萄栽培行距宜加大，以 4~8m 为宜，垄高可达 0.6~1.2m。行间排水沟宜准备排水设备，保证雨涝时能够及时排水。有些园区用砖砌一沟槽，内填装栽培基质。此法操作简便，适合于冬季无土壤冻结的温暖地域应用或设施栽培内应用。但是夏季根域土壤水分、温度不太稳定。

（3）箱筐式栽培　　内填充营养土植果树于其中，包括地上式、半地下式、控根容器和其他箱框式（袋、盆）栽培。容器直径或长、宽、深通常各 1m。地上式箱筐易于移动，适于设施栽培条件下应用，缺点是根域水分、温度不稳定，对低温的抵御能力较差。

根域限制栽培优点：可避免传统栽培条件下施肥的盲目性，做到生长发育需要营养时能适时补给。由于根系密集，叶片的蒸腾可使根域土壤水分很快降低，因此可避免土壤过湿造成的旺长及果实成熟不良的现象，减少光合产物的浪费，促进果实着色和糖分累积；抑制了新梢的旺盛生长，使树体矮小便于密植，同时改变了光合产物的分配，花芽增加，产量提高；便于实现灌水和施肥的自动化和省力化；使果树的栽培不受土壤条件的限制，在一些地下水位高、土壤盐渍化严重的地区，利用根域限制的方式建园，实现高产优质栽培。

（七）土肥水管理

1. 土壤管理 改善土壤理化性能，活化土壤，增加团粒结构。主要有以下几个方法。

（1）深翻 一年至少两次，第一次在萌芽前，结合施用催芽肥，全园翻耕，深度 15～20cm，既可使土壤疏松，增加土壤氧气含量，又可增加地温，促进发芽；第二次在秋季，结合秋施基肥，全园翻耕，尽可能深一点，注意这次深翻宜早不宜晚，应当在早霜来临前一个半月左右完成。

（2）树盘覆盖 可分为地膜覆盖和稻草覆盖（作物秸秆、麦秸、麦糠、玉米秸、干草等）。地膜在萌芽前半个月就要覆盖，最好通行覆盖，可显著改善土壤理化结构，促进发芽，使发芽提早而且整齐。生长期还可减少多种病害的发生，增加田间透光度，并促进早熟及着色，减少裂果。地面覆稻草，同样可以增加土壤疏松度，防止土壤板结。一般覆草时间在结果后，草厚度 10～20cm，并用沟泥压草，干旱区要注意谨防鼠害及火灾发生。树干周围可留出少许勿覆草，以防止高温烧秆。

（3）果园生草 一般在秋季或春季深翻后，撒播专用草种如白三叶，生长到一定高度后割草翻耕，可以增加土壤团粒结构，保墒保肥，提高果品品质。

（4）中耕 果园生长季需及时中耕松土，根据杂草发生和土壤板结情况，在整个生育周期中进行 5～8 次中耕松土和除草。中耕的深度为 5～15cm，多在雨后或灌水后进行。

2. 施肥

（1）基肥 又称底肥，以有机肥料为主，同时加入适量的化肥。施用时期一般在葡萄根系第二次生长高峰前。基肥施用量根据当地土壤情况、树龄、结果多少等情况而定，一般果肥重量比为 1∶2，即每亩产量 1500kg 需施入优质腐熟有机肥 3000kg。基肥多采用沟施，施肥沟距主干 30～50cm，施肥沟深 30～40cm、宽 20～30cm。

（2）追肥 在生长期进行，以促进植株生长和果实发育为目的，以化肥为主。

1）萌芽前追肥：萌芽前追肥主要补充基肥的不足，以促进发芽整齐、新梢和花序发育。埋土防寒区在出土上架后追肥，不埋土防寒区在萌芽前 2 周，以速效性氮肥为主，追肥后立即灌水。追肥时注意不要碰伤枝蔓，以免引起过多伤流，浪费树体贮藏营养。对于上一年已经施入足量基肥的园区，本次追肥不需进行。

2）花前追肥：萌芽、开花、坐果需要消耗大量营养物质。但在早春，根系吸收能力差，主要消耗贮藏养分，以氮、磷肥为主，如磷酸二铵。对落花落果严重的品种如巨峰系品种花前一般不宜施入氮肥。

3）花后追肥：花后幼果和新梢均迅速生长，需要大量的氮素营养，施肥可促进新梢正常生长，扩大叶面积，提高光合效能，利于碳水化合物和蛋白质的形成，减少生理落果，以氮、磷肥为主。花前和花后肥相互补充，如花前已经追肥，则花后不必追肥。

4）幼果生长期追肥：幼果生长期是葡萄需肥的临界期。及时追肥不仅能促进幼果迅速发育，而且对当年花芽分化、枝叶和根系生长有良好的促进作用，对提高葡萄产量和品质也有重要作用。此次追肥宜氮、磷、钾配合施用，如施用硫酸钾复合肥。对于长势过旺的树体或品种，此次追肥需注意控制氮肥的施用。

5）果实生长后期即果实着色前追肥：这次追肥主要解决果实发育和花芽分化的矛盾，而且显著促进果实糖分积累和枝条正常老熟，以磷、钾肥为主，尤其要重视钾肥的施用。对于晚熟品种，此次追肥可与基肥结合进行。

（3）叶面追肥　　叶面追肥又称为根外追肥，是将肥料溶于水中，稀释到一定浓度后直接喷于植株上，通过叶片、嫩梢和幼果等吸收进入体内。具有投入少，见效快，节省肥料，减少环境污染等作用。但是，根外追肥不能代替土壤施肥。只有以土壤施肥为主，根外追肥为辅，相互补充，才能发挥施肥的最大效益。叶面追肥注意宜在晴天上午 10 时前，下午在 4 时后喷施，也可结合病虫害防治药剂混合喷施。

3. 水分管理　　葡萄的耐旱性较强，我国大部分葡萄生长区降水量分布不均匀，多集中在葡萄生长中、后期，而在生长前期则干旱少雨。因此，适时灌水对葡萄的正常生长十分必要。葡萄植株需水有明显的阶段特异性，从萌芽至开花对水分需求量逐渐增加，开花后至开始成熟前是需水最多的时期，进入成熟期后，对水分需求减少。葡萄的适宜灌水量应在一次灌水中使葡萄根系集中分布以主干为中心 80～100cm 宽、0～40cm 深的土层内的土壤湿度达到最有利于生长发育的程度，灌水过多或过频不仅会浪费水资源，降低肥料利用率，而且影响地温回升。

（1）灌水方法

1）沟灌。这是目前生产中采用最多的一种灌溉方式，即顺行向做灌水沟，通过管道将水引入灌溉。沟灌时的水沟宽度一般为 0.6～1.0m。与漫灌相比，可节水 30%左右。

2）滴灌。是通过特制滴头点滴的方式，将水缓慢送到作物根部的灌水方式。具有如下优点：节水，提高水的利用率；减小果园空气湿度，减少病虫发生；提高劳动生产率，降低生产成本；适应性强，滴灌不用平整土地，灌水速度可快可慢，不会产生地面径流或深层渗漏，适用于任何地形和土壤类型。如果滴灌与覆盖栽培相结合，则效果更佳。滴灌的突出问题是易堵塞，因此滴灌用水一定要作净水处理。

3）微喷灌。为了解决滴灌设施造价高，滴灌容易堵塞的问题，同时达到节水的目的，我国独创了微喷灌的灌溉形式。微喷灌即将滴灌带换为微喷灌带，而且对水的干净程度要求较低，不易堵塞微喷口。微喷灌带即在灌溉水带上均匀打眼即成微喷灌带。

4）根系分区交替灌溉。根系分区交替灌溉是在植物某些生育期或全部生育期交替对部分根区进行正常灌溉，其余根区则受到人为的水分胁迫的灌溉方式。与全根区灌溉相比，根系分区交替灌溉可节水 30%～40%。

（2）灌水时期

1）萌芽前。萌芽前 10d 左右，结合追肥灌 1 次水。此期是葡萄花序原基继续分化和开始生长的时期，及时灌水可促进发芽率整齐、新梢生长健壮、花序原基分化良好，葡萄根系集中分布范围内的土壤湿度应保持在田间最大持水量的 65%～75%。南方葡萄萌芽至开花期，正是雨水多的季节，要注意排水。

2）开花前。北方春旱少雨，从萌芽至开花需 40～50d，一般灌 1～2 次水。此期是需水临界期，如水分不足，常导致落花落果，严重的根毛死亡，地上部生长减弱，产量急剧下降，葡萄根系集中分布范围内的土壤湿度应保持在田间最大持水量的 60%～70%。花前最后 1 次灌溉，不能迟于始花前 7d，要灌透，使土壤湿润保持到坐果稳定后。开花期切忌灌溉，以防加剧落花落果。

3）果实迅速膨大期。坐果后至浆果种子发育期的幼果发育期，处于果实迅速膨大阶段，又处于花芽分化阶段，及时灌溉对葡萄果实的生长发育与葡萄冬芽分化至关重要，葡萄根系集中分布范围内的土壤湿度应保持在田间最大持水量的 65%～75%。

4）浆果转色至成熟期。葡萄果实成熟前必须控制灌溉，应于采前 15～20d 停止，葡萄根系集中分布范围内的土壤湿度应保持在田间最大持水量的 55%～65%。在干旱年份，适量灌水对保证葡萄产量和果实品质有重要作用。这一阶段如遇降雨，应及时排水。

5）果实采收后。结合深施基肥灌水 1 次，促进营养物质的吸收，有利于根系的愈合及发生新根，并可增强后期光合。因此，遇秋旱时应及时灌水。

6）休眠期。冬季土壤冻结前，必须灌一次透水。冬灌不仅能保证植株安全越冬，同时对次年生长结果也十分有利。

在雨量大的地区，如土壤水分过多，会引起枝蔓徒长，延迟果实成熟，降低果实品质，严重的会造成根系缺氧，引起植株死亡。因此，应配备好果园排水系统。

（八）整形修剪技术

葡萄整形修剪技术是葡萄生产中的重要环节之一。栽植初期整形修剪，可使葡萄尽快上架，早成形、早结果。葡萄成形后进行修剪，调节葡萄营养生长与生殖生长之间的平衡，减少树体营养消耗，改善通风透光条件，控制负载量，减少病虫害发生，可使葡萄向有利于植株生长和提高果实品质的方向发展，达到丰产、稳产、优质栽培的目的。

1. 整形　　葡萄的整枝形式极为丰富，根据其树体形状分成三大类，即头状整枝、扇形整枝及龙干形整枝。

（1）头状整枝　　植株具有一个直立的主干，干高 0.6～1.2m，在主干的顶端着生枝组和结果母枝。由于枝组着生部位比较集中且呈头状，故称为头状整枝。这种树形可做短梢修剪，也可用长梢修剪。

1）头状整枝短梢修剪，是柱式架、头状整枝和短梢修剪三者结合而形成的树形。由于枝组基轴逐年分枝与延长，因此最后将成为一个结构紧凑的小杯状形。

头状整枝短梢修剪的优点是：①树形结构最简单，整形修剪容易。②直立主干粗大硬化后，不再需要支柱，故架材成本低。③新梢向四周下垂，不需引缚，管理省工。④株行间均可进行耕作，便于防除杂草。⑤植株体积及负载量小，对土肥水条件要求较不严格，大部分酿造品种能适应这种树形。其缺点是：①修剪量大，对植株的抑制作用也大。②不易充分利用空间，单位面积产量较低。③生长初期结果部位过于集中，通风透光不良，对果实品质有不同程度的影响。④主干直立，不适于在防寒地区采用，结果母枝基部芽眼结实力低的品种不宜采用。

2）头状整枝长梢修剪。植株主干头部着生 1～4 个长梢枝组（通常为 2 个）。如着生 2 个枝组，其上发出的结果新梢自然下垂不加引缚，则可采用拉一道铁丝的篱架。铁丝距地面 1.5～1.8m，2 个长梢结果枝分别向两侧引缚在铁丝上。由于风害或其他原因，新梢必须向上垂直引缚，可拉两道铁丝，结果母枝引缚在第一道铁丝上，新梢向上垂直引缚在第二道铁丝上。如主干头部着生 4 个长梢枝组则可用宽顶单篱架，4 根长结果母枝分别向两侧引缚在横梁上的两道铁丝上。

长梢修剪具有以下优点：①结果母枝基部芽眼结实力低的品种（如'无核白'）或基部芽眼抽生的结果枝果穗过小的品种（如'未霞珠''黑彼诺'）采用长梢修剪后，产量和果穗质量将有显著的提高。②长梢修剪可使果穗较整齐而均匀地分布在架面上，有利于进行机械化采收。③长梢修剪对留芽量和留梢量有较大的伸缩性，可根据树势和母枝粗度来加以增减。

其缺点是：①在整形修剪技术上较难掌握，一个母枝选择不当，意味着植株将损失 1/4～1/2

的产量。②容易造成结果过多，结果部位较易外移。

头状整枝长梢修剪的整枝过程如下：第一年，如植株当年生长健壮，则冬剪时在规定的干高以上再多留 4～5 芽进行短截；第二年，主干上发出的新梢保留顶部的 5～8 个，其余的抹芽，冬剪时在稍靠下方的新梢中选留 2 个最健壮的作为预备枝，再根据树势强弱在上方选留 1～2 个新梢作为结果母枝，剪留 8～12 芽；第三年，下方的 2 根预备枝各形成两根健壮的新梢，冬剪时即按长梢枝组进行修剪，上位新梢作为长梢结果母枝，下位的仍留 2～3 芽短截作为预备枝，形成两个固定的枝组后，树形即告完成，上部已结过果的母枝，可齐枝组的上方剪除。

该树形的植株负载量小，不利于充分利用空间结果，单位面积产量较低。

（2）扇形整枝 扇形整枝的类型很多，一般植株具有较长的主蔓，主蔓上着生枝组和结果母枝，大型扇形的主蔓上还可以分生侧蔓。主蔓的数量一般为 4～6 个或更多，在架面上呈扇形分布，故称为扇形整枝。植株具有主干或没有主干，没有主干的称为无干扇形整枝，从地面直接培养主蔓，主要是为了便于下架防寒。

扇形整枝既可用于篱架，也可用于棚架。当前在篱架上广泛采用无干多主蔓自然扇形。这种树形在整形修剪上具有很大的灵活性，主蔓数量及主蔓上枝组的数量没有严格的规定。主蔓上有时还可以分生侧蔓，各主蔓之间的粗度、长度和年龄也不一致，结果母枝采用长、中、短梢混合修剪。

多主蔓自然扇形在整形技术上比较容易，主蔓和枝组在架面上得到合理安排，能充分发挥植株的结果潜力，并能得到较高的产量和质量。但这种树形容易产生下述缺点：①由于树形灵活性过大，架面枝蔓比较零乱，如果缺乏修剪经验，则对留芽量、留枝密度、枝组安排及修剪的轻重程度均难以把握。②由于主蔓较长，再加上垂直引缚，往往容易出现上强下弱现象，结果部位迅速上移，使下部衰弱或光秃，不易维持稳定的树形。

因此，在采用多主蔓扇形整枝时，必须根据株行距大小和架面高度，规定出明确的树形（包括主蔓数、主蔓距离、枝组数和结果母枝剪留长度），故称其为多主蔓规则扇形。例如，在株距 2m、架高 1.8m，拉 4 道铁丝的情况下，采用无干多主蔓规则扇形较为可取。植株具有 4 个主蔓，平均蔓距 50cm，每根主蔓上留 3～4 个枝组，以中梢修剪为主，主蔓高度严格控制在第三道铁丝以下，在每年冬剪时，如能按照规定树形进行修剪，并注意保持主蔓前后均衡，则上述的缺点可以避免。

无主干多主蔓扇形的整枝过程是：第一年，定植当年最好从地面附近培养出 3～4 个新梢作为主蔓。秋季落叶后，1～2 个粗壮新梢可留 50～80cm 短截。较细的 1～2 个可留 2～3 芽短截。第二年，去年长留的 1～2 根主蔓，当年可抽出几根新梢。秋季选留顶端粗壮的作为主蔓延长蔓，其余的留 2～3 芽短截，以培养枝组。去年短留的主蔓，当年可发出 1～2 个新梢，秋季选留 1 个粗壮的作为主蔓，根据其粗度进行不同程度的短截。第三年，按上述原则继续培养主蔓与枝组。主蔓高度达到第三道铁丝，并具备 3～4 个枝组时，树形基本完成。

（3）龙干形整枝 一般较常见的有三种类型：①独龙干整枝。植株只具有一条龙干，长度 3～5m，多采用极短梢修剪和单独的小型棚架。在我国河北、山西的旱地栽培中较为常见。②在小或大棚架上采用的两条龙整枝。植株从地面或主干上分生出两条主蔓（龙干），主蔓上着生短梢枝组，主蔓长度可为 5～15m，这种形式在我国北方各地应用甚广。③篱架上采用的单臂水平和双臂水平整枝。在不防寒地区可以具有较高而直立的主干。

龙干式整枝结合短梢修剪时，在龙干上每隔 20～25cm 着生一个枝组（俗称龙爪），每个枝组上以着生 1～2 个短梢结果母枝为好。龙干式整枝结合中梢修剪，但必须采用双枝更新法，枝组之间的距离可增加到 30~40cm。在防寒地区采用龙干形整枝必须注意以下几点：①主干的基部必须有一定的倾斜度，尤其在靠近地面 30cm 左右的一段，倾斜度要更大一些，以利于卧倒防寒。棚架的龙干形整枝，主蔓宜向同一侧偏斜，使主蔓具有向前及向旁侧两个倾斜度，不但便于上下架和埋土，而且对缓和架根处新梢的生长也能起到一定的作用。②龙干数量必须与树势相适应。也有在棚架上留用 4~5 个主蔓的，行距大，主蔓数过多，彼此之间的生长势不易保持均衡。单株负载量过大，生长势力分散，势必会延长整枝年限，故在棚架上一般以留两条龙干为好。这样既避免了一条龙整枝主蔓衰老后不能轮流更新的缺点，也减少龙干过多的毛病。

　　篱架龙干式整枝。在防寒地区可采用具有倾斜主干的单臂水平整枝，龙干引缚在距地表 0.5m 左右的第一道铁丝上，新梢则向上引缚在第 2~3 道铁丝上。如采用双壁篱架，则可在地面附近再培养一个主蔓，两条"臂"（即主蔓）向同一方向延伸。在不防寒地区，可采用双臂水平整枝、"T"形架，植株具有一个垂直生长的主干，高 1~1.4m，两臂分别向左右延伸。新梢先向上生长，跨过上方横梁上的两道铁丝后，再任其自然下垂，新梢向两侧散开下垂后，大大改善了树冠的通风透光条件，既有利于新梢基部形成花芽，又有利于浆果品质的提高。

　　龙干形整枝短梢修剪的优点是：①龙干均匀地分布在架面上，短梢修剪可使结果部位紧凑，易于保持稳定的树形。②植株芽眼负载量的控制较严格，树势、产量与浆果质量较易保持稳定。③新梢之间、果穗之间互不干扰，故果穗大小、着色和成熟较一致。④采收容易，机械损伤少。缺点是：①树形固定，枝、芽留量伸缩性小，主蔓或枝组损坏后，回旋余地较少，不像长梢修剪那样可以从其他部位牵引枝条来弥补架面空缺。②在新梢未木质化前，遇大风易被吹断。

　　小棚架无干两条龙的整枝过程。第一年，从靠近地面处选留两个新梢作为主蔓，并设支架引缚。秋季落叶后，对粗度在 0.8cm 以上的成熟新梢，留 1m 左右进行短截。如果当年新梢生长较弱或成熟较差，也可进行"平茬"，即离地表留 2~3 节进行短截，可促使下一年发生较健壮的新梢，有利于培养出生长整齐一致的主蔓。第二年，每一主蔓先端选留一个新梢继续延长，秋季落叶后，主蔓延长梢一般可留 1~2m 进行剪截。延长梢剪留长度可根据树势及其健壮充实的程度加以伸缩，树势强旺、新梢充实粗壮的可以适当长留，反之，宜适当短留。不宜剪留过长，以免造成"瞎眼"而使主蔓过早地出现光秃带。同时要注意第二年不要留果过多，以免延迟树形的完成。延长枝以外的新梢可留 2~3 芽进行短截，培养成为枝组。主蔓上一般每隔 20~25cm 留一个永久性枝组。第三年仍按上述原则培养主蔓及枝组，一般在定植后 3~5 年即可完成整形过程。篱架龙干形整枝的培育过程与方法，在原则上基本相同，由于株距近，整枝年限可以缩短。

　　"高宽垂"栽培及其整枝形式。所谓"高"是指适当提高主干的高度（1~1.6m）和篱架的高度（1.6~1.9m）。"宽"是指适当的加宽篱架的行距（3~3.6m）。"垂"是指架面的新梢不加引缚，任其自由下垂生长。这种形式由于植株具有垂直高大的主干，因此冬季不便于埋土防寒，主要在不防寒地区应用。较常用的有以下几种整枝形式。

　　1）单帘式和双帘式整枝。单帘式整枝干高及架高 1.6~1.8m，双龙干式整枝，中短梢修剪，结果母枝剪留 4~6 节，每隔 30cm 左右留一个结果母枝，原则上在每个结果枝附近要配备一个预备枝，剪留 1~2 节（以 1 节为主），株距 3~5m，随树势及土壤条件而伸缩。新梢不加引缚，任其自由下垂生长，一般从开花期到始花后四周的期间内进行"顺梢"，即用手或机械把架面上的全部新梢顺到朝下垂生长的方向，使整个架面上的新梢好像是一幅窗帘，故称为单帘式整枝。这样能改善新梢基部的光照条件，有利于提高基部芽眼的结实力，对提高坐果率、促进果实和枝条的成熟，以及减少越冬芽眼的冻害均有良好效果。

双帘式整枝的树形结构基本上和单帘式相似，不同处只是把单壁篱架的形式改为宽顶T形架，结果母枝横梁上两道铁丝的距离约为1.2m，奇数植株的两个主蔓绑在左边的铁丝上，偶数植株的主蔓绑在右边的铁丝上。在树势强旺、土肥水条件好的葡萄园内可采用双帘式整枝，由于大大增加了单位面积内的新梢负荷量，因此产量可比单帘式增加50%左右。

2）伞形整枝。这种树形一般采用单篱架，高1.8m左右，一般拉三道铁丝，采用头状整枝长梢修剪，干高控制在第二道和第三道铁丝之间，结果母株剪留10~15节，呈弓形引缚，似伞状，故名伞形整枝。根据树势强弱和品种特性，全株留4~6个长梢结果母枝。并留相应数量的短梢作为预备枝。发出的新梢任其自然悬垂生长，株距2.5m左右。适于长梢修剪的品种可采用这种形式。

高宽垂的栽培方式具有以下优点：①加大行距、提高主干高度、新梢自由下垂，均有利于改善树冠的光照条件和提高光能利用率，缓和了新梢生长势，提高了新梢基部芽眼的结实力，增加了贮藏营养的多年生蔓和新梢负载量等，有利于产量质量的提高与稳定。②结果部位提高后，植株下部通风透光条件改善，可减少病害的发生。遇到冻害或霜害时，受害程度有所减轻。③新梢自由下垂不需引缚，简化了夏季修剪等工作，管理较省工，降低栽培成本。④行距增大后有利于修剪、采收、喷药、施肥、中耕除草等轻简化栽培。

2. 葡萄冬季修剪技术 葡萄落叶后到封冻降临前进行修剪。冬季修剪分为短梢修剪（2~4芽）、中梢修剪（5~7芽）和长梢修剪（8芽以上）。中、长梢修剪时，采用双枝更新的修剪方法，即在中梢或长梢的下位留一个具有2~3个饱满芽的预备枝，当中、长梢完成结果后，在预备枝的上方剪除。预备枝上留下的2个新梢，靠上位的休眠期修剪时，仍按中、长梢进行剪截，下位的新梢剪留2~3个芽作为预备枝。短梢修剪时，采用单枝更新修剪法，即结果母枝上发出2~3个新梢，在冬剪时回缩到最下位的一个枝，并剪留2~3个芽作为下一年的结果母枝。

3. 葡萄夏季修剪技术 葡萄夏季修剪主要是调节生长和结果的关系，去除无用的芽眼和新梢，减少养分消耗，改善通风透光条件，减少病虫害，提高葡萄产量和品质。葡萄夏季修剪主要包括抹芽疏枝、定枝、引缚绑蔓、疏花序与打穗尖、摘心、处理副梢和去卷须等。

（1）抹芽疏枝 葡萄发芽以后，新梢长到5~10cm时，将过多的发育枝、主蔓靠近地面30~40cm内的枝芽及过密过弱的新梢抹去，同一芽眼中出现2~3个新梢，只保留一个健壮的新梢。新梢长到15~20cm时，再进行一次疏枝。根据树势强弱和架面大小确定留枝量。单篱架新梢垂直引缚时每隔10~15cm留1个新梢，棚架每平方米架面保留15~20个新梢。抹芽要分批、分期进行，尽量选留低节位的萌芽。

（2）定枝 待新梢上花序能确认大小时，篱架和棚架的立架面新梢距离以20cm为宜，棚架面每米长主蔓上留10~12个新梢为宜，疏去过密、细弱、无花序的新梢。

（3）引缚绑蔓 引缚时使枝梢均匀分布，在新梢长40cm左右时进行。葡萄新梢长到50~60cm时，就要开始绑梢。对于达不到铁丝高度的新梢可以先吊起来，等生长高度达到后再行绑梢。

（4）疏花序与打穗尖 一般每果枝留一穗果，留下花序，摘去主穗轴前端1/5~1/4，并疏除副穗，以集中养分促进坐果。过分紧实的果穗易发病，影响果粒大小、形态、着色等，应适当疏除。

（5）摘心 在少量花序开花时进行，结果枝在果穗上留5~7片叶摘心，发育枝留4~12片叶摘心，顶端留1~2副梢，留2~4片叶反复摘心。

（6）处理副梢 定植当年的葡萄苗木萌发后，其新梢作预备枝。培养结果母枝时，在主梢摘心后，其上的副梢除顶端一个留 1～2 片叶反复摘心外，其余全部从基部抹除。葡萄结果后，结果枝上的副梢处理方法有两种：一种是主梢在花序前 4～6 片叶摘心后，果穗以下的副梢从基部抹除，顶端 1 个副梢留 3～4 片叶反复摘心，其余副梢留 1～2 片叶反复摘心，使果枝上的叶片数最终达到 12～20 片；另一种是主梢摘心后，只保留顶端一个副梢 4～6 叶摘心，以后始终只保留前端 1 个副梢 2～3 叶反复摘心。

（7）去卷须　　卷须不仅消耗营养，而且会扰乱树体结构布局，必须随时剪除。

（8）剪梢　　为了改善植株内部和下部的通风透光条件，促使果穗和新梢成熟，于 7～8 月将新梢顶端过长部分剪去 30～40cm。

（9）摘叶　　在葡萄果实着色至采收前，葡萄架下层部分老化变黄叶片可以摘掉。采后一般不要摘叶和除梢，要尽量保留健壮的枝叶。

（九）病虫害防治技术

我国大部分葡萄产区都处在东亚季风区，夏季炎热多雨，病虫害较多，危害严重。自 20 世纪 50 年代至今，危害我国葡萄的病害已知的有 40 多种，其中危害严重或局部地区较严重的有 10 种左右，如葡萄霜霉病、白腐病、灰霉病、炭疽病、黑痘病、白粉病、穗轴褐枯病等。虫害有 130 多种，分布普遍、危害较重的有 7～8 种，主要有葡萄根瘤蚜、葡萄小叶蝉、葡萄透翅蛾、绿盲蝽、金龟子、葡萄虎天牛、葡萄十星叶甲、斑衣蜡蝉等。不同的发展时期，主要病虫害种类明显不同。

1. 病虫害防治关键点

（1）休眠解除至萌芽前　　落叶后，清理田间落叶和修剪的枝条，集中焚烧或深埋，并喷施 1 次 200～300 倍 80% 的波尔多液或 1：0.7：100 倍波尔多液等；发芽前剥除老树皮，同时喷施 3～5 波美度石硫合剂。

（2）新梢生长期

1）2～3 叶期。该期是防治红蜘蛛、毛毡病、绿盲蝽、白粉病、黑痘病的重要防治时期。发芽前后干旱，红蜘蛛、毛毡病、绿盲蝽、白粉病是防治重点；空气湿度大，黑痘病、炭疽病、霜霉病是防治重点。

2）花序展露期。是防治炭疽病、黑痘病和斑衣蜡蝉的非常重要时期。花序展露期空气干燥，斑衣蜡蝉、红蜘蛛、毛毡病、绿盲蝽和白粉病是防治重点；空气湿度大，黑痘病、炭疽病、霜霉病是防治重点。

3）花序分离期。是防治灰霉病、黑痘病、炭疽病、霜霉病和穗轴褐枯病的重要时期，也是叶面喷肥防治硼、锌、铁等元素缺素症的关键时期。开花前 2～4d 是灰霉病、黑痘病、炭疽病、霜霉病和穗轴褐枯病等病害的防治时期。

（3）落花后至果实发育期　　落花后是防治黑痘病、炭疽病和白腐病的防治时期。如果空气湿度过大，重点防控霜霉病和灰霉病；如果空气干燥，白粉病、红蜘蛛和毛毡病是防治重点。果实发育期要注意霜霉病、炭疽病、黑痘病、白腐病、斑衣蜡蝉和叶蝉等的防治，此期还是防治缺钙等元素缺素症的关键时期。

2. 防治措施　　葡萄病虫害防治贯彻"预防为主、综合防治"的原则，按照病虫害的发生规律进行科学防治，采取农业调控、物理防控、生物防控和化学农药等控制葡萄病虫危害。

（1）农业防治　　选用抗病虫品种、加强肥水管理、复壮树势、提高树体抗病力是病害防治的根本措施；加强环境控制、降低空气湿度，是病害防治的有效措施。

（2）物理防治　　采用色板、杀虫灯或性信息素等诱杀害虫，或利用机械捕捉害虫等。

（3）生物防治　　保护天敌，增加葡萄园种群多样性；根据田间虫害发生情况投入捕食螨、赤眼蜂等有益天敌；选用微生物、植物源和矿物源等非化学农药。

（4）化学农药防治

1）防治病害的常用药剂。防治霜霉病常用波尔多液、甲氧基丙烯酸酯类、代森锰锌、嘧菌酯、烯酰吗啉、吡唑醚菌酯、甲霜灵和霜脲氰等杀菌剂；防治灰霉病常用波尔多液、福美双、嘧菌酯和甲氧基丙烯酸酯类等药剂；防治白粉病常用嘧菌酯、苯醚甲环唑、氟硅唑、戊唑醇、吡唑醚菌酯、戴挫霉、甲氧基丙烯酸酯类等药剂；防治黑痘病常用波尔多液、甲氧基丙烯酸酯类、代森锰锌、嘧菌酯、烯唑醇、苯醚甲环唑、氟硅唑、戊唑醇等药剂；防治白腐病常用波尔多液、代森锰锌、甲氧基丙烯酸酯类、烯唑醇、嘧菌酯、苯醚甲环唑、戊唑醇、戴挫霉和氟硅唑等药剂；防治炭疽病常用波尔多液、代森锰锌、嘧菌酯、苯醚甲环唑、季铵盐类、吡唑醚菌酯、甲氧基丙烯酸酯类、戴挫霉等杀菌剂。

2）防治虫害的常用药剂。防治红蜘蛛和毛毡病等使用杀螨剂如阿维菌素、哒螨酮和四螨嗪等；防治绿盲蝽和斑衣蜡蝉等使用杀虫剂如苦参碱、吡虫啉、高效氯氰菊酯和毒死蜱等。

（十）采收、分级和包装

1. 采收时期　　鲜食葡萄如采收过早，则色泽与风味均差，且会使产量受到损失；采收过迟会降低浆果的贮运性。因此，一般在浆果接近或达到生理成熟时就应及时采收。生理成熟时的标志是：有色品种充分表现出其固有色泽；白色品种则呈金黄色或白绿色，果粒略呈透明状，同时果肉变软而富于弹性；穗梗基部逐渐木质化而变成黄褐色，达到该品种固有的含糖量和风味。酿造用葡萄一般需根据不同酒类所要求的含糖量进行采收：酿造普通葡萄酒（干酒、佐餐用葡萄酒），要求 17%～22%的含糖量；酿造甜葡萄酒（餐后用酒），要求浆果含糖量达到 23%以上；制果汁用葡萄要求含糖量为 17%～20%，含酸量为 0.5%～0.7%；制干用品种要求含糖量达到 23%或更高时才能进行采收。

2. 采收方法　　采摘时用手指捏住穗梗，小心剪下果穗，一般葡萄穗梗剪留 3～5cm，随即放入果筐，送到果场进行分级包装。酿造用葡萄采收后可直接就地装箱，尽快运到酒厂进行加工。采收鲜食葡萄必须做到小心细致，轻拿轻放，尽量不要擦掉果粉，有损外观。不耐搬运的品种可在行间就地进行修整果穗、分级和装箱。采收时间最好在晴朗的上午或傍晚。在露水未干的清晨、雾天、雨后或烈日暴晒下均不宜进行采收，以免降低浆果的贮运性。在国外采收酿造用葡萄已广泛应用采收机，以降低生产成本。

3. 分级和包装　　鲜食葡萄要求商品性高，分级前必须对果穗进行修整，剪除果穗的病粒、小粒、青粒等。分级标准往往随品种、地区和销路而有不同，通常按照果穗和果粒大小、整齐度、松紧度、着色、糖酸含量等指标分级。

包装是商品生产的最后环节，需要通过包装增加商品外观，提高市场竞争力；保护商品不变形、不挤压、不损坏；增强运输、贮藏过程的功能，提高商品的安全系数；增进食品卫生，防止污染等。葡萄的包装容器通常选用硬纸箱、木箱和塑料箱等，容重一般为 2～10kg。一般采用透气、无毒、有保鲜剂的塑料薄膜或蜡纸先行每穗小包装，再装入箱中，摆放紧凑，每箱内摆 1～2 层。对于近距离运输，可使用密封袋或开孔袋包装，但远距离运输必须使用密封塑料袋。包装上应印有产品图像、商标、产地、数量、生产单位等内容。

第二十一章　猕猴桃

一、概述

（一）猕猴桃概况

中国是猕猴桃属（*Actinidia* Lindl.）植物的原产地，该属现有 54 个种，其中 52 个种为我国特有，且多数种类属于雌雄异株。猕猴桃又名羊桃、阳桃及猕猴梨等，国外又名奇异果、基维果、中国醋栗等。由于猕猴桃果实富含维生素 C、膳食纤维和各种有益矿物元素，因此具有较高的营养保健价值，且目前已成为世界消费量最大的 26 种水果之一。

根据联合国粮食及农业组织（FAO）数据库统计显示，2021 年世界猕猴桃总收获面积 28.69 万 hm^2，产量 446.71 万 t。其中，中国种植面积和年产量均居世界第一位，收获面积占世界总面积的 66.71%，产量占 53.28%。猕猴桃属于一种小宗水果，2017 年世界猕猴桃面积和产量分别占世界水果总量的 1.31% 和 0.47%，中国猕猴桃种植面积和产量分别占国内水果总量的 1.03% 和 0.76%。

（二）历史与现状

猕猴桃是一种古老的植物。历史上有很多关于猕猴桃的记载，在《诗经》中被称为"苌楚"、"铫（yáo）芅"。往后历代均有关于猕猴桃的记载，描述了猕猴桃的植物学性状、食用和药用等用途，但对猕猴桃人工栽培记录较少。1899～1911 年英国植物采集家威尔逊（Ernest H. Wilson）在中国进行经济植物采集时得到了猕猴桃种子，并将其中一小袋赠予了新西兰女教师伊莎贝尔·弗雷瑟（Isabel Fraser），而这一小袋种子成了世界猕猴桃产业的发端。从这批源于中国湖北宜昌的种苗中选育出了包括'海沃德'（'Hayward'）在内的多个品种。目前，世界五大洲均有猕猴桃种植，包括亚洲、欧洲、大洋洲、美洲及非洲，其中亚洲是主要产区，收获面积占世界 75%，产量占世界 62%。全世界共有 20 多个国家进行猕猴桃商品化种植，其中产业发展最好的国家是新西兰。1950 年，新西兰率先开始猕猴桃商业化种植，被认为是世界猕猴桃产业发展的先端，而'海沃德'是当时唯一的商业化品种。

我国猕猴桃栽培已有 1300 多年历史。1955 年，中国科学院南京植物园开始引种栽培猕猴桃。1978 年，河南省西峡县陈阳公社利用移植山上根蘖苗和幼苗的方法进行猕猴桃种植，被认为是中国第一个商业化猕猴桃种植园。20 世纪 80 年代之后，我国猕猴桃产业快速发展，目前种植面积和年产量均位居世界第一位。虽然上述两项指标均已超过其他各国总和，但 2017 年，中国猕猴桃单位面积产量排名为世界第 19 位，而排名第一的国家是新西兰。

二、优良品种

尽管猕猴桃属植物包含种类多达 54 个种，但生产上的栽培品种主要来自中华猕猴桃原变种（*Actinidia chinensis* Planch. var. *chinensis*）和美味猕猴桃变种（*A. chinensis* Planch. var. *deliciosa* A.

Chev.），还有少量的软枣猕猴桃（*A. arguta*）品种等。

（一）中华猕猴桃原变种

1.'红阳' 短圆柱形，平均单果重68.8g，可溶性固形物含量19%以上，果肉呈红和黄绿色相间，髓心红色，肉质细嫩多汁，酸甜适口，有香气。郑州地区8月底成熟。

2.'金艳' 长圆柱形，平均单果重101g，可溶性固形物含量15%以上，果肉金黄，味香甜。武汉地区9月下旬成熟。

3.'金桃' 长圆柱形，平均单果重82g，可溶性固形物含量18%以上，果肉金黄色，有清香味。武汉地区9月下旬成熟。

（二）美味猕猴桃变种

1.'中猕2号' 圆柱形，平均单果重108g，可溶性固形物含量17%以上，果肉绿色，甜型。郑州地区9月中、下旬成熟。

2.'翠香' 卵形，平均单果重92g，可溶性固形物可达17%以上，果肉深绿色，味香甜。郑州地区9月中、下旬成熟。

3.'徐香' 圆柱形，平均单果重73g，可溶性固形物含量15%以上，果肉绿色多汁，酸甜适口。郑州地区10月上、中旬成熟。

（三）其他种品种

1.'红宝石星' 属黑蕊猕猴桃（*A. melanandra*）。长椭圆形，平均单果重为18.5g，可溶性固形物含量为17%以上。果面光洁无毛，成熟后果皮、果肉和果心均为玫瑰红色，采后无须后熟即可立即食用。郑州地区8月下旬开始成熟。

2.'桓优1号' 属软枣猕猴桃。卵圆形，平均单果重22g，可溶性固形物含量为15%以上。果皮、果肉均为绿色。郑州地区8月下旬成熟。

3.'华特' 属毛花猕猴桃（*A. eriantha*）。长圆柱形，单果重82～94g，可溶性固形物14.7%。果面密集灰白色长茸毛，果肉翠绿色，郑州地区9月中下旬。

三、生长结果特性

（一）不同年龄阶段发育特点

1. 幼树期 从苗木定植至初次开花的时期称为幼树期。猕猴桃在幼树期只进行营养生长，植株喜阴凉，故光照强时需要对其进行适当遮阴。对于幼树以培养树体骨架结构、促使树体尽快按照所选用的树形方向发展，以大力培养结果母枝蔓和结果母枝蔓组为重点。可在行间距猕猴桃植株50cm以上种2行高秆作物，如玉米。

2. 盛果期 盛果期是指树体开始大量结果，产量、果实品质和经济效益开始达到最佳水平的时期。盛果期植株雌株的结果量逐年增加，雄株的花量也逐渐增大，但营养生长所占比例逐渐减弱，若管理不当容易出现大小年。成年结果树中等喜光，忌强光直射，树体生长和结果需要较好的光照条件，但郁闭易造成枝条生长不充实，果实发育不良等。对盛果期树以维护树体骨架结构、促使树势由旺转为中庸，以平衡营养生长和生殖生长为原则，同时要注意改善光照条件，并维持树势健壮。

3. 衰老期 衰老期是指树体产量和果实品质从最佳水平开始下降，直至丧失经济价值的时期。猕猴桃进入衰老期后，其光合速率下降，抗病虫害能力和对逆境的抵抗能力等均会变弱。因此，对于衰老树以去弱留强、限制花量和更新复壮为主要目的。要充分利用营养枝培养新的结果枝组，尽量延长结果年限，以维持较好的产量。

（二）生长特性

1. 植物学特性

（1）根　　为肉质根，皮厚，初为白色，后转为黄色或黄褐色，又嫩又脆，受伤后会流出液体，称为伤流；老根外表灰褐色至黑褐色，有纵向裂纹；主根在幼苗期即停止生长，骨架根主要为侧根，侧根和细根很密集，组成发达的根系。幼根和须根再生能力很强，既能发新根，又能产生不定芽；老根发新根的能力较弱，伤断后较难再生。大树移栽不带须根时，成活率较低。当土壤温度为8℃时，根系开始活动；20.5℃时，根系进入生长高峰期，随后生长速率开始下降；当土壤温度为29.5℃时，新根生长基本停止。根系为浅根系，水平生长量大，主要分布在0～60cm深度和距离树干20～100cm水平范围内，当然具体分布根据土壤类型有所差异。

（2）芽　　芽由数片具有锈色茸毛的鳞片和生长点组成，被包埋在叶腋间海绵状芽座中。每个芽座中有1～3个芽，如3个芽，则两侧较小的为副芽，中间较大的为主芽。按芽的性质分为叶芽和混合芽。叶芽瘦小，萌发后只抽梢长叶；混合芽肥大、饱满，既能抽梢长叶，又可开花结果。混合芽又根据在枝条上萌发的位置，分为上位芽、平位芽、下位芽。上位芽背向地面，萌发率高、抽枝旺、结果多；平位芽与地面平行，枝条生长中等、结果较多；下位芽朝地面，萌发率低、抽生枝条衰弱、结果少（图21-1 b）。猕猴桃花芽的形态分化可分为5个时期，即未分化期、花芽分化始期、花被原基分化期、雄蕊原基分化期、雌蕊原基分化期。从分化的时间上来看，不同种之间略有差异，在相同环境下雄株的花芽一般比雌株早分化5～7d。

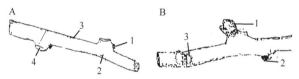

图 21-1　猕猴桃枝条上的各部位结构及芽的萌发位置差异
A. 各部位结构：1. 芽；2. 芽座；3. 枝；4. 叶痕。B. 芽的萌发位置：1. 上位芽；2. 下位芽；3. 平位芽

披针形　　卵圆形　　心脏形　　阔卵形

倒卵形　　阔倒卵形　　近扇形

图 21-2　叶片形状

（3）叶　　多数栽培猕猴桃品种叶大、较薄而脆，容易被风撕裂。早春萌芽后约20d开始展叶，其后迅速生长一个月，当其大小接近总面积的90%左右时，即转入缓慢生长至定形。具有营养积累功能的叶为有效叶，不具有营养积累功能的叶为无效叶。无效叶的种类有幼嫩叶、衰老叶、遮阴叶、病虫害或风等机械伤造成大面积失绿或破损叶。优良品种的有效叶面积大，叶厚色深，光合能力强，供给花芽形成、树体及果实生长发育的养分多，革质强，抗风害者为优。另外，不同种类、不同品种的猕猴桃叶片形状差异较大（图21-2）。

（4）花和花序　　花从结构上来看属于完

全花，具有花柄、花萼、花瓣、雄蕊和雌蕊；但是从功能上来看绝大多数品种属于单性花，分为雌花和雄花。雌花子房发育肥大，多为上位扁球形，柱头多个，心室中有多数胚珠，发育正常；雄蕊退化发育，花丝明显矮于雌花柱头，花药干瘪，花粉没有活力，自身不能坐果。雄花则雄蕊发达，明显高于子房，花药饱满，花粉粒大，花粉量充分且活力强；子房退化，呈圆锥形，有心室而无胚珠，不能正常发育。

开花时间和花期长短因品种、性别、管理水平和环境条件不同而异。常见的中华猕猴桃复合体栽培品种花初开呈白色，后渐变成淡黄或橙黄色。花大美观，具芳香，但缺乏明显的蜜腺组织；开花顺序一般是自上而下开放，但由于枝条强弱和着生部位不同而略有差异；一朵单花可开放2～6d（多为3～4d），花开后的前2d为最佳授粉时间；花序有单花、二歧聚伞花序和多歧聚伞花序。不同种类猕猴桃品种的花期、颜色有较大区别。同种中，不同品种的花期长短也不尽相同，这就要求选择相配套的雄株。

（5）枝蔓　枝蔓木质藤本，比较柔软，不具有特化的攀缘器官，仅依靠自己的主茎缠绕他物向上生长。根据其枝蔓上是否带有花芽，分为营养枝蔓和结果枝蔓。根据人为修剪培养形成的猕猴桃树体结构，雌株一般包括主干、主蔓、侧蔓、结果母枝（蔓）、结果枝（蔓）、营养枝（蔓）（图21-3）。其中主干、主蔓、侧蔓主要形成树体骨架结构。具有开花结果能力的当年生枝蔓，叫结果枝蔓。着生结果枝蔓的母枝，叫结果母枝蔓。一般结果母枝蔓的中、下端第7～10个节位着生的结果枝蔓较多，结果枝蔓于基部1～7节位间开始结果。猕猴桃一年可抽梢3～4次。凡是达到结果年龄的枝条，除基部和蔓上抽生的徒长枝外，几乎所有的新梢都很容易形成花芽进而形成结果母枝蔓。

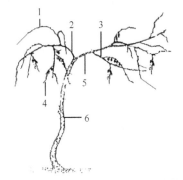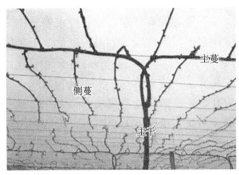

图21-3　猕猴桃枝蔓类型
1. 营养枝；2. 侧蔓；3. 结果母枝；4. 结果枝；5. 主蔓；6. 主干

（6）果实　属中轴胎座多心皮浆果，倒生胚珠，蓼型胚囊。果实形状不一，有圆形、长椭圆形、椭圆形或扁圆形等；果皮颜色有绿色、黄色、褐色、红色等；根据表面被毛情况分有毛、无毛两种类型，毛的类型根据生长状态可分为短茸毛、茸毛、硬毛、糙毛等。内、外层果肉颜色可分为绿、黄、橙、红等。同一品种在不同地区和环境条件下栽培时，品质表现有差异，体现出区域适应性，引种时应注意。

2. 物候期　猕猴桃的物候期主要有：伤流期（在早春萌芽前后各约1个月）、萌芽期、展叶期、新梢开始生长期、现蕾期、花期（始花期、盛花期、终花期）、坐果期、新梢停止生长期、果实停止迅速生长期、二次新梢开始生长期、二次新梢停止生长期、果实成熟期、落叶期和休眠期等。

（1）花期　猕猴桃的花期较晚，在桃、梨、苹果等其他果树树种之后。中华猕猴桃原变种花期早于美味猕猴桃变种，郑州地区前者一般在 4 月下旬至 5 月初，后者在 5 月上、中旬。因此，授粉品种的配置选择相同种类、同期开花为基本前提。雌性品种一个花序中一般中心花质量好、侧花质量较差，所以一般应疏掉侧花蕾，保留中心花结果；雄性品种以早期花质量高。因此，选配雄性授粉品种时，以其初花期正对雌性品种的盛花期为宜。

（2）果实成熟期　　猕猴桃属于呼吸跃变型果实，所以成熟期包括采收成熟期和食用成熟期，一般指采收成熟期。按成熟期一般可分为早熟、中熟、晚熟和极晚熟品种。对传统的中华猕猴桃复合体品种而言，早熟品种指 8 月底至 9 月上旬能够成熟的品种，中熟品种指 9 月中旬至下旬成熟品种，晚熟品种指 10 月上、中旬成熟品种，极晚熟品种指 9 月下旬至 11 月上旬成熟品种。一般而言，春季温度较低的年份，猕猴桃的成熟期相对延迟，温度偏高的年份则相对提前些。成熟期存在差异，也与各个种或品种来源的地理分布有关。

（三）结果特性

（1）结果年龄及坐果习性　　猕猴桃树体更新能力和丰产性较强，结果寿命长，但其实生育种过程的童期长短存在种间差异，一般 4～6 年不等。嫁接苗定植后第二年即可挂果，但通常要去掉果实先培养树体骨架结构，一般完成树体骨架结构培养需要 3 年时间，此时可以结果，4～5年进入盛果期。中华猕猴桃原变种通常以中、短果枝结果为主，一般坐果 2～5 个。生长中等或强壮的营养枝是第二年主要的结果母枝，是产量的保障，因此需要大力培养当年营养枝。

（2）果实发育规律　　猕猴桃果实从坐果到成熟需要 120～200d。谢花后 30～50d 主要是细胞分裂增生和细胞增大，果实明显增大；到 6 月底至 7 月初，果实大小可达到成熟大小的 80%，鲜重达到成熟时的 70%～75%。淀粉积累是从谢花后 50d 左右开始，一般经过 70（早熟品种）～95d（晚熟品种）。果实发育后期，淀粉经水解转化为糖。果实的整个发育期内，其干重持续增加，特别是成熟后期，当鲜重达到最大之后，干重的百分比仍在迅速增加，此时是果实品质形成的重要阶段。

（3）种子发育　　猕猴桃种子大小仅为 2.0～2.2mm，形如芝麻，位于胎座周围。'徐香'猕猴桃从授粉开始至成熟胚发育完全需要 120d。雌花授粉越充分，果实种子数量就越多，也越饱满，所以最终的果实单果重大小与种子总数和饱满种子总数均呈正相关。

四、对生态条件的适应性

（一）对环境的要求

1. 海拔　　一般认为，海拔 2000m 为猕猴桃的生存上限，海拔 1300m 为经济栽培上限，不同地区垂直分布不尽相同。

2. 温度　　猕猴桃对周围环境的温度要求相对比较高，主要分布在北纬 18°～34°的地区。年平均气温 11.3～16.9℃、有效积温 4500～5200℃、无霜期 160～270d，这些地区猕猴桃资源分布丰富。人工栽培中华猕猴桃复合体品种最好选择夏、秋季极端最高温不超过 38℃、冬季极端最低温不低于−10℃的地区较为安全。30℃以上时，枝蔓、叶、果的生长量会显著下降；33℃以上时，果实阳面容易发生日灼，形成褐至黑色干疤；35℃以上时，叶片受强烈阳光照射 5h 叶缘可失绿，从而变褐发黑，若高温持续 2d 以上，叶缘变黑上卷，呈火烧状，可引起早期落叶，甚至死树。

3. 水分　　猕猴桃是浅根植物，抗旱耐涝能力较差，因此对土壤水分和空气湿度的要求相对严格。分布区年降水量约为 1000mm，空气相对湿度约为 75%以上。环境中水分不足时，猕猴桃枝梢生长受阻,叶片变小,叶缘枯萎,严重时甚至引起落叶、落果等。同时,猕猴桃植株也不耐涝,在排水不良或渍水时,常常会被淹死。猕猴桃的抗旱、耐涝能力,因种和品种不同而异。一般来说,抗旱能力较强的种和品种,侧根较发达,叶面茸毛较密、叶色较深、蜡质层较厚。但从整体上来说,猕猴桃属植物的抗旱性均比较差。

4. 光照　多数猕猴桃属中等喜光性树种,喜半阴环境,对强光照射比较敏感,要求日照时间为 1300~2600h,喜漫射光,忌强光直射,自然光照强度以 40%~45%为宜。猕猴桃不同树龄期对光照的要求不同,如幼苗期喜阴凉、需要适当遮阴;成年结果树需要良好的光照条件来保证枝蔓生长和结果需要,如光照不足、树体郁闭则易造成枝条生长不充实,果实发育不良等。同时,猕猴桃最忌烈日强光、暴晒,会引发果实日灼病、叶缘焦枯,严重者导致整株死亡。

5. 土壤　猕猴桃对土壤适应性较强,冲积土、黄壤、红壤、黄褐壤、黄棕壤、棕壤、灰褐色森林土、乌沙土、黄沙土都能生长,尤其喜欢土层深厚、保水排水良好、肥沃疏松、腐殖质含量高的砂质壤土。对土壤酸碱度的要求为中性偏酸土壤表现良好,最适 pH 6.0~7.0,大于7.3 则容易引起黄化,酸性较强的土壤容易引起生理障碍,需要调整土壤 pH。

6. 风　猕猴桃嫩梢长而脆,叶大而薄,易遭风害。春季干风常使枝条干枯、折断,夏季干热风常使叶缘焦枯、叶片凋萎,严重影响树体的生长发育。

(二)生产分布与栽培区划分

我国共有 20 个省(自治区、直辖市)生产猕猴桃,但集中分布在陕西、四川、河南、湖南、贵州 5 个省,约占全国总面积的 80%以上,总产量约占全国的 90%以上。其他省份如浙江、江西、重庆、湖北、江苏、福建、山东、广西、安徽、云南等也均有栽培。中国最大的栽培区域在陕西省,陕西秦岭北麓、秦巴山区已建成世界猕猴桃种植面积最大的集中产区。四川省是我国猕猴桃野生资源分布最多的省份之一,因此龙门山脉带、秦巴山区、邛崃山脉带均为适宜的经济栽培区域。河南省的生产区域主要分布在南阳西峡、淅川,洛阳栾川及郑州周边的新郑、荥阳、新密等地,'中猕一号''琼露''红宝石星''早秋红'等一系列优良品种均为选自河南省的野生猕猴桃资源。

五、栽培技术

(一)苗木繁育

猕猴桃苗木繁育圃地应无检疫性病虫害,环境清洁;交通便利;背风向阳,地势高燥,排水良好;地下水位在 1.0m 以下;有灌溉条件;避免在有再植障碍、易发生根结线虫病和有溃疡病发病史的地块建圃。苗木繁育主要以嫁接和扦插为主,相关育苗技术可参照本书第四章。

(二)规划建设

猕猴桃生产基地最好选择在海拔 400~1000m,气候温暖湿润,年平均气温 15℃左右,极端温度不低于−10℃、不高于 38℃,年降水量 1200~2000mm,无霜期240d 左右的地方建园。地下水位在 1.0m 以下、园区土层深厚、土质疏松肥沃、有机质丰富、通透性好、pH 6.0~7.0的沙土或壤土最为适宜。园区规划建设参照本书第五章。

(三)土肥水管理

1. 土壤管理　土壤管理模式与其他果园相似,具体要求可参照本书第六章。

2. 合理施肥

（1）施肥量　　猕猴桃植株年生长量大，枝叶繁茂，结果多且生长期长，每年要消耗大量的养分。土壤中有效养分难以满足其需求，需要根据植株的生长特性，科学合理地补充肥料。施肥量以果园的树龄大小及结果量、土壤条件为准。

一般中等肥力的土壤，幼龄树（1～3 年生），每公顷施优质农家肥 2000～3000kg，无机肥纯氮 4～8kg、纯磷（以五氧化二磷计，下同）3～7kg、纯钾（以氧化钾计，下同）3.2～7.2kg。成年树（4 年生以上），每公顷施优质农家肥 4000～6000kg、无机肥纯氮 14～20kg、纯磷 12～16kg、纯钾 14～18kg。

（2）施肥时期　　早春追施催芽肥，有利于萌芽开花，促进新梢生长。催芽肥宜在发芽前施用，以速效氮肥为主，并配以少量磷、钾肥。宜在落花后 20～30d 追施促果肥，以速效复合肥为主。落花后 30～40d 是猕猴桃果实的迅速膨大时期，此阶段缺肥会影响果实膨大。盛夏宜在 6～7 月追施一次磷、钾肥，可使果实内部充实，增加单果重，提高品质。后期可叶面喷施速效氮肥 1～2 次，以促使枝梢成熟，贮存营养。果实采收后，在未落叶前对叶面喷施 1 次 0.5% 尿素液，可促进叶片光合作用，增加根、茎养分贮备。采果后叶片营养流失严重，宜早施秋季基肥。肥料应以腐熟或半腐熟的有机肥为主，有机肥中也可以混入一部分化肥以增进肥效，如尿素、硫铵、硝铵、过磷酸钙、硫酸钾等。

（3）施肥方法　　猕猴桃园常见的有厩肥、堆肥和过磷酸钙的混合使用；厩肥、堆肥、钙镁磷肥、硫酸锌和硼肥的混合使用；人粪尿与少量的过磷酸钙混合使用等。但应注意的是，硝态氮肥与未腐熟的堆肥、厩肥或新鲜秸秆混合堆沤，会产生反硝化作用，引起氮素损失，因此不宜采用；各种腐熟度较高的有机肥料不宜与碱性化肥混用。施肥时不宜离树干太近，或过于集中，否则会引起烧根。应根据树龄选择适当的施肥方法，幼龄园可选用环状沟施法、树冠撒施法、条沟施肥法、穴施法；成龄园可选用放射沟施法和全园撒施法。施肥后应注意盖土深埋，特别是全园撒施法更应撒后中耕。施肥后，应结合土壤墒情浇足水。叶面喷肥在任何年龄果园都可以灵活使用。

（4）主要营养元素对猕猴桃树体的影响及缺素症的防治方法　　猕猴桃对各类矿质元素需求量大，而且不同生育阶段的树体对各种营养元素的吸收量差异也较大。早春萌芽期至坐果期，氮、磷、钾、镁、锌、铜、铁、锰等，在叶中积累量为全年总量的 80% 左右；果实膨大期，氮、磷、钾营养元素逐渐从枝叶转移到果实中。另外，猕猴桃对氯有特殊的喜好，一般作物每千克干物质氯含量为 0.025% 左右，而猕猴桃含量达 0.8%～3.0%，当每千克干物质氯含量低于 0.6% 时可出现缺氯症状。

3. 水分调节

（1）灌溉　　猕猴桃对土壤水分的要求比较严格，喜湿润、怕干旱、怕水涝，故要求种植猕猴桃的地块易排、易灌，具有排灌能力，以满足树体生长发育对水分的要求。猕猴桃在不同的生长发育时期，对水分的需求不同，有 5 个明显的需水期。

1）萌芽至开花前需灌水 1～2 次。以补充伤流和萌芽所需，如果土壤比较湿润，田间持水量达到 75% 以上时，也可以不用浇水。

2）新梢生长和幼果迅速生长期需灌水 1～2 次。此时猕猴桃幼果生长迅速，是猕猴桃果实需水的临界期。

3）果实迅速膨大和混合芽形成期需灌水 2～3 次。此时正值高温干旱的夏天，及时灌水可缓解气候高温、低湿和树体蒸腾量大之间的矛盾，也可满足果实迅速生长发育和混合芽形成对水分的需求。

　　4）秋季无雨时，或施基肥后，需灌水 1 次。秋季施基肥以后，肥料浓度较大，相对比较集中，移动性较差，容易烧根，结合灌水，可以降低肥料浓度，促进肥料分解，减少烧根的可能，且可使秋施基肥的效力得到更好发挥。

　　5）入冬后灌 1 次冬眠水。灌水封冻可使土温保持在 0℃左右，不至于在寒冷的冬季冻伤根系，有利于树体安全越冬。

　　灌水方法多种，可根据经济条件、地块位置、水源丰缺等因素选择沟灌、穴灌、滴灌、喷灌及果园渗灌等。

　　（2）排涝　　猕猴桃要选在不易受涝、排水方便的地方建园，而且一般采用起垄栽培，树要栽在垄脊位置。垄沟深度视地块排水难易和当地降水量而定。在我国南方地区因为雨水较多，沟深一般要达到 40cm 左右；在上海地区，沟深要达到 50cm 以上。排水方便且降水量较少的北方，沟深 25～30cm 即可满足排水要求。垄沟要与果园四周的排水沟相通，形成良好的排水系统，以保证能顺利排除积水，在积水严重时要及时用抽水机辅助快速抽水。

（四）整形修剪技术

　　1. 冬季修剪　　初结果树一般枝条数量较少，主要任务是继续扩大树冠，适量结果。冬剪时，对着生在主蔓上的细弱枝剪留 2～3 芽，以促使明年萌发出旺盛的枝条；长势中庸的枝条修剪到饱满芽处，以增强长势。对于主蔓上去年抽生的结果母枝，如果间距在 25～30cm，可选择距中心主蔓较近的强旺发育枝或强旺结果枝用作明年的结果母枝，将该结果母枝回缩到强旺发育枝或强旺结果枝处；如果结果母枝间距较大，可以在该强旺枝之上再留一良好发育枝，形成叉状结构，以增加结果母枝数量；明年的结果母枝尽量选择直接在主蔓上发育的当年生营养枝，保留的结果母枝同侧间距应在 30cm 左右，且两侧保留位置交错开（图 21-4）。

图 21-4　徒长枝和发育枝的冬季修剪方法及枝间距（李绍稳，1997）
A. 徒长枝冬季修剪：1. 短截（缓和树势）；2. 短截（作更新枝）；3. 短截（作预备枝）；4. 疏枝（去除）。B. 发育枝冬季修剪：1. 短截（长势强的品种）；2. 短截（长势弱的品种）；3. 短截（作预备枝）。C.结果母枝同侧间距应在 30cm 左右，且两侧保留位置交错开

　　猕猴桃的徒长枝会扰乱树形，消耗营养，造成树冠郁闭，应从基部除去；若有空间伸展，可将其短截作为预备枝，促使翌年抽生出营养枝，继而培养成骨干枝或结果母枝。大量结果后，衰弱下垂的多年生侧蔓的后部背上也长抽生徒长枝，可先回缩掉衰老部分，再对徒长枝短截后作为更新枝。

　　对于猕猴桃绝大多数的发育枝，可根据品种长势及结果习性进行短截。如果发育枝的数量

较多，为保持来年的产量，可将一部分枝条短截作为预备枝（图21-4）。在枝量不足的情况下，可以利用当年的二次或三次健壮的发育枝（副梢）作为结果母枝，不必全部疏去。

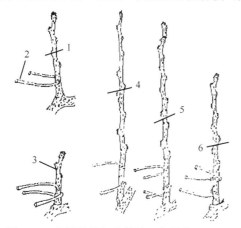

图 21-5　结果枝的冬季剪法（李绍稳，1997）

1. 短果枝上有饱满芽的短截；2. 果柄；3. 短缩果枝的缓剪；
4. 徒长性结果枝的短截；5. 长果枝的短截；6. 中果枝的短截

对各类结果母枝的剪留，要根据品种、整形方式、架式、树龄、枝条长势强弱而定。幼树由于枝梢较少，为扩大树冠，母枝可留长些，但最先端枝条粗度约为 0.8cm；结果盛期树宜留长；衰弱树和老龄树部分枝条应重截。猕猴桃的结果部位结果后便不能继续抽生枝条，只有结果部位以上的节位才能在第 2 年抽生枝条。因此，修剪时不能在结过果的节位短截。对其他已结过果的枝条和营养枝，应进行回缩或疏除。结果枝的 2～7 节叶腋都能坐果。生长健壮的结果枝，往往在盲节以上都能形成混合花芽，成为翌年的结果枝。因此，冬剪时除对太密的、衰弱的加以疏除外，保留的结果枝一般在结果部位（盲节）以上短截。对徒长性结果枝，应在结果部位以上处剪留一定数量的芽进行短截，让其衰弱后再从基部剪去（图21-5），而各种枯弱枝、病虫害损伤枝一律需要疏除。短截时，在剪口芽上留 3～5cm，以防止剪口芽抽干。

进入结果期的植株，除基部老蔓有时抽生徒长枝外，所有新梢都很容易成花，并发育为结果母枝，因此修剪时，要注意控制其密度，不可负载过量。一般在 10m² 的范围内，保留 12 个结果母枝，抽生 54～60 个结果枝，平均每个结果枝结果 3 个，共结果 162～180 个为宜。猕猴桃果实成熟脱落后，一般果柄保留在结果枝上。利用这一点，可区分营养枝、结果枝及植株的性别。

猕猴桃从结果母枝中部或基部常会发出强壮枝条，其在光照和营养等方面占据优势，使得原结果母枝第二年在此部位往上的生长势明显变弱，所结果实果个小、质量差，甚至出现枯死现象。冬剪时可将老结果枝回缩到新选留的结果母枝，以达到更新的目的。若结果母枝基部有生长充实健壮的结果枝或营养枝，可将其回缩到健壮部位。若结果母枝较弱或分枝过高，则应从其基部有潜伏芽的部位剪除，促使潜伏芽萌发，选择一个健壮的新梢作为下一年的结果母枝。对多年生枝蔓更新修剪时，要根据其衰老部位，采取局部或全株更新。猕猴桃从多年生枝上萌发的新梢一般当年不能结果，但第二年可以结果，因此结果母枝更新量以 1/4～1/3 为好。长势弱的短果枝型品种如'红宝石星''天源红'，结果母枝或已结过果的枝条需年年更新；长势强的长果枝型品种如'海艳''金硕'，结果母枝或结果枝 2 年更新一次即可（图21-6）。

2. 雌株的夏季修剪　猕猴桃的新梢生长很旺，且容易抽发副梢，枝蔓易相互缠绕，因此要分多次对树体进行夏季修剪。其中疏蕾、疏花、

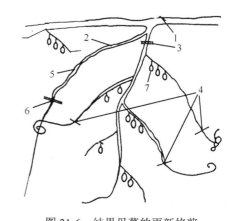

图 21-6　结果母蔓的更新修剪

1. 侧蔓；2. 生长蔓作结果母枝更新；3. 冬季修剪更新位置；4. 夏季修剪位置；5. 芽体；6. 冬剪短截处；7. 果实

疏果等花果管理详见本章（五）《花果管理技术》。夏季第一次修剪在萌芽期进行，主要是抹去无用的潜伏芽、2生芽或3生芽，一般只留1个，其余的抹去。第二次修剪在开花前1周完成，对生长旺盛的结果蔓进行摘心，一般是从最末一朵花起的第7~8片叶处摘心，营养蔓留10~12片叶摘心以便培养成次年的结果母枝，对基部抽生的强徒长枝为节约养分要及时除去，同期配套疏蕾工作。第三次修剪在花后1个月进行，在第一次夏剪的基础上继续去除中下部萌蘖，对顶端已出现卷曲下垂的新梢在1m左右时及早摘心或剪截，留作培养次年的结果母枝，对结果过多的树可适当疏剪部分的结果蔓；一般在结果母枝上每隔15~20cm的距离保留1个新梢，每平方米架面可均匀分布10~15个壮梢；及时对新梢进行合理的绑缚，防止被风吹断；同期还需配套进行疏果工作。第四次修剪在果实迅速生长期进行，一般为7月下旬左右；在前几次夏剪的基础上除去萌发的新梢，减少养分消耗，对结果枝及时摘心和剪截，并对促发的副梢留3~4片叶摘心。夏季修剪工作完成后，保证每平方米保留结果枝10~15根，每果枝结果3~4个，单株叶果比保持在（6~7）∶1，结果枝上叶果比保持在（2~3）∶1以上，叶面积指数控制在3.5~4.0。

3. 雄株的修剪　　雄株的主要作用是给雌株提供花粉，因此在抓好雌株修剪的同时，也不能忽视雄株的修剪。雄株在冬季不做全面修剪，只对缠绕枝、病虫枝、干枯枝、细弱枝、过密枝的枝条做适当修剪，以保持较大的花量，并且集中养分使花粉量大、质量好，利于授粉。在花后1个月的时候，剪除雄株细弱枝和已开过花的枝条，短截健壮的生长枝培养作次年的开花母枝。另外，在雄株比较衰弱的时候，应采取去弱留强的修剪措施，过分衰弱的雄株应该适当重截，以利于恢复树势，使明年所开的花花粉量大、质量好。具体做法是将开过花的枝条从基部剪除，再从紧靠主干的主蔓和侧蔓上选留生长健壮、方位好的新梢加以培养，使其成为来年的开花母枝，冬季修剪时再进行最后的定枝和绑蔓。在7月中下旬，雄株继续去除细弱枝，剪截作为次年开花母枝的枝蔓顶端，使枝条长得粗壮、充实，以保证第2年花多、量大。

（五）花果管理技术

1. 合理疏花疏果

（1）疏蕾　　猕猴桃的花期较短而蕾期较长，因此，疏蕾比疏花更能节省养分消耗，一般不疏花而提前疏蕾。疏蕾通常在4月中下旬进行，当结果枝生长达到50cm以上或侧花蕾分离后15d左右即可开始疏蕾。疏蕾时先着重疏除过小的畸形蕾、发育较差的两侧蕾、病虫危害蕾，再疏除基部的花蕾，最后疏除顶部的花蕾，应着重保留发育较好的中心蕾。不同结果枝疏蕾法：强壮的长果枝留5~6个花蕾，中庸的结果枝留3~4个花蕾，短果枝留1~2个花蕾。

（2）疏果　　应在盛花后2周左右进行，坐果后对结果过多的树进行疏果。对猕猴桃而言，1个结果枝中，其中部的果实最大、品质最好，先端次之，基部的最差；1个花序中，中心花坐果后果实发育最好，两侧的较差。因此，疏果时先疏除畸形果、伤残果、病虫果、小果和两侧果，然后再根据留果指标，疏除结果枝基部或先端的果实，确保果实质量和使树体均匀挂果。

（3）留果标准　　猕猴桃雌株的留果标准应依据树龄、栽植密度和叶果比等确定，单果重约100g。以3m×2m行株距的栽植密度为例，雌雄比（7~8）∶1，每公顷雌株按1500株计算，3年生平均每公顷产量为4500kg，单株产即为3kg；4年生平均每公顷产量为11 250kg，单株产即为7.5kg；5年以上盛果树平均每公顷产量为30 000kg，单株产即为20kg。同理，4m×3m或3m×3m行株距依不同树龄、每公顷雌株数，按每公顷平均额定产量，可求出单株果载量。

按叶果比确定留果量应在开花后期至末期进行。标准为叶∶果=（4~6）∶1，短果枝结果的品种为 4 : 1，中果枝结果的品种为 5 : 1，长果枝结果的品种为 6 : 1，可以保证果实品质。猕猴桃的大多数品种在叶果比小于（4～5）: 1 时，即出现果实单果重小、果实品质下降、来年产量下降等问题，所以在留果时要注意同枝蔓或附近能提供营养的叶面积，不要摘心过重。经验丰富的种植者也可根据经验、视具体情况确定留果量。留果标准为：健壮果枝留 5～6 个、中等果枝留 3～4 个，弱枝蔓 1～2 个。考虑风害、病虫害等自然因素对各栽植密度树体生长影响，在树体果载量允许的范围内，单株预留果实数量可适当高出定果（产），但在定果后，务必遵循各不同密度单株规定留果量及株、产标准。

2. 保花保果技术

（1）猕猴桃适宜的授粉条件　　对猕猴桃果实来说，种子越多且实际受精的胚珠数量越多，果实越大。猕猴桃花期因其种类和栽培地区的不同而有所差异，雌花花期 3～5d，雄花花期 4～6d。最适宜猕猴桃传粉授粉的气象条件为温度 20～25℃，风力 1～3 级，空气相对湿度 70%～75%。良好的微环境包括叶幕层厚度不大于 1m，枝条分布均匀不过密，雌雄株距离不宜超过 8m。猕猴桃花期，南方容易遇到低温多雨的潮湿天气，北方容易遇到高温干燥的大风天气，这些气象条件均不利于猕猴桃的自然授粉受精，因此人工辅助授粉或者放蜂授粉显得尤为必要。

（2）猕猴桃保证授粉需注意的问题　　为保证猕猴桃正常授粉，应在花前做好清园、复剪、水分管理及花期人工辅助授粉等准备工作。清园主要针对果园周围与猕猴桃同期开花的花草和树木，如刺槐、柿子等。花前复剪应于开花前 5～10d 进行，疏除过多的徒长枝蔓、发育枝蔓、结果枝蔓和发育不良的花蕾。北方干旱地区要进行花前灌水，以提高土壤和空气湿度，增加花粉活性；南方注意花期排水，防止根系渍水。人工辅助授粉是应对花期不利气候条件或只定植雌株果园的有效手段，主要方法包括花期放蜂、插花授粉及机械授粉等；放蜂一般在雌雄花都开始开放时放置，每公顷放置 7～8 个箱蜂，每箱中有不少于 3 万头活力旺盛的蜜蜂，蜂种可选择定向力强、善于采集零散蜜粉源、节省饲料的喀尔巴阡蜂、喀尼阿兰蜂、东北黑蜂、美意蜂等；插花授粉是指在开花初期，剪数株雄花花枝插入 1% 的糖水瓶中，挂在远离雄株的母树中间的辅助授粉方法，依靠风力、虫媒自然授粉，此法适用雄株分布不均的果园，应注意及时给瓶中加水，以免瓶中雄花枯萎；机械授粉包括喷粉和喷雾两种方式，二者均需提前采集花粉或采购商品花粉，要注意保持花粉活力大于 50% 以上，喷粉时可在花粉中加入比例不高于 20 倍的干淀粉或石松子等稀释剂，喷雾时可配制成花粉溶液，在花开 30% 和 80% 时，用人工授粉器各授粉 1 次。

（3）果实套袋　　猕猴桃是中等喜光性果树，在许多引种栽培地区因高温、干旱及强光危害而造成落叶落果、果实品质下降、产量和贮藏性降低，甚至导致植株死亡，严重影响其经济效益。遮阴、果实套袋等调控措施是缓解这些危害的有效途径，套袋也能使果实表面保持洁净，可避免灰尘、农药及害虫分泌物直接污染果实而产生果锈，确保果面洁净，改善果实的外观形象；当然套袋也有一些副作用，如增加人工管理成本、单果重变小、红心果实着色变浅等，所以是否套袋要根据具体情况而定。果实套袋应在谢花后 20～30d 进行，过早会影响果实增大；在套袋前首先要喷一次杀菌杀虫剂混合液，以防治褐斑病、灰霉病和东方小薪甲、蝽象类等，待药剂风干后，立即套袋；一般在采收前 10～15d 去袋或把纸袋的下口撕开；去袋时间不能太早，否则果实仍然会受到污染，失去套袋效果；也可以带袋采摘，采后处理时再去掉果袋。

（六）病虫害防治技术

1. 猕猴桃主要虫害及其防治技术

（1）桑盾蚧　　秋冬结合树盘下翻耕施基肥，破坏土内卵囊。2 月底前，在树干基部裹 10～

15cm 宽的粘胶封锁带，防止土中若虫上树为害。在幼龄树果园开始发现少量为害时，应不惜人力，彻底剪去销毁。成龄多虫园，在冬季落叶后，喷 3 波美度石硫合剂或 5%煤油乳剂，将越冬虫体杀死。因其介壳较为松弛，也可用硬毛刷或细钢丝刷刷除寄主枝干上的虫体。结合整形修剪，剪除受害严重的枝条。

（2）金龟子类　　金龟子是猕猴桃的重要虫害之一，其种类繁多，发生时期多不同，但防治法近似。利用成虫的假死性，在晴天清晨或傍晚摇树，使其掉落地面然后踩死；利用成虫的趋光性，晚上在果园用黑光灯诱杀；成虫盛发期，可以在傍晚天黑前对果园边缘的植株喷洒 75%辛硫磷 1000～2000 倍液进行防治；秋冬扩穴施肥时，每穴施辛硫磷颗粒剂 100g，可以减少金龟子幼虫的危害；冬季翻耕园地，消灭越冬幼虫。

（3）根结线虫病　　培育无病苗木、调种苗时严格检疫，是防止病虫传播蔓延的有效方法。在栽过棉花、葡萄和其他果树的地上最好不栽或培育猕猴桃苗。对病区盛果期树进行药剂防治时可使用氨基寡糖素水剂等药剂灌根处理。发现已定植苗木带虫时，即挖去烧毁，并就近挖深约 1m 的大坑，将附近带虫苗木的根系土壤，集中深埋至距地面 50cm 以下（最好在雨季后进行）。增施有机肥，合理的枝梢管理和果园整形修剪，可以增强树势，提高抗病能力。另外，清除附近杂草，保持地面清洁，或种万寿菊、猪屎豆菜对根结线虫有较大抵抗能力的植物。

（4）小绿叶蝉　　小绿叶蝉是广泛传播于我国长江南北的最普通的猕猴桃害虫。通过加强果园管理，成虫出蛰前及时刮除翘皮，清除落叶及杂草，可减少越冬虫源。药剂防治应在越冬代成虫出蛰活动的盛期和第 1、2 代若虫孵化盛期进行，危害较重时 8 月初第二次危害高峰期到来之前再用一次药，可选择除虫菊素等药剂。

2. 主要生物病害防治及其防治技术

（1）褐斑病　　褐斑病的病原是一种小球壳菌，属子囊菌门真菌，此病是猕猴桃生长期最严重的叶部病害之一，对产量和鲜果品质影响很大。褐斑病防治应注意冬季彻底清园，将修剪下的枝蔓和落叶打扫干净，结合施肥埋于坑中。此项工作完成后，将果园表土翻埋 10～15cm，使土表病残叶片和散落的病菌埋于土中，不能侵染。清园后，用 5～6 波美度石硫合剂喷雾植株，以杀灭藤蔓上的病菌及螨类等细小害虫。发病初期可选用代森锰锌、甲基托布津或多菌灵等药剂喷雾树冠。

（2）溃疡病　　猕猴桃溃疡病是一种毁灭性的细菌性病害，其中也夹杂着真菌性病害，已经成为制约猕猴桃产业发展的最严重的病害。1980 年，在美国加利福尼亚州和日本神州静冈县首次发现，目前已在中国、意大利、伊朗、韩国、法国、葡萄牙、智利和新西兰均有报道。该病具有隐蔽性、爆发性和毁灭性的特点。在我国，该病害已经在安徽、四川、湖南、福建及陕西等省的猕猴桃栽培区域发生，并造成了严重的经济损失。

溃疡病不同品种之间抗性差异较大，其病菌可通过风雨、昆虫传播，或在农事操作时借修剪刀、农具等传播，从气孔、水孔、皮孔、伤口（虫伤、冻伤、刀伤）等侵入植物体内。病菌主要在病组织中越冬，也可随病残体在土壤中越冬。当旬温度为 10～20℃时有利于病害的扩展，最适宜的温度为 15℃，超过 25℃将停止扩展，不再出现新的病斑。病害发生始期一般在植株休眠期，溃疡病菌开始由植株的气孔、皮孔、伤口（虫伤、冻伤、刀伤）等侵入植株体内；在植株伤流开始后，病菌于寄主体内进行潜育增殖扩展，病疤数量显著增加。萌芽前，进入发病高峰，除主干受到严重危害外，主蔓和侧蔓上的发病率也快速增加；在抽梢至伤流结束时，病害的扩展逐渐减缓，随着气温的升高，病斑基本停止扩展，且周围出现愈伤组织。

溃疡病防治的关键是杜绝人为传播，引种时注意不要从疫区引种，同时尽量种植抗性较强的品种。溃疡病不但侵染猕猴桃，还易感染桃、大豆、蚕豆、番茄、魔芋、马铃薯及洋葱，故不能间作易感染溃疡病的农作物。综合管理水平高的果园，树体健壮，染病轻，或者不感染溃疡病。冬季修剪后，应彻底清园，将剪下的枝蔓、枯枝、残叶、残果清除出果园，集中处理或者烧毁，可减少病原传播。防治用药可选用铜制剂、链霉素、春雷霉素、四霉素水剂、噻霉酮、中生菌素等，应几种药剂交替使用，防止病菌产生抗药性，防治的关键时期为采果后、落叶后、冬剪后及萌芽前。

（3）灰霉病　　灰霉病主要为害花、幼果、叶及贮运中的果实。花染病时，花朵变褐并腐烂脱落。幼果染病，初在果蒂处现水渍状斑，后扩展到全果，果顶一般保持原状，湿度大时病果皮上现灰白色霉状物。染病的花或病果掉到叶片上后，引起叶片产生白色至黄褐色病斑，湿度大时也常出现灰白色霉状物，即病菌的菌丝、分生孢子梗和分生孢子。贮藏期果实易被病果感染。

加强管理，增强寄主抗病力。雨后及时排水，严防湿气滞留。花前开始喷杀菌剂，如 50% 腐霉利可湿性粉剂 500 倍液、50%异菌脲可湿性粉剂 1500 倍液、50%乙烯菌核利可湿性粉剂 500 倍液等，每隔 7d 喷 1 次，连喷 2～3 次。夏剪后，喷保护性杀菌剂或生物制剂。采前一周喷 1 次杀菌剂。采果时应避免和减少果实受伤，避免阴雨天和露水未干时采果；去除病果，防止二次侵染；入库后，适当延长预冷时间；先降低果实湿度，再进行包装贮藏。

（4）细菌性花腐病　　该病是猕猴桃开花期的一种重要病害，发生的严重程度与开花时间有密切的关系。花萼裂开的时间越早，病害的发生就越严重，迟则反之。从花萼开裂到开花时间持续的越长，发病也就越严重。该病主要危害猕猴桃的花蕾、花瓣、幼果。发病初期，感病花蕾和萼片出现褐色凹陷斑，后花瓣变为橘黄色，花开时变为褐色，并开始腐烂，很快脱落。受害不严重的花也能开放，但花药、花丝变成褐色或黑色后腐烂。病菌入侵子房后，引起落蕾、落花，偶尔能发育成小果的，也多为畸形。该病原菌也会危害叶，症状为褐色斑点，逐渐扩大，最终整叶腐烂，凋萎下垂，严重影响猕猴桃的产量和品质。

在开花前一个月进行主干环剥，对防治花腐病具有明显的防治效果。修剪和平时的果园管理需注意改善花蕾部的通风透光条件。药剂防治采果后至萌芽前可喷布波尔多液，萌芽至花期可交替使用春雷霉素、春雷王铜、噻唑锌等。

（5）果实熟腐病（腐烂病）　　该病属真菌性侵染病害，靠风、雨、气流传播或修剪等农事活动造成的伤口感染传播。猕猴桃果实成熟时，在果实上的一侧出现类似大拇指压痕斑，微微凹陷，褐色，酒窝状，直径大约 5mm，其表皮并不破，剥开皮层显出微淡黄色的果肉，病斑边缘呈暗绿色或水渍状，中间常有乳白色的锥形腐烂，数天内可扩深至果肉中间，直至整个果实腐烂。

对该病的防治应从花蕾期消灭侵染源开始，花后幼果期注意喷药。谢花后一周对幼果进行套袋处理，可避免病原侵染幼果。从谢花后 2 周至果实膨大期（5～8 月），树冠喷布 50%的多菌灵 800 倍液或 80%托布津可湿性粉剂 1000 倍液 2～3 次，间隔时间为 20d 左右，也可有效防止感染。另外，修剪下来的猕猴桃枝条和枯枝落叶要及时清除，以减少病菌的寄生场所。

3. 生理病害及其防治

（1）裂果病　　裂果病是一种生理病害，主要是由水分供应不均，缺硼等营养不平衡，不同地形、地势或天气干湿变化过大时引起的。果实裂果的严重程度与品种有关，通常树势弱的品种，裂果严重，如中华猕猴桃比美味猕猴桃裂果严重。裂果病主要发生在果实组织不大正常的部位，如锈斑、黑星病病斑、日灼等处，染病果实可从果实侧面纵裂，有的裂缝可深达 1cm；也有的从萼部或梗洼、萼洼向果实侧面延伸。此外，有些品种在贮藏期也可发生纵裂或横裂。

应注意建园时挖深沟；果园水分管理要注意及时排水，避免长期干旱；土壤和叶片营养管理要均衡；贮藏果实时注意冷库温湿度的合理控制等。

（2）日灼病　　日灼病是一种分布范围较广、危害较大的非侵染性重要病害，常引起严重落果，夏季易发生果实和叶片日灼病的果园，冬末初春也容易发生枝蔓的日灼溃疡。发病原因是果实在夏季高温期直接暴露于烈日强光下，果实表面局部温度过高因水分失调而灼伤，或渗透压高的叶片向渗透压低的果实夺取水分，使果实局部失水再受高温灼伤。该病可为害叶片、果实和枝蔓。猕猴桃叶片受强烈阳光照射 5h 即叶缘失绿，褐变发黑，若高温持续 2d 以上，叶缘则变黑上卷，呈火烧状，甚至导致整片叶凋落；受害果实最初在果面上出现淡褐色、豆粒大小的斑块，后扩大成 7～8mm 椭圆形、表面略凹陷不规则形的红褐色坏死斑，表面粗糙，受害处易遭受炭疽病或其他果腐病菌的后继侵染而引起果实腐烂；枝蔓向阳面出现树皮灼伤，皮层局部坏死，纵向开裂，称为日灼溃疡。

加强科学管理，果园覆盖秸秆等保墒措施是预防日灼病的关键。果园栽种牧草或间种绿肥，可减轻日灼病。适量增施优质有机肥，避免过多施用速效氮肥。注意排水，地势低洼的果园要注意雨后排水。要多注意架面管理，夏季修剪时，在果穗附近要适当留下几片叶遮阴，以免果实直接暴晒于烈日强光下。在日灼病发生初期，用白纸粘贴在日灼果果面，并拉扯枝叶遮挡果实，以减少日光直接照射。植株其他部位叶片过多时要适当除去，避免从果实中夺取水分。果园适当覆盖遮阳网、果实套袋、高温时喷水降温等措施均可有效减轻日灼病的发生。在高温季节，不要喷施机油乳剂及石硫合剂之类的农药，以免加重日灼病的发生。

（3）藤肿病　　该病是一种常见的生理性病害，发病原因有很多，但土壤含速效硼低于 0.2mg/kg 的果园中发病较重，其枝蔓中全硼含量多低于 10mg/kg，而正常的枝蔓中全硼含量在 15mg/kg 以上，平均约 23mg/kg，因此认为藤肿病多是缺硼引起的。此病多出现在 2 年生以上的老枝蔓上，1 年生嫩梢仅在夏、秋高温干旱天气和土壤瘠薄时才会出现。

树体主干及主枝上出现上、下两端较细而中间一段突然显著增粗，表现状态像肿大一样，故命名为藤肿病。病后可引起树势减弱，甚至整株枯死。在早春树体展叶后至开花期间，结合提高坐果率可喷施 0.2%～0.3%硼酸溶液 2～3 遍，或早春在树下地面按每平方米面积均匀撒施硼砂 1～2g，可以有效防治植株藤肿病。

（4）鸡爪叶病　　该病属于一种生理性病害，系因缺钾引起，正常健康叶片钾含量常在 1.8%～2.5%，当下降至 1.5%以下时则显现缺钾症状。缺钾的最初症状是萌芽时生长衰弱，严重时叶片变小并呈现浅黄绿色，老叶叶缘轻度失绿，向上卷曲，在晴热的白天尤其明显，但该症状到了晚间又会消失，故常被误认为是由缺水所致。受害叶在后期一直呈卷曲状，细脉间叶肉组织常向上隆起，最初叶缘褪为淡绿色，逐渐向脉间和侧脉扩展，在近主脉处和叶基部留一条带状绿色组织，褪绿组织很快变焦枯，由淡褐色变为深褐色，最后呈日灼状焦枯，直至碎状、脱落，留下叶柄与主侧脉基部形状如鸡爪的残余绿色部分，故安徽岳西县称其为"鸡爪病"。可根际施用草木灰或氯化钾，也可叶面喷施草木灰或 0.3%～0.4%磷酸二氢钾等进行防治，应注意钾肥 1 次不可施用过多，否则会影响钙、镁等其他元素的吸收，导致其他缺素症。施入时期，则应在萌芽前、开花前及夏梢抽发前为宜。

（5）黄化病　　黄化病病因复杂，如果园干旱缺水或因根系存在线虫病和根腐病等影响营养吸收，树体负载量大导致树势衰弱或土壤中缺少锌、锰、铁、镁等微量元素时均可以引起猕猴桃黄化病的发生。缺铁性黄化是碱性土壤建园产生症状的最主要原因，缺铁时猕猴桃嫩梢上的叶片呈黄白色，病叶比正常叶片小且薄，严重时果实呈现黄色，幼枝上的叶片容易脱落，影响果树正常发育，导致树势衰弱、减产，易受冻害及其他病害侵染。

　　建园时要根据猕猴桃喜好慎选园址，同时避免苗木定植过深。线虫病类黄化病和根腐病类黄化病的防治方法，按照线虫病和根腐病的防治方法进行。因过量挂果引起的黄化病，防治时应将疏果和增加树体营养相结合，在疏果的同时均衡补充树体营养。对于缺素类黄化病的防治，应增施有机肥，调整土壤透气性及降低 pH，使土壤各种营养元素供应平衡、全面，做到配方施肥。另外，根据具体情况，使用针对性的叶面肥进行特定元素的补充，或选用猕猴桃专用营养液或果树营养液在病树主干基部钻孔打眼至树的髓部（主干直径的 1/2 处）进行施用。

第二十二章 柿

一、概述

（一）柿概况

柿，柿科柿属木本植物，属浆果类果树。栽培柿起源于中国黄河流域，一般仅有柿及君迁子 2 个种，其中作为果树栽培及利用的主要为柿（*Diospyros kaki* Thunb.）。柿分为完全甜柿和非完全甜柿。完全甜柿成熟后摘下即可脆食，又分为中国完全甜柿和日本完全甜柿；非完全甜柿又分为完全涩柿、不完全涩柿和不完全甜柿，涩柿需要脱涩处理后方可食用。柿果中含有丰富的糖、维生素、膳食纤维、多酚类及黄酮类物质，具有医疗保健的作用，还可加工成各类产品。

我国是柿的原产国之一，也是世界上柿树栽培历史最悠久、面积最大和年产量最多的国家，但传统产区以完全涩柿为主。据 FAO 统计，2016 年全世界柿树栽培面积为 101 万 hm²（我国 94 万 hm²，约占 93%）、柿果年产量约 543 万 t（我国约 400 万 t，约占 74%）。中国、韩国、日本和巴西是柿的传统产区。最近，西班牙的产业规模增长较快，自 2014 年起，年产量超过日本，位居世界主产国第三位。其他有柿产业的国家还有阿塞拜疆、乌兹别克斯坦、意大利、以色列、伊朗及新西兰等。我国柿主产区由传统的黄河流域向长江流域及其以南发展的趋势较为明显。以长江为界，年产量排名前十的省份南北各占 50%，栽培规模由大到小依次为广西、河北、河南、陕西、福建、广东、山东、安徽、江苏、山西。柿为东亚特产果树，但近 10 年在亚洲其他国家及欧、美等国也开始商品化生产。从科学研究和产业技术发展看，日本仍然处于世界最高水平，其他如韩国、以色列、西班牙和意大利等国家也在快速发展之中。从产业规模看，我国无疑是世界最大的柿生产国，这一现状短期内不会有根本性变化。近年来，西班牙的柿产业规模增长较快，这与许多大中型企业迅速进入该领域并全方位推动相关产业技术发展有关。

（二）历史与现状

最初，柿树处于野生状态，实生繁殖，自生自灭。汉晋时期，人们在野外采集时，见柿果成熟后非常可爱，于是作为奇花异木向帝王进贡或向达官贵人送礼，栽于庭园之中，但数量极少，人们仅以其颜色或来源而命名为山柿、朱柿，甚至种类间也混淆不清。（晋）潘岳在《闲居赋》中将油柿（*D. oleifera*）称乌椑之柿，按（明）李时珍解释，椑指果实小、品质差的柿子；又如郭义恭在《广志》中，把君迁子（*D. lotus* L.）也当作柿看待，书中说："（柿）小者如小杏，又曰软枣，味如柿。晋阳软枣肥细而厚以供御"。在南北朝（公元 420～589 年）时，随着脱涩技术的应用，柿便作为果树栽培，随着栽培面积扩大，遗传性状不断分离，又随着嫁接技术的发明，人们把选出来的优良单株的性状固定下来，随着传播形成了群体，且群体之间又有了明显的区别。为了突出其区别，便以突出的特征冠以名字，如大柿或小柿、红柿或黄柿，这便是品种的雏形。唐宋以来，柿分化出来的群体增多，有的用于生产，且各地按其最突出的特征加以命名，于是出现了品种。最早出现柿品种的文献是《唐书》地理志，志中按形状和大小命名的"……柿有数种，有如牛心者，有如鸡卵者，又有名鹿心者"。（宋）苏颂按颜色记述："柿南北皆有之，其种亦多。红柿所在皆有。黄柿生汴、洛诸州；朱柿出华山，似红柿而圆小，皮薄可爱，味更甘珍。椑柿色青，可生啖。诸柿食之皆美而益人。"（宋）寇宗奭《本草衍义》（1116 年编）在柿一栏中记有"有着盖柿，于蒂下别生一重；又牛心柿，如牛之心；蒸饼柿，如今之市买蒸饼。华州有一等朱柿，比诸品种最小，深红色。又一种塔柿，亦大于诸柿……"。有些品种名称一直延续到今日。

柿品种的发展和应用与柿栽培面积的扩大密切相关。中国如此，国外也如此。以日本为代表。日本在延喜年间（公元 901～923 年）虽把柿视作果中珍品，且有了小规模栽培，但没有分品种称呼；直至 1214 年，在神奈川发现了"王禅寺"（即"禅寺丸"）以后，才陆续出现品种名称；至 1645 年（正保 2 年），松江重赖的《毛吹草》中，首次大量出现柿品种的名称，如山城的笔柿、嵯峨的木练、山科的涩柿、宇治的圆柿、大和弥宣屋敷的木练柿与御所柿、伊势川候谷的串柿、美浓八屋的沟柿与木练柿、信浓串柿、丹波的笔柿、安芸的西条柿等。

（三）品种的变迁

明清以来，随着柿栽培面积的增加，选育出来的品种也大大增多。有关品种记载的文献也大量出现，如《救荒本草》《戒巷漫笔》《学圃杂疏》《本草纲目》及各地的地方志上都有柿品种名称的记述。据不完全统计，我国古代文献中记载的柿品种有 70 多个，其中仍被保留下来的有 1/2 以上。表 22-1 是部分古代文献中记载的柿品种及其与现代品种的关系。

表 22-1　部分古代文献中记载的柿品种及其与现代品种的关系

柿品种的称谓	称谓依据	现代是否沿用	最早出现年代及文献
鸿柿	大小	否	44～126 年《七款》
山柿	地点	否	78～139 年《南都赋》
朱柿	颜色	沿用或称火罐柿	305～377 年《王彪之赋》
乌椑	颜色	否	305～377 年《王彪之赋》
鹿心柿	形状	否	220～450 年《名医别录》
黄柿、红柿	颜色	沿用	1061 年《本草图经》
盖柿、牛心柿、蒸饼柿	形状	沿用	1116 年《本草衍义》
塔柿	形状	否	1116 年《本草衍义》
方柿、水柿、牛奶柿、丁香柿、山红柿	形状、质地	沿用	1591 年《事物绀珠》
花柿、串柿、溇柿、罐柿、火柿、松阳柿	形状、质地、地点	沿用	1591 年《事物绀珠》
海门柿、铜盆柿、方蒂柿、匾花柿	形状、质地、地点	沿用	1643 年《物理小识》

二、优良品种

（一）优良涩柿品种

1.‘磨盘柿’　　又叫盖柿（河南、山西）、盒柿（山东）、箍箍柿、腰带柿（湖南）、帽儿柿（陕西）等。为华北主要品种，分布在河北、山东、山西、河南、陕西等省，湖南、湖北、浙江也有栽培。以北京房山、昌平，天津蓟州，河北满城、易县栽培最多，也最为有名。‘磨盘柿'果实极大,平均重 241g,最大可达 500g 以上。磨盘形,橙黄色。缢痕深而明显,位于果腰,将果肉分为上下两部分,形如磨盘而得名。果肉淡黄色,肉松。软后水质,汁液特多,味甜,无核,品质中上,耐贮运。最宜脱涩鲜食,也可制饼,但不容易晒干。在河北、山东、陕西 10 月中下旬成熟。该品种适应性强,抗寒抗旱,寿命长,产量中等,是目前我国种植面积和产量最大的品种。据不完全统计,全国总种植面积 55 万亩,产量 50 万 t。2008 年,易县完成'磨盘柿'无公害认证后,向新加坡、马来西亚和俄罗斯出口柿果 1 万 t,并在国家市场监督管理总局注册名为"九月九"牌商标,成为全国磨盘柿生产出口第一大县。"房山磨盘柿"及"盘山磨盘柿"均为获得地理标志保护产品。

2.'富平尖柿'　　原产于陕西富平县,耀州区也有分布。'富平尖柿'分化出升底尖柿和辣椒尖柿 2 种类型。果实大,平均重 160g,最大果重 250g,心脏形或圆锥形,橙黄色,软后橙色。果皮细腻,果粉中等多。果实横断面圆形或略方,果肉橙色,纤维短而少;软化后水质,汁液多,味浓甜。无核或少核,易脱涩,稍耐贮,品质极上。糖度 21%。最宜制饼,也可鲜食。出饼率 28.09%,制成的柿饼称"合儿饼",个大、红亮、霜厚、柔软、味甜、质优,是陕西省的名特产品。10 月下旬到 11 月上旬成熟。该品种适应性强,树势强健,树姿开张,丰产,无大小年。但易感炭疽病,应注意综合防治。目前富平尖柿面积已达 11 万亩,产量 6 万 t。2008 年"富平柿饼"获地理标志保护产品。

3.'月柿'　　又称恭城水柿。分布于广西的恭城、平乐、荔浦、阳朔一带。果实大,平均果重 180g,扁圆形,果面橙色,在当地大多无核,无核时果顶微凹陷,有核时果顶平或圆,无纵沟。果肉橙色,汁液较少,糖度 17%,最宜制饼,柿饼肉质透明,细腻清甜,外形整齐美观。10 月下旬成熟。该品种果大,适应性强。但生理落果较重,易感炭疽病,部分地区缺素果顶发黑影响商品价值。目前该品种在恭城、平乐等地发展面积已达 25 万亩,产量 24 万 t。获农业农村部良好农业规范(GAP)认证、国家市场监督管理总局"恭城月柿"商标注册、地理标志保护产品 2006 通过。以柿饼为主的加工品及深加工品已成为当地产业的主导。

4.'干帽盔'　　又称尖尖柿、尖顶柿、火柿、牛心柿。盛产于陕西秦岭以南的商州地区,汉中的洋县、留坝,甘肃的舟曲及湖北的郧阳等地。果实中等大,平均重 120g,心脏形,果面浅橙红色,光滑,无明显纵沟和缢痕。硬柿肉质致密,软柿干绵稍甜。髓小,核少,可溶性固形物 19.5%,室温条件下 32d 不软。10 月中下旬成熟。最宜制饼,出饼率 40%以上。该品种适应性强,抗旱,抗涝,结果早,丰产。目前仅商州地区面积超过 12 万亩,产量 3 万 t 以上。2006 年"孝义柿饼"商标成功注册。

5.'永定红柿'　　主产于福建永定区。该品种果实中大,单果重 150～200g,扁圆形,鲜红艳丽,少核或无核;肉质黏稠,柔软致密,有弹性,味甜如饴。上市时间为 8 月中旬至 11 月上旬。目前,'永定红柿'已获得"绿色食品"标志使用权,是福建全省柿子中唯一获得这一标志的优势产品。永定区 2008 年红柿面积达 12 万亩,其中新植 1000 多亩,集中分布在金丰片八个乡镇。参与产业化经营的农户有 2 万余户,已成为华东地区最大的红柿生产基地。柿饼、柿酒、柿脯、柿酱等系列产品已研制成功。

其他常见的优良涩柿品种还有'小方柿''菏泽镜面柿''绵瓢柿''萼子柿''橘蜜柿''博爱八月黄'。

(二)优良甜柿品种

1.'次郎'　　原产于日本。1920 年前后引入我国,20 世纪七八十年代又多次引入我国,现在陕西、山东、河南、河北、湖北、湖南、浙江、江苏、云南等省均有栽培，是我国目前甜柿的主栽品种。果实大，平均重146~200g，最大300g。大小整齐。扁方形，橙黄色。纵沟浅，十字沟深，果顶广平微凹，花柱遗迹呈簇状，因而果顶易开裂。横断面方圆形。肉质脆而稍密、软化后黏质，略带粉质。汁液稍多，味稍甜，糖度17%，品质中上。核1~4粒（在不配授粉树时无核或少核）。硬果期20~30d。耐贮。在国家资源圃10月下旬成熟。树姿开张。树势强。丰产，大小年不明显。新叶黄绿色，易与其他品种区分。接后第3年开始结果。

与君迁子亲和力强，在没找到适当的砧木之前，是我国甜柿的主栽品种，可大量发展。生育期短，在北方年平均气温12.5℃以上的地方也可栽培，但经济栽培区在长江流域以南地区。有单性结实能力，可以不配授粉树。

其芽变品种有'前川次郎''一木系次郎''若杉次郎'等。'前川次郎'果实基本上与'次郎'相似，但纵沟较'次郎'浅，果肩皱纹较少，果形略高，横断面接近方形。颜色较'次郎'红，果顶裂果较'次郎'少，外观比'次郎'好看。'一木系次郎'与'前川次郎'基本相同，比'次郎'略甜，成花容易，结果量大，不及时调整树势则树势易衰成为"小老树"。'若杉次郎'的形状、色泽、大小、成熟期、产量等与'次郎'大体一致，但树姿稍直立，树势较强。

目前，该品种栽培面积较大的地区有云南的保山，为5.2万亩，云南石林2.5万亩。石林的"绿汀"牌甜柿于2004年5月通过国家无公害农产品认证，2005年10月通过国家有机食品认证和AA级绿色食品认证。"绿汀"商标2007年12月被认定为云南省著名商标。

2.'富有' 原产于日本岐阜县，于1920年前后引入我国，20世纪七八十年代又多次引入我国。现除在我国台湾栽培较多外，陕西、浙江、江苏、云南等省也有少量栽培。果实风味好，是国际上的著名品种，但售价较高。在大陆，因与绝大多数君迁子不亲和，砧木问题没有明确解决，因此尚未大量栽培。果实大，平均重180g，最大250g。扁圆形，橙红色。无纵沟。通常无缢痕，个别果实有缢痕，缢痕浅而窄，位于蒂下，赘肉呈花瓣状。十字沟浅，果顶广圆形。横断面椭圆形。肉质松软，软化后黏质，汁多，味甜，糖21%，品质上。种子2~3粒。硬果期18~20d。耐贮运，冷库可贮至翌年1月下旬。

与绝大多数君迁子不亲和，宜用本砧。树势中庸，树姿开张，树势弱。结果早，丰产、稳产。在国家资源圃10月下旬成熟，耐贮运，商品价值高。

其芽变品种有'松本早生''上西早生''爱知早生'和'须波'。'松本早生'的外形和品质与'富有'相似，成熟期比'富有'早7~10d，与君迁子亲和力也不强；适应性弱，易遭炭疽病危害，盐碱地栽培叶易缺铁黄化。'爱知早生'的外形和品质与'富有'相似，早熟性不突出，与君迁子亲和力较'富有'略强。'上西早生'的颜色比'富有'红，与君迁子的亲和力也在富有系品种中是最强的。

3.'阳丰' 原产于日本，1992年引入我国，现山西、陕西、湖北、河南、河北、山东等16个地区均有栽培。果实大，平均重190g，最大果重250g。扁圆形，果顶广圆，橙红色，果顶更红。大小整齐。软化后红色。果皮细腻、果粉中等多、无网状纹，无裂纹、蒂隙，果顶不裂。纵沟无，果肩偶有条状锈斑，无缢痕或有浅浅的缢痕，状若花瓣，因而有人称它为"莲花座甜柿"。柿蒂大，圆形，微红色，具有断续环形纹，果梗附近环状突起。萼片4枚，大，扁心脏形，平展紧果面。肉质中等密，稍硬，味甜，糖度17%，汁液少，品质中上等。硬果期20~35d，较'次郎'耐贮。

与大多数君迁子亲和，树势中庸，枝条粗壮，树姿半开张。嫁接后第 3 年开始结果，6 年后进入盛果期。大小年不明显，可连年丰产。且单性结实能力强，着花多、易坐果，可不配授粉树。生产建园宜早期密植，采用 3m 行距、2～2.5m 株距。变则主干形整形修剪，高水肥管理。仅有雌花。着花量多，花瓣深黄色，宽，花瓣重叠，先端尖，极开张。生理落果少，采前不落果，极丰产。抗病、稍不抗旱。在国家资源圃 10 月中下旬成熟，果实发育需 144d，营养生长期为 232d。为了生产优质果实，必须摘蕾，保持叶果比 20∶1。当果皮颜色达到色卡 6 级以上时便可采收。

经国家柿种质资源圃多年的鉴定观察及各地栽培表现的反馈，该品种是我国引入甜柿品种以来综合性状表现最好的品种。特别是因其色红、早果、丰产、耐贮的特点而深受果农喜爱，有成为我国甜树主栽品种的发展趋势。

几种常见优良柿品种如图 22-1 所示。

磨盘柿	富平尖柿	月柿
干帽盔	永定红柿	小方柿
菏泽镜面柿	绵瓢柿	博爱八月黄
次郎	富有	阳丰

彩图

图 22-1　常见优良柿品种

三、生长结果特性

（一）柿生长特性

柿的生长周期从气候学的发育顺序上包括：萌芽、枝条伸长、枝条生长停止、盛花期、果实生长膨大、花芽的开始分化、花芽分化的暂时停止、果实成熟及落叶，且随品种、环境、树体条件及管理水平的不同而发生不同的变化。

主干及主枝形成层的活动从发芽后开始并持续 24 周。新枝是从去年形成的芽抽生的，到盛花期新枝停止生长。凡是能刺激旺盛生长的条件（如幼树期无果、重剪、氮肥及水分过多等）均可导致当年生芽抽生二次枝。过重的冬季修剪、大枝的折裂或霜冻危害造成老芽上发生的新枝生长强旺，停止生长很晚。在日本，从萌芽开始大约经 75d 树冠可达最大，叶片可在树上保留 170～200d。

（二）柿结果特性

柿果实从植物学分类上属于浆果类，由中果皮（薄壁组织）、外果皮及表皮组成。果实的重量及大小生长呈单 S 或双 S 形，即由两个活跃生长期 I 和Ⅲ组成，中间有一个生长平缓期Ⅱ。果实的发育天数随品种和环境不同为 120～190d。三个生长期 I 、Ⅱ及Ⅲ的天数分别是 60～100d、20～40d 及 40～50d。生长期 I 被认为与细胞分裂相关；生长期Ⅲ则与细胞膨大有关；生长期Ⅱ的重要性还不太清楚，但也没有显示与种子发育有关，因为有核果与无核果的生长曲线是一样的。在 I 生长期的末期种子就已经形成了，随后发生种皮变深色、胚乳硬化等生理变化。萼片在开花前开始生长，至Ⅱ生长期结束时完成。盛花期萼片的重量占整个花朵重量的 50%，尽管萼片可以吸收碳，但尚不清楚萼片是否就是果实发育光合产物的主要来源。然而，萼片是果实的一个重要气体交换器官，果实上缺乏气孔或皮孔并覆盖着一层蜡，萼片对果实的生长发育有重大影响。去除萼片或因农药和病害损坏萼片，可造成落果、果实变小及降低可溶性固形物。

四、对生态条件的适应性

（一）对环境的要求

1. 温度　　温度是决定柿树分布的主要因素。柿喜温暖，但也相当耐寒。涩柿在年平均气温 9～23℃的地方都有栽培，以 11～20℃最为适宜。在这一温度内，冬季无冻害，夏季无日灼，花芽容易形成，生育期长，果实品质优良。低于 9℃，柿树难以生存；在 9～11℃的地方，柿树栽培也不少，在正常年份，冬季无冻害，有经济收益。但个别年份也会有冻害，特别是年平均气温接近 9℃的地方，萌芽迟、休眠早，生育期短，果小，味淡，产量低，冻害频繁。年平均气温 20℃以上，由于温度过高，呼吸作用旺盛，影响糖分积累，果面粗糙，品质不佳，特别是夏季果面温度超过 42℃时，容易引起日灼。

柿对温度的要求，因品种和生育阶段的不同而有区别。一般来说，甜柿比涩柿更喜温暖，否则在树上不易脱涩。休眠期需要低温，而生长期需要较高温度。

柿对低温的忍受力，也因品种、年龄及生育阶段的不同而有区别。长期在北方栽培的品种如'孝义牛心柿''杵头柿''磨盘柿'等比长期栽种在南方的品种如'元宵柿''高方柿''鸭蛋柿''恭城水柿'等耐寒。成年树较幼苗或幼树抗寒。从生育期来看，休眠期耐寒力强，温度降至－16～－15℃时不会受冻，且耐寒力随休眠深度的增加而增加。萌动以后，随着萌发程度加大而不抗寒，特别是温度骤降时危害最大。

2. 光照 对树体来说，树冠外围较内膛光照充足，有机养分容易积累，碳氮比相对较高，因此花芽容易形成，萌生的结果枝较多，坐果率较高，果实发育良好，风味浓；相反，内膛光照不良，有机养分积累不多，碳氮比相对较低，花芽形成少，结果量少，也容易脱落，且枝条细弱，容易枯死，结果部位逐年外移，形成"伞形结果"，不进行修剪的树常常如此。栽植过密时，相邻树冠密接而郁闭，枝叶互相遮蔽，下部通风透光不良，结果部位仅在树冠顶部。因此，应注意栽植距离、修剪及其他栽培管理措施的应用，尽量增加柿树的受光量，使其上下、内外立体结果。日照充足与否对产量影响极大，日照不足，枝条不充实，碳氮比下降，花芽分化不良或中途停止，开花量不多，坐果率降低。花期和幼果期阴雨过多，生理落果显著，导致产量下降。一株树上，南面日照充足，结果比北面多。

光照对果实品质也有一定的影响，特别是着色开始至成熟这个时期，光照是否充足关系最大。光照充足，光合作用顺利进行，有机养分积累增加，含糖量高，着色好；相反，光照不足，含糖量显著降低，着色不良。

3. 水分与湿度 水分是树体和果实的主要组成成分，在新陈代谢过程中起着重大作用，是体内各种生理活动不可缺少的物质。柿树从根部吸收的水分，用于合成碳水化合物的仅占2%～3%，其他都随叶片蒸腾到大气中去了。

柿树根系具有分布深而广，分叉多、角度大，能在土壤中均匀分布，根毛长而耐久、吸附力大等特点。在年降水量450mm以上的地方，一般不需灌溉。但是，由于根的细胞渗透压较低，生理上并不抗旱，所以抗旱能力有一定限度。

根系吸水与地上部蒸腾失水出现不平衡时，也会严重影响柿树的生长发育。在苗期，强大的根系形成以前很不抗旱，因此在移栽过程中切忌根部干燥，移栽后，根部大大缩小，吸水能力降低，为了维持水分平衡，应将地上部适当剪去一些，天旱时应及时灌水。

4. 土壤条件 土壤因气候、地形、成土母质、土层深度、地下水高低等原因，使它的物理和化学性质不相同，对肥水的保持能力和通气性也不一样。柿树根系强大，能吸收肥水的范围广泛，所以对土壤选择不严。无论是山地、丘陵、平原、河滩、肥土、瘠地、黏土、砂地都能生长。

为了获得高额产量、优质的果品和维持较长的经济收益时期，最好在土层深度1～1.2m以上、地下水位不超过1m的地方建园，尤以土层深厚、保水力强的壤土或黏壤土最为理想。土壤过于黏重，雨后经常板结，土壤中空气含量甚少，会妨碍根系呼吸作用的正常进行，对生长很不利。纯粗沙地过于瘠薄，肥水保持能力又差，很难生产优质果品。

土壤酸碱度在pH 5～8时都可栽培，但以pH 6～7生长结果最好。一般地说，君迁子砧稍耐碱，柿砧稍耐酸。

5. 空气质量 产地空气质量的好坏直接影响柿树的生长发育和果实品质。在山清水秀、阳光明媚、空气清新的环境中生产的柿子色泽鲜艳、干净漂亮，很能吸引眼球，勾起客户的消费欲望；如果在空气质量很差的地方栽培，则效果相反。主要影响空气质量的是尘埃、烟灰等悬浮物和有害气体，有些工厂排放出来的烟尘、二氧化硫、氟化氢、臭氧、氮化物、氯气、碳氢化合物等直接或间接地影响柿的生长发育和果实品质。悬浮物漂流在空中影响光照的质量，落在叶面上阻碍了光合作用，积蓄在柿蒂和萼片上影响商品价值。二氧化硫等有害气体浓度必须要符合《环境空气质量标准》（GB 3095—1996）中的二级标准限值，二氧化硫日平均0.15mg/m³、氮氧化物日平均0.10mg/m³、二氧化氮日平均0.08mg/m³、一氧化碳日平均4.00mg/m³、氟化物在柿生长季平均 2.0μg/m³，这些有害气体不但直接影响柿树的生长发育和果实品质，而且有害人体健康。因此，柿园必须远离化工厂、冶炼厂、砖瓦窑等污染源。

（二）生产分布与栽培区划分

1. 涩柿的生产分布及栽培区　　年平均气温的高低决定了柿的生产分布和经济栽培区域。据多年调查，将我国年平均气温 9℃定为柿树的临界温度，低于 9℃柿树不能生长，冬季的低温会使柿树冻死。涩柿的生产区域在年降水量 450mm 以上、年平均气温 10℃的等温线所经之地，即东起辽宁的大连市，跨海入山海关，沿长城往西至八达岭，再沿长城斜向西南，进入山西省后沿五台山、云中山、吕梁山入陕西省的延水关，经洛川折向西，绕过子午岭达甘肃省的庆阳市，过泾川、平凉，沿六盘山南下至天水、甘谷、武山，再经岷县、舟曲到达四川省后沿四川盆地西缘的松潘、茂汶、金川、丹巴、康定、冕宁，过木里进入云南省沿金沙江南下至金江到南涧，再顺澜沧江至我国南界，此条线即是我国涩柿分布的北界。在这条线以北和以西的地方除个别小气候外几乎无柿树的栽培。年平均气温 9～21.5℃为柿子生产界限，年平均气温 13～19℃为经济栽培区界限（即是适栽区）。

2. 甜柿的生产分布及经济栽培区　　年平均气温在 12.5℃以上、早霜在 10 月 25 日以后出现的地方可以栽培甜柿，而年平均气温 13℃等温线以南和年平均气温 18℃等温线以北的地区可视为甜柿适栽区，具体地说：即甜柿适栽区的北界为东起天津至北京的房山区，经河北省的易县、满城、唐县、曲阳、行唐、平山；山西省的娘子关、昔阳、和顺、左权、榆社、武乡、沁县、沁源、临汾、襄汾、稷山、河津；陕西省的合阳、澄城、蒲城、富平、三原、泾阳、武功、扶风、宝鸡、略阳；四川省的广元、江油、安县、灌县、乐山、西昌、渡口；直至云南省的大理、保山、畹町。南界为东起浙江省的温岭、经丽水；再经福建省的南平市、江西省的吉安市、湖南省的冷水江市和贵州省的安顺市至云南省的开远市、思茅而达孟连。年平均气温超过 20℃的地方，因甜柿需冷量不足，难以打破休眠，若无特殊措施，则不宜栽种。据测定，柿休眠期在需冷量 7.2℃以下，800～1000h 才能通过休眠，且休眠结束后需积温 550℃才能发芽。

五、栽培技术

苗圃应选择交通便利，地势平缓，背风向阳，无污染源，排灌条件好，土壤 pH 6.0～8.0，土壤疏松肥沃的砂壤土或壤土作苗圃地，避开风雹区、低洼易涝地。选用君迁子（软枣，*Diospyros lotus* L.）、野柿（*D. kaki* var.*silvestris* Mak.）等作砧木，注意穗砧间的亲和性，富有系甜柿品种对砧木要求严，宜选择'亚林柿砧 1 号''亚林柿砧 6 号''小果甜柿''圃砧系列'等本砧作砧木。具体技术要求参照本书第四章。

六、柿园规划建设

涩柿以年平均气温 11～23℃适宜栽培，甜柿要求年平均气温 13～20℃，生长期平均温度 17℃以上。8～11 月果实成熟期 18～19℃，年降水量 450mm 以上，光照充足，年日照时数 1400h 以上。

柿园须符合无公害生产环境质量标准《环境空气质量标准》（GB 3095—2012）、《土壤环境质量标准》（GB 15618—1995）、《农田灌溉水质标准》（GB 5084—2021）的要求。选择土层厚度 60cm 以上、pH 5.5～8.0、排水与通气性良好的壤土或砂壤土建园，以 pH 6～7 的中性偏酸土壤最好。山地建园选择坡度 25°以下的阳坡或半阳坡。在平地建园，地下水位应在 0.8m 以下。具体技术要求参照本书第五章。

七、土肥水管理

（一）土壤管理

1. 深翻改土 从定植后第二年开始，每年在树的一侧沿定植穴向外挖宽 30～50cm、深 30～40cm 的沟，结合扩穴施基肥，四年内完成扩穴。丘陵山地柿园，因土壤砾石较多，应换土改良，增加土壤有机质。

2. 间作与生草栽培 幼龄柿园可间作矮秆、肥水竞争性不强、共同病虫害较少的农作物或绿肥，间作物距树干 0.5m 以上。树盘下宜覆盖草、生态防草布等，行间生草，生长季刈割草 2～3 次，覆盖树盘或行间。梯土柿园的外侧和梯壁配置绿肥植被。

（二）施肥

1. 施肥原则 实行平衡施肥，鼓励测土施肥，因土因树制宜，施足基肥，减少施肥次数。以有机肥为主，化肥为辅。肥料种类符合《绿色食品肥料使用准则》（NY/T 394—2013）的要求。

2. 基肥 以腐熟有机肥为主，化肥为辅。在果实采收后至落叶休眠之前施入。以放射状沟施、条状沟施、半环状沟施、全园撒施或穴施方法施入。施肥沟深 30～40cm，长、宽视具体情况而定，或在树冠投影外缘依树体大小用机械钻 3～8 个直径 20cm 以上、深 40～60cm 的施肥穴。幼树和初结果期树每亩施 1000kg 有机肥；盛果期树每亩施有机肥 1500～2000kg 以上，并混合施入 30～50kg 过磷酸钙。上年冬季修剪枝条粉碎后的堆沤材料，与基肥一起施入，基肥施入量占全年总施肥量的 80%。

3. 追肥 幼树新梢速长期以氮肥为主。盛果期树全年追肥 2～3 次，第一次催芽肥于叶萌动前施，以氮为主；第二次保果肥于第一次生理落果前施用，约 6 月中下旬施，以钾为主，辅以磷肥，适加少量氮肥；第三次壮果肥在果实第二次膨大期前一到两周施用，约在 8 月下旬至 9 月上旬施入，早熟品种应在采收前 30d 施用，以钾为主。若土壤肥沃，树体生长旺盛，催芽肥、保果肥可省略，仅施壮果肥。盛果期树（以每公顷产量 30 000kg 计）年施入量为每公顷纯氮 250～300kg、五氧化二磷 75～100kg、氧化钾 250～300kg，采用穴施或撒施。

4. 叶面喷肥 在新梢开始生长后进行，全生长季喷肥 3～4 次，与防治病虫结合进行。叶面肥可选用氨基酸肥、腐殖酸肥、稀土、磷酸二氢钾等。

（三）灌水

1. 灌水时间 全年分萌芽前、新梢生长期、果实膨大期和土壤冻结前 4 次进行。土壤干旱时及时灌水；雨季注意排水防涝，保持土壤水分含量相对稳定。

2. 灌水方法 采用树盘灌溉、渗灌、穴贮肥水、沟灌、喷灌等。

八、柿树整形修剪

（一）修剪时期与方法

修剪分为休眠期修剪和生长季修剪。休眠期修剪在萌芽前半个月完成，采用疏枝、回缩、短截等方法，疏除衰弱枝、过旺的徒长枝，回缩结过果的下垂枝，重修剪结果枝。根据目标产量合理选留健壮枝作为结果母枝，并选留健壮的更新枝作为下年的结果母枝。生长季修剪采用拉枝、抹芽、摘心等方法，抹除多余芽、背上芽，对于直立旺长枝进行拉枝或开角，对有生长空间的旺枝，通过摘心促发分枝。

（二）主要树体结构

1. 自由纺锤形 适于干性较强的品种。干高 60～80cm，树高 3.5m 左右。中心主干通直或弯曲生长，其上均匀错落着生 8～12 个主枝。主枝不分层或分层，上下重叠主枝间距不小于80cm。主枝开张角度 70°～80°，主枝上不着生侧枝，直接着生背斜侧结果枝组。下层主枝较大，并向上依次减小，树冠呈纺锤形。

2. 自然开心形 适于干性较弱的品种。主干高度 60～80cm，无明显的中心主干，树高2.5～3.5m，一般主枝 3～5 个，错落着生，相邻主枝间隔30cm左右，主枝开张角度45°～50°，向斜上方自然生长，各主枝间生长势相对平衡，每个主枝错落着生 2～4 个侧枝，主侧枝上着生结果枝组。主枝平衡生长，侧枝层性明显，树冠呈自然半圆形。株距较小密度较高时，也可采用"Y"字形。

3. 变则主干形 适于干性较强的品种。主干高度 50～80cm，有明显的中心干，其上错落着生 4～5 个主枝，不分层，最上部主枝以上落头开心，相邻主枝间隔50cm左右，主枝与中心干的夹角为 40°～60°，每个主枝上配备 1～2 个侧枝。

4. 疏散分层形 适于干性较强的品种。干高 60～80cm，中心干通直生长，树高 3.5～4m，主枝在中心主干上成层分布，第一层主枝 3～4 个，第二层主枝 2～3 个，全树主枝不超过 7 个。同层主枝间距 20～30cm，层与层之间保持80cm的层间距。主枝开张角度50°～60°，主枝上着生 3～5 个侧枝，主侧枝上着生背斜侧生结果枝组，下层主枝较大，上层主枝渐小，树冠呈圆锥形或半椭圆形。

（三）整形修剪方法

1. 幼树修剪 根据树体结构的要求，选部位、角度适合的枝条分别留作主枝、侧枝。对被选留的主枝，剪留 40～45cm，侧枝剪留 30～35cm；也可采取"目伤"措施，促发新枝。各级骨干枝生长过密的枝条，应疏除同方位的枝条。为加速各级主枝生长，均衡树势，将过旺的主枝延长枝剪截至分枝处，抑制顶端优势。对辅养枝要开张角度，培养结果母枝。密植栽培的柿树，应采取拉枝和施用生长抑制剂等致矮措施，为早期丰产奠定基础。

2. 结果期树的修剪 初结果树的各级骨干枝的延长枝继续短截，扩大树冠，开张主、侧枝角度，控制辅养枝。采取先放后缩和连续长放的方法，培养结果枝组。采取环刻、环剥、生长调节剂等促花措施，形成花芽，达到早期丰产的目的。

盛果期要保持健壮树势，疏除无用的直立枝、背生枝和冗长、细弱的结果枝组，保留 20～45cm 侧生发育枝。及时落头开心，解决光照，通风透光，提高果品质量。在结果母枝修剪时，应去弱留壮，并疏除过密枝条。

3. 放任树的修剪 应"因树修剪，随枝造型"，调整树体结构。原则是上部适当落头，下部轻回缩，逐年疏除交叉、重叠、下垂、过密、细弱枝，大枝每隔 40～50cm 保留一个枝组。

4. 衰老树的修剪 根据树体衰老的程度，决定更新部位的高低。原则上衰老程度轻的更新部位宜高一些，重者更新部位宜低一些，无论衰老程度如何，均应除弱留强，回缩至有较壮分枝处，保持各级枝条的从属关系。更新后萌发的枝条，仍按正常的修剪方法进行。

九、花果管理技术

（一）疏蕾

从结果枝上第一朵花开放的时候开始至第二朵花开放时结束，是疏蕾的最适期。疏蕾时除基部向上第 2～3 朵花中保留 1～2 朵花以外，将结果枝上开花迟的蕾全部疏去。刚开始结果的幼树，将主、侧枝上的所有花蕾全部疏掉，使其充分生长。

（二）疏果

疏果宜于生理落果即将结束时的 7 月上中旬进行。疏果时应注意叶果比，1 个果实有 20～25 片叶子是最合适的结果量；并应注重留下的果实的质量，将发育不良的小果、向上着生的、萼片受伤的及畸形果、病虫果等疏去。

（三）生长调节剂及微肥的应用

盛花期喷 30mg/L 赤霉素或 0.3%硼砂；为提高坐果率，幼果期喷 2～3 次 500mg/L 赤霉素或 1%的钼酸铵、硝酸钴等微量元素以减少落果；可在 4 月下旬新梢速长前喷施 1000～1500mg/L 的多效唑溶液 2 次，每次间隔 10d；也可在秋季或早春萌芽前进行土施，按干径 1cm 施 1g 的标准施入，可使新梢生长量降低 30%～40%，提高成花率 20%～30%。

十、病虫害防治技术

（一）病虫害防治原则

严格执行植物检疫制度，禁止带有检疫性病虫害的柿树传入。坚持"预防为主，综合治理"的方针，尽量采用农业防治、生物防治和物理防治的方法。在上述方法不能满足植保工作时，才可使用其他化学农药防治方法。

（二）农业防治

通过加强培育、可持续经营等措施，增强柿树对有害生物的抵御能力，包括增施腐熟的有机肥、种植密度适当、合理整形修剪、生草栽培等。冬季刮树皮，消灭在树皮裂缝中越冬的虫和蛹，修剪病虫枝、枯枝，及时清除园中病虫为害的枝、叶、果，并销毁，减少病虫害源头。

（三）物理防治

利用诱虫灯诱杀金龟子、斜纹夜蛾、柿举肢蛾、卷叶蛾等的成虫。利用黄板诱杀白粉虱，橙板和黄板诱杀桔小实蝇，蓝板诱杀蓟马。对刺蛾、柿蒂虫、舞毒蛾、尺蠖、蓑蛾类、天牛、金龟子等采用人工直接捕杀幼虫、卵块、虫茧或成虫。

（四）生物防治

采用人工繁殖、释放、助迁等方法，引进和利用天敌防治害虫。使用生物源、植物源农药防治病虫害。

（五）化学防治

严格执行国家农药合理使用准则，禁止使用高毒、高残留或有"三致"毒性的药剂；限量使用低毒低残留化学农药，或药剂交替使用。严格控制施药量、施药次数。严禁在果实采收前30d喷施任何药剂。药剂使用按《农药合理使用准则》（GB/T 8321.10—2018）、《绿色食品 农药使用准则》（NY/T 393—2013）执行。

第二十三章　香　蕉

一、概述

（一）香蕉概况

香蕉属于芭蕉科（Musaceae）芭蕉属（*Musa* L.）。芭蕉科由芭蕉属（*Musa* L.）、衣蕉属（*Ensete*，也称象腿蕉属）和地涌金莲属（*Musella*）三个属组成（表 23-1）。衣蕉属是一次结果的草本植物，果实不可食用，我国唯一的一种象腿蕉（*E.glaucum*）只供观赏。地涌金莲属也仅一种，即地涌金莲（*Musella lasiocarpa*），为花序直立的矮生类型，花苞片黄色，作观赏用。芭蕉属分为 5 个组，其中真蕉组（*Eumusa*）是香蕉属种最大和分布最广的组群，分布于亚洲南部、东部及太平洋岛屿。食用蕉包括绝大多数的真芭蕉和少量的菲蕉（Fe's banana），真芭蕉的花序是向下弯曲的，汁液呈乳汁或水状，基本染色体数 $n=11$，是普遍栽培的食用蕉；菲蕉属于南蕉组系列（*Australimusa series*），其果穗花蕾直立，汁液粉红色，基本染色体数 $n=10$，世界上极少栽培。

表 23-1　芭蕉科植物总览（Stover and Simmonds，1987）

属	基本染色体数目	组别	分布	种数	用途
衣蕉属（*Ensete*）	9	—	从西非到新几内亚、中国	7～8	纤维、蔬菜
芭蕉属（*Musa*）	10	南蕉组（*Australimusa*）	从昆士兰到菲律宾	5～6	纤维、果实
	10	美蕉组（*Callimusa*）	从印度到东南亚、中国	5～6	观赏
	11	真蕉组（*Eumusa*）	从印度南部到中国、日本、萨摩亚	9～10	果实、蔬菜、纤维
	11	红花蕉组（*Rhodochlamys*）	印度、中国、东南亚	5～6	观赏
	14	不确定组（*Ingentimusa*）	巴布亚新几内亚海拔1000～2000m	1	
地涌金莲属（*Musella*）	9	—	中国	1	观赏

我国根据假茎的颜色、叶柄沟槽和果实形态等特征，将香蕉（广义上的）简单分为贡蕉、香牙蕉（简称香蕉）、粉蕉、龙芽蕉和大蕉五大类（表 23-2）。

表 23-2　我国五种栽培蕉的形态区别（许林兵等，2008）

	贡蕉	香牙蕉	大蕉	粉蕉	龙牙蕉
特征基因型	AA	AAA	ABB	ABB	AAB
假茎	红底、有深褐色黑斑	红底、有深褐色黑斑	青底、无黑褐斑	青底、无黑褐斑	青底、有紫、红色斑
叶姿态、形状	直立、薄、窄、短	半开张、厚、短阔	半开张或开张、厚、短阔	开张、薄、窄、长	开张、薄、窄长
叶柄沟槽	不抱紧，有叶翼	不抱紧，有叶翼	抱紧，有叶翼	抱紧，有叶翼	稍抱紧，有叶翼
叶基形态	对称楔形	对称楔形	对称心脏形	对称心脏形	不对称耳形

续表

	贡蕉	香牙蕉	大蕉	粉蕉	龙芽蕉
果轴茸毛	有	有	无	无	有
果形	圆柱形，无棱	月牙弯，浅棱，细长	直，具棱，粗短	微弯近圆柱形	直或微弯，近圆，中等长大
果皮	最薄，绿黄至黄色，高温黄熟	较厚，绿黄至黄色，高温青熟	厚，浅黄至黄色，高温黄熟	薄，浅黄色，高温黄熟	薄，金黄色，高温黄熟
肉质风味	柔滑蜜甜	柔滑香甜	粗滑酸甜无香	柔滑清甜微香	柔滑酸甜较香
肉色	黄色	黄白色	杏黄色	乳白色	乳白色
胚珠	2行	2行	4行	4行	2行

香蕉是热带重要水果之一，其果肉不仅营养丰富，而且具有多种药用及保健功效，是一种药食俱佳的热带水果。香蕉的花、叶等也是重要的加工原料。

香蕉蕉皮呈金黄色，蕉体长而饱满，肉质软糯，香甜可口，营养丰富。香蕉的碳水化合物含量高于其他水果，其热量也较其他水果高，有"能源应急库"之称。大蕉的碳水化合物含量比香蕉的还高 25% 左右。在非洲、中南美洲、太平洋上许多岛屿，大蕉是当地主要的粮食作物，除生食以外，还可以蒸、煮、烤、炸，所以大蕉也叫煮食蕉。在非洲，多数啤酒是由特殊的香蕉品种酿制而成，这种低乙醇含量的啤酒富含维生素，有较高的营养价值。香蕉粉在热带地区常用来做曲奇饼。捣烂的香蕉泥冷冻，可用于制作奶昔、饼、冰淇淋。在菲律宾，香蕉酱用途广泛，且周年都有供应。中国海南、广东、云南的一些地区把香蕉的花蕾或幼嫩的茎心当作蔬菜食用。

香蕉除了食用还可药用。李时珍在《本草纲目》中就有"生食（芭蕉）可止咳润肺，通血脉，填骨髓，合金疮疮，解酒毒。根主治痈肿结热，捣烂敷肿，去热毒，捣汁服，治产后血胀闷，叶主疮肿热毒初发"之说。香蕉性寒，常吃不仅有益于大脑，而且还可缓解神经疲劳，提高人体免疫力，具有润肺止咳，防止便秘的作用；同时还具有一定的保健功能，如解郁、降压通脉、防胃溃疡、止痒抑菌、除皱美容、减肥、祛燥通便、缓解痛经、解酒等。

香蕉叶是一种营养丰富的饲料；植株可以用作田间的肥料；假茎富含纤维可用作绳索、造纸及其他纺织材料，还可以制造各种各样的手工艺品。香蕉叶也可挡风遮阳或用于包装食物。在东南亚，蕉叶是一次性使用的生物桌布、碟碗盖。香蕉汁液可染布（褐色，其色不褪），也可制墨水。此外，香蕉是热带的象征，也是热带地区良好的景观植物，如印度红蕉、南美洲的龙虾蕉等。在巴布亚新几内亚，野生蕉的种子被制成项链及其他饰品。

（二）历史与现状

香蕉是世界上最古老的栽培果树之一，古希腊在 4000 多年前已有相关的文字记载。原产于南亚与东南亚。野生蕉的起源中心从印度绵延到马来西亚、印度尼西亚和巴布亚新几内亚，一些二倍体蕉逐步演化为无籽蕉。

目前，香蕉分布在南北纬 30° 以内的热带、亚热带地区，全球有 130 多个国家（地区）种植香蕉，主要分布在亚洲、拉丁美洲和非洲的发展中国家。2020 年世界香蕉收获面积为 520.35 万 hm^2，产量 11 983.37 万 t，主要生成国有印度、中国、印度尼西亚、巴西和厄瓜多尔等。香蕉被联合国粮食及农业组织认定为仅次于水稻、小麦、玉米之后的第四大粮食作物，是一些发展中国家和地区农民的主要食粮。

我国香蕉栽培有 2000 多年的历史，产区位于香蕉和大蕉起源中心的北沿地带，是公认的香蕉多样化中心，也是一些栽培蕉原始种和野生蕉的起源中心之一，因此我国香蕉的抗寒、抗旱和抗病虫等种质资源受到国际业内人士的重视。2020 年我国香蕉收获面积达 33.86 万 hm²，产量达 1187.26 万 t，居世界前列。香蕉产业是我国华南地区的农业支柱性产业，在热区经济和农村社会发展中发挥着重要作用。

虽然我国香蕉产业近年来取得了长足的发展，但是仍存在一些问题，主要表现为：①自然灾害危害严重。我国香蕉主产区地处沿海边陲、热带北缘，产业抗风险能力弱，每年的寒害、风害、涝害、季节性干旱都给香蕉生产造成很大损失。②病虫害日益严重，影响产业的健康发展。近年来，香蕉花叶心腐病、束顶病、叶斑病、线虫病等为害有不断加剧的趋势，特别是在广东珠江三角洲、海南发现的香蕉枯萎病对香蕉产业造成了毁灭性的威胁。同时，随着病虫害危害日益严重，防治过程中必须大量使用化学农药，从而使环境和产品受到污染，产品质量存在安全隐患。③科技创新能力不强，集成度不高。目前香蕉的后备品种缺乏，种质创新不足，且优质高效丰产栽培技术集成度不高，各单项技术之间的集成配套研究欠缺，未形成综合生产体系，从而影响了各项技术在生产中的应用。④产业组织化程度仍较低，产品市场竞争力较弱。

二、优良品种

依食用方式，将广义上的香蕉简单分为鲜食香蕉（desert banana）、煮食蕉（cooking banana）和大蕉（plantain）3 类，也经常简单地叫香蕉和大蕉。需特别指出的是，国外所用的 plantain，常被译成大蕉，但这个大蕉是指 AAB 组中的大蕉亚组，是属于龙芽蕉类中有棱角的香蕉，包括法国大蕉和牛角大蕉，其果实淀粉含量高，不煮熟不能食用，部分煮熟后风味如木薯粉，松、香。我国俗称的大蕉（dajiao，我国所指的大蕉属 ABB 组中有棱角的芭蕉），在国外常归为煮食香蕉。煮食香蕉当饭菜吃的应译为菜蕉，以示区别，但习惯上我国仍称大蕉类。

（一）巴西蕉

巴西蕉为 1987 年从澳大利亚引入广东的品种，现在是广东、广西、海南、云南和福建各香蕉产区的主要栽培品种。假茎高 2.2～3.3m，新植组培苗蕉株较矮，宿根苗蕉株较高，秆较粗；叶片细长、直立；果轴果穗较长，梳距大，梳形、果形较好，果指长 19.5～26cm；株产为 18.5～34.5kg，果实总含糖量 18.0%～21.0%。该品种适应性强，香味浓，品质中上，株产较高，果指较长，果形整齐，商品价格较高，抗风能力中等，是近年来最受欢迎的品种，占全国香蕉种植面积的 50% 以上。该品种抗风力较弱，易感叶斑病、黑星病、巴拿马病 4 号小种及病毒病。

（二）威廉斯（Williams）

威廉斯为 1985 年从澳大利亚引入的品种，属中秆品种，现为广东、广西、云南、福建各香蕉区的主要栽培品种之一，也是国外的主要栽培品种之一。假茎高 2.35～3.20m，秆较细，青绿色。叶片较直立，果穗果轴较长，果梳距大，果数较少，梳形整齐，果指长 19.0～22.5cm，指形较直，排列紧凑，株产在 17.0～32.5kg，果实香味较浓。该品种抗风能力一般，抗寒能力中等，易感花叶心腐病和叶斑病。组培苗容易发生各种劣变，因此应特别注意控制组培苗繁殖代数与培养基激素浓度，在幼苗期应注意去除劣株。

（三）天宝高蕉（台湾北蕉）

天宝高蕉品种于 1936 年从台湾省高雄市引进芗城区天宝镇种植，原种为台湾北蕉品种，是经繁殖、选育而成的优良品种。1993 年 2 月经福建省农作物品种审定委员会审定定名。该品种是当前福建省香蕉的主栽品种，其栽培面积占香蕉种植面积的 70% 以上，也是台湾省香蕉的主栽品种；假茎表面绿色带褐斑，幼苗绿带紫红色；高度 2.5～3.2m，假茎高度新植蕉较矮，宿根蕉较高；茎粗周长 65～90cm；叶片较宽较长，叶柄粗壮；果穗较大，梳形较好，果指长 16～28cm、直径 3～4.5cm，果形较整齐，卖相好；平均单株产量 20～25kg，高产者可达 60kg 以上；果实皮薄，果肉无纤维芯、软滑细腻、香甜爽口、香气浓郁，品质优，商品价值高。天宝高蕉对土壤的适应性较强，抗寒、抗风、抗旱、抗病力中等，忌霜，忌涝。

（四）巴贝多

巴贝多是从台蕉二号选育出的优良单株，株高 230～260cm，假茎粗壮，叶片宽大、稠密，抗风性较强。单串果梳数 9～12 梳，头梳果指数约为 30 个，尾梳果指数普遍在 16 个以上，畸形果少发生，果梳间距小、上下均匀，是一个有希望推广的品种。生长期较巴西蕉长 15～20d，宜提早栽培。在海南省昌江县单株产量 24.35kg，亩产 3470.5kg；在海南省三亚市单株产量 25.86kg，亩产 3710.7kg。

（五）宝岛蕉

宝岛蕉又名"新北蕉"，是由台湾省"北蕉"体细胞变异选育而成的抗枯萎病品种，2002 年命名并推广。株高 270～300cm，假茎粗壮可达 80cm 以上。叶片宽厚、浓绿，叶间距小。果梳数 13 梳左右，排列紧密，上、下果大小整齐，果指弯度较小，果把短而扁平。果皮颜色较深绿，转黄速度较慢，但转色均匀、鲜亮，货架期长。本品种生长期较巴西蕉长，约 13.5 个月，宜提早栽培。

此外，'粉蕉''皇帝蕉'（贡蕉）、'红香蕉''粉杂 1 号''中蕉 9 号'也是常见的香蕉栽培优良品种。

三、生长结果特性

（一）不同年龄阶段发育特点

香蕉为多年生大型常绿草本植物，其高度因品种及栽培条件的不同而不同，为 1.5～6m。香蕉从定植到收获一年左右，根据生长发育特点，其生命周期分为三个时期：营养生长期、孕蕾期（营养体与生殖体共同生长时期）、果实生长发育期。营养生长期指香蕉种植后至花芽分化（植后 4 个月左右，新抽叶 16 片左右）的时期。此期间蕉苗较幼嫩，在管理上必须坚持精管、细管的原则，以促进蕉苗生长快而健壮，且根系发达。孕蕾期指香蕉开始花芽分化至现蕾时期。此阶段香蕉生长最旺盛，生长速度最快，生长量最大，抽叶多，植株叶面积迅速增大，并且进行花芽分化和孕蕾。这一时期的水肥供应等条件是决定将来果梳数和果指数多少的关键，也是需要养分最多的时期。因此，管理上应以水肥管理为中心，保证植株快速生长所需的水和养分，促进香蕉生长与发育，以利于壮秆、壮穗。同时做好松锄、留芽与除草等工作。果实生长发育期指从香蕉现蕾至收获的时期，主要目标是壮果、护果。此阶段比较繁杂也很重要，是直接影响香蕉品质和商品价值的关键时期，主要包括校蕾、叶片整理、疏果、留梳、断蕾、抹花、套袋、病虫害防治和肥水管理等。

（二）生长特性

1. 根　香蕉无主根，其根系是由球茎抽生出大量不定根组成的须根系，其作用是从土壤中吸收水分和养分，固定植株向上直立生长。香蕉根属变态根（肉质根），呈白色，生长后期木栓化变为黄褐色。根的数量取决于球茎的大小和健康状况，通常从球茎中心柱的表面以 4 条一组的形式抽生，粗 5～8mm，200～400 条，有时可多达 700 条。根系浅生，主要分布在土表下 10～30cm 土层中。大多数根从球茎上部发生，故分布在 30cm 以上的土层，形成水平根系，长度可达 3m，香蕉吸收养分主要依靠水平根系。从原生根系可长出许多次生根，在次生根上长出许多根毛，是根系吸收水分和养分的主要部位，也叫吸收根。吸收根主要发生在次生根的末端，故施肥部位距蕉头 0.5～1m 为佳。大多数香蕉根为着生于球茎上半部的水平根，主要分布在土表下 10～30cm 土层中，一般根长度为 100～150cm；少数香蕉根是从球茎下部抽生的垂直根，可长至 75～140cm 深土层。

香蕉根系生长的最适宜温度为白天 25℃，夜晚 18℃，停止生长的温度为白天 15℃，夜晚 10.5℃。高温多雨季节有利于根系的生长发育，根系生长最活跃时每月根尖生长长度可达 60cm；当温度下降，雨量减少时，根系生长转入缓慢期。在广州地区，一般 11 月下旬根系停止生长，进入相对休眠期，至翌年的 3 月上旬才开始萌动，因此冬季可以施有机肥及松土以改善土壤的物理结构。香蕉的原生根寿命为 4～6 个月，次生根为近 2 个月，次次生根为 1 个月，根毛为 21d。香蕉根系有吸收和固定植株的作用，靠次生根长出的根毛负责吸收土壤中的水分和矿物质营养。

根系分布的深度和广度与土壤物理结构和化学结构、地下水位、品种有关。土壤的物理结构好、疏松、通气良好，利于好气的香蕉肉质根伸展；反之，水淹过蕉头 2d，幼根就会因缺氧而坏死，时间再长会整株死亡。流动的河水中由于有充足的氧气，根系存活的时间会长一些。土壤的化学结构是指养分含量及其组成，养分充足可以促进根系生长，但施肥不当也会伤根。高秆品种根系分布较深，且广。粉蕉、大蕉的根系较香蕉的适应性强，抗旱性、抗涝性、抗瘠薄、抗寒性均较强，因此粉蕉和大蕉可以在山区、河边、塘边种植。

2. 茎　香蕉的茎包括真茎（true stem）与假茎（pseudo stem）。

真茎包括球茎和地上茎。球茎，俗称蕉头，是着生根系、叶片和吸芽的地方，又是整个植株的养分贮藏中心，供应根系、叶片、吸芽、花果发育。球茎近球形，表面灰褐色。球茎分化成两个区，即皮层和中心柱。结合部位明显起于维管束，基本的组织为贮藏养分的薄壁组织淀粉层。球茎大，假茎球周大，从球茎抽生出来的根数越多，产量越高。球茎的生长发育受土壤条件，根、叶、吸芽生长的影响。球茎的生长适温是 25～30℃，12～13℃时生长极为缓慢，10℃以下则停止生长。球茎在香蕉收获后不会立即消亡，有时可残留 2～3 年之久。香蕉地上茎，又称气生茎、花序茎。球茎顶部为生长点，前期抽生叶片，当达到一定的叶片数和叶面积时，生长点转化为花芽及苞片，最后形成花序。花轴也就是果轴，是气生茎、花序茎。地上茎的组织与球茎一样，以薄壁细胞为基础，并分为中心柱和皮层，不同的是皮层较球茎的稍薄，而且只有叶维管束一种，这种维管束与根、叶、果的输导系统联系在一起。

假茎，又称蕉身，是由许多片长弧形叶鞘互相紧密层叠裹合而成的。多汁，外观呈圆柱形，有支撑叶和花果的作用，也有养分贮存作用。叶鞘两面光滑，内表皮纤维素大大加厚，外表皮木质化起保护作用。每片叶鞘体内由薄壁组织、通气组织形成的一排排间隔的空室和维管束组成，维管束内有发达的韧皮部夹带离生乳汁导管，多分布在近外表皮层，而外表皮层又由最外层的维管束与厚壁组织组成。叶柄基部与另一个叶柄基部交会点间的距离称为叶距，也可以称假茎的节。高秆品种节间长，矮秆品种节间短、密，苗期可以因此分辨出是否是变异苗。假茎增粗是新叶从假茎中心抽出，叶鞘数不断增加而使其膨大起来的结果。假茎高度和围径与品种、生长季节、土壤肥水条件等有关，一般香蕉假茎高度 2～5m，中部围径 40～85cm。正常条件下，每一个品种的茎高和茎周比（茎形比）在抽蕾时是相对稳定的。

3. 吸芽　　真茎上着生许多叶片，两叶片着生间称为茎的节。球茎的节间很短，每节间含有一个腋芽，但能发育成吸芽（sucker）的仅几个至十几个。吸芽的抽生从每年春分开始，以 4～7 月最多，9 月以后吸芽生长缓慢甚至停止。吸芽初生时依靠母树（母体）供应养分，属"寄生"状态，待长出根系后才逐渐自养，所以吸芽抽生过早过多，会影响母株生长，使母株抽蕾推迟，产量下降，故应及时除芽。吸芽从球茎上的抽生部位逐渐上移，多代蕉蕉头越来越浅，应注意留芽的位置宜稍深，并加强培土。

依季节不同，吸芽分为红笋芽和褛衣芽。立春后发生的嫩红色吸芽，上尖下大，形似竹笋，叶鞘呈鲜红色，俗称红笋芽；秋后萌发的吸芽，因外表披着枯叶，形似褛衣，俗称褛衣芽。

按植株外形和营养状况的不同，吸芽可分为剑芽（sword sucker）和大叶芽（water sucker）两类。剑芽是当代植株抽生，茎部粗大，上部尖细，叶形尖窄如剑，一般常用作母株或分株成种苗。大叶芽是指接近地面的芽眼长出的吸芽，可以是从生长的母株发出，也可以是在母株收获后从隔年的球茎上萌发。大叶芽芽身较纤细，地下部小，叶形短宽如卵形。种植后生长慢，产量低。因此，一般不选用大叶芽作为继续结果的母株，也极少用作分株育苗。

此外，还有角笋、翻抽芽、蕉童等几种吸芽。角笋，又称为隔山飞或母后芽，指从尚未收获的母株球茎上当年抽生的吸芽。翻抽芽是指除芽时没有切去顶部生长点而出现的再生芽，这种芽生长缓慢，产量低。蕉童是指已开大叶，苗高 12～15cm 的吸芽，这种苗成活率高，结果早，但当年产量低，一般可供秋栽。

吸芽抽生的时期、数量、大小都和母株的生长状况及肥水条件等因素密切相关。5～7 月高温、高湿季节是发生吸芽的最有利时期，生长多且迅速。10 月以后，气温渐凉，吸芽生长趋于缓慢甚至停止生长。吸芽发生时间与结果季节的关系也很密切，一般 3～6 月发生的吸芽，经过 9～11 个月的生长之后，便能开花结果。7～9 月发生的吸芽，需要经过 12～14 个月的生长之后才能开花结果。

4. 叶　　香蕉的叶呈长椭圆形，绿色有光泽，叶特大，长 130～280cm，宽 50～90cm。叶由叶柄、中肋、叶片组成，中肋贯穿叶片中央，将叶片平均分为两半，且有许多叶脉与中肋相连。香蕉叶片的功能是进行光合作用，把根系吸收的无机矿质营养和水分合成植株生长发育所需的有机养分。叶片面积越大，光合能力越强，生长越快。

香蕉的叶片在吸芽刚形成时先抽生出约 10 片无叶肉的鳞状叶鞘，然后抽生 10～15 片约 5cm 宽的剑叶（sword leaf），8～14 片小叶，约 15 片大叶，最终抽出终止叶（又称葵扇叶）。组培苗无剑叶阶段，第 5～7 片叶龄时起红褐斑，15 片左右叶龄时消失，36 片叶左右抽蕾。

叶片在 6～8 月高温多雨季节生长迅速，约 4d 一片，每月抽生 6～8 片；12 月至翌年 3 月低温期每月仅抽 1～2 片，有时几乎停止生长；其余每月抽叶 3～4 片。香蕉最大的叶片数发生在倒数第 4、第 5 片叶，其次是第 3、第 6 片叶，最后 5 片叶占总叶面积的 30%，最后 12 片叶占总叶面积的 70%。每片叶面积为 1～3m^2，高秆品种总叶面积可达 30m^2 以上，中秆品种总叶面积可达 25m^2，而矮秆品种面积约为 15m^2。高产香蕉园适合的叶面积指数为 3.0～4.5，由此可为种植密度提供依据。

蕉叶寿命为 71～281d，一般为 130～150d，其长短取决于环境条件、品种和健康状况。春季叶的寿命比秋冬季长，但在病菌危害、肥水不适、台风撕裂、温度不适宜、空气污染、光照不足时，叶片的寿命也较短。要提高果实耐贮性和商品质量，就必须延长叶片寿命，以保证收获时有较多的功能叶。一株健壮的香蕉具有 10～15 片功能叶（完整叶片），高产株功能叶最少12 片，通过增施钾肥，防治叶斑病、黑星病，最后收获时仍有 8～10 片叶，使果实抗黄熟及裂果，耐贮藏，货架期也有保证。

（三）结果特性

1. 花芽分化、抽蕾及开花　　香蕉周年开花，其花芽分化不受日照时数或温度的影响，没有固定的物候期，只是开花的数量和质量一年四季有所不同，主要原因是花芽分化期至抽蕾期受光照、温度、湿度、植株养分等影响。当香蕉叶片抽生到一定数量，叶片分化完成后就开始花芽分化，进而花序伸出（简称"抽蕾"），花芽分化后长出的叶片、叶柄变短，密集排列于假茎顶部，这时称其为"把头"。"把头"是香蕉花芽分化的外部标志。当花序开始分化时，在形态上最突出的变化是球茎生长点的迅速伸长。此外，苞片叶开始形成。一般花序是在植株生长 7～10 月后开始形成（因品种、气候及栽培条件等不同而有差异），约经 1 个月后，花轴才由地下茎向上伸长到假茎的顶端。在抽蕾前 1 个月左右，是果实段数及每段果梳个数的决定期。

香蕉花序为无限佛焰花序，顶生，属完全花，由萼片、花瓣、雄蕊、雌蕊组成。每梳花由船底形的花苞包住，苞色有紫红、橙黄、粉红、黄绿等。花序抽出后向下垂，苞片展开至脱落，露出多段小花，每段有 10 朵至 20 多朵，为二行排列，称为一梳或一个花段，花苞和花被均螺旋状着生在总花轴上。香蕉小花着生在小花苞内，花梗短，花被分成 2 片。生长在外侧的一花被由 3 萼片、2 花瓣合生而成，先端作 5 齿裂，淡黄色，厚膜质，称被瓣；另一花被离生，称游离瓣，形状较小，位于合生被瓣的对方，白色透明，质较薄。香蕉花序基部是雌花，大约 10梳，雌花开完后是 1～2 梳中性花，顶端是雄花。雌花与雄花的最大差别在于子房及雄蕊的长短。雌花的子房占全花长度的 2/3，子房三室，柱头 3 裂，退化雄蕊 5 枚，可发育成供食用的果实。雄花的子房远较花被短（只有全花长度的 1/3），雄花虽有很发达的雄蕊，但花粉多退化。雄花一经开放就自动脱落，纯粹浪费养分，因此应在开中性花时就施行断蕾。退化的中性花，子房长度占全花的 1/2，具有不发育的雄蕊。中性花能成果，但果实短小无价值。

2. 果实　　香蕉果实属浆果，由雌花的子房发育而成，食用部分是由中果皮、内果皮和胎座组成的果肉。栽培种多为三倍体，无须经授粉受精，单性结实果实无种子，但野生蕉果实授粉后是有籽的。香蕉果实带有 3～5 棱的圆柱形，果皮未成熟时绿色，个别品种呈紫红色；成熟时黄色或鲜黄色，个别品种呈大红色。果肉乳白色或淡黄色或深黄色，肉质细密，甜味、香味浓。

果指在开花前与花蕾是同方向的，开花后果穗向地性生长，而果指逐渐向上弯，背地性生长。通常果穗向地性好，果指背地性就好，穗性、梳性、果形就好。

每穗香蕉的梳果数、果指大小、形状等与品种、气候、栽培条件关系甚大，每穗有 6～15梳，每梳有 12～30 个果，果重 50～400g，果指长 12～28cm。要获得圆柱形的优质果穗，梳数最好限制在 8 梳以内，其余的去掉，确保上、下的果指长短差异小。

蕉果自开花到收获需 65～170d，但高温季节 60～90d 可收获，低温季节收获需 120d 以上。福建农业大学观察的台湾香蕉品种从开花到收获约需 90d，开花后 35d 内果指长度和周径增长最快，鲜果重增加中等；花后 35~50d，果指长度和周径增长较缓慢，鲜果重增加仍属中等；花后 50d 到收获果指长度增长最慢，而鲜果重增加最大。

（四）对生态条件的适应性

1. 对环境的要求

（1）温度　　香蕉是热带果树，要求高温多湿，生长温度为 15.5~35℃，最适宜温度为 24~32℃，如干燥天气高于 33℃ 的气温会引起果皮组织变色，38~42℃ 可引起叶肉组织坏死和叶片干枯，果实出现日灼现象。香蕉怕低温，最低不宜低于 15.5℃，生长受抑制的临界温度为 10℃，降至 5℃ 时叶片受冷害变黄，降至 2.5℃ 持续几天并降雨，将导致香蕉植株冷害，假茎中心腐烂而死亡，1~2℃ 叶片枯死，0℃ 便全株冻死，低温持续时间越长受害越重。不同种类的香蕉抗寒性不同，一般而言，大蕉（ABB）最抗寒，其次是粉蕉（ABB）、龙牙蕉（AAB）、金手指（AAAB）、香牙蕉（AAA）、贡蕉（AA）。香蕉各器官对冷害的敏感程度依次是果轴、花蕾、幼叶、幼果、叶片、假茎、根系球茎。生育期中不耐寒时期依次是抽蕾期、幼苗期、花芽分化期、幼果期、果实膨大期、大苗期。但是在抽蕾期和幼果期温度低于 13℃，特别是干风的夜晚幼果极易受冻，受冻的果实发育较慢，外观变暗绿，撕开果皮可见维管束变褐色，果实收获以后催熟果皮只能变暗黄色，果指外观呈水平状或稍微向上生长。

（2）水分　　香蕉需水量较大，年平均降水量以 1500~2000mm 最为适合，月平均降水量以 100~150mm 最为适宜，低于 50mm 即属于干燥季节。香蕉缺水 10d 则抽蕾期延长、果指短、单产低。蕉园积水或被淹 3~6d，轻者叶片发黄，易诱发叶斑病，产量大降；重者根群窒息腐烂致植株死亡。华南地区降雨不均匀，高温常伴随多雨，低温则伴随干旱。蕉叶迅速生长期是植株生长最旺盛时期，也是需水最多的时期。因此，在高温季节供应足够的养分和水分，可促进香蕉叶片扩展和植株快速生长，提早抽蕾和提高产量。长期干旱导致香蕉植株生长缓慢、叶片变黄凋萎下垂，假茎萎缩，在花芽分化期，则果梳数和果指数减少，果指变短。

（3）光照　　香蕉要有充足的光照。在旺盛生长期，特别是花芽形成期、开花期、果实成熟期，以日照时数多并有阵雨为宜。过于强烈的阳光，常与干旱相继发生，香蕉易受旱害，发生日灼。但光照不足，植株营养生长周期延长，特别是在低温阴雨的条件下，果实发育会受到影响，出现果小而短，欠光泽，最终降低产量和品质。

（4）土壤　　香蕉根群细嫩，对土壤的选择较严格，以土层深厚、有机质含量较丰富的砂壤土或壤土为好，尤以冲积土最好，而黏土则不适宜。黏土通气和排水不良，极不利于根系的发育。平地的地下水位在 0.7m 以下，能排水。山地建园应能灌溉。土壤 pH 4.5~7.5 都适宜，但以 pH 6.0 最适宜。山区栽种香蕉应选择 15° 以下的缓坡地，以南向或东南向坡地最好。在开阔、通风、地下水位低的砂壤土种植的香蕉，果指长、果肉质地结实、果皮较薄、色泽鲜绿有光泽、味香、浓甜，水分含量较少，耐贮运。

（5）风　　香蕉为大型草本果树，叶片大、根浅生，假茎高大且质脆，尤其是植株进入结果期后，顶端负荷过重，形象描述为"头重、脚轻、根底浅"，说明香蕉的抗风能力差。南部沿海地区每年 5~11 月经常遭受台风的威胁，5~6 级风会撕裂叶片、吹断叶柄，风后导致叶斑病盛发；7~8 级风会吹折植株；9 级以上大风会把整个植株吹倒。因此，风害是香蕉发展的大敌，应认真做好防风工作，近海地区更应选择种矮秆品种，在背风的地方建园。但季节风和海风，有调节气温、促进气体流动等作用，适宜香蕉生长。

2. 生产分布与栽培区划分　　我国香蕉种植生产区主要分布在广东、广西、海南、云南、福建、台湾等省（自治区），四川、贵州南部也有少量栽培。低温是香蕉产业的生存因子，以极端低温为主要标准，可将我国香蕉经济栽培区划分为以下几处。

（1）最适宜区　最冷月平均气温在15.5℃以上，极端低温高于5℃，≥10℃年积温8600℃以上。本区包括海南省，广东的雷州半岛南部，云南元江河谷下游、西双版纳州，台湾省的高雄、屏东、台东等地，应重点发展效益高的冬蕉、春蕉生产。

（2）适宜区　最冷月气温13.5～15.5℃，极端低温高于2℃，≥10℃年积温8000～8500℃。本区包括广东西南与东部沿海县市，福建南部沿海县市，广西北海市，云南文山州、红河州、思茅等海拔700m以下地区及台湾的台中、台南、嘉南等地。此区一般年份冬季香蕉生长结果基本正常，但个别年份因有强寒潮侵袭，香蕉生产受到较严重的影响。在发展春、夏蕉生产的同时，必须做好冬季护果防冻工作。

（3）次适宜区　最冷月气温12.5～13.5℃，极端低温低于2℃，≥10℃年积温7500～8000℃。本区包括珠江三角洲中南部、粤东的北部县市，广西南部县市，福建东南部沿海县市，云南哀牢山以东海拔200～800m地区及澜沧江、南定河海拔700～1000m地区。本区每年冬季低温对香蕉生长结果都有不同程度的影响，严寒年份香蕉会被冻而死。本区应以秋蕉生产为主，小气候较好的地方在进行春夏蕉生产时，须认真做好防寒护果工作。在品种布局上可选用耐寒力较强的品种，如‘大蕉’‘粉蕉’‘龙牙蕉’，采取多品种布局生产。

结合各香蕉产区的温度因素、台风影响、地形地貌、地理位置、产业基础、发展潜力等实际情况，我国形成了4个香蕉优势区域，分别为海南－雷州半岛香蕉优势区、粤西－桂南香蕉优势区、珠三角－粤东－闽南香蕉优势区和桂西南－滇南优势区。

（五）栽培技术

1. 苗木繁育　香蕉育苗的方法主要有吸芽繁殖法、球茎切块繁殖法和组织培养法3种。

（1）吸芽繁殖法　每株香蕉的球茎可抽出10多个吸芽，选吸芽作为种苗的标准为：①品种纯正，母株健壮，绝不能从有香蕉束顶病、花叶心腐病或枯萎病的蕉园中选留吸芽苗。②假茎高40～60cm，也可用假茎高100cm以上、10～12片的大苗，植后半年可结果。③球茎粗大、充实，根多，假茎上部渐小，形如竹笋。④起苗时球茎伤口小，苗身没有机械伤。吸芽苗的培育一般在母株收获后挖取吸芽壮苗（剑芽苗），用疏松透气保湿的基质假植20～40d，然后进行大田定植。吸芽苗特点是繁殖系数低，生长不整齐。目前仅小范围内使用，规模大的商业栽培基本不用。

（2）球茎切块繁殖法　秋天将球茎切成7～8块，切口浸杀虫剂，然后种于苗床上，芽眼向上，覆盖上泥土及草，待第二年2月左右，蕉苗长出40～50cm后可出土移植。

（3）组织培养法　组培苗，又称试管苗，是利用现代生物技术组织培养快速工厂化育苗方法繁殖出的香蕉苗。与吸芽苗相比，组培苗具有种性纯优、无检疫性病虫害、生长整齐一致、繁殖系数大、果实商品率高、生产期短（10～12个月）等优点，生产上广泛使用，已成为现代香蕉种植业育苗的主要方法。香蕉组培苗分两个阶段：第一阶段是室内培养生根苗，也称一级育苗；第二阶段是大棚假植育苗，也称二级育苗。

组培苗大棚的培育方法简述如下。

1）育苗大棚搭建。苗圃地必须交通方便，有淡水水源和电源，向阳、背风。育苗点应该选在远离旧蕉园或距离容易传播香蕉病害与昆虫的茄子、辣椒、瓜类、豆类等中间寄生物至少50m的园区。建立大棚，在外层包一层40～60目的防虫网，门口设立缓冲间，以确保隔离病虫。搭棚前，必须先清除杂草，用杀虫剂全面杀虫，减少虫口，大棚可以自搭竹棚或者铁管棚，也可以购买现成的棚架安装。棚架标准的规格为 30m 长、6m 宽、2.5m 高，管间间隔 0.6m。搭棚架的原则是工作方便，能抗 8 级台风，棚顶不积水，没有尖锐棱角刺破防虫网和薄膜，在门口设立缓冲间。棚架安装后，在其四周安装防虫网，在其棚盖上覆盖塑料薄膜。此外，还可以用 PVC 编织防水塑料布做覆盖材料。大棚盖薄膜必须完全密封，最好在薄膜外再盖上遮阳网，并拉上压膜线以固定遮阳网和塑料薄膜。在棚内可安装自动喷水、喷雾设备。夏季前育苗应在棚内铺上一层 3cm 厚的粗沙以利于排水，冬季育苗也应起畦以利于排水。

2）假植前的准备工作。将组培苗搬到大棚进行适应性炼苗 10d 左右，以增强组培苗对大棚温度及光照等环境因子的适应性。准备 1~1.5m 宽的畦苗床，采用口径与高度分别为 9cm×10cm 与 12cm×10cm 的 2~3cm 厚的育苗袋或育苗杯，培养基质可用椰糠、谷糠、红泥、粗河沙等材料，还可以加入风干晒白的山地底层红泥，有时可加 0.4%~0.6% 的有机肥、生物肥作为基肥。培养基质一般充分混合后装入杯中，为了减少杯表面泥土板结，可以在表面撒上一层粗沙，育苗泥土一定要确保不带香蕉枯萎病菌，切忌用病蕉园土和菜地的土壤。大棚内外喷杀虫剂，以减少病虫源及进行周边除草。苗床淋透水。

3）假植。春植苗 10 月至第二年 2 月上旬，2~4 月出圃（6~12 片叶龄）；秋植苗 6~7 月种植，8~9 月出圃，叶龄 8 片叶，夏季按 50d、冬季按 80d 出苗圃来推算定植时间。组培苗需用清水洗干净后方可种植，夏季为了防止病菌侵害，常加入少量高锰酸钾，浓度为 0.01%，苗洗后要保湿，24h 内种下地。在洗苗的同时，可将苗进行大小分级。根据苗的分级大小开始种植，以便于管理，先打孔或开沟把大苗、壮苗装入营养袋，弱苗在苗床假植。高位根苗应切掉多余的下根部，保留上部的根，种植时应将苗的根部种入地内，不宜过深，以免死苗或者妨碍生长，然后回土压实。种完后淋足定根水，密封大棚，使棚内相对湿度达到 100%，打开大棚可见水雾，并保湿一周。

2. 规划建设 香蕉园应选在远离城镇、工业区、医院等无"三废"（废气、废物和废水）污染的地区，且要远离老蕉园（病园）和前茬没有种过辣椒等茄科作物、瓜类或者烟草的菜园。背风向阳，避寒，光照好，土层疏松、肥沃、深厚，排水良好的壤土或砂壤土。地下水位低（低于 50cm），水源充足，排、灌水方便。具体要求参照本书第五章。

3. 蕉苗种植

（1）定植方法 在定植前一个月，每个种植穴施入 10~15kg 基肥，先回半穴土，将有机肥与土混匀后再回土至满穴。注意植穴上半部约 15cm 深的表层内不含基肥，可避免幼苗根系直接接触基肥。坡地蕉园开沟后有机肥可以按等距离施于沟底，拌匀后即可种植。

香蕉一年四季都可以种植，适宜定植时期应根据地理位置、栽培目的和市场需求而定。一般情况下，组培苗植后 11~13 个月可收获。春季（2 月下旬至 4 月中旬种植）蕉于当年 9 月至翌年春抽蕾，2~6 月收春夏蕉（反季节蕉）。夏秋（5 月下旬至 8 月中旬）蕉于翌年 5~8 月抽蕾，8~12 月收获正造蕉。冬季（10 月下旬到翌年 1 月下旬）蕉定植后需加强肥水管理，在寒流到达前，密封薄膜保温，至翌年回暖时再打开。海南省自然条件的优势，利于反季节蕉的种植，其中以生产春夏蕉最为合适，适宜的定植时期为 4 月上旬至 6 月上旬，其中北部地区以 4 月上旬至 5 月中旬为宜，而南部、西南部以 5 月中旬至 6 月上旬为宜。这样，在当年 7~10 月的夏秋台风盛期，香蕉植株尚小，不易被吹倒折断，可避开当年风害。正常管理条件下，可在翌年的 3~6 月收获，从而使挂果期有效避开台风盛期的影响；由于收获季节恰逢北方水果淡季，因此，蕉果适合北运，以确保香蕉高产高效。

香蕉常用的种植方式有均行种植法和宽窄行种植法 2 种。一般种植密度在 130～180 株/亩，单行植的株行距为 1.8m×2m 或 2m×2m，双行植的株行距为（3.5+1.5）m×1.5m 或（4+1）m×1.5m。水田蕉园种植密度宜稍疏，而旱地蕉园宜稍密。空气湿度较大的地区，种植密度应稍疏，否则叶斑病严重；空气较干燥的地区，种植密度可稍密。大蕉和粉蕉植株高大，种植密度宜较疏。

种植前将穴填满表土。先将苗木大小分开，有病虫株、变异株的应剔除，高温季节应将苗叶减去 2/3 左右，以减少水分蒸发。种植前一天先浇水，湿润 20cm 土层。种植时间宜选在阴雨天或晴天的下午 4:00 后。种植时要先去除育苗时用的营养袋（杯），并注意保持营养土的完整性，将苗轻放入植穴中，用碎表土覆在营养土周围，用手轻轻压紧营养土外围土层。种植深度以比原营养土高出 2～3cm 为宜，同时应平整植株周围，修半径 30cm 左右的圆盘。种植完毕后立即浇 1 次定根水，定根水要浇透。若定植后遇高温干旱，可暂时用遮阴网、带叶的树枝等材料插在蕉苗周围，以防止蕉苗发生日灼，基部盖草保湿，减少水分蒸发，并加强淋水，提高定植成活率，缩短缓苗期。

种吸芽苗时应注意浸杀菌剂，防止烂头，吸芽切口方向一致，则以后抽蕾方向也一致，以免留芽及进行其他管理。在沙土和干旱地区，植穴应低于地平面；在黏壤土和多雨季节，植穴应高于地平面，但植穴过高，宿根蕉容易露头。

（2）定植后巡查　　第一次巡查苗是在种植完毕的第 2 天，发现有漏种的要及时补种，浇水后歪斜的植株要扶正压紧，营养土露出土面的植株要回土压紧，若种植过浅可重种。以后每隔 10d 巡查 1 次，大雨过后也要巡查。巡查时，发现被雨水冲埋的蕉苗要及时清土或补种，植穴中淹水或行沟积水必须排除，对排水不畅的地方挖深沟排水。冲毁的行沟要修复，必要时加沙袋阻拦行沟，避免水土流失。巡查蕉园的另一个主要目的是及早发现病虫害和弱小苗。

结合巡查苗同时进行，及时挖除带病毒植株及劣变株。一旦发现患有束顶病和花叶心腐病的植株，应及时喷药，杀灭蚜虫，而后将其挖除；也可用草甘膦，每枝病株从新叶倒入原液 8～10mL，待病株死亡后再挖除，以免病原传播扩散。蕉园中形态特征异常的香蕉植株，属于变异株，且多数变异株无经济价值，即劣变株。劣变株是香蕉种苗在组织培养过程中因基因突变而形成的。劣变株类型有两种：一种是植株矮化型，其特征为植株矮粗，叶片短阔，稍厚，稍浓绿，稍反卷向下，叶柄短，较贴近假茎，假茎较粗壮，矮化；另一种是叶异常型，其主要特征是叶片较直立，叶缘全部或局部皱缩，叶面有不规则或波浪状黑色或蜡质劣迹斑，有些植株叶序不正常。劣变株抽出的果畸形且无商品价值，在巡查时应随见随挖，并及时补种。

小苗阶段，因死苗或挖除病株及劣变株造成缺苗的，必须及时补种，有弱苗的可在距植株 20cm 左右补种一株以保证齐苗。

4. 土肥水管理

（1）土壤管理　　香蕉营养生长期阶段，地面裸露面积大，易滋生杂草，与蕉苗争夺肥水，香蕉表现为叶色变淡，叶片抽生速度慢，且又易滋生病虫害。为了避免滋生杂草而影响蕉苗的正常生长，必须重视前期的除草工作，特别是蕉苗的周围应保证无杂草。香蕉园除草通常采用人工除草和化学除草相结合的方式。香蕉园营养生长期阶段以人工除草结合浅中耕为主，要求做到除小除净，谨防杂草丛生而影响幼蕉的生长。由于蕉苗矮小，喷除草剂时易触及蕉苗，故此阶段不提倡化学除草，以免发生药害。为了减少杂草滋生，也可在整地后或种植前，即在杂草未出土前喷丁草胺或克无踪等可抑制杂草萌发的除草剂。在生产上应提倡用地膜或稻草、香茅渣等覆盖畦面，也可以采取区域节水灌溉（如滴灌、小灌出流）的方法，减少杂草滋生，保护土壤结构，增强土壤肥力，利于蕉苗生长。

香蕉孕蕾期阶段除草以化学除草为主，在静风条件下对畦面喷洒丁草胺或克无踪等除草剂喷杀蕉园行间杂草，靠近蕉头的杂草人工拔除。

香蕉园最好实行轮作，提倡水旱轮作，如种植水稻、莲藕等作物；如果无法种植水培作物，可种花生、甘蔗、木薯等，但忌种蔬菜。

海南和广东雷州半岛的部分蕉园采取"以短养长"的策略，在荔枝、龙眼、槟榔、芒果、香蕉等幼龄木本果园间作香蕉，可提高土地综合利用率。

（2）肥料管理　　香蕉是速生高产草本植物，生长量很大，因而需肥量也大。但在不同蕉园及植株发育的不同阶段，蕉苗的需肥种类和需肥量则不同。据分析，香蕉植株生长发育所需氮：磷：钾的比例为4：1：14，可见香蕉对氮和钾的需求量较大。

定植后10d内属缓苗阶段，不需要施肥。10～30d内，每3d浇一次水肥，可施用0.3%尿素水或其他液体肥。方法是：全园浇少量水湿润土层，将肥水浇在圆盘内，每株2kg。进入第二个月，可采取穴施法、沟施法或撒施法进行施肥，每株施氮、钾配比为2：1的复合肥20g，每周施一次；也可采用市面上销售的高氮复合肥，随着植株的长大可逐渐增加到50g。进入第三个月，以少量多次为原则，建议每10d施肥一次，每次每株100g复混肥，氮、钾的比例逐渐缩小至1：3.5；也可采用市面上销售的高钾复合肥，同时应注意补足钾的比例。

花芽分化前重施壮蕾肥，目的在于壮蕾和提高花质。在植后120d左右，挖浅沟施生物有机肥5kg＋花生麸1kg＋磷肥0.15kg＋钾肥0.15kg＋尿素0.15kg，施后回土，可结合中耕培土。花芽分化前施用15d后，开始恢复正常施肥，按照少量多次的原则，最好水肥共施，定期补充液体生物有机肥和可溶性钾、氮、磷和微量元素等，可以根据植株的长势来决定施肥量与施肥次数。

在蕉蕾抽出进入果实生长发育后，每株施复合肥200g、尿素和氯化钾各100g，拌匀，离蕉头约45cm处挖沟施下，施后回土淋水。每次挖沟施肥的位置要轮换，以利肥料被根系吸收。

除土壤施肥外，在香蕉生长发育后期（从孕蕾至收果前20d）宜进行根外追肥。可用0.3%的磷酸二氢钾或其他叶面肥进行叶面喷施，每667m²喷液肥60～70kg，每7d喷1次，连喷3～4次。

（3）水分管理　　香蕉肉质根、浅生，易受旱，对积水也特别敏感，因此生产上必须做好排灌工作，经常浇水或灌溉，以保持土壤湿润。蕉园土壤含水量保持在田间持水量的60%～70%为宜，如夏天温度高，应选择在较凉爽的夜间灌水，而在旱地、旱田蕉园则应积极推广节水灌溉技术。但如果土壤过湿或积水时，则应修好排水沟，降低地下水位，并及时排出园内积水。

5. 植株管理

（1）蕉头培土　　蕉头即球茎露出地面的部分，称为浮头。香蕉试管苗种植深度的较浅，随着植株长大和球茎的形成，容易发生浮头现象。出现浮头的植株，根系大幅度减少，生长速度减慢，易受风害，产量降低。因此，生产上必须定期培土，整个生产周期都应该防止浮头。但不应一次性培土过多，以培土至根系不露、蕉头不露为好。当植株假茎约50cm高时可开始培土。培土通常结合施肥和修畦沟进行。

（2）蕉头培土　　香蕉组培苗植后大约3个月开始抽生吸芽，由球茎抽生的吸芽可延续生命，成为下一代结果母株。在栽培上如果不选留吸芽，则需把多余的吸芽全部挖除，即锄芽，因为吸芽的抽生和生长会大量消耗母株的养分，降低母株生长速度，导致抽蕾推迟，产量降低。锄芽的方法是当母株球茎四周抽生出的吸芽长到15cm高时，用锋利的钩刀齐地面将其切除，再用锋利的蕉锹铲除吸芽的生长点及部分小球茎，但勿伤母株球茎；也可用煤油、草甘膦或 2,4-D 点其生长点，以抑制其生长。

（3）割叶　香蕉孕蕾期后，蕉园通风透光程度有所下降，有些老叶会枯黄，有时还会发生叶斑病。当叶片黄化或干枯占 2/3 以上或病斑严重时，应及时割叶。割叶时，刀口向外。在台风来临以前，割掉一部分老叶片，以减少植株的风阻力。

（4）立防风桩　孕蕾期可在假茎背面立防风桩，绑 2～3 道尼龙绳或塑料片绳，即 50cm、1.5m 和 2.5m 处各绑一道；挂果期在假茎侧面或背面立防风桩，绑 3 道尼龙绳或塑料片绳，即绑在 50cm、1.5m 处和把头处。立杆位置一般在距离蕉头约 30cm 处，钻一个 60cm 深的洞，然后将尾径大于 3cm 的杆立于洞中压紧，再将假茎固定在立杆上。宽窄行方式种植时，还可在两窄行间的蕉株用尼龙绳互相连接，连线处应在花蕾抽出位置的下部。

6. 花果管理技术

（1）校蕾　香蕉花蕾抽出后逐渐弯曲下垂，有的下垂位置正好在叶柄上，会妨碍花蕾继续下垂，因此应及时把叶片拨开或割除，让花蕾正常下垂，否则易使花穗轴折断。

（2）断蕾　花蕾的延伸生长会消耗养分，因此应在开两梳不结实的中性花后于末梳蕉果下端 10～15cm 处摘除雄花蕾，称为"断蕾"。从现蕾到断蕾夏季历时 10～15d，冬季历时 25～30d。断蕾工作宜在晴天或下午进行，不宜在上午或傍晚，否则会使蕉乳长流，浪费树体营养。断蕾也可结合疏果。断蕾还可减少昆虫传播病菌到果面的机会。

（3）抹花　香蕉抽蕾开花后，当果梳向上弯曲时，分 2～3 次进行抹花，把雌花的花瓣、柱头一并抹掉，使果串保持洁净，这对提高果实品质大有好处。抹花在晴天或下午进行。在进行除花作业时可携带明矾饱和溶液，发生流乳汁时用浸有明矾饱和溶液的海绵或布涂抹可止乳汁，减少乳汁污染下层果指，也可以在下层果上放一张薄膜（或叶子）挡住乳汁。

（4）果穗修整　断蕾时，一般最后一梳只留 1 个果指，防止果轴向上腐烂。必须修掉单层果、三层果，只留双层果，并修掉其他不正常果、畸形果、巨型果、特小果、双连果等，操作时注意不要损伤其他果指。为了提高果实品质，断蕾时可适当疏果，一般每 1～1.5 片绿叶可留一梳果，一般情况下冬蕉不宜超过 6 梳，春夏蕉不宜超过 7 梳。对于抽蕾偏晚的，疏果还具有提早收获的作用。疏果作业时应携带明矾饱和溶液，在切开果指流乳汁时用浸有明矾饱和溶液的海绵或布涂抹可止乳汁，也可以用卫生纸堵伤口来止乳汁。

（5）喷药　由于香蕉收购商均是以果指长、梳形及皮色为主要的收购定价标准，因此为了增加果指长度，在断蕾时要对果穗喷植物激素及营养剂，激素有 6-苄基嘌呤等，营养剂主要有磷酸二氢钾、尿素、高钾型叶面肥等。高温期蕉果对喷药的敏感性强，因此浓度应稍低，且刚断蕾 48h 内为最佳喷施期。

（6）套袋　提倡在断蕾后 7～10d，先喷杀虫杀菌剂防治病虫害，然后进行套袋护果（如遇低温，应提前套袋）。我国目前普遍采用的香蕉袋多为 0.02～0.03mm 的蓝色薄膜袋，一般长 1.2m、宽（周）1.6m。套袋时先垫上珍珠棉或双层纸，以防果指发生日灼或擦伤，并起到撑开袋壁透气的作用。海南的香蕉园套袋一般采用珍珠棉＋报纸＋薄膜袋共三层对果穗进行套袋护果。部分蕉园也用纸袋进行套袋，套袋后上袋口连同果轴用绳子扎紧，下袋口不绑或稍绑，果轴末端绑上彩带，一般 7d 或 10d 变换 1 种颜色，并记录时间，以便于判断果实成熟度、估计收获时期和进行分批采收。

（7）调整穗轴方向　如果发现果穗轴不与地面垂直，可用香蕉枯叶或绳子绑住其末端，并拉往假茎方向固定在假茎上，在对果轴不产生任何损伤的情况下，使其尽量与地面垂直，以利于果指上弯及着色均匀。

7. 病虫害防治技术 香蕉营养生长期主要的病虫害有花叶心腐病、束顶病、蚜虫、卷叶虫、斜纹夜蛾等。蚜虫是束顶病、花叶心腐病的传播媒介，应注意检查与防治，生产上常采用蚜立克、克蚜星、一遍净等药物重点喷蚜虫较集中的吸芽和大植株把头处。

香蕉孕蕾期主要的病虫害有束顶病、叶斑病、黑星病、蚜虫、象鼻虫、网蝽、红蜘蛛等，重点防治叶斑病和黑星病。

香蕉果实生长期，幼果易受病虫害侵害，病害主要为黑星病、炭疽病等，因此通常在套袋前喷药；虫害主要为花蓟马，在抽蕾后未开苞时已进入花蕾为害嫩果，故现蕾后应喷杀虫剂防治。

8. 采收、采后包装和运输

（1）采收 香蕉属后熟型水果，当果指的棱角变钝、果身变圆时就必须根据季节、市场销售行情和距离进行适时采收。一般情况下，低温期采收或近销的以果实饱满度8成左右为宜，高温期采收或远销的以7.5成左右为宜。

在砍蕉时，通常根据出蕾日期或套袋时所设的标记绳来寻找蕉串，符合所需饱满度便可解开套袋。解袋后用柔软物（如珍珠棉）将果穗上各果梳隔开，避免果穗在运输过程中相互挤伤。砍蕉时通常两人一组，由拿刀人先解除蕉树的固定物及砍掉妨碍操作的蕉叶，另一人肩披海绵垫接住果穗，然后由拿刀人砍下果穗。也有单人直接完成砍蕉的，砍下的果穗以果轴着地，等待搬运，实现不落地采收。

果穗运送采用人工肩挑、手推车运送、索道运输和地头落梳等方式。人工肩挑指直接由工人将砍下的果穗挑到包装点进行包装，适用于目前大多数小蕉园。手推车运送是指用特制的采收运输车辆来运送果穗，方法是先人工挑出蕉园，再将果穗倒置，果轴插入车上设计好的圆筒内，然后系牢果轴末端，以确保果穗在运输过程中不会来回摆动，避免产生机械伤。索道运输指将砍下来的果穗肩扛或由人工挑到索道边，再挂到索道上，索道上每一个滑轮可以挂一串果穗，每串果穗之间用连杆相连，这样既可保证果穗之间的距离，避免机械伤，又可将许多果穗连成一体，便于通过索道运至包装场，一般情况下每人每次可拉动20串果穗。地头落梳指将砍下来的香蕉，摆放在特制的果盘内，一般一个果盘只放1～2株香蕉的果梳，然后由人工抬出蕉园，装入特制的车厢内，再运送到包装车间。

（2）采收包装 标准蕉园建设应在主道旁配套建设采收包装车间，最好每300亩（20hm²）左右配套一个500m²的采收包装车间。包装环境定时消毒，包装工人必须戴手套，严禁吸烟，轻拿轻放，包装工作按照操作规程执行。①抹花。大多高品质香蕉已在果实护理期抹花，对没有抹花的香蕉，抹花时要轻轻地由内向外抹，不能伤果指；抹花要干净，不允许留残花。②落梳。小心用锋利的落梳刀从蕉梳与果穗轴的连接处落梳，切口距果指分叉口2～3cm，切口整齐，不伤果指与果柄，落梳后平拿轻放，严禁碰伤蕉果。③修果和选果。须修掉双胞果、畸形果、裂果、严重擦伤果。修口要平滑，不伤蕉果。④清洗。清洗工具要干净，清洗时不能用力过猛，严格控制蕉花、残渣进入下个环节。⑤保鲜。将清洗后的果梳晾干，再用0.1%特克多或0.2%甲基托布等保鲜剂浸泡蕉果10s，注意应使修口处充分接触药液，同时保鲜池禁止蕉梳重叠，待晾干后进行包装。⑥配秤。放入果盘时轻拿轻放，重量均值不能偏离标准±0.1kg。⑦装箱。检查果把装箱，发现有伤果、裂果在2个以上时不能装箱，应重新配秤。正确垫珍珠棉。果把要求整齐美观，严禁果指尖向上。包装容器要求是内包装用塑料薄膜袋和珍珠棉，外包装用瓦楞纸箱，制作纸箱的材料为瓦楞纸板，瓦楞纸板的性能符合《瓦楞纸板》（GD/T 6544—2008）的规定，含水量为（10±2）%，且瓦楞纸板中不得夹有任何杂物。⑧抽真空。用吸气机将袋子里的空气抽出，并用橡皮筋扎紧塑料袋口。要求真空足量，橡皮圈（2 个）必须扎 4 圈以上。⑨盖章和盖箱。印章必须盖准把数位置，盖章把数必须与箱内把数相符，要求印章清晰。⑩堆放。按香蕉等级区分堆放，室内储存，距离地面高度应大于 150mm，呈品字形堆放，堆放间留 0.8m 的通道，瓦楞纸箱的堆放高度不应超过 13 层，竹筐的堆放高度不应超过 6 层。⑪装车。注意保持车厢干净，按要求装车，轻拿轻放，在同一个车厢内不能有其他物品混装，贮存温度为 13～15℃。注意防雨、防寒、防晒。香蕉包装件装卸时不得横置，应避免冲击，要轻拿轻放。

（3）运输　　目前国内香蕉基本上当天采收、当天包装、当天运走，大多数是直接装车运往国内市场。长距离运输一般通过冷藏火车、冷藏集装箱和冷藏香蕉船。香蕉的冷链运输是今后的发展方向，有条件的企业和组织应该在产地、码头、火车站和市场建立冷库系统，以提高经营水平。

第二十四章　蓝　莓

一、概述

（一）蓝莓概况

蓝莓（blueberry），杜鹃花科（Ericaceae）越橘属（Vaccinium）真蓝莓组（Sect. Cyanococcus）植物的统称，该组共有 19 个种的植物，主要包括高丛蓝莓（V.corymbosum L.）、矮丛蓝莓（V. angustifolium Ait）、兔眼蓝莓（V. virgatum Ait）和常绿蓝莓（V. darrowii Camp）。

蓝莓果味酸甜，果肉细腻，风味独特，营养丰富，果实中含有花青苷、熊果苷黄酮类等多种具有生理活性成分的物质，其抗氧化活性在 40 多种水果和蔬菜中最高，具有促进视红素再合成、抗炎、提高免疫力、抗心血管疾病、抗衰老、抗癌等多种生理保健功能，蓝莓及其相关产品不仅具有普通水果的直接品质特征，而且具有更为深层次的健康和经济价值。联合国粮食及农业组织将蓝莓列为"人类五大健康食品之一"，世界卫生组织也将蓝莓列为"最佳营养价值水果"，被普遍认为是 21 世纪国内外最具发展潜力的灌木类果树。

我国从 20 世纪 80 年代初开始蓝莓的引种和产业化研发，经过长期努力，近 40 年来在育种、栽培、采收、加工等多个技术领域取得了丰硕成果。蓝莓生产已逐步形成规模化，产品数量、种类和结构不断增加，蓝莓消费在各地悄然兴起，作为高效绿色的蓝莓产业在国内已初具规模。

（二）历史与现状

蓝莓产业起源于美国东北部，从 20 世纪初开始，从美国传到世界各地，如荷兰（1923 年）、德国（1924 年）、新西兰（1949 年）、日本（1951 年）、英国（1959 年），而智利和欧洲西南部分别是 20 世纪 80 年代早期和后期引进的。

随着蓝莓种植面积和产量的迅速增加，蓝莓加工业也得到快速发展，2009 年后全球用于加工的量大约占总产量的 43%。蓝莓加工产品（含医药保健品），都是以蓝莓中的花青素作为加工原材料，国外蓝莓花青素的生产主要集中在美国、加拿大、英国、法国及亚洲的日本。

随着国际上对蓝莓产业的重视，其需求量也在快速上升，世界蓝莓栽培面积、产量和生产国数量都在不断增加。中国蓝莓种植初期，种植面积及产量增长都非常缓慢。20 世纪末到 21 世纪初，我国蓝莓产量主要以东北的野生资源为主，2005 年人工栽培的产量仅 181t，2009 年之后呈连年倍增，到 2018 年我国蓝莓产量达到了 263 329t。

二、优良品种

根据植物学分类，蓝莓属于越橘属多年生落叶性或常绿性的灌木或小乔木果树。从果树园艺及食品产业上又分为 3 个重要的种类，其中包括一个野生种和两个栽培种，分别为矮丛蓝莓（lowbush blueberry）、高丛蓝莓（highbush blueberry）和兔眼蓝莓(rabbiteye blueberry)。根据正常开花的需冷量和越冬抗寒力不同，高丛蓝莓又细分为北高丛蓝莓（northern highbush blueberry)、半高丛蓝莓（half highbush blueberry）和南高丛蓝莓（southern highbush blueberry）。因此，蓝莓新品种主要包括矮丛蓝莓、北高丛蓝莓、半高丛蓝莓、南高丛蓝莓和兔眼蓝莓 5 个种类。目前，这 5 个蓝莓种类在国内均有栽培。

（一）矮丛蓝莓

矮丛蓝莓属野生种，树体矮小，高 30～50cm，具有较强抗旱和抗寒能力，可在−40℃的严寒地区生长。其果实比高丛蓝莓和兔眼蓝莓含有更多的抗氧化物质，广泛用于生产加工。矮丛蓝莓的遗传背景主要来自狭叶越橘、茸叶越橘和北方越橘，其中狭叶越橘是矮丛蓝莓的最主要来源，其对茎腐病有抗性，对矮丛、早果性、集中成熟期、早熟、抗干旱、芽抗性、丰产性、甜度改良有积极作用；茸叶越橘在品种改良中影响较小；北方越橘也只涉及少数试验杂交种。狭叶越橘和北方越橘都是自交不亲和。1909 年美国农业部在新罕布什尔州的野生狭叶越橘中选育出第一个矮丛蓝莓品种‘罗素’（‘Russell’），不久又推出‘北塞奇威克’（‘North Sedgewich’）和‘密西根矮丛 1 号’（‘Michigan Lowbush＃1’）。加拿大农业部 1975～2006 年公布了‘奥古斯塔’（‘Augusta’）、‘美登’（‘Blomidon’）、‘斯卫克’（‘Brunswick’）、‘芝妮’（‘Chignecto’）、‘坎伯兰’（‘Cumberland’）、‘芬蒂’（‘Fundy’）和‘诺威蓝’（‘Novablue’）7 个矮丛蓝莓品种。

矮丛蓝莓与一般蓝莓品种明显不同，植株丛大而密，树形匍匐状；叶和小枝光滑，叶片狭长；花冠白色，有红条纹；果小，平均重 0.28g，圆形，浅蓝色，有光泽，味甜浓；花期 4～5 月。果实成熟早于伞房花越橘，而风味与其相似。一般在 7～8 月成熟，但在最北部收获期可延迟到 9 月。矮丛蓝莓主要依靠地下茎繁殖蔓延，定期焚烧可使其群落复壮，是纯天然的绿色食品。多数矮丛蓝莓要求需冷量大于 1000h。

（二）北高丛蓝莓

北高丛蓝莓属栽培种，被称为标准蓝莓。树形多为直立或半直立，树体高度可控制在 2m 以上，其遗传背景主要来自四倍体的野生伞花越橘（V. corymbosum），自然分布于美国南北方向从新西兰北部到密西根南部，东西方向从田纳西东部到佛罗里达北部的广大范围。有些高丛蓝莓品种也具有狭叶越橘的遗传背景，品种一般自交亲和。1908 年，美国农业部从野生越橘中优选出高丛蓝莓的第一个品种‘布鲁克斯’（‘Brooks’），三年后成功完成‘布鲁克斯’×‘罗素’的人工杂交，这些杂交后代成为早期高丛蓝莓育种的重要亲本材料。20 世纪 20 年代，美国农业部推出第一代高丛蓝莓杂交品种‘先锋’（‘Pioneer’）、‘卡伯特’（‘Cabot’）、‘凯瑟琳’（‘Katharine’）。直到 1937 年，总共有 68 000 株杂种实生苗进入结果期，15 个杂交品种被公布。1939～1959 年，后人又从这些杂种实生苗和种子中选育出了 15 个品种。美国农业部成功组织了美国 17 个州的农业试验站和私人种植者，形成了巨大的育种协作网，这是杂交后代得以快速在不同土壤和气候条件下生长及区域的试验。1945～1961 年，美国农业部向合作者发放 20 万株杂交后代用于评估，极大地加快了蓝莓育种进程，成功培育出‘都克’（‘Duke’）、‘埃利奥特’（‘Elliott’）、‘莱格西’（‘Legacy’）等优良品种。2000 年以后，美国农业部成功选育出了一批出色品种，如‘奥罗拉’（‘Aurora’）、‘卡拉精选’（‘Caras Choice’）、‘德雷珀’（‘Draper’）、‘汉娜精选’（‘Hannahs Choice’）、‘自由’（‘Liberty’）、‘粉红香槟’（‘Pink Champagne’）、‘拉兹’（‘Razz’）、‘甜心’（‘Sweetheart’）、‘休伦’（‘Huron’）等，其中‘粉红香槟’的遗传背景来源主要是野生高丛越橘和高丛蓝莓品种，但果实为粉色，主要用于观赏（图 24-1）。

北高丛蓝莓是全世界范围内栽培最广泛的蓝莓栽培品种，该品种果实较大，品质佳，鲜食口感好，因此广泛用于鲜食。20 世纪 60 年代，澳大利亚从美国赠送的一批开放授粉种子中选育出重要的北高丛蓝莓品种'布里吉塔蓝'（'Brigitta Blue'）和其他一些品种。新西兰也从 20 世纪六七十年代美国农业部提供的育种材料中，选育出北高丛蓝莓品种'纽'（'Nui'）、'普鲁'（'Puru'）、'瑞卡'（'Reka'）。

都克　　　　　　　莱格西　　　　　　　德雷珀

自由　　　　　　　奥罗拉

图 24-1　部分北高丛蓝莓品种

彩图

（三）半高丛蓝莓

半高丛蓝莓是通过高丛蓝莓和矮丛蓝莓杂交或回交获得的中间品种类型，该种群树高 50～100cm，果实比矮丛蓝莓大，比高丛蓝莓小，抗寒能力强，能抗－35℃低温。20 世纪 50～60 年代美国密西根州立大学选育出著名的半高丛蓝莓品种'北陆'（'Northland'）。1990 年后又培育出'北蓝'（'Northblue'）、'北空'（'Northsky'）、'北村'（'Northcountry'）、'圣云'（'St.Cloud'）、'蓝金'（'Bluegold'）、

北陆　　　　　　　蓝金

图 24-2　部分半高丛蓝莓品种

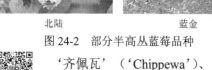

彩图

'齐佩瓦'（'Chippewa'）、'奥纳兰'（'Ornablue'）等品种（图 24-2）。

（四）南高丛蓝莓

南高丛蓝莓起源于北高丛蓝莓，其遗传背景主要来源于美国佐治亚州南部、佛罗里达州、田纳西州、墨西哥湾沿岸的常绿越橘及美国东部的兔眼越橘、小穗越橘。南高丛蓝莓的习性与北高丛蓝莓相近，一些南高丛蓝莓自交亲和，而有些南高丛蓝莓自交不亲和；南高丛蓝莓较北高丛蓝莓对土壤环境的适应能力更强，一些南高丛蓝莓品种可适应 pH 6.5 的土壤，在气候温暖

的南方可产出品质较好的果实。

　　1948 年，美国佛罗里达大学开始南高丛蓝莓育种，先后培育出具有较高影响力的'夏普蓝'（'Sharpblue'）、'艾文蓝'（'Avanblue'）、'佛罗达蓝'（'Floridablue'）、'翡翠'（'Emerald'）、'珠宝'（'Jewel'）、'迷雾'（'Misty'）和'明星'（'Star'）、'丰富'（'Abundance'）、'蓝脆'（'Blue-crisp'）等低需冷量类型品种。北卡罗来纳州的巴灵顿 Ballington 启动培育北高和南高的中间类型育种项目，培育出一批重要品种'丽诺尔'（'Linor'）、'新汉诺威'（'New Hanover'）、'奥尼尔'（'O'Neal'）、'晨号'（'Reveille'）、'辛普森'（'Sampson'），其中'奥尼尔'是低需冷量类型。阿肯色州立大学将南方野生种和北方野生种相结合，培育出'奥扎克蓝'（'Ozarkblue'）等中间类型品种；佐治亚大学培育出几个早熟的中间类型品种，包括'叛逆者'（'Rebel'）、'卡梅莉亚'（'Camelia'）和'帕梅托'（'Palmetto'）；美国农业部密西西比试验站培育出'比洛克西'（'Biloxi'）、'古普顿'（'Gupton'）和'马格力'（'Magnolia'）（图 24-3）。

珠宝　　　　　　　　　　　　明星

丰富　　　　　　　新汉诺威　　　　　　奥尼尔　　　　　彩图

图 24-3　部分南高丛蓝莓品种

（五）兔眼蓝莓

　　兔眼蓝莓树体高大，野生状态下树高可超过 10m，栽培状态下树高一般控制在 2～4m，寿命较长，耐湿热，抗寒能力差，对土壤要求不严。兔眼蓝莓起源于美国野生兔眼越橘，大部分品种是自交不亲和的，而'杰兔'（'Premier'）、'逊邱伦'（'Centurion'）、'艾勒'（'Ira'）、'亚德金'（'Yadkin'）和'昂斯洛'（'Onslow'）却完全自交亲和。兔眼蓝莓育种工作主要由美国农业部、佐治亚大学、北卡罗来纳大学和新西兰园艺研究股份有限公司进行。兔眼蓝莓商业化栽培开始于 1983 年，地点在佛罗里达西部。1925 年，美国农业部和佐治亚海岸平原试验站开始在佛罗里达州和佐治亚州收集野生兔眼蓝莓，1940 年启动联合育种项目，培育出大量优良的兔眼蓝莓品种，如'顶峰'（'Climax'）、'梯芙蓝'（'Tifblue'）和'灿烂'（'Brightwell'）。截止到 2014 年 5 月，已有 50 余个品种被选育出来，其中最重要的兔眼蓝莓品种是'梯芙蓝''顶峰''灿烂''粉蓝（P）'和'杰兔'。20世纪80年代初，我国先后从海外引进100多个蓝莓品种进行栽培和繁育研究，由于起步晚，新品种选育及种植面积一直远低于美国、荷兰、德国、奥地利、意大利、丹麦、英国、罗马尼亚、新西兰等国家。近10年，美国农业部等部门陆续发布蓝莓新品种约150个，2007年后我国蓝莓种植面积也得到快速增加，但主要栽培品种还是依赖于从国外引进，且尚未拥有国际范围的自主知识产权品种，目前在国内有一定种植规模的品种已超过50个。

三、生长结果特性

（一）生长特性

1. 根系　　蓝莓的根系没有根毛，吸收能力比具有根毛的其他植物根系弱得多。蓝莓的根系细，呈纤维状，细根在分枝前直径为50~75μm。矮丛蓝莓根系的主要部分是根状茎。不定芽在根状茎上萌发，并形成枝条。根状茎一般为单轴，直径3~6mm。根状茎分枝频繁，在地表下6~25mm深的土层内形成紧密穿插的网状结构。新发生的根状茎一般为粉红色，而老根状茎为暗棕色，且木栓化，根系分布在土壤表层中的有机质层。蓝莓的根系为浅根系，当用锯末覆盖土壤时，在腐烂分解的锯末层有根系分布。施肥和灌水可促进根系大量形成和生长。当土壤含水量不足时，常导致根系死亡。用草炭进行土壤改良时，根系主要分布在树冠投影区域内，深30~45cm；不进行土壤改良时，根系水平分布较广，但深度只集中在上层15cm以内。1年内根系随土壤温度变化有两次生长高峰：第一次在6月初，第二次在9月。根系生长的土壤最适温度为14~18℃，低于14℃或高于18℃时根系生长减慢，而低于8℃时几乎停止生长。两次根系生长高峰出现时，地上部枝条生长高峰也同时出现。

2. 叶　　叶芽着生于一年生枝的中、下部。在生长前期，当叶片完全展开时叶芽在叶腋间形成。叶芽刚形成时为圆锥形，长3~5mm，被有2~4个等长的鳞片。休眠的叶芽在春季萌动后生出节间很短且叶片簇生的新梢。叶片按2/5叶序沿茎轴生长。叶芽完全绽开约在盛花期前2周。叶片互生。叶片大小由矮丛蓝莓的0.7~3.5cm到高丛蓝莓的8cm，长度不等。叶片形状最常见的是卵圆形。大部分种类叶片背面有茸毛，有些种类的花和果实上也被有茸毛，但矮丛蓝莓叶片很少有茸毛。

3. 枝条　　新梢生长粗度的增加和长度的增加呈正相关。按粗度新梢可分为三类：小于2.5mm为细梢、2.5~5mm为中梢、大于5mm为粗梢。粗度的增加与新梢节数和品种有关。对'晚蓝'品种调查时发现，株丛中70%新梢为细梢、25%为中梢，只有5%为粗梢。若形成花芽，细梢节位数至少为11个、中梢节位数至少为17个、粗梢节位数至少为30个。新梢在生长季内可以多次生长，其中以两次生长最普遍。花芽萌发抽生新梢，新梢生长到一定长度停止生长，顶端生长点小叶变黑形成黑尖，黑尖维持2周后脱落并留下痕迹，叫黑点。2~5周后顶端叶芽重新萌发，发生转轴生长，这种转轴生长年内可发生几次。最后一次转轴生长顶端形成花芽，开花结果后顶端枯死，下部叶芽萌发新梢并形成花芽。

（二）结果特性

1. 花

（1）花芽形成　　花芽着生于一年生枝顶部的1~4节，有时可达到7节。花芽卵圆形、肥大、3.5~7cm长。花芽在叶脉间形成，并逐渐发育。当外层鳞片变为棕黄色时，进入休眠状态，但内部在夏、秋季一直进行着各种生理变化。当 2 个老鳞片分开后，形成绿色的新鳞片，花芽沿着枝轴在几周内向基部发育，迅速膨大并进入冬季休眠。进入冬季休眠阶段后，花芽形成花序轴。高丛蓝莓花序原基在 8 月中旬形成，矮丛蓝莓花序原基在 7 月下旬形成。花序原基膨大的顶端从腋生分生组织向上发育。高丛蓝莓的各个花器在 10 月都可在显微镜下看到，内部细胞分裂持续到 9 月，一直到春季停止，此时花芽外部形态处于停止状态。从花芽形成至开花约需 9 个月。

花芽在一年生枝上的分布有时被叶芽间断，在中等粗度枝条上往往远端的花序会发育成完全的芽。花芽形成的机制尚不十分清楚，但在矮丛蓝莓上位于枝条下部的叶芽可因修剪促其转化为花芽。枝条的粗度和长度与花芽形成有关，中等粗度的枝条形成花芽数量多。枝条粗度与花芽质量也有关系，中等粗度的枝条上花序分化完全的花芽多，而过细或过粗枝条单花芽数量多。一个花芽开放后，单花芽数量因品种和芽质量不同而不同，一般为 1～16 朵花。

（2）花的开放　　开花时顶花芽先开放，然后是侧生花芽，粗枝上的花芽比细枝上的花芽开得晚。在一个花序中，基部花先开放，然后是中部花，最后是顶部花。花芽开放的时间则因气候条件不同而异。

（3）花的形态　　蓝莓的花为总状花序。花序大部分侧生，有时顶生。花单生或双生在叶腋间。单花形为坛状，也有钟状或管状。花瓣连接在一起，有 4～5 个裂片。花瓣颜色多为白色或粉红色。花托管状，并有 4～5 个裂片。花托与子房贴生，并一直保持到果实成熟。子房下位，常为 4～5 室，有时可达 8～10 室。雌蕊包括花柱和柱头，雄蕊包括花药和花丝。每一花中有 8～10 个雄蕊。雄蕊嵌入花冠基部围绕花柱生长，比花柱短。花药上半部有 2 个散放花粉的管状结构。

2. 果实

（1）授粉受精　　授粉受精是蓝莓栽培中重要的技术环节。要想达到较高的产量，授粉率应在 80% 以上。有些品种由于自花授粉率低，且无异花授粉时会大大影响产量，因此需配置授粉品种。花开放时为悬垂状，花柱长于花冠，如果没有昆虫媒介，则授粉非常困难。有些品种有孤雌生殖习性，不需要受精而只需授粉刺激即可坐果，但这种果实往往达不到应有的颜色、大小和品质，从而影响产量和效益，因此生产上应尽量避免。

大部分高丛蓝莓品种可以自花结实，但自花授粉果实往往比异花授粉的小并且成熟期晚。兔眼蓝莓和矮丛蓝莓往往自花不结实或结实率低。近年来，栽培中提倡配置授粉树，以实现异花授粉。异花授粉可以提高坐果率、增加单果重、促使提早成熟、提高产量和品质。影响坐果率最重要的因素是花粉的数量和质量。有些品种花粉败育，授粉不佳。对高丛蓝莓、矮丛蓝莓来讲，花开放后 8d 内均可授粉，但开花后 3d 内授粉率最高，为最佳授粉时期，花粉落在柱头上萌发生长到达胚珠需要 3d 时间。花粉萌发后一般只产生一个花粉管，很少有产生 2 个以上花粉管的。花粉萌发后，花粉管的生长依赖于温度的高低。温度高，花粉管生长迅速，有利于受精。

授粉受精坐果之后，落果现象较轻。落果一般发生在果实发育前期，开花 3～4 周之后脱落的果实往往发育异常，呈现不正常的红色。落果轻重主要与品种有关。

（2）果实发育　　根据浆果的发育可划分为三个阶段：①迅速生长期。受精后 1 个月内，此期主要是细胞分裂。②缓慢生长期。特征是浆果生长缓慢，主要是种胚发育。③快速生长期。此期一直到果实成熟，主要是细胞膨大、果实着色。受精以后子房迅速膨大，约持续 1 个月。浆果缓慢生长，约持续 1 个月。然后浆果的花托端变为紫红色，绿色部分呈透明状，几天之内，果实颜色由紫红色加深并逐渐达到应有颜色，浆果体积迅速增加，此阶段果实体积可增加 50%。果实充分着色后体积还可增加 20%，糖含量和风味继续提高。从落花至果实成熟上市一般需 50～

60d。浆果发育所需时间与种类和品种特性有关。一般来讲，高丛蓝莓果实发育比矮丛蓝莓快，兔眼蓝莓果实发育时间较长。多数情况下，果实发育时间的长短主要取决于果实发育迅速生长时间的长短。另外，温度和水分是影响浆果发育的两个主要外界因子，温度升高会加快果实发育，水分不足则延缓果实发育。

浆果中种子数量与浆果大小密切相关。在一定范围内，种子数量越多，浆果越大。对于单个果实来讲，在开花期如果花粉量大，则形成种子多，果实大；如果花粉量小，则形成种子少，果实小。因此，对果实发育来讲，一定数量的种子是必需的，但并非越多越好。

果实发育和成熟与内源激素变化密切相关。矮丛蓝莓果实中，生长素活性在果实迅速生长期较低，随着缓慢生长期的到来，生长素活性迅速增加并达到高峰，进入快速生长期则开始下降。生长素活性首次表现在开花后第 3 周，到第 5～6 周达到高峰。赤霉素活性在果实发育迅速生长期达到高峰，高峰出现在开花后第 6 天，进入果实缓慢生长期后，赤霉素活性迅速下降，并一直维持较低水平，到果实着色时又迅速增加。高丛蓝莓果实中赤霉素活性变化与矮丛蓝莓基本一致，但生长素活性在果实迅速生长期迅速增加，高峰出现在缓慢生长期开始阶段，有些高丛蓝莓品种果实中生长素活性从果实迅速生长期到缓慢生长期一直下降。高丛蓝莓果实中生长素活性在果实发育快速生长期出现第二次高峰，这也与矮丛蓝莓不同。

果实开始着色后需 20～30d 才能完全成熟，同一果穗中，一般是中部果粒先成熟，然后是上部和下部果粒。矮丛蓝莓果实成熟比较一致。果实成熟过程中，内含物质发生一系列的变化。①果实色素。不同种类、不同品种的果实色素种类和含量有差别。高丛蓝莓和矮丛蓝莓果实中含有 15 种花青素，主要有 3-半乳糖苷、3-葡萄糖苷、3-阿拉伯糖苷。果实的颜色与花青素含量有关。紫红色果实花青素含量为 10g，鲜果平均为 2.5mg；而蓝色果实花青素含量为 10g，鲜果高达 49mg。果实中花青素含量对于鲜果销售时果实的分级及品质差别具有重要作用。果头的成熟度、总酸含量、果实 pH 及可溶性固形物都与花青素含量密切相关。②果实中化学物质变化。浆果中总糖含量在着色后 9d 内逐渐增加，然后保持一定水平。然而，在果实成熟后期还原糖含量增加而非还原糖含量下降。随着果实成熟，可滴定酸含量逐渐下降。淀粉和其他碳水化合物含量随果实成熟没有明显变化。果实中色素含量在着色后 6d 内呈增加趋势，但以后保持稳定。果实中糖酸比随果实成熟而迅速增加，从而导致果实 pH 升高。因此，果实中含酸量的多少往往是决定果实品质的重要因素。糖酸比和含酸量常作为果品品质的判别依据。负载量、氮肥施用量在果实收获期对果实的糖、酸含量作用明显。增加负载量极显著地降低了果实中的含糖量，但对酸含量没有影响；增施氮肥会增加含酸量，降低果实糖的含量。晚收获的果实比早收获的果实极显著地增加了果实的含糖量，降低了含酸量，但果实耐贮性下降。

（3）果实的形态　　果实大小、颜色因种类不同而异。兔眼蓝莓、高丛蓝莓、矮丛蓝莓果实为蓝色，被有白色果粉，果实直径 0.5～2.5cm。果实形状由圆形至扁圆形。果实一般开花后 2～3 个月成熟。果实中种子较多，但种子很小，一般每个果实中种子数平均为 65 个。种子极小，对果实的食用风味并无不良影响。

四、对生态条件的适应性

（一）对环境的要求

蓝莓喜欢酸性土壤，对土壤 pH 极为敏感，是所有果树中对土壤 pH 要求最高的一类，适宜的土壤 pH 为 4.0～5.5。以北高丛蓝莓为例，当土壤 pH 超过 5.5 时，植株的生长和产量都会明显下降；土壤 pH 达到 6 时，植株出现部分死亡；土壤 pH 达到 7 时，土壤中可溶性 Mn、Zn、Cu 含量都会下降，容易诱发蓝莓缺铁失绿症状发生，并且树体中钠、钙离子积累过量而妨碍生长，植株逐渐出现成片死亡。土壤 pH 小于 4 时，会导致土壤中重金属元素活性增加，从而引起植株中毒。在土壤酸碱度需要调整时，主要存在的问题是 pH 偏高对蓝莓栽培的限制。

（二）生产分布与栽培区划分

蓝莓染色体组有二倍体、四倍体、六倍体多种类型，基因遗传多样性十分丰富，育出的品种广泛适应各种类型的气候特点，其中矮丛蓝莓品种群广泛适应寒带气候，北高丛蓝莓品种群广泛适应温带气候，兔眼蓝莓品种群适应南方亚热带气候，南高丛蓝莓品种群适应南方亚热带和热带气候。在我国，根据生态因子的不同，全国形成了四大蓝莓主产区：寒地蓝莓产区（吉林、黑龙江）、温带蓝莓产区（辽东半岛、胶东半岛）、亚热带蓝莓产区（长江流域）和西南高海拔蓝莓产区。四大产区依据地理区域布局和设施生产相结合的原则实现了全国 3 月中旬到 9 月中旬 6 个月的鲜果供应期，并形成了各产区的优势特色。

五、栽培技术

（一）苗木繁育

蓝莓的苗木繁殖方式因种而异，高丛蓝莓主要采用硬枝扦插，兔眼蓝莓采用绿枝扦插，矮丛蓝莓绿枝扦插和硬枝扦插均可，其他方法如种子育苗、根状茎扦插、分株等也有应用。近年来，组织培养工厂化育苗方法也已应用于生产。具体技术要求参照本书第四章。

（二）规划建设

园地选择适当是决定蓝莓建园种植及生产无公害产品的关键因素之一，一般来说无论山地、平原，只要土质、气候条件适宜，周围无"三废"污染，均可种植蓝莓。但最好选择在阳光充足、排水通畅、土层深厚、土壤疏松、有机质含量高的地方建园。具体要求参照本书第五章。

（三）土肥水管理

1. 蓝莓园土壤管理新技术　　蓝莓喜欢酸性土壤，在土壤酸碱度需要调整时，主要存在的问题是 pH 偏高对蓝莓栽培的限制。目前，国内外普遍采用的方法是施用硫酸来调节土壤的 pH，还可施用硫酸亚铁、硫酸铝等酸性肥料。硫酸对土壤的 pH 调节的主要特点是效果持久稳定。其作用机理是硫酸施入土壤后，被硫细菌氧化成硫酸酐，硫酸酐再转化成硫酸，硫酸起到了调节 pH 的作用。因此，硫酸施入土壤后，需要 40～80d 分解后才能起到调节土壤 pH 的作用。硫酸亚铁、硫酸铝虽能迅速降低土壤 pH，但由于其盐离子浓度过高时会对根系造成毒害，因此在实际生产中使用较少。土壤有机质是土壤肥力的主要物质基础之一，蓝莓在有机质含量高的土壤中生长良好，有机质包括酸性泥炭及发酵后的秸秆、稻壳、麦壳、树叶、锯屑等，能改善土壤的理化性质和物理机械性能。有机质含量高，可大幅度降低土壤容重，增加土壤孔隙度，同时也改善了土壤结构，增强土壤保肥和保水作用。土壤的调节和有机质含量的改善都要在定植前一年进行。

2. 蓝莓园施肥技术　　蓝莓属典型的嫌钙植物，它对钙具有迅速吸收与积累的能力。当在钙质土壤栽培时，由于钙吸收多，往往导致缺铁失绿症。从整个树体营养水平分析，蓝莓属于寡营养植物，与其他种类果树相比，树体内氮、磷、钾、钙、镁含量都很低。基于这种特点，如果不严格控制施肥量，则往往因肥料过多而造成树体伤害。蓝莓又是喜铵态氮果树，它对土壤中铵态氮的吸收能力远高于对硝态氮的吸收。

蓝莓园中施肥，施用完全肥料比施用单纯肥料效果要好得多，约可提高产量 40%。蓝莓施肥以撒施为主，高丛蓝莓和兔眼蓝莓沟施，沟深 10～15cm。施肥一般在早春萌芽前进行，如果分次施入，则在萌芽后再进行第二次施肥。蓝莓施肥分两次以上施入比一次性施入能明显增加产量和单果重，值得推荐。分次施入一般分两次，萌芽前施入总量的 1/2，萌芽后再施入 1/2，两次间隔 4～6 周。蓝莓对施肥反应敏感，过度施肥不仅造成浪费，而且容易导致产量降低、植株受害甚至死亡。因此，对于施肥量必须慎重，不能仅凭经验确定，而要凭土壤肥力及树体营养情况来确定。

3. 节水灌溉技术　　适当的土壤水分是蓝莓健壮生长的基础，水分不足将严重影响树体生长发育和产量。从萌芽至落叶，蓝莓所需的水分相当于每周平均降水量为 25mm，从坐果到果实采收期间为 40mm。沙土的土壤湿度小，持水能力低，因此需配备灌水设施以满足蓝莓水分的需求。常用的灌水方法有沟灌、喷灌、滴灌和依赖土壤水位保持土壤水分的下层土壤灌溉。灌水必须在植株出现萎蔫前进行，灌水频率的多少应根据土壤类型而定。沙土持水能力弱，容易干旱，需经常检查并灌水；有机质含量高的土壤持水能力强，灌水频率可适当减少，但在这类土壤中，黑色的腐殖土有时看起来似乎是湿润的，但实际上已经干旱，容易造成判断失误，需特别注意。

（四）整形修剪技术

蓝莓修剪要掌握的总原则是达到最好的产量，而不是最高的产量，防止过量坐果。蓝莓修剪后往往造成产量降低，但单果重、果实品质可提高。修剪时要防止过度修剪，修剪程度应以果实用途来定。如果用于加工，则果实大小均可，修剪宜轻，以提高产量；如果是市场鲜销，修剪宜重，以提高商品价值。蓝莓修剪的主要方法有平茬、疏剪、剪花芽、疏花、疏果等，不同的修剪方法效果不同。

1. 高丛蓝莓的修剪

（1）幼树期修剪　　幼树期修剪以去花芽为主，目的是扩大树冠，增加枝条量，促进根系发育。定植后第二年、第三年春疏除弱小枝条，第三年、第四年仍以扩大树冠为主，但可适量结果。通常第三年株产应控制在 1kg 以下，以壮枝结果为主。

（2）成年蓝莓修剪　　高丛蓝莓进入成年以后，内膛易郁闭，树冠高大。此时修剪主要是为了控制树高，改善光照条件。修剪以疏枝为主，去除过密枝、细弱枝、病虫枝及根系产生的分蘖。直立品种去中心干、开天窗，并留中庸枝。大枝最佳结果年龄为 5～6 年，超过时要回缩更新。弱小枝可采用抹花芽方法修剪，使其转壮。成年蓝莓花芽量大，常采用剪花芽的方法去掉一部分花芽，通常每条壮枝留用 2～3 花芽。

（3）老树更新修剪　　定植 25 年左右，蓝莓树体地上部分已经衰老，此时需要全面更新，即紧贴地面将地上部分全部锯除，一般不用留桩，若留桩则最高不能超过 2.5cm。这样，由基部萌发新枝，全树更新后当年不结果，第三年产量可比未更新树提高 5 倍。

2. 矮丛蓝莓修剪　　矮丛蓝莓的修剪原则是维持壮树、壮枝结果。修剪方法主要有烧剪和平茬剪两种。

（1）烧剪　　在休眠期内将地上部分全部烧掉，重新萌发新枝，当年形成花芽，第二年开花结果。以后每两年烧剪一次，始终维持壮枝结果。烧剪后当年没有产量，第二年产量比烧剪前的产量提高一倍，果实品质好，个头大。烧剪后有利于机械化采收，能消灭杂草，防治病虫害。烧剪要在萌芽前的早春进行，烧剪前田间可撒播树叶、杂草等助燃。

（2）平茬剪　　于早春萌芽前，从植株基部将地上部分的平茬全部锯掉。锯下的枝条保留在园内，可起到土壤覆盖和提高有机质含量的作用，从而改善土壤结构，有利于根系和根状茎生长。

3. 兔眼蓝莓修剪　　兔眼蓝莓修剪和高丛蓝莓基本相同，但要特别注意树体高度，树体过高不利于管理操作和采收。

（五）花果管理技术

1. 辅助授粉技术　　蓝莓中大多数品种需要异花授粉，自花结实会影响坐果率。气候、品种结构、栽植方式、蜜蜂种群数量等诸多因素都会影响蓝莓自然授粉的效果。完全靠自然授粉，坐果率只能维持在 31%～60%。借助辅助授粉技术，可有效克服因授粉不良而引起的落花落果弊病，使坐果率达到 75%～90.9%，显著提高蓝莓的产量与品质。

2. 疏花疏果技术　　在正常情况下，若花芽留存量不是很大，在授粉树配置合理时，蓝莓的落花落果现象很轻，不必通过大量留花来保证坐果。在经常有晚霜出现的地区，为防止因晚霜危害所造成的损失，可以适当多留花芽和花，待确定不会再有霜时再疏除过量的花果。可以通过疏除或短截结果枝或短截过长的花芽串或花果串进行疏花疏果。在盛果期，兔眼蓝莓多数品种每株果实产量应控制在 5～8kg，高丛蓝莓应控制在 3～5kg，具体控制程度因品种和植株长势而定。可以根据每个花芽的结果数量、品种的平均单果重、每株的花芽数量等粗略估计预期产量。但平均单果重与花芽数量和植株长势又有很大关系，因此，疏花疏果量在很大程度上需要管理者根据经验判断。另外，产量或收益对修剪或疏花疏果量有一定的缓冲能力，果实个体的增加可以部分抵消。

（六）病虫害防治技术

1. 综合防治的意义　　所谓植物病害是指在植物生长发育过程中由于受到病原生物的侵染或不良环境条件的影响，使植物正常的生理代谢功能受到损害，在生理和形态上偏离了正常发育的植物状态，造成显著的经济损失，这种现象就是植物病害。根据是否由病原生物侵染引起，分为侵染性病害和非侵染性病害。病原生物是指除植物自身之外的，能够影响植物正常生长发育并导致病害的另一种生物因素，主要包括真菌、细菌、病毒、线虫和寄生性种子植物等。侵染性病害由病原生物引起，具有相互传染的特性，在田间常表现为由点到面的发展过程，且不少病害在病部可发现其病原生物的存在。非侵染性病害主要由不良的环境因子引起，占植物病害总数的 1/3。对植物病害进行综合防治，前提需要准确判断导致植物出现病害的病因，通过人为干预，改变植物、病原生物与环境的相互关系，尽量减少病原生物数量、削弱其致病性、优化植物的生态环境，提高植物的抗病性，控制病害，从而减少植物因病害流行而引起的损害。除病害可对植物造成威胁外，虫害也对栽培植物的生长造成危害。

病虫害发生常常造成植物生长受阻、产量减少、品质下降，一般由病虫害造成的经济损失可达 5%～30%，严重的年份可达 100%，造成绝收。此外，过往的病虫害防治中过多依赖药剂防控，在农药残留及生态环境污染等方面也遗留下许多后续问题。因此，要想进行有效的病虫害防治，同时减少农残及保护环境，综合防治对植物病虫害的治理具有十分重要的意义。实施病虫害综合防控技术是促进安全生产，以减少化学农药使用量为目标，采取生态控制、生物防治、物理防治、科学用药等措施来控制有害生物的行为，是发展现代农业，促进农业生产安全、农产品质量安全、农业生态安全的有效途径。

综合防治植物病害主要通过减少初始菌量、降低流行速度或两者同时作用来控制病害的发生与流行，按作用原理可分为回避、杜绝、铲除、保护、抵抗和治疗 6 个方面，每个防治原理下又发展出许多防治方法和防治技术，分属于植物检疫、农业防治、抗病性利用、生物防治、物理防治和化学防治等不同领域。

农业防治措施又称栽培防治，其目的是在全面分析寄主植物、有害生物和环境因子三者相互关系的基础上，运用各种农业调控措施，减少有害生物数量，增强植物抗病，从而创造有利于植物生长发育而不利于病害发生的生态环境条件。农业防治措施大都是农田管理的基本措施，可与常规栽培管理结合进行。有机栽培条件下对病害的控制主要采用农业防治措施。

生物防治是指在农业生态系统中利用有益生物或其代谢产物来调节微生物的生态环境，使其利于寄主而不利于病原物，或使其对寄主与病原物的相互作用产生有利于寄主而不利于病原物的影响，从而达到防治植物病害的目的。

物理防治主要指利用热力、冷冻、干燥、电磁波、超声波、核辐射等手段抑制、钝化或杀死病原物，一般用于处理种子、苗木和其他植物繁殖材料和土壤。

化学防治是指使用化学农药防治植物病、虫、草、鼠等各种有害生物的危害。化学农药具有高效、速效、经济等优点，在面对病害大流行的紧急时刻，甚至是唯一有效的防治措施，但要特别注意农药的正确使用，如果使用不当，则会对植物产生药害，引起人畜中毒，杀伤有益微生物，导致病原生物产生抗药性、污染环境、破坏生态等问题。

2. 主要病害防治　　对蓝莓产业具有较大影响的真菌有葡萄孢菌（*Botrytis* spp.）、拟盘多毛孢菌（*Pestalotiopsis* spp.）、间座壳菌（*Diaporthe* spp.）、葡萄座腔菌（*Botryosphaeria* spp.）和炭疽菌（*Colletotrichum* spp.）等。

（1）蓝莓灰霉病　　蓝莓灰霉病病原菌主要为灰葡萄孢（*Botrytis cinerea* Pers.）。蓝莓灰霉病是蓝莓生产中的重要病害，在露地蓝莓、设施蓝莓及蓝莓苗圃发生普遍。可危害花、果、茎、叶等部位，储藏期也可危害，对产量影响较大，其发生的严重程度与气候条件和品种关系密切。侵染叶片多从叶尖形成"V"字形病斑，逐渐向叶内扩展，形成灰褐色病斑，后期病斑上着生灰色霉层，被感染的果实呈水渍状，软化腐烂，风干后，果实干瘪、僵硬，对蓝莓的产量和果实品质造成严重的影响。低温高湿情况下易感病。

防治技术：①避免阴雨天浇水，浇水要在晴天早晨进行，浇水后及时闭棚升温至 31～33℃，1～2h 后逐步放风排出水蒸气。②秋冬落叶后彻底清除枯枝、落叶、病果等病残体，集中烧毁，发现菌核后，应深埋或烧毁。③单花开放后 5～7d，采取振动脱落花瓣和分期分批及时摘除粘连在蓝莓幼果上残留的花瓣和柱头等措施，可大幅度减少蓝莓灰霉病的发生。振动脱落花瓣宜在下午进行。发现病果、病花、病叶和枝条要及时摘除。摘花可有效控制灰霉病，特别是人工摘除易感病品种的花瓣对预防灰霉病效果明显。④不偏施氮肥，增施磷、钾肥，以提高植株自身的抗病力；注意农事操作卫生。⑤萌芽前及开花前各喷 1 次浓度为每克 2 亿个活孢子的木霉菌可湿性粉剂 500 倍液以预防病害发生。

（2）蓝莓拟盘菌病害　　目前报道的蓝莓病害中，由拟盘多毛孢菌引起的病害有 4 种，分别为石楠拟盘多毛孢（*Pestalotiopsis photiniae*），危害叶片引起蓝莓圆斑病；棒状拟盘多毛孢（*P. clavispora*），危害枝条引起蓝莓枝枯病；棕榈拟盘多毛孢（*P. trachicarpicola*），危害叶片引起蓝莓叶斑病；新拟盘多毛孢（*Neopestalotiopsis chrysea*），危害蓝莓枝条引起蓝莓枝枯病。

该类真菌危害叶片时，初期为褐色小点，逐渐扩展为黑褐色圆形至椭圆形病斑或不规则状，后期病斑边缘明显但不整齐，有凸起症状，中间部位变薄，浅灰色，严重时多个病斑连成一片，导致整个叶片枯死。该类真菌危害幼嫩枝条常致枝条枯死。

高温多雨条件利于病害发生。病菌主要以菌丝体或孢子寄居在叶片组织内越冬，当温度达到24～28℃时即可萌发，并继续侵染新叶。8月是发病高峰，危害严重。

防治技术：①春季在蓝莓植株萌动前，选择广谱性杀菌剂进行全园喷施，以减少越冬菌源。②在夏季到来之前进行一次大规模的枝叶修剪，随后焚烧，减少再侵染的机会。③加强田间管理，通风排湿，并及时摘除病枝、病叶。

（3）蓝莓间座壳菌病害　　间座壳菌可引起蓝莓生长期的茎溃疡病和储藏期的果腐病，在世界各蓝莓产区均造成较大危害。研究发现，在田间间座壳菌常常出现与拟盘类真菌协同侵染的情况，从而引起严重的枝条枯死。

防治技术：拟茎点霉主要是通过雨水传播，因此露天栽培的蓝莓一旦发现病害，要及时清除，以防止雨水传播造成病害蔓延。在花芽开放前要仔细检查园内植株，清除病枝，并喷洒波尔多液预防。另外，在棚室和温室栽培蓝莓，可以减少病害的风雨传播，也可以减少冬春两季产生冻伤。栽培方面要多施有机肥，合理灌溉，增强树势，减少伤口。

（4）蓝莓葡萄座腔溃疡病　　据报道，由葡萄座腔菌（*Botryosphaeria dothidea*）引起的蓝莓枝干溃疡病在辽宁和云南产区也造成较大危害，其无性世代为壳梭孢真菌，为林木和果树常见的病原真菌，徐成楠和余磊鉴定其所在产区的无性世代分别为七叶树壳梭孢（*Fusicoccum aesculi*）和小新壳梭孢（*Neofusicoccum parvum*）。

防治技术同拟盘类病害。

（5）蓝莓炭疽病　　蓝莓炭疽病病原菌为尖孢炭疽菌（*Colletotrichum*）和胶孢炭疽菌（*C. gloeosporioides*）。该病在生长后期发生较多，尤以8月的高温多雨季节发病严重。尖孢炭疽菌主要侵染1～2年生枝条的花芽及叶芽，发病初期出现水渍状棕褐色斑点，后期呈梭形、长条形或不规则形扩展，病斑凹陷，中央呈灰白色，病斑周围有棕褐色晕圈；病枝条萎蔫、枯死，但不导致整株植株死亡。胶孢炭疽菌主要侵染幼嫩的叶片和枝条，病菌从叶缘或中央侵入，初期产生红色圆形或不规则形病斑，逐渐扩大后病斑的中心呈棕褐色，病叶及枝条的病、健交界处有红色晕圈；病叶褶皱变形，枝条病斑的中心开裂，偶尔表面着生黑色的小黑点，即病原菌的分生孢子盘。

防治技术：病害发生后，及时清理病枝、病叶，可用杀菌剂进行防治，7～8d施药一次。

3. 主要虫害防治

（1）琉璃弧丽金龟　　琉璃弧丽金龟（*Popillia flavosellata* Fairmaire）又名琉璃金龟子，属鞘翅目（Coleoptera），丽金龟科（Rutelidae）。分布范围广，危害较重。成虫喜食蓝莓花蕊或嫩叶，有时一朵花有成虫10余头，先取食花蕊后取食花瓣，影响授粉，造成不结实。幼虫危害植株地下根部。一年发生1代。成虫4月下旬至8月初活动，主要喜食花瓣、花蕊、芽及嫩叶，致落花。成虫喜食花器，故随寄主开花的早迟造成转移危害。成虫飞行力强，具假死性。风雨天或低温时常栖息在花上不动，夜间入土潜伏或在树上过夜，成虫经取食后交配、产卵。卵散产在土中。幼虫取食地下嫩根，但危害不明显。

防治技术：①利用金龟子有假死的习性，进行人工捕杀。②利用金龟子喜欢吃杨树叶的特性来诱杀异地迁入的成虫。③可在果园内设置糖醋液诱杀罐进行诱杀。④不施未腐熟的农家肥，以防金龟子产卵。对未腐熟的肥料进行无害化处理，以达到杀卵、杀蛹、杀虫的目的。

（2）斑青花金龟　　斑青花金龟（*Oxycetonia jucda* Faldermann），属鞘翅目（Coleoptera），花金龟科（Cetoniidae）。虫口密度大时，常造成毁灭性灾害。成虫主要取食花蕾和花，数量多时，常群集在花序上，将花瓣、雄蕊及雌蕊吃光，造成只开花不结果；也可啃食果实，吮吸果汁。

防治技术：以防治成虫为主，最好采取联防，即在春、夏季开花期捕杀，必要时在树底下张单振落，集中杀死。

（3）墨绿彩丽金龟　　墨绿彩丽金龟（*Mimela splendens* Gyllenhal）又名亮绿彩丽金龟，属鞘翅目（Coleoptera），丽金龟科（Rutelidae）。以成虫取食花蕊和嫩叶危害蓝莓植株。

防治技术：同琉璃弧丽金龟。

（4）斑翅果蝇　　斑翅果蝇（*Drosophila suzukii* Matsumura），属双翅目（Diptera），果蝇科（Drosophilidae）。体型小，繁殖快，是蓝莓生产上的主要虫害。雌果蝇产卵于成熟的蓝莓果实萼洼处，孵化后的幼虫蛀食危害。受害果实变软，果汁外溢和落果，使产量下降，品质变劣，影响鲜销、贮藏、加工及商品价格。

防治方法：①清洁腐烂杂物。②清理落地果。③利用果蝇成虫趋化性，当蓝莓果实进入转色即将成熟期，用诱杀浆液进行诱杀。

（5）黄刺蛾　　黄刺蛾（*Cnidocampa flavescens* Walker）幼虫俗称洋辣子、八角，属鳞翅目（Lepidoptera）、刺蛾科（Limacodidae）。以幼虫危害蓝莓、枣、核桃、柿、枫杨、苹果、杨等90多种植物，咬食叶片。低龄幼虫只食叶肉，残留叶脉，将叶片吃成了网状，大龄幼虫可将叶片吃成缺刻，严重时仅留叶柄及主脉，对树势和果实产量影响较大。发生量大时可将全枝甚至全树叶片吃光。

防治方法：①根据刺蛾的结茧地点分别用敲、挖、翻等方法消灭越冬茧，从而减少次年的虫口基数。②摘除虫叶集中销毁。③消灭老熟幼虫。④利用天敌昆虫达到防治目的。

（6）小地老虎　　小地老虎（*Agrotis ypsilon* Rottemberg），鳞翅目（Lepidoptera），夜蛾科（Noctuidae），别名土蚕、地蚕。在生产中发现其对蓝莓幼苗危害严重。主要危害蓝莓地下部及茎基部，破坏蓝莓根系，使受害蓝莓吸收水分能力降低，造成苗失水、萎蔫，严重时导致小苗死亡。

防治技术：①除草灭虫。②设置黑光灯、高压灭虫灯，诱杀成虫。③糖醋盆诱杀成虫。④鲜草堆诱杀。

第二十五章　板　栗

一、概况

（一）板栗概况

世界栗属植物有 7 种，其中栽培的食用栗主要有 4 种，即中国板栗、欧洲栗、美洲栗和日本栗。栽培栗主要栽培于亚洲的中国、日本和朝鲜半岛，欧洲的意大利、法国和土耳其，美洲的美国，以及近几十年新引种的澳大利亚等国家。据 2020 年统计，中国板栗总面积 2748.59 万亩，产量 214.91 万 t，占世界栗产量的 80% 以上。

中国板栗是我国主要的栽培种，分布范围广，全国 26 个省（自治区、直辖市）均有栽培。其经济栽培区北起吉林（北纬 43°55′），南至海南岛（北纬 18°30′），跨越寒温带、温带、亚热带；垂直分布为海拔 50～2800m，自然资源极为丰富。除中国板栗外，我国还栽培有锥栗和日本栗。锥栗原产于我国中部，主要分布于秦岭、淮河以南的浙江、安徽、福建和江西等省，全国锥栗天然林总面积 33.33 万 hm²，人工栽培面积 66.66 万 hm²，年产量达数十万吨。日本栗主要种植于辽宁丹东地区，又称丹东栗，总面积达到 10.33 万 hm²，年产量达 3 万 t 左右。

（二）历史与现状

栗属（*Castanea*）植物是壳斗科植物中重要的经济作物和森林树种。人类利用栗属植物有几千年的历史，栗果是亚洲、欧洲、北美先祖在农业社会以前采集的主要食物来源之一。在中国、日本、法国、意大利、西班牙和葡萄牙的许多地区，栗果是主要的食物来源。中国利用栗属植物的历史最长，西安半坡遗址中发掘的大量碳化的栗实，证明远在 6000 年前栗实已作为食物被利用。

我国栽培栗子的历史悠久，可追溯到西周时期。《诗经》就多次提到板栗，《诗·鄘风·定之方中》提到了"树之榛栗"，这是目前有关板栗记载的最早的文献资料。《左传·襄公九年》有："诸侯伐郑……魏绛斩行栗"。孔颖达等疏：传以栗在东门之外，不在园圃之间，则行道树也。西汉司马迁在《史记·货殖列传》中有"安邑千树枣，燕、秦千树栗……此其人皆与千户侯等。"的记载，可见当时燕国拥有千株栗树的人，其富可抵千户侯，也由此表明中国板栗栽培历史悠久。

二、优良品种

中国板栗资源丰富，品种多达 300 种以上，基本上划分为两大生态品种群，即北方生态品种群和南方生态品种群。北方主栽品种主要有'燕山红栗''燕山早丰''东陵明珠''燕山短枝''燕山奎栗''豫栗 1 号'等，南方主栽品种有'乌壳栗''处暑红''九家种''焦扎''青扎''青毛软刺''云夏''云丰'等。锥栗主栽品种主要有'白露仔''处暑红''温洋红''油榛''黄榛'等，日本栗主栽品种有'金华''岳王''丹泽''丽平''有磨'等。

加工品种依据加工产品不同而有所区别。传统糖炒板栗主要为北方品种；南方一些小粒型品种含糖量高，淀粉及相关加工产品多采用南方高淀粉品种。

三、生长结果特性

（一）不同年龄阶段发育特点

栗树童期较长，童期的栗树叶片只干枯但不脱落，待结果后或嫁接后才脱落。嫁接后 2～4 年开始结果，5～10 年进入结果盛期，并可以持续到 50～60 年，200～300 年生树进入衰老期，但更新修剪后仍可保持较长时间的结果期。

（二）生长特性

1. 根系生长特性

（1）根系的分布　板栗为深根性果树，疏松肥沃的土壤，根系可深入到 2m 以上，但主要还是分布在 80cm 以内的土层中，其中在 20～60cm 土层根系分布集中。板栗根系的水平分布范围较广，可超出冠幅的 2 倍，水平根一般集中分布于树冠投影以下。

（2）菌根　板栗根系与真菌共生形成外生菌根，菌根真菌的菌丝可延伸到根系达不到的范围。增加板栗根系的吸收面积，可增强其吸收功能，从而提高板栗抗旱耐瘠能力。菌根可明显提高土壤难溶解磷的吸收利用率，对磷吸收的贡献率可达 30% 及以上。具有菌根的板栗幼苗根系发达，须根多，根系占的比例大，苗木生长旺盛，抗逆性强。

2. 芽的类型及其特性　板栗枝条顶端有自枯性，无真正的顶芽，其顶芽实际上是顶端第一个腋芽，称伪顶芽。芽按其性质、作用和结构可分为混合花芽、叶芽和休眠芽三种。

混合花芽，分完全混合花芽和不完全混合花芽。完全混合花芽着生于枝条顶端及其以下 2～3 节，芽体肥大、饱满，圆钝芽形，茸毛较少，外层鳞片较大，可包住整个芽体，萌芽后抽生的结果枝既有雄花序也有雌花序。不完全混合花芽着生于完全混合花芽的下部或较弱枝顶端及其下部，芽体比完全混合花芽略小，萌发后抽生的枝条仅着生雄花序而无雌花序，称为雄花枝。需要注意的是，着生混合花芽和不完全混合花芽的节，不具叶芽。因此，花序脱落后形成盲节，不能抽枝，修剪时应注意。

芽体萌发后能抽生营养枝的芽为叶芽。板栗芽具早熟性，健壮枝上叶芽可当年分化、当年萌发，形成二次枝甚至三四次枝。根据这一特性连续摘心可促使叶芽萌发，及早形成树冠，为幼树早期丰产奠定基础。

休眠芽，又称隐芽，着生在枝条的基部，芽体瘦小。这类芽一般不萌发，呈休眠状态。板栗树的休眠芽寿命很长，可生存几十年之久。隐芽受刺激后，即可萌发出枝条，这种特性常用于板栗老树的更新。

板栗的叶序有三种，即 1/2 叶序、1/3 叶序和 2/5 叶序。一般板栗幼树结果之前多为 1/2 叶序，结果树和嫁接后多为 2/5 叶序和 1/3 叶序，因此，1/2 叶序是童期的标志。不同的芽序常使栗树形成三叉枝、四叉枝和平面枝（又叫鱼刺码），因此在修剪时，应注意芽的位置和方向，以调节枝向和枝条分布。

3. 枝条类型及其生长结果习性　栗的枝条可分为结果枝、结果母枝和发育枝。

结果枝：着生栗苞的枝条称结果枝，着生在粗壮结果母枝的先端。结果枝自下而上可分为 4 段，基部 3～5 节为休眠芽、中段 3～8 节是雄花序、上部 2～3 节叶腋中生长有雌花簇的雄花序、顶端 1～3 节叶腋是混合花芽。基部的休眠芽一般不萌发；中段的雄花序脱落后留下盲节（没有芽体）；上部生长有雌花簇的雄花序开花结果采收后，留下较大果痕，果痕前端有混合花芽的一段枝称果前梢或尾梢（枝），其上着生混合花芽。自然生长条件下，果前梢的长短、着生混合花芽的数量和质量决定该枝条翌年抽生结果枝开花结果的能力。

板栗是典型的壮枝结果树种。结果枝的结实性与结果母枝的健壮程度及果枝本身的健壮程度密切相关。结果母枝粗壮，抽生的结果枝数量多；结果枝粗壮，结果枝上雌花数量多。结果枝的粗度与雌花着生数量呈明显的正相关。

结果母枝：能抽生结果枝的基枝叫结果母枝。结果母枝前端混合芽抽生结果枝连续开花结果的能力与栗树的年龄、结果母枝的强弱呈正相关。一般生长结果期和结果期的栗树抽生结果枝率高，衰老期栗树抽生结果枝率低；强壮的结果母枝抽生结果枝数多，可形成 3～5 个结果枝，果枝的连续结果能力强。结果枝上雌花序多，弱结果母枝抽生结果枝数少，结实力差，连续结果能力弱。因而，促使板栗形成稳定的强壮结果母枝是高产和稳产的保证。

发育枝：发育枝由叶芽萌发而成，不着生雌花和雄花。根据生长势可分为徒长枝、普通发育枝和细弱枝三类。

（三）结果特性

1. 花芽分化 雄花序原基分化的盛期集中于 6 月下旬至 8 月中旬。在果实采收前的一段时间处于停滞状态。果实采收后至落叶前，又可观察到雄花序原基的分化。

两性（混合）花序原基发生在春季，萌芽后开始进入形态分化。在河北的 4 月上旬，结果母枝上的混合芽萌发时，芽内雏梢生长锥伸长，在其侧面相继分化出两性花序原基。到花芽展开时，两性花序基部出现雌花序原基。在几个两性花序原基的前部，雏梢生长锥继续分化，形成果前梢。

板栗的雌花簇具有芽外分化的特点，形态分化随着春梢的抽生、伸长进行，分化期短而集中，仅需 60d 左右，单花分化大约需要 40d。板栗雌花芽的形态分化是在春季芽萌动以后至 4 月底前完成的，雌花的生理分化和形态分化是相伴随的，春季追肥能促进雌花分化。

2. 开花、授粉和结实特性 雄花序为柔荑花序，一般每个雄花序有小花 600～900 朵，每朵小花有花被 6 枚，雄蕊 9～12 个，花丝细长，花药卵形，没有花瓣，每 3～9 朵小花组成一簇，花序自下而上，每簇中的小花数逐渐减少。雄花序的长短和数量依品种而异，雄、雌单花比例一般为（2000～3000）：1，雄雌花序之比一般为（5～10）：1。

雌花：一个雌花序一般有雌花三朵，聚生于一个总苞内。萼片 6～8 片，内有退化雄蕊 10～15 枚，两轮排列，外轮与萼片合生，多数较萼片短。雌花有柱头 8 个，露出苞外，6～9 个心皮构成复雌蕊，心室与心皮同数。雌花柱头长约 5mm，上部分叉，且突出总苞，下部密生茸毛。子房着生于封闭的总苞内，不与总苞内壁紧密愈合，着生在其花的下面，属下位子房。在正常情况下，经授粉受精后，发育成 3 个坚果，有时发育为 2 个或 1 个，也有时每苞内有 4 个及以上。雌花子房 8 室，每室有 2 个胚珠，共 16 个胚珠。一般每室中的 1 个胚珠发育形成种子，也有 1 个果内形成 2 个或 3 个种子的，称多籽果。多籽果增加了涩皮，不是良好的经济性状。

3. 开花与授粉 板栗雄花基部有褐色的腺束。花盛开时散发出一种特殊的香味。花丝、花粉鲜黄，引诱各类昆虫，特别是蝇、金龟子、甲虫、金花虫等群集而来。栗具有虫媒花的特点。板栗雄花很小，可以随风飘移，又具有风媒花的特性。

板栗虽不是完全的自花授粉不结实的树种，但自交结实率很低，通常只有 10%～40%，因此生产上应选授粉结实率高的优良品种作为授粉树，以利于提高产量。板栗的花粉有明显的花粉直感现象，父本花粉授到母本雌花柱头上，当年坚果表现出父本的某些性状。主要表现为坚果肉色、坚果大小、涩皮剥离的难易。

4. 果实生长发育特点　　板栗坚果为种子，不具胚乳，有两片肥厚的子叶，为可食部分。坚果外果皮（栗壳）木质化、坚硬，内果皮（种皮或涩皮）由柔软的纤维组成。中国板栗的涩皮大多易于剥离。

果实长于栗苞（栗蓬）内，栗苞由总苞发育而来，除特殊品种或单株外，蓬皮为针刺状，称苞刺。1个栗苞中通常可结3粒种子，包括2个边粒种子和1个中粒种子。

正常栗苞和坚果直径增长呈双"S"曲线，表现出两个快速生长高峰。总苞直径增长率高峰出现于花后25d和85d前后，坚果直径增长率高峰在花后25d和75d前后。

在栗果发育过程中，根据营养物质的积累和转化，可分为2个时期：①前期主要是总苞的增长及其干物质的积累，此期约形成总苞内干物质的70%和全部蛋白质氮。在花后45～75d为幼胚形成期，还原糖呈高水平。淀粉、蛋白质、氨基酸等有机营养迅速增加，有利于胚的发育和果实生长。②后期干物质形成，重点转向果实，特别是种子部分，果实中的还原糖向非还原糖和淀粉合成方向转化，淀粉的积累促进坚果的增长。在果实成熟的同时，总苞和果皮内营养物质的一部分也转向果实。正常栗总苞直径增长伴随着子房淀粉含量的显著积累。前期总苞和子房养分的积累是后期坚果充实的前提，使后期坚果增重快。因此，早采（采青）严重影响单粒重的增加，早采4～5d，单粒重损失24%；早采6d，栗果减轻29%；早采13d，栗重减轻56%。板栗成熟的标准是栗苞由绿色变为黄褐色，并逐渐开裂成"十字口"或"一字口"，栗苞内果实由黄白色变成褐色，果皮富有光泽，充分成熟时，果实从开裂的栗苞中脱出自然落地。

四、对生态条件的适应性

（一）对环境的要求

1. 温度　　我国板栗适应范围广，在年平均气温10～22℃、≥10℃的积温3100～7500℃、绝对最高温度不超过39.1℃、绝对最低温度不低于−24.5℃的条件下均能正常生长。北方板栗一般需要年平均气温10℃、≥10℃积温3100～3400℃。南方板栗要求年平均气温15～18℃、≥10℃积温4250～4500℃。中南亚热带区板栗生长的年平均气温可达14～22℃、≥10℃积温6000～7500℃。

北方板栗的北界在我国寒冷地区的吉林市、四平等地以北，年平均气温5.5℃、绝对最低温度−35℃的地方。板栗枝条的冻害温度为−25～−22℃，极限温度为−28℃。因此，温度是限制板栗向北发展的主要因素。

2. 土壤　　板栗适宜在酸性或微酸性的土壤中生长，在pH 5.5～6.5的土壤中生长良好，pH超过7.2则生长不良，在碱性土质中不宜生长；石灰质土壤碱度偏高，影响栗树对锰的吸收，也会生长不良。

板栗成土母岩多为酸性岩石，是果树中对盐碱土敏感的树种之一，含盐量以0.2%为临界值。盐碱土壤中板栗自然分布少，若通过人工改变土壤微区域环境，则可以种植板栗。我国南方多雨地带，个别板栗的生长区虽然为石灰岩土壤，但仍可正常发育，如湘西武陵山区为石灰岩山地，淋溶程度高，土壤中盐基流失多，再加上灌木杂草茂密，土壤腐殖质多。因此，弱酸性土壤，适宜板栗栽培。

3. 降雨　　北方板栗适于当地的干燥气候，燕山栗产区年降水量平均为400～800mm。虽然板栗较抗旱，但板栗也喜雨，北方有"旱枣涝栗子"之说。

我国南方板栗适于多雨潮湿的气候，年降水量多达1000～2000mm。但降水量过多，阴雨连绵，光照不足，会导致光合产物积累少，坚果品质下降，贮藏性低。雨水多且排水不良时，影响板栗根系的正常生长，树势衰弱，易造成落叶减产，甚至淹死栗树。4～10 月生长期降雨能促进板栗生长与结实，7～8 月的夏旱易导致栗树减产。

4. 光照　　板栗为喜光树种，光补偿点为 $100\mu mol/(m^2 \cdot s)$，光饱和点为 $1200\mu mol/(m^2 \cdot s)$。自然放任生长时树冠外围枝多，树冠郁闭后内膛枝条枯死。结果枝多集中于树冠外围，当内膛着光量占 1/4 时，枝条生长势弱，无结果部位。因此，光照充足时，板栗才能正常结果，在光照不足 6h 的沟谷地带，树冠直立，枝条徒长，叶薄枝细，老干易光秃，株产低，坚果品质差。建园时，选择日照充足的阳坡或开阔的沟谷地较为理想。

5. 地势　　山地建园对坡地的选择不太严格，可在 15°以下的缓坡建园，因缓坡土层深厚，排水良好，便于土壤管理和机械操作。15°～25°坡地易发生水土流失，因此必须在建园时修筑梯田和水土保持工程。30°以上的陡坡，不便于水土保持及肥水管理，可发展为生态林。

（二）生产分布与栽培区划分

板栗在我国的分布十分广泛，南至北纬 18°30′的海南岛黎族苗族自治州，北至北纬 43°55′的吉林永吉马鞍山，南北差距达 23°，西至雅鲁藏布江河谷，东至台湾省（东经 97～122°），跨越寒温带、温带、亚热带。其垂直分布从海拔尚不足 50m 的山东郯城及江苏新沂、沭阳等地至海拔高达 2800m 的云南维西。

板栗在我国的分布多达 26 个省（自治区、直辖市），其中作为经济栽培的就有 22 个。主要产区有河北的迁西县、遵化市、兴隆县与北京的燕山产区、怀柔区、密云县等；江苏省的新沂、宜兴、溧阳、苏州洞庭山；安徽省的舒城、广德等；浙江省的长兴、诸暨、上虞；湖北省的罗田、麻城及大别山区等；河南省信阳等大别山区；湖南省湘西地区；贵州省的玉屏、毕节；广西玉林、桂林、阳朔；甘肃省武都地区；辽宁省宽甸、东沟等地。陕西省的镇安、柞水；山东省的泰安、郯城、沂蒙山区等地。锥栗主要分布于福建的建阳、建瓯等地。

根据板栗对气候生态的适应性分为华北生态栽培区、长江中下游生态栽培区、西北生态栽培区、西南生态栽培区、东南生态栽培区和东北生态栽培区，并在栽培区形成品种群。

1. 华北生态栽培区　　此区属华北平原南温带半湿润气候栽培区（Ⅱ），年平均气温 11～14℃，年降水量 550～680mm。气候特点为冬冷夏暖，半湿润，春旱严重。

主要分布于河北、北京、天津、山东及苏北、豫北等省（直辖市），是我国板栗的集中产区，产量占全国产量的 40%以上。燕山栗产区是著名的炒食栗产区，集中产区有燕山山脉的河北省迁西县、遵化市、兴隆县等；北京市的怀柔区、密云县等地。此外，还有河北太行山邢台、左权；山东鲁中丘陵和胶东地区；河南信阳产区的新县、光山、确山、信阳、商城、桐柏等大别山与桐柏山区，河南洛阳伏牛山区等。此区域品种群的主要特点是：品种多为小果型，坚果平均重 10g，栗果含糖量高，淀粉糯性，果皮富有光泽，品质优良，适宜炒制。主栽品种有'燕山红栗''燕山早丰''东陵明珠''北峪 2 号''燕山短枝'等。

2. 长江中下游生态栽培区　　长江中下游板栗产区气候属北亚热带和中亚热带湿润气候区，年平均气温 15～17℃，年降水量 1000～1600mm。该区总的气候特点是夏季炎热冬季较冷，降雨充沛，开花期多雨，伏旱较重。主要分布于湖北、安徽、江苏、浙江等长江中下游一带，该区是我国板栗的主产区之一，产量约占全国产量的 1/3。集中产区有湖北罗田一带、秭归等沿江地带，安徽皖南山区和大别山，江苏宜兴、溧阳、洞庭、南京、吴县等地，浙江西北产区包括长兴、安吉、桐庐、富阳，浙中上虞、绍兴、萧山、诸暨、金华、兰溪等地。除板栗外，还有锥栗、茅栗。长江流域的主要品种有'乌壳栗''处暑红''九家种''焦扎''青扎''大红袍''浅刺大板栗'等。品种群的主要特点是：大果型品种占50%以上，平均单果重15.1g，最大30g。品种含糖量低于华北品种群，淀粉含量高，偏粳性。

3. 西北生态栽培区 西北属黄土高原南温带半湿润、半干旱气候板栗栽培区，年平均气温10～14℃，积温3500～4500℃，年降水量500～800mm。该区域的气候特点是冬冷夏热，半湿润或干旱、多秋雨。主要分布于山西、陕西、甘南、鄂西北和豫西。主要品种有'镇安大板栗''柞水14号''柞水11号''明拣栗''寸栗'等。

4. 西南生态栽培区 属云贵高原亚热带湿润气候板栗栽培区，冬暖夏凉，日照偏少，多秋雨。主要分布于我国云南、贵州、四川、重庆及湘西、桂西北等地。除板栗外，还有锥栗和茅栗的分布。板栗品种主要有贵州平顶'大红栗'和云南品种'云腰''云早''云夏'等。果实含糖量低，淀粉含量高，云南板栗的成熟期早于其他生态区。

5. 东南生态栽培区 该区属东南沿海丘陵亚热带湿润气候板栗栽培区，年平均气温高，降水量大，气候特点是冬暖夏热，雨量充沛。主要分布于广东、广西、海南、闽南、赣南和湘东等地区。栽培管理较为粗放，主要品种有'中果红皮栗''中果黄皮栗''它栗''韶栗18号'等。果实多中等大小，含糖量低，淀粉含量高。该地区除板栗外，在福建建阳、建瓯等地还有大量锥栗分布，品种有'白露仔''麦塞仔''黄榛'等。

6. 东北生态栽培区 该区属东北平原中温带湿润、半湿润气候板栗栽培区，冬冷夏温，半湿润。主要分布于辽宁、吉林，是我国分布最北的产区。主要品种以日本栗系统的'丹东栗'为主，坚果粒大，涩皮不容易剥离，以加工为主。主要品种有'金华栗''银叶''方座''近和'等。由于板栗生长区域的气候条件不同，因此所生产的板栗在大小、果皮颜色、含糖量、淀粉含量与糯性等方面差异较大。总而言之，除东北区域的日本栗外，北方板栗含糖量高，淀粉糯性大，适宜炒食；南方板栗果实较大，含糖量较低，淀粉含量高，淀粉糊化温度高，淀粉偏粳性，适宜菜用或加工。

五、栽培技术

（一）苗木繁育

生产中板栗扦插和压条均成活困难，砧木苗主要用于播种繁殖。种子繁殖的实生砧木苗植株寿命长，抗逆性强，生长较快，繁殖方法简单。缺点是单株间差异大，苗圃整齐度小。苗木繁育具体技术要求参照本书第四章。

（二）规划建设

1. 种植密度 密植园种植密度建议株距2m、行距4m，适用于中等管理水平和机械化管理，管理水平高的栗园也可以株距2m、行距3m。

2. 主栽品种与授粉品种 建议根据当地的气候特点，选择适宜的主栽品种和授粉树，板栗不同节位雄花期开放时间不同，整个栗园雄花期较长，因此可以选择不同成熟期品种互为授粉，板栗主栽品种与授粉品种的距离不超过20m。

（三）土肥水管理

1. 土壤管理 栗园土壤的耕作制度和管理方法随栗树栽植的地点、方式等不同而不同，要因地制宜地实施。主要包括栗园生草、栗园深翻、扩穴、免耕等。具体要求参照本书第六章。

2. 板栗树体营养与施肥 板栗的施肥主要为萌芽前肥、花前（后）追肥、栗仁膨大前肥、秋施基肥、根处追肥。

萌芽前肥：早春解冻后即可施肥。施入尿素、磷肥和硼复合肥，可以促进板栗的生长，增强树势，增加雌花的分化，提高树体硼含量，降低空蓬。燕山板栗产区的参考施入量为：正常结果树施尿素 1～1.5kg、磷矿粉 0.5～1kg、硼砂 0.15～0.3kg；大栗树施尿素 2.5～3.5kg、磷矿粉 1～1.5kg、硼砂 0.25～0.75kg。

花前（后）追肥：花前或花后追肥有助于坐果和幼果发育。追肥以尿素为主，若春季追肥足，树势旺，可在花前和花后用叶面肥替代。

栗仁膨大前肥：在燕山栗区一般于 7 月底 8 月初追果树复合肥，此时正值果实迅速膨大期。5～10 年生幼树每株 2～2.5kg、10～20 年大树每株 2.5～3.5kg。

秋施基肥：基肥可以用农家肥，也可用绿肥。高产密植园有机肥的施入参考为每生产 1kg 栗实，需补充土粪等农家肥 10kg。为补充肥源的不足，可以施用绿肥。一般应掌握在绿肥枝叶生长茂盛期进行，枝叶压在土层内易于腐烂。豆类及紫穗槐等绿肥应在其开花期进行，压肥可采取树下沟埋法，挖沟深、宽各 40cm，将枝叶用土埋在沟内。栗园行间间作的绿肥可使土壤有机质得到明显提高。

根处追肥：也叫叶面喷肥，方法简易，用肥量少，发挥作用快，可满足栗树的急需，又可预防某种元素的缺乏症。叶面喷肥每隔 10～15d 根外追肥一次，才能得到良好效果。根外喷肥可结合喷药同时进行。叶面喷氮以尿素为好，喷布浓度为 0.2%～0.3%，最高不能超过 0.5%。喷施磷钾元素的肥料种类：磷酸铵、过磷酸钙、磷酸二氢钾等，其中以磷酸铵和磷酸二氢钾效果最好，喷布浓度为 0.1%～0.4%。磷钾肥在果实膨大期喷布最好。果实采收前 1 个月可喷 2 次，能使果粒增重 15.7%。花期前后各喷硼 2～3 次，浓度为 0.3%，可减少空苞。

3. 栗园灌水与保墒

（1）栗树灌溉　　有灌溉条件的栗园可在以下几个物候期进行灌溉。

1）发芽前。板栗雌花芽当年分化，早春干旱影响花芽分化，早春久旱无雨、无灌水的情况下，板栗不但当年花少，而且尾枝上的混合花芽也少，影响当年总产量和次年的总产量。早春降雨或灌水非常关键，在有条件灌水的栗园，灌水后应及时浅锄和覆草保墒。

2）新梢速长期。春季新梢生长有一个高峰，这个时期如果水分不足，往往限制新梢的生长。此期灌水能有效地促进新梢生长与健壮。

3）果实迅速膨大期。果实迅速膨大期干旱会严重影响果仁增大，直接造成减产。此期干旱栗蓬增长很慢，栗实基本停止生长。燕山栗产区 7 月底 8 月初开始栗实增大，其间降雨或灌水能有效地促进籽粒增大，增加产量，提高品质。

（2）保墒　　北方栗产区年平均降水量为 800mm，且降水量分配不均，80% 左右的降雨集中在雨季，春旱是影响北方栗区产量的限制因子之一。

利用山地栗园径流灌溉：山地栗园多数浇水困难。除进行蓄水保墒外，可在树下挖沟蓄水，称"蓄水库"，利用雨季截留山地坡面径流，在树下水坑中蓄水。在山坡地形成一个个"小水库"，这样既省工又可使树下根系获得充足水分，以免雨水白白径流。也可在每株树边上挖取深 30～40cm、长 50cm、宽 30～40cm 的沟，在沟内填些杂草或落叶，上覆一薄层土，也能使雨水截留下来，称为"一树一库"。

覆盖保墒：有条件枝条粉碎的栗园可以就地采用栗蓬或枝条粉碎物，覆盖 20cm 左右，减小雨水的径流量，减少土壤水分蒸发。需要注意防治粉碎物中的病原菌和虫卵，2～3 年后翻压覆盖物入土，覆盖物腐烂后增加土壤有机质的含量，提高土壤肥力。

（3）节水灌溉　　在水源不充足的栗园可以采取小管出流或滴灌技术以滴管的缓慢水流直接浸润根系分布层的土壤，滴灌管道和滴头易堵塞，因此要严格要求过滤设备。此方法与地面灌溉和喷灌相比具有省水、省工、节能、防止土壤渗漏、灌溉效果好等优点，适合山区小水源和地形变化大的栗园。

（四）整形修剪技术

1. 高接换优　　高接换优不仅用于品种的改造利用，还可用于郁闭密植园及老栗树的改造。实生栗树和劣种、劣树进行高接换优后，能很快地成形和结果。一般在次年即可结果，3～4 年丰产，投资少，见效快。嫁接时，选择适合当地的优良品种，在粗度合适的枝上进行多头高接；过于粗（老）的枝应先进行更新，待第二年长出健壮的更新枝后再进行高接换优。北京地区 40～50 年的老栗树更新后高接，仍取得了很好的效果。

对于已交接郁闭但种植密度低于 80 株的栗园，可以结合树形改造高接适宜密植的优良品种，高接后便很快见效。改造时可以部分树改造，或整园进行改造。

利用高接可改造树形，对光秃严重的光腿枝多采用腹接，使枝干分布均匀，以增加枝叶量，增加结果部位。其接法与一般的腹接基本相同。

2. 板栗的修剪

（1）板栗的树形　　从板栗的生长状态和需光量等分析看，密植板栗应选用开心树形或主干分层形。一般果树的叶面积指数以 4～6 为宜。当板栗叶面积指数大于 2～3 时，则光照急剧下降。开心树形与主干形相比，当叶面积指数相等时，其光照明显较高，说明开心树形光照好，有利于丰产。从密植园产量分析看，开心树形更有利于丰产稳产。

板栗开心树形包括低干开心形、变则主干形和延迟开心形。密植园栽植的栗树可采用低干开心形，其特点是骨干枝 3～5 个，树冠高度控制在 3m，这样既解决了光照，又有足够的枝叶量来生长结果。通过在北京山区应用这一树形，树冠覆盖率低于 80%，避免了"内膛一树棍，外围（结果）一层皮"的现象，做到内外有果、连年丰产。北方密植园每公顷种植 1350～1500株的板栗，产量稳定在 3750kg/hm^2，重点管理地块达到 5250kg/hm^2。

（2）板栗产量与修剪量　　板栗产量的构成主要与结果母枝数量、结果母枝抽生结果枝数量、结果枝上着生栗蓬数、成蓬率、每蓬籽粒数、单粒重等指标有关。因此，单位土地面积上拥有适量的、充实健壮的结果母枝是获得预期单位产量的先决条件。修剪时主要根据产量确定结果母枝的留量及修剪量。

幼树期覆盖率低，因此各个单株的结果母枝要多保留一些。树体整齐时也可用每株留结果母枝数量计算。正常管理的生产园，一般 10 个健壮结果母枝（自基部 2cm 处、粗度 0.6cm 以上、长 20cm 以上）可产 0.5kg 的栗实。依此计算，若预期产量为 3750kg/hm^2，则每公顷需 7500个结果母枝；每平方米投影土地面积上要有 7.5 个结果母枝，树冠覆盖率在 70% 的栗园，单位树冠投影面积需 11 个结果母枝；若每公顷种植 1500 株，则每株平均留结果母枝 50 个。单粒重大的品种结果母枝量可适当少留。

（3）板栗幼树的整形修剪　　板栗幼树修剪的主要目的是增加分枝、及早形成树冠、培养合理的树形树体结构。

定干：一般在山区、丘陵等土层浅、土质差的园地定干，高度以 40～60cm 为宜。平地、沟谷等土层厚、土质肥沃的园地可稍高，密植园栗树定干低于稀植园。定干时应在定干高度范围内选具有充实饱满芽处剪截。

除萌蘖：除嫁接成活萌发的枝叶外，砧木上的萌蘖要及时抹除，以免竞争养分和水分。对嫁接后未成活的树，除选留砧木上分枝角度、方位理想的旺盛萌蘖枝，来年再补接外，其余萌蘖一律去除。

摘心：摘心主要在幼树和旺枝上进行。摘心一般是在新梢生长至 20～30cm 时，摘除先端 3～5cm 长的嫩梢，即第一次摘心；摘心后新梢先端 3～5 芽再次萌发生长，当第二次、第三次新梢长至 50cm 时，即进行第二次、第三次摘心，摘去新梢顶端 7～10cm 长；根据当地的气候情况进行第三、第四次摘心，以形成的新梢健壮充实、冬季不抽条为准。幼树摘心应掌握前期摘心宜早宜轻、后期摘心宜晚宜重和摘心后形成的新梢充实健壮为原则。为了早期获得产量，当年不摘心，通过拉旺枝，第二年每隔 30cm 左右背上刻芽，实现"V"字开心整形和每个芽萌发形成结果枝的目的。

拉枝：通过采取拉枝、弯枝、吊枝等措施，改变幼旺枝的角度，变强旺枝由直立为斜生、水平着生，抑制强枝的营养生长，加快向生殖生长的转化，促进雌花分化。拉枝可在秋季进行，骨干枝角度以 50°～60°为宜，强旺的营养枝可拉大角度达 70°～80°，甚至水平。

主枝延长枝的选留：主枝延长枝的修剪主要涉及延长枝的选留数量、方位、方向、剪截长短等。开心形栗树主枝一般 3～5 个。各主枝应保持一定的间距，尽量避免顶端抽生的 3～5 个强旺枝同时作为骨干枝。

徒长枝和辅养枝的修剪：在幼树修剪过程中，因修剪去枝量大，往往主干上的隐芽可萌发出徒长枝。长势强旺、直立，对主枝造成影响并紊乱树形的徒长枝要及时疏除，长在光秃位置的徒长枝可以夏季连续摘心，促发分枝，使其转化为结果枝。

（4）结果初期幼树的修剪　冬季修剪要特别注重抑制树冠中心直立枝的生长优势，去除直立影响开心树形的大枝，或用侧枝局部回缩修剪的方法，将生长势偏强的枝回缩至低级分级处。每年修剪时均需注意控制生长于中心的直立挡光旺枝，限制其生长，解决好内膛的光照，同时平衡树冠各枝的生长势。采取"轮替更新"的方法，保证一定的结果枝和预备枝。以疏、截相结合，疏去交叉向树冠内生长的枝条。结果母枝的修剪原则是留基部芽重短截生长势强的母枝，使其成为预备结果母枝；疏除过弱结果母枝以节约养分；轻短截（或甩放）中庸结果母枝，提高当年结果率和增加单粒重。

（5）密植园盛果期树的修剪技术

解决光照：对于在内膛中心部分抽生并形成"树上长小树"的大枝，要及时疏除，保证密植园栗树光照是密植园丰产、稳产的关键。

结果母枝的修剪：进入结果盛期的栗树，枝势与幼树相比趋于缓和、均衡。由同一枝上抽生的结果母枝一般为 2～3 个，生长势强的可达到 5 个。对于"三叉枝"可以疏除细弱母枝，集中营养；重短截健壮枝，为第 2 年结果做准备；轻短截（或缓放）中庸枝。

回缩：当部分枝条顶端生长势开始减弱、结果能力稍差时，应适时分年分批地回缩，降低到有分枝的低级次位置上，密植栗树的小更新应常年进行，降低结果部位，延缓结果枝外移。

果前梢摘心：当结果新梢最先端的混合花序前长出 6 个芽以上时，在果蓬前保留 4～6 芽摘心。

内膛结果枝的培养和处理：对挡光严重的徒长枝，若周围不空，可以从基部去除；而对光秃内膛隐芽产生的徒长性壮旺枝，可以重短截或在夏季摘心，促生分枝，培养健壮的结果母枝。

（6）郁闭密植园的修剪　当树冠光照低于自然光 30%时，不能着生栗果，着果界限为自然光照的 20%～30%的部位，10%～15%为着叶界限，低于 10%着光处则无叶片着生，为光秃带。

改造树形：郁闭的栗树往往直立生长，向上争得阳光。因此，对密植栗树首要的任务是一次或分次锯掉中心干或中心直立的挡光大枝，打开光照。

回缩更新：郁闭的栗树枝干光秃、结果部位外移。随着枝的生长，枝越长则距中心干越远，其顶端生长势开始衰弱，结果母枝细弱短小，枝的弓形顶端区域的隐芽会抽生出分枝。利用这一特性，可回缩至分枝处，刺激隐芽萌发而产生分枝，降低结果部位。回缩更新后，应培养结果母枝和预备结果母枝相结合，尽量控制其扩展速度。

计划缩伐：对于栽植密度大于100株（山地）或80株（平地）的郁闭栗园，可采取隔行、隔株间伐的措施，即在树冠交接前，确定永久树及缩代树。让缩代树为永久树让路，采取回缩修剪的方法控制树冠，防止树冠郁闭，逐年回缩直到间伐为止。对于间伐树一般不短截，去弱枝，留中庸及健壮枝，用于临时结果。

（7）低产放任树修剪　实生大树及放任生长的嫁接大树，多表现为树势衰弱、产量低、栗果小、品质差。树体结构不合理，骨干枝数量过多，大多数光秃；而外围枝细弱密集，内膛光照不良，枝叶量少，内膛光秃；甚至有些大枝从内膛一直延伸到外围，仅见光的外围着生几个细弱新梢，成为"鞭杆枝"。此类树修剪主要是更新复壮，抓大放小。

放任树修剪的首要任务是落头、疏大枝，打开光路。疏大枝可分年进行，大型骨干枝的最终保留数量为5～6个。对光秃带过长的大枝进行局部回缩修剪，回缩的程度依树势强弱而定。树势严重衰弱者表现为全树焦梢或形成自封顶枝（直至顶芽全部为雄花序）以至绝产。对这类树必须在5年以上枝段处修剪，采用大更新修剪即回缩至骨干枝1/2左右的分枝处。无论是大更新还是小更新，目的都是为了刺激栗树隐芽萌发。一般在回缩更新处下方的隐芽可萌发出健壮的更新枝。

老栗树更新应逐年对树冠上的大枝进行回缩修剪，以恢复枝势，达到"树老枝不老"为目的。更新后隐芽萌发数量较多，对更新出的壮旺枝及时进行修剪，形成结果母枝。

（五）花果管理技术

1. 空苞的发生原因与防治　空苞即空蓬、哑苞，指球苞中的坚果不发育或仅留种皮。空苞发生的主要时期是通过双受精形成合子和初生胚乳核后，合子停止发育，不能分裂成幼胚；也有的由少数胚囊结构发育异常、受精作用异常和原胚早期败育等引起的空苞。已经证明，板栗空苞的发生与缺硼有关，当土壤中硼含量低于0.5ppm时，影响花粉管的伸长和受精作用，导致胚珠早期败育，不能形成正常的种子而形成空苞。

2. 降低空苞率的措施　土施硼肥在秋末或4月进行，沿树冠外围每隔2m挖深25～25cm，长、宽各40cm（见须根最好）的坑，幼树株施0.3kg，大树株施0.75kg。把硼砂均匀地施入穴内，与表土搅拌，浇入少量水溶解，然后施入有机肥，再覆土即可。早春墒情好的栗园（土壤含水量20%以上）施硼后可不浇水。土壤穴施硼的肥效可维持2～3年。硼砂可与不同肥料配合使用，与磷酸二铵混施效果好于与碳铵、圈肥混施。喷施硼肥主要在花期进行，花期喷布硼肥并配合氮肥能起到很好的防治空苞的效果。空苞严重的栗树可以在花期喷布三次 0.2%硼酸＋0.2%磷酸二氢钾＋0.2%尿素的混合液，效果显著。

3. 坚果采收

（1）采收时期　采收过早影响产量，栗实糖度低，果皮色浅，贮藏性差。充分成熟的栗子单果重比早采的栗子单果重提高5%～10%，在成熟前1个月坚果内干物质的积累迅速，尤其在采前20d内，坚果约85%以上的淀粉和可溶性糖在此间积累。因此，适时采收对提高板栗的产量和品质尤为关键。

板栗充分成熟的标志是栗蓬总苞片开裂，栗实从其中掉下来。充分成熟的栗实具有该品种的特性，果皮有光泽，籽粒饱满。由于板栗的成熟期不一致，单株树上栗实的成熟需要几天，不便于集中管理。根据实际情况，当栗蓬呈一字开裂、栗苞颜色呈黄褐、针刺呈枯焦状、栗果皮具光泽、少量栗果开始落地时为最适宜的采收期。

（2）采收方法

1）拾栗子。当球苞完全成熟后开裂，坚果落地后拾取。为便于拣拾，前期要清除栗园中的杂草、枯枝等，提倡留茬割草。一般在中午之前拣拾一次，避免中午日晒失水。拣拾栗子的优点是：栗子充分成熟，发育完全，产量高；外观色泽好，风味浓，漂浮率低，耐贮藏，商品价值高；不损伤枝条，不影响第二年的产量。缺点是：同株树上栗子成熟期不一致，因而比较费时费工，若拣拾不及时栗子易风干，也易被鼠类动物食取。

2）打栗子。即当部分球苞开裂时用竹竿一次性全部打落。打落的栗苞经堆放后熟，大部分栗果从球苞中脱出。这种方法虽然省工，但坚果成熟度不够，品质差，不耐贮，而且易损伤枝叶，影响第二年产量，堆集过程中也易遭病虫害危害。拾栗子和打栗子分别是南北两方的传统采收方法，目前都在改进。都趋向于打、拾相结合，成熟前期以拾为主，同时打落少量已开裂但未落下的栗子。后期以打为主，当留在树上的栗苞大部分开裂，坚果外果皮转色后一次性打落。

3）机械采收。意大利和法国等国家生产栗子收获机，每小时可采收 65kg 栗果。旋转清扫机采收 1hm² 栗园需 1～3h。采收的栗果进入采收机上的分级装置进行分级。机械采收可以节省劳力，提高劳动生产率。有条件的缓坡丘陵可以采取宽行种植，进行机械化耕作和采收是未来的方向。

（六）病虫害防治技术

1. 虫害

（1）栗象鼻虫　栗象鼻虫在我国各板栗产区都有发生。主要为害栗属植物，还有榛、栎等植物。以幼虫为害栗实，发生严重时栗实被害率可达 80%，是为害板栗的一种主要害虫。

1）为害状。幼虫在栗实内取食，形成较大的坑道，内部充满虫粪。被害栗实易霉烂变质，失去发芽能力和食用价值。老熟幼虫脱果后留下圆形脱果孔。

2）发生规律和习性。象鼻虫以老熟幼虫在土室中越冬。于 6 月下旬在土室外中化蛹，当新梢停止生长、雌花开始脱落时进入化蛹盛期，雄花大量脱落时为成虫羽化期。8 月栗球苞迅速膨大期为成虫羽化盛期。成虫白天在树上取食，有假死性，夜间不活动。雌成虫在果蒂附近咬一小产卵孔，深达种仁，产卵于其中。幼虫孵化后蛀入种仁取食。取食 20 余天后脱果，脱果幼虫入土，一般深 6～10cm。

3）防治方法。①栽培抗虫高产优质品种：大型栗苞，苞刺密而长，质地坚硬，苞壳厚的品种抗虫性强。②农业防治：实行集约化栽培，加强栽培管理，集中烧掉或深埋、消灭幼虫。还可利用成虫的假若死性，在发生期振树，捕杀落地的成虫。③温水浸种：将新采收的栗果于 50℃热水中浸泡 30min，或在 90℃热水中浸 10～30s，杀虫率可达 90% 以上。处理后的栗果，晾干表面水后即可沙藏，不影响栗实发芽。处理时应掌握水温和时间，避免烫伤。④药剂熏蒸：将新脱粒下的栗果在密闭条件下熏蒸。每立方米用二硫化碳 30mL，处理 20h。⑤药剂处理土壤：在虫口密度大的果园，栗苞迅速膨大期时正值成虫出土期，此时在地面上叶洒 5% 辛硫磷粉剂、2% 甲胺磷粉或对硫磷粉。喷药后用铁耙将药土混匀。在土质的堆栗场上，脱粒结束后用同样药剂处理土壤，以杀死其中的幼虫。

（2）桃蛀螟　桃蛀螟在我国大部分栗产区均有发生，以长江流域和华北地区发生较重，寄主除板栗外，还有桃、李、杏、梨、苹果、柿、山楂等果树和其他农作物，是一种多食性害虫。以幼虫为害板栗总苞和坚果。栗蓬受害率为 10%～30%，严重时可达 50%，是为害板栗的一种主要害虫。

1）为害状。被害栗蓬苞刺干枯，易脱落。被害果被食空，充满虫粪，并有丝状物相黏连。

2）发生规律和习性。桃蛀螟在各地的发生代数不同，陕西、山东 2 年 2～3 代，在河南及江苏南京市 1 年 4 代。以老熟幼虫越冬，越冬场所比较复杂，有板栗堆果场、贮藏库、树干缝隙、落地栗蓬、坚果等处，还有玉米秸秆、向日葵花盘等。在山东泰安，越冬代成虫发生期为 5 月上旬至 6 月上旬，成虫傍晚后活动，喜食花蜜，有趋光性，对糖醋液有趋性。越冬代成虫多产卵于桃、李等果实上，幼虫为害果实。在山东，第一代成虫发生期在 8 月上旬至 9 月下旬，产卵于玉米、向日葵和早熟板栗上；第二代成虫产卵于板栗总苞上，幼虫为害总苞和坚果，以为害总苞为主。在南京，第一、第二代成虫产卵于玉米、向日葵上，第三代成虫发生在 9 月上旬至 10 月下旬，产卵于板栗总苞上。在板栗采收后堆积期，幼虫大量蛀入坚果为害。幼虫老熟后寻找适当的场所越冬。

3）防治方法。

a. 人工防治和农业防治：①果实采收后及时脱粒，防止幼虫蛀入坚果。②在栗园零散种植向日葵、玉米等作物，诱集成虫产卵，专门在这些作物上喷药防治或将这些作物收割后集中烧毁。③清扫栗园，将枯枝落叶收集后烧毁或深埋入土。

b. 栗实熏蒸：参照栗象鼻虫的防治。

c. 药剂防治：可利用桃蛀螟性信息素做成诱捕器，在成虫发生期集中诱集成虫，以预测卵发生期。田间叶药适期是成虫产卵和幼虫孵化期。常用的药剂有 50%杀螟松乳油 1000 倍液。

d. 性信息激素迷向：利用人工合成的桃蛀螟性信息素（有成品出售）迷惑雄成虫，使其失去交尾能力，从而减少雌成虫主有效卵。每亩每次投放量为 0.021g，成虫迷向率 85.4%，虫果率相对下降 74.89%。

（3）栗红蜘蛛　栗红蜘蛛分布北京、河北、山东、江苏、安徽、浙江、江西等地。寄主有板栗、锥栗、麻栎、橡等树种。是为害栗树叶片的主要害螨。

1）为害状。栗红蜘蛛以幼螨、若螨和成螨刺吸叶片。栗树叶片受害后呈现苍白小斑点，斑点尤其集中在叶脉两侧，严重时叶色苍黄，焦枯死亡，树势衰弱，栗果瘦小，严重影响栗树生长与栗实产量。

2）发生规律和习性。北方栗产区 1 年 5～9 代，以卵 1～4 年生枝上越冬，多分布于叶痕、粗树皮缝隙及分枝处。北京地区越冬卵于 5 月上旬开始孵化，集中孵化时间为 5 月上中旬。第一代幼螨孵化后爬至新梢基部小叶片正面聚集为害，活动能力较差。以后各代随新梢生长和种群数量的不断增加，为害部位逐渐上移。从 6 月上旬起种群数量开始上升至 7 月 10 日前后，形成全年的发生高峰。成螨在叶面正面为害，多集中在叶片的凹陷处。适宜的发育温度为 16.8～26.8℃。夏季高温干旱有利于种群的增长，并可造成严重危害。由于红蜘蛛多在叶正面活动，阴雨连绵、暴风雨可以使种群数量显著下降。天敌也是控制红蜘蛛增长的主要因素。

3）防治方法。①药剂涂干。栗树开始抽枝展叶时，越冬卵即开始孵化。防治红蜘蛛可在栗树距地面 30～100cm 处的树干上，用刀刮宽 20cm 的环带，去粗皮，露出嫩皮（韧皮部），涂抹 5%卡死克乳油 10～15 倍液，用塑料布包好即可。②药剂防治：在 5 月下旬至 6 月上旬，往树上喷洒选择性杀螨剂 20%螨死净悬浮剂 3000 倍液、5%尼索朗乳油 2000 倍液，全年喷药一次，可控制为害。在夏季活动螨发生高峰期，也可喷洒 20%三氯杀螨醇乳油 1500 倍液、40%水胺硫磷乳油 2000 倍液，对活动螨有较好的防治效果。③保护天敌或田间释放捕食螨：栗园天敌种类较多，常见的有草蛉、食螨瓢虫、蓟马、小黑花蝽及各种捕食螨，因此应注意保护。有条件的地区可人工释放捕食螨及草蛉卵，开展生物防治。

（4）栗透翅蛾　　栗透翅蛾分布于我国河北、山东、山西、河南、江西、浙江等栗产区。寄主主要是板栗，也可为害锥栗和毛栗。栗透翅蛾是板栗的一种主要害虫。

1）为害状。幼虫在树干的韧皮部和木质部之间串食，形成不规则的蛀道，其中堆有褐色虫粪。被害处表皮肿胀隆起，皮层开裂。当蛀道环绕树干一周时，则导致树体死亡。

2）发生规律和习性。栗透翅蛾 1 年发生 1 代，少数地区 2 年发生 1 代。多数以 2 龄幼虫在被害处皮层下越冬。春季气温达 3℃以上时出蛰，3 月中旬为出蛰盛期。幼虫出蛰后 2～5d 即开始取食，5～7 月为幼虫为害盛期。幼虫老熟后向树干外皮咬一直径为 5～6cm 的圆形羽化孔，在羽化孔下部吐丝连缀木屑和粪便结茧化蛹。成虫产卵于树干的粗皮缝、伤口和虫孔附近等糙处，产卵盛期为 8 月下旬。8 月下旬开始孵化，一直到 10 月中旬。初孵幼虫爬行很快，能迅速找到合适的部位蛀入树皮。幼虫为害 30d 左右，以 2 龄幼虫在蛀道一侧或一端做一越冬虫室越冬。

3）防治方法。

a. 人工防治和农业防治：①在幼虫孵化期，用刀刮除距地面 1m 以内主干上的粗皮，集中烧毁，消灭其中的幼虫和卵，刮皮后最好再喷 1 次杀虫剂。②发现树干上有幼虫为害时，及时用刀刮除幼虫。③成虫产卵以前在树干上涂白涂剂可阻止成虫产卵。④加强栗树栽培管理，增强树势，避免在树上造成伤口。

b. 药剂防治：树干涂 3～5 波美度石硫合剂。

2. 病害

（1）栗炭疽病　　栗炭疽病是栗果实的重要病害。该病引起栗蓬早期脱落和贮藏期种仁腐烂，不能食用。我国各栗产区均有发生，受害严重时栗果实发病率常在 10% 以上。

1）症状。该病为害果实，也为害新梢和叶片。一般进入 8 月以后栗蓬上的部分蓬刺和基部的蓬壳开始变成黑褐色，并逐渐扩大，至收获期全部栗蓬变成黑褐色。栗果实发病比栗蓬晚，多从果实的顶端开始，也有的从侧面或底部开始，感病部位果皮变黑，常附白色菌丝。病菌侵入果仁后，种仁变暗褐色，随着症状的发展，种仁干腐，不能食用。

2）发病规律。病菌以菌丝或子座在树上的枝干上越冬，其中潜伏在芽鳞中越冬量最多。落地的病栗蓬上的病菌基本上不能越冬，不能成为第二年的侵染来源。枝干上越冬的病菌在第二年条件适合时，产生分生孢子，借助风雨传播到附近的栗蓬上，引起发病。病菌从落花后不久的幼果期即开始侵染栗蓬，但只有在生长后期病害症状才表现明显。病菌还能在花期经柱头侵入，造成栗蓬和种仁在 8 月以后发病。发病轻重与品种有关。老龄树、密植园、肥料不足及根部和树干受伤害所致的衰弱树发病重。树上枯枝、枯叶多和栗瘿蜂危害重的树往往病也重。栗蓬形成期潮湿多雨有利于发病。

3）防治方法。①保持栗树通风透光，剪除过密枝和干枯枝。②加强土壤管理，适当施肥，增强树势，提高树体抗病力。③发病重的栗园和夏季多雨的年份，在 7～8 月往树上喷洒 50% 多菌灵可湿性粉剂 600～800 倍液，或 70% 代森锰锌可湿性粉剂 600～800 倍液，共喷 3 次左右。

（2）栗种仁斑点病　　栗种仁斑点病又称栗种仁干腐病、栗黑斑病。病栗果在收获时与好栗果没有明显异常，而贮运期间在栗种仁上形成小斑点，引起变质、腐烂，所以，栗种仁斑点病是板栗采后的重要病害。

4）症状。栗种仁斑点病分为 3 种类型：①黑斑型，种皮外观基本正常，种仁表面产生不规则状的黑褐色至灰褐色病斑，深达种仁内部，病斑剖面有灰白色至赤黑色条状空洞。②褐斑型，种仁表面有深浅不一的褐色坏死斑，深达种仁内部，种仁剖面呈白色、淡褐色、黄褐色，内有灰白色至灰黑色条状空洞。③腐烂型，种仁变至褐色至黑色软腐或干腐。

5）发病规律。病原菌在枝干病斑上越冬，病菌孢子借助风雨传播，侵染果实。病害在板栗近成熟时开始发病，成熟至采收期病果粒稍有增多，常温下沙贮和运销过程中，病情迅速加重。老树、弱树、通风不良树、病虫害和机械伤害严重树发病重。

6）防治方法。①加强栽培管理，增强树势，提高树体抗病能力，减少树上枝干发病。②及时刮除树上的干腐病斑，剪除病枯枝，减少病菌侵入染。③采收时，减少栗果机械损伤。用 7.5%盐水漂洗果实，除去漂浮的病果。

（3）栗疫病　　栗疫病又称胴枯病，大部分栗产区均有发生。有些地区新嫁接的小树发病很重，常引起树皮腐烂，直至全株死亡。

1）症状。栗疫病主要为害主干、主枝，少数在枝梢上引起枝枯。初发病时，在树皮上出现红褐色病斑，组织松软，稍隆起，有时自病斑流出黄褐色汁液。撕开树皮，可见内部组织呈红褐色水渍状腐烂，有酒糟味。发病中后期，病部失水，干缩下陷，并在树皮底下产生黑色瘤状小粒点。雨季或潮湿时，涌出橙黄色的黄色卷须状的孢子角。最后病皮干缩开裂，并在病斑周围产生愈伤组织。幼树常在树干基部发病，造成枯死，下部产生愈伤组织，大树的主枝或基部也可发病。

2）发病规律。病菌以菌丝体及分生孢子器在病枝中越冬。第二年春季气温回升后，病菌开始活动。3～4 月病菌扩展最快，常在短期内造成枝干的死亡。5 月以后，出现孢子角，病菌孢子主要借风雨传播，从伤口侵入。

3）发病条件。①伤口：病菌主要从伤口侵入，如嫁接口、冻伤口、剪锯口、机械伤口、虫口等。伤口的多少和树体的愈合能力对发病的影响最大。②冻害：受冻的栗树易感病，冻害能加重病情。秋冬干燥、冬季低温、树干向阳面气温变化大等都易发生疫病。③品种：栗属植物中美洲栗抗疫病能力最差。中国板栗最抗病。在中国板栗中，陕西的'明栗''长安栗'，燕山地区的'北峪 2 号''兴隆城 9 号'抗病性较强。④管理：栗疫的发生与栗园的管理水平及树势有密切关系。在密植条件下，树冠易郁闭，树上枯枝增多，造成树势衰弱，导致抗病能力差，发病严重。

4）防治方法。①增强树势：通过合理的土肥水管理，增强树势，可提高树体的愈伤能力和树体的抗病能力。②加强树体保护：对嫁接口和伤口要及时给予保护，用含有福美砷等杀菌剂的药泥涂伤口，对嫁接口还要外包塑料布条保护。注意尽量避免造成伤口，减少浸染部位。冻害发生的地区可进行树干涂白保护。③选择无毒苗木和抗病品种：病害可通过苗木进行远途传播，因此调运苗木时注意对苗木的检疫，严格淘汰病苗。④病斑治疗：及时处理病枝干，清除病死的枝条。刮治的基本方法是用快刀将病变组织及带菌组织彻底刮除，刮后必须涂药并妥善保护伤口，如 5 波美度石硫合剂、60%腐植酸钠 50～75 倍液等。

第二十六章 核　桃

一、概述

（一）核桃概况

核桃，又名胡桃、羌桃、万岁子，为胡桃科胡桃属植物，其与扁桃、榛子、腰果并称为"世界四大干果"，广泛栽培于亚洲、欧洲、美洲、非洲和大洋洲等多个国家和地区。核桃浑身是宝，具有很高的经济价值，已被用于食品工业、医药、工艺美术、化工、航空和军工等领域。核桃仁富含人体必需的优质脂肪、蛋白质、粗纤维、多种维生素、矿质元素和酚类物质等营养成分，深受世界各国消费者的喜爱，在国外有"大力士食品"之称，在我国被誉为"长寿果""万岁果"。核桃还具有重要的药用价值，其种仁、枝条、根皮、青皮均可入药，内种皮和外果皮中富含多酚类物质，具有较高的医疗保健价值。核桃仁油也是高级食用油，富含不饱和脂肪酸如如亚油酸和亚麻酸，有"植物油王"之称。核桃木材质坚韧，花纹美观，伸缩性小，抗冲击力强，是航空、交通和军工等领域的重要材料。

（二）历史与现状

我国是核桃起源和分布中心之一。考古工作者在距今 2500 万年的山东临朐县山旺村的矽藻土页岩中，发现了保存多种核桃属和山核桃属的植物化石；在河北省武安县磁山村、河南新密市峨沟北岗、新郑市裴李岗等地发现的原始社会遗址文物中的炭化核桃距今已有 7500 年左右；1954 年，在陕西半坡遗址发现了胡桃的存在，距今 6000 多年。近年来，科研人员运用表型和分子标记方法证明在西藏东南部、喜马拉雅山南麓、四川西南部和云南西北部及新疆北部等地区，7000 多年前已存在天然核桃群体。1985 年，中国科学院科研人员运用 ^{14}C 示踪技术发现出土于漾濞县平坡镇高发村的核桃木段距今已有 3325 年左右，表明 3000 多年前云南省就有核桃存在。

核桃是我国栽培历史悠久的树种之一，在诸多历史文献中有记载。晋代郭义恭所著的《广志》一书中就有核桃品种的相关记载："陈仓胡桃，薄皮多肌。阴平胡桃，大而皮脆，急捉则碎。"明代王象晋所著的《群芳谱》中有核桃栽培技术的相关记载："胡桃种植选平日实佳者，留树弗摘，俟其自落，青皮自裂，又拣壳光纹浅体重者作种，掘地二、三寸，入粪一碗，铺瓦片，种一枚，覆土踏实，水浇之。"

我国核桃种质资源丰富，目前用于经济栽培的主要有核桃（*Juglans regia*）和泡核桃（*Juglans sigillata*）两个种。其中，核桃广泛分布在新疆、陕西、山西、河北、山东、河南、辽宁、北京等地；泡核桃主要分布在云南、四川西南部、贵州西北部、广西北部和西藏东南部等地。截至 2020 年，我国有 20 个省（自治区、直辖市）的 1000 多个县栽培核桃，面积超过 666.67 亿 m^2，其中栽培面积超过 10 万亩的市县有 200 多个。我国核桃产量排名前十的省份为：云南、新疆、四川、陕西、辽宁、河北、山东、湖北、河南和甘肃，其中云南、新疆和四川的产量约占全国总产量的 59%。

全世界有 50 多个国家和地区栽培核桃，年产核桃约 450 万 t。中国、美国、伊朗、土耳其、乌克兰和墨西哥为世界六大生产国，年产核桃 10 万 t 以上。据联合国粮食及农业组织的统计数据显示，2002 年至今，我国带壳核桃产量稳居世界第一位，其中 2010 年带壳核桃产量突破百万吨，2019 核桃产量达到 252.15 万 t，约占世界核桃产量的 56%，成为名副其实的核桃生产大国（表 26-1）。

表 26-1　2012～2019 年世界核桃主产国带壳核桃产量　　　（单位：万 t）

国家	年份							
	2012	2013	2014	2015	2016	2017	2018	2019
中国	202.12	145.44	153.47	194.19	211.44	225.02	238.58	252.15
伊朗	28.44	22.26	40.32	42.00	34.92	39.36	30.40	32.11
美国	49.70	44.63	51.80	54.98	62.50	57.15	61.60	59.24
土耳其	20.32	21.21	18.08	19.00	19.50	21.00	21.50	22.50
乌克兰	9.69	11.58	10.27	11.51	10.80	10.87	12.72	12.59
墨西哥	11.06	10.69	12.58	12.27	14.18	14.72	15.95	17.14
智利	4.01	4.26	7.00	9.00	9.00	10.00	11.00	12.29
法国	3.61	3.55	3.48	4.23	4.02	3.26	3.77	3.50
罗马尼亚	3.05	3.18	3.15	3.34	3.41	4.58	5.40	4.96

数据来源：FAO 数据库（截至 2020 年 12 月 30 日）

二、主要种类及优良品种

（一）核桃属植物分类

核桃属植物有 20 多个种，分布于南北半球的温带和热带地区。《中国核桃种质资源》一书中将我国核桃属植物分成 3 个组，即核桃组（Section *Juglans*）、核桃楸组（Section *Cardiocaryon*）和黑核桃组（Section *Rhysocaryon*）。其中核桃组包括核桃和泡核桃两个种，核桃楸组包括核桃楸（*J. mandshurica* Max.）、野核桃（*J. cathayensis* Dode）、河北核桃（*J. hopeiensis* Hu）、吉宝核桃（*J. sieboldiana* Max.）和心形核桃（*J. cordiformis* Max.）5 个种，黑核桃组有黑核桃（*J. nigra* L.）和北加州黑核桃（*J. hindsii*）两个种。我国栽培的核桃主要是核桃和泡核桃，其中核桃主要分布在西北、华北等年平均气温 9℃的北方地区，泡核桃主要分布在云贵高原、四川、湖南、广西的西部及西藏南部等年平均气温 16℃的地区。

（二）核桃优良品种

核桃品种分类尚无权威而统一的方法。我国核桃科技工作者根据核桃现有资源现状，为便于生产应用，首先将核桃分为核桃和铁核桃两个种群，再按开始结果的早晚将两个种群各分为早实类群和晚实类群。实生播种或嫁接后 2～3 年能开花结果的为早实核桃；实生播种嫁接后 4 年以上才能开花结果的为晚实核桃。

1. 早实核桃

（1）'香玲'　　山东省果树研究所以'上宋 6 号'×'阿克苏 9 号'杂交育成，1989 年通过林业部鉴定。坚果近圆形，果基平圆，果顶微尖；纵径 3.65～4.23cm，横径 3.17～3.38cm，侧径 3.53～3.89cm，单果重 12.4g；缝合线窄而平，结合紧密；壳面光滑、刻沟浅，浅黄色，壳厚 0.8～1.1mm；内褶壁退化，横隔膜膜质，易取整仁，出仁率 62%～64%；核仁充实饱满，浅黄色，脂肪含量 65.48%，蛋白质含量 21.63%。

（2）'辽宁 1 号'　　辽宁省经济林研究所以'新疆纸皮'×'昌黎大薄皮'杂交育成，1989 年通过林业部鉴定。属雄先型，晚熟品种。坚果中等大，三径平均为 3.3cm，平均单果重 11.1g，最大 13.7g；缝合线紧，壳面较光滑美观，壳厚 1.17mm，可取整仁，出仁率 55.4%；仁色浅，风味香，品质上等。该品种适应性较强，丰产优质，适宜矮化密植和集约化栽培。

（3）'中林 1 号'　　中国林业科学研究院以'涧 9-7-3'×'汾阳串子'杂交育成，1989 年通过林业部鉴定。属雌先型，中熟品种。坚果中等大，圆形，果基圆，果顶扁圆；纵径 4.0cm，横径 3.7cm，侧径 3.9cm，单果重 14g；缝合线中宽微凸，两侧有较深麻点，结合紧密；壳面较光滑，壳厚 1.0mm，可取整仁或半仁，出仁率 54%。仁色浅，风味香，品质上等。在通风、干燥、冷凉的地方（8℃以下）可贮藏一年。该品种适应性较强，特丰产，品质优良，适宜中低山区矮化密植栽培。

（4）'扎 343'　　新疆林业科学院实生选育，1989 年通过林业部鉴定，属雄先型，中熟品种。坚果中等大小，三径平均为 3.47cm，平均单果重 12.4g，最大 15.3g；缝合线紧，壳面光滑美观，壳厚 1.16mm，可取整仁，出仁率 56.3%；仁色中，风味香，品质中上等，在通风、干燥、冷凉的地方（8℃以下）可贮藏一年。该品种适应性较强，丰产，坚果外观漂亮，品质中上等，适宜矮化密植建园。

（5）'新新 2 号'　　新疆林业科学院实生选育，1990 年定名，属雄先型，晚熟品种。坚果圆形或长圆形，果基圆，果顶稍小、平或稍圆，似桃形，纵径 4.4cm，横径 3.3cm，侧径 3.6cm，平均单果重 11.63g；缝合线窄而平，结合紧密；壳面光滑美观，壳厚 1.0mm，易取整仁，出仁率 53.2%，单仁重 6.2g，内褶壁退化，横隔膜中等；核仁饱满，色浅，风味香，脂肪含量 65.3%，该品种适应性强，抗病力强，早期丰产性强，较耐干旱，适于密植集约栽培。

常见的早实核桃优良品种还有'寒丰''农核 1 号''中核香'。

2. 晚实核桃

（1）'清香'　　20 世纪 80 年代初由河北农业大学郗荣庭教授从日本引进。坚果近圆锥形，外形美观，大小均匀，平均单果重 12.4g；缝合线紧密，壳光滑淡褐色，壳厚 1.2mm，取仁容易，出仁率 53%，内褶壁退化；核仁饱满，仁色浅黄，香味浓、涩味淡，风味极佳，核仁含蛋白质 23.1%，粗脂肪 65.8%，碳水化合物 9.8%。该品种适应性强，丰产性强，耐土壤瘠薄；抗病力强，较耐晚霜。

（2）'礼品 2 号'　　辽宁省经济林研究所 1977 年从新疆晚实核桃实生后代中选出，1989 年定名。坚果阔长圆形，顶部微尖，基部圆，纵径 4.1cm，横径 3.6cm，侧径 3.7cm，平均单果重 13.5g；缝合线平而紧密，壳面刻沟或刻点极少，壳厚 0.7mm，极易取整仁，内隔壁膜质或退化；核仁饱满，种皮黄白色，出仁率 67.3%～73.5%。该品种抗病，坚果大，极易取仁，丰产，适宜在北方核桃栽培区种植。

（3）'晋龙 2 号'　　山西省林业科学研究院从山西汾阳晚实核桃实生群体中选出，1994 年通过山西省科学技术厅鉴定，2001 年 8 月通过山西省林木品种审定委员会审定。坚果近圆形，果基圆，果顶圆，纵径 3.7cm，横径 3.94cm，侧径 3.93cm，单果重 14.60g；缝合线结合较紧密，壳面光滑，壳厚 1.12～1.26mm，易取整仁，出仁率 56%，内隔壁膜质或退化；核仁饱满，浅黄色，脂肪含量 73.7%，蛋白质含量 19.83%。该品种丰产、稳产，抗寒、耐旱，抗病性强，适宜在华北、西北地区种植。

（4）'美香'　北京市林业果树研究所以'香玲'ד云新34号'杂交选育，2015年12月通过北京市林木品种审定委员会审定。坚果圆形，果基圆，果顶圆，外形美观，纵径3.6cm，横径3.3cm，侧径3.2cm，单果重8.7～18.5g；缝合线中宽、微凸，结合紧密；壳面光滑，果壳颜色浅，壳厚1.14mm，可取整仁，出仁率55.5%，内褶壁退化，横隔膜膜质。核仁充实、饱满，颜色浅黄或黄白，香而不涩，品质优，脂肪含量68.7%，蛋白质含量19.1%。该品种丰产性强，有较强的抗寒、抗病能力。适宜在土层深厚的浅山、丘陵或平原地区栽植。

（5）'奥林'　山东省林业科学研究院实生选育，2013年10月通过山东省科学技术厅科技成果鉴定。果实长椭圆形，果点小、较密，果面有茸毛，青皮厚度约0.4cm，成熟后容易脱落。坚果长扁圆形，果顶微尖，基部平圆，平均单果重14.8g；缝合线隆起，结合紧密；壳面刻沟较浅，较光滑美观，浅黄色，壳厚1.1mm左右，易取整仁，出仁率60.2%，内褶壁退化；核仁充实饱满，单仁重8.9g，内种皮淡黄色，味香微涩。该品种抗逆性强，适应性广，对核桃黑斑病和炭疽病有较强的抗性，适于我国北方栽培。

3. 铁核桃

（1）'大泡核桃'　云南省漾濞彝族自治县特产，已有2000多年的栽培历史，中国国家地理标志产品。坚果扁圆形，果基圆，果顶略尖，纵径3.87cm，横径3.81cm，侧径3.1cm，单果重12.3～13.8g；缝合线中上部略突起，结合紧密；壳面麻，色浅，壳厚0.9～1.1mm，易取整仁，出仁率53.2%～58.1%，内褶壁及横隔膜纸质；核仁饱满，单仁重6.4～7.9g，香甜不涩，含粗脂肪67.3%～75.3%，含蛋白质12.8%～15.13%。该品种适宜在滇西、滇中、滇西南、滇南北部，海拔高度1600～2200m的地区栽培。

（2）'三台核桃'　原产于云南省大姚县三台，1979年在全国核桃科技协作会上被评为全国优良品种。坚果倒卵圆形，果基尖、果顶圆，纵径3.84cm，横径3.35cm，侧径2.92cm，单果重9.49～11.57g；缝合线窄，上部略突，结合紧密；壳面较光滑，色浅，壳厚1.0～1.1mm，易取整仁，仁重4.6～5.5g，出仁率50%以上，内褶壁及横隔膜纸质；核仁充实，饱满，色浅，香醇，无涩味，含粗脂肪69.5%～73.1%，含蛋白质14.7%。该品种优质丰产，适宜在滇中、滇西、滇西南、滇南北部，海拔高度1600～2200m的地区栽培。

（3）'漾早鲜'　云南省大理州林业科学研究所从漾濞泡核桃实生种群中选出，2014年通过云南省林木品种审定委员会认定。坚果长椭圆形，果顶尖，果底平，纵径4.74cm，横径3.15cm，侧径3.52cm，平均单果重13.3g；壳面刻纹浅，缝合线稍隆起，紧密；壳厚1.2mm，易取整仁，出仁率48.9%，内褶壁革质退化。仁浅白色、饱满，味香甜，蛋白质含量11.0%，脂肪含量70.9%。该品种抗病虫、抗早春霜冻、耐贫瘠，适宜在海拔1800～2500m，pH 5.8～7.5的弱酸性或弱碱性的土壤上生长。

（4）'紫桂'　云南省林业和草原科学院实生选育，2018年12月通过云南省林木品种审定委员会认定并命名。坚果近圆球形，先端钝尖，底部圆，纵径3.46cm，横径3.29cm，侧径2.9cm，平均单果重12.51g；缝合线隆起，结合紧密；壳面浅麻点较多，壳厚1.0mm，易取整仁，出仁率53.57%，内褶壁不发达，横隔膜膜质；核仁饱满，仁重6.7g，淡紫色，肉质细腻，香而不涩，品质佳，脂肪含量69.7%，蛋白质含量24.6%。

三、生物学特性

（一）根

核桃的根系由主根、侧根和须根组成。主根垂直分布较深，起固定树体、运输根系吸收的水分和矿质营养到地上部分的作用。在土层状态良好、水肥供应充足时，成年核桃树体的主根可深达 6m 以上。侧根水平向外扩展，与主根共同构成核桃根系的骨架。侧根的发育程度直接影响根系对水分和矿质营养的吸收。须根是着生在主根和侧根上的粗度在 2mm 以下的细小根，是根系行使吸收功能的主要部位，最为活跃。

核桃是深根性树种，其根系集中分布在 20～60cm 的土层内，其中 20～40cm 土层内根的数量最多（表 26-2），约占总根量的 50%。根系数量随深度的增加表现出先升后降的规律。核桃根系的水平分布范围较广，其水平分布表现出随水平距离的增大而先降低后增加的趋势。在吸收方面发挥主要作用的须根主要分布在树冠外沿的垂直投影内 1～1.5m。

表 26-2　核桃根系垂直分布（改自张志华和裴东，2018）

深度/cm	数量/条	所占比例/%
10<h≤20	12.0±9.6	15.23
20<h≤30	23.7±5.5	30.09
30<h≤40	15.6±11.8	19.76
40<h≤50	8.9±3.7	11.24
50<h≤60	7.7±3.5	9.79
60<h≤70	5.0±3.2	6.65
70<h≤80	2.7±2.5	3.44
h>80	0.6±1.0	0.73

（二）芽

核桃芽分叶芽、雄花芽、混合芽和休眠芽。

1. 叶芽　着生在营养枝的顶端及叶腋间，萌发后只长枝条和叶的芽。核桃营养枝顶端叶芽芽体较大，呈阔三角形，侧生叶芽，单个核仁重 6.7g，较小，呈圆球形。营养枝上的叶芽由上到下逐渐减小，上部叶芽易萌发抽枝，中下部叶芽不易萌发而逐渐形成潜伏芽。

2. 雄花芽　雄花芽呈塔形，鳞片极小，不能包被芽体，呈裸芽状。多单生或双叠生，也存在与混合芽叠生的现象。雄花芽过多，会消耗大量的树体养分与水分，影响树势。

3. 混合芽　也叫雌花芽，萌发抽生结果枝、叶片和雌花的芽。早实核桃易形成混合芽，结果母枝顶芽及各叶腋处均可形成混合芽。晚实核桃混合芽较少，一般着生于结果母枝顶端及其以下 1～3 节的叶腋内。混合芽芽体饱满肥大，呈圆形，紧覆鳞片。

4. 休眠芽　也叫隐芽或潜伏芽，位于枝条下部或基部。休眠芽芽体扁圆瘦小，芽体脱落，芽原基隐于树皮内。休眠芽寿命较长，达数十年或上百年。外界条件刺激后可萌发，用于枝条的更新复壮。

（三）枝

依据发育时间，核桃的枝条分为一年生枝，二年生枝和多年生枝。一年生枝按照功能不同又可以分为营养枝、结果枝和雄花枝。

1. 营养枝　　只着生叶芽和叶片的枝条称为营养枝。营养枝分为发育枝、徒长枝和二次枝三种类型。发育枝由上年枝条上的叶芽发育而成，生长健壮，萌发后只抽枝不结果，是扩大树冠、增加营养面积和形成结果枝的主要枝类。徒长枝多由潜伏芽萌发形成，分枝角度小，生长直立，节间长，大多着生在内膛，数量过多，很容易消耗整株树的养分，但如果控制得当，可以形成结果枝组。二次枝是核桃春季开花后顶部又抽生的枝条，晚实核桃的二次枝只能形成发育枝，而早实核桃的二次枝可以形成结果母枝。

2. 结果枝　　着生混合芽的枝条称为结果母枝，其顶端和上部几节着生混合芽，春季萌发形成结果枝。健壮的结果枝上着生雌花或抽生短枝，多数当年即可形成混合芽。早实核桃当年形成的混合芽当年萌发形成二次开花结果。早实核桃粗壮结果枝的侧芽均可形成混合芽，晚实核桃仅结果枝的顶芽及其以下 2～3 芽可形成混合芽。

3. 雄花枝　　顶芽为叶芽，侧芽均为雄花芽的枝条，称为雄花枝。多着生在老树、弱树或树冠内膛郁闭处。雄花枝过多是树势弱的表现，而且无谓消耗养分，影响结实。

（四）叶

核桃的叶片为奇数羽状复叶，顶端小叶最大，其余叶片对称并依次变小，但在泡核桃种群中常存在顶生小叶退化的现象。核桃小叶数依种类不同而异，普通核桃的小叶数多为 5～9 片，泡核桃的小叶数多为 9～11 片。小叶数量还与树龄和枝条类型有关。一年生幼苗有 16～22 片复叶，在结果初期，营养枝上复叶为 8～15 片，结果枝上复叶 5～12 片。结果盛期以后，随着结果枝大量增加，果枝上的复叶数一般为 5～6 片，内膛细弱枝只有 2～3 片，而徒长枝和背下枝可多达 18 片以上。

北方地区核桃树于 3 月底、4 月初日平均气温稳定在 9℃时开始萌动发芽。复叶原始体在混合芽或叶芽开裂后数天即可看到，其上着生灰白色茸毛。再经 4～5d，随着枝条的伸长，复叶自基部向顶部逐渐展开；展叶后，叶片生长极为迅速，经过 20d 左右，叶片的生长量达到总生长量的 94%，平均日生长量在 1mm 以上，其中 4 月中下旬生长最快。经 40d 左右，随着新枝的形成和封顶，复叶长大成形，生长停止，直到 10 月底叶片变黄脱落。

（五）花

核桃花为单性花，雌、雄同株异花，且雌、雄花花期多不一致，存在"雌雄异熟"现象。有三种表现类型：雌花先开的"雌先型"，雄花先开的"雄先型"和雌、雄花同时开放的"雌雄同熟型"，其中"雌先型"和"雄先型"较为常见。

核桃雄花序为葇荑花序，长度 8～12cm。每花序可着生 100～180 朵雄花。每朵雄花有雄蕊 12～35 枚，轮状着生于片状花托，花丝极短，花药黄色，两室，每个药室有花粉 900 余粒。一个雄花序可产生花粉约 180 万粒以上，但其中只有 25%左右的花粉具有生活力。

核桃的雌花单朵或者 2～4 朵着生于结果枝的顶端，多为 2～3 朵，也有 4 个以上穗状着生现象，多见于穗状核桃或早实核桃的二次花。核桃雌花子房一室，下位，外面包裹有绿色、红色或者紫色的总苞，其上密生细茸毛。柱头长约 1cm，浅黄色或者粉红色，羽状 2 裂，表面凹凸不平，常分泌有黏液。

（六）果实

核桃果实由不能食用的外果皮、中果皮、内果皮和可食用的种子组成。外果皮由数层细胞组成，富含叶绿素，幼果期外果皮密布腺毛，后期发育出角质层和气孔构造。中果皮为果肉部分，细胞大，中间散生有多束维管束。内果皮幼果期细胞小而透明，与中果皮界限不明显，后期则迅速木质化而形成硬壳，逐渐转化为坚硬的木质化石细胞层，其外的维管束组织高度发达呈网络状。

核桃果实的发育期从雌花柱头枯萎开始，经子房膨大到果实成熟，整个发育期需 120～140d。核桃果实发育全过程可分为 4 个时期。

1. 果实速长期　　从 5 月上旬至 6 月中旬，大约 40d，为果实迅速生长期。这一阶段果实的体积和重量迅速增加，纵径、横径平均日增长量可达 1mm 左右，体积生长量约占全年总生长量的 90% 以上，重量则占全年总重量的 70% 左右。随着胚囊的不断扩大，白色质嫩的核壳逐渐形成。

2. 硬核期　　从 6 月中旬至 7 月上旬，约 35d。这一阶段的主要特征是核壳自顶端向基部逐渐硬化，内隔膜和褶壁的弹性及硬度逐渐增加，壳面硬度不断加大，出现刻纹，白色脆嫩的核仁逐渐形成。此时果实大小基本定型，营养物质积累迅速。

3. 油脂转化期　　从 7 月中旬至 8 月下旬，约 55d。这一阶段果实大小定型，果实脂肪迅速增加，核仁不断充实饱满，果实重量略有增长。此期核仁含水率不断下降，核仁风味由甜淡变香脆。

4. 果实成熟期　　北方地区一般从 8 月下旬至 9 月上旬，核桃果实成熟。这一阶段果实重量略有增加，青皮由绿变黄，表面光亮无茸毛，部分青皮出现裂口，坚果易剥离。据研究，此期坚果含油量仍有较多增加，为保证品质，不宜过早采收。

四、生态适应性

核桃树的生长发育和其他果树一样对生态条件也有比较严格的要求。

（一）温度

核桃属喜温树种，其天然产地均是较温暖的地带。北方核桃种群的适生区为年平均气温 9～13℃，极端最低温 −25℃，极端最高温 35℃ 的地区；南方铁核桃种群适生为年平均气温 13～16℃，极端最低温 −5℃，极端最高温 38℃ 的地区。核桃休眠期温度低于 −20℃ 时，幼树易出现冻害，低于 −25℃ 时成年树易出现冻害。春季萌芽后如温度降到 −4～−2℃，可使新梢受冻，花期和幼果期温度降到 −1℃ 时，即受冻减产。夏季温度超过 38℃，果实易出现日灼，核仁难以发育或变黑。

（二）光照

核桃为喜光树种，充足的日照时数是核桃生长、花芽分化及开花结实的重要保障。盛果期的核桃树更需要充足的光照。核桃年日照时数要求不少于 2000h，生长期的日照时数不低于 1000h。

（三）水分

核桃对大气湿度要求不严格，在北方干燥的气候环境下仍能正常生长结果。但对土壤湿度较为敏感，过干过湿均不利于核桃生长。一般年降水量在 600～800mm 且分布比较均匀的地区均可满足核桃正常生长发育所需的水分。

（四）土壤

核桃对土壤的适应性很强，无论是丘陵、山地、平川，只要是土层较厚，排水良好的地方均可生长。在土层厚度不少于 1m，地下水位 1.5m 以下，pH 6.2～8.5 的中性或微碱性土壤中生长良好。在土层较浅、瘠薄、黏重、酸碱较重的地方则不利于其生长。

五、苗木繁育

目前生产中主要采用嫁接技术进行核桃苗木繁育。嫁接苗不仅能够保持品种的优良性状，使核桃具有较高的商品价值，而且具有结果早、易丰产和抗逆性强等优点。我国核桃砧木资源较丰富，生产上应用较多的有普通核桃、铁核桃、核桃楸和野核桃等，其中以核桃作本砧较为普遍。具体技术要求参照本书第四章。

六、建园

核桃园建园质量的好坏是核桃能否早结果、早丰产和优质丰产的保证，关系到整个果园的效益。建园时，应遵循"因地制宜，适地适种"的原则，进行科学规划设计。具体要求参照本书第五章。

七、栽培管理

（一）土肥水管理

土、肥、水是核桃树生长发育和早果、优质、丰产的物质基础。科学的土肥水管理，可促进根系生长及对水分和养分的吸收，提高树体营养水平，实现早果丰产优质。

1. 土壤管理　　土壤管理是核桃栽培管理中的一个重要环节。核桃园土壤因受气候、人工、机械和畜力等因素的影响，其物理、化学性质和肥料均会受到破坏，不利于核桃根系的生长发育。因此，针对土壤的不良质地和结构，采取相应的物理、化学措施，改善土壤性状，提高土壤肥力，调节土壤中的空气、养分和水分的关系，对于稳定根系的生长环境有积极作用，包括深翻改土、中耕松土、园地间作、覆盖生草等内容。具体参照本书第六章。

2. 施肥　　施肥也是核桃栽培管理的非常重要措施之一，直接影响到果实的产量和质量。核桃幼树阶段生长比较旺盛，尤其是早实核桃结果早，分枝力强，二次生长等需要更多的养分，只有通过施肥不断补充土壤中的养分，才能满足其生长发育的需要。晚实核桃通过施肥可调节其生长与结果的关系，促进花芽分化，使幼树提早结果。

（1）需肥特性　　核桃是深根系树种，根系庞大，毛根生长稍深。对氮肥和钾肥需求比较多，其次是钙、镁、磷肥。氮肥可以增加核桃出仁率，磷和钾可以增加坚果产量，提高坚果品质。核桃落花后对钙的吸收量比较大，果实成熟期对镁的需求量比较大。因此，核桃施肥要根据不同生长发育时期，进行合理平衡施肥。

（2）肥料种类　　常见的肥料分为两大类：有机肥和无机肥。有机肥属慢效肥，主要有人粪尿、厩肥、堆肥、鸡粪、羊粪、绿肥等；无机肥为速效肥，主要包括：氮肥、磷肥、钾肥、多元素复合肥及微肥等。常见氮肥有硫酸铵、硝酸铵、碳酸氢铵、尿素等；磷肥有过磷酸钙、磷矿粉、骨粉等；钾肥有氯化钾、氧化钾、草木灰等；多元素复合肥有磷酸二铵、磷酸二氢钾、氮磷钾复合肥等；微肥，即微量元素肥料，主要有铜肥、硼肥、钼肥、锰肥、铁肥和锌肥等。

（3）施肥时期　　核桃的施肥分为基肥和追肥。基肥是供给核桃植株全年生长发育所需的基础性肥料，是当年结果后恢复树势和次年丰产的物质保证。盛果期核桃树应每年施基肥 1 次。施基肥的时间以采果后的 9～10 月为宜。肥料以有机肥为主，配以适量磷、钾肥混合拌匀施用。追肥以速效性的氮肥、磷肥、钾肥或复合肥为主，辅以微量元素肥料。根据核桃的需肥情况，追肥可在以下三个时期进行：①开花前追肥可促进开花，减少落花，有利于新梢生长。追肥以速效氮为主，可以追施硝酸铵、尿素、碳铵、腐熟的人粪尿等。②开花后是树体对氮、磷、钾三要素需求和吸收量最多的时期，适时追肥可以补充果实发育所需的养分，以减少落果，保证幼果迅速膨大，并促进新梢生长，此期追肥应以速效氮为主，同时适当增施磷肥。③6 月下旬核桃进入硬核期，种仁逐渐充实，混合花芽开始分化，此时追肥可供给种子发育所需的大量养分，同时通过碳水化合物的积累，提高氮素营养水平，有利于花芽分化，为第二年开花结果打下良好基础，此期追肥以磷、钾肥为主。

（4）施肥方法　　目前，我国核桃施肥仍以土壤施肥为主。土壤施肥的优点在于肥料施在根系分布层内，便于根系吸收。常用施肥方法有放射状施肥法、环状施肥法和条沟状施肥法等。

放射状施肥法是以树干为中心，从树冠垂直投影 1/2 处开始，向外至树冠边缘，分别挖放射状施肥沟 4～8 条后，将肥料均匀施入埋好即可。挖沟的条数要视肥料多少、树龄大小而定，所挖壕沟的位置每年要重新选位交替进行。挖沟深度依施肥种类不同而不同，施基肥时宽 20～30cm、深30～40cm，追肥时宽 10～20cm、深 20～30cm，此法对水平根伤害较少，但挖沟时要避开大根。

环状施肥法是在树干周围，沿树冠的外缘，挖环状施肥沟后，将肥料均匀施入埋好即可。沟的深度和宽度与放射状施肥法相同。施肥沟的位置每年随树冠的扩大而向外扩展。

条沟状施肥法是在核桃园的行间或株间挖条状沟进行施肥的方法，具体做法是在树冠边缘的两侧，挖条状施肥沟，将肥料施入后覆土即可。穴状施肥法是在树干至树冠垂直投影 1/2 处挖分布均匀的施肥穴，直径 20～30cm，深 10～15cm，将肥料施入穴中埋好即可，此法仅用于追施速效性肥料。

（5）施肥量　　基肥在果实采收后到落叶前这段时间尽早施入，幼树每株施 25～50kg 有机肥，初果期树每株 50～100kg，盛果期树每株 80～120kg。

追肥随树龄和产量而增加。第一次在春季萌芽前追施速效氮、磷肥，施肥量占全年追肥量的 1/2 左右；第二次追肥早实核桃在雌花开花后的果实发育期，晚实核桃在展叶末或花芽分化期，肥料以氮肥为主，追肥量占全年追肥量的 1/2 左右；第三次在果实硬核后，以磷、钾肥为主，追肥量占全年 1/5 左右。

3. 灌水　　核桃树体高大，叶片宽阔，蒸腾量较大，故整个生长期需水量较大。水分不足会严重影响树体的生长发育、花芽分化和果实产量。核桃树正常生长发育需要年降水量 600～800mm，我国南方地区年降水量在 1000mm 以上，一般不需要灌水，而北方地区尤其是黄土高原丘陵山区年均降水量多在 500mm 左右，且分布不均匀，需及时合理灌水。

（1）灌水时期　　核桃灌水时期和次数，应依据水源条件、气候条件、土壤含水量及品种需水性等加以确定。依据核桃需水关键期所确定的灌水时期主要有 4 次：①萌芽水在土壤解冻后到萌芽前进行，北方地区一般在 3 月下旬至 4 月上旬。此时核桃开始萌芽、抽枝、展叶及开花，需要充足的水分供应以完成上述生长发育过程，而此时又正值春旱少雨时节，故应结合施肥及时灌水，以保证树体的正常生长发育。同时，适当增加土壤湿度还利于根系对秋施基肥养分的吸收，促进开花坐果。②花后水在立夏后至花芽分化前进行，北方地区一般在 5～6 月。此时雌花受精后，果实和树体均进入迅速生长期，生长量约占全年生长量的 80%，同时在 6 月下旬，雌花也开始分化，树体内的生理代谢十分旺盛，树体需要大量的水分和养分，如干旱应及时灌水，以满足果实发育和花芽分化对水分的需求。在硬核期（花后 6 周）前，应灌一次透水，以确保核仁饱满。此期如水分不足将导致大量落果，影响花芽分化及果实发育。③采后水在果实采收后至落叶前进行，北方地区一般在 10 月下旬至 11 月初。此时可结合秋施基肥灌一次水，要求灌足灌透，以利于基肥分解、受伤根系的恢复和促发新根，为增加冬前树体养分贮备，提高树体抗寒能力，及来年萌芽、开花和结果奠定营养基础。④封冻水是水源充足的地区，在落叶后至封冻前的灌水。适时浇好封冻水能预防春季干旱、平抑地温，增强树体抗寒能力，有利于树体安全越冬。封冻水宜在果园表层土壤凌晨结冰、白天上午 10 点前能够及时消融的时期进行，浇灌过早，不仅推迟果树进入休眠期，容易将花芽转化为叶芽，影响翌年坐果，而且还会使土壤板结硬化。浇灌太晚则易出现冻害。

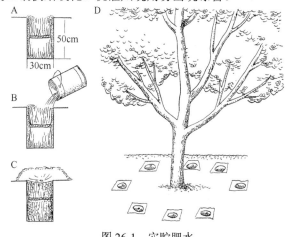

图 26-1 穴贮肥水

A. 塞入草把；B. 浇水追肥；C. 覆膜，四周高，中间低；D. 大树挖穴状

（2）灌溉方式　常用的灌溉方式有沟灌、畦灌、盘灌、穴灌、分区灌、渗灌和滴灌等。在水资源丰富的地区，可采用沟灌、畦灌和盘灌等方式。在水资源匮乏、年降水量较少且时空分布不均的干旱地区可采用穴灌、渗灌和滴灌等节水灌溉技术，既可满足树体生长发育的水分需求，又能实现水分的高效利用。渗灌和滴灌对技术和设备要求较高，生产中尚未大规模应用，但采用"穴贮肥水"方式灌水（图 26-1），穴灌、施肥同时进行，在严重干旱区效果较好。

（二）整形修剪

1. 整形修剪时期与方法

（1）整形修剪时期　核桃整形修剪分为生长期修剪和休眠期修剪。核桃在休眠期有伤流现象，为避免伤流损伤树体营养，盛果期核桃树一般不进行冬季修剪，多在春季萌芽后和核桃采收后至落叶前进行。老树伤流轻，甚至没有伤流，可以利用冬季农闲时间进行修剪。核桃幼树期生长旺盛，需合理运用抹芽、短截、拉枝开角、疏枝等技术进行生长期修剪，以培养合理的树体结构，为后期丰产稳产奠定基础。

（2）整形修剪方法　短截、疏枝、缓放、回缩是核桃常用的整形修剪方法，具体技术要求参照本书第六章。

2. 不同树龄期的修剪

（1）幼树期修剪　核桃幼树阶段生长较快，如果任其自然生长，不易形成具有丰产结构的良好树形。幼树期修剪的主要任务是：培养树形，促进分枝，扩大树冠，平衡好主、侧枝生长势，培养结果枝和结果枝组。修剪时，一般要去强留弱，或先放后缩，放缩结合。

（2）盛果期修剪　盛果期的大树，树冠大部分接近郁闭或已郁闭，外围枝量逐渐增多，造成树冠内膛光照不足，部分枝条枯死，或主枝后部出现光秃，结果部位外移，出现隔年结果的现象。因此，核桃树盛果期修剪的主要任务是平衡生长和结果的关系，不断改善树冠内部的通风透光条件，加强结果枝组的培养和更新，以达到高产稳产的目的。修剪的主要任务是：疏病枝，透阳光；缩外围，促内膛；抬角度，养枝组；节营养，增产量。

（3）衰老期修剪   随着树龄增大，核桃树进入衰老期，出现树冠缩小、骨干枝枯死、外围枝生长势减弱、结果能力显著降低等现象。衰老期修剪的主要任务是：更新复壮，即在加强土肥水管理和树体保护的基础上，疏除病虫枯死枝，密集无效枝，回缩外围枯梢枝，促其萌发新枝，并充分利用好一切可以利用的徒长枝，形成新的树冠，恢复树势，继续结果，延长其经济寿命。

（三）花果管理

花果管理是维持核桃优质丰产的重要技术环节。核桃树进入盛果期后如管理不善则会出现大年果实产量高，果个小，品质差；小年果实品质好，产量低的"大小年"现象。因此，需通过合理的保花保果、疏花疏果及肥水管理等措施进行调控，以保障树体负载合理，实现连年丰产稳产。具体技术要求参照本书第六章。

（四）病虫害防控

我国核桃每年因病虫为害减产 20%～30%，严重时减产可达 50% 以上，直接影响核桃产业的健康发展。因此，进行科学合理的病虫害综合防控，是核桃健康生长，果品高产优质，实现核桃产业健康持续发展的重要环节。核桃主要的病害有炭疽病、腐烂病、枝枯病、黑斑病等；虫害有举肢蛾、金龟子、蚜虫等。核桃品种不同生长发育期病虫害的发生也有所不同。

1. 核桃病虫害防治原则   核桃病虫害防治的总方针是"预防为主，综合防治"，确保果园内生态平衡，即以加强果园栽培管理、增强树势、提高果树抗病虫能力为基础，采用农业技术和人工、物理防治方法等措施，发挥天敌对害虫的抑制作用，必要时选用生物制剂、矿物源农药，将病虫危害控制在经济阈值以下，同时注意节省人力、财力，降低劳动成本。

2. 病虫害周年防治

（1）春季防治   以清园为主，结合果园深翻，辅以喷施 3～5 波美度石硫合剂，同时加强肥水管理。通过清除枯枝落叶、落果，铲除杂草，及时集中深埋，以减少虫源和病源。园土深翻可消灭土壤中的蛹、茧和成虫。在萌芽前，全树喷一次 3～5 波美度石硫合剂，可有效消灭树体上的害虫。生长期合理施肥、灌水，增强树势，可提高树体抗病虫能力。

（2）夏季防治   夏季高温多湿，应注意抓住各种病虫害的关键防治时期进行防治，做到事半功倍。发芽展叶期和坐果期防治的重点是绿盲蝽、葡萄斑衣蜡蝉、臭椿象、细菌性黑斑病、炭疽病等，可叶面喷布 2.5% 氟氯氰菊酯乳油 2000 倍液、50% 辛硫磷乳油 1000 倍液、70% 代森锰锌 500～800 倍液、72% 农用链霉素 2000～2500 倍液、50% 甲基硫菌灵 500～800 倍液、50% 多菌灵 800 倍液、72% 百菌清 600～800 液等；生长期防治重点是绿盲蝽、刺蛾、金龟甲、桃蛀螟和黑斑病、炭疽病等，可用 20% 甲氰菊酯乳油 2000 倍液、20% 氰戊菊酯乳油 2000 倍液，或 80% 敌敌畏乳油 1000 倍液、1.8% 阿维菌素 5000 倍液和 50% 退菌特 600～800 倍液、72% 百菌清 600～800 倍液等进行喷布。

（3）秋季防治   秋季是核桃病虫防治的重要时期。防治措施有：剪除病虫枝，摘净病干果；巧施基肥，增强树势，提高树体抗病力；清扫落叶及落地病干果并集中深埋；树干涂白前，刮去老翘皮除病虫害；入冬前绑草把诱虫等。

（4）冬季防治   主要措施有：彻底清园；封冻前深翻果园；结合冬剪，剪除病虫枝等。树干涂白可减轻日灼、冻害等危害，延迟萌芽开花，兼治树干病虫害。

八、采收与采后处理

适时采收，做好采后脱青皮、清洗、晾晒、分级和贮藏工作，不仅能提高产量，还能保证坚果品质，为核桃销售创造有利条件。

（一）采收

1. 采收期 核桃果实采收的最佳时期为青皮由绿变黄、60%以上果实顶部开裂时，此时果实茸毛稀少，青皮易剥离，种仁饱满，幼胚成熟，子叶变硬，种仁颜色变浅，风味香。

2. 采收方法 核桃的采收方式分为人工采收和机械采收。目前，我国核桃的采收方式主要是人工采收，在核桃成熟时，用带弹性的长木杆或竹竿自上而下、自内向外敲击果实所在的枝条或果实，不可胡乱敲打，以免损伤枝芽，影响第二年的产量。机械采收主要用于园地相对平整的大型园区，要求果实成熟期比较一致。生产上可于采前 10～20d，在树上喷布 500～2000mg/kg 的乙烯利，使果柄处形成离层，再用机械或人工振落果实。

（二）采后处理

1. 脱青皮 核桃脱青皮的方法有堆沤法、药剂催熟法、机械脱青皮和冻融脱青皮。堆沤法是我国传统的核桃脱青皮方法；药剂催熟法省时省力，事半功倍，值得推广。具体方法为：青果用 0.3%～0.5%的乙烯利水溶液浸泡后，置于阴凉处，堆成 30～50cm 厚的堆，再盖上塑料薄膜或 10cm 厚的干草，经 3～5d，即可脱去 90%以上果实的青皮。规模化生产时，可用核桃脱青皮机脱除青皮。

2. 坚果清洗 为达到市场对核桃坚果外观的要求，需尽快将脱皮果实表面残留的烂皮、泥土或其他污染物用清水冲洗干净。传统的人工洗果法是将脱青皮后的坚果装在筐内，放在流水或清水池中，边浸泡，边用刷子搅洗，并及时换水。洗涤时间不宜过长，以免污水进入核内污染核仁，每次 3～5min 即可。目前，核桃清洗机已被广泛应用于核桃规模化生产，且已实现核桃脱青皮和清洗同时进行，效率大大提高。

3. 干燥 清洗后的坚果不宜在阳光下暴晒，需先阴干半天，待大量水分蒸发后再摊晒，此过程需经常翻动，使坚果干燥均匀，5～7d 即可晾干。规模化生产中多采用烘干房、烘干机等烘干设备进行坚果烘干处理。烘干时坚果厚度不能超过 15cm，开始温度以 25～30℃为宜，同时保持通风。干燥后的坚果含水量应低于 8%，内隔膜极易折断，核仁酥脆。

4. 坚果分级 核桃坚果分级既可满足消费者对核桃坚果的差异化需求，又利于核桃深加工时的破壳机械化处理，使核桃的商品价值最大化。现行核桃品质分级国家标准为《核桃 第8部分：核桃坚果质量及检测》（LY/T 3004.8—2018），该标准从感官指标、物理指标和化学指标3 个方面，将核坚果分为 3 个等级（表 26-3）。

表 26-3　核桃坚果质量分级标准

项目		特级	I 级	II 级
感官指标	基本要求	坚果充分成熟，大小均匀，壳面洁净，无露仁、出油、虫蛀、霉变、异味、杂质等，未经有害化学漂白处理		
	果形	形状一致；横径变幅 ≤1mm；单果重变幅 ≤1.2g	形状基本一致；横径变幅 1～2mm；单果重变幅 1.2～2.4g	形状基本一致；横径变幅 ≥2mm；单果重变幅≥2.4g

续表

项目		特级	I 级	II 级
感官指标	核壳	具良种正常颜色；缝合线紧密	具良种正常颜色；缝合线较紧密	具良种较正常颜色;缝合线基本紧密
	种仁	饱满，皮色黄白或具良种特有颜色，涩味淡	较饱满，皮色黄白或具良种特有颜色，涩味淡	饱满，皮色黄白、浅琥珀色或具良种特有颜色，稍涩
物理指标	良种纯度/%	≥90.0	≥80.0	≥75.0
	平均横径/mm	≥30.0	≥28.0	≥26.0
	平均果重/g	≥12.0	≥10.0	≥9.0
	破损果率/%	≤3.0	≤4.0	≤5.0
	取仁难易	易取整仁	易取整仁	易取半仁
	出仁率/%	≥50.0	≥48.0	≥43.0
	半瘪果率/%	≤2.0	≤3.0	≤4.0
	出油果率/%	0	≤0.1	≤0.2
	黑斑果率/%	0	≤0.1	≤0.2
	虫果率/%	0	≤0.5	≤1.0
	霉变果率/%	≤2.0		
	含水量/%	≤7.0		
化学指标	酸价（以脂肪计KOH，mg/kg）	≤2.0	≤2.0	≤2.0
	过氧化值（以脂肪计，mmol/kg）	≤2.5	≤2.5	≤2.5

5. 坚果贮藏 核桃坚果的贮藏方法，随贮藏数量与贮藏时间的长短不同而异。核桃坚果的外壳为核仁提供了天然的屏障，在常温下可保存 6～8 个月。数量较少，但贮期较长时，可用聚乙烯袋包装，在 0～5℃的条件下冷藏 2 年以上，品质不变。数量多且贮藏期较长，应置于冷藏库，进行低温贮藏，温度为 1～2℃，库内最好保证 5%的二氧化碳。另外，也可采用通风库或气调库进行核桃坚果贮藏。

第二十七章 银 杏

一、概述

（一）银杏概况

银杏（*Ginkgo biloba* L.），别名白果，公孙树，鸭脚子，是银杏科（Ginkgoaceae）银杏属（*Ginkgo*）唯一幸存种，也是现存最古老的孑遗植物之一。银杏是集食用、药用、材用和观赏等多种用途的重要树种，银杏的栽培和利用已成为我国农民脱贫致富的重要途径。

银杏适应性较强，在我国的 32 个省（自治区、直辖市）都有引种和栽培，北自黑龙江黑河市（50°10′N）及新疆克拉玛依市（46°30′N），南起广东顺德区（22°51′N），西起新疆阿克苏、和田（79°30′E），东至吉林临江（127°E）及台湾台北（121°30′E）。主要栽培地区有江苏泰兴、邳州，山东郯城，湖北安陆，广西桂林，浙江长兴等。

银杏于南北朝时期从我国传入朝鲜半岛，现已在朝鲜和韩国广泛种植。在韩国银杏产业仅次于高丽参，成为其最重要的产业之一。唐朝时期日本从我国引进银杏，现已成为日本重要的经济、绿化树种，是仅次于我国的第二银杏大国。除此之外，银杏在英国、荷兰、新西兰、德国、美国等国家均有栽植。

（二）历史和现状

银杏类植物约起源于晚古生代。从二叠纪到中生代的三叠纪晚期和侏罗纪，银杏类在植物类群中占有相当重要的位置，并广布于世界各地。据化石资料统计，当时银杏的种类，多达 20 余属 150 余种，是浩瀚森林中的重要成员。到了第三纪末期及第四纪初期，地球上的气候发生了巨大变化，进入冰川期和间冰川期，地球上的动植物遭到毁灭性的侵袭，银杏类植物也开始衰败，仅在我国遗存下来。

我国是银杏栽培、利用和研究最早且成果最丰富的国家。银杏栽培可追溯到 4000 多年前的商代，三国时代银杏盛植于江南，并从唐代扩及中原，到了宋代银杏栽培已相当普遍。新中国成立后，人们对银杏经济价值的认识不断提高，尤其到了 20 世纪 80 年代，中国的银杏种植业快速发展。目前，依托银杏种植，相关的旅游、食品、药品、苗木等产业蓬勃发展，为银杏栽培和多元化开发增加了新亮点。

二、银杏品种

（一）银杏品种分类

我国银杏栽培历史悠久，栽培品种较多，栽培范围也较广，研究人员按照核用、叶用、材用、观赏用等用途对银杏品种进行了详细的划分。根据树冠形状和枝叶变化可分为塔形银杏、垂直银杏、裂叶银杏、金叶银杏、斑叶银杏、松针银杏等类型。虽然研究发现银杏雄株资源具有多样性，但目前尚未对雄株品种进行划分。对核用银杏品种的研究较多，其中，何凤仁（1989）

针对银杏种核的性状特征提出"综合分类法"，即按银杏种核的长、宽比例和两轴线的正交位置，将银杏品种划分为长子类、佛指类、马铃类、梅核类和圆子类5种类型（图27-1）。

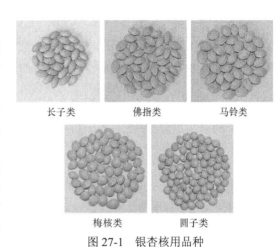

图27-1 银杏核用品种

1. 长子类 种核纺锤状、卵圆形，一般无腹背之分，背厚腹薄。上端圆钝，下部长楔形。基部两束迹点相距较近，几相靠合。两侧棱线上部明显，下部仅见痕迹。种核长宽比约为 2：1[变动于（1.75～2.15）：1]，纵横轴线的交点位于种核的中心位置。代表种有'橄榄果'、'金坠子'（又称长白果）、'枣子果'。

2. 佛指类 种核卵形，腹背面多不明显。种核下宽上窄，个别品种如'尖顶佛手'，基部呈锥形。顶秃尖，基部两束迹迹点小，距离近，或相连成鸭尾状，靠合为一。两侧核线明显，但不具翼状边缘。种核长宽比约为 1.6：1[变动于（1.75～1.45）：1]，纵横轴线的交点位于纵轴上端1/3处。代表种有'泰兴佛指''七星果''洞庭皇'等。

3. 马铃类 种核宽卵形或宽倒卵形，大部分上宽下窄。一般无腹背之分。种核最宽处有不明显的横脊。种核先端突尖或渐尖，基部两束迹迹点小，相距较近，有时连成一线。两侧棱线明显，中部以上尤为明显。种核长宽比约为 1.44：1[变动于（1.2～1.45）：1]。纵横轴线的交点位于纵轴上端的2/3处。代表种有'大马铃''海洋皇'等。

4. 梅核类 种核长卵形或短纺锤形，上下宽度基本相等（上部稍显宽圆）。种核先端圆秃，具微尖，基部两束迹迹点明显，有时连成线或聚为一点。两侧棱线明显，中上部呈窄翼状，有时延至基部。种核长宽比约为 1.35：1[变动于（1.2～1.45）：1]。纵横轴线之交点位于纵轴上端4/5处。代表种有'梅核''大梅核'等。

5. 圆子类 种核近圆形或扁圆形，腹背面不明显。种核一般较马铃小，上下左右基本相等。种子上端钝圆，具不明显的小尖，基部二束迹迹点较小，但明显突出。两侧棱线自上至下均甚明显，并呈翼状边缘。种核长宽比约为 1：1[变动于（0.9～1.2）：1]。纵横轴线的交点位于种核的中心位置。代表种有'龙眼''圆铃''算盘子'等。

（二）核用优良品种

1. 长子类品种

（1）'金坠子' 主产于山东郯城地区，种核长卵圆形，顶端有尖，似耳坠，又名长白果。该品种为稳产、高产品种，出核率26%左右，出仁率约80%。单果重11.84g，单核重最大可达3.44g，其最大特点是种壳薄，种仁富含脂肪、淀粉、蛋白质及维生素。

（2）'橄榄果' 又称橄榄佛手、大钻头、中钻头、小钻头、钻鞋针，因球果与种核均似橄榄而得名。目前主要分布于广西桂林地区的灵川和兴安。该品种种核长卵圆形或长纺锤形，先端突尖，珠孔迹明显。下部稍狭，基部具尖，两维管束迹点小，相距有远有近，可达3.2mm，分列于端尖两侧。两侧棱明显，较宽，上部宽扁，呈刀刃状，中下部逐渐消失，有背腹之分。单果平均重9.55g，单粒种核平均重2.2g（可达2.4g），每千克粒数455粒（可达416粒），出仁率77.4%。本品种在广西被视为优良品种之一。

2. 佛指类品种

（1）'佛指'　　主要产于江苏泰兴、江都、吴县，浙江长兴，广西兴安等地。种实长卵圆形，因种核如佛像手指或指甲而得名，种子的顶端有尖为佛手，无尖为佛指。该品种从实生树中选出，母树高大，中干强，层性明显，幼树叶大而肥厚。该品种易丰产，出核率为26%～27%，出仁率为80%以上。平均每果重10g，单核可达3.4g。种仁支链淀粉含量50.87%、直链淀粉5.41%、蛋白质5.0%、可溶性糖9.23%、干物质41.97%，其种仁质细、富浆汁，糯、香、甜兼备，是我国目前行销国外的著名'白果'品种。

（2）'七星果'　　主要产于江苏泰兴等地，种实为长椭圆形，种核背腹部着生许多如针尖般的小孔，凹凸不一，类似群星而得名。该品种出核率24.87%，出仁率81.2%。单果重9g，单核最大可达3.3g。其支链淀粉含量达46.23%、直链淀粉5.2%、粗蛋白4.6%、可溶性糖8.8%、干物质43.8%。以种仁细糯、口感香甜出名。

（3）'洞庭皇'　　主要产于吴县东西洞庭山，其种实为长圆形、广卵圆形或倒卵圆形，果先端钝圆，总体较为丰满。该品种的大树树冠多圆头形，树势强，主枝旺盛，侧枝较少。幼树发枝量稍大，进入结果期早，丰产性能及抗病虫性能强。该品种出核率为23.43%，出仁率为78.34%。单果重17.6g，单核平均3.6g，最大可达3.8g。种仁营养丰富，支链淀粉含量50.35%、直链淀粉4.18%、粗蛋白5.87%、可溶性糖8.86%、干物质42.73%，是值得推广的大粒、早实、丰产、质优的品种之一。

3. 马铃类品种

（1）'马铃'　　主要产于江苏邳州、山东、广西等地，种实为短广卵圆形，因种核中间有一似马铃腰部缢状而得名。该品种结果早，短枝连年结果能力强，进入结果期后产量高，老树更新快，其抗风、抗旱及耐寒能力较强。出核率为26%，出仁率80%以上。单果重17.43g，单核最大可达4.5g。种仁富含K、Ca及脂肪和蛋白质，总体来说性糯、味香、风味浓，是山东省第一批主推品种之一。

（2）'海洋皇'　　主要产于广西桂林市灵川县海洋乡，种核呈广椭圆形，腰部隆起。其母株平均株产125kg，出核率25%，出仁率77.4%，经济性状比一般品种提高30%。该品种适应性强，果大、早实、丰产，味香清甜，种核大小均匀，是广西最优的品种。

4. 梅核类品种

（1）'大梅核'　　主要分布于江苏、浙江、山东等地，种核椭圆状、纺锤形，长与宽正交于中点处，将种核分成四象限，因形似梅核而得名。其抗逆性强，结果早，丰产性良好。其幼树长势旺，成枝力强，短枝的连续结果能力强。出核率为28%，出仁率为78%以上。单果重14.4g，单粒核重最大可达3.3g，肉质细腻，性糯味香，可用作烤食或加工，是值得推广的大粒、早实、丰产品种。

（2）'珍珠子'　　球果及种核较小，故名珍珠子，在广西8月下旬即可成熟，故又名早果子。主要分布于广西灵川。种核广椭圆形，先端圆钝，顶具小尖，珠孔迹明显。基部略广阔，两维管束迹迹点小而明显，相距约2.7mm。两侧棱线自上至下均甚明显，中上部棱线稍宽。种核无背腹之分。每公斤种核粒数为667粒（可达562粒），出仁率76%。树势强健，适应性强，种仁糯性好，100年生左右的单株'白果'产量仅约25kg。

5. 圆子类品种

（1）'大龙眼'　　属圆子类品种，主要产于江苏邳州、山东等地，种核正圆形，稍扁，形似龙眼果实而得名，也因其圆大白亮，形似传说中龙的眼睛而得名。该品种大树成枝率较高，易结实丰产，出核率较稳定，为 24.16%，出仁率为 81.95%。种仁内富含 Mg、P 及脂肪等物质，肉质细腻，糯性较强，容易机械脱皮和加工，是值得重视的好品种。

（2）'葡萄果'　　结实能力强，挂果成串，挤满枝条，形似葡萄，故名葡萄果，主要分布于广西桂林地区，多系扦插苗。种核圆形，先端圆钝，中间凹下不具小尖，呈鱼嘴状，珠孔迹可见但不凸出。基部平，稍呈狭长，两维管束迹迹点明显，一高一低，间距大。两侧棱线明显，自上而下均见，有背腹之分但不明显。每千克种核粒数约 398，出仁率 80.1%。本品种生长势强，成枝力弱，萌芽率高，短枝着果力强，大年时，所有短枝几乎均可结实，且多双果，系丰产型品种。

6. 引进品种

（1）'藤九郎'　　日本主栽品种，又名东九郎，主要产于日本岐阜县。藤九郎树势旺盛高大，一般嫁接 5 年后结果，嫁接后当年新梢生长量达 59.5cm。该品种果实形状丰满，大而均匀，形状略长，种核棱角尖端后半明显突起，基部逐渐消失，属于特大粒品种。出核率约为 27.74%，出仁率约为 80.8%，成熟期 10 月中旬，属晚熟品种（图 27-2）。

图 27-2　银杏核用品种'藤九郎'

（2）'金兵卫'　　日本主栽品种，主要产于日本爱知县中岛郡，是日本著名的银杏品种之一。其叶比'藤九郎'小，单叶鲜重 1.36g，含水量 70%。进入结果期早，为丰产、早熟、大粒品种。种核核形指数为 1.26，种核壳色淡黄，外观良，出核率为 27.88%，出仁率约 74.0%，较耐贮藏。我国引种后表现为生长旺盛，坐果率较高，品质较好。

（3）'久寿'　　日本主栽品种，主要产于日本爱知县中岛郡，8 月中下旬成熟采收，为推广栽培的中熟、大粒品种。种核核形指数为 1.16，种核壳白，外观良。其出核率为 29.73%，出仁率约为 74.8%，单粒核重最大可达 3.8g，耐贮藏。我国引种后表现为开始枝较直立，枝开张后始果较早，品质好。

（三）叶用品种和优系

银杏叶用品种以叶大、高产、优质为主要衡量标准。银杏叶用品种按其叶形、产品及质量来源不同可以分成 3 类：①实生叶用类银杏，该品种大多是从实生超级苗或直接从优良种源内选出。②高产叶用类银杏，这类品种大多从核用品种或实生成龄单株内选出。③优质叶用类银杏，这类品种大多从实生种源、实生成龄树、超级苗或核用品种内选出，叶片有效成分含量高。目前后两者研究较多，通过优选单株已经选育出高产和高有效成分的优良银杏单株，但尚未大面积推广应用。因此，叶用银杏的优良品种和优系仍是今后重点研究的方向之一。

三、银杏的生长和结实习性

（一）营养器官

1. 芽　　芽是枝、叶、花等器官的原始体。银杏芽按其性质可分为叶芽和混合芽，按其着生部位又可分为顶芽和腋芽。在树体营养生长阶段，芽通常发育成枝和叶，这类芽称为叶芽。着生在长枝或短枝顶端的芽称为顶芽，叶腋处着生的芽叫腋芽。在生殖生长阶段，雌、雄株短枝顶端的顶芽通常分化出混合芽。

2. 枝　　银杏的枝条根据其形态和生长速度的差异可分为长枝和短枝。长枝的生长量大，

1 年的生长量可达 50～100cm。一年生的长枝呈浅棕黄色，后则变为灰白色，并有细纵裂纹。短枝系由长枝中下部的腋芽所形成，短枝只有一个顶芽，外被鳞片，呈覆瓦状，发芽后鳞片脱落，每年如此。因此，可根据每年脱落的痕迹计算出短枝的年龄。"花"和种实均着生在短枝上，与叶混生，呈螺旋状排列。短枝生长很慢，年生长量仅为 0.3cm 左右，但寿命长，可连续开花结实几十年。

研究表明，银杏长短枝的发生与树龄有关。幼年的银杏树，基本上全是长枝，没有短枝，随着年龄的增加，短枝开始出现并不断增多。另外，银杏的长短枝具有互换性能，短枝的顶芽可以伸长抽生长枝，而长枝的顶芽也可减缓生长速度形成短枝，但这种转换机制的原因还不十分清楚。

3. 叶　银杏叶多为扇形，浅绿色，叶上部宽 5～8cm，有波状缺裂，叶基部呈楔形，有长柄，长 5～8cm。叶脉为二叉状分枝，并直达叶缘。银杏叶在长枝上为单叶互生，短枝上为 4～14 片叶簇生，叶片多呈二裂状，裂口深度不完全相同。一般来说，播种苗、萌蘖苗和长枝上的叶片，裂口较深，而扦插苗和短枝上的叶片一般裂口较浅。银杏长枝上的叶片，自下而上各不相同（图 27-3），渐次为如意形、楔形、扇形和三角形，这种银杏的"异形叶性"与叶片系列的返祖重演相关。

图 27-3　长枝上银杏叶片的不同形态

近年来选育出一些叶片变异株系，如春季叶片呈金黄色的"万年金"，叶型呈筒状或漏斗状的斑叶银杏及叶片边缘结种实的叶籽银杏等。

4. 树干　银杏属于单轴分枝树种，顶端优势较强，主干通直明显。银杏的生长高度一般可达 20～30m，个别植株可达 60m；胸径可达 2～3mm，个别植株可达 4mm。大多数银杏的树干呈圆形，有的具有明显的脊棱，有些地区大树基部的粗大侧枝上生有下垂的钟乳状枝。银杏的树皮幼时光滑，浅灰色，老时纵裂，灰褐色，树皮较厚，形成层活动比较旺盛。银杏树干的所有部位具有隐芽，在正常生长的情况下一般不会萌发，但在树体受损或刺激时隐芽活动，且具有很强的萌芽能力，利用这一特点可以进行银杏的复壮更新。银杏树的寿命很长，在中国许多地方可见到千年以上的古银杏树，其中一些古树原本的主干已经死亡，现存的主干由萌蘖枝条发育而成。

5. 根系　银杏实生苗根系具有明显的主根和侧根，主根发达，垂直分布较深。扦插苗根系源于茎的不定根，无主根。银杏大树是深根性树种，主根粗壮发达，根系随年龄的增长而不断延伸，因此，银杏的年龄愈大根系就愈庞杂。据观察，50～100 年生的大树，根系深度一般达 1.5m 以上。生长在地下水位低、土质疏松、深厚肥沃、土壤相对含水量 40%～60% 的中性土壤中的银杏，根系可深达 5m 左右，但集中分布在 80cm 以上的土层内。细根分布较浅，1m 以下的土层很少，20～70cm 土层中的细根量约占细根总量的 81.1%。翻土时要适当深翻，施肥时应集中在 20～50cm，以便于吸收和利用。

（二）生殖器官和结实习性

银杏雌雄异株，是风媒传粉植物。银杏在地球上出现的历史悠久，从传粉到受精的整个过程中，保留了许多古老特征和原始性状。

1. 小孢子叶球　　成年的银杏雄株产生小孢子叶球，即雄球花。大部分地区银杏雄花芽经过冬天的低温休眠，于翌年 3 月上旬开始萌动，花芽明显增大，芽鳞逐渐开张。4 月初芽鳞完全开张，雄花开放，其形态呈柔荑花序状，长 2.42～3.47cm、宽 0.58～0.75cm，由位于中间的主轴和螺旋状排列的小孢子叶组成，小孢子叶的数量约为 60 个。通常每个小孢子叶上着生 2 个小孢子囊，小孢子囊内发育形成大量花粉。约一周时间进入盛花期，小孢子囊颜色变为金黄色，并沿纵轴方向形成开裂沟，花粉从开裂沟处散出，这一时期也称为散粉期，是银杏传粉的最佳时期。但盛花期持续的时间很短，从始花至末花大约持续 10d（图 27-4）。

图 27-4　银杏成熟小孢子叶球

2. 大孢子叶球　　成年银杏雌株产生大孢子叶球，也称为雌球花。银杏大孢子叶球实际上仅包括裸露的胚珠，银杏胚珠呈绿色，含有叶绿体，可进行光合作用，其结构包括珠被、珠心、珠托、珠柄（有的无）和总柄，通常总柄的顶端着生 2 个胚珠，但发育后期常只有 1 个发育成种实，而另一个胚珠萎缩退化。根据对雌花芽纵、横切面的观察，将银杏雌花芽形态的分化划分为 6 个时期，即未分化期、分化始期、分化盛期、珠被分化期、珠心分化期和珠托分化期。未分化期：银杏短枝顶芽芽体较小，鳞片紧包，芽内已有叶原基分化，但未见珠柄原基分化。分化始期：短枝顶芽内生长锥的一侧出现珠柄原基，较叶原基直立，顶端呈平滑的圆弧形，无分叉或缺刻。分化盛期：珠柄在混合芽内陆续分化，分化较早的珠柄出现了分歧，珠柄的先端明显膨大。横切面上，出现多个珠柄原基，每个珠柄原基有两个维管束。珠被分化期：珠柄顶端显著膨大，两个胚珠突起明显，珠被分化，在胚珠顶端出现喙尖，胚珠及珠柄有维管束相连，但未见珠心分化。珠心分化期：珠被的先端呈开口的喙状，珠心在珠被的包被内，珠心细胞小而排列紧密，原生质浓，此时珠托尚未分化。珠托分化期：在胚珠与珠柄连接的地方迅速膨大形成珠托，此时银杏的胚珠已分化出了珠柄、胚珠、珠被、珠心和珠托，花芽分化完成。

3. 授粉受精　　授粉前在银杏胚珠的顶端形成珠孔，在珠心组织顶端形成贮粉室，贮粉室与珠孔道连成花粉运输的通道。江苏地区 4 月初银杏胚珠在珠孔处分泌出传粉滴，这一时期是授粉的最佳时期。传粉滴在银杏传粉过程中起到重要作用，银杏花粉经风媒传粉过程落至胚珠传粉滴上，花粉经水合作用进入传粉滴内，并引起传粉滴的迅速收缩，花粉随传粉滴收缩经珠孔、珠孔道被带入贮粉室。研究发现，银杏花粉引起的传粉滴收缩与花粉数量和花粉活力有关，此外传粉滴的水合过程具有识别作用，可识别同源花粉排除异源花粉。花粉进入胚珠后在贮粉室内萌发，花粉管萌发后吸附在珠孔端的珠心组织上，并通过顶端生长和亚顶端的高度分枝，在珠心组织的细胞内形成吸器状结构。8 月下旬至 9 月上旬，花粉管不产生花粉的一端膨大，雄配子体达到成熟。精原细胞垂直分裂形成 2 个半球形的精细胞。临近受精前，两个精细胞具鞭毛结构，以变形虫运动溢出，此时期颈卵器腔内充满液体，精细胞在颈卵器腔内以盘旋的方式游动，进入颈卵器完成受精过程。从授粉到受精相距 4 个月左右的时间，即 4 月授粉，直至 8 月下旬或 9 月初才完成受精。由于银杏受精发生迟，常导致种胚败育，银杏种子的无胚率达到 40%以上（图 27-5）。

4. 种实　　银杏的种实由外种皮、中种皮、内种皮、胚乳和胚（有些种子不具胚）组成。珠被发育成外种皮和中种皮，内种皮主要由大孢子膜发育而成，而胚乳直接由母体的功能大孢子分裂形成，为单倍体。通常种子 9～10 月成熟。发育成熟的银杏种实外种皮较厚，肉质，橙黄色，成熟后表面有白色蜡粉；中种皮骨质，乳白色，有光泽，一般具两条纵脊；内种皮膜质，有光泽，上部灰白色，下部棕褐色。胚乳肉质味甘微苦，内具种胚（有的无胚），胚乳为主要的营养组织，是种子食用的主要部分，内含大量的淀粉和蛋白质等营养成分（图 27-6）。

图 27-5　银杏胚珠形态及在传粉期产生传粉滴

图 27-6　发育成熟的银杏种实

四、环境条件

银杏对环境具有较强的适应性和抗逆性，影响银杏分布的主要因素是温度、降水和光照，其他如海拔、地形、土壤等也有一定影响。

1. 温度　　银杏原产于温带、亚热带地区，喜温暖凉爽的气候。影响银杏生存发展的主要因素是年平均气温和极端温度。从银杏在中国分布的地区来看，分布区的平均气温为 12.1～16.3℃；1 月平均气温为－3.1～5.0℃；7 月平均气温为 23.5～28.0℃；极端气温不低于－13.9℃，不高于 40℃。

由中心产区向北向南，气温偏高或偏低时，银杏的营养生长均会受到部分抑制，但是这又有利于植株形成花芽和开花结实，且极端温度又不至于损伤其机体。因此，这些地区的银杏，表现出开花结实早、干果产量高等特点，成为很有潜力的银杏干果高产区。

通过对银杏物候期进行观察发现：银杏在气温上升到 8℃以上时开始发芽，12℃以上时抽发枝叶，15℃以上时显花。不仅气温影响着银杏的生长发育，地温也对银杏的生长发育有显著的影响。当 10cm 土层内地温达到 6℃时，根系开始活动；25cm 土层内地温在 15～18℃时，根系旺发；地温高于 23℃根系生长受到抑制。

进入休眠期的银杏，具有较强的抗寒力。即使在沈阳，短暂－32.9℃的低温，也不会使其枝条受冻死亡。但是，银杏叶芽一旦萌动，即使短时间出现－2～－1℃的低温，也会对其幼嫩的枝叶造成严重的冻害，刚萌发的梢叶会全部死亡，有时甚至波及生枝。因此，严重的晚霜天气对银杏的正常生长结实危害极大。

2. 降水　　银杏需要湿润的环境，降水量对于银杏的分布、生长与结实起着重要的限制作用。银杏原始中心产地的降水量，一般在 800mm 以上。在山区，受地形影响，银杏生长地降水量可以超过 1500mm。这些地区的银杏，长势旺盛，也能正常开花结实。只要土质疏松，排水良好，降水量即使大幅度超过 1500mm，也不会危及银杏的生长。高温加上过多的雨水，生长在排水不良的红壤土上的银杏树，往往会受到土壤过度持水的危害，引起黄叶、枯枝，甚至死亡。此外，对叶用银杏来说，适度干旱有利于类黄酮的积累。

银杏具有一定的抗旱能力，这与银杏庞大而发达的根系有关。此外，银杏对干燥的气候环境也具有一定的忍耐能力，在山西、沈阳等相对湿度较低的地区都能良好生长。

3. 光照 银杏属于强喜光树种，光照不足，则生长不良。银杏对光照的要求随树龄的增加而有所变化。银杏幼苗有一定的耐阴性，随着树龄的增加，对光照的要求也愈加迫切，特别是在结果期，树冠要求通风透光及充足的光照，这也是保证银杏植株正常结实的必要条件。

光照对叶用银杏种植具有重要作用，光强、光质和光周期等显著影响银杏叶片中类黄酮和萜内酯等有效成分的含量。研究发现：遮阴处理后，银杏叶片中的槲皮素、山柰酚和异鼠李素的含量均显著降低，而强光或较高的蓝光则有利于银杏类黄酮的积累。尤其紫外辐射 UV-B 处理后，银杏叶片中的类黄酮含量显著增加。

4. 土壤理化性质 银杏对土壤的要求不十分严格。无论花岗岩、片麻岩、石灰岩、页岩及各种杂岩风化成的土壤，还是砂壤、轻壤、中壤或黏壤，均适合银杏的生长。银杏对土壤酸碱度的适应性较广，pH 为 4.5～8.5，其以 pH 6～8 最为适宜。但银杏最喜深厚肥沃、通透良好、地下水位不超过 1m 的砂质壤土，对土壤肥力反应灵敏，因此在瘠薄干燥的山地上往往生长不良。银杏能耐一定的盐碱，当土壤含盐量为 0.1% 时，银杏树可正常生长。

五、栽培技术

（一）育苗技术

播种育苗是银杏苗木繁殖的主要方法之一，适用于银杏叶用园、材用林、园林绿化用苗及培育嫁接苗的砧木。其他还包括扦插苗培育和嫁接苗培育，具体技术要求参照本书第四章。

（二）土、肥、水管理

由于银杏喜肥喜水，因此栽植时要求肥足穴大。银杏栽植时应掌握的 8 字要领：壮、大、足、干、浅、实、透、高。即选壮苗、穴深大、基肥足、干土栽、栽宜浅、踏宜实、水灌透、培土高。银杏核用园一般要求植苗穴的大小为 1m³，每穴施有机肥 25～50kg，栽后封土高出地面 20～30cm。银杏叶用园一般为低于 5 年生的银杏实生苗，常采用点播、开沟点播或条播的方式进行播种建园。

1. 银杏核用园管理 银杏核用园是指以收获银杏种核为经营目的的银杏园，以 3 年以上的实生苗作为嫁接砧木，选择核用良种，采用矮干密植技术造园。

（1）土壤管理 为使新植银杏园达到早实、丰产、优质、稳产的目的，土壤需要注意以下几点：①地势空旷，光照充沛；②选择的土层深厚，质地疏松，排水良好；③地下水位低于 2～2.5m；④≥10℃的年活动积温在 4000～6500℃，无霜期 195～300d，年降水量 600～1200mm；⑤土壤 pH 6.5～7.5。

（2）肥水管理 施肥是改善银杏核用园营养和增加土壤肥力的措施，施肥灌溉对提高银杏嫁接苗成活率和保存率，提早进入郁闭，加速树体生长，实现早实、丰产、优质、稳产，具有重要的现实意义。

银杏施肥主要遵循"两长一养"的要领，即长叶肥、长果（结实）肥和养体肥。长叶肥多在早春三月，即谷雨前后施用，可施用发酵鸡粪或者化肥。如为银杏结果小年，则在谷雨前 1

个月施用，可增加坐果量；如为大年，则在谷雨后半个月施用，可适当减少坐果量。结实肥多在 6 月施用，以速效肥料为好，目的在于促进银杏种实的良好发育，增强树势，减少落果，并促进花芽分化。养体肥多施于 10 月中旬以后，即果实采收后施用，目的是加强树体营养，为翌年的丰产奠定良好的基础。肥料以腐熟的有机肥为主，适当混合一定量的过磷酸钙。施肥量可按当年种核产量的 4 倍确定。

如树势衰弱，挂果量过多，或立地条件不良，则应于银杏生长活动盛期（5～8 月），根据具体情况进行根外追肥。5 月底或 6 月初施复合肥（N∶P∶K），用量为 90～100kg/亩。7 月追施 2 次水溶肥，每次水溶肥用量为 15～20kg/亩，所述水溶肥为磷酸二胺或磷酸二氢钾；7 月底或 8 月追施 90～100kg/亩的复合肥和 2.5kg/亩的磷酸二胺。

在银杏核用园中还应注意水分管理，在干旱情况下要及时灌溉。水分过多时，应及时排水。无论是灌溉，还是天然降水，都要确保核用园不能积水，特别是不能长时间积水，否则将会造成银杏提前落叶，严重影响银杏的生长，甚至死亡。

2. 银杏叶用园管理　　以收取银杏叶片为经营目的银杏园，称为银杏叶用园。银杏叶内含有药用价值的黄酮类和内酯类化合物，现已成为药品、食品、化妆品和饮料等工业生产的重要原料。因此，叶用银杏已成为银杏利用的另一个很重要的部分。

（1）土壤管理　　与核用银杏类似，叶用银杏的土壤也需要满足上面所述的 5 点。此外，银杏叶用园应建立在交通方便、地势平坦、阳光和水源充足，排水良好、土壤深厚肥沃的地方。特别应注意排水系统要到位，确保雨季或大雨来临时不会长时间有积水。

（2）施肥管理　　银杏属喜肥树种，肥料的多少和种类对叶用园产量影响很大。目前，对叶用园施肥尚未有一个确切的标准，在生产实际中银杏叶用园的施肥也存在许多问题。施肥要采取四季施肥、少量多次的原则，重点施好下述 4 种肥。

1）养体肥：养体肥是叶用园施肥的关键，采叶后即施。一般在 9 月底至 10 月初施入。以有机肥为主，适当配合银杏专用肥，以补充各种微量元素。施腐熟的厩肥或堆肥 45t/hm^2＋银杏专用肥 750kg/hm^2，或施腐熟的鸡粪、猪粪等优质有机肥 19.5t/hm^2＋银杏专用肥 375kg/hm^2。

2）萌芽肥：一般 3 月施用，以氮肥为主，可施用腐熟的鸡粪、猪粪 24t/hm^2，或选择有机菌肥 1500kg/hm^2、复合肥 500～600kg/hm^2。

3）枝叶肥：施肥时间为银杏速生期来临前，一般在 5 月中下旬施用，施腐熟的鸡粪、猪粪 15～20t/hm^2，或银杏专用肥 600kg/hm^2。

4）壮叶肥：目的是使叶片大、长、厚，延迟叶片老化，提高后期光合效率及药用有效成分的含量。一般在 7 月下旬至 8 月上旬施用，可施银杏专用肥 600～900kg/hm^2。

（3）灌溉与排水　　银杏喜湿怕涝，其生长需大量水分，特别是叶用银杏，叶片多、蒸腾量大，尤其在生长高峰期 5～7 月。因此，应根据当地气候条件和银杏对水分的需求适时灌溉，使土壤含水量达田间持水量的 80%左右；而当土壤含水量低于田间持水量的 40%时，要及时灌溉。由于银杏是肉质根系，不耐土壤积水，因此切忌土壤积水，大雨后要适时排出多余的水分。

（三）整形修剪

1. 银杏树形　　银杏树形可分为高干型、中干型和低干型三种：①高干型树形的主干高度在 10m 以上，中壮年树的树冠多呈圆锥形或塔形，老树则呈圆头形或广卵形。高干型的银杏树多为观赏性银杏、用材银杏和材果兼用型，大多大主枝的数量在 5～6 个，个别可达 10 个以上。这一类型的银杏树基本上以自然生长为主，培养干材，疏剪枯死枝。②中干型的主干高度在 2m

左右，这是目前各地银杏种子产区常见的类型。这一类型的银杏树树冠可分为多主枝卵圆形、圆锥形和开心形三种形式。多主枝卵圆形树冠有大主枝4～5个，粗度基本一致，大主枝上常留侧枝3～5个，冠幅扩张，通透性好；圆锥形树冠的培养，在主干上选留8个左右的主枝，主枝选留的位置应左右平衡，上下错开，再在每一主枝上适当选留2～4个侧枝，最后形成圆锥形树冠，其特点是层性明显，这一树形在多地可见；开心形树冠多为银杏高干型大树经过改造形成的树冠，嫁接时将接穗外斜45°，嫁接后5年内任其自然生长，之后选留3～4个生长健壮的主枝，再在主枝上逐年选留3～5个侧枝，此种树冠冠形开张。③低干型的银杏主干高度在60cm左右，主干上有2～4个主枝，每个主枝有2～3个侧枝，形成开心形树冠，这一类型的银杏树多用于果用园。

2. 修剪方法 银杏常采用的修剪方法有疏枝、短截、回缩和摘心。具体内容参照本书第六章。

（四）病虫害防治

1. 常见的银杏病害

（1）**银杏叶枯病** 银杏叶枯病是银杏栽培地区一种常见的病害，在江苏各地叶枯病约于6月中旬发生，叶片感病后，初期常见叶先端变黄，之后病斑继续向叶基部扩展，呈暗褐色或灰褐色的叶缘病斑，至8月初叶片开始枯死、脱落，严重时冠部枝条光秃，10月逐渐停止。银杏叶枯病是由3种病原菌侵染引起的，包括链格孢、围小丛壳和多毛孢。在高温高湿气候来临之前喷施70%甲基硫菌灵、50%多菌灵、75%百菌清等广谱性杀菌剂，可达到较好的防治效果。

（2）**银杏茎腐病** 银杏茎腐病主要发生在播种的实生苗中，在我国长江以南各地区都有发生，且有的年份普遍而严重，但病害随着苗龄的增长而减轻，1～2年生苗常感此病，一般3～4年生苗感病极少。苗初发病时，茎基部出现水渍状黑褐色病斑，随机包围全茎，并迅速向上扩展，此时叶变黄枯萎，并逐渐枯死。银杏茎腐病的病原菌是菜豆壳球孢菌，其发病规律为：在7月中旬开始出现，发病较早，苗幼茎木质化程度较低，抗热能力弱，加上发病期长，苗死亡率可达70%。

银杏茎腐病的防治方法，一方面可以在夏秋之间降低苗床土壤表层的温度，防止灼伤苗茎基部；另一方面增施有机肥，促进幼苗生长，增强抗病能力。

（3）**银杏轮斑病** 银杏轮斑病，也称银杏轮纹病、叶斑病等，是银杏叶部的主要病害之一，在夏末秋初发生普遍，病斑近圆形至不规则形，通常发生于叶缘，后向内扩展，呈不明显的轮纹状。后期病斑较大，呈红褐色，病斑正面或背面散生较大黑点（即病菌分生孢子盘），严重时整张叶片随病斑扩大干枯而死。近年来，该病害危害呈逐年增长的趋势，严重影响银杏的产果，对银杏叶黄酮类物质等深加工产品的质量也有很大影响。

银杏轮斑病防治方法：银杏轮斑病的病原菌是盘多毛孢属的银杏盘多毛孢菌，多菌灵和甲基托布津对银杏轮斑病菌的菌丝生长有明显的抑制作用。

（4）**银杏炭疽病** 银杏炭疽病的症状为银杏叶片先由黄绿色逐渐变为褐色，病斑扩展为近圆形或不规则形，后期由内向外逐步转变为灰白色，并着生了散生的小黑点，之后病斑逐渐蔓延至全叶，最后导致叶片干枯脱落。病原菌为胶孢炭疽，该病的病原菌寄生能力强，可潜伏侵染，5月初开始发病，8～9月为发病盛期。

银杏炭疽病的防治方法：炭疽病发生时，用25%咪鲜胺乳油1000～1500倍液或30%噁霉灵可湿性粉剂1000～1500倍液喷雾防治。

（5）银杏黄化病　　银杏黄化病是非侵染性病害，主要由干旱胁迫、土壤积水、地下害虫、起苗伤根、定植窝根、土壤缺素或多素等因素引起。植株发病首先出现在中部叶片，随后逐渐扩展到全株叶片。发病轻微的叶片为先端部位黄化，严重的则全株叶片黄化，叶片提前脱落。一般5月下旬至6月中旬开始出现症状，6月下旬至7月下旬黄化株数逐渐增多，呈小片状发生。8月以后，高温伏旱天气时出现大量落叶。

银杏黄化病的防治方法：7～8月，有黄化病发生时，根据不同的发病原因采取相应的措施，也可多施腐熟的有机肥和微量元素叶面肥。

2. 常见的银杏虫害

（1）茶黄蓟马　　茶黄蓟马（*Scirtothrips dorsalis* Hood），又名茶叶蓟马、茶黄硬蓟马，属缨翅目（Thysanoptera），蓟马科（Thripidae），为植食性昆虫，主要分布在山东、江苏、海南、广东、广西、云南、浙江、福建、台湾等省（自治区）。成虫体长一般在0.9mm左右；雄虫稍大，体呈黄色；有8节触角，复眼暗红色；前翅橙黄色，近基部有一小淡黄色区。它以幼虫吸食银杏叶片的汁液，使叶片变白，光合作用降低，严重影响了银杏树的正常生长。银杏茶黄蓟马1年发生4代，以蛹在地表土壤缝隙、枯枝落叶层和树皮裂缝中越冬。

茶黄蓟马的防治方法：4月下旬在地面及树干上喷杀灭菊酯2000～3000倍液或2.5%的溴氰菊酯液，根据虫的数量，可分别于5～7月进行多次喷施。

（2）银杏超小卷叶蛾　　银杏超小卷叶蛾分布于我国广西、浙江、安徽、江苏、湖北、河南等地。1年发生1代，属鳞翅目，小卷叶蛾科，成虫双翅展开时约1.2cm，全身黑褐色，头部淡灰褐色，前翅黑褐色。只危害银杏，主要以幼虫蛀食结果短枝和当年生嫩枝，造成枯枝、落叶和落果，可致银杏种实减产80%～90%，是银杏的重要害虫。

银杏超小卷叶蛾的防治方法：可根据银杏超小卷叶蛾成虫羽化后栖息树干的这一特性，在3月下旬到4月中下旬对成虫进行人工捕杀。在虫害发生初期，从4月开始发现受害枝上的叶及幼果出现枯萎状时，人工剪除受害枝叶并集中烧毁，以彻底消灭枝内幼虫。在成虫羽化前用涂白剂涂干防止成虫羽化。此外，在幼虫危害盛期，用50%杀螟松乳油1000倍液和2.5%溴氰菊酯乳油1500倍液混合液喷洒树干。

（3）超小卷叶蛾　　银杏超小卷叶蛾属鳞翅目小卷叶蛾科害虫。初孵幼虫体长1.0～1.3mm，老熟幼虫体长8～10mm，灰白色，头部前胸背板及双臀板均为黑色。初化蛹为黄色，羽化前呈黑褐色；成虫翅展12mm，身呈黑褐色，头部呈淡灰褐色，触角丝状，有翅缰。卵椭圆形，长约0.8mm，宽约0.6mm，初产时呈橘红色，4d后呈暗黄色。超小卷叶蛾以幼虫潜食短枝端部或当年生长枝，使短枝上叶片全部枯死脱落，生长枝梢枯断，影响正常生长发育，导致叶用银杏减产。

银杏超小卷叶蛾的防治方法：5月上旬幼虫孵化后7～10d，施用BT生物制剂防治，也可用90%敌百虫晶体800～1000倍液喷洒受害枝条。

第二十八章 柑 橘

一、概述

（一）柑橘概况

柑橘是我国南方重要的果树，亚热带地区的国家均有栽培，2016 年，全世界柑橘栽培面积
1350 万 hm²，总产量为 1.785 亿 t，在水果中居第一位。柑橘果实色香味兼优，果汁丰富，除含
丰富的糖分、有机酸、矿物质等外，还含维生素 C（每 100mL 果汁中含维生素 C 30～70mg），
营养价值高。柑橘又是医药及食品工业的重要原料。果肉可制糖水橘瓣罐头、果酱、果汁、果
酒，还可提取柠檬酸等。种子富含维生素 E，果皮中含维生素 A、维生素 B 较多，维生素 P 的
含量比果肉中高 1～3 倍。在海绵层中还含有近似维生素 P 的橙皮苷。果皮还可作盐渍、蜜饯，
并可提炼果胶、香精油等。枳、酸橙、葡萄柚等的果皮含新橙皮苷（neohesperidin），加工提炼
后其甜度为糖精的 20 倍。橘实、橘络、种子及叶均可供药用。此外，花可熏制花茶，木材质地
致密是细工用材，树终年常绿，花香果美，可供绿化观赏，有些种类如酸橙等还可作防护林。

柑橘的适应性较强，耐寒性不及落叶果树，但耐热、耐湿，从南温带至热带、从干旱少雨
到湿润多雨地区均有栽培。柑橘又耐贮运，是重要的出口水果。发展柑橘生产，对调整农业产
业结构、发展农村经济、促进农民增收，以及改善生态环境都具有重要意义。

（二）历史与现状

柑橘类果树的主要种大多数原产于我国，中南半岛、马来半岛、缅甸和印度等地也是柑橘
原产地之一。我国是世界上栽培柑橘历史最早的国家，据古书记载至今已有 3000 多年的历史。
《周礼·冬官考工记》有"橘逾淮北而为枳"的记载。春秋战国时期据《史记·货殖列传》中有
"蜀汉江陵千树桔……此其人皆与千户侯等"的记载，足见当时柑橘的栽培盛况及栽培的经济
收益。秦汉时期已出现"黄甘橙"的名称（司马相如《上林赋》）。我国人民在长期生产实践中
选育了不少柑橘的优良品种，在繁殖苗木、栽培管理、防治病虫、贮藏加工等方面积累了丰富
的经验。据古籍记载：（宋）韩彦直的《橘录》（公元 1178 年），记述当时浙江温州的柑橘种和
品种，以及嫁接、栽培、防寒、采收及贮藏等技术；又记述了当时的栽植密度："每株相去七
八尺"，可见我国柑橘已有近千年的密植历史。《橘录》是世界上第一部柑橘专著。

印度也是柑橘原产地之一，但直至公元前 800 年才第一次出现 Jambila 这一统称枸橼和柠
檬的名称，至公元前约 100 年才有橙类的名称，19 世纪末才有柑类栽培。日本原产有野生的立
花橘[*Citrus tachibana*（Mak.）Tanaka]，公元 725 年始从我国引种其他柑橘类植物。欧洲地中
海地区在公元前 310 年有枸橼记载，据考证，公元前 1 世纪至 4 世纪意大利有过甜橙和柠檬的
栽培，但因战争及气候影响，直至 11～12 世纪才在西西里岛栽培柠檬，15 世纪才有甜橙出产。
16 世纪（公元 1520 年以后）葡萄牙人从广东引入甜橙以后，栽培才渐渐兴旺，柑类则迟至 19
世纪才引入。至于美洲，没有原生柑橘，自欧洲人迁入后才开始引种栽培。

柑橘主产于热带、亚热带许多国家，主要分布在南北纬 31°之间，栽培的北限已达北纬 45°的俄罗斯克拉斯诺达尔，南限是南纬 41°的新西兰北岛。但生产大规模出口或用于加工的柑橘经济产区几乎都分布在南北纬 20°~25°的亚热带地区。

2016 年，世界柑橘产量达到 1.875 亿 t，中国、巴西、印度和美国产量最多，4 国产量占世界总产量的 47%。此外，西班牙、意大利、日本、墨西哥、埃及、巴基斯坦、土耳其、阿根廷、以色列、摩洛哥等也是世界柑橘的主要生产国。

我国柑橘栽培面积和产量均居世界第一，2018 年栽培面积为 310.11 万 hm²，产量 4138.14 万 t，成为我国栽培面积和产量最大的水果，主要分布在长江流域及其以南地区、北纬 20°~30°、海拔 600m 以下的缓坡、丘陵地带。经济栽培地主要有广西、湖南、福建、广东、四川、湖北、浙江、江西和重庆等 9 个省（自治区、直辖市），台湾、上海、江苏、云南、贵州次之，安徽、陕西、甘肃也有一定规模栽培。

二、主要种类

柑橘类属芸香科（Rutaceae）柑橘亚科（Aurantioideae）柑橘族（Citreae）柑橘亚族（Citrinae）的植物。栽培上最重要的是柑橘属，其次是金柑属、枳属。这三个属的主要区别如表 28-1 所示。

表 28-1　柑橘类三个主要属的区别

属名	主要性状
枳属	落叶性，复叶，有小叶 3 片，子房多毛茸，果汁有脂
金柑属	常绿性，单身复叶，叶脉不明显，子房 3~7 室，每室胚珠 2 枚，果小，果汁无脂
柑橘属	常绿性，单身复叶，叶脉明显，子房 8~18 室，每室胚珠 4 枚以上，果大，果汁无脂

（一）枳属（*Poncirus* Raf.）

本属只有一种，即枳[*P. trifoliata*（L.）Raf.]，别名枸橘、刺柑、雀不站。原产于我国长江流域。枳为落叶性灌木状小乔木，枝条多刺。叶为三出掌状复叶。10~11 月落叶。花为纯花芽，单生，先开花后出叶。花大，白色，花瓣薄。果球形，直径 3~5cm，子房和果面具茸毛，果皮柠檬黄色，瓤囊 6~8，果肉含黏液，味酸，9~10 月成熟，不可生食。每果种子 30 余粒，卵形，肥圆，子叶白色，多胚。果和种子供药用。枳性耐寒，能耐−20℃的低温，是柑橘优良砧木之一，能增强接穗耐寒力及促进矮化，早结丰产，提高品质及抵抗某些病虫害。

枳有大叶、小叶，大花、小花，以及圆形果（光皮）、梨形果（皱皮）等类型。在日本有一变种名飞龙[*P. trifoliata* var. *monstrosa*（T. Ito）Swing]，树矮叶小，枝刺均弯曲，常作盆栽。枳易与其他柑橘杂交，天然杂种和人工杂种有枳橙、枳柚、枳橘橙、枳金柑等。

枳橙（citrange）是枳与甜橙的天然杂种，在我国四川、湖北、湖南、浙江、江苏、广东等省有分布。为半落叶性小乔木，一树具三种叶型，有三小叶和两小叶组成的复叶，也有单身复叶。果长圆形，橙色，较粗糙。种子 30 余粒，子叶白色，多胚。生长强健，耐寒力强，树冠较矮，抗速衰病（tristeza）强，多用作砧木。

枳柚（*citrus citrumelo*）是枳和葡萄柚的人工杂种，耐寒、干旱及盐碱，抗裂皮病、木质陷孔病、柑橘线虫、根腐病，对速衰病抗性特别强，可用作高抗性砧木。

（二）金柑属（*Fortunella* Swingle）

中国原产，湖南、湖北、江西、江苏、广西、浙江、福建、广东、四川等省（自治区）均有栽培，以浙江宁波较多。金柑适应性强，耐寒、耐旱、抗病虫力强，丰产、稳产，有些金柑充分休眠，并以枳为砧木时，可耐约−12℃的低温。果实维生素 C 含量比其他柑橘高。供生食、蜜饯和观赏用。常绿灌木或小乔木，成枝力强，叶小而厚，叶脉不明显，叶翼小。花小白色，花柱很短，在中国 6～8 月开花。果形小，皮厚，肉质化，味甜或酸，有香气，果肉微酸或酸甜，囊瓣 3～7。种子卵形，表面平滑，子叶绿色，多胚或单胚。美国等国家已从中国引入，用作庭园或小型栽种和抗寒、抗病育种材料。

本属有金枣、圆金柑、长叶金柑、山金柑 4 个种和金弹、长寿金柑两个杂种。后两个杂种也有作为种来看待。广东的四季橘（calamondin）可能是金柑和宽皮柑橘的杂交种，也有作为种（*Citrus madurensis* Lour；*C. mitis* Blanco）看待。

1. 山金柑［*F. hindsii*（Champ.）Swing］　　别名山金豆、山金橘、山橘、香港金橘。广东、广西、福建、浙江、湖南、江西等省（自治区）山地野生。耐寒。小灌木，枝梢多刺；叶椭圆形，先端渐尖。果小，横径 1～1.5cm，囊瓣 3～4，果汁少，味酸苦，仅作蜜饯。本种是柑橘类中唯一的天然四倍体，染色体数为 36。变种有金豆［*F. hindsii* var. *chintou* Swing］，为二倍体，叶较大而薄，果扁圆形，在中国和日本作观赏用。

2. 金枣［*F. margarita*（Lour.）Swingle.］　　别名罗浮、牛奶金柑、长实金柑、枣橘。广东、浙江、广西、四川、江西、湖南、福建等地均有少量栽种。灌木，树冠半圆形，枝细密无刺，叶披针形，果长卵圆形，囊瓣 4～5，皮金黄色，味甜或酸。较耐寒。供鲜食或蜜饯和盆栽观赏。

3. 圆金柑［*F. japonica*（Thunb.）Swingle］　　别名罗纹、金橘。浙江、福建、广东栽培。以浙江宁波镇海栽培最盛。灌木，枝有小刺，叶长卵形，果球形，较细小，果径 2.5～3cm，果面较粗糙，橙黄色，油胞大而突起，囊瓣 4～7，汁多，微酸，种子 1～3 粒。供蜜饯、鲜食或作盆栽。较耐寒，高产、稳产。

4. 长叶金柑［*F. polyandra*（Ridl.）Tanaka］　　海南岛原产，汕头地区也有分布。枝梢无刺，叶长达 10～15cm，披针形，果细小，橙红色，圆球形，果皮薄，油胞多而大。不耐寒。经济价值低，栽种较少。

5. 金弹　　别名金柑，圆金柑和金枣的杂交种，也作为种看待，曾命名为（*F. crassifolia* Swingle）。广西、江西、广东、浙江、湖南、四川、重庆等地栽培，以浙江宁波镇海栽培最多。树冠圆头形，灌木，叶阔披针形，稍厚。枝梢密生，少刺或无刺。果纵径约 3.5cm，横径 2.7cm，倒卵形或倒卵状椭圆形，果皮光滑，金黄色，囊瓣 5～7，少数 8 瓣，果肉及果皮均甜、有香气，种子 4～9 粒，11～12 月成熟。金弹较耐寒，是本属中果实品质最好、产量较高、果形较大、经济价值较高的一个种。优良品种有‘宁波金弹’‘融安金柑’‘蓝山金柑’等。

6. 长寿金柑　　别名月月橘、公孙橘、长寿橘、寿星橘。是金柑与橘的杂种，曾作种看待，命名为（*F. obovata* Tanaka）。矮生无刺，四季开花。叶短，椭圆形，先端圆基部尖。果较大，倒卵形，皮薄，囊瓣 6～7。果肉酸，经济价值不大，不耐寒。温州和福州作盆栽。

（三）柑橘属（*Citrus* L.）

常绿小乔木，具单身复叶，除枸橼外，叶有叶翼和节，叶脉明显，子房 8～18，通常为 10～14 室，每室有 4～8 个以上的胚珠，两行排列，种子单胚或多胚，胚白色或绿色。

本属包含大部分栽培的柑橘类，在分类上争论最大。目前比较系统的分类方法有两个：一个是施温格尔将柑橘分为大翼橙亚属和柑橘亚属，共 16 个种，8 个变种，其余则作为杂种和栽培品种；另一个是田中长一郎将柑橘属分为初生柑橘亚属和后生柑橘亚属，共 159 个种。两个分类系统差异甚大，尤其是对宽皮柑橘的分类。两个分类均有人采用，往往同一个种出现不同的学名，造成教学和科学研究上的不少困难，也表明这两个分类都存在或多或少的缺点。田中是根据果实的性状或微小的特征来分类，失之于宽，离柑橘的自然谱系太远。施温格尔的分类比较简便适用，但有人认为施温格尔的分类失于过狭，主张以施温格尔分类系统作为基础将田中的种归并到足以容纳的种中去，或补充增加一些种；也有人认为过宽的，如 Scora（1975）、Berrett 和 Rhodes（1976）除承认大翼橙亚属的几个种之外，对柑橘亚属只是承认柚 [*Citrus grandis* (L.) Osbeck]、枸橼（*C. medica* L.）和宽皮柑橘（*C. reticulata* Blanco）三个基本种。

柑橘具有下述特点，从而分类不易。

1. 多胚性 在进化过程中多数种类形成了种子的多胚性，同一种子存在有性胚和珠心胚，前者不能重现母株的性状。

2. 易于杂交 自然和人工都易于进行种间或属间杂交，甚至三属至四属间的杂交，这些杂交后代的有性胚和珠心胚都具有生殖能力而保留下来，造成了柑橘遗传上的高度异质性。在柑橘属中很难找到任何一个具有明显间断性状的种，在自然界中存在无数的两个、三个甚至四个种的杂交种，这些杂交种如果果实品质优良，则会被人们繁殖培养起来，不少栽培品种都是这些具有遗传上高度异质性的杂种后代。

3. 营养系变异 由于遗传基础高度的异质性，在环境变更或其他因素的刺激下常引起芽条变异、珠心胚变异及染色体变异等，在栽培环境下更易发生。从同一亲本会产生性状差异极大的后代和无性繁殖产生许多营养系品种，易被误认为许多不同的种。

现按我国习惯，根据其形态特征的不同将柑橘属分为下述六大类。

1. 大翼橙类 乔木，叶中大，叶翼发达，与叶身同大或过之，故名。花小，有花序，花丝分离。果中大，汁胞短钝。种子小，扁平。作砧木或育种材料。全世界已发现的大翼橙有 6 个种，4 个变种，我国现有两个种和一个变种，即红河橙、大翼厚皮橙和大翼橙。

（1）红河橙（*Citrus hongheensis* Y. L. D. L.） 系 1975 年在云南红河发现的大翼橙的一个新种。分布在海拔 800～1000m 的山地。乔木，单身复叶，叶翼特长，一般为 12.5cm，最长达 18cm，为叶身长度的 2～3 倍。总状花序，偶有单花，花蕾紫色。萼片边缘和表面均披毛。花白色，花径 3～3.5cm，花丝分离，花柱细长，子房连接处无关节。果大，横径 11～12cm，心室 10～13，皮厚，1.5～1.9cm。种子大，单胚。

（2）大翼厚皮橙（*C. macroptera* var. *kerrii* Swingle） 系美拉尼西亚大翼橙（*C. macroptera* Montr.）的一个变种，分布于我国云南南部及泰国和越南的北部等地。果大 8～9cm，12～13 心室，皮厚 1～2cm，多数果皮厚 1.2～1.4cm。叶大，翼叶与叶身等长或略短。花小，2cm 以下。

（3）大翼橙（*C. hystrix* DC.） 印度尼西亚、斯里兰卡、缅甸、马来半岛和菲律宾均有分布。叶小，先端钝尖，基部圆。花小，2cm 以下。果小，横径 4～6cm，10～14 心室，果面粗糙。

2. 宜昌橙类

（1）宜昌橙（*C. ichangensis* Swingle） 又名宜昌柑、宜昌柠檬。灌木状小乔木，枝有尖刺。叶狭长，一般长为宽的 4～6 倍。叶翼大，与叶身等长或过之。花为纯花芽，单生，下垂。花径 2.5～3cm，有紫花和白花两类型。雄蕊 20 枚，基部联合顶端分裂成数小束，花柱极短，柱头几与子房同大、早凋。果黄色，横径 4.5～5cm，扁圆形、圆球形或梨形，先端呈盘状或锥状突起，果面较粗糙，油胞突出，皮厚 0.2～0.4cm，囊瓣 9～10，砂囊不发达，几乎全被种子所占据。种子大，30～40 粒，偶有 100 余粒，棱脊显著，表面光滑。单胚或多胚，白色。果作药用。耐瘠瘠及耐阴，耐寒，能耐－15℃低温。在湖北的宜昌、兴山，重庆的江津等地均有野生。

（2）香橙（*C. junos* Sieb. ex Tan.）　又名橙子，日本称柚。施温格尔认为系天然杂种。中国原产，分布于湖北、四川、浙江、江苏、贵州等地。小乔木，树冠半开张，枝细长有刺；叶中大，椭圆形或卵形，叶翼宽大，倒卵形；果有特殊香气，中等大，扁圆形，两端凹入；果皮橙黄色，厚，粗糙易剥离，油胞较稀而凹入；汁胞淡黄、柔软，味酸，不堪生食。种子大，20～40 粒，表面光滑有棱角，单胚或多胚，白色或淡绿。品种有'罗汉橙''蟹橙''真橙'。树势强健，能耐－10℃左右低温，耐旱耐瘠瘠，抗病虫能力较强。可作砧木或育种材料，果供药用，果皮作蜜饯。日本作为温州蜜柑的靠接增根砧木。

（3）香圆　乔木，为宜昌橙与柚的杂种，也有作为种（*C. wilsonii* Tan.）看待。叶较小，卵圆形，叶翼中等。花大白色，有花序。果中大，扁圆至椭圆形，果顶有浅乳突，果皮深黄色，粗糙皱褶，油胞大，凹入，果皮不易剥离。囊瓣约 13 个，汁胞淡黄色、质较脆，味酸苦不堪食。种子较多，较扁平，棱脊明显，胚 2～3 个，子叶白色。湖北、四川、云南、浙江、贵州均有分布. 耐－10℃左右低温，耐旱，耐瘠瘠，可作育种材料，果供药用。

3. 枸橼类

（1）枸橼（*C. medica* L.）　别名香橼。我国西南和印度原产，世界各柑橘产区均有零星栽种。意大利、希腊和法国栽培最多，美国有少量栽培。在我国分布于云南、广东、广西、四川、台湾、福建等省（自治区）。不耐寒，广东以英德以南地区为宜，在浙江一带只在保护地或温室栽种。

灌木或小乔木，树冠开张，枝条稀疏交错。叶大，厚，长椭圆形，两端圆，几无叶翼，叶柄与叶身几无节。四季开花，嫩梢与花一般紫红色。花大，有完全花与雄花，雄蕊极多，约为花瓣的 9 倍。子房大，圆柱形，花柱有时宿存。果大，长椭圆形，黄色，香气浓。果皮粗厚，油胞凹陷。果肉白色或浅灰绿色，瓤囊小，汁少，味酸苦不堪生食。果实供药用、提香精油、糖渍、观赏等。种子多，形小、扁平、光滑，胚白色，1～2 胚。

枸橼可分为两大类，即我国栽种的酸枸橼与含酸量极低的甜枸橼，后者花蕾与嫩梢浅绿色，花柱宿存，如法国的科西加枸橼（corsican citron）。尚有一变种——佛手［*C. medica* var. *sarcodactylis*（Noot.）Swingle］。果实先端开裂，分散成指状或卷曲成拳状，多次开花。在广东以春分至清明或立夏前后开花多，结果好，其他时期花果少。浙江的金华、江苏的苏州一带栽培最盛。果作药用和观赏。

粗柠檬（rough lemon）是枸橼与柠檬的杂交种，作砧木用，广东已引种。意大利柠檬，果大似柚，皮薄，味酸，嫩枝叶、花均带紫色，叶大椭圆形似枸橼，但有明显小翼叶，广东汕头地区有少量栽培供果汁用。

（2）木黎檬（*C. limonia* Osbeck）　别名广东柠檬、楠檬。华南原产，印度称 Rangpur lime 与 Kusaie lime，也有人认为是柠檬和柑或橘的自然杂交种。广东、广西、云南、台湾、福建、贵州、四川等省（自治区）有少量栽种，印度次大陆、中南半岛南洋一带也有栽培。主要作砧木用，果作蜜饯、盐渍或调味。灌木状小乔木，枝条乱生，有刺，叶椭圆形，两端钝圆，叶翼线状，不明显。嫩叶与花紫红色。多次开花，花小。果小，圆形，皮薄，浅黄或红色，囊瓣 8～

9，果肉橙红至黄色，味酸，也有带甜类型。种子小，8～10粒，卵圆形，1～2胚，胚浅绿色。适宜温暖湿润。有两个品种：①'红木黎檬'，果肉与果皮橙红色；②'白木黎檬'，果肉果皮浅黄色。主要以'红木黎檬'作砧木用。

（3）柠檬[*C. limon*（L.）Burm.] 别名洋柠檬。原产地未明确，我国在宋朝已有栽种。目前四川栽培最多，广东、台湾、福建、广西等省（自治区）有少量栽培。国外以意大利的西西里、希腊、西班牙和美国加利福尼亚南部等为主要产区。树开张，枝梢有刺。叶中等大，淡绿色，卵状椭圆形，先端尖长，叶缘有锯齿，叶翼不明显。嫩枝叶及花紫红色，花大，花序先端数花，多为完全花，其下为雄花。果长圆至卵圆形，果顶有乳状突起。果皮黄色、光滑，具芳香气。果肉淡黄色、味酸，含柠檬酸3%～7%，维生素C丰富。种子少或多，1～2胚，白色。多次开花，鲜果供应期长。耐贮藏。作饮料和医药用，果皮提炼柠檬油，为枸橼类经济价值最高的树种。除'香柠檬'外，其他品种耐寒力弱。

（4）绿檬[*C. aurantifolia*（Christm.）Swingle] 别名莱檬。印度尼西亚原产，我国在云南、台湾、广西有零星栽种。果实含酸量较高，成熟最早，5～7月即采收，正是最需要酸果季节。鲜果作饮料、制露酒及调味品，果皮提炼柠檬油。不耐寒，易感梢枯病。树冠矮小、分枝多，有针刺。叶椭圆形，两端圆钝。在广东四季开花，但以冬、春最多。果小、球形，有小乳头状突起，皮薄，青绿色，肉浅绿。种子小，多胚，绿色。有两种类型：甜绿檬及酸绿檬，前者作砧木，后者作经济栽培。主要品种有'墨西哥绿檬'（果小）、'Tahiti'（果较大）等适宜高温湿润；'Bearss'适冷凉干燥。绿檬易与其他柑橘杂交，天然杂交种较多。绿檬可作为柑橘病毒病的指示植物。

4. 柚类

（1）柚[*C. grandis*（L.）Osbeck] 又名文旦、香抛、气柑、橙子。广东、广西、福建、湖南、浙江、台湾、四川、云南、贵州、湖北等省（自治区）均有栽种，亚洲以外的国家栽种不多。果实耐贮运，维生素C丰富（100mL果汁含维生素C 100mg左右），营养价值高；除鲜食及制汁外，果皮及未熟幼果供蜜饯、盐渍，种子榨油。树冠高大，植株寿命长，较丰产；嫩梢、新叶、幼果均有茸毛。叶大、卵圆形，叶翼大、心脏形。花大、多数簇生。果大，重500～2000g，梨形、圆形至扁圆形。果皮厚不易剥离，海绵层厚，白色或粉红色、玫瑰红色。囊瓣10～18，果肉白或浅红、玫瑰红色，味甜或酸，也有苦味的。种子大而多，30～150粒，楔形，表面有皱纹，单胚，白色。也有无核品种。耐寒力较弱。

我国柚类品种较多，果实大小、果形、果皮厚薄、品质、成熟期等差异较大。有些品种有自花不结实现象。

（2）葡萄柚（*C. paradisi* Macf.） 中美巴巴多斯原产。为柚与甜橙自然杂交种。四川、台湾、浙江、广东、福建有少量栽种。目前以美国栽种最多，是该国的重要柑橘树种之一；此外，加勒比海诸国、澳大利亚、埃及等也有较多栽培。葡萄柚对气候适应性较强，在湿润亚热带及热带以至干热沙漠地区均生长良好，适宜高温干燥气候。树性、树形与柚相似，但树冠较矮小，枝梢较纤细披垂，叶较小。新梢、嫩叶、幼果均无茸毛。果圆形至扁圆形，单果重400～500g；果常呈穗状似葡萄果穗，故得名。果皮软薄柔滑，不易剥离，淡黄、金黄或带粉红色。果肉淡黄、淡红至红色。囊瓣10～13，不易分离。汁多，味酸带苦。种子多或无核，多胚，白色。果耐贮运，鲜食或饮料用，维生素C含量高。品种较少，主要有'马叙'（'Marsh seedless'）、'红玉'（'Ruby'）、'汤普森'（'Thompson'）、'邓肯'（'Duncan'）等。美国自选出'马叙'葡萄柚后，葡萄柚的生产获得迅速发展。

5. 橙类

（1）甜橙［*C. sinensis*（L.）Osbeck］　　别名广柑、黄果，中国原产。分布在我国13个省（自治区），主产区为广东、广西、四川、湖南、福建、台湾、江西、湖北等，浙江、云南、贵州、陕西、安徽也有栽培，世界柑橘产区均有分布。甜橙树势中等，分枝较密、紧凑，树冠呈圆头形。叶椭圆形，叶柄较短，翼叶小。花萼无毛，花白色，单生或总状花序。果圆形至长圆形，果皮淡黄、橙黄至淡血红色，平滑而柔韧，也有在果皮上有几条明显的"柳纹"，油胞平生或微突，果皮难分离。囊瓣10～13，不易分离，果肉黄至血红色，果心小而充实，汁胞柔软多汁，有香气。种子无，或少至多，卵形或长纺锤形，多胚，白色。果实耐贮运，可作鲜食或制汁，果皮制药和作食品调料，提炼香精油。甜橙已成为世界上栽培面积最大的柑橘类果树，但其耐寒性较弱，栽培地域仍受一定限制。甜橙品种丰富，估计全世界优良品种达400种以上，依成熟季节可分早、中、晚熟品种，也分为冬橙和夏橙。从气候适应性而论，有的品种只能适应干旱的亚热带地区（地中海型气候），有的只适于湿润的亚热带地区（太平洋气候型），也有两种气候都适应的品种。从果实性状特点可分为普通甜橙、脐橙、血橙与糖橙。脐橙果顶有次生小果，突出成脐状，如'华盛顿脐橙'；血橙是在某种环境条件下汁胞呈血红色，如'红玉血橙'；糖橙的特点是果实含酸量极低，如'新会橙''柳橙'和'暗柳橙'；'新会橙'有些品系，果肉可溶性固形物含量为16%，酸为0.1%，固酸比达160∶1。糖橙种子的合点为乳黄色，而普通甜橙为暗褐色。

（2）酸橙（*C. aurantium* L.）　　中国原产。浙江、福建、江苏、湖南、四川、江西、湖北、广东均有分布，现已遍布世界各柑橘产区。性状与甜橙相似，常绿乔木，树冠较开张，枝有刺。叶卵形或倒卵形，叶柄较长，叶翼较大。花较大，白色，萼片有毛，花单生或总状花序。果圆或扁圆形，果皮粗厚，橙黄至橙红色，油胞凹生。果心中空，囊瓣10～12，果汁酸苦。种子多，黄白色，种皮多皱，多胚，白色。耐寒、耐旱力比甜橙强，可耐−9℃，多用于砧木。酸橙品种颇多，因品种特性不同，栽培利用也异，如'枸头橙'，耐寒又耐盐碱，为黄岩、临海等地早橘、朱红等的砧木。浙江、福建、江苏等省栽培的代代，花香气特浓，常用作熏茶和制香料。许多酸橙是天然杂交种，特性很不相同，'枸头橙'可抗柑橘速衰病，而'兴山'易感染速衰病。

6. 宽皮柑橘（*C. reticulata* Blanco）　　依其性状差异分为柑与橘两类，其共同特点是果皮宽松易剥，囊瓣易分离，故称为宽皮柑橘（loose-skinned orange）。柑与橘在我国分布最广，是中国乃至亚洲地区柑橘类果树中最重要的树种，其耐寒、耐旱、耐热性比橙类强，故在世界的分布地域也比橙类广，其栽培面积仅次于甜橙。

柑与橘在分类上最为混乱。田中（1954，1961）将柑和橘统称为蜜柑类（Acrumen），包括印度野橘（*Citrus indica* Tanaka）与立花橘［*C. tachibana*（Mak.）Tanaka］，共分为36个种；而Swingle（1943）除了认为印度野橘和立花橘是植物种之外，其余34个统作为一个种即柑橘（*C. reticulata* Blanco）。此外，尚有其他分类。例如，Scora（1975）、Berret和Rhodes（1976）对田中、Swingle的分类都认为只是一个种（*C. reticulata*）而已。本书按我国习惯暂以（*C. reticulata*）作为柑橘学名。

柑在栽培上一般分为普通柑类与温州蜜柑类。前者果中等大，果形略高，果皮稍厚，如'椪柑''四会柑''橨'等；后者叶较大，叶柄较长，花瓣反卷，一般无核，果皮薄而光滑。

橘分为黄橘类与红橘类。前者果小而扁，皮薄、黄色或橙色，如'本地早''乳橘''早橘'等；后者一般性状与黄橘同，唯果皮红色，如'朱橘''红橘'。此外尚有杂种类型。宽皮柑类的天然杂交种和人工杂交种很多。'蕉柑''King''Temple Orange'是柑与甜橙的天然杂交种，'韦尔金橘'（'Wilking Mandarin'）是'王柑'（'King'）与'柳叶柑'（'Willow Leaf'）的人工杂交种；'橘柚'（Tangelo）是橘与柚的人工杂交种。

三、柑橘的主要栽培品种

（一）普通甜橙类

1. '锦橙'　　　别名鹅蛋柑 26 号。1938 年，章文才教授与吴乾纪在四川省江津县从实生甜橙中选育而成。主产于四川、重庆，湖北、贵州、云南、江西等省也有栽培。锦橙由于丰产、质优、耐贮，是鲜食和加工兼优的良种。加工果汁其出汁率在 45% 以上，汁色深橙，味纯、香气浓，含糖量较高。在冬季温暖湿润地区具有广阔的发展前景。已选出不少核优系，如'开陈72-1''蓬安 100 号''北碚 447''铜水 72-l'等。湖北也选出'兴山 101 号'。

2. '冰糖橙'　　　别名冰糖包。系湖南省洪江市 1965 年从普通甜橙实生变异中选出。树势中等，树冠较小，枝梢较披垂。叶片窄小，主脉明显隆起。果实近圆形或椭圆形，平均单果重110～160g。果皮橙黄色，较薄，油胞平生，果面光滑。果肉脆嫩化渣，风味浓甜，汁多，富有香气，品质极佳，最宜鲜食。每 100mL 果汁含糖 11～13g，酸 0.3～0.6g，维生素 C 48.4～51.93mg，可溶性固形物 13%～15%。果实 11 月下旬成熟，耐贮藏。该品种具结果早，丰产稳产，品质极佳，耐贮运等特点。洪江市又从 2 号优系中选'仁 4 号''仁 5 号''靖冰 6 号'等优良株系，更具果大、质优、色艳、耐寒等特点。

3. '哈姆林甜橙'（'Hamlin Orange'）　　　原产于美国佛罗里达州，1960 年引入我国栽培，四川、福建、湖南有较大规模栽培，广东、广西、浙江也有少量栽培。哈姆林甜橙品质优良，熟期较早，产量高。除鲜食外，是理想的制汁品种之一。

4. '改良橙'　　　别名红肉橙、四维橙、漳州橙。系印子柑与福橘的嫁接嵌合体杂种。果肉有橙红、淡黄及半红半黄 3 种类型。主产于广东、广西、福建。耐藏性好。鲜食、加工均宜，较丰产稳产，广东湛江红江农场从改良橙中选育的红江橙被农业农村部评为优质果品。

5. '伏令夏橙'　　　别名佛灵夏橙、晚生橙。据欧洲古籍记载，系在 14 世纪由葡萄牙人从我国引入，后来从西班牙的巴伦西亚引种到美国的佛罗里达州，现主产于美国、西班牙等国，为世界栽培面积最大的甜橙品种。美国所产夏橙占世界夏橙总产量的 2/3，近年来巴西、阿根廷、墨西哥、古巴、意大利、摩洛哥、以色列、南非、阿尔及利亚、澳大利亚等国都竞相发展。我国于 1938 年由张文湘从美国带回四川栽培，现主产于四川、重庆，广东、广西、江西等省（直辖市）。

除栽培老品种外，四川在江安县已选出'江安 35 号'（原代号 73～35），现已在该县普遍推广。近年来又从美国、西班牙等国引回'奥林达'（'Olinda'）、'福罗斯特'（'Frost'）、'康倍尔'（'Campbell'）、'卡特尔'（'Cutter'）、'蜜奈'（'Midknight Valencia'）等伏令夏橙珠心苗新生系和'路德红肉夏橙'（'Robde Red'）等。

（二）脐橙类

1. '华盛顿脐橙'　　　别名抱子橘、无核橙、纳福橙。为美国加利福尼亚主栽品种之一。我国于 20 世纪 30 年代先后从美国和日本引入栽培，现主要分布于长江上中游一带的四川、重庆、湖北、湖南、江西等省（直辖市）。'华盛顿脐橙'品质优良、果大、无核、熟期较早，是世界著名的鲜食良种；通过芽变选种及珠心苗形成许多新的品种、品系，如重庆奉节的'奉园72-1'，具有产量更高、品质更好的特点。湖南'新宁''零陵花桥'等脐橙新品系，均具有丰产、优质的特点。

2.'罗伯逊脐橙'　　别名鲁宾逊脐橙，系1925年美国罗伯逊氏果园发现的华盛顿脐橙早熟枝变，成熟期较'华盛顿脐橙'早10～15d。1938年引入四川、湖北，现以四川及湖北秭归栽培最为集中，各甜橙产区也有栽培。本品种比'华盛顿脐橙'丰产、稳产，较早熟，耐热耐湿力与适应性较强，栽培范围广。经长期栽培，各地又陆续选育出一批优良株系，如四川'江安19号''眉山9号'和湖北'秭归35号'等。

此外从美国加州及西班牙引入的'纽荷尔脐橙'（'Newhall navel'），在我国江西、湖北、四川、重庆栽培，丰产、优质、果色鲜艳，表现出良好的适应性。

近年重庆等地引入栽培的晚熟脐橙如'班菲尔'（'Barnfield'）、'鲍威尔脐橙'（'Powell'）、'切斯勒特脐橙'（'Chislett'）等在重庆奉节等地表现出品质优、产量稳定的特点，3～5月成熟，有良好的发展前景。

（三）血橙类

'塔罗科珠心系血橙'（'Tarrocco Nucellar'）系意大利从塔罗科中选出，中国已引入。树势强健，无刺，几乎无翼叶。果实球形，果梗部稍隆起，果皮橙红色，单果重156.5～267.5g，果肉质地脆嫩多汁，风味极优。成熟时果面呈深浅不一的紫红色或带红斑，果肉也呈现紫红色斑。种子0～4粒，2～3月成熟。

（四）宽皮柑橘类

1.'椪柑'　　别名芦柑、冇柑。原产于我国华南，以广东潮汕地区、台湾南部、福建南部栽培最多，广西、四川、浙江、湖南、云南等省均有栽培。

椪柑具有适应性强、早期产量高、盛果期长、产量高、品质佳等特点，为我国宽皮橘中最优良的品种，适宜发展。主要品系有'硬芦'和'冇芦'，其中以'硬芦'栽培面积最大，品质最佳，'冇芦'则品质和耐贮性均稍逊。近年来，各地又从中选出一批少核或无核，高身、晚熟的芽变优系，如'南靖少核''高桶芦''长泰岩溪晚芦''汕头长源1号'等已在生产中推广。

2.'温州蜜柑'（'Satsuma Mandarin'）　　别名温州蜜橘、无核橘。原种为我国浙江宽皮橘的地方品种，500年前由日本僧人带回日本，经实生变异选育而成。

温州蜜柑丰产、稳产、质优，并有较强的适应性，耐寒、耐旱、耐瘠，对黄龙病、溃疡病也有一定的耐病力。除供鲜食外，是制罐的好原料。温州蜜柑易发生芽变，经长期选育形成了众多的品系。在我国分布很广，栽培面积也大，主要栽培的品系有'宫川早生''兴津早生''桥本''胁山''日南一号'等。

3.'沙糖橘'　　别名冰糖橘。原产于广东省四会市，广东、广西大量栽培。树冠圆锥状圆头形，主干光滑，枝条细长，上具针刺。叶片卵圆形，先端渐尖，基部阔楔形，叶色浓绿，边缘锯齿状明显，叶柄短，翼叶小，叶面光滑，油胞明显。果实近圆形，果小，橘红色；果皮薄而脆，易剥离，油胞突出明显、密集，海绵层浅黄色；囊瓣10个，大小均匀，易分离，橘络细，分布稀疏；中心柱较大而空虚；汁胞短胖，呈不规则的多角形，橙黄色，柔嫩多汁，清甜而微酸。近年大量推广华南农业大学选育出的无籽沙糖橘。

'金秋沙糖橘'（原始代号 CRIC32-01）是中国农业科学院柑桔研究所以'爱媛 30 号'为母本，'沙糖橘'为父本，杂交选育获得。果面橙红、果皮光滑，可溶性固形物 12%、总酸 0.4%，单一品种栽植或与无核品种混栽，表现无核。在四川、重庆地区栽培表现早熟，10 月中下旬采摘上市。

（五）柚类

别名抛、栾、文旦、气柑。我国各柑橘产区均有分布，以浙江、四川、重庆、福建、广东、广西栽培较多。主要的优良品种如下。

1.'玉环柚' 又名楚门文旦。系浙江玉环县从福建引入，经长期驯化变异而成，浙江玉环县主产。该品种果实呈高扁圆形，果肩倾斜，果顶凹陷，单果重 1000～1400g。果面橙黄色，有光泽，香味极浓，皮厚 1.88～2.20cm。果肉汁胞晶莹透亮，脆嫩化渣，汁多味香，风味独特，种子多退化。可食率 57%～58%，果汁率 84%～86.5%。每 100mL 果汁含总糖 9.21～9.5g，酸 1.08～1.19g，维生素 C 41～45mg，可溶性固形物 11%～12.5%。'玉环柚'适应性强，丰产、质优，可适度推广。

2.'琯溪蜜柚' 别名平和抛。文旦柚系列，原产于福建平和县琯溪河畔而得名。树冠半圆形，枝条开张、树势强健，适应性强。果实倒卵形，个大，单果重 1500～2500g，最大者可达 4700g。果皮较薄，为 0.8～1.5cm。果肉饱满，蜡黄色，汁胞晶莹透亮，柔软多汁，酸甜适中，香气浓郁。每 100mL 果汁含糖 9.17～9.86g，酸 0.73～1.01g，维生素 C 48.73～68.55mg，可溶性固形物 10.7%～11.6%。无核。果实于 10 月中、下旬成熟。（琯溪蜜柚）丰产稳产性能好，适应性强，品质优良，耐贮性强。

'红肉蜜柚'是由福建省农业科学院果树研究所从'琯溪蜜柚'优良芽变异单株选育而成的新品种，2006 年通过福建省非主要农作物品种认定。果肉红色，品质优良。'三红蜜柚'系'红肉蜜柚'芽变单株选育的新品种（闽认果 2013004），同为'琯溪蜜柚'品系。具有肉红、果皮绵红、套袋后外果皮显淡紫红的"三红"特征，果肉脆软、多汁化渣、酸甜适口、淡番茄味，为'琯溪蜜柚'品系的优良新品种。

3.'沙田柚' 原产于广西容县沙田，是我国柚的著名品种，各柑橘都有栽培。树势强健，树冠圆头形，枝条细长，较密。叶大，长椭圆形，叶端钝尖，翼叶较大，倒心脏形。果重 700～2000g，顶部微凹，有印环，印环处有放射状细轴条。蒂部有小短颈，蒂周有放射状条纹。果皮黄色，中等厚。果心小，充实。汁胞披针形，乳白色，排列整齐，汁少。果实可食率 56.4%，每 100mL 果汁含糖 9.95g，酸 0.38g，维生素 C 89.27mg，可溶性固形物 10.5%～11%。果实 11 月中旬成熟。极耐贮藏，可贮至翌年 5～6 月，风味仍好。本品种自花授粉能力较差，要配置授粉树或人工辅助授粉，才能获得高产。

（六）葡萄柚类

1.'马叙无核'（'Marsh Seedless'） 美国佛罗里达州原产。树势健壮，树冠高大，枝梢开张，果重 400～600g，圆至长圆形，果顶印圈不明显或无。果皮淡黄色，平滑而有光泽，皮厚 5～7mm。果肉淡黄色，瓤瓣柔软多汁，风味良好。种子少或无。贮运性能好。

2.'红玉'（'Ruby'） 植株的性状、果形、品质与'马叙无核'葡萄柚相同，唯红玉果面、海绵层、瓤瓣皮和汁胞呈深红色。

3.'邓肯'（'Duncan'） 是原始的葡萄柚品种，树冠高大、健壮，果大、扁球形或球形，基部有短放射沟，顶部有不明显印圈。果皮厚，淡黄色，表面平滑。果肉淡黄色，柔软多汁，甜酸适度而微苦。种子多，30～50 粒，较耐寒。

（七）柠檬类

'尤力克柠檬'（'Eureka'）　　原产于意大利。中国四川、重庆、广东、台湾也有栽培。树势强健，树冠圆头形，枝条粗壮，较稀疏，刺少而短小。叶片椭圆形，较大，翼叶无或不明显。果实中等大，单果重约 158g，长椭圆形，顶部有乳状凸起，乳状基部常有明显印环，基部钝圆，有明显放射状沟纹。果皮淡黄色，较厚而粗，油胞大。果心小而充实，瓤瓣梳形，不整齐，果肉柔软多汁，味极酸，香味浓。每 100mL 果汁含糖 1.48g，酸 6.0～7.5g，维生素 C 50～65mg，可溶性固形物 7.5%～8.5%。果实冷磨出油率为 0.4%～0.5%，出汁率 38% 左右。每果有种子 8 粒左右。

近年来，新引进的'清见橘橙''墨科特橘橙'（'Murcott'）、'不知火''天草''奥兰多橘柚'（'Orlando'）、'诺瓦橘柚'（'Nova'）等鲜食杂柑品种在各地也表现出良好的适应性。

此外，近年广西、云南、重庆栽培较多的"沃柑"（'Orah'）杂柑，为'坦普尔橘橙'与'丹西红橘'的杂种，是表现较好的晚熟杂柑品种；浙江、四川等地发展较多的'爱媛 28 号'（'红美人'），为自日本引进'南香'和'天草'的杂交品种，是表现较好的早熟杂柑品种。

四、生长结果特性

（一）根系（root system）

柑橘根系的和分布依种类、品种、砧木、繁殖方法、树龄、环境条件和栽培技术不同而异。柚、酸橙、甜橙等较深；枳、金柑、柠檬、香橼、柑和橘等较浅。枝梢直立的'椪柑'较深，枝梢开张披垂的'蕉柑''本地早'较浅。实生的较深，压条、扦插的较浅。土层疏松深厚、地下水位低的根系深，在水位低的砂质土壤可深达 5.1m，但在一般环境约深达 1.5m，以在表土下 10～60cm 的土层分布较多，约占全根量的 80% 以上。地下水位高或土质黏重的柑橘园，根系仅深约 30cm，绝大多数根接近地表分布。柑橘根系的分布宽度可达树冠的 2～3 倍以上，以 3～5 年生的水平根扩展最迅速。柑橘栽培应尽可能创造适于根群生长的、相当深的土壤环境。

柑橘是内菌根植物（endomycorrhiza），靠与其共生的真菌进行吸收活动。真菌能供给根群所需的矿质营养，并增强抗旱和抗某些根系病害的能力，缺乏这种菌根的柑橘苗不能正常生长。菌根需要在有机质丰富的土壤、每年种覆盖作物或施厩肥的柑橘园才能发挥其对柑橘的有利作用。

根群生长和吸收水分、养分，需适当的土壤温度。不同种类所需土温有差异。甜橙、酸橙、葡萄柚、柠檬等，在土温 12℃ 左右时根系开始生长，23～31℃ 时根系生长、吸收及地上部生长都是最好的。当土温降到 19℃ 以下时，根生长衰弱，稍粗的根伤断后伤口不易愈合和发根。在 9～10℃ 时根系仍能吸收氮素和水分，但降至 7.2℃ 即失去吸收能力，叶开始萎蔫。土温达 37℃ 以上时，根生长极微弱以至停止，地上部的生长及光合作用均不良。在土温 40℃ 以上的较长时间，则根群死亡。根群耐热性依柑橘品种不同而异，'伏令夏橙'的根在 46℃ 条件下可耐 20～60min。用热水试验'印度酸橘'（'Cleopatra'）和'粗柠檬'实生苗，50℃ 条件下 10min 均尚未受害；而酸橙和甜橙实生苗，49℃ 条件下 10min 均有一部分根群死亡，在 57.2℃ 条件下 20s

即有苗木死亡。据日本研究报道，枳和香橙根系生长适温较低，在土温10℃时开始生长，20～22℃根伸长活动最好，25～30℃时生长受抑制，低至5℃仍能吸收，但1℃时只有'香橙'还有吸水能力。

柑橘根对缺氧具有相当强的忍耐力，但要维持其生长，土壤空气中至少需3%～4%的氧气，能达到和大气相近的含氧量最为适宜。在2%以下时根的生长逐渐停止，含氧低于1.5%时根有死亡的危险。通气良好则细根多，土壤孔隙量和细根量呈正相关（表28-2）。'伏令夏橙''葡萄柚'等丰产园在25～75cm土层中孔隙量为9%～10%以上，而低产园孔隙量为5%～8.2%。土壤水分过多，氧气不足，同时产生硫化氢、亚硝酸根（NO_2）、氧化亚铁等，会使根系中毒腐烂枯死，特别是在夏季淹水几天便会产生硫化氢约达3mL/m^3，致使柑橘根中毒黑腐。

表28-2　土壤空气中氧气浓度对温州蜜柑生长的影响（陈杰忠，2011）

氧气浓度/%	新梢生长量/（cm，%）		全株鲜重量/（g，%）		地上部重量/（g，%）		地下部重量/（g，%）	
20	261	（100）	368	（100）	185	（100）	183	（100）
10	211	（81）	224	（61）	112	（61）	112	（61）
5	175	（67）	214	（55）	118	（64）	96	（51）
0	74	（28）	87	（24）	39	（21）	48	（26）

根在一年中有几次生长高峰，与枝梢生长呈相互消长的关系。在华南冬春温暖，土壤温度湿度较高，发春梢前已开始发根，春梢大量生长时，根群生长微弱；在大量春梢转绿后，根群生长开始活跃，至夏梢发生前达到生长高峰；当秋梢大量发生前和转绿后又出现根的生长高峰。在华东、华中一带早春土温过低时，常先发春梢后发根。据浙江黄岩柑橘研究所观察，'本地早'第一次发根一般是在春梢开花后，此时发根较少，至夏梢抽生前，新根才大量发生，形成第一次生长高峰，发根量最多；第二次高峰常在夏梢抽生后，发根量较少；第三次高峰在秋梢生长停止后，发根量较多。

（二）芽、枝干、叶

1. 芽（bud）　　柑橘芽由几片不发达肉质的先出叶所遮盖，每片先出叶的叶腋各有一个芽和多个潜伏性副芽，故在一个节上往往能萌发数条新梢。利用复芽这一特性，人工抹去先萌发的嫩梢，可促进萌发更多的新梢。新梢伸长停止后几天，嫩梢先端自行脱落，俗称顶芽"自剪"（self pruning），这削弱了顶芽优势（apical dominance），使枝梢上部几个芽常一齐萌发、伸长，成为生长势略相等的枝条，形成了柑橘丛生性强的特性。但枝梢上部的芽，生长势仍然较强，以下的芽生长势依次递减，上部芽的存在能抑制下部芽的萌发，故将枝条短截或把直立性枝条弯曲，均可促进下部侧芽发梢。在老枝和主干上具有潜伏芽，受刺激后能萌发成枝；根部在受伤或其他原因受刺激后，其暴露部分也会萌发不定芽（adventitious bud）而形成新梢。

2. 枝干（branch）　　枝干幼小时表皮有叶绿素（chlorophyll）和气孔（stoma），能进行光合作用，直至外层木栓化、内部绿色消失为止。柑橘枝梢顶芽自枯，形成合轴分枝，致使苗木主干容易分枝形成矮生状态。这种分枝生长的反复进行，称为曲线延伸，加上复芽和多次发梢，遂致枝条密生，呈干性不强、层性不明显的圆头形或近于圆头形的树冠（rounded crown）。

（1）**依发生时期分**　　柑橘枝梢依发生时期可分为春、夏、秋、冬。因季节、温度和养分吸收不同，各新梢的形态和特性各异（图28-1）。

1）春梢（spring shoot）。一般在 2～4 月底（立春前后至立夏前）发生，是一年中最重要的枝梢。因温度较低，水分不多，树体又经冬季休眠，贮藏养分较充足，发梢多而整齐，枝梢较短，节间较密，多数品种叶片较小，先端尖。春梢能发生夏、秋梢，也可能成为翌年的结果母枝。

2）夏梢（summer shoot）。一般在 5～7 月（立夏至立秋前）发生。因处在高温多雨季节，生长势旺盛，枝条粗长，叶大而厚，翼叶较大或明显，叶端钝。在自然生长下夏梢萌发不齐整。幼年树可充分利用夏梢培养骨干枝和增加枝数，加速形成树冠，提早结果。

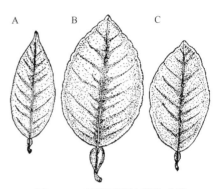

图 28-1　甜橙不同枝梢的叶形
A. 春梢；B. 夏梢；C. 秋梢.

发育充实的夏梢可成为来年的结果母枝。但夏梢大量萌发往往会加剧落果，应针对实际情况加以利用和控制。

3）秋梢（autumn shoot）。在 8～10 月（立秋至霜降前后）发生。生长势比春梢强，比夏梢弱，叶片大小介于春夏梢之间。8 月发生的早秋梢在华中一带、浙江、四川等都可能成为优良的结果母枝。但 10 月发生的晚秋梢因生育期短、质量较差，在暖冬年份才有可能成为良好的结果母枝。

4）冬梢（winter shoot）。为立冬前后抽生的枝梢。长江流域极少抽生冬梢，华南地区幼年树易萌发冬梢。早冬梢在暖冬年份及肥水条件好时，才能成为结果母枝，但冬梢的抽生会影响夏、秋梢养分的积累，不利于花芽分化，应防止其发生。

（2）依当年是否继续生长分　柑橘枝梢依其一年中是否继续生长，可分为一次梢、二次梢、三次梢。一次梢指一年只抽一次，如一次春梢、夏梢或秋梢，其中以一次春梢占绝大多数；二次梢是指在春梢上再抽夏梢或秋梢，也有在夏梢上再抽秋梢的，但以前一种情况为多；三次梢即在一年中连续抽生春、夏、秋三次枝条。华南有抽 4～5 次的。

（3）依抽生新梢的质量分　柑橘一年中枝梢抽生的数量和质量，是衡量树体营养状态及来年产量的重要标准。生长充实的春、夏、秋梢都可以分化花芽，成为结果母枝，抽生数量多，来年就可能多结果。栽培上把促进新梢的抽生作为幼树提早结果，成年树高产、稳产的方法。

1）柑橘的徒长枝（water sprout）：节间长，有刺，叶大而薄。树势较弱或叶片较少、叶幕薄的植株多在主干或主枝上抽生徒长枝。徒长枝往往长达 1～1.5m，影响主干的生长和扰乱树冠。着生部位适宜的徒长枝可利用作为各类枝梢的更新枝，衰老树的更新复壮可利用这一特性。对突出树冠外围的徒长枝可进行弯枝或摘心，使它变成结果母枝或抽生分枝，不需利用的徒长枝应随时除去。

2）柑橘的结果枝（bearing shoot）：一般由结果母枝顶端一芽或附近数芽萌发而成，但'椪柑''朱橘''年橘'等在一条枝连续发生 2～3 次梢的情况下，从春至夏秋各段梢也可以连续在叶腋萌发结果枝。结果枝分为无叶结果枝和有叶结果枝两大类，前者有花无叶，后者花和叶俱全。有叶结果枝的花和叶比例也有差别，有多叶一花，有花和叶数相等，也有少叶多花等。未达高产的幼龄结果树抽营养枝和有叶结果枝较多，老年树则营养枝少而无叶结果枝多。

有叶结果枝由于枝叶齐全，发育充实，因此具有营养生长和结果的双重作用，一般柑橘如'甜橙''蕉柑'等坐果率高，尤其是有叶顶花果枝，不仅当年结果良好，强壮者次年还可成

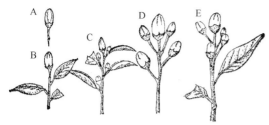

图 28-2　甜橙的几种结果枝类型

A. 无叶顶花果枝；B. 有叶顶花果枝；C. 腋花果枝；D. 无叶花
序枝；E. 有叶花序枝

为结果母枝。但有叶顶花果枝生长势过强时，也会抑制花蕾发育而中途落蕾。柠檬以无叶花序枝结果最好，在四川'柚'的无叶花序枝和少叶多花的结果枝也是可靠的结果枝。'金柑'的结果枝为无叶单花枝（图28-2）。

3）结果母枝：着生结果枝的枝梢统称为结果母枝。柑、橘、橙等的春、夏（浙江本地早例外）、秋梢只要健壮充实，都可能分化花芽成为结果母枝，多年生枝也能抽生结果枝，但数量较少；荫蔽的枝条往往经数年才能成为结果母枝。在同一株树上各种结果母枝的比例常随种类、品种、树龄、生长势、结果量、气候条件和栽培管理情况的不同而异。四川的成年'甜橙'均以春梢为主要结果母枝，也有少量以二次梢即春秋梢为结果母枝的。据华中农业大学调查，温州'密柑'幼年树均以夏梢为主要结果母枝，其次为春梢、秋梢，随着树龄渐长，春梢成为主要的结果母枝。华南大部分地区幼龄结果树均以秋梢为主要结果母枝，但秋旱山地则以晚夏梢为主要结果母枝，盛果期的丰产树，春梢、夏梢或秋梢是主要结果母枝，老年树几乎完全以春梢为结果母枝。

3. 叶　柑橘叶片除'枳'为三出复叶外，其余都是单身复叶；叶身与翼叶间有节，以保留复叶的痕迹。翼叶大小因种类、品种不同而不同。'大翼橙'和'宜昌橙'翼叶最大，'柚'次之，'香橼'几乎无叶翼，叶身与翼叶间几乎无节。叶片大小以柚类最大，橙类、柠檬及柑、橘等次之，'金柑'最小。叶片的形态、色泽、香气及其他特征，是区别种类、品种的重要标志之一（图28-3）。

柑橘叶片也是贮藏有机养分的重要器官，叶片贮藏全树氮素的 40%以上，以及大量的

图 28-3　柑橘的叶片形状

A. 枳；B. 金柑；C. 枸橼；D. 柚；E. 宽皮柑橘

碳水化合物（carbohydrate）。叶片的健康情况，能明显反映树体的生理状况和矿质营养状况。随着叶片的发育，其成分也有变化。'甜橙'叶片在 6 周龄、叶片大小定型时，氮、磷、钾含量最多，随着叶龄衰老养分含量降低，即有部分氮、磷、钾在正常落叶前回流树体。如果出现不正常落叶，光合效能和树体养分均损失大。

柑橘叶片寿命一般为 17～24 个月。据调查，树势强健的'甜橙'丰产单株，绿叶层厚，叶大色浓绿，1 年生叶片占 66.11%，2 年生叶片占 27.45%，3 年生叶片占 5.8%，4 年生叶片占 0.64%。叶片寿命的长短与养分、栽培条件密切相关，在一年中新梢萌发后有大量老叶自叶柄基部脱落，尤以春季开花末期落叶为多；外伤、药害或干旱造成的落叶，多是叶身先落，叶柄后落。叶片早落对柑橘生长、结果和安全越冬都不利。栽培上促使叶片生长正常、扩大树冠叶面积、提高光合作用效能、保护叶片、防止不正常落叶，是增强树势、提高产量的重要措施。

（三）花芽分化

1. 花芽分化的时期　亚热带地区大多数柑橘种类是在冬季果实成熟前后至第二年春季

萌芽前进行花芽分化（flower bud differ-rentiation）。同一品种在同一地方也因年份、树龄、营养状态、树势、结果情况等不同而有差异，在同一植株上以春梢分化较早，夏梢、秋梢次之，即使同时期的枝梢也有差异。花芽的形态分化（floral morphogenesis）可分为 6 个阶段（图 28-4）。'尾张温州蜜柑'花芽从 11～12 月开始分化，花芽分化的各个时期长短不一，其中花萼形成期延续时间较长（11 月至翌年元月），雄蕊、雌蕊分化则比较集中（2 月中旬至 3 月中旬）。

2. 花芽分化的生理变化 柑橘枝梢内碳水化合物和含氮物质的变化与花芽分化关系的相关研究资料表明，柑橘枝梢内碳水化合物（carbohydrate）和含氮物质（nitrogenous matter）的含量大都在 11 月至翌年 2 月间达到较高水平，且碳水化合物占优势，这个时期正是大多数亚热带地区的柑橘花芽分化期。因此，这期间在栽培上必须促进这些物质的积累，达到符合花芽分化和形成良好花芽的水平。

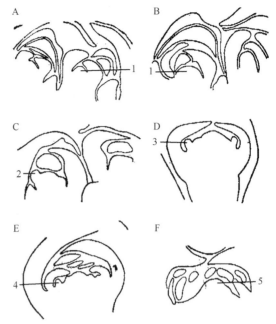

图 28-4 甜橙花芽分化各时期的特征（仿刘孝仲等）
A. 分化前期，生长点比较尖；B. 形成初期，生长点顶端变平，横径继续扩大并伸长；C. 萼片形成期，花萼原始体出现；D. 花瓣形成期，萼片内部花瓣原始体出现；E. 雄蕊形成期，花瓣内雄蕊原始体出现；F. 雌蕊形成期，雌蕊原始体出现。1. 生长点；2. 花萼原始体；3. 花瓣原始体；4. 雄蕊原始体；5. 雌蕊原始体

柑橘花芽分化期树体细胞液浓度比较高，秋季当温度降至 13℃ 以下时，柑橘树体内的淀粉开始转化为糖；枝叶内可溶性碳水化合物或糖的浓度随温度的降低而在冬季达到最高。据对 6 年生'蕉柑'花芽分化期叶片中糖分代谢的变化研究发现，在花芽分化活动初期（11 月初），叶片中淀粉积累减少，可溶性糖增加，还原糖含量较高；当还原糖显著减少，蔗糖和淀粉稳定增加时，开始了萼片的分化（2 月初）。在花芽分化活动初期，淀粉由合成趋向分解，水解比合成占优势；相反，由水解转向合成积累时开始了萼片的分化。大多数有花植物要有最低限的叶数、最低限的碳水化合物含量、最低限的糖液浓度才能成花。柑橘花芽分化前组织内脯氨酸浓度增加，并超过其他氨基酸。低温处理使'伏令夏橙'树体内糖、脯氨酸含量和细胞液浓度增加，使'甜橙'嫁接苗的核糖核酸和乙烯量增加。

花的发育需要丰富的营养物质。花含氮、磷、钾量很高。'伏令夏橙'盛开的花含氮量占干物质重的 4.5%，钾为 3.24%。'巴拉狄柑' 10 000 朵鲜花重约 1kg，含氮、钾各约 20g。

（四）开花结果

亚热带地区的柑橘一般在春季开花，开花期的迟早、长短，依种类、品种和气候条件的不同而异。华南地区开花较早、花期较长，华中地区较迟、较短，如湖南'甜橙'在 4 月中旬开花，温州'蜜柑'在 4 月底至 5 月初开花，整个花期约 10d；重庆'江津甜橙'在 3 月末或 4 月中初花，花期 10d 左右；华南地区'甜橙'一般在 3 月上中旬开始开花，花期 30～40d，盛花期 10～15d。同一地区同一品种因树势强弱和开花期的温度、水分条件不同而异；树势强、有叶结果枝较多、低温阴雨，则花期迟而长；高温晴朗或树势弱、无叶结果枝多，则花期早而短。山地与平地花期也有差异，不同年份花期相差1～2周以上。

柑橘花的大小、花瓣形态、雄蕊花丝分离或联合、雄蕊与雌蕊位置的高低、着生的方式等，依种类、品种不同而异，表现了系统发育的亲缘关系，也是分类的依据。

柑橘花有完全花（perfect flower）和退化花（imperfect flower）。通常雄蕊先熟，‘甜橙’柱头成熟后6～8d仍能授粉。一般授粉后经30h左右，花粉管才到达胚珠，再经18～42h完成受精。柠檬从花粉萌芽经柱头到达胚囊的时间为：春花8d、夏花3d、冬花15d。也有报道指出‘积壳’要经28d才完成受精。柑橘大多数种类、品种需经授粉受精才能结果，但‘温州蜜柑’‘南丰蜜橘’‘华盛顿脐橙’及一些无核橙、无核柚不经受精即能单性结实（parthenocarpy）。单性结实通常有以下几种情况。

（1）生殖器官不育（sterile reproductive organ）　多数无核品种都是因雌蕊或雄蕊，甚至两生殖器官不发育而结成无核果。‘华盛顿脐橙’主要是花粉高度无能，雌性器官也高度不育，经人工授粉可结成少量少籽的果实，或在自然结果中也偶有1～2籽的果实。‘温州蜜柑’主要是花粉不育，但在温暖的亚热带地区或低温地区的高温年份，以及在15～20℃的温室中，均形成较多的能育花粉。低温导致花粉液胞期的营养——尤其是碳水化合物的缺乏而饥饿，致花粉退化；而在温暖环境下花药内的淀粉积累增加，碳水化合物代谢增强，因而花粉能育。‘温州蜜柑’大部分雌性器官机能也退化，经人工授粉比‘脐橙’易结有核果，但因系统不同所结果的种子数目有差异，早生温州比普通温州的胚不孕性高。花期喷布石硫合剂、西维因或其他避忌剂防止昆虫传粉，对减少有核果有一定效果。

（2）自花不亲和（self-incompatibility）　柚自花不亲和的品种较多，‘克里曼丁橘’、泰国‘高斑柚’（‘KoaPan’）和‘高甫安柚’（‘KoaPhuang’）等单品种栽植则结成优质的无核果。

（3）胚早期死亡　‘南丰蜜橘’自花、异花授粉均结成无核果，使胚受精后退化消失。单性结实的原因是这些品种的子房壁含有较多的生长素或经花粉刺激后能产生较多的生长素，可满足果实成长的需要。

五、对生态条件的适应性

柑橘属于热带雨林或亚热带常绿阔叶林高乔木下的常绿小乔木或灌木。原产地为温暖的气候、有机质和水分丰富的土壤及部分荫蔽的环境，形成了柑橘常绿、耐阴、不耐低温、根部好气好水、要求土壤有机质丰富的特性。

（一）温度

温度是影响柑橘栽培分布的主要因素，关系柑橘的生存与产量品质。柑橘在世界上的栽培分布相当广泛，但无论中国和世界目前柑橘的栽培，绝大多数都分布于年平均气温15℃以上的地区，少数地区略低于15℃，绝对最低温度不低于−11～−10℃。一般认为，−9℃是中国栽培‘温州蜜柑’的安全北限，−7℃是栽培甜橙、柚的安全北限。因此，必须考虑当地周期性大冻年份出现的绝对低温。耐寒力除与种类、品种有关外，还受其他因素的影响。

在恒温条件下，‘酸橙’种子的最低萌芽温度为12.8℃，比‘甜橙’低些，多数柑橘类种子的萌芽最适温度为31～34℃，高达40℃则无萌芽。在短期水培下枝梢生长最适的水培液温度为23～31℃，在37～38℃停止生长，与根系的适温范围一致。但柑橘生长在周年变更的昼夜气温和土温的不同组合的环境中，同一品种物候不同，对这些最适的温度组合要求也不同，不同种类品种差异更大。通常在土温为 12℃以上才能萌芽；在 15.6℃以上嫩梢才能伸长迅速。大田调查研究证明，亚热带柑橘春梢的萌发是由早春的土温变暖所诱发的。温室中的'脐橙'（枳砧）枝叶的干物重量，在 13～31℃时随土温升高而增加。

柑橘有相当强的耐热能力，柑类和葡萄柚能忍受 51.7℃的骤热，但不适当的高温会造成果皮着色不良、果汁少等弊病，如高温同时伴随干燥，温度虽不过高，花果新梢也会受损伤。

柑橘正常生长发育要求一定的有效积温（effective accumulative temperature）。有效积温有多种计算方法，通用有两种：①以 12.8℃作为起算温度，以 3～11 月各月份的多年平均月温减 12.8℃，再乘各月的日数累加为有效年积温。选择其品种的南限、北限及其适宜地点或名产地，可推算出该品种的适宜积温。例如，'柠檬'最适有效积温为 1500℃，在 1800℃以上则生长旺盛而栽培困难。'华盛顿脐橙'以 1700～1900℃为最适宜，1400℃以下太低，2800℃以上太高。②采用气象学通用的计算标准，10℃以上的日温加以计算，中国柑橘产区自北到南，年有效积温为 4500～9000℃。因种类品种不同而适应范围不同，如'柠檬''脐橙''锦橙''温州蜜柑'等以 5000～6000℃为适宜。'温州蜜柑'在韶关以南品质不良，以年平均气温 15℃以上、20℃以下、绝对低温−9℃以上的地区为宜，而经济栽培以年平均气温 16～17℃、−5℃以上为最适宜。'蕉柑'能耐−7℃的低温，但在韶关以北则低产质劣，大致要在年平均气温 21～22℃、冬季气温极少降至−2～−1℃以下的地区，最能发挥其丰产性和优良品质。'椪柑'的适应性比'蕉柑'广，较能耐寒耐热，在海南岛南部的万宁市（年平均气温 25℃）出产的'椪柑'早熟，品质也优良。适于华南栽培的品种，多不宜于在低温的华中地区早培，反之亦然。除受温度的影响外，湿度、雨量对栽培也有很大影响。'伏令夏橙'树体耐寒性相当强，但要考虑其越冬果实不能在−3℃以下，冬季温度低则糖积累少而酸味强，冬季温暖则果实能充分膨大，果肉柔软，风味优良。

（二）光照

柑橘虽耐阴，但要高产优质仍需有较好的光照。'甜橙'等在日照较长的情况下，对氮的利用率较高。光照足，叶小而厚，含氮、磷也较高。枝叶生长健壮，花芽分比良好，病虫害减少，高产，果实着色良好，提高糖和维生素 C 的含量，增进果实品质和耐贮性。反之，若栽植过密，树冠严重交错，则枝梢细长软弱不充实、叶薄易黄落；花少，畸形花多，落花落果严重，果实着色不良，含糖量低，甚至连年无花，病虫害较多。但阳光过强也不利于柑橘生长，如夏秋阳光猛烈加上高温，往往引起树冠向阳处的果实或暴露的粗大枝干被日灼。特别是广东，烈日照射地面，引起地表龟裂和增高土温，伤害浅生的根群，或骤雨导致畦间积水，或大雨造成淹浸，烈日迅速升高水温而加剧水害。在华南由于日照强、温度高、冻害不严重，因此不少地区选北坡、东北坡栽培柑橘，尤其在高山重叠、互相掩蔽、日照较短、荫凉、土壤肥沃深厚、排灌便利的小环境，柑橘生长结果良好、寿命长。国外高温少雨的沙漠地区，用椰子、枣椰子及油梨等作荫蔽树，柑橘生长、产量、品质均良好，冻害也较轻。

柑橘耐阴性的强弱依种类、品种、树龄、物候期等的不同而有所不同，'宽皮柑橘'耐阴性最弱；'甜橙'在树冠内也能良好结果；而'温州蜜柑'多在树冠外围结果。通过修剪改善树体的光照条件有显著效果。对在树冠外部结果良好的品种，最好形成波浪形的树冠，使光线能透进树冠内部，促使内部枝条结果。此外，幼树比成年树耐阴，冬季相对休眠期较萌芽、开花、枝梢生长和果实的着色成熟期耐阴，营养器官较生殖器官耐阴，因此幼树冬季包草防寒，只要方法得当，对枝叶无不良影响，但萌芽前一定要及时松包。

（三）水分

柑橘系常绿果树，从年降水量（annual precipitation）仅 20～30mm（埃及）至 3000～4000mm（日本鹿儿岛、印度阿萨姆）的地区都有柑橘栽培。夏干亚热带和夏湿亚热带各有其适宜的品种。地中海沿岸诸国和美国的加利福尼亚州属夏干区，雨水少，集中冬季降雨，其他季节几乎无雨，靠灌溉供应水分。在年降水量 200～600mm 的地区要想得丰收，需灌相当于 800～1000mm 雨量的水。中国、日本和美国佛罗里达州等属夏湿区，雨量多，冬季降雨比其他季节少。在柑橘生长季节降雨，可以降低灌溉成本，尤其是灌溉有困难的山地，降水量更为重要。但降水过多又易发生湿害及光照不足等不良影响。推算柑橘年蒸腾蒸发量为 750～1250mm，年降水量以 1200～2000mm 较为适宜。我国大多数生产区年降水量都在 1200～2000mm。

夏干区的主要品种有'血橙''伏令夏橙''脐血橙''脐橙''Cadenera 甜橙''尤力克柠檬''柳叶柑''克里门丁橘''葡萄柚'等，其中有些品种有较强的气候适应性，如'伏令夏橙'最宜于冬暖夏凉的夏干区，但热带及高温的夏湿亚热带也适宜；'葡萄柚'适宜高温干燥气候，也适宜于温暖的夏湿亚热带。此外，'红玉血橙''脐血橙''Villafranca 柠檬'也适宜于温暖夏湿亚热带栽培，'华盛顿脐橙'在降雨不太多的夏湿区也可栽培。中国和日本的品种及'哈姆林甜橙'、'Parson Brown 甜橙'、'凤梨甜橙'（'Pineapple Orange'）、'Temple 柑'、'王柑'、'绿檬'、'杂种柠檬'等均为夏湿区的主栽品种。

（四）风

对柑橘的影响随风力强弱和季节变化而异，微风可防止冬春霜冻和夏秋高温危害，增强蒸腾作用，促进根系的吸收和输导，改善园内和树冠内的通风状况，降低湿度，减少病虫害。采收期有微风可减少果品的腐烂。但大风对柑橘有很大的破坏作用，可削弱光合作用，加速土壤水分蒸发而加剧旱害，妨碍授粉。夏秋的干旱大风常造成锈壁虱和红蜘蛛的大量发生及蔓延；冬季的大风常伴随低温寒冷，加剧柑橘的冻害。沿海各省尤其是华南在生长季节受台风损害，轻的使枝叶果实机械损伤，加剧溃疡病害，重的树倒枝折，落果严重。台风也会带来过量的雨水，造成湿害。个别地区台风夹着带盐分的海水，往往使枝叶干枯，根群腐死，引起植株死亡。因此，在选地建园时应注意地势、坡向的选择并采用其他农业措施减轻风害。

（五）土壤

柑橘在山地、平地、江河冲积地和海涂均能栽培成功。对土壤的适应性较广，如红壤、黄壤、紫色土、冲积土及壤土、砂土、砂壤土、砾壤土、黏壤土等均能利用。柑橘吸收根分布的深度和密度对高产稳产有影响，要求土壤深厚、疏松肥沃。良好的柑橘园地，应具有良好的物理性能，无硬土盘或砂石层阻隔，雨季能降低水位达 0.8～1m 以下，能达到 1.5m 更佳。柑橘园一般土壤耕作层需要含有 2%～3%的有机质，最好能达到 5%，砂质土最低限要有 0.5%的有机质。因此，在深耕改土中需加入大量的有机质，每年的施肥也应补充大量有机质肥料。

柑橘对土壤酸碱度的适应范围较广，在 pH 4.8～7.5 均有栽培并获丰产，而以 pH 6.0～6.5 最适宜。土壤酸碱度能改变土壤的理化性质，直接影响微生物的活动和营养元素的分解，进而影响土壤中营养物质的可溶性和树体对这些营养物质的吸收。在 pH 5.5 以下易使铝、锰、铜、铁等变为可溶性而导致过量及磷、钙、镁、钼的缺乏，尤以在 pH 4 以下为甚。铝、铁、锰等过多，对柑橘根有毒害。而在 pH 7.5 以上时锰、铁、硼、铜、磷等的可溶性又会剧减，对柑橘生理有不良的影响。因此，应经常调整土壤的酸碱度。

土壤质地对果实有一定的影响，如土壤为砂质时保肥力较弱，在果实成熟期以前缺乏氮肥的情况下，树势有所减弱，根和枝的生长受到一定抑制，叶合成的碳水化合物及其他营养主要消耗于果实发育和成熟，果皮薄滑，着色较早，酸少味甜；若土壤深厚而稍黏重，排水略差，但腐殖质丰富，保水保肥力好，树势旺盛，果大，皮粗厚，酸味浓，一般耐贮藏。

（六）地势、坡向

柑橘适于山地生长，因山地一般排水通气良好，根系深，树龄长。山地还可选择适宜的小气候，利于柑橘栽培，如利用山坡逆温层发展柑橘，可免受或减轻冻害。在山岭重叠、峰峦起伏的低谷地，土层较深厚肥沃，植株的生长发育良好；但在北缘地区因山谷地冷气停滞，又易积水，常会出现寒害。

山地坡向直接影响日照量、温度、水分、风等，间接影响树势、产量、果实外观及品质。南向日照时间最长，光量最多，在低温地区一般是最优的方向。但在高温地区夏季升温快，土壤表层的细根常受热伤，强光照射又造成旱害，诱发日灼使树势减弱，生长受阻，易出现大小年结果。北向受光量少，蒸发量小，土壤含水量高，尤其对面又有山坡阻挡北风和反射日光更为理想。但在低温地带，北向冬季日照少，气温、地温不足。东向一早即受到太阳光，枝叶朝露早干，气温上升早，枝梢生长良好，果品优良。但在低温地带，早上已霜冻的树体及枝叶，受朝日照射，树温很快升高，霜冻融解快，反易受冻害。西向冬季下午受西日照射，树体温度高，生理活动旺盛，日落后由于气温急剧下降，易受寒害，日烧病也较多，是柑橘栽培最劣坡向。

六、栽培技术

（一）苗木繁育

1. 常用砧木

（1）枳　　耐寒性最强，主根较浅，侧根、须根特别发达，喜微酸性，抗盐碱力弱，耐湿，适于水分充足、有机质丰富的壤土或黏壤土，抗脚腐、流胶、根线虫、速衰等病。'枳'砧嫁接后结果早，丰产，较早熟，皮薄，色佳，糖分高，较耐贮藏，树龄较短，砧部肥，大多皱褶。小花类型的枳作砧矮化，大花类型则半矮化。主要作'温州蜜柑''瓯柑''椪柑''红橘''南丰蜜橘''金柑''甜橙'等砧木。嫁接'本地早''槾橘'等表现后期不亲和。

（2）枸头橙　　主产于浙江黄岩地区，为当地主要砧木。树势强健高大，根系发达，耐旱、耐湿、耐盐碱，寿命长，冬季落叶少，产量高，平地、山地、海涂均表现良好。常作早熟'温州蜜柑''本地早''早橘'等的砧木。重庆江津作'先锋橙'砧木，骨干根特别粗壮坚硬，结果迟，株产仅次于枳砧，树干易受脚腐病及天牛等危害。

（3）酸橘　　主根深，根系发达，耐旱耐湿，对土壤适应性强，嫁接后苗木生长快，树冠健壮，直立，丰产，稳产，长寿，果实品质好。结果较'红木黎檬'砧稍迟。粤、桂、闽、台湾用作'椪柑''蕉柑''甜橙'等的砧木。巴西等国的试验证明，酸橘与甜橘都是抗速衰病的砧木，抗盐性强，对钙质土也相当适应。与'温州蜜柑'柠檬的亲和力差，寿命短。粤、桂、闽的酸橘砧'温州蜜柑'，易患青枯病。重庆江津试验认为，酸橘和'红木黎檬'同是'先锋橙'早果、丰产的砧木。对流胶病、天牛等抗性较差。

（4）'红木黎檬'　　砧苗生长旺盛，皮层较厚，易嫁接成活。生长快，结果早、丰产，果大。耐湿、耐盐碱，抗速衰病，易患脚腐病、疮痂病。根系发达，但分布浅，易受风害，不耐旱、寒和瘠瘦，易衰老，寿命较短。土壤肥沃、栽培条件良好才能丰产，不适于栽培在条件差的丘陵山地。与'红木黎檬'同种的'浪普木黎檬'（'Rangpur Lime'）也抗速衰病，对多种危害根、树干病害抗性强，对盐和钙抗性强，较耐硼毒，植株矮生。

（5）'红橘'　　根系发达，生长强健，树干直立光滑。福建嫁接'椪柑'后寿命长，抗旱力比'雪柑'强，较耐寒，适于山地栽培。在重庆作'甜橙'砧木表现为树高大，但结果迟，产量和品质不及枳砧。

（6）'香橙'　　根深，多粗根，树势强健，木质坚硬，寿命长。抗旱抗寒，较耐热、耐瘠瘦，耐湿性较差，抗天牛、脚腐病及速衰病，苗期易患立枯病。嫁接后树冠高大，产量高，果形大，成熟期稍晚，盛果期迟，初果期稍低产。重庆江津园艺试验站试验表明，'香橙'为柠檬的优良砧木，嫁接'先锋橙'较矮化，枝粗密集，树冠紧凑，结果密度大，果大，深橙红色，风味浓，微有香气。与'温州蜜柑''椪柑'亲和良好。'香橙'砧主根深，细根少，移植时要注意减少伤根。

（7）'朱栾'　　又名酸架、大红橙（温州）。根系发达，抗性较强，嫁接愈合良好，幼苗生长快。较耐盐碱，耐寒抗旱力弱。浙江作'瓯柑''土橘'及'樟橘'等的砧木，表现良好。

（8）柚　　主要作柚的共砧，嫁接成活率高，根深，大根多，须根少，树势高大。适宜于深厚、肥沃、排水良好的土壤。抗根腐病、流胶病及吉丁虫，不耐寒。抗盐碱在'海涂'作砧木，生长良好。

（9）枳橙　　根系发达，生长势旺，耐旱、耐瘠、耐寒，抗脚腐病，不耐盐碱。嫁接'甜橙''温州蜜柑'稍矮化，早结、丰产，成熟期早；在浙江黄岩与'本地早'不亲和。

2. 砧木苗的繁育　　华南无霜冻地区，宜秋冬播种。根据广东广州、汕头的经验，'红木黎檬'、酸橘等最迟也要在冬至前后播，发芽快，生长整齐、病害少，两年可出圃；迟至1月播种，则发芽慢不齐，1～2年达到出圃的苗数少；2～3月播种，发芽齐，苗生长快，但幼苗嫩弱，与1月播的一样，在4～5月高温多雨时易患立枯病及疫病。闽北、桂北、粤北及华中等地区，多在2～3月播种，若土壤干湿适度，则明春发芽早而整齐。为达到早播种，早出芽，早成苗，枳嫩籽可在7月下旬至9月上旬播种，注意覆盖、淋水、防高温干燥，12月或次年春发芽前可移栽。四川用温床或营养钵育苗，12月播枳籽，3月中下旬苗高14～15cm时移栽露地，当年夏秋多数可嫁接。广东用塑料薄膜覆盖育苗，比对照早20～25d出土，当覆盖的薄膜内温度超过36℃时，适当揭开薄膜炼苗，避免徒长。

每公顷床苗可移栽10hm²，播种量为所需砧木量的1～2倍。浙江用枳种子每公顷需210～225kg。四川条播用300kg，撒播600kg。广东汕头播种酸橘籽的用量，根据出圃苗龄的不同而异：选移壮苗2年出圃，每公顷撒播酸橘种子375～450kg，360～375万粒，3年出圃则播270～300kg，约225万粒。播后用木板轻压畦面，使种子入土，盖河沙、火烧土或细土至不见种子为度，再盖稻草3～4cm，用草绳把稻草固定后充分浇水。

3. 嫁接　　柑橘芽变较多，要认真选优保纯去劣。要从无检疫病虫对象、生长正常的成年果园中，选连续多年丰产优质的单株作优良母树。在树冠外围中上部剪取生长充实壮健、芽眼饱满、梢面平整、叶片完整浓绿、有光泽、无病虫害的优良结果母枝作接穗。具体内容参照本书第四章。

（二）柑橘容器育苗

国内外先进的柑橘产区广为利用柑橘容器育苗。其主要技术要点如下。

1. 塑料大棚或玻璃温室　　塑料大棚有单栋和连栋系列，装配热镀锌钢管骨架，大棚呈半圆拱形，顶高 4~5m，单跨有 6m、8m、10m 等不同规格，长约 30m，单栋大棚面积 330m² 左右，可育苗 6500~8000 株。除塑料大棚外，近来采用浮法玻璃建造连栋玻璃温室，单拱跨度 9.6m，顶部及四周采用 5mm/4mm 厚浮法玻璃，天沟高 3.0~4.0m，顶高 4.2~5.2m，开间 4m 左右。温室内装配微型喷灌或滴管系统。现代化的温室应用自控系统控制温室的光照、温度、湿度和肥水管理。

2. 育苗容器　　有播种穴盘或播种盒与育苗钵。播种盒用于砧木播种，用黑色硬质塑料压制而成，一个播种盒分为 5 个小方格，10 个播种盒连在一起组装在铁栏架上，可播 50 粒种子。育苗钵用于培育嫁接苗，由聚乙烯薄膜压制成型，钵呈圆柱形，直径 15cm，高 30cm，钵底有 8 个排水孔，每钵育苗 1 株。

3. 培养土配制　　培养土基质可用泥炭土、腐叶土混合。湖南零陵地区柑橘示范场采用发酵后的锯木屑和河沙混配，在每立方米培养土中加 3/4 的锯木屑和 1/4 的河沙，再加入菜饼 10kg、过磷酸钙 2kg、硫酸钾 1.25kg、尿素 1kg、硫酸亚铁 1.5kg、白云石粉 3kg。

4. 播种和嫁接苗培育　　播种时间与露地播种时间接近，播后浇水，保持盒内充足水。温室内温度控制在 30~35℃，相对湿度 80%~90%比较适宜。砧苗 5 个月后，高达 50cm 以上时，移栽到较大的育苗钵中。嫁接和苗期管理可参阅前面育苗部分。

（三）柑橘园建立

（1）园地选择　　柑橘园的建立（orchard establishment）应根据柑橘的习性及其所需的环境条件和社会经济因素，进行园地选择，按市场需求，在交通方便的地区，进行规模开发。选择园地应注意的要点如下。

1）温度条件。温度是柑橘建园时最应注意的主要因素，如果当地有霜雪冰冻，则经济栽培便有困难。建园时要注意：①柑橘的耐寒性；②最靠近园地的气象站记载的多年最低平均温度，绝对最低温度，周期性大冻及秋霜、春霜资料；③小气候条件，如在山坡地，利用逆温层，自然屏障；在江河湖港，利用大水体对气温的调节作用。

2）水分和土壤条件。柑橘根系对氧气要求相当高，需要求土壤排水透气良好，雨季能降低水位达 0.8~1m 以下，土层深厚，有机质丰富，有适当的保水力，酸碱度适当，水源要丰富，或附近有利于建造山塘水库的地形，海涂和海滩地需要有淡水源。

（2）定植

1）定植密度。栽植距离因树种、品种、砧木、土壤及气候等条件的不同而异。树冠高大的柚最宽，橙次之，柠檬、柑及橘等又次之，'香橼''佛手''金柑'等最窄。同一品种也因气候冷暖、砧木等不同而异，乔化砧宽，矮化砧窄。一般来说，山地、缓坡地土层深厚，肥沃地宜宽，陡坡、瘠瘦地宜窄；河岸冲积地及地下水位低的平地根系深广，寿命长，株行距宜较宽，地下水位高宜密。现将南方主要柑橘每公顷株数列于下表，可作为永久树的基数和计划加密的参考（表 28-3）。

日本曾推广计划密植，'温州蜜柑'（枳砧）由每公顷植 300~900 株增至 1620~3600 株。先密后疏，达到早结丰产。

表 28-3 南方主要柑橘一般栽植密度

品种及种类	株行距离/m	每公顷株数	品种及种类	株行距离/m	每公顷株数
甜橙	（3.3～5）×（4～5）	405～750	朱橘	（3～4）×（4～5）	495～840
温州蜜柑	（3～4）×（3.5～5）	495～945	南丰蜜橘		600～900
椪柑	（3～4）×（3.5～4）	630～945	柠檬	（3～4）×（4～5）	495～840
蕉柑	（3～4）×（3.5～4）	630～945	柚	（5～6.3）×（5～7.3）	210～405
红橘	（3～4.5）×（4～5）	450～840	金柑	2×（2～3）	1665～2505
本地早	（3～4）×4	630～840			

注：①广东水田柑橘不列表内；②山地株行距可依梯田大小适当变更；③广东的温州蜜柑与广西的沙田柚植株较大，株行距均较宽

2）密植园的间伐。树冠扩大至相互接触荫蔽时，树冠内部和下部枝叶会逐渐干枯，产量下降，除回缩修剪外，应及时间伐植株，间伐方式视密闭情况灵活处理，有：①隔株间伐即单号行间伐 2，4，6，8……号株，双号行间伐 1，3，5，7……号株；②隔行间伐；③隔两行间伐一行，疏去原株数的 1/3，以后如仍过密时可再行隔株间伐。

上述三种间伐方式均以采用分年疏枝间伐法为宜，即在 3～5 年内将决定间伐的行或株的横向大枝逐年缩剪或间疏，使园内小气候变化不大，最后将植株砍伐或移出。此法能保证逐年提高原有产量。据广东杨村柑橘场三年平均产量比较试验，间伐后比间伐前的产量，疏株间伐增长 56.9%，疏行间伐增长 40.7%；据华南农业大学试验，1972～1974 年蕉柑疏枝间伐区每公顷产量分别为 28 000.5kg、27 285kg 和 30 280.5kg，对照区分别为 15 375kg、8767.5kg 和 8991kg，三年总产试验区为对照区的 258%。此法在根系较浅的园地更宜采用。

3）定植时期。在每次新梢老熟后至下次发梢前的时期定植，根系容易恢复，苗木成活率高，尤以发梢前为最好。至于以哪一次发梢前为最适宜，应视当地气候、土壤、水分等条件而定，一般以春、秋两季为宜。在冬有霜冻地区，如湖南、浙江、江西多在春梢发生前（3月上旬至4月上旬）定植。华南气候暖和，四季都可定植，以春季和秋冬植为最适宜；山地宜春植，即春梢老熟后至夏梢萌发前，约于清明前后进行，这时光照不强，蒸发少，成活率高；如果水源充足，则山地、平地均在寒露至冬至前后进行，这时日照短，阳光弱，蒸发不大，气温不低，植后次年春梢抽出，对增大树冠早结丰产有好处。总之，如果条件许可应行早植，植后多发一次梢。浙江也有在 10 月下旬至 11 月上旬定植。四川、云南、贵州冬季温暖多雨，均秋植。对于容器育苗而言，则夏季定植更好。

4）定植方法。有带土定植和不带土定植（裸根苗）。前者伤根少，成活率高，恢复生长快；大苗或就近定植时较多采用。远运的苗木多数不带土，特别是滨海沙滩完全不能带土。但柑橘根最忌风吹日晒，要将根系蘸上泥浆（最好加入 10%～20% 的牛粪），使栽后容易发生新根。在高温季节和水源较缺的环境，宜用带土定植。寒冷、少雨地区也宜用大苗带土定植。定植前先将植穴内的基肥与土壤混合均匀，避免根系与浓厚肥料接触。植穴培成约 1m 宽的土墩，高出地面 15～30cm，以防植后下陷。种植深度与在苗圃时相同，不宜过深过浅。栽种裸根苗时，务必使根系分布均匀，较大的侧根应朝向强风方向，海涂区将接口朝迎风面，以平衡将来树势和抗风。填入细土时，边填边将苗木轻抖动，使细土与细根密接。全部盖土后将根际四周泥土轻轻踏实，充分灌水定根，再盖上草，结合整形剪除部分叶片，减少根部供水负担。植后设立支柱

扶苗，防风吹摇动，注意保湿，旱天每天或 2～3d 灌水 1 次。20～30d 后恢复生长，以后每隔 10～15d 施 10%～20% 的腐熟人粪尿 1 次，以促生长。并经常防治病虫，及时摘除树干不定芽及徒长枝梢，做到统一放梢，培养良好树冠。

（四）柑橘园施肥

1. 施肥时期　　不同的季节及物候期，柑橘对营养元素的吸收量不同。春季萌芽时对氮、磷、钾、钙、镁的吸收较少，随着新梢伸长吸收增加，开花期增加最快，结成小果后才达到全年吸氮高潮。大部分小果掉落后，氮的吸收量有所下降，但对磷、钾、镁的吸收量继续增加，达到高峰。到下一次新梢生长旺盛时，又形成吸氮高潮。中、晚秋氮的吸收量逐渐降低，而磷、钾吸收量继续升高，至晚秋为全年高峰期。总之，氮、钾在新梢期、花期、果期均大量吸收。氮以新梢吸收较多，钾以果实迅速增大期吸收较多，磷在花芽分化至开花及小果期吸收较多，而镁在小果期吸收较多。整个植株（包括果实）吸收量以氮最多，钾次之，磷、镁最少。土温对吸收量影响很大，从晚春到秋季高温期吸收量大，至秋末冬初仍吸收相当分量，冬季为全年吸收量最少时期。

（1）幼树施肥　　为加速幼树生长，提早结果，应结合幼树多次发梢的特点而多次施肥。发梢前施肥可促进发梢和健壮生长，顶芽自剪后至新叶转绿期施速效肥，能促使枝梢充实和促进下次发梢。树小根嫩，宜勤施薄施。各地因气候不同，每年的施肥时间、次数也有差异。低温区以促春、夏、早秋梢为主，如浙江每年施 5 次，3 月上旬、4 月上旬、5 月底至 6 月初、7 月下旬及 11 月中旬各一次，前 4 次主要促春、夏、秋梢的生长，促幼树迅速长大；后 1 次在于增强树体营养积累，提高抗寒力；8～10 月一般不施肥以防晚秋梢的发生。高温地区如广东等地，每年培养 3～4 次梢，即春梢、一或二次夏梢及一次秋梢，需肥量要大。为了避免浓肥伤根和流失，施肥次数要增多，做到每次发梢前施。春梢是以后各次梢生长的基础，因此春梢萌发前的施肥量要增加，以促使多发春梢。此次又是全年的基肥，应兼施迟效肥。为促使秋梢多而齐发，特别是计划次年开始结果的树，应增加发梢前的氮肥用量，而在秋梢充实期则适当增加磷、钾量减少氮量。

（2）结果树施肥时期

1）春芽萌发前和花蕾期。施肥的目的在于壮梢壮花，延迟和减少老叶脱落。生产实践和试验证明：在萌发前施速效肥起很大的作用，可促进春梢生长，维持老叶机能，延迟落叶，提高叶的含氮量，使花器发育完全，增加子房细胞分裂的数量，提高结果率。对着生花蕾多，尤其是老树，在开花前 3 周加施一次肥，能显著促进结果。华南一般在 1～3 月，华中、华东在 2～4 月，春芽萌发前 20d 左右可见绿色花蕾，或春梢停止生长，春叶定型转绿时，施下次肥。

2）幼果发育期。开花消耗了大量营养物质，叶片氮、磷的含量显著降低，开花多的植株谢花时叶会褪色，正是幼胚发育和砂囊细胞旺盛分裂的时期，如营养不足，幼果细胞分裂数少，且极易落果。在谢花时施速效氮肥，对稳果效果显著，对多花树、老树特别有效。为避免施氮过量促发夏梢引起大量落果，可采用薄肥勤施及根据叶色施肥。对初果树和少果壮树少施或不施，以保持果色浓绿为度，如过淡则施薄氮肥或根外追施尿素 2～3 次。此时除施少量氮肥外，增施磷、钾、镁肥效果更好。

3）果实迅速膨大期。生理落果停止后，种子及果实迅速成长，对碳水化合物、水分、钾及其他矿物质营养要求增加，果实对枝梢生长的抑制作用也增强。落果停止后老树施肥壮果，幼年树和壮年树既要促进果实增大，又要及时促使营养枝大量萌发和生长充实，成为良好的结果母枝。四川、重庆施肥壮果并促发早秋梢，华中、华东地区促 8 月初梢，华南促大暑至处暑梢。弱树、结果多的树及山地施肥时期宜较早，水分充足的平地可较迟。若结果过多，还要结合疏果才能促梢。促梢施用重肥，平地和水田区宜在预定发梢前 15～20d 施下，山地肥料分解下渗需要一定时间，需在发梢前 30～45d 施下。这次肥应以氮为主，结合磷、钾肥，山地兼施迟效肥。

在易于控水的条件下这一时期可适当增加施肥量，使其比一般结果母枝多 1～2 片叶，明春能萌发较多的有叶单花果枝。据广东果树研究所初步调查，6 年生'蕉柑'结果母枝的叶片干物质中总氮量为 3.0%～3.4% 时，有叶单花果枝占总结果枝量的 68.5%，无叶花序枝只占 5.7%；另一些树的结果母枝叶片干物中总含氮量为 2.7%～2.9% 时，有叶单花枝为 20.8%、无叶花序枝为 26.4%。在冬季低温地区，为了避免晚秋梢发生，应及时停止施肥。但广东、广西冬暖地区 9～11 月仍继续对'柑橙'施肥壮梢、壮果，以提高养分积累，促进花芽分化。但氮肥用量要适当节制，氮肥过多，肥效过长，会促发冬梢，延迟果实成熟、着色不良，果皮粗，降低果质及贮运性。到末期以氮较少而磷、钾增多为好。

4）果实成熟期。果实进入着色成熟期，糖迅速增加并继续吸收氮、磷、钾等，这些物质也是花芽形成所必需的。因此在采果前后施肥补充营养，恢复树势，增加越冬能力，使花芽分化良好。这次施肥要视树势、结果情况、叶色等适当调配，如叶色浓绿或结果量多者要适当增加磷、钾，树衰弱者要增加氮肥。采前比采后施效果更好。采前在果实着色 50%～60% 时施肥，磷、钾肥可稍多，氮肥可稍少。早熟品种和挂果少的树可不施采前肥，晚熟品种、弱树和结果多者最好采前采后都施。

2. 根外追肥　　柑橘地上器官均能吸收养分，幼梢嫩叶吸收力强，枝干也能吸收。据测定，柑橘器官对磷酸（PO_4^{3-}）和硝酸（NO_3^-）的吸收量为：新细根吸收量为 100%，幼梢 97.3%，嫩叶 73.3%，4～8 周龄的叶 67.3%，4～6 月的果实 70.8%，3～6 年的树干 7.2%。

常用于根外追肥的有：尿素、磷酸二氢钾、磷酸二氢钙、硫酸镁及锌、硼等微量元素。根外追肥吸收快，能及时补充养分。生产上已采用喷灌施肥。

（五）灌溉及排水

柑橘周年常绿，枝梢年生长量大，挂果期长，水分要求较高。柑橘的年耗水量以叶面蒸腾量（transpiration）和地面蒸发量（evaporation）的总和减蒸发总量计。据调查，土壤水分保持在田间持水量水平的'温州蜜柑'，年耗水量为 979mm，夏季每天蒸发总量为 5.7～6mm，冬季为 0.5～0.9mm。一般田间柑橘不可能长期保持土壤水分在田间持水量的 60% 以上，因此，生产上实际耗水量要比此值小。'温州蜜柑'为 500～900mm，'甜橙'为 200～500mm，其耗水量比'温州蜜柑'低。

柑橘物候期不同对水分的需要也不同，冬季最少，随着春季萌芽生长，需水量逐渐增加。发芽至幼果期（4～6 月）在我国江南降水量较多，应注意排水。此期的土壤水分最好达到田间最大持水量的 60%～80%，或者主根根际土层（一般深为 30～40cm）的 pH 保持在 2.0～3.0。果实膨大期（7～8 月）是树体光合作用旺盛、果实迅速膨大的时期，在四川、重庆又正处高温伏旱，在土壤水分 pH 3.0（生长障碍点）～3.3 时，就必须灌水。果实膨大后期至成熟期（8 月下旬至采收期）土壤水分对果实品质影响很大，为提高果汁糖分，土壤可以略为干燥一些，8 月下旬 pH 为 2.7，至采收期 pH 为 3.8，但土壤过分干燥，pH 3.8 以上，就会影响产量。果实品质也因小果率高，含酸量高而下降。在近于休眠状态的生长停止期（采收后～3 月），气温降低，蒸腾量少，降水量也少。但如连续干旱，落叶增多。因此土壤水分最好保持在 pH 3.0 以下。

丘陵及山地，一般排水方便，但往往缺乏水源。山地应做好水土保持工程、拦洪蓄水、修建排灌渠道、深翻改土和土壤管理等，从根本上提高土壤透水、保水能力。若有水源及时充分灌溉，则能增强树势，促进生长，提高产量和果实品质。在冻害地区，冻前 7～10d 全面灌透能显著减轻冻害。但在广东宜于 11 月底至 12 月初以后减少灌水以促进花芽分化，干旱时则适当灌水。夏季暴雨、久雨要及时排出梯田及穴底积水。

水田柑橘园，一般地下水位高，土层较浅，根系浅生，易涝易旱，且又与水田相交错，更增加了水分管理的困难。必须修建好排灌系统，并结合柑橘各生育期对水分要求及季节气候特点灵活掌握。春梢生长期保持土壤较湿润，遇旱即灌。夏季要保持雨天不积水，洪水不入园，遇旱浅灌快排，并加深水沟，降低水位，培土护根。秋季台风暴雨后排涝，旱时行深水灌溉，渗透土层。深沟蓄水式柑橘园早秋浅蓄，晚秋深蓄，保持水位在生根层下 5～10cm 处直至明春，以利越冬。在采果前后至春梢萌发前，在广东进行控水，保持土壤稍干爽，表土微龟裂，以促进花芽分化，抑制冬梢，防止春梢过早萌发。

海涂、滨海沙滩、圩田区的柑橘园，受海水、河水涨落的影响，易遭涝害，且一般地势较低，地下水位高，土壤盐分高不易排洗，干旱更使土壤含盐量激增。建园时要修筑堤圩，设涵管、水闸、抽水机械，实行深沟高畦种植，完善排灌系统，增厚土层，相对降低地下水位。雨季深沟排水洗盐，表层土保持疏松，水分渗入土中溶解盐分从沟中排出。干旱引淡水灌溉。要特别注意防止灌水过多和沟中长期积水，引起地下水位上升造成反盐，实行晚灌晨排，快灌快排。若土壤渗透力低，柑墩又高，还应泼浇，浇后松土及结合多次覆盖保湿。

目前喷灌与滴灌也在逐步推广，喷灌能结合喷肥、喷药、防霜、降温，用途较广；滴灌能不断对柑橘供水、供肥，但对小气候无调节作用，固定设备投资大，在少雨地区采用较多。

（六）整形修剪

1. 树冠结构　柑橘能否丰产主要取决于树冠上健壮结果母枝的数量，枝数越多越有可能丰产。因此，幼树开始整形时，尽量促使树冠抽生较多的枝梢；同时使树冠上下内外都能发梢结果，内膛不空，绿叶层厚，在单位面积内的树冠具有较高的有效总容积。造就早结丰产稳产的树冠，必须选择优良的树形，骨干强健坚固，能承担最大枝叶果的负荷，免受风雪折断。整形最好能在苗圃开始。按种类品种特性和园地环境条件的特点，进行柑橘幼树整形，应注意下述几点。

（1）**主干高度**　主干高度对树冠形成的快慢，进入丰产期的迟早关系较大。矮干是目前柑橘整形的趋向，能加速侧枝生长，较快形成树冠，增加绿叶层，提早结果和丰产。矮干树冠又能及早遮蔽地面，有利于枝干防晒护根，防旱保湿，减轻风害（如台风等）和寒害，便于喷药、修剪、采收等。柑橘定干高度因种类和植地环境的不同而异，为 25～60cm。以柚最高，各省均为 60cm 左右；柑、橘等多为 40～50cm，广东为 23～30cm，但在河边洲地柑橘园则干高 50～60cm 及以上。主干过矮对防治天牛和土壤管理不便，因此定干高度要适当灵活。

（2）**主枝数量**　幼树主枝数量多，树冠形成快，对早期丰产有利。但成年以后主枝过多，营养分散，容易形成枝干细长纤弱，树冠上部和外部枝叶密集，而下部和内膛空虚。本身消耗的营养物质较多，相对地削弱了侧枝生长和果实发育所需要的营养物质。主枝数的多少，应根据柑橘种类、品种生长势的强弱、土壤环境条件、整形方式及果园的特点加以控制。自然圆头形的主枝以 3～4 条为宜，地下水位高的浅根柑橘园，可适当增加主枝数，以加速形成树冠。主枝应分布均衡，避免重叠，主枝间保持一定距离，以改善下层主、侧枝光照条件。

（3）主枝着生角度　　适当加大主枝着生角度，能保证树冠枝梢分布均匀，容纳枝梢量也多，又能增强负荷力。主枝着生角度小或近于直立，因极性生长，先端枝梢生长较旺盛，下面的则受到抑制，而分枝少，易徒长不易结果；上部拥挤，树冠狭小，下部和内部枝条空虚，结果体积小。但在结果后，又会因重力影响而开张下垂，致使空虚的内部易受烈日灼伤，且主枝着生不稳固，易受枝果重力或风雪灾害而折裂。相反，主枝着生角度过大，枝条容易下垂，生长势衰弱较快，易大小年结果。主枝着生角度以与主干延长线成 40°～45°为宜，'椪柑'直立性强，应使它有较大的主枝角度，'温州蜜柑'、柠檬开张性强，可用绳线吊枝或扶持。

（4）枝条密壮，绿叶层厚　　尽可能保留更多的绿叶层，则树冠形成快而早结果。可剪可不剪的不剪，留作辅养枝。以牵引或支撑进行整形，使强枝角度开张，弱枝扶持使其较直立，用支柱扶缚使曲枝变直。摘心与抹芽促梢并用，过长枝条用支柱扶缚一部分，其余弯曲，促使发梢可再恢复正常。总之，尽可能少用枝剪，促进幼树多抽侧枝。

2. 圆头形树冠的整形　　自然圆头形整形在南方柑橘较多采用，其方法如下：第一年定植后未经苗圃整形的苗木留 40～50cm 剪短，待发梢后，在主干离地 25cm 以上（可视定干高低适当变更）选留生长强、分布均匀、相距 10cm 左右的新梢 3～4 条为主枝，其余除少数作辅养枝外，全部抹去。须立支柱扶缚主枝，使与主干成适宜的角度。第二年春发芽前将所留主枝适当短剪细弱部分，发春梢后，在先端选一强梢作为主枝延长枝，其余作侧枝，如主枝已相当长，可在距主干约 35cm 处选留第一个副主枝，以后主枝先端如有强夏秋梢发生，留一个作主枝延长枝，其余摘心。第三年后继续培养主枝和选留副主枝，配置侧枝，使树冠尽快扩大，主枝要保持斜直生长，以维持生长强势，并陆续在各主枝上相距 50cm 左右选留 2～3 个副主枝，方向相互错开，并与主干成 60°～70°，在主枝与副主枝上，配置侧枝使其结果，侧枝短些，可多留，以免相互遮蔽。

除华南密植柑橘园 2～3 年生树即结果外，幼树一般在定植后 2～3 年内均摘除花蕾。第三、第四年以后在树冠内部、下部的辅养枝上适量结果，主枝上的花蕾仍然摘除，保证其强势生长，扩大树冠。

3. 幼年树的修剪　　在幼树整形上利用复芽和顶芽优势的特性应用"抹芽控梢"，可以促幼树多发新梢，成为以后连年发生大量结果母枝的基础。在广东每年留 3～4 次梢的情况下，定植后 1～2 年的幼树到秋季可形成 100 条以上的健壮结果母枝，根据每公顷植 1500 株左右等的情况，2 年生结果的'柑橙'每公顷产 15～22.5t，3 年生树每公顷产 22.5～37.5t，5～6 年生树每公顷产 75t 以上。抹芽控梢的方法是：有 3～4 条主枝，甚至 9～12 条二级分枝的苗木，定植后在第一次新梢刚萌发时进行拉线（或用小竹枝撑开），使主枝均匀分布，主枝与主干延长线成 40°左右开张，以容纳更多的新梢。

夏秋当嫩梢 2～3cm 时，进行抹除，"去早留齐，去少留多"，每 3～4d 一次，在一定时间内嫩梢越抹越多，坚持 15～20d，全株大部分的末梢都有 3～4 条新梢萌发，即停止抹梢，称为"放梢"。为使新梢整齐，在放梢前一天的抹芽要彻底，对萌发不久的短芽也要抹除。此外，对于过高部位应多抹 1～2 次或延迟 4～7d 放梢，让部位低的新梢长得长些，经几次梢期的调节逐步使树冠平衡。例如，苗木粗壮进行秋植，土肥水管理和人力等条件良好时，可在定植后第一年内放梢 4 次（即春梢、秋梢各 1 次，夏梢 2 次），第二年即有较好的产量。但一般可放梢 3 次（即春、夏、秋各 1 次），定植后第三年结果。对下一年准备结果的树，要注意适时放秋梢和控制夏梢的数量。因秋梢生长数量和质量与夏梢有关，夏梢过迟放梢，萌发的数量多而较短弱，秋梢数量也相对减少，如夏梢萌发的数量适中且壮健，则秋梢数量增多。在广东'蕉柑''甜橙'有 40%～50% 的春梢萌发多条夏梢时可放梢，而秋季要有 70%～80% 基枝萌发多条秋梢才可放梢。放梢时间必须紧密配合施肥，在放梢前 10d 施速效氮肥，使新梢多而密；在放梢后要根据植株新梢的强弱分别施肥，特别是秋梢的壮梢肥不能过多，否则会促发晚秋梢或冬梢。放梢期间最好在有阵雨的阴凉天气，土壤水分要充足。要重点防治潜叶蛾和溃疡病。当夏、秋梢长至 5～6cm 时，如过密，要及时疏除，每基梢留 2～4 条，秋梢可留多些。留梢过多，新梢短弱；留梢太少，新梢趋向徒长。'蕉柑''甜橙''椪柑'的秋梢（结果母枝）长度以 20cm 为宜，'温州蜜柑'秋梢长 30～40cm 为宜。

4. 结果树的修剪 结果树修剪因品种、树龄、结果情况和修剪时期的不同而异。冬剪在采果后至春芽萌发前进行。冬暖地区采果后可开始修剪，冬冷地区宜在春季萌发前进行。主要是疏剪枯枝、病虫害枝、衰弱枝、交叉枝、衰退的结果枝和结果母枝等，调节树体营养，控制梢果比例，对一些枝条也行适当回缩修剪。夏剪主要有摘心、抹芽、短截、回缩等，是对春、夏、秋梢及徒长枝的修剪，促进结果母枝多而健壮，保证连年高产，夏剪在结果母枝发生前进行。

（1）结果初期 结果初期要保证树冠发育良好、结果母枝迅速增多和防止落果。抹除夏梢是防止落果和迅速增加结果母枝的有效措施。在生理落果期当夏梢长至 2～3cm 时抹除，3～5d 抹一次，一直坚持到放结果母枝（晚夏、早秋梢）时止。这样抹除夏梢，能起到落果少、产量高、品质好、病虫害少，结果母枝多，树冠枝梢紧凑而矮壮、整齐，果园郁闭迟，盛果期延长的效果。不抹夏梢则树形高，枝条散生徒长，病虫害多，大量落果。抹除夏梢要及时，如人力不足，抹除不及时、不彻底，往往反而减产。但采用这一措施大面积栽培有不少困难，浙江、广西、江西等试用调节磷 500～750mg/L 于'温州蜜柑'夏梢萌发前后 3～4d 喷布，能减少夏梢数量，但连用两年后应停止，以免过度抑制营养生产。随着树龄增大，夏梢发生逐年减少，进入丰产以后夏梢极少，可以不必抹梢。

（2）成年结果树修剪 成年结果树的树冠要立体结果，因而树冠应呈下大上小，类似钝头圆锥形，表面必须保持波浪状。树冠中部突出的枝丛，应予剪除，以免遮光，致下部枝丛枯死。下部枝丛与邻树交叉时应适当剪短；如下垂过低，有碍耕作时应予剪除。树冠顶部过强过密，则剪除强枝或适当删疏，使树冠内部适当透光。需利用的徒长枝适当摘心或使其弯垂，不需用的及早除去。

采果后的结果枝如枝条充实，叶片健壮，明春仍能从果梗基部发生良好生长枝和结果枝，应保留不剪；如果结果枝细长纤弱，可从结果枝基部剪除；如结果母枝衰弱，可从结果母枝基部剪除。对于柚树，结果母枝大都在树冠内部，为两年生的无叶枝，因此要注意保留树冠内部 3～4 年生侧枝上的无叶枝。

随着树龄的增长，枝干逐年增大增多，分枝级数也越来越高，而枝干与果都消耗同化物质，据推算 5～30 年生'伏令夏橙枝'，其干、根、消耗的同化物质为果实消耗的 3～10 倍。如果植株相互拥挤，树冠郁闭，新枝叶发生少，树冠内部、下部绿枝叶枯死，加速衰退，则产果迅速降低。因此，柑橘树枝干所占比例不能过大，要及时更新枝条，减少无效消耗，增加新枝叶，复壮树势。四川和广东近年大面积生产上对密植衰退柑橙园，进行冬夏结合修剪，取得良好效果，经 1～2 年树势恢复，每公顷产量由 7500～15 000kg 增至 22 500～37 500kg，缩小了大小年差距。

夏季回缩修剪，每个剪口粗 0.5～1.2cm，能发生 2～5 条壮健秋梢，比对照多 1～2 倍，30%～40% 成为优良结果母枝，每剪口计挂果 1～3 个（黄淑蓉等，1984）。

冬剪在采果后至春梢发芽前进行，视当地气候冷暖而异。夏剪应在当地生理落果期已过、结果母枝发生前进行。早剪发枝早，数量多。广东广州及汕头地区夏剪一般在秋梢抽发前15～20d 进行。但如果秋旱早、灌溉条件差的丘陵地，夏剪应提早，以免发梢不良。衰老病弱树也宜提早在 5 月修剪，则可抽吐夏秋梢各一次，树冠恢复快，下年结果枝条多。结果过多或大年树修剪也宜提早，在生理落果结束前进行；如太迟修剪，抽梢困难。生长旺盛的品种修剪宜迟。在广东，'甜橙''蕉柑'可比'椪柑'先剪，因前两个品种剪后新梢再吐秋梢及冬梢的情况较少，而后者较多。

剪口粗，发梢较强，成为结果母枝的较少，对局部衰退枝更新，剪口粗度以 0.5～1cm 为宜，但对严重衰退的大枝更新，剪口粗度为 1～1.5cm。剪除量以不超过树冠中上部外围枝叶量的 1/4 为宜。

（3）衰老树修剪　　衰老树发枝难，结果少或部分枝梢干枯，应及时更新复壮，延长经济寿命。衰老树的修剪可根据树势情况分三类。

1）主枝更新。衰老较严重的树或因过于密植造成侧枝分枝较高的树，可采取主枝更新。一般于离主枝基部 70～100cm 处锯断，将骨干枝强度短截。同时进行适当范围深耕、施基肥、更新根群。一般 2～3 年后树冠即可恢复生长，重新结果。

2）露骨更新。很少结果或不结果的衰老树，在树冠外围将枝条粗度为 2～3cm 以下处短截，或将 1～2 年生侧枝全部剪除。当年即可抽生大量新梢，管理良好者，第二年即可结果。

3）轮换更新。对部分枝条尚能结果的衰老树，在 2～3 年内轮流进行短截重剪，并对部分过密过弱的侧枝加以疏剪，保留大部分生长较强健的枝叶，在更新的几年内，每年均能保持一定的产量。

更新时期以春季萌芽前进行为好，此时日照不强烈，病虫害少，树体贮存养分多，更新后，树冠恢复快，遇春旱可在春梢老熟后进行。

树冠更新后的管理是成败的关键，应做好：①防晒，由于更新而失去大量绿叶，暴晒在烈日下，主枝及树干极易日灼，若根浅则对根群也有很大损伤，常造成新梢纤弱，叶色不正常，甚至树皮干枯、破裂，终至死亡。更新后的主枝树干应用稻草包扎或涂白，锯口要修平、光滑，涂上防腐剂或接蜡，地面应覆盖或间种作物。②适当疏芽，更新后的主枝往往萌发大量新梢，应及时疏除，每一主枝上留 2～4 条分布均匀的新梢，构成树冠新骨架。③加强肥、水供应和病虫防治，更新树本身衰弱，必须勤施肥。

（七）花果管理

花果过多，极大地消耗树体营养，抑制新梢生长，形成大小年，使树势衰弱，甚至因结果过多而死亡。通过一般栽培措施可以控制花芽分化或使其疏去部分花果，如广东用重肥来培育较强壮的结果母枝，可以减少花芽形成而多抽发粗壮的有叶花枝，谢花后迟施稳果肥，可以使其自疏一部分过多的幼果。在管理良好的情况下，一般柑橘树结有保证丰产的 3～4 倍小果已足矣。花芽分化期喷布赤霉素可以减少成花。但药剂疏花，尚存在一些问题，在日本仍是人工疏果，作为克服柑橘大小年的一项主要措施。

疏果应以叶果比为标准进行。一般'温州蜜柑'为 20～25 叶留一个果，'早生温州蜜柑'40～50 片叶，'华盛顿脐橙'60～80 片叶。因树龄树势不同，疏果标准也不同。壮树疏果宜稍少，弱树稍多；大年树宜多疏果，小年树少疏或不疏。人力充足时，则就一树上全面进行疏果。首先摘去病虫果和畸形果，其次摘小果，最后摘隐蔽果。摘果时宜用手扭下果体，留存萼片在果枝上，并尽量保全叶片，因带萼有叶果枝有利于枝条的发育充实和较易萌发新梢。局部疏果大致按适宜的叶果比标准，将局部枝全部摘果或仅留少量果实，部分枝全部不摘，使一树上各大枝轮流结果。

疏果时期第一次应在生理落果停止后，对一些结果过多的树，疏去较弱小密集幼果、病虫果。第二次在结果母枝发生前 30～40d，利用壮枝易萌发原理，将结果母枝上只结单果的果实疏去，保留结多个果（在一条结果母枝上）的果实，这样疏去一个果，就能换取 2～4 条枝梢。对着果过多的枝也适当疏果，并疏去病虫果，机械伤果，果形太小、色淡、无光泽的果和易受日灼的果等。

（八）保叶

叶是果实生产的基础，多叶才能多果。柑橘栽培管理上极重要的环节是确保最多的健壮绿叶，才能获得连年丰产优质的果实。叶子不正常转绿或落叶都严重影响树势、产量和品质。

嫩叶能否转绿的关键是叶绿素的形成是否良好，光、温度、水分、养分都影响着柑橘叶片的转绿；而根部和土壤情况影响养分吸收供应，与叶片转绿关系极大。光是形成叶绿素所必需的，但过强的光，对叶绿素的形成积累起破坏作用。柑橘新叶在阳光不太强烈、蒸发不很强、土壤湿润、土温适宜根群活动的情况下转绿最快。但在强阳光下如能保证水分、养分吸收正常，新叶也能正常转绿。长期积水，根系吸收机能降低，叶子往往表现出缺乏各种微量元素的症状。低温也影响正常转绿，如遇寒风，晚秋冬梢更易表现转绿不正常。土壤缺乏形成叶绿素所必需的某种元素，也是叶子缺绿的原因。此外，输导组织受机械伤、虫蛀伤等，也会引起缺绿。缺绿严重时会降低光合效能，导致生理代谢不正常。

柑橘叶片抽出后 17～24 个月，便衰老脱落。这些脱落的老叶约有 56% 的贮存氮能回到母枝上，但 9～10 个月龄的叶片脱落，则几乎没有氮的回流。因此，即使在新叶成长后的正常换叶期，老叶脱落过多，也会给树体营养造成相当大的损失，而新叶脱落光合效能更严重降低，损失更大。柑橘叶片是在秋冬积累养分，供花芽分化和分化后的春梢叶花的发育成长。因此，从晚秋一直到开花前都要着重保叶，开花后尽可能少落一些老叶。叶片早落的原因很多，有不少和落果原因相同。

氮是影响叶片寿命的主要矿质营养，缺乏氮则影响叶绿素和叶其他组织蛋白质分解成氨基酸和酰胺，作为氮源输向新生部分使用。叶片会因失去叶绿素而早落。夏秋由于树体营养生长和果实生长对氮的消耗及雨水的流失，晚秋又没有及时施氮补充或施肥，或因缺水而没有被充分吸收，进入冬季后便逐渐"冬黄"，轻则主脉黄化，重则主、侧脉或全叶黄化，如继续缺氮则提早落叶，严重者会影响树势。这种缺绿症状和烂根、受水浸、深耕伤根过甚，或枝干的皮层受病害、机械伤（如环状剥皮），或砧木受病毒侵害使根系衰弱导致根系的氮输向叶内受阻而出现的症状相似，都是因叶中氮不足而引起叶脉和叶黄化。后述几种情况周年均能发生，也可能发生在含氮丰富和水分充足的土壤上，施肥也不能治愈；而"冬黄"施氮可以治愈，尤其施氨态氮恢复效果最快。到春季萌芽，大量氮从老叶输向新枝叶和花朵，因氮源缺乏，老叶便大量早落或在花期严重落叶；磷、钾缺乏则早落叶和花期落叶严重。在冬季缺镁引起的落叶尤其严重，缺钼可致使冬季严重落叶，缺锌也促进落叶。由于生长素合成需要锌，生长素是左右离层形成的物质，因而，缺锌易导致落叶。此外，铁、锰、硼等缺乏都会使叶色不正常而缩短叶的寿命。

某些元素过多，会导致中毒引起落叶。例如，过多的氯化钠（因叶片吸收氯离子比吸收钠离子多，形成氯过剩）和过多的锌、铜、锰、硫、铁均会导致中毒落叶。

病虫危害、农药、根外追肥浓度过高、配制波尔多液不当、铜游离，都会引起落叶。

台风、潮风摧残常使柑橘大量落叶。冻害、积水、干旱及空气干燥，春季骤然的高温都会促使叶柄形成离层而落叶。久旱之下叶片凋萎纵卷，这时就开始形成叶柄离层，但由于离层细胞的吸水能力弱，因此不能与其他细胞竞争而取得其细胞壁细胞水解所需的水分以完成其离层的形成过程。一旦得到大量的水分，便跟着会大量落叶。故久旱骤雨或久旱卷叶后灌溉一时过量会大量落果落叶。

大气污染，如受亚硫酸或氟化氢的侵害而落叶；受氟毒的叶片较正常叶稍小，初期叶缘黄化，病情加重则叶端和叶缘坏死，余下的褪绿部分表现似缺锰又似硼过多的症状。

保叶措施：①防止根群受伤害。②转绿期及时施肥充分供水，对转绿不正常植株及时根外追肥或施有关螯合物。③及时灌水排水。④综合防治病虫害，用药得当。⑤冬季冻害地区，要注意防寒，保枝保叶，安全越冬。⑥施足采果肥。冬季寒冷地区，采前肥要提早施下，使在地温尚高时树体吸收贮足氮、磷、钾营养。⑦为了促进花芽分化，控水不要太早进行。⑧冬期喷10～15mg/L 2,4-D。

第二十九章　草　莓

一、概述

草莓（*Fragaria ananassa* Duch.），属蔷薇科多年生草本植物，又名凤梨草莓、红莓、洋莓、地莓等，对温度的适应性较强，喜温暖怕炎热，栽培品种多不耐严寒。原产于南美洲，主要分布于亚洲、欧洲和美洲，20世纪初引进中国，目前在我国大部分省（自治区、直辖市）都有种植。草莓品种繁多，其成分容易被人体消化、吸收，对坏血病、高血压、高血脂、脑溢血等疾病具有预防作用，并有明目、养肝、清热、抗癌、抗氧化、预防贫血、增强免疫力等保健作用，是一种老少皆宜的水果，具有很高的营养价值和食疗作用。因其果实鲜红美艳、柔软多汁、甘酸宜人、芳香馥郁，也是不可多得的色香味俱全的水果，素有"水果皇后"的美称，备受消费者的青睐。

草莓的营养价值极高，富含氨基酸、果糖、蔗糖、葡萄糖、苹果酸、柠檬酸、胡萝卜素、果胶、维生素 B_1、维生素 B_2、烟酸及矿物质钙、镁、磷、钾、铁等，对生长发育有很好的促进作用，尤其对老人、儿童大有裨益。每100g草莓含维生素 C 50～100mg，比苹果、葡萄高10倍以上。经科学研究证实，维生素 C 能消除细胞间的松弛或紧张状态，使脑细胞结构坚固，对脑和智力发育有重要影响，并可使皮肤细腻有弹性。每100g草莓的营养素成分如表29-1所示。

表 29-1　营养素成分表

营养素名称	含量	营养素名称	含量	营养素名称	含量
可食率/%	97	水分/g	91.3	能量/kcal	30
能量/kJ	126	蛋白质/g	1	脂肪/g	0.2
碳水化合物/g	7.1	膳食纤维/g	1.1	胆固醇/mg	0
灰分/g	0.4	维生素 A/mg	5	胡萝卜素/mg	30
维生素 A/mg	0	硫胺素/μg	0.02	核黄素/mg	0.03
烟酸/mg	0.3	维生素 C/mg	47	维生素 E/mg	0.71
钙/mg	18	磷/mg	27	钾/mg	131
钠/mg	4.2	镁/mg	12	铁/mg	1.8
锌/mg	0.14	硒/μg	0.7	铜/mg	0.04
锰/mg	0.49	碘/mg	0		

二、优良品种

（一）主要种类

草莓在植物分类学上，属于蔷薇科（Rosacceae）草莓属（*Fragaria*）多年生草本植物。草莓属植物有 50 个种，起源于亚洲、欧洲和美洲。其中，中国分布有 9 个种。

1. 森林草莓 也称野生草莓，二倍体种（2n＝14），在亚洲、欧洲、美洲和非洲的部分地区均有分布。植株矮小，直立性强。叶面光滑，背面有纤细茸毛。花序高于叶面，花梗细，花小，直径 1～1.5cm，白色，两性花。果小，圆形或长圆锥形，红色或浅红色。萼片平贴，瘦果突出果面。该种有许多变种，如四季草莓，该变种的特点是果小，种子较大，种子发芽力极强。

2. 短蔓草莓 也称绿色草莓，二倍体种（2n＝14），分布于欧洲北部到中亚草原地带。植株外形与森林草莓相似，但很少发生匍匐茎。叶片薄，浓绿色。花序直立，两性花。花初开放时为黄绿色，不久转为白色。果实成熟时为绿色，唯有向阳面为红色。种子凹入果面。春季与秋季两次开花。

3. 五叶草莓 二倍体种（2n＝14），主要分布于我国陕西、甘肃、四川等海拔 800～2000m 的草原地带。主要特征为：叶片较厚，小叶五枚，椭圆形、长椭圆形和卵圆形，果小，椭圆形。

4. 东方草莓 四倍体种（2n＝28），主要分布在我国的东北、朝鲜、内蒙古和俄罗斯的远东地区。植株形态与麝香草莓相近，主要的不同之处是东方草莓是两性花，果实圆形或圆锥形，红色，种子凹入果面。萼片平贴。

5. 西南草莓 四倍体种（2n＝28），原产于我国陕西、云南、西藏、四川、新疆和中亚东部海拔 1400～4000m 的山间、林边和草原。主要特征为叶片厚，长椭圆形，两性花，果小，粉红色，种子凹陷于果面。

6. 麝香草莓 也称蛇莓，六倍体种（2n＝42），主要分布在欧洲的森林及灌木丛。植株较高大，叶大，淡绿色，叶面有稀疏茸毛，具有明显皱褶，叶背密生丝状茸毛。花序显著高于叶面，花大，白色，雌雄异株。果实较小，长圆锥形，深紫红色，有明显颈状部。果肉松软，香味极浓。萼片反卷。

7. 深红莓 也称弗吉尼亚草莓，八倍体种（2n＝56），主要分布在北美洲。其植株较纤细，匍匐茎发生较多。叶片大而薄，叶背具丝状茸毛。花序与叶面等高，花中等大小，直径 1～2cm，白色。果实近圆形或长圆锥形，深红色。萼片平贴，瘦果凹入果面。

8. 智利草莓 八倍体种（2n＝56），主要分布在南美洲。其植株较低矮。叶片厚，革质，有光泽，叶背密生茸毛。花序与叶面等高，花大，直径 2～2.5cm，白色。果大，扁圆形或椭圆形，淡红色。萼片短，紧贴果面，种子凹入果面。

9. 凤梨草莓 也称大果草莓，八倍体种（2n＝56），是法国人在 1750 年用八倍体的智利草莓和八倍体的深红莓偶然杂交获得的。生产上的栽培品种绝大多数属于该种，或者是该种与其他种的杂交种。

（二）主要品种

全世界共有 20 000 多个，但大面积栽培的优良品种只有几十个。中国自己培育的和从国外引进的新品种有 200～300 个。

1. '红颜' 又称红颊、99 号草莓，由 '幸香' 和 '章姬' 杂交而成。植株基部红色，果实鲜红漂亮，呈鸡心型，外观好，香味浓，糖度高，风味极佳，韧性强，果实硬度大，是目前市场上常见的品种，最大的优点便是硬度大、耐贮运。

2. '章姬' 又称牛奶草莓，果实整齐、健壮，长圆锥形，淡红色，色泽鲜艳光亮，香气怡人，果肉淡红色、细嫩多汁；浓甜美味，含糖量 14%～17%；香气浓郁，口感好，也有人称其为草莓中的极品。

3.‘硕丰’　　　江苏省农业科学院园艺研究所从美国引进的‘MDUS’×‘MDU4493’杂交后代中培育而成的晚熟、大果、耐热新品种，1989 年通过江苏省农作物品种审定委员会审定。果实大，平均单果重 15～20g，最大单果重 50g，短圆锥形。果面平整，橙红色，有光泽；果肉红色，质细韧，果心无空，风味偏酸，味浓；可溶性固形物 10%～11%。果实坚韧，硬度大，耐贮性好，在常温下存放 3～4d 不变质，加工性能好。植株生长势强，矮而粗壮，株态直立，株冠较大。叶片中大，扇形，叶片厚，深绿色，叶面光亮、平展。叶柄粗短，梗绿色。两性花，花序高于叶面或与叶面平，每株平均有花序 3 个。病害少，对灰霉病、炭疽病抗性强。适宜长江中下游地区推广。

4.‘明晶’　　　沈阳农业大学对美国草莓品种‘日出’自然杂交种子播种后选出的实生优株，1989 年通过辽宁省农作物品种审定委员会审定。果实大，第一级序果平均重 27g，最大果重 43g，果实近圆形、整齐。果面红色，光泽好。种子黄绿色，分布均匀、平嵌果面。果皮韧性强，果实硬度较大，耐贮运。果肉红色，致密，髓心小，稍空，汁液多，风味酸甜，品质上等。在沈阳地区，初花期为 5 月 11 日，盛花期为 5 月 14 日，果实 6 月 2 日开始成熟，盛熟期为 6 月 7 日。植株较直立挺拔，叶片稀疏，椭圆形，呈匙状上卷，较厚，叶色较深，平滑具光泽。花序低于叶面，两性花。抗冻性、抗晚霜性、抗旱性及抗病性均较强，适宜露地栽培或保护地栽培。

5.‘星都 1 号’　　　北京市农林科学院林业果树研究所以‘全明星’为母本、‘丰香’为父本杂交育成，2000 年通过北京市农作物品种审定委员会审定。果实圆锥形，第一级、第二级序果平均单果重 25g，最大单果重 42g。果皮红色，有光泽；果肉红色，香味浓，风味甜酸适中；可溶性固形物含量 8.85%，总糖含量 4.99%，总酸含量 1.42%，糖酸比 3.5∶1，硬度大。一般北方在 8 月中旬定植，南方在 10 月中旬定植。

其他优良栽培品种还有‘弗吉尼亚’‘图得拉’‘丰香’‘女峰’‘栃乙女’‘森嘎拉’‘全明星’‘石莓 1 号’‘明旭’‘春旭’‘星都 2 号’‘幸香’‘宝交早生’‘紫金久红’。

三、形态特征及生长结果习性

草莓是多年生常绿草本植物，植株矮小，呈丛状生长，株高一般 20～30cm。短缩的茎上密集地着生叶片，并抽生花序和匍匐茎，下部生根。草莓的器官有根、短缩茎、叶、花、果实、种子和匍匐茎等（图 29-1）。

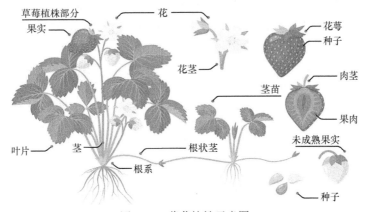

图 29-1　草莓植株示意图

草莓绝大多数品种为完全花，自花结实，花由花柄、花托、花萼、花瓣、雄蕊、雌蕊组成，花瓣为白色，通常为 5 枚，雄蕊 20～35 枚，大量雌蕊以离生方式着生于凸起的花托上。草莓花序多数为二歧或多歧聚伞花序，少数为单花序，一般一个花序上着生 15～20 朵花。第一级花序的中心花最先开放，其次是两朵二级花开放，依此类推。第一级花最大，其他级花依次变小。级次不同，开花时间不同，因此，同一花序上果实大小与成熟期也不相同。高级次花序开花不结实现象，称为无效花。

草莓果实是由花托膨大形成的，称为浆果。雌蕊受精后形成的种子称为瘦果，着生在肉质花托上，肉质花托内部为髓，外部为皮层。种子嵌入浆果的深度与草莓的耐贮性有关，种子与果面平或凸出果面的品种比凹入的品种耐贮运。果实形状因品种不同而有差异，分为圆锥形、长圆锥形和楔形等。

1. 茎　　草莓的茎分为三种类型，分别是新茎、根状茎和匍匐茎。

（1）新茎　　草莓当年和一年生的茎称为新茎，呈弓状，加长生长缓慢，每年只有 0.5～2.0cm，但加粗生长比较旺盛。新茎上密生长柄叶片，叶腋部位着生有腋芽，新茎基部发出不定根，顶部的芽秋季可分化成花芽。腋芽具有早熟性，当年有的萌发成新茎分枝，有的萌发成为匍匐茎。因此，草莓的茎具有假轴分枝（合轴分枝）的特性。

（2）根状茎　　多年生的短缩茎叫根状茎，由新茎发展而来。新茎在基部发生不定根，第二年叶片枯死脱落后，成为外形似根的根状茎。根状茎是一种具有节和年轮的地下茎，是贮藏营养物质的器官。三年以上根状茎的分生组织不发达，很难发生新的不定根，并逐渐向上衰亡，致使草莓结果能力差。

图 29-2　匍匐茎上叶丛生根形成的匍匐茎

（3）匍匐茎　　匍匐茎是由新茎的腋芽萌发形成的，是草莓的地上营养繁殖器官。匍匐茎细，节间较长。匍匐茎生长初期向上生长，当长到与叶面高度相平时，沿着地面逐渐向日照好的地方延伸。大多数品种是在第二节、第四节、第六节等偶数节的部位向上发生正常叶，向下形成不定根，当接触地面后即扎入土壤中，形成一株匍匐茎苗，又称子苗（图 29-2）。子苗的腋芽可继续抽生匍匐茎，称作二次匍匐茎。二次匍匐茎同样在偶数节形成匍匐茎苗，再依次形成三次、四次匍匐茎。

2. 叶　　草莓的叶为三出复叶，由叶片、叶柄和托叶鞘三部分组成。叶柄较长，一般为10～20cm，叶片密生于短缩的新茎上。总叶柄基部有两片合为鞘状的托叶，包在新茎上，称为托叶鞘，叶柄顶端着生三片小叶，两边小叶对称，中间叶形状呈圆形至长椭圆形，叶缘锯齿状缺刻。叶面有少量茸毛，叶片背面茸毛较多。在常温生长条件下，新茎上发生叶片的间隔时间为 7～10d，一株草莓一年内可发生 20～30 片叶。不同时期萌发的叶片寿命差异大，春夏季发出的叶片寿命短；秋冬季发出的叶片能越冬，寿命长。生产中需要摘除老叶，有利于植株生长。

3. 花与果实　　草莓绝大多数品种为两性花（完全花），能自花结实。花由花柄、花托、花萼、花瓣、雄蕊、雌蕊组成，花瓣白色，花萼绿色，通常 5 枚或更多，雄蕊多枚，雌蕊多，离生。草莓花序多数为二歧聚伞花序或多歧聚伞花序，少数为单花序，一个花序上一般着生8～20 朵花，最多可着生 50 朵以上。在典型的聚伞花序上，通常是第一级花序的中心花最先开放，其次是两个苞片间形成的两朵二级花开放，二级花的苞片腋中产生三级花，以此类推。花序上花的级次不同，开花时间也不同，在高级次花序上，有开花不结实现象，故称为无效花。

草莓的果实主要由花托膨大形成，植物学上称为假果。果实柔软多汁，故称为浆果。果面深红色、浅红色或白色，果肉红色或白色，充实或有空心。雌蕊受精后形成的种子称为瘦果，着生在肉质花托上。着生许多瘦果的肉质花托总体在植物学上称为聚合果。肉质花托分为两部分，内部为髓，外部为皮层，皮层中有许多维管束与瘦果相连。根据瘦果嵌生于浆果表面的深度不同，分为与果面平、凸出果面和凹入果面三种类型。果实大小与品种及果实着生位置有关，花序先开放的花最大，形成的果实也大，随着序位的增加，果实越来越小。果实形状因品种不同而有差异，有圆形、圆锥形、长圆锥形和楔形等（图29-3）。

草莓花　　　　　　　　草莓果实　　　　　　草莓果实纵切

图 29-3　草莓花和果实

4. 根系　　草莓的根系为须根系，根系发达，由着生在新茎和根状茎上的不定根组成，新发出的不定根是白色的，以后变黄且逐渐衰老变成褐色。根系主要分布在20cm的土层内，在该土层内吸收根和输导根占70%以上，20cm以下土层根系分布明显减少，水平伸展为50~80cm。在多年一栽制的草莓园中，抽生新茎的部位逐年升高，发生不定根的部位也越来越高，甚至露出地面，需及时培土。

四、对环境条件的要求

1. 温度　　草莓植株对温度的适应范围较广，春季5℃时叶片开始生长，此时抗寒能力较弱；3℃低温时老叶变红；−5~0℃时老叶干缩，只有心叶；−8℃的低温会受冻害；−10℃时大多数植株会冻死。根系在10℃时生长较快，根部在−8℃以下，则发生冻害。16~26℃为植株的生长最适温度，30℃以上生长受到抑制。草莓开花期温度低于0℃或高于40℃都会影响授粉受精，形成畸形果，开花期和结果期最低温度在5℃；花芽分化必须在低于17℃的较低温度下开始进行，气温低于5℃花芽分化则停止。

2. 光照　　草莓为喜光性植物，但又具有较强的耐阴性。在正常的光照情况下，植株生长较矮壮，果实较小，色泽较深红，品质好。在中等光照条件下，植株能正常生长，果实较大，色泽橙红，十分美观，但含糖量稍低。中等光照条件下能够延长草莓的采收期，弱光照条件下则影响结果，导致品质变差。因此，根据草莓对光照的需求特点，可栽植于幼龄木本果树行间，作为间作作物利用。

3. 水分　　草莓为浅根性植物，既不耐干旱，又不耐涝渍，且叶片大，老叶死亡，新叶生长频繁更替，叶面蒸腾作用强，可大量抽生匍匐茎和生长新茎，故要求生长时期要有充足的水分。其不耐淹涝，需要有良好的通气条件。春季开始生长时期、开花期和果实发育期要保证水分供应，土壤中的含水量以60%~80%为宜。果实成熟时要适当控制水分，水分过多，会导致果实品质变劣;但缺水,幼果又会干缩。秋季是植株积累营养的时期,也是花芽形成的时期,对水分的要求较少。土壤含水量过多时,会抑制根系呼吸,引起根系死亡,导致叶片变黄、枯萎。

4. 土壤　　草莓对土壤具有较好的适应性,但在肥沃、疏松、透气的砂壤土中生长最好。草莓对土壤的酸碱度要求较高,以中性或微酸性(pH 5.5~6.5)为好。过于黏重或积水的土壤,不宜栽培草莓。沙性太大的土壤,保水保肥力差,草莓生长结果不良,也不宜种植。

五、栽培与管理

(一)苗木繁育

1. 播种繁殖育苗　　种子繁殖指用培养草莓的实生苗来选育新品种,于 5~6 月果实采收时,选取发育良好、充分成熟的果实供采种用。削下果皮,放入水中,洗去浆液,捞出晾干;或把削下的果皮直接晾干,然后揉碎,果皮与种子即可分离。播种育苗多在翌春进行,但也可在采集种子的当年 7~8 月进行。播种前先把营养土疏松、压平,种子提前浸泡 8~12h,待膨胀后撒播在土壤表面,再用筛子均匀筛上厚度为 0.2cm 左右的细沙土进行覆盖,并覆盖塑料薄膜,10d 左右即可出苗。出苗后适当间苗,待幼苗长出 3~4 片真叶时,再带土移栽到繁殖苗圃。

2. 匍匐茎繁殖育苗　　通过匍匐茎形成子株的繁殖方式是草莓生产上普遍采用的常规繁殖方法,该繁殖方法简单、管理方便。每株普通草莓苗可抽生数条匍匐茎,每个生长季形成几十棵子苗,每年每亩地苗圃可繁殖数万株优质幼苗。

3. 分株繁殖育苗　　分株繁殖分为根状茎分株和新茎分株两种方式。

(1)根状茎分株　　在果实采收后,及时加强对母株的管理,促使新茎腋芽发出新茎分枝。当母株的地上部有一定新叶抽出、地下根系有新根生长时,挖出老根,剪掉下部黑色的不定根和衰老的根状茎,将新的根状茎逐个分离,这些根状茎上具有 5~8 片健壮叶片,下部有 4~5 条米黄色生长旺盛的不定根。分离出的根状茎可直接栽植到生产园中,定植后要及时浇水,并加强草莓种植管理,促进生长,第二年就能正常结果。

(2)新茎分株　　把第一年结果的植株,在果实采收后,带土坨挖出,重新栽植到平整好的畦内。畦宽70cm,可栽 2 行,行距 30cm,行内每隔 50cm 挖一穴,每穴栽两株苗。经一个月后,母株上发出匍匐茎,当每株有 2~3 条匍匐茎时,掐去茎尖,促使母株上的新茎苗加粗。去匍匐茎要反复进行,这样栽植的 2 年生苗,每穴至少可分生 4~6 个新茎苗。

(二)草莓露地栽培技术

露地栽培又叫常规栽培,不需要任何保护升温设施,草莓在田间自然生长发育,开花结果。在秋季定植草莓苗,当年完成花芽分化,越冬后翌年 5~6 月采收上市。其优点是栽培容易、管理简单、成本低、风味好,可与其他作物进行间作、套种和轮作,可大规模经营等。但是,露地栽培容易受外界环境的影响,如低温、倒春寒、高温多雨、夏季干旱等都会对露地草莓生产造成危害,且上市时间不易控制,只能通过品种成熟期的早晚进行调控。草莓上市集中,必须有足够的销售能力或速冻加工条件等作为保障。

1. 园地选择　　选择地势平坦、地面平整、排水灌溉方便、光照充足的地块:要求园地周围 2km 范围内没有化工厂、造纸厂、农药厂等污染源;草莓生产对土质的要求相对较高,要求土壤质地疏松、肥沃,有机质含量最好在 2% 以上;保水保肥能力强,透气性好,地下水位在 80cm 以下,土壤 pH 5.8~7.0。若有机肥充足,灌水方便,在沙质土壤上也可以建园,种植的草莓果实着色好，含糖量高。

草莓生产要尽量避免前茬残留的病虫害，最好不要选择重茬地，重茬地种植其他作物蔬菜、豆类、瓜类、小麦、牧草3年以上可以有效减轻重茬危害。在前茬作物收割以后，要全面整理地块，清除病虫害源，高温晾晒消毒。

2. 选苗与定植 定植前要选择壮苗，壮苗的标准要求必须无病虫害，具有4～6片真叶，须根洁白，单株重量在35g以上，地上部和地下部重量相当，根茎粗壮，叶面积大，叶柄短而粗。起苗时要多带土，尽量少伤根，可保证成活率，沙土地育苗起苗后可用泥浆适当黏根保水。

在品种选择方面，不同地势选择的草莓品种不同。地势低洼的地方，易积聚冷空气，早熟品种因解除休眠早，开始生长的早，抗低温能力下降，易遭受冻害或冷害。因此，地势较高的地块可选用早熟品种，在地势低洼的地块要栽植抗低温能力较强、能抗花期晚霜危害的晚熟品种。

在北方地区，春季栽培多在3月初至4月上旬，秋季栽培在立秋后进行，在适宜栽培的情况下栽植宜早不宜晚。栽植方式主要有平畦栽培和高垄栽培两种。平畦栽培，畦宽100cm左右，每畦栽培2～4行，行距25cm，株距20～25cm，每亩地栽培6000～10 000棵草莓苗；高垄栽培，垄高15～20cm，垄顶宽35～40cm，垄底宽40～45cm，每垄栽两行，行距25cm，株距20～25cm，每亩地7000～9000株，高垄栽培土壤透气性好，有利于根系的发育，可实现密植高产，且果面干净，果实色泽鲜艳，品质好。

草莓苗定植时不能过深或过浅，要做到"深不埋心，浅不露根"。过深时嫩叶和苗心生长点埋在土中，容易腐烂，导致死苗；过浅时根系露出地面，导致吸水困难，引起死亡。因此，定植时选择阴天或者晴天傍晚，栽后立即浇透水，连续浇水3d，可提高成活率。

（三）草莓设施栽培技术

根据草莓植株定植后的保温方式不同，设施栽培可分为促成栽培、半促成栽培、早熟栽培、无土栽培等。

1. 草莓促成栽培 草莓促成栽培是选用休眠较浅的品种，通过温室保温，辅以赤霉素处理和人工延长光照等措施，促进花芽提前分化。定植后直接保温，防止植株进入休眠，促进植物生长发育和开花结果。通过采用促进花芽分化和抑制休眠的技术，温室促成栽培的草莓成熟期可提早到11月下旬至12月上旬，采收期长达4～6个月，可以供应春节市场，经济效益远远高于露地栽培。

草莓促成栽培可采取日光温室或塑料大棚的保护设施。在北方寒冷地区，最好使用高效节能日光温室。南方冬季不太寒冷的地区，为了降低成本，可采用塑料大棚进行栽培，而为了延长设施的使用年限，也可以采用日光温室。促成栽培正值在冬季最寒冷的季节进行温室生产，与露地栽培及半促成栽培相比，其需要改变的环境条件更多，如温度、光照、湿度等，栽培管理技术更为复杂，必须采用相应的标准化配套管理技术。

2. 草莓半促成栽培 草莓半促成栽培是选用深休眠或休眠中等的品种，当植株生长至基本通过生理休眠并处于休眠觉醒期时，开始在保护地保温，并采取高温、电照、赤霉素处理等方法解除休眠，促进植株正常生长和开花结果。草莓品种不同，休眠期长短差异很大，一般在12月中下旬开始保温，采果期为3～5月。半促成栽培北方多为普通日光温室、塑料薄膜大中拱棚，南方多采用塑料薄膜大中拱棚。半促成栽培最关键的是要掌握好保温适期，以保证足够的低温休眠时间。

3. 草莓早熟栽培 在草莓植株已满足低温量，但外界环境条件不能使其正常生长发育的情况下，通过扣棚升温，使草莓植株提前开花结果。通常采用拱棚进行早熟栽培。早熟栽培的采收期比露地栽培提前 20～30d。

4. 草莓无土栽培　草莓无土栽培是在日光温室中，将草莓植株固定在不含自然土壤的固体基质中，利用营养液浇灌，培养植株生长结果。采用无土栽培可有效解决草莓连作障碍，无土传病害，可少用或不用农药，防止环境和果品污染。草莓无土栽培可节约用肥 50%～80%，具有植株生长快、产量高、品质好、生长周期短的优点，是进行无公害栽培的首选方式。无土栽培又可以分为基质栽培、水培、雾培；按栽培容器的不同，可以分为开放式露地、塑料槽与盆、砖槽、塑料管道、袋式；按空间布局的不同，可以分为空间立体式栽培、地面式立体栽培、休闲观光式栽培。

（四）土、肥、水管理

1. 土壤管理　草莓采用地膜覆盖可改良土壤、保水节水、提高地温、降低湿度。地膜可采用透明膜（提高地温）或黑色膜（防除杂草），有利于植株生长发育，提高果实产量。地膜覆盖的时期应根据气候环境和栽培要求而定，如为了越冬防寒，一般在土壤封冻前浇足封冻水，3～5d 后地表稍干时进行覆盖。地膜厚度一般为 0.008～0.02mm。覆盖时，要求绷得紧、压得牢、封得严。可连苗一起覆盖，保护地内温度适宜萌芽时，即可破膜提苗。

2. 科学施肥　草莓喜肥，对肥料的要求量比其他果树大，故必须要有充足的养分供给，尤其是氮、磷、钾三要素的供给更为重要。

（1）基肥　施基肥要在定植前进行，要施用腐熟的有机肥。草莓栽植密度大，生长期补肥较为不便，基肥最好一次性施足，施用量一般每亩不少于 2000kg 鸡粪或 5000kg 优质厩肥，应腐熟后施用，并充分捣碎撒施均匀。

（2）追肥　追肥可以及时补充草莓所需要的养分，但要按照适量施氮和增加磷、钾的原则，数量和次数依土壤肥力和植株生长发育的状况而定。一般从扣棚至显蕾，可 10d 左右施一次肥。肥料以硫酸钾复合肥为主，每亩用量 20kg。

（3）根外追肥　根外追肥可提高叶片的光合强度，增强叶片呼吸作用和酶的活性，促进根系发育，增加果实产量，改善果实品质。通常中后期结合喷药，叶面喷施 0.3%～0.5% 的尿素液、0.3%～0.5% 的磷酸二氢钾液、0.1%～0.3% 的硼酸液、0.03% 的硫酸锰液等营养液，以促进中后期果实的良好发育，提高果重及含糖量。根外追肥可在现蕾期、开花期、花芽分化期进行。

3. 合理浇水　从生产实践看，植株是否缺水不完全取决于土壤是否湿润，主要看室内早晨植株叶缘是否吐水。开花期 1 周左右要停止浇水，开花后结合施肥进行浇水，果实膨大期更要特别注意灌水，育苗时和定植后需水多，应及时适量地灌水。早春只要不过于干旱可适当晚灌，且灌水量不宜过大，以免降低地温，影响根系生长。越冬前应适当控水，以防植株贪青生长，不利越冬。土壤封冻前应灌一次封冻水，以利草莓安全越冬，并能促进第二年早春的生长。

（五）花果管理技术

1. 疏花定果　花序上高级次的花（晚花）开得晚，往往不孕，成为无效花，在开花期和花序分离期，最迟不能晚于第一朵花开放。把高级次的花蕾适时疏除，一般可掌握在疏除总花蕾数的 1/5 或 1/4，集中养分，保证留下的花长成大果，促使果着整齐，提高品质，集中成熟，节省用工。疏果是在幼果青色时，及时疏去畸形果、病虫果。

2. 摘除匍匐茎　匍匐茎消耗母株营养，尤其在干旱年份或土壤条件差的情况下，匍匐茎长出后，其节上形成叶丛，不易发根，生长完全靠母株供应养分，不及时摘除既影响当年产量，又影响秋季花芽形成，同时降低植株的越冬能力。根据国外资料报道，摘除匍匐茎后平均增产40%。根据栽培制度和栽植方式的不同，对匍匐茎的处理也不同。一年一栽制的果园主要是生产浆果，结完果后再更新茎苗进行生产的栽培方式。应在定植成活后及入冬前将抽生的匍匐茎及时摘除，集中养分供植株生长健壮，促进花芽分化，提高越冬能力。多年一栽制，在采收前把匍匐茎全部摘除，采收后抽生的匍匐茎留一部分繁苗，其余部分全部去除。

3. 摘除老叶 草莓一年中叶片不断更新，整个生长季节要不断摘除下部老叶，才能促进上部新叶的生长。摘除老叶的时间，一般掌握在老叶叶柄开始发黄、叶柄由直立变为平展时（草莓从展叶开始，大约40d后在叶片功能下降后摘除），从叶柄基部摘除，特别是越冬老叶，常有病原体寄生，在长出新叶后应及早摘除。

4. 果实垫草 草莓开花后，随着果实增大，花序逐渐下垂触及地面，易被泥土污染，影响着色与品质，又易引起腐烂，故不采用地膜覆盖的草莓园应在开花2～3周后，在草莓株丛间铺草，垫于果实下面，或把草秸围成草圈，把果实放在草圈上。

5. 防霜 草莓植株矮小，靠近地面生长，对霜冻很敏感，容易使幼叶、花、幼果受害。刚伸出未展开的幼叶受冻后，叶尖与叶缘变黑。正开放的花受害较重，通常雌蕊完全受冻变色，花的中心变黑，不能发育成果实。受害轻时只部分雌蕊受冻变色，而发育成畸形果。幼果受冻呈油渍状。在草莓花期经常有晚霜的地区，要做好预防工作。选择通风良好的地点栽种草莓是基本要求，再加上延迟撤除的防寒物，能明显延迟开花物候期，可以避免霜害。有条件时还可采取其他措施，如熏烟、喷灌等。

6. 防寒越冬 草莓在北方无稳定积雪的地区，冬季时必须覆盖防寒物才能在地里安全越冬。覆盖防寒还可保留较长时间的绿叶越冬，以利早春生长。有的地区对覆盖不重视，在有的年份不覆盖或未认真覆盖，越冬后植株虽未冻死，却萌芽晚，生长衰老，产量明显降低。因此，要达到稳产、高产的目的应适时细致覆盖防寒物。初冬温度下降，当草莓植株经过几次霜冻低温锻炼后，温度降到−7℃之前进行覆盖。土壤封冻前灌一次封冻水，水冻结后用麦秸、稻草、玉米秸、树叶、腐熟马粪或土作为覆盖材料，可因地制宜选用。覆盖厚度，江苏、山东等地为5～6cm，内蒙古、东北等地为8～15cm。一定要细致，压实，不透风。积雪稳定的地区可不进行覆盖，而在园地周围立风障。冬季严寒、春风大的地区除覆盖外，也可加立风障。

（六）病虫害防治技术

草莓病虫害防治应坚持"预防为主、综合防治"的原则，以选用抗病品种和无病种苗，推行太阳能土壤消毒和轮作为基础，从生态学角度考虑，控制害虫种群，以害虫养天敌，以天敌治害虫。优先采用农业、生物、物理、药剂和生态防治措施，合理使用高效、低毒、低残留的化学药剂，严格遵守安全间隔期不使用膨大剂。综合防治应从害虫种群和以植物为中心的生态系统出发，以预防为主，本着安全、有效、经济、简便的原则，控制病虫害的发生，达到草莓丰产、优质、低成本和无公害的目的。

1. 农业防治 农业防治就是利用病虫、农作物及生态环境之间的三角关系，采取一系列的农业技术措施，促进农作物的生长发育，抑制害虫的繁殖，直接或间接地消灭害虫，创造有利于益虫生存及繁殖的条件，从而使农作物免受或少受害虫危害的方法。

（1）种植前防治病虫害

1）减少病虫害传播。在引进种苗时必须严格把好检疫关，避免从疫区引进种苗。

2）选用抗病种苗。尽量选择抗病虫害的种苗，尤其是选用抗危害性较大病虫害的种苗。例如，在白粉病较重的地区，可选用抗白粉病较强的'宝交早生''因都卡''新明星'等品种；'新明星''因都卡'抗蛇眼病；'宝交早生''四季草莓'较抗黄萎病；'因都卡''新明星''戈雷拉'较抗红中柱根腐病；'新明星''丰香''春香'等较抗枯萎病；'新明星''明宝''斯派克'抗灰霉病。根据不同地区的情况，选择对某种或某几种病害抗性较强的草莓品种。

3）选用脱毒种苗。按照不同栽培类型所需的秧苗标准，培育符合要求的健壮脱毒秧苗是防治草莓病虫害的基础。草莓组培脱毒原种苗的繁殖系数高，繁苗能力比普通匍匐茎苗的繁殖能力高50%以上，对于本身育苗能力低的品种则效果更加明显。

（2）种植过程中防治病虫害

1）切实抓好草莓栽培管理，选择通风良好、排灌方便的地块栽植草莓，栽植前要对土壤进行检测与改良。

2）坚持以施用有机肥为主，避免过量施用氮肥的施肥原则。

3）采用合理的栽植密度。

4）保护地要采用高畦栽培，必须进行地膜覆盖；膜下灌水可采用滴灌。

5）将染病的叶、花序、果及植株及时摘除，烧毁或深埋。保护地栽培草莓的要在早晚进行，将采摘下的病叶等立即放入塑料袋中，密封后带出棚室外销毁。在收获结束后及时清理草莓秧苗和杂草，土壤深翻约40cm，可杀死一部分土传病菌和虫卵。要避免连作，实行轮作倒茬。

2. 生物防治 生物防治是利用天敌昆虫、昆虫致病菌、农用抗生素、昆虫性外激素及一些物理方法来控制草莓的病虫害，副作用少、无污染。

（1）保护利用天敌 首先，要保护好自然天敌，减少广谱性杀虫剂的使用量，或在不影响天敌活动的情况下用药；其次，可人工释放天敌，如在设施栽培中可适时释放七星瓢虫的蛹、成虫，防治蚜虫等。

（2）应用昆虫性外激素 在草莓园设置一定数量的性外激素诱捕器，诱捕大量成虫，减少雌雄成虫自然交配的概率，或干扰害虫交配机会，使草莓园害虫数量减少，达到防治效果。

（3）趋性诱杀 根据某些害虫的趋性群集性诱杀，可以利用光、色诱杀害虫或驱虫，如利用黄板诱杀蚜虫和白粉虱。

3. 物理防治

（1）人工捕杀 对于幼虫体积比较大的害虫，若在虫害发生的初期进行人工捕杀，则棚室栽培时效果很好。

（2）黄板诱杀 黄板可有效诱杀白粉虱及蚜虫。在 $0.2m^2$ 的纸板上涂黄漆，干了以后涂一层机油，每亩挂30～40块，当板上粘满白粉虱和蚜虫后，再涂一层机油。

（3）纱网隔离 在棚室放风口处安装防虫网，防止蚜虫进入。

（4）热水处理 用热水处理草莓秧苗，先将秧苗在35℃水中预热10min，再放入45～46℃热水中浸泡10min，拿出冷却后即可栽植，可以防治草莓蚜虫、线虫。

4. 药剂防治

1）在预测预报工作的基础上，掌握病虫发生的程度、范围和发育进度，及时进行化学防治。

2）实行苗期用药、早期用药，增强农药对病虫的杀伤力，提高防治效果；实行专治，减少普治；做到一药多治，病虫兼治。

3）选用生物源农药、矿物农药和一些高效低毒、低残留农药，如农抗120、多抗霉素、白僵菌、苏云金杆菌、阿维菌素、波尔多液、大生 M-45、多效灵、克特多、蛾螨灵、抗蚜威等。

4）允许使用的一些有机化学农药，要限量使用，每种农药每年使用不超过一次，而且要严格执行农药安全使用标准。

5. 生态防治　　针对白粉病菌和灰霉病菌耐低温、不耐高温的特性，在气温较高的春季，利用大棚封膜进行增温杀菌。据研究表明，安全有效的温度控制方案是使棚内温度提升到 35℃ 并保持 2h。若连续 3d，温度超过 38℃ 则会造成草莓烧苗，低于 32℃ 则杀菌效果不理想。另外，在草莓开花期和果实生长期，加大棚室放风量，将棚内相对湿度降低至 50% 以下，对抑制灰霉病有显著的效果。

（七）果实采收

草莓果肉硬度小，容易受伤和腐烂，不耐长期贮藏和长距离运输，采收时要注意及时、无害、保证质量、减少机械损伤。

1. 采收标准　　草莓植株矮小，果实接触地面，采收晚果实容易腐烂变质，短距离运输可在着色 90%~95% 时采收，长距离运输则在果面着色 80% 左右时采收。硬肉型品种，如'全明星''土德拉'等果实全红时采收才能达到该品种的风味，同时也不影响运输。

2. 采收前准备　　草莓果实不耐碰压，采收前要做好采收、包装准备。采收用的容器一定要浅，底部要平，内壁光滑，内垫海绵或其他软的垫物如塑料盘、搪瓷盘等。如果容器比较深，则采收时不能装得太满。通常用高度约 10cm 的塑料盒作为采收草莓的容器。

3. 采收时间　　草莓同一个植株中各级序位果成熟期不同，必须分期采收，每隔 1~2d 采收一次。采收最好在草莓露水干后，上午 11 时之前或傍晚天气转凉时进行。这段时间温度较低，有利于存放。中午前后气温较高，果实硬度较小，果梗变软，不但采摘费工，而且易碰破果皮，导致腐烂变质。

4. 采收方法　　鲜食草莓果实的采摘须采用人工方法。采收时必须轻摘轻放，不能用手握住果使劲拉，采收时用拇指和食指掐断果柄，将果实按照大小分级摆放在容器内，采摘的果实应带有部分果柄，且不要损伤花萼，以延长浆果存放的时间。

第三十章　荔　枝

一、概述

（一）荔枝概况

荔枝（*Litchi chinensis* Sonn.）属无患子科荔枝属常绿乔木，又称离支、丹荔等。荔枝原产于中国南方，有 2300 多年的栽培历史。荔枝作为我国重要的小宗热带水果，对热区农业、农村经济发展和农民增收具有重要的作用。

我国是世界上最大的荔枝生产国，主要分布于北纬 18°～29°，其主要生产区域为广东、广西、海南、福建、云南、四川、贵州及台湾等省（自治区），栽培面积和产量均位居世界第一位。广东是中国荔枝分布最多的省，总产约占全国产量的 51%，种植面积遍及全省 80 多个县市；其次是广西和海南。此外，亚洲、中南美洲及非洲的一部分地区，如印度、南非、澳大利亚、毛里求斯、马达加斯加、越南及泰国等也为荔枝主产国。

荔枝果实营养丰富，经济价值好，产量高，亩产可达 750～1500kg，部分品种亩产可达 2500kg。中国荔枝花芽分化期在 11～12 月，上市时间集中于 5～7 月，部分早熟品种于 3～4 月成熟，有利于调节市场供应。作为我国热带特色水果，成熟的荔枝果皮色泽鲜艳、果肉莹白香甜，有"岭南果王"的美称。优质荔枝果肉味道鲜美，含糖量在 16%～19%，含酸 0.05%～0.3%，富含维生素 C、果胶、多糖及多种矿质元素等，是药食兼用果品。《本草纲目》记载，荔枝皮可治血崩、呃逆，荔枝核理气、止痛，荔枝果肉有补脾益肝等功效。现代医学实验也表明，荔枝富含丰富的酚类、萜类、生物碱及多糖等生物活性物质，具有抗氧化、消炎、抗癌等多种药用价值。除鲜食外，荔枝果实还可以加工成果脯、果汁、果酒、罐头、果干、果酱等，极大地提高了产品的附加值。

（二）历史与现状

我国荔枝的栽培已有 2300 多年的历史，最早文献见于司马相如的《上林赋》，称为"离支"。20 世纪 50 年代以来，科学家已在海南省、广东省、广西壮族自治区和云南省等地发现了野生荔枝及其近缘种的存在，证明我国是荔枝的重要起源地和最早栽培荔枝的国家。2022 年，中国科学家证明云南是世界荔枝唯一的起源中心。中国荔枝种质资源丰富，主要分布在南部地区，后广泛向世界各地传播。17 世纪末首先传入缅甸，之后至印度、牙买加等，19 世纪末传至美国的夏威夷、佛罗里达州等地。目前整个亚洲、大洋洲、美洲和非洲的部分地区均有栽培。

近年来，我国荔枝生产发展迅速，栽培面积和产量仍稳居世界第一位。据统计，2020 年，我国荔枝种植面积约 810.46 万亩，占全球荔枝种植面积的 63.7%；产量约 255.35 万 t，占全球荔枝产量的 72.9%。中国荔枝主要供应国内市场，以鲜食为主，进口仅占世界进口份额的 11%，主要进口国为越南、泰国等。至今，广东已成为栽培面积最大的荔枝主产区，2022 年种植面积约 400 万亩，占全国的 51%左右；产量约 146 万 t，约占全国荔枝产量的 58%，主要分布在茂名、珠三角和粤东产区。印度和越南是仅次于中国的荔枝生产大国，年产量分别约 58 万 t 和 33 万 t。荔枝因其易褐、易腐的特性而限制了商品性能，荔枝销售季节温度高，常温下荔枝果实采后 1～2d 果皮全部褐变，从而导致其商品性下降，就近销售必须在采摘后 24h 内进行。目前我国出口的荔枝大多采用硫处理结合酸复色的冷处理保色保鲜技术，处理后的果肉硫残留量低，保鲜期延长至 40～45d，低温货架期 5～7d。

二、优良品种

我国荔枝种质资源极其丰富，经过 2000 多年的人工栽培和选育，形成了许多优良的栽培品种。广东省农业科学院国家果树种质广州荔枝圃保存荔枝种质 600 多份，为荔枝的生产发展和品种培育贡献了丰富的种质资源。荔枝按成熟期可分为特早熟、早熟、中熟、晚熟和特晚熟五大类，上市时间从 4 月上旬至 8 月中旬。成熟期荔枝果皮以鲜红色为主，部分品种成熟时果皮为黄绿色，如‘新球蜜荔’等。全国荔枝主要栽培品种近 20 种，有‘妃子笑’‘三月红’‘圆枝’‘紫娘喜’‘元红’‘兰竹’‘陈紫’‘褐毛荔’‘水晶球’‘无核荔’‘大丁香’‘新球蜜荔’等。

1.‘妃子笑’　　又名‘落塘蒲’，是我国种植分布范围最广的荔枝品种，广东、广西、海南、福建和云南等地均有种植。该品种树势健壮，枝条粗硬向上生长。叶片大而长，呈椭圆形，先端渐尖。花穗粗长，花量大。果实成熟于 4 月下旬至 5 月中下旬，为早熟品种。果实近圆形或卵圆形，单果重 20～34g。成熟时果皮青红色、薄，龟裂片凸起，缝合线不太明显。果肉白蜡色，肉厚，质爽脆多汁，清甜带香；果核较小，可食率约 82.4%；可溶性固形物含量 18.08%，含酸量 0.29%，品质优良。‘妃子笑’对气候条件适应性强，对肥水要求较高，经控花处理，丰产、稳产性较好。

2.‘黑叶’　　又名‘乌叶荔枝’，是广东、福建、广西、台湾等地广泛种植的古老地方品种。该品种植株生长茂盛，树冠半圆头形；叶披针形，叶色浓绿近黑，因此得名；花序粗大，花枝疏散。果实成熟于 6 月中旬，为中熟品种。果实歪心形或卵圆形，单果重约 19.6g。成熟时果皮暗红色，龟裂片较大，排列不规则，缝合线不太明显。果肉蜡白色，肉质软滑细致，清甜；果核中等大小，可食率 75.4%，可溶性固形物含量 20.0%，含酸量 0.46%，品质上等。该品种适应性广，适宜于较潮湿、肥沃的地区种植，可丰产、稳产。

3.‘白糖罂’　　又名‘蜂糖罂’‘中华红’。该品种树势中等，枝条较开张，花序中等，花梗粗。果实 5 月下旬成熟，为早熟品种。果实歪心形或短歪心形，单果重 18～28g。成熟时果皮淡红色或鲜红色，龟裂片平滑，小部分微凸起，果缝裂纹浅而显著，缝合线不太明显。果肉爽脆，味清甜带有蜜味；果核较小，可食率约 81.5%，可溶性固形物含量 15.49%，含酸量 0.29%，品质优良。该品种耐肥，故要求较高的肥水条件，丰产性强，适宜于土层深厚肥沃、气温较高的地区种植，如广东茂名高州、电白，海南等地。

4.‘怀枝’　　又名‘淮枝’或‘槐枝’，该品种树势中等，树冠半圆头形；叶短椭圆形，先端短尖；花穗粗短，小花密生。果实成熟于 7 月上旬，为晚熟品种。果近圆球形，单果重约 20.62g。成熟后果皮暗红色，厚而韧，龟裂片平滑或稍隆起，排列不规则，裂片峰平滑，缝合线浅。果肉乳白色，软滑多汁，味甜；果核较大，可食率 68.5%～76.6%，可溶性固形物 17.0%～21.0%，含酸量 0.28%，品质中上。该品种适应性较强，抗寒抗旱，适于山地、水边等地种植，丰产、稳产。

5.'桂味' 又名'桂枝'或'带绿',主产于中国广东,因有桂花味而得名。该品种植株高大,树势健壮;枝条细而硬,略直立;叶片披针形或卵状披针形,先端短尖;花序多分支,颜色金黄。果实成熟于6月下旬,为中熟品种。果近球形或卵圆形,单果重约17.0g。成熟后果皮鲜红至暗红色,龟裂片凸起,果中部裂片尖锐刺手,缝合线明显。果肉爽脆、清甜;果核较细,可食率78%~83%,可溶性固形物含量18.4%,含酸量0.21%,品质极佳。该品种对土壤适应性强,耐干旱,适宜山地种植,是重要的出口商品水果。

6.'糯米糍' 又名'米枝',主产于广东东莞、增城、番禺等地。该品种树势中等,树冠呈伞形或圆头形;枝条细密,略下垂;叶披针形,小而薄;花序短小,黄绿色。果实成熟于6月下旬至7月中旬,属中熟品种。果形偏心脏形,果较大,单果重约25.0g。成熟后果皮鲜红间蜡黄,龟裂片大而隆起,棘感不明显。果肉乳白色半透明,肉质肥厚,口感嫩、清甜;果核瘦小,可食率约82.3%,可溶性固形物含量约18.0%,含酸量0.18%,品质优良。该品种适应性强,较耐干旱,适宜山坡地种植。

7.'白蜡' 又名'白蜡子',主产于广东茂名、湛江,广西,海南等地。该品种植株生长较强势,树冠半圆形;叶对生或互生,披针形,先端钝或短尖;花序较大,花密集。果实成熟于6月中上旬,为早中熟品种。果近心形或卵圆形,单果重约24.1g。成熟后果皮鲜红,软而薄,龟裂片凸起,裂片峰钝,缝合线明显。果肉白蜡色,肉质细腻多汁,清甜,可食率71.9%,可溶性固形物含量14.32%,含酸量0.08%,品质优良。该品种大小年现象较为明显,丰产但不够稳产。

8.'三月红' 又名'四月荔'或'五月红',主产于广东的新会、增城等地。该品种树形开张,枝条粗壮稀疏,花序大,花枝粗长。果实成熟于3月下旬,故名'三月红',属特早熟品种。果实呈心脏形,单果重37~42g。成熟时果皮淡红色、厚,龟裂片大小不等,排列不规则,缝合线不太明显。果肉黄白色,微韧,组织粗糙,味酸带甜;果核大,可食率约70.1%,可溶性固形物含量16.19%,含酸量0.35%,品质中等。三月红较易成花,根系耐湿性强,肥水条件适宜,可丰产、稳产,可调节荔枝市场供应,具有较强的市场竞争力。

三、生长结果特性

(一)生长特性

1. 根 荔枝根由主根、侧根、须根和大量根毛组成。根系分布与荔枝的繁殖方式、栽培条件和农业技术措施等密切相关。实生苗及嫁接繁殖的植株有发达的主根,而高压繁殖的植株则侧根和须根发达。荔枝根系分布较浅,垂直根大多分布在60cm以上的土层中,水平根分布范围是根冠径的1~2倍。荔枝根系与土壤真菌共生,形成内生菌根,富含单宁。

荔枝根系在适宜的条件下全年均有生长活动,无自然休眠期,一年中至少有3个明显的生长高峰期:①4~5月夏梢萌发前,此时幼果发育,树体消耗大量养分,发根量相对较少,为第一次生长高峰期;②7~8月采果后,地温较高,湿度较大,适宜根系生长,为一年中根系生长量最大的时期;③9~10月秋梢萌发期,吸收根生长量呈小高峰。根系的生长受土壤温度、湿度等生态因子影响,适宜根系生长的温度为23~26℃,温度高于31℃或低于10℃,根系生长缓慢。土壤干旱或过湿也会影响根系的生长和发育,因此干旱期适当灌溉,涝害适当排水有利于根的生长。

2. 枝梢 荔枝为常绿乔木,主干较大,树冠繁茂。幼年树每年抽新梢5~7次,青壮年树当年采果后抽梢 1~2 次，老年树采果后抽梢 1 次。枝梢的长短和叶色随季节变化，冬春季新梢萌发嫩叶紫红色，后转黄色，青绿色或浓绿色，梢期长达 2 个月；夏季气温较高，新梢叶转浓绿色需 1 个月左右，梢期稍短，抽梢次数增多；叶片寿命一般 1~1.5 年。梢期因物候期不同而异。

1) 春梢多抽生于春分至清明，萌发时间随树势和气温高低而变化。树势壮旺，春梢多于 1 月中下旬萌发；树势较弱，春梢多于 2~3 月才萌发，少数 4 月抽出，梢期 60~70d。结果树春梢过多，影响花的数量和质量，甚至加剧落花落果。

2) 夏梢多抽生于 5 月上旬至 7 月底，此时气温较高，是新梢生长的旺盛季节，幼年树或青壮年树可抽生 1~2 次夏梢，结果树从花、果枝的基部抽出夏梢，相对较少。

3) 秋梢多抽生于 8~10 月，是结果树翌年开花结果的重要枝梢，将形成结果母枝。青壮年树可萌发 2~3 次秋梢，成年结果树一般萌发 1 次秋梢。

4) 冬梢多抽生于 11 月后，冬梢可萌发 1~2 次，抽出后常遇低温霜冻，生长势差，甚至嫩叶干枯，成光棍枝。冬梢一般数量少，加强施肥可壮梢。

3. 叶　　荔枝的叶多为偶数羽状复叶，小叶 2~4 对，对生或互生。叶椭圆、披针形或卵圆形，叶缘有平直、波浪形或内卷等。叶长 5~16cm，宽 2~5cm，先端渐尖或锐尖；嫩叶为淡红褐色、棕红色、黄绿色等；叶柄短，主脉凸起，侧脉不明显。荔枝叶片的形状、长短、大小和色泽因品种不同而异，并可作为品种鉴别的特征之一。

（二）开花结果特性

1. 花　　荔枝花序顶生或侧生，为聚伞状圆锥花序，花序长 15~30cm，小花数十朵至数千朵。主要花型有雄花、雌花。荔枝多为雌雄异花，花瓣不同程度退化，少数是完全花，着生于同一花穗上。每个花穗一般有 100~200 朵雌花，占总花数的 30%~50%，在正常的授粉受精条件下，可满足丰产的需要。

荔枝具有枝端成花的特性。花芽分化经过秋梢发育、成花诱导、花发端、花穗与花分化等阶段，每个阶段对温度、水分等生态条件的要求不同。荔枝需要低温诱导才能成花，早中熟荔枝品种花芽分化在 10 月中下旬至 12 月，要求昼温 20℃以下；晚熟品种花芽分化在 12 月中下旬到 3 月中旬，要求昼温 10℃以下并持续 60d 以上。若冬季低温不足，则导致荔枝成花率低，并有"大小年"现象发生。

2. 果实　　荔枝果实由果柄、果蒂、果皮、果肉（假种皮）和种子等部分组成。果实的形状、颜色、龟裂片和缝合线因品种不同而异。果实成熟时，果皮以鲜红色为主，少部分品种果皮呈黄绿色。可食部位为果肉，又称假种皮，假种皮从种子基部向上生长，种子迅速增大，种皮硬化，由乳白色转为棕色。果肉外部有一层薄膜状、白蜡色的内果皮包裹。果实发育包括胚、果皮和种皮的发育，子叶的生长发育，果肉的生长和果实的成熟等阶段。

荔枝果实发育期间一般有 3~4 次生理落果高峰，主要受生态因子、栽培管理措施、营养元素、内源激素等因素的影响。第一次生理落果在雌花开放 10d 左右，由授粉受精不良引起的落果。第二次为在幼果生长期，由受精不良或连续低温阴雨天气影响导致的落果。第三次为幼果迅速发育期，由营养物质的消耗和果实间对养分的竞争导致的落果。在果实生长发育期，可通过药剂处理或增施壮果肥，以减少落果。

3. 种子　　荔枝果肉内部包裹种子 1 枚，种皮棕褐色，表面圆滑有光泽，呈长椭圆形；内有两片子叶和淡黄色半月形小胚芽。此外，败育的种子内半空或空，还有种子皱缩的焦核品种较为常见。

四、对生态条件的适应性

（一）对环境的要求

1. 气温 我国荔枝主要分布在广东、福建、广西、四川、云南、海南、贵州及台湾等南亚热带地区，是喜温忌霜冻的多年生常绿果树，其生命周期和年周期的变化受温度的影响。荔枝适宜的年平均气温为 21～25℃，对低温尤为敏感，在 0～4℃ 时，营养生长基本停止。荔枝的耐寒能力较差，冬季低温低于 −2℃ 时，则枝梢叶层发生冻害，持续时间越长，冻害越严重。荔枝花粉发芽以 20～28℃ 为宜，花在 10℃ 以上才开始开放，温度过高，则发芽率下降，并有"冲梢"现象。

2. 水分 荔枝性喜温湿，雨量影响荔枝生长、花芽分化和开花结果。荔枝产区年降水量在 1500～2000mm，可满足荔枝正常的生长发育需要。夏季雨量较多，可促进植株的营养生长；冬季雨量较少，土壤干燥，抑制了根系和枝梢的生长，有利于花芽分化。花期雨水过多则因授粉受精不良而减少坐果，果实品质下降，早熟品种'白蜡'通常在雨季之前 1～2 月开花，因而授粉受精良好，坐果率较高。幼果期如遇连续阴雨天气，则影响植株光合作用，易导致落果。果实成熟期如遇骤雨，则发生大量裂果、落果。雨水过多还会引起果园土壤积水，通气不良，影响根系生长活动，进而引起树势衰退甚至植株死亡。

3. 光照 荔枝喜光，一般要求年生长日照时数在 1800h 以上。充足的光照有利于促进同化物的吸收，增加有机物积累，有利于花芽分化、果实着色和品质提升。荔枝不同的发育期对光照的要求不同。花期光照充足，养分积累多，易于成花；若光照过强，会导致花药枯干，影响授粉受精。花期和幼果期如遇连续阴雨天气，则光合作用效率低，营养失去平衡，导致大量落花、落果。

4. 土壤 荔枝对土壤的适应性较强，在丘陵、山地和旱坡地的壤土、砾石土，平地的黏壤土、冲积土和沙质土上都能正常生长和结果。以土层深厚、排水良好、土壤 pH 5.5～6.0、有机质大于 1.5% 的土壤为佳。目前我国荔枝主产园区长期施用化肥，导致土壤酸化、板结现象普遍，果园土壤养分肥力较低且不平衡，硼元素普遍缺乏，有效钙、镁较为缺乏，影响了荔枝植株对养分的吸收、成花、坐果和果实品质的提升。因此，果园应注意土壤结构改良，确定需肥和需水的关键时期，制定各阶段的施肥标准，提高有机质含量，改善土壤生态环境，以达到树体营养元素的相对平衡。

5. 地势 坡度、坡位和坡向等也会影响荔枝植株的生长，荔枝园多位于地势平缓，坡度在 25° 以下，海拔 700m 以下，并且有水源的丘陵山坡地。大于 4° 的坡地需修筑梯田、沿等进行高线种植。

（二）生产分布与栽培区划分

我国的荔枝经济栽培区分布于北纬 18°～29°，从属于热带、南亚热带地区。根据农业部印发的 2007～2020 年两轮《荔枝优势区域布局规划》和《特色农产品区域布局规划（2013—2020年）》，广东、广西、福建和海南四省（自治区）为我国荔枝主产区。这些区域年平均气温大于21℃，冬季绝对低温大于 −1℃，年降水量 1500～2200mm，土壤以红壤、砖红壤、冲积沙壤或轻黏壤为主，是我国荔枝的经济栽培适宜生态区，其种植面积和产量占全国荔枝的 98% 以上。

形成了海南特早熟产区、粤桂西南部的早熟产区、粤桂中部的中熟产区和粤东闽南的迟熟产区，该区域荔枝品种具有资源优势和市场竞争力，良种覆盖率达 90%。根据各产区的生态条件、产业基础、市场区位和环境质量，将琼中荔枝优势区、粤桂荔枝优势区和闽南荔枝优势区列为我国荔枝优势区域。

1. 琼中荔枝优势区　　海南地处热带季风气候，荔枝生长速度快，早产稳产。主要分布在陵水、文昌、琼海、琼山和澄迈等地。主要品种有早熟的'妃子笑'和中晚熟的'无核荔枝'。该区域光照资源充足，冬季气温较高，有利于发展早熟荔枝品种，调节荔枝市场供应。

2. 粤桂荔枝优势区　　是我国荔枝最重要的产区，早中熟品种主要分布于西南部，中晚熟品种主要分布于中部，晚熟品种分布于东部。主导品种有'妃子笑''白糖罂''白蜡''糯米糍''桂味''双肩玉荷包''怀枝''黑叶'等，占荔枝种植面积的90%以上。

（1）粤桂西南部的早熟产区　　主要分布在湛江的廉江、茂名、阳江等，南宁的横县，钦州的钦北、钦南，防城港的防城区、东兴；北海的合浦等。该区域年平均气温22～23℃，年平均降水量1400～1800mm，荔枝在5～6月收获，是早熟品种'三月红''白糖罂''白蜡''黑叶''妃子笑''双肩玉荷包'等的优势产区。

（2）粤中-桂南中熟品种区　　主要分布在惠州、东莞、广州、深圳、珠海，南宁市、贵港市、梧州市等。该区域年平均气温21℃以上，年平均降水量1600～2000mm，荔枝在6～7月收获，是中熟品种'糯米糍''桂味''挂绿'等的优势产区。

（3）粤东中晚熟品种区　　主要分布在广东揭阳、汕尾、潮州和汕头等市。该区域年平均气温21～23℃，年平均降水量1200～2700mm，果实迟熟成为该产区最大的区域优势，延长了荔枝产期。主要品种有'怀枝''黑叶'等中晚熟品种。

3. 闽南荔枝优势区　　福建是我国晚熟荔枝的主产区，主要分布在漳州和宁德市。主要品种有中晚熟的'兰竹'和'黑叶'及晚熟的'元红'。该区域是我国晚熟荔枝的生产基地，有利于延长荔枝产品的供应期。

五、栽培技术

（一）苗木繁育

品种优良、生长健壮的苗木是荔枝丰产栽培的重要基础，对荔枝园的早结、丰产起着重要的作用。压条（圈枝）和嫁接，是荔枝育苗的主要方法。具体内容参照本书第四章。

（二）规划建设

荔枝不同生长时期对生态环境的要求不同：营养生长期，需高温多雨；花芽分化期，需低温干旱；开花期，需晴朗而不干热，偶有小雨；果实发育期，需晴朗，雨量均衡充沛。因此，荔枝果园的规划建设是荔枝生产中一项重要的基本建设，需充分考虑荔枝各生长时期对环境的要求，规划好排灌系统、施肥系统、道路系统、田间设施、防风林和工作间等。具体内容参照本书第五章。

（三）土肥水管理

1. 土壤管理　　土壤管理可促进荔枝根的生长发育，形成发达的根系。生产上常进行的土壤管理有松土、改土和培土等。为创造有利于树体生长的地表微生态环境，每年需根据杂草的生长情况清除树冠下的杂草，可人工铲草或进行化学除草；对于树冠外的杂草，可结合生草栽培进行管理。定植后二三年的荔枝幼龄树，应改良树盘外围的土壤，以促进水平根系生长。秋冬季，可在树冠滴水线外围开深 60cm，宽 50cm 的条状沟或圆状沟，每年每株分层压入腐熟肥或钙磷镁复合肥等 50～100kg。深翻改土时挖出的土分层堆放，加填时底土压在表层，3～4 年内完成园区的深翻扩穴改土。荔枝培土可保护根系和保持土壤水分，稳定土温。一般在秋季采果后进行，此时培土可促使根系生长和秋梢抽发。

2. 施肥　荔枝树施肥以有机肥为主，化学肥料为辅，并配施微生物肥。土壤施肥在树冠滴水线附近，根外追肥以叶面肥为主。在枝梢叶片转绿期、抽穗期、花期和果实发育期，可采用叶面喷肥，常用尿素、0.2%～0.5%的磷酸二氢钾、硼砂、0.05%～0.10%的钼酸铁、0.1%～0.2%的硫酸锌、核苷酸、荔枝保果剂等，一般每隔 7～10d 喷施一次；在花穗发育期和果实发育中后期，可每隔 3～5d 追肥，以促进丰产、稳产。

荔枝幼树施肥，以促进新梢生长为目的。幼树施肥按照少量多次、勤施薄施的原则，定植成活后追肥以氮肥为主，如尿素，并适当配施磷钾复合肥。定植后第一个月开始稀施薄肥，在抽梢前和新梢叶片转绿时各施肥一次。定植当年在树盘附近浇施水肥，第二年在树冠滴水线附近挖深、宽各 50cm 的环状沟，施肥后覆土。新梢转绿后，结合病虫害防治加入 0.1%的尿素、磷酸二氢钾或其他叶面肥。

结果树以高产、稳产、优质为目的。根据荔枝的特候期进行施肥，可促进枝梢抽生，确保花芽分化和果实发育对养分的需要。

（1）促梢肥　荔枝的结果母枝主要是秋梢，调节肥水供应可培养健壮的秋梢。在采果前10～15d，增施氮肥，按每株施腐熟肥 20kg。采果后 15d，每株施尿素、钙镁磷肥各 0.2kg；遇旱则叶面喷施 0.2%～0.3%的尿素水肥，以迅速恢复树势。

（2）促花肥　在花芽分化前后施用，以壮花穗、促进开花、提高坐果率和减少第一次生理落果为目的。在树冠垂直线下地面，开环状沟施肥。要控制氮肥，株施钙镁磷肥 0.5kg，氯化钾 0.35kg，复合肥 0.2kg，或农家肥 20kg。

（3）壮果肥　在第一次生理落果后施用，一般在 5 月中旬，以促进果实发育、提升品质和减少第二次生理落果为目的。株施尿素 0.2kg，氯化钾 0.35kg，复合肥 0.4kg，钙镁磷肥 0.5kg，分 1～3 次施用。

3. 水分管理　大气湿度和土壤水分会影响荔枝植株新梢生长、花芽分化、花穗抽发和果实生长发育，生产上应遇旱灌水，遇雨排涝，以保证荔枝的正常生长发育。如遇高温干旱，应及时对树冠淋水或土壤灌溉，可采用滴灌或喷灌的方式，提高土壤和大气湿度，同时节约用水。雨季汛期应及时排除果园沟内积水，做好松土工作。

（四）整形修剪技术

1. 整形　荔枝树定植后 2～3 年内进行整形，一般采用多主枝自然圆头形或多主枝自然半圆头形。定干高度 40～60cm，选留长势均衡、分布均匀的主枝 3～4 条，主枝与主干夹角为45°～60°。每一主枝可选留 2～3 个距离主干 30～40cm 的枝条作为副主枝，按副主枝的培养方法依次培养各级结果枝，用拉、撑、吊等方法调整枝条的角度和方位。一般在定植后 4～5 年结果母枝 120～180 枝为宜。成年结果树，主要培养良好的两批秋梢作为结果母枝，秋梢在 10～11 月充分老熟。

2. 修剪

（1）幼龄树修剪 荔枝幼龄树修剪与整形同步进行，利用摘心、短截、疏除、抹芽等方法抑制枝梢生长，以达到整形的效果。当嫩芽长到 7～10cm 时进行抹芽处理，只留 1 条粗壮的新梢。

（2）结果树修剪 结果树一般采取采果后回缩修剪和抽梢期疏剪。修剪标准是剪后树冠不裸露，修剪口不暴晒，树冠周围枝条分布均匀，有较厚的叶绿层，修剪成平头形或锅盖形。修剪的强度随着树龄、树势及土壤状况的不同而异，青年树树势旺、肥水充足、枝叶稠密，可重剪；老弱树或生长在土壤贫瘠的荔枝树，年生长量少，枝条较疏，应轻剪。修剪时期通常为施采果肥后一周以内，在海南，'妃子笑'一般在 5 月中下旬开始回缩修剪，'紫娘喜'一般在 6 月中旬开始修剪。糯米糍枝条密集，常以采果后疏剪为主，并适当回缩修剪。采果后疏剪要开天窗，以培养通风透光的树形，提高树冠的光合效能，也能降低病虫害发生。疏剪去除病虫枝、下垂枝、枯枝、弱枝、萌枝和重叠枝等，尽量保证抽梢整齐，便于管理。

3. 结果母枝培养 成功培育健壮、适时的结果母枝，是荔枝丰产的关键。荔枝花芽分化开始的时间一般为枝梢成熟时，据此可推算并调控末次秋梢结果母枝的抽发时间，从而达到防止冬梢发生、提高坐果率的目的。每梢抽出到老熟 35～45d，可通过肥水管理来控制结果母枝的生长，过早则控梢期过长，过晚则可能导致树体养分积累不够，影响成花。通过在采收后撒施少量速效氮肥于根部，修剪结束后追施高氮复合肥；也可以一梢喷施两次叶面肥，第一次以高氮为主，第二次以高钾为主，以促进枝梢生长与老熟。'妃子笑'结果树，培养 3 次秋梢，花芽分化期为 11～12 月，故末次秋梢的老熟时间是 10 月下旬；'海南北部'第一次秋梢在 7 月左右，第二次在 8 月上中旬老熟，末次秋梢的成熟时间是 9 月下旬至 10 月上旬。

4. 控梢促花技术 密植栽培可早结丰产，但幼年结果树偏向于营养生长，因此荔枝末次秋梢结果母枝老熟后，要采取控冬梢促花技术。可以采取几种有效措施相互配合应用，以达到控冬梢促花的显著效果。

（1）控水 末次秋梢转绿老熟后不灌水，以防止诱发冬梢。

（2）环割或环扎 对于青壮年树和成年树，在 11～12 月末次秋梢老熟后，可用环割或环扎的方法减弱根系的活力，同时控制冬梢促花。用双刀对主干或主枝进行螺旋式环割 1～1.5 圈，剥口 0.2～0.4cm，螺距 5～8cm，深度以刚达木质部为度。

对于幼年树或树势偏弱的结果树，在末次秋梢叶片转绿时，用 14～16 号铁线环扎主干或主枝。环扎以铁线不扎入树皮为度，若随着主干、主枝增粗陷入树皮则应及时解除铁丝。

（3）化学调控 化学药物可成功控制冬梢的萌发，增强结果母枝的营养积累，促进花芽的分化和成花。生产上常用 40%的乙烯利＋15%的多效唑或其他控梢促花复合药剂。化学杀梢一般在荔枝末次秋梢老熟后，冬梢抽出时喷施第一次，20～25d 后喷施第二次，喷施时将药物喷洒在芽、叶片和枝梢上。

（4）人工摘梢 荔枝冬梢的发生，经以上几种方式处理后，11 月中下旬后仍有少量抽发，则可采用人工摘除的方法。

（五）花果管理技术

适宜的花果期管理，是避免或控制荔枝大小年结果，落花落果，保证丰产、稳产的重要技术措施。主要包括促花壮花、花穗处理和保果壮果等技术。

1. 促花壮花 理想的花穗应长 10～15cm，花朵数 100～200 朵，单批次雌花数量要多，第一批花雄花先开放，现蕾时间不宜过早或过迟。可通过根部施肥或根外追肥的方式进行促花壮花。根部施肥在花芽分化前一个月开沟施下。以荔枝园全园 1/4 的植株露白点为施壮花肥标准，以磷钾肥加有机肥为主，辅以钙肥。主要是为了增强开花前树体营养，促进花芽形态分化，形成健壮的花穗，从而提高坐果率。有水肥一体化装置的园区，可于树体老熟后在根部施肥促进抽穗，少量多次分批浇灌。根外追肥于花芽萌动时或刚露白点时，用微量元素或植物生长调节剂喷叶面肥 2～3 次，以促进花蕾分裂，帮助催花，如用 20～50ppm 的细胞分裂素 6-BA，在全园 25%出现白点时喷施，后间隔 7～10d 喷施第二次，可有效催花。

2. 花穗处理　　部分荔枝品种花量大，开花批次多，不利于坐果。因此，生产上必须对荔枝花穗进行疏花处理。可以采用人工疏花、药物控穗、短截或药物疏蕾等技术处理花穗。

（1）人工疏花　　人工可有效减少花量，和药物相比，风险小，但人工成本较高，疏花速度慢。'妃子笑'花穗生长至 5～10cm 时开始疏花，一般留 1～2 条健壮的花穗，其余人工抹除。疏花时间要适宜，过早容易引起反复出花，太晚则造成树体营养消耗过多，疏花后花穗生长势较弱。

（2）药物控穗　　通过喷施药物可控制花穗长度，促进花穗健壮生长发育，使生长期尽量保持一致，生产上常采用多效唑控穗。但药物控穗不能减少花量，一般不单独使用，常与人工疏花和短截配合使用。

（3）短截　　短截也叫打顶，即割弃花穗顶端部分，生产上一般使用电动割花机完成。通过短截可直接缩短花穗，减少花量。

（4）药物疏蕾　　使用药物疏蕾，可减少花量和雄花比例，减少翻花和调节开花动态。生产上可采用按一定比例混合的生长调节剂，如乙烯利、杀梢素等，喷施花穗，促使部分花蕾脱落。药物喷施应结合天气情况，一般在第一批雄花开放达 20%时喷施效果最佳，此时花穗对疏蕾剂较为敏感；喷施浓度应视树体状况、花量大小等而定，浓度太低达不到疏蕾的效果，浓度太高则易出现烧花现象，使花秆变黑，花籽大量脱落，影响产量。

3. 保果壮果　　荔枝花后落花落果现象非常严重，依品种不同有 3～5 次生理落果高峰期：第一次为花期落果，落果高峰在雌花开放后 10d 左右，此次落果数量最多，比例最大，占落果量的 60%左右。主要是授粉受精不良，或花量过大，消耗大量养分导致的脱落。第二次为幼果期落果，在雌花授粉后 18～25d，此时幼果绿豆大小。主要是受精不良，胚乳发育受阻等导致，低温阴雨天可加重幼果的脱落。第三次为中期落果，在授粉后 35～40d，幼果迅速发育阶段，是果实消耗大量营养且果实之间相互竞争养分所导致，夏梢发生或根系生长会加剧此期落果。可通过环割、药剂处理或肥水管理等措施保果。

（1）环割保果　　适用于生长旺盛的幼年结果树，对老龄树和树势弱的结果树不宜采取环割的措施。环割时间在雌花谢花后 10d 左右进行，生长旺盛的结果树可在此后一个月环割第二次。果期环割次数不多于两次，以免影响树体的生长。环割一般在主枝或大枝上进行，用环割刀在光滑部位环割一圈，深度可达木质部。

（2）药剂保果　　常用的保果药有 2,4-D、核苷酸或国家批准生产的复合型保果药剂。2,4-D 的使用浓度为 5～10ppm，赤霉素的有效使用浓度为 30～50ppm，两者可以混合使用。核苷酸的有效使用浓度为 30ppm。其他复合型保果药剂要严格按照说明书使用。保果药剂在生理落果期 5～10d 交替使用，可取得一定的保果效果。

（3）肥水管理保果　　科学合理的肥水管理措施可起到壮果和保果的多重作用。生理落果后果实快速生长发育，对肥水的需求量大，因此施肥可适当偏重，果期可施肥 1～2 次。第一次在稳果后，以氮钾钙肥为主，以促进果实的快速膨大；第二次在 4 月中旬，以高钾复合肥为主，以增强果实品质，促进果实提早上市。在果实发育期间，缺水或土壤水分过量易发生落果现象，应注意保持土壤的合理湿度，干旱时要及时灌溉。此外，在果期喷施叶面肥，可快速被叶片吸收，运输到果实，从而促进果实正常发育，也具有保果的作用，叶面肥一般间隔7～10d喷施。同时，要做好病虫害的防治。

（4）**防止裂果** 荔枝裂果主要发生在幼果期和果实发育中后期，果肉快速加厚生长，直到果实成熟期裂果。裂果与品种有关，如'糯米糍''桂味荔枝'，裂果较为严重，而'怀枝''黑叶荔枝'等不易裂果。裂果与水分有关，在果实发育期，控制土壤水分，如用地膜覆盖保持土壤水分均衡，可减少裂果。裂果与营养生理有关，在果实生长发育过程中，需合理施肥，补充硼、锌等微量元素，使植株营养均衡。病虫害也可使裂果率提高，如受霜疫霉病、炭疽病为害的果实，果皮产生病斑，在病斑处裂果，因此要加强病虫害的防治。

（六）病虫害防治技术

荔枝病虫害防治应贯彻"预防为主，综合防治"的植保方针，加强病虫害监测，选育适应性和抗逆性较好的荔枝品种，增强荔枝对病虫害的抵御能力。坚持农业防治、物理防治、生物防治为主，化学防治为辅的无害化治理原则，配合施用高效、低毒、低残留的农药，将农药残留控制在标准范围，减少环境污染，确保产品质量安全。荔枝病虫害种类繁多，在生产上构成危害的有荔枝炭疽病、霜疫霉病、蒂蛀虫、椿象、尺蠖、卷叶蛾类、瘿螨、介壳虫类等，且大部分集中在新梢期、花期、幼果期和果实接近成熟期。

1. 荔枝主要病害及防治

（1）**炭疽病** 炭疽病是荔枝重要的病害之一，属真菌性病害。为害枝梢、嫩叶、花穗、近成熟和成熟的果实。为害嫩梢，梢顶部呈萎蔫状，后枯心坏死；受害叶片产生圆形褐色小斑或不规则烫伤斑。为害果实时，幼果直径为10～15mm时开始发病，果皮出现黄褐色至深褐色斑点，后期病部生黑色小点，果肉腐烂，味酸。应加强田间管理，合理施肥，增强树势及树体的抗病性；春、夏、秋梢叶片开展及幼果期，喷施咪鲜胺、多菌灵、苯醚甲环唑等药剂抗病。冬季清园时，剪除病枝、叶，清扫地面落叶枯枝并集中烧毁，以减少病原。

（2）**霜疫霉病** 荔枝霜疫霉病由霜疫霉菌所引起，是影响荔枝生产最重要的病害之一，可为害花、果、叶片。受害果实在果皮表面出现褐色不规则病斑，无明显边缘，后期全果变褐，果肉腐烂；发病后连续阴雨天或空气湿度过大的情况下，在感病部位长出白色的霉状物；幼果感病后会很快脱落，造成大量落果。采果后应做好冬季果园清洁，结合修剪，将地面病果、烂果、枯枝落叶等集中烧毁，并喷施30%的氧氯化铜600倍液于树冠。在花蕾期、幼果期、果实膨大和成熟期前，用62%的多锰锌600倍液喷施，间隔10～15d，采收前15d停止用药。

2. 荔枝主要虫害及防治

（1）**蒂蛀虫** 蒂蛀虫是荔枝、龙眼的主要蛀果害虫，一般以幼虫在荔枝冬梢或早熟种荔枝的花穗轴顶部越冬。蒂蛀虫幼虫分5龄，可为害荔枝嫩梢、花、幼果和成熟果。成虫产卵于荔枝果皮裂片缝间或花穗嫩梢上，虫卵孵化后，幼虫侵入果实、花穗或嫩梢为害。可以通过控杀冬梢来杀灭越冬幼虫；清理果园，及时清除地面落叶和落果并集中销毁；在谢花九成时，选用内吸性长效安全的药剂进行预防，在荔枝蒂蛀虫成虫羽化高峰及幼虫孵化高峰期施药，可选氯苯酰、四氯虫酰胺、氯氰菊酯等，喷施叶面、树干或地面草地。

（2）**荔枝椿象** 俗称臭屁虫，椿象成虫和若虫均能刺吸嫩梢、花穗和幼果的汁液，为害部位出现褐色斑点，导致落花落果。并且，成虫、若虫常分泌出臭液，导致嫩叶、花穗和幼果焦枯而脱落，影响产量。每年 2 月上旬至 4 月上旬为椿象大量发生时期，可利用人工繁殖的天敌平腹小蜂进行生物防治，或用 90%的敌百虫乳油、氯氰菊酯等喷施防治。

（3）荔枝尺蠖　　尺蠖的种类较多，其形似小枝或叶柄，以幼虫咬食嫩叶、花穗和幼果为害，是一种暴食性害虫，严重时可致整枝嫩叶被食光。春尺蠖和秋尺蠖食去荔枝叶肉并在枝条间纺丝，在土壤中化蛹。一般在新梢萌发后，可用毒死蜱或敌百虫喷施防治，或利用赤眼蜂进行生物防治。

（4）卷叶蛾类　　受害荔枝的蛀入孔上常附着虫类及丝状物。花期有圆角卷叶蛾、黄三角卷叶蛾，为害花及嫩梢幼叶；果期有褐带长卷叶蛾、黑点褐卷叶蛾及拟小黄卷叶蛾。在荔枝开花期和小果生长发育期，可利用成虫的趋光性进行灯光诱虫。此外，在冬季清园时，要铲除果园杂草，枯枝落叶，减少越冬虫源。如发现此虫为害，可用灭幼脲、阿维菌素、氯氰菊酯等喷施防治。

（5）荔枝瘿螨　　俗称毛蜘蛛，由它造成的病害称毛毡病。可为害荔枝叶、幼梢、花穗和果实等。叶片受害出现凸起、扭曲；幼梢受害出现扭曲、畸形；花穗受害时花器呈锈褐色，畸形干缩；果实受害时小而酸。在整形修剪过程中，除去瘿螨为害的枝梢，使树冠适当通风透光，同时控制冬梢，减少虫源。发现此虫为害时，于抽梢前或幼叶开展前选用阿维•螺螨酯、炔螨特乳油等喷施防治。

（6）介壳虫类　　以刺吸式口器刺吸荔枝叶片、新梢、花穗和果实的汁液，影响荔枝的生长发育，并且会诱发烟煤病，影响植株光合作用，污染果实，降低果实商品价值。防治应以果园常规管理措施为基础，结合清园修剪，除去过密枝、阴枝和受害枝叶，并及时烧毁，以减轻危害。发现此虫为害时，可在爬虫期可用吡虫啉加毒死蜱混合喷施防治。

主要参考文献

柏秦凤, 霍治国, 王景红, 等. 2019. 中国主要果树气象灾害指标研究进展. 果树学报, 36 (9): 1229-1243.

边永亮, 李建平, 王鹏飞, 等. 2020. 单旋翼无人机流场分布特征及作业性能试验研究. 河北农业大学学报, 43 (3): 115-120, 129.

曹福亮. 2002. 中国银杏. 南京: 江苏科学技术出版社.

曹福亮. 2007. 中国银杏志. 北京: 中国林业出版社.

曹尚银, 郭俊英. 2005. 优质核桃无公害丰产栽培. 北京: 科学技术文献出版社.

曹尚银, 侯乐峰. 2013. 中国果树志——石榴卷. 北京: 中国林业出版社.

曹永华, 金高明, 刘兴禄, 等. 2016. 不同海拔红富士苹果叶片生理及果实品质的研究. 西北农业学报, 25 (12): 1821-1828.

柴春燕, 徐绍, 周和锋. 2012. 杨梅高效生态栽培技术. 宁波: 宁波出版社.

柴秀娟, 胡明玉, 夏雪, 等. 2020. 果树花期监测方法、装置、计算机设备及存储介质: CN111723736A.

陈柏林, 邹敏珉, 苏二正. 2020. 银杏果食药物质基础及其加工利用现状. 生物加工过程, 18 (6): 758-774.

陈大明, 李载龙, 沈德绪. 1993. 梨实生树不同发育区的叶片细胞学研究. 植物生理学报, 19 (2): 162-166.

陈贵林, 等. 2001. 大棚日光温室草莓栽培技术. 北京: 金盾出版社.

陈厚彬. 2010. 荔枝产业综合技术. 广州: 广东科学技术出版社.

陈厚彬, 欧良喜, 李建国, 等. 2019. 新中国果树科学研究 70 年——荔枝. 果树学报, 36 (10): 1399-1413.

陈杰忠. 2011. 果树栽培学各论(南方本). 4 版. 北京: 中国农业出版社.

陈鹏. 2001. 银杏产业的机遇与挑战//全国第九次银杏研讨会论文集. 南京: 东南大学出版社.

陈清西, 纪旺盛. 2009. 香蕉无公害高效栽培. 北京: 金盾出版社.

陈学森, 张艳敏, 李健, 等. 1997. 叶用银杏资源评价及选优的研究. 园艺学报, 24 (3): 215-219.

陈延惠. 2012. 石榴嫁接方法. 农村农业农民(B 版), 1: 50.

程存刚, 赵德英, 宣景宏. 2015. 对我国苹果品种发展的几点建议. 北方果树, 3: 52-53.

程运江. 2011. 园艺产品贮藏运销学. 北京: 中国农业出版社.

崔大方. 2010. 园艺植物分类法. 北京: 中国农业大学出版社.

崔致学. 1993. 中国猕猴桃. 济南: 山东科学技术出版社.

邓秀新, 束怀瑞, 郝玉金, 等. 2018. 果树学科百年回顾. 农学学报, 8 (1): 24-34.

丁晓东, 李国英, 谭余, 等. 1995. 小浆果育种. 长春: 吉林科学技术出版社.

董文轩. 2015. 中国果树科学与实践——山楂. 西安: 陕西科学技术出版社.

范双喜, 李光晨. 2021. 园艺植物栽培学. 3 版. 北京: 中国农业大学出版社.

冯建荣, 陈学森, 孔宁, 等. 2006. 杏 (Prunus armeniaca) 自交不亲和强度及其授粉受精相关特性. 果树学报, (5): 690-694, 786.

冯婷婷, 周志钦. 2007. 栽培苹果起源研究进展. 果树学报, 24 (2): 199-203.

冯玉增, 冯自民. 2011. 图说梨病虫害防治关键技术. 北京: 中国农业出版社.

冯玉增, 张爱玲, 魏岚. 2019. 板栗病虫草害诊治生态图谱. 北京: 中国林业出版社.

冯志宏, 闫和健. 2002. 绿色果品生产环境与技术要求. 山西果树, (4): 29-30.

付社岗，胡明华．2010．果园白三叶草种植技术．西北园艺（果树），6：52．

高凤娟．1999．现代草莓生产新技术．北京：中国农业出版社．

高国人．2013．香蕉优质丰产栽培．广州：广东科学技术出版社．

高丽娟．2019．梨园栽培管理技术．河北果树，（4）：28-30．

高新一，王玉英．2015．果树整形修剪技术．北京：金盾出版社．

葛可佑．2005．中国营养师培训教材．北京：人民卫生出版社．

龚榜初，王仁梓，杨勇．2001．柿优质丰产栽培实用技术．北京：中国林业出版社．

广东省农业科学院果树研究所．1997．荔枝品种与栽培图说．广州：广东经济出版社．

郭长花，康向阳．2008．树木发育中的阶段转变研究进展．生物技术通讯，19（5）：784-786．

郭复兴，常天然，林玚焱，等．2019．陕西不同区域苹果林土壤水分动态和水分生产力模拟．应用生态学报，30（2）：379-390．

郭善基．1993．中国果树志——银杏卷．北京：中国林业出版社．

郭晓成，王景波，杨莉．2015．石榴花果管理技术．西北园艺（果树），（2）：17-19．

郭秀明，周国民．2016．苹果园中空气温湿度分布特征研究．湖北农业科学，55（5）：1189-1193．

郭学义，任吟．2012．果树育苗．北京：科学普及出版社．

郭裕新，单公华．2010．中国枣．上海：上海科学技术出版社．

国家桃产业技术体系．2016．中国现代农业产业可持续发展战略研究（桃分册）．北京：中国农业出版社．

郝保春．2000．草莓生产技术大全．北京：中国农业出版社．

河北农业大学．1980．果树栽培学总论．北京：农业出版社．

河北农业大学．1984．果树栽培学各论（北方本）．2版．北京：农业出版社．

贺普超．2001．葡萄学．北京：中国农业出版社．

洪添胜，张林，杨洲．2012．果园机械与设施．北京：中国农业出版社．

侯乐峰，郝兆祥，罗华．2017．石榴栽培技术的革新．烟台果树，（4）：42-44．

胡红菊，王友平．2010．砂梨优良品种及标准化栽培技术．武汉：湖北科学技术出版社．

胡军．2018．山楂病虫害无公害综合防治技术．果农之友，6：38-40．

华景清．2009．园产品贮藏与加工．苏州：苏州大学出版社．

华南农学院．1981．果树栽培学各论（南方本）．北京：农业出版社．

槐以垒．2019．浅谈水果质量与土壤改良的关系．南方农业，15（21）：222-223．

黄彪．2016．枇杷剪枝机器人关键技术的研究．广州：华南理工大学博士学位论文．

黄宏文．2013a．猕猴桃属：分类 资源 驯化 栽培．北京：科学出版社．

黄宏文．2013b．中国猕猴桃种质资源．北京：中国林业出版社．

黄辉白，程洪，黄迪辉，等．1990．柑橘促进与抑制成花情况下的激素与核酸代谢．园艺学报，18（3）：198-204．

加藤幸雄，志广左诚．1987．植物生殖生理学．周永春，刘瑞征，译．北京：科学出版社．

贾云云，王越辉，白瑞霞，等．2020．光照对桃果实内在品质的影响研究进展．江西农业学报，32（12）：30-36．

姜远茂，葛顺峰，毛志泉，等．2017．我国苹果产业节本增效关键技术Ⅳ：苹果高效平衡施肥技术．中国果树，4:1-4，13．

金初韶，张云贵，吴学良，等．1991a．锦橙需水规律研究．西南农业大学学报，13（1）：52-55．

金初韶，张云贵，吴学良，等．1991b．四川柑桔灌溉期及灌水指标．西南农业大学学报，（1）：56-59．

金高明，朱志花，董铁，等．2016．静宁县不同海拔梯度'富士'苹果光合生理的比较研究．甘肃农业大学学报，51（3）：49-54，59．

孔庆山．2004．中国葡萄志．北京：中国农业科学技术出版社．

雷靖，梁珊珊，谭启玲，等．2019．我国柑橘氮磷钾肥用量及减施潜力．植物营养与肥料学报，5（9）：1504-1513．

李道高，阎玉章．1991．锦橙落花落果波相及其与气候营养的关系研究．西南农业大学学报，（1）：27-31．

李好先，曹尚银，张杰，等．2017．大果型核桃新品种'中核香'的选育．果树学报，34（2）：252-255．

李佳荣．2017．山楂优质栽培技术．北京：中国科学技术出版社，30-32．

李嘉瑞．1989．园艺学概论．北京：中央广播电视大学出版社．

李建国．2008．荔枝学．北京：中国农业出版社．

李建强，黎新荣，冯春梅，等．2017．HACCP 体系在脐橙采后免发汗式商品化处理及贮藏保鲜中的应用．农业研究与应用，
（3）：35-42．

李丽敏，吴林．2011．中国蓝莓产业发展研究．北京：中国农业出版社．

李三玉，何如宾．1990．吲熟酯能对本地早柑桔疏果和果实品质的影响．园艺学报，17（3）：191-196．

李天忠，张志宏．2008．现代果树生物学．北京：科学出版社．

李天忠，张志宏．2008．现代果树生物学．北京：科学出版社．

李卫星．2019．银杏雄株资源多样性分析与评价．长春：吉林大学出版社．

李祥，马健中，史云东，等．2011．不同套袋方式对石榴果实品质及安全性的影响．北京工商大学学报，29（5）：21-24．

李祥，于巧真，吴养育，等．2011．石榴套袋方式对石榴品质的影响．北方园艺，（2）：48-50．

李晓军等．2010．樱桃病虫害防治技术．北京：金盾出版社．

李昕昊，王鹏飞，李建平，等．2020．不同送风方式果园喷雾机施药效果比较．果树学报，37（7）：1065-1072．

李新国．2016．热带果树栽培学．北京：中国建筑工业出版社．

李学柱，张菊英．1992．锦橙复芽及其分化的电镜扫描．中国柑橘，21（1）：15．

李雪军，毛雷，杨欣，等．2020．果园割草机垄面切割装置振动特性分析．中国农机化学报，41（11）：51-59．

李雪军，王鹏飞，丁顺荣，等．2020．基于虚拟正交试验果园垄面割草机侧刀盘切割性能分析．中国农业科技导报，22（9）：
113-121．

李亚东，郭修武，张冰冰．2012．浆果栽培学．北京：中国农业出版社．

李玉玲．2017．果园土肥水管理技术要点．现代园艺，24：42-43．

梁超，于来振，梅峰．2013．鲜食杏高产栽培关键技术．中国林副特产，（1）：39-41．

林顺权．2013．枇杷精细管理十二个月．北京：中国农业出版社．

刘继学，蔡战伟．2017．石榴栽培与管理技术．现代园艺，（24）：27．

刘健锋．2018．山楂丰产栽培管理．瓜果园地，（10）：46-47．

刘立立．2010．石榴硬枝扦插应用技术初探．甘肃科技，26（12）：173-174，158．

刘丽星，刘洪杰，裴晓康，等．2021．小型果园电动作业平台的设计与试验．农机化研究，43（7）：90-94．

刘利凤．2015．河南濮阳山楂栽培技术要点．果树实用技术与信息，（6）：15-17．

刘曼曼，廖康，成小龙，等．2014．'库尔勒香梨'冠层内光照分布与产量品质关系研究．北方园艺，（16）：20-24．

刘孟军，汪民．2009．中国枣种质资源．北京：中国林业出版社．

刘庆忠，张道辉，严雪瑞．2019．蓝莓栽培新品种新技术．济南：山东科学技术出版社．

刘庆忠，赵红军．2003．越桔高效栽培与加工利用．北京：中国农业出版社．

刘群龙，牛铁荃，郝燕燕，等．2015．核桃管理技术三字经．北京：中国农业出版社．

刘孝仲，许生吉，蒋禄元．1990．伏令夏橙开化和生理落果期春梢叶片蛋白质、氨基酸含量变化．园艺学报，（1）：21-28．

罗丽娟，郭玲霞，刘永忠．2020．温度和 pH 值对柑橘汁胞柠檬酸含量及相关基因表达的影响．华中农业大学学报，39（1）：
18-23．

罗学兵，贺良明．2011．草莓的营养价值与保健功能．中国食物与营养，17（4）：74-76．

罗云波，蔡同一，生吉萍，等．2007．园艺产品贮藏加工学（贮藏篇）．北京：中国农业大学出版社．

吕丹桂，谢岳，徐伟荣，等. 2019. 水分胁迫对赤霞珠葡萄果实花色苷生物合成的影响. 西北农业学报，28（8）：1274-1281.

吕均良，杉山和美. 1990. 盛花期喷布油菜素内酯和赤霉素防止脐橙前期落果的效果. 中国柑橘，19（1）：17-19.

吕佩珂，苏慧兰. 2010. 中国现代果树病虫原色图鉴. 北京：蓝天出版社.

吕雄. 2010. 花红皮石榴套袋试验. 中国果树，4：76.

马锋旺. 2005. 李树栽培新技术. 杨凌：西北农林科技大学出版社.

马国瑞，石伟勇. 2009. 果树营养失调症原色图谱. 北京：中国农业出版社.

马骏. 2011. 果树生产技术（北方本）. 2版. 北京：中国农业出版社.

马小娟. 2021. 机械自动化果树修剪技术. 农业机械，（6）：110-112.

马志远. 2009. 山楂苗木繁育技术. 果树药材，（4）：2.

买尔艳木·托乎提. 2011. 石榴扦插繁殖技术. 新疆农业科技，3：48.

毛雷，李昕昊，王鹏飞，等. 2021. 果园风送喷雾机性能对比试验. 农机化研究，43（4）：125-133.

孟祥春，黄泽鹏，毕方铖，等. 2016. 干雾湿度控制系统的组建及果蔬贮藏保鲜应用试验. 农业工程学报，32（11）：271-276.

孟小丽. 2013. 草莓高产栽培技术. 河南农业，（5）：53.

孟正乐，谢余涛. 2017. 信息化管理在蚕种冷藏与检验上的应用前景探讨. 蚕桑通报，48（1）：44-45，47.

倪菁菁，殷琳，李洁. 2020. 新疆无人机为梨花授粉演绎智慧农业种植新模式. 当代农机，5：20.

牛茹萱，赵秀梅，王晨冰，等. 2019. 桃不同树形的冠层特征及对果实产量、品质的影响. 果树学报，36（12）：1667-1674.

农垦局. 2007. 主要热带作物区域布局规划（2007—2015年）. 农垦发〔2007〕4号.

农业部. 2011. 热作标准化生产示范园区域布局（2011—2015年）. 农办垦〔2011〕75号.

农业部种植业管理司，全国农业技术推广服务中心，国家香蕉产业技术体系组. 2011. 香蕉标准园生产技术. 北京：中国农业出版社.

欧良喜，陈洁珍. 2006. 荔枝种质资源描述规范和数据标准. 北京：中国农业出版社.

潘静娴. 2007. 园艺产品贮藏加工学. 北京：中国农业大学出版社.

潘瑞炽. 2012. 植物生理学. 7版. 北京：高等教育出版社.

潘中田. 2010. 中田大山栽培技术. 贺州学院学报，26（3）：133-136.

裴东，鲁新政. 2011. 中国核桃种质资源. 北京：中国林业出版社.

裴晓康，刘洪杰，杨欣，等. 2020. 苹果苗木移栽机栽植机构运动分析与试验. 中国农机化学报，41（6）：20-25.

齐洁. 2002. 杏自交不亲和相关基因的克隆及表达分析. 泰安：山东农业大学博士学位论文.

齐立国. 2008. 赤霉素在山楂上的应用. 河北果树，（2）：45.

齐秀娟. 2015. 猕猴桃高效栽培与病虫害识别图谱. 北京：中国农业科学技术出版社.

齐秀娟. 2016. 猕猴桃高产栽培整形与修剪图解. 北京：化学工业出版社.

齐秀娟. 2017. 猕猴桃实用栽培技术. 北京：中国科学技术出版社.

齐秀娟，韩礼星. 2009. 怎样提高猕猴桃栽培效益. 北京：金盾出版社.

齐秀娟，李作轩. 2004. 山楂果实生长发育特性研究进展. 北方果树，1：4-7.

齐秀娟，徐善坤，李作轩. 2005. 不同时期套袋对山楂果实外观品质的影响. 北方果树，35（5）：8-10.

祁春节. 2007. 中美两国柑橘产业的比较研究. 国际贸易问题，（7）：28-31.

秦岭，等. 2016. 板栗良种引种及配套栽培技术. 北京：中国农业出版社.

秦文，王明力. 2012. 园艺产品贮藏运销学. 北京：科学出版社.

全国农业技术推广服务中心. 2010. 果树轻简栽培技术. 北京：中国农业出版社.

冉昆，张伟，董放，等. 2019. 草莓栽培新品种新技术. 济南：山东科学技术出版社.

饶景萍，毕阳. 2021. 园艺产品贮运学. 北京：科学出版社.

沙守峰，张绍铃，李俊才. 2009. 梨矮化砧木的选育及其应用研究进展. 北方园艺，（8）：140-143.

《山楂》编写组. 1987. 山楂. 北京：中国商业出版社.

尚晓峰. 2014. 果树生产技术（北方本）. 重庆：重庆大学出版社.

沈德绪，林伯年. 1989. 果树童期与提早结果. 上海：上海科学技术出版社.

沈隽. 1993. 中国农业百科全书（果树卷）. 北京：农业出版社.

史大卫，康小亚，郭寒玲. 2009. 苹果矮化自根砧苗木的特点及其繁育技术. 烟台果树，105（1）：41-42.

史继东，张立功. 2011. 苹果树需肥规律及科学施肥. 烟台果树，115（3）：8-10.

舒锐，焦健，臧传江，等. 2019. 我国草莓产业现状及发展建议. 中国果菜，39（1）：51-53.

束怀瑞. 1993. 果树栽培生理. 北京：农业出版社.

束剑华. 2009. 园艺植物种子生产与管理. 苏州：苏州大学出版社.

宋雷洁，李建平，杨欣，等. 2020. 塔型风送式喷雾机导流结构参数优化. 中国农机化学报，41（8）：34-39.

苏军萍. 2020. 制约苹果发展的因素及发展建议. 果树资源学报，1（02）：92-93.

随少锋，王玉岗，张友安. 2013. 低温冻害对河南省荥阳市软籽石榴成灾的分析与研究. 北京农业，（27）：31-32.

孙华美. 2008. 果树育苗工培训教材. 北京：金盾出版社.

孙其宝，俞飞飞，孙俊，等. 2011. 安徽石榴生产、科研现状及产业化发展建议//中国石榴研究进展（一）. 北京：中国农业出版社.

索相敏，李学营，王献革，等. 2014. 几种加工型苹果品种介绍. 现代农村科技，19：34-35.

谭晓风. 2013. 经济林栽培学. 北京：中国林业出版社.

田海青，赵艳艳，梁振旭，等. 2020. 京白梨郁闭园树体结构改造对冠层光照分布、枝类组成与果实品质的影响. 西北农业学报，29（10）：1576-1582.

田红莲. 2017. 山楂优质高产高效栽培技术. 河北果树，（3）：23-24.

田加才，李甲梁，尹燕雷，等. 2017. 2015年山东枣庄石榴冻害情况分析. 落叶果树，49（1）：57-58.

田莉莉，方金豹. 2003. 落叶果树芽休眠调控研究进展. 中国南方果树，32（6）：61-63.

万仁先，毕可华. 1992. 现代大樱桃栽培. 北京：中国农业出版社.

汪浩，曹恒宽，何珍，等. 2014. 突尼斯软籽石榴采穗圃建立与扦插育苗技术. 现代农业科技，8：109，113.

汪景彦，丛佩华. 2013. 当代苹果. 郑州：中原农民出版社.

汪小飞，周耘峰，黄埔，等. 2010. 石榴品种数量分类研究. 中国农业科学，43（5）：1093-1098.

王朝建，陈丽完，龚国淑，等. 2010. 银杏轮斑病病原菌的生物学特性研究. 中国植物病理学会2010年学术年会.

王大江，Bus Vincent G M，王昆，等. 2018. 美国苹果砧木育种历史、现状及其商业化砧木特性. 中国果树，6：107-110，113.

王丹，邵小宁，胡少军，等. 2016. 基于Kinect的虚拟果树交互式修剪研究. 农机化研究，38（10）：187-192.

王福海，彭玉芝. 2004. 果树栽培与贮藏保鲜. 北京：中国农业科学技术出版社.

王贵，高中山，白埃堤，等. 1997. 晋丰、晋龙2号核桃新品种选育研究. 经济林研究，（3）：5-8，62.

王海波，王孝娣，史祥宾，等. 2017. 鲜食葡萄标准化生产技术"十二五"研究进展. 落叶果树，49（4）：1-6.

王甲威，朱东姿，洪坡，等. 2020. 甜樱桃矮化丛枝形整形技术. 落叶果树，52（3）：52-54.

王金政，薛晓敏，安国宁，等. 2012. 早熟杏新品种'金凯特'. 园艺学报，（2）：395-396.

王金政，薛晓敏，韩雪平. 2019. 杏栽培新品种新技术. 济南：山东科学技术出版社.

王金政，张安宁，安国宁. 2004. 作物营养与施肥丛书·果树卷——桃. 济南：山东科学技术出版社.

王金政，张安宁，孙岩. 2002. 李、杏优质丰产栽培技术彩色图说. 北京：中国农业出版社.

王景红，梁轶，柏秦凤. 2012. 陕西主要果树气候适宜性与气象灾害风险区划图集. 西安：陕西科学技术出版社.

王景红，梁轶，李艳莉. 2014. 陕西气候资源开发与优质苹果生产. 北京：气象出版社.

王敬勇. 2014. 果树的营养与施肥技术. 中国农业信息, 1: 129.

王钧毅, 曲宝香, 孙玉刚. 1990. '香玲'等核桃新品种的选育. 中国果树, (4): 1-3, 6.

王力荣, 朱更瑞, 方伟超, 等. 2003. 桃品种需冷量评价模式的探讨. 园艺学报, 30 (4): 379-383.

王莉, 程芳梅, 陆彦, 等. 2015. 裸子植物传粉滴研究进展. 植物学报, 50 (6): 802-812.

王莉, 金飚, 陆彦, 等. 2009. 银杏传粉生物学研究进展. 西北植物学报, 29 (4): 0842-0850.

王莉, 金飚, 陆彦, 等. 2010. 银杏胚珠发育及其传粉生物学意义. 北京林业大学学报, 32 (2): 79-85.

王仕海, 陈琦, 赵宝军, 等. 1996. '礼品1号'和'礼品2号'核桃品种的选育. 中国果树, (3): 4-6.

王守龙. 2016. 山楂关键栽培技术. 山西果树, (5): 51-53.

王西平, 张宗勤. 2015. 葡萄设施栽培百问百答. 北京: 中国农业出版社.

王宪志, 赵西宁, 高晓东, 等. 2021. 黄土高原苹果园土壤水分及水分生产力模拟. 应用生态学报, 32 (1): 201-210.

王燕, 张明艳, 宋宜强, 等. 2011. 石榴硬枝扦插技术试验. 中国园艺文摘, 6: 38-39.

王轶菲, 谢云, 卢港回. 2018. 银杏主要病害研究概述. 湖北林业科技, 214 (6): 41-42.

王元辉, 惠永根. 2000. 果树修剪新技术. 北京: 北京出版社.

王跃进, 杨晓盆. 2002. 北方果树整形修剪与异常树改造. 北京: 中国农业出版社.

王长雷, 张旺林. 2020. 梨树早期丰产省力化栽培关键技术. 河北果树, (1): 22-23.

温素卿, 孟树标. 2007. 石榴扦插育苗技术要点. 河北农业科技, 3: 38.

吴国良, 刘群龙, 郑先波, 等. 2009. 核桃种质资源研究进展. 果树学报, 26 (4): 539-545.

吴国良, 刘燕, 沈元月, 等. 2005. 核桃果皮的组织解剖学研究. 中国生态农业学报, (3): 104-107.

吴岐奎, 邢世岩, 王萱, 等. 2014. 叶用银杏种质资源黄酮和萜内酯类含量及 AFLP 遗传多样性分析. 园艺学报, 41 (12): 2373-2382.

吴淑娴. 1998. 中国果树志——荔枝卷. 北京: 中国林业出版社.

郗荣庭. 1991. 果树栽培与果树盆景. 北京: 科学技术文献出版社.

郗荣庭. 2006. 果树栽培学总论. 3 版. 北京: 中国农业出版社.

郗荣庭, 张毅萍. 1996. 中国果树志·核桃卷. 北京: 中国林业出版社.

夏正琼. 2010. 永仁县石榴果实套袋技术. 现代园艺, 3: 18-19.

肖培根, 杨世林, 宛志沪, 等. 2001. 银杏. 北京: 中国中医药出版社.

肖元松. 2015. 增氧栽培对桃根系构型及植株生长发育影响的研究. 泰安: 山东农业大学博士学位论文.

谢家乐. 2021. 简析农业机械自动化在现代农业中的应用. 新农业, (17): 87-88.

谢深喜, 吴月嫦. 2014. 杨梅现代栽培技术. 长沙: 湖南科学技术出版社.

辛明志, 陶炼, 樊胜, 等. 2019. 纬度和海拔对主要苹果品种花芽分化期的影响. 园艺学报, 46 (4): 761-774.

邢世岩. 2013. 中国银杏种质资源. 北京: 中国林业出版社.

邢世岩, 吴德军, 邢黎峰, 等. 2002. 银杏叶药物成分的数量遗传分析及多性状选择. 遗传学报, 29 (10): 928-935.

胥洱, 汤军, 程代振, 等. 1985. 细胞激动素与赤霉素对脐橙座果和果实品质的影响. 中国农业科学, 18 (3): 46-51.

徐桂云, 赵学常. 2002. 石榴绿枝扦插技术. 林业实用技术, 6: 27.

徐鹏. 2012. 石榴嫁接繁殖技术. 中国林福特产, 2: 60.

徐小迪, 李博强, 秦国政, 等. 2020. 果实采后品质维持的分子基础与调控技术研究进展. 园艺学报, 47 (8): 1595-1609.

徐章平. 2019. 果园生草种植. 云南农业, 7: 51-53.

许桂春. 2000. 荔枝优良品种及育苗技术. 南宁: 广西科学技术出版社.

许建楷. 1989. PP333 对椪柑成花的效应. 中国柑橘, (1): 23.

许林兵, 黄秉智, 杨护. 2008. 香蕉品种与栽培彩色图说. 北京: 中国农业出版社.

薛晓敏，王金政，安国宁，等．2010．早熟杏新品种'魁金'．园艺学报，37（5）：845-846.

薛晓敏，王金政，丛培建，等．2013．苹果花果管理技术研究进展．江西农业学报，25（12）：36-39.

闫淑杰．2019．现代果园土壤改良有效措施．新农业，17：59-60.

严潇．2011．西安市石榴苗木标准化生产技术规程．中国石榴研究进展（一）．北京：中国农业出版社，150-154.

阎玉章，陈孝德．1991．气温和湿度对华盛顿脐橙生理落果的影响．西南农业大学学报，（1）：33-36.

杨建民．2000．李优良品种及使用栽培新技术．北京：中国农业出版社．

杨凯．2020．探讨农业节水灌溉中自动化技术的应用．农业开发与装备，（10）：103-104.

杨磊，傅连军，席勇，等．2010．影响喀什石榴裂果相关因素的初步研究．新疆农业科学，47（7）：1310-1314.

杨列祥．2010．套纸袋对预防石榴果实裂果的影响．中国园艺文摘，8：32-33.

杨硕，李法德，闫银发，等．2020．果园株间机械除草技术研究进展与分析．农机化研究，42（10）：1-8，16.

杨伟伟．2012．基于三维模型的苹果树形光截获评价研究．杨凌：西北农林科技大学硕士学位论文．

杨文衡，陈景新．1986．果树生长与结实．上海：上海科学技术出版社．

杨小梅，安文玲，张薇，等．2012．中国西南地区日照时数变化及影响因素．兰州大学学报（自然科学版），48（5）：52-60.

杨洋，张小虎，张亚红，等．2021．设施调控夜间温度对赤霞珠葡萄果实品质的影响．食品科学，42（4）：80-86.

杨勇，王仁梓．2005．甜柿栽培新技术．杨凌：西北农林科技大学出版社．

杨勇，王仁梓，阮小凤，等．2018．陕西柿品种资源图说．北京：中国农业出版社．

杨镇．1989．山楂嫩枝插条育苗研究．北京林业大学学报，11（2）：8.

叶明儿．2011．植物生长调节剂在果树上的应用．北京：化学工业出版社．

于保宏．2018．韦加智慧果园解决方案及其在白水苹果产业中的应用实践．农业工程技术，38（9）：59-62.

于绍夫．2002．大樱桃栽培新技术．2版．山东：山东科学技术出版社．

余华，李健．2006．公共基础营养．成都：四川大学出版社．

俞德浚．1979．中国果树分类学．北京：农业出版社．

郁万文，刘新亮，曹福亮，等．2014．不同银杏无性系叶药用成分差异及聚类分析．植物学报，49（03）：292-305.

袁卫明．2011．图文精讲枇杷栽培技术．南京：江苏科学技术出版社．

苑兆和．2015．中国果树科学与实践——石榴．杨凌：陕西出版传媒集团．

岳玉苓，魏钦平，张继祥，等．2008．黄金梨棚架树体结构相对光照强度与果实品质的关系．园艺学报，35（5）：625-630.

曾莲．2004．荔枝栽培．广州：广东科学技术出版社．

曾骧．1992．果树生理学．北京：北京农业大学出版社．

张传来，苗卫东，周瑞金．等．2012．北方果树整形修剪技术．北京：化学工业出版社．

张春博，耿睿，罗文靖，等．2019．山楂优质高产高效栽培技术分析．农业与技术，39（3）：92-93.

张东，郑立伟，韩明玉，等．2016．黄土高原成龄富士苹果园土壤养分含量标准值研究．园艺学报，43（1）：121-131.

张东升．2011．蓝莓丰产栽培实用技术．北京：中国林业出版社．

张光伦．2009．园艺生态学．北京：中国农业出版社．

张加延．2015．中国果树科学与实践：李．西安：陕西科学技术出版社．

张加延，张钊．2003．中国果树志·杏卷．北京：中国林业出版社．

张静茹．2013．2013年我国李产业现状和售价预测．果树实用技术与信息，（6）：6.

张力支，魏亚楠，王宏新，等．2019．我国苹果病毒病的现状及其检测技术的研究进展．鲁东大学学报，35（2）：116-121.

张培玉，杨晓玲，项殿芳，等．1996．山楂种子休眠与萌发生理研究：Ⅰ采收期与种子休眠．河北农业技术师范学院学报，10（3）：1-5.

张琼，王中堂．2018．枣安全高效与规模化生产技术．济南：山东科学技术出版社．

张琼, 周广芳. 2015. 枣高效栽培. 北京: 机械工业出版社.

张上隆, 陈昆松. 2007. 果实品质形成与调控的分子生理. 北京: 中国农业出版社.

张绍铃. 2014. 梨学. 北京: 中国农业出版社.

张绍铃, 谢智华. 2019. 我国梨产业发展现状、趋势、存在问题与对策建议. 果树学报, 36 (8): 1067-1072.

张亚军. 2009. 小议山楂生长与结果习性. 畜牧和饲料科学, 30 (10): 187.

张银柱. 2015. 你吃对了吗? 食物相宜相克随用随查. 杭州: 浙江科学技术出版社.

张永平. 2010. 荔枝病虫害识别与防治. 昆明: 云南科技出版社.

张宇和, 柳鎏, 梁维坚, 等. 2005. 中国果树志——板栗 榛子卷. 北京: 中国林业出版社.

张玉星. 2003. 果树栽培学各论 (北方本). 3 版. 北京: 中国农业出版社.

张玉星. 2011. 果树栽培学总论. 4 版. 北京: 中国农业出版社.

张悦, 宋月鹏, 韩云, 等. 2020. 丘陵山区果园植保机械研究现状及发展趋势. 中国农机化学报, 41 (5): 47-52.

张志华, 裴东. 2018. 核桃学. 北京: 中国农业出版社.

章镇, 王秀峰. 2003. 园艺学总论. 北京: 中国农业出版社.

赵宝军, 刘广平, 王仕海, 等. 2007. 避晚霜早实核桃新品种 '寒丰' 的选育. 中国果树, (3): 11-12, 72.

赵贝贝, 叶蕴灵, 王莉, 等. 2018. 银杏类黄酮响应非生物胁迫研究进展. 扬州大学学报 (农业与生命科学版), 39: 106-112.

赵德英, 程存刚. 2018. 苹果省力化整形修剪 7 日通. 北京: 中国农业出版社.

赵德英, 程存刚, 李敏, 等. 2010. 果树常见灾害及防灾减灾技术. 中国果树, (6): 66-68.

赵登超, 孙蕾, 韩传明, 等. 2012. 石榴栽培技术理论研究进展. 山东林业科技, 42 (2): 109-112.

赵更生, 张自蓓, 蒋承红. 1991. 生草少耕对桔园生态及桔树生长的影响. 中国柑橘, (3): 19-20.

赵静, 沈向, 李欣, 等. 2009. 梨园土壤 pH 值与其有效养分相关性分析. 北方园艺, (11): 5-8.

赵维峰. 2014. 果树生产技术 (南方本). 重庆: 重庆大学出版社.

郑建平, 李春波, 张玉芳, 等. 1992. 核桃举肢蛾的生物学特性及防治. 昆虫知识, (4): 206.

郑少泉, 等. 2005. 枇杷品种与优质高效栽培技术原色图说. 北京: 中国农业出版社.

郑永军, 江世界, 陈炳太, 等. 2020. 丘陵山区果园机械化技术与装备研究进展. 农业机械学报, 51 (11): 1-20.

中国科学院中国植物志编辑委员会. 1993. 中国植物志. 北京: 科学出版社.

钟晓红. 2001. 果树栽培新技术图本. 北京: 中国农业科技出版社.

周国民, 丘耘, 樊景超, 等. 2018. 数字果园研究进展与发展方向. 中国农业信息, 30 (1): 10-16.

邹宝玲, 刘佛良, 张震邦, 等. 2019. 山地果园机械化: 发展瓶颈与国外经验借鉴. 农机化研究, 41 (9): 254-260.

Bai T, Wang T, Zhang N, et al. 2020. Growth simulation and yield prediction for perennial jujube fruit tree by integrating age into the WOFOST model. Journal of Integrative Agriculture, 19 (3): 721-734.

Belrose. 2019. World Apple Review. 2018 ed. Washington: Belrose Inc.

Chandra R, Lohakare A S, Karuppannan D B, et al. 2013. Variability studies of physicochemical properties of pomegranate (Punica granatum L.) using a scoring technique. Fruits, 68 (2): 135-146.

Chen B, Jin Y, Brown P. 2019. An enhanced bloom index for quantifying floral phenology using multi- scale remote sensing observations. ISPRS Journal of Photogrammetry and Remote Sensing, 156: 108-120.

Cheng F, Zhao B, Jiang B, et al. 2018. Constituent analysis and proteomic evaluation of ovular secretions in Ginkgo biloba: not just a pollination medium. Plant Signaling & Behavior, 13: e1550316.

Crane P R. 2019. An evolutionary and cultural biography of Ginkgo. Plants People Planet, 1: 32-37.

Darbyshire R, Farrera I, Martinez-Lüscherde J, et al. 2017. A global evaluation of apple flowering phenology models for climate adaptation. Agricultural and Forest Meteorology, 240-241: 67-77.

Degre A，Mostate O，Huyghebaert B，et al. 2001. Comparison by image processing of target support of spray drop lets. Journal of Terramechanics，44（2）：217-222.

Duan N，Bai Y，Sun H，et al. 2017. Genome re-sequencing reveals the history of apple and supports a two-stage model for fruit enlargement. Nature Communications，8（1）：249.

Ejieji C N，Akinsunmade A E. 2020. Agricultural model for allocation of crops using pollination intelligence method. Applied Computational Intelligence and Soft Computing，1：1-6.

Feng J，Shen Y，Shi F，et al. 2018. Embryo development，seed germination，and the kind of dormancy of *Ginkgo biloba* L. Forests，9（11）：700.

Gong H，Wu C E，Kou X H，et al. 2019. Comparison study of 4'-O-methylpyridoxine analogues in *Ginkgo biloba* seeds from different regions of China. Industrial Crops & Products，129：45-50.

Igarashi M，Hatsuyama Y，Harada T，et al. 2016. Biotechnology and apple breeding in Japan. Breeding Science，66：18-33.

Jia Z，Zhao B，Liu S，et al. 2020. Embryo transcriptome and miRNA analyses reveal the regulatory network of seed dormancy in *Ginkgo biloba*. Tree Physiology，41：571-588.

Jin B，Jiang X，Wang D，et al. 2012. The behavior of pollination drop secretion in *Ginkgo biloba* L. Plant Signaling & Behavior，7：1168-1176.

Jin B，Wang D，Lu Y，et al. 2012. Female short shoot and ovule development in *Ginkgo biloba* L. with emphasis on structures associated with wind pollination. ISRN Botany.

Jin B，Zhang L，Lu Y，et al. 2012. The mechanism of pollination drop withdrawal in *Ginkgo biloba* L. BMC Plant Biology，12：59.

Karimi H R. 2011. Stenting（cutting and grafting）——a technique for propagating pomegranate （*Punica granatum* L.）. Journal of Fruit and Ornamental Plant Research，19（2）：73-79.

Kobayashid D，Yoshimura T，Johno A，et al. 2011. Toxicity of 4'-O-methylpyridoxine-5'-glucoside in *Ginkgo biloba* seeds. Food Chemistry，126：1198-1202.

Krishnasamy V，Sundaraguru R，Amala U. 2019. Emerging vistas of remote sensing tools in pollination studies. Sociobiology，66（3）：394-399.

Li Q，Cao B，Wang X，et al. 2021. Systematic water-saving management for strawberry in basic greenhouses based on the internet of things. Applied Engineering in Agriculture，37（1）：205-217.

Li W，Wang L，He Z，et al. 2020. Physiological and transcriptomic changes during autumn coloration and senescence in *Ginkgo biloba* leaves. Horticultural Plant Journal，6：396-408.

Li W，Yang S B，Lu Z G，et al. 2018. Cytological，physiological，and transcriptomic analyses of golden leaf coloration in *Ginkgo biloba* L. Horticulture Research，5：12.

Li W，Ye Y，Cheng F，et al. 2020. Cytological and proteomic analysis of *Ginkgo biloba* L. pollen intine. Horticultural Plant Journal，5：7.

Lu J，Xu Y，Meng Z，et al. 2021. Integration of morphological，physiological and multi-omics analysis reveals the optimal planting density improving leaf yield and active compound accumulation in *Ginkgo biloba*. Industrial Crops & Products，172：114055.

Lu Y，Wang L，Wang D，et al. 2011. Male cone morphogenesis，pollen development and pollen dispersal mechanism in *Ginkgo biloba* L. Canadian Journal of Plant Science，91：971-981.

Lu Z，Jiang B，Zhao B，et al. 2020. Liquid profiling in plants：identification and analysis of extracellularmmetabolites and miRNAs in pollination drops of *Ginkgo biloba*. Tree Physiology，40：1420-1436.

Lu Z，Zhu L，Lu J，et al. 2021. Rejuvenation increases leaf biomass and flavonoid accumulation by truncation in *Ginkgo biloba*. Horticulture Research，9.

Mayuoni-Kirshenbaum L，Bar-Ya'akov I，Hatib K，et al. 2013. Genetic diversity and sensory preference in pomegranate fruits. Fruits，68（6）：517-524.

Nakasone H Y，Paull R E. 1998. Tropical Fruits. Wallingford：CABI Publishing.

Picona A，Alvarez-Gilaa A，Seitz M，et al. 2019. Deep convolutional neural networks for mobile capture device-based crop disease classification in the wild. Computers and Electronics in Agriculture，161：280-290.

Rietz S，Palyi B，Ganzelmeier H，et al. 1997. Performance of electronic controls for field sprayers. Journal of Agricultural Engineering Research，（68）：399-407.

Spengler R N. 2019. Origins of the apple：the role of megafaunal mutualism in the domestication of malus and rosaceous trees. Frontiers in Plant Science，10：617.

Stover R H，Simmonds N W. 1987. Bananas. London：Longman.

Tian L，Reid J F，Hummel J W. 2000. Development of a precision sprayer for site-specific weed management. Transactions of the ASAE，42（4）：893-900.

Wang H Y，Zhang Y Q. 2019. The main active constituents and detoxification process of *Ginkgo biloba* seeds and their potential use in functional health foods. Journal of Food Composition and Analysis，83：103247.

Wang L，Cui J，Jin B，et al. 2020. Multifeature analyses of vascular cambial cells reveal longevitymmechanisms in old *Ginkgo biloba* trees. Proceedings of the National Academy of Sciences of the United States of America，117：2201-2210.

Wang T，Hu X C，Cai Z P. 2017. Qualitative and quantitative analysis of carbohydrate modification on glycoproteins from seeds of *Ginkgo biloba*. Journal of Agricultural and Food Chemistry，65：7669-7679.

Wu G A，Terol J，Ibanez V，et al. 2018. Genomics of the origin and evolution of *Citrus*. Nature，554：310-316.

Xu N，Liu S，Lu Z，et al. 2020. Gene expression profiles and flavonoid accumulation during salt stress in *Ginkgo biloba* seedlings. Plants，9：1162.

Zhao B，Wang L，Pang S，et al. 2020. UV-B promotes flavonoid synthesis in *Ginkgo biloba* leaves. Industrial Crops & Products，151：112483.

Zhoumm，Hua T，Mma X，et al. 2019. Protein content and amino acids profile in 10 cultivars of *Ginkgo*（*Ginkgo biloba* L.）nut from China. Royal Society Open Science，6：181571.